기초일반화학

Brown • LeMay • Bursten

기초화학교재연구회

녹 문 당

PERIODIC TABLE OF THE ELEMENTS

Main groups (1A–2A) · Transition metals (3B–2B) · Main groups (3A–8A)

Period	1A[a] 1	2A 2	3B 3	4B 4	5B 5	6B 6	7B 7	8B 8	8B 9	8B 10	1B 11	2B 12	3A 13	4A 14	5A 15	6A 16	7A 17	8A 18
1	1 **H** 1.00794																	2 **He** 4.002602
2	3 **Li** 6.941	4 **Be** 9.012182											5 **B** 10.811	6 **C** 12.0107	7 **N** 14.0067	8 **O** 15.9994	9 **F** 18.998403	10 **Ne** 20.1797
3	11 **Na** 22.989770	12 **Mg** 24.3050											13 **Al** 26.981538	14 **Si** 28.0855	15 **P** 30.973761	16 **S** 32.065	17 **Cl** 35.453	18 **Ar** 39.948
4	19 **K** 39.0983	20 **Ca** 40.078	21 **Sc** 44.955910	22 **Ti** 47.867	23 **V** 50.9415	24 **Cr** 51.9961	25 **Mn** 54.938049	26 **Fe** 55.845	27 **Co** 58.933200	28 **Ni** 58.6934	29 **Cu** 63.546	30 **Zn** 65.39	31 **Ga** 69.723	32 **Ge** 72.64	33 **As** 74.92160	34 **Se** 78.96	35 **Br** 79.904	36 **Kr** 83.80
5	37 **Rb** 85.4678	38 **Sr** 87.62	39 **Y** 88.90585	40 **Zr** 91.224	41 **Nb** 92.90638	42 **Mo** 95.94	43 **Tc** [98]	44 **Ru** 101.07	45 **Rh** 102.90550	46 **Pd** 106.42	47 **Ag** 107.8682	48 **Cd** 112.411	49 **In** 114.818	50 **Sn** 118.710	51 **Sb** 121.760	52 **Te** 127.60	53 **I** 126.90447	54 **Xe** 131.293
6	55 **Cs** 132.90545	56 **Ba** 137.327	71 **Lu** 174.967	72 **Hf** 178.49	73 **Ta** 180.9479	74 **W** 183.84	75 **Re** 186.207	76 **Os** 190.23	77 **Ir** 192.217	78 **Pt** 195.078	79 **Au** 196.96655	80 **Hg** 200.59	81 **Tl** 204.3833	82 **Pb** 207.2	83 **Bi** 208.98038	84 **Po** [208.98]	85 **At** [209.99]	86 **Rn** [222.02]
7	87 **Fr** [223.02]	88 **Ra** [226.03]	103 **Lr** [262.11]	104 **Rf** [261.11]	105 **Db** [262.11]	106 **Sg** [266.12]	107 **Bh** [264.12]	108 **Hs** [269.13]	109 **Mt** [268.14]	110 [271.15]	111 [272.15]	112 [277]	113 [284]	114 [289]	115 [288]	116 [292]		

*Lanthanide series	57 ***La** 138.9055	58 **Ce** 140.116	59 **Pr** 140.90765	60 **Nd** 144.24	61 **Pm** [145]	62 **Sm** 150.36	63 **Eu** 151.964	64 **Gd** 157.25	65 **Tb** 158.92534	66 **Dy** 162.50	67 **Ho** 164.93032	68 **Er** 167.259	69 **Tm** 168.93421	70 **Yb** 173.04
†Actinide series	89 **†Ac** [227.03]	90 **Th** 232.0381	91 **Pa** 231.03588	92 **U** 238.02891	93 **Np** [237.05]	94 **Pu** [244.06]	95 **Am** [243.06]	96 **Cm** [247.07]	97 **Bk** [247.07]	98 **Cf** [251.08]	99 **Es** [252.08]	100 **Fm** [257.10]	101 **Md** [258.10]	102 **No** [259.10]

[a] The labels on top (1A, 2A, etc.) are common American usage. The labels below these (1, 2, etc.) are those recommended by the International Union of Pure and Applied Chemistry.
The names and symbols for elements 110 and above have not yet been decided.
Atomic weights in brackets are the masses of the longest-lived or most important isotope of radioactive elements.
Further information is available at http://www.webelements.com
The production of element 116 was reported in May 1999 by scientists at Lawrence Berkeley National Laboratory.

LIST OF ELEMENTS WITH THEIR SYMBOLS AND ATOMIC WEIGHTS

Element	Symbol	Atomic number	Atomic weight	Element	Symbol	Atomic number	Atomic weight	Element	Symbol	Atomic number	Atomic weight
Actinium	Ac	89	227.03[a]	Helium	He	2	4.002602	Rhenium	Re	75	186.207
Aluminum	Al	13	26.981538	Holmium	Ho	67	164.93032	Rhodium	Rh	45	102.90550
Americium	Am	95	243.06[a]	Hydrogen	H	1	1.00794	Rubidium	Rb	37	85.4678
Antimony	Sb	51	121.760	Indium	In	49	114.818	Ruthenium	Ru	44	101.07
Argon	Ar	18	39.948	Iodine	I	53	126.90447	Rutherfordium	Rf	104	261.11[a]
Arsenic	As	33	74.92160	Iridium	Ir	77	192.217	Samarium	Sm	62	150.36
Astatine	At	85	209.99[a]	Iron	Fe	26	55.845	Scandium	Sc	21	44.955910
Barium	Ba	56	137.327	Krypton	Kr	36	83.80	Seaborgium	Sg	106	266[a]
Berkelium	Bk	97	247.07[a]	Lanthanum	La	57	138.9055	Selenium	Se	34	78.96
Beryllium	Be	4	9.012182	Lawrencium	Lr	103	262.11[a]	Silicon	Si	14	28.0855
Bismuth	Bi	83	208.98038	Lead	Pb	82	207.2	Silver	Ag	47	107.8682
Bohrium	Bh	107	264.12[a]	Lithium	Li	3	6.941	Sodium	Na	11	22.989770
Boron	B	5	10.811	Lutetium	Lu	71	174.967	Strontium	Sr	38	87.62
Bromine	Br	35	79.904	Magnesium	Mg	12	24.3050	Sulfur	S	16	32.065
Cadmium	Cd	48	112.411	Manganese	Mn	25	54.938049	Tantalum	Ta	73	180.9479
Calcium	Ca	20	40.078	Meitnerium	Mt	109	268.14[a]	Technetium	Tc	43	98[a]
Californium	Cf	98	251.08[a]	Mendelevium	Md	101	258.10[a]	Tellurium	Te	52	127.60
Carbon	C	6	12.0107	Mercury	Hg	80	200.59	Terbium	Tb	65	158.92534
Cerium	Ce	58	140.116	Molybdenum	Mo	42	95.94	Thallium	Tl	81	204.3833
Cesium	Cs	55	132.90545	Neodymium	Nd	60	144.24	Thorium	Th	90	232.0381
Chlorine	Cl	17	35.453	Neon	Ne	10	20.1797	Thulium	Tm	69	168.93421
Chromium	Cr	24	51.9961	Neptunium	Np	93	237.05[a]	Tin	Sn	50	118.710
Cobalt	Co	27	58.933200	Nickel	Ni	28	58.6934	Titanium	Ti	22	47.867
Copper	Cu	29	63.546	Niobium	Nb	41	92.90638	Tungsten	W	74	183.84
Curium	Cm	96	247.07[a]	Nitrogen	N	7	14.0067	Uranium	U	92	238.02891
Dubnium	Db	105	262.11[a]	Nobelium	No	102	259.10[a]	Vanadium	V	23	50.9415
Dysprosium	Dy	66	162.50	Osmium	Os	76	190.23	Xenon	Xe	54	131.293
Einsteinium	Es	99	252.08[a]	Oxygen	O	8	15.9994	Ytterbium	Yb	70	173.04
Erbium	Er	68	167.259	Palladium	Pd	46	106.42	Yttrium	Y	39	88.90585
Europium	Eu	63	151.964	Phosphorus	P	15	30.973761	Zinc	Zn	30	65.39
Fermium	Fm	100	257.10[a]	Platinum	Pt	78	195.078	Zirconium	Zr	40	91.224
Fluorine	F	9	18.9984032	Plutonium	Pu	94	244.06[a]	*[b]		110	271.15[a]
Francium	Fr	87	223.02[a]	Polonium	Po	84	208.98[a]	*[b]		111	272.15[a]
Gadolinium	Gd	64	157.25	Potassium	K	19	39.0983	*[b]		112	277[a]
Gallium	Ga	31	69.723	Praseodymium	Pr	59	140.90765	*[b]		113	284[a]
Germanium	Ge	32	72.64	Promethium	Pm	61	145[a]	*[b]		114	289[a]
Gold	Au	79	196.96655	Protactinium	Pa	91	231.03588	*[b]		115	288[a]
Hafnium	Hf	72	178.49	Radium	Ra	88	226.03[a]	*[b]		116	292[a]
Hassium	Hs	108	269.13[a]	Radon	Rn	86	222.02[a]				

[a]Massof longest-lived or most important isotope.
[b]The names of elements 110 and above have not yet been decided.

머리말

preface

오늘날 우리는 놀라운 과학의 발전을 경험하고 있으며 그 발전과 변화의 중심에 화학이 있음을 알아야 한다. 화학은 물질의 성질과 변화를 다루는 학문으로서 자연과학의 중심이 되는 기초과학이며, 우리 실생활과 밀접한 관련이 있는 응용학문이기도 하다. 다시 말하면 화학은 단지 실험실에서만 접하는 학문이 아니라 우리 주변을 둘러싸고 있는 다양한 환경에서 매 순간 만나게 되는 실용학문이다. 화학은 우리 삶의 일부이며 화학이 없는 세계에 산다는 것은 오늘날 상상할 수도 없는 일이다. 따라서 화학에 대한 기초 지식은 전공자나 관련 분야 종사자들에게만 필요한 것이 아니라 현대를 살아가는 모든 사람들에게 교양 수준에서도 어느 정도 필요하다고 볼 수 있다. 우리 주변의 많은 문제들이 화학적 해결책을 기다리고 있으며 화학에 대한 기본 지식은 우리의 일상생활을 보다 편리하고 현명하게 살아가는 방법을 제공하리라 믿는다.

이 책은 화학을 전공하고자 하는 학생들은 물론 기초적인 화학지식을 필요로 하는 응용과학이나 공학 등의 관련 분야의 전공학생들에게 꼭 필요한 내용들을 포함하고 있다. 교재의 전반부에서는 주로 원자의 구조, 원자의 전자배치, 원소들의 주기적 성질, 화학결합, 분자구조 등 물질의 구성단위들에 대한 지식과 화학량론의 기본적인 개념 및 원리들을 다루고 있으며, 후반부에서는 분자의 운동, 물질의 상태, 분자간 힘, 화학평형, 화학반응의 에너지, 반응속도 등 물질의 상호작용 및 화학반응에 대한 기초적인 내용을 포함하고 있다. 그리고 마지막 장에서는 탄화수소화합물을 간단하게 소개하고 있다. 주제별 각 단원마다 본문의 내용을 이해하는 데 도움을 주기 위하여 적절한 예제와 보충예제를 포함시켰으며, 각 장의 끝에는 연습문제를 수록하였다. 연습문제를 풀어 봄으로써 각 장의 내용을 보다 확실하고 정확하게 이해하게 될 것이다.

화학을 공부하는 과정에서 전문적인 과학 용어를 많이 접하게 된다. 화학은 물질을 다루는 학문이고 물질의 종류는 이루 헤아릴 수가 없다. 따라서 화학을 보다 효과적으로 학습하는 방법은 체계적인 명명법을 통하여 화합물들을 분류하고 그들의 특성을 이해하고 일반화하는 것이다. 화합물의 이름, 전문 화학용어나 술어 등은 국제적으로 통용되는 영어식 표기를 우리말로 나타내거나, 대한화학회에서 제정하여 통용되는 화학술어집의 표기법에 따랐다. 용어의 의미를 확실히 하고자 하는 경우나 의미가 다르게 사용되는 경우는 영어 표현을 함께 사용하여 이해에 도움을 주고자 하였다. 이 책은 T. L. Brown 교수의 "Chemistry: The Central Science"의 내용을 보다 간결하고 명료하게 구성하려고 시도하였으며 본 교재를 통하여 학생들 각자 필요한 화학의 기초지식을 습득하고 자신의 전공분야의 응용에 많은 도움이 되기를 바라는 바이다.

역 자

차례
contents

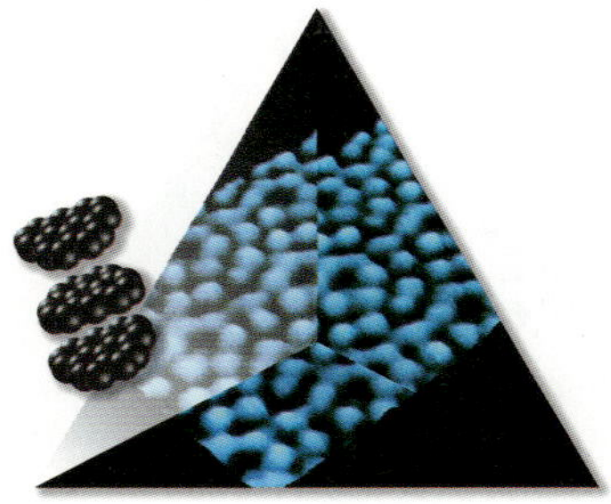

CHAPTER 03 원소의 주기적 성질

CHAPTER 04 화학결합

CHAPTER 05 분자의 기하구조와 오비탈

CHAPTER 06 화학량론

CHAPTER 07 기 체

CHAPTER 08 분자간 힘

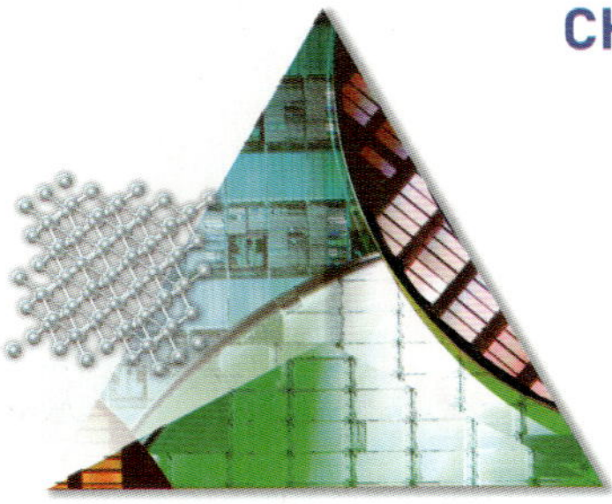

CHAPTER 09 재료 화학

CHAPTER 10 용액의 성질

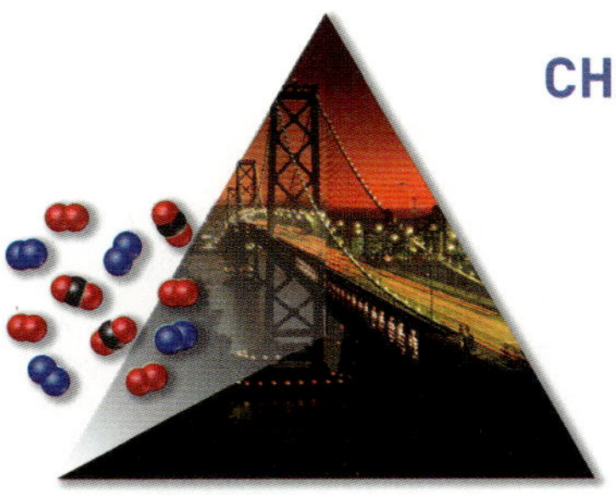

CHAPTER 11 화학평형

CHAPTER 12 산과 염기

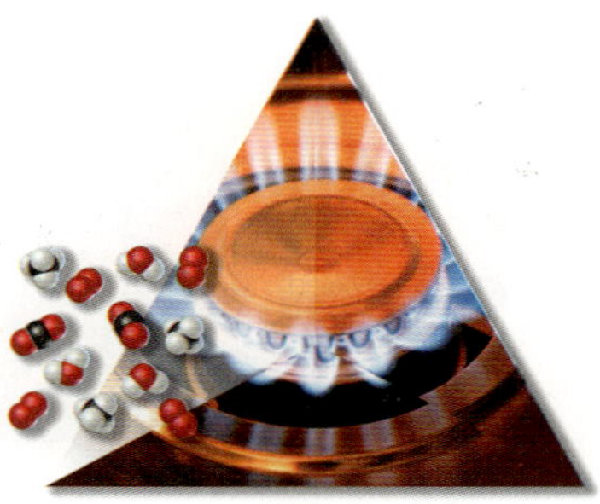

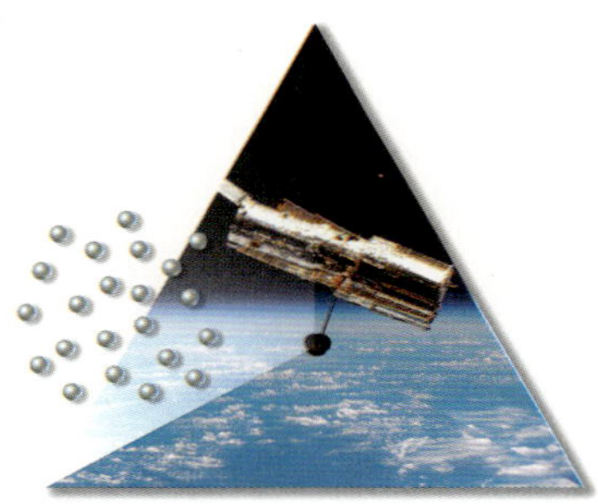

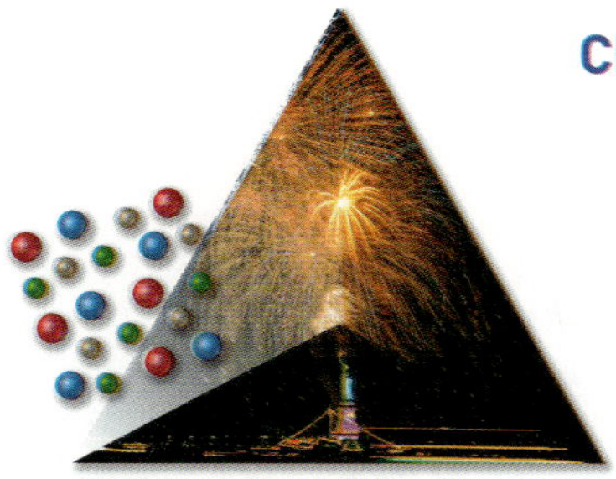

CHAPTER 16 화학반응 속도론

CHAPTER 17 탄화수소화합물

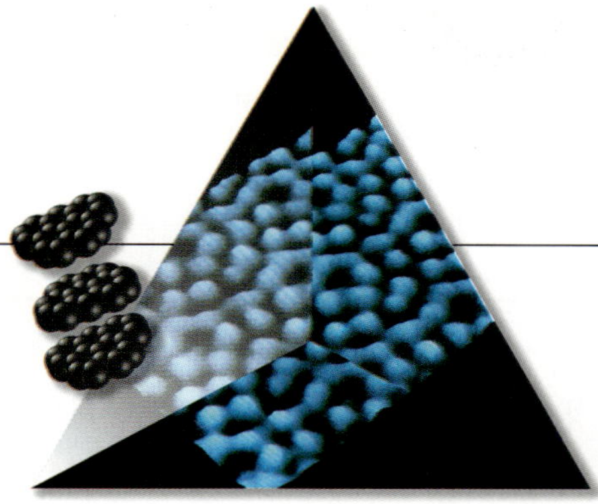

CHAPTER 01

원자, 분자 및 화합물

우리 주위를 둘러보면 서로 다른 성질을 갖는 수많은 물질들을 보게 된다. 다이아몬드는 투명하고 매우 단단하며 소금은 쉽게 부스러지고 물에 잘 녹는다. 종이는 불에 타고 물은 불을 끄는 데 이용된다. 물질의 이러한 물리적 또는 화학적 성질은 어떻게 결정되는가? 이러한 물음에 답하기 위해서는 물질을 구성하고 있는 원소들의 특성을 이해해야 한다. 원소의 종류는 현재까지 약 110여 개가 존재하는 것으로 알려져 있다. 이 원소들이 바로 물질의 다양성을 초래한다. 110여 가지 원소들의 결합으로 물질이 만들어지는 것은 26개의 알파벳으로 수많은 단어를 만들어내는 것과 비슷하다. 그러면 각 원소의 원자들은 어떻게 서로 결합하는가? 그들이 조합하는 방법에는 어떤 규칙이 있는 것일까? 물질의 성질은 그것들을 구성하는 원자들의 종류와 어떤 관계가 있는 것일까? 원자의 실체는 무엇일까? 각 원소의 원자들은 서로 무엇이 다르고, 무엇이 비슷한가?

이 장에서는 물질을 구성하는 기본 입자인 원자의 세계를 탐구해 보고자 한다. 우선 원자의 기본구조를 살펴보고 간단한 분자와 이온의 생성을 알아보고자 한다. 비록 이 장의 내용이 원자에 대하여 모든 것을 설명하지는 못하겠지만 화학을 이해하는 기반을 제공할 것이다.

1.1 원자 구조

Rutherford 이후로 물리학자들은 원자핵의 구성에 대하여 자세히 알게 되었다. 화학에서는 원자는 양성자(proton), 중성자(neutron), 그리고 전자(electron)의 세 가지 입자로 구성된다고 간주하여도 별 무리가 없다. 전자는 -1.602×10^{-19} C의 전하를 갖는 입자이고, 양성자는 $+1.602 \times 10^{-19}$ C의 전하를 갖는 입자이다. 1.602×10^{-19} C 을 전자전하(electronic charge)라고 한다. 원자를 구성하는 입자의 전하는 보통 쿨롱(coulomb) 대신 전자전하의 배수로 표시하면 편리하다. 그러므로 전자의 전하는 -1이고, 양성자의 전하는 $+1$이다. 중성자는 전하를 띠지 않고 전기적으로 중성이다. 원자는 같은 수의 전자와 양성자로 이루어졌기 때문에 알짜전하를 띠지 않는다.

표 1.1 양성자, 중성자, 전자의 비교

입자	전하	질량(amu)
양성자	양(1+)	1.0073
중성자	중성	1.0087
전자	음(1−)	5.486×10^{-4}

Rutherford가 제안한 바와 같이 양성자와 중성자는 원자핵 내부에 존재하는 매우 작은 입자이다. 전자는 원자핵의 외부에 존재하며 원자 부피의 대부분은 빈 공간이다. 반대 전하의 입자 사이에 작용하는 힘에 의하여 전자는 핵 속의 양성자에 이끌린다. 원자는 매우 작은 질량을 갖는다. 예를 들면 아주 무거운 원소의 원자질량도 4×10^{-22} g 정도이다. 이와 같이 작은 질량을 g 단위로 반복해서 표시하는 것이 불편하기 때문에 g 단위 대신 원자질량단위(atomic mass unit) 또는 amu라는 단위를 사용한다. 1 amu는 1.66054×10^{-24} g이다. 양성자는 1.0073 amu, 중성자는 1.0087 amu, 그리고 전자는 5.486×10^{-4} amu의 질량을 갖는다. 양성자와 중성자의 질량은 거의 같으며, 전자의 질량보다 훨씬 더 무겁다. 실제로 양성자 1개의 질량은 1836개의 전자질량과 맞먹는다. 그러므로 원자질량의 대부분은 핵에 집중되어 있다. 표 1.1에 원자를 구성하는 입자들의 전하와 질량을 나타내었다.

원자의 크기는 대단히 작다. 대부분 원자의 지름은 1×10^{-10} m와 5×10^{-10} m 사이, 또는 100~500 pm이다. SI 단위는 아니지만 원자 크기를 표시하는 길이의 단위로 **angstrom(Å)**이라는 단위를 사용하기도 한다. 1 angstrom은 10^{-10} m이므로, 원자 지름은 1~5 Å 정도이다. 예를 들면 염소원자의 지름은 200 pm 또는 2.0 Å이다. pm 나 Å은 원자나 분자의 크기를 표시하는 데 사용하기 편리한 단위들이다.

원자핵의 지름은 10^{-4} Å 정도이지만 원자 전체 크기에 비하면 매우 작은 부분에 해당한다. 여러분은 원자와 원자핵의 상대 크기를 축구경기장에 놓인 축구공의 크기를 연상하면 짐작할 수 있을 것이다. 매우 작은 부피의 원자핵이지만 원자질량의 대부

예제 1.1

동전의 지름은 19 mm 이고 구리로 만들어졌다. 구리원자의 지름은 2.6 Å 이다. 이 동전의 지름에 해당하는 길이에는 몇 개의 구리원자가 배열될 수 있는가?

해답: 길이와 원자수에 관한 환산인자로 Cu원자의 지름 = 2.6 Å을 이용한다. 우선 동전의 지름을 나타내는 단위를 환산한 후 구리원자의 지름으로부터 동전 지름에 대한 구리원자의 수를 계산할 수 있다.

$$\text{Cu 원자} = (19\ \text{mm})\left(\frac{10^{-3}\ \text{m}}{1\ \text{mm}}\right)\left(\frac{1\ \text{Å}}{10^{-10}\ \text{m}}\right)\left(\frac{1\ \text{Cu 원자}}{2.88\ \text{Å}}\right) = 7.3 \times 10^{7}\ \text{Cu 원자}$$

계산 결과 7천3백만 개의 구리원자를 동전의 지름선상에 나란히 배열할 수 있다.

보충 예제

탄소원자의 지름은 1.5 Å이다. (a) 이 원자의 지름을 pm 단위로 나타내시오. (b) 0.10 mm 연필 선의 너비에는 몇 개 탄소원자가 배열되는가?

답: (a) 150 pm, (b) 6.7×10^5개

분을 차지하기 때문에 10^{13}~10^{14} g/cm^3 정도로 믿을 수 없을 만큼 큰 밀도를 갖는다. 이와 같은 밀도의 물질로 가득 찬 성냥갑은 25억 톤 이상의 무게를 갖는다. 천체 물리학자들은 붕괴한 별 내부가 거의 이와 같은 밀도라고 예측하고 있다.

앞서 설명한 원자의 모형을 그림 1.1에 나타내었다. 원자 전체 공간의 대부분을 차지하는 전자는 화학반응에 매우 중요한 역할을 한다. 전자의 에너지와 공간적 배열에 대하여 전자들이 위치한 영역을 희미한 구름으로 나타내는 오비탈의 개념을 다른 장에서 다루게 될 것이다.

동위원소, 원자번호, 질량수

한 원소의 원자가 다른 원소의 원자와 다른 이유는 무엇일까? 그것은 원자핵에 존재하는 양성자의 수가 다르기 때문이다. 같은 원소의 원자는 핵에 동일한 수의 양성자를 갖는다. 양성자수는 원소에 따라 다르다. 더욱이 원자는 알짜전하를 갖지 않기 때문에 전자수와 양성자는 동일해야 한다. 예를 들면 모든 탄소원자는 6개의 양성자와 6개의 전자를 갖는다. 또한 대부분의 탄소원자는 6개의 중성자를 갖지만 약간의 탄소원자는 6개보다 많거나 적은 수의 중성자를 갖기도 한다.

한 원소의 중성자수가 다른 원자들은 결과적으로 질량이 다른데, 이것을 동위원소(isotope)라 한다. 6개 양성자와 6개 중성자를 갖는 탄소원자의 경우 기호로 ${}^{12}_{6}C$ 또는 ${}^{12}C$(carbon-12)로 나타낸다. 원자번호(atomic number)라는 양성자수는 아래첨자로 나타낸다. 각 원소의 원자번호를 교재의 속표지에 원소기호와 원소명과 함께 나타내었다. 한 원소의 모든 원자는 동일한 원자번호를 갖기 때문에 아래첨자를 중복하

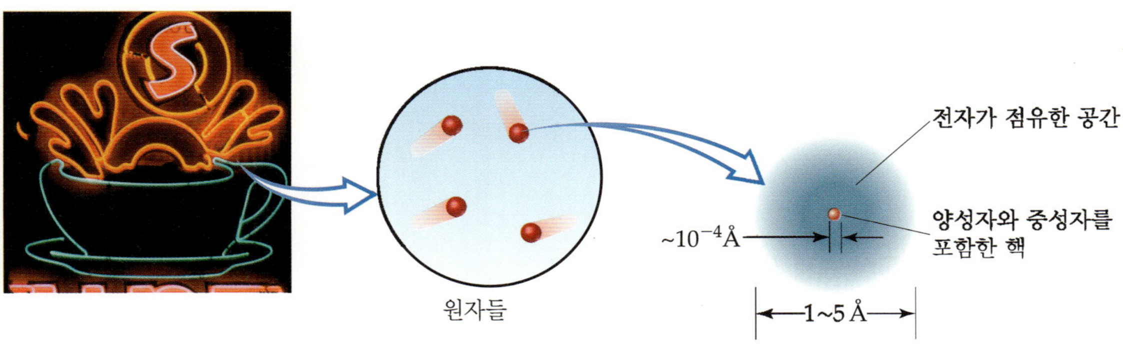

▲ **그림 1.1 원자의 구조.** 양성자와 중성자를 포함하는 핵이 원자 질량의 대부분을 차지한다. 원자의 나머지 공간은 음전하를 띠는 전자가 차지한다.

표 1.2 탄소의 동위원소[a]

기호	양성자수	전자수	중성자수
^{11}C	6	6	5
^{12}C	6	6	6
^{13}C	6	6	7
^{14}C	6	6	8

[a] 자연계에 존재하는 탄소의 99%는 ^{12}C이다.

여 나타내지 않고, 때로는 생략하기도 한다. 질량수(mass number)는 위첨자로 표시하고, 원자 내의 양성자와 중성자수를 모두 합한 것을 의미한다. 예를 들어 어떤 탄소 원자가 6개의 양성자와 8개의 중성자를 포함하면 ^{14}C로 나타낸다. 탄소의 몇몇 동위원소를 표 1.2에 나타내었다. 일반적으로 위첨자와 아래첨자는 한 원소의 특정 동위원소를 나타낼 때만 사용한다. 한 특정 동위원소의 원자를 핵종(nuclide)이라 한다. 그러므로 $^{14}_{6}C$ 원자는 $^{14}_{6}C$ 핵종으로 간주한다. 원자질량을 설명하려면 그 원소의 동위원소 조성을 알아야 한다.

모든 원자는 양성자, 중성자, 전자들로 이루어져 있다. 이러한 입자들은 모든 원자에 동일하게 존재하기 때문에 원소의 원자간 차이는(예를 들어 금이나 산소) 전적으로 각 원자를 구성하는 입자들의 수가 다르기 때문이다. 그러므로 한 원자를 원자구성 입자로 쪼개면 그 원자의 특성이 파괴되기 때문에 원자를 한 원소의 가장 작은 단위로 간주할 수 있다.

예제 1.2

^{197}Au 원자는 몇 개의 양성자, 중성자, 전자로 이루어져 있는가?

해답: 위첨자 197은 양성자수와 중성자수를 합한 질량수이다. 이 책의 속표지에 있는 원소 목록에 따르면 금(gold)의 원자번호는 79이다. 결과적으로 ^{197}Au 원자는 79개의 양성자와 79개의 전자, 그리고 118(= 197 − 79)개의 중성자로 되어 있다.

보충 예제

^{39}K 원자는 몇 개의 양성자와 전자로 이루어져 있는가?

답: 19개의 양성자, 19개의 중성자, 20개의 전자.

예제 1.3

수소는 1, 2, 3의 세 가지 질량수의 동위원소를 갖는다. 이들 각각의 화학기호를 쓰시오.

해답: 수소원자는 원자번호가 1이므로 모든 수소원자는 1개의 양성자를 갖는다. 그러므로 3개의 동위원소들은 $^{1}_{1}H$, $^{2}_{1}H$, $^{3}_{1}H$로 나타낸다.

보충 예제

18개의 양성자, 18개의 전자, 22개의 중성자를 포함하는 핵종의 화학기호를 쓰시오.

답: $^{40}_{18}Ar$

1.2 주기율표

Dalton의 원자설은 1800년대 초기의 화학 발전에 초석이 되었다. 물질의 본질이 밝혀지고, 알려진 원소들의 수가 증가함에 따라 화학적 규칙성을 발견하기 시작하였다. 이와 같은 노력으로 1869년 마침내 주기율표가 탄생되었고 화학을 이해하는 데 있어서 주기율표는 매우 중요한 부분이다. 원소들 중에는 서로 유사한 성질을 나타내기도 한다. 예를 들면 리튬(Li), 소듐(Na), 포타슘(K) 등은 매우 무르고 반응성이 큰 금속들이다. 헬륨(He), 네온(Ne), 아르곤(Ar) 등의 원소들은 반응성이 거의 없는 기체들이다. 원소들을 원자번호가 증가하는 순서로 배열하다 보면 원소의 화학적, 물리적 성질이 반복적이고 주기적인 경향을 보인다는 것이 밝혀졌다.

예를 들면 그림 1.2처럼 반응성이 없는 헬륨, 네온, 아르곤 등의 기체 바로 다음에는 무르고 반응성이 큰 리튬, 소듐, 포타슘 등이 온다. 비슷한 성질을 갖는 원소들을 수직열에 배열함과 동시에, 원자번호가 증가하는 순으로 원소들을 배열한 것을 주기율표(periodic table)라고 하고 그림 1.3에 나타내었다. 또한 본 교재의 표지 안쪽 면에도 주기율표가 수록되어 있다.

주기율표의 같은 수직열(column)에 있는 원소들을 족(group)이라 한다. 족(group)을 분류하는 방법들을 그림 1.3에 표시하였다. A와 B로 표시하는 분류방법은 주로 북미에서 사용한다. 족을 표시할 때는 아라비아 숫자보다 로마숫자를 주로 사용한다. 예를 들면 7A족은 VIIA로 표시한다. 유럽에서는 비슷한 규칙으로 수직열의 번호를 1A에서 8A 그리고 1B에서 8B까지를 사용하므로, 플루오린으로 시작하는 족은 7A 대신 7B(또는 VIIB)로 나타낸다. 이와 같은 혼란을 피하기 위하여 국제순수응용화학회(International Union of Pure and Applied Chemistry, IUPAC)는 족을 A와 B로 나누지 않고, 족의 번호를 1부터 18까지 부여하는 새로운 규칙을 제시하였다.

동일한 족에 속하는 원소들은 화학적, 물리적 성질이 비슷하다. 예를 들면 동전의

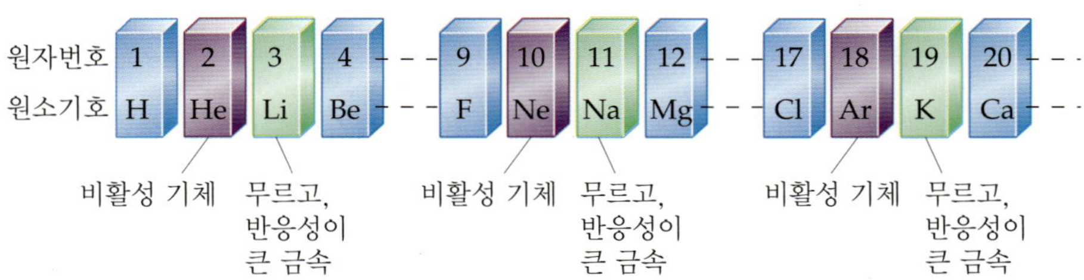

◀ **그림 1.2** 원자번호에 따른 원소배열은 원소들의 주기적이고 반복적인 양상을 설명한다.

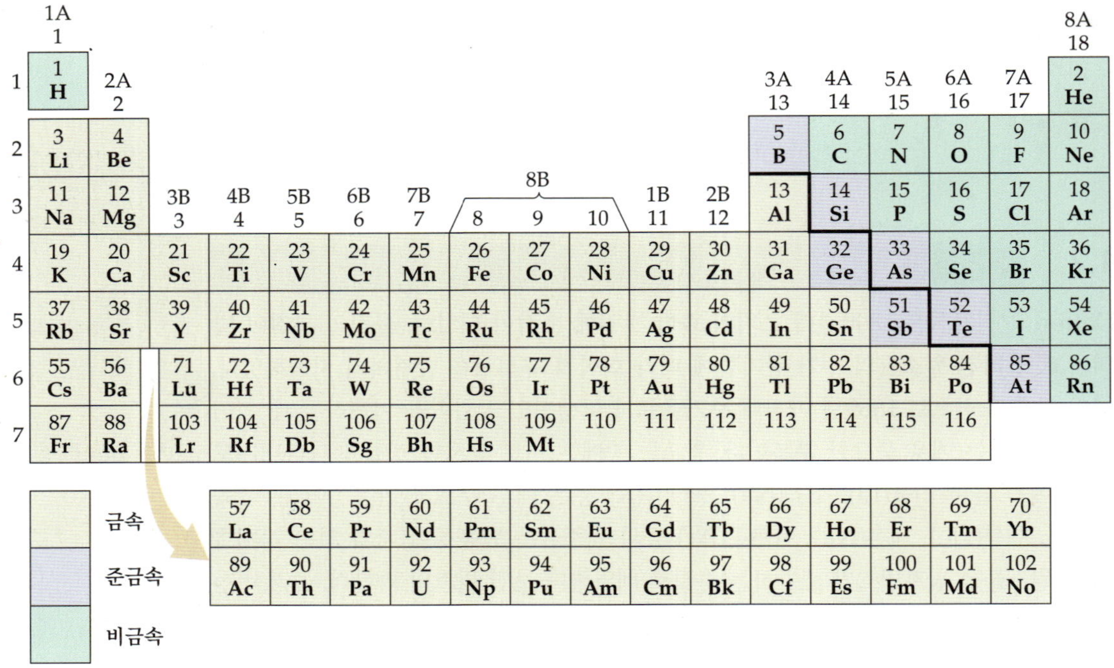

▲ **그림 1.3 원소의 주기율표.** 원소들을 금속, 준금속, 비금속으로 구분하는 주기율표.

제조에 사용되는 금속인 구리(copper), 은(silver), 금(gold) 등은 모두 1B족에 속한다. 그 원소명에 나타난 바와 같이 이 금속들은 주화 제조에 많이 사용된다. 주기율표의 몇 몇 족들은 고유한 명칭을 가지고 있다. 예를 들면 1A, 즉 리튬, 소듐, 포타슘, 루비듐(Rb), 세슘(Cs), 그리고 프란슘(Fr)은 알칼리금속(alkali metal)이라 알려져 있다. 몇 가지 족의 명칭을 표 1.3에 나타내었다.

주기율표에서 같은 족 원소들은 원자의 전자배열 형태가 비슷하기 때문에 유사한 성질을 갖는다. 주기율표를 이용하면 화학자들이 예측했던 바와 같이 원소들의 성질이나 반응성 등을 이해하고, 원소들 사이의 연관성을 찾아내는 데 많은 도움이 된다는 것을 알게 될 것이다. 우리는 주기율표를 처음 대할 때부터 원소들의 물리적 성질에 어떤 경향성을 예측할 수 있다. 주기율표의 왼쪽과 가운데에 있는 모든 원소

표 1.3 주기율표의 몇 가지 족의 명칭

족	명칭	원소
1A	알칼리금속	Li, Na, K, Rb, Cs, Fr
2A	알칼리토금속	Be, Mg, Ca, Sr, Ba, Ra
6A	칼코젠(calcogen)	O, S, Se, Te, Po
7A	할로젠	F, Cl, Br, I, At
8A	영족기체(또는 희유기체)	He, Ne, Ar, Kr, Xe, Rn

들은(수소를 제외하면) 금속과 유사하거나 금속이다. 금속은 광택, 전기전도, 열전도와 같은 특성을 공통적으로 갖고 있다. 수은(Hg)을 제외한 모든 금속은 상온에서 고체이다. 그림 1.3에서처럼 금속은 붕소(B)에서 아스타틴(At)에 이르는 대각선으로 비금속원소(nonmetallic element)들과 구분된다. 그러나 주기율표의 왼쪽에 있는 수소는 비금속에 속한다. 비금속은 실온에서 기체, 액체, 고체 등의 여러 상태로 존재한다. 비금속은 일반적으로 모양이나 물리적 성질이 금속과 다르다(그림 1.4). 금속과 비금속을 분류하는 선을 따라 놓여 있는 안티몬(Sb)과 같은 몇 몇 원소들은 금속과 비금속의 중간 성질을 나타내는 데 이러한 원소들을 흔히 준금속(metalloid)이라고 한다.

▲ **그림 1.4 흔히 볼 수 있는 금속과 비금속.** 비금속의 예로 황(노란 가루), 아이오딘(어둡고 반짝이는 결정), 브로민(유리병에 들어있는 적갈색의 액체), 탄소(숯가루, 다이아몬드, 흑연) 등이 있다. 금속의 예로 알루미늄 렌치, 동관, 납구슬, 은화, 금 등이 있다.

예제 1.4

다음 원소들 중 물리화학적 성질이 유사할 것으로 예상하는 원소는 어느 것인가? Li, Be, F, S, Cl

해답: F와 Cl은 같은 족(7A족, 할로젠)에 속하기 때문에 가장 유사한 성질을 갖는다.

보충 예제

P(인)과 K(포타슘)을 주기율표에 배치하라. 각각의 원자번호를 쓰고, 금속, 비금속 혹은 준금속으로 분류하라.

답: P의 원자번호는 15이고 비금속이다. K의 원자번호는 19이고 금속이다.

1.3 분자와 분자 화합물

원자는 원소를 대표하는 가장 작은 입자이다. 자연에는 보통 영족기체 원소들만 단원자 상태로 발견되고 대부분의 물질들은 2개 이상의 원자가 결합하여 생성된 분자(molecule) 또는 이온(ion)으로 구성되어 있다. 분자는 2개 이상의 원자가 서로 단단히 결합한 집합체이며 화합물을 이루는 기본 구성단위의 하나이다. 원자들을 서로 결합시키는 힘, 즉 화학결합에 대하여서는 다음에 다룰 것이다.

분자와 화학식

많은 원소들은 자연계에 분자 형태로 발견되는 데 이들은 같은 종류의 원자가 둘 이상 서로 결합하여 이루어져 있다. 예를 들면 공기 중의 산소기체는 2개의 산소원자가 결합한 이원자분자이다. 우리는 이 분자 상태의 산소를 O_2라는 화학식(chemical formula)으로 나타낸다. 화학식의 아래첨자는 산소분자가 2개의 산소원자로 만들어졌다는 것을 의미한다. 2개의 원자로 이루어진 분자를 이원자분자(diatomic molecule)라 한다. 산소원자는 오존(ozone)이라 알려진 다른 형태의 분자로도 발견된다. 오존분자는 3개의 산소원자로 이루어져 있어 화학식은 O_3로 나타낸다. 산소분자와 오존분자는 모두 산소원자로만 이루어져있지만 둘은 서로 너무나 다른 화학적 물리적 성질을 갖고

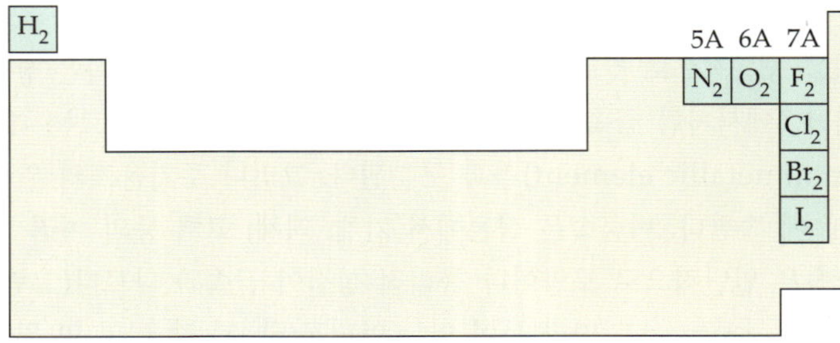

▶ **그림 1.5 실온에서 이원자분자로 존재하는 원소.**

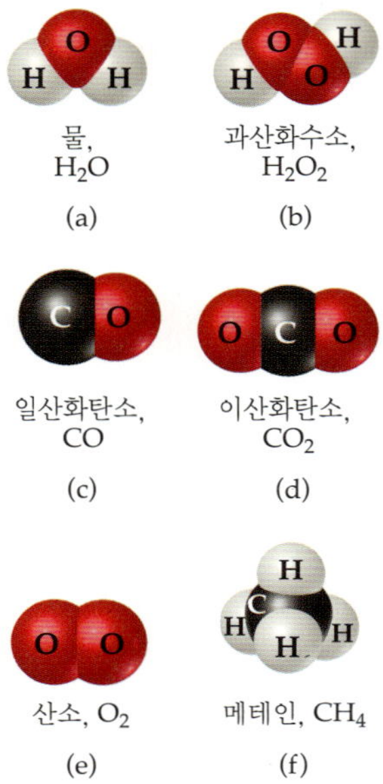

▲ **그림 1.6 몇 가지 간단한 분자들의 모형**

있다. 예를 들면 O_2는 생명유지에 필수적이지만 O_3는 독성을 나타낸다. O_2는 냄새가 없지만 O_3는 비린내 같은 자극성 냄새가 난다.

일반적으로 이원자분자의 형태로 존재하는 원소에는 수소, 산소, 질소, 할로젠 기체 등이 있다. 주기율표상의 이들 원소의 위치를 그림 1.5에 나타내었다. 일반적으로 수소기체라고 하면 H_2를 일컫는다. 마찬가지로 산소, 질소 또는 할로젠 기체라고 하면 O_2, N_2, F_2(또는 Cl_2, Br_2, I_2)를 일컫는다. 흔하지 않지만 이들 원소의 다른 형태는 이들 분자와는 매우 다른 성질을 보인다.

분자로 이루어진 화합물을 분자화합물이라 한다. 이들은 두 가지 이상의 원자들을 포함한다. 예를 들면 물분자는 2개의 수소원자와 1개의 산소원자로 이루어져 있다. 따라서 화학식은 H_2O로 나타낸다. 산소원자에 아래첨자가 없는 것은 1개의 산소원자가 있음을 의미한다. 같은 원소들로 이루어져 있으나 원자수의 상대적 비율에 차이가 있는 화합물로 과산화수소(H_2O_2)가 있다. 이들 두 화합물의 성질은 매우 다르다. 몇 가지의 일반적인 분자들을 그림 1.6에 나타내었다. 각 화합물들의 조성은 화학식에 따라 다르다. 이 화합물들은 비금속 원소로만 이루어져 있는데 분자성 물질의 대부분은 비금속 원소로 구성된다.

분자식과 실험식

분자 내에 존재하는 실제 원자수와 종류를 나타내는 화학식을 분자식(molecular formula)이라 한다. 그리고 분자 내에 존재하는 원자의 종류와 그들의 상대적 수를 가장 간단한 정수비로 나타내는 화학식을 실험식(empirical formula)이라 한다. 실험식에 사용하는 아래첨자들은 항상 가장 작은 정수비를 나타낸다. 예를 들면 과산화수소의 분자식은 H_2O_2이고 실험식은 HO이다. 에틸렌 분자식은 C_2H_4이고, 실험식은 CH_2이다. 물분자(H_2O)와 같이 분자식과 실험식이 같은 경우도 많이 있다. 분자식은 실험식에 비하여 분자의 정보를 더 많이 제공한다. 어떤 화합물의 분자식을 알면 그 분자의 실험식을 알 수 있다. 하지만 그 반대의 경우는 성립하지 않는다. 만일 어느 물질의 실험식을 안다 할지라도 추가로 다른 정보가 없으면 분자식을 알아낼 수 없다. 그런데 화학자들이 물질의 실험식에 관심을 보이는 이유는 무엇일까? 몇 가지 자주 쓰는 물질 분석법들로부터 실험식만 알아낼 수 있다. 그러나 일단 실험식을 알아낸 후 실험식을 분자식으로 바꾸는 데 필요한 정보를 추가로 얻는다. 원소상태의 탄소와 같이 분리된 분자로 존재하지 않는 물질들도 있다. 따라서 탄소는 원소기호 C 로 나타내는 데 이것이 바로 실험식이다.

예제 1.5

다음 분자들의 실험식을 쓰라. **(a)** glucose, 혈당 또는 덱스트로즈라고 알려진 $C_6H_{12}O_6$, **(b)** 산화이질소, 마취제로 사용하고 대개 "웃음 기체"라고 하며 분자식은 N_2O이다.

해답: (a) 실험식은 가장 적은 정수비의 아래첨자를 갖는다. 최소 비는 각 아래첨자를 최대공약수 6으로 나누어 얻는다. 따라서 실험식은 CH_2O이다. **(b)** N_2O의 아래첨자는 이미 최소 정수비이므로 산화이질소의 실험식은 분자식(N_2O)과 같다.

보충 예제

분자식이 Si_2H_6인 물질의 실험식은 무엇인가?

답: SiH_3

분자의 표시

한 물질의 분자식은 그 물질의 조성을 요약한 것이지만 분자가 어떤 모양을 하는지는 알려주지 않는다. 물, 과산화수소 및 메테인의 화학식을 다음과 같이 나타낼 수 있다.

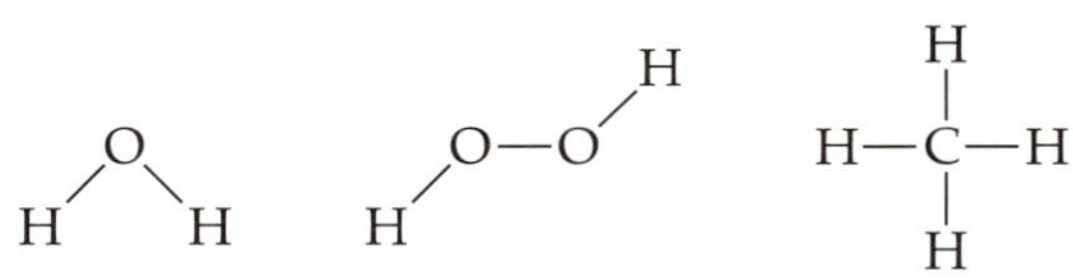

물 과산화수소 메테인

이들 화학식을 구조식이라 한다. 물질의 구조식(structural formula)은 어느 원자들이 분자 내의 어느 원자에 결합하는지를 보여준다. 원자들을 원소기호로 나타내고 원자들이 서로 연결된 결합을 선으로 나타낸다.

대부분의 경우 구조식은 분자 내의 원자들 사이의 결합각도와 같은 실제적 기하모양을 보여주지 않는다. 그러나 구조식은 그림 1.7과 같이 삼차원 모양의 투시도(perspective drawing)의 형태로도 나타낼 수 있다. 과학자들은 분자를 형상화하기 위하여 다양한 모델들을 사용한다. 공-막대 모형(ball-and-stick model)은 원자를 공으로, 그리고 결합을 막대로 나타내며, 분자 내의 한 원자에 붙어 있는 다른 원자들의 각도를 표현하는 데 유리하다(그림 1.7). 때로는 모든 원자들을 같은 크기의 공으로 나타내기도 하며, 원자들의 상대적 크기를 고려하여 서로 다른 크기의 공을 사용하기도 한다. 어떤 경우는 공에 원소기호를 써넣거나 단지 공의 색깔을 달리하여 원자들을 구별한다.

공간-채움 모형(space-filling model)은 분자의 크기를 확대할 때의 모양을 정확히 보여준다. 이들 모형은 원자들의 상대적 크기를 보여주지만 분자의 기하구조를

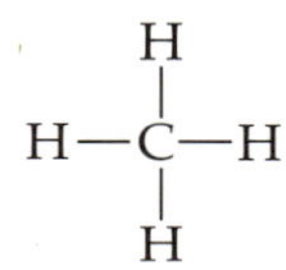

구조식

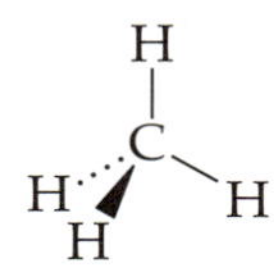

투시도

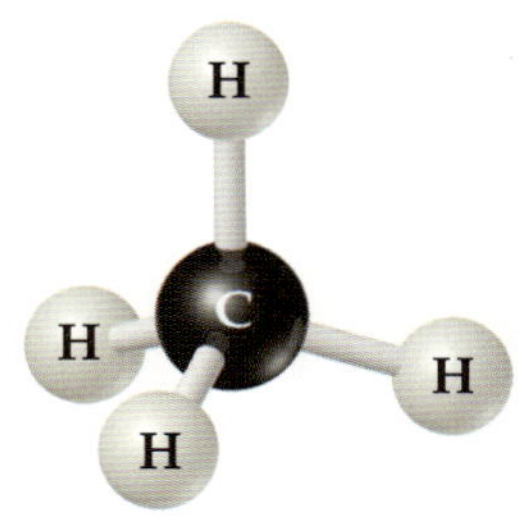

공-막대 모형

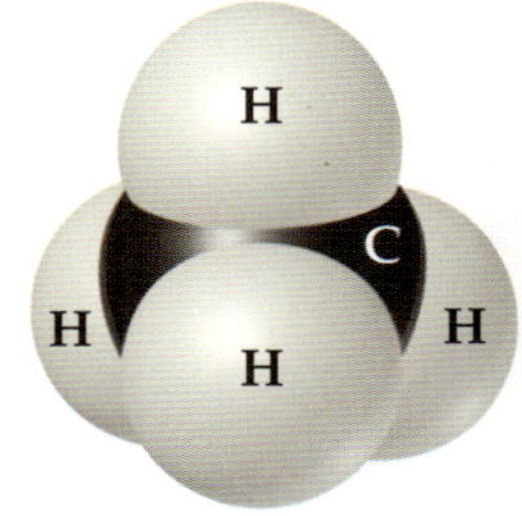

공간-채움 모형

▲ 그림 1.7 메테인 분자의 서로 다른 표시 방법.

파악할 때 유용한 원자 간의 각도는 공-막대 모형의 경우에 비하여 알아보기 어렵다. 각 원자들의 종류는 공-막대 모형의 경우와 같이 색깔로 나타내거나 원소기호를 써넣어 구별한다.

1.4 이온

일반적으로 화학반응이나 화학적 과정에서 원자핵은 변화가 없으나 원자는 전자를 쉽게 잃거나 얻을 수 있다. 중성원자에서 전자를 제거하거나 가하면 이온(ion)이라는 전하입자를 생성한다. 양전하의 이온을 양이온(cation)이라 하고, 음전하의 이온을 음이온(anion)이라 한다. 예를 들면 11개의 양성자와 11개의 전자를 갖는 소듐원자는 전자 하나를 쉽게 잃을 수 있다. 그렇게 생성된 양이온은 11개의 양성자와 10개의 전자를 가지므로 실제 전하는 1+이다. 이온의 실제 전하는 위첨자로 나타내고 +, 2+, 3+는 전자를 각각 하나, 둘, 세 개씩 잃었을 때 생성되는 전하를 의미한다. 반면 위첨자 −, 2−, 3− 는 전자를 각각 하나, 둘, 세 개씩 얻을 때 생기는 전하를 의미한다. Na 원자로부터 Na^+ 이온을 생성하는 과정은 다음과 같다.

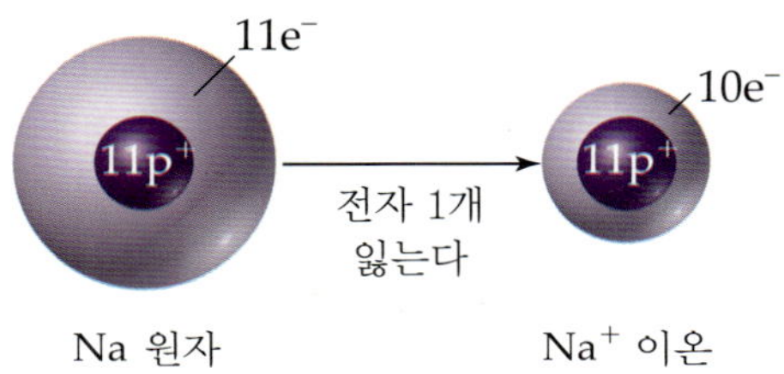

17개의 양성자와 17개의 전자를 갖고 있는 염소는 흔히 화학반응에서 전자 하나를 얻어 다음과 같이 Cl^- 이온을 생성한다.

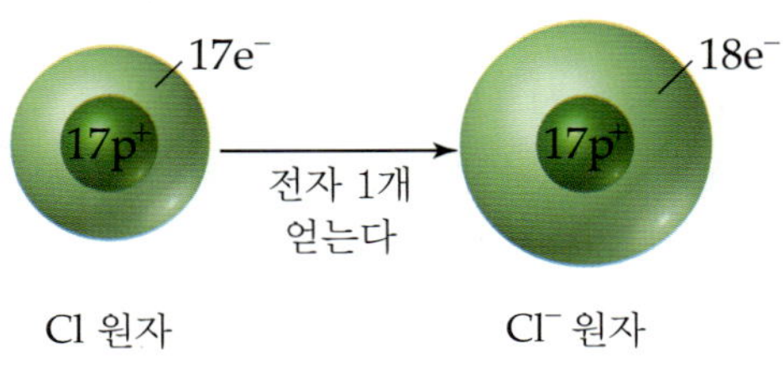

일반적으로 금속원자는 전자를 주기 쉽고, 비금속원자는 전자를 잘 받아들인다.

예제 1.6

다음 이온들의 완전한 화학기호를 쓰라. **(a)** 26개의 양성자, 30개의 중성자, 24개의 전자를 갖는 이온, **(b)** 16개의 중성자와 18개의 전자를 갖는 인(phosphorus)이온

해답: **(a)** 26개 양성자(원자번호가 26)를 갖는 원소는 철(Fe)이다. 이 원소의 원자질량은

26 + 30 = 56(양성자와 중성자수의 합)이다. 전자 수에 비하여 양성자의 수가 2개 더 많으므로 실제 전하는 2+이다. 그러므로 이 이온의 완전한 화학기호는 $^{56}_{26}Fe^{2+}$이다. **(b)** 주기율표에 의하면 인(원소기호: P)의 원자번호는 15이다. 따라서 원자는 15개 양성자가 있다. 이 온의 질량수는 15 + 16 = 31이다. 이 이온은 15개 양성자와 18개의 전자를 가지므로 전자는 양성자보다 3개가 많고 실제 전하는 3−이다. 따라서 완전한 화학기호는 $^{31}_{15}P^{3-}$이다.

보충 예제

Se^{2-} 이온에 존재하는 양성자와 전자의 수는 각각 몇 개인가?

답: 양성자 34개, 전자 36개

Na^+나 Cl^-와 같은 간단한 이온들 뿐만 아니라, NO_3^-(질산이온)이나 SO_4^{2-}(황산이온) 같은 다원자이온(polyatomic ion)도 존재한다. 이 이온들은 원자들이 분자와 같은 형태로 결합하여 이루어져 있지만 실제로 양전하나 음전하를 갖는다. 이온들의 화학적 성질은 이들을 생성한 원래 원자들과 매우 다르며, 그 차이는 '지킬박사와 하이드' 만큼이나 크다. 몸체는 같고 다만 전자의 수가 몇 개 적거나 많을 뿐이지만, 그들의 성질이나 반응성에는 커다란 차이가 있다.

이온전하의 예측

원자들은 전자를 잃거나 얻을 수 있다. 그리고 그 전자수는 주기율표상에서 가장 가까운 영족기체의 전자수와 같게 된다. 영족기체의 원소들은 화학적으로 매우 비활성이고, 단지 소수의 몇 가지 화합물만 생성할 뿐이다. 그 이유는 이들의 전자배치가 매우 안정하기 때문이다. 원소들은 전자를 잃거나 얻어 이웃한 영족기체와 같은 안정한 전자배치를 이룰 수 있다. 예를 들어 Na 원자는 전자 하나를 잃어 중성의 Ne(원자번호 10)과 같은 전자배치를 가질 수 있다. 마찬가지로 Cl 원자는 전자 하나를 얻어 원자번호 18의 Ar과 같은 전자배치를 갖는다.

예제 1.7

바륨과 산소로부터 생성할 수 있는 가장 안정한 이온의 전하를 예측하라.

해답: 주기율표로부터 바륨은 원자번호 56임을 알 수 있다. 가장 가까운 이웃 영족기체는 원자번호 54의 Xe이다. 바륨은 2개의 전자를 잃고 Ba^{2+} 이온을 생성하여 54개의 안정한 전자배치를 가질 수 있다. 산소는 원자번호가 8이다. 가장 가까운 이웃 영족기체는 원자번호가 10인 Ne이다. 산소는 2개의 전자를 얻어 안정한 전자배치를 이룰 것이고, 음이온(O^{2-})을 생성할 것이다.

보충 예제

가장 안정한 Al 이온의 전하를 예측하라.

답: 3+

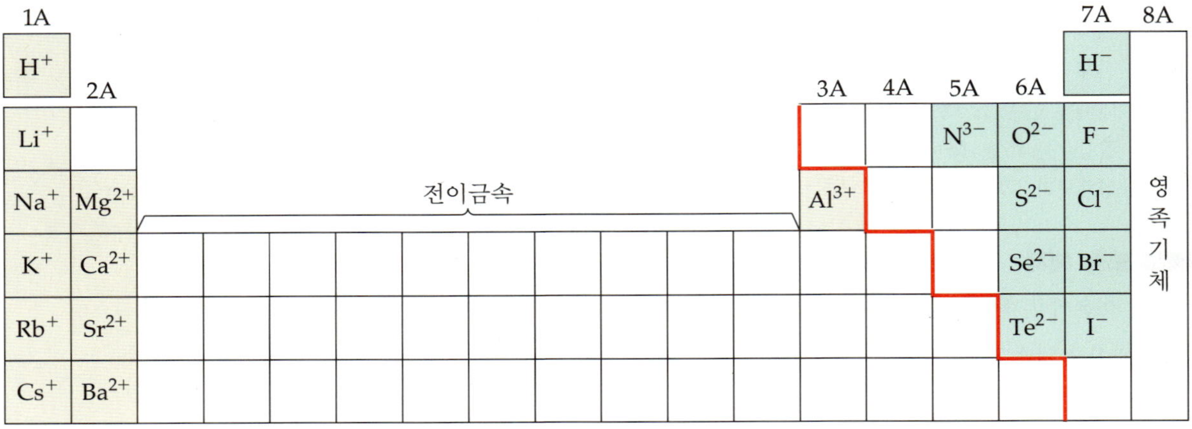

▲ **그림 1.8 몇 가지 흔한 이온들의 전하.** 금속을 비금속과 구별하는 계단 선은 양이온과 음이온도 구별한다.

주기율표는 이온들, 특히 주기율표의 좌우 끝 원소들의 이온 전하를 기억하는 데 매우 유용하다. 그림 1.8처럼 이 이온들의 전하는 간단히 주기율표상의 위치와 연관지을 수 있다. 예를 들어 표 왼쪽의 알칼리금속(1A족) 원소들은 1+ 이온을 생성하고, 알칼리토금속(2A족)의 원소들은 2+ 이온을 생성한다. 표 오른쪽의 할로젠(7A족) 원소들은 1− 이온을, 6A족 원소들은 2− 이온을 생성한다. 그러나 다수의 다른 족 원소들은 이와 같은 단순한 규칙을 따르지 않는다.

이온화합물

많은 화학적 과정들에서 전자이동이 관여한다. 한 중성원자로부터 다른 중성원자로 전자가 이동할 때 이온이 생성된다. 그림 1.9와 같이 원소상태의 소듐이 원소상태의 염소와 반응할 때 전자 하나가 소듐원자로부터 염소원자로 이동한다. 그 결과 Na^+ 이온과 Cl^- 이온이 각각 생긴다. 그러나 이것으로 그치는 것이 아니라 반대의 전하를 갖는 두 입자끼리 서로 인력이 작용하기 때문에 Na^+ 이온과 Cl^- 이온은 결합하여 NaCl 이온화합물을 생성한다. 이온화합물(ionic compound)은 양전하의 이온과 음전하의 이온을 동시에 함유하는 화합물이다.

때때로 어떤 화합물의 조성으로부터 그 화합물이 이온으로 구성된 이온화합물인지 분자들로 구성된 분자화합물인지 구별할 수 있다. 일반적으로 양이온은 금속이온들이고 음이온은 비금속이온들이다. 결과적으로 이온화합물들은 대개 NaCl의 경우와 같이 금속과 비금속들의 결합체이고, 분자화합물들은 H_2O 경우와 같이 비금속으로 이루어져 있다.

예제 1.8

다음 화합물 중 이온성인 것은? N_2O, Na_2O, $CaCl_2$, SF_4

해답: Na_2O와 $CaCl_2$는 금속과 비금속으로 구성되기 때문에 이온성이라고 예측할 수 있다. 다른 두 화합물들은 전부 비금속으로 구성되므로 분자성이다.

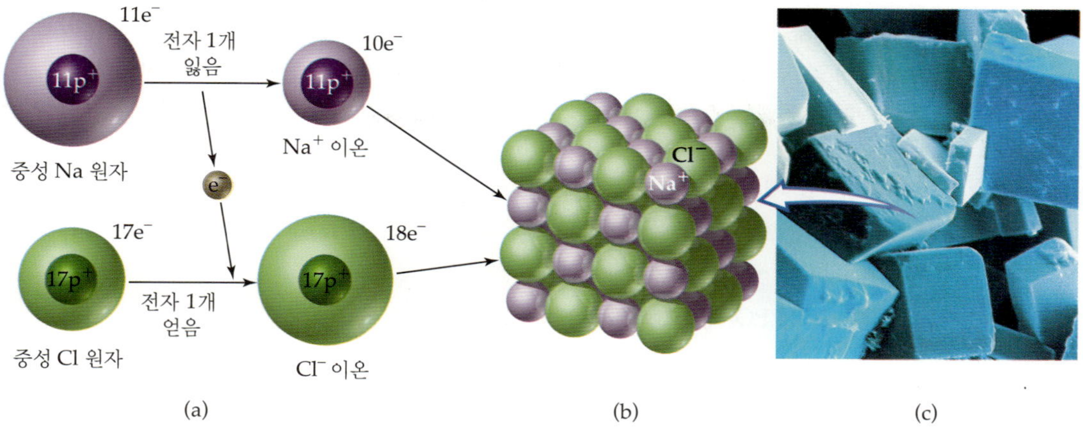

▲ **그림 1.9 이온화합물의 생성.** (a) Na 원자에서 1개의 전자를 Cl 원자로 옮겨 Na^+와 Cl^- 이온 생성. (b) NaCl에서의 이온 배열 (c) NaCl 결정

보충 예제

다음 화합물 중 분자성인 것은? CI_4, FeS, P_4O_6, PbF_2

답: CI_4와 P_4O_6

이온화합물의 이온들은 삼차원 구조로 배열된다. 염화소듐(NaCl)에서 Na^+ 이온과 Cl^- 이온의 배열은 그림 1.9와 같다. NaCl은 유리된 분자가 아니기 때문에 이 물질은 오직 실험식만 있을 뿐이다. 실제로 대부분의 이온화합물은 실험식만 쓸 수 있다. 이온화합물의 경우 그것을 구성하는 이온들의 전하를 알고 있으면 실험식을 쓰는 것은 매우 간단하다. 화학물질들은 대부분 전기적으로 중성이다. 결과적으로 이온화합물의 이온들은 항상 전체 양이온의 전하와 전체 음이온의 전하가 같은 비율로 존재한다. 따라서 하나의 Na^+이온과 하나의 Cl^-이온이 결합하여 NaCl을, 하나의 Ba^{2+} 이온과 2개의 Cl^-이온이 결합하여 $BaCl_2$를 이룬다. 이와 같은 예들을 고려할 때 양이온과 음이온의 전하가 같으면 각 이온들의 아래첨자는 1이 됨을 알 수 있다. 만일 전하가 같지 않으면 이온의 전하가 다른 상대이온의 아래첨자(부호를 생략)로 될 것이다. 예를 들어 Mg^{2+}와 N^{3-}이온으로 이루어진 이온화합물의 실험식은 Mg_3N_2가 된다.

예제 1.9

다음 이온으로 구성된 화합물의 실험식을 쓰시오.

(a) Al^{3+}와 Cl^- **(b)** Al^{3+}와 O^{2-} **(c)** Mg^{2+}와 NO_3^-

해답: **(a)** Al^{3+} 이온의 전하 균형을 맞추려면 3개의 Cl^-이 필요하므로 실험식은 $AlCl_3$이다. **(b)** 3개의 O^{2-} 이온과 전하 균형을 맞추려면 2개의 Al^{3+} 이온이 필요하므로 실험식은 Al_2O_3이다.(양이온의 전체 전하는 6+, 음이온의 전체 전하는 6−이다) **(c)** 1개의 Mg^{2+}

이온 전하와 균형을 맞추려면 2개의 NO_3^- 이온이 필요하므로 실험식은 $Mg(NO_3)_2$이다. 이 경우 음이온의 화학식은 그 이온을 구성하는 모든 원자를 괄호 속에 넣고 아래첨자 2를 쓴다.

보충 예제

다음 이온으로 생성되는 화합물의 실험식을 쓰시오. **(a)** Na^+와 PO_4^{3-}, **(b)** Zn^{2+}와 SO_4^{2-}, **(c)** Fe^{3+}와 CO_3^{2-}

답: (a) Na_3PO_4, (b) $ZnSO_4$, (c) $Fe_2(CO_3)_3$

1.5 화합물의 명명

특정한 물질의 정보를 얻으려면 그 물질의 화학식과 이름을 알아야 한다. 화합물의 이름과 식은 화학의 필수불가결한 용어이다. 물질의 명명은 화학명명법(chemical nomenclature)이라 하고, 이는 라틴어의 이름(nomen)과 부르다(calare)에서 유래하였다. 현재 천만 개 이상의 화합물이 알려져 있다. 만일 각 물질이 서로 독립적인 특별한 이름을 가져야 한다면 모두의 이름을 짓는 것은 복잡한 작업이 될 것이다. 물(H_2O)이나 암모니아(NH_3)같이 오랫동안 알려진 중요한 물질들은 나름의 고유한 이름을 갖고 있다. 그러나 대부분의 물질은 그 이름을 통해 정보를 얻을 수 있고 각 물질에 고유한 이름을 줄 수 있는, 물질의 구성에 바탕을 둔 체계적 규칙을 사용하여 명명한다.

화학명명법의 규칙은 물질을 서로 다른 범주로 분류하는 바탕이 된다. 주요한 분류는 유기화합물과 무기화합물이다. 유기화합물(organic compound)은 탄소를 포함하며 보통 수소, 산소, 질소 또는 황이 들어 있는 화합물이다. 이외의 다른 모든 물질은 무기화합물(inorganic compound)이다. 초기 화학자들은 유기화합물을 식물이나 동물과 관련지었고, 무기화합물은 무생물체와 연관시켰다. 비록 생명이 있는지 없는지 구별하는 것은 더 이상 적합하지 않지만 물질을 유기화합물과 무기화합물로 분류하는 것은 아직도 유용하다. 무기화합물 중 이온화합물, 분자화합물, 산의 명명에 대하여 살펴보겠다(영어식 명명법을 적용하고, 한글 명명은 대한화학회에서 제정한 명명법에 따른다).

이온화합물의 이름과 화학식

이온화합물은 대개 금속과 비금속의 화학적 조합으로 이루어져 있다. 금속은 양이온을, 비금속은 음이온을 생성한다. 양이온과 음이온의 이름을 살펴본 후 이온화합물을 구별하기 위해 어떻게 각 이온들의 이름을 합쳐 화합물을 명명하는지 알아본다.

양전하 이온(양이온, cation)

a. 금속원자로부터 생성하는 양이온은 금속과 같은 이름을 갖는다.

Na^{+} 소듐이온,
Zn^{2+} 아연이온,
Al^{3+} 알루미늄이온

원자로부터 생성되는 이온을 단원자이온(monoatomic ion)이라 한다.

b. 만일 한 금속이 여러 전하의 양이온을 생성하면 금속 이름을 쓰고 괄호 안에 로마 숫자로 양전하를 표시한다.

Fe^{2+} 철(II)이온,
Fe^{3+} 철(III)이온,
Cu^{+} 구리(I)이온
Cu^{2+} 구리(II)이온

이온의 전하가 다르면 색깔도 다르고 성질도 다르다(그림 1.10).

주기율표의 3B에서 2B까지의 전이금속(transition metal) 대부분은 여러 가지 전하를 갖는다. 이온들의 전하는 로마숫자로 표시한다. 보통 1A족(Li^{+}, Na^{+}, K^{+}, Cs^{+})에 속하는 이온과 2A(Mg^{2+}, Ca^{2+}, Sr^{2+}, Ba^{2+})에 속하는 이온, Al^{3+}(3A족), 전이금속이온인 Ag^{+}(1B족), Zn^{2+}(2B족) 등은 한 종류의 전하만 갖는다. 이온을 명명할 때 전하가 명확히 표기되지 않는 경우가 있다. 만일 금속이 하나 이상의 양이온을 생성하면 로마숫자로 전하를 표시한다.

두 가지 전하를 갖는 금속이온을 구별할 때 어미에 *-ous*나 *-ic*의 접미어 붙이는 방식을 아직도 널리 사용한다. 이 접미어는 각각 낮은 상태와 높은 상태의 전하를 가리키는데 원소 이름의 어간에 붙여 사용한다.

Fe^{2+} 제일철이온(ferrous ion)
Cu^{+} 제일구리이온(cuprous ion)
Fe^{3+} 제이철이온(ferric ion)
Cu^{2+} 제이구리이온(cupric ion)

이 책에서는 이런 옛 이름을 사용하지 않지만 다른 곳에서는 이런 이름들을 접할 수도 있다.

c. 비금속원자로부터 생성되는 양이온은 *-ium*으로 끝나는 이름을 갖는다.

NH_4^{+} 암모늄이온(ammonium ion)
H_3O^{+} 하이드로늄이온(hydronium ion)

이 두 가지 이온은 자주 나오는 이온이다. 이들은 모두 다원자(polyatomic, 여러 개의 원자로 이루어짐)이온이지만 양이온의 대다수는 단원자금속이온이다.

가장 흔한 양이온들의 이름과 화학식을 표 1.4에 나타내었다. 왼쪽에 나열한 이온들은 하나의 전하를 갖는 단원자이온이고, 오른쪽에는 다원자양이온과 여러 개의 전하를 갖는 양이온들을 나열하였다. Hg_2^{2+} 이온은 단원자가 아니라는 점이 특이하다. 2개의 Hg^{+} 이온이 결합한 것이라고 생각할 수 있기 때문에 수은(I)이온이라 한다.

▲ **그림 1.10 같은 원소의 이온화합물이지만 전하가 다르면 모양과 성질이 매우 다르다.** 왼쪽은 철(II)이온이 CN_2 이온과 결합한 경우이고 오른쪽은 철(III)이온이 CN_2이온과 결합한 페로시안화포타슘이다. 두 물질은 인쇄나 염색에 널리 사용된다.

표 1.4 일반적인 양이온

전 하	화학식	이 름	화학식	이 름
1+	H^+	Hydrogen ion	NH_4^+	Ammonium ion
	Li^+	Lithium ion	Cu^+	Copper(I) or cuprous ion
	Na^+	Sodium ion		
	K^+	Potassium ion		
	Cs^+	Cesium ion		
	Ag^+	Silver ion		
2+	Mg^{2+}	Magnesium ion	Co^{2+}	Cobalt(II) or cobaltous ion
	Ca^{2+}	Calcium ion	Cu^{2+}	Copper(II) or cupric ion
	Sr^{2+}	Strontium ion	Fe^{2+}	Iron(II) or ferrous ion
	Ba^{2+}	Barium ion	Mn^{2+}	Manganese(II) or manganous ion
	Zn^{2+}	Zinc ion	Hg_2^{2+}	Mercury(I) or mercurous ion
	Cd^{2+}	Cadmium ion	Hg^{2+}	Mercury((II) or mercuric ion
			Ni^{2+}	Nickel(II) or nickelous ion
			Pb^{2+}	Lead(II) or plumbous ion
			Sn^{2+}	Tin(II) or stannous ion
3+	Al^{3+}	Aluminum ion	Cr^{3+}	Chromium(II) or chromic ion
			Fe^{3+}	Iron(III) or ferric ion

음전하이온(음이온, anion)

a. 단원자음이온은 원소 이름의 어미를 지우고 대신에 접미어 *-ide*를 첨가한다.

H^- 수소화(hydride)이온
O^{2-} 산화(oxide)이온
N^{3-} 질화(nitride)이온

몇 개의 단순한 다원자음이온도 *-ide*로 끝나는 이름을 갖는다.

OH^- 수산화(hydroxide)이온
CN^- 시안화(cyanide)이온
O_2^{2-} 과산화(peroxide)이온

b. 산소를 포함하는 다원자이온은 *-ate* 또는 *-ite*로 끝나는 접미어를 갖는다. 이러한 음이온을 옥시음이온(oxyanion)이라 한다. 어미의 *-ate*는 원소의 가장 흔한 옥시음이온에 사용하며 *-ite*는 같은 전하를 갖지만 산소가 하나 적은 옥시음이온에 사용한다.

NO_3^- 질산이온(nitrate)
SO_4^{2-} 황산이온(sulfate)
NO_2^- 아질산이온(nitrite)
SO_3^{2-} 아황산이온(sulfite)

표 1.5 일반적인 음이온

전 하	화학식	이 름	화학식	이 름
1	H^-	Hydride ion	$C_2H_3O_2^-$	Acetate ion
	F^-	Fluoride ion	ClO_3^-	Chlorate ion
	Cl^-	Chloride ion	ClO_4^-	Perchlorate ion
	Br^-	Bromide ion	NO_3^-	Nitrate ion
	I^-	Iodide ion	MnO_4^-	Permanganate ion
	CN^-	Cyanide ion		
	OH^-	Hydroxide ion		
2−	O^{2-}	Oxide ion	CO_3^{2-}	Carbonate ion
	O_2^{2-}	Peroxide ion	CrO_4^{2-}	Chromate ion
	S^{2-}	Sulfide ion	$Cr_2O_7^{2-}$	Dichromate ion
			SO_4^{2-}	Sulfate ion
3−	N^{3-}	Nitride ion	PO_4^{3-}	Phosphate ion

산소가 할로젠과 결합할 때처럼 옥시음이온의 종류는 네 가지로 늘어날 수 있는데 이때는 접두어를 사용한다. 접두어 *per*-(과)는 -*ate*로 끝나는 옥시음이온보다 산소원자가 하나 더 있을 때 사용하고 *hypo*-(하이포)는 -*ite*로 끝나는 옥시음이온보다 산소원소가 하나 적을 때 사용한다.

ClO_4^- 과염소이온(perchlorate)
ClO_3^- 염소산이온(chlorate)
ClO_2^- 아염소산이온(chlorite)
ClO^- 하이포염소산이온(hypochlorite)

c. 옥시음이온에 H^+를 첨가하여 유도한 음이온은 적당히 수소(hydrogen)나 이수소(dihydrogen)를 접두어로 첨가한다.

CO_3^{2-} 탄산이온(carbonate)
PO_4^{3-} 인산이온(phosphate)
HCO_3^- 탄산수소이온(hydrogen carbonate)
$H_2PO_4^-$ 인산이수소이온(dihydrogen phosphate)

H^+는 어미음이온의 음전하를 하나 감소시킨다. 이러한 이온을 명명하는 기존 방식은 접두어 *bi*-를 사용하였다. HCO_3^-는 흔히 bicarbonate 이온이라 하고 HSO_4^-는 bisulfate 이온이라 한다.

일반적으로 많이 알려진 음이온의 이름과 식을 표 1.5에 나타내었다. -*ide*로 끝나는 이름의 이온은 표의 왼쪽, *ate*(-산)로 끝나는 이온은 표의 오른쪽에 배열되어 있다. -*ate*로 끝나는 이온에서 O를 하나 제거하면 -*ite*(아-산)로 끝나는 이름의 이온식이 만들어진다. 7A족(F^-, Cl^-, Br^-, I^-)의 단원자이온은 항상 1−의 전하를 갖는 반면 6A족(O^{2-}, S^{2-})의 이온은 2−의 전하를 갖는다.

예제 1.10

셀렌늄산이온(selenate ion)의 화학식은 SeO_4^{2-}이다. 아셀레늄산이온(selenite ion)의 화학식을 쓰시오.

해답: 아셀레늄산이온은 셀레늄산이온과 전하는 같고 산소원자의 수는 하나 적어 SeO_3^{2-}이다.

보충 예제

브로민산이온(bromate)은 BrO_3^-이다. 차아브로민산이온 혹은 하이포브로민산이온(hypobromide)의 화학식을 쓰시오

답: BrO^-

이온화합물

이온화합물의 영어 표기 이름은 양이온의 이름을 먼저 쓰고 음이온의 이름을 붙인다.

$BaBr_2$	브로민화바륨(barium bromide)
$Al(NO_3)_3$	질산알루미늄(aluminum nitrate)
$Cu(ClO_4)_2$	과염소산구리(II)(copper(II)perchlorate)

Aluminum nitrate나 copper(II) perchlorate의 화학식을 쓸 때 괄호를 어떻게 사용하는지 주목하라. 화합물이 2개 또는 그 이상의 다원자이온을 포함하는 경우 괄호 다음에 적당한 아래첨자로 나타낸다.

예제 1.11

다음 화합물의 이름을 쓰시오. **(a)** K_2SO_4, **(b)** $Ba(OH)_2$, **(c)** $FeCl_3$

해답: 이온화합물을 명명할 때 다원자이온을 구별하는 것과 여러 전하를 갖는 양이온의 전하를 결정하는 것이 중요하다. **(a)** 양이온은 K^+이고 음이온은 SO_4^{2-}이다.(만일 이 화합물이 S^{2-}와 O^{2-}를 함유한다고 생각하면 다원자이온인 황산이온을 식별하지 못한 것이다.) 이온의 이름을 결합하여 황산포타슘(potassium sulfate)이라는 이름을 얻는다. **(b)** Ba^{2+}과 OH^- 이온으로 이루어져 있다. Ba^{2+}는 바륨이온이고, OH^-는 수산화이온이므로 이 화합물의 이름은 수산화바륨(barium hydroxide)이라고 한다. **(c)** 철은 여러 개의 전하를 가질 수 있기 때문에 먼저 철의 전하를 결정해야 한다. 이 화합물은 3개의 Cl^-를 포함하므로 양이온은 iron(III) 또는 ferric ion이라 하는 Fe^{3+}이어야 한다. Cl^-는 chloride이므로 이 화합물의 이름은 iron(III) chloride[염화철(III)] 또는 ferric chloride(염화제이철)이다.

보충 예제

다음 화합물의 이름을 쓰시오. **(a)** NH_4Br, **(b)** Cr_2O_3, **(c)** $Co(NO_3)_2$

답: **(a)** ammonium bromide(브로민화암모늄), **(b)** chromium(III)oxide[산화크로뮴(III)], **(c)** cobalt(II) nitrate[질산코발트(II)]

예제 1.12

다음 화합물의 화학식을 쓰시오. **(a)** potassium sulfide, **(b)** calcium hydrogen carbonate, **(c)** nickel(II) perchlorate

해답: 이온화합물의 이름에서 화학식을 유추할 때 아래첨자를 결정하기 위해 이온의 전하를 알아야 한다. **(a)** potassium ion은 K^+이고 sulfide ion은 S^{2-}이다. 이온화합물은 전기적으로 중성이므로 2개의 K^+은 하나의 S^{2-}와 전하 균형이 맞다. 따라서 실험식은 K_2S이다. **(b)** Calcium ion은 Ca^{2+}이다. Carbonate ion은 CO_3^{2-}이므로 hydrogen carbonate ion은 HCO_3^-이다. 하나의 Ca^{2+} 전하와 균형을 맞추는 데 2개의 HCO_3^-가 필요하므로 이 화합물의 식은 $Ca(HCO_3)_2$이다. **(c)** Nickel(II) ion은 Ni^{2+}이다. Chlorate ion보다 산소가 하나 더 있는 perchlorate ion은 ClO_4^-이다. 하나의 Ni^{2+} 이온과 균형을 맞추는 데 2개의 ClO_4^-이 필요하므로 $Ni(ClO_4)_2$이다.

보충 예제

다음 화학식을 쓰시오. **(a)** magnesium sulfate, **(b)** silver sulfide, **(c)** lead(II) nitrate

답: **(a)** $MgSO_4$, **(b)** Ag_2S, **(c)** $Pb(NO_3)_2$

산의 이름과 화학식

산은 수소를 포함하는 중요한 화합물로서 특별한 방식으로 이름을 붙인다. 산은 물에 녹을 때 수소이온(H^+)을 낼 수 있는 분자를 가진 물질이라고 일단 정의한다. 이 단계에서 산의 화학식을 보면 HCl과 H_2SO_4처럼 H를 첫 번째 원소로 사용하여 산을 표현할 것이다. 우리는 산을 어떤 음이온과 완전히 중화할 수 있거나, 또는 전기적으로 균형을 맞출 수 있기에 충분한 양의 H^+ 이온으로 구성된 화합물이라고 생각할 수 있다. 그러므로 SO_4^{2-}는 2개의 H^+이 필요하고 따라서 H_2SO_4를 생성한다. 산의 이름은 그림 1.11에 요약한 대로 음이온의 이름과 관련이 깊다.

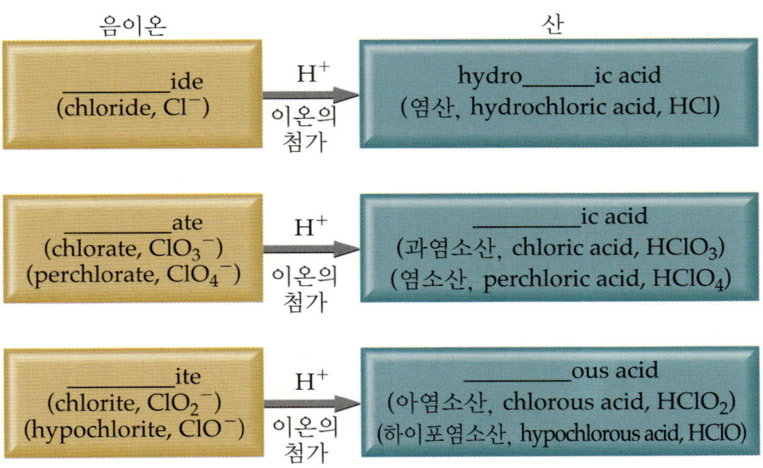

▶ **그림 1.11 음이온 이름과 산 이름의 연관성.** 음이온 이름에서 산의 이름으로 바꿀 때 접두어 per와 hypo는 그대로 유지된다.

1. 이름의 끝에 *-ide*를 갖는 음이온은 다음처럼 *hypo-* 접두어와 *-ic* 접미어를 갖는 산과 관련이 있다.

음이온	연관된 산
Cl^-(chloride)	HCl(hydrochloric acid)
S^{2-}(sulfide)	H_2S(hydrosulfuric acid)

2. 이름이 *-ate*로 끝나는 음이온은 접미어가 *-ic*의 산과 관련이 있고, 반면에 *-ite*로 끝나는 음이온은 *-ous*의 접미어와 관련이 있다. 음이온 접두어는 산의 이름에 그대로 유지한다. 이러한 규칙은 염소의 옥시음이온으로 나타낼 수 있다.

음이온	연관된 산
ClO^-(hypochlorite)	HClO(hypochlorous acid)
ClO_2^-(chlorite)	$HClO_2$(chlorous acid)
ClO_3^-(chlorate)	$HClO_3$(chloric acid)
ClO_4^-(perchlorate)	$HClO_4$(perchloric acid)

예제 1.13

다음 산의 이름을 쓰시오. (a) HCN, (b) HNO_3, (c) H_2SO_4, (d) H_2SO_3

해답: (a) 이 산을 유도한 음이온은 시안화이온(cyanide ion, CN^-)이다. *-ide* 접미어를 가지고 있으므로 *hydro-* 접두어와 *-ic* 접미어를 붙여 시안산(hydrocyanic acid)이라 한다. HCN의 수용액을 hydrocyanic acid라 하고 순수한 화합물은 시안화수소(hydrogen cyanide)라 한다. **(b)** NO_3^-는 질산이온(nitrate ion)이므로 HNO_3는 질산(nitric acid)이라 한다(음이온의 접미어 *-ate*는 산의 이름을 지을 때 어미 *-ic*로 대치한다). **(c)** SO_3^{2-}는 아황산이온(sulfite ion)이므로 H_2SO_3는 아황산(sulfurous acid)이다(음이온의 접미어 *-ite*는 접미어 *-ous*로 대치한다).

보충 예제

다음 화학식을 쓰시오. **(a)** hydrobromic acid, **(b)** carbonic acid

답: (a) HBr, **(b)** H_2CO_3

이원소 분자화합물의 명칭과 화학식

이원소(binary) 분자화합물을 명명하는 방법은 이온화합물을 명명할 때의 절차와 비슷하다.

1. 보통 주기율표의 가장 왼쪽에 있는 원소 이름을 먼저 쓴다.
2. 2개의 원소가 주기율표상에서 같은 족에 속하면 낮은 쪽의 것을 먼저 쓴다.
3. 두 번째 원소의 이름에 접미어 *-ide*를 붙인다.

표 1.6 비금속 사이의 이원소화합물을 명명할 때 사용하는 접두어

접두어	의미	접두어	의미
Mono-	1	Hexa-	6
Di-	2	Hepta-	7
Tri-	3	Octa-	8
Tetra-	4	Nona-	9
Penta-	5	Deca-	10

4. 원소의 원자수를 나타낼 때에 그리스 접두어(표 1.6)를 사용한다. 접두어 *mono-*는 첫 번째 원소에는 사용하지 않는다. 접두어가 *a*나 *o*로 끝나고 음이온의 이름이(oxide처럼) 모음으로 시작하면 *a*나 *o*는 생략한다.

다음 예를 보면 그 규칙을 알 수 있다.

Cl_2O 산화이염소(dichlorine monoxide)
NF_3 트라이플루오린화질소(nitrogen trifluoride)
N_2O_4 사산화이질소(dinitrogen tetroxide)
P_4S_{10} 십황화사인(tetraphosphorus decasulfide)

이온화합물의 식을 예측하는 것과 동일한 방식으로 분자성 물질의 식을 예측할 수는 없다. 그것은 우리가 성분을 명확히 나타내려고 접두어를 이용하여 명명하는 이유이다. 그러나 수소와 다른 원소 하나를 포함하는 화합물은 예외이다. 이들 화합물은 마치 H^+ 이온을 포함하고 있는 것처럼 취급하여야 한다. 그래서 HCl은 염화수소(hydrogen chloride)이다(이것은 순수한 화합물에 사용하는 이름이다. HCl의 수용액도 역시 염화수소라 한다). 마찬가지로 H_2S는 황화수소(hydrogen sulfide)이다.

예제 1.14

다음 화합물의 이름을 쓰시오. **(a)** SO_2, **(b)** PCl_5, **(c)** N_2O_3

해답: 모두 비금속으로 이루어진 분자화합물이다. 접두어를 이용하여 다음과 같이 이름을 붙인다. **(a)** sulfur dioxide(이산화황), **(b)** phosphorus pentachloride(오염화인), **(c)** dinitrogen trioxide(삼산화이질소)

보충 예제

다음 화학식을 쓰시오. **(a)** silicon tetrabromide, **(b)** disulfur dichloride

답: (a) $SiBr_4$, **(b)** S_2Cl_2

연습문제

1.1 물 1.000 g이 분해하여 수소 0.111 g과 산소 0.889 g을 생성한다. 이 사실을 원자이론으로 어떻게 설명할 것인가?

1.2 질소 15.20 g이 산소 17.37 g, 34.74 g, 43.43 g과 각각 반응하여 3개의 서로 다른 화합물을 생성하였다.

(a) 각 화합물에서 질소의 g당 산소의 질량을 계산하라.

(b) (a)의 결과로부터 원자이론을 어떻게 설명할 수 있는가?

1.3 음극선(cathod ray)이 음으로 하전된 입자로 구성되어 있다고 결론지을 수 있는 증거는 무엇인가?

1.4 Millikan은 전기장에서 정전하를 띤 기름방울의 낙하를 연구하여 전자의 전하를 측정하였다. 한 학생이 Millikan처럼 기름방울의 전하를 측정하여 다음과 같은 결과를 얻었다.

기름방울	계산된 전하량(C)
A	1.60×10^{-19}
B	3.15×10^{-19}
C	4.81×10^{-19}
D	6.31×10^{-19}

기름방울이 서로 다른 전하를 운반하는 사실은 무엇을 의미하는가? 학생은 자료로부터 전자전하에 관하여 어떤 결론을 얻을 수 있는가? 전자전하에 관하여 어떤 값을 얻는가?

1.5 알파입자 산란실험에서 금 박판 대신 베릴륨 박판을 쓴다면 어떤 결과를 예상하는가?

1.6 크롬원자의 지름은 약 2.4 Å이다.

(a) 지름을 피코미터와 나노미터 단위로 나타내어라.

(b) 1 cm 거리에 몇 개의 크롬원자를 배열할 수 있는가?

1.7 다음 원자들에는 몇 개의 양성자, 중성자, 전자가 있는가?

(a) ^{40}Ar, **(b)** ^{55}Mn, **(c)** ^{65}Zn,
(d) ^{79}Se, **(e)** ^{184}W, **(f)** ^{235}U

1.8 다음 빈칸을 채워라. 각 칸은 중성원자를 나타내는 것으로 가정한다.

기 호	^{39}K				
양성자		25			82
중성자		30	64		
전 자			48	56	
질량수				137	207

1.9 위첨자와 아래첨자를 이용하여(표지 안쪽의 원소목록을 이용) 다음 원소들의 올바른 기호를 쓰라.

(a) 질량 23 소듐 동위원소

(b) 28개 중성자를 포함하는 바나듐 핵종

(c) 질량 37의 염소 동위원소

(d) 같은 수의 양성자와 중성자를 가진 마그네슘 핵종

1.10 다음 원소의 화학기호를 쓰고 주기율표에 배치하고 금속, 준금속 혹은 비금속으로 분류하시오.

(a) 은 **(b)** 헬륨 **(c)** 인
(d) 카드뮴 **(e)** 칼슘 **(f)** 브로민

1.11 다음 원소의 화학기호를 쓰고 이들이 속한 족의 이름을 쓰고 금속인지 비금속인지 혹은 준금속인지 쓰라.

(a) 포타슘 **(b)** 아이오딘 **(c)** 마그네슘
(d) 아르곤 **(e)** 황

1.12 화합물을 나타내는 실험식, 분자식, 구조식 중 어떤 것이 가장 최상의 정보를 알려주는지 설명하라.

1.13 다음 분자들은 몇 개의 수소원자를 가지고 있는가?

(a) C_2H_5OH

(b) $Ca(CH_3COO)_2$

(c) $(NH_4)_3PO_4$

1.14 다음 분자모형을 갖는 화합물의 분자식과 구조식을 표시하라.

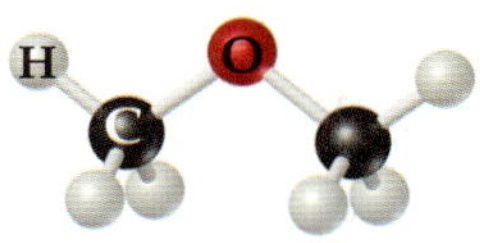

(a)

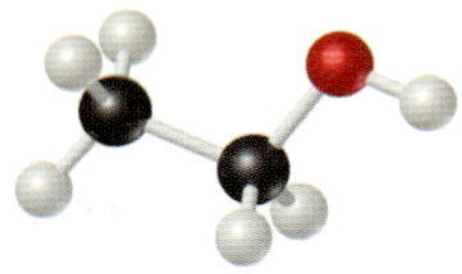

(b)

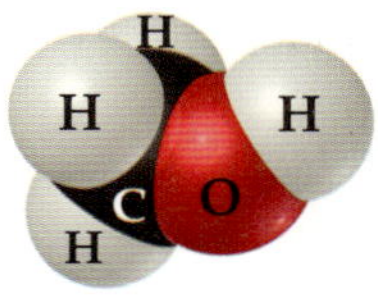

(c)

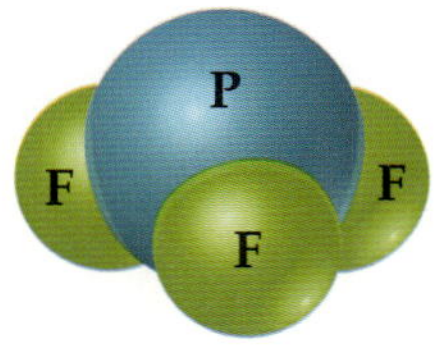

(d)

1.15 다음 중 실험식이 같은 물질 그룹을 찾아라.

C_2H_2, N_2O_4, C_2H_4, C_6H_6, NO_2, C_3H_6, C_4H_8

1.16 다음 빈칸을 채워라.

기 호	$^{31}P^{3-}$	$^{40}Ca^{2+}$			
양성자			23		28
중성자			28	45	31
전자수			21	36	
알짜전하			2+	2−	

1.17 다음 원소들은 화학반응에서 이온을 생성한다. 주기율표에 근거하여 가장 안정한 이온 형태의 전하를 표시하라.

(a) Al **(b)** Ca **(c)**S **(d)** I **(e)** Cs

1.18 주기율표에 근거하여 다음 원소로 구성한 화합물의 구조와 이름을 쓰라.

(a) Ga과 F **(b)** Li과 H
(c) Al과 I **(d)** K과 S

1.19 다음 이온으로 구성한 이온화합물의 실험식을 쓰라.

(a) Ca^{2+}와 Br^-
(b) NH_4^+와 Cl^-
(c) Al^{3+}와 $C_2H_3O^{2-}$
(d) K^+와 SO_4^{2-}
(e) Mg^{2+}와 PO_4^{3-}

1.20 다음 화합물들을 분자화합물과 이온화합물로 분류하라.

(a) B_2H_6 **(b)** CH_3OH
(c) $LiNO_3$ **(d)** Sc_2O_3
(e) CsBr **(f)** NOCl
(g) NF_3 **(h)** Ag_2SO_4

CHAPTER 02

원자의 전자구조

네온 전등을 켜면 밝은 빛이 방출된다. 네온원자의 전자는 전기에너지에 의해 높은 에너지 상태로 들떴다가 낮은 에너지 상태로 떨어지면서 빛을 방출하는 것이다. 이 빛의 방출은 20세기 초에 등장한 양자이론이라는 획기적인 이론에 의해 설명된다. 이 이론은 원자내부의 전자들의 위치와 운동에 대하여 많은 부분을 설명해 준다.

이 장에서는 양자이론과 그것의 화학적 중요성에 대하여 살펴볼 것이다. 먼저 빛의 독특한 성질을 이해하고 원자를 기술하는 데 적합한 양자역학의 중요한 결과들을 알아 볼 것이다. 원자의 전자배열을 전자구조(electronic structure)라 하는데 이를 설명하기 위하여 양자이론이 적용될 것이다. 원자의 전자구조는 전자 수뿐만 아니라 핵주위의 전자의 분포와 에너지에 영향을 받는다. 원자의 전자구조에 대한 양자역학적 설명은 주기율표의 원소의 배열을 이해하는 데도 많은 도움을 줄 것이다.

2.1 전자기복사선

원자의 전자구조에 관한 대부분의 정보는 물질이 방출하거나 흡수하는 빛을 분석하여 얻어졌다. 그러므로 원자의 전자구조를 이해하려면 우선 빛에 관하여 알아야 한다. 눈으로 볼 수 있는 가시광선은 전자기복사선(electromagnetic radiation)의 한 종류이다. 전자기복사선은 공간을 통해 에너지를 운반하는 데 이것을 복사에너지라고 한다. 전자기복사선은 가시광선 이외에 다양한 종류들이 있다. 라디오를 통해 음악을 운반하는 라디오파, 불꽃에서 나오는 적외선, 치과에서 사용하는 X-선과 같은 여러 형태의 복사선은 서로 매우 다른 것처럼 보이지만 근본적인 성질은 모두 같다.

모든 종류의 전자기복사선은 진공을 통하여 3.00×10^8 m/s(빛의 속도)로 움직인다. 더구

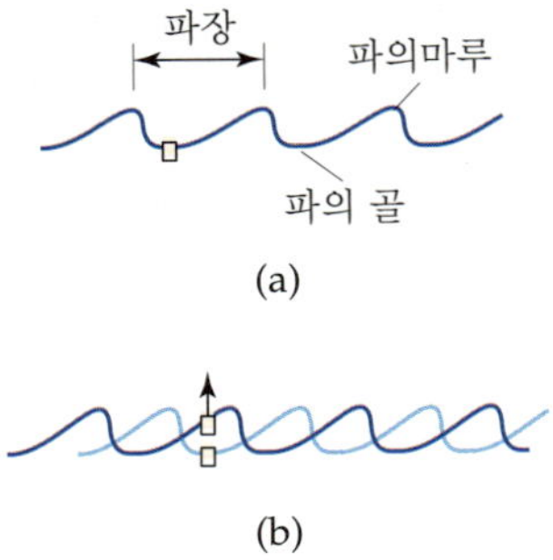

▲ **그림 2.1 물의 파동 특성.** (a) 각 파동의 해당 점간 거리를 파장이라 한다. (b) 매 초당 코르크의 상하운동 횟수를 진동수라 한다.

나 모든 빛은 물을 통하여 움직이는 파동(wave)과 비슷한 특성을 갖는다. 물의 파동은 물에 떠 있는 배의 운동이나 물에 돌을 던질 때의 에너지 때문에 생긴다. 이 에너지는 물의 상하운동으로 나타난다. 그림 2.1에 나타낸 물의 파동 단면은 주기성을 보여 준다. 마루(peak)와 골(trough)의 모양은 규칙적으로 반복한다. 이웃하는 마루(혹은 골) 사이의 간격을 파장(wavelength)이라 한다. 1초 동안에 일정한 점을 통과하는 횟수(cycle) 혹은 진동수는 물에 떠 있는 코르크와 같은 물체의 주기적 상하운동을 매 초당 횟수로 나타낸 것이다.

전자기복사선의 파동특성은 전기성분과 자기성분의 주기적 진동 때문에 나타난다. 그림 2.2에 전자기복사선의 진동수와 파장의 관계를 나타내었다. 모든 전자기복사선은 빛의 속도로 운동하므로 파장과 진동수는 직접적인 연관성을 가진다. 파장이 길 때 매 초당 한 점을 통과하는 파동의 횟수는 더 작으므로 진동수는 작다. 반대로 큰 진동수의 파동은 파동마루 간 거리가 짧아야 한다. 즉 파장이 짧다. 이러한 전자기복사선의 진동수와 파장간의 반비례 관계는 간단한 식으로 나타낼 수 있다. 복사선의 진동수 ν와 파장 λ의 곱은 빛의 속도 c와 같다.

$$\nu\lambda = c \tag{2.1}$$

전자기복사선의 종류가 다르면 왜 다른 성질을 갖는가? 그 차이는 길이의 단위로 표시한 파장 때문이라고 설명할 수 있다. 그림 2.3은 전자기스펙트럼(electromagnetic spectrum)을 나타낸다. 여러 가지 전자기복사선 종류를 파장이 증가하는 순서로 배열하였다. 파장범위가 매우 넓다는 것에 유의하라. 감마선의 파장은 원자핵의 지름과 비슷한 반면 라디오파의 파장은 축구장보다 더 길 수 있다. 약 400~700 nm 파장에 상당하는 가시광선도 전자기스펙트럼의 극히 일부분이라는 것에 유의하라. 가시광선은 우리 눈에서 일어나는 화학반응으로 인해 육안으로 확인이 가능하다. 파장을 어떤 단위로 표시할 것인지는 표 2.1처럼 복사선 종류에 따라 다르다.

진동수는 hertz(Hz)라는 단위를 사용하기도 하며 1초당 진동 횟수를 의미한다. 간단히 매 초당의 단위로 나타내고 s^{-1}로 표기한다. 예를 들어 AM 라디오 방송국의 진동수가 820 kHz 라면 진동수는 820,000 s^{-1}이라고 쓸 수 있다.

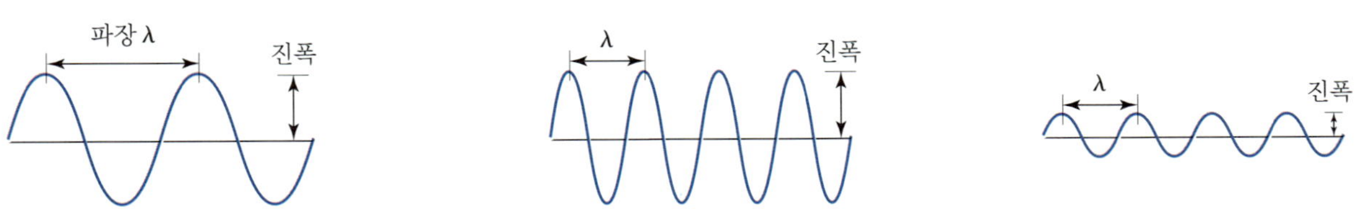

(a) 파장 λ의 2회 반복

(b) 파장이 (a)의 파장의 반일때, 진동수는 (a)의 두 배이다.

(c) (b)와 진동수는 같고 진폭이 작은경우

▲ **그림 2.2** 전자기복사선의 파동 특성. 짧은 파장(λ)일수록 진동수가 크다. (b)의 파장은 (a)의 반이므로 진동수는 두 배이다. 파동의 진폭은 파동의 중간에서 마루까지 수직거리이다. 진폭은 복사선 세기와 관련이 있다. (a)와 (b)의 파동은 같은 진폭이다. (c)의 파동은 (b)와 같은 진동수이지만 진폭은 더 작다.

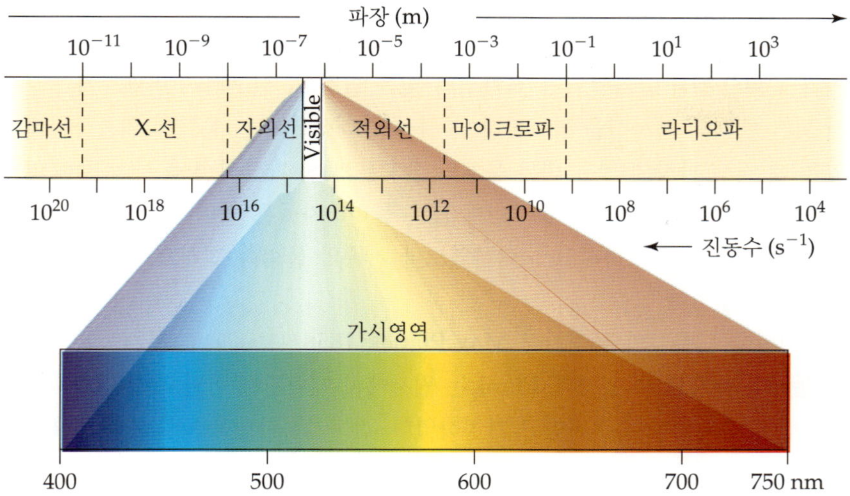

그림 2.3 전자기스펙트럼. 파장과 진동수로 구분한 다양한 전자기복사선. 가시광선의 색은 파장으로 정량적으로 표시할 수 있다.

표 2.1 전자기복사선의 파장단위

단위	기호	길이(m)	복사선의 종류
Angstrom	Å	10^{-10}	X-선
Nanometer	nm	10^{-9}	자외선, 가시선
Micrometer	μm	10^{-6}	적외선
Milimeter	mm	10^{-3}	적외선
Centimeter	cm	10^{-2}	마이크로파
Meter	m	1	TV, 라디오파

예제 2.1

가로등에 사용하는 나트륨램프의 주황색 빛은 파장이 589 nm이다. 이 복사선의 진동수는 얼마인가?

해답: 파장과 진동수의 관계식은 $\nu = c/\lambda$ 이다. 파장은 나노미터(nanometer)를 미터(meter)로 환산하여 계산한다.

$$\nu = \frac{c}{\lambda} = \left(\frac{3.00 \times 10^8 \text{ m/s}}{589 \text{ nm}}\right)\left(\frac{1 \text{ nm}}{10^{-9} \text{m}}\right) = 5.09 \times 10^{14} \text{ s}^{-1}$$

보충 예제

안과 수술에 사용되는 레이저 복사선의 진동수가 4.69×10^{14} s^{-1}일 때 이 복사선의 파장은 얼마인가?

답: 6.40×10^{-7} m = 640 nm

▲ **그림 2.4** 뜨거운 물체에서 방출되는 빛의 색과 세기는 물체의 온도에 의존한다.

2.2 양자에너지와 광자

전열기의 니크롬선이 가열되면 적황색의 빛을 발하고, 전구의 필라멘트가 뜨거워지면서 밝은 백색의 복사선을 방출한다. 복사선의 파장 분포는 온도에 의존하는데 가열하였을 때 적색 파장의 빛을 내는 물체의 온도는 백색 파장의 빛을 내는 물체의 온도보다 낮다(그림 2.4). 1800년대 후반에 많은 물리학자들은 방출 복사선의 파장, 온도, 세기 간의 관계를 규명하려고 노력하였으나 기존의 물리학 법칙으로는 관찰 결과를 설명할 수가 없었다.

1900년대에 독일의 물리학자 Max Planck(1858~1947)는 대담한 가정을 도입하여 문제를 해결할 수 있었다. Plank는 원자에서 에너지는 어떤 최소 크기의 덩어리 형태로만 방출되거나 흡수된다고 가정하였다. 전자기복사선을 방출하거나 흡수할 때 최소 에너지 양을 양자(quantum, 일정한 양을 뜻한다)라고 불렀다. 양자 하나의 에너지 E는 진동수에 비례한다.

$$E = h\nu \tag{2.2}$$

상수 h는 Planck 상수로서 6.63×10^{-34} J · s 값을 갖는다. Planck 이론에 의하면 에너지는 항상 $h\nu$의 정수배 즉 $h\nu$, $2h\nu$, $3h\nu$ 등으로 흡수 또는 방출된다. 이러한 허용(allowed)된 에너지를 양자화에너지라고 한다. 즉 그 값은 어떤 특정한 값들로 제한된다. Planck의 혁명적 제안은 옳은 것으로 입증되었고 양자이론의 업적으로 그는 1918년 Nobel 물리학상을 받았다.

예제 2.2

어떤 물체가 589 nm 파장의 황색 빛을 흡수할 때 최소 에너지 증가, 즉 양자에너지를 계산하라.

해답: $E = h\nu$으로부터 양자에너지 값을 구한다. Planck 상수 h는 6.63×10^{-34} J · s이다. 진동수는 파장으로부터 계산된다. 즉 $\nu = c/\lambda = 5.09 \times 10^{14}\ s^{-1}$이다. 그러므로

$$\begin{aligned} E &= (6.63 \times 10^{-34}\ J \cdot s)(5.09 \times 10^{14}\ s^{-1}) \\ &= 3.37 \times 10^{-19}\ J \end{aligned}$$

589 nm 파장의 복사선을 방출 혹은 흡수하는 원자나 분자는 3.37×10^{-19} J의 정수배만큼의 복사선에너지를 잃거나 얻는다고 Planck 이론은 설명한다. 예를 들어 이 복사선으로부터 5.00×10^{-19} J을 얻을 수 없다. 왜냐하면 이 값은 3.37×10^{-19} J의 정수배 값이 아니기 때문이다. 1 개 양자의 복사에너지가 3.37×10^{-19} 이면 1 몰의 양자는 $(6.02 \times 10^{23}$ 양자$)(3.37 \times 10^{-19}$ J/양자$) = 2.03 \times 10^{5}$ J을 공급한다. 이것은 일반적인 화학반응 엔탈피와 비슷하며 실제로 복사선은 화학결합을 파괴하여 광화학반응(photochemical reaction)을 일으킨다.

보충 예제

빛에너지를 순간적으로 방출하는 펄스레이저의 진동수는 $4.69 \times 10^{14}\ s^{-1}$이고 펄스에너

지는 1.3×10^{-2} J이다. 각 펄스는 얼마나 많은 양자에너지를 공급하는가?

답: 4.2×10^{16} 양자

양자화 개념이 생소하다면 경사진 길과 계단을 올라가는 것을 비교하여 보면 도움이 될 것이다. 경사진 길을 올라감에 따라 당신의 포텐셜에너지는 계속해서 증가할 것이다. 계단을 오르는 경우라면 계단과 계단 사이에는 위치할 수 없고, 계단 1개의 높이 만큼만 위치가 변화한다. 그래서 당신의 포텐셜에너지는 특정한 값들에 한정되어 있고 그들은 양자화되어 있다. 악기들의 예를 들어 설명할 수도 있다. 바이올린은 줄 위의 손가락 위치를 변화시켜 2개 음표간의 모든 음조(예를 들어 B와 C)를 연주할 수 있다. 그에 비하여 피아노 연주자는 한 세트의 음표만 변화할 수 있다. 즉 B와 C 사이의 어떤 음표도 연주할 수 없다. 그러므로 피아노의 음표는 양자화 된다고 할 수 있다. 양자화에너지는 사다리를 오르는 것과 관련지을 수도 있다. 우리는 사다리의 가로대에만 정지할 수 있고 가로대 사이에는 정지할 수 없다.

Planck 의 양자이론이 옳다면 우리의 일상생활에서 왜 명확한 양자효과를 잘 볼 수 없는가? Planck 상수는 극히 작은 수치라는 것에 유의하라. 양자에너지 $h\nu$는 극히 작은 값이다. 일상 경험에서 다루는 거시적 물체이거나 또는 눈에 보이지 않는 미시적 물체이거나 모두 에너지를 잃거나 얻는 데 Planck 법칙은 똑같이 적용된다. 거시적 물체에서 양자에너지 손실 혹은 이득은 거의 주의를 끌지 못한다. 그러나 원자 수준에서 양자에너지의 차이는 매우 큰 효과를 나타낸다.

광전효과

Planck의 이론이 발표된 후 과학자들은 여러 가지 실험적 관찰에 그의 이론을 적용하기 시작하였다. Planck 이론은 물리학의 세계에 대변혁을 예고하는 것이 분명해졌다. 1905년 Albert Einstein(1879～1955)은 그림 2.5처럼 깨끗한 금속표면에 빛을 쪼여주면 전자가 방출되는 광전효과(photoelectric effect)를 설명하는 데 Planck의 양자이론을 적용하였다. 금속마다 전자를 방출할 수 있는 빛의 최소 진동수가 존재한다. 예를 들어 $4.60 \times 10^{14}\ s^{-1}$보다 큰 진동수의 빛은 세슘금속에서 전자를 방출하지만 그보다 작은 진동수의 빛은 전자를 방출하지 못한다. Einstein은 광전효과를 설명하기 위해 금속표면에 닿은 복사에너지를 작은 에너지 입자의 흐름이라고 제안하였고 그 입자를 광자(photon)라고 불렀다. Einstein은 Planck의 양자이론을 확장하여 광자는 빛의 진동수에 비례하는 에너지($E = h\nu$)를 가져야 하고 복사선에너지도 양자화 된다고 추론하였다. 금속에 광자가 흡수되면 그 에너지는 금속 내의 전자에 전달된다. 금속 내의 전자들을 붙잡는 인력을 극복하려면 문턱에너지(threshold energy)라고 하는 어떤 최소 에너지가 필요하다. 복사선의 광자에너지가 이러한 문턱에너지보다 작으면 아무리 센 빛이어도 전자를 떼어낼 수 없다. 광자에너지가 이 문턱에너지보다 더 커야만 전자가 방출된다. 광자에너지가 전자를 떼어내는 데 필요한 최소 에너지보다 더 큰 에너지를 가질 때, 그 여분의 에너지는 방출전자의 운동에너지로 나타난다.

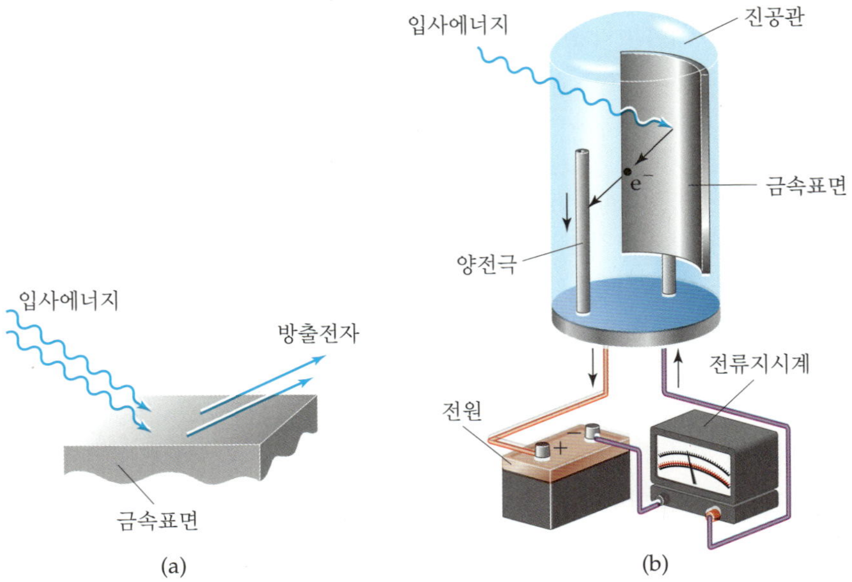

▶ **그림 2.5 광전효과.** (a) 충분한 에너지의 광자들이 금속표면에 충돌하면 금속으로부터 전자가 방출된다. (b) 방출전자는 양전극으로 끌리고 회로에 전류의 흐름이 나타난다.

빛에너지가 진동수에 의존한다는 아이디어는 전자기복사선이 물체에 닿을 때 어떤 현상이 발생하는지를 이해하는 데 도움을 준다. 예를 들어 X선의 큰 진동수(짧은 파장)는 X선 광자들의 에너지가 크다는 것을 의미한다. 이것은 조직을 파괴하고 암을 유발하기에 충분하다. 그러므로 X선 장치 주위에는 큰 에너지의 복사선을 경고하는 표찰을 붙여 놓는다.

빛을 입자의 흐름으로 설명한 Einstein 이론은 광전효과를 잘 설명할 수 있지만 한 가지 딜레마에 직면한다. 빛은 파동인가? 아니면 빛은 입자인가? 현재까지 이러한 딜레마의 해결은 빛은 파동성과 입자성을 동시에 갖는다고 생각하는 것이다. 이러한 이중성도 물체의 특성이라는 것을 알게 될 것이다.

▲ **그림 2.6 단색광.** 레이저는 단일파장의 빛을 발생시킨다. 이것을 단색광이라고 한다. 다른 레이저는 다른 파장의 빛을 발생한다. 그림은 다양한 레이저 빛을 보여주고 있다. 적외선이나 자외선 같은 보이지 않는 빛을 생성하는 레이저도 있다.

2.3 수소원자의 Bohr 모형

Planck와 Einstein의 연구는 원자내에 전자들이 어떻게 배치되는지를 설명할 수 있는 길을 열었다. 1913년 덴마크 물리학자 Niels Bohr는 19세기의 과학자들을 당황하게 만든 또 다른 현상인 선 스펙트럼(line specturm)을 설명하기 위한 이론을 제시하였다.

선 스펙트럼

레이저 빛(그림 2.6)처럼 한 종류의 파장으로 구성된 특수한 복사선은 단색광(monochromatic light)의 특징을 갖는다. 그러나 전구 혹은 별 등에서 유래하는 대부분의 복사선은 여러 가지 파장의 복사선을 낸다. 그러한 광원에서 나오는 복사선을 서로 다른 파장성분으로 분리하면 선 스펙트럼을 얻는다. 그림 2.7은 전구에서 나온 백색광이

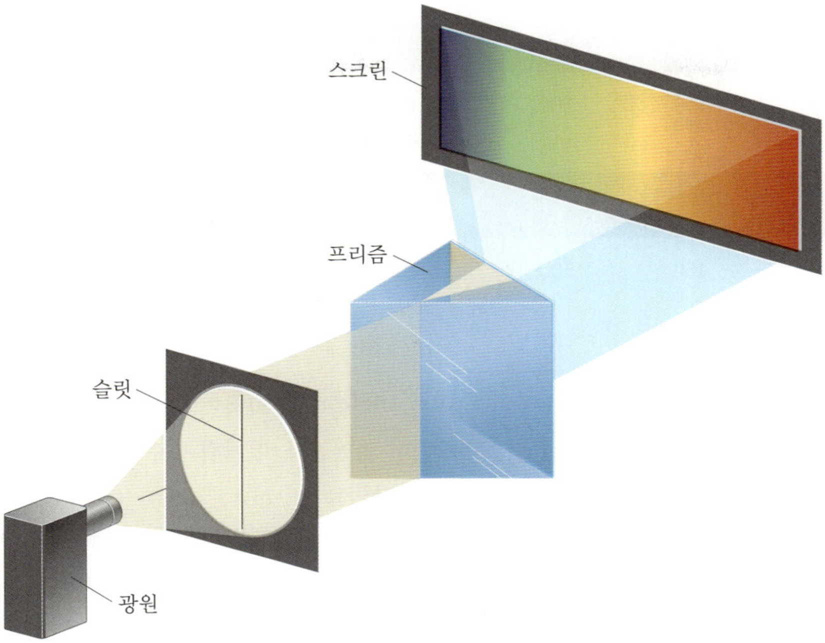

▲ **그림 2.7 연속 가시광선.** 스펙트럼은 좁은 백색광 빛살이 프리즘을 통과할 때 생성된다. 백색광은 햇빛이나 백열전구에서 나오는 빛이다.

프리즘을 통하여 어떻게 분산되는지 보여준다. 그 스펙트럼은 연속적인 색의 범위를 구성한다. 모든 파장의 빛을 포함하는 이러한 연속 스펙트럼(continuous spectrum)의 예는 빗방울이나 안개에 의한 햇빛의 분산으로 생기는 무지개 현상이다.

모든 복사선 광원이 연속 스펙트럼을 내는 것은 아니다. 유리관에 서로 다른 기체를 넣고 높은 전압을 걸어 주면 기체는 서로 다른 색의 빛을 방출한다(그림 2.8). 네온 기체로부터의 빛의 방출은 친근한 적색-오렌지색이다. 나트륨 증기는 가로등의 황색

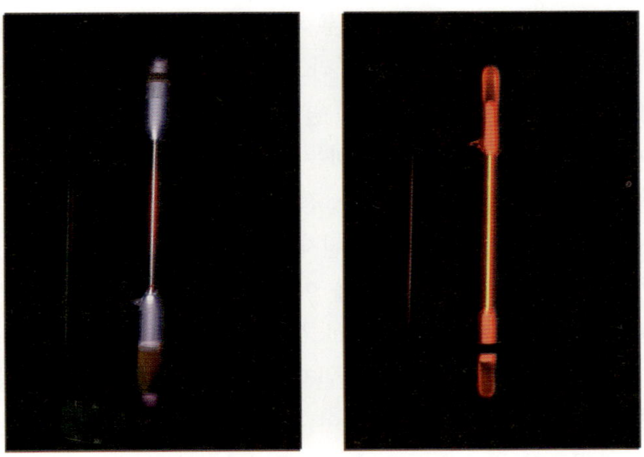

▲ **그림 2.8 원자방출.** 서로 다른 기체들이 전기방전으로 들뜨면 서로 다른 특징적인 색의 빛을 방출한다. (a) 수소 (b) 네온

▶ **그림 2.9 원자의 선 스펙트럼.**
(a) Na (b) H

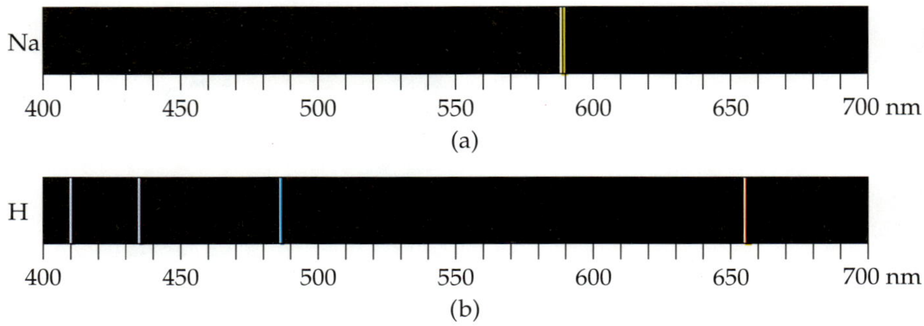

빛을 방출한다. 그러한 전등에서 나온 빛을 프리즘에 통과하면 그림 2.9에 나타낸 바와 같이 몇 개 파장만으로 구성된 스펙트럼이 얻어진다. 이처럼 특수한 파장의 복사선만 포함하는 스펙트럼을 선 스펙트럼이라 한다.

1800년대 중반 처음으로 수소의 선 스펙트럼을 관찰하면서 그것의 단순함에 과학자들은 매료되었다. 1885년에 스위스의 한 고교 교사였던 Johann Balmer는 그림 2.9에 보여준 수소의 4개의 선 스펙트럼 진동수들이 다음과 같은 간단한 식과 일치하는 것을 관찰하였다. 그 후 자외선과 적외선 영역에서도 선 스펙트럼이 추가로 발견되었고 수소의 선 스펙트럼 파장은 Rydberg 식으로 일반화되었다.

$$\frac{1}{\lambda} = (R_H)\left(\frac{1}{n_1^2} - \frac{1}{n_2^2}\right) \qquad n = 1, 2, 3, 4 \qquad [2.3]$$

이 식에서 R_H는 Rydberg 상수이고 $1.096776 \times 10^7\ \text{m}^{-1}$에 해당한다. n_1, n_2는 양의 정수로서 $n_1 < n_2$ 이다. 놀라울 정도로 간단한 이 식을 어떻게 설명할 것인가? 다음 절에서 보는 바와 같이 이 문제의 해답을 얻는 데 30년 이상의 긴 시간이 걸렸다.

Bohr모형

Rutherford가 원자핵의 성질을 발견한 후 과학자들은 원자를 전자들이 원자핵 주위를 궤도(orbit)운동하는 "미시적 태양계"라고 생각했다. 수소의 선 스펙트럼을 설명하기 위하여 Bohr는 전자들이 핵 주위의 원형궤도를 운동한다고 가정하였다. 그러나 고전 물리학에 의하면 원형궤도를 운동하는 전자와 같은 입자는 전자기복사선을 방출하면서 계속하여 에너지를 잃어야 한다. 전자들이 에너지를 잃을 때 전자들은 핵 으로 선회하여 들어가야 한다. 그러나 수소원자에서 이런 현상은 일어나지 않는다. 이처럼 수소원자가 물리법칙을 위반하는 것을 어떻게 설명할 것인가? Bohr는 뜨거운 물체에서 방출되는 복사선의 성질을 Planck가 접근한 것과 같은 방식으로 이 문제에 접근했다. Bohr는 이전의 물리법칙들이 원자 설명에 부적합하다고 가정하였다. 게다가 에너지는 양자화 된다는 Planck의 아이디어를 적용하여 어떤 일정한 에너지에 상당하는 특정한 반지름의 궤도만 허용된다고 주장하였다. 허용된 궤도의 전자는 특정한 에너지를 가지며 허용된 에너지 상태의 전자는 에너지를 방출하지 않으므로 핵으로 선회하여 들어가지 않는다.

이와 같은 가정과 전기전하의 상호작용에 대한 고전적인 식을 이용하여 Bohr는 전자들이 어떤 특정한 반지름의 궤도에서만 원운동한다고 보고 허용궤도의 에너지를 다음과 같은 간단한 식으로 나타낼 수 있었다.

$$E_n = (-hcR_H)\left(\frac{1}{n^2}\right) = (-2.18 \times 10^{-18}\,\text{J})\left(\frac{1}{n^2}\right) \qquad n = 1, 2, 3, 4, \ldots \qquad [2.4]$$

상수 h, c, RH는 각각 플랑크 상수, 빛의 속도, Rydberg 상수이다. n은 1부터 무한대의 정수 값을 가질 수 있는데 주양자수라고 한다. 각 궤도는 서로 다른 n값을 갖는다. 궤도의 반지름은 n이 증가할수록 크다. 실제로 그 반지름은 n^2에 비례한다. 그리하여 첫째 허용궤도(핵에 가장 근접한 궤도)는 $n = 1$이고 다음의 허용궤도(핵에 두 번째 근접한 궤도)는 $n = 2$의 궤도이고 반지름은 $n = 1$ 궤도의 반지름보다 $2^2 = 4$배 더 크다.

식 2.4로 표시한 수소원자의 전자에너지는 음의 값이다. 에너지 값이 작을수록(음의 크기가 클수록) 원자는 더 안정하다. $n = 1$일 때 에너지는 가장 낮다(가장 큰 음수이다). n이 클수록 전자의 에너지는 증가한다. 사다리의 가로대를 아래에서 위로 올라가면서 번호를 붙이는 상황에 비유할 수 있다. 더 높이 올라갈수록(n 값이 클수록) 에너지는 더 크다. 가장 작은 에너지 상태($n = 1$, 사다리 가장 밑의 가로대와 유사)를 원자의 바닥상태(ground state)라 한다. 전자들이 $n = 2$ 혹은 더 큰 에너지 궤도에 있을 때 원자는 들뜬상태(excited state)라고 한다. 그림 2.10은 몇 가지 n값에 대한 수소원자의 전자에너지를 보여준다.

n이 무한히 클 때 궤도 반지름과 전자에너지에는 어떤 일이 생기는가? 반지름이 n^2에 따라 무한히 커지면 전자는 핵에서 완전히 떨어져 나간다. $n = \infty$의 에너지는 다음과 같이 0이다.

$$E_\infty = (-2.18 \times 10^{-18}\,\text{J})\left(\frac{1}{\infty^2}\right) = 0 \qquad [2.5]$$

핵에서 전자를 제거한 상태는 기준상태가 된다. 이러한 0의 에너지 상태는 음의 에너지 상태보다 큰 에너지라는 것에 유의하라.

수소의 선 스펙트럼을 설명하기 위해 Bohr는 더 놀라운 가정을 제안하였다. 전자는 한 허용 에너지 상태로부터 어떤 특정 진동수의 광자를 흡수 혹은 방출하여 다른 에너지 상태로 도약할 수 있다고 가정한 것이다. 전자가 에너지를 흡수하면 보다 높은 에너지 상태(보다 큰 n 값)로 도약한다. 역으로 낮은 에너지 상태(보다 작은 n값)로 떨어지면 복사에너지를 방출한다. 이러한 복사에너지의 진동수는 정확히 두 상태 간의 에너지 차이에 상당한다. 전자가 초기 에너지 E_f로부터 최종 에너지 E_i로 도약할 때 에너지 변화는 다음과 같다.

$$\Delta E = E_f - E_i = h\nu \qquad [2.6]$$

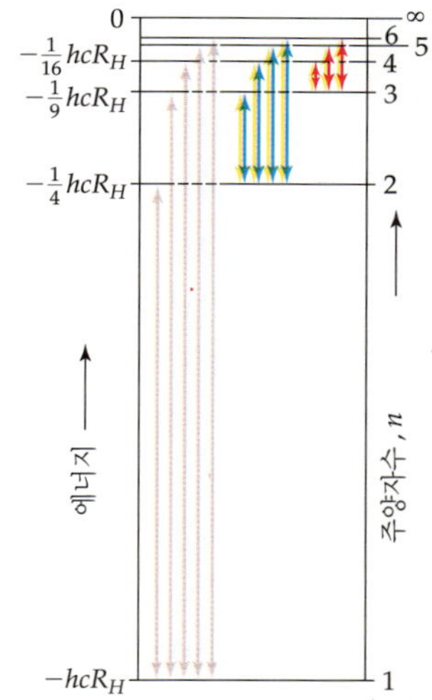

▲ **그림 2.10 Bohr 모형 수소원자의 에너지 준위.** 화살표는 한 허용 에너지 상태에서 다른 상태로의 전자전이를 나타낸다. 그 상태는 n = 1에서 n = 2, 3, 4…를 거쳐 n = ∞까지가 되며, n = ∞일때 에너지는 0이 된다.

그러므로 수소원자의 Bohr 모형은 식 2.5를 만족하는 특정한 진동수의 빛만 흡수 또는 방출할 수 있다고 설명한다.

식 2.4를 식 2.6에 대입하면 흡수 혹은 방출하는 빛의 진동수와 두 상태 간의 관계를 알 수 있다.

$$\nu = \frac{\Delta E}{h} = -cR_H \left(\frac{1}{n_f^2} - \frac{1}{n_i^2}\right) \qquad [2.7]$$

이 식에서 n_i와 n_f는 각각 원자의 처음상태와 나중상태의 주양자수이다. $n_i < n_f$이면 진동수 ν의 복사에너지 흡수를 의미한다. $n_i > n_f$이면 전자가 높은 에너지 상태로부터 낮은 에너지 상태로 전이하며 복사에너지를 방출한다. 식 2.7로 계산한 진동수는 음의 값을 가질 수 있는데 이것은 빛의 방출을 의미한다. 식 2.7은 Balmer가 초기에 연구한 수소의 선 스펙트럼 관계도 잘 설명한다. $n_f = 2$ 에 상당하는 선 스펙트럼은 가시광선 영역에 나타난다. 그리고 이들은 Balmer가 관찰할 수 있었던 바로 그 선 스펙트럼과 일치한다.

Bohr 모형은 양자화된 전자궤도의 개념을 도입하여 수소원자를 훌륭하게 설명할 수 있었지만 2개 이상의 전자를 포함하는 원자나 이온의 스펙트럼은 설명할 수 없었던 한계를 지니고 있었다.

예제 2.3

수소원자의 전자들이 $n = 4$에서 $n = 2$로 전이할 때 수반되는 빛의 파장을 계산하시오. 이 때 빛을 흡수하는가 아니면 방출하는가? 리드버그 상수 $R_H = 1.0968 \times 10^5 \text{cm}^{-1}$이다.

해답: 우선 전자는 큰 n값(n_i=4)에서 작은 $n(n_f$=2)값으로 전이한다. 그러므로 에너지가 감소하면서 빛을 방출한다. 식 2.7을 적용하면

$$\begin{aligned}\nu &= \frac{\Delta E}{h} = -cR_H \left(\frac{1}{n_f^2} - \frac{1}{n_i^2}\right) \\ &= -(3.29 \times 10^{15}\text{s}^{-1})\left(\frac{1}{2^2} - \frac{1}{4^2}\right) \\ &= -(3.29 \times 10^{15}\text{s}^{-1})\left(\frac{3}{16}\right) \\ &= -6.17 \times 10^{14}\text{s}^{-1}\end{aligned}$$

앞에서 언급한 것처럼 음의 진동수는 빛을 방출하는 것을 나타낸다. 방출 빛의 파장은

$$\lambda = \frac{c}{\nu} = \left(\frac{3.00 \times 10^8 \text{m/s}}{6.17 \times 10^{14}\text{s}^{-1}}\right) = 4.86 \times 10^{-7}\text{m} = 486\ \text{nm}$$

이것은 수소 스펙트럼 중 녹색 방출선의 파장이다.

보충 예제

$n = 3$에서 $n = 1$로의 전자 전이에 상응하는 수소 방출선 파장을 계산하시오. 이 선 스펙트럼의 파장은 전자기 스펙트럼의 어떤 영역에 있는가?

답: 103 nm, 자외선

2.4 입자의 파동성

수소원자에 관한 Bohr 모형이 제시되고 나서 빛은 파동과 입자의 성질을 모두 포함한다는 이중성은 친근한 개념이 되었다. 실험 환경에 따라 복사선은 파동 혹은 입자(광자)의 성질을 나타낸다. Louis de Broglie(1892~1987)는 파리의 소르본대학에 제출한 박사학위논문에 대담하게 이러한 아이디어를 전개하였다. 적당한 조건하에서 복사에너지가 입자의 흐름처럼 나타난다면 또한 적절한 조건에서 물체는 파동 성질을 나타낼 수 있는가? 수소원자의 핵 주위를 궤도 운동하는 전자를 특정 파장의 한 파동이라고 생각할 수 있는가? de Broglie는 핵 주위의 원 궤도의 전자는 특정 파장과 연관이 있다고 보고 전자 혹은 어떤 다른 입자의 특정 파장은 그것의 질량 m과 속도 v에 의존한다고 제안하였다.

$$\lambda = \frac{h}{mv} \qquad [2.8]$$

h는 Planck 상수이고 mv는 입자의 모멘텀(운동량)이다. de Broglie는 여기서 물질파(matter wave)라는 용어를 사용하였다.

de Broglie의 가설은 모든 물체에 적용되며 질량 m과 속도 v로 운동하는 물체는 특정 물질파를 일으킨다. 그러나 골프공 같은 보통 크기의 물체가 만드는 파장은 대단히 작으므로 거의 무시할 수 있으나, 전자의 경우는 질량이 대단히 작아 파동의 특성을 무시할 수 없다. de Broglie의 이론이 발표된지 몇 년 뒤에 전자의 파동성은 실험적으로 증명되었다. 전자들은 X-선처럼 결정에 의해 회절되는 현상이 관찰되었다. 현재 연구에 널리 사용되는 전자현미경은 전자의 파동성을 이용한 것이다.

예제 2.4

5.97×10^6 m/s 의 속도로 운동하는 전자의 특정 파장은 얼마인가(전자의 질량은 9.11×10^{-28} g이다)?

해답: Planck 상수값은 6.63×10^{-34} J · s이고 $1\ \text{J} = 1\ \text{kg} \cdot \frac{\text{m}^2}{\text{s}^2}$ 임을 기억하라.

$$\lambda = \frac{h}{mv} = \frac{(6.63 \times 10^{-34}\ \text{J} \cdot \text{s})}{(9.11 \times 10^{-28}\ \text{g})(5.97 \times 10^6\ \text{m/s})}\left(\frac{1\ \text{kg} \cdot \text{m}^2/\text{s}^2}{1\ \text{J}}\right)\left(\frac{10^3\ \text{g}}{1\ \text{kg}}\right)$$

$$= 1.22 \times 10^{-10}\ \text{m} = 0.122\ \text{nm}$$

전자기복사선 파장과 비교하면 특정 파장은 X선 파장과 비슷하다.

보충 예제

중성자가 500 pm 파장을 나타내려면 얼마의 속도로 움직여야 하는가?

답: 7.92×10^2 m/s

불확정성의 원리

물질의 파동성은 고전 물리학에 몇 가지 새롭고 재미있는 문제를 야기했다. 예를 들어 경사진 길을 굴러 내려오는 공을 생각하자. 고전 물리학을 이용하면 어떤 시간에 공의 위치, 운동 방향, 운동 속도를 정확하게 계산할 수 있다. 파동성을 나타내는 전자에 대해서도 똑같은 계산을 할 수 있는가? 파동은 공간으로 퍼져 있고 파동의 위치는 정확하게 결정할 수 없다. 그러므로 특정한 시간에 존재하는 장소를 정확하게 측정할 수 없다고 예상할 수 있다.

독일의 물리학자 Werner Heisenberg는 물체가 갖는 이중성 때문에 물체의 위치와 운동량을 얼마나 정확하게 알 수 있는지에 한계가 있다고 결론지었다. 그 제한은 원자구성 입자 수준에서, 즉 전자와 같은 작은 물질을 취급할 때만 중요하다. Heisenberg 원리를 불확정성 원리(uncertainty principle)라고 한다. 이 원리를 전자에 응용할 때 전자의 정확한 운동량과 정확한 위치를 동시에 아는 것은 본질적으로 불가능하다고 설명한다. 그리하여 전자들이 핵 주위의 분명한 원형궤도를 움직인다고 상상하는 것은 적절하지 않다.

de Broglie 가설과 Heisenberg의 불확정성 원리는 원자구조에 새롭고 광범위한 응용이론으로 등장하였다. 이와 같은 새로운 이론에 의해 전자의 순간 위치와 운동량을 정확하게 규정하려는 시도가 소용이 없다는 것을 이해하게 되었다. 전자의 파동성이 인정되었고 전자의 거동은 파동으로 적절하게 설명되어져야 한다.

2.5 양자역학과 원자 오비탈

1926년 오스트리아의 물리학자 Erwin Schrödinger(1887~1961)는 파동방정식을 제안하였다. 전자의 파동성과 입자성을 함께 설명한 그의 연구는 양자역학 혹은 파동역학이라 불리는 새로운 방법을 제안하였다. Schrödinger 식의 응용은 고등 수학을 필요로 한다. 여기서는 단지 정성적인 측면에서 Schrödinger의 결과를 고찰하는 것으로 만족해야 할 것이다. 가장 간단한 수소원자의 전자구조를 살펴보는 것부터 시작해보자.

Schrödinger 식을 풀면 일반적으로 기호 ψ(라틴어 psi)로 나타내는 파동함수(wave function)라는 식이 얻어진다. 파동함수 자체는 물리적으로 의미가 없지만 파동함수의 제곱(ψ^2)은 허용 에너지 상태의 전자위치에 대한 정보를 제공한다. 수소원자의 허용 에너지는 Bohr 모형으로 추측한 것과 같다. Bohr 모형은 전자들이 핵 주위의 어떤 특정 반지름의 원형궤도에 있다고 가정한다. 그러나 양자역학으로 기술되는 전자의 분포는 그렇게 간단하게 설명할 수 없다. 불확정성 원리는 전자의 운동량을 정확하게 알면 알수록 전자위치에 대한 정보는 매우 불확실해진다고 제시한다. 그리하여 핵 주위의 전자들의 위치는 정확히 명시할 수 없다. 단지 통계적 해석에 만족해야 한다. 양자역학은 전자가 어느 순간에 공간의 어떤 영역에 존재할 확률을 제시해준다. 공간의 일정한 지점에서 파동함수의 제곱 (ψ^2)은 그 위치에서 전자를 발견할 확률을 나타낸다. 그런 이유로 ψ^2을 확률밀도 또는 전자밀도라 한다.

원자 내에서 전자를 발견할 확률을 나타내는 방법 중의 하나가 그림 2.11 에 있다. 이 그림에서 점 밀도는 전자를 발견할 확률을 나타낸다. 점 밀도가 큰 영역은 ψ^2값이 크다는 것을 의미한다. 점 밀도는 전자를 발견할 확률을 표시하는 또 다른 방법이다.

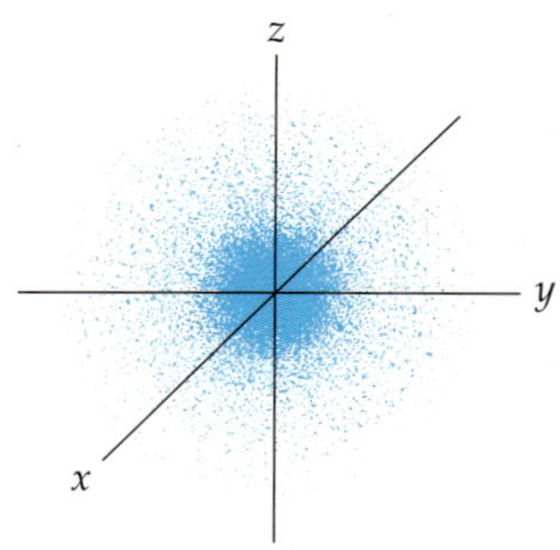

▲ **그림 2.11 전자 밀도 분포.** 수소원자의 핵주위에서 전자가 존재하는 확률을 나타낸다.

오비탈과 양자수

수소원자에 대한 Schrödinger 식의 완전한 해답은 한 세트의 파동함수와 그것에 해당하는 에너지를 알려준다. 이러한 파동함수를 오비탈(orbital)이라 한다. 각 오비탈은 확률 밀도로 제시한 것처럼 공간에서 특정한 전자밀도 분포를 설명한다. 그러므로 각 오비탈은 특정 에너지와 모양을 갖는다. 예를 들면 수소원자의 가장 작은 에너지 오비탈은 -2.18×10^{-18} J 에너지와 그림 2.11의 모양을 갖는다. 오비탈(orbital, 양자역학적 모형)은 궤도(orbit, Bohr 모형)와 동일하지 않다는 것에 유의하라.

Bohr 모형에서 궤도를 설명하기 위해 양자수 n을 도입하였다. 양자역학 모형은 오비탈을 설명할 때 세 가지 양자수 n, l, m을 이용한다. 여기서는 이들 양자수로부터 어떤 정보를 얻게 되는지 그리고 서로 어떤 관계가 있는지를 알아보자.

1. 주양자수(principal quantum number) n은 1, 2, 3 ⋯ 등의 정수 값을 갖는다. n이 증가할수록 오비탈은 더 크고 전자는 핵으로부터 더 멀리 떨어져 있다. n의 증가는 전자들이 더 큰 에너지를 가지며 핵에 약하게 끌린다는 것을 의미한다. 전자의 에너지는 Bohr 모형에서와 마찬가지로 $E_n = -(2.18 \times 10^{-18}\ \text{J})(1/n^2)$이다.
2. 방위양자수(azimuthal quantum number) l은 각 n에 대하여 0에서 $n-1$까지의 정수값을 갖는다. 이 양자수는 오비탈의 모양을 결정한다(모양은 나중에 설명할 것이다). 오비탈의 l은 통상 기호로 표시하는데 l = 0, 1, 2, 3에 대하여 각각 s, p, d, f [1]로 나타낸다.

l	0	1	2	3
기호	s	p	d	f

3. 자기양자수(magnetic quantum number) m_l은 l 과 $-l$ 사이의 0을 포함한 정수

1) *s, p, d, f*는 각기 *sharp, principal, diffuse, fundamental*에서 유래했고 양자역학이 발전하기 전에 스펙트럼의 특징을 설명하려고 사용하였다.

표 2.2 n = 1 – 4에 대한 n, l, m_l 양자수의 관계

n	가능한 l 값	부껍질 표기	가능한 m_l 값	부껍질 중 오비탈수	전자껍질 중 전자오비탈 수
1	0	1*s*	0	1	1
2	0	2*s*	0	1	
	1	2*p*	1, 0, -1	3	4
3	0	3*s*	0	1	
	1	3*p*	1, 0, -1	3	
	2	3*d*	2, 1, 0, -1, -2	5	9
4	0	4*s*	0	1	
	1	4*p*	1, 0, -1	3	
	2	4*d*	2, 1, 0. -1, -2	5	
	3	4*f*	3, 2, 1, 0, -1, -2, -3	7	16

값을 갖는다. 이 양자수는 공간에서 오비탈의 배향을 설명한다.

n이 같은 오비탈의 집합을 전자껍질(electron shell)이라 한다. 예를 들어 $n = 3$의 모든 오비탈은 셋째 껍질에 있다고 한다. n이 같고 l도 같은 오비탈 집합을 부껍질(subshell)이라 한다. 부껍질은 숫자(n 값)와 기호(l 값에 해당하는 s, p, d, f)로 표기한다. 예를 들어 $n = 3$과 $l = 2$의 오비탈은 3d 오비탈이라 하고 이들은 3d 부껍질에 있다.

표 2.2 에 주양자수 n에 대하여 허용된 l과 m_l 양자수를 정리하였다. 가능한 양자수의 제한은 다음과 같은 몇 가지 중요한 사실을 보여준다.

1. 주양자수 n의 전자껍질은 n개의 부껍질로 구성된다. 각 부껍질은 0에서 $n-1$까지 서로 다른 l값에 해당한다. 첫째 껍질($n = 1$)은 1개의 부껍질, 즉 1s($l = 0$)만으로 구성되고 둘째 껍질($n = 2$)은 2개의 부껍질, 즉 2s($l = 0$)와 2p($l = 1$)로 구성된다. 셋째 껍질은 3개, 즉 3s, 3p, 3d로 구성된다.
2. 각 부껍질은 일정한 수의 오비탈로 구성되고 각 오비탈은 서로 다른 m_l값에 해당된다. m_l은 $-l$과 l 사이의 $(2l + 1)$개의 정수값이 허용된다. 따라서 $s(l = 0)$ 부껍질은 1개, $p(l = 1)$ 부껍질은 3개, $d(l = 2)$ 부껍질은 5개의 오비탈로 구성된다.
3. 한 껍질의 전체 오비탈수는 n^2이다. 여기서 n은 껍질의 주양자수이다. 결과적으로 껍질의 오비탈수는 1, 4, 9, 16으로 주기율표와 연관된 특별한 의미를 갖는다. 주기율표의 각 주기에 있는 원소수는 2, 8, 18, 32로 오비탈 수의 두 배이다. 이 관계는 나중에 더 설명할 것이다.

그림 2.12는 $n = 3$까지 수소원자 오비탈의 상대적인 에너지를 보여준다. 네모 상자는 오비탈을 나타낸다. 2p처럼 동일한 부껍질의 오비탈은 함께 묶었다. 수소의 전자들이 가장 낮은 에너지 오비탈(1s 오비탈)에 있을 때 수소원자는 바닥상태(ground state)에 있다고 한다. 전자가 1s 오비탈보다 높은 에너지의 오비탈에 있을 때 그 원자

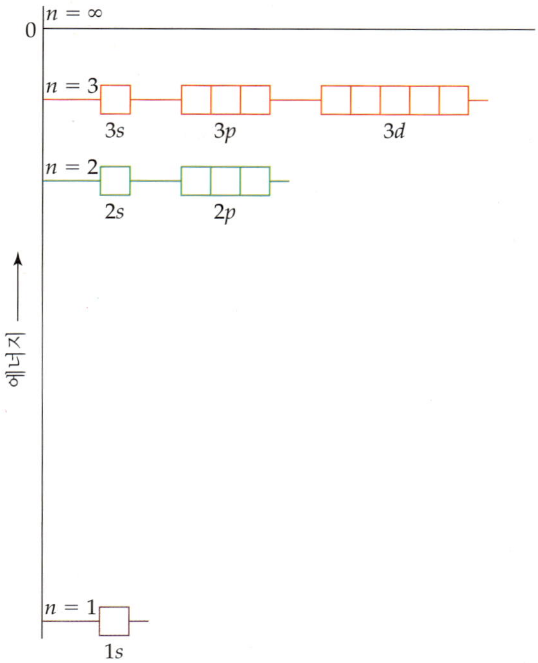

▲ **그림 2.12 수소원자의 오비탈 에너지 준위.** 주양자수 *n*이 같은 오비탈은 모두 같은 에너지를 갖는데, 이는 수소원자에만 적용된다.

는 들뜬상태(excited state)에 있다고 한다. 보통 온도에서 모든 수소원자는 바닥상태에 있다. 그 전자들이 적당한 에너지의 광자를 흡수하면 더 높은 에너지의 오비탈로 들뜨게 된다.

예제 2.5

(a) 넷째 껍질($n = 4$)의 부껍질 수를 예측하시오. (b) 부껍질을 모두 표시하시오. (c) 각각의 부껍질에는 얼마나 많은 오비탈이 있는가?

해답: (a) 4개의 부껍질이 있다. 4개의 가능한 l값은 0, 1, 2, 3이다. (b) 부껍질은 4*s*, 4*p*, 4*d*, 4*f*이다. 여기서 숫자는 주양자수 n이고 숫자 뒤에 오는 문자는 방위 양자수 l을 나타낸다.

(c) 4*s* 오비탈은 1개 있다. $l = 0$일 때 가능한 m_l값은 0뿐이다. 4*p* 오비탈은 3개 있다. $l = 1$일 때 가능한 m_l값은 1, 0, −1이다. 4*d* 오비탈은 5개 있다. $l = 2$일 때 가능한 m_l값은 2, 1, 0, −1, −2의 5가지이다. 4*f* 오비탈은 7개 있다. $l = 3$일 때 가능한 m_l값은 3, 2, 1, 2, −1, −2, −3으로 7가지이다.

보충 예제

(a) $n = 5$와 $l = 1$일 때 부껍질을 표시하시오. (b) 이 부껍질에 얼마나 많은 오비탈이 있는가? (c) 각 오비탈의 m_l값을 나타내시오.

답: (a) 5*p*, (b) 3, (c) 1, 0, −1

2.6 오비탈의 표현

지금까지 오비탈을 설명하는 데 있어서 에너지를 강조하였다. 파동함수는 전자들이 특정한 오비탈에 있을 때 전자의 공간적 분포에 대한 정보를 제공한다. 이제 전자의 위치를 설명하는 방법을 살펴보자. 우선 오비탈의 전자밀도 분포를 살펴보고 삼차원 그림을 이용한 화학자들의 오비탈 표현 방식을 보게 될 것이다.

s 오비탈

가장 낮은 에너지를 갖는 1*s* 오비탈의 모양은 그림 2.11처럼 구형이다. 전자밀도를 나타내는 이러한 형태의 그림은 시각적으로 오비탈을 나타내는 몇 가지 방법 중 하나이다. 이 그림은 핵 주위의 어느 지점에서 전자를 발견할 확률이 어느 방향이든 핵에서 멀어질수록 감소한다는 것을 나타낸다. 핵으로부터 일정거리 떨어진 위치에서 전자를 발견할 확률을 방사분포확률이라 한다. 1*s*, 2*s*, 3*s* 오비탈에 대한 방사분포확률을 그림 2.13에 나타내었다.

1*s* 오비탈의 방사분포확률 그래프는 핵으로부터 0.529Å에서 전자가 발견될 확률이 최대가 된다는 것을 보여준다. 2*s* 오비탈의 방사분포확률 그래프에는 2개의 봉우리가 존재하고 이 2개의 봉우리 사이에 확률값이 0이 되는 중간영역을 마디(node)라고 한다. 마디의 수는 주양자수 n이 증가할수록 증가한다. 3*s* 오비탈은 3개의 봉우리가 있으며 2개의 마디를 갖는다. 보어모형과 마찬가지로 n이 증가할수록 전자를 발견할 최대확률에 해당하는 거리는 핵에서 더 멀어짐을 알 수 있다. 즉, 오비탈의 크기는 n이 증가할수록 더 커진다.

오비탈의 표현에 널리 사용되는 방법 중의 하나는 오비탈의 전체 전자밀도 값이 90% 이상 되는 경계표면으로 나타내는 것이다. 이러한 *s* 오비탈에 대한 윤곽은 간단

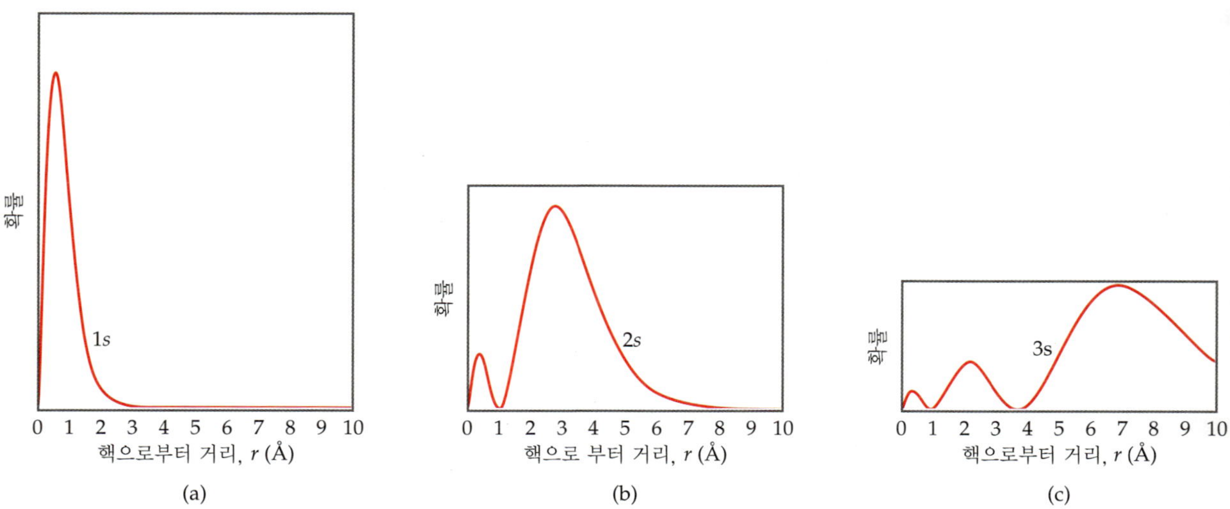

▲ **그림 2.13 1*s*, 2*s*, 3*s* 오비탈의 방사분포확률.** 핵으로부터 일정한 거리에서 전자가 발견될 확률을 나타낸다. 방사분포확률이 특정거리에서 0이 되는 지점을 마디라고 한다.

히 원으로 표시된다. 1s, 2s, 3s 오비탈의 윤곽 혹은 경계표면을 그림 2.14 에 나타내었다. 그들의 모양은 서로 비슷하지만 크기가 다르다. 경계표면에서 전자밀도가 어떻게 변하는지에 대한 자세한 정보는 이 표현법으로 알 수 없지만 그것은 큰 문제가 되지 않는다. 중요한 것은 오비탈의 상대적 크기와 모양이다. 이러한 오비탈의 특징은 윤곽 표시법으로 적절하게 나타낼 수 있다.

▲ **그림 2.14 1s, 2s, 3s 오비탈의 윤곽 표현법.** 상대적 반지름의 크기는 전자를 발견할 확률이 90%에 상당하는 거리를 나타낸다.

p 오비탈

2p 오비탈의 전자밀도 분포를 그림 2.15에 나타내었다. 그림에서 보는 바와 같이 전자밀도는 s 오비탈처럼 구대칭의 모양으로 분포하지 않는다. 그 대신 전자밀도는 핵의 양옆으로 집중되고 핵 주위는 마디로 분리된다. 이러한 오비탈은 2개의 로브(lobe)를 가진 아령 모양을 한다.

$n = 2$의 껍질부터는 3개의 p 오비탈을 갖는다. 각 부껍질의 p 오비탈은 모양과 크기는 같지만 공간 배향은 서로 다르다. p 오비탈은 일반적으로 그림 2.15(b) 같은 파동함수의 모양과 배향을 갖는다. 이 오비탈들을 편의상 p_x, p_y, p_z로 나타낸다. 첨자는 오비탈이 배향한 축을 나타낸다.[2] s 오비탈처럼 p 오비탈도 2p에서 3p, 4p로 이동함에 따라 크기는 증가한다.

d 오비탈과 와 f 오비탈

주양자수 n이 3 이상일 때 5개의 d 오비탈을 갖는다($l = 2$). 같은 껍질의 서로 다른 d 오비탈은 그림 2.16처럼 서로 다른 모양과 배향을 갖는다. d 오비탈의 4개는 "네잎클로버" 모양이다. 각 오비탈은 원칙적으로 평면에 놓여 있다. xy, xz, yz 평면에 놓인 d_{xy}, d_{xz}, d_{yz} 오비탈은 로브가 축 사이로 배향된다. $d_{x^2-y^2}$ 오비탈의 로브도 xy 평면에 위치하지만 그 로브는 x축과 y축 상에 놓인다. d_{z^2} 오비탈은 다른 4개와 매우 다르게 보인다. 이것은 z축을 따라 2개의 로브와 xy 평면에 "도넛" 모양의 분포를 나타낸다. d_{z^2} 오비탈의 모양은

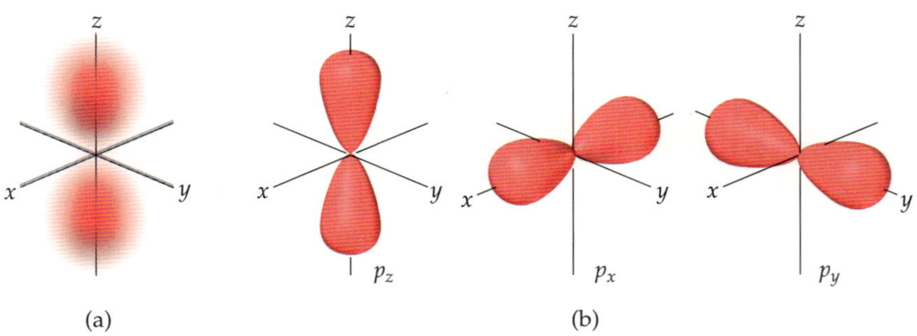

▲ **그림 2.15 p 오비탈.**
(a) 2p 오비탈의 전자밀도 분포. (b) 3개의 p 오비탈 표현법. 오비탈의 첨자는 오비탈이 놓인 축을 나타낸다.

---

2) 첨자(x, y, z)와 m_l 값(1, 0, −1)이 서로 1 : 1 대응하는 것은 아니다. 이것에 대한 설명은 이 교재의 범위를 넘는다.

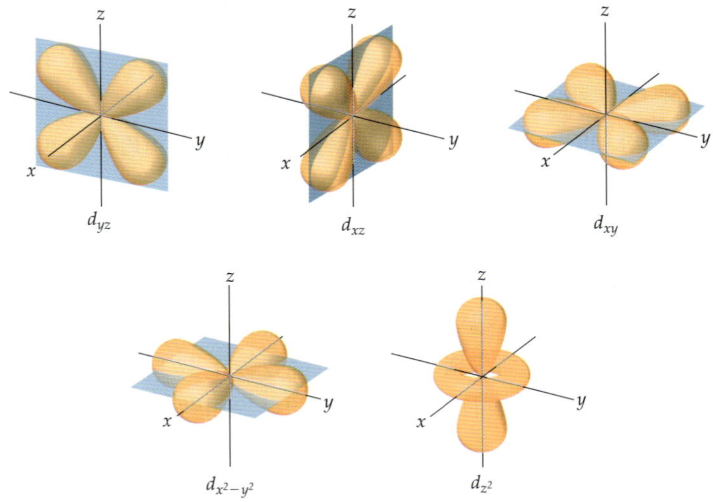

▲ **그림 2.16 5개 d 오비탈의 표시법.**

다르지만 다른 4개의 오비탈과 같은 에너지를 갖는다. 그림 2.16의 표시법은 주양자수와 관계없이 모든 *d* 오비탈에 일반적으로 적용된다.

주양자수 n이 4 이상일 때 7개의 *f* 오비탈($l = 3$)을 갖는다. *f* 오비탈의 모양은 *d* 오비탈의 모양보다 훨씬 더 복잡하여 나타내지 않았다. 그러나 주기율표의 아래 부분에 있는 원자들의 전자구조를 이해하려면 *f* 오비탈을 알아야 한다.

원자 오비탈의 수와 모양에 관한 지식은 앞으로 다룰 여러 가지 분자 수준의 화학을 이해하기 위하여 매우 중요하다. 그러므로 그림 2.14～2.16 의 오비탈 모양을 기억하는 것은 유용하다.

2.7 다전자원자

양자역학은 수소원자를 매우 훌륭하게 설명한다. 물론 수소원자는 전자가 1개이며 가장 간단한 원자이다. 2개의 전자를 갖는 원자의 구조는 어떻게 설명할 것인가? 다행히도 수소와 비슷한 오비탈을 이용하여 다전자원자를 설명할 수 있다. 다전자원자의 오비탈 모양은 수소와 같지만 2개 이상의 전자들이 존재하면 오비탈 에너지는 크게 변한다. 수소의 오비탈 에너지는 주양자수 n에만 의존한다(그림 2.12). 따라서 3*s*, 3*p*, 3*d* 부껍질은 모두 같은 에너지를 갖는다. 그러나 다전자원자에서는 전자간 반발로 인해 그림 2.17처럼 부껍질의 에너지가 서로 달라진다. 예를 들어 2*s* 부껍질은 2*p* 부껍질보다 더 낮은 에너지를 갖는다. 이것을 이해하려면 전자 간의 힘과 이 힘이 오비탈 모양에 어떤 영향을 주는지를 알아야 한다.

전자스핀과 Pauli 배타원리

다전자원자의 설명에 있어서 수소원자와 같은 오비탈을 이용한다는 것을 알았다. 그

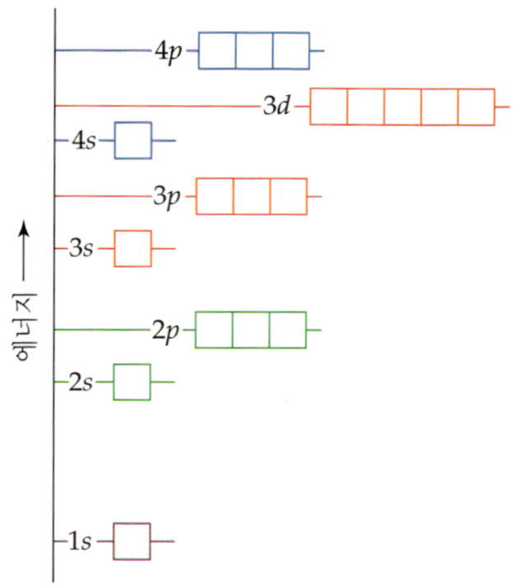

▲ **그림 2.17 다전자 원자의 오비탈 에너지 준위 순서.** 수소원자의 오비탈 에너지 준위에서처럼 상자는 오비탈을 나타낸다. 다전자원자에서 부껍질의 에너지 준위는 $ns < np < nd < nf$의 순서를 따른다.

렇다면 전자들이 존재하는 오비탈을 어떻게 결정해야 하는가? 다시 말해 다전자원자의 전자들은 오비탈에 어떻게 존재하는가? 이 질문의 대답은 전자에 대한 부가적인 성질을 고려해야 한다.

과학자들은 다전자원자의 선 스펙트럼을 연구하면서 특이한 성질을 발견하였다. 원래 1개라고 생각하던 선이 실제로 조밀한 2개 선으로 존재한다는 것을 알았다. 본질적으로 이것은 두 가지 에너지 준위가 겹친 것을 의미한다. 1925년 네덜란드 물리학자 George Uhlenbeck와 Samuel Goudsmit는 이 딜레마의 해답을 제시하였다. 그들은 전자들이 전자스핀(electron spin)이라는 독특한 성질을 갖는다고 제안하였다. 전자를 극히 작은 구형이라 보고 자신의 축에 대해 스핀운동을 한다고 상상할 수 있다.[3] 전자스핀이 양자화 되었다고 하는 것이 아마도 놀라운 일이 아닐 것이다. 이러한 관찰은 전자에 대하여 n, l, m_l 이외에 새로운 양자수의 표시가 필요하다. 이 새로운 양자수를 전자스핀 양자수(electron spin quantum number)라 하고 m_s로 표시한다.

m_s는 두 가지의 가능한 값, 즉 $+1/2$ 혹은 $-1/2$ 만을 갖는다. 부호는 스핀이 서로 반대인 두 가지 방향을 의미한다. 스핀운동하는 전하는 자기장을 생성한다. 두 가지 반대방향의 스핀운동은 그림 2.18처럼 서로 반대방향의 자기장을 생성한다. 이러한 두 가지 반대 자기장은 겹쳐있던 한 쌍의 스펙트럼선을 분리시킨다.

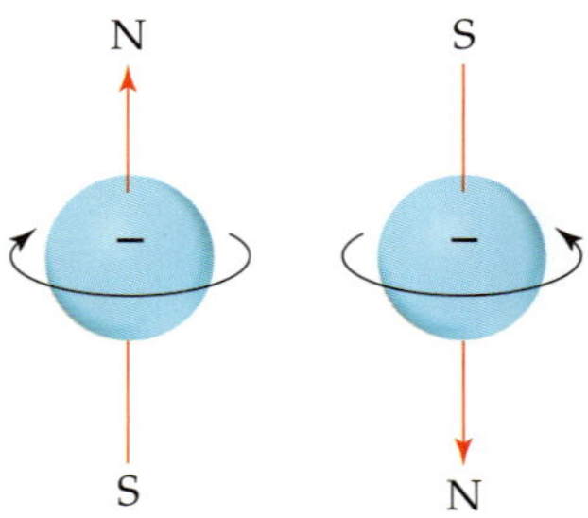

▲ **그림 2.18 전자스핀.** 전자는 축을 중심으로 스핀운동하는 것처럼 간주된다. 이 전자 스핀운동은 자장을 발생하고 자장의 방향은 스핀운동 방향에 의존한다. 두 가지 스핀운동 방향은 스핀 양자수 m_s의 두 가지 값에 상당한다.

전자스핀은 원자의 전자구조를 이해하는데 대단히 중요하다. 1925년 Austria 출신 물리학자 Wolfgang Pauli(1900~1958)는 다전자원자의 전자배치를 지배하는

3) 앞에서 설명한 것처럼 전자는 입자와 같은, 그리고 파동과 같은 성질을 갖는다. 따라서 전자를 스핀운동하는 구형전하로 보는 것은 엄밀하게 옳지 않다. 그럼에도 불구하고 그것은 전자스핀에 유용한 설명이다.

원리를 발견하였다. Pauli의 원리는 한 원자에 똑같은 한 세트의 n, l, m_l, m_s 양자수를 갖는 전자는 2개 이상 존재할 수 없다고 설명한다. 일정한 오비탈(1s, 2p_z 등등)의 n, l, m_l은 고정된 값을 갖는다. 그리하여 한 오비탈에 1개 보다 더 많은 전자가 들어가려면, Pauli의 배타원리(exclusion principle)를 만족하기위해 m_s값이 다른 전자를 선택해야 한다. 그러한 값은 두 가지뿐이므로 한 오비탈은 최대로 2개의 전자를 가질 수 있고 그들은 반대스핀이어야 한다. 이러한 제한은 전자를 양자수로 표시할 수 있게 허용하고, 전자가 존재하는 공간영역을 설정한다. 그것은 또한 원소의 주기율표 구조를 이해하는데 많은 도움을 준다.

2.8 전자배치

원자의 오비탈에 전자들을 배치하는 방법을 전자배치(electron configuration)라고 한다. 원자의 가장 안정한 상태 혹은 바닥상태 전자배치는 전자들이 가장 낮은 에너지를 갖는다. 전자의 가능한 양자수 값이 제한받지 않는다면 모든 전자는 가장 낮은 에너지 상태에 있을 것이므로 1s 오비탈을 가득 채워야 한다. 그러나 Pauli 배타원리에 의하면 전자는 한 오비탈에 아무리 많아도 2개까지 존재할 수 있다. 오비탈은 낮은 에너지에서부터 높은 에너지 순으로 전자가 채워진다. 예를 들어 3개의 전자를 갖는 리튬을 생각해보자. 1s 오비탈에는 2개의 전자가 채워진다. 세 번째 전자는 1s보다 더 높은 에너지의 오비탈 2s에 들어간다.

전자배치를 나타내기 위해서는 점유한 부껍질의 기호에 전자수를 위첨자로 표시한다. 예를 들어 리튬의 전자배치는 $1s^2\ 2s^1$처럼 나타낼 수 있다. 이것을 오비탈 도표(orbital diagram)로 나타내면 다음과 같다.

Li	↑↓	↑
	1s	2s

오비탈을 작은 네모 상자로 나타내고, 전자는 반화살표로 나타낸다. 위쪽으로 향한 반화살표(↑)를 $m_s = +\frac{1}{2}$인 스핀양자수라고 하면 아래로 향한 반화살표(↓)는 $m_s = -\frac{1}{2}$ 인 스핀양자수를 나타낸다. 이러한 도표의 전자스핀 표현법은 매우 편리하다. 한 오비탈에 반대 방향의 전자들이 같이 존재하면 "짝을 지어 있다(paired)"고 말한다. 홀전자(unpaired electron)는 반대 스핀의 동반자를 수반하지 않는다. 리튬 원자 중 1s 오비탈의 2개의 전자는 짝을 지고 있고 2s 오비탈의 전자는 홀전자이다.

주기율표의 원자들은 어떤 전자배치를 하고 있는지 살펴보자. 수소는 1개의 전자를 갖고 있으며 바닥상태에서 1s 오비탈을 점유한다.

H	↑	: $1s^1$
	1s	

표 2.3 몇 가지 가벼운 원소의 전자배치

원소	전자수	오비탈 도표 1s	2s	2p			3s	전자배치
Li	3	↑↓	↑					$1s^2 2s^1$
Be	4	↑↓	↑↓					$1s^2 2s^2$
B	5	↑↓	↑↓	↑				$1s^2 2s^2 2p^1$
C	6	↑↓	↑↓	↑	↑			$1s^2 2s^2 2p^2$
N	7	↑↓	↑↓	↑	↑	↑		$1s^2 2s^2 2p^3$
Ne	10	↑↓	↑↓	↑↓	↑↓	↑↓		$1s^2 2s^2 2p^6$
Na	11	↑↓	↑↓	↑↓	↑↓	↑↓	↑	$1s^2 2s^2 2p^6 3s^1$

여기에서 화살표의 방향은 임의적이다. 똑같이 아래로 향한 화살표로 오비탈의 전자를 나타낼 수도 있다.

헬륨원소는 2개의 전자를 갖는다. 2개의 전자는 한 오비탈을 점유하므로 짝을 지어 존재한다.

He [↑↓] : $1s^2$
1s

헬륨의 2개의 전자는 첫째 껍질을 완전히 채운다. 이러한 배열은 헬륨이 화학적 비활성을 나타내는 것처럼 매우 안정한 전자배치를 나타낸다.

주기율표 중 몇 가지 원소들의 전자배치를 표 2.3 에 나타내었다. 리튬의 세 번째 전자는 주양자수가 다르며 에너지가 크게 높아지고 새로운 전자껍질을 의미한다. 리튬은 주기율표의 새로운 주기를 시작한다. 리튬은 알칼리금속족(1A)의 첫 번째 원소이다. 베릴륨의 전자배치는 $1s^2 2s^2$이다. 원자번호 5의 붕소는 $1s^2 2s^2 2p^1$이다. 붕소의 다섯 번째 전자는 $2p$ 오비탈에 놓여야 한다. 3개의 $2p$ 오비탈은 모두 같은 에너지이므로 어느 오비탈을 점유하는지는 상관이 없다. 탄소원소는 새로운 상황에 직면한다. 탄소의 여섯 번째 전자는 $2p$ 오비탈에 놓여야 한다는 것을 알 수 있다. 그러나 이 전자는 이미 1개의 전자가 있는 $2p$ 오비탈로 들어가든지 아니면 비어있는 다른 $2p$ 오비탈로 들어가야 한다. 이 문제는 Hund 규칙으로 해결된다.

Hund 의 규칙

Hund의 규칙에 의하면 전자들은 스핀이 서로 나란한 방향으로 다른 오비탈을 점유할 때 더 안정적이다. 그리하여 바닥상태 탄소원자는 서로 다른 $2p$ 오비탈에 전자가 채워지고 전자의 스핀은 나란하다. 마찬가지로 바닥상태의 질소는 Hund의 규칙에 의하여 3개의 $2p$ 전자들이 각각 서로 다른 3개의 $2p$ 오비탈을 점유한다. 산소와 플루오린은 각각 4개와 5개의 전자가 $2p$ 오비탈에 채워진다. 이렇게 되면 $2p$ 오비탈의 전자들은 짝을 지어야 한다.

Hund의 규칙은 전자들이 서로 반발한다는 사실에 일부 근거를 둔다. 서로 다른 오비탈을 점유하면 전자들은 가능하면 서로 먼 거리를 유지하여 전자-전자 반발을 최소화할 수 있다.

네온은 $2p$ 부껍질을 완전히 채운다. 그 외부껍질은 안정한 팔전자계(옥테트)를 갖는다. 다음은 주기율표의 새로운 주기를 시작하는 원자번호 11의 소듐이다. 소듐은 안정한 네온 전자배치보다 $3s$ 전자를 1개 더 갖는다. 소듐의 전자배치는 다음과 같이 간략하게 나타낼 수 있다.

$$\text{Na:}\quad [\text{Ne}]3s^1$$

[Ne] 기호는 네온의 전자배치, 즉 $1s^22s^22p^6$를 나타낸다. 이러한 모양으로 전자배치를 표시하면 원자의 외각전자를 잘 나타낼 수 있다. 외각전자는 원소의 화학적 성질에 커다란 영향을 미친다. 예를 들어 리튬의 전자배치는 다음과 같다.

$$\text{Li:}\quad [\text{He}]2s^1$$

이것을 소듐의 전자배치와 비교하면 리튬과 소듐이 화학적으로 왜 비슷한가를 알 수 있다. 그들은 같은 형태의 외부껍질 전자배치를 갖는다. 모든 알칼리족(1A)원소는 영족 기체 전자배치보다 전자를 1개 더 갖는다. 외부껍질 전자를 원자가전자(valence electron), 내부껍질 전자를 핵심부전자(core electron)라고 한다.

예제 2.7

원자번호가 8인 산소의 전자배치 오비탈을 그림으로 나타내시오.

해답: 그림 2.17의 오비탈의 순서를 참조한다. $1s$와 $2s$ 오비탈에 2개씩 채워진다. 다음은 4개의 전자를 3개의 $2p$ 오비탈에 채워야 한다. Hund 규칙에 따라 각각의 $2p$ 오비탈에 하나씩 채워진다. 네 번째 전자는 $2p$ 오비탈을 점유한 3개의 전자 중 1개와 짝을 이룬다. 상응하는 전자배치는 $1s^22s^22p^4$ 혹은 $[\text{He}]2s^22p^4$이다. $1s^2$ 혹은 [He] 전자는 산소원자의 내부껍질전자 혹은 핵심부전자이다.

보충 예제

원자번호가 15인 P 의 전자배치를 쓰시오.

답: $1s^22s^22p^63s^23p^3 = [\text{Ne}]3s^23p^3$

4주기 이상의 원자

Ar은 Na에서 시작한 주기의 끝에 놓인다. Ar의 전자배치는 $1s^22s^22p^63s^23p^6$이다. Ar 다음 원소는 원자번호 19의 K이다. 여러 가지 화학적 성질로 보아 K은 분명히 알칼리 금속원소이고, K의 성질에 관한 실험적 사실은 최외각전자가 *s* 오비탈을 점유하는 것이다. 이것은 가장 큰 에너지의 전자가 3*d* 오비탈에 놓이지 않음을 의미한다. 4*s* 오비탈의 에너지가 3*d*의 에너지보다 더 낮음을 알 수 있다. 4*s* 오비탈을 채운 다음 3*d* 오비탈을 채운다. Sc에서 시작하여 Zn까지는 5개의 3*d* 오비탈에 전자가 하나씩 채워진다. 그리하여 넷째 주기는 앞의 주기보다 원소를 10개 더 포함한다. 이러한 원소들을 전이원소(transition element) 혹은 전이금속(transition metal)이라 한다. 주기율표 중 이 원소들의 위치에 유의하라.

Hund의 규칙에 따라 전자들은 5개의 3*d* 오비탈에 전자가 1개씩 채워지고, 그 다음 추가되는 전자는 스핀쌍으로 존재한다. Mn과 Zn의 오비탈 도표 표시법과 전자배치는 다음과 같다.

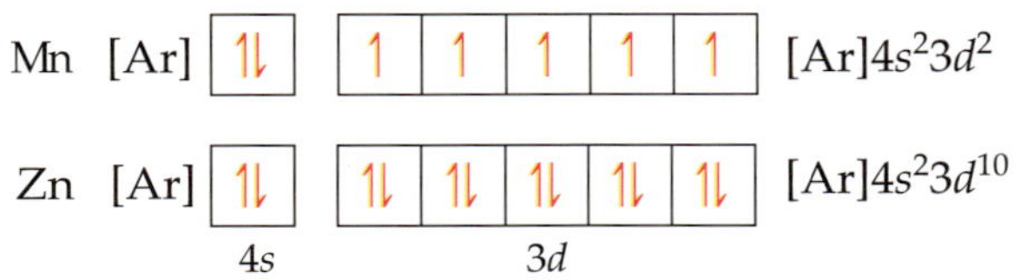

3*d* 전이원소 계열의 전자배치가 끝나면 원자번호 36인 크립톤(Kr)의 외각전자들이 완전히 팔전자계($4s^23p^6$)를 채울 때까지 4*p* 오비탈을 점유하기 시작한다. Kr은 영족 기체의 또 다른 원소이다. 루비듐(Rb)은 다섯째 주기의 처음 원소이다. 이 다섯째 주기는 *n*값이 1 더 큰 것을 제외하면 앞의 주기와 모든 점이 비슷하다. 주기율표의 여섯째 주기는 그 앞의 주기와 비슷하게 시작한다. 즉, 세슘(Cs)의 6*s* 오비탈에 1개의 전자, 그리고 바륨(Ba)의 6*s* 오비탈에 2개의 전자가 있다. 다음 원소 란타넘(La)은 세 번째 전이원소 계열의 시작을 나타낸다. 그러나 원소기호 58번 세륨(Ce)은 새로운 4*f* 오비탈을 채우기 시작한다. 5*d*와 4*f* 오비탈의 에너지는 매우 가깝다. La 자신의 5*d* 오비탈 에너지는 4*f*보다 약간 더 낮다. 그러나 La 다음의 원소들은 4*f* 오비탈 에너지가 약간 더 낮으므로 5*d* 오비탈에 앞서 4*f* 오비탈을 먼저 채운다.

4*f* 오비탈은 7개가 있으며 4*f* 오비탈을 모두 채우려면 14개의 전자가 필요하다. 4*f* 오비탈을 채우는 14개 원소들은 원자번호 58～71이고 란탄족원소 혹은 희토류원소라고 한다. 주기율표의 모양이 불어나는 것을 피하기 위하여 란탄족원소들을 따로 분리하여 놓는다. 란탄족원소의 성질은 매우 비슷하고 대부분 자연계에 혼재한다.

란탄계 다음의 세 번째 전이원소 계열은 6*p* 오비탈을 모두 채운 다음 끝난다. 즉 라돈(Rn)에서 끝나고 Rn은 가장 무거운 영족 기체 원소이다. 주기율표의 마지막 주기는 악틴족 원소이고 앞의 설명처럼 시작한다. 널리 알려진 원소로서 우라늄(U, 원자번호 92)과 플루토늄(Pu, 원자번호 94)이 있고 5*f* 오비탈의 전자배치를 갖는다. 악틴족 원소는 방사성이고 그들의 대부분은 자연에 존재하지 않는다.

표 2.4 2A족과 3A족 원소의 전자배치

2A족		3A족	
Be	$[He]2s^2$	B	$[He]2s^22p^1$
Mg	$[Ne]3s^2$	Al	$[Ne]3s^23p^1$
Ca	$[Ar]4s^2$	Ga	$[Ar]3d^{10}4s^24p^1$
Sr	$[Kr]5s^2$	In	$[Kr]4d^{10}5s^25p^1$
Ba	$[Xe]6s^2$	TI	$[Xe]4f^{14}5d^{10}6s^26p^1$
Ra	$[Rn]7s^2$		

2.9 전자배치와 주기율표

주기율표를 통하여 원소의 전자배치를 간단히 살펴보았다. 원소의 전자배치는 주기율표내의 원소의 위치와 관련이 있다는 것을 알았다. 주기율표는 같은 모양의 외부껍질(원자가) 전자배치를 같은 족에 배열하여 구성하였다(표 2.4). 예를 들어 2A족 원소는 모두 ns^2의 전자배치를 갖는 반면에 3A족 원소들은 ns^2np^1의 전자배치를 갖는다.

표 2.2 에 각 껍질의 전체 오비탈 수는 n^2, 즉 1, 4, 9, 16과 같이 주어진다. 각 오비탈에는 최대 2개의 전자가 채워지므로 각 껍질은 $2n^2$, 즉 2, 8, 18, 32개의 전자를 수용할 수 있다. 주기율표의 구조는 이러한 오비탈 수를 반영한다. 첫째 주기는 2개의 원소, 둘째와 셋째 주기는 8개의 원소, 넷째와 다섯째 주기는 18개의 원소, 여섯째 주기는 32개의 원소(란탄족금속을 포함한)를 갖는다. 셋째 껍질의 3*d* 오비탈은 4*s* 오비탈을 채운 다음 차기 시작한다. 마찬가지로 4*d* 오비탈은 주기율표의 다섯째 주기를 채울 때까지 차지 않는다. 그리고 4*f* 오비탈은 여섯째 주기를 채울 때까지 차지 않는다.

이러한 모든 관찰은 주기율표의 구조에 잘 나타나 있다. 따라서 주기율표는 오비탈을 채우는 순서를 안내한다고 할 수 있다. 한 원소의 전자배치는 주기율표의 위치에 바탕을 둔다고 말할 수 있다. 원소들은 전자들이 놓인 오비탈 종류에 따라 그룹화되어 있다는 것에 유의하라(그림 2.19). 주기율표의 가장 왼쪽 2개의 족, 즉 알칼리금속(1족)과 알칼리

▶ **그림 2.19** 전자들이 오비탈을 채우는 형태에 따라 원소들을 그룹으로 나눈 주기율표.

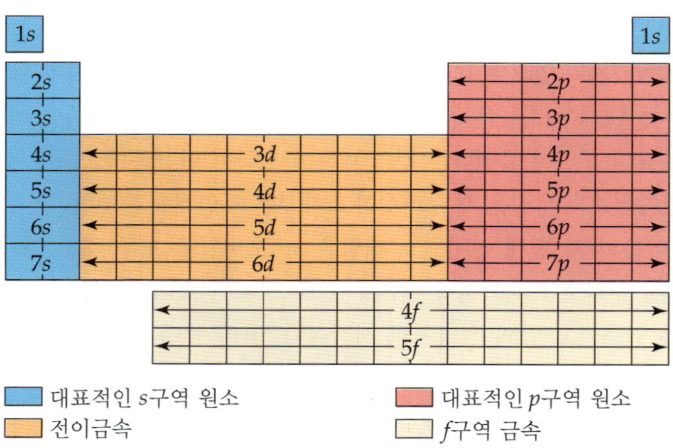

토금속(2족)으로 알려진 이들 원소는 최외각껍질 *s* 오비탈을 채우는 원소들이다. 가장 오른쪽의 6개 족은 최외각의 *p* 오비탈을 채우는 원소들이다. 주기율표 중 *s*-구역과 *p*-구역은 주족원소를 포함한다. 주기율표의 중간은 전이원소를 포함하는 10개 족의 구역이며, 이들은 *d* 오비탈을 채우는 원소들이다. 주기율표에서 아래 따로 떨어진 부분은 14개의 족을 포함하는 2개의 주기를 나타낸다. 이 원소들은 *f*-구역 금속이라 하는데 *f* 오비탈을 채우는 원소들이기 때문이다. 2, 6, 10, 14 숫자는 각각 *s*, *p*, *d*, *f* 부껍질을 가득 채우는 전자수라는 것을 기억하라. 그리고 첫 번째 *s* 부껍질은 1*s* 이고, 첫 번째 *p* 부껍질은 2*p*, 첫 번째 *d* 부껍질은 3*d*, 첫 번째 *f* 부껍질은 4*f*이다.

그림 2.20에 원소들의 바닥상태 전자배치를 주기율표와 함께 나타내었다. 자세히 살펴보면 어떤 원소의 전자배치는 방금 설명한 규칙에 위배되는 것처럼 보인다. 예를 들어 크롬의 전자배치는 $[Ar]4s^23d^4$가 아니고 $[Ar]4s^13d^5$이다. 마찬가지로 구리의 전자배치는 $[Ar]4s^23d^9$ 대신에 $[Ar]4s^13d^{10}$이다. 이러한 특징은 3*d*와 4*s* 오비탈 에너지 준위가 매우 근접해 있기 때문이다.

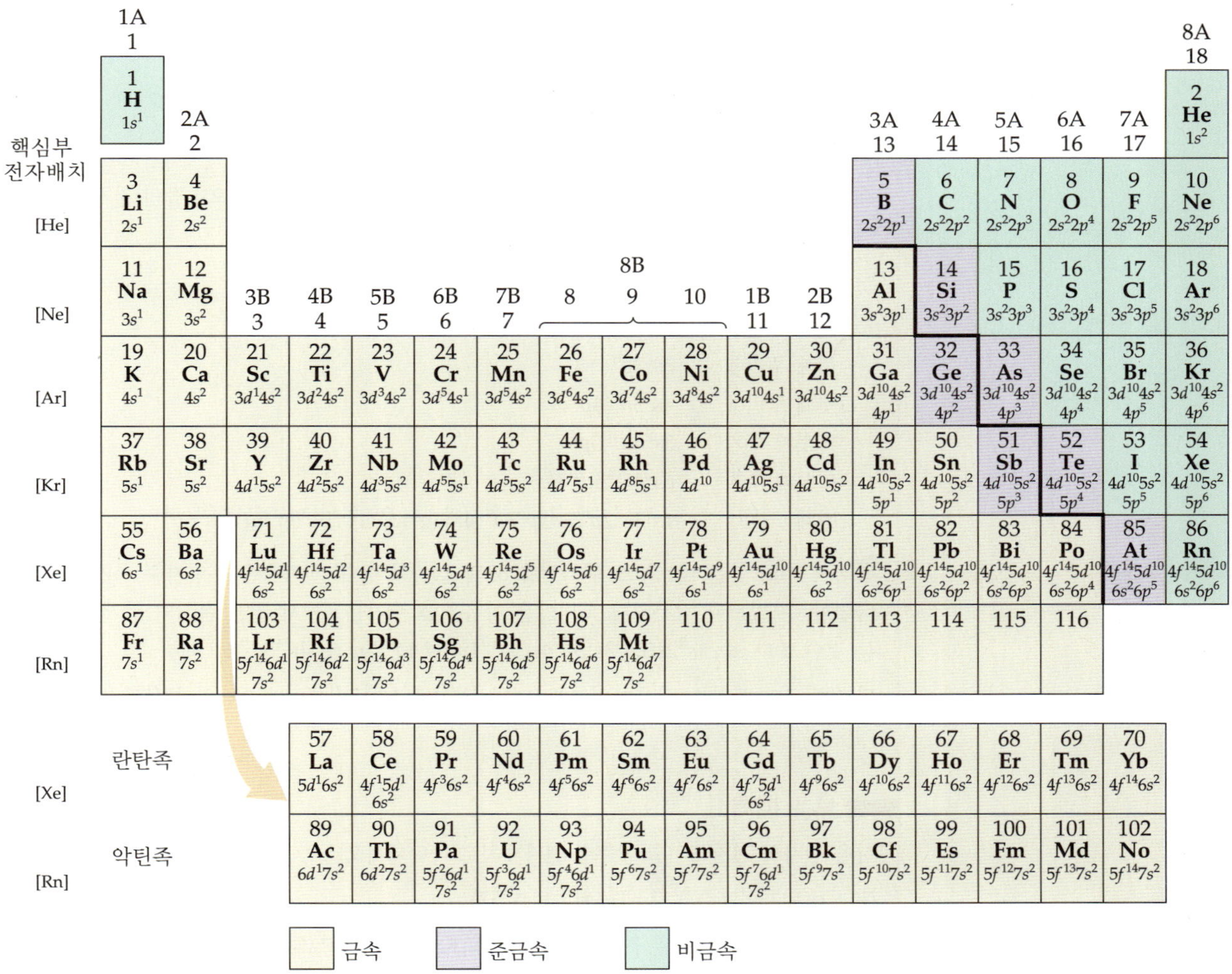

▲ **그림 2.20 원소의 원자가전자 배치.**

예제 2.8

7A족 할로젠원소의 외부껍질 전자배치 특성은 무엇인가?

해답: 할로젠의 첫째 원소는 원자번호 9인 플루오린이다. 플루오린의 전자배치는

$$\text{F:} \quad [\text{He}]2s^2 2p^5$$

마찬가지로 원자번호가 17인 염소의 전자배치는

$$\text{Cl:} \quad [\text{Ne}]3s^2 3p^5$$

이 두 예로부터 할로젠 원소의 외부껍질 전자배치 특성은 ns^2np^5라는 것을 알 수 있다. 여기에서 n은 플루오린의 경우 2이고 아스타틴의 경우 6이다.

보충 예제

어떤 족의 원소들이 ns^2np^2 의 전자배치를 나타내는가?

답: 4A족

예제 2.9

원자번호 83인 비스무트의 전자배치를 쓰시오.

해답: 주기율표를 한 줄씩 건너가면서 동시에 각 주기에 상당하는 오비탈의 전자점유를 기록하여 답할 수 있다.

첫째 주기	$1s^2$
둘째 주기	$2s^2 2p^6$
셋째 주기	$3s^2 3p^6$
넷째 주기	$4s^2 3p^{10} 4p^6$
다섯째 주기	$5s^2 4d^{10} 5p^6$
여섯째 주기	$6s^2 4f^{14} 5d^{10} 6p^3$
전체	$1s^2 2s^2 2p^6 3s^2 3p^6 3d^{10} 4s^2 4p^6 4d^{10} 4f^{14} 5s^2 5p^6 5d^{10} 6s^2 6p^3$

위첨자 수의 합은 비스무트 원자번호 83과 같아야 한다. 전자들은 주양자수 증가순서로 나열할 수 있으나 전자배치 오비탈은 다음처럼 주기율표에서 읽은 순서와 같게 나열하는 것이 좋다. 즉, $1s^2 2s^2 2p^6 3s^2 3p^6 4s^2 3d^{10} 4p^6 5s^2 4d^{10} 5p^6\, 6s^2 4f^{14} 5d^{10} 6p^3$이다.

단축형 전자배치를 사용하여 나타내면 $[\text{Xe}]6s^2 4f^{14} 5d^{10} 6p^3$ 혹은 $[\text{Xe}]4f^{14} 5d^{10} 6s^2 6p^3$이다.

보충 예제

다음 원자의 전자배치를 단축형 전자배치로 나타내시오.

(a) Co(원자번호 27), (b) Te(원자번호 52)

답: (a) $[\text{Ar}]4s^2 3d^7$ 혹은 $[\text{Ar}]3d^7 4s^2$ (b) $[\text{Kr}]5s^2 4d^{10} 5p^4$ 혹은 $[\text{Kr}]4d^{10} 5s^2 5p^4$

연습문제

2.1 다음 SI 단위는 무엇인가?
(a) 빛의 파장
(b) 빛의 진동수
(c) 빛의 속도

2.2 다음의 설명이 참인가 거짓인가?
(a) 모든 전자기복사선은 가시선이다.
(b) 복사선 진동수는 파장이 감소하면 증가한다.
(c) 자외선 빛은 가시선 빛보다 더 긴 파장이다.

2.3 다음의 전자기복사선들은 파장이 증가하는 순서로 나열하라.
(a) 의료용 영상에 사용하는 방사성 핵종으로 만든 감마선
(b) 93.1 MHz로 방송하는 FM 라디오 방송국에서 나오는 복사선
(c) 680 KHz로 방송하는 AM 라디오 방송국에서 나오는 복사선
(d) 나트륨 가로등에서 나오는 황색광
(e) 디스플레이의 다이오드 적색광

2.4 **(a)** 0.589 pm 파장의 복사선 진동수는 얼마인가?
(b) $5.11 \times 10^{11}\ s^{-1}$ 진동수의 복사선 파장은 얼마인가?
(c) (a) 혹은 (b)의 복사선은 사람 눈으로 볼 수 있는가?
(d) 전자기복사선이 6.54 s 동안 이동한 거리는 얼마인가?

2.5 들뜬 수은원자는 436 nm 파장의 빛을 방출한다. 이 복사선의 진동수는 얼마인가? 그림 2.4를 이용하여 이 파장과 관련이 있는 색을 예상하라.

2.6 **(a)** 에너지가 양자화되었다고 함은 무엇을 의미하는가?
(b) 매일의 활동에서 에너지의 양자화는 왜 주목받지 못하는가?

2.7 **(a)** 645 nm 파장에서 방출하거나 흡수하는 최소 에너지(양자)를 계산하라.
(b) $2.85 \times 10^{12}\ s^{-1}$ 진동수의 광자에너지를 계산하라.
(c) 8.23×10^{-19} J 에너지를 갖는 광자의 복사선 파장은 얼마인가? 전자기 스펙트럼 중 어느 부분에서 이 복사선을 발견할 수 있는가?

2.8 **(a)** 3.3 μm와 0.154 nm 파장의 광자에너지를 계산하고 비교하라.
(b) 각각 그림 2.3의 전자기스펙트럼의 어떤 영역에 속하는가?

2.9 785 nm 파장의 다이오드 레이저가 1분 동안 31 J 에너지를 방출한다. 얼마나 많은 광자를 방출했는가?

2.10 복사선에너지는 화학결합을 깨는데 사용할 수 있다. O_2의 산소-산소 결합을 깨는 데 최소 495 kJ/mol 이 필요하다. 그 결합을 끊을 수 있는 복사선의 파장은? 이 전자기복사선은 어떤 종류인가?

2.11 몰리브덴 금속은 광전 효과를 통하여 표면에서 전자를 방출하기 전에 최소 $1.09 \times 10^{15}\ s^{-1}$ 진동수의 복사선을 흡수한다.
(a) 광전 효과에 필요한 최소 에너지는 얼마인가?
(b) 이 에너지의 광자를 제공하는 복사선은 어떤 파장인가?
(c) 몰리브덴을 120 nm 파장의 빛으로 쪼이면 방출 전자의 최대 운동에너지는 얼마인가?

2.12 선스펙트럼이 양자화에너지 개념과 어떻게 일치하는가?

2.13 다음과 같은 전자전이가 수소에서 생길 때 에너지 방출인가 흡수인가?
(a) $n = 3$ 에서 $n = 6$으로
(b) 반지름 4.76 Å 궤도에서 반지름 2.12 Å 으로
(c) 이온화

2.14 다음 수소원자의 전자전이 복사선과 관련이 있는 에너지, 진동수, 파장을 계산하고 전자전이 동안에 복사선을 흡수하는가? 방출하는가?
(a) $n = 5$에서 $n = 1$ 으로,
(b) $n = 6$에서 $n = 2$ 으로,
(c) $n = 4$에서 $n = 5$ 으로,

2.15 Balmer에 의해 관찰한 가시광 방출선은 모두 $n_f = 2$와 관련이 있다.
(a) $n_f = 2$ 선이 가시광선 영역의 전자기 스펙트럼에만 관찰되는 이유를 설명하라.
(b) Balmer 계열 중 세 가지 선, 즉 $n_i = 3, 4, 5$선의 파장을 계산하고 그림 2.9의 선 스펙트럼 중 이들 전이를 확인하라.

2.16 수소원자의 방출선 중 하나는 93.8 nm이다.

(a) 이 방출선은 전자기 스펙트럼 중 어떤 영역에서 발견되는가?

(b) 이 방출선과 관련이 있는 n의 최초와 최종 값을 결정하라.

2.17 de Broglie 식을 이용하여 다음 물체의 파장을 구하라.

(a) 60 km/hr으로 스키를 타는 체중 85 kg의 사람

(b) 400 m/s으로 날아가는 50 g 골프공

(c) 6.5×10^3 m/s으로 이동하는 리튬원자

2.18 중성자 회절은 분자구조 결정에 중요하다. 0.88 Å의 파장을 갖는 중성자의 속도를 계산하라.

2.19 수소원자의 Bohr 모형은 전자의 위치와 모멘텀의 정확한 결정을 허용한다. 이 모형은 왜 불확정성 원리와 양립할 수 없는가?

2.20 수소원자의 Bohr 모형에서 전자가 바닥상태에 있을 때 0.53Å 반지름으로 핵 주위를 궤도운동한다. 이것을 양자역학적으로 설명 가능한가?

2.21 **(a)** $n = 4$일 때 가능한 l 값은 얼마인가?

(b) $l = 2$일 때 가능한 m_l 값은 얼마인가?

2.22 다음 오비탈의 n, l, m_l값을 제시하라.

(a) $2p$ 부껍질의 각 오비탈

(b) $5d$ 부껍질의 각 오비탈

2.23 수소원자의 전자에 대한 다음의 양자수가 허용되는지 밝히시오. 허용되는 경우 오비탈의 기호를 쓰라(즉 $1s$ 등으로).

(a) $n = 2, l = 1, m_l = 1$

(b) $n = 1, l = 0, m_l = -1$

(c) $n = 4, l = 2, m_l = -2$

(d) $n = 3, l = 3, m_l = 0$

2.24 다음 오비탈의 모양과 배향을 그려라.

(a) s **(b)** p_z **(c)** d_{xy}

2.25 **(a)** 수소원자의 $2s$와 $3s$는 서로 어떻게 다르고 또 비슷한가?

(b) $2s$와 $2p$ 오비탈은 어떻게 유사하고 또 다른가?

(c) 수소원자에서 $2s$, $3s$, $2p$ 오비탈 중 어느 것이 가장 큰 에너지를 갖는가?

2.26 다음 원자들에서 어떤 양자수가 같을 때 오비탈의 에너지가 같은가?

(a) 수소원자 **(b)** 다전자원자

2.27 붕소의 $2s$ 전자의 유효핵전하는 $2p$ 전자의 유효핵전하보다 왜 더 큰지 설명하라.

2.28 산소의 $2p$ 전자와 네온의 $2p$ 전자는 어느 것이 더 큰 유효핵전하를 경험하는가?

2.29 **(a)** 전자스핀 양자수의 가능한 값은 무엇인가?

(b) 서로 다른 전자스핀 양자수의 전자를 확인할 수 있는 실험기기는?

(c) $1s$ 오비탈을 점유하는 2개의 전자는 어떻게 다른가? 이 질문의 답에는 어떤 원리가 지배하는가?

2.30 다음의 부껍질을 점유하는 최대 전자수는 얼마인가?

(a) $3d$ **(b)** $4s$ **(c)** $2p$ **(d)** $5f$

2.31 베릴륨의 $2p$ 전자에 대한 네 가지 양자수를 나열하라.

2.32 **(a)**오비탈 도표의 각 네모꼴은 무엇을 나타내는가?

(b) 오비탈 그림의 반쪽 화살 방향(아래 또는 위)은 무엇을 나타내는가?

(c) 베릴륨의 전자배치에 Hund 규칙을 이용하는가?

2.33 다음 원자의 전자배치를 적당한 영족 기체의 전자배치를 사용하여 나타내시오.

(a) Rb **(b)** Se **(c)** Zn **(d)** V **(e)** Pb **(f)** Yb

2.34 다음 원소의 원자가전자 오비탈 그림을 그려라. 각 원자들의 홀전자의 수는 몇 개인가?

(a) As **b)** Te **(c)** Sn **(d)** Ag **(e)** Nb

2.35 다음 전자배치에 상당하는 원소는 무엇인가?

(a) $1s^22s^22p^636^2$ **(b)** $[Ne]3s^23p^1$

(c) $[Ar]4s^13d^5$ **(d)** $[Kr]5s^24d^{10}5p^4$

CHAPTER 03

원소의 주기적 성질

주기율표는 원소의 전자배치에 관한 주기적 경향으로부터 만들어졌으며 화학적 사실들을 기억하고 체계화하는 데 매우 중요한 도구이다. 같은 족 원소들은 바깥 껍질 오비탈 혹은 원자가 오비탈(valence orbital)에 똑같은 수의 전자들을 갖는다. 예를 들면 O([He]$2s^2 2p^4$)와 S ([Ne]$3s^2 3p^4$)는 둘 다 6A족 구성원소이다. 그들의 원자가 오비탈 s와 p의 점유 정도가 서로 비슷한 것은 성질이 서로 비슷하기 때문이다. 그렇지만 O와 S를 비교할 때 뚜렷한 차이를 나타낸다. 원소간의 중요한 차이 중 하나는 그들의 전자배치이다. O의 최외각전자는 두 번째 껍질에 있고 반면에 S의 최외각전자는 세 번째 껍질에 있다. 전자배치는 원소 성질의 유사성뿐만 아니라 차이를 설명하는 데도 사용할 수 있다.

이 장에서는 원소의 성질이 주기율표의 가로와 세로를 따라서 어떻게 변하는지를 살펴볼 것이다. 여러 가지 성질에 대한 주기율표의 가로 혹은 세로 방향으로의 경향성은 화학적 성질과 반응성을 예측할 수 있게 해준다. 전자배치가 원소의 화학적 성질을 결정할 때 어떻게 이용되는지 살펴보자.

3.1 주기율표의 발전

대부분의 원소들은 자연에서 화합물 상태로 존재하며 19세기 초의 화학발전은 화합물로부터 보다 쉽게 원소들을 분리할 수 있게 하였다. 그 결과 발견된 원소의 수는 1800년에 31개에서 1865년에 63개로 두 배 이상 늘어났다. 발견된 원소의 수가 증가함에 따라 화학자들은 원소들을 유사한 성질로 분류하는 작업을 시도하였고 1869년 러시아의 Dmitri Mendeleev와 독일의 Lothar Meyer가 거의 동일한 분류표를 발표하였다. 이들은 원소들을 원자량의 증가 순으로 배열했을 때 비슷한 물리적, 화학적 성질들이 주기적으로 반복되는 것을 알았다. 당시 원자번호는 알려지지 않았지만 원자량은 원자번호 증가와 함께 증가한다.

Mendeleev와 Meyer가 제시한 원소들의 표는 현대 주기율표의 시초이다. 두 사람은 원소

표 3.1 저마늄의 성질과 Mendeleev에 의해 예측된 Eka-silicon의 성질비교

성 질	Eka-silicon에 대한 Mendeleev의 예측(1871)	관찰된 저마늄의 성질 (1886년에 발견)
원자량	72	72.59
밀도(g/cm^3)	5.5	5.35
비열(J/g-K)	0.305	0.309
녹는점(°C)	높다	947
색	검은 회색	회색빛이 도는 흰색
산화물의 화학식	XO_2	GeO_2
산화물의 밀도(g/cm^3)	4.7	4.70
염화물의 화학식	XCl_4	$GeCl_4$
염화물의 끓는점(°C)	100°C 이하	84

성질의 주기성에 대해 본질적으로 같은 결론에 도달하였으나 Mendeleev는 보다 적극적으로 자신의 생각을 발전시키고 주기율표의 발전에 많은 기여를 하였다. Mendeleev는 비슷한 성질을 갖는 원소들은 같은 족에 있어야 한다는 생각으로 주기율표에 몇 개의 빈자리를 남겨 놓았다. 예를 들어 Ga와 Ge는 그 당시 발견되지 않았지만 각각 eka-aluminum(under aluminum)과 eka-silicon(under silicon)으로 명하고 그들의 존재와 성질을 과감하게 예측하였으며 후에 원소들이 발견되었을 때 그 성질은 표 3.1처럼 Mendeleev가 예측한 것과 거의 일치하였다.

Rutherford가 원자핵 모형을 제안한 후 1913년에 영국의 물리학자 Henry Moseley는 원자번호의 개념을 발표하였다. 그는 원소들을 고에너지 전자와 충돌시켰을 때 원소마다 고유한 진동수의 X선을 방출한다는 것을 알았고 일반적으로 원자량이 증가함에 따라 진동수가 증가하는 것을 발견하였다. 그는 원자번호라는 특별한 정수를 원소에 부여하는 순으로 X선 진동수를 정리하였다. 원자번호의 개념은 원자량에 기초한 주기율표의 몇 가지 문제를 해결할 수 있었다. 예를 들어 Ar(원자번호 = 18)의 원자량은 K(원자번호 = 19)의 원자량보다 더 크다. 그러나 원소들은 원자량 증가순서보다 원자번호 증가순서로 배열할 때 주기율표의 정확한 위치에 나타난다. 또한 Mosley 의 연구는 새로운 원소들을 발견할 수 있게 주기율표의 빈칸을 예측하였다.

3.2 유효핵전하와 원자의 크기

유효핵전하

쿨롱의 법칙은 두 전하 사이의 상호작용의 세기가 전하의 부호, 크기 및 그들 사이의 거리에 의존한다는 것을 보여준다. 인력은 핵전하가 증가함에 따라 증가하고 전자가 핵으로부터 멀리 떨어질수록 감소한다. 다전자원자에서 각 전자는 핵에 끌리고 동시에 다른 전자들에 대해 반발한다. 이러한 상황은 각각의 전자는 마치 핵과 다른 모든

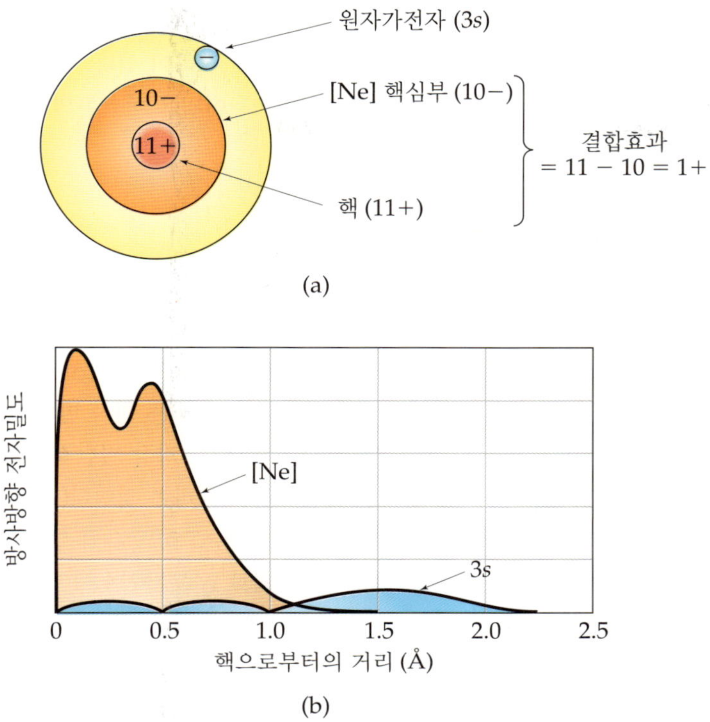

◀ **그림 3.1 유효핵전하.** (a) 소듐의 원자가전자가 느끼는 유효핵전하는 11+의 핵전하와 10−의 핵심부 전자에 의존한다. 만일 핵심부 전자가 핵으로부터 원자가전자를 가리는 데 완전히 효과적이라면 그때 원자가전자는 1+의 핵전하를 느낄 것이다. (b) 3*s* 전자는 Ne 핵심부에 존재할 약간의 확률이 있다. 이와 같은 "침투"의 결과로 핵심부 전자는 핵으로부터 3*s* 전자를 완전히 효과적으로 가로막지 못한다. 그러므로 3*s* 전자가 느끼는 유효핵전하는 1+보다 조금 더 크다.

전자들에 의해서 만들어진 알짜전기장에서 움직인다고 간주하면 이해하기 쉽다. 이 알짜전기장은 유효핵전하(Z_{eff}, effective nuclear charge)라고 하는 양으로부터 결정된다고 볼 수 있으며, 한 전자에 대한 유효핵전하는 다른 전자들의 반발로 인해 실제 핵전하보다 작다(그림 3.1). 유효핵전하는 주기율표의 한 주기에서 왼쪽에서 오른쪽으로 갈수록 증가한다. 족의 아래로 내려감에 따라 원자가전자가 느끼는 유효핵전하의 변화는 한 주기에서의 유효핵전하 변화와 비교할 때 훨씬 작다.

주기율표에서 족의 아래로 내려가면 주양자수 n은 증가한다. 같은 n 값을 갖는 오비탈을 "껍질(shell)"이라고 부른다. 이 용어의 기원은 실제로 양자역학적 모형보다 훨씬 앞선다. Bohr가 수소원자 이론을 제안하기 바로 전에 미국의 화학자 Gilbert. N. Lewis(1875~1946)는 원자의 전자들이 핵 주위 구형의 껍질에 배치되어 있다고 제안하였다. 양자역학을 이용하면 원자의 전자분포를 구할 수 있다. 이러한 전자 분포의 예를 그림 3.1(b)에 나타내었다. 그림에서 가로축은 핵으로부터 거리를 나타내고 세로축은 방사분포 전자밀도를 나타낸다. 이 방사 전자밀도는 핵으로부터 특정한 거리에서 전자를 발견할 확률이다. 방사분포 전자밀도는 핵으로부터 특정한 거리에서 최대값을 나타낸다. 방사 전자밀도의 최대값은 전자껍질에 대한 Lewis 생각과 일치한다. 그러나 Lewis의 설명과 다르게 껍질은 퍼져있고 상당 부분 겹쳐 있다.

영족 원소의 헬륨, 네온 아르곤의 전자분포를 생각해 보자. 헬륨의 $n = 1$ 껍질(1*s*) 전자들보다 아르곤의 $n = 1$ 껍질 전자들이 핵에 훨씬 더 근접해 있다. 그 이유는 헬륨의 핵전하는 2+인 반면 아르곤의 핵전하는 18+인 것을 생각해보면 명백하다. 1*s* 전자는 원자의 가장 안쪽의 전자이므로 다른 전자들이 핵을 가리는 일은 일어나지 않는

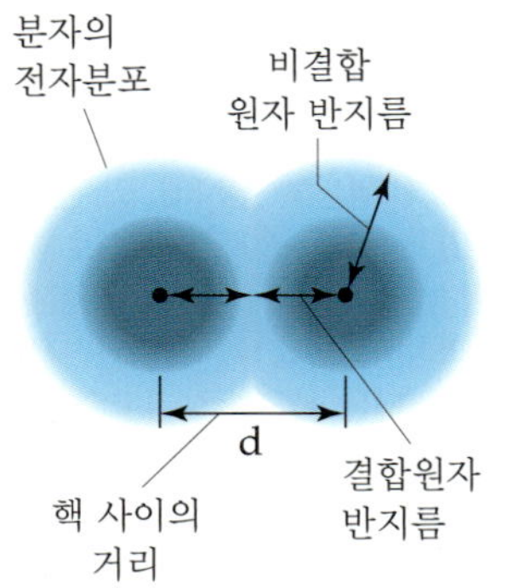

▲ **그림 3.2 원자 반지름을 결정하는 한 방법.** 결정 혹은 분자 내 원소들의 두 원자핵간의 거리 d를 이용한다. 원자반지름은 결합 거리의 반인 (1/2)d와 같다고 가정한다.

다. 그래서 핵전하의 증가에 따라 1*s* 전자는 핵에 더 가까이 끌린다. 마찬가지로, 아르곤의 $n = 2$ 껍질은 네온의 $n = 2$ 껍질보다 핵에 더 근접하여 있다. 비록 아르곤의 $n = 3$ 껍질은 $n = 2$ 껍질에 의해 약하게 가려지더라도 이것은 아르곤의 더 큰 핵전하에 의해 충분히 상쇄된다.

원자의 크기

흔히 원자를 단단한 구형체로 생각할 수 있지만 양자역학적 모형에 의하면 원자의 크기를 명확하게 정의하기 어렵다. 그림 3.1의 방사 전자밀도 분포를 보면 일반적으로 핵으로부터의 거리가 멀어지면서 증가하다가 서서히 감소한다. 따라서 원자의 크기를 결정하는 명확한 경계가 없다. 그럼에도 불구하고 과학자들은 원자 반지름을 추측하는 여러 가지 방법을 고안하였다. 원자 반지름을 결정하는 가장 일반적 방법 중 하나는 원자들이 서로 결합되어 있을 때 원자를 구형이라 가정하는 것이다(그림 3.2).

예를 들어 금속 철의 Fe 원자간 거리는 2.48 Å이다. 그러므로 금속 철의 Fe 원자는 반지름이 1.24 Å인 구형으로 생각한다. 마찬가지로 I_2 분자의 I−I 간 거리는 2.66 Å이므로 I 원자의 반지름은 1.33 Å으로 정의할 수 있다. 다른 원소의 반지름도 마찬가지로 정의할 수 있다(그림 3.3). 원자 반지름을 이용하여 분자에서 서로 다른 원자간의 결합길이를 추정할 수 있다. 예로 다이아몬드의 C—C 결합길이는 1.54 Å이고 탄소원자 반지름은 0.77 Å이다. Cl_2의 Cl—Cl 결합길이는 1.99 Å, Cl의 반지름은 0.99 Å이다. CCl_4 화합물의 C—Cl 결합길이는 C와 Cl의 원자 반지름의 합(0.77 Å + 0.99 Å)에 매우 가까운 1.77 Å이다.

▶ **그림 3.3 반지름의 경향성.** 주기율표에서 처음 54개 원소의 원자 반지름. 각 원소의 막대 높이는 원자의 반지름에 비례한다.

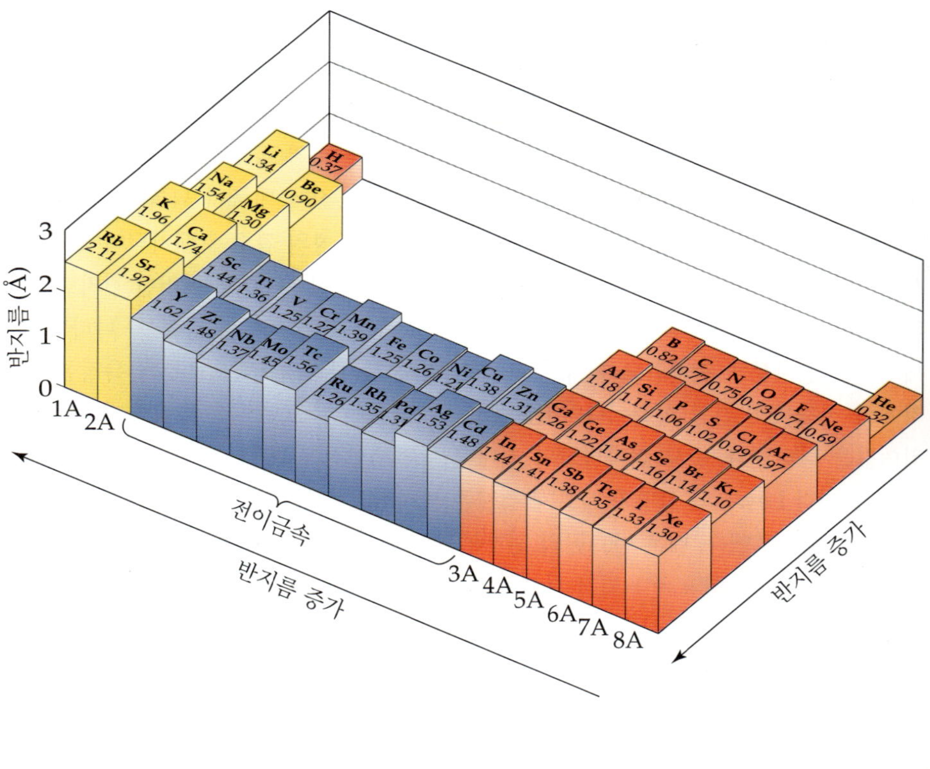

예제 3.1

가정에서 연료로 사용하는 천연가스는 냄새가 없다. 천연가스의 누출을 감지하기 위하여 냄새나는 기체를 첨가한다. 이러한 물질 중 하나가 CH_3SH이다. 이 분자의 C—S, C—H, S—H 결합길이를 예측하시오.

해답: 3개의 결합과 각 원자들의 반지름을 알고, 결합길이는 원자들의 반지름의 합이라 가정하면,

$$\begin{aligned} \text{C—S 결합길이} &= \text{C의 반지름} + \text{S의 반지름} \\ &= 0.77\ \text{Å} + 1.04\ \text{Å} = 1.81\text{Å} \\ \text{C—H 결합길이} &= 0.77\ \text{Å} + 0.37\ \text{Å} = 1.14\ \text{Å} \\ \text{S—H 결합길이} &= 1.04\ \text{Å} + 0.37\ \text{Å} = 1.41\ \text{Å} \end{aligned}$$

CH_3SH의 실제 결합길이는 C—S = 1.82 Å, C—H = 1.10 Å, S—H = 1.33 Å이다. 일반적으로 수소원자보다 더 큰 원자가 관여하는 경우에 결합길이는 더 큰 차이를 나타낸다.

보충 예제

PBr_2의 P—Br 결합길이와 $AsCl_3$의 As—Cl 결합길이 중 어느 것이 더 큰지 예측하시오.

답: P—Br

그림 3.3에 나타낸 원자 반지름을 조사해보면 몇 가지 재미있는 경향이 관찰된다.

1. 각 족의 원자 반지름은 위에서 아래로 내려갈수록 증가하는 경향을 나타낸다.
2. 각 주기의 원자 반지름은 왼쪽에서 오른쪽으로 갈수록 감소하는 경향을 나타낸다.

이러한 일반적 경향은 최외각 오비탈의 크기를 결정하는 두 가지 요소, 즉 주양자수와 최외각전자에 작용하는 유효핵전하 때문이다. 주양자수의 증가는 오비탈의 크기를 증가시키고 유효핵전하의 증가는 오비탈의 크기를 감소시킨다.

주기율표의 한 주기에서 오른 쪽으로 이동할 때 핵심부전자 수는 같고, 반면에 핵전하는 증가한다. 핵전하 증가에 따라 증가한 바깥껍질 전자들은 다른 전자를 가리는데 매우 비효과적이다. 예를 들면 리튬($1s^2 2s^1$)의 내부 $1s^2$ 전자들은 아주 효과적으로 바깥 $2s$ 전자를 핵으로부터 가린다. 결과적으로 외부전자는 1+보다 약간 더 큰 유효핵전하를 느낀다. 베릴륨($1s^2 2s^2$)의 경우 바깥 $2s$ 전자가 느끼는 유효핵전하는 더 크다. 내부 $1s^2$ 전자들은 4+ 핵전하를 가리고, 각각의 $2s$ 전자는 핵으로부터 다른 전자를 단지 부분적으로 가린다. 결과적으로 $2s$ 전자들의 유효핵전하는 2+에 가깝다. 유효핵전하의 증가에 따라 전자는 핵에 더 가까워지고 원자 반지름은 왼쪽에서 오른쪽으로 갈수록 감소한다. 같은 족에서 아래로 내려갈수록 유효핵전하는 상대적으로 일정한 반면에 주양자수는 커진다. 이것은 최외각 오비탈의 크기가 증가하고 원자 반지름이 커지는 것을 의미한다.

원자는 전자를 잃거나 얻어 이온이 된다. 양이온의 생성은 원자의 가장 바깥쪽 오비탈을 비우게 되고 전자의 반발을 감소시킨다. 결과적으로 양이온은 원래의 원자보

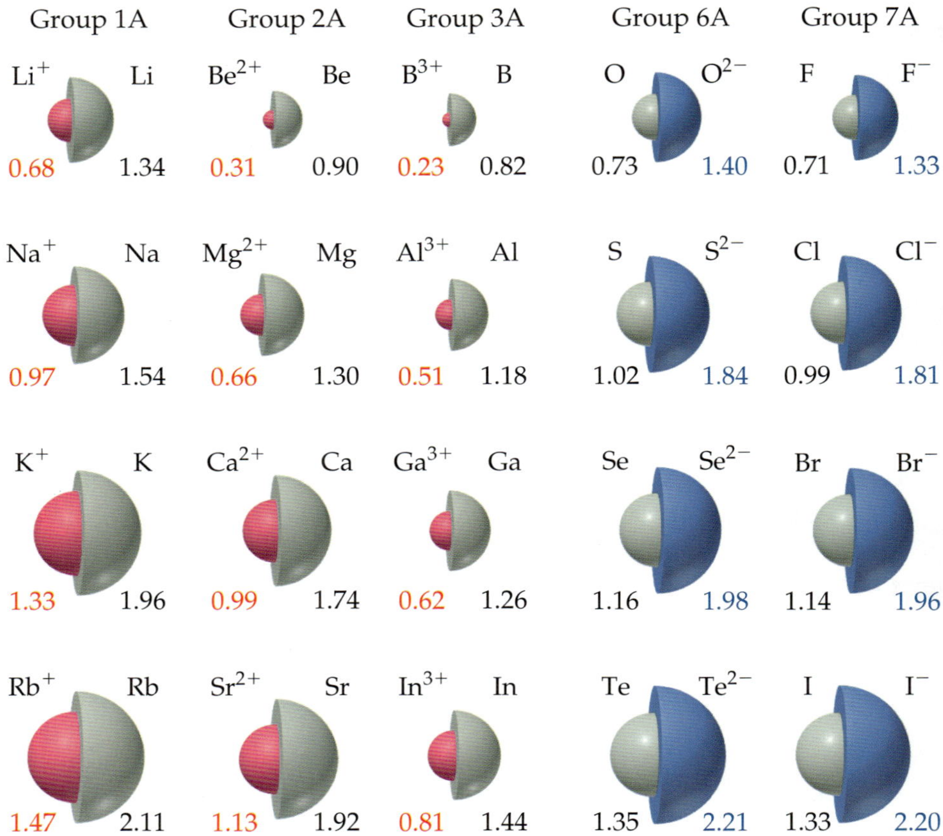

▲ **그림 3.4 양이온과 음이온의 크기.** 여러 가지 주족원소의 중성원자와 이온의 반지름 비교. 중성원자는 회색, 양이온은 붉은색, 음이온은 파란색으로 나타내었다.

다 작아진다. 음이온의 경우는 반대가 되는데 음이온을 생성하기 위해서 원자에 전자가 첨가되고 전자 반발이 커져 음이온은 원래 원자보다 더 커진다. 동일한 전하를 갖는 이온에 대하여 주기율표의 같은 족에서 아래로 내려감에 따라 크기가 증가한다. 이러한 경향을 그림 3.4에서 볼 수 있다. 이온의 최외각 오비탈의 주양자수가 증가함에 따라 이온 반지름도 증가한다.

예제 3.2

주기율표를 참조하여 P, S, As, Se 원자들을 크기가 증가하는 순으로 나열하시오.

해답: P와 S는 주기율표에서 같은 주기에 있고, S는 P의 오른쪽에 있다. 그러므로 S의 반지름이 P의 반지름보다 작을 것이라고 예측할 수 있다(원자 반지름은 왼쪽에서 오른쪽으로 갈수록 감소한다). 마찬가지로 Se의 반지름이 As의 반지름보다 작을 것으로 예측된다. As는 P의 바로 아래에 있고, Se는 S의 바로 아래 있다. As의 반지름이 P의 반지름보다 더 크고, Se의 반지름이 S의 반지름보다 더 클 것이다(원자 반지름은 위에서 아래로 갈수록 증가한다). 이와 같은 관찰로부터 원자 반지름이 다음 관계를 따른다고 결론 내릴 수 있다. $S < P < As$, $S < Se$, $Se < As$. 이제 S는 이 네 가지 원소 중에서 가장 작

은 반지름을 가지고, As는 가장 큰 반지름을 갖는다는 것을 알 수 있다. 그러나 이러한 일반적 경향을 이용해서 P나 Se 중 어느 것이 더 큰 원자 반지름을 갖는지 결정하기는 쉽지 않다. 즉, 주기율표상에서 P에서 Se로 가려면 족 아래로(반지름이 증가하는 경향), 그리고 오른쪽으로(반지름이 감소하는 경향) 이동해야 한다. 그림 3.3에서 Se의 반지름 (1.17 Å)이 P의 반지름(1.10 Å)보다 더 큰 것을 알 수 있다.

보충 예제

Na, Be, Mg 원자들을 원자 반지름이 증가하는 순으로 나열하시오.

답: Be < Mg < Na

3.3 이온화에너지

원자나 이온의 이온화에너지(ionization energy)는 기체상태의 원자나 이온의 바닥상태로부터 전자를 제거하는 데 필요한 최소 에너지이다. 1차이온화에너지(I_1)는 중성원자에서 전자를 하나 제거하는 데 필요한 에너지이다. 예를 들면 나트륨원자의 1차이온화에너지는 다음과 같은 반응에 필요한 에너지이다.

$$Na(g) \longrightarrow Na^+(g) + e^- \qquad [3.1]$$

2차이온화에너지(I_2)는 다음과 같이 두 번째 전자를 제거하는 데 필요한 에너지이고 차례로 3차, 4차이온화에너지 등이 있다.

$$Na^+(g) \longrightarrow Na^{2+}(g) + e^- \qquad [3.2]$$

이온화에너지가 클수록 전자를 제거하기가 더 어렵다. Na에서 Ar까지 원소들의 이온화에너지를 표 3.2에 나타내었다. 전자가 차례로 제거됨에 따라 원자의 이온화에너지가 증가하는 것을 알 수 있다($I_1 < I_2 < I_3$). 유효핵전하가 클수록 전자 제거에 필요한 에너지도 증가한다.

표 3.2에서 또 다른 중요한 특징은 내부껍질 전자를 제거할 때 이온화에너지의 급격한 증가이다. 예를 들어 규소의 전자배치 $1s^22s^22p^63s^23p^2$를 보자. 이온화에너지는

표 3.2 소듐에서 아르곤까지 원소의 이온화에너지(I)(kJ/mol)

원소	I_1	I_2	I_3	I_4	I_5	I_6	I_7
Na	496	4560					
Mg	738	1450	7730		(내부전자껍질)		
Al	578	1820	2750	11,600			
Si	786	1580	3230	4360	16.000		
P	1012	1900	2910	4960	6270	22,200	
S	1000	2250	3360	4560	7010	8500	27,100
Cl	1251	2300	3820	5160	6540	9460	11,000
Ar	1521	2670	3930	5770	7240	8780	12,000

3s와 3p 부껍질의 4개의 전자를 차례로 잃고 786 kJ/mol에서 4360 kJ/mol로 증가한다. 2p 부껍질의 5번째 전자의 제거는 훨씬 더 큰 16,100 kJ/mol 에너지를 요구한다. 이온화에너지가 크게 증가하는 이유는 내부껍질의 2p 전자가 핵에 더 가깝고, 원자가 껍질인 3s나 3p 전자보다 훨씬 더 큰 유효핵전하를 느끼기 때문이다. 모든 원소는 비활성 기체의 전자배치 상태로부터 전자를 제거할 때 이온화에너지가 크게 증가한다. 이러한 현상은 최외각 전자만이 화학결합과 반응에 관여한다는 생각을 뒷받침해준다. 내부 전자들은 핵에 세게 결합하여 떼어내기가 어렵고 원자간 결합에도 기여하지 않는다.

이온화에너지의 주기적 경향

원자의 이온화에너지는 전자를 연속적으로 제거함에 따라 증가한다. 그림 3.5는 54개 원소의 1차이온화에너지를 그래프로 나타내었다. 다음과 같은 몇 가지 중요한 경향을 쉽게 볼 수 있다.

1. 같은 주기 내에서 원자번호가 증가하면 I_1은 일반적으로 증가한다. 알칼리금속은 각 주기에서 가장 작은 이온화에너지를 나타내고, 비활성기체는 가장 큰 이온화에너지를 나타낸다.
2. 각 족에서 이온화에너지는 일반적으로 원자번호의 증가에 따라 감소한다. 예를 들면 비활성기체의 이온화에너지는 He > Ne > Ar > Kr > Xe의 순이다.
3. 주족원소들의 I_1 범위는 전이금속원소의 I_1 범위보다 더 크다. 일반적으로 전이원소의 이온화에너지는 주기율표상에서 왼쪽에서 오른쪽으로 갈수록 약간씩 증가한다. 그림 3.4에 나타내지 않은 f-군 금속은 I_1 값의 변화가 작다.

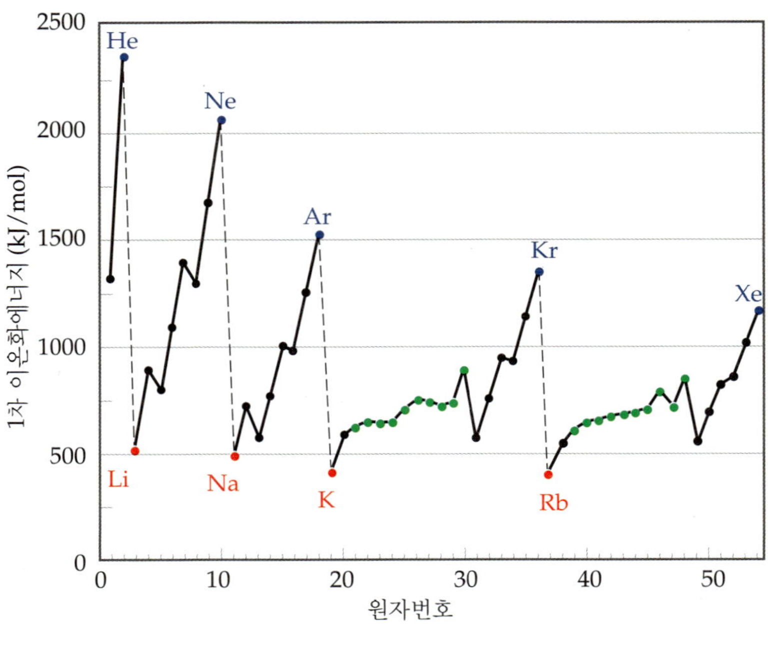

▶ 그림 3.5 1주기에서 5주기까지 주족원소의 1차이온화에너지. 이온화에너지는 일반적으로 왼쪽에서 오른쪽으로 갈수록 증가하고 위에서 아래로 갈수록 감소한다. 붉은색 원소는 주기의 시작을 나타내고 푸른색 원소는 주기의 끝, 녹색 원소는 전이금속을 나타낸다.

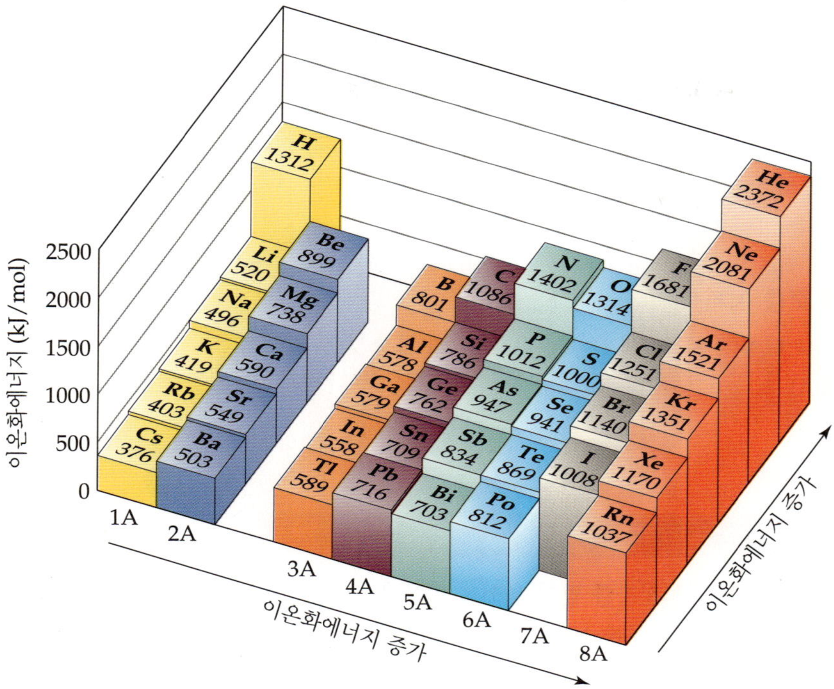

◀ **그림 3.6 1차이온화에너지의 경향.** 1주기에서 6주기까지 주족원소의 1차이온화에너지. 이온화에너지는 일반적으로 왼쪽에서 오른쪽으로 갈수록 증가하고 위에서 아래로 갈수록 감소한다. 아스타틴의 이온화에너지는 결정되지 않았다.

주족원소들의 1차이온화에너지에 대한 주기적 경향을 그림 3.6에 나타내었다. 외부껍질로부터 전자를 제거하는 데 필요한 에너지는 유효핵전하와 핵으로부터 전자까지 평균거리에 의존한다. 유효핵전하의 증가나 또는 핵으로부터 거리 감소는 전자와 핵 사이의 인력을 증가시킨다. 인력이 증가하면 전자를 제거하기가 더 어려워지고 이온화에너지는 증가한다. 같은 주기에서는 왼쪽에서 오른쪽으로 가면서 유효핵전하는 증가하고 원자 반지름은 감소하므로 이온화에너지는 증가한다. 그러나 같은 족에서 아래로 내려가면 원자 반지름은 증가하나 유효핵전하는 일정하다. 따라서 핵과 전자 사이의 인력은 감소하고 이온화에너지도 감소한다.

같은 주기에서 약간의 불규칙성은 간단하게 설명된다. 예를 들면 베릴륨([He]$2s^2$)보다 붕소([He]$2s^22p^1$)의 이온화에너지가 작은 것은 $2s$ 오비탈을 채운 전자들이 서로 가리는 것보다 $2p$ 부껍질의 전자를 더 효과적으로 가리기 때문이다. 이것은 본질적으로 다전자원자의 $2p$가 $2s$보다 더 높은 에너지 상태에 있는 것과 같은 이유이다. 질소([He]$2s^22p^3$)의 이온화 에너지가 산소([He]$2s^22p^4$)보다 더 큰 것은 p^4 전자배치에서 짝진 전자들의 반발 때문이다(Hund 규칙에 따라 p^3 전자배치는 모든 전자가 서로 다른 p 오비탈에 있다).

예제 3.3

Ne, Na, P, Ar, K에 대하여 1차이온화에너지가 증가하는 순서대로 원자들을 나열하시오.

해답: Na, P, Ar은 주기율표에서 같은 주기에 있다. 그러므로 세 원소의 이온화에너지 I_1

값은 Na < P < Ar의 순으로 예상할 수 있다(I_1은 왼쪽에서 오른쪽으로 갈수록 증가한다). 8A족에서 Ne은 Ar 바로 위에 있기 때문에 Ne이 더 큰 이온화에너지를 나타낼 것으로 예측된다(I_1은 위에서 아래로 내려갈수록 감소한다). 마찬가지로 K는 1A족에서 Na 바로 아래 있는 알칼리금속이다. 따라서 K의 1차이온화에너지는 Na보다 더 작을 것으로 예측된다. 따라서 이온화에너지는 K < Na < P < Ar < Ne 순으로 증가한다. 이 결과는 그림 3.5에서 확인할 수 있다.

보충 예제

B, Al, C, Si 원자들에서 1차이온화에너지가 가장 낮은 것은?

답: Al

3.4 전자친화도

대부분의 원자들은 전자를 얻어 음전하 이온을 생성할 수 있다. 기체상 원자에 전자를 첨가할 때 에너지 변화를 전자친화도(electron affinity)라 한다. 대부분의 원자들은 전자를 첨가할 때 에너지를 방출한다. 예를 들면 염소원자에 전자 1개를 첨가하면 −349 kJ/mol의 에너지 변화를 수반한다. 여기서 음의 부호는 반응이 진행하는 동안 에너지의 방출을 나타낸다. 따라서 Cl의 전자친화도는 −349 kJ/mol이다.[1)]

$$\text{전자친화도:}\quad \underset{[\mathrm{Ne}]3s^2 3p^5}{\mathrm{Cl}(g)} + \mathrm{e}^- \longrightarrow \underset{[\mathrm{Ne}]3s^2 3p^6}{\mathrm{Cl}^-(g)} \qquad \Delta E = -349\ \mathrm{kJ/mol} \quad [3.3]$$

이온화에너지와 전자친화도 간의 차이를 이해하는 것은 중요하다. 이온화에너지는 원자가 얼마나 쉽게 전자를 잃는가 하는 것이고, 전자친화도는 원자가 얼마나 쉽게 전자를 얻는가 하는 것이다. 원자와 첨가한 전자 간의 인력이 클수록 원자의 전자친화도는 더 큰 음수가 될 것이다. Cl의 전자친화도는 모든 원소들 중 가장 큰 음의 값을 나타낸다. 비활성기체와 같은 몇 가지 원소의 전자친화도는 양수의 값을 갖는데, 이것은 음이온의 에너지가 원자와 전자가 분리되었을 때보다 더 크다는 것을 의미한다.

$$\underset{[\mathrm{Ne}]3s^2 3p^6}{\mathrm{Ar}(g)} + \mathrm{e}^- \longrightarrow \underset{[\mathrm{Ne}]3s^2 3p^6 4s^1}{\mathrm{Ar}^-(g)} \qquad \Delta E > 0 \qquad [3.4]$$

그림 3.7은 5주기까지 주족원소들의 전자친화도를 나타낸 것이다. 전자친화도는 일반적으로 각 주기에서 할로젠 쪽으로 갈수록 음수 값이 증가한다. p 부껍질에 전자 1개가 부족한 할로젠 원소들은 큰 음수의 전자친화도를 갖는다. 전자를 얻은 할로젠

1) 열역학적 부호규약에 의하면 염소의 전자친화도가 −349 kJ/mol이라는 것은 전자를 첨가할 때 발열과정을 의미한다. 그러나 역사적으로 전자친화도는 기체상의 원자나 이온에 전자를 하나 첨가할 때 방출하는 에너지라고 정의하였다. 전자를 Cl(g)에 첨가할 때 349 kJ/mol을 방출하므로 이 규약에 의해면 전자친화도는 +349 kJ/mol이다.

1A	2A	3A	4A	5A	6A	7A	8A
H −73							**He** >0
Li −60	**Be** >0	**B** −27	**C** −122	**N** >0	**O** −141	**F** −328	**Ne** >0
Na −53	**Mg** >0	**Al** −43	**Si** −134	**P** −72	**S** −200	**Cl** −349	**Ar** >0
K −48	**Ca** −2	**Ga** −30	**Ge** −119	**As** −78	**Se** −195	**Br** −325	**Kr** >0
Rb −47	**Sr** −5	**In** −30	**Sn** −107	**Sb** −103	**Te** −190	**I** −295	**Xe** >0

◀ **그림 3.7 주족원소의 전자친화도.** 주기율표의 5주기까지 주족원소의 전자친화도(kJ/mol). 전자친화도는 음수 값이 클수록 전자에 대한 원자의 인력이 더 크다. 전자친화도값이 0보다 크다는 것은 음이온의 에너지가 원자보다 더 크다는 것을 나타낸다.

원자는 비활성기체의 전자배치를 갖는 안정한 음이온을 생성한다. 그러나 비활성기체에 전자가 첨가되면 더 높은 에너지의 부껍질에 전자가 채워지게 되고 전자친화도는 양의 값이 된다. 이것은 이온을 생성하지 않는 것을 의미한다. Be와 Mg의 전자친화도가 양의 값을 갖는 것은 같은 이유이다. 즉 첨가한 전자는 에너지가 더 높은 비어 있는 p 부껍질에 놓인다. 5A족 원소들(N, P, As, Sb)의 전자친화도 또한 흥미롭다. 이 원소들은 반 채워진 p 부껍질을 갖기 때문에, 첨가된 전자는 전자-전자 반발력이 더 커지는 이미 점유된 오비탈에 들어가게 된다. 그러므로 이러한 원자들은 양의 전자친화도(N) 혹은 왼쪽에 인접한 원자들보다 더 작은 음의 전자친화도(P, As, Sb)를 갖는다.

전자친화도는 족의 아래로 내려감에 따라 크게 변하지 않는다. 예를 들어 할로젠의 전자친화도를 보자. F의 경우 첨가한 전자는 $2p$ 오비탈에 놓이고, Cl은 $3p$ 오비탈에, Br은 $4p$ 오비탈에 각각 놓인다. 그래서 F에서 I로 갈수록 첨가한 전자의 핵으로부터 평균거리는 점차 증가하고, 전자-핵 간 인력은 감소한다. 그러나 F에서 I로 내려감에 따라 최외각전자의 오비탈은 점점 더 넓게 퍼져 전자 간 반발력도 역시 감소한다.

3.5 금속, 비금속, 준금속

원자 반지름, 이온화에너지, 그리고 전자친화도의 개념은 원자들의 성질이다. 그러나 영족 기체를 제외한 어느 원소들도 원자상태로 자연에 존재하지 않는다. 원소들의 성질을 더 광범위하게 이해하려면 원자들의 집합체에 대한 주기적 경향을 조사해야 한다. 이러한 종류의 기본적인 주기성은 금속, 비금속, 준금속의 부류로 원소를 나눈다. 이러한 분류는 그림 3.8에 나타내었다.

대략 원소들의 4분의 3은 주기율표의 왼쪽과 중앙부분에 위치한 금속이다. 비금속은 윗 부분의 오른쪽에 위치하고, 준금속은 금속과 비금속 사이에 있다. 왼쪽 맨 위의 수소는 비금속인 데 이것이 1A족 원소들을 분류할 때 수소를 제외하는 이유이다. 금속과 비금속을 구별하는 몇 가지 성질들을 표 3.3에 요약하였다.

어떤 원소가 금속의 물리 화학적 성질을 많이 나타낼수록 금속 특성을 더 많이 나

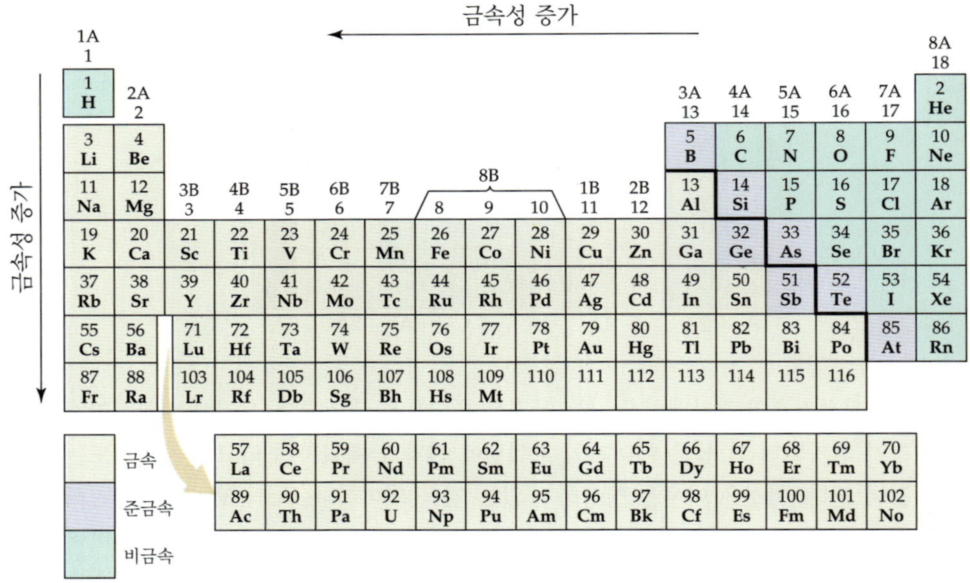

▲ **그림 3.8 금속, 비금속, 준금속을 구분하여 나타낸 주기율표.** 대부분의 원소들이 금속이다. 금속성은 주기율표의 주기의 오른쪽에서 왼쪽으로 갈수록 증가하고 족에서는 위에서 아래로 갈수록 증가한다.

타낸다. 원소의 비금속 특성에 대해서도 비슷하게 말할 수 있다. 그림 3.7과 같이 금속의 특성은 주기율표의 같은 족 아래로 갈수록 증가하고, 같은 주기의 왼쪽에서 오른쪽으로 갈수록 감소한다. 전자배치와 금속, 비금속, 준금속의 성질 간에 존재하는 밀접한 관계를 살펴보도록 하자.

금속

대부분 금속 원소는 고유한 광택을 나타낸다. 금속은 열과 전기를 전도하고 전성과 연

표 3.3 금속과 비금속의 특성

금속	비금속
빛나는 광택이 있다. 대부분은 은처럼 빛나고 그 색은 다양하다.	광택을 띠지 않는다. (다양한 색을 가진다.)
고체는 전성과 연성이 있다.	고체는 보통 깨지기 쉽다. (단단한 것도 있고 연한 것도 있다.)
전기와 열의 좋은 도체이다.	전기와 열의 전도성이 나쁘다.
대부분의 금속 산화물은 염기성을 띤 이온성 고체이다.	대부분의 비금속 산화물은 산성 용액을 생성하는 분자 물질이다.
수용액에서 양이온을 생성하는 경향이 있다.	수용액에서 음이온 또는 산소 음이온을 생성하는 경향이 있다.

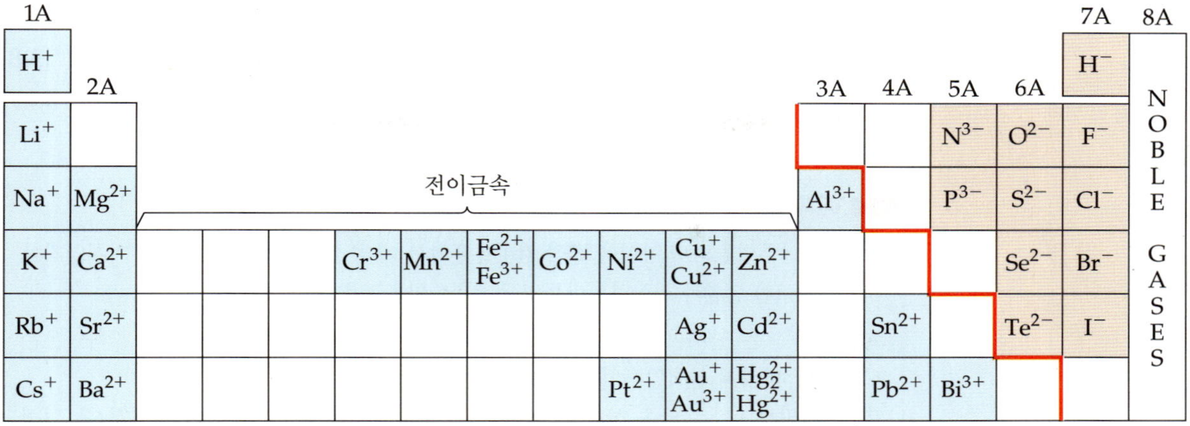

▲ **그림 3.9 일반적인 이온들.** 이온의 전하는 이온성 화합물에서 알려졌다. 비금속과 금속을 구분하는 계단 선은 음이온과 양이온을 구분하는 선이다.

성이 있다. 상온에서 액체로 존재하는 수은(녹는점은 −39°C)을 제외한 모든 금속은 고체이다. 세슘과 갈륨 금속은 상온보다 약간 높은 온도에서 녹는다. 즉 세슘은 28.4°C에서, 갈륨은 29.8°C에서 녹는다. 반면에 많은 금속들은 매우 높은 온도에서 녹는다. 예로 크롬은 1900°C에서 녹는다.

일반적으로 금속의 이온화에너지는 낮고 결과적으로 반응할 때 산화(전자를 잃음)하는 경향이 있다. 금속의 상대적 산화 용이성은 이미 설명하였다. 많은 금속들은 O_2나 산을 포함하는 물질들에 의해 쉽게 산화된다.

그림 3.9는 일반적인 이온들의 전하를 나타낸다. 화합물 중 알칼리금속의 전하는 항상 1+이고, 알칼리토금속의 전하는 항상 2+이다. 이러한 족의 원소들은 바깥 *s* 전자들을 쉽게 잃고 영족 기체의 전자배치를 갖는다. 전이금속이온의 전하는 이러한 방식을 따르지 않는다. 많은 전이금속이온들은 2+ 전하를 갖는다. 그러나 1+와 3+ 전하도 있다. 전이금속 특성 중 하나는 1개 이상의 양이온을 생성할 수 있다는 것이다. 예로 철은 어떤 화합물에서 2+, 다른 화합물에서 3+로 존재한다. 비금속과 금속의 화합물들은 이온성 물질이다. 그 예로 대부분의 금속산화물과 할로젠화합물은 이온성고체이다. Ni 금속과 O의 반응은 Ni^{2+}와 O^{2-}의 이온성 고체인 산화니켈을 생성한다.

$$2\mathrm{Ni}(s) + \mathrm{O_2}(g) \longrightarrow 2\mathrm{NiO}(s) \qquad [3.5]$$

주위의 풍부한 산소 때문에 산화물이 쉽게 생성된다. 대부분 금속 산화물들은 염기성 산화물이다. 즉 금속 산화물은 다음 예와 같이 물에 녹아 금속 수산화물을 생성한다.

$$\text{금속 산화물} + \text{물} \longrightarrow \text{금속 수산화물}$$

$$\mathrm{Na_2O}(s) + \mathrm{H_2O}(l) \longrightarrow 2\mathrm{NaOH}(aq) \qquad [3.6]$$

$$\mathrm{CaO}(s) + \mathrm{H_2O}(l) \longrightarrow \mathrm{Ca(OH)_2}(aq) \qquad [3.7]$$

금속 산화물은 또한 산과 반응하여 염과 물을 생성하고 염기성을 나타낸다.

$$\text{금속 산화물} + \text{산} \longrightarrow \text{염+물}$$

$$MgO(s) + 2HCl(aq) \longrightarrow MgCl_2(aq) + H_2O(l) \quad [3.8]$$

$$NiO(s) + H_2SO_4(aq) \longrightarrow N\ iSO_4(aq) + H_2O(l) \quad [3.9]$$

예제 3.4

(a) 산화알루미늄의 화학식을 쓰라. (b) 실온에서 이 물질이 고체, 액체, 또는 기체인지를 예측하라. (c) 질산과 산화알루미늄의 균형화학반응식을 쓰라.

해답: (a) 모든 알루미늄 화합물에서, 알루미늄은 3+ 전하(Al^{3+})를 갖는다. 산화이온은 O^{2-}이다. 따라서 산화알루미늄의 화학식은 Al_2O_3이다.

(b) 산화알루미늄은 금속 산화물이므로 고체라고 추측할 수 있다. 산화알루미늄은 실제로 고체이고, 매우 높은 녹는점(2072°C)을 갖는다.

(c) 금속 산화물은 일반적으로 산과 반응하여 염과 물을 생성한다. 이 경우 염은 질산알루미늄[$Al(NO_3)_3$]이다. 균형화학반응식은 다음과 같다.

$$Al_2O_3(s) + 6HNO_3(aq) \longrightarrow 2Al(NO_3)_3(aq) + 3H_2O(l)$$

보충예제

산화구리(II)와 황산의 균형화학반응식을 쓰라.

답: $CuO(s) + H_2SO_4(aq) \longrightarrow CuSO_4(aq) + H_2O(l)$

비금속

비금속은 겉모양이 매우 다양하다(그림 3.10). 광택을 띠지 않고 일반적으로 열과 전기를 잘 전도하지 않는다. 비금속의 녹는점은 일반적으로 금속의 녹는점보다 낮다(다만 탄소로 구성된 다이아몬드는 3570°C에서 녹는다). 비금속 원소들은 보통 조건하에서 2원자분자로 존재한다. 기체 상태인 H_2, N_2, O_2, F_2, Cl_2, 액체 상태인 Br_2, 고체 상태인 I_2 들은 2원자분자에 속한다. 나머지 비금속들은 다이아몬드처럼 단단하거나 황처럼 연한 고체이다.

▶ **그림 3.10 비금속의 다양성.** 비금속은 겉모양이 매우 다양하다. 왼쪽부터 시계방향으로 흑연 형태의 탄소, 황, 인(물 속에 저장), 아이오딘을 나타낸다.

금속과 반응하는 비금속은 전자를 얻어 음이온으로 되는 경향이 있다. 예로 브로민과 알루미늄의 반응은 알루미늄이온(Al^{3+})과 브로민화이온(Br^-)의 이온화합물인 브로민화알루미늄을 생성한다.

$$\text{금속} + \text{비금속} \longrightarrow \text{염}$$

$$2Al(s) + 3Br_2(l) \longrightarrow 2AlBr_3(s) \quad [3.10]$$

비금속은 보통 전자를 얻어 영족 기체의 전자배치와 같게 바깥의 p 부껍질을 완전히 채운다.

예제 3.5

(a) Ba와 Te, (b) Ga와 S 간의 화합물의 화학식을 예측하라.

해답: (a) 주기율표에서 이 원소들의 위치에 주목하라. 산화물과 황화물처럼 바륨이온의 전하는 2+, 텔루륨이온의 전하는 2−이다. 그래서 화합물의 화학식은 BaTe이다. (b) 갈륨은 3A족 원소이다. 더 잘 알려진 알루미늄이온처럼 갈륨은 3+ 이온을 생성한다. 황은 2− 이온(황화물)을 생성한다. 따라서 화학식은 Ga_2S_3이다.

보충예제

Rb와 Se로 생성된 화합물의 화학식을 예측하라.

답: Rb_2Se

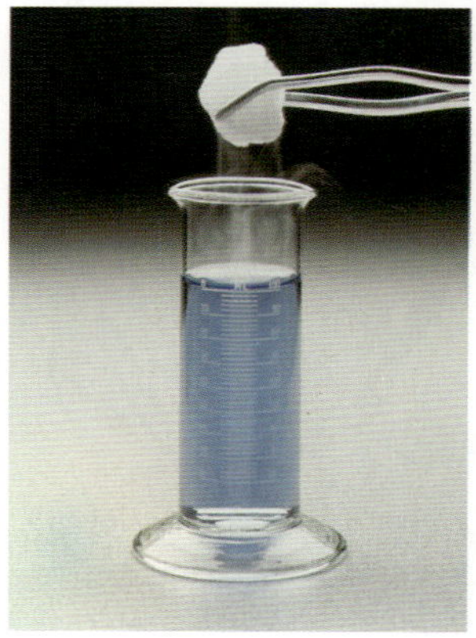

(a)

(b)

▲ **그림 3.11 물과 CO_2의 반응.** (a) 물은 약한 염기성이고 염기성 용액에서 푸른색을 띠는 산-염기 지시약인 브롬티몰 블루 몇 방울을 첨가하였다. (b) 드라이아이스 [$CO_2(s)$]를 가하면 산성 용액을 나타내는 노란색으로 변한다. 하얀 증기는 차가운 CO_2 기체에 의해 공기로부터 응축된 작은 물방울 때문이다.

비금속만으로 구성된 화합물은 분자성 물질이다. 예로 비금속의 산화물, 할로젠화물, 그리고 수소화물은 기체, 액체 또는 녹는점이 낮은 고체 상태로 존재하는 분자물질이다. 대부분 비금속의 산화물은 산성 산화물(acidic oxide)이다. 비금속 산화물은 다음 예와 같이 물과 반응하여 산을 생성한다.

$$\text{비금속 산화물} + \text{물} \longrightarrow \text{산}$$

$$CO_2(g) + H_2O(l) \longrightarrow H_2CO_3(aq) \quad [3.11]$$

$$P_4O_{10}(s) + 6H_2O(l) \longrightarrow 4H_3PO_4(aq) \quad [3.12]$$

물과 이산화탄소의 반응(그림 3.11)은 탄산수와 빗물이 산성을 나타내는 이유를 이해할 수 있다.

황은 석유와 석탄에 존재하기 때문에 이들 연료가 연소하면 이산화황과 삼산화황을 생성한다. 이러한 물질은 물에 녹아 환경 문제를 야기하는 산성비(acid rain)를 만든다. 비금속 산화물의 산성도는 또한 다음의 예제와 같이 이들이 염기성 용액에 녹아 염을 생성한다는 사실로 설명할 수 있다.

$$\text{비금속 산화물} + \text{염기} \longrightarrow \text{염} + \text{물}$$

$$CO_2(g) + 2NaOH(aq) \longrightarrow Na_2CO_3(aq) + H_2O(l) \quad [3.13]$$

$$SO_3(g) + 2KOH(aq) \longrightarrow K_2SO_4(aq) + H_2O(l) \quad [3.14]$$

예제 3.6

고체 이산화셀레늄과 (a) 물, (b) 수산화소듐 수용액의 균형화학반응식을 쓰라.

해답: (a) 이산화셀레늄은 SeO_2이다. 물과 이산화셀레늄의 반응은 이산화탄소의 반응과 비슷하다(식 3.12).

$$SeO_2(s) + H_2O(l) \longrightarrow H_2SeO_3(aq)$$

(SeO_2는 고체이고 CO_2가 기체라는 것은 문제되지 않는다. 중요한 것은 둘 다 가용성 비금속 산화물이라는 것이다.)

(b) 수산화소듐과의 반응은 식 3.14의 반응과 비슷하다.

$$SeO_2(s) + 2NaOH(aq) \longrightarrow Na_2SeO_3(aq) + H_2O(l)$$

보충예제

물과 고체 산화인(III)의 균형 화학 반응식을 쓰라.

답: $P_4O_6(s) + 6H_2O(l) \longrightarrow 4H_3PO_3(aq)$

▲ **그림 3.12 준금속 원소의 규소.** 규소는 금속처럼 보이지만, 금속과 비교할 때 깨지기 쉽고 열에 약하고 전기를 잘 전도하지 못한다. 규소의 큰 결정은 매우 얇은 판으로 절단되어 반도체 기판으로 사용된다.

준금속

준금속(metalloid)은 금속과 비금속의 중간성질을 갖는다. 준금속은 금속의 특성 중 일부 성질이 같고 일부 성질은 다르다. 예로 규소는 금속처럼 보이지만 전성보다 오히려 깨지기 쉽고 금속보다 열과 전기를 잘 전도하지 않는다(그림 3.12). 준금속 중 특히 규소는 반도체이고 집적회로와 컴퓨터 칩(chip)의 제조에 사용하는 중요한 원소이다.

3.6 활성금속족의 경향성

원자크기, 이온화에너지, 전자친화도, 그리고 금속특성의 설명은 주기율표로 체계화하고 기억하기 좋게 몇 가지 방법을 제공한다. 같은 족의 원소는 일반적으로 유사한 성질을 가질 뿐만 아니라, 족을 따라 이동하거나 혹은 한 족에서 다른 족으로 이동할 때 어떤 경향성이 있다. 이 절에서 알칼리금속(alkali metal, 1A족)과 알칼리토금속(alkali earth metal, 2A족)의 화학적 성질을 주기율표와 전자배치를 사용하여 설명할 것이다.

▲ **그림 3.13 알칼리금속.** 소듐과 다른 알칼리금속은 칼로 자를 수 있을 정도로 아주 연하다. 소듐이 공기 중 산소와 반응하면 표면이 빠르게 변색된다.

1A족: 알칼리금속

알칼리금속은 연한 금속성 고체이다(그림 3.13). 알칼리금속은 모두 광택, 열전도성, 전기전도성과 같은 금속의 특성을 가진다. 알칼리(alkali)라는 명칭은 '재(ash)'를 의미하는 아랍어에서 나왔다. 알칼리금속인 소듐과 포타슘의 많은 화합물은 초기에 화학자들이 나무 재에서 분리하였다.

표 3.4 알칼리금속의 몇 가지 성질

원소	전자배치	녹는점(°C)	밀도(g/cm^3)	원자 반지름(Å)	I_1(kJ/mol)
Lithium	[He]$2s^1$	181	0.53	1.52	520
Sodium	[Ne]$3s^1$	98	0.97	1.86	496
Potassium	[Ar]$4s^1$	63	0.86	2.27	419
Rubidium	[Kr]$5s^1$	39	1.53	2.47	403
Cesium	[Xe]$6s^1$	28	1.88	2.65	376

알칼리금속의 몇 가지 물리화학적 성질을 표 3.4에 나타내었다. 이 원소들은 작은 밀도와 낮은 녹는점을 갖는다. 그리고 이러한 성질들은 원자번호의 증가에 따라 상당히 규칙적으로 변한다. 또한 족 아래로 이동할 때 원자 반지름의 증가와 1차 이온화에너지 감소와 같은 예상하였던 몇 가지 경향들을 볼 수 있다. 주기율표의 각 주기 중 알칼리금속은 가장 낮은 I_1값을 갖는다(그림 3.5). 결과적으로 알칼리금속은 매우 반응성이 커서 쉽게 전자 하나를 잃고 1+ 전하를 띠는 양이온을 생성한다(M은 알칼리금속을 나타낸다).

$$M \longrightarrow M^+ + e^- \qquad [3.15]$$

알칼리금속은 활성이 가장 큰 금속이므로 자연에 화합물로만 존재한다. 금속은 용융염에 전류를 통과하는 전기분해 방법으로 얻을 수 있다. 예를 들면 소듐은 용융 NaCl에 전기분해를 통해 공업적으로 제조한다. 전기에너지는 Cl^-이온으로부터 전자를 제거하여 Na^+이온에 강제로 전자를 준다.

$$2Cl^- \longrightarrow Cl_2 + 2e^- \qquad [3.16]$$

$$2Na^+ + 2e^- \longrightarrow 2Na \qquad [3.17]$$

알칼리금속이 1+ 양이온을 생성하는 화학적 성질은 놀라운 것이 아니다. 금속은 대부분의 비금속과 직접 결합한다. 예를 들면 알칼리금속은 수소와 반응하여 수소화물을 생성하고, 황과 반응하여 황화물을, 그리고 염소와 반응하여 염화물을 생성한다.

$$2M(s) + H_2(g) \longrightarrow 2MH(s) \qquad [3.18]$$

$$2M(s) + S(s) \longrightarrow M_2S(s) \qquad [3.19]$$

$$2M(s) + Cl_2(g) \longrightarrow 2MCl(s) \qquad [3.20]$$

알칼리금속 수소화물(LiH, NaH 등)에서 수소는 수소화이온(hydride ion)이라는 H^-로 존재한다. 수소화이온은 수소원자가 전자를 잃을 때 생성하는 수소이온(H^+)과 다르다.

알칼리금속은 물과 격렬하게 반응하여 수소기체와 알칼리금속 수산화물 용액을 생성한다.

$$2M(s) + 2H_2O(l) \longrightarrow 2MOH(aq) + H_2(s) \qquad [3.21]$$

(a) (b) (c)

▲ **그림 3.14 알칼리금속은 물과 격렬하게 반응한다.** (a) 리튬의 반응은 수소 기포가 발생하는 것으로 알 수 있다. (b) 소듐의 반응은 매우 많은 열을 발생하고 생성된 수소기체가 공기중에서 연소한다. (c) 포타슘의 반응은 거의 폭발적이다.

이 반응은 발열반응이다. 대부분의 경우 수소를 태우기에 충분한 열이 발생하고 화재나 폭발을 일으킨다(그림 3.14). 이 반응은 최외각 전자를 보다 약하게 붙잡는 무거운 원소일수록 더 격렬하다.

알칼리금속과 산소의 반응은 좀 더 복잡하다. 산소는 금속과 반응할 때 보통 O^{2-} 이온을 가진 금속 산화물을 생성한다. 실제로 리튬은 이러한 반응성을 나타낸다.

$$4Li(s) + O_2(g) \longrightarrow 2Li_2O(s) \qquad [3.22]$$

물에 용해할 때 Li_2O와 다른 용해성 금속 산화물들은 알짜이온반응식에 따라 수산화이온(OH^-)을 생성한다.

$$O^{2-}(aq) + H_2O(l) \longrightarrow 2OH^-(aq)$$

이와 대조적으로 다른 알칼리금속은 모두 산소와 반응하여 $O_2{}^{2-}$ 이온을 함유한 금속 과산화물을 생성한다. 예를 들면

$$2Na(s) + O_2(g) \longrightarrow Na_2O_2(s) \qquad [3.23]$$

포타슘, 류비듐, 그리고 세슘은 또한 초과산화 O_2^- 이온을 함유한 화합물을 생성한다.

$$K(s) + O_2(g) \longrightarrow KO_2(s) \qquad [3.24]$$

대부분의 경우 금속과 산소의 반응은 금속 산화물을 만든다. 이 반응식에서 알 수 있듯이 알칼리금속은 물과 산소에 대해 매우 반응성이 크다. 이러한 이유 때문에 금속은 보통 등유 혹은 광유와 같은 탄화수소에 보관한다.

알칼리금속 염과 그들의 수용액은 $CrO_4{}^{2-}$와 같은 착색 음이온을 제외하면 보통 무색이다. 색은 원자 내의 전자가 가시광선에 의해 한 에너지 준위로부터 다른 에너지

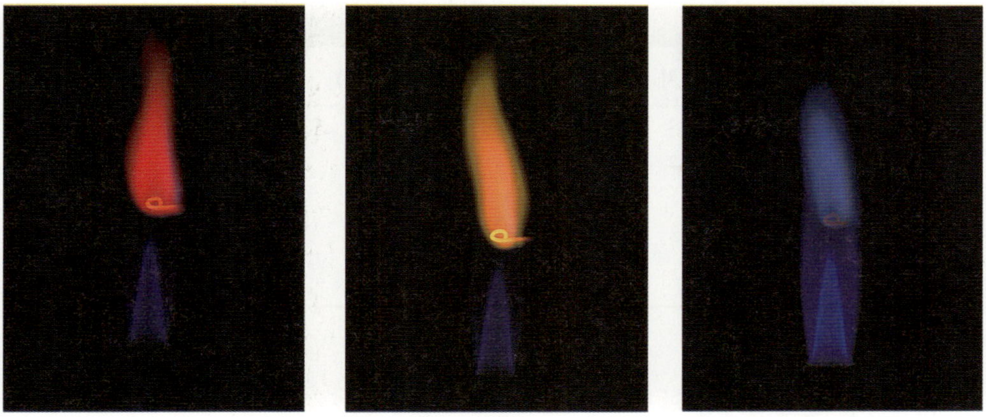

(a) (b) (c)

▲ **그림 3.15 불꽃시험.** (a) Li(진홍색), (b) Na(노란색) (c) K(청색).

준위로 들뜬 경우에 나타난다. 최외각의 전자를 잃은 알칼리금속 이온은 가시광선에 의해 들뜰 수 있는 전자를 가지고 있지 않다.

알칼리금속 화합물을 불꽃에 넣는 경우 알칼리금속 화합물은 특징적 색을 나타낸다(그림 3.15). 알칼리금속 이온은 불꽃의 내부에서 일단 기체상태의 금속원자로 환원된다. 원자는 불꽃의 높은 온도로 인해 전자들이 들뜬다. 전자들이 바닥상태로 되돌아올 때 가시광선의 형태로 에너지를 방출한다. Na는 589 nm의 노란 불꽃을 나타낸다. 이 파장의 빛은 들뜬상태의 원자가전자가 3*s* 부껍질로 떨어질 때 방출된다. 소듐 램프는 소듐의 특징적인 노란색 빛을 방출한다(그림 3.16).

▲ **그림 3.16 소듐 램프.** 도로 조명에 사용하는 소듐 램프는 들뜬 소듐원자 때문에 노란빛을 낸다.

예제 3.7

세슘 금속과 (a) $Cl_2(g)$, (b) $H_2O(l)$, (c) $H_2(g)$의 균형화학반응식을 쓰라.

해답: 세슘은 알칼리금속이다. 그러므로 세슘의 화학적 성질은 금속 Cs이 Cs^+ 이온 형태로 산화할 것이다. Cs는 주기율표의 아래쪽에 있고, 비교적 반응성이 좋은 금속이므로 아마도 위의 세 가지 물질과 반응할 것이다.

다음과 같은 반응들이 일어날 것으로 예측할 수 있다.

$$2Cs(s) + Cl_2(g) \longrightarrow 2CsCl(s)$$
$$2Cs(s) + 2H_2O(l) \longrightarrow 2CsOH(aq) + H_2(g)$$
$$2Cs(s) + H_2(g) \longrightarrow 2CsH(s)$$

각 경우에 세슘은 Cs^+ 이온화합물을 생성한다. 염화이온(Cl^-), 수산화이온(OH^-), 그리고 수소화이온(H^-)은 모두 −1가 음이온이다. Cs^+ 이온과 1 : 1 화학량론으로 결합한다.

보충예제

포타슘 금속과 원소 황 간의 반응생성물을 예측할 수 있는 균형화학반응식을 쓰라.

답: $2K(s) + S(s) \longrightarrow K_2S(s)$

표 3.5 알칼리토금속의 몇 가지 성질

원 소	전자배치	녹는점(°C)	밀도(g/cm^3)	원자 반지름(Å)	I_1(kJ/mol)
Beryllium	[He]$2s^2$	1278	1.85	1.13	899
Magnesium	[Ne]$3s^2$	649	1.74	1.60	738
Calcium	[Ar]$4s^2$	839	1.54	1.97	590
Strontium	[Kr]$5s^2$	769	2.54	2.15	549
Barium	[Xe]$6s^2$	725	3.51	2.17	503

2A족: 알칼리토금속

알칼리금속처럼 2A족 원소들도 전형적 금속 성질을 갖는다(표 3.5). 알칼리금속과 비교하면 알칼리토금속은 더 단단하고, 더 치밀하고, 그리고 더 높은 온도에서 녹는다.

알칼리토금속의 1차이온화에너지는 낮지만 알칼리금속보다는 높다. 결과적으로 알칼리토금속은 알칼리금속보다 반응성이 더 작다. 원소들이 전자를 잃는 용이성은 주기율표의 왼쪽에서 오른쪽으로 갈 때 감소하고 같은 족의 아래로 이동할 때 증가한다. 그래서 2A족의 가벼운 원소인 베릴륨과 마그네슘은 반응성이 작다. 같은 족에서 반응성이 증가하는 경향은 물에 대한 원소의 반응으로 나타난다.

베릴륨은 물이나 심지어 가열한 수증기와도 반응하지 않는다. 마그네슘은 물과 반응하지 않지만, 수증기와 반응하여 산화마그네슘과 수소를 생성한다.

$$Mg(s) + H_2O(g) \longrightarrow MgO(s) + H_2(g) \qquad [3.25]$$

칼슘과 그 아래의 다른 원소들은 비록 알칼리금속보다 더 느리게 반응하지만 그림 3.17처럼 실온에서 물과 쉽게 반응한다.

$$Ca(s) + 2H_2O(l) \longrightarrow Ca(OH)_2(aq) + H_2(g) \qquad [3.26]$$

다음의 두 반응은 알칼리토금속의 반응 양상, 즉 최외각의 2개 전자를 잃고, 2+ 이온을 생성하는 경향을 나타낸다. 예를 들면 마그네슘은 실온에서 염소와 반응하여 $MgCl_2$를 생성한다. 그리고 마그네슘은 공기 중에서 밝은 빛을 내면서 타고 MgO를 생성한다.

$$Mg(s) + Cl_2(g) \longrightarrow MgCl_2(s) \qquad [3.27]$$

$$2Mg(s) + O_2(g) \longrightarrow 2MgO(s) \qquad [3.28]$$

▲ **그림 3.17 칼슘용액.** 칼슘은 물과 반응하여 수산화칼슘과 수소를 생성한다.

O_2의 존재 하에서 마그네슘 금속은 불용성 MgO가 얇게 표면을 덮기 때문에 많은 화학약품에 내성이 있다. 그래서 마그네슘은 활성이 큰 원소임에도 불구하고 경량 구조 합금재를 만드는 혼합재료로 사용한다. 알칼리토금속 중 무거운 원소(Ca, Sr, Ba)는 비금속에 대한 반응성이 마그네슘보다 더 크다. 그리고 Ca, Sr, Ba는 O_2와 H_2O에 의해 산화하므로 저장할 때 유의해야 한다.

알칼리금속의 +1가 양이온처럼 알칼리토금속 +2가 양이온은 영족 기체의 전자배치를 한다. 알칼리토금속은 착색 음이온과 결합하지 않으면 무색 혹은 흰색의 화합물을 생성한다. 알칼리토금속 중 무거운 원소는 특징적 불꽃색을 나타낸다. 칼슘의 불꽃은 붉은 벽돌색, 스트론튬은 붉은 심홍색, 그리고 바륨은 초록색을 나타낸다.

3.7 비금속 족의 경향성

수소

주기율표에서 수소는 $1s$의 전자배치를 가지며 알칼리금속 위에 위치한다. 그러나 수소는 독특한 원소이고 어떠한 족에도 속하지 않는다. 수소는 대부분의 조건하에서 무색의 2원자기체[$H_2(g)$] 상태로 존재하는 비금속이다. 금속의 염화물과 산화물은 실온에서 고체인 반면에 HCl은 기체이고, H_2O는 액체이다.

수소원자의 전자는 핵 가리움이 전혀 없으므로 수소의 이온화에너지는 활성 금속의 이온화에너지보다 훨씬 더 큰 1312 kJ/mol이다. 실제로 수소의 이온화에너지는 산소, 염소 같은 다른 비금속의 I_1값과 비교할 수 있을 정도로 크다. 수소는 일반적으로 다른 비금속과 반응하여 분자 화합물을 생성한다. 이러한 반응들은 매우 큰 열을 발생한다.

$$2H_2(g) + O_2(g) \longrightarrow 2H_2O(l) \qquad \Delta H^\circ = -571.7\ \text{kJ} \qquad [3.29]$$

수소는 활성금속과 반응하여 수소화이온(H^-)을 포함하는 금속수소화물을 만든다.

$$2Na(s) + H_2(g) \longrightarrow 2NaH(s) \qquad [3.30]$$

$$Ca(s) + H_2(g) \longrightarrow CaH_2(s) \qquad [3.31]$$

6A족: 산소족

6A족 아래로 내려가면 금속성은 증가한다. 산소는 실온에서 무색의 기체이다. 족의 다른 원소들은 고체이다. 산소, 황, 셀레늄은 전형적 비금속이다. 텔루륨은 약간의 금속 성질이 있으며 준금속으로 분류하고, 방사능 물질인 폴로늄은 매우 희귀한 금속이다. 6A족 원소들의 몇 가지 물리적 성질들을 표 3.6에 나타내었다.

표 3.6 6A족 원소의 성질

원 소	전자배치	녹는점 (°C)	밀도 (g/cm³)	원자 반지름 (Å)	I_1 (kJ/mol)
Oxygen	He]$2s^22p^4$	218	1.43 g/L	0.73	1314
Sulfur	[Ne]$3s^23p^4$	113	2.07 g/cm³	1.04	1000
Selenium	[Ar]$4s^23d^{10}4p^4$	217	4.81 g/cm³	1.17	941
Tellurium	[Kr]$5s^24d^{10}5p^4$	452	6.25 g/cm³	1.43	869
Polonium	[Xe]$6s^24f^{14}5d^{10}6p^4$	254	9.4 g/cm³	1.67	812

산소는 O_2와 O_3의 두 가지 분자형태로 존재하는 데 O_2 가 더 안정한 형태이고 일반적으로 산소기체는 O_2를 의미한다. O_3 형태는 오존(ozone)이라고 한다. 산소의 두 가지 형태는 동소체(allotrope)의 한 예이다. 동소체는 같은 상태에서 원소의 서로 다른 형태를 말한다. 건조 공기 중 약 21%는 O_2 분자이다. 독성이 있고 자극적인 냄새가 나는 오존은 대기 상층부와 오염 공기에 미량으로 존재한다. 오존은 또한 번개와 같은 전기적 방전에 의해 O_2로부터 생성된다.

$$3O_2(g) \longrightarrow 2O_3(g) \qquad \Delta H^\circ = 284.6 \text{ kJ} \qquad [3.32]$$

이 흡열반응은 O_3가 O_2보다 불안정하다는 것을 나타낸다.

산소는 다른 원소를 산화할 때 다른 원소의 전자를 끌어당기는 경향이 크다. 금속과 결합한 산소는 거의 대부분이 산화물이온(O^{2-})으로 존재한다. 이 이온은 영족 기체의 전자배치를 하며 안정하다. 식 3.29 같이 비금속 산화물의 생성반응은 흔히 발열반응이므로 에너지 측면에서 유리하다.

알칼리금속의 설명에서 산소 음이온, 즉 과산화이온(O_2^{2-})과 초과산화이온(O_2^-)은 둘 다 보통의 이온과 다르다. 이러한 이온의 화합물은 종종 그들 자신끼리 서로 반응하여 산화물과 O_2를 생성한다. 예를 들면 과산화수소(H_2O_2)는 실온에서 천천히 물과 O_2로 분해한다.

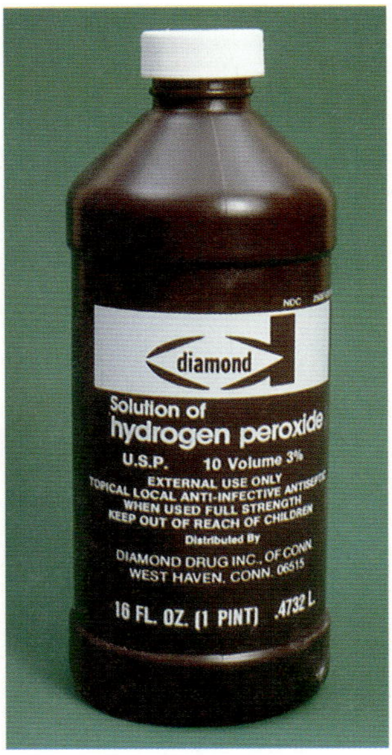

▲ **그림 3.18 과산화수소 용액.** 과산화수소는 종종 과산화수소의 분해를 촉진하는 빛에 노출을 최소화하기 위해 갈색이나 불투명한 시약병에 보관한다.

$$2H_2O_2(aq) \longrightarrow 2H_2O(l) + O_2(g) \qquad \Delta H^\circ = -196.1 \text{ kJ} \qquad [3.33]$$

이러한 이유로 과산화수소는 용기 안의 압력이 너무 커지기 전에 생성된 $O_2(g)$를 내보낼 수 있도록 보관해야 한다(그림 3.18).

산소 다음으로 6A족 원소 중 가장 중요한 원소는 황이다. 황은 몇 가지의 동소체가 있는데 그 중 가장 일반적이고 안정한 것은 노란색 고체 S_8이다. 이 분자는 그림 3.19처럼 8개의 황원자 고리로 되어 있다. 비록 고체 황이 S_8 고리로 되어 있다 할지라도 보통 황을 나타낼 때는 간단히 S(*s*)라고 쓴다.

산소와 마찬가지로 황은 다른 원소들의 전자를 받아 S^{2-} 이온의 황화물을 생성하는 경향이 크다. 이 경향은 S(*s*)와 소듐금속 반응의 예와 같이 활성금속의 경우에 잘 맞는다.

$$2Na(s) + S(s) \longrightarrow Na_2S(s) \qquad [3.34]$$

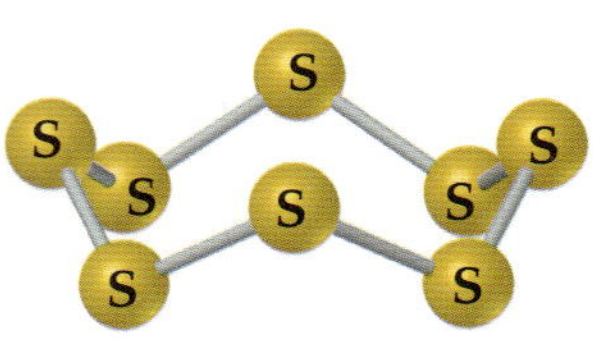

▲ **그림 3.19 원소 황.** 실온에서 황의 가장 일반적 동소체로 알려진 S_8 분자의 구조.

자연계에서 대부분의 황은 금속의 황화물로 존재한다. 황은 주기율표에서 산소 아래쪽에 위치하므로 황화이온을 생성하려는 경향은 산소가 산화이온을 생성하려는 경향보다는 작다. 결과적으로 황의 화학적 성질은 산소의 화학적 성질보다 더 복잡하다. 사실 황과 황화합물(석탄과 석유에 함유된 황을 포함해서)은 산소 중에서 연소할 수 있다. 주생성물은 대기 오염물질의 하나인 이산화황이다.

$$S(s) + O_2(g) \longrightarrow SO_2(g) \qquad [3.35]$$

표 3.7 할로젠의 성질

원소	전자배치	녹는점 (°C)	밀도 (g/cm^3)	원자 반지름 (Å)	I_1 (kJ/mol)
Fluorine	$[He]2s^22p^5$	−220	1.69 g/L	0.71	1681
Chlorine	$[Ne]3s^23p^5$	−101	3.21 g/L	0.99	1251
Bromine	$[Ar]4s^23d^{10}4p^5$	−7.2	3.12 g/cm^3	1.14	1140
Iodine	$[Kr]5s^24d^{10}5p^5$	114	4.93 g/cm^3	1.33	1008

7A족: 할로젠족

7A족 원소는 염생성물을 의미하는 그리스어의 halos와 gennao에서 유래한 할로젠(halogens)이다. 이러한 원소들의 몇 가지 성질을 표 3.7에 나타내었다. 방사성 희귀 원소인 아스타틴의 성질은 잘 알려지지 않아 생략하였다.

6A족에서 7A족으로 이동하면 원소의 비금속성은 증가한다. 6A족 원소들과 다르게 할로젠원소들은 대표적 비금속이며, 원자번호의 증가에 따라 녹는점과 끓는점이 증가한다. 실온에서 플루오린과 클로린은 기체이고, 브로민은 액체, 아이오딘은 고체이다. 각 원소들은 2원자분자 F_2, Cl_2, Br_2, I_2로 되어 있다. 플루오린 기체는 엷은 노란색, 염소기체는 연두색, 브로민은 붉은 갈색 액체인데 쉽게 증기로 변한다. 그리고 아이오딘은 회색빛이 도는 검은색 고체이고 쉽게 보라색의 증기로 변한다(그림 3.20).

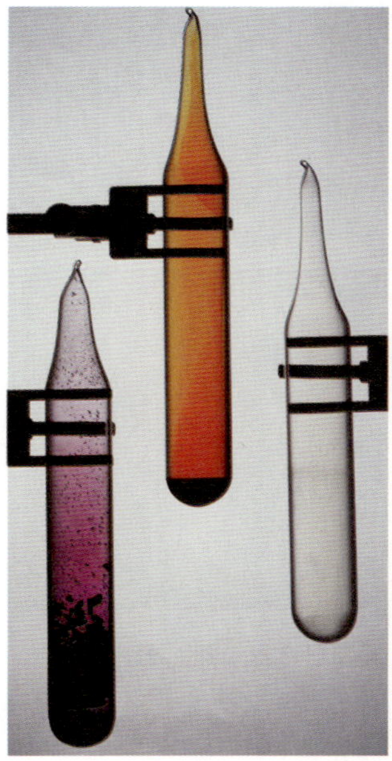

▲ **그림 3.20 할로젠 원소.** 왼쪽으로부터 아이오딘(I_2), 브로민(Br_2), 염소(Cl_2).

할로젠은 큰 음의 전자친화도 값을 갖는다. 그래서 할로젠원소는 다른 원소로부터 전자를 얻어 할로젠이온을 생성한다.(X는 할로젠원소)

$$X_2 + 2e^- \longrightarrow 2X^- \qquad [3.36]$$

플루오린과 클로린은 브로민과 아이오딘보다 반응성이 더 크다. 실제 플루오린은 물을 포함하여 반응하는 대부분의 물질로부터 전자를 떼어내는 데 이 반응은 매우 많은 열을 발생한다.

$$2Na(s) + F_2(g) \longrightarrow 2NaF(s) \quad \Delta H^\circ = -1147\ kJ \qquad [3.37]$$

$$2H_2O(l) + 2F_2(g) \longrightarrow 4HF(aq) + O_2(g) \quad \Delta H^\circ = -758.7\ kJ \qquad [3.38]$$

결과적으로 플루오린 기체를 다루기 위해서는 특별한 장치가 필요하기 때문에 실험실에서 사용하기에 매우 어렵고 위험하다.

클로린은 할로젠원소 중 공업적으로 가장 유용하다. 클로린은 보통 용융 NaCl 또는 NaCl 농축 수용액의 전기분해로 생성된다.

$$2NaCl(aq) + 2H_2O(l) \longrightarrow 2NaOH(aq) + H_2(g) + Cl_2(g) \qquad [3.39]$$

플루오린과 다르게 클로린은 물과 천천히 반응하고 상대적으로 안정한 HCl과 HOCl의 수용액을 만든다.

$$Cl_2(g) + H_2O(l) \longrightarrow HCl(aq) + HOCl(aq) \qquad [3.40]$$

HOCl(*aq*)의 살균효과로 식수나 수영장의 물에 Cl_2 가스를 주입하여 소독한다. 할로젠은 대부분의 금속과 직접 반응하여 이온성 할로젠화합물을 만든다. 또한 할로젠은 수소와 반응하여 할로젠화수소 화합물을 만든다.

$$H_2(g) + X_2 \longrightarrow 2HX(g) \qquad [3.41]$$

이러한 화합물들은 모두 물에 잘 녹고 할로젠화수소산을 생성한다.

8A족: 영족 기체

영족 기체(noble gase)로 알려진 8A족 원소들은 모두 실온에서 기체인 비금속이다. 영족 기체는 모두 한 원자로 되어 있다. 즉 분자가 아닌 원자 상태로 존재한다. 영족 기체 원소들의 몇 가지 물리적 성질들을 표 3.8에 나타내었다.

영족 기체는 s와 p의 부껍질을 완전히 채우는 특성이 있다. 8A족의 모든 원소들은 1차이온화에너지가 비교적 크다. 그리고 족의 아래로 내려갈수록 1차이온화에너지는 감소한다. 영족 기체는 안정한 전자 배치로 인해 반응성이 아주 작다. 실제로 1960년대 초까지 이 원소들은 어떠한 화합물도 만들지 않는다고 생각했기 때문에 영족 기체라고 하였다. 1962년에 British Columbia 대학의 Neil Bartlett는 Xe의 이온화에너지가 화합물을 생성할 수 있을 정도로 충분히 낮을 것이라고 추론하였다. 이러한 반응이 일어나려면 Xe는 플루오린과 같이 다른 물질로부터 전자를 제거할 수 있는 능력이 대단히 큰 물질과 반응을 해야 할 것이다. Bartlett는 플루오린을 함유한 화합물 PtF_6와 Xe을 반응시켜 최초의 영족 기체 화합물을 합성하였다. 또한 제논은 $F_2(g)$와 직접 반응하여 XeF_2, XeF_4와 XeF_6의 분자 화합물을 생성하였다(그림 3.21). 크립톤은 제논보다도 더 큰 I_1을 가지기 때문에 반응성이 낮다. 사실 크립톤의 안정한 화합물은 KrF_2가 유일하다. He, Ne 혹은 Ar의 화합물은 아직까지 알려진 것이 없다.

▲ **그림 3.21 제논화합물.** 8A족 원소를 포함하는 매우 희귀한 화합물 중 하나인 XeF_4의 결정.

표 3.8 영족 기체의 몇 가지 물리적 성질

원소	전자배치	녹는점 (K)	밀도 (g/L)	원자 반지름 (Å)	I_1 (kJ/mol)
Helium	$1s^2$	4.2	0.18	0.32	2372
Neon	$[He]2s^22p^6$	27.1	0.90	0.69	2081
Argon	$[Ne]3s^23p^6$	87.3	1.78	0.97	1521
Krypton	$[Ar]4s^23d^{10}4p^6$	120	3.75	1.10	1351
Xenon	$[Kr]5s^24d^{10}5p^6$	165	5.90	1.30	1170
Radon	$[Xe]6s^24f^{14}5d^{10}6p^6$	211	9.73	—	1037

연습문제

3.1 왜 Mendeleev는 초기에 설명한 그의 주기율표에 빈 공간을 남겨두었나? 이러한 빈 공간에 속한 원소들의 성질을 그는 어떻게 예측하였는가?

3.2 Ar의 $n = 3$ 전자껍질과 Kr의 $n = 3$ 전자껍질 중 어느 것이 핵에 더욱 가까운가?

3.3 그림 3.3에 나타낸 반지름을 근거로 크롬 금속의 Cr 원자 간 거리를 예측하라.

3.4 삼요오드화비소(AsI_3)의 실험적 As-I 결합길이는 2.55 Å이다. 이 값은 원소의 원자 반지름을 사용하여 예측한 값에 얼마나 근접하는가?

3.5 **(a)** 주기율표의 주기의 왼쪽에서 오른쪽으로 이동할 때 원자 크기는 어떻게 변화하는가?
(b) 주기율표의 족의 위에서 아래로 이동할 때 원자 크기는 어떻게 변화하는가?
(c) 다음 원자들을 원자 반지름이 증가하는 순서로 배열하라.

F, P, S, As

3.6 **(a)** He 원자의 반지름이 H 원자보다 더 작은 이유는 무엇인가?
(b) He 원자의 반지름이 Ne 원자보다 더 작은 이유는 무엇인가?

3.7 리튬의 2차 이온화에너지가 베릴륨의 2차 이온화에너지보다 훨씬 더 큰 이유는 무엇인가?

3.8 8A족 아래로 내려감에 따라 1차이온화에너지 경향을 설명하라. 이온화에너지 경향은 원자 반지름의 경향과 어떻게 비교되는가?

3.9 주기율표의 각 원소의 위치에 근거하여 다음 두 원자 중 어느 원자가 더 큰 1차 이온화에너지를 갖는지 예측하라.
(a) O, Ne **(b)** Mg, Sr **(c)** K, Cr
(d) Br, Sb **(e)** Ga, Ge

3.10 Na^+, Mg^{2+}, Al^{3+}, Si^{4+}는 등전자 계열의 이온들이다.
(a) 이들 중에서 최외각전자에 작용하는 유효핵전하가 가장 작은 것은?
(b) 유효핵전하가 가장 큰 것은?
(c) 표 3.2의 자료는 질문 **(a)**와 **(b)**를 답하기 위해서 어떤 증거를 제공하는가?

3.11 Se(g)의 1차이온화에너지와 전자친화도의 차이점을 설명하는 식과 관여한 화학종의 전자배치를 나타내라.

3.12 전자배치를 이용하여 F의 전자친화도는 음의 값을 갖는 반면, Ne의 전자친화도는 양의 값을 갖는 이유를 설명하라.

3.13 주기율표를 이용하여 다음 원소들을 녹는점이 증가하는 순서대로 배열하고 설명하라.

K, Br_2, Mg, O_2

3.14 다음 각 쌍의 원소 중 어느 원소가 더 큰 금속성을 갖는가?
(a) Li, Be **(b)** Li, Na **(c)** Sn, P **(d)** B, Al

3.15 소듐(Na)과 마그네슘(Mg)의 다음 성질들을 비교하고 두 원소의 차이점을 설명하라.
(a) 전자배치
(b) 가장 일반적인 이온전하
(c) 1차이온화에너지
(d) 물에 대한 반응성
(e) 원자 반지름

3.16 **(a)** 칼슘(Ca)이 마그네슘(Mg)보다 반응성이 더 큰 이유는?
(b) 칼슘(Ca)이 포타슘(K)보다 반응성이 작은 이유는?

3.17 수소는 어떻게 Li 및 F와 유사한 성질을 나타내는지를 전자배치로 설명하라.

3.18 플루오린(F)과 클로린(Cl)의 다음 성질들을 비교하고, 두 원소간의 차이점을 설명하라.
(a) 전자배치
(b) 가장 일반적인 이온전하
(c) 1차이온화에너지
(d) 물에 대한 반응성
(e) 전자친화도
(f) 원자 반지름

3.19 **(a)** 제논은 플루오린과 반응하고 아이오딘과는 반응하지 않는 이유는 무엇인가?
(b) 산소분자라고 할 때 O_3보다 O_2를 의미하는 이유는 무엇인가?
(c) 플루오린 기체를 반응시킬 때 특별한 장치를 필요로 하는 이유는 무엇인가?

3.20 다전자원자들에 대하여 양자역학적으로 원자 반지름을 정의하기 어려운 이유는 무엇인가?

3.21 1960년대 초기까지 8A족 원소들은 비활성기체라고 하였다. 더 이상 이 용어를 사용하지 않는 이유는 무엇인가?

3.22 텔루륨원자의 1차, 2차, 3차 이온화에너지를 설명하는 과정의 식을 쓰라.

3.23 다음 각 산화물이 이온화합물인지 분자화합물인지를 예측하고 그 이유를 설명하라.

SO_2, MgO, Li_2O, P_2O_5, Y_2O_3, N_2O, XeO_3.

3.24 산성 산화물과 염기성 산화물이란 용어가 의미하는 바는 무엇인가? 각각 예를 들어라.

3.25 다음 균형화학반응식을 쓰라.
(a) 산화칼슘과 물
(b) 질산과 산화구리(II)
(c) 삼산화황과 물
(d) 이산화탄소와 수산화소듐 수용액

3.26 다음 각각의 경우에 일어나는 균형화학반응식을 쓰라.
(a) 포타슘을 물에 가할 때
(b) 바륨을 물에 가할 때
(c) 질화리튬을 생성하기위해 질소 대기하에서 산성 산화물을 가열할 때
(d) 마그네슘을 산소 중에서 연소시킬 때

3.27 다음 각 경우에 일어나는 균형화학반응식을 쓰라.
(a) 리튬이 염소와 반응할 때
(b) 황이 공기 중에서 연소할 때
(c) 용융 아이오딘화포타슘을 전기분해할 때
(d) 염소와 물이 반응할 때

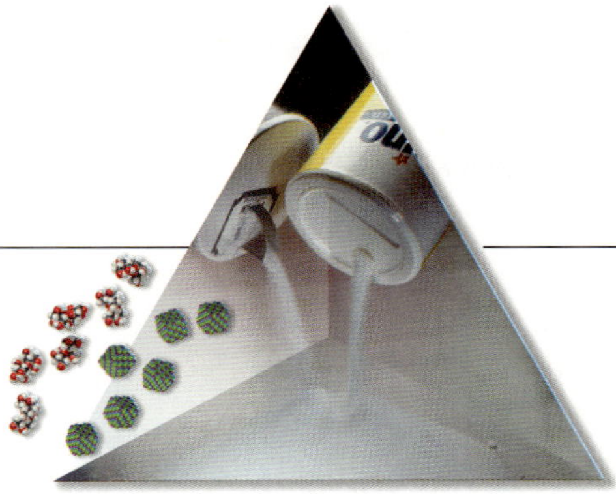

CHAPTER 04

화학결합

소금과 설탕은 외견상으로 서로 비슷하지만 화학적 조성에 큰 차이가 있다. 소금(NaCl)은 나트륨이온(Na^+)과 염소이온(Cl^-)으로 구성되어 있다. 설탕($C_{12}H_{22}O_{11}$)은 분자로 구성되어 있는데 분자내의 원자 상호간에는 공유결합을 하고 있다. 소금은 수용액 중에서 이온들을 생성하지만(NaCl은 전해질) 설탕은 분자로 남아 있다(설탕분자는 비전해질이다).

이온결합(ionic bond)은 반대 전하의 이온들 사이에 존재하는 정전기적 인력에 기인한다. 이온결합은 한 원자에서 다른 원자로 1개 이상의 전자들이 이동하여 생성된다. 이온성 물질들은 주기율표상의 왼 쪽에 위치한 금속원소들과 오른쪽에 위치한 비금속원소(8A족은 포함하지 않는다)간의 상호작용으로 생성된다.

공유결합(covalent bond)은 두 원자 상호간에 전자를 공유하여 생성된다. 공유결합의 가장 보편적 형태는 비금속원자끼리의 상호작용에서 볼 수 있다.

금속결합(metallic bond)은 구리, 철, 알루미늄과 같은 고체 금속들에서 볼 수 있다. 금속에서 원자들은 몇 개의 이웃 원자들과 결합한다. 결합 전자들은 상대적으로 자유롭게 삼차원 구조 내를 이동할 수 있다. 금속결합물질은 높은 전기 전도성이나 금속광택 같은 전형적 금속 특성을 나타낸다.

4.1 Lewis 기호와 팔전자규칙

화학결합에 관여하는 전자들을 원자가전자(valence electron)라 한다. 원자가전자는 완전히 채워지지 않은 원자의 최외각 전자껍질에 있는 전자이다. 전자점 기호(Lewis 기호라고도 한다)를 사용하여 원자들의 원자가전자를 나타낸다. 한 원소의 전자점 기호는 그 원소의 원소기호에 원자가전자의 개수와 같은 수의 점으로 표시한다. 예를 들어 황은 $[Ne]3s^23p^4$의 전자배치를 가지

표 4.1 전자점 기호

원소	전자배치	전자점 기호	원소	전자배치	전자점 기호
Li	[He]$2s^1$	Li·	Na	[He]$3s^1$	Na·
Be	[He]$2s^2$	·Be·	Mg	[He]$3s^2$	·Mg·
B	[He]$2s^2 2p^1$	·Ḃ·	Al	[He]$3s^2 3p^1$	·Ȧl·
C	[He]$2s^2 2p^2$	·Ċ· (dot below)	Si	[He]$3s^2 3p^2$	·Ṡi· (dot below)
N	[He]$2s^2 2p^3$	·Ṅ:	P	[He]$3s^2 3p^3$	·Ṗ:
O	[He]$2s^2 2p^4$	:Ȯ:	S	[He]$3s^2 3p^4$	:Ṡ:
F	[He]$2s^2 2p^5$	·F̤̈:	Cl	[He]$3s^2 3p^5$	·C̤̈l:
Ne	[He]$2s^2 2p^6$	:N̤̈e:	Ar	[He]$3s^2 3p^6$	:Ä̤r:

므로 전자점 기호는 6개의 원자가전자를 표시해준다.

·S̤̈·

점들은 원소기호를 중심으로 상 · 하 · 좌 · 우에 표시한다. 각 방향에는 2개 까지 전자를 표시한다(표 4.1). 원소기호의 네 방향은 모두 동일하고 어떤 방향으로 표시할 것인가는 임의적이다. 원소의 원자가전자수는 그 원소의 주기율표상의 족번호와 동일하다. 예를 들어 산소와 황의 Lewis 기호는 6A족이므로 6개의 점으로 표시한다.

원자는 주기율표상의 가장 가까운 영족 기체와 같은 전자 분포를 만들기 위해 전자를 얻거나, 잃거나 또는 공유한다. 영족 기체들은 매우 안정한 전자 배치를 하기 때문에 높은 이온화에너지, 낮은 전자친화도, 낮은 화학반응성 등을 보인다. 모든 영족 기체(He는 제외)는 최외각 껍질에 8개의 전자를 포함하며, 대부분의 원자들은 화학반응에서 최종적으로 8개의 원자가전자를 가지려고 한다. 이 경향을 옥테트 규칙(octet rule), 또는 팔전자규칙이라 한다. 8 개의 전자는 표 4.1에 있는 Ne 원자의 전자배치와 같이 4개의 원자가전자 쌍으로 배열된다. 팔전자규칙은 예외가 있기는 하나 결합을 이해하는데 유용한 기초를 제공한다.

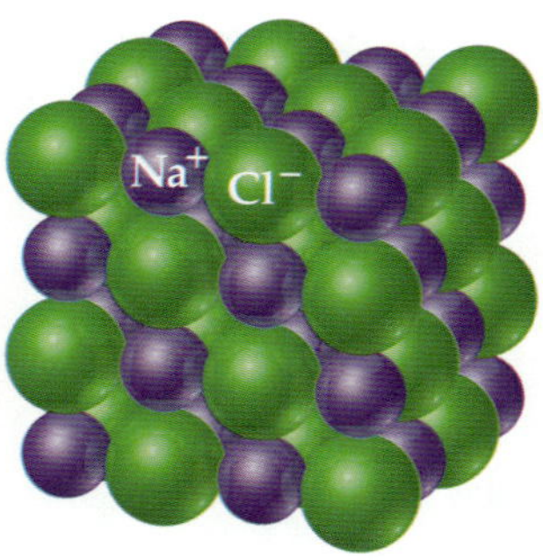

▲ **그림 4.1 염화나트륨의 결정 구조.** Na^+ 이온은 6개의 Cl^- 이온으로 둘러싸이고, Cl^- 이온 역시 6개의 Na^+ 이온으로 둘러싸인다.

4.2 이온결합

나트륨[Na(s)]이 염소기체[Cl_2(g)]와 접촉하면 격렬하게 반응한다.

$$\mathrm{Na}(s) + \tfrac{1}{2}\mathrm{Cl_2}(g) \longrightarrow \mathrm{NaCl}(s) \qquad \Delta H_f^o = -410.9\ \mathrm{kJ/mol} \qquad [4.1]$$

염화나트륨은 Na^+와 Cl^- 이온으로 구성되고, 그림 4.1과 같은 삼차원 배열을 하고 있다. NaCl의 예는 전형적인 이온화합물이고, 낮은 이온화에너지 값을 갖는 금속과 높은 전자친화도를 갖는 비금속으로 이루어져 있다. Na와 Cl원자의 전자점 기호를 사용하여 이 반응을 나타내면

$$Na\cdot + \cdot\ddot{\underset{..}{Cl}}: \longrightarrow Na^+ + [:\ddot{\underset{..}{Cl}}:]^- \quad [4.2]$$

화살표는 Na 원자로부터 Cl 원자로의 전자 이동을 나타낸다. 각 이온들은 팔전자계를 만드는데 Na^+의 팔전자계는 $2s^22p^6$로 이루어져 있다. Cl^- 이온 주위에 8개의 전자들이 채워졌다는 것을 강조하기 위해 염소이온에 괄호를 표시하였다.

이온결합 생성에너지

나트륨과 염소의 반응은 매우 큰 발열반응이다. 실제로 식 4.1은 각 원소로부터 NaCl(s)의 생성반응이므로 반응의 엔탈피 변화는 NaCl(s)의 ΔH_f^0이다. 이온화합물이 생성될 때 많은 열이 발생하는 원인은 무엇인가?

일반적으로 이온화에너지를 설명할 때 한 원자로부터 전자가 떨어져 나가는 과정은 항상 흡열과정이라 알고 있다. Na(g)로부터 전자 1개를 제거할 때 496 kJ/mol이 필요하다. 반대로 비금속원자가 전자 1개를 얻을 때는 일반적으로 발열과정이고, 이에 관한 것은 원소들의 전자친화도에서 본 바 있다. Cl(g)에 1개의 전자를 첨가할 때도 349 kJ/mol을 방출한다. 따라서 Na(g)로부터 전자 1개를 제거하고 Cl(g)에 전자 1개를 첨가하는 전체과정은 496 − 349 = 147 kJ/mol의 에너지가 필요하다.

이온화합물들이 안정한 주요 원인은 서로 다른 전하를 가진 이온 간의 인력 때문이다. 얼마나 안정하게 되는지의 정도는 이온성 고체 내의 반대 전하를 가진 이온들의 배열에 기인하는데 이것을 격자에너지라고 한다. 격자에너지는 1몰의 고체상태이온화합물이 기체상태 이온으로 완전히 분리될 때 필요한 에너지이다. NaCl의 격자에너지는 788 kJ/mol이다.

$$NaCl(s) \rightarrow Na^+(g) + Cl^-(g) \qquad H_{lattice} = +788 \text{ kJ/mol} \quad [4.3]$$

표 4.2에 NaCl과 다른 이온화합물들의 격자에너지 값이 수록되어 있다. 모두 큰 양의 값을 갖는다. 이 고체 내부의 이온들은 서로 매우 강한 인력이 작용한다. 반대 전하 이온 간의 인력 때문에 방출되는 에너지는 이온화에너지의 흡열 값보다 더 크고 결과적으로 이온화합물의 생성은 발열과정이 된다. 이온간의 강한 상호인력으로 인해 대부분의 이온성 물질들은 녹는점이 높고 딱딱하며 부스러지기 쉬운 성질을 갖는다(NaCl은 801°C 에서 녹는다). 이온성 고체의 격자에너지 크기는 이온들의 전하와 크기, 그리고 고체 내의 배열 정도에 의해 결정된다. 전하를 띤 두 입자 상호간의 위치에너지는 다음 식으로 주어진다.

$$E_{el} = \frac{\kappa Q_1 Q_2}{d} \quad [4.4]$$

식 4.4에서 Q_1과 Q_2는 입자들의 전하량이고 d는 두 이온 중심 간의 거리, 상수 κ는 8.99×10^9 J·m/C^2 이다. 식 4.4에서 전하 크기가 클수록, 그리고 이온 중심간 거리가 작을수록 반대 전하 이온 간의 상호인력은 증가한다. 이온반지름에는 큰 차이가 없기 때문에 격자에너지의 크기는 일차적으로 이온들의 전하 크기에 의존한다.

표 4.2 여러 가지 이온화합물의 격자에너지

화합물	격자에너지(kJ/mol)	화합물	격자에너지(kJ/mol)
LiF	1030	$MgCl_2$	2326
LiCl	834	$SrCl_2$	2127
LiI	730		
NaF	910	MgO	3795
NaCl	788	CaO	3414
NaBr	732	SrO	3217
NaI	682		
KF	808	ScN	7547
KCl	701		
KBr	671		
CsCl	657		
CsI	600		

예제 4.1

NaF, CsI, CaO 의 이온화합물들을 격자에너지가 증가하는 순으로 나열하시오.

해답: 이 문제를 풀기 위해 식 4.4를 이용해보자. NaF는 Na^+와 F^- 이온으로, CsI는 Cs^+와 I^-로, CaO는 Ca^{2+}와 O^{2-}로 구성된다. 격자에너지는 이온전하의 증가에 비례하여 증가할 것이다. 따라서 CaO의 격자에너지는 2+와 2−의 전하량을 가진 이온으로 구성되므로 세 화합물 중에서 가장 큰 값을 갖는다. NaF와 CsI는 이온전하가 같다. 결국 이 화합물의 격자에너지 차이는 결정 내 이온간 거리에 따라 정해질 것이다. Na 원자의 반지름이 Cs 원자보다 작으므로 Na^+ 이온이 Cs^+ 이온보다 작을 것으로 예측할 수 있다. 그것과 유사하게 F^-는 I^-보다 작다고 생각할 수 있다. 그러므로 NaF의 이온간 거리는 CsI 이온들의 경우보다 짧고, 격자에너지는 NaF가 CsI보다 크다. 표 4.2는 격자에너지의 크기가 CsI < NaF < CaO의 순서임을 잘 보여준다.

보충 예제

AgCl, CuO, CrN 중 어느 물질이 가장 큰 격자에너지를 갖는가?

답: CrN

4.3 이온의 크기

이온의 크기는 이온성 고체의 구조와 안정성에 절대적으로 중요한 역할을 한다. 이온의 크기는 핵전하, 전자수, 최외각껍질의 오비탈 등에 의존한다. 이온의 크기에 대하여 이미 3장에서 간단하게 다루었다. 원자와 그들 이온의 상대적 크기를 생각해보자. 양이온은 원자의 가장 바깥부분의 전자를 1개 혹은 그 이상 잃어버린 경우이다. 따라서 양이온의 생성은 공간적으로 핵에서 가장 멀리 떨어진 오비탈을 비울 뿐만 아니라 이에 따른 전체적인 전자-전자 간 반발력을 감소시킨다. 이런 결과로 그림 4.2에 나타낸 바와 같이 양이온들은 어미원자들에 비해 크기가 작다. 음이온은 반대의 경우에 해당한다. 음이온을 만들기 위해 전자를 첨가하면 전자-전자 간 반발력이 증대되어 전자들을 공간적으로 더욱 멀리 퍼지게 한다. 그러므로 음이온들은 그들의 어미원자들보다 크다. 그리고 같은 전하를 가진 이온들은 주기율표상의 같은 족에서 아래로 갈수록 이온 크기가 증가한다(그림 3.4). 전자를 채운 바깥 오비탈의 주양자수가 증가하면 이온과 그 어미원자 모두 크기가 증가한다.

예제 4.2

다음의 원자 및 이온을 크기가 작은 순서대로 나열하시오. Mg^{2+}, Ca^{2+}, Ca

해답: 양이온들은 어미원자에 비해 크기가 작으므로 Ca^{2+}는 Ca 원자보다 작다. 주기율표에서 IIA족의 경우 Ca는 Mg보다 아래쪽에 위치하므로 Ca^{2+}는 Mg^{2+}보다 크기가 크다. 그 순서는 $Ca > Ca^{2+} > Mg^{2+}$이다.

보충 예제

다음 원자 및 이온 중 크기가 가장 큰 것은? S^{2-}, S, O^{2-}

답: S^{2-}

이온 반지름에 대한 핵전하의 영향은 등전자(isoelectronic) 이온들의 반지름 차이를 통해 알 수 있다. 등전자란 동일한 전자수를 의미한다. 예를 들어 O^{2-}, F^-, Na^+, Mg^{2+}, Al^{3+}는 모두 네온원자와 같은 $1s^22s^22p^6$의 전자 배치를 갖는 이온들이다. 이 계열의 핵전하는 나열한 순서로 점차 증가한다(원자의 핵전하는 원소의 원자번호에 의해 결정되는 것을 기억하라). 전자수가 일정하면 전자들은 핵전하 증가에 따라 핵에 더 끌리고 따라서 이온 반지름은 작아진다.

——— 핵전하 증가 ———→

O^{2-}	F^-	Na^+	Mg^{2+}	Al^{3+}
1.40 Å	1.33 Å	0.97 Å	0.66 Å	0.51 Å

——— 이온 반지름 감소 ———→

이 원소들의 주기율표상 위치와 원자번호를 생각해보자. 비금속 음이온들은 주기율표에서 영족 기체인 Ne보다 앞에 있다. 그러나 금속 양이온은 Ne보다 뒤에 위치한다. 이 등전자계열 중 가장 큰 산소이온은 원자번호가 8이며 가장 작은 알루미늄이온은 원자번호가 13이다.

예제 4.3

S^{2-}, Cl^-, K^+, Ca^{2+}를 크기가 감소하는 순서로 나열하시오.

해답: 등전자계열의 이온들이고 각각 18개의 전자를 소유한다. 이온크기는 이온의 핵전하(원자번호) 증가에 따라 감소한다. 이온들의 원자번호는 S(16), Cl(17), K(19), Ca(20)이다. 따라서 이온들의 크기는 $S^{2-} > Cl^- > K^+ > Ca^{2+}$ 이다.

보충 예제

다음 이온들 중 크기가 가장 큰 것은? Rb^+, Sr^{2+}, Y^{3+}

답: Rb^+

4.4 공유결합

이온화합물들은 몇 가지 특징이 있다. 녹는점이 높고 부서지기 쉬우며 결정 상태로 존재한다. 이온화합물은 쉽게 깨지는 데 이것은 결정면들이 쉽게 분리되기 때문이다. 이런 특성들은 그림 4.1처럼 이온들의 삼차원 배열을 유지하는 정적기적 힘에서 생긴다.

화합물 중에는 이온성 물질의 특성과 다른 특성을 갖는 화합물도 매우 많다. 물은 기체나 고체로 변하기 쉽고 낮은 녹는점을 갖는다. 가솔린은 쉽게 증발한다. 어떤 물질들은 고체 상태에서 휘어지기 쉬운 성질을 갖는다. 이온성 물질처럼 행동하지 않는 물질에 대하여 새로운 원자간 결합 모델이 필요하다. G. N. Lewis는 한 원자가 다른 원자와 전자를 공유하여 영족 기체의 전자배치를 갖는다고 설명하였다. 한 쌍의 전자를 공유하여 생성된 화학결합을 공유결합(covalent bond)이라 한다.

수소분자(H_2)는 가장 간단한 공유결합의 예를 보여준다. 수소원자의 결합으로부터 H_2 분자의 생성을 Lewis 기호를 통해 표시하면 다음과 같다.

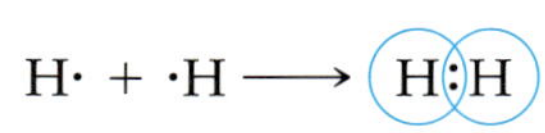

전자쌍의 공유는 각 수소원자의 원자가껍질(1*s*)에 2개의 전자를 제공하여 영족기체 헬륨의 전자배치를 갖는다. 유사한 예로서 2개의 염소원자가 만나서 Cl_2 분자를 생성하는 경우가 있다.

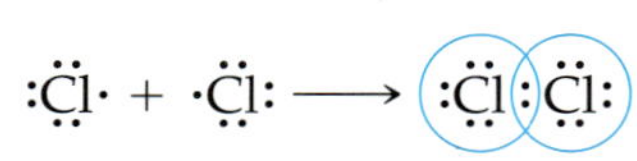

각 염소원자는 결합전자쌍을 공유하므로 원자가껍질에 8개씩 전자를 가질 수 있다(팔전자계). 그것은 결국 영족 기체인 아르곤의 전자배치와 같다. 여기에 나타낸 H_2와 Cl_2 구조를 Lewis 구조라고 한다. Lewis 구조를 표기할 때 원자들 간의 공유 전자쌍은 선으로 나타내고 비공유 전자들은 점으로 표시한다. 이 방법에 따라 H_2와 Cl_2의 Lewis 구조를 나타내면 다음과 같다.

물론 공유 전자쌍은 두 원자핵 사이에 고정되어 있는 것은 아니다. 그림 4.2는 H_2 분자의 전자밀도 분포를 보여준다. 전자밀도는 두 핵 사이에 밀집되어 있다. H_2 분자를 구성하는 두 원자는 양전하의 두 핵과 그 사이에 존재하는 전자들의 정전기적 인력으로 결합한다. 비금속의 경우 원자가전자 수는 족의 번호와 같다. 따라서 F와 같은 7A족 원소들은 팔전자계를 이루기 위해 1개의 공유결합을 하고, O와 같은 6A족 원소는 2개의 공유결합을, N과 같은 5A족 원소들은 3개의 공유결합을, C와 같은 4A족 원소는 4개의 공유결합을 생성한다. 이런 예측은 많은 화합물에 적용된다. 예를 들어 주기율표의 2주기 비금속원소의 간단한 수소화합물을 생각해보자.

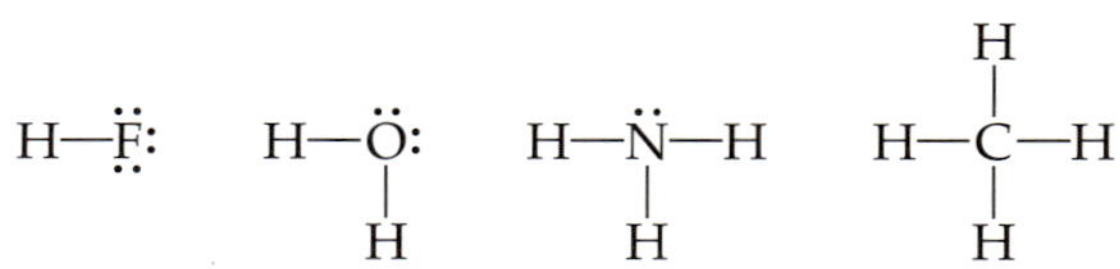

Lewis 모형은 주로 공유 결합하는 비금속 화합물의 조성을 성공적으로 설명할 수 있다.

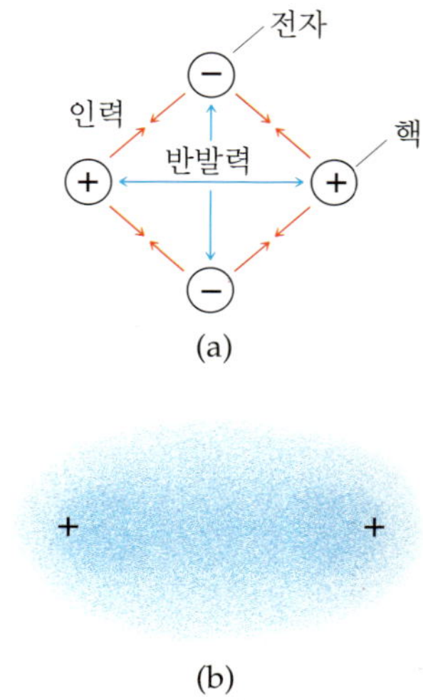

▲ **그림 4.2 H_2 분자의 공유결합.** (a) 수소분자에서 전자와 핵사이의 인력과 반발력 (b) H_2 분자의 전자밀도 분포. 핵사이의 전자밀도는 공유결합을 생성하는 알짜인력에 기여한다.

다중결합

한 쌍의 전자공유는 1개의 공유결합을 생성하며 이를 간단히 단일결합(single bond)이라고 한다. 많은 분자들에서 원자들은 한 쌍 이상의 전자를 공유하여 팔전자계를 이룬다. 두 쌍의 전자를 공유하면 결합을 2개의 선으로 나타내고 이를 이중결합(double bond)이라고 한다. 이산화탄소(CO_2)에는 C═O 이중결합이 존재한다.

삼중결합(triple bond)은 세 쌍의 전자를 공유함을 의미한다. 질소원자는 원자가 껍질에 5개의 전자를 가지므로 팔전자계를 이루려면 세 쌍의 전자를 공유해야 한다.

N_2의 성질은 이 Lewis 구조와 완전히 일치한다. 질소는 지극히 낮은 반응성을 가진 이원자분자 기체이다. 그 원인은 매우 안정한 질소-질소결합 때문이다. N_2에서 질소원자간 거리는 1.10 Å밖에 되지 않는다. N≡N의 짧은 결합길이는 원자간 삼중결합의 결과이다. 질소원자와 한 쌍 이상의 전자를 공유하는 다른 여러 가지 분자들의 구조 연구에 의하면 질소원자간 결합길이는 공유 전자쌍의 수에 따라 차이가 있음을 알 수 있다. 일반적으로 원자간 결합길이는 공유 전자쌍의 개수가 많을수록 짧다.

N—N	N═N	N≡N
1.47 Å	1.24 Å	1.10 Å

4.5 결합의 극성과 전기음성도

서로 다른 원자 사이의 공유 전자쌍은 균등하게 분배되지 않는다. 전자쌍을 공유하는 정도의 극단적인 두 경우를 보자. 동일 원자간 결합(Cl_2 또는 N_2)은 전자쌍을 균등하게 공유한다. 이와 다른 극단적 경우는 NaCl처럼 전자쌍의 공유가 전혀 없는 경우이다. 이 경우 분자는 Na^+와 Cl^- 이온으로 구성되어 있음을 이미 보았다. 대부분의 공유결합 화합물들은 이 양극단 사이에 존재한다.

결합의 극성(bond polarity) 개념은 원자간 전자 공유를 설명할 때 유용하다. 무극성 공유결합은 2개의 원자 사이에 전자들이 균등하게 공유된다. 극성 공유결합은 한 원자가 다른 원자보다 결합 전자들을 더 세게 당긴다. 만약 전자를 끌어당기는 능력의 차이가 충분히 크면 이온결합을 생성한다.

전기음성도

어떤 결합이 무극성 공유결합인지, 극성 공유결합인지 아니면 이온결합인지를 구별할 때 전기음성도를 이용한다. 전기음성도(electronegativity)는 분자를 구성하는 원자들이 분자 내 전자들을 끌어당기는 능력으로 정의된다. 원자의 전기음성도 값이 크다는 것은 전자를 끌어당기는 능력이 상대적으로 크다는 의미이다. 분자 내 원자의 전기음성도는 이온화에너지 및 전자 친화도와 관련이 있고, 전자 친화도는 독립 원자의 성질이다. 이온화에너지는 원자들이 자신의 전자를 얼마나 세게 붙잡아 두고 있는가를 나타낸다. 마찬가지로 전자친화도는 원자들이 추가로 전자를 얼마나 잘 받아들이는지를 나타내는 척도이다. 매우 큰 음의 전자친화도와 큰 양의 이온화에너지를 갖는 원자는 다른 원자들로부터 전자를 끌어당길 뿐만 아니라, 전자를 빼앗기지 않으려는 저항력을 가지고 있다. 이런 성질을 전기음성도가 크다고 한다.

전기음성도의 수치는 이온화에너지와 전자친화도 뿐만 아니라 여러 성질에 기초한다. 미국의 화학자 Linus Pauling(1901~1994)에 의해 처음 전기음성도 값이 발표되었다. 그는 이 수치들을 열화학 자료에 바탕을 두었다. 원소들에 대한 Pauling의 전기음성도 값을 그림 4.3에 나타내었다. 플루오린은 전기음성도 값이 4.0으로 전기음성도가 가장 큰 원소이다. 전기음성도 값이 가장 작은 원소는 세슘으로 0.7이다. 다른 원소들의 전기음성도 값은 이 두 원소의 사이에 있다.

각 주기마다 왼쪽에서 오른쪽으로 갈수록 전기음성도 값은 점진적으로 증가하는 것을 볼 수 있다. 금속성이 가장 큰 원소로부터 비금속성이 가장 큰 원소 쪽으로 갈수록 전기음성도가 증가한다. 약간의 예외(특히 전이금속)는 있지만 주목할 만한 사실은 같은 족에서 원자번호가 증가할수록 전기음성도 값이 감소한다는 것이다. 이것은 같은 족에서 원자번호가 증가하면 전자친화도는 큰 차이가 없으나 이온화에너지는 작아지기 때문이다. 전기음성도 값을 원소에 따라 모두 기억할 필요는 없다. 주기적 경향만 알면 두 원소 중 어느 쪽이 더 큰 전기음성도 값을 갖는지 예측할 수 있다.

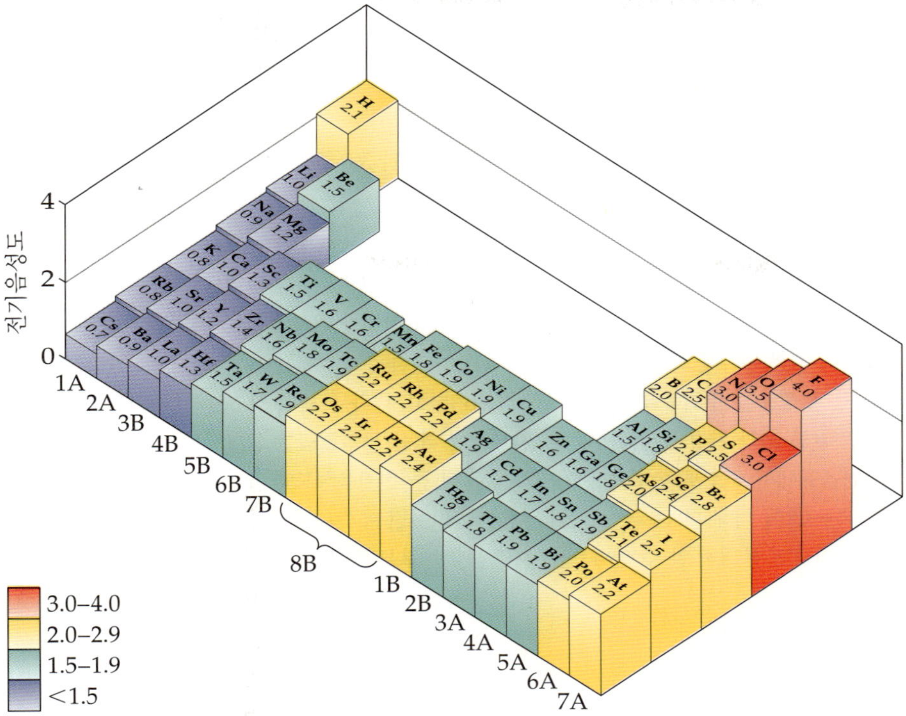

◀ **그림 4.3 원소들의 전기음성도.**

전기음성도와 결합의 극성

두 원자간 결합의 극성을 측정하려면 전기음성도 값의 차이를 이용한다. 먼저 세 종류의 플루오린화합물을 생각해보자.

화합물	F_2	HF	LiF
전기음성도 차이	4.0 − 4.0 = 0	4.0 − 2.1 = 1.9	4.0 − 1.0 = 3.0
결합형태	무극성 공유결합	극성 공유결합	이온결합

F_2의 경우 전자들은 플루오린원자 사이에 균등하게 공유되어 결합은 무극성이다. HF의 경우 플루오린원자는 수소원자에 비해 큰 전기음성도 값을 가지므로 전자의 공유가 균등하지 못하여 결합은 극성을 띤다. 상대적으로 전기음성도가 큰 플루오린원자가 전자를 끌어 당겨 수소원자는 부분적 양전하를, 플루오린원자는 부분적 음전하를 나타낸다. 이런 상황을 다음과 같이 나타낼 수 있다.

$$\overset{\delta+}{\mathrm{H}}-\overset{\delta-}{\mathrm{F}}$$

δ+와 δ−는 각각 부분 양전하와 부분 음전하를 표시한다.

LiF의 경우 플루오린원자와 리튬원자 간의 큰 전기음성도 차이로 인해 Li으로부터 F로 전자는 완전히 이동한다. 이 전자 이동은 Li^+와 F^- 이온을 생성하여 결과적으로 이온성 결합을 생성한다. 전기음성도 차이가 클수록 결합의 극성은 크다.

예제 4.4

어느 결합이 더 큰 극성을 갖는가? 어느 원자가 부분적 음전하를 갖는지도 함께 나타내시오.

(a) B—Cl 또는 C—Cl **(b)** P—F 또는 P—Cl

해답: (a) 염소와 붕소간의 전기음성도 차이는 3.0 – 2.0 = 1.0이고 염소와 탄소 사이는 3.0 – 2.5 = 0.5이다. 그러므로 B—Cl 결합이 더 큰 극성을 띠고 상대적으로 큰 전기음성도를 갖는 염소원자가 부분적 음전하를 띤다. 전기음성도 도표가 없어도 같은 결과를 예측할 수 있는데 전기음성도 값이 주기율표상에서 일정한 경향을 나타내기 때문이다. 주기율표에서 붕소는 탄소보다 왼쪽에 위치하므로 전자를 당기는 힘이 상대적으로 약함을 알 수 있다. 염소는 주기율표상의 오른쪽에 위치하고, 전자를 세게 끌어당긴다. 가장 작은 전자인력(붕소)과 가장 큰 전자인력의 원자간에 더 큰 극성결합을 생성한다. **(b)** 플루오린은 주기율표에서 염소보다 위쪽에 위치하므로 더 큰 전기음성도를 갖는다. 결국 P—F 결합은 P—Cl에 비해 더 큰 극성결합을 나타낸다. 이런 예측을 확인하기 위해 전기음성도 값을 찾아보면 분명히 알 수 있다. 플루오린원자는 부분적으로 음전하를 띤 원자이다.

보충 예제

다음 결합 중 어느 것이 가장 큰 극성을 나타내는가? S—Cl, S—Br, Se—Cl, Se—Br

답: Se—Cl

4.6 Lewis 구조

Lewis 구조는 화합물의 결합을 이해하거나 분자들의 특성을 설명할 때 유용하다. 다음과 같은 사항들을 고려하여 Lewis 구조를 그리고 몇 가지 예를 살펴보기로 하자.

1. 모든 원자로부터 원자가전자 수를 계산하여 더한다(원자가전자의 개수를 결정하는데 도움이 된다면 주기율표를 사용할 수도 있다). 음이온의 경우 추가한 전자도 고려해야 한다. 양이온의 경우는 양전하수 만큼 빼주어야 한다.
2. 원자들이 어떤 원자와 연결되어 있는지 또 그것들이 단일결합으로 되어 있는지를 기호로 나타낸다(2개의 전자를 1개의 선으로 표시한다). 중심원자가 결합한 원자단을 가지면 CO_3^{2-}와 SF_4처럼 그 중심원자를 맨 먼저 표기한다. 어떤 경우는 Lewis 구조를 그리기 위해 더 많은 정보들이 필요한 경우도 있다.
3. 중심원자에 결합한 원자의 팔전자계를 완성한다(수소는 2개의 전자만 가질 수 있다).
4. 비록 팔전자규칙을 초과하는 경우가 있더라도 중심원자에 초과전자를 나타낸다.
5. 중심원자에 팔전자계가 만족되도록 충분한 전자를 제공하지 못하면 다중결합이 존재한다. 중심원자에 결합된 원자들이 이중결합이나 삼중결합을 형성할 때 1개 또는 그 이상의 비공유 전자쌍을 나타내어야 한다.

형식전하

형식전하(formal charge)란 Lewis 구조를 그릴 때 전자가 어떻게 분포하는지를 나타내준다. 원자의 형식전하는 모든 원자가 동일한 전기음성도를 가진다고 가정할 때 분자내 원자의 전하이다. Lewis 구조에서 어떤 원자의 형식전하를 계산할 때 다음과 같이 전자들을 할당한다.

1. 모든 비공유 전자들은 전자들이 속한 원래 원자에 할당한다.
2. 결합 전자들은 결합한 원자들에 반씩 할당한다.

원자의 형식전하는 고립 원자의 원자가전자수에서 Lewis 구조를 그릴 때 그 원자에 할당된 전자수를 뺀 값이다. CN^- 이온에서 C와 N의 형식전하는 다음과 같다.

$$[:\overset{-1}{C}\equiv\overset{0}{N}:]^-$$

각 원자의 형식전하를 모두 합하면 이온의 전체 전하인 −1과 같은 것에 유의하라. 분자나 이온에서 원자들의 형식전하의 합은 항상 그 분자나 이온의 전체전하와 같다. 일반적으로 여러 개의 Lewis 구조가 가능할 때 가장 적합한 구조는 다음의 사항을 고려하여 선택한다.

1. 일반적으로 0에 가까운 형식전하를 갖는 원자들로 이루어진 Lewis 구조를 선택한다.
2. 전기음성도가 더 큰 원자에 음전하가 위치하는 구조를 선택한다. 형식전하의 개념은 가장 적합한 Lewis 구조를 결정하는 데 유용하지만 형식전하가 원자의 실제 전하를 나타내는 것이 아님을 명심해야한다.

예제 4.5

삼염화인(PCl_3)의 Lewis 구조를 그리시오.

해답: 첫째, 전체 전자수를 구한다. 인(5A족)은 5개, 염소(7A족)는 7개의 원자가전자를 갖는다. 따라서 원자가전자의 전체 개수는 $5 + (3 \times 7) = 26$이다.

둘째, 어느 원자가 어느 원자에 연결되어 있는가를 보여주기 위해 원자들을 정렬하고 그들 간에 단일결합을 그린다. 원자들을 정렬하는 방법은 몇 가지가 가능하다. 그러나 2성분화합물 중 대개 화학식의 처음에 나열한 원소는 나머지 원소로 둘러싸인다. 따라서 인과 염소원자 사이에 형성된 단일결합의 골격구조를 그릴 수 있다(원자들을 이 배열과 정확히 일치하게 배치하는 것은 중요하지 않다. Lewis 구조는 기하구조를 보이기 위함이 아니라 어느 원자가 어느 원자에 연결되어 있는가를 정확히 보여주는 것이 중요하다).

셋째, 중심원자에 결합한 원자들의 팔전자계를 완성한다. 각 Cl 원자 주위에 팔전자계를 만족하려면 24개의 전자를 놓아야 한다.

넷째, 남은 2개의 전자를 중심원자에 놓으면 중심원자는 팔전자계를 완성한다. 이 구조는 모든 원자들의 팔전자계를 만족한다(팔전자계를 만족할 때는 결합전자를 양쪽 원자 모두에서 계수한다).

보충 예제

(a) CH_2Cl_2의 Lewis 구조를 그릴 때 몇 개의 원자가전자가 나타나는가? **(b)** Lewis 구조를 그려라(중심원자는 C 이다).

답: (a) 20 **(b)**

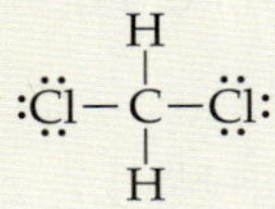

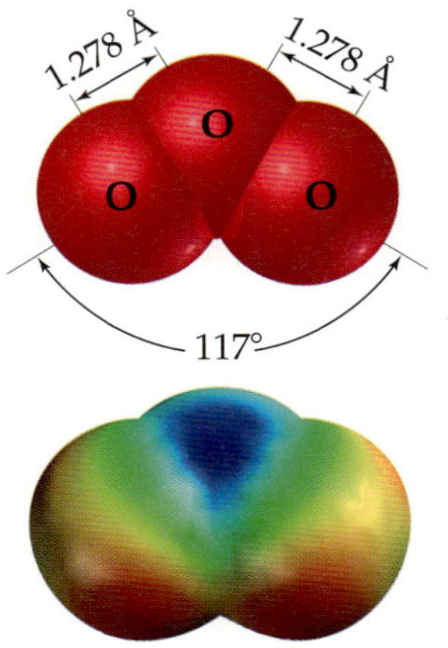

▲ **그림 4.4 오존(O_3)의 분자구조.**

4.7 공명구조

분자나 이온을 표시할 때 원자들을 배열해보면 1개의 Lewis 구조로 설명하기에 적절하지 못한 경우가 있다. 오존(O_3)은 2개의 O—O 결합이 구부러진 구조이다(그림 4.4).

산소원자는 각각 6개의 원자가전자를 가지므로 오존분자는 원자가껍질에 18개의 전자를 갖는다. 각 원자마다 팔전자계를 유지하는 Lewis 구조를 그리려면 반드시 1개의 이중결합이 있어야 한다.

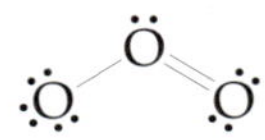

그러나 이 구조 하나로는 충분하지 않다. 다음과 같은 동등한 Lewis 구조를 또 그릴 수 있기 때문이다.

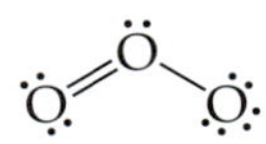

오존의 두 가지 Lewis 구조는 전자들의 분포만 다를 뿐 같은 구조이다. 이런 종류의 동일한 Lewis 구조를 공명구조(resonance structure)라고 한다. 오존구조를 적절히 설명하려면 2개의 Lewis 구조를 모두 그려야 하고 실제 분자의 구조는 두 구조가 서로 공명하는 구조이다.

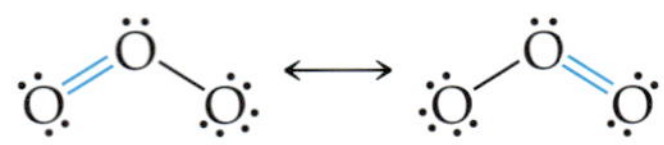

양쪽 방향 화살표는 공명구조를 나타낸다.

왜 어떤 분자는 1개 이상의 공명구조가 필요한가를 이해하려면 물감의 혼합을 통해 이해할 수 있다(그림 4.5). 청색과 황색은 물감의 일차 색이다. 같은 양의 청색과 황색 안료의 혼합은 녹색물감을 생성한다. 녹색 물감은 일차의 두 가지 색깔 사이를 왔다 갔다 하는 것이 아니다. 즉, 어떤 때는 청색이었다가 다른 때에 황색을 나타내는 것이 아니다. 녹색 물감의 비유처럼 오존분자도 서로 다른 두 공명구조 사이를 빠르게 요동하는 것이 아니다. 오존분자의 O—O 결합은 모두 동일하며 그 결합길이는 산소-산소 단일결합과 이중결합의 중간 정도이다.

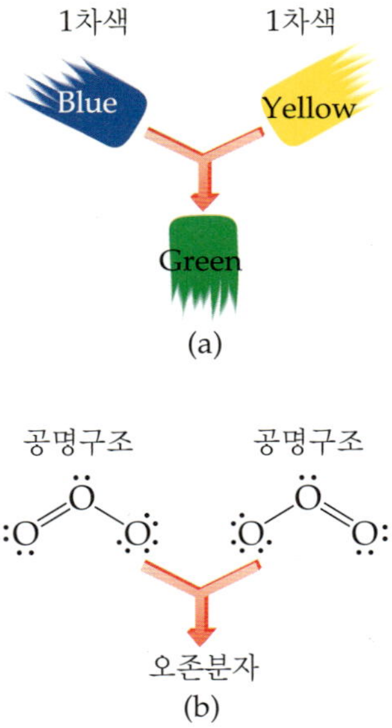

▲ **그림 4.5** 서로 다른 공명구조의 혼합으로 분자를 나타내는 것은 일차 색의 혼합으로 물감의 색을 설명하는 것과 같다. (a) 녹색은 청색과 노란색의 혼합으로 설명할 수 있다. (b) 오존분자는 두 공명구조의 혼합으로 설명할 수 있다. 1개의 Lewis 구조로 오존분자를 표현할 수 없다.

공명구조의 다른 예는 질산이온(NO_3^-)을 생각할 수 있으며 3개의 동등한 Lewis

구조를 그릴 수 있다.

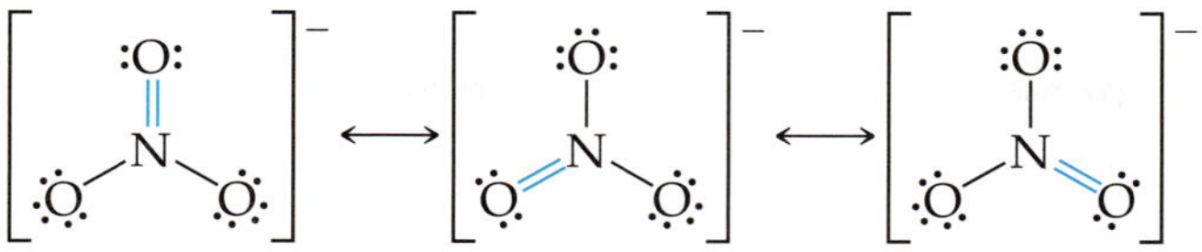

세 가지 구조는 모두 같고 다만 전자배치만 다를 뿐이다. 세 가지 Lewis 구조는 모두 적절하게 질산이온을 묘사하고 분자 내 3개의 N − O 길이는 모두 동일하다.

예제 4.6

SO_3와 SO_3^{2-} 중 어느 쪽이 상대적으로 짧은 S–O 결합을 갖는가?

해답: S와 O는 모두 6개의 원자가전자를 갖는다. 따라서 SO_3는 원자가껍질에 24개의 전자를 갖는다. Lewis 구조를 그려보면 3개의 동등한 공명구조가 있다.

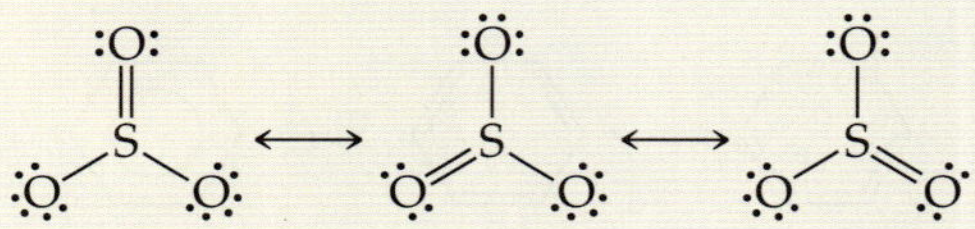

앞의 NO_3^-와 같이 SO_3의 실제 구조는 이 구조들의 혼합 구조이다. 따라서 각 S—O 결합길이는 단일결합과 이중결합의 중간에서 약간 더 단일결합 쪽으로 치우쳐 있다고 볼 수 있다. 그것은 단일결합보다는 짧고 이중결합에 비해 길다. SO_3^{2-} 이온은 26개의 전자를 가지므로 다음의 Lewis 구조를 그릴 수 있다.

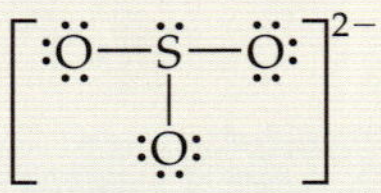

이런 경우 S—O 결합은 모두 단일결합이다. 이런 분석들은 S—O 결합이 SO_3에서보다 SO_3^{2-}에서 길다는 것을 의미한다. 이것은 실험 결과와 일치하는데 SO_3의 S—O 결합길이는 1.42 Å이고 SO_3^{2-}의 경우 1.51 Å이다.

보충 예제

NO_2^- 이온의 2개 공명구조를 그려라.

답:

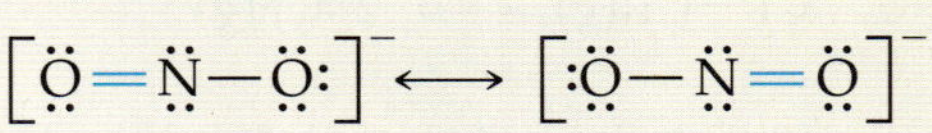

벤젠의 공명

공명은 유기분자에서 결합을 설명하는 중요한 개념이다. 공명은 방향족 분자에 특히 중요하다. 방향족 분자들은 C_6H_6(벤젠)라는 탄화수소가 그 바탕이 된다(그림 4.6).

벤젠의 6개 탄소원자는 육각 고리 안에서 서로 결합되어 있으며 각 C 원자에 1개의 H 원자가 결합된다. 벤젠은 2개의 동등한 Lewis 구조를 가지며 각각 팔전자계를 만족한다. 이 두 가지 구조는 서로 공명구조이다.

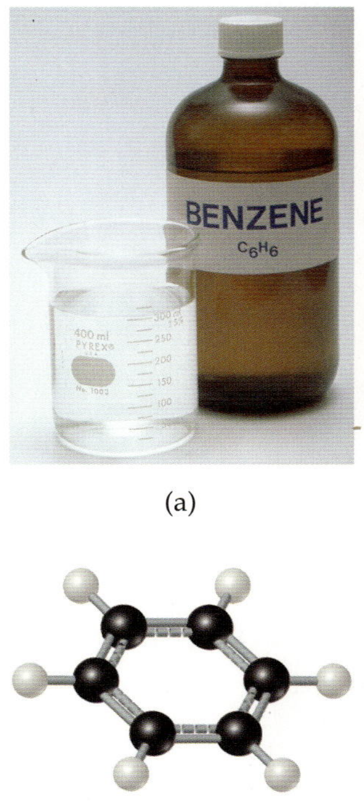

(a)

(b)

▲ 그림 4.6 방향족 유기화합물 벤젠

(a) 벤젠은 화석연료의 증류를 통해 얻는다. 벤젠은 발암물질로서 사용을 엄격히 규제하고 있다. (b) 벤젠분자는 6개 탄소원자가 육각형 고리를 이룬다.

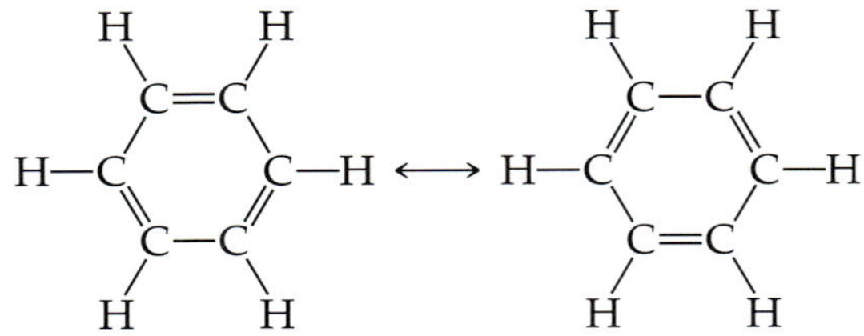

2개의 Lewis 구조는 각각 3개의 C—C 단일결합과 3개의 C═C 이중결합을 가지고 있으며 두 구조에서 위치가 다를 뿐이다. 벤젠의 C—C 결합은 모두 동일한 것으로 알려져 있다(1.40 Å). 그것은 C—C 단일결합(1.54 Å)과 C═C 이중결합(1.34 Å)의 중간이다.

벤젠을 표현하는 가장 보편적 방법은 탄소에 결합한 수소원자를 생략하여 탄소-탄소 골격만 나타내는 방법이다. 이런 일차적 방법으로 벤젠분자의 공명을 다음과 같이 나타낸다.

2개의 Lewis 구조간의 공명을 강조하려면 육각 고리 내부에 원을 그려 넣는다. 이런 표현은 C═C 이중결합이 육각 고리 내의 특정한 위치에 고정되어 있지 않음을 강조한다.

4.8 공유결합의 세기

분자의 안정성은 분자들이 갖는 공유결합의 세기와 관련이 있다. 결합세기의 기준은 결합의 절단에 수반되는 엔탈피 변화이다. 결합엔탈피(bond enthalpy)는 1몰의 기체상 물질 중 특정 결합의 절단에 대한 엔탈피 변화 ΔH이다. 예를 들면 Cl_2 분자의 염소원자간 결합엔탈피는 1몰 Cl_2가 모두 염소원자로 해리할 때의 엔탈피 변화와 같다.

$$:\ddot{\underset{..}{\mathrm{Cl}}}-\ddot{\underset{..}{\mathrm{Cl}}}:(g) \longrightarrow 2\ :\ddot{\underset{..}{\mathrm{Cl}}}\cdot(g)$$

결합엔탈피는 D로 나타낸다. 2원자분자의 결합엔탈피를 나타내는 것은 비교적 쉽다. 결합엔탈피는 단지 2원자분자를 2개의 성분원자로 분리할 때 필요한 에너지일 뿐이다. 그러나 다원자분자의 경우 평균 결합엔탈피를 사용한다. 예를 들어 다음 과정의 엔탈피 변화는 C—H 결합의 평균 결합엔탈피로 정의한다.

$$\begin{array}{c} \mathrm{H} \\ | \\ \mathrm{H-C-H}(g) \\ | \\ \mathrm{H} \end{array} \longrightarrow \cdot\dot{\underset{.}{\mathrm{C}}}\cdot(g) + 4\,\mathrm{H}\cdot(g) \qquad \Delta H = 1660\ \mathrm{kJ}$$

표 4.3 평균 결합엔탈피(kJ/mol)

단일결합							
C—H	413	N—H	391	O—H	463	F—F	155
C—C	348	N—N	163	O—O	146		
C—N	293	N—O	201	O—F	190	Cl—F	253
C—O	358	N—F	272	O—Cl	203	Cl—Cl	242
C—F	485	N—Cl	200	O—I	234		
C—Cl	328	N—Br	243			Br—F	237
C—Br	276			S—H	339	Br—Cl	218
C—I	240	N—H	436	S—F	327	Br—Br	193
C—S	259	N—F	567	S—Cl	253		
		N—Cl	431	S—Br	218	I—Cl	208
Si—H	323	N—Br	366	S—S	266	I—Br	175
Si—Si	226	N—I	299			I—I	151
Si—C	301						
Si—O	368						
다중결합							
C═C	614	N═N	418	O_2	495		
C≡C	839	N≡N	941				
C═N	615			S═O	523		
C≡N	891			S═S	418		
C═O	799						
C≡O	1072						

메테인은 동등한 4개의 C—H 결합을 갖기 때문에 원자화 에너지는 4개의 C—H 결합엔탈피를 더한 값과 같다. 따라서 C—H의 평균 결합엔탈피는 $D(\text{C—H}) = (1660/4)\ \text{kJ/mol} = 415\ \text{J/mol}$이다.

표 4.3에 다양한 결합들의 평균 결합엔탈피 값을 수록하였다. 결합엔탈피는 항상 양의 값을 갖는다는 것에 주목하라. 화학결합의 절단은 항상 에너지가 필요하다. 반면 기체상태의 원자나 분자들이 결합할 때는 에너지를 방출한다. 물론 결합엔탈피가 클수록 결합력도 더 세다. 센 화학결합을 갖는 분자들은 약한 결합을 갖는 분자들에 비해 화학 반응성이 일반적으로 낮다. 센 결합력과 화학적 안정성 사이의 이런 상관관계는 자연에서 발견되는 많은 원소들의 화학적 형태를 설명하는 데 도움을 준다. 예를 들어 Si—O 결합은 규소가 생성하는 가장 센 결합 중의 하나이다. SiO_2와 Si—O 결합을 가진 다른 화합물들(규산염)이 흔하다는 것은 놀라운 일이 아니다. 90% 이상의 지구암석이 SiO_2와 규산염으로 이루어져 있다.

연습문제

4.1 (a) 원자가전자는 무엇인가?
(b) 탄소원자는 몇 개의 원자가전자를 가지고 있는가?
(c) 원자의 전자배치는 $1s^22s^22p^63s^23p^1$이다. 이 원자의 원자가전자는 몇 개인가?

4.2 다음 원소들의 Lewis 기호를 그리시오.
(a) Cl (b) Mg (c) Br (d) Ar

4.3 다음 원소 쌍으로부터 생성되는 이온화합물의 화학식을 예상하시오.
(a) Ca와 F (b) Na와 S (c) Y와 O (d) Li와 N

4.4 다음 이온들의 전자배치를 나타내고 어느 것이 영족 기체 전자배치를 갖는지 결정하시오.
(a) Ba^{2+} (b) Cl^- (c) Te^{2-}
(d) Cr^{2+} (e) Sc^{3+} (f) Co^{3+}

4.5 (a) 격자에너지를 정의하시오.
(b) 이온화합물에서 격자에너지의 크기를 결정하는 인자는 무엇인가?

4.6 Ca로부터 전자 2개를 제거하여 Ca^{2+}을 생성할 때 에너지가 필요하고, O에 2개의 전자를 첨가하여 O^{2-}로 될 때도 에너지는 필요하다. 그런데 왜 CaO는 성분 원소상태에 비해 안정한가?

4.7 NaF와 MgO의 격자에너지가 표 4.2에 나타나 있다. 두 값의 차이를 설명하라.

4.8 다음 격자에너지의 크기를 비교 설명하시오.
(a) MgO > MgS
(b) LiF > CsBr
(c) CaO > KF

4.9 (a) 단원자 양이온은 중성원자일 때 보다 왜 작은가?
(b) 단원자 음이온은 중성원자에 비해 왜 큰가?
(c) 이온의 크기는 주기율표에서 같은 족일 경우 아래로 내려갈수록 왜 증가하는가?

4.10 (a) 등전자계열이란 무엇인가?
(b) 어떤 중성원자가 다음 각 이온에 대해서 등전자인가?

Rb^+, Br^-, S^{2-}, Zn^{2+}

4.11 (a) 등전자이온의 반지름은 핵전하 증가에 따라 왜 감소하는가?
(b) 다음 중 어느 것이 더 큰 유효핵전하를 갖는가?

F^-의 $2p$ 전자, Ne의 $2p$ 전자, Na^+의 $2p$ 전자

4.12 각 항의 원자 및 이온을 크기가 증가하는 순서로 정렬하시오.
(a) Li^+, Rb^+, K^+
(b) Br^-, Na^+, Mg^{2+}
(c) Ar, Cl^-, S^{2-}, K^+
(d) Cl, Cl^-, Ar

4.13 (a) 공유결합은 무엇을 의미하는가?
(b) Cl_2의 결합은 NaCl의 결합과 어떻게 다른가?

4.14 P와 H 원자들로부터 PH_3의 생성을 Lewis 기호와 Lewis 구조를 이용하여 그려라.

4.15 (a) 전기음성도는 무엇을 의미하는가?
(b) 원소들의 전기음성도는 Pauling 척도에서 어떤 범위에 있는가?
(c) 전기음성도가 가장 큰 원소는 무엇인가?

4.16 주기율표만을 사용하여 다음 각 항에서 전기음성도가 가장 큰 원자를 고르시오.
(a) S, Cl, Se, Br (b) Li, Be, B, Al
(c) Ga, Ge, As, Si (d) Na, Mg, K, Ca

4.17 다음 결합 중 극성인 것은? 극성결합에서 전기음성도가 큰 원자는?
(a) B—Cl (b) Cl—Cl (c) P—F
(d) Hg—Sb (e) O—Br

4.18 다음의 Lewis 구조를 그려라.
(a) SiH_4
(b) SF_2
(c) N_2O(N 원자 중 1개는 중심원자)
(d) HSO_4^-(H는 O에 결합되어 있다)
(e) NH_2OH(N과 O는 서로 결합되어 있다)

4.19 다음 화합물들에 대한 공명구조를 그리시오.
(a) O_3

(b) CO_3^{2-}

(c) HCO_2^-(H와 2개의 O 원자는 모두 C에 결합되어 있다)

(d) SO_3

4.20 Lewis 구조에 기초하여 NO^+, NO_2^-, NO_3^-에서 N—O 결합길이의 순서를 예상하시오.

4.21 **(a)** 벤젠의 6개 C—C 결합이 같은 길이라는 것을 공명개념으로 어떻게 설명할 수 있는가?

(b) 벤젠의 C—C 결합 길이는 C—C 단일결합보다 짧고 C═C 이중결합보다 길다. 공명개념으로 어떻게 설명하는가?

4.22 다음의 결합 해리에너지로부터 Ti—Cl 결합의 평균 결합엔탈피를 계산하시오.

	ΔH(kJ/mol)
$TiCl_4(g) \rightarrow TiCl_3(g) + Cl(g)$	335
$TiCl_3(g) \rightarrow TiCl_2(g) + Cl(g)$	423
$TiCl_2(g) \rightarrow TiCl(g) + Cl(g)$	444
$TiCl(g) \rightarrow Ti(g) + Cl(g)$	519

CHAPTER 05

분자의 기하구조와 오비탈

분자의 크기와 모양은 물질의 물리 화학적 성질을 결정하는 중요한 요인의 하나이다. 이 장에서는 분자의 기하구조와 결합을 설명하는 방법을 알아보겠다. 우선 Lewis 구조와 원자가껍질 전자쌍 반발(VSEPR)에 기초한 모델을 사용하여 분자모양을 예측한다. 또 분자들이 결합을 생성하는 이유와 분자결합 모형을 살펴본다. 마지막으로 결합생성의 에너지와 분자의 전자구조를 설명하는 보다 진전된 분자궤도이론을 살펴볼 것이다.

5.1 분자모양

공유결합 화합물의 화학식 설명에 Lewis 구조를 사용하였다. 그러나 Lewis 구조는 분자의 모양을 제시하지 못한다. Lewis 구조는 원자간 결합수와 결합종류를 간단하게 나타낼 수 있다. 예를 들어 CCl_4의 Lewis 구조는 4개의 Cl 원자가 중심 탄소원자에 결합된 것을 설명할 뿐이다.

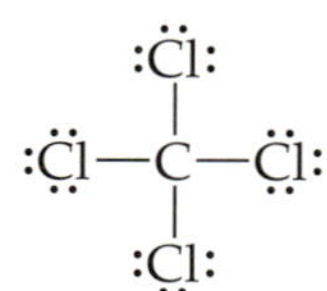

Lewis 구조는 같은 평면에 원자들을 나타낸다. 그러나 그림 5.1과 같이 원자의 실제적 3차원 배열은 사면체의 중심에 탄소원자가 있고, 각 꼭지점에 Cl 원자가 위치하는 기하학적 구조를 갖는다.

분자의 모양을 결정하는 데 결합각은 중요한 역할을 한다. 결합각은 분자 내 원자들이 결합하는 선으로 정해진다. 분자의 결합각은 결합길이와 함께 분자 크기와 모양을 정확하게 정의한

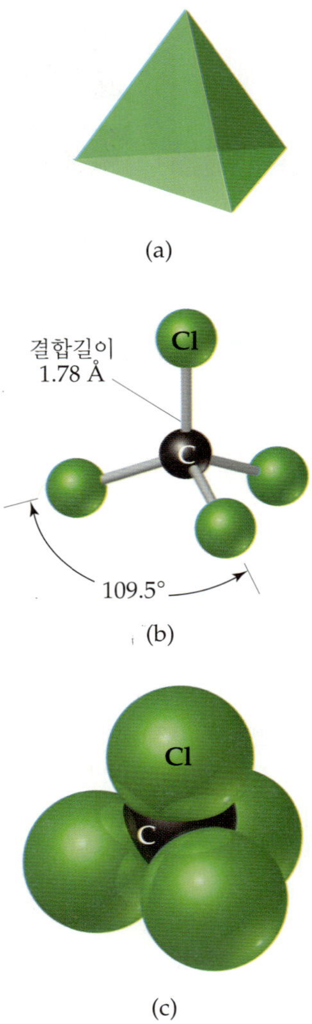

▲ **그림 5.1 CCl_4 분자의 사면체구조.** (a) 사면체는 4개 면과 4개 꼭지점을 갖는다. 각 면은 정삼각형이다. (b) CCl_4 분자의 기하구조. 분자의 각 C—Cl 결합은 사면체 꼭지점을 향한다. 모든 C—Cl 결합은 같은 길이이고 모든 Cl—C—Cl 결합각은 같다. CCl_4 구조를 공-막대 모형(ball-and-stick model)으로 나타내었다. (c) CCl_4를 공간채움 모형(space-filling model)으로 나타내었다. 이 모형은 원자의 상대적 크기를 보여주지만 기하학적 구조를 파악하기는 조금 어렵다.

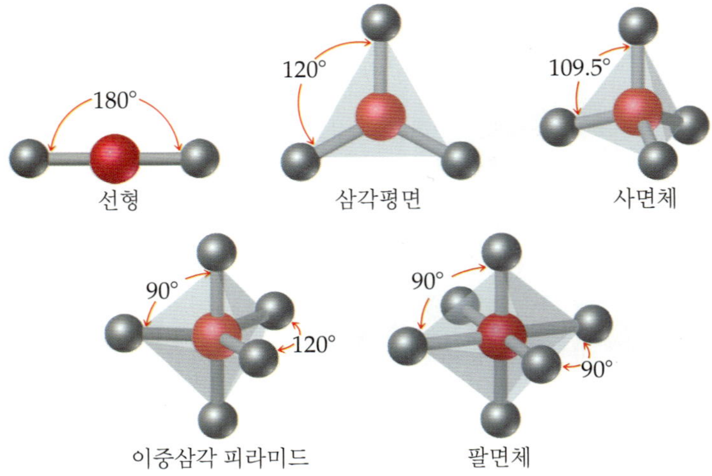

▲ **그림 5.2 AB_n 분자의 모양.** AB_n의 화학식을 갖는 분자의 5가지 기본 모양을 나타낸다.

다. CCl_4의 4개 C—Cl 결합은 같은 길이(1.78 Å)이고 6개의 Cl—C—Cl 각도는 109.5°로 모두 같다.

CCl_4처럼 1개의 중심원자에 2개 이상의 같은 종류 원자가 결합한 분자(혹은 이온)들의 예를 보자. 이러한 분자는 AB_n의 화학식과 일치하고 중심원자 A는 nB 원자와 결합한다. CO_2와 H_2O는 모두 AB_2 분자의 예이고 SO_3와 NH_3는 AB_3 분자의 예이다. AB_n 분자 모양은 n값에 의존한다. 그림 5.2에 여러 가지 분자구조를 나타내었다. 예를 들어 AB_2 분자는 선형(결합각 = 180°)이거나 굽은형(결합각 ≠ 180°)이다. AB_3 분자의 가장 일반적 두 가지 모양은 A 원자와 B 원자가 같은 평면에 놓이는 평면 삼각형(trigonal planar)모양과 A 원자가 B 원자 평면의 밖에 위치하는 삼각 피라미드(trigonal pyramid) 모양이다. 매우 드물게 AB_3 분자가 T 자 모양을 할 경우도 있다.

앞에서 설명한 AB_2 분자 중 CO_2는 선형이고, H_2O는 굽어 있다. AB_3 분자 중 SO_3는 삼각평면이고, NH_3는 삼각 피라미드이다. AB_n 분자는 왜 서로 다른 모양을 하는가? 분자모양을 예측할 수 있는 방법이 있는가? A가 주족원소일 때 원자가껍질 전자쌍 반발(valence-shell electron pair repulsion, VSEPR) 모형을 이용하여 간단하게 설명할 수 있다.

5.2 VSEPR 모형

똑같은 2개의 풍선 끝을 함께 묶는 것을 상상하자. 그림 5.3(a)처럼 풍선은 가능하면 서로 멀리 떨어지려고 한다. 풍선을 하나 더 추가하면 그 풍선들은 그림 5.3(b)처럼 등변삼각형의 꼭지점을 향한다. 이 구조에 풍선을 또 추가하면 자연히 풍선은 사면체 구조를 선택한다[그림 5.3(c)]. 풍선 수에 따른 최적의 기하구조를 알 수 있다.

원자들은 분자에서 원자가껍질 전자쌍을 공유하여 결합하고 전자쌍들은 서로 반발한다. 전자쌍이 발견되는 영역을 전자구역(electron domain)이라 정의한다. 그림 5.3의 풍선처럼 전자쌍은 서로 멀리 떨어지려고 한다. 최선의 선택은 전자쌍간의 반발이 최소가 되는 구조이다. 이러한 간단한 생각은 VSEPR 모형의 기본이다. 전자쌍과 풍선간의 비유에서처럼 두 가지 경우 모두 같은 기하구조를 선호한다. 그림 5.3에서처럼 2개의 전자쌍은 선형(linear)으로 배열하고, 3개의 전자쌍은 삼각평면(trigonal planar) 모양으로 배열하고, 4개는 사면체(tetrahedron)로 배열한다. 이러한 배열과 함께 5개 전자쌍의 기하구조[삼각이중 피라미드(trigonal bipyramid)] 및 6개 전자쌍의 구조[팔면체(octahedron)]를 표 5.1에 나타내었다. 분자나 이온의 모양은 이러한 전자쌍의 다섯 가지 기본배열과 관련지을 수 있다.

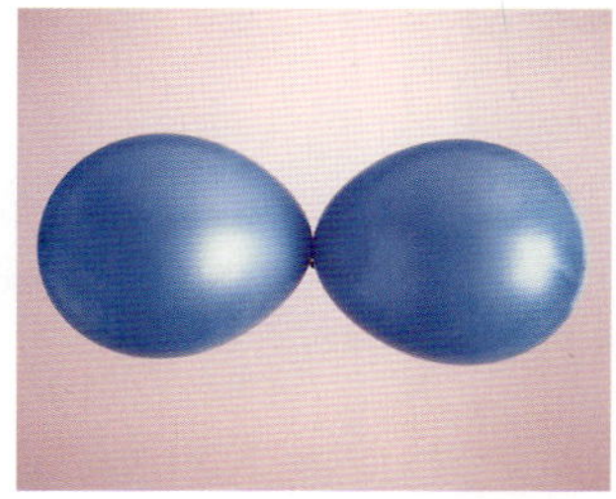

(a) 2개의 풍선은 선형 배열로 된다.

(b) 3개의 풍선은 삼각평면 배열로 된다.

(c) 4개의 풍선은 사면체 배열로 된다.

▲ **그림 5.3 전자구역과 풍선의 유사성.** 끝을 함께 묶은 풍선은 자연적으로 가장 낮은 에너지 배열을 선택한다.

표 5.1 전자쌍 수에 따른 전자구역 기하구조

전자구역의 수	전자쌍 배열	전자구역 기하구조	예상 결합각
2	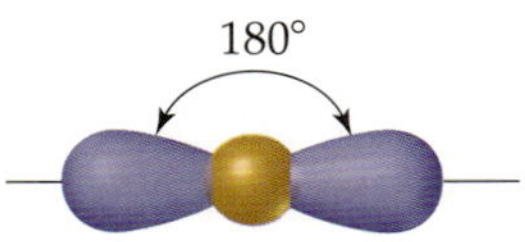	선형	180°
3	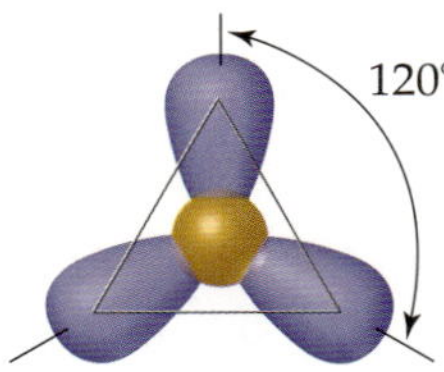	삼각평면	120°
4	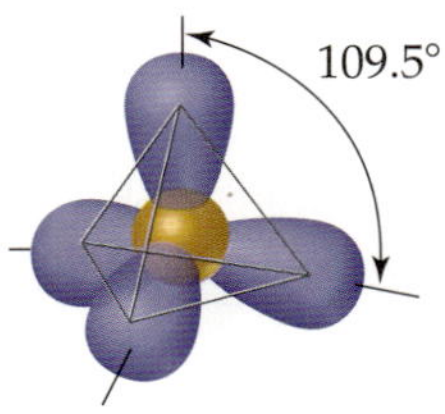	사면체	109.5°
5	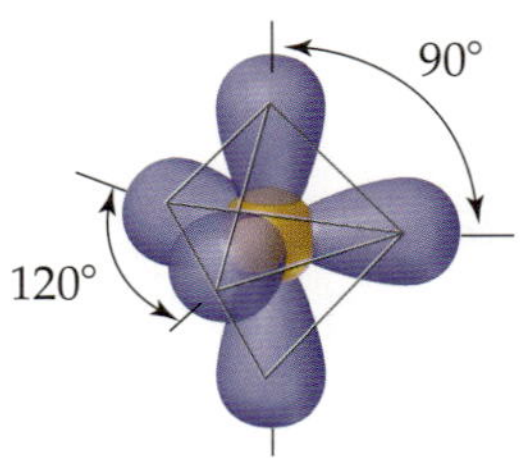	이중삼각 피라미드	120° 90°
6	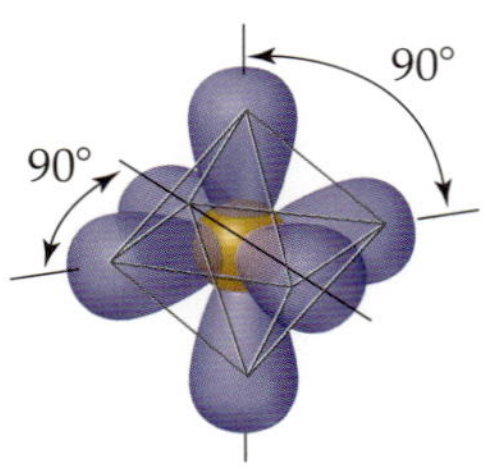	팔면체	90°

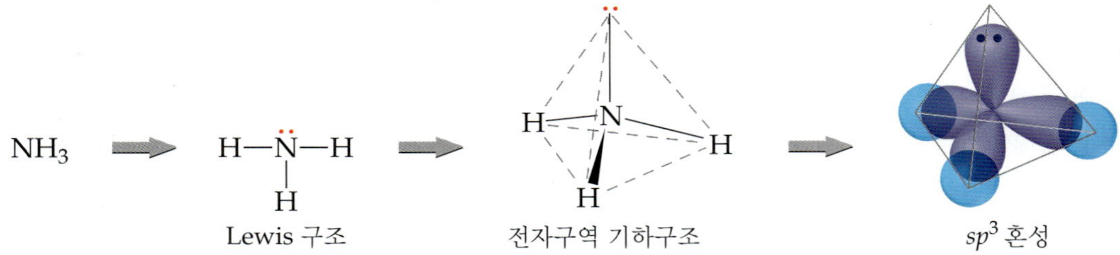

▲ **그림 5.4** NH_3 분자 기하구조는 우선 Lewis 구조를 써서 예측하고, 그 다음 VSEPR 모형을 사용하여 전자쌍 기하구조를 결정하고 마지막으로 원자 자신에 초점을 두어 분자구조를 설명한다.

분자 기하구조의 예측

Lewis 구조를 그릴 때 원자가껍질 전자쌍은 결합전자쌍(bonding pair)과 비결합 전자쌍(non-bonding pair 또는 lone pair, 고립전자쌍)의 두 가지가 있다. 암모니아의 Lewis 구조는 3개의 결합 전자쌍과 질소원자 주위의 1개의 비결합 전자쌍을 갖고 있다.

N 원자 주위에 4개의 전자쌍이 있으므로 전자쌍이 사면체의 꼭지점으로 향할 때 전자쌍 반발이 최소화된다. 암모니아 전자쌍의 사면체 배열은 그림 5.4와 같다.

분자의 기하구조는 공간상의 원자의 배열을 나타낸다. 우리는 전자쌍 기하구조로부터 분자의 기하구조를 예측할 수 있다. NH_3의 3개 전자쌍은 사면체의 3개 꼭지점으로 향한다. 그러므로 중심에 질소원자를 갖는 사면체의 3개 꼭지점에 수소원자가 놓인다. 질소의 비결합 전자쌍은 네 번째 꼭지점에 놓인다(그림 5.4). VSEPR 모형은 NH_3의 원자들이 평면에 있지 않고 1개 원자를 잃어버린 사면체 분자와 비슷하다고 예측한다. 이 모양을 삼각 피라미드(밑면이 등변삼각형인 피라미드)라고 한다.

NH_3의 삼각 피라미드의 구조는 사면체 전자쌍 기하구조의 결과라고 볼 수 있다. 분자모양을 언급할 때 우리는 전자쌍 기하구조보다 분자의 기하구조를 의미한다. 다음은 VSEPR 모형을 이용한 분자구조의 예측에 도움을 줄 수 있다.

1. 분자나 이온의 Lewis 구조를 그린다.
2. 중심원자 주위의 전체 전자쌍 수를 계산하고 전자쌍 반발이 최소가 되는 구조를 선택한다(표 5.1).
3. 분자 기하구조를 결합 전자쌍 배열의 각도로 설명한다.
4. 이중결합이나 삼중결합은 기하구조를 예측할 때 결합전자쌍으로 간주한다.

예를 들어 CO_2의 Lewis 구조는 O=C=O처럼 2개의 C=O 이중결합을 갖는다. 이 분자에 VSEPR 모형을 적용할 때 각 이중결합은 1개의 전자쌍으로 간주한다. 그리하여 VSEPR 모형은 CO_2를 선형이라고 예측한다. 표 5.2는 AB_n 분자의 중심원자 주위에 4개 이하의 원자가껍질 전자쌍이 있을 때 분자 기하구조를 요약한 것이다.

표 5.2 중심원자 주위에 2, 3. 4개 전자구역을 갖는 분자의 전자구역 기하구조와 분자모양

전체 전자구역	전자구역 기하구조	결합 전자구역	비결합 전자구역	분자 기하구조	예
2	 선형	2	0	 선형	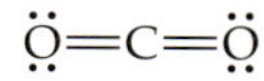
3	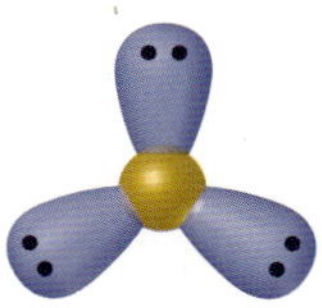 삼각평면	3	0	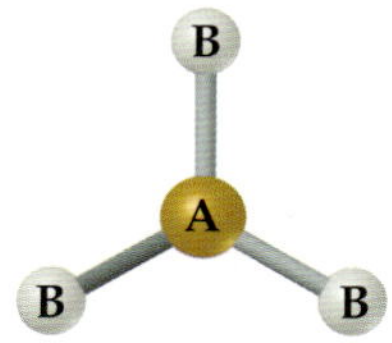 삼각평면	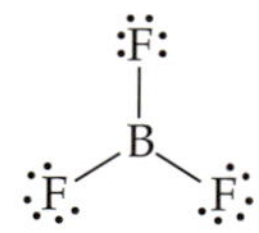
		2	1	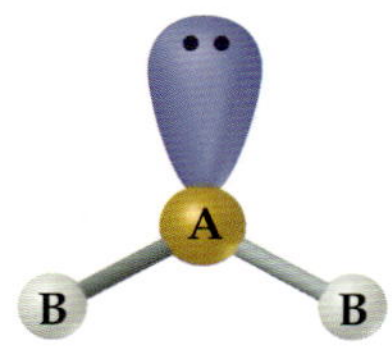 굽은모양	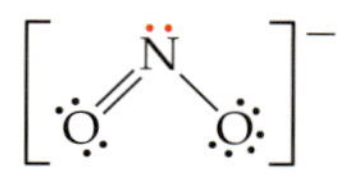
4	 사면체	4	0	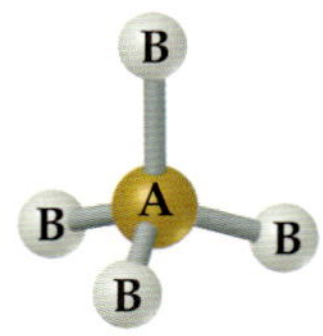 사면체	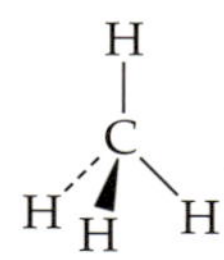
		3	1	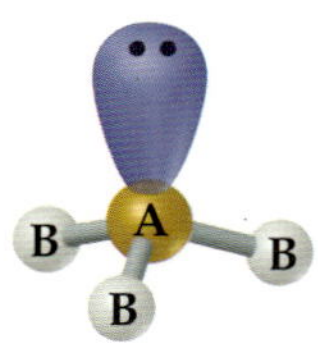 삼각 피라미드	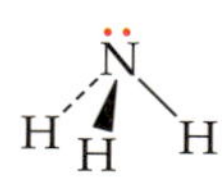
		2	2	 굽은모양	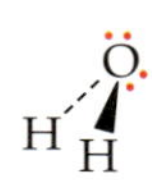

예제 5.1

VSEPR 모형을 사용하여 다음 분자 기하구조를 예측하라.

(a) O_3, **(b)** $SnCl_3^-$

해답: (a) O_3 이온의 Lewis 구조는 다음과 같다.

오존의 중심원자와 외부원자는 산소원자이다. VSEPR 모형을 적용할 때 중심원자 주위의 전자배열에 초점을 둔다. O_3는 2개의 공명구조를 그릴 수 있다.

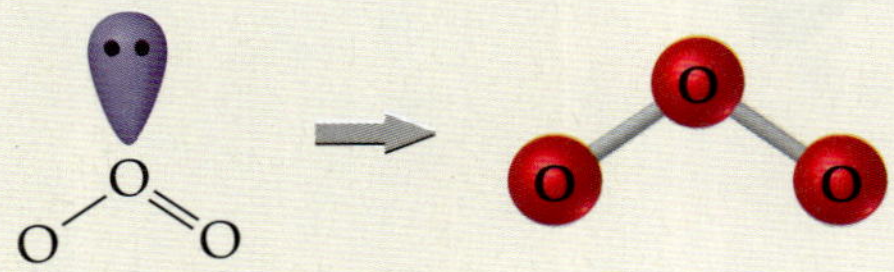

공명 때문에 중심 O 원자와 외부 O 원자간 결합은 같은 길이이다. 두 가지의 공명구조는 중심 O 원자 주위에 1개 비결합전자쌍, 1개 단일결합, 1개 이중결합을 갖는다. 기하구조를 예측할 때 이중결합은 1개 전자쌍으로 계산한다. 그리하여 원자가껍질전자의 배열은 삼각평면이다. 삼각평면의 3꼭지점에서 2개는 O 원자가 점유하므로 분자는 굽은 모양이다. 분자가 공명구조로 표시될 때 공명구조 중의 어느 하나가 분자구조를 예측하는 데 사용된다.

(b) $SnCl_3^-$ 이온의 Lewis 구조는 다음과 같다.

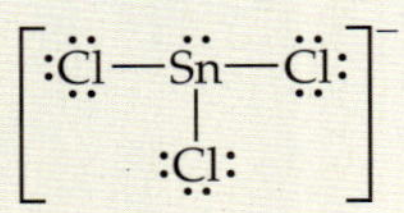

중심 Sn 원자는 1개의 비결합전자쌍과 3개의 단일결합으로 둘러싸여 있다. 전자쌍 기하구조는 사면체이고 분자 기하구조는 삼각 피라미드이다.

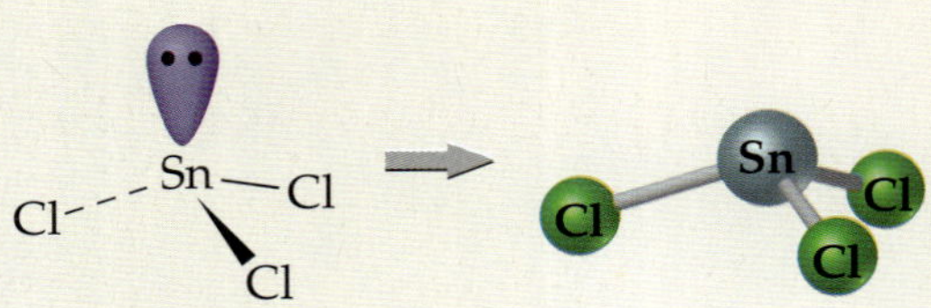

보충 예제

다음의 전자쌍 기하구조와 분자 기하구조를 예측하라.

(a) H_2S, **(b)** CO_3^{2-}

답: (a) 사면체, 굽은 모양, **(b)** 삼각평면, 삼각평면

결합각에 대한 비결합전자쌍과 다중결합의 영향

메탄(CH_4), 암모니아(NH_3), 물(H_2O)을 보면 세 분자 모두 사면체 전자쌍 기하구조이지만 그들의 결합각은 조금씩 다르다. 이 분자들의 기하구조를 VSEPR 모형을 사용하여 설명할 수 있다.

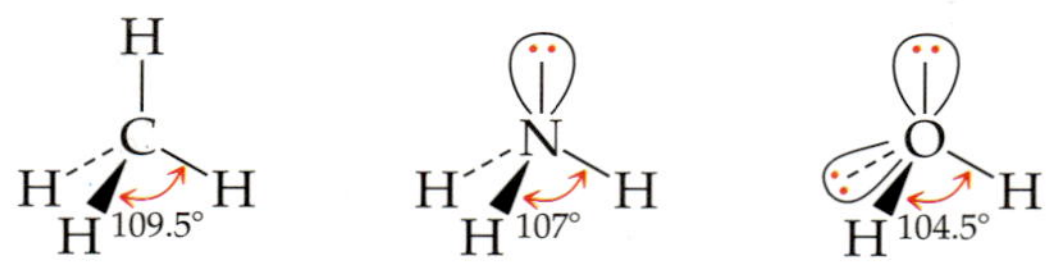

비결합전자쌍 수가 증가하면 결합각이 감소한다는 것에 유의하라. 결합전자쌍은 2개의 원자핵에 구속되는 반면 비결합전자는 1개의 핵 주위에 분포하므로 더 넓은 공간을 차지한다. 결과적으로 비결합전자쌍은 이웃 전자쌍에 더 큰 반발력을 작용하여 결합전자쌍 간의 결합각을 줄이려는 경향이 있다. 다중결합은 단일결합보다 더 큰 전자전하밀도를 가지므로 다중결합도 결합각에 영향을 준다. 일반적으로 다중결합 전자는 단일결합 전자보다 이웃 전자쌍에 더 큰 반발력을 작용한다.

확장된 원자가껍질을 갖는 분자

분자의 중심원자가 3주기 이상의 주기에 속할 때 중심원자 주위에는 4개 이상의 전자쌍을 가질 수 있다. 중심원자 주위에 5개 혹은 6개 전자쌍을 갖는 분자는 표 5.3처럼 여러 가지 분자 기하구조를 나타낸다.

5개 전자쌍의 가장 안정한 기하구조는 이중삼각 피라미드이다. 이중삼각 피라미드는 기하구조적으로 두 종류의 전자쌍을 갖는다. 두 종류의 전자쌍은 축방향전자쌍(axial pair)과 적도방향전자쌍(equatorial pair)으로 구별된다.(그림 5.5). 축방향 위치의 전자쌍은 적도방향의 3개 전자쌍으로부터 90°에 위치한다. 적도방향 위치의 전자쌍은 다른 적도방향의 2개 전자쌍으로부터 120°, 그리고 축방향의 2개 전자쌍으로부터 90°에 위치한다.

5개 전자쌍 중 1개 이상의 비결합전자쌍을 갖는 분자를 상상하자. 비결합전자쌍은 두 위치에 놓일 수 있으므로 어느 자리가 전자쌍 반발을 최소화하는가를 결정해야 한다. 서로 120°에 있을 때보다 90°에 있을 때 전자쌍 반발이 더 크다. 비결합전자쌍은 결합전자쌍보다 반발력이 더 크므로 그들은 항상 적도방향 위치를 점유한다.

6개 전자쌍의 가장 안정한 기하구조는 팔면체(octahedron)이다. 그림 5.6처럼 팔면체는 6개의 꼭지점과 8개의 면을 가지며 각 면은 등변 삼각형이다. 팔면체의 모든 결합각은 90°이며 6개의 위치는 모두 동등하다. 만약 분자가 비결합전자쌍 1개를 가지면 비결합전자쌍이 팔면체의 어디에 오든 상관이 없다. 그러나 비결합전자쌍이 2개이면 표 5.3처럼 팔면체 구조의 마주보는 꼭지점에 놓여 이들의 반발을 최소화한다.

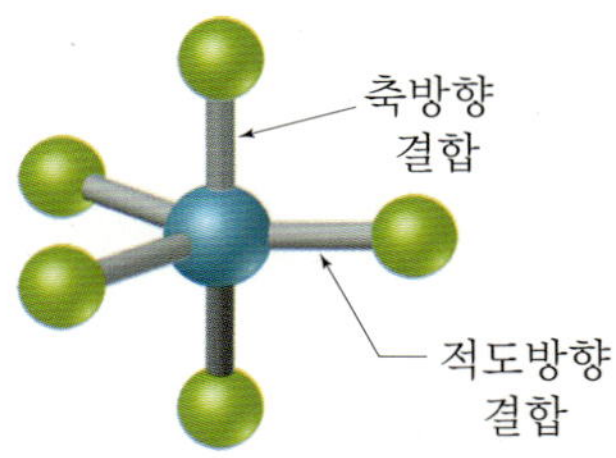

▲ **그림 5.5 이중삼각 피라미드 기하구조.** 중심원자 주위의 5개의 전자구역은 이중삼각 피라미드이다. 3개의 적도방향 전자구역은 동등한 삼각평면이고 2개의 축방향 전자구역은 삼각평면의 위와 아래에 위치한다. 분자가 비결합 전자구역을 갖는다면 적도방향 위치를 차지할 것이다.

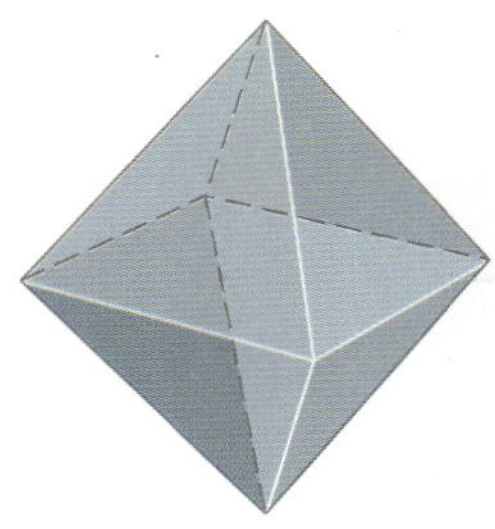

▲ **그림 5.6 팔면체는 8개 면과 6개 꼭지점을 갖는다. 각 면은 등변 삼각형이다.**

표 5.3 중심원자 주위에 5, 6개의 전자구역을 갖는 분자의 전자구역 기하구조와 분자모양

전자구역 수	전자구역 기하구조	결합 전자구역	비결합 전자구역	분자 기하구조	예
5	 이중삼각 피라미드	5	0	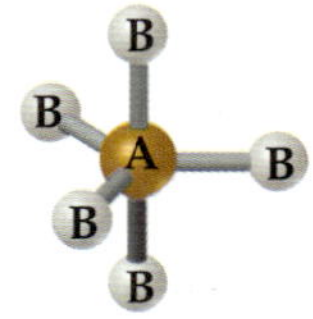 이중삼각 피라미드	PCl_5
		4	1	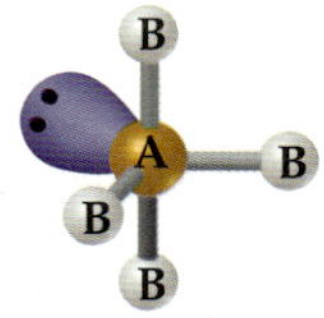 시소모양	SF_4
		3	2	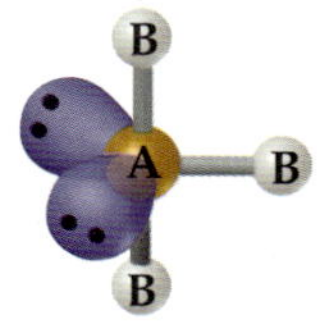 T-모양	ClF_3
		2	3	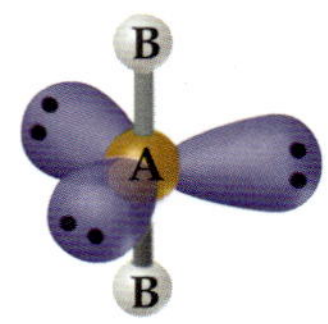 선형	XeF_2
6	 팔면체	6	0	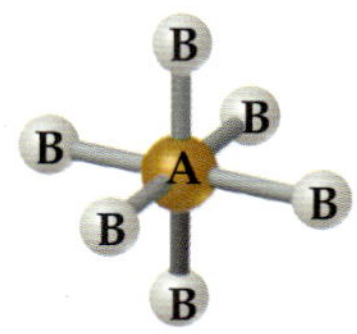 팔면체	SF_6
		5	1	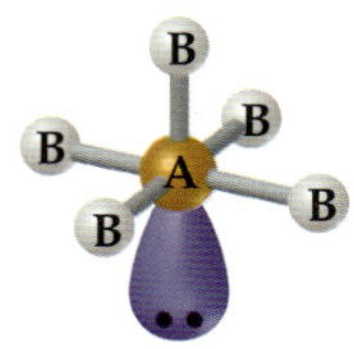 사각 피라미드	BrF_5
		4	2	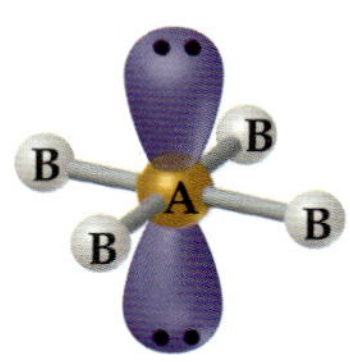 사각평면	XeF_4

예제 5.2

VSEPR 모형을 사용하여 다음의 분자 기하구조를 예측하라.

(a) SF_4, **(b)** IF_5

해답: (a) SF_4의 Lewis 점 구조는 다음과 같다.

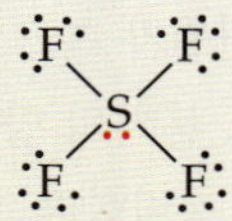

황은 주위에 5개 전자쌍을 갖는다. 각 전자쌍은 삼각이중 피라미드의 꼭지를 향한다. 1개의 비결합전자쌍은 적도위치를 점유하고 4개의 결합전자쌍은 나머지 4개 꼭지를 점유한다.

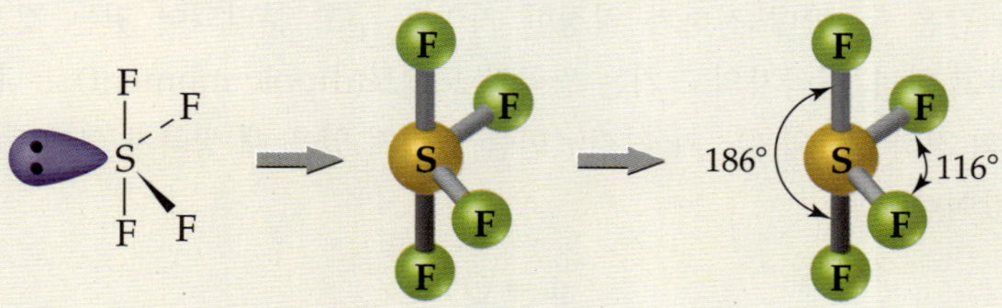

실험적으로 관찰한 구조는 예상한 바와 같이 비공유전자쌍이 적도 위치에 남아 있다. 축방향과 적도방향의 S—F 결합은 비결합전자쌍에 밀려 약간 굽어져 있고 반발효과가 더 크다.

(b) IF_5의 Lewis 구조는

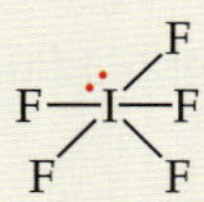

아이오딘은 주위에 6개 전자쌍을 가지며 그들 중 5쌍은 결합전자쌍이다. 전자쌍은 팔면체의 꼭지를 향한다. 그러므로 원자의 기하구조 배열은 사각 피라미드이다.

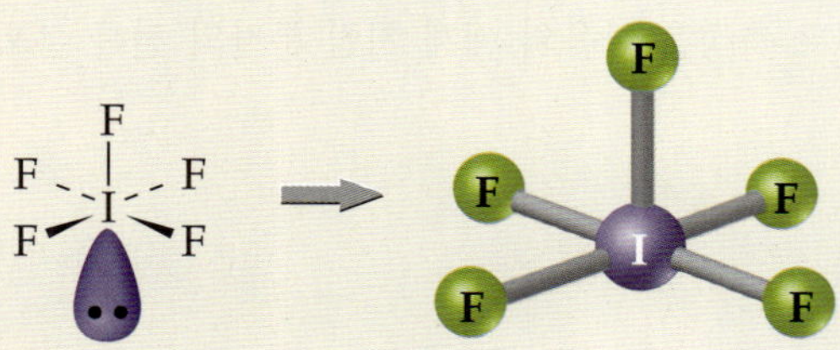

보충 예제

다음의 분자 기하구조를 예측하라. **(a)** ClF_3, **(b)** ICl_4^-

답: (a) 이중삼각피라미드, T-모양, **(b)** 사각평면 팔면체

5.3 분자의 모양과 분자의 극성

분자의 모양과 결합의 극성은 분자의 전하 분포에 의하여 결정된다. 극성분자의 예로서 이원자분자 HF를 생각할 수 있다. H와 F 간의 전기음성도 차이 때문에 HF는 극성이다. 전기적 음성이 보다 강한 F 원자에 음전하가 집중되고, 전기음성이 작은 H

원자는 상대적으로 양전하를 띠게 된다. HF 분자의 극성은 다음과 같이 두 가지 방법으로 나타낼 수 있다.

$$\overset{\delta+}{\mathrm{H}}—\overset{\delta-}{\mathrm{F}} \quad \text{혹은} \quad \overset{\longmapsto}{\mathrm{H—F}}$$

"δ+"와 "δ−"는 H와 F원자의 부분 양전하와 부분 음전하를 나타낸다. 오른쪽 화살표의 표시는 전자밀도가 플루오린원자 쪽으로 이동하는 것을 나타낸다. 화살표의 말단은 + 기호라고 생각할 수 있으며, 분자의 양전하를 표시한다.

극성분자는 전기장의 방향에 따라 정렬한다. 한 극성분자의 음전하 끝과 다른 분자의 양전하 끝은 서로 끌린다. 극성분자의 음전하 끝은 양이온에 끌리고 양전하 끝은 음이온에 끌린다. 이들의 상호작용은 액체, 고체, 용액의 성질을 설명하는 데 유용하다.

크기가 같은 두 반대 전하가 일정한 거리를 두고 분리되어 있는 것을 쌍극자(dipole)라고 한다. 쌍극자의 크기는 쌍극자 모멘트(dipole moment)로 나타내는데 같은 크기의 전하 $Q+$와 $Q-$가 거리 r 만큼 떨어져 있을 때 쌍극자 모멘트 μ는 Q와 r을 곱한 값이다.

$$\mu = Q\,r \tag{5.1}$$

전하량이 클수록, 그리고 전하간 거리가 멀수록 쌍극자 모멘트는 크다.

분자의 쌍극자모멘트는 일반적으로 debye(D) 단위로 나타내며, 3.34×10^{-30} C·m와 같다. 분자의 전하는 전자 전하 $e(1.60 \times 10^{-19}\ \mathrm{C})$로 나타내고 길이는 Å의 단위로 나타내는데 1+와 1−의 두 전하가 1.00 Å 떨어져 있다고 가정하면 쌍극자 모멘트는

$$\mu = Qr = (1.60 \times 10^{-19}\ \mathrm{C})\,(1.00\ \text{Å})\left(\frac{10^{-10}\ \mathrm{m}}{1\ \text{Å}}\right)\left(\frac{1\ \mathrm{D}}{3.34 \times 10^{-30}\ \mathrm{C{\cdot}m}}\right) = 4.79\ \mathrm{D}$$

분자의 쌍극자 모멘트 측정은 다음의 예제 처럼 분자의 전하 분포에 대한 정보를 제공한다.

예제 5.4

HCl 분자의 결합길이는 1.27 Å이다.

(a) H와 Cl 원자의 전하가 각각 1+와 1−일 때 쌍극자 모멘트를 계산하라.

(b) HCl(g)의 쌍극자모멘트를 실험적으로 측정한 값은 1.08 D이다. 이 쌍극자 모멘트에 해당하는 H와 Cl 원자 전하는 e 단위로 얼마인가?

해답: (a)각 원자의 전하는 $e = 1.60 \times 10^{-19}$ C이고, 1.27 Å만큼 분리되어 있다.

$$\mu = Qr = (1.60 \times 10^{-19}\ \mathrm{C})\,(1.27\ \text{Å})\left(\frac{10^{-10}\ \mathrm{m}}{1\ \text{Å}}\right)$$
$$\left(\frac{1\ \mathrm{D}}{3.34 \times 10^{-30}\ \mathrm{C{\cdot}m}}\right) = 6.08\ \mathrm{D}$$

쌍극자 모멘트는 전하간 거리가 1.00 Å에서 1.27 Å로 증가하기 때문에 4.79D보다 크다.

(b) $\mu = 1.08$ D 값과 $r = 1.27$ Å 값을 알고 Q 값을 계산하면 된다.

$$Q = \frac{\mu}{r} = \left(\frac{(1.08\text{ D})\left(\dfrac{3.34 \times 10^{-30}\text{ C·m}}{1\text{ D}}\right)}{(1.27\text{ Å})\left(\dfrac{10^{-10}\text{ m}}{1\text{ Å}}\right)} \right)$$
$$= 2.84 \times 10^{-20}\text{ C}$$

e 단위로 환산하면

$$e\text{ 전하} = (2.84 \times 10^{-20}\text{ C})\left(\frac{1\,e}{1.60 \times 10^{-19}\text{ C}}\right) = 0.178\,e$$

HCl 분자의 실험적 쌍극자 모멘트는 다음의 전하분리를 나타낸다.

$$\overset{0.178+}{\text{H}} — \overset{0.178-}{\text{Cl}}$$

보충 예제

플루오린화염소[ClF(g)]의 쌍극자 모멘트는 0.88 D이고 분자의 결합길이는 1.63 Å이다. **(a)** 어느 원자가 음전하를 갖는가? **(b)** 그 원자의 전하 e는 얼마인가?

답: (a) F, **(b)** 0.113−

표 5.4는 할로젠화수소의 결합길이와 쌍극자 모멘트를 나타낸다. HF에서 HI로 진행함에 따라 전기음성도 차이는 감소하고 결합길이는 증가한다. 결합길이는 커지고 전하량의 분리는 감소하여 쌍극자 모멘트는 감소한다.

3개 이상의 원자로 구성된 분자의 극성은 결합의 극성과 분자의 기하구조에 의존한다. 분자 전체의 쌍극자 모멘트는 각 결합의 쌍극자 모멘트를 합한 것이다. 선형 CO_2 분자를 생각해 보자. 2개의 C—O 결합은 똑같고 극성이다. C—O 결합이 극성이라는 사실이 CO_2 분자가 극성이라는 것을 의미하는가? 쌍극자 모멘트는 벡터(vector) 양이다. 즉 그들은 크기와 방향을 갖는다. 다원자분자의 전체 쌍극자 모멘트는 결합 쌍극자의 합이다. CO_2 분자에서 2개 C—O 결합의 쌍극자 모멘트는 크기가 같고 방향이 반대이다. 따라서 CO_2의 전체 쌍극자 모멘트는 0이다. 각 결합은 극성이지만 분자의 기하구조는 전체 쌍극자 모멘트가 0이라는 것을 나타낸다.

표 5.4 할로젠화수소의 결합길이, 전기음성도 차이, 쌍극자 모멘트

화합물	결합길이(Å)	전기음성도 차이	쌍극자 모멘트(D)
HF	0.92	1.9	1.82
HCl	1.27	0.9	1.08
HBr	1.41	0.7	0.82
HI	1.61	0.4	0.44

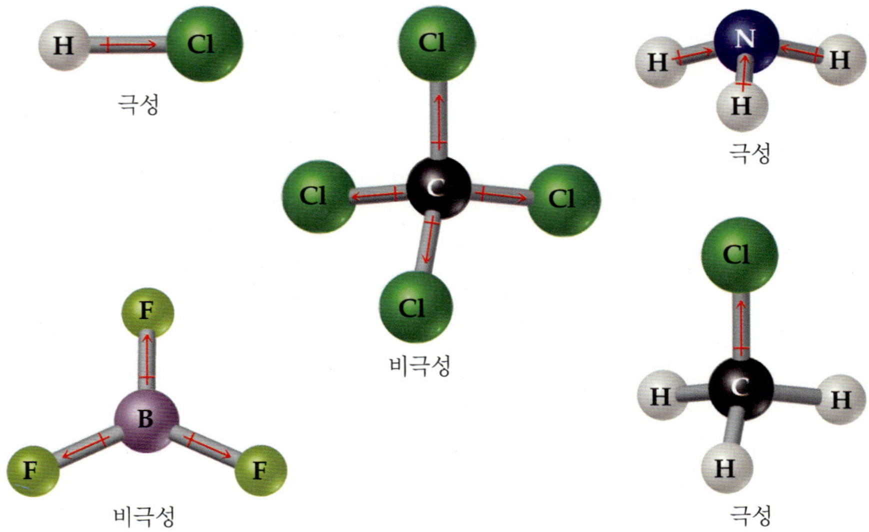

▶ **그림 5.7 극성결합을 갖는 분자의 예.** 이들 분자 중 2개는 그들의 쌍극자가 서로 소거되어 비극성이다.

2개의 극성결합을 갖는 H_2O의 굽은 분자를 보자. 2개의 결합은 같으므로 결합 쌍극자는 같은 크기이다. 그러나 이 분자는 굽어져 있고 결합 쌍극자는 서로 상쇄되지 않는다. 물분자는 전체적으로 쌍극자 모멘트를 갖는다(μ = 1.85 D). 산소원자는 부분 음전하를 수소원자는 부분 양전하를 띤다.

그림 5.7은 극성 분자와 비극성 분자의 예를 보여준다. BF_3와 CCl_4처럼 대칭적인 분자는 비극성이다. AB_n 분자는 선형(AB_2), 삼각평면(AB_3), 그리고 사면체와 사각평면(AB_4), 이중삼각 피라미드(AB_5), 팔면체(AB_6)처럼 대칭적 기하구조이고, 각 결합이 극성이어도 분자 전체로는 비극성이 된다.

예제 5.5

다음 분자들은 극성인가 비극성인가?

(a) BrCl, **(b)** SO_2, **(c)** SF_6

해답: (a) Cl은 Br보다 전기음성도가 더 크다. 결과적으로 BrCl은 극성이다.

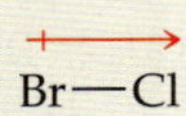

실험적으로 분자의 쌍극자 모멘트는 0.57 D이다. 극성결합을 갖는 이원자분자는 모두 극성분자이다.

(b) 산소의 전기음성도는 황보다 더 크므로 분자는 극성결합이다. SO_2의 공명형태는 다음과 같다.

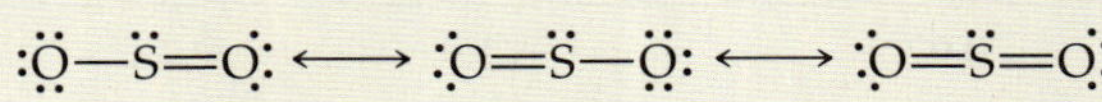

이들의 각각은 VSEPR 모형으로 굽은 기하구조로 예측된다. 분자는 굽어져 있으므로 결합 쌍극자는 소거되지 않고 분자는 극성이다(μ = 1.63 D).

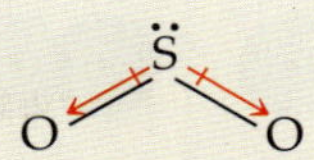

(c) F는 S보다 전기음성도가 크다. 결합 쌍극자는 플루오린으로 향한다. 6개의 S—F 결합은 중심 황 주위에 팔면체 모양으로 배열한다. 팔면체 대칭 기하구조는 결합 쌍극자를 소거하여 비극성이다.

보충 예제

다음의 분자는 극성인가 비극성인가?

(a) NF_3, **(b)** BCl_3,

답: (a) 극성, **(b)** 비극성

5.4 공유결합과 오비탈 겹침

VSEPR 모형은 분자구조의 예측에 유용하다. 그러나 원자간 결합이 왜 존재하는지를 설명하지는 못한다. 전자쌍 결합의 Lewis 개념과 원자 오비탈이 합쳐져 원자가결합이론(valence bond theory)이라는 화학결합 모형이 제안되었다. 이 방법은 원자 오비탈을 서로 혼합하는 방식으로 확장되어 VSEPR 모형과 일치하는 결과를 보여 준다.

Lewis 이론에 의하면 원자들이 전자를 공유할 때 공유결합이 생성된다. 전자 공유는 핵 사이의 전자밀도를 증가시킨다. 원자가결합 이론은 한 원자의 오비탈이 다른 원자의 오비탈과 겹칠 때 두 핵 사이에 전자 밀도가 증가하는 것으로 본다. 오비탈의 겹침은 반대 스핀의 전자 2개가 핵 사이에 위치하면서 공유결합을 생성한다.

2개의 H 원자가 접근하여 H_2를 생성하는 것을 그림 5.8(a)에 나타내었다. 각 원자는 1s 오비탈에 1개의 전자를 갖는다. 오비탈이 겹칠 때 전자밀도는 핵 사이에 집중된다. 겹친 영역의 전자는 양쪽 핵에 동시에 이끌리므로, 원자들은 전자를 공유하여 결합을 형성한다.

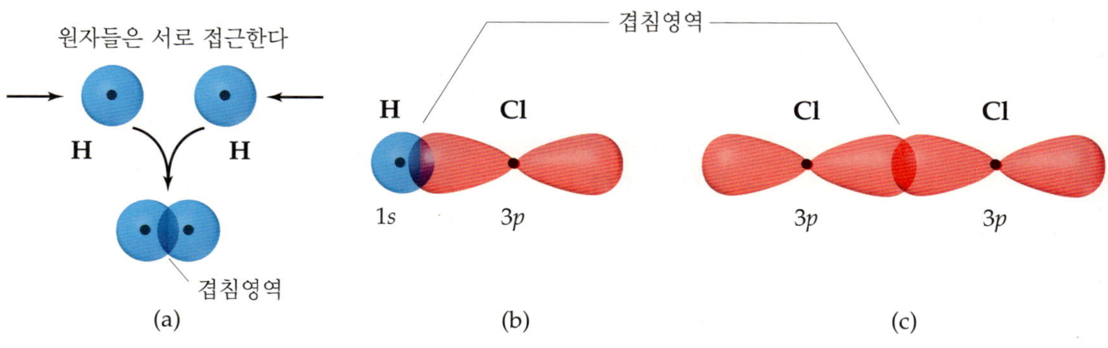

▲ **그림 5.8 공유결합을 생성하는 오비탈 겹침.** (a) H_2 결합은 두 H 원자로부터 2개의 1*s* 오비탈이 겹쳐 생성된다. (b) HCl 결합은 H의 1*s* 오비탈과 Cl의 3*p* 오비탈 로브 중의 1개가 겹쳐 생성된다. (c) Cl_2 결합은 각각의 Cl 원자의 3*p* 오비탈이 겹쳐 생성된다.

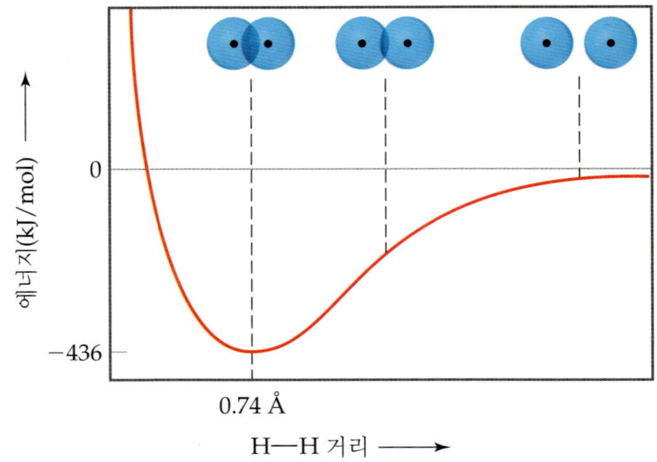

▶ **그림 5.9 H_2 분자의 생성.** 두 H원자가 H_2 분자를 생성하기 위하여 접근할 때 위치에너지의 변화. 에너지가 최소가 되는 거리 0.74Å은 결합길이를 나타낸다. 이 지점에서의 에너지는 −436 kJ/mol이고 H—H 결합 생성의 에너지 변화에 상당한다.

공유결합을 생성하는 오비탈 겹침의 아이디어는 다른 분자에도 잘 적용된다. 예를 들어 HCl 분자를 고려하자. 염소는 [Ne]$3s^2 3p^5$ 전자배치를 갖는다. 염소의 오비탈은 $3p$ 오비탈을 제외하고 모두 채워져 있고 $3p$ 오비탈에는 1개의 전자가 있다. 이 전자는 H의 전자와 짝을 이루어 공유결합을 형성한다. 그림 5.8(b)는 Cl의 $3p$ 오비탈과 H의 $1s$ 오비탈의 겹침을 보여준다. 마찬가지로 Cl_2 분자의 공유결합은 그림 5.8(c)처럼 Cl 원자의 $3p$ 오비탈이 다른 Cl 원자의 $3p$ 오비탈과 겹쳐 만들어진다.

공유결합에 참여하는 핵 사이에는 항상 최적의 결합거리가 존재한다. 그림 5.9는 2개의 수소원자가 수소분자를 생성할 때 계의 위치에너지가 어떻게 변하는지를 보여준다. 원자간 거리가 감소하면 그들의 $1s$ 오비탈간 겹침은 증가한다. 결과적으로 핵간의 전자밀도가 증가하므로 계의 위치에너지는 감소한다. 에너지 감소를 곡선으로 나타낸 것과 같이 결합 세기는 증가한다. 그러나 그 곡선은 원자들이 접근할 때 에너지가 급격하게 증가하는 것도 보여준다. 이러한 급격한 증가는 주로 핵 사이의 정전기적 반발 때문이며 짧은 핵간거리에서 크게 나타난다. 위치에너지 곡선의 최소값에서 핵간거리는 결합 길이에 해당한다. 이 길이는 서로 다른 종류의 전하(전자와 핵) 간 인력이 같은 종류의 전하(전자–전자, 핵–핵) 간 반발력과 평형을 이루는 거리이다.

5.5 혼성 오비탈

sp 혼성 오비탈

BeF_2 분자의 Lewis 구조는 다음과 같다.

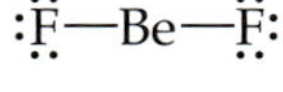

VSEPR 모형은 이 분자를 선형이라 예측한다. 원자가결합 이론은 BeF_2 결합을 어떻게 설명할 수 있는가? 플루오린의 전자배치($1s^2 2s^2 2p^5$)는 $2p$ 오비탈에 1개의 짝짓지

않은 전자가 있다. 이 전자는 Be 원자의 전자와 결합을 형성한다. 어떤 오비탈이 결합에 참여하는가?

바닥상태 Be 원자의 오비탈은 다음과 같다.

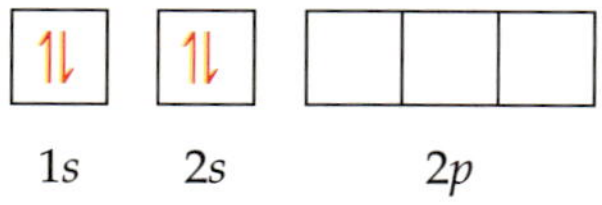

전자들이 모두 짝을 짓고 있는 바닥상태는 F 원자와 결합을 생성할 수 없다. 그러나 2*s* 전자 중 1개가 2*p* 오비탈로 전이하면 2개의 결합을 생성할 수 있게 된다.

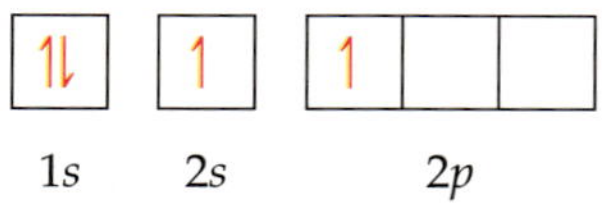

2*p* 오비탈은 2*s*보다 높은 에너지 궤도이므로 이러한 전자의 전이는 에너지가 필요하다. Be 원자는 이제 2개의 홀전자를 갖는다. 그러므로 F 원자와 2개의 극성 공유결합을 형성할 수 있다. 전자의 전이는 2개의 Be—F 결합을 만들 수 있지만, BeF_2의 구조를 설명하지는 못한다.

그림 5.10처럼 2*s* 오비탈을 2*p* 오비탈과 혼합하여 2개의 새로운 오비탈을 만들면 이 문제를 해결할 수 있다. 2개 이상의 오비탈을 혼합하여 혼성 오비탈(hybrid orbital)을 만드는 것을 혼성화(hybridization)라고 한다. 1개의 *s* 오비탈과 1개의 *p* 오비탈이 혼성에 참여하여 만들어지는 오비탈을 *sp* 혼성 오비탈이라고 한다.

BeF_2 중 Be 원자의 2개 *sp* 혼성 오비탈을 생성하는 오비탈 도표는 다음과 같다.

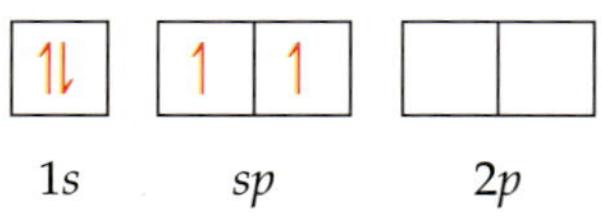

sp 혼성 오비탈의 전자는 2개의 F 원자와 공유결합을 생성하고 분자는 선형구조를 이룬다(그림 5.11). Be의 2*s* 전자가 2*p* 오비탈로 전이할 때 에너지가 필요하나 결

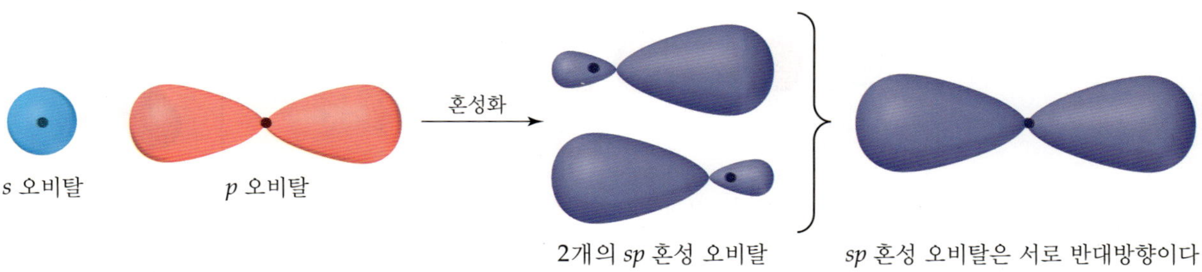

▲ **그림 5.10 *sp* 혼성 오비탈의 생성.** *s* 오비탈 1개와 *p* 오비탈 1개가 혼성화하여 2개의 동등한 *sp* 혼성 오비탈을 생성한다. 2개의 혼성 오비탈은 180° 벌어진 반대방향의 큰 로브를 갖는다.

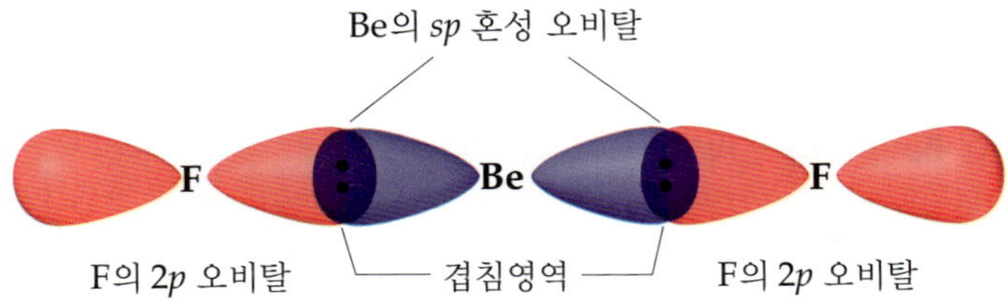

▶ **그림 5.11 BeF_2 에서 2개의 동등한 Be–F 결합의 생성.** Be의 *sp* 혼성 오비탈은 F의 2*p* 오비탈과 겹쳐 결합을 생성한다.

합을 형성하는 과정에서 에너지가 방출되고, 이것은 전자의 전이에 필요한 에너지를 상쇄하기에 충분하다.

*sp*²와 *sp*³ 혼성 오비탈

BF_3의 혼성 오비탈을 살펴보자. B 원자의 2*s* 전자는 비어있는 2*p* 오비탈로 전이할 수 있다. 1개의 2*s* 오비탈과 2개의 2*p* 오비탈을 혼합하면 3개의 동등한 sp^2 혼성 오비탈을 만든다.

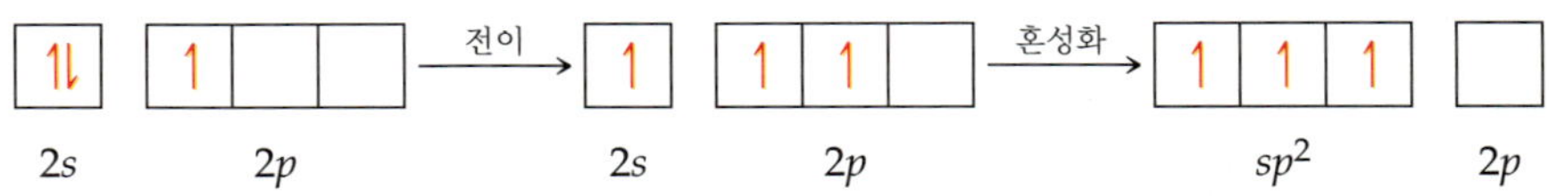

3개의 sp^2 혼성 오비탈은 서로 120°를 이루며 같은 평면에 놓인다(그림 5.12). 그들은 3개의 F원자와 결합하여 삼각평면 기하구조를 이룬다. 2*p* 오비탈 중 1개는 혼성화하지 않고 남아 있다. 혼성화하지 않은 이러한 오비탈은 이중결합 설명에 사용된다.

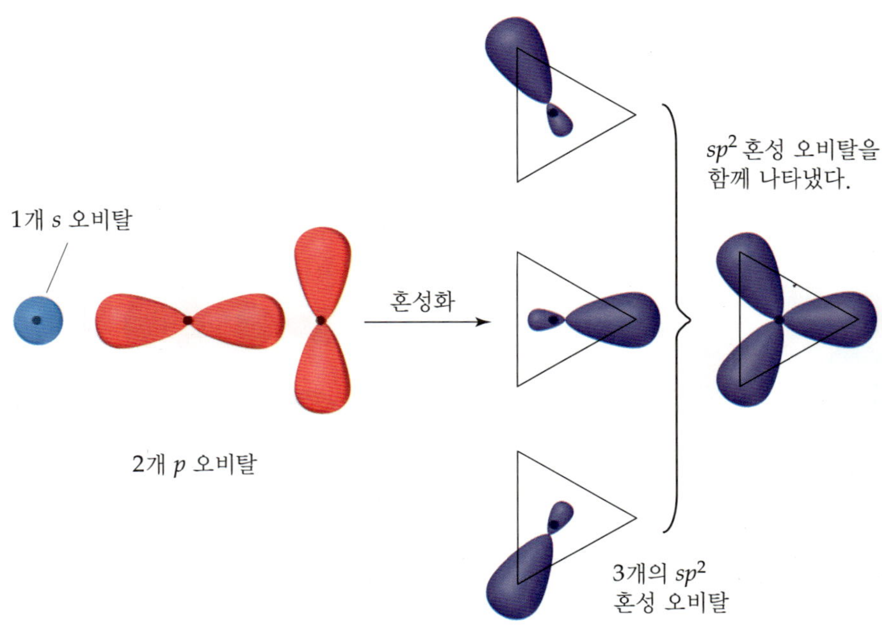

▶ **그림 5.12 sp^2 혼성 오비탈의 생성.** *s* 오비탈 1개와 *p* 오비탈 2개가 혼성화하여 3개의 동등한 sp^2 혼성 오비탈을 생성한다. 혼성화 오비탈은 정삼각형의 꼭지점을 향한다.

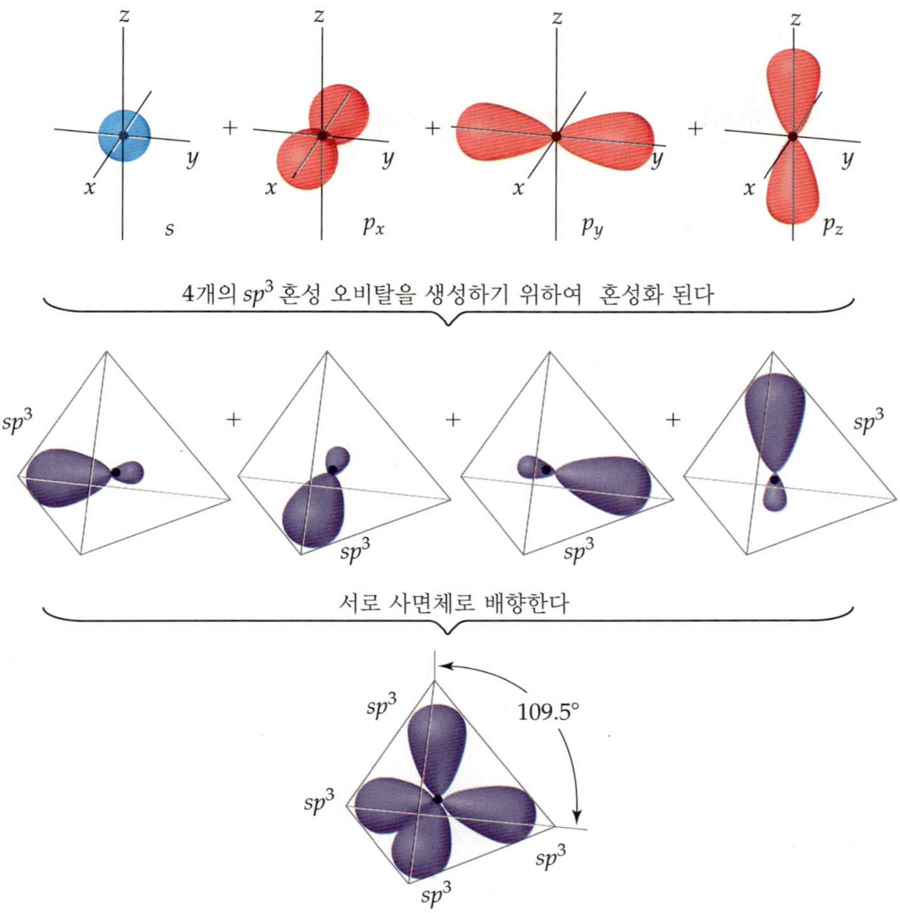

◀ **그림 5.13 sp^3 혼성 오비탈의 생성.** s 오비탈 1개와 p 오비탈 3개가 혼성화하면 4개의 sp^3 혼성 오비탈이 생성된다.

s 오비탈은 같은 부껍질의 3개의 p 오비탈과 섞일 수도 있다. 예를 들어 CH_4의 탄소원자는 4개 수소원자와 4개의 동등한 결합을 생성한다. 이 과정은 탄소의 $2s$와 3개의 $2p$ 원자 오비탈이 4개의 동등한 sp^3 혼성 오비탈을 만드는 것으로 본다.

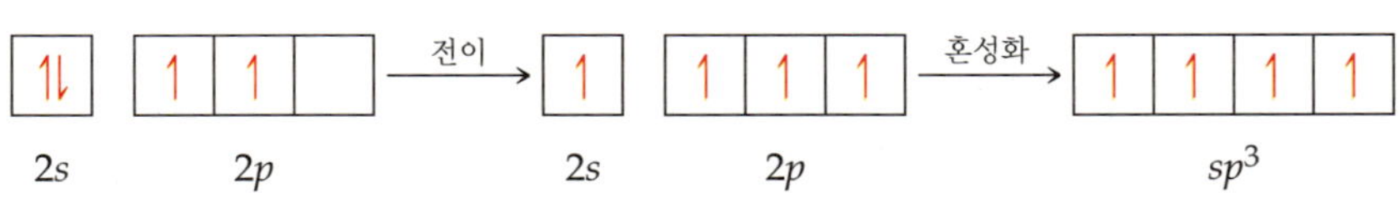

각 sp^3 혼성 오비탈은 그림 5.13처럼 사면체 꼭지점으로 배향한다. 이러한 혼성 오비탈은 H와 같은 다른 원자의 오비탈과 결합을 형성한다. CH_4의 결합은 C의 sp^3 혼성궤도와 H의 1s 오비탈이 서로 겹쳐 4개의 동등한 결합을 형성하는 것으로 설명할 수 있다.

혼성화 아이디어는 비결합전자쌍을 갖고 있는 분자의 결합 설명에도 적용된다. 예를 들어 H_2O의 중심 O 원자 주위에 있는 전자쌍 기하구조는 대략 사면체이다. 4개의 전자쌍은 sp^3 혼성궤도를 점유하는 것으로 볼 수 있다. 이 오비탈 중 2개는 비결합전자쌍을 포함하고 다른 2개는 그림 5.14처럼 수소원자와 결합을 형성한다.

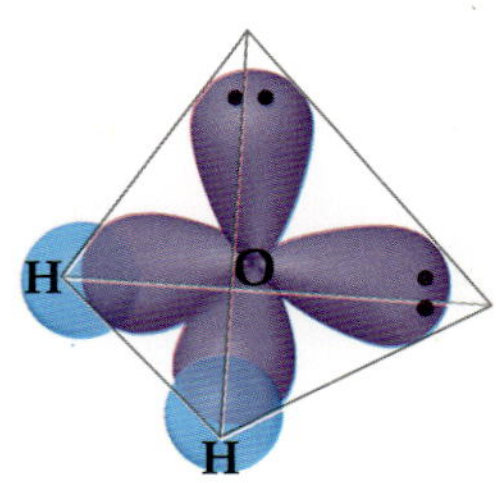

▲ **그림 5.14** H_2O의 결합은 O 원자 오비탈의 sp^3 혼성화로 볼 수 있다. 4개 혼성 오비탈 중 2개는 H의 1s 오비탈과 겹쳐 공유결합을 생성한다. 다른 2개 혼성 오비탈은 비결합전자쌍이 점유한다.

d 오비탈을 포함하는 혼성화

4주기 이상의 원자는 *d* 오비탈을 사용하여 혼성 오비탈을 형성한다. *s* 오비탈 1개, *p* 오비탈 3개 , *d* 오비탈 1개가 섞이면 5개의 sp^3d 혼성 오비탈을 만든다. 이러한 혼성 오비탈은 삼각이중 피라미드의 꼭지점으로 향한다. PF_5 분자는 sp^3d 혼성화의 한 예이다.

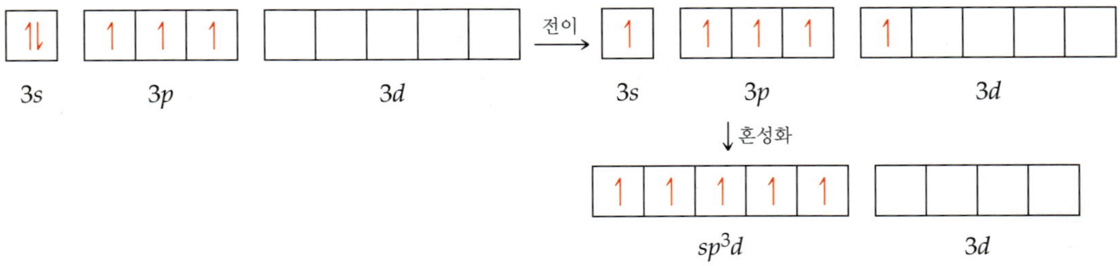

그와 비슷하게 *s* 오비탈 1개, *p* 오비탈 3개, *d* 오비탈 2개가 섞이면 6개의 sp^3d^2 혼성 오비탈이 되고, 그들은 팔면체의 꼭지점으로 향한다. 혼성 오비탈의 기하학적 구조를 표 5.5에 요약하였다.

예제 5.6

다음 각각에서 중심원자가 사용한 오비탈 혼성을 설명하시오.

(a) NH_2^-, **(b)** SF_4

해답: 우선 NH_2^-의 Lewis 구조를 결정한다.

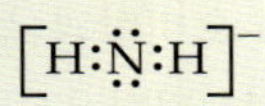

VSEPR 모형을 사용하여 N 주위의 전자쌍 기하구조를 결정하면, N 주위에는 4개의 전자쌍이 있으므로 전자쌍 기하구조는 사면체이다. sp^3 혼성 오비탈 중 2개는 비결합전자쌍을 포함하고 다른 2개는 수소와 결합한다.

(b) S 주위는 5쌍의 원자가전자가 있고 삼각이중 피라미드 전자쌍 기하구조가 된다. 삼각이중 피라미드 전자쌍 기하구조는 sp^3d 혼성화에 해당한다. 적도방향으로 향한 혼성 오비탈 중 하나는 비결합전자쌍을 포함한다. 다른 4개는 결합에 사용된다.

보충 예제

다음 중 전자쌍 기하구조와 중심원자의 혼성화를 예측하라.

(a) SO_3^{2-}, **(b)** SF_6

답: **(a)** 사면체, sp^3, **(b)** 팔면체, sp^3d^2

표 5.5 혼성 오비탈의 기하구조 배열 특성

원자 오비탈	혼성 오비탈	기하구조	예
s,p	2개의 *sp*	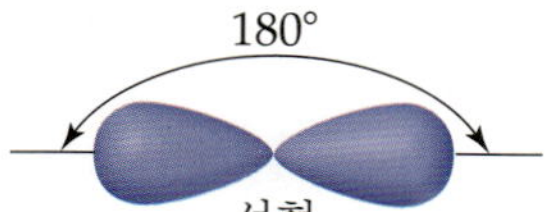 선형	BeF_2, $HgCl_2$
s,p,p	3개의 sp^2	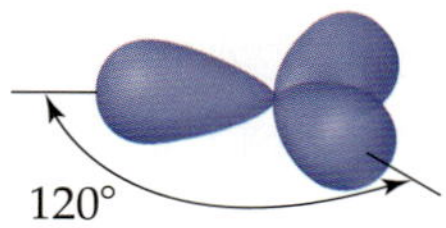 삼각평면	BF_3, SO_3
s,p,p,p	4개의 sp^3	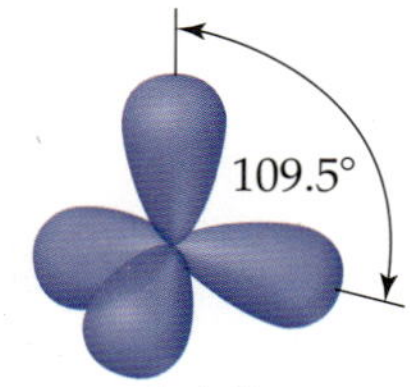 사면체	CH_4, NH_3, H_2O, NH_4^+
s,p,p,p,d	5개의 sp^3d	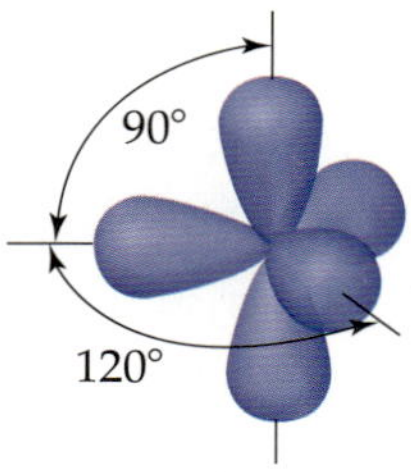 이중삼각 피라미드	PF_5, SF_4, BrF_3
s,p,p,p,d,d	6개의 sp^3d^2	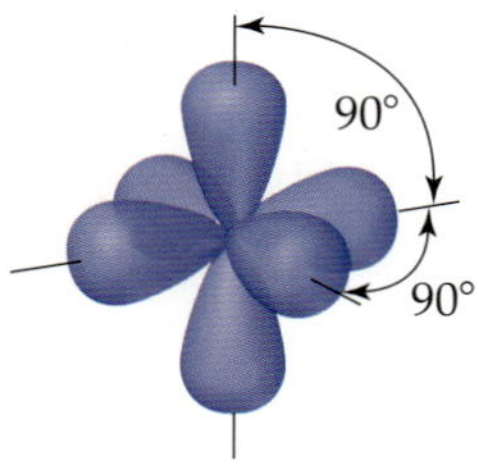 팔면체	SF_6, ClF_5, XeF_4, PF_6^-

5.6 다중결합

지금까지는 공유결합의 전자밀도가 핵간 축(intermuclear axis)을 따라 대칭적으로 분포하는 경우를 보았다. 이러한 결합을 시그마(σ)결합이라 한다. H_2처럼 2개 *s* 오비탈의 겹침, HCl처럼 1개 *s*와 1개 *p* 오비탈의 겹침, Cl_2처럼 2개 *p* 오비탈의 겹침, BeF_2처럼 *p* 오비탈과 *sp* 혼성 오비탈의 겹침은 모두 σ 결합의 예이다.

다중결합을 설명하려면 핵간 축(그림 5.15)에 수직한 2개 *p* 오비탈간의 결합을 고려해야 한다. 이러한 *p* 오비탈의 측면 겹침은 파이(π) 결합을 생성한다. π 결합은 공유결합이고 겹침 영역은 핵간 축의 위와 아래에 있다. σ 결합과 다르게 π 결합은 핵

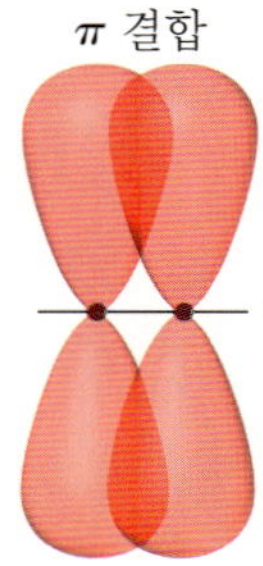

▲ **그림 5.15 π 결합.** 두 *p* 오비탈이 측면으로 겹치면 π 결합을 생성한다. 1개의 π 결합은 아래 위의 두 겹침 영역으로 이루어진다.

간 축에서 전자를 발견할 확률이 없다. π 결합의 전체 겹침은 σ 결합보다 작아 일반적으로 결합세기는 더 약하다.

거의 모든 경우에 단일결합은 σ 결합이다. 이중결합은 1개의 σ 결합과 π 결합으로 구성되고 삼중결합은 1개의 σ 결합과 2개의 π 결합으로 구성된다.

이러한 개념들이 어떻게 적용되는지를 알아보기 위해 C═C 이중결합을 갖는 에틸렌 분자를 살펴보자. 에틸렌의 모든 결합각은 대략 120°이고 각 탄소원자는 sp^2 혼성 오비탈을 사용하여 다른 탄소와, 그리고 2개의 수소와 σ 결합을 형성한다. 탄소는 4개의 원자가전자를 가지므로 sp^2 혼성화 후에 1개 전자는 비혼성화 2p 오비탈에 남는다.

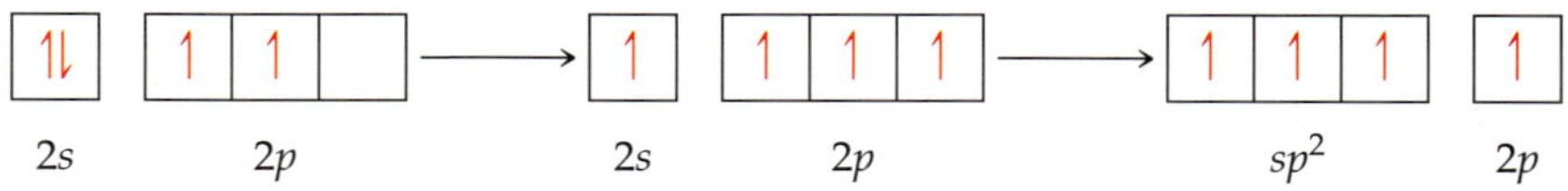

비혼성화 2p 오비탈은 3개의 sp^2 혼성 오비탈 평면에 수직으로 향한다.

탄소원자의 각 sp^2 혼성 오비탈은 1개의 전자를 갖는다. 그림 5.16은 C의 sp^2 혼성 오비탈이 각 H 원자의 1s 오비탈과 겹쳐 4개 C—H σ 결합이 형성되는 것을 보여준다. C—C σ 결합은 탄소원자의 sp^2 혼성 오비탈사이의 겹침으로 형성된다. C_2H_4 분자는 전체 12개 원자가전자를 가지며 이들 중 10개는 1개의 C—C와 4개의 C—H σ 결합을 형성한다. 나머지 2개의 원자가전자는 비혼성화 2p 오비탈에 있다. 이러한 2p 오비탈은 그림 5.17처럼 측면으로 서로 겹친다. 결과적으로 전자밀도는 C—C 결합축의 위와 아래에 분포하며 π 결합을 형성한다. 그리하여 에틸렌의 C═C 이중결합은 1개의 σ 결합과 1개의 π 결합으로 구성된다.

π 결합은 직접 실험적으로 관찰할 수 없지만(우리가 볼 수 있는 것은 원자의 위치뿐이다) 에틸렌 구조는 π 결합의 존재를 강하게 지지한다. 첫째, 에틸렌의 C—C 결합길이(1.34 Å)는 C—C 단일결합(1.54 Å)보다 훨씬 더 짧다. 둘째, C_2H_4의 모든 6개 원자는 같은 평면에 놓인다. 2개의 CH_2 기는 같은 평면에 놓일 때 2p 오비탈의 겹침이 잘 일어난다. π 결합이 존재하지 않으면 에틸렌의 2개 CH_2 기가 같은 평면에 있을 것이라고 기대할 수 없다. π 결합은 CH_2 기가 평면구조를 벗어나지 못하도록 한다.

삼중결합도 혼성 오비탈을 사용하여 설명할 수 있다. 아세틸렌(H—C ≡ C—H)은 삼중결합을 포함하는 선형분자이다. 선형 기하구조는 각 탄소원자가 sp 혼성 오비탈

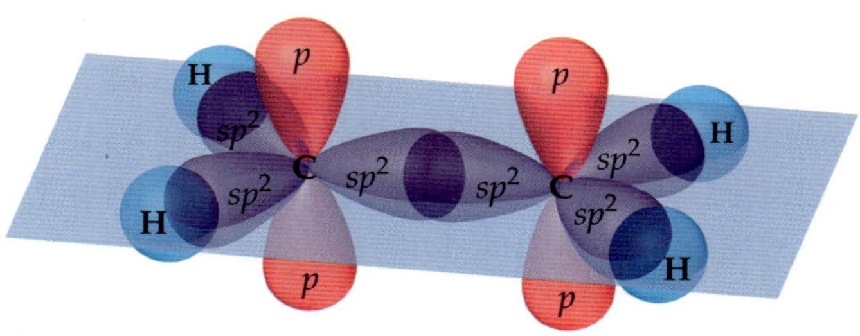

▲ **그림 5.16 에틸렌의 탄소 오비탈 혼성화.** σ 결합 골격은 탄소원자의 sp^2 혼성 오비탈에서 생긴다. C 원자의 비혼성화 2p 오비탈은 π 결합 생성에 이용된다.

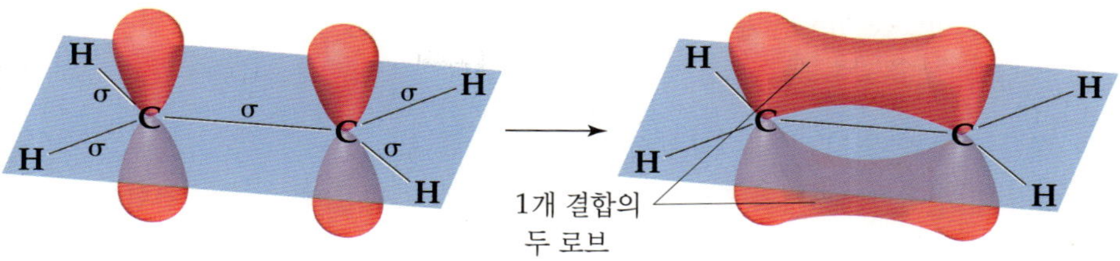

▲ **그림 5.17 에틸렌의 π 결합.** 에틸렌의 π 결합은 C 원자의 2*p* 오비탈이 다른 C 원자의 2*p* 오비탈과 겹쳐 생성된다. π 결합의 전하밀도 중심은 결합축의 위와 아래에 있고 전하밀도 중심이 결합축에 놓인다.

을 사용하여 다른 탄소 및 수소와 σ 결합을 생성한다. 탄소원자는 2개의 비혼성화 2*p* 오비탈을 갖는다. 이들의 *p* 오비탈이 서로 겹쳐지면 한 쌍의 π 결합이 형성된다. 그리하여 아세틸렌의 삼중결합은 1개의 σ 결합과 2개의 π 결합으로 구성된다.

예제 5.7

포름알데하이드의 Lewis 구조는 아래와 같다.

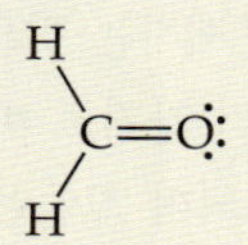

탄소원자의 적절한 혼성 오비탈 결합을 설명하라.

해답: VSEPR 모형을 사용하여 탄소 주위의 결합각을 약 120°라고(삼각평면 기하구조) 예측한다. 중심원자 주위의 이러한 기하구조는 σ 결합이 sp^2 혼성 오비탈임을 암시한다. 탄소의 2*p* 오비탈은 3개의 σ 결합 평면에 수직으로 남아 있다.

산소의 2개 비공유전자쌍과 O—C σ 결합은 삼각평면에 있고 그들 사이에 대략 120°라고 예측할 수 있다. 산소의 2*p* 오비탈은 σ 결합 평면에 수직으로 남아 있다. 이 오비탈은 탄소의 2*p* 오비탈과 겹쳐 탄소와 산소 간에 π 결합을 생성한다.

보충 예제

다음의 아세트나이트릴(acetonitrile)분자에 대한

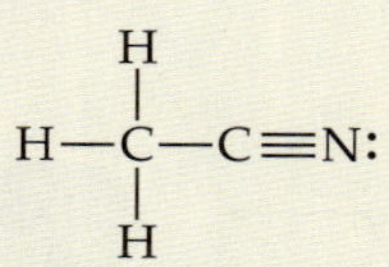

(a) 각 탄소 주위의 결합각을 예측하라.

(b) 두 탄소원자의 혼성화를 설명하라.

(c) 전체 σ 결합수와 π 결합수를 결정하라.

답: (a) 왼쪽 탄소 주위는 대략 109°이고 오른쪽 탄소 주위는 180° **(b)** sp^3, sp **(c)** 5개의 σ 결합과 2개의 π 결합

혼성 오비탈을 이용한 분자구조의 설명에 다음과 같은 몇 가지 유용한 결론을 내릴 수 있다.

1. 모든 결합원자쌍은 1개 이상의 전자쌍을 공유한다.
2. σ 결합의 전자는 2개의 결합원자 사이에 편재하고 다른 원자 간의 결합에는 거의 기여하지 않는다.
3. 원자들이 한 쌍 이상의 전자를 공유할 때 하나는 σ 결합을 나머지는 π 결합을 생성하는 데 사용된다. π 결합의 전자밀도는 결합축의 위와 아래에 분포한다.

5.7 분자 오비탈

원자가결합 이론과 혼성 오비탈의 개념은 분자의 기하구조를 설명하는 데 유용하다. 그러나 이 이론은 분자의 성질과 관련하여 만족스러운 설명을 하지 못한다. 이 절에서는 분자 오비탈 이론(molecular orbital theory)이라는 또 다른 모형으로 원자가결합 이론의 미흡한 점을 보완할 것이다. 전자는 원자 오비탈이라는 허용 에너지 상태에 존재한다. 그와 비슷한 방식으로 분자 오비탈 이론은 전자를 분자 오비탈(molecular orbital)이라는 허용에너지 상태에 존재하는 것으로 설명한다.

분자 오비탈은 원자 오비탈과 여러 가지로 비슷한 특성을 갖는다. 예를 들어 분자 오비탈도 최대로 2개의 전자가 허용되며 그들은 일정한 에너지를 갖는다. 전자밀도 분포는 원자 오비탈처럼 등고선 표현법을 사용하여 표시할 수 있다. 그러나 분자 오비탈은 원자가 아니라 분자 전체에 퍼져있다고 생각한다.

수소분자

분자 오비탈 이론의 의미를 이해하기 위해 수소분자(H_2)를 고려하자. 그림 5.18처럼 수소원자의 1*s* 오비탈이 다른 수소원자의 1*s* 오비탈과 겹쳐 H_2를 생성할 때 2개의 분자 오비탈을 생성한다.

H_2의 2개의 분자 오비탈 중 낮은 에너지 오비탈은 핵 사이의 전자밀도가 커지는 경우이다. 이것을 결합 분자 오비탈(bonding molecular orbital)이라 한다. 이러한 분

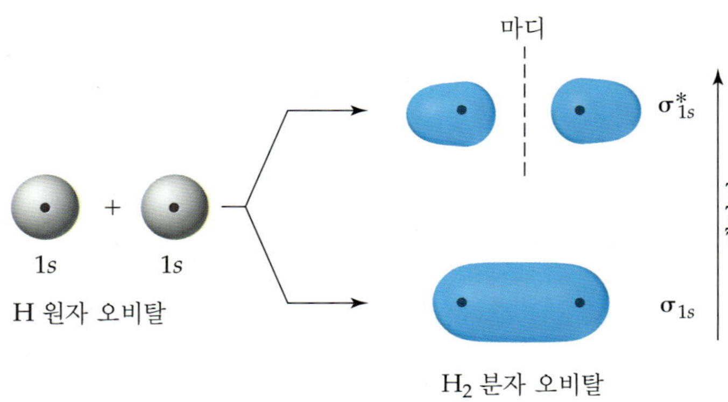

▶ **그림 5.18 수소분자의 분자 오비탈.** 2개 H의 1*s* 원자 오비탈의 결합은 H_2의 2개의 분자 오비탈을 생성한다. 결합성 분자 오비탈 σ_{1s} 는 원자 오비탈이 보강되어(constructively) 원자핵 사이에 전자밀도가 증가한다. 반결합성 분자 오비탈 σ^*_{1s}은 원자 오비탈이 상쇄되어(destructively) 두 핵 사이에 마디를 갖는다.

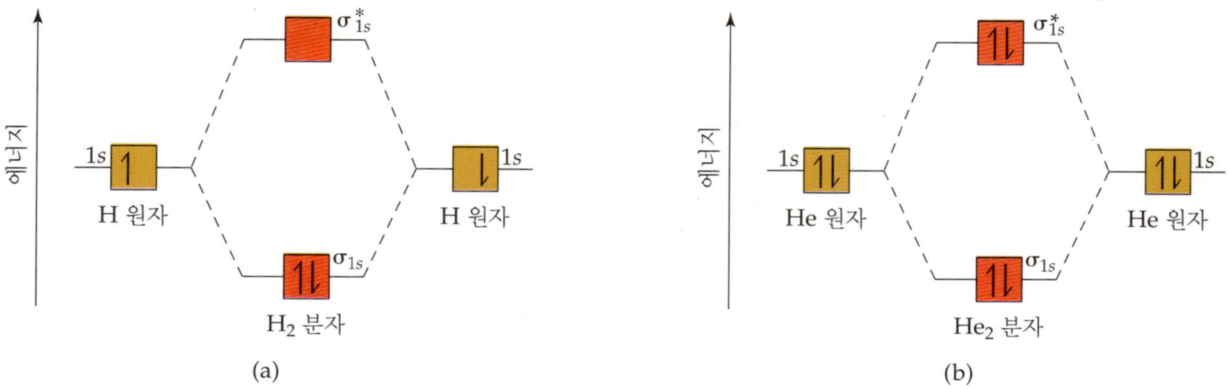

▲ **그림 5.19 에너지 준위 도표.** (a) H_2 분자, (b) 가상의 He_2 분자.

자 오비탈의 전자는 양쪽의 핵에 끌리므로 전자는 수소원자의 1*s* 오비탈에 있을 때보다 더 안정하다(더 낮은 에너지 상태). 전자밀도는 핵 사이에서 증가하므로 결합 분자 오비탈은 원자들을 한데 묶는다. 또 다른 분자 오비탈은 핵 사이의 전자밀도가 작아 반결합 분자 오비탈(antibonding molecular orbital)이라 한다. 원자 오비탈은 핵 사이의 영역에서 서로 상쇄되고 전자밀도가 감소한다. 이러한 분자 오비탈은 결합을 생성하는 영역으로부터 전자를 배제한다. 이 분자 오비탈의 전자는 실제로 결합 영역에서 반발하므로 수소원자의 1*s* 오비탈에 있을 때보다 더 불안정하다(더 높은 에너지).

H_2의 결합 분자 오비탈과 반결합 분자 오비탈의 전자밀도는 핵간 축 주위에 분포한다. 이러한 종류의 분자 오비탈을 시그마(σ) 분자 오비탈이라 한다. H_2의 결합 시그마 분자 오비탈은 2개의 1s 오비탈로부터 형성된다. H_2의 반결합 시그마 오비탈은 σ^*_{1s}로 표시하며 별표는 오비탈이 반결합성이라는 것을 나타낸다. σ_{1s}와 σ^*_{1s} 분자 오비탈을 형성하는 2개 1*s* 오비탈간의 상호작용을 그림 5.19처럼 에너지 준위 도표 혹은 분자 오비탈 도표로 나타낼 수 있다. 그러한 도표는 상호작용하는 원자 오비탈을 왼쪽과 오른쪽 칸에, 그리고 분자 오비탈은 중간 칸에 나타낸다. 결합 분자 오비탈인 σ_{1s}는 원자의 1*s* 오비탈보다 낮은 에너지이고 반결합 오비탈인 σ^*_{1s}은 1*s* 오비탈보다 더 높은 에너지이다. 원자 오비탈과 마찬가지로 각 분자 오비탈은 최대 2개의 전자를 수용한다(Pauli 배타원리). 각 H 원자는 1개의 전자를 가지므로 H_2에는 2개의 전자가 있다. 2개의 전자는 스핀이 짝을 지어 낮은 에너지의 결합 분자 오비탈(σ_{1s})을 점유한다. 결합 분자 오비탈을 점유하는 전자들을 결합전자라고 한다. σ_{1s} 분자 오비탈은 1*s* 원자 오비탈보다 낮은 에너지이므로 H_2 분자는 2개의 독립된 H 원자보다 더 안정하다.

반면 가상의 He_2 분자는 그림 5.19(b)처럼 분자 오비탈에 4개의 전자가 채워진다. 결합 분자 오비탈의 2개의 전자로부터 생기는 에너지 안정화는 반결합 오비탈의 2개의 전자에 의한 에너지 불안정으로 상쇄된다.[1] 그러므로 He_2는 안정한 분자가 아

1) 실제로 반결합 분자 오비탈의 에너지 증가는 결합 오비탈의 에너지 감소보다 더 크다. 그리하여 결합성 오비탈과 반결합성 오비탈에 같은 수의 전자가 있을 때, 그 에너지는 독립 원자로 있는 것보다 약간 더 크다.

니다. 분자 오비탈 이론에 의하면 수소는 이원자분자로 존재하지만 헬륨은 그렇지 않다는 것을 쉽게 예측할 수 있다.

결합차수

분자 오비탈 이론에서 공유결합의 안정도는 다음과 같이 정의되는 결합차수(bond order)와 관련이 있다.

$$\text{결합차수} = (1/2)(\text{결합궤도 전자수} - \text{반결합궤도 전자수}) \qquad [5.2]$$

즉, 결합차수는 결합 전자수와 반결합 전자수의 차이를 2로 나눈 값이다. 결합차수가 1 이면 단일결합이고, 2이면 이중결합, 3이면 삼중결합을 나타낸다. 짝짓지 않은 전자가 있을 경우 1/2, 3/2, 5/2의 결합차수도 가능하다.

H_2는 2개의 결합 전자만 존재한다. 따라서 결합차수는 $1/2(2 - 0) = 1$이다. He_2는 2개의 결합 전자와 2개의 반결합 전자를 가지므로 결합차수는 $1/2(2 - 2) = 0$이다. 0의 결합차수는 결합이 존재하지 않는 것을 의미한다.

예제 5.9

He_2^+ 이온의 결합차수는 얼마인가? 이 이온은 He 원자와 He^+ 이온에 비하여 안정한가?

해답: He_2^+ 이온은 3개의 전자를 갖는다. 그 중 2개는 결합 오비탈에, 그리고 1개는 반결합 오비탈에 놓인다. 그리하여 결합차수는

$$\text{결합차수} = \frac{1}{2}(2 - 1) = \frac{1}{2}$$

결합차수는 0보다 크므로 He_2^+ 분자 이온은 He나 He^+에 비하여 안정하다고 예측된다. 기체상 중 He_2^+ 생성은 실험적으로 가능함이 알려져 있다.

보충 예제

H_2^- 이온의 결합차수를 결정하라.

답: 1/2

5.8 2주기의 이원자분자

분자 오비탈 이론을 수소분자뿐만 아니라 다른 이원자분자들에도 적용할 수 있다. 여기에서는 주기율표의 2주기 원소 중 동핵이원자분자(2개의 같은 원자로 구성)를 다루도록 한다. 2주기 원자는 하나 이상의 원자 오비탈을 갖는다. 분자 오비탈 생성과 연관된 몇 가지 규칙과 전자를 오비탈에 채우는 방법을 알아보자.

1. 생성되는 분자 오비탈 수는 원자 오비탈의 수를 합친 것과 같다.
2. 비슷한 에너지의 원자 오비탈끼리 가장 효과적으로 겹친다.

3. 2개의 원자 오비탈이 섞이는 정도는 그들의 상호 겹침에 비례한다. 즉, 겹침이 증가할수록 결합 오비탈은 에너지가 낮아지고 반결합 오비탈은 에너지가 높아진다.
4. 각 분자 오비탈은 Pauli 배타원리에 의해 전자를 2개까지 수용한다.
5. 같은 에너지의 분자 오비탈이 2개 이상 존재할 때 전자는 쌍을 이루기 전에 각각의 오비탈에 전자를 우선 하나씩 채운다(Hund 의 규칙).

Li_2와 Be_2의 분자 오비탈

리튬은 $1s^22s^1$ 전자배치를 갖는다. Li의 1*s*와 2*s* 오비탈은 에너지 차이가 크므로 1*s* 오비탈은 1*s* 오비탈끼리 상호작용한다고 가정한다(규칙 2). 마찬가지로 2*s* 오비탈은 오직 다른 2*s*와 서로 상호작용할 뿐이다. 결과적으로 에너지 준위 도표는 그림 5.20과 같이 나타낼 수 있다. 전체 4개의 원자 오비탈은 4개의 분자 오비탈을 생성한다(규칙 1).

Li의 1*s* 오비탈은 H_2에서처럼 σ_{1s} 결합 오비탈과 σ_{1s}^* 반결합 오비탈을 생성한다. 2*s* 오비탈도 같은 방법으로 결합(σ_{2s})과 반결합(σ_{2s}^*) 분자 오비탈을 생성한다. Li의 2*s* 오비탈은 1*s*보다 핵으로부터 더 떨어져 있으므로 더 효과적으로 겹친다. 결과적으로 σ_{2s}와 σ_{2s}^* 오비탈 사이의 에너지 분리는 1*s*에 기초한 분자 오비탈보다 더 크다. 반결합 오비탈인데도 불구하고 σ_{1s}^* 분자 오비탈의 에너지는 σ_{2s} 결합 오비탈의 에너지보다 작다. Li의 1*s* 오비탈은 에너지가 훨씬 더 작으므로 그들의 반결합 오비탈은 2*s*에 기초한 결합 오비탈보다 더 작다. Li 원자는 전자가 3개이므로 Li_2의 분자 오비탈에 6개의 전자를 채워야한다. 그림 5.20처럼 σ_{1s}, σ_{1s}^*, σ_{2s} 분자 오비탈에 각각 2개씩 채워진다. 결합 오비탈에 4개의 전자, 그리고 반결합 오비탈에 2개의 전자가 있으므로 결합차수는 $(1/2)(4-2)=1$이다. 분자는 단일결합이고 Lewis 구조와 일치한다.

Li_2의 σ_{1s}와 σ_{1s}^* 분자 오비탈은 모두 완전히 채워지므로 1*s* 오비탈은 결합에 거의 기여하지 못한다. Li_2의 단일결합은 근본적으로 Li원자의 2*s* 오비탈의 상호작용 때문이다. 핵심부 전자(core electron)는 일반적으로 분자 결합에 크게 기여하지 못한다. 이 규칙은 Lewis 구조를 그릴 때 원자가전자만 사용하는 것과 같다. 그리하여 다른 2주기의 이원자분자를 설명할 때 더 이상 1*s* 오비탈을 고려할 필요가 없다.

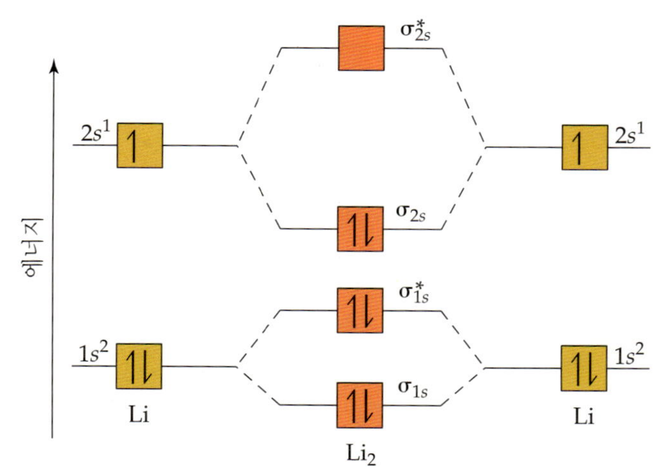

◀ **그림 5.20** Li_2 **분자의 에너지 준위 도표.**

Be_2의 분자 오비탈 설명은 Li_2의 에너지 준위 도표로부터 쉽게 알 수 있다. 각 Be 원자는 4개의 전자($1s^2 2s^2$)를 가지므로 분자 오비탈에 8개의 전자를 놓아야 한다. 그리하여 σ_{1s}, σ^*_{1s}, σ_{2s}, σ^*_{2s} 분자 오비탈을 완전히 채운다. 결합 오비탈의 전자수와 반결합 오비탈의 전자수가 같으므로 결합차수는 0이다. 결과적으로 Be_2는 존재하지 않는다.

2*p* 원자 오비탈로부터 분자 오비탈의 생성

나머지 2주기 분자를 고려하기 전에 2*p* 원자 오비탈로부터 만들어지는 분자 오비탈을 살펴보자. *p* 오비탈 사이의 상호작용을 그림 5.21에 나타내었다. 여기에서 우리는 *z* 축을 핵간 축으로 임의로 선택한다. $2p_z$ 오비탈은 서로 머리 부분을 맞대고 마주본다. *s* 오비탈에서처럼 두 가지 방법으로 $2p_z$ 오비탈이 결합된다. 하나는 핵 사이에서 전자밀도가 증가하는 결합 분자 오비탈이고 다른 하나는 핵 사이에서 전자가 배제되는 반결합 분자 오비탈이다. 이들은 σ_{2p}와 σ^*_{2p}라는 분자 오비탈이다.

다른 2*p* 오비탈은 측면으로 겹쳐 핵간 축의 위와 아래쪽에 전자밀도가 형성된다. 이러한 종류의 분자 오비탈을 π 오비탈이라고 한다. $2p_x$ 원자 오비탈과 $2p_y$ 원자 오비탈은 각각 하나의 π 분자 오비탈을 만든다. 이렇게 생성된 2개의 π_{2p} 분자 오비탈

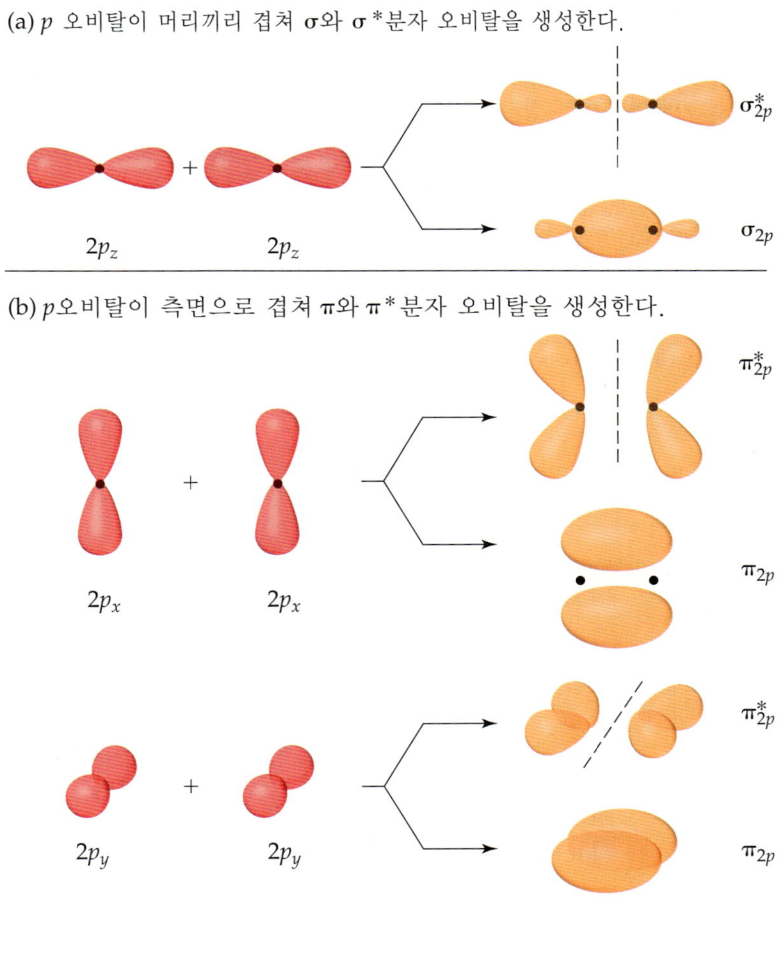

▶ **그림 5.21 2 개의 2*p* 오비탈로부터 생성되는 분자 오비탈.** 2개의 원자 오비탈을 겹쳐 2개의 분자 오비탈 즉, 결합성 오비탈과 반결합성 오비탈을 얻는다. (a) *p* 오비탈이 머리끼리 겹쳐 σ와 σ^* 분자 오비탈을 생성한다. (b) *p* 오비탈이 측면으로 겹쳐 π와 π^* 분자 오비탈을 생성한다.

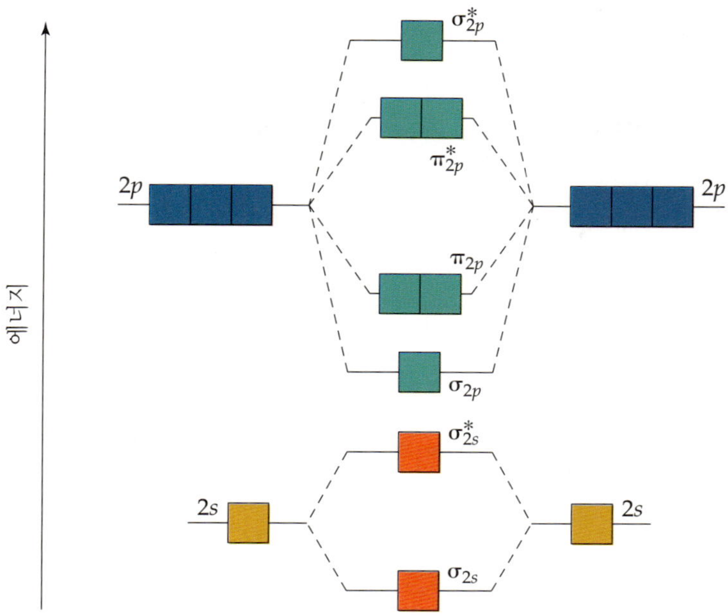

◀ **그림 5.22 2주기 동핵이원자분자의 분자 오비탈의 에너지 준위 도표.** 도표는 한 원자의 2*s* 오비탈과 다른 원자의 2*p* 원자 오비탈 간에 상호작용이 없다고 가정한 것이다.

의 에너지는 서로 같다. 마찬가지로 2개의 π^*_{2p} 반결합 분자 오비탈이 만들어진다.

B_2에서 Ne_2까지의 전자배치

지금까지 *s* 오비탈과 *p* 오비탈로부터 형성되는 분자 오비탈을 보았다. 2*s*와 2*p* 원자 오비탈로 만들어지는 2주기 동핵이원자분자의 에너지 준위 도표를 그림 5.22에 나타내었다.

에너지 준위 도표의 몇 가지 특징은 다음과 같이 요약된다.

1. 2*s* 원자 오비탈은 2*p* 원자 오비탈보다 에너지가 더 낮다. 결과적으로 2*s* 오비탈에서 생기는 결합성 σ_{2s} 분자 오비탈과 반결합성 σ^*_{2s} 오비탈은 2*p* 원자 오비탈에서 만들어지는 분자 오비탈보다 에너지가 더 낮다.
2. 앞의 설명과 같이 2개의 $2p_z$ 오비탈의 겹침은 2개의 $2p_x$와 $2p_y$ 오비탈보다 더 크다. 결과적으로 결합 σ_{2p} 분자 오비탈은 π_{2p} 분자 오비탈보다 에너지가 더 낮고 반결합 σ^*_{2p} 분자 오비탈은 π^*_{2p} 분자 오비탈보다 에너지가 더 높다.
3. π_{2p}, π^*_{2p} 분자 오비탈은 각각 2개씩 존재하고 그들의 에너지는 같다.

에너지 준위 도표를 작성할 때 한 원자의 2*s* 오비탈과 다른 원자의 2*p* 오비탈간에 상호작용이 없다고 가정하였으나 실제는 그렇지 않다. 이러한 상호작용의 결과는 σ_{2s}와 σ_{2p} 분자 오비탈의 에너지에 영향을 준다. 2*s*-2*p* 상호작용이 커지면 분자 오비탈의 에너지 순서가 다음과 같이 변한다. B_2, C_2, N_2의 경우 σ_{2p} 분자 오비탈의 에너지는 π_{2p} 분자 오비탈의 에너지보다 높다. 반면 O_2, F_2, Ne_2의 경우 σ_{2p} 분자 오비탈의 에너지는 π_{2p} 분자 오비탈의 에너지보다 낮다(그림 5.23).

분자 오비탈의 에너지 순서가 얻어지면 B_2에서 Ne_2까지 2주기 이원자분자의 전

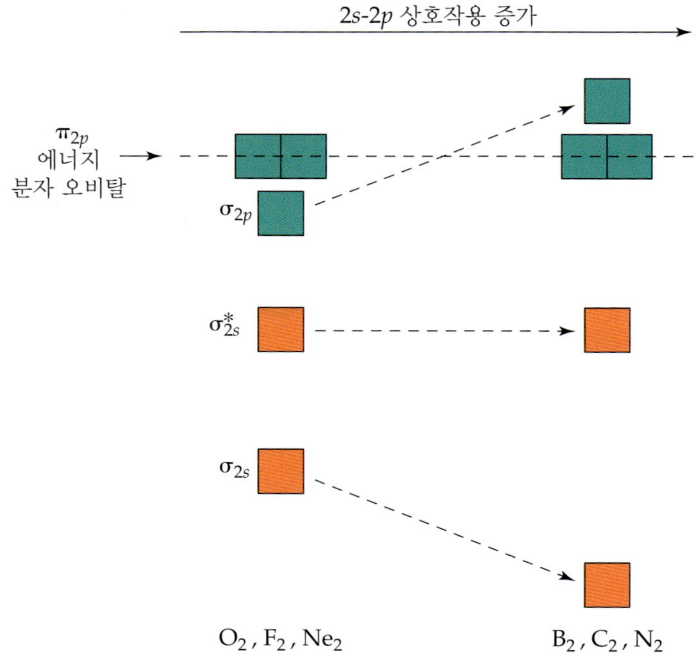

▶ **그림 5.23** 2*s* 오비탈과 2*p* 오비탈이 상호작용할 때 σ_{2s} 분자 오비탈은 에너지가 감소하고 σ_{2p} 분자 오비탈은 에너지가 증가한다. O_2, F_2, Ne_2의 상호작용은 작아 σ_{2p} 분자 오비탈은 π_{2p} 분자 오비탈보다 낮다. 반면 B_2, C_2, N_2의 2*s*−2*p* 상호작용은 σ_{2p} 분자 오비탈이 π_{2p} 분자 오비탈보다 더 높은 에너지를 갖게 한다.

자배치는 쉽게 결정된다. 예를 들어 B_2는 6개의 전자(1*s* 전자는 무시)를 분자 오비탈에 채우는데, 4개는 σ_{2s}와 σ^*_{2s}를 점유하고 나머지 전자는 2개의 π_{2p} 결합 분자 오비탈에 각각 하나씩 놓인다. 그러므로 B_2의 결합차수는 1이다. B_2에서 Ne_2까지 이원자분자의 전자배치와 결합차수를 그림 5.24에 나타내었다.

큰 2*s*-2*p* 상호작용				작은 2*s*-2*p* 상호작용			
	B_2	C_2	N_2		O_2	F_2	Ne_2
σ^*_{2p}	[ ]	[ ]	[ ]	σ^*_{2p}	[ ]	[ ]	[↑↓]
π^*_{2p}	[ ][ ]	[ ][ ]	[ ][ ]	π^*_{2p}	[↑][↑]	[↑↓][↑↓]	[↑↓][↑↓]
σ_{2p}	[ ]	[ ]	[↑↓]	π_{2p}	[↑↓][↑↓]	[↑↓][↑↓]	[↑↓][↑↓]
π_{2p}	[↑][↑]	[↑↓][↑↓]	[↑↓][↑↓]	σ_{2p}	[↑↓]	[↑↓]	[↑↓]
σ^*_{2s}	[↑↓]	[↑↓]	[↑↓]	σ^*_{2s}	[↑↓]	[↑↓]	[↑↓]
σ_{2s}	[↑↓]	[↑↓]	[↑↓]	σ_{2s}	[↑↓]	[↑↓]	[↑↓]
결합차수	1	2	3		2	1	0
결합엔탈피(kJ/mol)	290	620	941		495	155	—
결합길이(Å)	1.59	1.31	1.10		1.21	1.43	—
자기적 성질	상자기성	반자기성	반자기성		상자기성	반자기성	—

▲ **그림 5.24** 몇 가지 2주기 이원자분자의 분자 오비탈 전자배치와 물리화학적 성질.

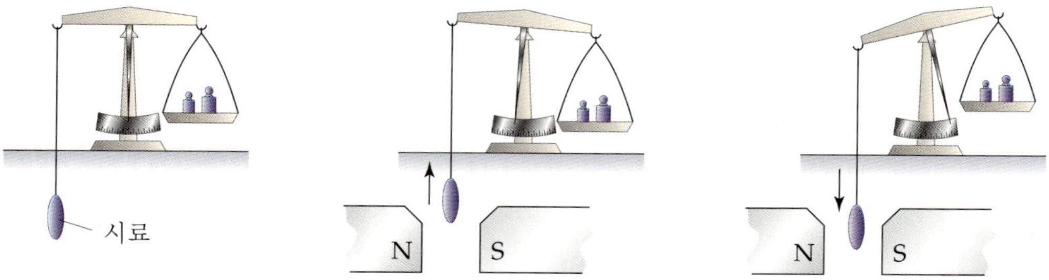

(a) 먼저 자기장이 없는 상태에서 시료의 무게를 단다.

(b) 자기장을 걸어줄 때 반자기성 시료는 자기장 밖으로 이동하는 경향이 있고, 질량이 줄어든 것처럼 나타난다.

(c) 상자기성 시료는 자기장속으로 끌려 들어가고, 따라서 질량을 얻는 것으로 나타난다.

▲ **그림 5.25 시료의 자성을 측정하는 실험.** (a) 자기장이 없는 상태에서 시료의 무게를 단다. (b) 자기장을 걸었을 때 반자기성 시료는 자기장 밖으로 밀리고 무게가 감소한다. (c) 상자성 시료는 자기장 안으로 끌리고 무게가 증가한다.

전자배치와 분자의 성질

이원자분자의 전자구조와 분자의 물리화학적 성질을 비교하는 것은 흥미로운 일이다. 자기장(magnetic field)과의 상호작용은 분자의 전자배치에 중요한 정보를 제공한다. 짝짓지 않은 전자를 포함하는 분자는 자기장에 끌리는데 이러한 성질을 상자기성(paramagnetism)이라 한다. 홀전자가 없는 물질은 자기장에 약하게 반발하고 이러한 성질을 반자기성(diamagnetism)이라 한다. 반자기성은 상자기성보다 자성이 훨씬 약하다. 물질의 자기적 성질은 자기장하에서 무게를 측정하여 확인할 수 있다(그림 5.25). 물질이 상자기성이면 자장에서 더 무거워지고 반자기성이면 무게가 감소한다.

전자배치는 또한 분자의 결합거리 및 결합 에너지와 관련이 있다. 결합차수가 증가하면 결합거리는 감소하고 결합 에너지는 증가한다. N_2의 결합차수는 3으로 결합거리는 짧고 결합 에너지는 크다. 결합차수가 같다고 결합거리와 결합 에너지가 같은 것은 아니다. 결합차수는 다만 이들의 성질에 영향을 미치는 하나의 인자일 뿐이다.

산소분자(O_2)의 결합은 특히 흥미롭다. Lewis 구조는 이중결합이 있고 전자들은 모두 쌍을 이룬 것으로 나타낸다.

$$\ddot{\underset{..}{O}}=\ddot{\underset{..}{O}}$$

산소분자의 짧은 O—O 결합거리(1.21 Å)와 비교적 큰 결합 에너지(495 kJ/mol)는 이중결합의 존재와 잘 들어맞는다. O_2 분자는 2개의 홀전자를 갖고 있으며 상자기성이다. Lewis 구조는 O_2의 상자기성을 설명하지 못하지만 분자 오비탈 이론은 π^*_{2p} 오비탈에 2개의 짝짓지 않은 전자의 존재를 예측한다. 또한 분자 오비탈로부터 결합차수가 2 임을 알 수 있다.

예제 5.10

O_2^+의 다음 성질을 예측하라.

(a) 홀전자수, **(b)** 결합차수, **(c)** 결합에너지와 결합길이

해답: (a) O_2^+ 이온은 O_2보다 전자가 1개 더 작다. 2개 π^* 오비탈에 전자가 1개만 채워진다.

(b) 8개의 결합 전자(O_2와 같은 수)와 3개의 반결합 전자(O_2보다 1개 작다)를 갖는다. 결합차수는 $(8-3)/2 = 2.5$이다.

(c) O_2^+의 결합차수는 O_2(결합차수 = 2)와 N_2(결합차수 = 3) 사이에 있다. 그리하여 결합 에너지와 결합길이는 O_2와 N_2 사이의 중간값이다. 대략 720 kJ/mol과 1.15 Å이다. 실험적으로 구한 결합 에너지와 결합길이는 625 kJ/mol과 1.123 Å이다.

보충 예제

다음 이온들의 자기성과 결합차수를 예측하라.

(a) 과산화이온(O_2^{2-}) **(b)** 아세틸화이온(C_2^{2-})

답: (a) 반자성, 1, **(b)** 반자성, 3

연습문제

5.1 (a) 선형분자에서 분자의 결합길이만으로 분자의 기하구조가 설명되는가?

(b) BF_3와 SO_3 분자는 모두 삼각평면이라고 설명한다. 이 정보는 분자의 결합각을 완전하게 정의하는가?

5.2 중심원자 주위에 전자쌍 수가 다음과 같을 때 전자쌍 기하구조를 설명하라.

(a) 3 **(b)** 4 **(c)** 5 **(d)** 6

5.3 분자의 전자쌍 기하구조와 분자 기하구조 간의 차이는 무엇인가? 예로 암모니아분자를 사용하여 설명하라.

5.4 중심원자 주위에 다음과 같은 전자쌍을 갖는 분자의 전자쌍 기하구조와 분자 기하구조를 제시하라.

(a) 결합전자쌍 4 개

(b) 3개의 결합전자쌍과 2개의 비결합전자쌍

(c) 5개의 결합전자쌍과 1개의 비결합전자쌍

5.5 다음의 전자쌍 기하구조와 분자 기하구조를 제시하라.

(a) ClO_2^- **(b)** SO_3 **(c)** PCl_3

(d) BH_4^- **(e)** SO_3^{2-} **(f)** ICl_3

5.6 NF_3, BF_3, ClF_3 분자는 모두 XF_3 형태의 분자식을 갖지만 분자 기하구조가 서로 다르다. 각 분자의 모양을 예측하고 그 이유를 설명하라.

5.7 NH_2^-, NH_3, NH_4^+의 세 가지 화학종은 각각 105°, 107°, 109°의 H—N—H 결합각을 갖는다. 이러한 결합각의 변화를 설명하라.

5.8 다음 분자에서 표시한 결합각의 근사값을 제시하라.

(a)

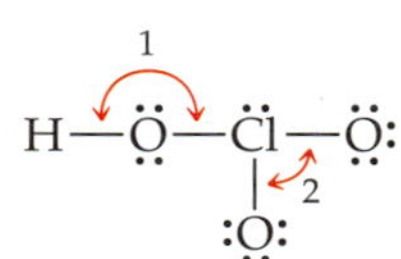

(b)

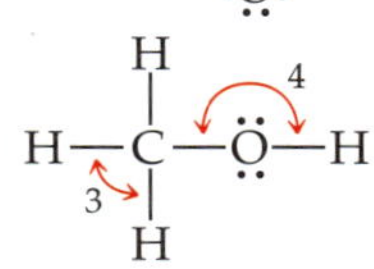

(c)

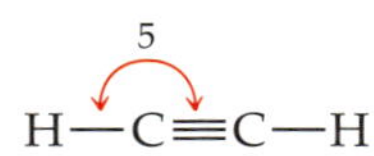

(d)

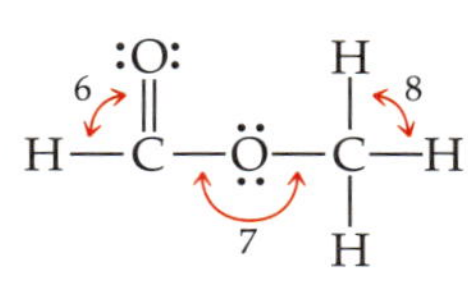

5.9 (a) 극성분자를 비극성분자와 비교할 때 무엇이 다른가?

(b) X와 Y 원자는 서로 다른 전기음성도를 갖는다.

X−Y 이원자분자는 항상 극성인가?

(c) 이원자분자의 쌍극자모멘트의 크기에 영향을 주는 요인은?

5.10 다음 분자는 극성인가 비극성인가?

(a) CCl_4 **(b)** CS_2 **(c)** SO_3
(d) SF_4 **(e)** NF_3 **(f)** PF_5

5.11 결합원자단의 큰 전기음성도 차이에도 불구하고 $BeCl_2(g)$는 쌍극자모멘트를 갖지 않지만 $SCl_2(g)$는 쌍극자모멘트를 갖는다. 그 이유는?

5.12 표 5.4의 자료를 이용하여 HF 분자의 H와 F 원자의 전하를 전자전하 단위(e)로 나타내라.

5.13 Dichloroethylene($C_2H_2Cl_2$)는 다음과 같은 3개의 기하구조(이성질체)를 갖는다.

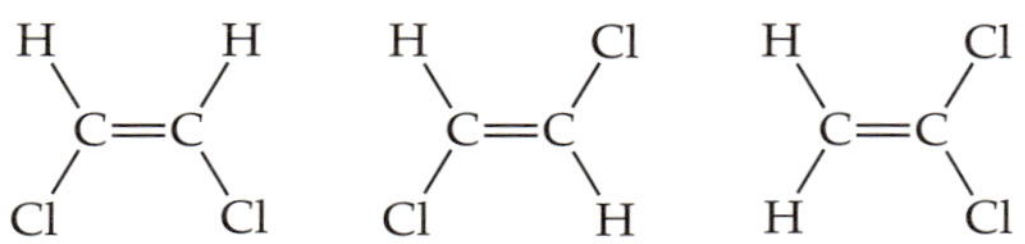

이 화합물 중 0의 쌍극자모멘트를 갖는 것은?

5.14 **(a)** 오비탈 겹침은 무엇을 의미하는가?

(b) 원자가결합 이론의 겹침 오비탈은 어떤 중요성이 있는가?

(c) 원자가결합 이론과 관련 있는 두 가지 기본 개념은 무엇인가?

5.15 다음 원자 오비탈의 결합으로부터 생성되는 혼성오비탈의 기호와 결합각을 나타내시오.

(a) 1개의 *s*와 2개의 *p*

(b) 1개의 *s*, 3개의 *p*, 1개의 *d*

(c) 1개의 *s*, 3개의 *p*, 2개의 *d*

5.16 **(a)** 붕소원자의 바닥상태 전자배치로부터 출발하여 BF_3 결합을 설명하는 적절한 혼성 오비탈 구성에 필요한 단계를 설명하라.

(b) **(a)**에서 구성한 혼성 오비탈의 로브를 그려라.

(c) 혼성화하지 않고 남은 B의 원자가 오비탈이 있는가? 만약 그렇다면 그들은 혼성 오비탈에 대하여 어떻게 배향하는가?

5.17 다음 분자나 이온의 중심원자가 사용한 혼성 오비탈은 무엇인가?

(a) BH_4^- **(b)** NH_3
(c) XeF_2 **(d)** BI_3

5.18 **(a)** *p* 오비탈로 구성된 σ 결합을 그려라.

(b) *p* 오비탈로 구성된 π 결합을 그려라.

(c) 일반적으로 σ 결합 혹은 π 결합 중 어느 것이 더 센 결합인가? 설명하라.

5.19 CH_4의 탄소원자는 다중결합을 하지 않지만 포름알데하이드(H_2CO)의 탄소는 다중결합에 참여한다. 탄소원자의 혼성화를 설명하라.

5.20 가장 간단한 아미노산인 glycine의 Lewis 구조는

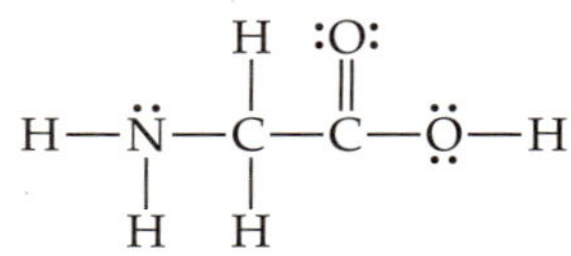

(a) 2개 탄소원자 주위의 결합각은 대략 얼마인가? 그리고 각 탄소의 오비탈 혼성화는 어떤 것인가?

(b) 2개 산소와 질소원자의 오비탈 혼성화는 어떤 것인가?

(c) 분자의 전체 σ 결합수는 얼마인가? π 결합수는 얼마인가?

5.21 **(a)** 편재 π 결합과 비편재 π 결합간의 차이는 무엇인가?

(b) 분자나 이온이 비편재 π 결합을 하는지 어떻게 알 수 있는가?

(c) NO_2^-의 π 결합은 편재인가? 비편재인가?

5.22 **(a)** 원자 오비탈과 분자 오비탈의 비슷한 점과 차이점은?

(b) H_2의 결합성 분자 오비탈의 에너지는 수소원자의 에너지보다 왜 작은가?

(c) 각 분자 오비탈에 몇 개의 전자를 놓을 수 있는가?

5.23 H_2^+ 이온에 대하여

(a) 분자 오비탈 에너지 준위 도표를 그려라.

(b) 몇 개의 전자가 있는가? 이온의 Lewis 구조를 그릴 수 있는가?

(c) 이온의 전자배치를 분자 오비탈로 나타내라.

(d) 결합차수는 얼마인가?

(e) 빛을 흡수하면 낮은 에너지 분자 오비탈의 전자는 높은 에너지의 분자 오비탈로 들뜨게 된다. 들뜬상태의 이온은 안정한가?

5.24 **(a)** 2개 $2p_z$ 원자 오비탈을 조합하여 생길 수 있는 σ 분자 오비탈을 그려라.

(b) 2개 $2p_x$ 원자 오비탈이 겹쳐 생성된 π 분자 오비탈을 그려라.

(c) $2s$와 $2p$ 오비탈이 섞인다고 가정하고 **(a)**와 **(b)**에서 생긴 분자 오비탈을 에너지가 증가하는 순으로 나열하라.

5.25 **(a)** 반자기성은 무엇을 의미하는가?

(b) 반자기성 동핵이원자분자의 예를 2개 들라.

(c) 다음 이온 중 반자기성인 것은?

N_2^+, O_2^{2-}, Be_2^{2+}, O_2^{2-}

5.26 동핵이원자분자의 에너지 준위 도표를 이핵이원자분자 혹은 이온에도 적용할 수 있다고 가정할 때 다음의 결합차수와 자기적 성질을 예측하시오.

(a) CO **(b)** NO^-

(c) CN^- **(d)** OF

CHAPTER **06**

화학량론

화학반응에서 생성되거나 소모되는 물질의 양은 화학량론(stoichiometry)으로 설명할 수 있다. 이 단어의 어원은 그리스어의 *stoicheion*(element)과 *metron*(measure)으로부터 유래하였다. 이 분야는 화학반응을 이해하는 데 매우 유용하다. 대기 중 오존농도를 측정하는 것이나 광물로부터 금의 수득률을 계산하고, 석탄을 기체연료로 바꾸는 여러 가지 공정을 평가하는 것과 같은 다양한 문제들은 화학량론과 관련이 있다.

화학량론은 원자질량, 화학식, 질량보존의 법칙과 연관지어 설명할 수 있다. 1700년대 후반 프랑스의 과학자 Antoine Lavoisier는 중요한 화학법칙을 발견하였는 데 그가 저술한 한 권의 화학 교재에서 그 법칙을 다음과 같이 명료하게 기술하였다. "자연발생적이거나 인위적인 모든 조작에서 아무것도 창조되지 않는다. 즉, 화학반응의 전후에 정확하게 같은 양의 물질이 존재하여야 하며 따라서 화학실험에 관한 모든 기법은 이 원리에 입각하여 행해져야 한다는 것을 논쟁의 여지가 없는 공리로 받아들여야 한다" 반응 후에 존재하는 물질의 전체질량은 반응 이전의 전체질량과 동일하다는 것이 관측되었고, 질량보존의 법칙으로 알려진 이러한 결과는 화학변화의 기본법칙의 하나이다. 돌턴의 원자론이 대두되면서 화학자들은 '**원자는 화학반응에서 결코 생성되거나 소멸되지 않는다.**' 라고 하는 이 법칙의 근거를 이해하게 되었다. 실제로 화학반응에서는 원자의 재배열이 일어날 뿐이고 반응의 전후로 같은 원자들이 존재할 뿐이다. 이 장에서는 반응을 나타내는 화학식과 반응에 포함된 물질들 사이의 정량적 관계를 중점적으로 다룰 것이다.

6.1 화학반응식

화학반응은 화학반응식(chemical equation)으로 간결하게 표시할 수 있다. 예를 들면 수소(H_2)

는 연소할 때 공기 중의 산소(O_2)와 반응하여 물(H_2O)을 생성한다. 이 반응에 대한 화학반응식은 다음과 같다.

$$2H_2 + O_2 \longrightarrow 2H_2O \tag{6.1}$$

화살표 왼쪽의 화학식은 반응물(reactant)이라는 출발물질을 나타내고, 반응으로부터 새로 생긴 물질을 생성물(product)이라 하여 화살표의 오른쪽에 나타낸다. 화학식 앞에 쓴 숫자들은 계수(coefficient)들이다(대수식과 같이 아라비아 숫자 1은 보통 쓰지 않는다).

어떤 반응이든 원자들은 창조되거나 파괴되지 않으므로 화학반응식에서 화살표 양쪽의 각 원소들의 원자 수는 같아야 한다. 이런 조건을 충족할 때 화학반응식은 균형이 맞다(balanced)고 한다. 예를 들면 식 6.1의 오른쪽에 2개의 물(H_2O)분자가 있는데, 물분자 1개는 2개의 수소원자와 1개의 산소원자를 포함한다. 그러므로 $2H_2O$는 4개의 H 원자와 2개의 O 원자를 포함한다. 반응식의 양쪽에 각각 4개의 수소 원자와 2개의 산소 원자가 있으므로 이 반응식은 균형반응식이라고 할 수 있다.

균형반응식

일단 한 화학반응의 반응물과 생성물의 화학식을 알면 완결되지 않은 상태의 화학반응식을 쓸 수 있다. 그 다음 반응식의 양쪽에 각 원자들의 수가 같아지도록 계수들을 조정하여 화학반응식을 완결한다. 일반적으로 가장 작은 정수비의 계수를 사용한다. 반응식을 완결할 때 화학식 앞의 계수와 화학식에 포함된 아래첨자간의 차이를 이해하는 것이 중요하다. 그림 6.1을 보자. 한 화학식의 아래첨자가 변하는 것은(예를 들면 H_2O를 H_2O_2로) 그 화학물질의 근본적 성질이 달라진 것임에 유의하라. 과산화수소라고 알려진 H_2O_2 물질은 물과 아주 다르다. 이와 달리 화학식 앞에 계수를 붙이는 것은 단지 물질의 양(amount)이 변하는 것이지 물질의 근본적 성질까지 변하는 것이 아니다. 예를 들어 $2H_2O$는 2개의 물분자를 말하는 것이고, $3H_2O$는 3개의 물분자를 의미한다.

천연가스의 주요 성분인 메탄(CH_4)이 공기 중에서 연소하여 이산화탄소(CO_2) 기체와 수증기(H_2O)를 생성하는 반응을 예로 들어 화학반응식을 완결하는 과정을

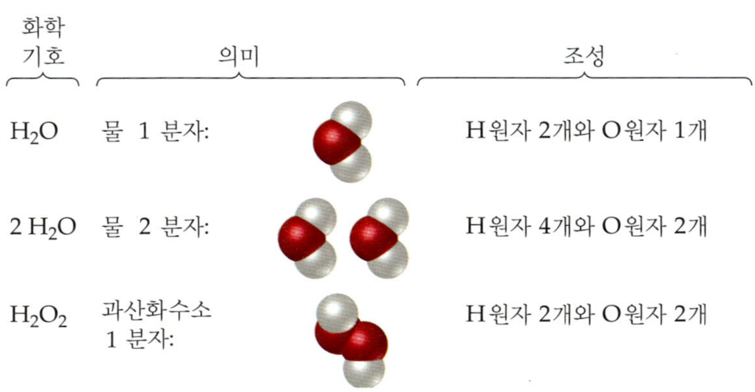

▶ **그림 6.1 화학식의 아래첨자와 반응식의 계수와의 차이.**

$$\underset{\binom{1\,C}{4\,H}}{CH_4} + \underset{(4\,O)}{2\,O_2} \longrightarrow \underset{\binom{1\,C}{2\,O}}{CO_2} + \underset{\binom{2\,O}{4\,H}}{2\,H_2O}$$

◀ **그림 6.2 CH_4 연소 반응의 균형반응식.** 반응 동안에 원자가 보존되고 있음을 유의하라.

살펴보자. 생성물은 산소원자를 포함한다. 따라서 O_2는 반응물에 포함되고 완결되지 않은 반응식은 다음과 같다.

$$CH_4 + O_2 \longrightarrow CO_2 + H_2O \text{ (불균형반응식)} \qquad [6.2]$$

보통 반응식 양쪽에서 가장 간단한 화학식을 가진 분자의 원소에 대하여 먼저 균형을 맞추는 것이 좋다. C와 H는 한 반응물에만 나타나므로 CH_4에 초점을 맞추어 탄소, 수소의 순서로 균형을 맞추어보자.

반응물 CH_4의 탄소수와 생성물 CO_2의 탄소수가 같아야 한다. 따라서 이들 화학식의 계수는 같아야 하고 계수 값을 1로 정하자. CH_4 분자의 수소 원자수는 H_2O 분자의 수소 원자수보다 2배 더 많다. H_2O 의 계수를 2로 하면 반응식의 양쪽에 같은 수의 수소원자가 존재한다.

$$CH_4 + O_2 \longrightarrow CO_2 + 2H_2O \text{ (불균형반응식)} \qquad [6.3]$$

이 단계에서 생성물의 전체 산소 원자수(4개)는 반응물의 전체 산소 원자수(2개)보다 두 배 더 많다. O_2 의 계수를 2로 하면 식의 양쪽에 O 원자수가 같게 되어 균형반응식을 얻게 된다.

$$CH_4 + 2O_2 \longrightarrow CO_2 + 2H_2O \text{ (균형반응식)} \qquad [6.4]$$

이렇게 완결한 균형반응식을 그림 6.2에 분자 모형으로 나타내었다. 균형반응식의 계수들은 가장 작은 정수비로 표현된다. 계수의 균형을 맞추는 방법은 대부분 시행착오를 거쳐 이루어진다. 균형반응식에 반응물과 생성물의 물리적 상태를 표시할 수도 있다. 기체상태, 액체상태, 고체상태, 수용액 상태를 나타내기 위하여 각각 (*g*), (*l*), (*s*), (*aq*)라는 기호를 사용한다.

$$CH_4(g) + 2O_2(g) \longrightarrow CO_2(g) + 2H_2O(g) \qquad [6.5]$$

경우에 따라 반응이 진행되는 조건을 화살표의 위쪽이나 아래쪽에 나타내기도 한다. 예를 들어 반응이 일어나는 압력이나 온도를 표시하거나 가열(Δ) 표시를 하기도 한다.

예제 6.1

다음 반응식을 완결하시오.

$$Na(s) + H_2O(l) \longrightarrow NaOH(aq) + H_2(g)$$

해답: 각 원소들의 원자수를 세어보면 Na 원자수와 O 원자수는 반응 전후로 같다(화살표 양쪽으로 각각 1개의 Na 원자와 1개의 O 원자가 있다). 그러나 수소원자는 왼쪽에 2개, 오른쪽에 3개가 있다. 왼쪽의 H 원자수를 늘리기 위하여 H_2O 앞에 계수 2를 취해보자.

$$Na(s) + 2H_2O(l) \longrightarrow NaOH(aq) + H_2(g)$$

이제 $2H_2O$가 되었으니 O 원자수를 맞추기 위해 NaOH 앞에 계수 2를 취해보자.

$$Na(s) + 2H_2O(l) \longrightarrow 2NaOH(aq) + H_2(g)$$

이렇게 하면 H의 원자수를 맞출 수 있다. Na 원자수를 다시 맞추기 위해 왼쪽의 Na 원자 앞에 계수 2를 취해보자.

$$2Na(s) + 2H_2O(l) \longrightarrow 2NaOH(aq) + H_2(g)$$

마지막으로 각 원소의 원자수를 검사하면 화학식의 양쪽에 2개의 Na 원자, 4개의 H 원자, 그리고 2개의 O 원자가 존재하기 때문에 화학식은 비로소 균형이 맞는다.

보충 예제

다음 화학반응식의 균형을 맞추시오.

(a) $\_C_2H_4 + \_O_2 \longrightarrow \_CO_2 + \_H_2O$

(b) $\_Al + \_HCl \longrightarrow \_AlCl_3 + \_H_2$

답: **(a)** 1, 3, 2, 2, **(b)** 2, 6, 2, 3

6.2 화학반응의 종류

이 장에서 자주 보게 되는 세 가지 유형의 반응(결합반응, 분해반응, 연소반응)에 대하여 알아보자. 이런 종류의 반응을 조사하는 이유는 우선 반응식의 균형을 맞추는 일에 익숙해지기 위해서이고, 다음은 반응물을 알고 있을 때 생성물이 무엇인지 예측할 수 있도록 하기 위함이다. 어떤 종류의 물질이 어떻게 반응하는지를 알면 단순히 수많은 반응들을 일일이 외우는 것보다 다양한 화학반응의 전반에 대하여 더 잘 이해할 수 있다.

연소반응

연소반응(combustion reaction)은 불꽃을 내는 빠른 반응이다. 대부분의 연소반응은 반응물로서 공기 중의 O_2를 포함한다. 식 6.5는 탄화수소화합물(CH_4와 같이 탄소와 수소만을 포함하는 화합물)의 연소반응의 일반적인 예를 보여준다.

탄화수소가 공기 중에서 연소될 때 이들은 O_2와 반응하여 CO_2와 H_2O를 생성한다.[1] 이 반응에 필요한 O_2 분자의 수와 반응에서 생성된 H_2O와 CO_2 분자의 수는 그 탄화수소의 조성에 의존한다. 예를 들어 요리나 난방에 사용하는 프로판(C_3H_8) 가스의 연소는 다음 식으로 나타낼 수 있다.

$$C_3H_8(g) + 5O_2(g) \longrightarrow 3CO_2(g) + 4H_2O(l) \qquad [6.6]$$

프로판 가스는 공기 중에서 파란색 불꽃을 내면서 탄다(그림 6.3). CH_3OH와 같이 산소원자를 포함하는 화합물들도 연소되면 CO_2와 H_2O를 생성한다. 탄화수소 유도체 화합물들이 공기 중에서 연소할 때 CO_2와 H_2O를 생성한다는 사실은 약 3백만 가지 화합물의 연소과정을 간단하게 설명할 수 있다. 우리 몸이 에너지원으로 사용하는 포도당($C_6H_{12}O_6$) 같은 당류들은 몸 안에서 O_2와 반응하여 CO_2와 H_2O를 생성한다. 이러한 반응은 연속적인 단계를 거쳐 일어나는 데 연소반응이라기보다는 산화반응이라고 부른다.

▲ 그림 6.3 공기 중의 프로판 가스의 연소.

예제 6.2

메탄올[$CH_3OH(l)$]이 공기 중에서 연소하는 반응의 균형반응식을 쓰시오.

해답: C, H, O를 함유하는 화합물이 연소하면 공기 중 $O_2(g)$와 반응하여 $CO_2(g)$와 $H_2O(l)$를 생성한다. 완결되지 않은 반응식은 다음과 같다.

$$CH_3OH(l) + O_2(g) \longrightarrow CO_2(g) + H_2O(l)$$

CH_3OH는 1개의 C 원자를 갖고 있으므로 CO_2에 계수 1을 사용하여 식의 균형을 맞추기 시작하자. CH_3OH는 4개 H 원자를 갖고 있으므로 H 원자수의 균형을 맞추기 위해 H_2O 앞에 계수 2를 두자.

$$CH_3OH(l) + O_2(g) \longrightarrow CO_2(g) + 2H_2O(l)$$

생성물 쪽에는 4개의 O 원자가, 반응물 쪽에는 3개의 O 원자가 있다. 반응물 쪽에 4개의 O 원자를 갖도록 O_2 앞에 분수 계수(fractional coefficient) 3/2을 붙인다.($3/2O_2$는 $3/2 \times 2 = 3$개의 O 원자가 있다).

$$CH_3OH(l) + \tfrac{3}{2}O_2(g) \longrightarrow CO_2(g) + 2H_2O(g)$$

반응식은 완결되었지만 분수 계수를 포함하고 있으므로 식의 양쪽에 각각 2를 곱하면 분수 계수는 없어지고 다음과 같은 균형반응식을 얻는다.

$$2CH_3OH(l) + 3O_2(g) \longrightarrow 2CO_2(g) + 4H_2O(l)$$

보충 예제

에탄올[$C_2H_5OH(l)$]이 공기 중에서 연소하는 반응의 균형반응식을 구하시오.

답: $C_2H_5OH(l) + 3O_2 \longrightarrow 2CO_2(g) + H_2O(l)$

1) 연소반응에서 O_2가 부족하면 일산화탄소(CO)를 생성한다. 만일, O_2의 양을 매우 적게 공급하면 그을음의 미세한 탄소 알갱이가 생성된다. 완전 연소되면 CO_2를 생성한다. 특별한 언급이 없으면 연소는 보통 완전연소를 의미한다.

결합반응과 분해반응

결합반응(combination reaction)이란 두 가지 혹은 그 이상의 물질들이 서로 반응하여 한 가지 생성물을 생성하는 반응이다. 표 6.1에 두 가지 간단한 형태의 반응인 결합반응과 분해반응을 요약하였다. 이런 반응의 예는 많이 있으나 특별히 원소들이 서로 결합하여 화합물을 생성하는 반응의 예를 하나 들어보기로 하자. 그림 6.4에서처럼 마그네슘 금속은 공기 중에서 밝은 빛을 내면서 연소하여 산화마그네슘을 생성한다.

$$2Mg(s) + O_2(g) \longrightarrow 2MgO(s) \qquad [6.7]$$

금속과 비금속 간 결합반응이 일어나면 식 6.7에서 보듯이 이온성 고체화합물이 생성된다. 마그네슘은 전자를 잃어 마그네슘이온(Mg^{2+})으로 되며 산소는 전자를 얻어 산화이온(O^{2-})으로 된다. 이 반응은 섬광전구에 이용되고 일반적으로 사진 기술에 많이 사용되었다. 전구는 마그네슘 리본과 산소기체로 채워져 있고, 마그네슘을 통해 전류가 흐르면 점화되면서 MgO를 생성하고 열과 빛을 낸다.

분해반응(decomposition reaction)은 한 물질이 두 가지 이상의 물질을 생성하는 반응이다. 대부분의 화합물들을 가열하면 이런 분해반응이 일어난다. 예를 들어 금속 탄산염을 가열하면 금속 산화물과 이산화탄소를 생성하면서 분해된다.

$$CaCO_3(s) \longrightarrow CaO(s) + CO_2(g) \qquad [6.8]$$

$CaCO_3$의 분해는 공업적으로 중요한 과정이다. $CaCO_3$가 주성분인 석회석(limestone)이나 조개껍질을 가열하면 CaO가 생성된다. 이것은 석회(lime)나 생석회(quicklime)로 알려져 있다. CaO는 주로 유리나 철광석으로부터 철을 얻는 과정에서, 또 벽돌을 붙이는 회반죽(mortar)을 만들 때 이용한다. 분해반응의 또 다른 예로서 질화소듐(NaN_3)의 반응을 들 수 있다. 이 반응은 순간적으로 $N_2(g)$를 발생시켜 자동차의 에어백에 이용된다(그림 6.5).

표 6.1 결합반응과 분해반응

결합반응: 두 가지 반응물은 결합하여 한 가지 물질을 생성한다. 이러한 방식으로 여러 가지 원소들을 다른 것과 반응하여 화합물을 생성한다.

$A + B \longrightarrow C$

$C(s) + O_2(g) \longrightarrow CO_2(g)$

$N_2(g) + 3H_2(g) \longrightarrow 2NH_3(g)$

$CaO(s) + H_2O(l) \longrightarrow Ca(OH)_2(s)$

분해반응: 한 가지 화합물이 두 가지 이상의 물질로 분리된다. 보통 화합물을 가열하면 분해반응이 일어난다.

$C \longrightarrow A + B$

$2KClO_3(s) \longrightarrow 2KCl(s) + 3O_2(g)$

$PbCO_3(s) \longrightarrow PbO(s) + CO_2(g)$

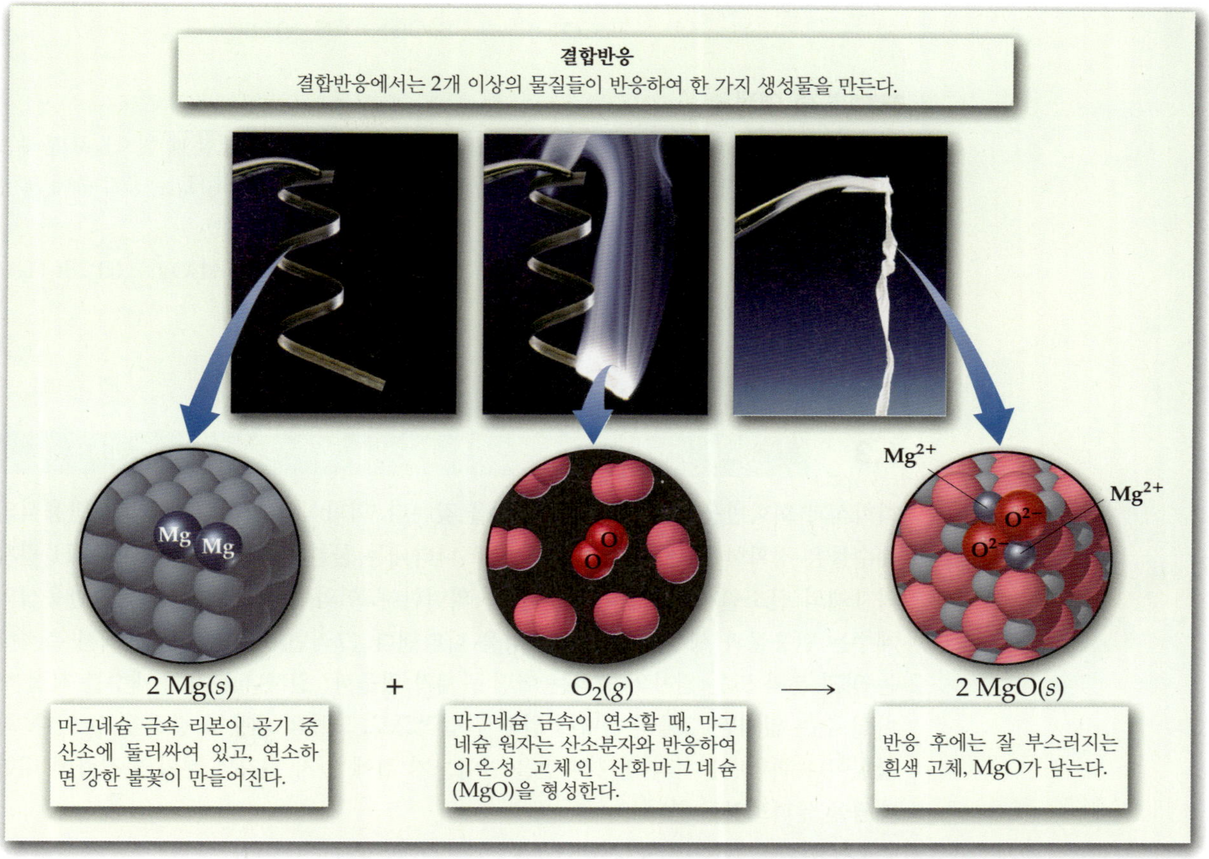

▲ **그림 6.4 마그네슘 금속의 공기 중 연소.**

$$2NaN_3(s) \longrightarrow 2Na(s) + 3N_2(g) \qquad [6.9]$$

에어백은 자동차가 충돌하는 순간 그 충격이 기폭장치를 점화하게 고안되어 NaN_3를 폭발적으로 분해한다. 약 100 g 정도의 NaN_3는 50 L에 해당하는 다량의 질소기체를 생성한다.

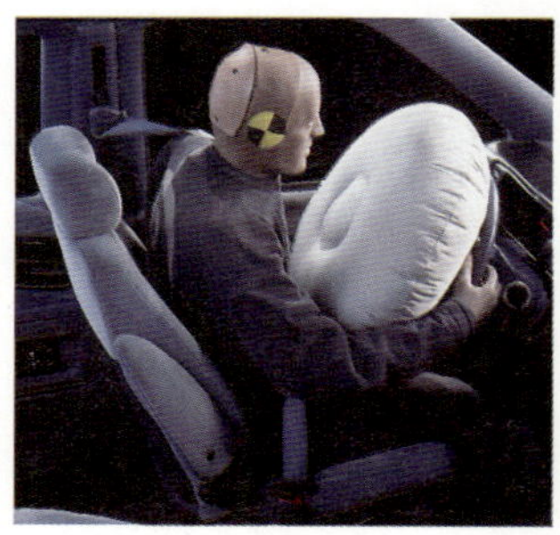

▲ **그림 6.5** 질화소듐의 분해는 자동차 에어백에 이용된다. 일단 점화되면 $NaN_3(s)$는 빠르게 분해하여 질소기체[$N_2(g)$]를 생성하고 에어백을 부풀린다.

예제 6.3

고체 탄산바륨($BaCO_3$)을 가열하면 분해된다. 이 분해반응의 균형반응식을 쓰시오(이 반응은 고체상태와 기체상태의 두 가지 생성물을 만든다).

해답: 우선 탄산바륨($BaCO_3$)의 화학식을 쓰자. 본문에서 이미 언급한 것처럼 많은 종류의 금속탄산염은 가열하면 금속 산화물과 이산화탄소로 분해된다. 식 6.8의 예에서 $CaCO_3$는 분해하여 CaO와 CO_2를 발생한다. 그러므로 $BaCO_3$도 분해하여 BaO와 CO_2를 생성할 것이라고 생각할 수 있다. 바륨과 칼슘은 주기율표에서 같은 족, 즉 2A족에 속한다는 사실은 이들 금속의 탄산염이 같은 방법으로 분해될 것이라고 예측된다.

$$BaCO_3(s) \longrightarrow BaO(s) + CO_2(g)$$

보충 예제

다음 반응의 균형화학반응식을 쓰시오. **(a)** 고체 황화수은(II)는 가열할 때 원소들로 분해한다. **(b)** 알루미늄금속은 공기 중 산소와 반응하여 결합한다. **(c)** Si_2H_6는 공기 중에 노출되면 연소한다(Si는 주기율표에서 C와 같은 족에 있음을 주목하라).

답: **(a)** $HgS(s) \longrightarrow Hg(l) + S(s)$, **(b)** $2Al(s) + 3O_2(l) \longrightarrow Al_2O_3(s)$, **(c)** $2Si_2H_6 + 7O_2 \longrightarrow 4SiO_2 + 6H_2O$

6.3 화학식량

화학식과 화학반응식은 정량적 중요성을 갖는다. 화학식의 아래첨자와 화학반응식의 계수들은 정확한 양을 나타낸다. H_2O로 나타내는 물분자는 정확하게 2개의 H 원자와 1개의 산소원자를 포함한다는 것을 의미한다. 이와 유사하게 균형 화학반응식의 계수는 반응물과 생성물의 상대적 양을 나타낸다. 그러면 우리가 실험실에서 측정하는 양과 분자 또는 원자의 양과는 어떤 관계가 있을까? 원자나 분자의 개수를 직접 헤아릴 수는 없지만 그들의 질량을 알면 간접적으로, 그들의 개수를 결정할 수 있다. 화학식이나 화학반응식의 정량적 면을 알아보기 전에 먼저 원자와 분자의 질량에 대한 개념을 살펴보기로 한다.

화학식량과 분자량

한 물질의 화학식량(formula weight)은 화학식에 있는 각 원자의 원자량의 합계이다. 원자량은 원자질량단위(amu)로 나타낸다. 예를 들면 황산(H_2SO_4)은 98.1 amu의 화학식량을 갖는다.[2)]

$$\begin{aligned} FW &= 2(\text{H의 AW}) + (\text{S의 AW}) + 4(\text{O의 AW}) \\ &= 2(1.0\ \text{amu}) + (32.1\ \text{amu}) + 4(16.0\ \text{amu}) \\ &= 98.1\ \text{amu} \end{aligned}$$

각 원자량을 소수점 이하 첫째 자리까지 반올림하였다. 만일 한 물질의 화학식이 분자식과 같을 때는 화학식량을 분자량(molecular weight)이라고 부른다. 예를 들면 포도당의 분자식은 $C_6H_{12}O_6$이다. 그러므로 포도당의 분자량은

$$FW = 6(12.0\ \text{amu}) + 12(1.0\ \text{amu}) + 6(16.0\ \text{amu}) = 180.0\ \text{amu}$$

이온들이 삼차원적으로 배열하는 NaCl과 같은 이온성 물질의 경우는 분자라고 하기에 적절하지 않다. 대신 물질의 화학식을 대표한다는 의미로 "화학식 단위

2) 원자량은 AW, 화학식량은 FW, 분자량은 MW의 약자를 사용한다.

(formula unit)"라고 한다. NaCl 의 화학식 단위는 1개의 Na^+ 이온과 1개의 Cl^- 이온으로 되어 있다. NaCl의 화학식량은 화학식 단위의 질량에 해당한다.

$$\text{NaCl 의 FW} = 23.0\ \text{amu} + 35.5\ \text{amu} = 58.5\ \text{amu}$$

예제 6.4

다음 물질의 화학식량을 계산하시오. **(a)** 설탕(sucrose) $C_{12}H_{22}O_{11}$ **(b)** 질산칼슘 $Ca(NO_3)_2$

해답: **(a)** 수크로오스를 구성하는 원자들의 원자량을 더하면 화학식량은 342.0 amu이다.

$$\begin{aligned} 12\ \text{C 원자} &= 12(12.0\ \text{amu}) = 44.0\ \text{amu} \\ 22\ \text{H 원자} &= 22(1.0\ \text{amu}) = 22.0\ \text{amu} \\ 11\ \text{O 원자} &= 11(16.0\ \text{amu}) = \underline{176.0\ \text{amu}} \\ & \qquad\qquad\qquad\quad 342.0\ \text{amu} \end{aligned}$$

(b) 화학식이 괄호를 갖고 있을 때 괄호 밖의 아래첨자는 괄호 안의 각 원자의 개수와 곱하여 계산한다. $Ca(NO_3)_2$의 화학식량은 164.1 amu이다.

$$\begin{aligned} 1\ \text{Ca 원자} &= 1(40.1\ \text{amu}) = 40.1\ \text{amu} \\ 2\ \text{N 원자} &= 2(14.0\ \text{amu}) = 28.0\ \text{amu} \\ 6\ \text{O 원자} &= 6(16.0\ \text{amu}) = \underline{96.0\ \text{amu}} \\ & \qquad\qquad\qquad\quad 164.1\ \text{amu} \end{aligned}$$

보충 예제

다음 물질의 화학식량을 계산하시오. **(a)**$Al(OH)_3$, **(b)**CH_3OH

답: **(a)** 78.0 amu, **(b)** 32.0 amu

화학식과 백분율 조성

가끔 화합물의 백분율 조성(percentage composition, 즉 물질을 구성하는 각 원소의 질량 백분율)을 계산해야 할 경우가 있다. 예를 들면 화합물의 순도를 확인할 때 물질의 이론적 백분율 조성을 실험값과 비교해야 한다. 화학식이 알려져 있을 때 백분율 조성을 계산하는 것은 쉽다. 백분율은 다음과 같이 계산하며 물질의 화학식량, 원소의 원자량, 원소의 개수에 따라 달라진다.

$$\%\,\text{원소} = \frac{(\text{해당 원소의 원자수})(\text{원소의 원자량})}{\text{화합물의 화학식량}} \times 100\% \qquad [6.10]$$

예제 6.5

$C_{12}H_{22}O_{11}$의 백분율 조성을 구하시오.

해답: $C_{12}H_{22}O_{11}$의 화학식량은 342 amu이므로 백분율 조성은 다음과 같다.

$$\%C = \frac{(12)(12.0\ \text{amu})}{342.0\ \text{amu}} \times 100\ \% = 42.1\ \%$$

$$\%H = \frac{(22)(1.0\ \text{amu})}{342.0\ \text{amu}} \times 100\ \% = 6.4\ \%$$

$$\%O = \frac{(11)(16.0\ \text{amu})}{342.0\ \text{amu}} \times 100\ \% = 51.5\ \%$$

물질의 분자식 뿐만 아니라 실험식에서도 이와 똑같은 원소의 조성이 요구된다.

보충 예제

$Ca(NO_3)_2$의 질소 백분율 조성을 구하시오.

답: 17.1%

6.4 Avogadro 수와 몰

실험실에서 취급하는 지극히 작은 시료라 할지라도 이 시료는 엄청나게 많은 수의 원자, 이온, 또는 분자들을 포함한다. 예를 들면 찻숟가락 한 스푼 분량의 물(약 5 mL)은 2×10^{23}개의 물분자를 포함하는 데 이 숫자는 상상하기 어려울 정도로 큰 수이다. 따라서 이렇게 큰 숫자를 표현하는 특별한 단위가 있으면 편리할 것이다.

일상 생활에서 양을 다룰 때 다스(dozen, 12개)나 그로스(gross, 144개) 같은 단위는 개수를 셀 때 사용한다. 화학에서 원자, 이온, 분자들을 다루는 단위는 몰(mole), 약자로 mol[3] 이다. 1몰은 정확하게 ^{12}C 원자 12 g을 이루는 원자의 개수에 해당하는 물질의 양으로 정의한다(원자, 분자 혹은 그 밖의 어떤 물체이든지). 과학자들은 실험적으로 12 g의 ^{12}C에 포함된 원자의 수는 6.0221367×10^{23}라고 결정하였다. 이 숫자는 이탈리아의 과학자 Amedeo Avogadro(1776~1856)를 기념하기 위하여 Avogadro 수라는 특별한 이름으로 명명하였다. 이 교재에서는 Avogadro 수로 6.02×10^{23}을 사용할 것이다.

원자 1몰, 분자 1몰 혹은 어떤 것이든 그것의 1몰은 Avogadro 수만큼의 개체를 포함한다.

$$1\text{몰 } ^{12}C \text{ 원자} = 6.02 \times 10^{23}\text{개 } ^{12}C \text{ 원자}$$
$$1\text{몰 } H_2O \text{ 분자} = 6.02 \times 10^{23}\text{개 } H_2O \text{ 분자}$$
$$1\text{몰 } NO_3^- \text{이온} = 6.02 \times 10^{23}\text{개 } NO_3^- \text{ 이온}$$

Avogadro 수는 상상하기 어려울 정도로 매우 큰 수이다. 만약 6.02×10^{23}개의 구슬을 지구 표면에 깔아 놓으면 그 두께가 약 3마일이나 되는 층을 만들 정도이다.

3) 몰(mole)은 "질량"을 의미하는 라틴어의 moles에서 왔다. 분자(molecule)라는 단어는 몰이란 단어의 더 작은 형태를 나타낼 때 사용하며 "작은 질량"을 의미한다.

만약 이 수에 해당하는 동전을 한 줄로 배열하면 지구를 약 30조(3×10^{14})번 정도 감을 수 있다.

예제 6.6

0.350몰의 $C_6H_{12}O_6$ 중 C 원자의 수를 계산하시오.

해답: Avogadro 수는 몰수와 분자수 사이의 환산인자를 제공한다. 1개의 $C_6H_{12}O_6$ 분자는 6개의 C 원자를 포함하고 있다. $C_6H_{12}O_6$의 몰수를 $C_6H_{12}O_6$ 분자수로 환산한 후 $C_6H_{12}O_6$ 분자의 수로부터 C 원자의 수를 결정한다.

$$\text{C 원자} = (0.350 \text{ mol } C_6H_{12}O_6)\left(\frac{6.02 \times 10^{23}\text{분자}}{1 \text{ mol } C_6H_{12}O_6}\right)\left(\frac{6\text{C 원자}}{1\text{분자}}\right)$$
$$= 1.26 \times 10^{24} \text{ C 원자}$$

C 원자수의 크기는 타당하다. 이것은 Avogadro 수만큼 큰 숫자이다. 주어진 자료가 3개의 유효숫자를 포함하며 답도 3개의 유효숫자로 나타낸다.

보충 예제

다음 물질에 들어있는 O 원자의 개수를 구하시오.

(a) 0.25몰 $Ca(NO_3)_2$, **(b)** 1.50몰 Na_2CO_3

답: (a) 9.0×10^{23}, **(b)** 2.71×10^{24}

몰질량

^{12}C 원자 1개는 12 amu의 질량을 갖지만, ^{24}Mg 원자 1개는 두 배 더 큰 24 amu의 질량을 갖는다. 1몰은 항상 같은 개수의 입자를 포함한다. 따라서 1몰 ^{24}Mg 원자는 1몰 ^{12}C 원자보다 질량이 두 배 더 크다. 1몰 ^{12}C 원자는 12 g(정의에 따라) 질량을 갖기 때문에 1몰 ^{24}Mg 원자는 24 g 질량을 가져야 한다. 어떤 원소의 원자 1개 질량(amu 단위)은 그 원소의 원자 1몰의 질량(g 단위)과 동일한 수치라는 것에 유의하라. 이런 사실은 원소의 종류에 관계없이 항상 성립한다.

^{12}C 원자 1개의 질량은 12 amu이다 ⇒ ^{12}C 원자 1몰의 질량은 12 g이다.
^{24}Mg 원자 1개의 질량은 24 amu이다 ⇒ ^{24}Mg 원자 1몰의 질량은 24 g이다.
^{197}Au 원자 1개의 질량은 197 amu이다 ⇒ ^{197}Au 원자 1몰의 질량은 197 g이다.

위의 예와 다른 유형의 물질에서도 화학식(amu 단위)과 질량(g 단위) 사이에는 같은 수치관계가 성립한다.

H_2O 분자 1개의 질량은 18.0 amu이다 ⇒ H_2O 분자 1몰의 질량은 18.0 g이다.
NO_3^- 이온 1개의 질량은 62.0 amu이다 ⇒ NO_3^- 이온 1몰의 질량은 62.0 g이다.
NaCl 1 단위의 질량은 58.5 amu이다 ⇒ NaCl 1몰의 질량은 58.5 g이다.

어떤 물질 1몰의 g 질량(그램/몰)을 그 물질의 몰질량(molar mass)이라고 한다.

▲ **그림 6.6 1몰의 고체, 액체, 및 기체 물질.** 고체 소금 1몰은 58.45 g의 질량을 갖는다. 액체 물 1몰은 18.0 g의 질량을 가지며 18.0 mL의 부피를 갖는다. 기체 산소 1몰은 32.0 g의 질량과 직경 35 cm 풍선을 채울 정도의 부피를 갖는다.

표 6.2 몰의 관계

이름	화학식	화학식량(amu)	1몰 화학식 단위의 질량(g)	1몰 중 입자수와 종류
질소원자	N	14.0	14.0	6.02×10^{23}N 원자
질소분자	N_2	28.0	28.0	$6.02 \times 10^{23} N_2$ 분자
				$2(6.02 \times 10^{23})$N 원자
은	Ag	107.9	107.9	6.02×10^{23}Ag 원자
은이온	Ag^+	107.9[a]	107.9	$6.02 \times 10^{23} Ag^+$ 이온
염화바륨	$BaCl_2$	208.2	208.2	$6.02 \times 10^{23} BaCl_2$ 단위
				$6.02 \times 10^{23} Ba^{2+}$ 이온
				$2(6.02 \times 10^{23}) Cl^-$ 이온

[a] 전자의 질량은 무시할 수 있을 정도로 작아 원자의 질량이나 그 원자에 따른 이온의 질량은 서로 같다.

어떤 물질이든 그 물질의 몰질량(g 단위로 표시)은 언제나 그 물질의 화학식량(amu 단위로 표시)과 동일한 수치이다. 몰에 관한 몇 가지 관계를 표 6.2에 나타내었다. 그림 6.6은 몇 가지 물질의 1몰에 해당하는 양을 나타낸다. 표 6.2에 나타낸 N과 N_2는 몰의 개념을 사용할 때 어떤 물질의 화학적 형태를 정확하게 설명하는 것이 중요함을 지적하고 있다. 가령 "어떤 반응에서 1몰의 질소가 생성된다."라고 할 때 1몰의 질소원자(14.0 g)를 의미한다고 해석할 수도 있다. 그러나 특별한 설명이 없으면 이 문장이 의미한 것은 1몰의 질소분자, 즉 N_2(28 g)이다. 왜냐하면 N_2는 이 원소의 일반적인 화학적 형태이기 때문이다. 애매모호한 점을 피하려면 화학적 형태를 분명하게 설명하는 것이 중요하다. 따라서 그 물질을 화학식 N_2를 사용하여 나타내면 분명해진다.

예제 6.7

글루코오스(glucose, $C_6H_{12}O_6$) 1몰의 질량은 몇 g인가?

해답: 어떤 물질의 몰질량은 그것을 구성하는 원자의 원자량의 합이다.

$$\begin{aligned} \text{6개의 C원자} &= 6(12.0\text{ amu}) = 72.0\text{ amu} \\ \text{12개의 H원자} &= 12(\ 1.0\text{ amu}) = 12.0\text{ amu} \\ \text{6개의 O원자} &= 6(16.0\text{ amu}) = \underline{96.0\text{ amu}} \\ & \qquad\qquad\qquad\quad 180.0\text{ amu} \end{aligned}$$

글루코오스의 화학식량은 180.0 amu 이므로, 이 물질 1몰의 질량은 180.0 g이다. 즉, $C_6H_{12}O_6$는 180.0 g의 몰질량을 갖는다. 1몰은 정확한 숫자의 의미로 쓰이기 때문에 해답의 유효숫자 개수는 문제에 주어진 자료로 결정되지 않는다. 4개의 유효숫자로 몰질량을 나타내는 것은 적당하다.

보충 예제

질산칼슘[$Ca(NO_3)_2$]의 몰질량을 계산하시오.

답: 164.1 g

6.5 균형반응식과 한계반응물

10장의 식빵과 7장의 치즈가 있고 치즈 1장을 2장의 빵 사이에 끼워 넣어 샌드위치를 만들려고 한다. 만들 수 있는 샌드위치는 5개가 되고 2장의 치즈가 남을 것이다. 이 경우 이용 가능한 빵의 양은 만들 수 있는 샌드위치의 개수를 제한한다. 이와 유사하게 화학반응에서도 한 가지 반응물이 다른 반응물보다 먼저 소비되는 경우가 있다. 이때 어느 한 가지 반응물이 완전히 소비되면 반응은 멈춘다. 예를 들어 10몰 H_2와 7몰 O_2가 반응하여 물을 생성한다고 가정하자. 이 반응의 균형 화학반응식은

$$2H_2(g) + O_2(g) \longrightarrow 2H_2O(l) \qquad [6.11]$$

위의 반응에서 2몰 H_2는 1몰 O_2와 반응하므로 H_2가 모두 반응하는 데 필요한 O_2의 몰수는

$$O_2 \text{ mol} = (10 \cancel{\text{mol } H_2})\left(\frac{1 \text{ mol } O_2}{2 \cancel{\text{mol } H_2}}\right) = 5 \text{ mol } O_2$$

반응초기에 O_2는 7몰이 존재하므로 H_2를 완전히 소비하게 되면 2몰의 O_2가 남을 것이다. 이러한 상황을 그림 6.7에서 분자모형으로 나타내었다.

반응에서 완전히 소비되는 반응물을 한계반응물(limiting reactant) 또는 한계시약(limiting reagent)이라 하는데, 이는 만들어지는 생성물의 양을 결정하거나 제한하기 때문이다. 한편 그 외의 다른 반응물들을 과량반응물(excess reactant) 또는 과량시약(excess reagent)이라고 한다. 위 반응에서처럼 일단 H_2가 모두 소비되면 반응이 멈추므로 H_2는 한계반응물이다. 그리고 반응이 멈추었을 때 남아 있는 O_2는 과량반응물이다. 그러므로 한 반응에서 얻어지는 생성물의 양은 항상 한계반응물의 양에 의해 결정된다. 한계반응물에 관한 문제를 푸는 다른 방법은 각각의 반응물을 완전히 소비한다고 가정할 때 생성물의 양을 계산하는 것이다. 이 중 가장 적은 양의 생성물을 만들어내는 반응물이 한계반응물이다.

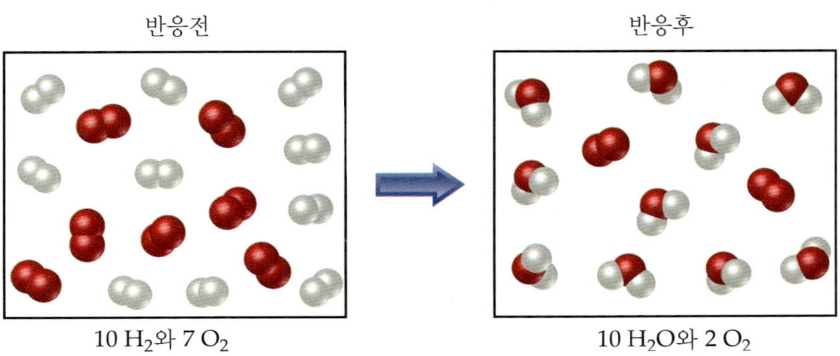

▲ **그림 6.7 한 반응에서 한계반응물의 완전 소비를 보여주는 그림.** H_2는 반응에서 모두 소비되므로 한계반응물이다. O_2는 화학량론적으로 과량이 존재하므로 반응이 종결된 후에도 여분이 남는다.

예제 6.8

황을 포함하는 화합물이 대기 중에서 연소할 때 생성물 SO_2의 일부는 황산(H_2SO_4)으로 변한다. 알짜반응은 다음과 같다.

$$2SO_2(g) + O_2(g) + 2H_2O(l) \longrightarrow 2H_2SO_4(aq)$$

5.0몰 SO_2, 2.0몰 O_2, 그리고 과량의 H_2O로부터 얻을 수 있는 H_2SO_4는 얼마인가?

해답: 두 반응물의 양을 주고 생성물의 양을 묻고 있기 때문에 이 문제는 한계반응물에 관한 것임을 알 수 있다. 만일 한 반응물을 완전히 소비한다고 가정하면 그 반응에서 두 번째 반응물이 얼마나 필요한지 계산할 수 있다. 계산한 양을 주어진 양과 비교하여 어떤 반응물이 한계반응물인지를 결정할 수 있다. 그 다음 한계반응물의 양을 이용하여 계산할 수 있다.

5.0몰 SO_2를 모두 소비하는 데 필요한 O_2의 몰수는

$$O_2 \text{ mol} = (5.0 \text{ mol } SO_2)\left(\frac{1 \text{ mol } O_2}{2 \text{ mol } SO_2}\right) = 2.5 \text{ mol } O_2$$

SO_2를 완전히 H_2SO_4로 변환하는 것은 이용가능한 양보다 더 많은 O_2를 필요로 한다. 그러므로 O_2는 한계반응물이라 결론지을 수 있다. 한계반응물인 O_2의 양으로부터 생성되는 H_2SO_4의 양을 계산할 수 있다.

$$\begin{aligned} H_2SO_4 \text{ mol} &= (2.0 \text{ mol } O_2)\left(\frac{2 \text{ mol } H_2SO_4}{1 \text{ mol } O_2}\right) \\ &= 4.0 \text{ mol } H_2SO_4 \end{aligned}$$

여기서 4.0몰 H_2SO_4의 생성에 4.0몰 SO_2가 소비되는 것에 주목하면 SO_2가 1.0몰 남는다. SO_2는 과량반응물이다.

보충 예제

$2Al(s) + 3Cl_2(g) \longrightarrow 2AlCl_3(s)$ 반응에서 1.5몰 Al과 3.0몰 Cl_2를 섞어 반응시킨다. **(a)** 한계반응물은 무엇인가? **(b)** $AlCl_3$ 몇 몰을 생성하는가?

답: **(a)** Al **(b)** 1.5몰

예제 6.9

다음 반응을 고려해보자.

$$2Na_3PO_4(aq) + 3Ba(NO_3)_2(aq) \longrightarrow Ba_3(PO_4)_2(s) + 6NaNO_3(aq)$$

3.50 g Na_3PO_4와 6.40 g $Ba(NO_3)_2$을 반응시키면 몇 그램의 $Ba_3(PO_4)_2$을 생성하는가?

해답: 두 반응물의 양이 주어졌다는 사실은 이 문제가 한계반응물에 관한 것임을 나타낸다. 각 반응물이 한계반응물이라는 가정 하에 주어진 양의 반응물들로부터 생성되는 $Ba_3(PO_4)_2$의 질량을 계산할 수 있다. 균형반응식으로부터 다음의 화학량론적 관계가 성립한다.

$$2\text{몰 } Na_3PO_4 \simeq 3\text{몰 } Ba(NO_3)_2 \simeq 1\text{몰 } Ba_3(PO_4)_2$$

각 물질의 1몰의 질량은 각 물질의 화학식량으로부터 얻을 수 있다.

$$1 \text{ mol } Na_3PO_4 = 164 \text{ g } Na_3PO_4$$
$$1 \text{ mol } Ba(NO_3)_2 = 261 \text{ g } Ba(NO_3)_2$$
$$1 \text{ mol } Ba_3(PO_4)_2 = 602 \text{ g } Ba_3(PO_4)_2$$

이제 각 반응물을 순서대로 한계반응물이라 가정하고 주어진 양으로부터 생성물의 양을 계산하자.

우선 Na_3PO_4을 완전히 소비한다면,

$$Ba_3(PO_4)_2 \text{ g} = (3.50 \text{ g } Na_3PO_4)\left(\frac{1 \text{ mol } Na_3PO_4}{164 \text{ g } Na_3PO_4}\right) \times \left(\frac{1 \text{ mol } Ba_3(PO_4)_2}{2 \text{ mol } Na_3PO_4}\right)\left(\frac{602 \text{ g } Ba_3(PO_4)_2}{1 \text{ mol } Ba_3(PO_4)_2}\right) = 6.42 \text{ g } Ba_3(PO_4)_2$$

$Ba(NO_3)_2$를 완전히 소비한다면,

$$Ba_3(PO_4)_2 \text{ g} = (6.40 \text{ g } Ba(NO_3)_2)\left(\frac{1 \text{ mol } Ba(NO_3)_2}{261 \text{ g } Ba(NO_3)_2}\right) \times \left(\frac{1 \text{ mol } Ba_3(PO_4)_2}{3 \text{ mol } Ba(NO_3)_2}\right)\left(\frac{602 \text{ g } Ba_3(PO_4)_2}{1 \text{ mol } Ba_3(PO_4)_2}\right) = 4.92 \text{ g } Ba_3(PO_4)_2$$

생성되는 $Ba_3(PO_4)_2$의 양은 4.92 g으로 더 작다. $Ba(NO_3)_2$는 한계반응물이고 따라서 답은 4.92 g이다.

보충 예제

2.00 g의 아연 금속 조각을 2.50 g 질산은(silver nitrate)을 함유하는 수용액에 넣으면 다음과 같이 반응한다.

$$Zn(s) + 2AgNO_3(aq) \longrightarrow 2Ag(s) + Zn(NO_3)_2(aq)$$

몇 그램의 은이 생성되는가?

답: 1.59 g

이론 수득률

한계반응물이 모두 반응하였을 때 예측되는 생성물의 양을 이론 수득률이라 하고, 실제로 얻어지는 생성물의 양을 실질 수득률이라 한다. 실질 수득률은 대부분 이론 수득률보다 작은 값으로 나타난다(결코 이론 수득률보다 클 수 없다). 이러한 차이를 보이는 것은 여러 가지 이유가 있다. 예를 들어 반응물의 일부분은 반응하지 않을 수도 있고, 의도하였던 것과 다른 방향으로 반응할 수도 있다(부반응). 더욱이 반응혼합물로부터 반응 생성물을 모두 회수하는 것이 항상 가능한 것은 아니다. 어떤 반응의 백분율 수득률(percent yield)은 실질 수득률과 이론 수득률로부터 결정할 수 있다.

$$\text{백분율 수득률} = \frac{\text{실질 수득률}}{\text{이론 수득률}} \times 100\% \qquad [6.12]$$

예제 6.10

아디프산(adipic acid, $H_2C_6H_8O_4$)은 나일론 생산에 사용되는 물질이다. 이것은 상업적으로 사이클로헥산(C_6H_{12})과 산소 사이의 반응을 조절하여 얻을 수 있다.

$$2C_6H_{12} + 5O_2 \longrightarrow 2H_2C_6H_8O_4 + 2H_2O$$

(a) 사이클로헥산이 한계반응물이라고 할 때, 25.0 g 사이클로헥산으로부터 생성되는 아디프산의 이론 수득률은 얼마인가?**(b)** 만일 33.5 g 아디프산을 얻었다면 아디프산의 백분율 수득률은 얼마인가?

해답: (a) 이론 수득률은 반응에서 생성할 수 있는 아디프산의 계산된 양이다. 다음과 같은 단위 변환을 시도한다. gram $C_6H_6 \longrightarrow$ mol $C_6H_6 \longrightarrow$ mol $H_2C_6H_8O_4 \longrightarrow$ gram $H_2C_6H_8O_4$.

$$\begin{aligned} H_2C_6H_8O_4\ g &= (25.0\ \cancel{g\ C_6H_{12}})\left(\frac{1\ \cancel{mol\ C_6H_{12}}}{84.0\ \cancel{g\ C_6H_{12}}}\right) \\ &\quad \times \left(\frac{2\ \cancel{mol\ H_2C_6H_8O_4}}{2\ \cancel{mol\ C_6H_{12}}}\right)\left(\frac{146.0\ g\ H_2C_6H_8O_4}{1\ \cancel{mol\ H_2C_6H_8O_4}}\right) \\ &= 43.5\ g\ H_2C_6H_8O_4 \end{aligned}$$

(b) $\text{백분율 수득률} = \frac{\text{실질 수득률}}{\text{이론 수득률}} \times 100\% = \frac{33.5}{43.5} \times 100\% = 77.0\%$

보충 예제

Fe_2O_3를 포함하는 철광석을 철로 변환하는 공정을 개선하는 방법을 연구 중이라고 가정하자. 시험적으로 다음의 반응을 작은 규모로 실시하였다.

$$Fe_2O_3(s) + 3CO(g) \longrightarrow 2Fe(s) + 3CO_2(g)$$

(a) 150 g Fe_2O_3를 한계반응물로 간주하면 Fe의 이론 수득률은 얼마인가? **(b)** 시험 실험에서 얻은 실질 수득률이 87.9 g이면 백분율 수득률은 얼마인가?

답: (a) 105 g Fe, **(b)** 83.7%

6.6 용액의 농도

용액은 둘 이상 물질의 균일혼합물이다. 혼합물 중 많은 양을 차지하는 성분을 용매(solvent)라고 하고 적은 양으로 존재하는 또 다른 성분을 용질(solute)이라 한다. 예를 들면 적은 양의 염화소듐(NaCl)을 많은 양의 물과 섞을 때 물은 용매가 되고 염화소듐은 용질로 간주한다. 화학자들은 일정량의 용매 또는 용액에 녹는 용질의 양을 농도(concentration)라는 용어를 사용하여 나타낸다. 농도의 개념은 직관적으로 이해할 수 있는데 일정량의 용매에 녹은 용질의 양이 많을수록 용액의 농도는 더 진하다. 화학에서는 용액의 농도를 정량적으로 표시할 필요가 있다.

몰농도

화학에서 가장 흔히 사용되는 농도는 몰농도(molarity)이다. 용액의 몰농도(M 기호)는 용액 1 L에 녹는 용질의 몰수로 정의한다.

$$\text{몰농도} = \frac{\text{용질의 몰수}}{\text{용액의 부피(L)}} \qquad [6.13]$$

1.00몰 용액(1.00 M)은 용액 1 L에 1.00 몰의 용질을 포함한다. 그림 6.8은 정확히 250 mL로 보정한 부피 플라스크를 사용하여 250 mL의 1.00 M $CuSO_4$ 용액을 만드는 방법을 보여 준다. 먼저 $CuSO_4$ 0.250몰(39.9 g)을 저울에 달아 이를 부피 플라스크에 넣는다. 부피 플라스크에 물을 가하여 녹이면서 용액의 전체 부피가 250 mL가 되도록 부피 표시선까지 물을 채운다. 이 용액의 몰농도는 (0.250몰 $CuSO_4$)/(0.250 L 용액) = 1.00 M이 된다.

몰농도, 몰, 부피간의 상호 변환

몰농도를 정의한 식에는 몰농도, 용질의 몰 수, 용액의 부피(L)라는 세 가지의 변수가 포함되어 있다. 이 변수들 중 두 가지를 알면 나머지 하나는 저절로 결정된다. 예를 들어 용액의 몰농도를 알고 있으면 주어진 부피 중의 용질의 몰수를 쉽게 구할 수 있다.

(a) (b) (c) (d)

▲ **그림 6.8 1.00 *M* CuSO4 용액 0.250 L를 만드는 과정.** (a) 0.250몰(39.9 g)의 $CuSO_4$(화학식량 5159.6 = amu)를 정확하게 잰다. (b) $CuSO_4$(용질)를 250 mL 부피 플라스크에 넣고 소량의 물을 가한다. (c) 플라스크를 잘 저어서 용질($CuSO_4$)을 녹인다. (d) 부피 플라스크의 표시 선까지 물을 채운다. 용액이 잘 섞이도록 플라스크를 마개로 닫은 후에 흔들어 준다.

그러므로 몰농도는 용액의 부피와 용질의 몰 사이의 환산인자이다. 예를 들어 0.200 *M* HNO_3 2.0 L 중의 HNO_3 몰수의 계산은 부피를 몰로 환산하면 된다.

$$HNO_3 \text{ 몰} = (2.0 \text{ L soln})\left(\frac{0.200 \text{ 몰 } HNO_3}{1 \text{ L soln}}\right)$$

$$= 0.40 \text{ 몰 } HNO_3$$

예제 6.11

23.4 g 황산소듐(Na_2SO_4)을 물에 녹여 125 mL 용액을 만들었다. 이 용액의 몰농도를 계산하시오.

해답: 용질의 그램수(23.4 g), 화학식(Na_2SO_4), 그리고 용액의 부피(125 mL)를 알면 용액의 몰농도를 구할 수 있다. Na_2SO_4의 몰수는 화학식량으로부터 구한다.

$$Na_2SO_4 \text{ mol} = (23.4 \text{ g } Na_2SO_4)\left(\frac{1 \text{ mol } Na_2SO_4}{142 \text{ g } Na_2SO_4}\right) = 0.165 \text{ mol } Na_2SO_4$$

Na_2SO_4 용액의 부피는 0.125 L이다.
따라서 이 용액의 몰농도는

$$\text{몰농도} = \frac{0.165 \text{ mol } Na_2SO_4}{0.125 \text{ L soln}} = 1.32 \frac{\text{mol } Na_2SO_4}{\text{L soln}} = 1.32\ M$$

보충 예제

5.00 g의 포도당($C_6H_{12}O_6$)을 물에 녹여 100 mL 용액을 만들었다. 이 용액의 몰농도를 계산하시오.

답: 0.278 *M*

몰농도의 단위를 몰/L로 표시하면 환산 과정에서 어떻게 단위 분석을 이용할 수 있는지 알 수 있다. 또 부피와 몰농도를 곱하여 몰수를 구할 수 있다. 즉, 몰 = 부피(L) × 몰농도(몰/L)이다. 2.0 mol의 HNO_3를 취하기 위하여 필요한 0.30*M* HNO_3 용액의 부피는 다음과 같이 구할 수 있다.

$$\text{용액의 부피} = (2.0 \text{ mol } HNO_3)\left(\frac{1 \text{ L soln}}{0.30 \text{ mol } HNO_3}\right) = 6.7 \text{ L soln}$$

이 경우 단위 분석에서 알 수 있듯이 몰을 부피로 환산할 때 몰농도의 역수를 곱하고 있다. 즉, 부피(L) = 몰 × 1/몰농도 = 몰 × L/몰이다.

예제 6.12

0.500 *M* Na_2SO_4 용액 0.350 L를 만들려면 몇 g의 Na_2SO_4가 필요한가?

해답: 몰농도의 정의를 이용하여 용질의 몰수를 구하고, 용질의 몰질량을 이용하여 몰을 g 으로 환산한다.

$$M_{\text{Na}_2\text{SO}_4} = \frac{\text{Na}_2\text{SO}_4 \text{ 몰수}}{\text{부피 (L)}}$$

따라서

$$\begin{aligned} \text{Na}_2\text{SO}_4 \text{ 몰수} &= \text{L} \times M_{\text{Na}_2\text{SO}_4} \\ &= (0.350 \text{ L})\left(\frac{0.500 \text{ mol Na}_2\text{SO}_4}{\text{L}}\right) \\ &= 0.175 \text{ mol Na}_2\text{SO}_4 \end{aligned}$$

Na_2SO_4 1몰은 142 g이므로 구하려는 Na_2SO_4의 g 수는

$$(0.175 \cancel{\text{mol Na}_2\text{SO}_4})\left(\frac{142 \text{ g Na}_2\text{SO}_4}{1 \cancel{\text{mol Na}_2\text{SO}_4}}\right) = 24.9 \text{ g Na}_2\text{SO}_4$$

보충 예제

(a) 0.50 M Na_2SO_4 용액 15 mL 중에는 몇 g의 Na_2SO_4가 들어 있는가? **(b)** 이 염의 0.038몰을 만들 때 0.50 M Na_2SO_4 용액 몇 mL가 필요한가?

답: (a) 1.1 g, **(b)** 76 mL

용액의 묽힘

실험실에서 일상적으로 사용하는 용액은 종종 진한 용액으로 구입하거나 조제된다. 예를 들면 염산(HCl)은 12 M의 진한 용액으로 판매된다. 좀 더 묽은 농도의 용액은 묽힘(dilution)이라는 과정, 즉 물을 첨가하여 얻을 수 있다.[4] 용액을 희석하기 위하여 용매를 첨가해도 용질의 몰수에는 변함이 없다.

$$\text{묽히기 전 용질의 몰 수} = \text{묽힌 후 용질의 몰 수} \qquad [6.14]$$

몰수 = 몰농도(몰/L) × 부피(L) 이므로, 묽힘 과정에 대하여 다음과 같은 관계가 성립한다.

$$\begin{gathered} (\text{처음 몰농도}) \times (\text{처음 부피}) = (\text{나중 몰농도}) \times (\text{나중 부피}) \\ M_{\text{처음}}V_{\text{처음}} = M_{\text{나중}}V_{\text{나중}} \qquad [6.15] \end{gathered}$$

1.0 M CuSO4를 희석하여 0.10 M CuSO4 용액 250 mL를 만든다고 가정할 때, 위 관계를 이용하면 희석할 진한 용액의 부피를 쉽게 계산할 수 있다.

$$(1.0\ M)(V_{\text{처음}}) = (0.10\ M)(250 \text{ mL})$$

$$V_{\text{처음}} = \frac{(0.10\ M)(250 \text{ mL})}{1.0\ M} = 25 \text{ mL}$$

4) 진한 산이나 염기를 희석할 때는 반드시 산이나 염기를 물에 가해야 한다. 반대로 진한 산이나 염기에 물을 가하면 많은 열이 발생하며 격렬하게 반응한다.

(a) (b) (c)

▲ **그림 6.11 1.0 *M* CuSO4를 희석하여 0.10 *M* CuSO4 250 mL를 만드는 과정.** (a) 1.0 *M* 용액 25 mL를 피펫으로 취한다. (b) 이를 250 mL 부피 플라스크에 넣는다. (c) 용액을 희석하기 위하여 전체 부피가 250 mL가 되도록 물을 첨가한다.

즉 그림 6.11처럼 피펫으로 1.0 *M* 용액 25 mL를 취하여 250 mL 부피 플라스크에 넣고 최종 부피가 250 mL가 되게 증류수를 첨가한다. 묽은 용액은 진한 용액보다 색이 덜 진해 보인다.

예제 6.13

0.10 *M* H_2SO_4 450 mL를 만들기 위해 3.0 M H_2SO_4 몇 mL 가 필요한가?

해답: 묽은 용액을 만들 때 필요한 진한 용액의 부피를 계산하는 문제이다. $M_{처음}V_{처음} = M_{나중}V_{나중}$ 이므로

$$V_{처음} = \frac{M_{나중}\ V_{나중}}{M_{처음}} = \frac{(0.10\ M)(450\ mL)}{3.0\ M} = 15\ mL$$

3.0 *M* H_2SO_4의 15 mL를 가지고 전체 부피를 450 mL가 되게 희석하면 원하는 0.10 *M* 용액을 얻을 수 있다.

보충 예제

0.10 *M* 용액 250 mL를 만들 때 5.0 *M* $K_2Cr_2O_7$ 용액은 몇 mL가 필요한가?

답: 5.0 mL

6.7 화학량론을 이용한 분석

물에 들어 있는 몇 가지 이온의 농도를 분석한다고 가정해보자. 이런 분석을 위해 기기를 이용하는 다양한 분석방법이 개발되었지만, 이 장에서 설명하는 것과 같은 화학

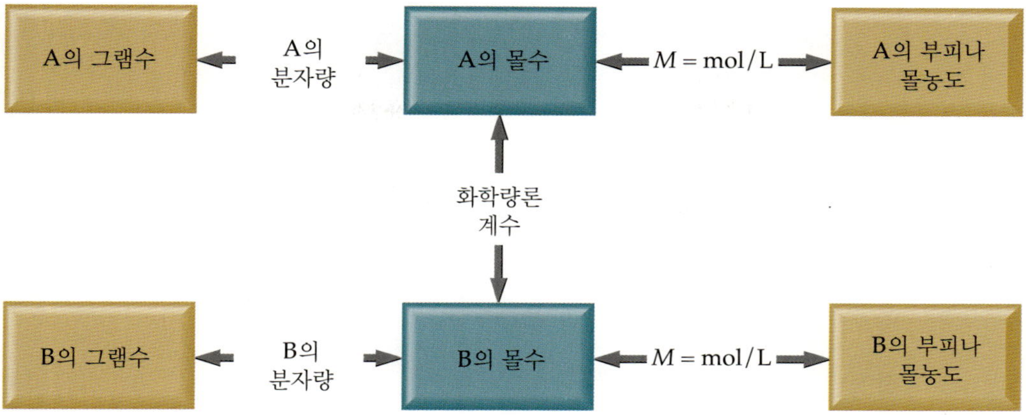

▲ **그림 6.12** 화학량론을 이용한 용액의 분석

반응식을 이용하는 방법이 사용되기도 한다.

균형반응식의 계수는 반응물과 생성물의 상대적인 몰수를 나타낸다고 배웠다. 이런 사실을 활용하려면 반응에 참여한 물질의 양을 몰로 환산해야 한다. 이러한 환산은 물질을 다룰 때 몰질량을 이용해야 한다. 그러나 알려진 몰농도 용액을 취급할 때 몰수를 결정하려면 몰농도와 부피를 이용해야 한다(용질의 몰수 = 몰농도 × 부피). 그림 6.12에 화학량론을 이용한 해결 방법을 요약하였다.

예제 6.14

25.0 mL의 0.100 *M* HNO_3 용액을 NaOH 용액으로 완전히 중화할 때 몇 그램의 H_2O를 생성하는가?

해답: 몰농도와 부피를 이용하여 HNO_3의 몰수를 계산할 수 있다. 그 다음에 HNO_3와 H_2O간의 화학량론적 관계를 결정하려면 균형화학반응식을 써야 한다.
용액의 몰농도와 부피(리터단위)를 곱하면 용질의 몰수를 얻는다.

$$HNO_3\ 몰수 = L_{HNO_3} \times M_{HNO_3} = (0.0250\ \cancel{L})\left(0.100\frac{mol\ HNO_3}{\cancel{L}}\right)$$
$$= 2.50 \times 10^{-3} mol\ HNO_3$$

이 반응은 산-염기 중화반응이므로 HNO_3와 NaOH가 반응하여 물과 $NaNO_3$ 염을 생성한다.

$$HNO_3(aq) + NaOH(aq) \longrightarrow H_2O(l) + NaNO_3(aq)$$

균형반응식에 따르면 1 mol의 HNO_3로부터 1 mol H_2O가 생성된다.

$$H_2O\ mol = (2.50 \times 10^{-3} mol\ HNO_3)\left(\frac{1\ mol\ H_2O}{1\ mol\ HNO_3}\right)$$
$$= 2.50 \times 10^{-3} mol\ H_2O$$

몰질량(18.0 g/mol)을 이용하여 H_2O의 몰수를 그램으로 바꿀 수 있다. 즉, 0.0450 g의 물을 생성한다.

보충 예제

0.500 *M* HCl(*aq*)이 0.100 mol $Pb(NO_3)_2$(*aq*)와 완전히 반응하여 $PbCl_2$(*s*) 침전을 생성할 때 몇 L의 $Pb(NO_3)_2$(*aq*)가 필요한가?

답: 0.400 L

적정

미지 용액의 농도를 알아내는 방법의 하나는 농도를 이미 알고 있는 표준 용액(standard solution)을 이용하여 미지 용액을 적정(titration)하는 것이다. 예를 들어 농도를 모르는 HCl 용액과 0.100 *M* NaOH 용액이 있다고 가정하자. HCl 용액의 농도를 결정하려면 NaOH 표준용액 일정량을 중화반응이 완결될 때까지 HCl 용액에 서서히 가한다. 화학량론적으로 동일한 양이 반응한 시점을 적정의 당량점(equivalent point)이라 한다.

미지 용액을 표준 용액으로 적정할 때 당량점에 도달했는지 여부를 가늠할 수 있는 방법은 산-염기 지시약(indicator)이라 알려진 염료를 사용하는 것이다. 예를 들면 페놀프탈레인이라 알려진 염료는 산성 용액에서 무색이지만 염기성 용액에서 붉은색이다. 산성의 미지용액에 페놀프탈레인을 가하면 이 용액은 무색일 것이다. 그런 다음 용액의 색이 무색에서 붉은색으로 변하는 순간까지 뷰렛으로부터 표준 염기를 첨가한다. 이러한 색 변화는 산이 중화되고 염기와 반응할 산이 용액 속에 더 이상 존재하지 않음을 나타낸다. 색 변화는 보통 당량점과 거의 일치하는 적정의 종말점(end point)을 의미한다. 지시약의 종말점은 적정의 당량과 일치해야 함으로 선택에 주의를 기울여야 한다. 적정하는 과정을 그림 6.13에 나타내었다.

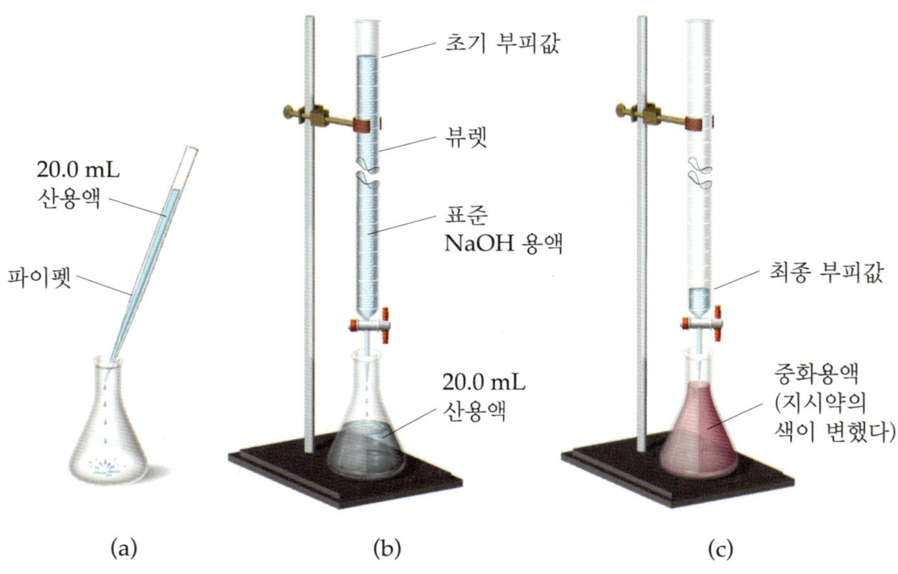

▶ **그림 6.13 산을 NaOH 표준용액으로 적정하는 과정.** (a) 산의 부피를 정확히 측정하여 플라스크에 넣는다. (b) 산 용액에 적절한 지시약을 가한 후 뷰렛으로부터 NaOH 표준용액을 한 방울씩 떨어뜨린다. (c) 용액의 색이 변하는 순간 적정을 멈추며, 이 점이 당량점이다.

예제 6.15

어떤 분석에서 45.7 mL의 0.500 *M* H_2SO_4 용액을 완전히 중화시키는데 NaOH 용액 20.0 mL가 소비되었다. NaOH 용액의 농도는 얼마인가?

해답: 20.0 mL NaOH 용액과 완전히 반응한 황산의 부피(45.7 mL)와 몰농도(0.500 *M*)가 주어졌다. NaOH 용액의 몰농도를 계산하려면 우선 H_2SO_4의 부피와 몰농도를 몰수로 계산해야 한다. 그 다음 균형화학반응식으로부터 NaOH의 몰수를 구한다. 마지막으로 NaOH의 부피와 몰수를 이용하여 몰농도를 계산할 수 있다.

$$H_2SO_4(aq) + 2NaOH(aq) \longrightarrow 2H_2O(l) + Na_2SO_4(aq)$$

$$H_2SO_4 \text{ 몰수} = (45.7\ \cancel{\text{mL soln}})\left(\frac{1\ \cancel{\text{L soln}}}{1000\ \cancel{\text{mL soln}}}\right)\left(0.500\frac{\text{mol } H_2SO_4}{\cancel{\text{L soln}}}\right)$$

$$= 2.28 \times 10^{-2}\text{mol } H_2SO_4$$

균형반응식에 따르면, 1 mol $H_2SO_4 \simeq$ 2 mol NaOH이다.
따라서

$$\text{NaOH 몰수} = (2.28 \times 10^{-2}\ \cancel{\text{mol } H_2SO_4})\left(\frac{2\text{ mol NaOH}}{1\ \cancel{\text{mol } H_2SO_4}}\right)$$

$$= 4.56 \times 10^{-2}\text{mol NaOH}$$

20.0 mL 용액 중 NaOH의 몰수를 구하여 이 용액의 농도를 계산할 수 있다.

$$\text{NaOH의 몰농도} = \frac{\text{mol NaOH}}{\text{L soln}} = \left(\frac{4.56 \times 10^{-2}\text{mol NaOH}}{20.0\ \cancel{\text{mL soln}}}\right)\left(\frac{1000\ \cancel{\text{mL soln}}}{1\text{ L soln}}\right)$$

$$= 2.28\frac{\text{mol NaOH}}{\text{L soln}} = 2.28\ M$$

보충 예제

0.144 *M* H_2SO_4 용액 35.0 mL를 NaOH 용액으로 중화할 때 48.0 mL가 사용되었다. NaOH 용액의 몰농도를 구하시오.

답: 0.210 *M*

예제 6.16

수돗물 중 Cl^- 이온의 양은 Ag^+ 이온으로 적정하여 결정할 수 있다. 이 적정반응은 다음과 같다.

$$Ag^+(aq) + Cl^-(aq) \longrightarrow AgCl(s)$$

(a) 10.0 g의 시료 중 녹아 있는 Cl^- 이온을 적정하려고 할 때 0.100 *M* Ag^+ 20.2 mL 사용하였다면 시료 중 녹아 있는 Cl^-의 그램수는 얼마인가? **(b)** 시료 10 g 중 Cl^- 이온의 질량백분율을 구하시오.

해답: **(a)** Ag^+ 용액의 부피와 몰농도, 그리고 Cl^-와 Ag^+의 화학반응식이 주어졌다. 시료 중 Cl^- 이온의 그램수를 구해야 한다. 방법은 Ag^+의 부피와 몰농도를 이용하여 적정한 Ag^+의 몰수를 계산한다.

$$Ag^+ \text{ 몰수} = (20.2 \text{ mL soln})\left(\frac{1 \text{ L soln}}{1000 \text{ mL soln}}\right)\left(0.100\frac{\text{mol } Ag^+}{\text{L soln}}\right)$$
$$= 2.02 \times 10^{-3} \text{mol } Ag^+$$

균형화학반응식으로부터 1 mol $Ag^+ \simeq$ 1 mol Cl^-임을 알 수 있다. 따라서 시료는 2.20×10^{23} mol의 Cl^-를 포함해야 한다.

$$Cl^- \text{ 몰수} = (2.02 \times 10^{-3} \text{ mol } Ag^+)\left(\frac{1 \text{ mol } Cl^-}{1 \text{ mol } Ag^+}\right)$$
$$= 2.02 \times 10^{-3} \text{mol } Cl^-$$

Cl^-의 몰수를 그램으로 환산하면

$$Cl^- \text{그램수} = (2.02 \times 10^{-3} \text{ mol } Cl^-)\left(\frac{35.5 \text{ g } Cl^-}{1 \text{ mol } Cl^-}\right)$$
$$= 7.17 \times 10^{-2} \text{g } Cl^-$$

(b) Cl^-의 질량백분율은 다음과 같다.

$$Cl^- \ \% = \frac{7.17 \times 10^{-3} \text{g}}{10.0 \text{ g soln}} \times 100\% = 0.717\%$$

강물이나 하수에 녹아 있는 이온들 중 하나는 Cl^- 이온이다. 호수는 1.92%의 Cl^- 이온을 포함한다. Cl^- 이온을 포함하는 물이 소금맛을 내느냐 하는 것은 존재하는 다른 이온에 달려있다. Na^+ 이온이 함께 존재하면 0.03% Cl^- 이온만으로도 소금맛을 감지할 수 있다.

보충 예제

어떤 시료의 적정에 0.108 *M* $AgNO_3$ 용액 15.7 mL가 필요하다면 시료 중 녹아 있는 Cl^- 이온의 질량은 얼마인가?

답: 0.0602 g

연습문제

6.1 **(a)** 균형화학반응식에 적용되는 법칙은 무엇인가?
(b) 화학반응식에서 화합물의 기체, 액체, 고체 및 수용액 상태를 표시하는 기호들을 쓰시오.
(c) 화학반응식에서 P_4와 4P 사이의 차이는 무엇인가?

6.2 다음 반응들의 균형이 맞도록 계수를 결정하시오.
(a) $NH_4NO_3(s) \longrightarrow N_2O(g) + H_2O(l)$
(b) $La_2O_3(s) + H_2O(l) \longrightarrow La(OH)_3(aq)$
(c) $Mg_3N_2(s) + H_2O(l) \longrightarrow Mg(OH)_2(s) + NH_3(aq)$
(d) $NCl_3(aq) + H_2O(l) \longrightarrow NH_3(aq) + HOCl(aq)$
(e) $Al(OH)_3(s) + HNO_3(aq) \longrightarrow Al(NO_3)_3(aq) + H_2O(l)$
(f) $C_6H_6(l) + O_2(g) \longrightarrow CO_2(g) + H_2O(l)$
(g) $CH_3NH_2(g) + O_2(g) \longrightarrow CO_2(g) + H_2O(g) + N_2(g)$

6.3 **(a)** 원자의 질량단위 설정에 기준으로 사용하는 동위원소는 무엇인가?

(b) 원자질량단위(atomic mass unit)란 무엇인가?

6.4 자연계에는 다음과 같은 두 가지 종류의 보론이 존재한다. ^{10}B(질량 = 10.013 amu, 존재비 19.78%)와 ^{11}B(질량 = 11.009 amu, 존재비 80.22%). 보론의 평균원자질량(원자량)을 계산하시오.

6.5 다음 화합물의 실험식량을 결정하시오.

(a) P_2O_3 **(b)** $BaSO_4$

(c) $Mg(C_2H_3O_2)_2$ **(d)** $(NH_4)_2Cr_2O_7$

(e) 질산 **(f)** lithium carbonate

(g) disilicon hexachloride

6.6 다음 화합물에 포함된 산소의 질량 백분율을 구하시오.

(a) SO_3 **(b)** CH_3COOH

(c) $Ca(NO_3)_2$ **(d)** $(NH_4)_2SO_4$

6.7 H_2의 질량분석 스펙트럼은 수소원자로 분해되지 않는 조건에서 얻는다. 자연계에 존재하는 수소의 두 가지 동위원소는 ^1H(질량 = 1.00783 amu, 존재비 = 99.985%)와 ^2H(질량 = 2.01411 amu, 존재비 = 0.015%)이다.

(a) 질량분석 스펙트럼은 몇 개의 봉우리(peak)를 갖는가?

(b) 이들 봉우리의 상대적 원자량을 구하시오.

(c) 가장 큰 봉우리와 가장 작은 봉우리는 무엇인가?

6.8 **(a)** 몰이라는 용어를 정의하시오.

(b) Avogadro 수란 무엇이며 몰과 어떤 관계가 있는가?

(c) 어떤 물질의 화학식량과 몰질량 사이의 관계식은 무엇인가?

6.9 글루코오스($C_6H_{12}O_6$) 시료는 4.0×10^{22}개의 탄소원자를 포함한다.

(a) 이것은 몇 개의 수소원자를 포함하는가?

(b) 이것은 몇 개의 글루코오스 분자를 포함하는가?

(c) 이것은 몇 몰의 글루코오스를 포함하는가?

(d) 이 시료의 질량은 몇 그램인가?

6.10 **(a)** 질산구리(II)[$Cu(NO_3)_2$]의 몰질량은 얼마인가?

(b) 0.120몰 $Cu(NO_3)_2$의 질량은 몇 그램인가?

(c) 3.15 g 의 $Cu(NO_3)_2$는 몇 몰에 해당하는가?

(d) 1.25 mg의 $Cu(NO_3)_2$ 중에는 몇 개의 질소원자가 존재하는가?

6.11 다음 물질의 양을 그램으로 계산하시오.

(a) 0.00150몰 SO_2

(b) 2.98×10^{21} Ar 원자

(c) 1.05×10^{20} 카페인($C_8H_{10}N_4O_2$)분자

6.12 다음 시료에 존재하는 분자수를 구하시오.

(a) 0.0666몰 프로판(C_3H_8)

(b) 50.0 mg acetaminophen ($C_8H_9O_2N$), Tylenol® 이라는 진통제

(c) 10.5 g의 설탕($C_{12}H_{22}O_{11}$) 한 스푼

6.13 물의 밀도는 1.0 g/mL이다. 깊이가 6.0 ft이고 가로와 세로는 각각 350 ft와 99 ft이다. 이 수영장에 담겨 있는 물분자의 수를 계산하시오.

6.14 자전거를 생산하는 제조업체는 5350개의 바퀴와 3023개의 몸체, 그리고 2655개의 손잡이를 가지고 있다.

(a) 이 부속품들을 이용하여 몇 개의 자전거를 조립할 수 있는가?

(b) 남아 있는 부속품의 개수는 각각 몇 개인가?

(c) 한계반응물처럼 자전거의 생산을 제한시키는 부품은 무엇인가?

6.15 **(a)** 한계반응물과 과량반응물의 용어를 정의하시오.

(b) 화학반응에서 생성물의 양이 왜 한계반응물의 양에 의해서만 결정되는지 설명하시오.

6.16 Silicon carbide(SiC)는 일반적으로 carborundum으로 알려져 있다. 공업적으로 연마제로 사용하는 이 단단한 물질은 SiO_2와 C를 고온으로 가열하여 만든다.

$$SiO_2(s) + 3C(s) \longrightarrow SiC(s) + 2CO(g)$$

(a) 3.00 g SiO_2와 4.50 g C가 반응하면 몇 그램의 SiC를 얻는가?

(b) 어떤 물질이 한계반응물이고, 어떤 것이 과량반응물인가?

(c) 한계반응물을 완전히 소비한 후에 과량반응물은 얼마나 남는가?

6.17 황화수소 가스를 수산화소듐 용액에 주입하면 황화소듐과 물을 생성한다. 1.50 g의 황화수소를 1.65 g의 수산화소듐 용액에 주입하고 한계반응물이 완전히 소비되면 몇 그램의 황화수소가 생기는가?

6.18 탄산소듐과 질산은의 용액은 반응하여 고체 탄산은과 질산소듐 용액을 만든다. 5.00 g의 탄산소듐 용액을

5.00 g의 질산은 용액과 반응시킨 후 증발 건조하면 염의 혼합물이 생긴다. 반응이 완결한 후 탄산소듐, 질산은, 탄산은, 그리고 질산소듐은 각각 얼마나 존재하는가?

6.19 소량의 산소를 만들 때 흔히 쓰는 실험방법은 $KClO_3$를 가열하여 분해하는 것이다.

$$2KClO_3(s) \longrightarrow 2KCl(s) + 3O_2(g)$$

$KClO_3$ 2.00 g을 분해하여 0.720 g의 산소를 생성하면 이 반응의 백분율 수득률은 얼마인가? 실질 수득률이 이론 수득률보다 작은 이유를 설명하시오.

6.20 0.50 *M* 용액의 일정 부피에 특정염이 4.5 g 녹아 있다. 같은 부피의 2.50 *M* 용액에 존재하는 염의 질량수는?

6.21 **(a)** 400 mL 용액에 0.0345몰 NH_4Cl을 함유하는 용액의 몰농도를 계산하시오.

(b) 2.20 *M* 질산용액 35.0 mL 중 HNO_3 몰수를 계산하시오.

(c) 0.125몰 KOH를 얻기 위한 1.50 *M* KOH 용액의 부피를 계산하시오.

6.22 다음을 계산하시오.

(a) 0.150 *M* KBr의 0.250 L 중 용질의 그램수

(b) 4.75 g의 $Ca(NO_3)_2$를 갖는 0.200 L 용액의 몰농도

(c) 5.00 g 용질 중 1.50 *M* Na_3PO_4의 부피(mL)

6.23 고체 설탕($C_{12}H_{22}O_{11}$)으로부터 0.150 *M* 설탕 용액 125 mL를 만드는 방법을 설명하시오.

6.24 1.50 *M* $C_{12}H_{22}O_{11}$ 용액 2.00 L로부터 0.100 *M* $C_{12}H_{22}O_{11}$ 용액 400 mL를 만드는 과정을 설명하시오.

6.25 빙초산으로 알려진 순수한 아세트산은 25°C 에서 1.049 g/mL의 밀도를 갖는 액체이다. 10.00 mL의 빙초산을 25°C 에서 충분한 양의 물에 녹여 100.0 mL 용액을 만들 때 이 용액의 몰농도를 계산하시오.

6.26 다음 반응식의 균형을 맞추고 각 반응들이 연소, 결합 또는 분해반응인지 설명하시오.

(a) $C_5H_6O(l) + O_2(g) \longrightarrow CO_2(g) + H_2O(g)$

(b) $H_2O_2(l) \longrightarrow H_2O(l) + O_2(g)$

(c) $CaO(s) + H_2O(l) \longrightarrow Ca(OH)_2(aq)$

(d) $Li(l) + N_2(g) \longrightarrow Li_3N(s)$

CHAPTER 07

기체

앞서 우리는 원자의 전자구조와 원자들이 결합할 때 분자나 이온성 물질이 어떻게 생성되는가를 배웠다. 그러나 일상에서 우리는 원자나 분자의 차원이 아닌 고체, 액체, 기체 상태의 원자나 분자의 거대한 집합체로서의 물질을 접하게 된다. 지구는 공기라는 기체혼합물인 대기로 둘러싸여 있다. 우리는 공기 중의 산소를 호흡하고 생명을 유지한다. 공기에 포함된 기체 외에도 일상에서 다양한 기체들을 접하게 된다. 예를 들면 염소기체(Cl_2)는 식수의 정제에 사용되고, 아세틸렌(C_2H_2) 기체는 용접에 사용되기도 한다. 탄화수소 화합물이 연소되면 이산화탄소(CO_2)가 발생하고, 메테인(CH_4)은 가정의 취사와 난방용으로 사용된다. 서로 다른 기체는 화학적 성질이 크게 다르지만 그들은 여러 가지 물리적 성질을 공유한다. 이 장에서는 기체의 물리적 성질, 상태, 분자운동 등에 대하여 배울 것이다.

7.1 기체의 특성

공기의 주성분은 질소와 산소이며 부피 백분율로 약 78%의 질소(N_2)와 약 21%의 산소(O_2)로 구성된다. 보통의 온도와 압력조건에서 여러가지 비금속원소(H_2, F_2, Cl_2, He, Ne, Ar, Kr, Xe)들도 기체로 존재한다. 표 7.1에 흔히 접할 수 있는 기체 화합물 몇 가지를 수록하였다.

이러한 기체들은 모두 비금속 원소로 구성되어 있고 간단한 분자식을 가지며 분자량이 작다. 보통 상태에서 액체와 고체로 존재하는 물질도 기체 상태로 존재할 수 있다. 예를 들어 H_2O 는 액체 물, 고체 얼음, 기체 수증기로 존재한다. 적절한 조건에서 어떤 물질은 동시에 세 가지 상

표 7.1 몇 가지 일반적 기체 화합물

분자식	이름	특성
HCN	시안화수소(hydrogen cyanide)	매우 유독하다, 쓴맛의 아몬드 냄새
HCl	염화수소(hydrogen chloride)	독성, 부식성, 숨막히는 냄새
H_2S	황화수소(hydrogen sulfide)	매우 유독하다, 썩은 달걀 냄새
CO	일산화탄소(carbon monoxide)	무색, 무취, 독성
CO_2	이산화탄소(carbon dioxide)	무색, 무취
CH_4	메테인(methane)	무색, 무취, 가연성
N_2O	일산화이질소(nitrous oxide)	무색, 단맛, 웃음가스
NO_2	이산화질소(nitrogen dioxide)	독성, 적갈색, 자극성 냄새
NH_3	암모니아(ammonia)	무색, 자극성 냄새
SO_2	이산화황(sulfur dioxide)	무색, 자극성 냄새

(phase)의 상태로 공존할 수 있다. 0°C에서 얼음과 물의 혼합물이 들어 있는 용기는 액체상, 고체상 및 약간의 기체상 수증기를 포함한다.

기체는 몇 가지 관점에서 고체 및 액체와 크게 다르다. 예를 들어 기체는 자발적으로 용기를 채우며 팽창한다. 그러므로 기체부피는 기체가 들어 있는 용기의 부피와 같다. 기체는 압축성이 매우 크다. 기체에 압력을 가하면 기체부피는 감소한다. 반면 고체나 액체는 쉽게 팽창하거나 압축할 수 없다.

기체는 성분이나 상대적 비율과 관계없이 서로 균일한 혼합물이다. 예를 들어 물과 가솔린을 한 병에 넣으면 수증기와 가솔린 증기는 액체 위에서 균일한 기체 혼합물을 생성한다. 그에 비해 그 두 가지 액체는 섞이지 않고 층으로 분리된다.

기체분자들은 서로 멀리 떨어져 존재한다. 우리가 공기 중에서 호흡을 하면 실제 부피는 기체가 차지하는 전체 부피의 약 0.1% 정도를 취하는 것이다. 기체상태의 각 분자는 다른 분자들의 존재와 거의 무관하게 행동하며 결과적으로 서로 다른 기체들이지만 물리적 특성은 비슷하다. 그에 비하여 액체 상태의 분자들은 서로 촘촘하게 존재하고 전체 부피의 약 70%를 차지한다. 분자간의 인력이 액체나 고체상태를 유지하게 만든다.

7.2 압력

온도, 부피, 압력은 쉽게 측정할 수 있는 기체의 성질이다. 그러므로 기체에 관한 초기의 많은 연구들은 이러한 성질간의 관계에 초점이 맞춰졌다.

압력(pressure)은 일정한 방향으로 어떤 것을 밀어내는 힘이라고 볼 수 있다. 압력 P는 실제로 일정한 면적(A)에 작용하는 힘(F)이다.

$$P = \frac{F}{A} \tag{7.1}$$

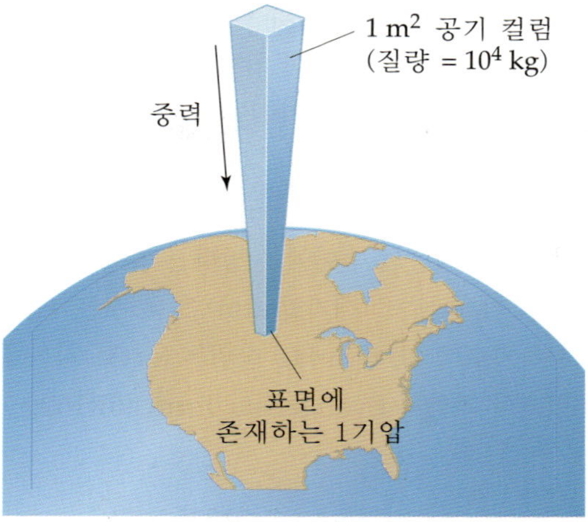

◀ **그림 7.1 대기압.** 지구의 대기압이 지구의 표면에 압력을 가하는 모양. 1 m^2 단면적에 대기가 작용하는 힘은 1.01×10^5 N이다.

기체는 그들이 접촉하는 표면에 압력을 가한다. 예를 들어 부풀어 오른 풍선 내부의 기체는 풍선의 내부 표면에 압력을 가한다.

대기압과 압력계

중력 때문에 대기는 그 힘이 아래로 향하고 결과적으로 지구 표면에 압력이 작용한다. 어떤 물체에 가하는 힘(F)은 질량(m)과 그것의 가속도(a)를 곱한 값이다. 즉, $F = ma$이다. 지구의 중력은 9.8 m/s^2 가속도로 작용한다. 1 m^2의 면적에 대기가 가하는 힘은 질량으로 대략 10,000 kg이다(그림 7.1). 1 m^2에 작용하는 힘은

$$F = (10{,}000\ \text{kg})(9.8\ \text{m/s}^2) = 1 \times 10^5\ \text{kg}^-\text{m/s}^2 = 1 \times 10^5\text{N}$$

힘의 SI 단위는 kg · m/s^2이고 newton(N)이라 한다. 1 N=1 kg · m/s^2이다. 1 m^2 위에 작용하는 압력은 힘(F)을 단면적으로 나눈 값이다.

$$P = \frac{F}{A} = \frac{1 \times 10^5\ \text{N}}{1\ \text{m}^2} = 1 \times 10^5\ \text{N/m}^2$$
$$= 1 \times 10^5\ \text{Pa} = 1 \times 10^2\ \text{kPa}$$

압력의 SI 단위는 N/m^2이다. 프랑스의 수학자이며 과학자인 Blaise Pascal(1623~1662)의 이름을 따서 pascal(Pa)의 단위를 사용하기도 한다. 즉, 1 Pa = 1 N/m^2이다. 해수면의 대기압은 약 100 kPa이다. 물론 어느 위치의 실제 대기압은 기후조건과 고도에 의존한다.

대기압은 수은 기압계(그림 7.2)를 사용하여 측정할 수 있다. 그러한 기압계는 한쪽의 끝이 막힌 760 mm보다 긴 유리관으로 만든다. 그 관을 수은으로 가득 채운 다음 수은이 들어 있는 용기에 거꾸로 세운다. 이 때 관 안으로 공기가 들어가지 않게 주의하여야 한다. 수은관을 거꾸로 세우면 수은이 일부 흘러나오지만 대부분은 유리관에 그대로 남는다. 수은이 흘러내리고 생긴 윗부분의 빈 공간은 거의 진공이다. 다만 무시할 정도의 매우 적은 양의 수은 증기가 그 공간에 존재한다.

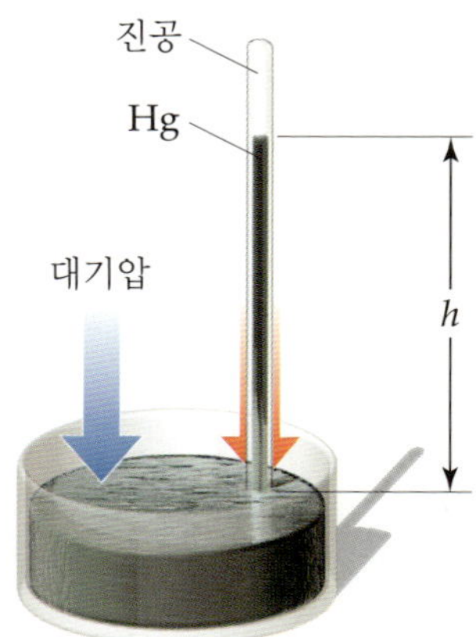

▲ **그림 7.2 수은 기압계.** 수은면의 대기의 압력(푸른색 화살표)은 수은기둥의 압력(붉은색 화살표)과 동일하다.

수은 용기 위의 수은 표면은 지구 대기의 힘 혹은 무게를 받는다. 관의 빈 부분은 거의 진공이므로 수은기둥의 질량으로 인한 압력이 대기압과 균형을 이룰 때까지 수은을 관을 따라 위로 밀어 올린다. 그리하여 수은 기둥의 높이는 대기압의 변화에 따라 변한다.

해수면 위의 대표적 압력에 해당하는 표준대기압(standard atmospheric pressure)은 760 mm 수은 기둥의 높이에 상당하는 압력이다. 이 압력은 SI 단위로 1.01325×10^5 Pa이다. 기체압력을 대기압(atm) 또는 수은기둥의 높이인 밀리미터 Hg(mm Hg)로 표시하기도 한다. mm Hg 단위는 torr로 나타내기도 한다. 이것은 기압계를 발견한 이탈리아 과학자 Evangelista Torricelli(1608~1647)의 이름에서 유래하였다.

$$1 \text{ atm} = 760 \text{ mm Hg} = 760 \text{ torr} = 1.01325 \times 10^5 \text{ pa} = 101.325 \text{ kPa}$$

mm Hg 단위와 torr 단위는 같은 것임에 유의하라. 즉, 1 torr = 1 mm Hg이다. 일반적으로 실험실에서는 압력계(manometer)라는 장치를 사용하여 압력을 측정한다. 압력계의 조작원리는 기압계와 비슷하다. 그림 7.3에 나타낸 바와 같이 열린 관 압력계는 때때로 대기압에 가까운 기체의 압력을 측정하는 데 사용된다. 압력계의 두 수은면 높이 차이는 대기압에 대한 기체압력과 관계가 있다. 압력계에는 대부분 증기압이 낮은 수은이 사용되지만 다른 액체를 사용할 수도 있다. 일정한 압력에서 압력계의 두 액면 높이의 차이는 액체의 밀도에 반비례한다. 수은은 밀도(13.6 g/mL)가 커서 밀도가 작은 다른 액체를 사용할 때보다 압력계를 더 작게 만들 수 있다.

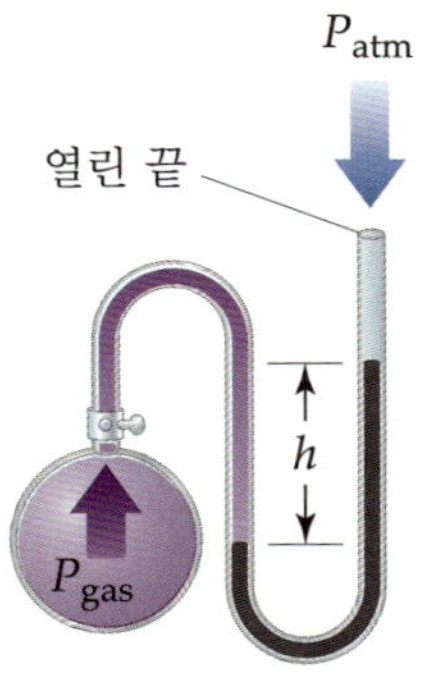

$P_{gas} = P_{atm} + P_h$

▲ **그림 7.3 끝이 열린 U 자형 수은압력계.** 대기압과 유사한 기체압력을 측정하는 데 사용된다.

예제 7.1

(a) 0.357 atm을 torr 단위로 환산하시오. (b) 6.6×10^{-2} torr을 atm 단위로 환산하시오. (c) 147.2 kPa을 torr 단위로 환산하시오.

해답: (a) 760 torr = 1 atm에서 유도한 환산인자를 사용하여 기압을 torr로 환산한다.

$$(0.357 \text{ atm})\left(\frac{760 \text{ torr}}{1 \text{ atm}}\right) = 271 \text{ torr}$$

(b) 단위분석을 하면 다음과 같은 환산인자를 사용하여야 한다는 것을 알 수 있다.

$$(6.6 \times 10^{-2} \text{ torr})\left(\frac{1 \text{ atm}}{760 \text{ torr}}\right) = 8.7 \times 10^{-5} \text{ atm}$$

(c) 760 torr = 101.325 kPa의 관계를 이용하면

$$(147.2 \text{ kPa})\left(\frac{760 \text{ torr}}{101.325 \text{ kPa}}\right) = 1104 \text{ torr}$$

보충예제

미터계를 사용하는 나라에서는 일기예보 때 기압을 헥토파스칼(hPa)의 단위로 예보한다. 745 torr를 hPa로 환산하시오.

답: 99.3 hPa

예제 7.2

어느 날 실험실 압력계는 대기압을 764.7 torr라고 나타낸다. 기체시료를 용기에 담아 열린 수은 압력계를 부착하였다. 압력계의 열린관 쪽의 수은 면 높이는 136.4 mm이고 기체와 접촉하는 쪽의 수은면 높이는 103.8 mm이었다. 이 기체의 압력은 몇 기압인가?

해답: 대기압은 764.7 torr이고 대기에 노출된 열린 관의 수은 기둥 높이(136.4 mm)는 기체와 접하는 관의 높이(103.8 mm)보다 더 높다. 수은 압력계를 사용하므로 높이 차이는 압력 차이를 mmHg 혹은 torr 단위로 직접 나타낸다. 기체의 압력은 압력계의 두 수은관의 높이 차이에 대기압을 더한 값과 같다.

$$\begin{aligned} P_{\text{gas}} &= P_{\text{atm}} + (\text{두 수은면의 높이 차이}) \\ &= 764.7\ \text{torr} + (136.4\ \text{torr} - 103.8\ \text{torr}) \\ &= 797.3\ \text{torr} \end{aligned}$$

torr를 기압으로 환산하면

$$P_{\text{gas}} = (797.3\ \text{torr})\left(\frac{1\ \text{atm}}{760\ \text{torr}}\right) = 1.049\ \text{atm}$$

열린 압력계를 사용하는 경우 대기압을 알아야 한다는 것에 유의하라.

보충예제

열린 수은 압력계에 연결한 용기에 기체를 채워 0.835 atm이 되게 만들었다. 대기압은 755 torr이다. (a) 어느 쪽 수은면이 더 높은가? (b) 압력계의 두 수은면의 높이 차이는 얼마인가?

답: (a) 기체에 연결된 수은면이 더 높다. (c) 120 mm

7.3 기체법칙

여러 가지의 기체실험으로부터 기체의 물리적 조건 혹은 물리적 상태를 정의하는 데는 온도(T), 압력(P), 부피(V), 몰수(n)의 네 가지 변수가 필요하다는 것을 알아냈다. 이들 변수 T, P, V, n 간의 관계를 나타내는 식을 기체법칙(gas law)이라고 한다.

압력과 부피의 관계: Boyle의 법칙

풍선에 가해지는 압력이 감소하면 풍선은 팽창한다. 기후측정용 풍선을 대기 중으로 올릴 때 풍선이 팽창하는 이유이다(그림 7.4). 그와 반대로 기체부피를 압축하면 기체압력은 증가한다. 영국의 화학자 Robert Boyle(1627~1691)은 기체압력과 부피 관계를 최초로 연구하여 중요한 사실을 발견하였다. Boyle은 그림 7.5와 같은 J자 관을 사용하여 기체실험을 하였다. 기체는 수은관의 끝에 들어 있다. Boyle은 그 관에 수은을 첨가하여 기체압력을 변화시켰다. 압력을 증가시키면 기체부피가 감소하는 것을 발견하였다. 예를 들어 압력을 두 배 증가시키면 기체의 부피는 반으로 줄어들었다.

▶ 그림 7.4 압력-부피의 관계를 보여주는 기후 측정용 풍선. 풍선의 부피는 대기로 높이 올라가면 증가한다. 그곳의 대기압은 지구표면보다 작다.

▶ 그림 7.5 Boyle의 실험. (a) 기체압력이 760 torr일 때 유리관에 갇힌 기체의 부피는 60 mL를 나타낸다. (b)수은을 더 첨가하여 기체를 압축하면 전체압력이 1520 mm Hg이고 부피는 30 mL가 된다. 이것은 760 mm 수은기둥이 가하는 압력에 대기압(760 mm Hg)이 더해진 것과 같다.

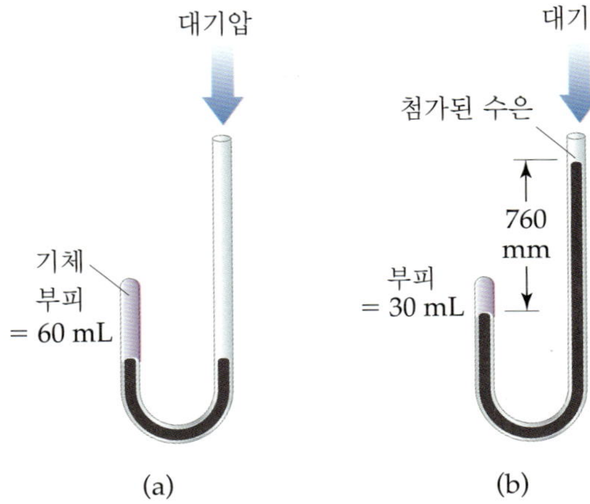

이러한 결과를 요약한 Boyle의 법칙은 다음과 같다. 일정한 온도에서 기체의 부피는 압력에 반비례한다. 부피와 압력은 서로 반비례하므로 한 쪽이 감소하면 다른 쪽은 증가한다. Boyle의 법칙을 식으로 다음과 같이 나타낼 수 있다.

$$V = \text{상수} \times \frac{1}{P} \quad \text{혹은} \quad PV = \text{상수} \qquad [7.2]$$

상수값은 온도와 시료량에 의존한다. 그림 7.6(a)의 P에 대한 V의 그림은 일정한 온도에서 일정한 기체량에 관하여 얻은 커브 모양이다. V를 1/P에 대하여 도시할 때 비례관계를 얻는다(그림 7.6 (b)).

우리가 호흡할 때마다 Boyle의 법칙이 적용된다. 호흡하는 사이에 폐 안의 기체압력은 대기압과 같다. 폐의 부피는 흉곽의 지배를 받는다. 흉곽은 횡경막과 폐 밑의 근육을 팽창 또는 수축한다. 흉곽이 팽창하고 횡경막이 밑으로 움직일 때 공기를 흡입한다. 이러한 작용은 폐의 부피를 증가시키고 따라서 폐 내부의 기체압력을 감소시킨다. 폐의 압력이 대기압과 같아질 때까지 대기압은 폐 속으로 공기를 밀어 넣는다. 공

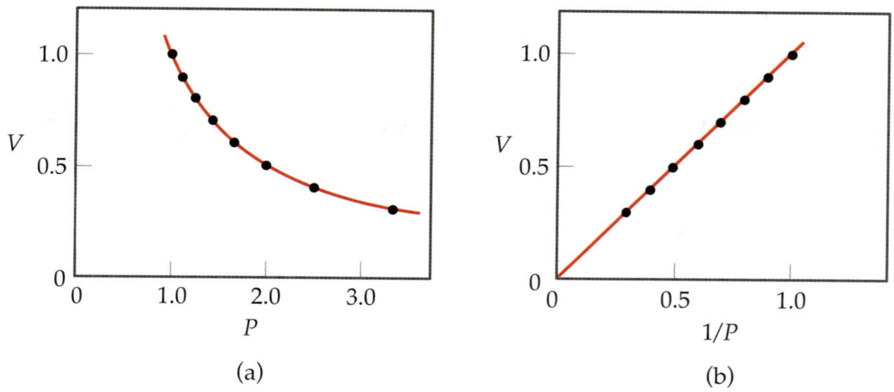

◀ **그림 7.6 Boyle 법칙에 기초한 그래프.** (a) 부피 대 압력, (b) 부피 대 1/*P*.

기의 배출은 역과정이다. 흉곽은 수축하고 횡경막이 위쪽으로 움직이는 작용은 폐의 부피를 감소시킨다. 이러한 부피감소 때문에 생긴 압력증가는 폐 밖으로 공기를 내보낸다.

온도-부피의 관계: Charles의 법칙

기체부피와 온도의 관계는 프랑스 과학자 Jacques Charles(1746~1823)에 의해 발견되었다(그림 7.7). Charles는 일정한 압력에서 일정량의 기체의 부피는 온도에 따라 선형으로 증가하는 것을 발견하였다. 몇 가지 대표적 자료를 그림 7.8에 나타내었다. 실선을 외연장한 점선이 −273°C를 통과한다. 기체의 부피는 이 온도에서 0이 된다고 예측하는 것에 유의하라. −273.15°C를 절대영도(0 K)라고 하는 이유가 여기에 있다.

▲ **그림 7.7 기체의 부피에 대한 온도의 영향.** 액체질소(−196°C)를 풍선에 부으면 풍선 안의 기체는 냉각되고 부피는 감소한다.

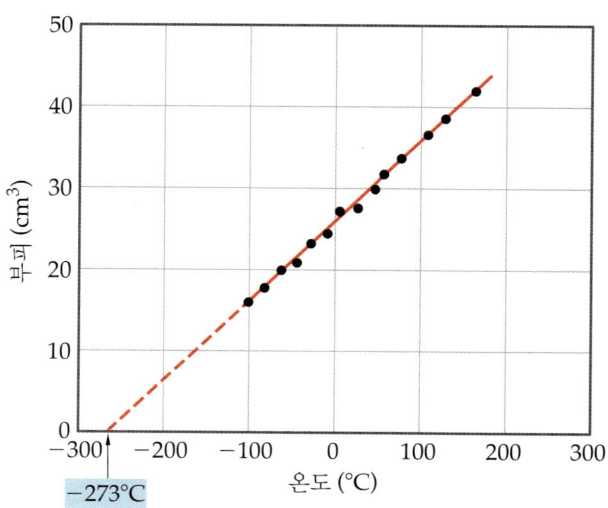

▲ **그림 7.8 Charles 법칙에 기초한 그래프.** 온도-부피의 관계를 나타내는 그래프, 일정한 압력에서 기체의 온도가 증가하면 기체의 부피가 증가한다. 점선 부분은 물질이 더 이상 기체 상태로 존재하지 않는 부분까지 연장한 것이다.

▶ 그림 7.9 기체의 부피 결합법칙. Gay-Lussac의 실험 관찰을 Avogadro 설명과 함께 나타냈다.

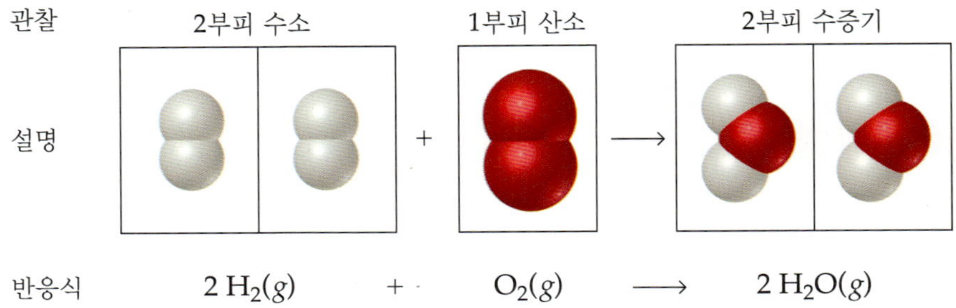

일정한 압력에서 일정량의 기체부피는 절대온도에 정비례한다. 즉 200 K에서 400 K로 절대온도를 두 배로 올리면 기체부피는 두 배로 증가한다. 수학적으로 Charles의 법칙은 다음과 같이 나타낼 수 있다.

$$V = \text{상수} \times T \quad \text{혹은} \quad \frac{V}{T} = \text{상수} \qquad [7.3]$$

상수는 압력과 기체의 양에 의존한다.

부피–양의 관계: Avogadro의 법칙

풍선에 기체를 넣으면 풍선은 팽창한다. 기체의 부피는 압력, 온도뿐만 아니라 기체의 양에 영향을 받는다. 기체의 양과 부피간의 관계는 Joseph Louis Gay-Lussac(1778~1823)과 Amadeo Avogadro의 연구 결과에 따른다. Gay-Lussac은 1808년에 부피결합법칙(law of combining volumes)를 발견하였다. 이 법칙은 일정한 압력과 일정한 온도에서 반응하는 기체들의 부피는 작은 정수비로 주어진다는 것이다. 예를 들어 2부피 수소기체는 1부피 산소기체와 반응하여 그림 7.9처럼 2부피의 수증기를 생성한다.

3년 후 Amadeo Avogadro는 Gay-Lussac 실험을 다음처럼 해석하였는데 이것을 Avogadro 가설이라고 한다. 같은 온도, 같은 압력에서 동일한 기체부피는 같은 수의 분자를 포함한다. 예를 들어 0°C, 1기압에서 어떤 기체 22.4 L는 6.02×10^{23} 기체분자(즉, 1몰)를 포함한다(그림 7.10).

Avogadro 법칙은 다음과 같은 가정에 따른다. 일정한 온도와 압력에서 기체의

▶ 그림 7.10 Avogadro의 가설. 각 기체는 같은 부피, 같은 온도, 같은 압력 조건에 있으므로 같은 수의 분자를 포함한다. 분자질량이 다르므로 세 용기의 기체질량은 서로 다르다.

	He	N_2	CH_4
부피	22.4 L	22.4 L	22.4 L
압력	1 atm	1 atm	1 atm
온도	0°C	0°C	0°C
기체질량	4.00 g	28.0 g	16.0 g
기체분자수	6.02×10^{23}	6.02×10^{23}	6.02×10^{23}

부피는 기체의 몰수에 정비례한다.

$$V = 상수 \times n \quad [7.4]$$

즉 T와 P가 일정할 때 기체의 몰수를 두 배로 증가시키면 부피가 두 배로 증가한다.

7.4 이상기체식

앞에서 언급한 중요한 세 가지의 기체법칙을 다시 정리하여 보자. 각 기체법칙은 온도, 압력, 부피, 몰수에서 두 가지 변수를 일정하게 유지하였을 때 나머지 변수들 사이에 어떤 관계식이 존재하는지를 보여준다.

$$\textit{Boyle}\ 법칙:\quad V \propto \frac{1}{P} \quad (상수\ n, T)$$

$$\textit{Charles}\ 법칙:\quad V \propto T \quad (상수\ n, P)$$

$$\textit{Avogadro}\ 법칙:\quad V \propto n \quad (상수\ P, T)$$

보다 일반적인 기체법칙을 만들기 위하여 이들 변수들의 관계를 하나의 식으로 나타낼 수 있다.

$$V \propto \frac{nT}{P}$$

비례상수를 R이라고 하면 다음과 같다.

$$V = R\left(\frac{nT}{P}\right)$$

이 식을 다시 정리하면

$$PV = nRT \quad [7.5]$$

이 관계식을 이상기체식이라 한다. 이상기체는 압력, 부피, 온도의 관계를 이상기체식으로 설명할 수 있는 가상적 기체이다.

이상기체식의 R 을 기체상수(gas constant)라고 한다. R의 값과 그 단위는 P, V, n, T의 단위에 의존한다. 온도는 항상 절대온도로 나타내야 한다. 기체의 양(n)은 몰수를 나타낸다. 압력과 부피의 단위는 각각 atm과 L를 가장 많이 사용한다. 그러나 다른 단위를 사용할 수도 있다. 표 7.2는 여러 가지 단위의 R 값을 나타낸다. PV 값은 에너지 단위이다. 그러므로 R 단위에는 cal 혹은 J이 나타날 수 있다.

1.000 atm과 0.00°C (273.15 K)에서 1.000몰 이상기체를 상상해보자. 이상기체식으로부터 기체의 부피는 다음과 같다.

$$V = \frac{nRT}{P} = \frac{(1.000\ \text{mol})(0.08206\ \text{L}\cdot\text{atm/mol}\cdot\text{K})(273.15\ \text{K})}{1.000\ \text{atm}} = 22.41\ \text{L}$$

표 7.2 여러 가지 다른 단위를 사용하여 나타낸 기체상수(R)

단위	값
L·atm/mol·K	0.08206
cal/mol·K	1.987
J/mol·K[a]	8.314
m^3·Pa/mol·K[a]	8.314
L·torr/mol·K	62.36

[a] SI 단위

0°C, 1 atm의 조건을 표준상태(STP)라고 한다. STP에서 1몰의 이상기체가 차지하는 부피는 22.41 L이고 몰부피라고 한다.

이상기체 방정식은 실제기체를 항상 정확하게 설명하지는 못한다. 예를 들어 일정한 P, n, T의 상태에서 기체의 부피, V는 $PV = nRT$를 이용하여 계산한 부피와 약간 다르다. 그렇지만 일반적으로 이상기체와 실제기체의 차이는 충분히 작아 무시할 수 있다.

예제 7.3

탄산칼슘[$CaCO_3(s)$]을 가열하면 $CaO(s)$와 $CO_2(g)$로 분해된다. $CaCO_3$ 시료를 분해하여 250 mL 플라스크에 이산화탄소를 포집하였더니 기체의 압력은 31°C 에서 1.3 atm이였다. CO_2는 몇 몰이 발생하였는가?

해답: 주어진 값을 R(0.0821 L·atm/mol·K) 의 단위와 일치하도록 환산한다.

$$P = 1.3 \text{ atm}$$
$$V = 250 \text{ mL} = 0.250 \text{ L}$$
$$T = 31°\text{C} = (31 + 273) \text{ K} = 304 \text{ K}$$

이상기체식에서 온도는 항상 절대온도를 사용하여야 한다.

$$n = \frac{PV}{RT}$$
$$n = \frac{(1.3 \text{ atm})(0.250 \text{ L})}{(0.0821 \text{ L}\cdot\text{atm/mol}\cdot\text{K})(304 \text{ K})} = 0.013 \text{ mol } CO_2$$

보충예제

1.9 atm, 19°C에서 2.4×10^{-4}몰의 O_2를 포함하는 기체 용기가 있다. 이 기체용기의 부피는 몇 cm^3 인가?

답: 3.0 cm^3

이상기체식과 기체법칙간의 관계

Boyle의 법칙은 이상기체식의 간단한 경우이다. 예를 들어 기체의 양과 온도를 일정하게 유지할 때 n과 T는 일정한 값을 갖는다. 그러므로 nRT의 값은 세 가지 상수의 곱이고 그것은 일정한 값이어야 한다.

$$PV = nRT = \text{상수} \qquad \text{혹은} \qquad PV = \text{상수} \tag{7.6}$$

그리하여 Boyle의 법칙이 성립한다. n과 T 값이 일정할 때 P와 V 값은 각각 변할 수 있지만 PV는 일정하여야 한다.

Boyle의 법칙으로부터 압력이 변할 때 기체부피가 어떻게 변하는가를 알 수 있다. 예를 들어 21°C에서 O_2 기체 50.0 L를 실린더에 넣었더니 18.5 기압이 되었다. 온도를 21°C로 유지하면서 압력을 1.00 기압으로 감소시키면 부피는 얼마인가? 기체의 n과 T를 일정하게 유지할 때 PV 값은 일정하므로

$$P_1V_1 = P_2V_2 \tag{7.7}$$

여기에서 P_1과 V_1은 처음압력, 처음부피이고 P_2와 V_2는 최종압력, 최종부피이다. 이 식의 양쪽을 P_2로 나누면

$$V_2 = V_1 \times \frac{P_1}{P_2}$$

제시된 값을 이 식에 대입하면

$$V_2 = (50.0\ \text{L})\left(\frac{18.5\ \text{atm}}{1.00\ \text{atm}}\right) = 925\ \text{L}$$

압력이 감소하면 기체는 팽창한다.

비슷한 방식으로 이상기체식으로 출발하여 두 가지 변수, 즉 V와 T(Charles 법칙), n과 V(Avogadro 법칙) 혹은 P와 T간의 관계를 유도할 수 있다. 다음의 예제 는 이러한 관계를 어떻게 유도하고 사용하는지를 보여준다.

예제 7.4

에어로졸 캔의 압력은 25°C에서 1.5 atm이다. 내부의 기체가 이상기체식을 따른다고 가정하면 450°C로 가열할 때 압력은 얼마인가?

해답: 온도를 절대온도로 환산하고 주어진 값을 정리하면

	P	T
초기	1.5 atm	298 K
최종	P_2	723 K

P와 T가 어떤 관계인가를 결정하려면 이상기체식으로 출발하여 한쪽은 변하지 않고(n, V, R) 다른 쪽은 변하는(P와 T) 값으로 분리한다.

$$\frac{P}{T} = \frac{nR}{V} = \text{상수}$$

P/T의 비는 일정하므로

$$\frac{P_1}{T_1} = \frac{P_2}{T_2}$$

여기에서 첨자 1과 2는 각각 초기와 최종상태를 나타낸다. P_2에 대하여 풀면

$$P_2 = P_1 \times \frac{T_2}{T_1}$$

$$P_2 = (1.5 \text{ atm})\left(\frac{723 \text{ K}}{298 \text{ K}}\right) = 3.6 \text{ atm}$$

기체온도의 증가에 따라 압력이 증가하므로 타당하다. 이 예제로부터 에어졸 캔을 소각하지 말고 구멍을 뚫어 버리라고 경고하는 이유를 알 수 있다.

우리는 가끔 기체의 몰수가 일정할 때 P, V, T 모두 변하는 상황에 직면할 수 있다. n이 일정하므로 이상기체식은

$$\frac{PV}{T} = nR = \text{상수}$$

압력, 온도, 부피의 초기와 최종상태를 각각 1과 2라고 표시하면 다음과 같은 관계식이 성립한다.

$$\frac{P_1V_1}{T_1} = \frac{P_2V_2}{T_2} \qquad [7.8]$$

예제 7.5

해수면(1.0 atm)에서 부피가 6.0 L인 풍선이 압력이 0.45 atm 되는 고도까지 상승하였다. 상승하는 동안 기체의 온도는 22°C에서 −21°C로 감소하였다. 최종 고도에서 이 풍선의 부피를 구하시오.

해답: 온도를 Kelvin 단위로 환산하고 주어진 값들을 표로 만들면

	P	*V*	*T*
초기	1.0 atm	6.0 L	295 K
최종	0.45 atm	V_2	252 K

식 7.8을 V_2에 대하여 정리하면

$$V_2 = V_1 \times \frac{P_1}{P_2} \times \frac{T_1}{T_2} = (6.0 \text{ L})\left(\frac{1.0 \text{ atm}}{0.45 \text{ atm}}\right)\left(\frac{252 \text{ K}}{295 \text{ K}}\right) = 11 \text{ L}$$

이 결과는 직관적으로 타당하다. 압력이 감소하면 부피는 증가하는데 이것은 압력비에 반영된다. 마찬가지로 온도가 감소하면 부피가 감소하고 이것은 온도비에 반영된다.

보충예제

0.50몰, 0°C의 산소기체를 피스톤이 장착된 실린더에 채웠더니 압력이 1.0 atm이었다. 피스톤을 압축하여 부피를 처음의 반으로 줄였더니 압력이 2.2 atm이 되었다. 기체의 최종온도를 섭씨온도로 나타내시오.

답: 27°C

7.5 기체의 밀도와 몰질량

이상기체식을 이용하면 기체의 밀도, 몰질량, 화학반응에서 생성되거나 소비되는 기체의 부피 등을 결정할 수 있다. 밀도는 단위부피당 질량이며 기체의 밀도는 이상기체식을 다음과 같이 정리하여 구할 수 있다.

$$\frac{n}{V} = \frac{P}{RT}$$

이 식의 양변에 몰질량(1몰 물질의 g 수), M을 곱하면

$$\frac{nM}{V} = \frac{PM}{RT}$$

nM/V 의 단위는 밀도와 같다.

$$\frac{\text{mol}}{\text{L}} \times \frac{\text{g}}{\text{mol}} = \frac{\text{g}}{\text{L}}$$

기체의 밀도(d)는

$$d = \frac{PM}{RT} \qquad [7.9]$$

이 식에 의하면 기체의 밀도는 압력, 몰질량, 온도에 의존한다. 몰질량과 압력이 클수록 기체는 더 조밀하다. 온도가 높을수록 기체는 덜 조밀해진다. 뜨거운 기체가 차가운 기체보다 덜 조밀한 사실은 뜨거운 공기가 왜 위로 올라가는지를 설명해 준다. 뜨거운 공기와 차가운 공기의 밀도 차이는 열기구 상승의 원인이다. 소나기가 내리는 동안 폭풍우 구름의 생성 같은 기상 현상도 밀도 차이 때문이다.

예제 7.6

714 torr, 125°C에서 사염화탄소(CCl_4)의 밀도는 얼마인가?

해답: CCl_4의 몰질량은 12.0 + (4)(35.5) = 154.0 g/mol이다. 온도를 절대온도로, 압력을 대기압으로 환산하는 것에 유의하여 계산하면

$$d = \frac{(714\ \text{torr})(1\ \text{atm}/760\ \text{torr})(154.0\ \text{g/mol})}{(0.0821\ \text{L}\cdot\text{atm/mol}\cdot\text{K})(398\ K)} = 4.43\ \text{g/L}$$

보충예제

태양계의 가장 큰 행성인 토성의 표면에서 대기의 평균 몰질량은 28.6 g/mol이다. 표면 온도는 95 K이고 압력은 1.6 기압이다. 이상기체라 가정하고 토성 대기의 밀도를 계산하시오.

답: 5.9 g/L

7.6 기체혼합물과 부분압

지금까지는 한 종류의 기체로만 구성된 순수한 기체의 특성을 살펴보았다. 두 가지 이상의 서로 다른 종류로 구성된 기체는 어떻게 다룰 것인가? John Dalton은 공기의 성질을 연구하는 동안 다음과 같은 관찰을 했다. 기체혼합물의 전체압력은 기체가 성분별로 각각 따로 존재할 때 작용하는 압력의 합과 같다. 기체혼합물 중 한 성분이 가하는 압력을 기체의 부분압(partial pressure)이라고 한다. P_t를 기체 혼합물의 전체 압력이라 하고 $P_1, P_2, P_3 \cdots$를 혼합물 중 각 성분기체의 부분압이라 하면 Dalton의 부분압 법칙은 다음과 같다.

$$P_t = P_1 + P_2 + P_3 + \cdots \qquad [7.10]$$

이 식은 혼합물 중 각 성분기체들은 다른 성분기체에 대하여 독립적으로 행동하는 것을 의미한다. 혼합물 중 각 성분기체의 몰수를 $n_1, n_2, n_3 \cdots$라 하고 n_t를 전체 기체의 몰수($n_t = n_1 + n_2 + n_3 + \cdots$)라고 하자. 각 성분기체들의 부분압은 이상기체식에 따르면 다음과 같다.

$$P_1 = n_1\left(\frac{RT}{V}\right); \qquad P_2 = n_2\left(\frac{RT}{V}\right); \qquad P_3 = n_3\left(\frac{RT}{V}\right); \quad \text{등}$$

모든 기체는 같은 온도와 같은 부피를 갖는다. 전체 압력 P_t 는

$$P_t = (n_1 + n_2 + n_3 + \cdots)\frac{RT}{V} = n_t\left(\frac{RT}{V}\right) \qquad [7.11]$$

즉, 일정한 온도와 부피에서 전체 압력은 전체 몰수에 의해 결정된다.

예제 7.7

6.00 g O_2와 9.00 g CH_4의 기체혼합물을 0°C의 15.0 L 용기에 넣는다. 각 성분기체의 부분압은 얼마인가? 용기의 전체압력은 얼마인가?

해답: 각 성분기체가 독립적으로 존재하는 것처럼 보고 압력을 계산할 수 있다. 우선 각 기체의 질량을 몰수로 환산하여야 한다.

$$n_{O_2} = (6.00\ \text{g}\ O_2)\left(\frac{1\ \text{mol}\ O_2}{32.0\ \text{g}\ O_2}\right) = 0.188\ \text{mol}\ O_2$$

$$n_{CH_4} = (9.00\text{ g }CH_4)\left(\frac{1\text{ mol }CH_4}{16.0\text{ g }CH_4}\right) = 0.563\text{ mol }CH_4$$

각 성분기체의 부분압 계산에 이상기체식을 사용할 수 있다.

$$P_{O_2} = \frac{n_{O_2}RT}{V} = \frac{(0.188\text{ mol})(0.0821\text{ L-atm/mol-K})(273\text{ K})}{15.0\text{ L}} = 0.281\text{ atm}$$

$$P_{CH_4} = \frac{n_{CH_4}RT}{V} = \frac{(0.563\text{ mol})(0.0821\text{ L-atm/mol-K})(273\text{ K})}{15.0\text{ L}} = 0.841\text{ atm}$$

$$P_t = P_{O_2} + P_{CH_4} = 0.281\text{ atm} + 0.841\text{ atm} = 1.122\text{ atm}$$

Dalton 법칙에 의하면 그릇 안의 전체압력은 부분압의 합과 같다.

보충예제

2.00 g H_2와 8.00 g N_2 혼합물이 273 K에서 10.0 L 용기에 들어 있을 때 전체압력은 얼마인가?

답: 2.86 atm

부분압과 몰분율

혼합물의 각 성분기체는 독립적으로 움직이므로 혼합물 중 일정량의 기체는 그것의 부분압과 쉽게 연관 지을 수 있다. 이상기체의 경우 $P = nRT/V$이므로

$$\frac{P_1}{P_t} = \frac{n_1RT/V}{n_tRT/V} = \frac{n_1}{n_t}$$

n_1/n_t 비를 기체 1의 몰분율(mole fraction)이라 하고 X_1으로 나타낸다. 혼합물에서 몰분율 X는 전체몰수에 대한 한 성분의 몰 비를 나타내며 단위가 없다. 위 식을 재정리하면 다음과 같다.

$$P_1 = \left(\frac{n_1}{n_t}\right)P_t = X_1P_t \qquad [7.12]$$

혼합물 중 기체의 부분압은 전체압력에 몰분율 X를 곱하여 구할 수 있다.

7.7 분자운동론

이상기체식은 기체들이 어떻게 행동하는지를 설명하지만 기체들이 왜 그렇게 행동하는지를 설명하지는 못한다. 일정압력에서 기체를 가열하면 왜 팽창하는가? 혹은 기체를 일정온도에서 압축할 때 압력은 왜 증가하는가? 압력이나 온도변화가 기체 입자의 운동에 어떤 영향을 주는지 설명하기 위하여 분자운동론(molecular kinetic theory)이라는 모형이 필요하다. 분자운동론의 모형은 다음과 같이 요약할 수 있다.

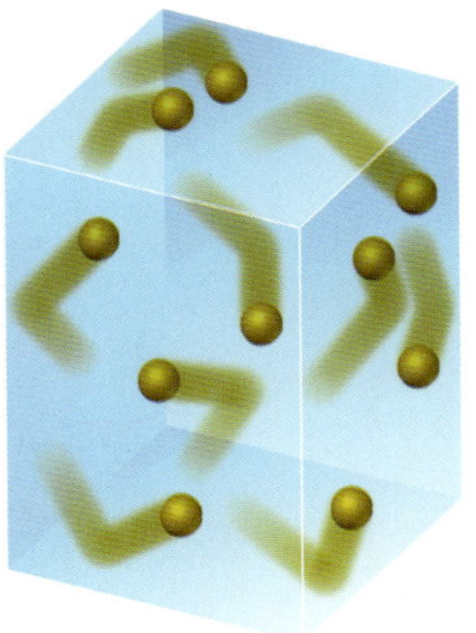

▲ **그림 7.11** 기체의 압력은 기체분자들이 용기의 벽에 충돌하여 생긴다.

1. 기체는 무질서하게 운동하는 수많은 분자들로 구성된다(분자라는 단어는 여기에서 어떤 기체의 최소입자를 나타낼 때 사용한다. 영족 기체는 원자로 구성된다).
2. 기체 분자의 부피는 기체가 차지하는 전체 부피에 비하여 무시할 수 있을 정도로 작다.
3. 기체 분자간의 인력과 반발력은 무시된다.
4. 에너지는 충돌과정에서 분자간에 이동이 되지만 기체온도를 일정하게 유지하면 평균 운동에너지는 일정하다. 다시 말하면 충돌은 완전히 탄성적이다.
5. 분자의 평균 운동에너지는 절대온도에 비례한다. 일정한 온도에서 기체 분자들의 평균 운동에너지는 같다.

분자 운동론은 분자 수준에서 압력과 온도를 이해할 수 있도록 한다. 기체의 압력은 그림 7.11처럼 용기 벽에 분자의 충돌로 생긴다. 압력의 크기는 얼마나 자주 그리고 얼마나 세게 분자들이 벽을 때리는가에 의해 결정된다.

기체의 절대온도는 분자의 평균 운동에너지의 척도이다. 서로 다른 두 기체가 같은 온도에 있으면 그 기체의 평균 운동에너지는 같다. 기체의 온도가 두 배로 되면 분자의 평균 운동에너지도 두 배로 된다. 즉 분자운동은 온도 증가에 따라 증가한다.

기체시료 내의 분자들은 서로 다른 속도로 움직인다. 어느 순간에 그들 중 얼마는 빠르게, 그리고 다른 얼마는 느리게 움직인다. 그림 7.12는 0°C(청색선)와 100°C(검정색)에서 질소기체의 분자속도 분포를 보여준다. 이 커브는 분자들이 각각 다른 속도로 움직이는 분자분율을 나타낸다. 온도가 높을수록 더 큰 속도로 움직이는 분자분율은 더 크다. 즉 분포곡선은 속도가 더 큰 쪽으로 이동하므로 더 큰 평균 운동에너지를 갖는다.

각 온도에서 분자의 근평균제곱(rms) 속도 u도 나타내었다. 이 값은 평균 운동에너지를 갖는 분자의 속도이다. rms 속도는 평균속도와 다르다. 그러나 둘 사이의 차이는 작다.[5)]

rms 속도가 중요한 이유는 기체분자의 평균 운동에너지(ε) 값이 다음처럼 u^2과 직접 관계가 있기 때문이다.

$$\epsilon = \frac{1}{2}mu^2 \qquad [7.13]$$

여기서 m은 분자의 질량이다. 질량은 변하지 않으므로 분자의 rms 속도 (그리고 평균속도도 함께)는 온도증가에 따라 증가한다.

기체법칙의 응용

기체의 성질을 여러 가지 기체법칙으로 표시한 것처럼 기체성질의 실험적 관찰은 분

---

5) rms 속도와 평균속도간의 차이를 예를 들면 4.0, 6.0, 10.0, 12.0 m/s 속도를 갖는 네 가지 물체를 상상하자. 그들의 평균속도는 $\frac{1}{4}(4.0 + 6.0 + 10.0 + 12.0) = 8.0$ m/s이다. 그러나 rms 속도는 분자의 평균 제곱속도의 제곱근이다.

$$\sqrt{\frac{1}{4}(4.0^2 + 6.0^2 + 10.0^2 + 12.0^2)} = \sqrt{74.0} = 8.6 \text{ m/s}$$

이상기체의 평균속도는 $(0.921 \times u)$와 같다. 평균속도는 rms 속도에 비례하고 이 두 값은 거의 비슷하다.

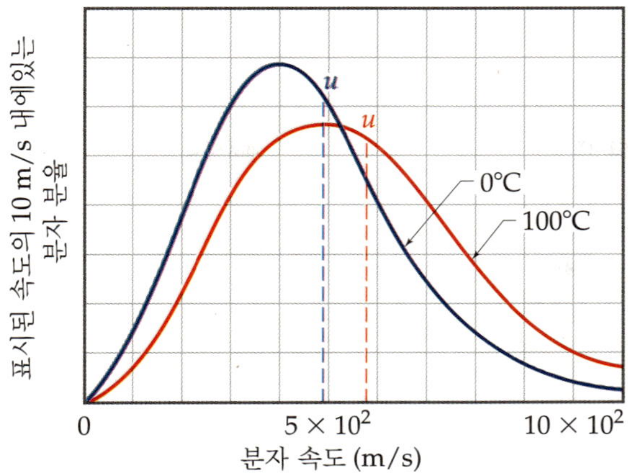

◀ **그림 7.12 기체 분자의 속도분포.** 0℃(청색)와 100℃(검은색)에서 질소분자의 속도분포.

자운동론의 관점에서 쉽게 이해된다. 다음의 예는 이 점을 잘 설명해 준다.

1. **일정한 온도에서 부피증가의 영향**: 온도를 일정하게 유지한다는 것은 기체분자의 평균 운동에너지가 변하지 않는다는 것을 의미한다. 또 이것은 분자의 rms 속도(u)가 변하지 않는 것을 의미한다. 그러나 부피가 증가하면 분자는 충돌하는 거리가 더 멀어져야 한다. 결과적으로 단위 시간당 용기 벽과 충돌수는 더 작아지고 압력은 감소한다. 이 모형은 Boyle의 법칙을 간단히 설명한다.
2. **일정부피에서 온도증가의 영향**: 온도증가는 분자의 평균 운동 에너지의 증가를 의미한다. 즉 u 값이 증가한다. 부피변화가 없으면 단위 시간당 용기 벽과 더 많이 충돌하고 충돌 시 모멘텀 변화도 더 커진다(분자는 용기 벽과 더 세게 충돌한다). 따라서 이 모형은 온도 증가에 따른 압력 증가를 설명한다.

예제 7.8

표준상태의 O_2 기체시료를 일정온도에서 더 작은 부피로 압축한다. 이 변화가 다음 값들에 주는 영향은? (a) O_2 분자의 평균 운동에너지, (b) O_2 분자의 평균속도, (c) 단위시간당 용기벽과 O_2 분자의 전체 충돌수, (d) 단위면적당 용기벽과 O_2 분자의 충돌수

해답: (a) O_2 분자의 평균 운동에너지는 온도에 의해서만 결정한다. 평균 운동에너지는 일정한 온도에서 O_2의 압축에 따라 변하지 않는다. (b) O_2 분자의 평균 운동에너지가 변하지 않으면 평균속도는 일정하게 유지된다. (c) 분자들은 작은 부피 내에서 움직이고 전과 같은 평균속도이므로 단위 시간당 용기벽과 충돌하는 전체수는 증가한다. (d) 벽과 충돌하는 전체수는 더 많고 벽면은 전보다 작으므로 단위 면적당 충돌수는 증가한다.

보충예제

다음의 경우 기체시료 N_2 분자의 rms 속도는 어떻게 변하는가? (a) 온도 증가, (b) 부피 증가, (c) 같은 온도에서 Ar 시료와 혼합

답: (a) 증가 (b) 영향 없다. (c) 영향 없다.

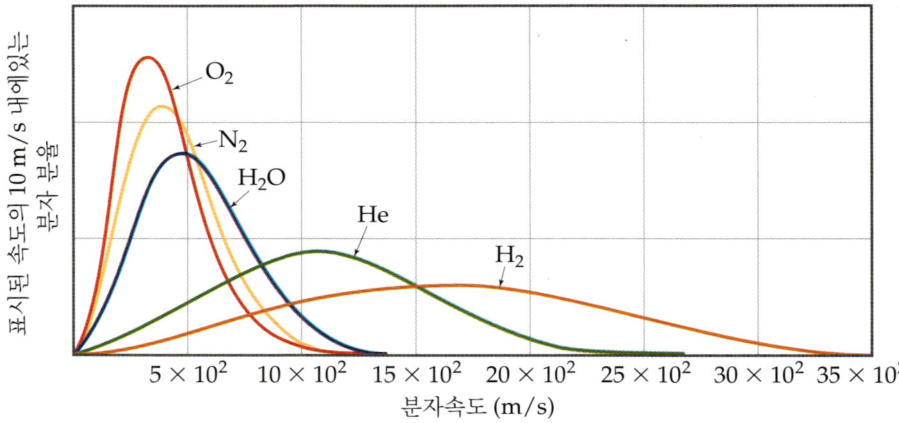

▶ **그림 7.13 분자질량이 분자 속도에 미치는 영향.** 25°C에서 서로 다른 기체 분자들의 속도 분포. 분자량이 작은 분자가 더 큰 속도를 갖는다.

7.8 분자의 분출과 확산

분자운동론에 의하면 기체분자의 평균 운동에너지($\frac{1}{2}mu^2$)는 일정한 온도에서 특정한 값을 갖는다. 온도가 같으면 He과 같은 가벼운 기체나 Xe과 같은 무거운 기체는 똑같은 평균 운동에너지를 갖는다. 따라서 가벼운 분자는 무거운 분자보다 더 큰 rms 속도(u)를 갖는다. 이러한 사실을 정량적으로 나타내는 다음과 같은 식을 유도할 수 있다.

$$u = \sqrt{\frac{3RT}{M}} \quad [7.14]$$

몰질량(M)이 분모에 나타나기 때문에 기체 분자의 질량이 작을수록 rms 속도(u)는 더 크다. 그림 7.13은 25°C에서 몇 가지 기체들의 분자속도 분포를 나타낸다. 몰질량이 작은 기체들이 속도 분포가 큰 쪽에 위치하고 있다.

분자속도의 질량 의존성은 몇 가지 흥미로운 현상을 보여준다. 분출(effusion)은 그림 7.14처럼 기체분자들이 작은 구멍을 통하여 진공으로 탈출하는 현상이고 확산(diffusion)은 공간을 통한 또는 다른 물질을 통한 퍼짐이다. 예를 들어 향수 분자가 공기 중에 퍼지는 경우이다.

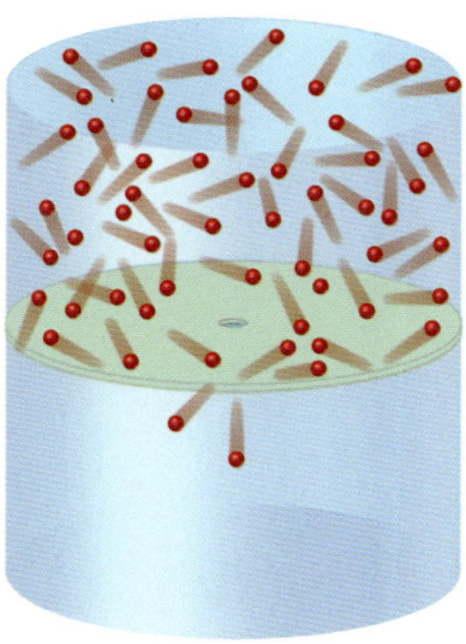

▲ **그림 7.14 작은 구멍을 통한 기체분자의 분출.** 기체분자들이 작은 구멍과 충돌할 때만 분자들은 용기로부터 진공 속으로 탈출한다.

예제 7.9

25°C에서 N_2 분자의 rms 속도(u)를 계산하라.

해답: $T = 25 + 273 = 298\ \text{K}$

$\mathcal{M} = 28.0\ \text{g/mol} = 28.0 \times 10^{-3}\ \text{kg/mol}$

$R = 8.314\ \text{J/mol·K} = 8.314\ \text{kg·m}^2/\text{s}^2\text{·mol·K}$

(이들의 단위는 $1\ \text{J} = 1\ \text{kg-m}^2/\text{s}^2$의 사실에 따른다.)

$$u = \sqrt{\frac{3(8.314\ \text{kg·m}^2/\text{s}^2\text{·mol·K})(298\ \text{K})}{28.0 \times 10^{-3}\ \text{kg/mol}}} = 5.15 \times 10^2\ \text{m/s}$$

이것은 1150 mi/hr의 속도에 상당한다.

보충예제

25°C에서 He 원자의 rms 속도는 얼마인가?

답: 1.36×10^3 m/s

Graham의 분출법칙

1846년에 Thomas Graham은 기체의 분출속도가 몰질량의 제곱근에 반비례하는 것을 발견했다. 두 가지 기체가 같은 온도와 같은 압력에서 각각 작은 구멍을 갖는 용기에 들어 있다고 상상하자. 두 가지 물질의 분출속도를 각기 r_1과 r_2라 하고 각각의 몰질량을 M_1과 M_2라 하면 Graham 의 법칙은 다음과 같다.

$$\frac{r_1}{r_2} = \sqrt{\frac{M_2}{M_1}} \qquad [7.15]$$

같은 상태에서 서로 다른 두 기체의 분출속도를 비교하면 보다 가벼운 기체일수록 더 빠르게 분출하는 것을 알 수 있다.

고무나 플라스틱 같은 물질은 기체분자들이 통과할 수 있는 작은 구멍이 있다. 간단한 분출과정처럼 가벼운 분자일수록 탈출속도는 더 빠르다. 예를 들어 헬륨은 풍선으로부터 공기보다 더 빠르게 빠져 나온다. 결과적으로 헬륨을 채운 풍선은 공기를 채운 풍선보다 더 빠르게 수축한다(그림 7.15).

예제 7.14

동종핵 이원자분자인 미지의 기체는 O_2 분출속도의 0.355배 속도로 분출한다. 이 기체는 무슨 기체인가?

해답: 미지기체의 몰질량을 결정하려면 Graham의 분출법칙을 사용할 수 있다. r_x와 M_x를 미지기체의 분출속도와 몰질량이라 하면

$$\frac{r_x}{r_{O_2}} = \sqrt{\frac{M_{O_2}}{M_x}}$$

주어진 정보로부터

$$r_x = 0.355 \times r_{O_2}$$

$$\frac{r_x}{r_{O_2}} = 0.355 = \sqrt{\frac{32.0 \text{ g/mol}}{M_x}}$$

미지의 몰질량 M_x에 대하여 풀면

$$\frac{32.0 \text{ g/mol}}{M_x} = (0.355)^2 = 0.126$$

$$M_x = \frac{32.0 \text{ g/mol}}{0.126} = 254 \text{ g/mol}$$

미지의 기체는 동종핵 이원자분자로 구성되므로 몰질량은 원자량의 두 배를 나타내어야 한다. 미지기체는 I_2 라고 할 수 있다.

보충예제

H_2와 O_2의 분출속도비(r_{N_2}/r_{O_2})를 계산하시오.

답: $r_{N_2}/r_{O_2} = 1.07$

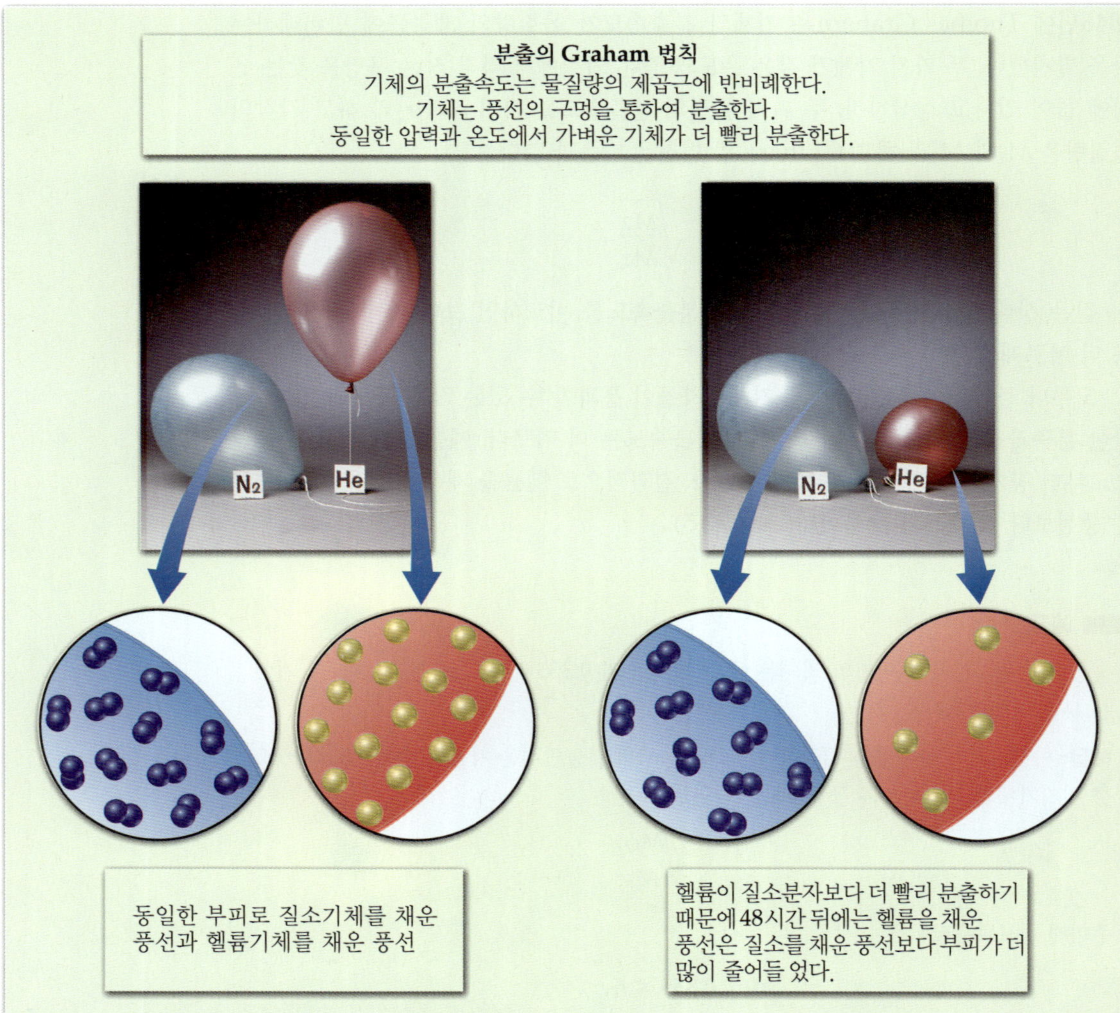

▲ **그림 7.15 Graham의 법칙을 보여주는 예.**

확산과 평균자유행로

분출처럼 확산도 무거운 분자보다 가벼운 분자가 더 빠르다. 실제로 같은 실험 조건에서 상대 확산속도는 Graham 법칙에 가깝다. 분자 충돌로 인해 확산은 분출보다 더 복잡하다.

그림 7.13에서 알 수 있듯이 분자속도는 매우 크다. 실온에서 N_2의 평균속도는 515 m/s 이다. 그러나 어떤 사람이 방 한쪽 구석에서 향수병을 열면 잠시 후 다른 쪽 끝에서 냄새를 느낄 수 있을 것이다. 기체의 확산은 분자충돌 때문에 훨씬 더 느리게 진행된다. 이러한 충돌은 대기압 상태의 기체에서 매우 자주 일어난다. 충돌 때문에 기체분자의 운동방향은 수시로 변한다. 그러므로 한 점으로부터 다른 점으로 분자의 확산은 그림 7.16처럼 무작위의 방향으로 충돌하면서 수많은 짧은 경로를 거친다.

충돌에서 다음 충돌까지의 분자의 평균 이동거리를 평균자유행로(mean free path)라고 한다. 기체의 밀도가 클수록 평균자유행로는 더 짧다. 즉 일정한 부피에 분자들이 더 많을수록 충돌할 때 평균 이동거리는 더 짧다. 해수면에서 공기분자의 평균자유행로는 약 60 nm(6×10^{-6} cm)이다. 공기밀도가 훨씬 더 작은 약 100 km 고도에서 평균자유행로는 약 10 cm가 되고 지구표면에서보다 약 백만 배 더 길어진다.

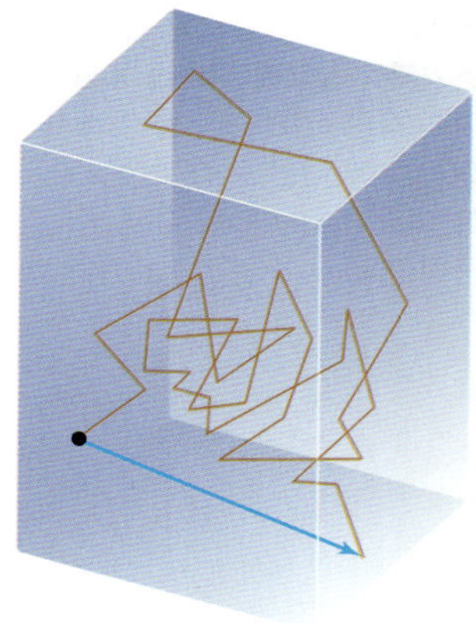

▲ **그림 7.16 기체분자의 확산.** 용기 내에서 분자의 이동경로를 나타낸다. 한 점에서 출발한 기체분자가 여러 번의 충돌을 거치면서 이동하는 과정을 직선으로 나타내었다. 푸른색 화살표는 분자가 이동한 직선거리를 표시한다.

7.9 실제기체

이상기체식은 기체의 설명에 매우 유용하지만 대부분의 실제기체는 어느 정도 이상기체의 관계에서 벗어난다. 실제기체가 이상적 행동으로부터 벗어나는 정도는 이상기체식을 다시 정리하여 알아 볼 수 있다.

$$\frac{PV}{RT} = n$$

1몰 이상기체의 PV/RT 값은 모든 압력에서 1과 같다. 그림 7.17에 PV/RT를 몇 가지 기체에 대하여 압력의 함수로 나타내었다.

압력이 높아지면 이상적 행동($PV/RT = 1$)으로부터 벗어나고 그 정도는 기체마다 조금씩 다르다. 그러나 낮은 압력에서는 이상적 행동으로부터 크게 벗어나지 않고

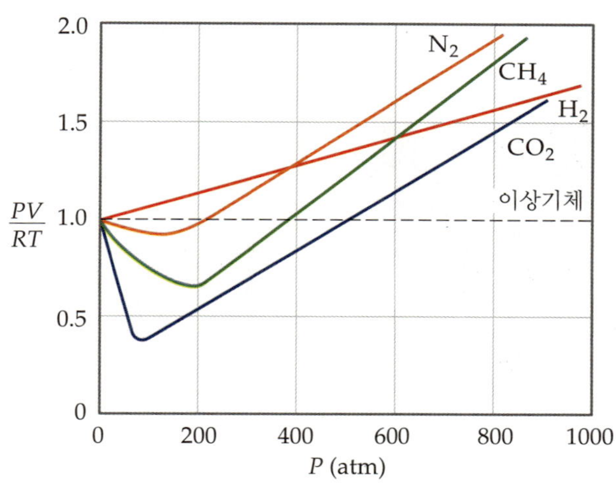

◀ **그림 7.17 압력이 기체의 상태에 미치는 효과.** 300 K에서 몇 가지 1몰 기체의 압력에 대한 PV/RT의 변화: CO_2는 300 K, 고압에서 액화하므로 313 K에 대한 자료이다.

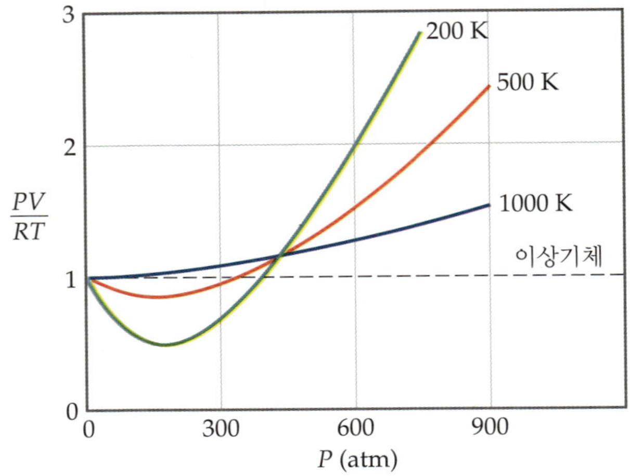

▶ **그림 7.18 온도와 압력이 질소기체의 상태에 미치는 영향.** 세 가지 다른 온도에서 1몰 질소기체의 압력에 대한 *PV/RT*. 온도증가에 따라 기체는 이상적 행동에 더 근접한다.

이상기체식을 사용할 수 있다. 이상적 행동으로부터 벗어나는 정도는 온도에도 의존한다. 그림 7.18은 세 가지 다른 온도에서 1몰 N_2의 P에 대한 PV/RT의 그래프를 보여준다. 온도가 증가함에 따라 기체는 이상기체에 더 접근한다. 일반적으로 이상적 행동으로부터 벗어나는 정도는 온도가 감소함에 따라 증가하게 되는데, 기체가 액체로 변하는 온도 근처에서 그 정도는 대단히 크다.

기체분자 운동론의 기본적 가정은 실제기체가 이상적 행동으로부터 왜 벗어나는가를 생각하게 한다. 이상기체의 분자는 공간을 점유하지 않고 서로 간 인력이 없다고 가정한다. 그러나 실제분자는 일정한 크기를 가지며 서로 인력이 작용한다. 그림 7.19처럼 분자들이 움직일 수 있는 자유 공간은 용기의 부피보다 약간 더 작다. 비교적 낮은 압력에서는 기체분자의 부피는 용기부피에 비하여 무시할 수 있으며 분자들이 운동 가능한 자유 공간은 기본적으로 용기의 전체 부피이다. 그러나 압력이 증가하면 분자들이 이동할 수 있는 자유공간은 실제 용기의 부피보다 작아진다.

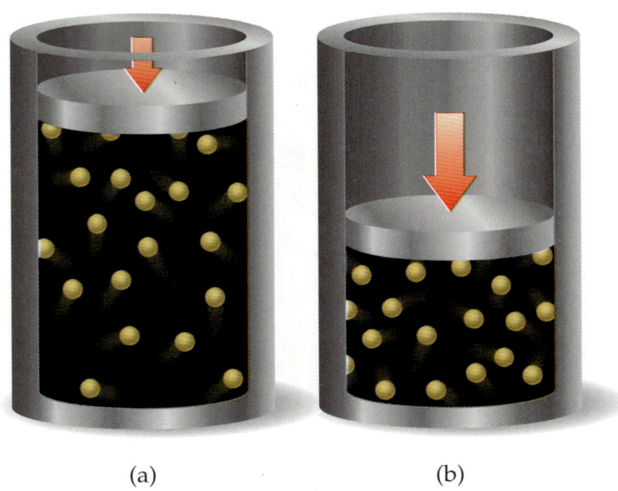

▶ **그림 7.19 기체부피와 용기부피의 비교.** (a) 낮은 압력에서 기체분자의 부피는 용기부피에 비하여 매우 작다고 볼 수 있다. (b) 높은 압력에서는 기체가 차지하는 용기의 부피에서 기체 분자 자체가 차지하는 부피의 분율이 높아진다. 분자 자체의 부피를 무시할 수 없다.

또한 분자들은 높은 압력에서 분자사이의 거리가 짧아지고 분자간 인력이 작용한다. 이러한 인력 때문에 용기 벽에의 분자의 충돌은 감소한다. 그림 7.20에서처럼 벽에 부딪치려는 분자는 이웃분자의 인력을 느낀다. 이러한 인력은 분자들이 벽과 부딪치는 힘을 완화한다. 그러므로 압력은 이상기체보다 더 작다. 이러한 인력의 효과로 PV/RT값이 이상기체보다 작아진다. 더 높은 압력에서는 반발력이 우세하여 이상기체보다 크게 나타난다(그림 7.17).

van der Waals 식

고압의 기체의 경우 이상기체식을 사용할 수 없다. 왜냐하면 이상적 행동으로부터 너무 크게 벗어나기 때문이다. 실제기체의 거동을 예측하려고 시도한 가장 유용한 식 중 하나는 네덜란드 과학자 Johnnes van der Waals(1837~1923)에 의해 제안되었다.

이상기체식은 기체압력이 다음과 같다고 예상한다.

$$P = \frac{nRT}{V} \quad (\text{이상기체})$$

van der Waals는 실제기체에 대하여 기체분자들이 차지하는 일정한 부피와 기체분자간 인력 때문에 이 식을 보정하여야 한다고 제안하였다. 그는 이러한 보정에 a와 b의 두 가지 보정 상수를 도입하였다.

$$P = \underbrace{\frac{nRT}{V - nb}}_{\text{분자부피 보정}} - \underbrace{\frac{n^2a}{V^2}}_{\text{분자인력 보정}} \quad [7.16]$$

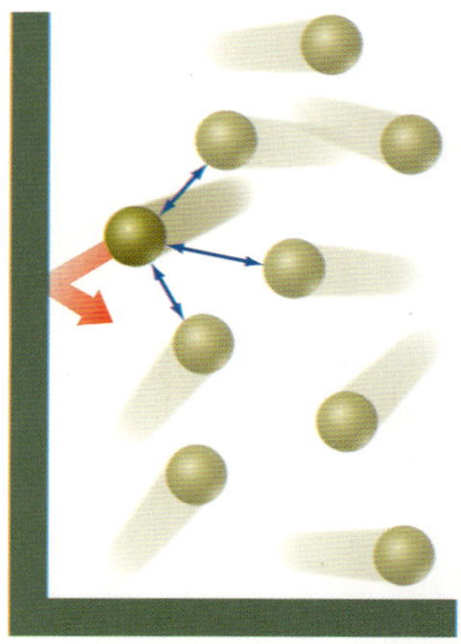

▲ **그림 7.20 기체들이 용기 벽에 작용하는 압력에 대한 분자간 인력의 영향.** 벽에 충돌하는 분자는 이웃 분자로부터의 인력을 경험하고 벽에 대한 분자 충돌은 감소한다. 분자간 인력은 높은 압력에서 분자간 거리가 짧을 때 중요해진다.

부피는 nb 만큼 감소하는데 이것은 기체분자가 점유하는 일정 부피 때문이다(그림 7.19). van der Waals 상수 b는 1몰 기체분자가 점유한 실제부피의 척도이다. b는 L/mol의 단위를 갖는다. 한편 압력은 n^2a/V^2의 인자만큼 감소하고 이것은 기체분자간의 인력 때문이다(그림 7.20).

이러한 압력 보정의 특수한 형태는 분자쌍간 인력이 단위 부피당 분자수의 제곱 $(n/V)^2$으로 증가하기 때문에 생긴다. 그러므로 van der Waals 상수 a는 $L^2 \cdot atm/mol^2$의 단위를 갖는다. a의 크기는 기체분자들이 서로 얼마나 세게 잡아당기는가를 나타낸다.

위 식을 재정리하여 van der Waals 식의 일반적 형태로 나타낼 수 있다.

$$\left(P + \frac{n^2a}{V^2}\right)(V - nb) = nRT \quad [7.17]$$

van der Waals 상수, a와 b는 기체마다 다르다. 몇 가지 기체에 대한 상수값을 표 7.3에 나타내었다. a와 b 값은 일반적으로 분자량의 증가에 따라, 그리고 분자가 복잡해짐에 따라 증가한다. 분자량이 클수록 분자의 부피는 더 커지고 분자간 인력도 더 커지기 때문이다.

표 7.3 기체분자의 van der Waals 상수

물질	$a(L^2 \cdot atm/mol^2)$	b(L/mol)
He	0.0341	0.02370
Ne	0.211	0.0171
Ar	1.34	0.0322
Kr	2.32	0.0398
Xe	4.19	0.0510
H_2	0.244	0.0266
N_2	1.39	0.0391
O_2	1.36	0.0318
Cl_2	6.49	0.0562
H_2O	5.46	0.0305
CH_4	2.25	0.0428
CO_2	3.59	0.0427
CCl_4	20.4	0.1383

예제 7.15

1.000몰의 이상기체를 0.0˚C 에서 22.41 L가 되게 용기에 채우면 1.000 atm의 압력을 갖는다. van der Waals 식과 표 7.3의 상수를 사용하여 0.0℃에서 22.41 L 중 1.000몰 $Cl_2(g)$의 압력을 계산하고 이상기체와 비교하시오.

해답: van der Waals식을 사용하여

$$P = \frac{nRT}{V - nb} - \frac{n^2 a}{V^2}$$

$n = 1.000$몰, $R = 0.08206\ L \cdot atm/mol \cdot K$, $T = 273.2\ K$, $V = 22.41\ L$, $a = 6.49\ L^2$ atm/mol^2, $b = 0.0562\ L/mol$을 대입하면

$$P = \frac{(1.000\ mol)(0.08206\ L\text{-}atm/mol\text{-}K)(273.2\ K)}{22.41\ L - (1.000\ mol)(0.0562\ L/mol)} - \frac{(1.000\ mol)^2(6.49\ L^2\text{-}atm/mol^2)}{(22.41\ L)^2}$$
$$= 1.003\ atm - 0.013\ atm = 0.990\ atm$$

1.003 atm은 분자부피를 보정했을 때 값이다. 이 값은 이상기체값(1.000 atm)보다 크다. 왜냐하면 분자들이 자유롭게 움직이는 부피는 용기부피(22.41 L)보다 더 작기 때문이다. 그리하여 분자들은 용기벽과 더 자주 충돌한다. 둘째 인자(0.013 atm)는 분자간 힘에 대하여 보정한 값이다. 분자간 인력은 압력을 0.990 atm으로 감소시킨다. 그러므로 주어진 실험조건에서 분자간 인력은 이상적 행동으로부터 약간 벗어나게 만드는 주요한 원인이라고 결론지을 수 있다.

보충예제

1.000몰 $CO_2(g)$의 시료는 0.0℃에서 3.000 L 부피를 차지한다. 이 기체를 다음과 같은 식으로 설명할 때 기체압력을 계산하시오. (a) 이상기체식, (b) van der Waals 식

답: (a) 7.473 atm, (b) 7.182 atm

연습문제

7.1 다음 성질의 관점에서 기체는 액체와 어떻게 다른가?
(a) 밀도
(b) 압축성
(c) 혼합물을 만들 때 같은 상의 다른 물질과 혼합할 가능성

7.2 방 안에 몸무게가 같은 두 사람이 서 있다. 한 사람은 두 발로 서 있고, 다른 사람은 한 발로 서 있다.
(a) 두 사람이 바닥에 작용하는 힘을 비교하라.
(b) 두 사람이 바닥에 작용하는 압력을 비교하라.

7.3 **(a)** 760 mm 수은관과 동일한 압력을 가할 때 물을 채운 관은 몇 m의 높이만큼 올라가는가? 물의 밀도는 1.0 g/mL, 수은의 밀도는 13.6 g/mL이다.
(b) 물 표면의 대기압이 0.98 atm일 때 물 속 28 ft지점에 있는 잠수부는 몇 기압의 압력을 받는가?

7.4 다음을 환산하라.
(a) 0.860 atm을 kilopascal로
(b) 457 torr을 기압으로
(c) 802 mm Hg을 기압으로
(d) 0.897 atm을 torr로

7.5 기압계의 압력은 수은 기둥의 높이로 나타낸다(mmHg). 어느 여름날 기압계의 압력이 773.43 mm Hg이다.
(a) 이 압력을 torr으로 환산하라.
(b) 기상학자는 맑은 날씨를 "고기압"이라고 설명한다. **(a)**의 답에 대하여 이 용어는 어떤 의미를 갖는가?

7.6 체중이 61 kg인 사람이 하이힐 구두를 신고 모든 체중을 한쪽 발의 뒤꿈치에 두었다. 표면에 가하는 압력을 kilopascal로 계산하라.

7.7 **(a)** 열린 관이나 닫힌 관의 압력계를 사용하여 압력을 측정할 때 대기압에 대한 정보가 필요한가?
(b) 대기압이 0.975 atm이면 다음의 각 경우 용기 내 기체의 압력은 얼마인가?

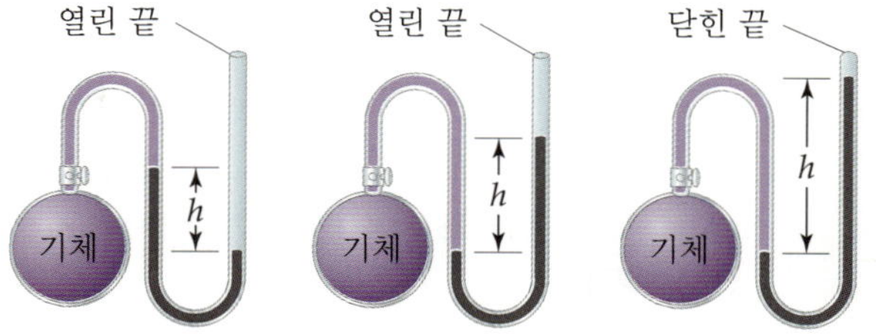

$h = 52$ cm (i) $h = 67$ mm (ii) $h = 10.3$ cm (iii)

7.8 **(a)** 두 가지의 양이 정비례할 때와 반비례할 때 각각 무엇을 뜻하는가?
(b) 기체부피는 압력에 정비례하는가? 반비례하는가? 절대온도에 대하여는? 기체의 양에 대하여는?

7.9 일정 온도에서 일정량 기체의 압력은 737 torr이고 부피는 20.5 L이다. Boyle의 법칙을 사용하여 다음을 계산하라.
(a) 압력을 1.80 atm으로 증가시킬 때 점유하는 기체의 부피
(b) 기체부피를 16.0 L로 줄였을 때 기체의 압력

7.10 **(a)** Avogdro 가정으로 설명한 결합 부피의 법칙은 무엇인가?
(b) 네온기체를 포함하는 1.0 L 플라스크와 제논기체를 포함하는 1.5 L 플라스크를 고려하자. 두 기체는 같은 온도와 같은 압력에 있다. Avogadro 법칙에 따라 두 플라스크 중 원자수의 비에 관하여 무엇을 말할 수 있는가?

7.11 **(a)** 이상기체란 무엇인가?
(b) 이상기체식을 쓰고 $R = 0.0821$ (L atm)/(mol K)일 때 식의 각 변수들에 사용한 단위를 제시하라.

7.12 다음 양을 계산하라.
(a) −15°C에서 8.25×10^{-2}몰이 174 mL를 차지할 때의 압력(기압)
(b) 35°C에서 6.38 L의 압력이 955 torr일 때 기체의 몰수

(c) 52°C에서 2.95몰이 0.76 atm일 때 기체의 부피 (L)

(d) 682 torr에서 164 mL를 점유하는 9.87×10^{-2}몰 기체의 절대온도

7.13 3.0 g의 프로판(C_3H_8)을 포함하는 에어졸 캔은 325 mL 부피를 갖는다. 28°C에서 캔의 기체압력을 atm으로 나타내라.

7.14 공기를 깊이 들여 마시면 740 torr에서 1.05 L를 취할 수 있다. 체온이 37°C일 때 들이 마신 공기의 분자 수를 계산하라.

7.15 46°C와 0.880 atm에서 기체는 0.600 L를 차지한다. 다음과 같은 경우 몇 L를 차지하는가?

(a) 0°C와 0.205 atm

(b) STP에서

7.16 기체는 고압 용기에 저장한다. 23°C에서 42.0 L의 O_2 기체를 18,000 kPa 압력으로 저장할 때

(a) O_2의 질량은 얼마인가?

(b) STP에서 얼마의 부피를 차지할 것인가?

7.17 과학문헌에 있는 실험보고에 의하면 수컷 바퀴벌레를 이용하여 소형 수차를 다른 속도로 회전하면서 산소 소비를 측정했다. 1 atm, 24°C에서 1시간 동안 바퀴벌레는 0.08 km/hr를 달리면서 체중 1 g당 0.8 mL의 O_2를 소비했다.

(a) 이러한 속도로 5.2 g의 바퀴벌레가 1시간에 소비한 O_2는 몇 몰인가?

(b) 같은 바퀴벌레를 1−qt 병에 넣고 뚜껑을 닫았다. 똑같은 활동을 가정하고 48시간 동안에 그 바퀴벌레가 소비하는 O_2의 몰 수는?

7.18 **(a)** 0.96 atm와 35°C 에서 SO_3 기체의 밀도를 계산하라.

(b) 560 torr와 41°C 에서 4.40 g이 3.50 L를 차지할 때 기체의 몰질량을 계산하라.

7.19 미지액체의 몰질량을 측정하는 Dumas-bulb 방법은 액체시료를 물중탕에서 100°C이하로 끓여 증발하고 bulb를 채운 증기의 질량을 측정한다. 다음의 자료로부터 미지액체의 몰질량을 계산하라. 미지증기의 질량은 1.012 g, bulb의 부피는 354 cm^3, 압력은 742 torr, 온도는 99°C이다.

7.20 마그네슘은 진공관에 존재하는 미량의 O_2와 반응할 때 사용한다. 27°C에서 0.382 L의 진공관에 3.5×10^{-6} torr의 O_2 가 존재한다. 산소와 반응하는 마그네슘의 양은? 화학 반응식은 다음과 같다.

$$2Mg(s) + O_2(g) \longrightarrow 2MgO(s)$$

7.21 황산암모늄 비료는 암모니아와 황산의 반응으로 제조된다. 20°C, 25.0 atm에서 150 kg H_2SO_4와 반응하는 $NH_3(g)$의 부피를 계산하라.

$$2NH_3(g) + H_2SO_4(aq) \longrightarrow (NH_4)_2SO_4(aq)$$

7.22 **(a)** 부분압을 정의하라.

(b) Dalton의 부분압법칙을 설명하라.

7.23 0.538몰 He(g), 0.315몰 Ne(g), 0.103몰 Ar(g)의 혼합물이 25°C에서 7.00 L 용기에 들어 있다.

(a) 혼합물 중 각 성분기체의 부분압을 계산하라.

(b) 혼합물의 전체압력을 계산하라.

7.24 기체혼합물은 0.55몰 N_2, 0.20몰 O_2, 0.10몰 CO_2를 포함한다. 혼합물의 전체압력이 1.32 atm일 때 각 성분기체의 부분압은 얼마인가?

7.25 250 ft 지하에서 압력은 8.38 atm이다. 혼합물 중 산소의 부분압이 0.21 atm일 때 그 깊이의 기체 중 산소의 몰 %는 얼마인가?

7.26 A와 B의 두 가지 기체 혼합물이 닫힌 용기에 들어 있다. 기체 C를 같은 온도에서 용기에 첨가한다. 기체 C의 첨가는 다음과 같은 양에 어떤 영향을 주는가?

(a) A 기체의 부분압

(b) 용기의 전체압력

(c) B 기체의 몰분율

7.27 26°C의 1.00 L 용기에 3.80 atm의 N_2 기체가 들어 있다. 이것을 20°C의 10.0 L 용기에 옮겼다. 또 다시 이 용기에 26°C, 5.00 L 용기에 들어 있는 4.75 atm O_2 기체를 모두 옮긴다. 이 용기의 전체압력은 얼마인가?

7.28 아연이 황산과 반응할 때 수소기체가 발생된다.

$$Zn(s) + H_2SO_4(aq) \longrightarrow ZnSO_4(aq) + H_2(g)$$

24°C에서 159 mL의 H_2를 물위에 포집할 때 기압계 압력은 738 torr였다. 몇 *g*의 아연이 반응하였는가?(물의 증기압은 부록을 참고하라.)

7.29 STP에서 2개의 1 L 플라스크 중 하나에는 N_2, 다른 하나에는 CH_4이 들어 있다고 가정하고 다음을 비교하라.

(a) 분자수

(b) 비중

(c) 분자의 평균 운동에너지

(d) 작은 구멍을 통한 분출속도

7.30 다음의 결과로 주기 위하여 기체 상태에 어떤 변화를 예상할 수 있는가?

(a) 일정한 용기벽을 단위 시간마다 충돌하는 수의 증가

(b) 용기벽과 충돌하는 분자의 평균에너지 감소

(c) 기체 분자간 평균거리 증가

(d) 기체혼합물 중 분자의 평균속도 증가

7.31 **(a)** 300 K에서 다음의 기체를 평균분자속도가 큰 순서로 나열하라. CO_2, N_2O, HF, F_2, H_2

(b) 300 K에서 H_2와 CO_2의 rms 속도를 비교하라.

7.32 ^1H와 ^2H 수소동위원소, ^{35}Cl와 ^{37}Cl 염소동위원소로 인해 염화수소는 $^1H^{35}Cl$, $^1H^{37}Cl$, $^2H^{35}Cl$, $^2H^{37}Cl$의 네 종류 분자가 존재한다. 분출속도가 증가하는 순서로 나열하라.

7.33 황화비소(III)의 녹는점은 320°C이지만 쉽게 승화한다. 증기상 분자의 분출속도는 같은 조건에서 Ar 원자의 분출속도의 0.28배이다. 황화비소(III)의 분자식은? 단, 황화비소(III)의 실험식은 AS_2S_3이다.

7.34 **(a)** 일반적으로 기체는 어떤 온도와 압력 조건에서 비이상적으로 행동하는가?

(b) 기체분자를 비이상적으로 행동하게 만드는 기체분자의 두 가지 특성은 무엇인가?

7.35 PV/RT 함수를 사용하여 기체들이 고압에서 어떻게 비이상적으로 행동하는지 설명하시오.

7.36 Ar과 CO_2를 비교할 때 고압에서 어느 쪽이 이상기체에 더 가깝게 행동할 것으로 예상되는가? van der Waals 상수에 기초하여(표 7.3) 설명하라.

7.37 40°C에서 1.00몰 CCl_4가 28.0 L를 점유할 때 다음 각각의 경우에 대하여 압력을 계산하라.

(a) CCl_4는 이상기체식을 따른다.

(b) CCl_4는 van der Waals 식을 따른다(표 7.3의 van der Waals 상수 참조).

CHAPTER 08

분자간 힘

대기 중의 수증기, 호수의 물, 그리고 빙하의 얼음은 모두 동일한 물질인 H_2O의 서로 다른 형태이다. 이들의 화학적 성질은 같지만 물리적 성질은 크게 다르다. 어떤 물질의 물리적 성질은 그것의 상태에 의존한다. 이 장에서는 주로 분자로 이루어진 물질을 고려할 것이다. 실제로 상온에서 액체인 물질은 거의 분자물질이다. 분자 내부의 힘인 공유결합은 분자의 모양, 결합에너지, 그리고 화학적 거동에 많은 영향을 준다. 액체나 고체물질의 물리적 특성은 대개 분자들 사이에 존재하는 분자간 힘(intermolecular force)에 의존한다. 앞 장에서 기체는 분자들 사이의 인력으로 인해 이상기체의 행동으로부터 벗어난다는 것을 보았다. 그러나 어떻게 이들 인력이 생길 수 있는가? 분자간 힘의 원인과 크기를 이해하여 분자들의 구성과 구조를 그들의 물리적 성질과 연관시켜 볼 수 있다.

8.1 기체, 액체, 고체의 비교

앞장에서 기체의 물리적 성질을 분자운동론으로 이해할 수 있었다. 기체는 끊임없이 무질서하게 운동하는 분자들로 구성된다. 기체분자의 평균 운동에너지는 그들 사이의 평균 인력보다 훨씬 크다. 따라서 기체는 용기전체를 채울 수 있도록 팽창한다.

액체에서의 분자간 힘은 기체의 경우보다 훨씬 커 분자들을 서로 가깝게 유지한다. 따라서 액체는 기체보다 훨씬 더 밀도가 크고, 압축이 어렵다. 기체와 달리 액체는 용기의 크기 및 모양과 무관하게 일정한 부피를 차지한다. 그렇지만 액체에서의 분자간 인력은 분자들이 서로 이동하는 것을 막을 만큼 크지 않다. 따라서 액체는 유동적이고 그것을 담는 용기에 따라 모양이 달라진다.

고체상태의 분자들은 분자간 힘이 매우 강하며 조밀한 구조를 갖는다. 고체에 압력을 가해도 부피는 크게 줄지 않는다. 왜냐하면 고체 분자들은 그들 사이에 빈 공간이 거의 없기 때문이다. 분자들은 규칙적인 배열을 할 수 있다. 매우 규칙적인 구조를 가진 고체를 결정(crystalline)이라고

표 8.1 물질 상태의 몇 가지 특성

기체	액체	고체
자유롭게 운동하고 용기 전체를 채운다.	용기의 모양에 따라 형태가 달라진다.	일정한 모양과 부피를 유지한다.
압축과 팽창이 쉽다.	압축이 어렵다.	압축이 불가능하다.
빠르게 확산한다.	비교적 빠르게 확산한다.	대단히 느리게 확산한다.
매우 무질서하고 유동적이다.	유동적이다.	유동적이지 않다.

한다. 고체입자들은 자유롭게 운동할 수 없기 때문에 모양이 고정된다. 표 8.1에 물질 상태의 몇 가지 특징을 나타내었다.

그림 8.1은 물질의 세 가지 상태를 비교하고 있다. 물질을 이루는 입자들은 Ar처럼 원자일 수도 있고, H_2O처럼 분자일 수도 있으며 또는 NaCl처럼 이온일 수도 있다. 물질의 상태는 입자들의 운동 에너지와 입자들 사이의 인력의 균형에 크게 의존한다. 운동에너지는 온도에 의존하고, 입자들을 서로 멀리 떨어져 움직이게 한다. 입자 사이의 인력은 입자들을 서로 모이게 한다. 상온에서 기체상태의 입자들은 액체상태보다 입자간 인력이 더 약하고 액체상태의 입자간 인력은 고체상태보다 더 약하다. 고체나 액체 상태의 입자들은 기체입자에 비해 서로 가까이 있기 때문에 종종 고체나 액체를 응축상(condensed phase)이라 한다.

물질을 가열 또는 냉각하면 한 상태에서 다른 상태로 변화시킬 수 있다. 이것은 입자의 평균 운동에너지를 바꾸는 것이다. 예를 들어 NaCl 고체는 1기압, 804°C 에서 녹고 1465°C에서 끓는다. 반면 N_2O 기체는 1기압, −88.5°C에서 액화하고 −102.4°C에서 승화한다.

물질에 압력을 가하면 분자들은 서로 가까워지고 결국은 분자간 인력을 증가시킨다. 예를 들어 프로판(C_3H_8)은 1기압의 상온에서 기체이다. 액화 프로판가스(LPG)는 상온에서 액체 상태인데 이것은 매우 높은 압력으로 압축하여 보관하기 때문이다.

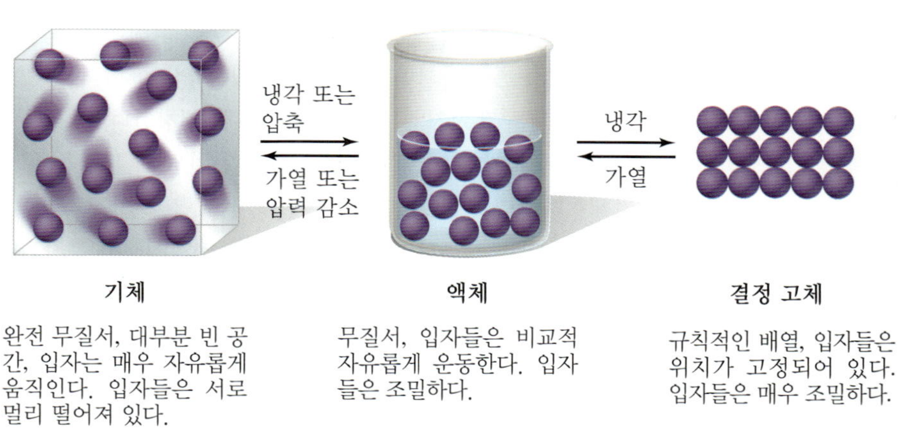

▶ **그림 8.1 분자 수준에서 기체, 액체, 고체의 비교.** 입자들은 원자, 이온 또는 분자일 수 있다. 기체상태에서 입자의 밀도는 대부분 실제 상태에 비하여 과장되어 있다.

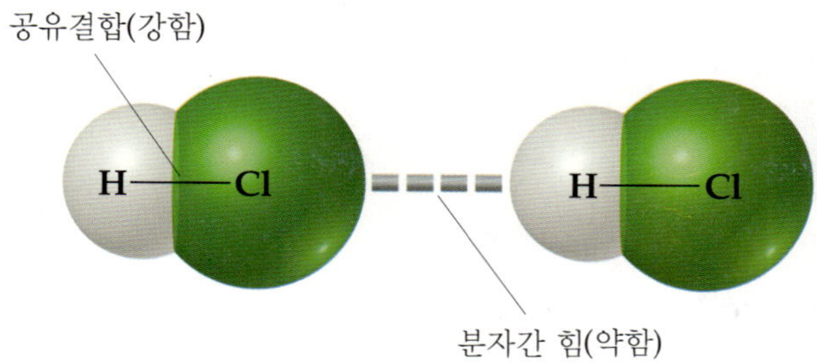

◀ **그림 8.2 분자간 인력.** 공유결합(분자 내 힘)과 분자간 인력의 비교.

8.2 분자간 힘

서로 다른 물질들의 분자간 힘의 세기는 크게 다르다. 그러나 분자간 힘은 이온결합이나 공유결합보다 훨씬 약하다(그림 8.2). 예를 들어 HCl 액체에서 HCl 분자 사이의 인력을 끊어 기화시킬 때 단지 16 kJ/mol이 필요한 반면, H—Cl의 공유결합을 끊어 H 원자와 Cl로 만들 때는 431 kJ/mol이 필요하다. 분자 내의 공유결합을 끊는 것보다 액체를 기화하거나 고체를 녹일 때 더 적은 에너지가 필요하다. 따라서 HCl과 같은 분자물질이 고체에서 액체 또는 기체로 변할 때도 분자 구조는 그대로 유지된다.

끓는점(boiling point)을 포함한 액체의 여러 특성은 분자간 힘의 세기를 잘 나타낸다. 액체분자들이 분리되어 기체 상태로 되려면 분자간 인력을 극복해야 한다. 분자간 힘이 셀수록 액체의 끓는점은 높다. 이와 유사하게 고체의 녹는점(melting point)도 분자간 힘이 증가할수록 높다.

중성분자 사이에 세 가지 형태의 분자간 인력이 존재한다고 알려져 있다. 즉 쌍극자–쌍극자 힘, London 분산력, 그리고 수소결합력이다. 이들 인력을 통틀어서 van der Waals 힘이라 한다. 또한 이온과 분자사이에 작용하는 인력인 이온–쌍극자 힘은 이온화합물 용액에서 매우 중요하다.

이온–쌍극자 힘

이온–쌍극자 힘(ion-dipole force)은 이온과 극성분자의 부분 전하 사이에 존재한다. 극성분자는 쌍극자 모멘트를 가지고 있다. HCl은 H 원자와 Cl 원자 사이의 전기음성도 차이 때문에 극성분자이다. 그들은 부분적으로 양전하를 띠는 부분과 음전하를 띠는 부분으로 나눠진다. 그림 8.3처럼 양전하는 쌍극자의 음전하 쪽으로 이끌리는 반면

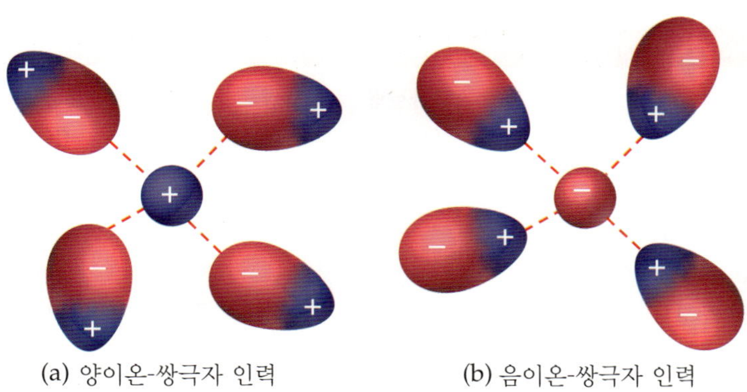

◀ **그림 8.3 이온에 대한 극성분자의 유리한 배향.** (a) 극성분자의 음전하 부분은 양이온 쪽으로 배향하고, (b) 양전하 부분은 음이온 쪽으로 배향한다.

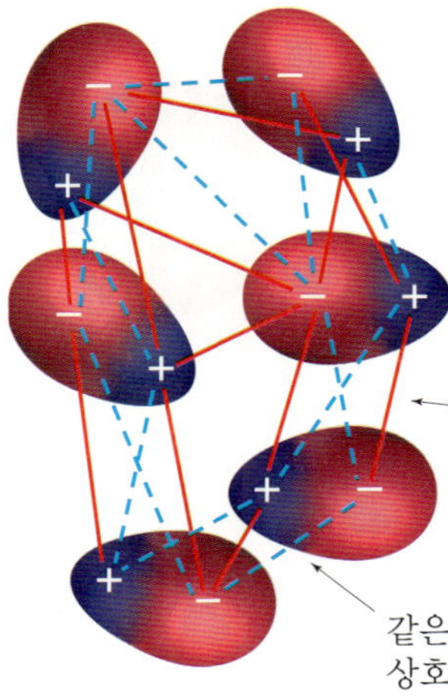

▶ **그림 8.4 쌍극자-쌍극자 상호작용.** 같은 종류의 전하 사이의 반발력과 반대전하 사이의 인력이 모두 존재하지만 전체적으로는 인력이 우세하다.

에 음전하는 양전하 쪽으로 이끌린다. 이 인력의 크기는 이온의 전하 또는 쌍극자의 크기가 증가할수록 커진다. 이온-쌍극자 힘은 NaCl 수용액 같은 극성 용매에 녹아 있는 이온성 물질에 특히 중요하다.

쌍극자-쌍극자 힘

쌍극자-쌍극자 힘(dipole-dipole force)은 극성분자 사이에 존재한다. 그림 8.4처럼 한 분자의 양전하 부분이 다른 분자의 음전하 부분에 가까이 있으면 이들 사이에는 인력이 작용한다. 쌍극자-쌍극자 힘은 극성분자들이 매우 가까이 있을 때만 효력이 있고 그들은 대개 이온-쌍극자 힘보다 약하다. 액체상태의 극성분자들은 비교적 자유롭게 움직일 수 있다.

그림 8.4처럼 이들은 때로 서로 끌어당기는 배열도 하고 서로 반발하는 배열도 할 수 있다. 서로 끌어당기는 두 분자들은 서로 반발하는 두 분자보다 가까이 접해있는 시간이 더 길다. 분자간 힘은 전체적으로 이들 힘의 총합으로 나타난다. 여러 종류의 액체를 고려해볼 때, 비슷한 질량과 크기를 가진 분자들의 경우 분자간 힘은 극성이 커질수록 증가한다는 것을 알 수 있다. 표 8.2에 나타난 액체들에서 이와 같은 경향을 확인할 수 있다. 끓는점은 쌍극자 힘이 증가할수록 증가한다.

표 8.2 몇 가지 간단한 유기물질들의 분자량, 쌍극자 모멘트, 끓는점

물질	분자질량 (amu)	쌍극자 모멘트 μ(D)	끓는점 (K)
Propane, $CH_3CH_2CH_3$	44	0.1	231
Dimethyl ether, CH_3OCH_3	46	1.3	248
Methyl chloride, CH_3Cl	50	1.9	249
Acetaldehyde, CH_3CHO	44	2.7	294
Acetonitrile, CH_3CN	41	3.9	355

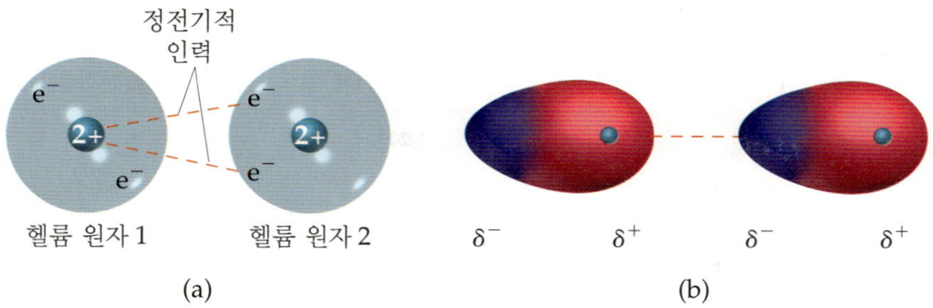

◀ **그림 8.5 분산력.** 2개의 인접한 헬륨원자 사이의 순간 쌍극자. 그림은 이들 사이의 정전기적 인력을 나타낸다.

London 분산력

비극성 원자 또는 분자 사이에 어떤 종류의 힘이 존재할 수 있을까? 입자가 비극성일 때 쌍극자–쌍극자 힘이 존재하지 않는 것은 분명하다. 그러나 비극성 기체가 액화할 수 있다는 사실은 이런 입자 사이에도 어떤 종류의 인력이 존재하고 있음을 암시한다. 이 인력의 근원은 1930년 독일계 미국인 물리학자 Fritz London에 의해 처음으로 제안되었다. London은 분자나 원자 내에 있는 전자의 움직임이 순간적인 쌍극자 모멘트를 유발한다는 것을 알았다. 하나의 예로 헬륨원자를 생각해보자. 헬륨원자의 집합체에서 각 헬륨 핵 주위의 전자의 평균분포는 구형대칭이다. 원자들은 비극성이고 영구 쌍극자모멘트(permanent dipole moment)를 가지고 있지 않다. 그러나 어느 순간 전자분포는 평균분포와 다를 수 있다. 예를 들면 어떤 순간에 헬륨원자 내의 2개의 전자는 핵의 어느 한쪽으로 쏠릴 수 있다. 바로 그 순간에 원자는 순간 쌍극자모멘트를 갖는다. 전자들은 서로 반발하기 때문에 한 원자의 전자는 인접한 원자의 전자 움직임에 영향을 준다. 따라서 한 원자의 순간 쌍극자는 이웃 원자에 비슷한 쌍극자를 유발할 수 있다. 그리하여 그림 8.5처럼 원자들을 서로 끌어당기는 상호작용이 일어난다.

이와 같은 인력을 London 분산력(London dispersion force 또는 단순히 분산력)이라고 한다. 이런 힘은 쌍극자–쌍극자 힘과 같이 분자들이 서로 매우 근접한 때만 확실히 나타난다.[1)]

분자 내의 전하분포는 외부 전기장에 의해 쉽게 일그러지고, 이것을 분자의 편극성(polarizability)이라고 한다. 분자의 편극성을 분자 내 전자구름(electron cloud)의 "일그러짐(squashiness)" 척도라고 생각할 수 있다. 분자의 편극성이 크면 클수록 더 쉽게 분자의 전자구름은 일그러져 순간 쌍극자를 만들고, 이는 London 분산력을 초래한다. 일반적으로 큰 분자일수록 더 큰 편극성을 갖는다. 왜냐하면 큰 분자들은 많은 수의 전자를 가지며 이들 전자는 핵으로부터 멀리 떨어져 있기 때문이다. 따라서 London 분산력의 세기는 분자가 클수록 증가하는 경향이 있다. 분자의 크기와 질량은 일반적으로 서로 상관관계가 있기 때문에, 분산력은 분자량이 증가할수록 커진다. 따라서 표 8.3에 나타낸 물질의 끓는점은 분자량이 커질수록 증가한다. 분자 모양도 분산력의 크기에

1) 1993년에 University of Minnesota 연구진은 0.001 K 이하에서 He_2의 존재를 확인하였다. 이 "분자"는 London 분산력 때문에 존재한다. He—He "결합"은 50Å 이상이고 결합 엔탈피는 0.1 J/mol 이하이다.

표 8.3 할로젠원소와 영족 기체들의 끓는점

할로젠	끓는점(*K*)	영족 기체	끓는점(*K*)
F_2	85.1	He	4.6
Cl_2	238.6	Ne	27.3
Br_2	332.0	Ar	87.5
I_2	457.6	Kr	120.9
		Xe	166.1

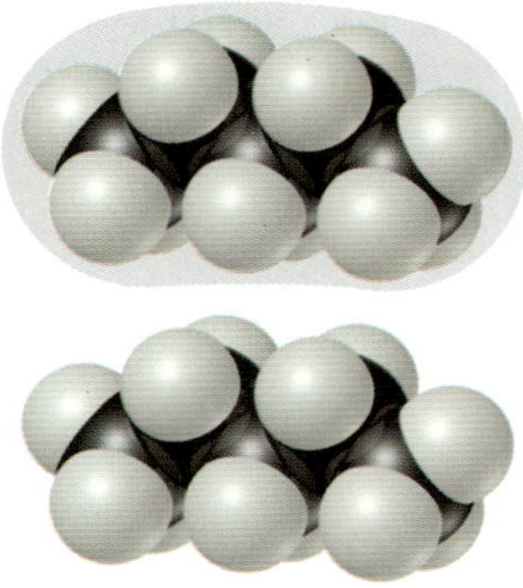

n-Pentane
(bp = 309.4 K)

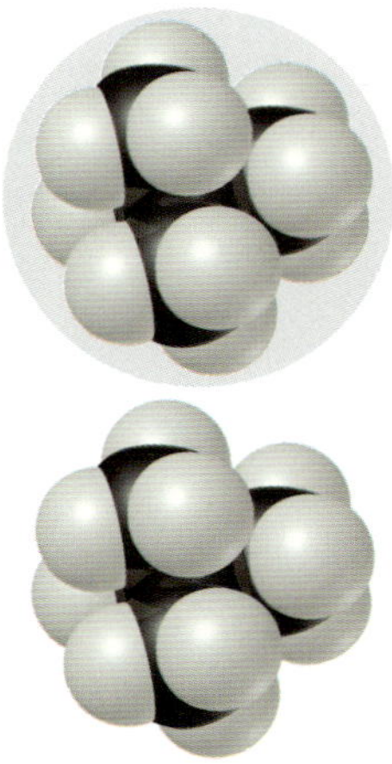

Neopentane
(bp = 282.7 K)

▲ **그림 8.6 분자모양은 분자간 힘에 영향을 준다.** *n*-pentane 분자사이의 접촉면은 neopentane 분자사이의 접촉면보다 더 넓다. 따라서 *n*-pentane은 분자간 힘이 더 크고 결과적으로 끓는점이 더 높다.

커다란 역할을 한다. 예를 들면 그림 8.6에 나타낸 것처럼 *n*-pentane[2]과 neopentane은 분자식이 서로 같지만 *n*-pentane의 끓는점이 neopentane의 끓는점보다 더 높다.

이와 같은 차이는 서로 다른 구조를 하기 때문이다. 분자들 사이의 전체 인력은 *n*-pentane의 경우에 더 크다. 왜냐하면 긴 막대모양 분자는 그 분자의 전체 길이를 통하여 서로 접촉하기 때문에 접촉하는 부분이 넓다. neopentane 같은 둥그런 분자는 접촉면이 작아진다.

분산력은 극성이든 비극성이든 모든 분자 사이에 작용한다. 실제로 분산력은 쌍극자–쌍극자 힘보다 분자간 인력에 더 많이 기여한다. 예를 들면 HCl의 경우 분산력은 분자 사이의 총 인력의 80% 이상을 차지한다고 추정된다.

분자간 인력의 상대적 세기를 비교할 때 다음 사항이 고려되어야 한다.

1. 분자들이 비슷한 모양과 분자량을 가지면 분산력은 거의 같다. 이 경우 인력의 차이는 쌍극자–쌍극자 세기의 차이 때문이다.
2. 분자량이 다르면 분산력이 다르다. 이런 경우 인력의 차이는 대개 분자량의 차이와 밀접한 관계가 있다. 즉 분자량이 큰 분자는 센 인력을 갖는다.

예제 8.1

다음 물질 중 상온, 정상 대기압에서 기체로 존재하기가 가장 쉬운 것은? P_4O_{10}, Cl_2, AgCl, I_2

해답: 어느 물질이 가장 약한 분자간의 힘을 갖고 있는지 묻고 있다. 분자간 힘이 약할수록 주어진 온도와 압력에서 기체로 존재할 가능성이 높다. Cl_2 는 분자량이 가장 작고 비극성분자이기 때문에 분자간 인력이 가장 작다. 따라서 Cl_2 는 기체로 존재하는 반면 나머지 물질들은 고체로 존재한다. AgCl은 이온결합 물질로서 기체로 존재할 가능성이 가장 낮다.

보충예제

Br_2, Ne, HCl, HBr, N_2에서 (a) 분산력이 가장 큰 분자는? (b) 쌍극자–쌍극자 힘이 가장 큰 것은?

답: (a) Br_2, **(b)** HCl

2) *n*-pentane의 *n*은 normal의 표시로 탄소원자들이 일렬로 배열한 것을 뜻한다.

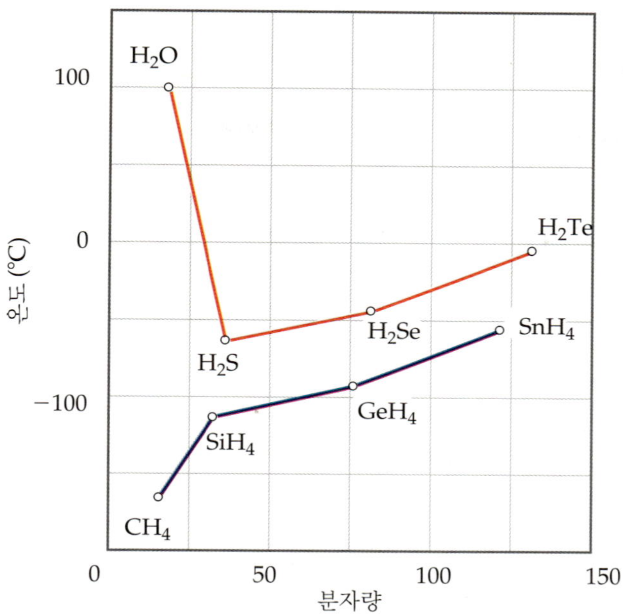

◀ **그림 8.7 분자량에 따른 4A(아래)족과 6A(위)족 수소화합물의 끓는점.**

수소결합

분자간 힘의 한 형태로서 분산력보다 더 강한 수소결합이 있다. 그림 8.7은 4A족과 6A족 원소들의 간단한 수소화물(hydride)의 끓는점을 보여준다. 일반적으로 끓는점은 분자량의 증가에 따라 높아진다. 왜냐하면 분자량이 증가할수록 분산력이 세지기 때문이다. 이와 같은 경향에 대해 H_2O 는 예외이다.

물의 끓는점은 분자량에 근거를 둔 예상치보다 훨씬 높다. NH_3나 HF 같은 화합물도 예외적으로 높은 끓는점을 갖는다. 이와 같은 화합물들은 비슷한 분자량과 극성을 갖는 다른 물질들과 크게 구별된다. 이 특성은 분자들 사이의 분자간 힘이 예외적으로 강하다는 것을 암시한다. H_2O의 이런 강한 분자간 힘은 수소결합(hydrogen bonding)의 결과이다. 수소결합은 특별한 형태의 분자간 힘이다, 이것은 극성결합(특히, H—F, H—O, H—N 결합)에서 수소원자와 전기음성도가 큰 원자(F, O 또는 N 원자) 사이에 존재한다. 예를 들면 수소결합은 HF 분자의 H 원자와 인접한 HF 분자의 F 원자 사이에 F—H···F—H(점선은 분자들 사이의 수소결합을 나타낸다)처럼 존재한다. 몇 가지 예를 그림 8.8에 나타내었다.

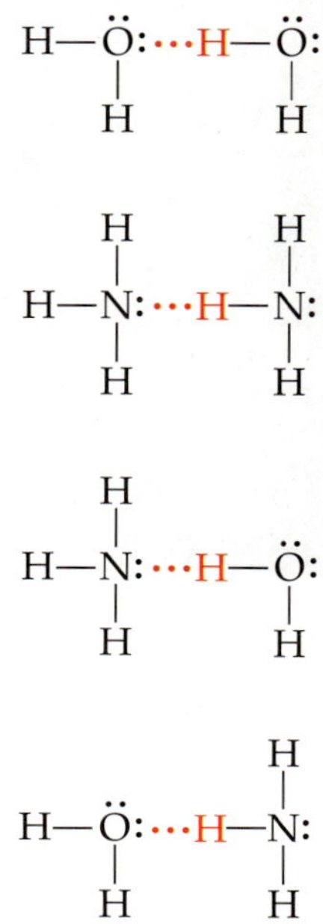

▲ **그림 8.8 수소결합의 예.** 실선은 공유결합을 나타내고 붉은색 점선은 수소결합을 나타낸다.

수소결합은 특별한 종류의 쌍극자–쌍극자 인력으로 볼 수 있다. F, N, O 원자들은 전기적으로 매우 음성이며 수소원자는 양전하를 수반하기 때문에 수소와 이들 원자들 사이의 결합은 매우 극성이다. 수소원자는 내부 껍질에 전자가 없어 결합 쌍극자의 양전하(+)부분은 거의 핵의 양성자 전하를 가진다고 할 수 있다. 이 양전하는 인접한 분자의 전기음성도가 큰 원자의 음전하에 끌린다. 전자가 부족한 수소는 크기가 작아 전기음성도가 큰 원자에 매우 가깝게 접근할 수 있고 결과적으로 강하게 상호작용할 수 있다. 수소결합의 에너지는 약 4 kJ/mol~25 kJ/mol 정도이다. 따라서 이 에너지는 보통의 화학 결합에너지보다 훨씬 약하다. 그럼에도 불구하고, 수소결합은 쌍극자–쌍극자 또는 분산력(dispersion force)에 비해 일반적으로 세기 때문에 생화학적 계를 비롯한 많은 화학계에서 중요한 역할을 한다. 예를 들면 수소결합은 피부나 근육, 그리고 동물조직의 성분 단백질 구조의 안정화에 중요하다. 이 수소결합은 DNA가 유전정보를 전달하는 방법에도 관여한다. 수소결합의 효과는 얼음과 물의 밀도 비교에서 찾을 수가 있다. 대부분의 물질은 액체상태보다 고체 상태에서 더 조밀하게 쌓인다. 그래서 고체상은 액체상보다 밀도가 더 크다. 반면 0°C에서 얼음의 밀도(0.917 g/mL)는 0°C물의 밀도(1.00 g/mL)보다 더 작다. 물의 밀도보다 얼음의 밀도가 작은 것은 분자들 사이의 수소결합으로 설명할 수 있다. 액체의 상호작용은 무질서한 반면에 물이 얼면 분자들은 그림 8.9처럼 배열된다. 이것이 물의 밀도에 비해 얼음의 밀도가 더 작은 이유이다. 얼음의 구조는 H_2O 분자 사이에 최대의 수소결합 수를 갖게 한다. 얼음의 밀도가 물의 밀도에 비해 작다는 사실은 지구상의 생명체에 상당한 영향을 미칠 수 있다. 얼음은 물과 비교할 때 밀도가 작기 때문에 물 위에 뜬다. 추운 날씨에 얼음은 물의 윗부분부터 얼기 시작한다. 만약 얼음의 밀도가 물보다 더 크다면, 호수의 물은 바닥에서 얼기 시작하고 대부분의 수중생물은 이러한 조건에서 죽게 될 것이다. 추운날 수도관이 터지는 것은 물이 얼 때 부피가 팽창하기 때문이다.

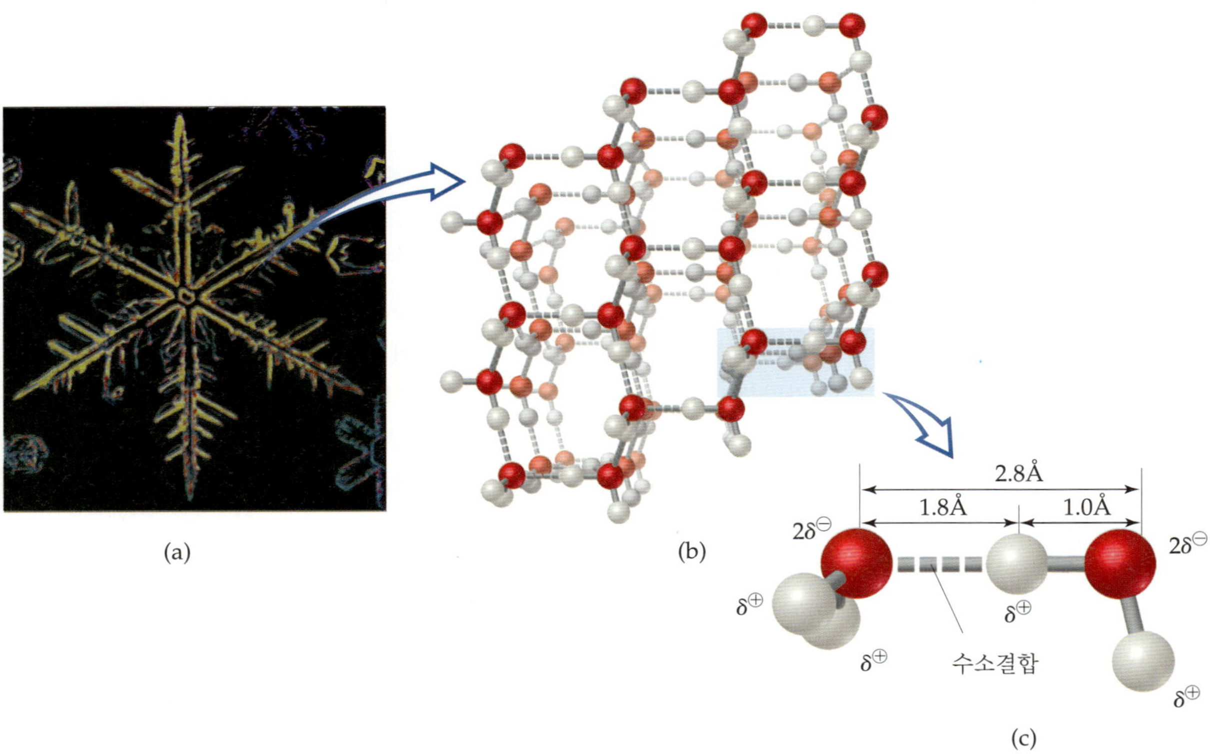

▲ **그림 8.9 얼음 내의 수소결합.** (a) 육각형 모양의 눈 (b) 얼음 물분자의 배열. 물분자의 수소원자는 인접한 물분자의 비공유전자쌍을 향한다. 결과적으로 얼음은 물분자들의 열린 육각형배열을 한다. (c) 얼음 물분자 사이의 수소결합.

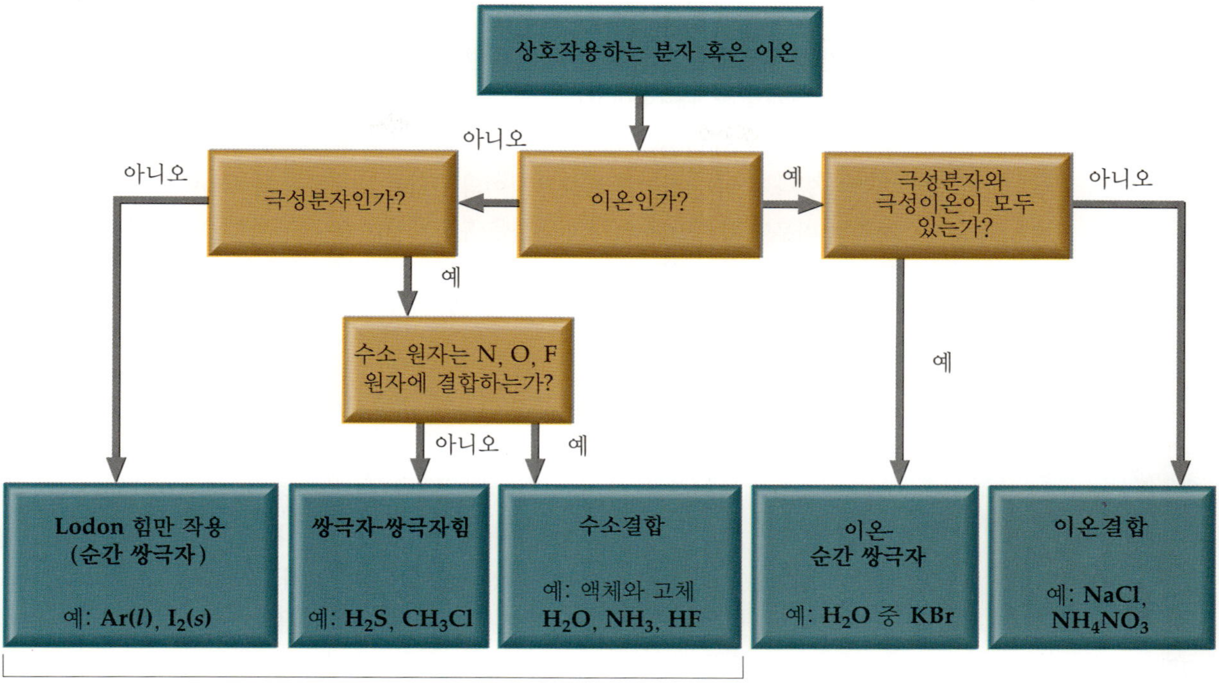

▲ **그림 8.10 다양한 분자간 힘.** London 힘은 모든 물질에서 나타난다. 상호작용의 세기는 일반적으로 그림의 왼쪽에서 오른쪽으로 갈수록 증가한다.

분자간 힘의 비교

어떤 물질에서 작용하는 분자간 힘은 그 물질의 조성과 구조를 고려하여 알아낼 수 있다. 분산력은 모든 물질에서 발견된다. 이 힘의 세기는 분자량의 증가에 따라 증가하고 또한 분자의 모양에도 의존한다. 쌍극자-쌍극자 힘은 분산력의 효과에 더해져 나타나고 극성분자들 사이에서 발견된다. 수소결합은 F, O 또는 N과 결합한 H 원자에 의해 나타나고 역시 분산력의 효과에 더해져 나타난다. 수소결합은 분자간의 힘 중에서 가장 세다. 그러나 이러한 분자간의 힘 중에서 그 어느 것도 이온결합이나 공유결합만큼 세지는 않다. 그림 8.10은 이온-쌍극자와 이온-이온 간 힘을 포함한 다양한 분자간 힘의 종류를 결정하는 체계적인 방법을 보여준다.

8.3 액체의 성질

분자간 힘의 이해는 액체나 고체의 특성을 설명하는 데 많은 도움을 줄 것이다. 액체의 중요한 특성 중 점성도와 표면장력에 대하여 알아보자.

점성도

당밀이나 엔진오일 같은 몇 가지 액체들은 매우 느리게 흐른다. 반면에 물이나 가솔린 같은 액체는 쉽게 흐른다. 액체 흐름의 저항을 점성(viscosity)이라 한다. 액체는 점성이 클수록 더 느리게 흐른다. 점성은 어떤 일정한 양의 액체가 중력 하에서 가는 관을 통과하는 시간을 측정하여 알 수 있다. 점성이 큰 액체일수록 통과시간이 많이 걸린다. 점성은 쇠 공이 액체를 통과하여 내려오는 속도를 측정하여 결정하기도 한다. 점성이 클수록 쇠 공은 더 천천히 내려온다. 점성은 액체의 각 분자들이 얼마나 쉽게 움직일 수 있는지와 연관이 있다. 따라서 점성은 분자들 사이의 인력과 분자들을 서로 묶어줄 만한 구조가 있는지의 여부에 달려있다. 액체의 점성은 온도가 증가할수록 감소한다. 왜냐하면 높은 온도에서 분자의 평균운동에너지는 분자들 사이의 인력을 쉽게 극복할 수 있기 때문이다.

▲ **그림 8.11 액체 표면과 내부에 있는 분자가 느끼는 힘.** 표면의 분자는 액체 내부로 향하는 힘을 받고 내부의 분자는 모든 방향으로부터 힘을 느낀다.

▲ **그림 8.12 표면장력.** 표면장력은 소금쟁이와 같은 곤충이 물 위를 걸을 수 있도록 해준다.

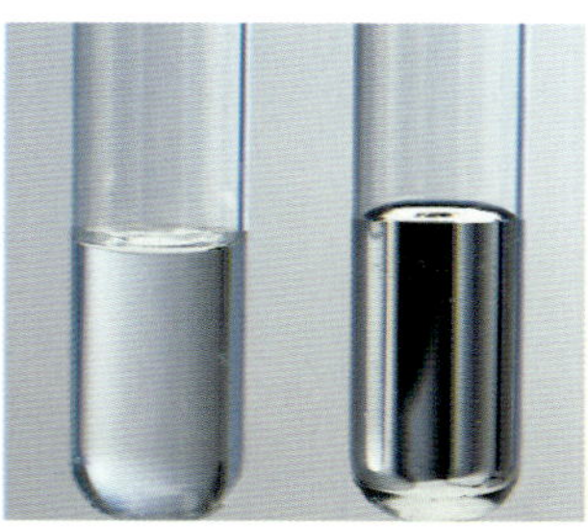

▲ **그림 8.13 2개의 메니스커스 모양.** 유리관 물의 메니스커스와 수은의 메니스커스 비교

표면장력

물은 매끄러운 표면에서 이슬처럼 일그러진 구형 모양의 "방울"로 맺힌다. 이것은 그림 8.11처럼 액체 표면에서 분자간 힘의 불균형 때문에 생긴다. 내부분자들은 모든 방향에서 똑같이 끌어당기는 반면에, 표면분자들은 내부로부터 끌어당기는 힘만 받는다.

이와 같이 내부로 향한 힘은 분자들을 표면으로부터 내부로 끌어당기고 표면적을 줄인다(구형은 가장 작은 표면적을 가진다). 이와 같은 효과는 물의 밀도보다 더 큰데도 불구하고 바늘이 물 위에 뜨고 또 작은 곤충이 물 위를 걸을 수 있게 한다(그림 8.12).

액체의 표면적이 팽창하는 것을 막는 내부로 향하는 힘을 표면장력이라 한다. 표면장력(surface tension)은 액체의 표면을 단위면적만큼 증가시키는 데 필요한 힘이다. 예를 들면 20°C에서 물의 표면장력은 7.29×10^{-2} J/m^{2}이다. 즉 주어진 양의 물의 표면적을 1 m^{2}만큼 늘릴 때 7.29×10^{-2} J의 에너지를 공급해야 한다. 물은 강한 수소결합 때문에 큰 표면장력을 가진다. 수은의 표면장력은 더 크다(4.6×10^{-1} J/m^2). 그 이유는 수은 원자간 매우 강한 금속결합 때문이다.

비슷한 분자들을 서로 묶어주는 힘, 즉 물의 수소결합 같은 것을 응집력(cohesive force)이라고 한다. 어떤 물질이 표면에 들러 붙는 분자간 힘을 부착력(adhesive forces)이라고 한다. 유리관 속의 물은 유리관에 부착된다. 이것은 물과 유리 사이의 부착력이 물 분자들 사이의 응집력보다 더 크기 때문이다. 따라서 물의 메니스커스는 오목한 반면 수은의 메니스커스는 볼록하다(그림 8.13). 수은원자 사이의 응집력이 수은원자와 유리벽 사이의 부착력보다 훨씬 더 크기 때문이다.

가는 유리관이나 모세관을 물속에 놓으면 물은 관 속으로 따라 올라간다. 액체가 매우 가는 관을 통해 올라가는 것을 모세관 작용(capillary action)이라고 한다. 액체와 관의 벽 사이의 부착력은 액체의 표면적을 증가시키고, 액체의 표면장력은 표면적을 줄이려는 경향이 있다. 모세관 작용은 물과 용해된 영양분이 식물의 뿌리에서 줄기로 이동하는 것을 돕는다.

8.4 상변화

며칠 동안 뚜껑을 열어둔 채 놓아둔 물은 증발해버린다. 따뜻한 방에 놓아둔 한 조각 얼음은 금방 녹는다. 고체 이산화탄소(드라이아이스)는 상온에서 승화(sublime)한다.

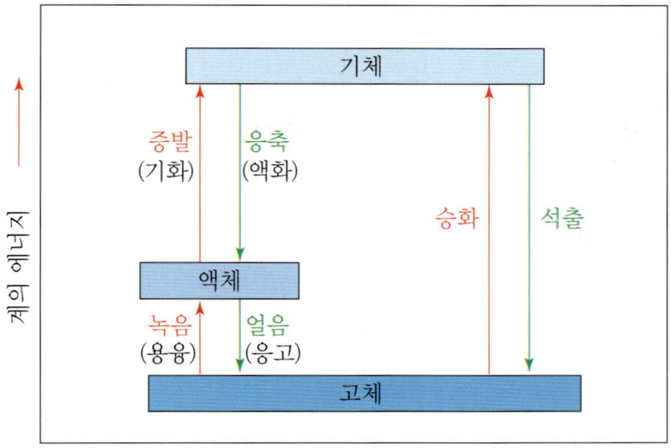

◀ **그림 8.14 상변화와 관련된 용어.** 적색 화살표는 흡열과정이고 초록색 화살표는 발열과정이다.

즉 고체 상태에서 바로 기체 상태로 변한다. 일반적으로 물질의 상태는 온도와 압력의 조건에 따라 변할 수 있다. 그림 8.14는 이런 변화에 따른 명칭을 나타낸다. 이런 변화를 상태변화 또는 상변화(phase change)라고 한다.

상변화에 동반되는 에너지 변화

상태 변화는 계의 에너지 변화를 동반한다. 고체를 녹일 때 에너지가 필요하다. 고체가 액체로 바뀌기 위해서는 고체 상태에서 입자들을 일정한 위치에 붙잡아 놓는 인력을 극복하여야 한다. 마찬가지로 증발도 역시 에너지가 필요하다. 분자간 힘의 세기가 증가할수록 상변화에 필요한 에너지 역시 증가한다.

고체가 녹는 과정을 용융(fusion)이라고 한다. 따라서 고체들이 녹는 것과 관련된 엔탈피 변화는 용융 엔탈피, 또는 용융열(heat of fusion)이라 하며 ΔH_{fus}로 표시한다. 얼음의 용융열은 6.01 kJ/mol이다. 액체의 증발에 필요한 열은 증발열(heat of vaporization) 또는 증발 엔탈피라고 하며 ΔH_{vap}로 표시한다. 물의 증발열은 40.67 kJ/mol이다. 여기서 용융열이 증발열보다 더 작은 것에 주목하라. 증발에 따른 냉각효과는 수영장에서 밖으로 나왔을 때 쉽게 알 수 있다. 몸으로부터 물이 증발할 때 주위로부터 열을 빼앗는다. 더운 날이나 심한 운동 중에 땀을 흘리는 것은 몸의 온도를 내리기 위한 작용이다. 냉장고 역시 증발에 따른 냉각효과와 관련이 있다.

용융과 증발(기화)는 흡열과정이고 그 반대의 과정인 응고와 액화는 발열과정이다. 수증기가 심한 화상을 일으키는 것은 수증기가 피부에 닿으면, 상당한 양의 열을 내놓으면서 응축하기 때문이다.

가열곡선

−25℃, 1기압의 얼음을 가열한다고 가정하자. 어떤 일이 일어나는가? 열을 가하면 얼음의 온도는 높아진다. 온도를 0℃이하로 유지하면 얼음은 고체 상태로 있다. 0℃ 에 도달하면 얼음은 녹기 시작한다. 용융은 흡열과정이므로 0℃에서 가해준 열은 얼음을 물로 바꿀 때 사용하며, 모든 얼음이 다 녹을 때까지 온도는 일정하게 유지된다. 일단

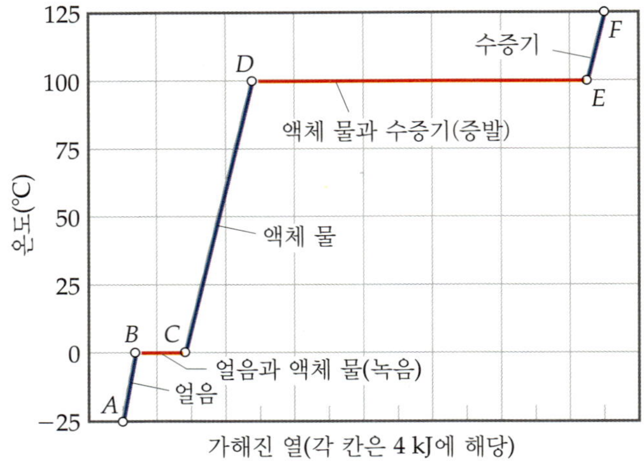

▲ **그림 8.15 물에 대한 가열곡선.** 물 1몰을 일정압력(1 atm)에서 가열할 때 −25°C 부터 125°C 사이에서 일어나는 변화. 청색선은 한 가지 상에서 온도가 변하는 것을 나타내고 적색선은 일정한 온도에서 하나의 상이 다른 상으로 변환되는(두 상이 공존하는) 것을 나타낸다.

얼음이 모두 녹은 후 열을 더 가하면 그것은 물의 온도를 높여준다.

이와 같은 과정을 가열곡선(heating curve)으로 나타낼 수 있다. 이 가열곡선은 계의 온도와 가해준 열의 관계를 그린 것이다. 그림 8.15는 일정한 압력(1 atm)에서 −25°C얼음을 125°C수증기까지 가열하는 동안 온도변화를 나타낸다. 그림에서 −25°C얼음으로부터 0°C까지의 가열곡선은 선 *AB*로 나타나 있고 0°C얼음으로부터 0°C의 물로 변화는 과정은 선 *BC*로 나타나 있다. 더 가해준 열은 물의 온도가 100°C에 도달할 때까지 물의 온도를 높인다(선 *CD*). 그 후 열은 100°C에서 물을 수증기로 바꾸는 데 쓰인다(선 *DE*). 일단 모든 물이 수증기로 바뀐 후 125°C까지 가열된다(선 *EF*).

가열곡선의 각 과정에 대한 계의 엔탈피 변화를 계산할 수 있다. 어떤 물질의 온도를 올릴 때 필요한 열의 양은 비열, 질량, 그리고 온도변화를 곱한 값이다. 물질의 비열이 클수록 일정량의 온도를 올릴 때 더 많은 열을 가해야 한다. 물의 비열은 얼음의 비열보다 크기 때문에 선 *CD*의 기울기는 선 *AB*의 기울기보다 작다. 물의 온도를 1°C 올릴 때 같은 양의 얼음을 1°C올리는 것보다 더 많은 열을 가해야 한다.

선 *BC*와 *DE*에서는 온도가 일정하게 유지되면서 상변화가 일어난다. 이것은 가해준 열이 분자의 평균운동에너지를 증가시키기보다 분자간 힘을 극복하는 데 사용되었기 때문이다. 선 *BC*는 얼음이 물로 변하는 과정이고, 엔탈피 변화는 ΔH_{fus}에 의해 계산할 수 있다. 반면에 선 *DE*는 물이 증발하는 과정이고 ΔH_{vap}를 사용하여 엔탈피 변화를 구할 수 있다.

물질로부터 열을 제거하면 물질은 냉각된다. 냉각은 발열과정이다. 계는 차가워지려면 열을 방출해야 한다. 때로 조심스럽게 냉각을 조절하여 기체와 액체의 비정상적 냉각현상을 볼 수 있다. 예를 들면 적절한 조건에서 물이 얼음으로 되지 않게 하면서 0°C보다 훨씬 낮은 온도로 냉각할 수 있다. 이런 현상을 물의 과냉각(supercooling)이라고 한다.

예제 8.3

일정한 압력에서 −25°C얼음 1.00몰을 125°C수증기로 변환하는 과정의 엔탈피 변화를 계산하라. 얼음, 물, 수증기의 비열은 각각 2.09 J/g · K, 4.18 J/g · K, 1.84 J/g · K이다. 물의 용융엔탈피와 증발엔탈피는 각각 ΔH_{fus} = 6.01 kJ/mol, ΔH_{vap} = 40.67 kJ/mol이다.

해답: 각 과정의 엔탈피 변화를 모두 합하면 총 엔탈피 변화를 계산할 수 있다(Hess 법칙). 그림 8.15의 선 *AB*는 얼음의 온도를 25°C 올리기 위해 충분한 양의 열을 가했다. 25°C의 온도 변화는 25 K의 온도 변화와 같다. 이 과정의 엔탈피 변화는 얼음의 비열을 이용하여 계산한다.

$$\begin{aligned} AB: \Delta H &= (1.00 \text{ mol})(18.0 \text{ g/mol})(2.09 \text{ J/g} \cdot \text{K})(25 \text{ K}) \\ &= 940 \text{ J} = 0.94 \text{ kJ} \end{aligned}$$

그림 8.15의 선 *BC*에서 0°C얼음은 물로 바뀐다. 여기서 몰용융열을 이용하여 계산하면

$$BC: \Delta H = (1.00 \text{ mol})(6.01 \text{ kJ/mol}) = 6.01 \text{ kJ}$$

선 *CD*, *DE*, *EF*의 엔탈피 변화도 비슷한 방법으로 계산할 수 있다.

$$\begin{aligned} CD: \Delta H &= (1.00 \text{ mol})(18.0 \text{ g/mol})(4.18 \text{ J/g} \cdot \text{K})(100 \text{ K}) \\ &= 7520 \text{ J} = 7.52 \text{ kJ} \end{aligned}$$

$$DE: \Delta H = (1.00 \text{ mol})(40.67 \text{ kJ/mol}) = 40.67 \text{ kJ}$$

$$\begin{aligned} EF: \Delta H &= (1.00 \text{ mol})(18.0 \text{ g/mol})(1.84 \text{ J/g} \cdot \text{K})(25 \text{ K}) \\ &= 830 \text{ J} \\ &= 0.83 \text{ kJ} \end{aligned}$$

전체 엔탈피 변화는 각 단계의 엔탈피 변화를 모두 합친 것이다.

$$\begin{aligned} \Delta H &= 0.94 \text{ kJ} + 6.01 \text{ kJ} + 7.52 \text{ kJ} + 40.67 \text{ kJ} + 0.83 \text{ kJ} \\ &= 55.97 \text{ kJ} \end{aligned}$$

보충예제

50.0°C물 100.0 g을 −30°C얼음으로 냉각하는 과정에서 엔탈피 변화는 얼마인가(예제에 제시한 상변화의 엔탈피와 비열을 이용하라)?

답: −20.9 kJ − 33.4 kJ − 6.3 kJ = −60.6 kJ

임계온도와 임계압력

기체는 적절한 온도에서 압력을 가하여 액화할 수 있다. 그러나 온도의 증가는 기체분자의 운동에너지를 증가시키기 때문에 액화는 어려워진다. 모든 물질은 압력과 관계없이 기체를 액화할 수 있는 특정한 온도가 존재한다. 어떤 물질이 액체로 존재할 수 있는 최고 온도를 임계온도(critical temperature)라고 한다. 이 온도에서 액화에 필요한 압력을 임계압력(critical pressure)이라고 한다. 물질의 분자간 힘이 클수록 기체는 쉽게 액화할 수 있고, 따라서 그 물질의 임계온도는 높다.

표 8.4 물질의 임계온도와 임계압력

물 질	임계온도(K)	임계압력(atm)
암모니아(Ammonia, NH_3)	405.6	111.5
아르곤(Argon, Ar)	150.9	48
이산화탄소(Carbon dioxide, CO_2)	304.3	73.0
이질소(Dinitrogen, N_2)	126.1	33.5
이산소(Dioxygen, O_2)	154.4	49.7
프레온-12(Freon-12, CCl_2F_2)	384.7	39.6
물(Water, H_2O)	647.6	217.7

물질의 임계온도와 임계압력은 기체를 다루는 사람에게 매우 중요하다. 왜냐하면 이 임계온도와 임계압력은 기체가 액화되는 조건에 대한 정보를 제공하기 때문이다. 만일 기체가 임계온도 이상의 온도에 있을 때 압력을 가해서 액화하려는 것은 불가능한 일이다. 예를 들면 산소의 임계온도는 154.4 K이다. 압력을 가해서 액화하려면 일단 산소의 온도를 이 온도 이하로 낮추어야만 한다. 반면 암모니아의 임계온도는 405.6 K이다. 따라서 암모니아는 상온(약 295 K)에서 충분한 압력을 가하면 액화할 수 있다. 몇 가지 물질의 임계온도와 임계압력을 표 8.4에 나타내었다.

8.5 증기압

기화나 증발로 인하여 분자는 액체표면으로부터 빠져나가 기체 상태로 된다. 일정량의 에탄올(C_2H_5OH)을 그림 8.16과 같은 밀폐용기에 담았다고 가정하자. 이 에탄올은 증발하기 시작하여 빈 공간을 채울 것이다. 증기의 압력은 처음에는 증가하다가 얼마 후 일정한 값에 도달한다. 이때의 압력을 에탄올의 증기압(vapor pressure)이라고 한다.

▶ **그림 8.16 액체 에탄올의 평형 증기압.** (a) 기체상에 존재하는 분자는 없다고 가정하면 용기 안의 압력은 0이다. (b) 분자들이 액체표면을 떠나는 속도는 기체분자들이 액체상으로 들어오는 속도와 같다. 이 상황은 온도가 일정하게 유지되는 한 일정한 증기압을 나타낸다.

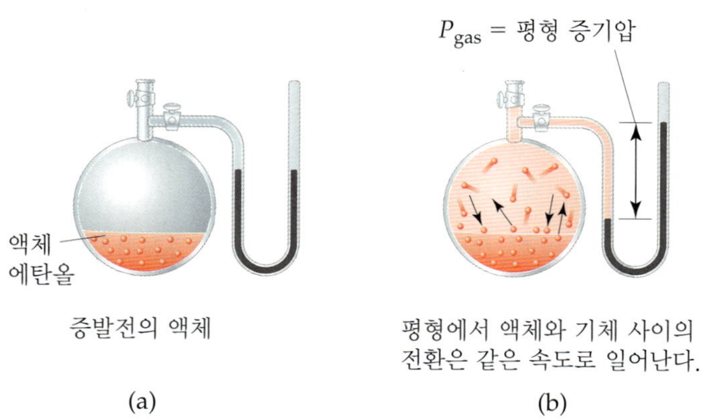

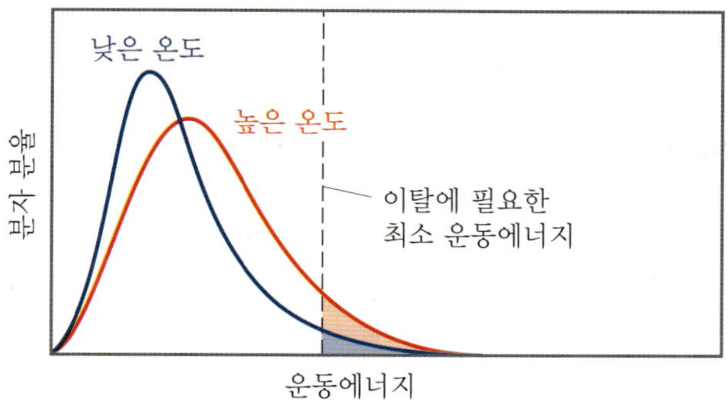

◀ **그림 8.17 서로 다른 두 온도에서 가상적 액체분자의 운동에너지 분포.** 액체상을 벗어나기에 충분한 운동에너지를 가지고 있는 분자들의 분율은 빗금 친 부분으로 나타낼 수 있다. 액체상을 벗어나는 분자들의 분율은 온도가 증가할수록 증가함에 유의하라.

분자 수준에서의 증기압

액체분자들은 다양한 속도로 운동한다. 그림 8.17은 두 온도에서 액체표면의 분자 운동에너지 분포를 보여준다. 이 분포곡선은 기체의 경우와 유사하다. 어느 순간 액체표면의 몇 개 분자들은 이웃 분자들의 인력으로부터 벗어날 수 있는 충분한 에너지를 갖는다. 분자간 힘이 약할수록 기체상으로 빠져나가는 분자 수는 증가하며 증기압은 더 높아진다.

일정한 온도에서 액체상으로부터 기체상으로의 분자의 이동은 끊임없이 계속 일어난다. 그러나 기체상의 분자 수가 많아지면 그림 8.16에 나타낸 것처럼 기체상 분자는 액체표면에 부딪혀 액체에 달라붙을 확률이 커진다. 결국 분자들이 액체로 돌아오는 속도와 그들이 액체 상태에서 벗어나려는 속도는 같아진다. 기체상태의 분자 수는 일정한 값에 도달하고 이러한 상태에서 증기의 압력은 일정하다. 서로 반대의 과정이 동시에 같은 속도로 일어나는 것을 동적 평형(dynamic equilibrium)이라고 한다. 증발과 응축이 같은 속도로 일어날 때 액체와 기체는 평형에 도달한다. 관찰자는 이런 평형상태에서 겉으로는 계의 변화가 없기 때문에 아무 것도 일어나지 않는 것처럼 보이지만 실제는 분자들이 끊임없이 액체 상태에서 기체 상태로, 기체 상태에서 액체 상태로 움직이고 있다. 서로 다른 상태 사이의 물질평형은 이와 같은 동적 특성을 가진다. 액체의 증기압은 액체 상태와 기체상태가 동적인 평형에 놓여 있을 때 증기에 의한 압력이다.

휘발성, 증기압, 그리고 온도

그릇에서 물이 증발할 때처럼 열린 용기에서 증발이 일어날 때 증기는 액체에서 빠져나와 흩어진다. 물은 액체표면으로 다시 돌아가지 않는다. 평형은 일어나지 않고 액체가 모두 없어질 때까지 증발한다. 높은 증기압을 가진 물질(가솔린)은 낮은 증기압을 가진 물질(엔진오일)보다 훨씬 빨리 증발한다. 쉽게 증발하는 액체를 휘발성(volatile)이 있다고 한다.

증기압은 온도가 높을수록 커지기 때문에 뜨거운 물은 차가운 물보다 빨리 증발한다. 이와 같은 효과를 그림 8.17에서 볼 수 있다. 온도가 높아지면 분자들은 더 활발하게 움직이며, 많은 수의 분자들이 그들 이웃 분자들로부터 쉽게 빠져 나올 수 있다. 그림 8.18은 휘발성이 크게 다른 네 가지 물질의 증기압이 온도에 따라 어떻게 변하는지를 보여준다. 모든 경우에 증기압은 온도에 따라 비선형적으로 증가함에 유의하라.

▶ 그림 8.18 온도에 따른 액체의 증기압. 증기압이 760 torr일 때 온도는 각 액체의 정상 끓는점이다.

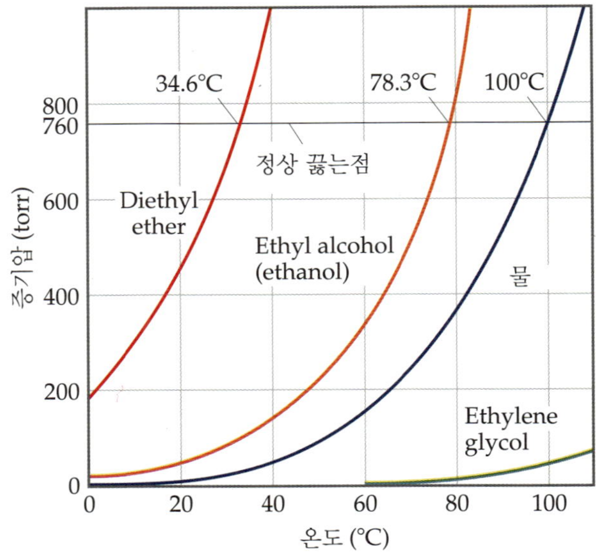

증기압과 끓는점

액체는 그것의 증기압이 액체표면에 작용하는 외부 압력과 같을 때 끓는다고 한다. 외부 압력이 증가하면 끓는점도 증가한다. 1기압 하에서 액체의 끓는점을 정상 끓는점(normal boiling point)이라고 한다. 그림 8.18로부터 물의 정상 끓는점은 100°C임을 알 수 있다.

요리할 때나 액체를 가열할 때 끓는점은 매우 중요하다. 음식을 요리할 때 걸리는 시간은 온도에 의존한다. 압력솥은 증기가 설정된 압력을 초과하면 증기가 빠져나가도록 고안되었다. 압력을 높여 높은 온도에서 끓도록 하여 조리 시간이 짧아진다. 끓는점에 대한 압력의 영향은 높은 산에서는 바닷가에서보다 요리시간이 더 걸린다는 것도 설명해준다. 높은 곳은 기압이 낮아 물의 끓는점이 낮아진다.

예제 8.4

그림 8.18을 이용하여 외부압력이 600 torr일 때 다이에틸에터(diethylether)의 끓는점을 예측하라.

해답: 끓는점이란 증기압이 외부압력과 같을 때의 온도를 말한다. 그림을 보면 600 torr일 때 끓는점이 약 27°C이다. 이것은 상온에 가깝다. 진공 펌프를 사용하여 다이에틸에터(diethylether) 액체에 가해진 압력을 약 600 torr까지 낮추어주면 상온에서 이 액체를 끓게 할 수 있다.

보충예제

외부압력이 얼마일 때 에탄올은 60 °C에서 끓을 수 있는가?

답: 약 350 torr

8.6 상평형 그림

적절한 온도와 압력의 조건 하에서 고체는 액체 상태나 기체 상태와 평형을 이룰 수 있다. 상평형 그림(phase diagram)이란 물질의 서로 다른 상태들 사이에 평형이 존재하는 조건을 나타내는 도식적 방법이다. 또한 그것은 주어진 온도와 압력에서 물질의 안정한 상을 예측할 수 있도록 해준다.

세 가지 상을 보여주는 어떤 물질의 상평형 그림의 일반적 형태를 그림 8.19에 나타내었다. 이 그림에는 3개의 곡선이 있는데, 각 곡선은 서로 다른 상이 평형을 이루는 온도와 압력의 조건을 나타낸다.

1. *A*에서 *B*까지의 선은 액체의 증기압 곡선이다. 이것은 액체와 기체상 사이의 평형을 나타낸다. 이 곡선 위에서 증기압이 1기압일 때의 온도가 물질의 정상 끓는점이다. 증기압곡선은 임계점(*B*)에서 끝나는데, 이 점은 물질의 임계온도와 임계압력을 나타낸다. 임계점 이상에서 액체상과 기체상은 서로 분간할 수 없다.
2. 선 *AC*는 고체가 각각 다른 온도에서 승화할 때 고체의 증기압 변화를 나타낸다.
3. *A*에서 *D*까지 선은 압력의 증가에 따른 고체의 녹는점 변화를 나타낸다. 이 선은 대개 압력의 증가에 따라 약간 오른쪽으로 기운다. 대부분의 물질에서 고체는 액체보다 밀도가 크다. 따라서 압력증가는 더 조밀한 고체상을 선호한다. 그래서 높은 압력에서 고체를 녹일 때 높은 온도가 필요하다. 어떤 물질의 녹는점은 그것의 어는점과 동일하다. 1기압에서 녹는점을 정상 녹는점(normal melting point)이라 한다. 3개의 곡선이 서로 만나는 점 *A*를 삼중점(triple point)이라고 한다. 이 압력과 온도에서 세 가지 상은 평형상태에 있다. 세 가지 곡선 위의 모든 점에서는 두 상 사이에 평형이 존재함을 의미한다. 삼중점과 곡선 이외의 영역에서는 오직 한 가지 상만 존재한다. 낮은 압력과 높은 온도에서는 기체상이 더 안정하고, 낮은 온

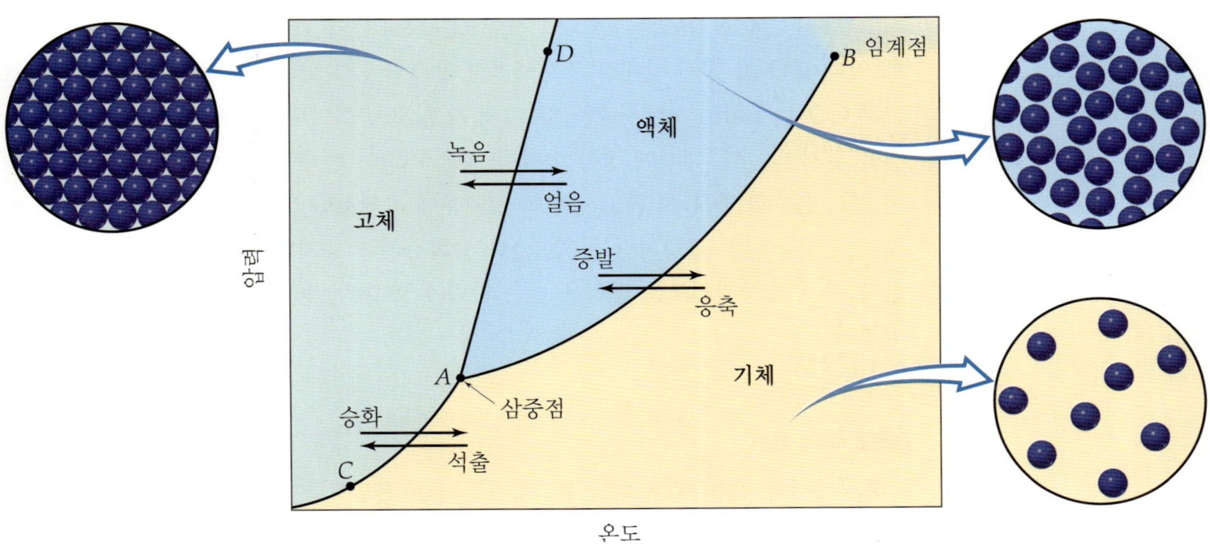

▲ 그림 8.19 물질의 세 가지 상(기체, 액체 고체)사이의 일반적 상평형 그림.

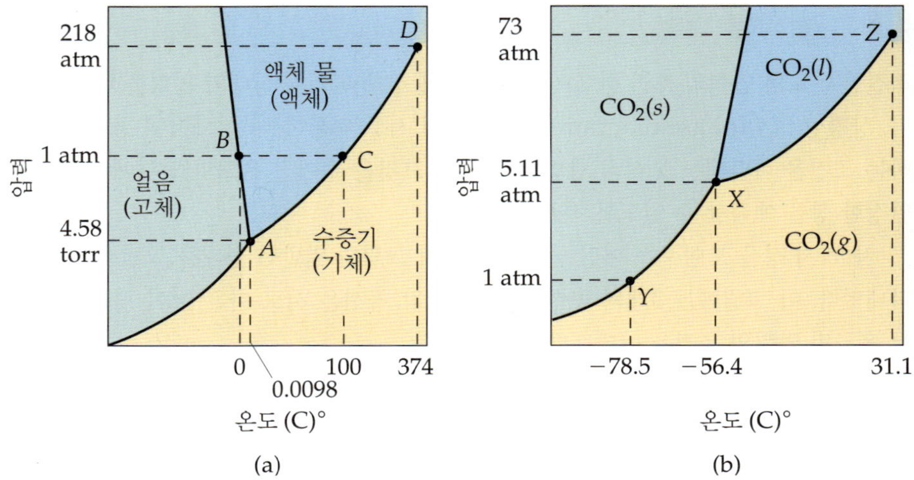

▲ **그림 8.20 H_2O와 CO_2의 상평형 그림.** (a) 물의 상평형 그림에서 삼중점 *A*(0.0098°C, 4.58 torr), 정상 녹는점(어는점) *B*(0°C, 1 atm), 정상 끓는점 *C*(100°C, 1 atm), 임계점 *D*(374.4°C, 217.7 atm) (b) CO_2에 대한 상평형 그림에서 삼중점 *X*(−56.4°C, 5.11 atm), 정상 승화점 *Y*(−78.5°C, 1 atm), 그리고 임계점 *Z*(31.1°C, 73.0 atm)이 표시되어 있다.

도와 높은 압력에서는 고체상이 더 안정하다. 액체상의 안정한 범위는 두 조건 사이에 있다.

H_2O와 CO_2의 상평형 그림

그림 8.20은 H_2O와 CO_2의 상평형 그림을 보여준다. CO_2의 고체−액체 평형선(녹는점)은 정상적 거동을 따르는 것에 주목하라. 즉 CO_2의 녹는점은 압력 증가에 따라 증가한다. 반면에 H_2O의 녹는점은 압력 증가에 따라 감소한다. 물은 액체상 구조가 고체상 구조보다 더 조밀(밀도가 크다)한 매우 드문 물질 중 하나이다. H_2O의 삼중점(0.0098°C,4.58 torr)은 CO_2의 삼중점(−56.4°C, 5.11 atm)보다 훨씬 낮은 압력에 있다. CO_2가 액체 상태로 존재하려면 압력이 5.11 atm을 넘어야 한다. 그러므로 고체 CO_2는 1 atm 하에서 가열할 때 녹지 않고 승화한다. 따라서 CO_2는 정상 녹는점을 갖지 않는다. 대신에 정상 승화점(−78.5°C)이 존재한다. CO_2는 보통의 압력에서 열을 흡수할 때 녹지 않고 승화하기 때문에 고체 CO_2(드라이아이스)는 편리한 냉각제로 사용된다. 그렇지만 물(얼음)이 승화하려면 증기압이 4.58 torr보다 낮아야 한다. 음식의 동결건조는 음식을 낮은 압력(4.58 torr) 용기에 넣어 얼음을 승화하는 방법이다.

예제 8.5

물의 상평형 그림(그림 8.21)을 참고하여 물이 (a) 온도 0°C에서 압력이 점 1에서 점 5까지(수직선) 증가하는 동안, (b) 압력 1 atm에서 온도가 점 6으로부터 점 9까지 증가(수평선)하는 동안 나타나는 상변화를 설명하라.

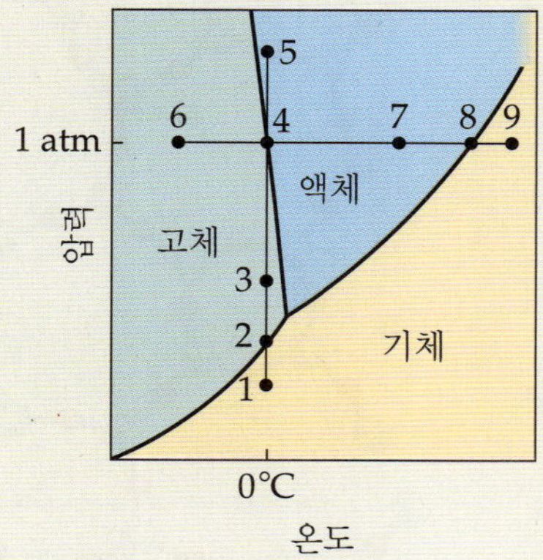

▲ **그림 8.21 H_2O 의 상평형 그림.**

해답: (a) 점 1에서 H_2O는 모두 증기로 존재한다. 점 2에서 고체-증기의 평형이 존재한다. 이 이상의 압력(점 3)에서 모든 물 분자들은 고체상으로 변한다. 점 4에서 고체 중 일부는 녹고, 고체와 액체 사이의 평형에 도달한다. 매우 높은 압력에서 모든 물 분자들은 녹아 점 5에서 액체상만 존재한다.

(b) 점 6에서 H_2O는 모두 고체 상태로 존재한다. 온도가 점 4에 도달하면 고체는 녹기 시작하여 고체상과 액체상 사이에 평형이 일어난다. 더 높은 온도(점 7)에서 고체는 모두 액체로 바뀐다. 점 8에 도달하면 증기가 생성되며, 액체와 증기 사이에 평형이 존재한다. 점 9까지 더 가열하면, H_2O는 모두 증기상태로 바뀐다.

보충예제

그림 8.20(b)를 이용하여, 초기에 1 atm과 −60°C에 있는 CO_2에 아래의 변화들이 일어날 때 어떤 일이 생기는지 설명하라. (a) 일정한 온도에서 압력이 60 atm으로 증가할 때, (b) 일정 압력(60 atm)에서 온도가 −60°C에서 −20°C로 증가할 때

답: (a) $CO_2(g) \longrightarrow CO_2(s)$, (b) $CO_2(s) \longrightarrow CO_2(l)$

8.7 고체의 구조

고체는 결정질(crystalline) 또는 비결정질(noncrystalline)로 존재한다. 결정성 고체는 구성 원자, 이온 또는 분자들이 매우 질서 정연하게 배열된 고체를 의미한다. 이런 고체는 대부분 일정한 각도를 유지하는 평평한 면(faces)을 가진다. 입자들의 규칙적 쌓임은 고체가 매우 규칙적 모습을 갖게 한다. 석영과 다이아몬드는 결정성 고체의 예이다.

비결정성 고체(amorphous solid, 그리스어로 "형태가 없음"으로부터 유래)는 그것의 입자들이 규칙적인 배열을 하지 않는 고체이다. 이런 고체들은 분명한 면이나 형태가 없다. 비결정성 고체는 규칙적으로 쌓여지지 않는 분자들의 혼합체로서 고무나 유리 등이 그 예이다.

석영(SiO_2)은 그림 8.22처럼 3차원 구조의 결정성 고체이다. 석영이 녹으면(약

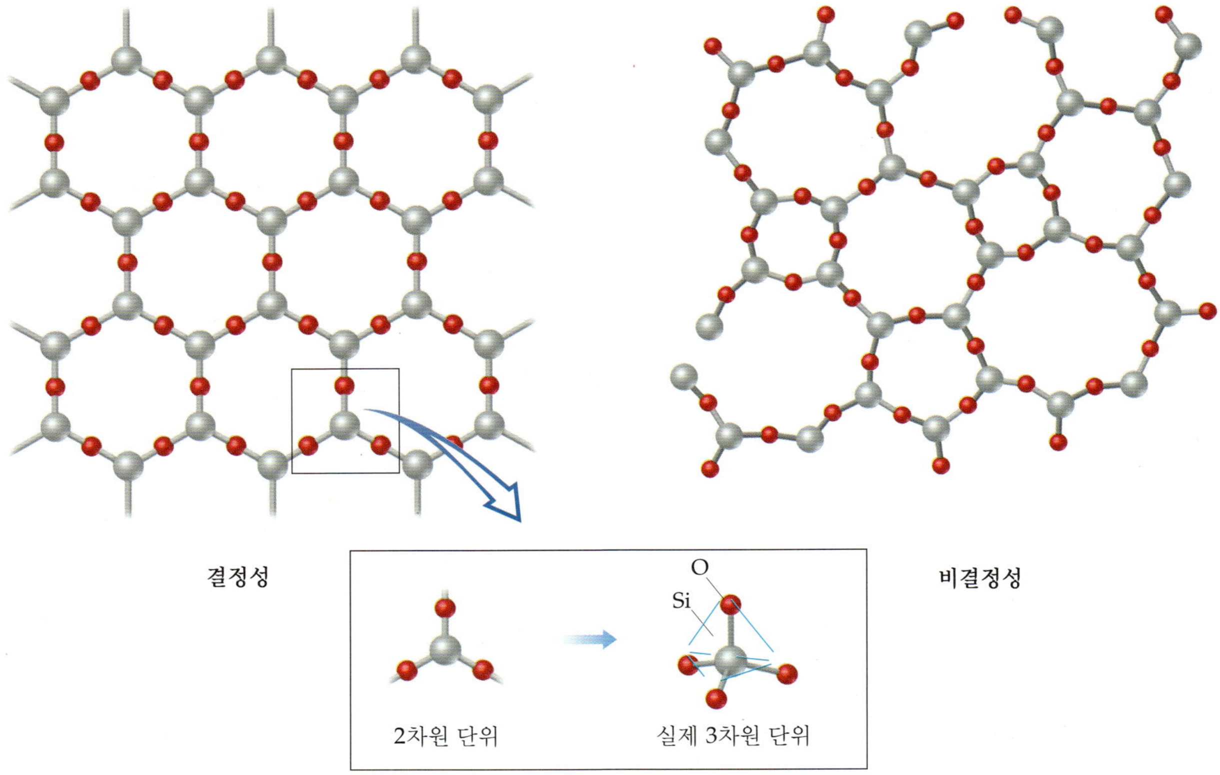

▲ **그림 8.22 결정성 SiO_2(석영)의 개괄적 비교.** 결정성 SiO_2(수정)와 비결정성 SiO_2(수정 유리)의 구조 비교. 회색구는 규소원자를 적색구는 산소원자를 나타낸다. 이 구조는 실제로 그림처럼 평면형이 아니라 3차원이다. 기본 구조에 보여준 단위세포(실리콘과 3개의 산소원자들)는 실제로 4개의 산소원자를 가진다, 네 번째 산소는 종이 평면의 바깥쪽으로부터 오며 다른 규소원자들과 결합한다.

1600°C) 접착성이 있고 끈끈한 액체로 된다. 비록 실리콘–산소 구조망은 그대로 있지만, 많은 Si—O 결합은 분리되고 석영의 단단한 규칙적 배열은 사라진다. 녹은 석영을 재빨리 냉각하면 원자들은 원래의 규칙적인 배열로 되돌아가지 못하고 그림 8.22의 오른편에 나타낸 것과 같은 석영 유리 혹은 실리카라고 알려진 비결정성 고체로 된다. 비결정성 고체입자들은 장거리 질서가 부족하기 때문에 분자간 힘의 세기는 한 물질 안에서 위치에 따라 서로 다르다. 따라서 비결정성 고체들은 어떤 특정한 온도에서 녹지 않는다. 그 대신 그들은 다양한 크기의 분자간 힘의 세기를 이겨내는 온도범위 안에서 녹게 된다. 반면 결정성 고체는 어떤 특정한 온도에서 녹는다.

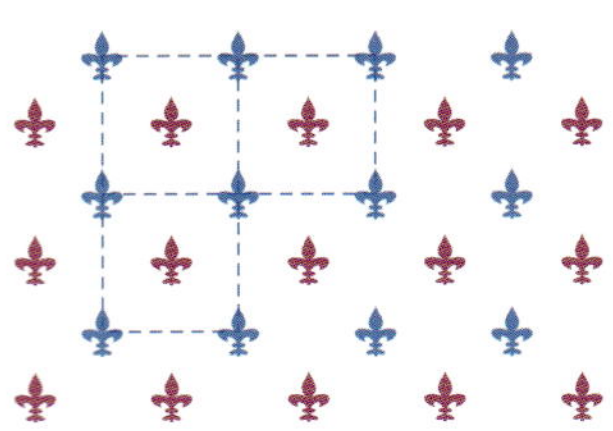

▲ **그림 8.23 특징적인 반복적 패턴을 보여주는 벽지 디자인.** 청색 점선으로 표시한 사각형들은 반복 패턴의 단위세포를 나타낸다.

단위세포

결정성 고체의 특징적인 배열은 그것의 일부분만 보고도 그 결정의 전체 모습을 그릴 수 있도록 해준다. 이런 고체는 마치 똑같은 벽돌을 쌓는 것처럼 생각할 수 있다. 고체 결정의 반복 단위를 단위세포(unit cell)라고 한다. 간단한 2차원 예를 그림 8.23의 벽지 그림에 나타내었다. 그 디자인의 반복적인 패턴 또는 단위세포의 선택방법은 여러 가지가 있을 수 있지만 보통 전체 패턴의 대칭 특성을 확실하게 나타내는 최소 부분을 선택한다.

결정성 고체는 점들의 3차원 배열로 표시한다. 각 점들은 결정체 안에서 똑같은 환경을 갖는다. 그와 같은 점들의 3차원 배열을 결정격자(crystal lattice)라고 한다. 결정의 전체구조는 점 그물구조상에 단위세포가 반복적으로 배열되어 생성하는 것으로 상상할 수 있다.

그림 8.24는 결정격자와 관련된 단위세포를 보여준다. 각 단위세포는 단위체 모서리의 길이와 모서리들 사이의 각도로 구분한다. 결정성 고체 화합물의 격자는 7종류의 기본 단위체의 형태로 설명된다. 이들 중 가장 간단한 형태는 모든 면의 길이가 같고 모서리의 각도가 90도인 입방 단위세포이다.

그림 8.25처럼 세 종류의 입방 단위세포가 있다. 격자점이 꼭지에만 있으면 그 단위세포는 정입방체(primitive cubic)라고 한다. 격자점이 단위세포의 중심에도 있으면 체심입방체(body-centered cubic)라고 한다. 입방체의 세 번째 형태는 각 꼭지뿐만 아니라 각 면의 중심에 격자점을 가지고 있는 면심입방체(face-centered cubic)이다.

가장 간단한 결정구조는 각 격자점에만 원자가 있는 입방 단위세포이다. 대부분 금속들은 그와 같은 구조를 가진다. 니켈은 면심입방 단위세포를 가지는 반면에 소듐은 체심입방단위체를 가진다.

그림 8.26은 원자들이 입방 단위세포에 어떻게 채워지는지를 보여준다. 꼭지와 면에 있는 원자들은 그 단위세포 안에 원자 전체가 들어가지 않음에 유의하라. 그 대신, 이런 원자들은 단위세포 사이에 공유된다. 표 8.5는 원자들이 단위세포 사이에 공유

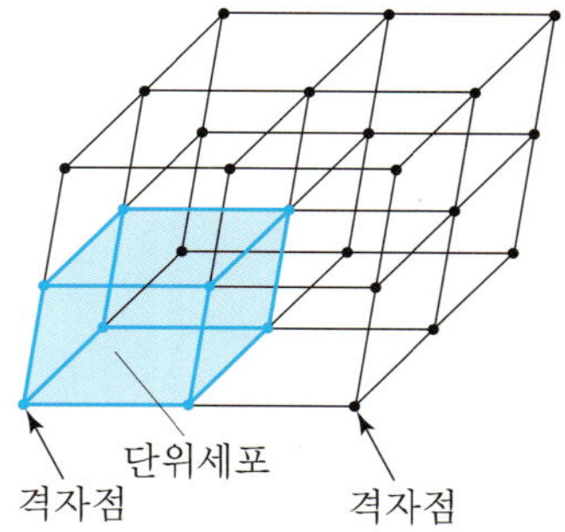

▲ **그림 8.24 간단한 결정격자 및 결정의 단위세포.**

표 8.5 단위세포 내의 원자의 위치와 단위세포를 점유하는 원자수 분율

원자 위치	원자수 분율
중심(center)	1
면(face)	1/2
모서리(edge)	1/4
꼭지(corner)	1/8

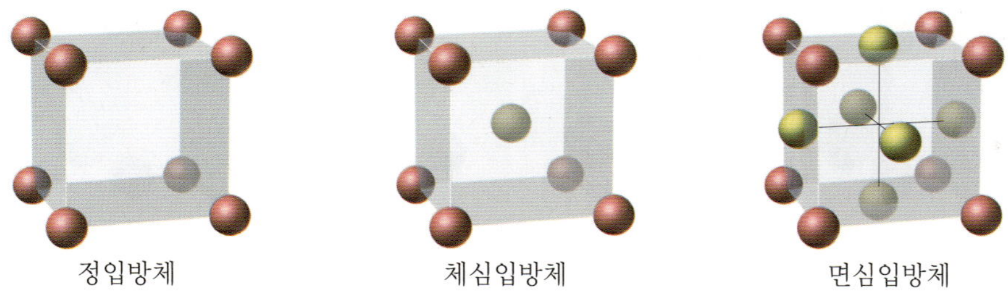

◀ **그림 8.25 입방격자에서 발견할 수 있는 세 가지 형태의 단위세포.**

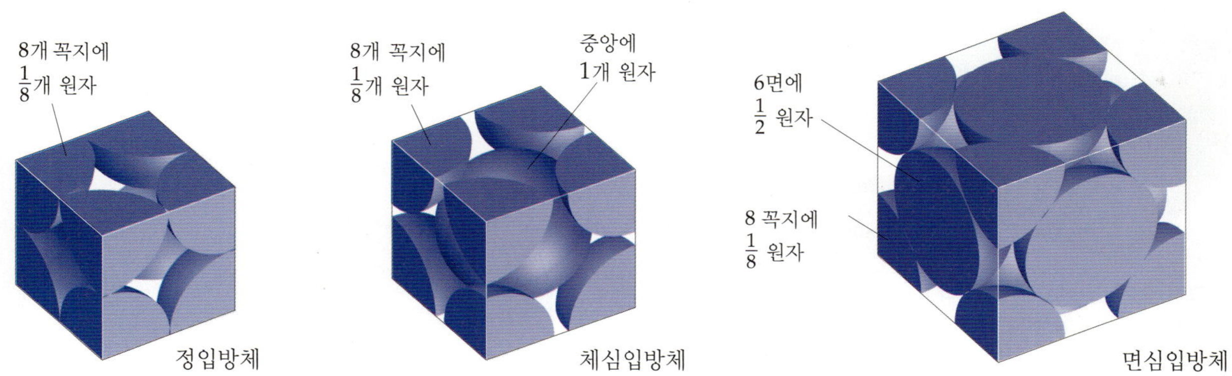

▲ **그림 8.26 입방 단위세포의 공간 채움 모형.** 단위세포에 포함된 각 원자의 부분만 나타나 있다.

될 때 한 단위세포를 채우는 원자수의 분율을 요약하였다.

염화소듐의 결정구조

NaCl의 결정구조(그림 8.27)를 보면, 면심입방 단위세포의 격자점 중심에 Na^+나 Cl^- 이온을 놓을 수 있다는 것을 알 수 있다. 따라서 이것의 구조는 면심입방체라고 할 수 있다.

그림 8.27에서 Na^+ 이온과 Cl^- 이온을 멀리 분리하면 구조의 대칭성을 더 확실히 볼 수 있다. 여기서 이온의 상대크기는 무시했다. 반면에 그림 8.28은 이온들의 상대크기와 그들이 단위세포를 어떻게 채우는지를 보여준다. 꼭지(corner)와 모서리(edge), 그리고 면(face)에 있는 원자들은 다른 단위세포와 공유된다. 한 단위세포의 총 양이온–음이온 비율은 결정체 전체의 총 양이온–음이온 비율과 동일해야 한다. 그래서 염화소듐(NaCl) 단위세포 내의 Na^+ 이온과 Cl^- 이온의 수는 같아야 한다. 그와 유사하게 $CaCl_2$ 단위세포는 하나의 Ca^{2+} 이온에 대해 두 개의 Cl^- 이온을 갖는다.

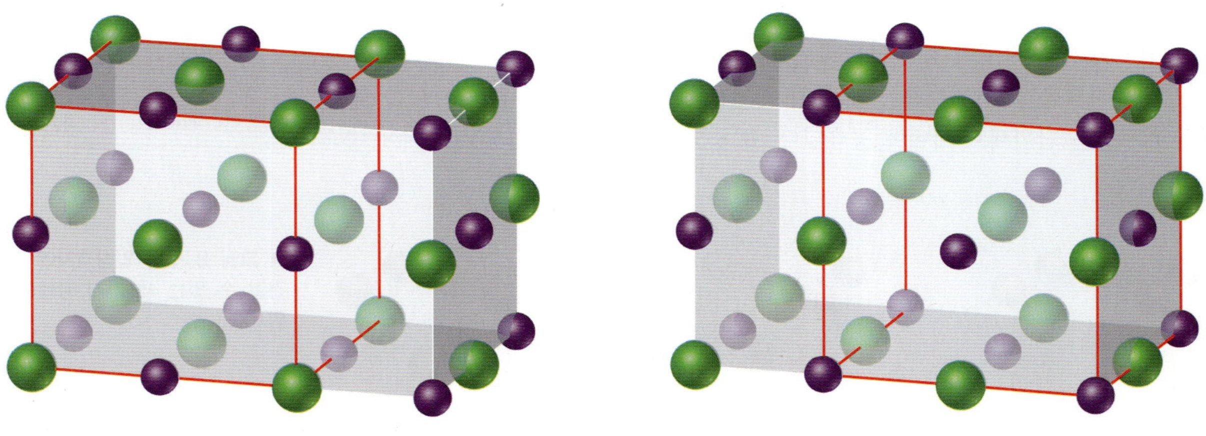

▲ **그림 8.27 NaCl의 단위세포를 정의하는 두 가지 방법. 보라색구는 Na^+ 이온을 나타내고, 초록색구는 Cl^- 이온을 나타낸다. 붉은선은 단위세포를 나타낸다.** (a) Cl^- 이온이 단위세포의 꼭지에 있다. (b) Na^+ 이온이 단위세포의 꼭지에 있다. 두 가지 방법 모두 같은 부피를 가지고 똑같은 점들이 면심입방 형태로 배열한다.

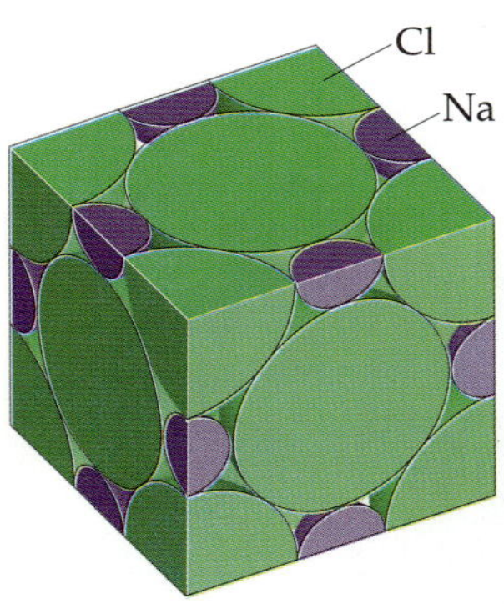

▲ **그림 8.28 Na^+ 이온(보라색)과 Cl^- 이온(초록색)의 상대크기를 보여주는 NaCl의 단위세포.** 대부분의 이온이 하나의 단위세포 안에 일부만 포함된다.

예제 8.6

NaCl 단위세포의 알짜 Na^+와 Cl^- 이온의 수를 결정하라.

해답: 각 모서리에 Na^+ 이온이 1/4이 있고, 중심에 Na^+ 이온이 하나 있고, 각 꼭지에 Cl^- 이온의 1/8, 각 면에 Cl^- 이온의 1/2이 있다. 따라서 다음과 같이 나타낼 수 있다.

$$Na^+\text{: (한 모서리당 } \tfrac{1}{4}Na^+\text{)(모서리 12)} = 3\ Na^+$$
$$\text{(한 중심당 } 1\ Na^+\text{)(중심 1)} = 1\ Na^+$$

$$Cl^-: (\text{한 꼭지당 } \tfrac{1}{8}Cl^-)(\text{꼭지 } 8) = 1\ Cl^-$$

$$(\text{한 면당 } \tfrac{1}{2}Cl^-)(\text{면 } 6) = 3\ Cl^-$$

따라서 단위세포는 4개의 Na^+ 이온과 4개의 Cl^- 이온을 가진다. 이런 결과는 화합물의 화학량론과 일치한다. 즉, 1개의 Cl^-에 대해 1개의 Na^+ 이온이 존재한다.

보충예제

철은 체심입방 단위세포를 가지는 α-철이라는 형태로 결정화한다. 단위세포 안에 몇 개의 철 원자가 들어 있는가?

답: 2개

예제 8.7

LiF 결정체에서 이온들의 배열은 NaCl 이온 배열과 같다. LiF 단위세포 한 모서리는 4.02 Å 이다. LiF의 밀도는 얼마인가?

해답: LiF에서의 이온배열은 NaCl과 같기 때문에 하나의 LiF 단위세포는 4개의 Li^+ 이온과 4개의 Cl^- 이온을 포함한다. 밀도는 단위부피당 질량이다. 단위세포의 부피와 단위세포에 포함한 질량으로부터 LiF의 밀도를 계산할 수 있다. 한 단위세포의 무게는

$$4(6.94\ \text{amu}) + 4(19.0\ \text{amu}) = 103.8\ \text{amu}$$

모서리의 길이가 a인 어떤 입방체의 부피는 a^3이므로 LiF 단위세포의 부피는 $(4.02\ \text{Å})^3$이다. 일반 단위의 g/cm^3로 바꾸어 밀도를 계산할 수 있다.

$$\text{밀도} = \frac{(103.8\ \text{amu})}{(4.02\ \text{Å})^3}\left(\frac{1\ \text{g}}{6.02 \times 10^{23}\ \text{amu}}\right)\left(\frac{1\ \text{Å}}{10^{-8}\ \text{cm}}\right)^3 = 2.65\ \text{g/cm}^3$$

이 값은 간단한 밀도 측정법으로 구한 값과 일치한다. 따라서 단위세포의 크기와 내용은 물질의 거시적 밀도와 일치한다.

보충예제

철의 특이한 결정체인 면심입방 단위세포는 각 모서리 길이가 2.8664 Å 이다. 이 같은 구조의 철의 밀도를 구하라.

답: 7.878 g/cm^3

구형조밀쌓임

결정성 고체는 입자들 사이의 인력이 최대가 되도록 가장 조밀하게 접촉한 구조를 만든다. 많은 경우 고체를 구성하는 입자들은 구형이거나 거의 구형에 가깝다. 금속성 고체의 원자들이 그런 경우이다. 따라서 같은 크기의 공을 어떻게 가장 효율적으로 쌓을 수 있을까를 고려해보는 것이 도움이 될 것이다(즉 빈 공간이 최소가 되는 쌓임).

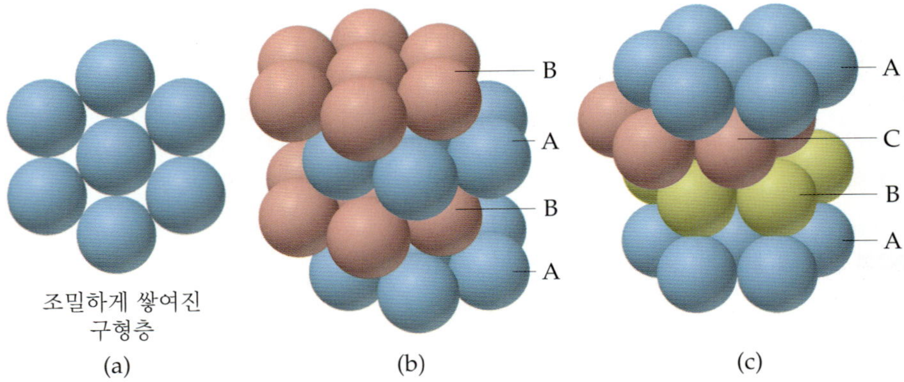

▶ **그림 8.29** (a) 동일한 크기의 공으로 생성된 단층의 조밀 쌓임. (b) 육방 조밀 쌓임 구조에서 세 번째 층 원자들은 첫 번째 층 원자들 위의 같은 위치에 놓여 있다. 층의 배열순서는 ABAB이다. (c) 입방 조밀 쌓임 구조에서 세 번째 층 원자들은 첫 번째 층 원자들과 같은 위치에 놓여 있지 않다. 약간 벗어나 있는 반면에 네 번째 층 원자들이 첫 번째 층 원자들과 같은 위치에 있다. 따라서 층의 배열구조는 ABCA이다.

동일한 크기의 공으로 이루어진 가장 효율적 배열의 한 층을 그림 8.29(a)에 나타내었다. 한 층에서 공은 6개의 다른 공으로 둘러 쌓여있다. 두 번째 층의 공은 첫 번째 층의 움푹한 곳에 놓인다. 세 번째 층의 공은 두 번째 층의 움푹한 곳에 놓여진다. 그러나 이 세 번째 층에 두 가지 형태의 쌓임 구조가 있고, 그들은 그림 8.29(b)와 (c)처럼 결과적으로 서로 다른 구조를 만든다. 만일 세 번째 층의 공이 그림 8.29(b)처럼 첫 번째 층과 같은 선상에 놓이면 그 구조는 육방 조밀 쌓임(hexagonal close packing)이라고 한다. 세 번째 층이 첫 번째 층을 반복하고 네 번째 층은 두 번째 층을 반복하는 이런 구조를 ABAB로 표기할 수 있다. 그러나 세 번째 층의 공이 첫 번째 층의 것과 다른 위치에 놓이면 그림 8.29(c)처럼 입방 조밀 쌓임(cubic close packing)이라 한다. 이 경우 첫 번째 층을 반복하는 층은 네 번째 층이고 ABCA로 나타낼 수 있다. 비록 그림 8.29(c)에서는 볼 수 없지만, 입방 조밀 쌓임의 단위세포는 면심입방체이다.

위의 두 가지 조밀 쌓임 구조에서 각 공은 동일한 거리만큼 떨어져 있는 가장 인접한 12개의 다른 공으로 둘러 쌓여있다. 같은 층에 6개, 위에 층에 3개, 아래층에 3개이다. 이 경우 각 공은 12의 배위수(coordination number)를 갖는다고 말한다. 배위수는 결정성 구조에서 어떤 한 입자를 직접 둘러싸고 있는 입자들의 수이다. 위의 두 가지 형태의 조밀 쌓임 구조는 전체 부피의 74%를 공이 차지하고, 26%는 공사이의 빈 공간이다. 체심입방체에서 각 공은 배위수 8을 가지며 전체 부피의 68%를 채운다. 단순 입방체의 배위수는 6이고 전체 부피의 52%를 채운다. 크기가 다른 공이 격자에서 쌓일 때 작은 입자들은 큰 입자들 사이의 구멍을 차지하고, 큰 입자들은 조밀 쌓임 배열들 중의 하나라고 가정한다. 예를 들어 Li_2O에서 큰 산화물이온들은 입방 조밀 쌓임 구조라 가정하고, 작은 Li^+ 이온들은 산화물이온들 사이의 작은 공간을 채운다고 생각한다.

8.8 고체의 결합

녹는점, 경도와 같은 결정성 고체의 물리적 특성은 입자들의 배열과 입자들 사이의 인력에 의존한다. 표 8.6에 고체 입자들 사이의 인력 형태에 따라 고체를 분류하였다.

표 8.6 결정성 고체의 종류

고체종류	단위입자 형태	입자간 힘	성질	예
분자	원자나 분자	London 분산, 쌍극자-쌍극자 힘, 수소결합	대단히 무르고 녹는점이 낮고 열과 전기전도성이 나쁘다.	Argon(Ar) methane(CH_4) sucrose($C_{12}H_{22}O_{11}$) Dry Ice(CO_2)
공유결합	공유결합 그물구조와 결합한 원자	공유결합	매우 단단하고, 녹는점이 높고, 열과 전기전도성이 나쁘다.	Diamond(C) quartz(SiO_2)
그물구조	양이온과 음이온	정전기적 인력	단단하고 깨지기 쉽고, 녹는점이 높고 열과 전기전도성이 나쁘다.	염 NaCl, $Ca(NO_3)_2$ 등
금속성	원자	금속결합	무르거나 매우 단단하고 녹는점이 낮거나 높고 열과 전기전도성이 매우 좋고 연성과 전성이 있다.	모든 금속 Cu, Fe, Al, W 등

분자성 고체(molecular solid)는 분자간 힘(쌍극자–쌍극자 힘, London 분산력, 수소결합)에 의해 결합한 원자나 분자들로 구성된다. 이런 힘들은 약하기 때문에 분자성 고체는 연하고 녹는점이 상대적으로 낮다(보통 200°C 이하). 상온에서 기체 상태나 액체 상태 물질의 대부분은 낮은 온도에서 분자성 고체를 생성한다.

분자성 고체의 특성은 분자들 사이에 작용하는 힘의 세기뿐만 아니라 분자들이 3차원에서 효과적으로 쌓이는 능력에도 의존한다. 예를 들면 벤젠(C_6H_6)은 대칭적 평면형분자이다. 벤젠의 녹는점은 톨루엔보다 높다. 톨루엔분자의 낮은 대칭성은 톨루엔분자들이 벤젠과 같이 효과적으로 쌓이는 것을 방해한다. 결과적으로 조밀한 접촉에 의존하는 분자간 힘이 별로 효과적이지 못하여 녹는점이 낮다. 이와 반대로 톨루엔의 끓는점은 벤젠보다 높다. 이것은 분자간 힘이 액체 벤젠보다 액체 톨루엔이 더 크다는 것을 나타낸다. 그림 8.30은 또 다른 벤젠 치환체 화합물인 페놀의 녹는점과 끓는점을 나타내었다. 페놀의 끓는점과 녹는점 모두 벤젠보다 높다. 그 이유는 페놀에 있는 OH기의 수소결합 가능성 때문이다.

공유결합–그물구조 고체(covalent-network solid)는 커다란 그물구조 혹은 공유결합의 사슬 원자들로 구성되어 있다. 공유결합은 분자간 힘보다 훨씬 세기 때문에

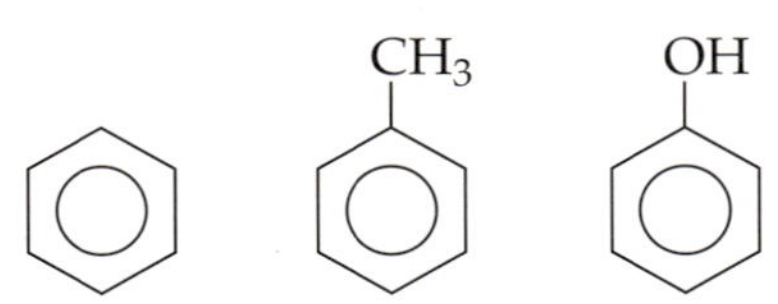

	Benzene	Toluene	Phenol
녹는점(°C)	5	−95	43
끓는점(°C)	80	111	182

◀ **그림 8.30 벤젠, 톨루엔, 페놀의 녹는점과 끓는점 비교.**

▶ **그림 8.31 (a) 다이아몬드의 구조 (b) 흑연의 구조**

(a) 다이아몬드 (b) 흑연

공유결합성 고체는 분자성 고체보다 매우 단단하고 높은 녹는점을 가진다. 공유결합성 고체의 대표적 예가 탄소의 동소체인 다이아몬드와 흑연이다(그림 8.31). 또 다른 예는 석영(SiO_2) 카보런덤(SiC), 질화붕소(BN) 등이 있다.

다이아몬드는 그림 8.31(a)처럼 각 탄소는 4개의 다른 탄소와 결합한다. 이와 같이 상호 연결된 강력한 탄소-탄소 결합의 3차원 배열로 다이아몬드는 매우 단단하고 높은 끓는점(3550°C)을 가진다. 산업용 다이아몬드는 절삭도구의 톱날로 사용한다. 흑연의 탄소원자들은 상호 연결된 육방형 고리 층에 배열한다. 각 탄소는 층의 다른 세 개 탄소와 결합한다. 평면에 있는 가장 가까운 탄소와의 거리는 1.42 Å 이고, 이것은 벤젠의 C—C 거리(1.395 Å)와 비슷하다. 실제로 흑연의 탄소-탄소 결합은 벤젠의 그것과 유사한데, 비편재 π 결합이 층 위로 널리 퍼져 있다. 전자들이 비편재화 오비탈(delocalized orbital)을 통해 자유스럽게 움직이므로 흑연은 좋은 전도체이다. 흑연 층들은 3.41 Å 정도 멀리 떨어져 있는데 이들은 약한 분산력에 의해 서로 연결되어 있다. 이 층들은 문지르면 쉽게 서로 밀려나게 되어 윤활제로 사용할 수 있다.

이온성 고체는 이온들의 결합으로 생성된다. 이온결합의 세기는 이온의 전하에 크게 의존한다. 따라서 1+와 1−의 전하를 갖는 이온들로 구성된 NaCl의 경우 녹는점은 801°C이다. 반면에 전하 2+와 2−를 갖는 MgO는 2852°C에서 녹는다. 이온성 고체의 구조는 몇 가지 기본 형태로 분류된다. NaCl은 대표적 이온성 고체의 하나이다. 이와 같은 구조를 가지는 다른 화합물은 LiF, KCl, AgCl, CaO 등이 있다. 결정 구조의 세 가지 흔한 형태를 그림 8.32에 나타내었다.

이온성 고체의 구조는 주로 이온들의 상대적 크기와 전하에 의존한다. 예를 들어 NaCl 구조에서 Na^+ 이온은 배위수 6을 갖는다. 각 Na^+ 이온은 6개의 Cl^- 이온이 둘러싸고 있다. CsCl 의 Cs^+ 이온은 8개의 Cl^- 이온으로 둘러싸여 있다. 알칼리금속이온이 Na^+에서 Cs^+로 바뀜에 따라 배위수가 증가하는 이유는 Na^+에 비해 Cs^+의 크기가 더 크기 때문이다. ZnS에서 S^{2-} 이온은 면심입방으로 배열하고 작은 Zn^{2+} 이온들은 각각 4개의 S^{2-} 이온에 의해 사면체로 둘러 쌓여있다. CuCl도 역시 이와 같은 구조이다. CaF_2구조에서 Ca^{2+} 이온은 면심입방체 배열을 한다. 이 물질의 화학식처럼 단위세포에

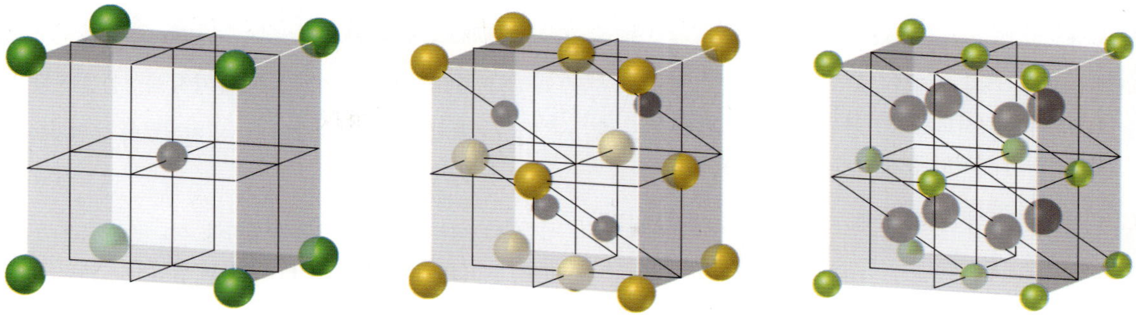

(a) CsCl (b) ZnS (c) CaF_2

▲ **그림 8.32 몇 가지 흔한 이온성 고체의 단위세포.** (a) CsCl, (b) ZnS, (c) CaF_2

는 Ca^{2+} 이온수의 두 배가 되는 F^- 이온이 들어 있다. $BaCl_2$와 PbF_2 등도 같은 구조를 갖는다.

금속성 고체

금속성 고체(metallic solid)는 전적으로 금속원자들로 구성되어 있다. 금속성 고체는 대개 육방조밀, 입방조밀(면심입방체 또는 체심입방체) 구조를 갖는다. 따라서 각 원자 주위에 8 또는 12개의 인접 원자들이 있다. 금속결합은 London 분산력 때문에 매우 강하지만, 원자간 공유결합에 사용하는 원자가전자들은 충분하지 않다. 고체 전체를 통하여 비편재화 원자가전자들의 분포로 인해 금속결합이 형성된다. 금속을 그림 8.33에서처럼 비편재화 원자가전자 바다에 금속핵들이 잠겨있는 구조로 볼 수 있다.

금속의 결합 세기는 매우 다양하여 경도나 녹는점 같은 물리적 성질의 광범위하게 나타난다. 일반적으로 결합 세기는 결합 가능한 이온들의 수가 증가할수록 크다. 6개의 원자가전자를 갖는 Cr은 1890°C에서 녹는 반면에 1개의 원자가전자를 갖는 소듐은 97.5°C에서 녹는다. 전자들의 자유로운 움직임은 바로 금속이 왜 좋은 열전도체와 전기전도체인가를 말해 준다.

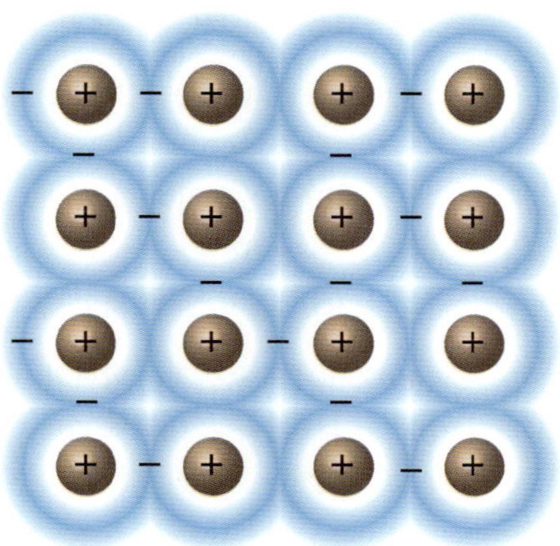

◀ **그림 8.33 금속의 단면도.** 공은 금속 원자핵을 나타내고 푸른 색 원은 내부 전자들을 표시한다.

연습문제

8.1 물질의 세 가지 상태를
(a) 분자 무질서도가 증가하는 순서로,
(b) 분자간 인력이 증가하는 순으로 나열하라.

8.2 다음 물질들이 고체, 액체, 기체 중 어느 상태에 가장 가까운지 나타내라.
(a) 유동적이며 거의 압축할 수 없는 것
(b) 27°C에서 무게 44 g과 부피 24.6 L를 차지하는 것

8.3 왜 온도가 증가하면 물질이 고체 상태에서 액체 상태로, 그리고 기체 상태로 연이어 변하는지 그 이유를 말하라.

8.4 다음에 작용하는 분자간 인력의 형태는 무엇인가?
(a) 모든 분자들 **(b)** 극성 분자들
(c) 극성결합의 수소원자와 인접한 전기음성도가 큰 원자 사이

8.5 질소분자(N_2)와 일산화탄소(CO)는 등전자이고 분자량도 거의 같다. $CO(l)$의 끓는점이 $N_2(l)$의 그것보다 약간 높은 이유는?

8.6 **(a)** 편극률(polarizability)이란 무엇을 의미하는가?
(b) 다음 원자 중 가장 편극되기 쉬운 것은? 그 이유는?
O, S, Se, Te.
(c) 다음 분자들을 편극률이 증가하는 순으로 나열하라.

$GeCl_4$, CH_4, $SiCl_4$, SiH_4, $GeBr_4$

8.7 다음 물질들에 존재하는 분자간 힘의 형태를 구별하고, 각 쌍에서 끓는점이 높은 물질을 선택하라.
(a) C_6H_{14} 또는 C_8H_{18}
(b) C_3H_8 또는 CH_3OCH_3
(c) CH_3OH 또는 CH_3SH
(d) NH_2NH_2 또는 CH_3CH_3

8.8 아래 그림은 부탄과 2-메틸프로판의 공간채움모형이다. 이들은 모두 비극성이고 분자량도 같다. 그러나 부탄의 끓는점이 더 높다(−11.7°C에 비해 −0.5°C). 그 이유를 설명하라.

(a) Butane (b) 2-Methylpropane

8.9 수소결합으로 인한 물의 세 가지 특성을 설명하라.

8.10 분자간 힘이 셀수록 액체의 점성도와 표면장력은 어떻게 변하는가?

8.11 다음 관찰한 내용을 설명하라.
(a) 에탄올(CH_3CH_2OH)의 점성도는 에터($CH_3CH_2OCH_2CH_3$)의 점성도보다 크다.
(b) 폴리에틸렌(polyethylene)으로 만든 가는 모세관에서 물은 유리관 속의 수은처럼 오목한 메니스커스를 만든다.

8.12 물질의 서로 다른 상태들 사이에 일어날 수 있는 모든 가능한 상변화들을 열거하고 발열과정인지 흡열과정인지 설명하라.

8.13 다음의 관찰 사항들을 설명하라.
(a) 추운 겨울철에 종종 눈이 녹지 않고 조금씩 사라진다.
(b) 어떤 물질의 용융열은 그것의 기화열보다 일반적으로 낮다.

8.14 오랜 동안 더운 지방에서는 천으로 만든 가방이나 다공성 점토 그릇의 표면으로부터 물을 증발시켜 식수를 냉각하였다. 물 10 g을 증발시킴으로써 얼마의 물을 35°C에서 22°C로 냉각할 수 있는가? 이 온도 범위에서 물의 증발열은 2.4 kJ/g이다. 물의 그램당 열용량은 4.18 J/g · K이다.

8.15 프레온−11의 화학식은 CCl_3F이며 정상 끓는점이 23.8°C 이다. $CCl_3F(l)$와 $CCl_3F(g)$의 비열은 각각 0.87 J/g · K 와 0.59 J/g · K이다. 이 화합물의 증발열은 24.75 kJ/mol이다. −50.0°C 프레온−11 액체 1몰을 50.0°C 기체로 바꾸는 데 필요한 열을 계산하라.

8.16 **(a)** 임계온도는 기체의 액화 조건에 대하여 무엇을 말해주는가?
(b) 분자간 힘이 더 커질 수록 임계온도는 어떻게 변하는가?
(c) 물질의 임계압력이 나타내는 것은 무엇인가?

8.17 고체의 녹는점은 압력의 영향을 덜 받는 데 비해 액체의 끓는점은 압력에 따라 크게 변한다. 그 이유는 무엇인가?

8.18 다음 물질을 휘발성이 증가하는 순으로 나열하고 그

이유를 설명하라.

CH_4, CBr_4, CH_2Cl_2, CH_3Cl, $CHBr_3$, $CHBr_2$

8.19 물이 담긴 두 용기를 서로 다른 버너 위에 각각 올려 놓았다. 한 용기의 물은 천천히 끓고 있는 데 비해 다른 용기의 물은 펄펄 끓고 있다. 이 두 용기의 물의 온도에 대해 설명하시오.

8.20 **(a)** 그림 8.18의 증기압 곡선을 사용하여 300 torr에서 에탄올의 끓는점을 추정하라.

(b) 부록의 증기압 표를 이용하여 외부압력이 15 torr 일 때 물의 끓는점을 결정하라.

8.21 탄자니아에 있는 킬리만자로는 아프리카에서 가장 높은 봉우리이다(19,340 ft). 산 꼭대기 기압이 350 torr이면 이곳에서 물의 끓는 온도는 얼마인가?

8.22 상평형 그림에서 기체상과 액체상을 구분하는 선이 어느 지점에서 끝나는 이유는 무엇인가?

8.23 그림 8.20(a)를 참고하여 다음 각 경우에 나타나는 상변화를 모두 설명하라.

(a) -0.10°C의 일정 온도에서 1.0×10^{-3} atm의 수증기를 최종 압력이 10 atm이 될 때까지 서서히 압축하였다.

(b) 0.3 atm의 일정한 압력에서 온도 -10°C 물을 온도 80.0°C로 될 때까지 가열하였다.

8.24 산소(O_2)의 정상 끓는점과 녹는점은 각각 -183°C와 -218°C이다. 이것의 삼중점은 -219°C와 1.14 torr이고, 임계점은 -119°C와 49.8 atm이다.

(a) 산소의 상평형 그림을 그려보고, 위에 주어진 네 가지 점들을 표시하고 서로 다른 상이 존재하는 영역을 도시하라.

(b) $O_2(s)$와 $O_2(l)$ 중 어느 것이 더 밀도가 높은가? 그 이유를 설명하라.

(c) 산소 고체를 1 atm에서 가열할 때 고체산소는 녹는가 아니면 승화하는가?

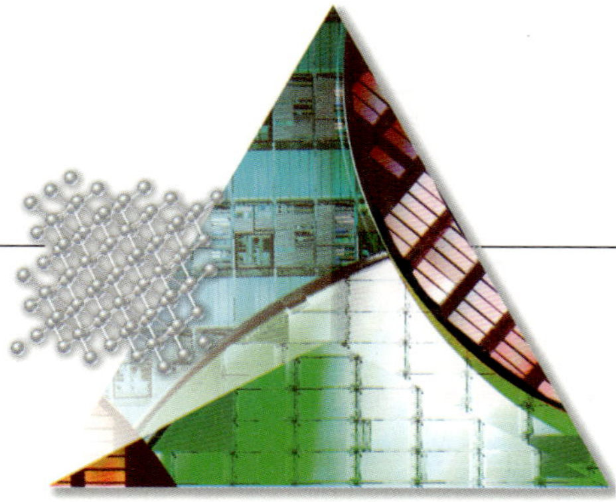

CHAPTER **09**

재료 화학

우리 주위를 돌아보면 물질이나 소재로 가득 차 있다. 화학자들은 특정한 목적의 물질이나 소재를 새롭게 합성하거나 또 자연에 존재하는 소재들을 가공하는 다양한 방법과 기술을 개발하여 왔다. 이 장에서 우리는 소재의 분류, 그들의 특징, 현대 사회에서 그들의 응용에 대해서 살펴볼 것이다. 지금까지 배운 화학적 원리를 적용하여 소재의 물리적 또는 화학적 특성을 어떻게 이해할 수 있는지 알아본다. 소재의 거시적 성질이 원자나 분자 단위의 구조와 밀접한 관련이 있고, 다양한 물질들이 복잡한 화학적 공정의 산물이라는 사실을 알게 될 것이다.

9.1 소재의 분류

일반적으로 소재라고 하는 것은 강한 화학결합에 의해 서로 연결된 물질 또는 혼합물을 의미한다. 즉 공유결합성 그물구조 고체, 이온성 고체, 금속성 고체 등이다. 이러한 형태의 물질 외에 비교적 약한 London 분산력, 쌍극자 힘, 수소결합 등의 분자간 힘에 의해서 서로 결합되어 있는 분자성 고체가 있다는 것을 알았다. 고분자나 액정 등은 분자성 고체인데 분자간 힘에 의하여 나타나는 특이한 성질을 갖는다.

금속과 반도체

우리는 다양한 방법으로 물질을 분류할 수 있는데 그 중 한 가지 방법은 물질의 결합에 근거하는 것이다. 원자 오비탈이 서로 결합하여 분자 전체로 확장되는 분자 오비탈을 만드는 것을 상기해 보라. 분자 오비탈의 수는 결합에 사용된 원자 오비탈의 수와 같다. 원자로 이루어진 물질의 경우 원자 오비탈의 수가 많을수록 분자 오비탈이 더 많이 만들어진다. 고체 물질에서 분자 오비탈들의 에너지 간격이 매우 작아 분자 오비탈의 에너지 준위는 연속적인 띠(band)를 형성한다(그림 9.1).

▶ **그림 9.1 분자에서 분리되었던 에너지 준위가 고체에서 연속적인 띠가 된다.** 원자수가 증가함에 따라 분자의 에너지 준위 사이의 간격이 감소한다. 원자수가 많아지면 에너지 준위 사이에 분리가 작아지고 연속적인 에너지 띠가 나타난다. 띠는 소재에 따라 전자가 꽉 채워져 있거나, 비어 있거나 또는 부분적으로 채워져 있을 수 있다.

원자 오비탈이 달라지면 에너지띠 구조도 달라진다. 그들의 띠구조에 기초하여 소재는 금속, 반도체, 절연체로 분류할 수 있다(그림 9.2). 표 9.1에 금속, 반도체, 절연체의 예를 나타내었다. 금속은 전기전도성과 연성, 전성, 광택이 매우 좋다. 주기율표의 대부분 원소들은 금속이다. 금속의 띠구조에서 원자가전자는 부분적으로 채워진 띠에 위치한다. 전기전도성을 띠기 위해서 전자는 비어있는 띠로 이동해야 한다. 전자가 부분적으로 채워진 에너지 띠에서 비어있는 에너지 띠로 전이하는 데 필요한 에너지는 거의 무시할 수 있을 만큼 매우 작다. 그렇기 때문에 금속은 전기전도성이 좋다.

실리콘과 같은 반도체는 컴퓨터나 다른 전자제품 집적회로의 핵심소재이다. 이러한 물질은 전자가 채워진 원자가띠(valence band)와 비어 있는 전도띠(conduction band)사이의 띠 간격(band gap) 에너지에 의해서 특징지어진다. 이것은 분자에서 HOMO(Highest Occupied Molecular Orbital)와 LUMO(Lowest Unoccupied Molecular Orbital) 사이의 에너지 간격과 유사하다. 반도체들은 전기전도성이 금속보다는 훨씬 작다. 왜냐하면 주어진 온도에서 띠 간격이 존재하고 전자들은 그 간격을 뛰어넘을 수 있는 충분한 에너지를 가질 확률이 낮다. 상온에서 Si(실리콘), Ge(저마늄), 흑연 형태의 탄소(C) 등은 반도체의 특성을 나타낸다.

무기화합물 반도체들은 실리콘이나 저마늄처럼 원자가전자 4개와 연관된 화학식을 갖는다. 예를 들어 갈륨(Ga)은 주기율표에서 3A족이고 비소(As)는 5A족이다. GaAs는 갈륨의 3개의 원자가전자와 비소의 5개가 결합에 참여하여 평균 4개가 되고 이것은 실리콘(Si)이나 저마늄(Ge)과 같다. GaAs는 실제로 실리콘이나 저마늄과 같

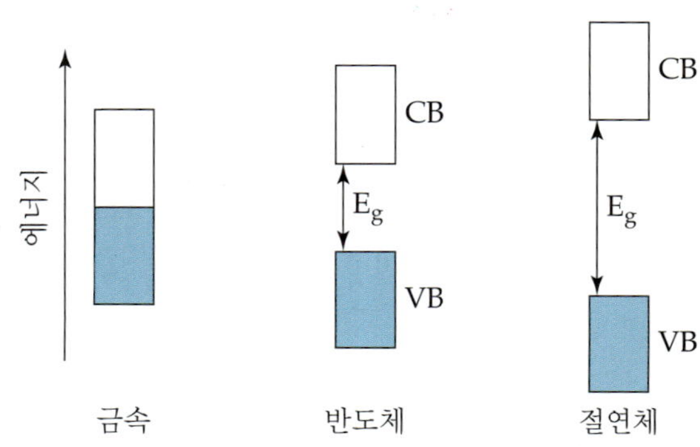

▶ **그림 9.2 금속, 반도체 및 절연체의 에너지띠.** 금속은 부분적으로 채워진 띠의 전자에 의하여 특징지어진다. 반도체와 절연체는 완전히 채워진 띠(푸른색)와 비어 있는 띠(흰색)사이의 띠 간격에너지(E_g)가 존재한다. 채워진 띠는 원자가띠(VB), 비어 있는 띠는 전도띠(CB)라고 한다. 절연체의 띠 간격은 반도체보다 더 크다.

표 9.1 흔한 소재의 전기적 성질[a]

소재	형태	띠 간격 에너지, kJ/mol	띠 간격 에너지, eV,	전도성, $ohm^{-1}cm^{-1}$
C(다이어몬드)	절연체	~530	~5.5	$<10^{-18}$
C(흑연)	반도체[b]	b	b	10^3 — 층을 따라
Si	반도체	110	1.1	5×10^{-6}
Ge	반도체	65	0.67	0.02
GaP	반도체	220	2.2	5
GaAs	반도체	138	1.43	500
GaP_xAs_{1-x}	반도체(x가 0 − 1인 고체)	조성에 따라 138~220 사이에서 변함	조성에 따라 1.4~2.2 사이에서 변함	변함
CdS	반도체	230	2.4	~0.05
CdSe	반도체	160	1.7	~0.05
CdTe	반도체	140	1.44	~0.001
Al	금속	—	—	3.83105
Al_2O_3	절연체	~530	~5.5	$<10^{-14}$
SiO_2	절연체	>580	.6	$<10^{-18}$
TiO_2	반도체	290	3.0	10^{-12}
Fe	금속	—	—	1.0×10^5
Cu	금속	—	—	5.9×10^5
Ag	금속	—	—	6.3×10^5
Au	금속	—	—	4.5×10^5

[a]띠 간격 에너지와 전도도는 실온 값이다. Electron volt(eV)는 반도체 산업에서 흔히 사용되는 에너지단위이다. 1.602×10^{-19} J = 1 eV

[b]흑연은 층 방향으로 에너지 띠 간격이 없지만 반도체의 다른 특성(예: 뭉치에서 전도도가 다른 반도체와 유사하다)을 가진다.

이 좋은 반도체이다. InP에서 In은 3개, P는 5개의 원자가전자를 제공한다. CdS에서 Cd는 2개, S는 6개의 원자가전자를 제공하며 CdSe와 CdTe도 같은 경향을 따른다. 이들은 모두 평균 원자가전자가 4개이며 반도체이다. 반도체에서 결합은 공유결합-그물구조나 이온결합 또는 이 둘의 조합이다.

반도체의 전기전도도는 ppm 단위의 미량의 불순물 원자에 의해 영향을 받는다. 미량의 불순물 원자를 소재에 첨가하는 과정을 도핑(doping)이라고 한다. 실리콘 결정에서 실리콘 대신에 약간의 인이 들어 있다고 가정해 보자. 인은 5개의 원자가전자를 가지고 있고 실리콘은 4개이다. 인 원자로부터 나온 여분의 전자는 전도띠를 차지하게 되고 원자가띠는 완전히 채워질 것이다(그림 9.3). n형(n-type) 반도체라고 불리는 물질에서 "n"은 전도띠에서의 전자의 숫자가 증가한 것을 나타낸다. 이 여분의 전자는 쉽게 전도띠에서 움직일 수 있다. 실리콘에 들어있는 미량의 인은 실리콘의 전기전도성을 백만 배 정도 증가시킬 수 있다.

반도체를 원자가전자수가 더 작은 원자로 도핑시킬 수 있다. 3족의 알루미늄이 실리콘 결정에서 몇 개의 실리콘 원자를 대신한다고 생각해 보라. 알루미늄은 실리콘의 4개에 비하여 3개의 원자가전자를 가지고 있다. 실리콘이 알루미늄으로 도핑될 때 정공

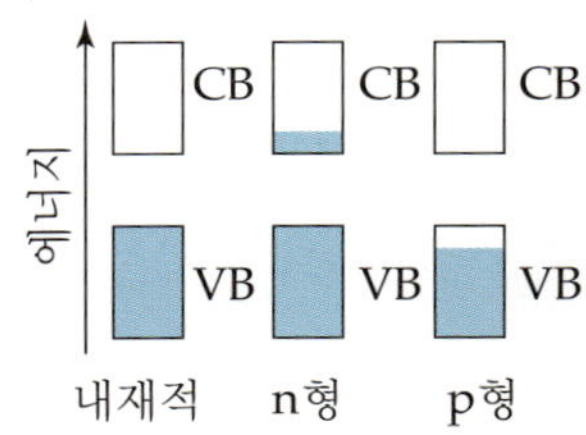

▲ **그림 9.3 반도체에 소량의 불순물 첨가(도핑)는 소재의 전기적 성질을 변화시킨다.** 왼쪽: 순수한 반도체는 채워진 원자가띠와 비어 있는 전도띠를 갖는다(이론적). 중앙: 기존 원자보다 원자가전자수가 더 많은 원자를 도핑하면 전자가 전도띠를 채운다. 그 예가 규소에 인을 첨가한 n형 반도체이다. 오른쪽: 기존 원자보다 원자가전자수가 적은 원자를 도핑하면 원자가띠에 전자가 덜 채워진다(원자가띠에 더 많은 정공 생성). 이 예는 규소에 알루미늄을 첨가한 p형 반도체이다.

(holes)으로 알려진 전자구멍이 원자가띠에 생기게 된다. 그 자리에 음전하를 띤 전자가 없기 때문에 정공은 양전하를 갖는다고 간주된다. 인접한 전자가 정공 속으로 들어갈 때 전자는 새로운 정공을 생성한다. 그래서 양의 정공은 격자에서 입자처럼 이동한다. 이는 교실에서 사람들이 자리를 옮기는 것을 보는 것과 유사하다. 사람들(전자들)이 자리(원자) 주위로 움직인다고 볼 수도 있고, 빈자리(정공)가 움직인다고 볼 수도 있다. 그래서 정공 또한 전도성을 가지는 데 이와 같은 물질을 p형(p-type) 반도체라고 하고 p는 양의 정공의 숫자가 증가된 것을 의미한다. n형의 전기전도도와 유사하게 p형 도핑첨가제도 반도체의 전기전도성에 매우 큰 영향을 미칠 수 있다. 그러나 이 경우에 원자가띠에서의 정공이 전기 전도를 담당할 것이다(그림 9.3). p형 반도체와 n형 반도체의 접합은 다이오드, 트랜지스터 등의 장치를 만드는 데 기초가 된다.

예제 9.1 –반도체의 유형 정하기

다음 중 실리콘에 도핑되었을 때 n형 반도체를 생성하는 원소는? Ge, As, C

해답: n형 반도체는 도핑첨가물 원자가 수용 물질보다 더 많은 원자가전자를 가져야 한다. 실리콘은 4족이므로 4개의 원자가전자를 갖는다. 저마늄은 3족이므로 3개의 원자가전자, As는 5족 원자로 5개의 원자가 전자, 탄소는 4족이므로 4개이므로 원자가전자를 갖는다. 그러므로 비소가 실리콘에 불순물로 첨가 되었다면 n형 반도체가 될 것이다.

보충 예제

실리콘에 도핑되었을 때 p형 물질을 만드는 원소에는 어떤 것이 있는가?

답: 실리콘은 4A족이므로 3A족 원소가 필요하다. 붕소와 알루미늄이 좋은 선택이다. 반도체 산업에서 붕소와 알루미늄은 흔히 실리콘에 사용되는 도핑첨가물이다.

절연체와 세라믹

반도체들은 대략~50 kJ/mol에서 300 kJ/mol 범위의 에너지 띠 간격을 갖는다. 절연체는 350 kJ/mol 이상의 에너지 띠 간격을 갖는 것을 제외하고는 반도체와 거의 유사하다. 원자가띠에서 전도성 띠 구조로 전자를 들뜨게 하는 데 필요한 에너지는 물질에서 화학결합을 깨는 에너지와 비슷하기 때문에 절연체는 전기적으로 전도성이 없다. 많은 이온성 고체, 복잡한 그물망 고체들과 대부분의 유기화합물은 절연체이다. 즉 고체 절연체 원소들은 다이아몬드 형태의 탄소와 황을 포함한다.

세라믹(ceramic)은 정상적으로는 단단하고 부서지기 쉽고 고온에서 매우 안정한 무기 이온성 고체이다. 이들은 일반적으로 부도체이다. 세라믹 소재의 예로는 도자기, 사기, 시멘트, 기와, 그리고 점화 플러그 등이 있다(표 9.2). 세라믹 소재는 산화물(산소와 금속), 탄화물(탄소와 금속), 질화물(질소와 금속), 규산(실리카, SiO_2, 금속 산화물과 섞임)과 알루미늄산(알루미나, Al_2O_3, 금속 산화물과 섞임) 등을 포함하며 다양한 화학적 형태들을 가지고 있다.

세라믹은 열, 부식 및 마모에 대한 저항력이 매우 크고, 쉽게 변형되지 않고, 고온 재료 금속보다 밀도가 작다. 항공기, 미사일, 우주선 등에 이용하는 세라믹은 대치된

표 9.2 세라믹과 비세라믹 소재의 성질

소 재	녹는점(°C)	밀도(g/cm^3)	경도(Mohs)[a]	탄성도[b]	열팽창계수[c]
		세라믹 소재			
Alumina, Al2O3	2050	3.8	9	34	8.1
Silicon carbide, SiC	2800	3.2	9	65	4.3
Zirconia, ZrO2	2660	5.6	8	24	6.6
Beryllia, BeO	2550	3.0	9	40	10.4
		비세라믹 소재			
Mild steel	1370	7.9	5	17	15
Aluminum	660	2.7	3	7	24

[a] Mohs 척도는 다른 연한 물질을 긁히게 하는 물질의 상대능력에 기초한 대수 척도이다. 가장 강한 물질인 다이아몬드는 10의 값이 주어진다.
[b] MPa $\times 10^4$의 하중에 대한 물질의 경도 척도, 값이 클수록 더 단단하다.
[c] $K^{-1} \times 10^{-6}$단위, 값이 클수록 가열 혹은 냉각할 때 크기 변화가 더 크다.

금속성분의 40% 무게에 불과하다. 이러한 이점에도 불구하고 엔지니어링 물질로서 세라믹의 용도는 부서지기 쉬운 성질 때문에 극히 제한되어 있다. 금속성분은 충격을 받을 때 찌그러지지만 세라믹에서는 강한 이온결합 때문에 원자들이 서로 미끄러지지 못하고 쉽게 부서진다.

초전도체

금속도 무한한 전도성을 갖지 않고 전자의 흐름에 대한 저항성이 있다. 그러나 1911년 네덜란드 물리학자 H. Kamerlingh Onnes는 수은을 4.2 K 이하로 냉각할 때 전류 흐름에 대한 모든 저항이 사라지는 것을 발견하였다. 그 후 과학자들은 많은 물질에서 초전도성(superconductivity)이라고 알려진 "마찰에 의한 에너지 손실이 없는(frictionless) 전자의 흐름"을 보인다는 것을 발견하였다. 물질은 특정 온도 이하, 소위 초전도 전이온도(superconducting transi tion temperature, T_c)로 냉각할 때만 초전도성을 나타낸다. T_c 값은 일반적으로 매우 낮다. 표 9.3에 초전도 물질들이 발견된 시기와 그들의 전이온도를 나타내었다.

초전도성은 굉장한 경제적 잠재력을 가지고 있다. 만약 전선이나 다양한 전기 장치가 저항 없이 전류를 수용한다면 거대한 양의 에너지가 절약될 것이다. 전류의 흐름에 대한 저항이 없으면 이론적으로 초전도체에 기초한 "petaflop" 컴퓨터(1초에 10^{15}번 연산)를 만들 수도 있을 것이다. 더욱이 초전도 물질은 모든 자기장이 그들의 부피로부터 배제되는 Meissner 효과라는 성질을 가지고 있다(그림 9.4).

Meissner 효과는 고속 자기부상열차에 응용되고 있다. 초전도성은 매우 낮은 온도에서만 나타나기 때문에 지금까지 응용이 제한적이었다. 한 가지 중요한 초전도체의 응용은 자기공명영상(magnetic resonance imaging, MRI) 장치의 자기장 형성에 필요한 큰 자석 코일이다(그림 9.5). 보통 Nb_3Sn으로부터 생성된 자석 코일은 끓는점이

▲ **그림 9.4 자기 부상.** 작은 영구자석을 액체질소 온도(77 K)로 냉각하면 세라믹 초전도체와의 상호작용에 의하여 떠 있다. 초전도체가 자기장 선을 배제하는 성질 때문에 자석은 공간에 떠 있다(Meissner 효과).

표 9.3 초전도 물질: 발견연도 및 전이온도

소재	발견연도	$T_c(K)$
Hg	1911	4.0
Nb_3Sn	1954	18.0
$SrTiO_3$	1966	0.3
Nb_3Ge	1973	22.3
$BaPb_{1-x}Bi_xO_3$	1975	13.0
$LaBa_2CuO_4$	1986	35.0
$YBa_2Cu_3O_7$	1987	95.0
$BiSrCaCu_2O_x$	1988	100.0
$Tl_2Ba_2Ca_2Cu_3O_{10}$	1988	125.0
$HgBaCa_2Cu_3O_{8+x}$	1993	133.0
$Hg_{0.8}Tl_{0.2}Ba_2Ca_2Cu_3O_{8.33}$	1993	138
Cs_3C_{60}	1995	40
MgB_2	2001	39

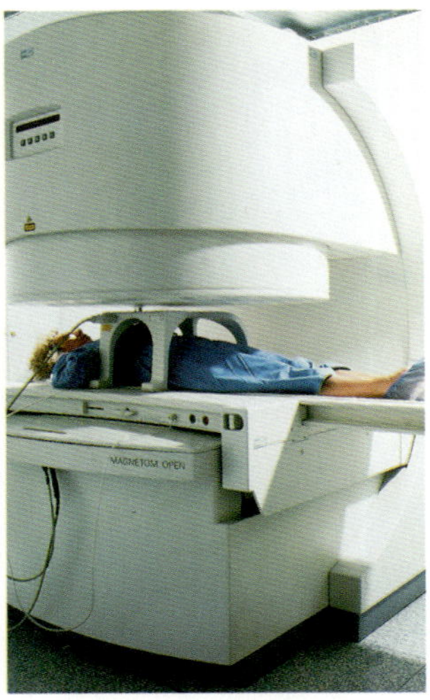

▲ **그림 9.5 의학 진단에 사용되는 자기공명영상(MRI) 장치.** 자기장은 초전도 임계온도(T_c)인 18 K보다 낮게 유지된 초전도 도선에서 흐르는 전류에 의하여 발생한다.

약 4 K인 액체 헬륨의 극저온으로 유지되어야 한다.

1986년 이전에 측정된 T_c의 최고값은 니오븀-저마늄 화합물의 경우 약 22 K이었다(표 9.3). 그러나 1986년 J. G. Bednorz와 K. A. Muller는 스위스 취리히 IBM 연구실에서 근무하던 중 란타늄, 바륨, 구리를 포함하는 세라믹 산화물의 T_c가 30 K 이상에서 나타나는 것을 발견하였다. 이 물질이 최초의 초전도 세라믹이다. 이 발견으로 Bednorz와 Muller는 1987년에 노벨상을 받았고, 전 세계에 연구 활동의 돌풍을 일으켰다. 현재까지 대기압에서 T_c의 최고 기록은 138 K인데 복잡한 구리 산화물($Hg_{0.8}Tl_{0.2}Ba_2Ca_2Cu_3O_{8.33}$)에서 발견되었다.

소위 고온 초전도성의 발견은 매우 중요한 의미가 있다. 극저온 유지에 고비용이 들기 때문에 초전도의 많은 응용은 고온 초전도성 발견으로 비로소 가능성이 높아졌다. 액체 질소는 저렴한 좋은 냉각제이지만 단지 77 K까지만 냉각시킬 수 있다. 77 K 이하 온도에서 쉽게 사용할 수 있는 안전한 냉각제는 유일하게 액체 헬륨이다. 그러므로 초전도체의 응용은 T_c 값이 77 K 이상인 경우에만 상업적으로 실용 가능할 것이다.

초전도성의 메커니즘은 무엇일까? 이 질문의 해답은 활발한 논쟁이 되고 있다. 아직까지는 특정물질이 초전도성을 갖는 이유가 명백히 알려지지 않았다. 금속과 Nb_3Sn와 같은 금속합금에서 초전도성은 John Bardeen, Leon Cooper와 Robert Schrieffer 이름으로 명명된 BCS 이론에 의하여 합리적으로 잘 설명되어진다. 그러나 여러 해의 연구 결과에도 여전히 세라믹 소재에 대해서 만족할만한 초전도성 이론이 없다. 많은 다른 종류의 물질에서 초전도성이 발견되는 것처럼 보이기 때문에 새로운 종류의 초전도체를 발견하기 위한 연구가 활발하게 진행되고 있다. 표 9.3에서 보여주는 것처럼 1995년에 C_{60}이 알칼리 금속과 반응했을 때 전도성 물질이 되었고, 약 40 K 정도에서 초전도체가 된다는 것이 발견되었다. 최근에는 단순한 이분자 화합물인

MgB_2가 39 K에서 초전도체가 되는 것을 발견하였다. 이것은 흑연과 비슷한 반도체이며 가격이 매우 저렴하여 잠재적으로 매우 중요하다. 또한 관련된 물질들은 높은 초전도 전이온도를 갖는 것으로 증명되었다. 초전도성 분야의 미래는 매우 낙관적이고 초전도체가 상품화되기 시작하고 있다.

9.2 구조물 소재

플라스틱 병, 가죽 끈, 콘크리트, 빌딩의 철근 같은 물질들은 그들의 구조적 특성으로 인해 각각 서로 다른 용도로 사용된다. 각 물질의 서로 다른 특성은 대부분 미세 수준에서 물질의 기본적인 결합과 원자 배열에 의존한다. 또 다른 필요는 새로운 물질을 요구할 것이다.

중합체와 합성수지

우리는 자연에서 생물의 기관과 조직을 구성하는 분자량이 매우 큰 많은 물질을 발견하였다. 식물에 존재하는 녹말과 셀룰로오스, 동식물에 존재하는 단백질이 그 예이다. 1827년 Jons Jakob Berzelius는 작은 분자량을 가진 분자 단위체(monomer)의 중합(polymerization)에 의해 형성된 큰 분자 물질을 중합체(polymer, 그리스어로 poly는 많은, meros는 부분이라는 뜻이다)라고 부르기 시작하였다.

오랫동안 인간은 털, 가죽, 비단, 천연고무 같은 자연에 존재하는 중합체를 가공하여 사용하였다. 지난 70년 동안 화학자들은 화학반응을 통해 합성 중합체를 연구해왔다. 대부분의 이러한 중합체는 탄소-탄소 결합을 골격으로 가지고 있는데 이는 탄소원자끼리 강하고 안정한 결합을 이루기 때문이다.

플라스틱(plastics)은 대개 열과 압력에 의해 다양한 형태를 만들 수 있는 소재이다. 열가소성(thermoplastic) 소재는 재형성될 수 있다. 예를 들면 플라스틱 우유 용기는 분자량이 큰 폴리에틸렌이라는 중합체로 만들어졌다. 이 중합체는 잘 녹고 용기는 재생하여 사용할 수 있다. 반면 열경화성(thermosetting) 플라스틱은 비가역적 화학 과정을 통해 만들어지므로 쉽게 재생될 수 없다. 탄성중합체(elastomer)는 고무처럼 탄력성이 있는 소재이다. 늘이거나 구부렸다가 가해진 힘이 제거되면 원래의 모양으로 회복될 수 있다. 나일론이나 폴리에스터 같은 중합체는 횡단면적에 비례하여 가느다란 머리카락 같은 섬유를 형성하기도 한다. 이러한 섬유는 직물과 코드를 짜고 옷, 타이어 등 다른 유용한 물질로 만들어질 수 있다.

중합체 형성

중합반응의 가장 간단한 예는 에틸렌 분자로부터 폴리에틸렌을 생성하는 것이다. 에틸렌 분자의 이중결합이 끊어지면서 결합을 형성하던 2개의 전자는 다른 에틸렌 분자와의 새로운 탄소-탄소 결합에 사용된다. 그들의 다중 결합을 통하여 단위체가 연결되는 중합반응을 첨가 중합반응(addition polymerization)이라 한다.

$$n\,\mathrm{CH_2{=}CH_2} \longrightarrow \left[\begin{array}{cc} \mathrm{H} & \mathrm{H} \\ | & | \\ -\mathrm{C} & -\mathrm{C}- \\ | & | \\ \mathrm{H} & \mathrm{H} \end{array}\right]_n \qquad [9.1]$$

여기서 n은 중합체 형성에 반응하는 단위체 분자의 수–수백에서 수천–를 나타낸다. 중합체 안에서의 반복되는 단위는 전체 사슬을 따라서 나타난다. 사슬의 끝은 탄소–수소 결합이나 또는 다른 결합에 의해 연결되므로 4개의 결합을 갖는다. 폴리에틸렌은 매우 중요한 물질이다. 매년 미국에서 9백만 톤 이상이 생산된다. 오늘날 다양한 물리적 특성을 가진 많은 종류의 폴리에틸렌이 알려져 있다. 다른 화학적 조성의 중합체는 다양한 물리적, 화학적 특성을 제공한다. 표 9.4는 첨가 중합반응에 의해 얻어진 몇 가지 일반적인 중합체들을 보여준다.

중합체를 합성하기 위한 또 다른 반응으로 축합 중합반응(codensation polymerization)이 있다. 축합 중합반응에서 2개의 분자로부터 H_2O와 같은 작은 분자가 제거되면서 분자들이 결합된다. 예를 들면 아민(—NH_2기를 포함하는 화합물)은 카르복시산(—COOH기를 포함하는 화합물)과 반응하여 H_2O를 생성하면서 N과 C 사이에 결합을 형성한다.

$$-\overset{\displaystyle \mathrm{H}}{\overset{|}{\mathrm{N}}}-\boxed{\mathrm{H} + \mathrm{H{-}O}}-\overset{\displaystyle \mathrm{O}}{\overset{\|}{\mathrm{C}}}- \longrightarrow -\overset{\displaystyle \mathrm{H}}{\overset{|}{\mathrm{N}}}-\overset{\displaystyle \mathrm{O}}{\overset{\|}{\mathrm{C}}}- + \mathrm{H_2O}$$

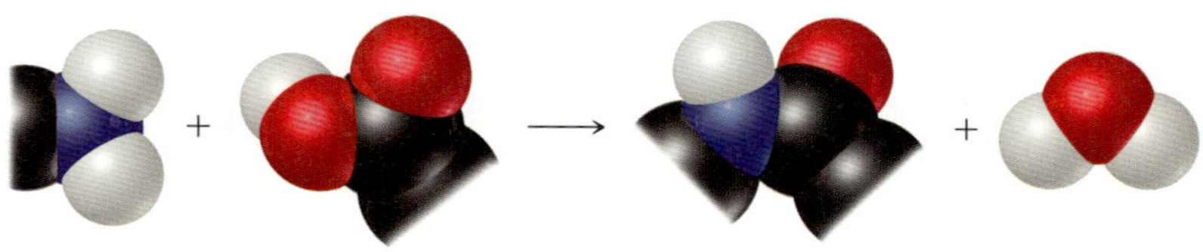

[9.2]

2개의 다른 단위체로부터 형성된 중합체를 공중합체(copolymer)라고 부른다. 예를 들면 나일론—6,6은 6개 탄소 사슬의 양끝에 아미노기를 갖는 다이아민이 6개 탄소 사슬 양 끝에—COOH기를 갖는 아디프산과 반응하여 만들어진다.

$$n\,\mathrm{H_2N{+}CH_2{+}_6NH_2} + n\,\mathrm{HO}\overset{\displaystyle \mathrm{O}}{\overset{\|}{\mathrm{C}}}\mathrm{{+}CH_2{+}_4}\overset{\displaystyle \mathrm{O}}{\overset{\|}{\mathrm{C}}}\mathrm{OH} \longrightarrow$$

다이아민 아디프산

$$\left[\mathrm{NH(CH_2)_6NH}-\overset{\displaystyle \mathrm{O}}{\overset{\|}{\mathrm{C}}}\mathrm{(CH_2)_4}\overset{\displaystyle \mathrm{O}}{\overset{\|}{\mathrm{C}}}\right]_n + 2n\,\mathrm{H_2O} \qquad [9.3]$$

나이론 6, 6

축합 중합반응은 디아민과 산의 말단에서 발생한다. H_2O의 성분이 빠져나오고 분자 사이에 N—C 결합이 형성된다. 표 9.4에서 축합 중합반응에 의해 얻어진 나일론 6,6과 몇몇 다른 중합체들을 나타내었다. 단백질, DNA, RNA도 축합 중합체이다.

표 9.4 상업적으로 중요한 고분자

고분자	구조	용도
첨가 고분자		
Polyethylene	$-(CH_2-CH_2)_n-$	필름, 포장, 병
Polypropylene	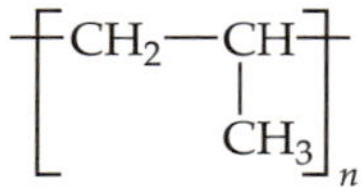	주방기구, 섬유
Polystyrene	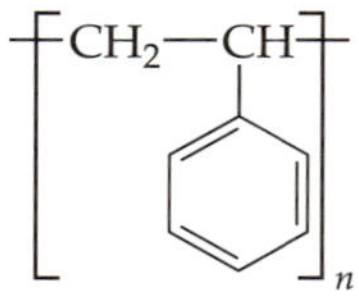	포장, 일회용 그릇, 절연체
Polyvinyl chloride (PVC)	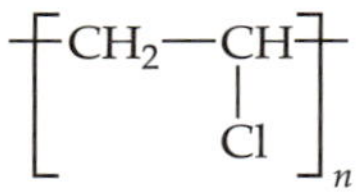	파이프, 육류 포장용 투명필름
축합 고분자		
Polyurethane	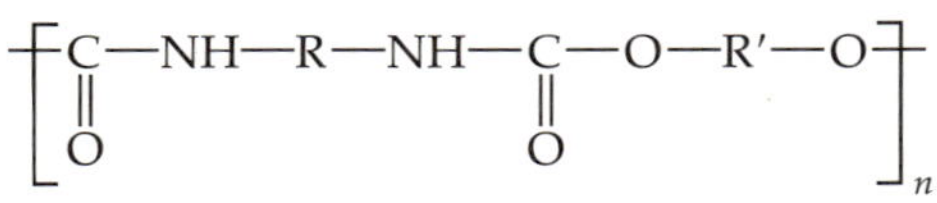 R, R′ = $-CH_2-CH_2-$	거품 가구 충진물, 분무형 절연체, 자동차 부품, 신발류, 방수도포
Polycarbonate terephthalate (a polyester)	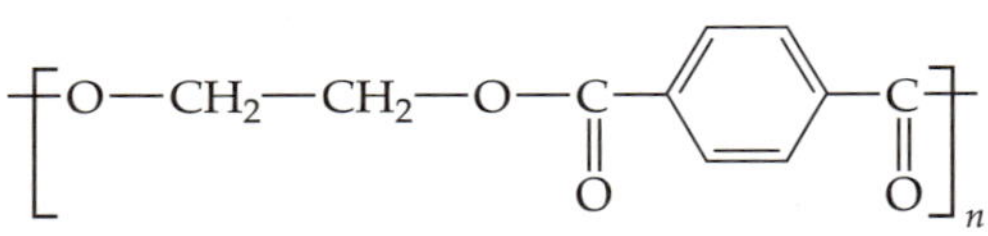	타이어코드, 자석 테이프, 의류, 음료수 병
Nylon 6,6	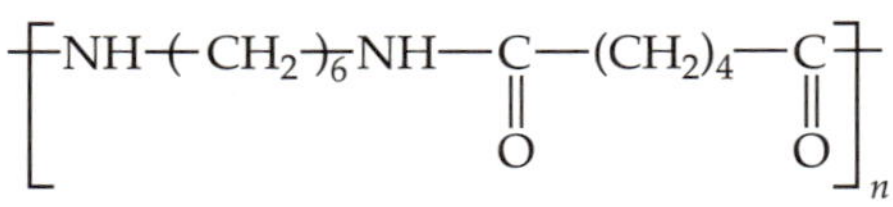	가구류, 의류, 카펫, 낚시줄, 칫솔
Polycarbonate	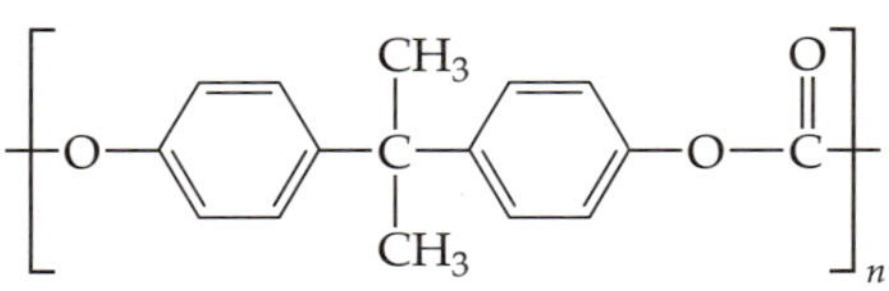	깨짐 방지 안경렌즈, CD, DVD, 방탄용 유리, 온실

중합체의 구조와 물리적 특성

폴리에틸렌에서의 각 탄소원자는 4개의 결합에 의해 둘러싸여 있고, 그 원자들은 4면체로 배열되어 있기 때문에 직선이 아니다. 또한 C—C 단일결합 주위의 자유로운 회전으로 사슬은 딱딱하기보다 매우 유연하고 쉽게 접힌다(그림 9.6). 분자사슬의 유연성은 중합체 물질을 매우 부드럽게 만든다.

합성되거나 자연에 존재하는 중합체는 모두 일반적으로 여러 가지 분자량을 가진 고분자(큰 분자)집단으로 되어있다. 형성 조건에 따라 분자량은 광범위하게 분포하거

표 9.5 결정도 함수로서 폴리에틸렌의 성질

	결정성				
	55%	62%	70%	77%	85%
녹는점(°C)	109	116	125	130	133
밀도(g/cm^3)	0.92	0.93	0.94	0.95	0.96
경직성*	25	47	75	120	165
압력수율	1700	2500	3300	4200	5100

* 고분자의 기계적 힘이 결정도 증가에 따라 증가하는 것을 보여주는 결과이다. 경직성 시험의 물리단위는 psi $\times 10^{-3}$이다. 압력수율의 물리단위는 psi이다.

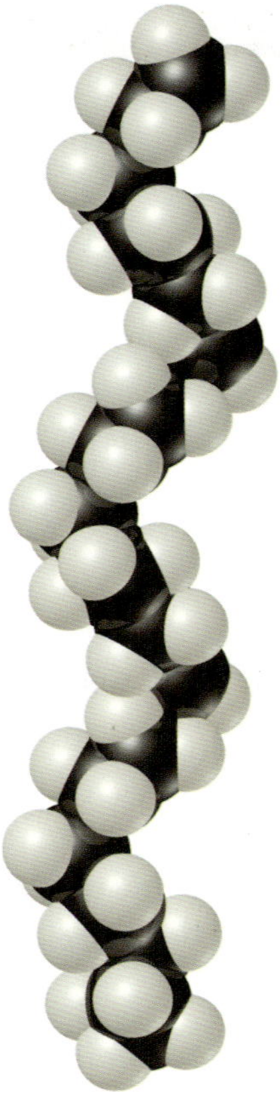

▲ **그림 9.6 폴리에틸렌 사슬의 일부조각.** 이 조각은 28개의 탄소원소를 나타낸다. 상업용 폴리에틸렌의 사슬 길이는 10^3~10^5의 $-CH_2$ 단위를 포함한다. 그림이 의미하는 것과 같이 사슬은 유연하며 무질서하게 감기거나 꼬일 수 있다.

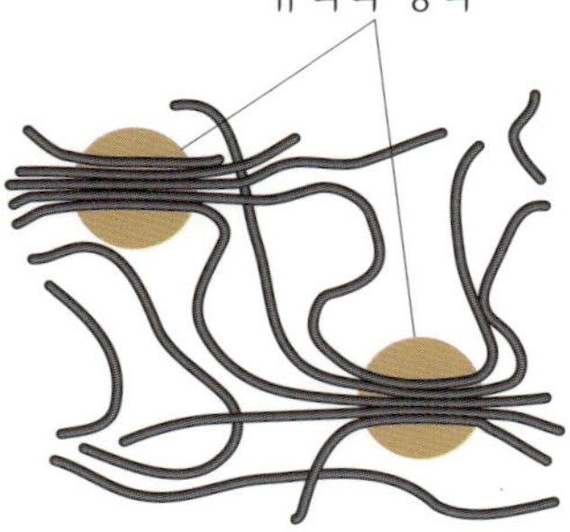

▲ **그림 9.7 고분자 사슬 사이의 상호작용.** 구형 영역에서 고분자-사슬 간에 작용하는 힘은 덜 규칙적이지만 결정체의 질서와 비슷하게 배열한다.

나 평균값 주변에 밀집하게 될 것이다. 분자량의 이러한 분포 때문에 중합체는 주로 비결정형(결정이 생기지 않는) 물질이다. 잘 정의된 결정상처럼 정확한 녹는점을 갖기 보다는 어떤 온도 범위에 걸쳐 녹는다. 그러나 그림 9.7에서 보듯이 일정 영역에서는 짧게 질서도를 유지하여 사슬들이 규칙적인 배열을 한다

이러한 질서도의 수준은 중합체의 결정도(crystallinity)로 표기된다. 중합체의 결정도는 중합체를 녹여 작은 구멍을 통해 추출할 때, 기계적으로 늘리거나 잡아당겨서 향상될 수 있다. 동시에 중합체 사슬에서 분자 사이의 힘은 중합체를 더 조밀하게, 더 단단하게, 열에 더 강하게 한다. 표 9.5는 결정도 증가에 따라 폴리에틸렌 특성이 어떻게 변하는지 보여준다.

폴리에틸렌에서의 결정도는 평균 분자질량에 크게 의존한다. 중합반응은 다양한 n값과 분자질량을 갖는 고분자 혼합물을 생성한다. 필름이나 판을 만드는 소위 저밀도 폴리에틸렌(low-density polyethylene, LDPE)은 10^4 amu 범위의 평균 분자량을 갖고 많은 사슬 갈래들이 존재한다. 즉 주요 간선 도로에서 갈라지는 지선과 같이 중합체의 주요 사슬에 곁사슬이 존재한다. 이러한 가지들은 물질의 밀도를 감소시키고 결정 영역의 형성을 억제한다. 병, 드럼, 파이프를 만드는 데 사용되는 고밀도 폴리에틸렌(high-density polyethylene, HDPE)은 10^6 amu의 평균 분자질량을 갖는다. 이 형태는 가지가 적고 높은 결정도를 갖는다. 저밀도와 고밀도 폴리에틸렌의 사용 예를 그림 9.8에 나타내었다. 폴리에틸렌을 유용한 물질로 만들기 위해 평균 길이, 결정도, 곁사슬 등을 변화시켜서 그 성질을 섬세하게 조절할 수 있다.

태양빛에 의한 경화나 산화에 의한 부식으로부터의 중합체를 보호하기 위해 다양한 물질을 첨가하기도 한다. 예를 들면 나일론을 빛과 산화로부터 보호하고 순백을 유지하기 위해 극미량의 제이 망간염과 제일 구리염을 나일론에 첨가한다. 또한 사슬간의 상호작용의 범위를 줄이고 중합체를 더 유연하게 만들기 위해 소위 가소제(plasticizer)라 불리는 더 낮은 분자량의 물질을 첨가함으로써 중합체의 물리적 특성을 바꿀 수 있다. 예를 들면 집의 배수관에 사용되는 폴리염화바이닐(PVC)은 분자량이 큰 강하고 단단한 물질이다. 그러나 작은 분자량의 물질을 적당히 섞으면 부드러운 중합체가 된다. 플라스틱 물질에서 가소제가 빠져 나가면 유연성을 잃고 부스러지기도 한다.

(a) (b)

◀ **그림 9.8 두 가지 형태의 폴리에틸렌.** (a) 저밀도 폴리에틸렌(LDPE) 구조와 LDPE 필름으로 만든 봉지. (b) 고밀도 폴리에틸렌(HDPE) 구조와 HDPE로 만든 용기.

중합체는 그림 9.9에서와 같이 중합체 사슬 사이에 화학 결합으로 인해 더 뻣뻣해질 수 있다. 사슬 사이의 결합 형성을 교차결합(cross-linking)이라고 한다. 중합체에서 교차결합의 수가 많아질수록 물질은 더 단단해진다. 열가소성 물질이 독립적인 중합체 사슬로 이루어진 데 반해, 열경화성 물질은 열이 가해질 때 교차결합이 형성되고, 이것이 형태를 유지시킨다. 교차결합의 중요한 예는 1839년에 Charles Goodyear가 발견한 자연 고무의 경화(vulcanization)이다. 천연고무는 이소프렌(C_5H_8)의 중합체이다.

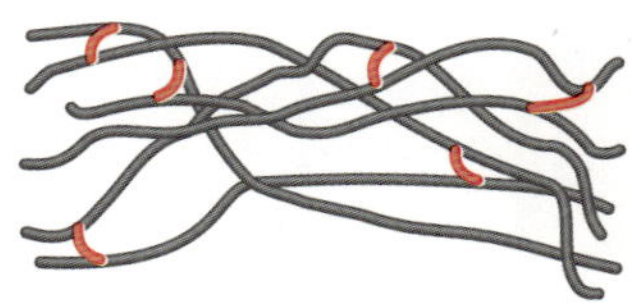

▲ **그림 9.9 고분자 사슬의 교차결합.** 교차결합 작용기(붉은색)는 물질을 더 단단하고 덜 유연하게 만들어 고분자 사슬의 상대적 운동을 억제한다.

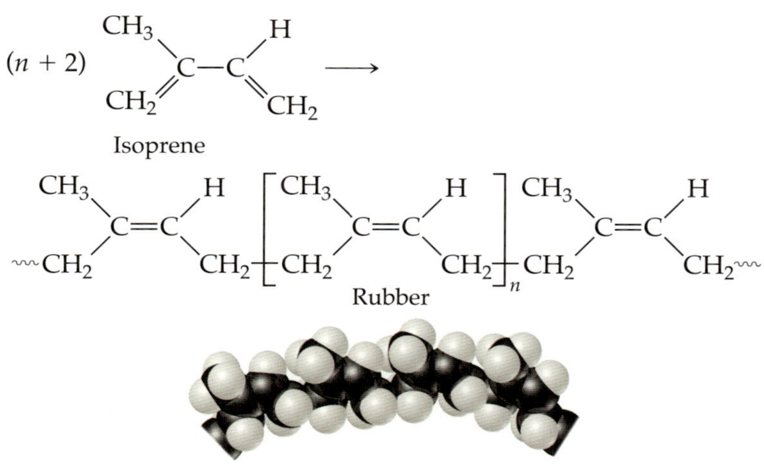

[9.4]

탄소–탄소 이중결합주위로는 회전이 쉽게 일어나지 않기 때문에, 탄소주위에 결합된 작용기의 방향은 견고하다. 사슬은 이중결합의 동일평면에서 연장된다. 이 물질을 cis-폴리이소프렌이라고 한다.

천연 고무는 너무 부드럽고 화학적 반응을 잘 일으키기 때문에 유용한 중합체가 아니다. Goodyear는 고무에 황을 첨가하고 열을 가하면 고무가 더 단단해지고 산화나 다른 화학적 공격에 대한 영향을 덜 받는다는 것을 우연히 발견했다. 황이 첨가되면 일부 이중결합에서 교차결합이 생성되어 고무를 열경화성 중합체로 변화시킨다. 이중결합의 약 5%가 교차결합하면 유연하고 탄력 있는 고무를 만들어낸다. 고무가 늘어나도 교차결합이 미끄러짐을 막아서 탄력성을 유지한다.

금속과 세라믹

주전자, 팬, 보석, 철도 선로, 전선 등은 금속으로 만들어졌다. 특히 철이나 알루미늄과 같은 금속은 자연에 풍부하게 존재한다. 비편재화된 전자 바다에 붙들려 있는 금속의 원자는 힘을 받으면 서로 미끄러져서 전성과 연성을 띤다. 금속의 특성은 다른 물질을 첨가해서 개선될 수 있다. 예를 들면 철은 쉽게 녹슨다. 철에 다른 원소를 혼합한 스테인리스 강철은 순수한 철보다 녹에 대한 저항이 훨씬 강하다.

세라믹은 그 주요 구성 물질이 SiO_2, Al_2O_3, Fe_2O_3, CaO로 벽돌이나 콘크리트와 같이 구조적 용도로 사용된다. 세라믹에서의 결합은 이온결합이나 이온결합과 공유-그물구조 결합이 공존한다. 그러므로 금속처럼 쉽게 변형되지 않고, 동일전하의 원자의 면이 서로 미끄러지기 때문에 깨지기 쉽다. 세라믹은 결함(defects) 없이 제조하기가 어렵다. 세라믹 조각은 종종 가공과정 동안 무작위적이고 찾기 힘든 미세균열과 틈새(속이 빈 공간)를 만들어 낸다. 세라믹을 단단하게 하기 위해서 지름이 1 마이크론보다 작은 균일한 세라믹 입자를 만들어 고온, 고압에서 제조한다.

지구 대기로 재진입할 때 우주왕복선을 고열로부터 보호하기 위해 우주선 표면에 세라믹이 사용된다. 이 세라믹 타일은 알루미늄 붕소규산염 섬유로 강화된 짧고 고순도의 규소섬유로 만들어진다. 1300°C 이상에서 소결된 덩어리를 타일형태로 만들어 사용한다. 이 타일은 밀도가 0.2 g/cm^3이지만, 1250°C 이상의 표면온도를 지탱하면서 우주선을 보호한다.

세라믹의 합성

많은 세라믹은 자연에서 발견된다. 그러나 높은 순도와 조절된 입자 크기를 가진 세라믹 물질을 만들기 위해 우리가 앞에서 논의한 중합반응에 대비되는 무기물반응이 있다. 졸–겔 반응은 균일한 크기의 극도로 미세한 입자를 만드는 중요한 방법이다. 전형적인 졸–겔 생성물은 금속 알코올 산화물(alkoxide)에 의해 시작된다. 알코올 산화물은 산소원자를 통해 금속 원자에 결합된 유기 작용기를 가지고 있다. 알코올 산화물은 금속이 OH기를 포함한 유기화합물인 알코올과 반응할 때 생성된다. 예로서 에탄올과 금속 티타늄의 반응을 들 수 있다.

$$Ti(s) + 4\,CH_3CH_2OH(l) \longrightarrow Ti(OCH_2CH_3)_4(s) + 2\,H_2(g) \quad [9.5]$$

알코올 산화 생성물 $Ti(OCH_2CH_3)_4$은 적당한 알코올 용매에서 용해된다. 물이 첨가되면 Ti—OH 기가 형성되는 알코올 산화반응이 일어나고 에탄올이 재생된다.

$$Ti(OCH_2CH_3)_4(soln) + 4\,H_2O(l) \longrightarrow Ti(OH)_4(s) + 4\,CH_3CH_2OH(l) \quad [9.6]$$

$Ti(s)$와 $H_2O(l)$의 직접 반응은 산화 티타늄과 수산화 티타늄의 복잡한 화합물을 만들기 때문에, 에탄올과의 반응이 이용된다. $Ti(OC_2H_5)_4(s)$의 중간물 형성은 균일한 $Ti(OH)_4$의 서스펜션이 생성되도록 한다. $Ti(OH)_4$는 이 단계에서 극도로 작은 입자의 서스펜션인 졸로서 존재한다. 졸의 산성이나 염기성은 2개의 Ti—OH 사이에서 물이 분리될 때 조정된다.

$$(HO)_3Ti—O—H(s) + H—O—Ti(OH)_3(s) \longrightarrow (HO)_3Ti—O—Ti(OH)_3(s) + H_2O(l) \quad [9.7]$$

축합반응의 결과로서 겔이라 불리는 생성물은 균일한 아주 작은 입자의 서스펜션이다. 이 물질을 200°C~500°C에서 조심스럽게 가열하면 액체는 제거되고 겔은 지름 0.003~0.1 mm 범위의 미세한 금속 산화물 입자로 변환된다. 그림 9.10에서 졸-겔 과정과 비슷한 침전 과정에 의해 형성된 매우 균일한 크기의 SiO_2 입자를 보여준다.

▲ **그림 9.10 균일한 크기의 비결정형 실리카(SiO_2) 입자.** $Si(OCH_3)_4$의 메탄올 용액에 물과 암모니아를 가하여 침전으로 형성된다. 평균지름은 550 nm이다.

9.3 의료용 소재

새로운 합성 물질들이 의료나 생체용으로 많이 개발되고 있다. 생체소재는 상처 또는 질병 치료에 사용하거나 또는 질병 확인이나 혈액 중 혈당량 검출과 같은 진단용으로 사용할 수도 있다. 생체소재는 안전하고 그 용도에 적합한 성질을 가져야 한다. 예를 들어 일회용 콘택트렌즈는 부드러워야 하고 쉽게 젖는 표면을 가져야 한다. 반면에 치아를 충진하는 데 사용하는 고분자는 딱딱하고 내구성이 있어야 한다.

생체소재의 특성

생체소재의 선택은 그림 9.11에 보듯이 생체 적합성(biocompatibility), 물리적 및 화학적 특성들이 잘 맞아야 한다. 고등동물과 같은 생물계는 외부 침입에 대항하는 복잡한 보호기능을 갖고 있다. 우리의 인체는 어떤 물질이 자신의 일부인지 아닌지를 판단하는 데 매우 특별한 능력을 갖고 있다. 인체에 속하지 않는 물질은 면역계와 반응한다. 분자 크기 물질은 항체에 결합되어 제거되는 반면에 더 큰 물질은 그 물질 주위에 염증반응을 유발한다. 생체 적합성의 가장 중요한 결정적 인자는 물질 표면의 화학적 성질과 물리적 모양이다.

생체재료는 요구사항이 매우 정확하게 만족되어야 한다. 인공 혈관은 유연하고 굽

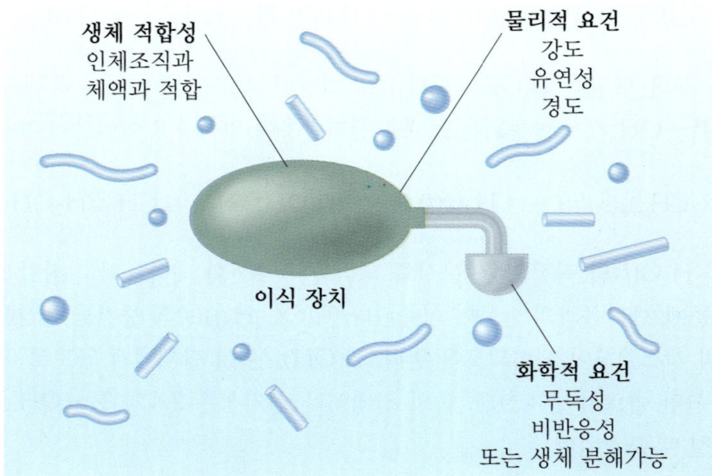

▶ **그림 9.11 생물학적계에 이식된 인공 장치의 모식도.** 이식된 장치는 성공적으로 작동되기 위해 주변 부위와 생체 적합성을 가져야 하고, 필요한 물리적 및 화학적인 요구를 충족시켜야 한다.

히거나 변형하여도 함몰되지 않아야 한다. 인공 관절에 사용하는 재료는 마모에 잘 견뎌야 한다. 인공 심장 밸브는 오랜 동안 안정적으로 일정하게 개폐되어야한다. 생체소재의 성분은 독성이 없어야 한다. 고분자 물질이 생체소재로 매우 중요한 역할을 하지만 대부분의 공업용 고분자 재료는 반응하고 남은 단위체, 촉매, 충진제, 가소제, 항산화제, 안정제와 같은 첨가물을 포함한다. 플라스틱 재료를 장기간 체내에 이식하면 그 중합체 내의 단위체나 첨가물이 문제를 발생시킬 수도 있다.

중합체 생체소재

다양한 생의학적 적용을 위해 중합체가 개발되어 왔다. 인체가 외부 중합체를 받아들이거나 거부하는 정도는 결합사슬에 따라 배열된 원자단과 인체 자신의 분자와 상호 반응할 가능성에 따라 결정된다. 우리의 인체는 대부분이 단백질, 다당류(당), 폴리뉴클레오타이드(RNA, DNA)와 같은 생체 중합체로 구성된다. 생체 고분자들은 결합 사슬을 따라 극성 원자단을 갖는 복잡한 구조를 하고 있다. 예를 들어 단백질은 축합 중합체를 생성한 아미노산(단위체)의 긴 사슬이다. 단백질 사슬의 구조는 다음과 같다.

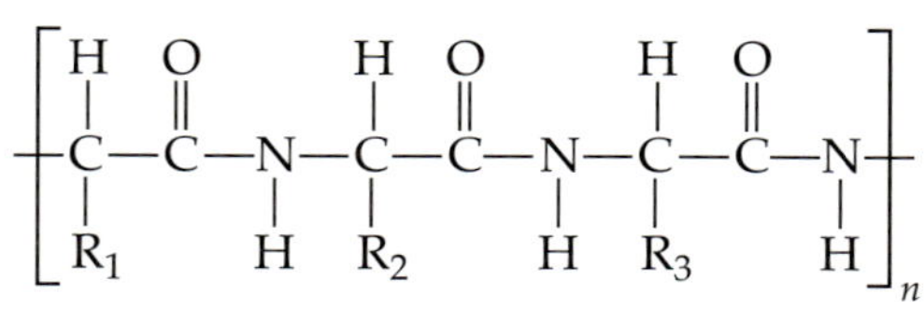

여기에서 R 원자단은 결합 사슬을 따라 달라진다.(—CH_3, —$CH(CH_3)_2$ 등]. 20가지의 서로 다른 아미노산들이 다양하게 조합되어 사람의 단백질을 만든다. 반면 대부분의 합성 단백질 중합체는 간단하고 반복단위가 하나이거나 또는 서로 다른 2개의 반복단위로 구성된다. 이러한 차이가 합성 중합체를 외부물질로 인식하는 이유가 된다. 또 인체의 수용액 매질과 상호 반응할 수 있는 극성 원자단의 수가 그렇게 많지 않다.

▲ **그림 9.12 디스크 심장밸브.** St. Jude 밸브라고 알려진 심장밸브. 이것을 개발한 의료센터의 이름에서 유래하였다. 밸브 표면은 열분해 탄소로 덮이고 Dacron 재봉 고리를 이용하여 주위조직에 고정한다.

생체소재 응용의 예

심장이식 및 치료 심장혈관(cardiovascular)이라는 용어는 심장, 혈액, 혈관과 관련이 있다. 물론 심장은 절대적으로 필수적인 기관이다. 매년 심장이식을 받아야 할 사람은 기증자보다 훨씬 많다. 사람의 심장을 대체하는 인공심장에 대한 많은 연구가 있었고, 최근의 결과는 매우 희망적이다.

때때로 대동맥 판막 같은 심장의 한 부분이 손상되어 교체해야 할 경우가 생긴다. 외부조직(예: 돼지 심장 판막)을 이용하거나 또는 기계 심장밸브로 대치할 수 있다. 매년 전 세계적으로 약 250,000개의 밸브교환이 이루어진다. 가장 널리 사용되는 밸브는 그림 9.12와 같이 2개의 반원형디스크(semicircular disc)로 혈액을 원하는 방향으로 흐르게 움직인 다음 역류를 방지하기 위하여 디스크가 닫히도록 설계되어 있다.

인공장치를 통하여 혈액이 통과할 때 유체의 와류현상을 최소화하는 것이 중요하다. 장치의 표면이 거칠면 용혈(hemolysis: 적혈구파괴)이 일어나거나 침입한 박테리아가 표면에 부착하여 번식할 수 있다. 또한 거친 표면은 혈액응고를 촉진한다. 혈액 응고를 최소화하려면 심장밸브 내부의 디스크는 매끄럽고 화학적으로 비활성 표면이어야 한다.

심장밸브 이식의 또 다른 도전은 일정한 위치에 고정하는 일이다. 밸브의 몸체를 구성하는 고리를 polyethylene terephthalate(PET)로 덮는데 인체조직이 발육할 수 있는 격자로 작용하므로 심장밸브는 주위조직과 일체화된다.

혈관이식 인공혈관은 횡단면 부위의 심각한 축소가 일어나지 않으면서 구부러짐이 가능하도록 주름이 잡혀 있고 이식한 주위의 조직과 잘 어울려야 한다. 이상적으로 인공혈관의 내부표면은 본래의 동맥과 같은 종류의 세포로 도포되어야 하나 현재로서는 불가능하며 내부표면은 혈액에 의해 외부물질로 인식된다. 혈액 중 순환 성분인 혈소판은 정상적으로 혈관 벽의 상처를 봉쇄하는 기능을 담당한다. 불행하게도 혈소판은 성질이 다른 물질의 표면에 부착하여 혈액을 응고시킨다. 생체에 이식하기에 더 적합한 내부물질을 찾는 연구가 활발하지만, 현재로서는 만족할 만한 결과를 얻지 못하고 있다. 또한 본래의 대동맥과 이식체의 경계 부위에 조직의 과잉 발육도 문제이다. 혈액응고의 발생 가능성 때문에 인공심장밸브나 혈관이식 환자들은 계속해서 혈액 항응고제를 복용할 필요가 있다.

인공조직 화상이나 피부암에 의해 넓은 피부조직을 잃은 환자의 치료는 매우 어려운 일 중 하나이다. 이상적으로 인공조직은 환자로부터 취한 세포에서 성장시킨다. 실험실에서 성장시킨 피부를 이러한 환자에게 이식 할 수 있다. 환자 자신의 세포로부터 이식피부를 만들 수 없으면 인체의 자연면역 방어체계를 억제하는 약을 사용하거나 조직의 거부를 방지하는 새로운 세포 주를 가공하는 단계를 취하여야 한다. 인공조직의 성장에서 어려움은 세포가 생체 내에서처럼 조직화 하도록 하는 것이다. 이를 위한 첫 단계는 세포가 성장하는 적당한 발판을 제공하여 세포들이 서로 접촉하고 조직화되게 만드는 것이다. 그러한 발판은 생체환경에 적응하여야 한다. 즉 세포는 발판에 부착되어야 하고 세포를 배양할 때 분화되어야 한다(서로 다른 종류의 세포로 발육하여야 한다). 그 발판 재료는 또한 기계적으로 강하고 생분해되어야 한다. 가장 성공적인 발판은 lactic acid-glycolic acid 공중합체이다. 이 공중합체는 다음과 같은 축합반응으로 생성된다.

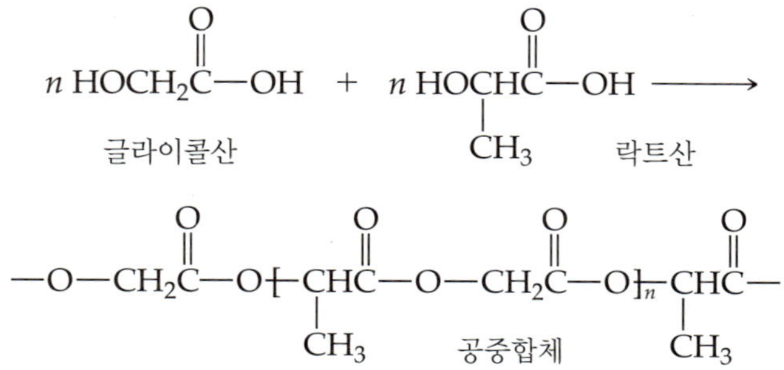

[9.7]

이 공중합체는 결합사슬을 따라 많은 극성 탄소–산소 결합을 갖고 있어서 수소결합의 기회를 많이 제공한다. 축합반응 중 생성된 에스터 결합은 역반응인 가수분해가 잘 일어난다. 인공조직을 인체에 접목할 때 밑에 놓이는 공중합체 발판은 인공조직세포가 계속해서 발육하고 이웃조직에 완전히 흡수됨에 따라 서서히 가수분해 된다.

봉합사 1970년대까지는 상처를 봉합하면 다시 상처 부위의 실밥을 제거하여야 했다. 1970년대 이후에는 생분해성이 있는 봉합사가 사용되어왔다. 이러한 봉합사는 사용된 후에 천천히 분해되며 어떠한 해로운 부산물도 방출하지 않는다. 오늘날의 생분해 봉합사는 천천히 가수분해한다고 알려진 lactic acid-glycolic acid 공중합체로 만들어진다.

최근에 과학자들은 생물학적 적용을 위해 열가소성이 있는 중합체를 개발하였다. 이 중합체는 온도의 변화에 대해서 가역적으로 스스로 조직화한다. 따라서 이 물질로 만들어진 봉합사를 사용하면 생체 온도 이상에서 수축하게 되어 봉합이 잘되도록 도와준다.

9.4 전자 소재

우리는 정보를 저장하기 위하여 소재를 사용하고 또한 소재를 이용하여 전기를 생산할 수 있다. 여기에서는 현대 전자공학의 기초가 되는 이러한 물질에 대하여 알아볼 것이다.

반도체 칩

실리콘은 반도체이며 지구상에서 가장 풍부한 물질 중 하나이다. 컴퓨터, 휴대폰, 그리고 다른 많은 전자장치의 근본이 되는 반도체 산업은 실리콘에 의존한다. 반도체 칩은 반도체, 절연체 그리고 금속전선에 의한 복합 패턴의 조합체이며 칩을 만드는 방법은 거의 대부분이 화학에 근간을 두고 있다.

실리콘은 매우 풍부하고 값이 싸며 순도 99.999999999%로 원자적으로 거의 완벽한 거대한 결정으로 얻을 수 있다(ppm 수준의 불순물이 실리콘의 전도성을 100만 배 정도 변화시킬 수 있다는 것을 상기해 본다면, 왜 순도가 높아야 하는지 알 수 있다). 게다가 집적회로를 구성하는 각각의 단위는 너비가 100 nm 정도인데, 이것은 바이러스의 크기와 비슷하고 보통의 먼지보다 작은 크기이다. 실리콘의 다른 중요한 이점은 독성(가장 큰 경쟁자인 GaAs와 비교했을 때)이 없다는 것이며, 이것의 표면은 공기와의 자연 반응산물인 SiO_2에 의해서 화학적으로 보호될 수 있다. SiO_2는 우수한 절연체이며, 이것의 원자는 기판의 실리콘 원자와 잘 붙어 있다. 즉 Si층에 SiO_2 층을 쉽게 쌓을 수 있다. 집적회로의 기본단위인 트랜지스터는 반도체 "source"와 "drain" 사이의 "gate"라는 곳에 전압이 걸리면 전자는 "source"에서 "drain"으로 이동한다. 이렇게 자연적으로 산화물이 만들어지는 실리콘은 화학적으로 안정한 절연체로써 실리콘 산업의 커다란 장점으로 꼽힌다.

플라스틱 전자공학

과학자들은 실리콘의 성질을 갖는 고분자 물질들을 합성하였다. 표 9.4의 고분자들은 다소 비편재화된 π전자를 갖는다. 비편재화 되어 있는 전자를 갖는 고분자 물질은 반도체 성질이 있다는 것이 알려졌다. 2000년 Alan J. Heeger, Alan G, MacDiarmid, Hideki Shirakawa는 유기 반도체(전도성 고분자)를 발견하여 노벨화학상을 받았다. 유기 반도체와 유기 트랜지스터와 연관된 물질들이 지속적으로 개발되고 있으며 매우 전도유망한 분야의 하나이다.

태양에너지 변환

반도체의 띠 간격의 에너지는 분자결합의 결합해리에너지의 범위에 해당하는 50~300 kJ/mol 정도이며(표 9.1) 적외선, 가시광선, 또는 낮은 에너지의 자외선에 부합한다. 따라서 만일 적절한 파장의 광선을 반도체에 쪼여준다면 전자는 전도띠로 들뜨게 될 것이며, 그 결과 물질은 전도성을 갖게 된다. 광전도성(photoconductivity)이라 알려져 있는 이러한 특성은 태양에너지의 전환에 필수적이다.

태양에너지 전환연구는 에너지 위기였던 1970년대 중반부터 활기를 띠게 되었다. 값싼 비결정성 형태의 실리콘이 태양에너지 전환 판을 제조하는 데 사용된다(그림 9.13). 실리콘의 작은 띠 간격은 광자를 태양으로부터 잡아둘 수 있게 하고, 전자를 들뜨게 함으로써 원자가띠에서 전도띠로 이동할 수 있다. 이러한 전자는 전기회로에 연결되었을 때 전류를 흐르게 할 수 있다. 현재는 태양에너지 전환 효율이 10% 정도밖에 되지 않아 효율을 높이는 연구가 필요하다. TiO_2는 띠 간격이 실리콘의 거의 세 배 정도 되어(표 9.1) 자외선 에너지 전환에 이용될 수 있다.

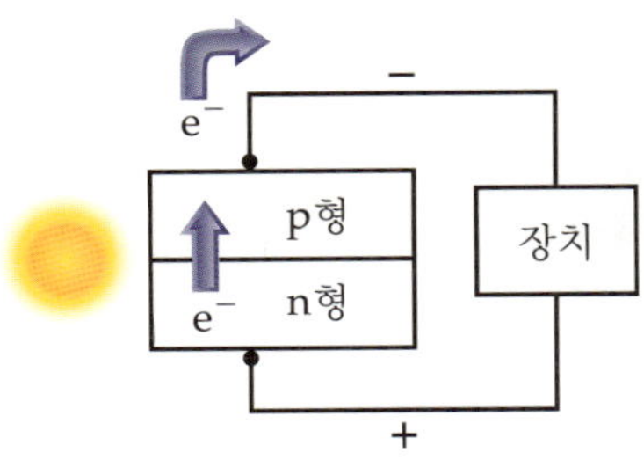

◀ **그림 9.13 태양 전지.** 왼쪽: 태양전지는 n과 p형 실리콘의 접합에 의하여 형성된다. 태양광선(실리콘의 띠 간격 에너지보다 큰 에너지를 가진 광자를 포함하는)은 n형 쪽에서 p형 쪽으로 전자를 이동시켜 전기를 발생한다. 오른쪽: 건물에 적용한 태양전지판.

9.5 광학 소재

광학 소재의 주요한 예로 발광소자(light-emitting diode, LED)와 액정디스플레이(liquid crystal display, LCD)가 있다. 발광소자는 반도체로 이루어져 있고 액정디스플레이 장치는 작은 전압을 걸어주어 유기분자를 배향하는 방법을 응용한 것이다.

액정(liquid crystal)

대부분의 고체들은 녹는점까지 가열하면 질서를 유지하는 분자간의 인력이 제거 되어 무질서한 배향의 액체 상태로 변하게 한다. 그러나 몇몇 물질들은 1, 2차원적 질서를 보이기도 한다. 즉 분자들은 한 가지 방향(1차원 질서) 또는 층별(2차원 질서)로 일정하게 배열된다.

1888년 오스트리아의 식물학자인 Frederick Reinitzer은 cholesteryl benzoate라는 흥미로운 유기화합물을 발견하였다. 이 물질에 열을 가하면 145°C에서 점성의 끈적이는 액체 상태가 된다. 179°C에서 뿌연 액체는 갑자기 맑아진다. 물질을 냉각시키면 역과정이 일어난다. 맑은 액체는 179°C에서 점성을 가지고 우유 빛으로 변하고 145°C에서 응고한다(그림 9.14). 이 현상은 액정에 대한 최초의 보고서이다.

열을 가했을 때 고체에서 액체상으로 바로 변화가 일어나는 대신에 colesteryl benzoate에서와 같이 고체와 액체의 중간 형태의 액정상이 존재하는 경우가 있다. 부분적인 배열 때문에 액정은 점성이 매우 높고 고체와 액체상의 중간 성질을 갖는다. 이러한 속성을 나타내는 영역은 위의 예에서처럼 전이온도로서 명확하게 나타난다.

처음 발견된 이래로부터 약 30년 전까지만 해도 액정은 대부분 실험실의 호기심의 대상이었다. 그러나 현재는 다양한 전자제품의 출력표시장치로서 널리 사용되고 있다. 온도, 압력, 전기장에 쉽게 영향 받는 분자간 힘 때문에 액정은 다양한 용도로 사용될 수 있다.

액정상의 형태

액정을 만드는 물질들은 보통 길고, 막대 같은 분자들로 구성된다. 보통 액체상에서 분

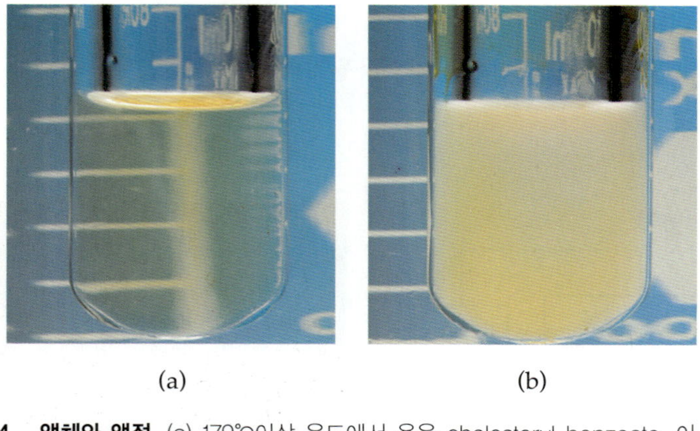

(a) (b)

▲ **그림 9.14 액체와 액정.** (a) 179℃이상 온도에서 용융 cholesteryl benzoate. 이 온도 영역에서 액체는 투명하다. 시험관 뒤의 비커 표면의 글자를 읽을 수 있다. (b) 179℃와 녹는점(145℃) 사이에 있다. 이 온도 범위에서 cholesteryl benzoate는 우유 빛 액상을 나타낸다.

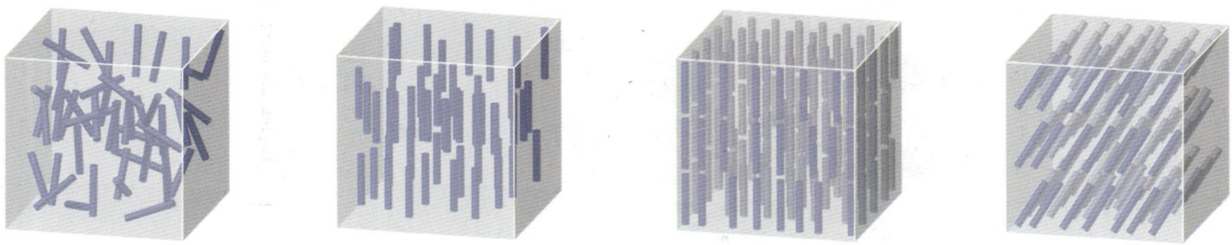

(a) 정상액체　(b) 네마틱 액정　(c) 스멕틱 A 액정　(d) 스멕틱 C 액정

▲ **그림 9.15 정상 액체와 액정상의 배열.** 배열은 분자간 힘에 의하여 발생한다. 스멕틱 A와 스멕틱 B상은 분자가 층에 대하여 만드는 각도가 서로 다르다.

자들은 무질서하게 배열되지만 액정상에서는 분자들의 배열이 존재한다. 배열의 성질에 따라 액정상은 네마틱(nematic), 스멕틱(smectic), 콜레스테릭(colesteric)으로 분류될 수 있다.

네마틱 액정상에서는 분자들이 일차원적인 정렬을 보인다. 분자들은 그들의 긴 축이 같은 방향으로 정렬된다. 분자들은 한줌의 연필처럼 배열을 한다. 스메틱 액정상의 분자들은 이차원적으로 정렬하여 그들의 긴 축 방향으로 층층이 배열된다(그림 9.15).

그림 9.16에 액정 물질의 예를 나타내었다. 이 분자는 폭에 비해서 길이가 상당히 길다. C=N, N=N 이중결합과 벤젠고리는 견고성을 더해준다. 평면 벤젠고리는 분자들이 서로 쌓이게 돕는다. 더욱이 극성 원자단을 갖는 많은 분자는 쌍극자-쌍극자 상호작용 때문에 서로 걸맞은 분자배열을 촉진한다. 그리하여 분자들은 자연스럽게 긴 축을 따라 배열한다. 그러나 분자는 축을 따라 회전하고 서로 평행하게 이동할 수도 있다. 스멕틱상은 분자 사이의 힘(분산력, 쌍극자-쌍극자 인력, 수소결합)이 분자가 미끄러지는 것을 제한한다.

그림 9.17은 콜레스테릭 액정상의 정렬을 보여준다. 분자들은 네마틱 액정상처럼 평면 위에서 그들의 긴 축 방향으로 배향되어 있다. 액정분자들은 층으로 나란히 쌓여 있으며 각 평면은 위나 아래의 평면에 대해 비틀어져 있다. 많은 콜레스테롤 유도체들이 이 구조를 가지기 때문에 붙여진 이름이다. 나선 특성의 분자들은 가시광선 영역에

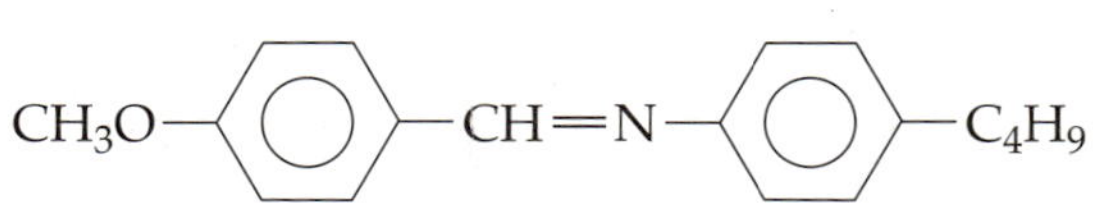

21–47°C

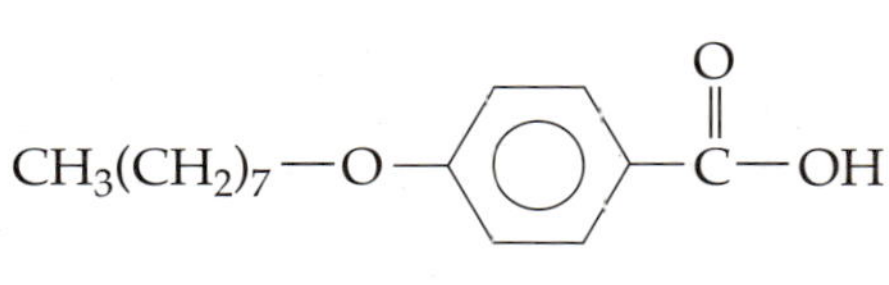

108–147°C

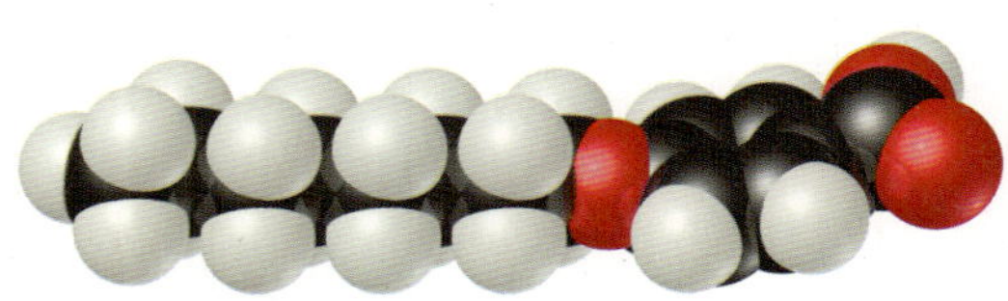

▲ **그림 9.16 2개의 전형적인 액정 물질의 구조와 액정 온도 범위.** 물질의 액정 특성을 보이는 온도 범위를 표시하였다.

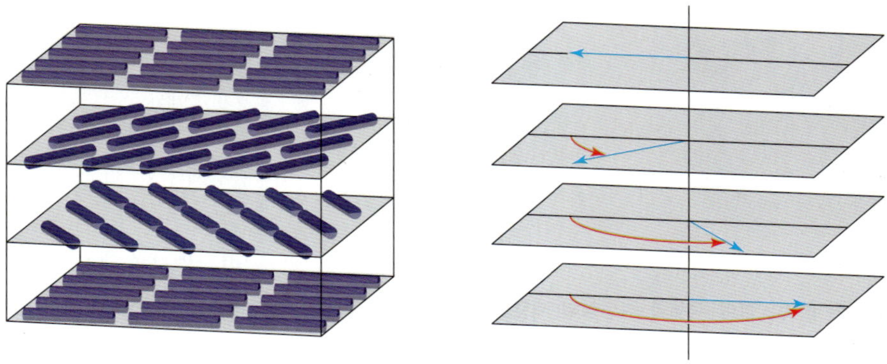

콜레스테릭구조

(a) (b)

◀ **그림 9.17 콜레스테릭 액정의 배열.** (a) 인접한 층 사이의 상호작용을 피하여 특정 각도로 배향된다. (b) 그 결과는 나선형 축으로 배열한다.

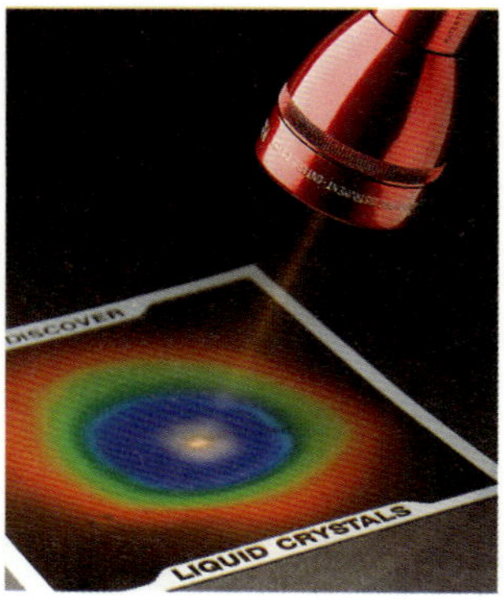

▲ **그림 9.18 온도에 따른 콜레스테롤 액정 물질의 색 변화.**

서 특이한 색 패턴을 보인다. 온도나 압력변화는 배열을 변화시키고 따라서 색깔도 변화시킨다(그림 9.18).

콜레스테릭 액정은 전통적인 방법으로 측정할 수 없는 곳의 온도변화를 감지하는데 사용되어 왔다. 예로 미세전기 회로에서 열이 나는 부분을 감지할 수 있다. 또한 체온을 측정하기 위한 온도계에도 사용될 수 있다.

예제 9.2

다음 중 액정의 성질을 가장 잘 나타낼 것으로 예상되는 물질은?

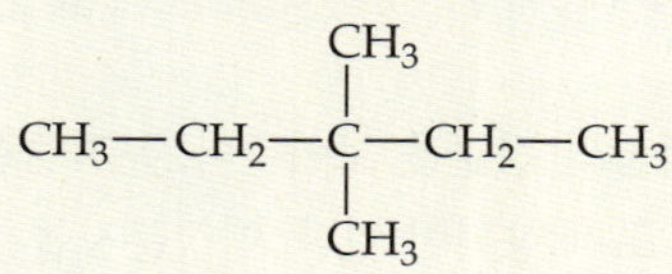

(i)

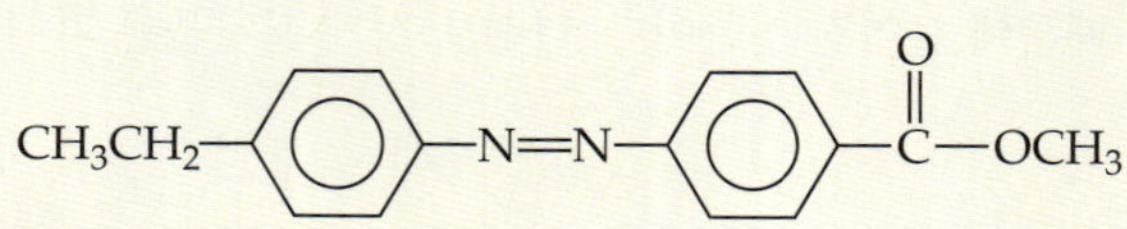

(ii)

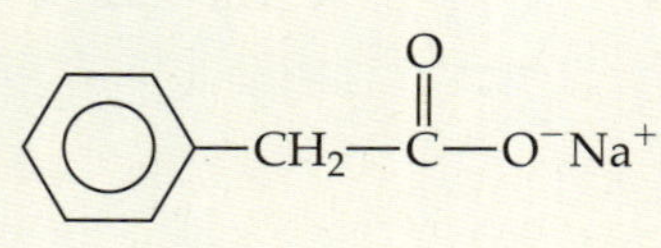

(iii)

해답: 분자 (i)는 긴 축 방향 구조가 없기 때문에 액정의 성질이 없을 것이다. 분자 (iii)은 이온성이다. 일반적으로 녹는점이 높고 긴 축이 없으면 액정의 특성을 보이지 않는다. 분자 (ii)는 특징적인 긴 축을 가져 액정에서 흔히 보이는 구조적 특성을 보인다.

보충예제

긴 탄소 사슬의 데케인($CH_3CH_2CH_2CH_2CH_2CH_2CH_2CH_2CH_2CH_3$) 분자가 액정의 성질을 보이지 않는 이유를 설명하시오.

답: 탄소–탄소 단일결합을 주위로 회전이 일어나기 때문에 골격구조가 C—C 단일결합으로 구성된 분자는 너무 유연성이 크다. 따라서 분자가 무작위적인 방향으로 코일을 형성하고 막대기 모양이 아니다.

발광 다이오드

발광 다이오드(LED)는 시계의 출력장치, 자동차의 미등, 신호등의 여러 용도에 사용된다. 대부분의 발광 다이오드는 GaAs와 GaP를 혼합하여 빨간색을 띤다. P와 As 조성비로 띠 간격을 조율하여 초록색이나 파란색 LED도 개발되었다(표 9.1). LED 작동원리는 태양에너지 전환 장치의 작동원리와 반대이다. LED에서는 작은 전압이 n형 반도체와 p형 반도체가 접합된 소자에 공급된다. n-p 다이오드를 만드는 접합에서는 오직 한 방향으로 전자를 흘려보낸다. 전압이 걸리면 n쪽의 전도띠에 있는 전자와 p쪽에서 온 정공이 만나면서 접합부에서 띠 간격에 해당하는 에너지의 광자를 방출한다.

LED는 투명한 기판 위에 n형과 p형의 반도체를 얇은 층으로 증착하여 제조한다(그림 9.19). 최근에는 중합체를 사용하여 유기 LED(OLED)가 제조되었다. 기본적인 아이디어는 LED와 같다. 즉 전자와 정공이 접합 영역에서 결합하도록 하여 띠의 간격과 일치하는 에너지의 빛을 방출하도록 한다. OLED에 사용된 중합체의 유형을 그림

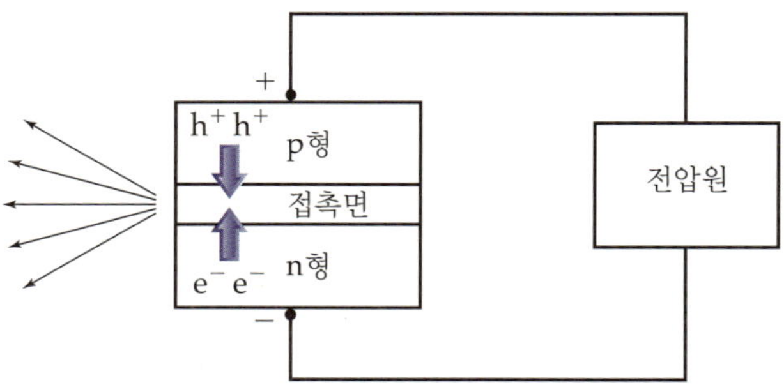

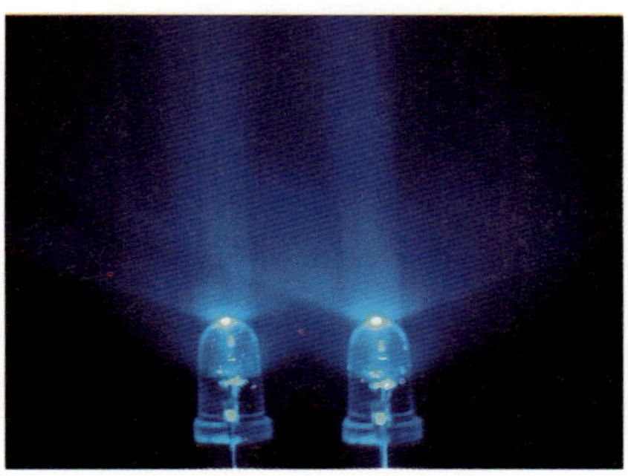

◀ **그림 9.19 LED 반도체의 고안.** 위: p–n 경계에 전위차가 주어진다. p쪽의 정공이 n쪽의 전자와 결합하면 띠 간격 에너지에 해당하는 빛이 경계에서 방출된다. 아래: 질소화 인듐갈륨으로 만든 푸른색을 내는 LED의 사진.

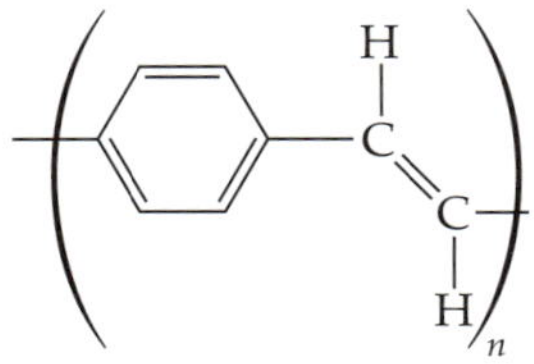

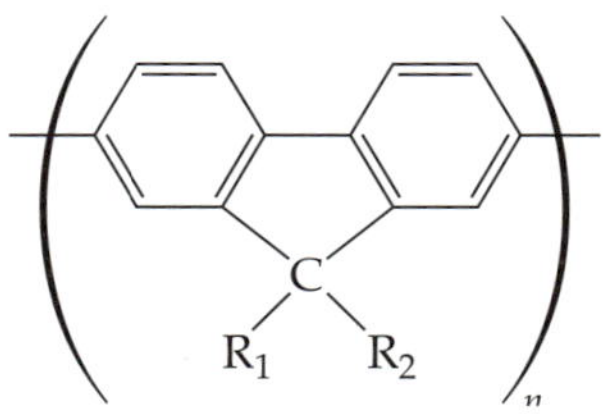

▲ **그림 9.20 유기 LED에 사용되는 poly(phenylenevinylene)(위)과 polyfluorene(아래) 두 가지 중합체의 구조.**

9.20에 나타내었다. OLED의 장점은 기존의 LED에 비해 가볍고 유연성을 가지며 더 밝고 에너지효율이 높다.

9.6 나노 소재

접두사 "나노"는 10^{-9}을 의미한다. 흔히 나노라고 할 때 1~100 nm 범위의 크기를 의미한다. 반도체와 금속의 성질이 이 크기 범위에서 변한다는 것이 알려지게 되었고 1~100 nm의 크기를 갖는 나노 소재들이 집중적으로 연구되고 있다.

나노 단위의 반도체

실리콘 원자는 $1s^2\ 2s^2\ 2p^6\ 3s^2\ 3p^2$의 전자 배치를 갖는다. Si_2 분자를 만들기 위해서 2개의 실리콘 원자의 결합을 상상할 수 있다. 이 분자는 분자 오비탈을 가질 것이다. Si_4 분자를 만들기 위해서 2개의 Si_2 분자들이 결합하고 더 큰 Si_n 분자들을 생각해 볼 수 있을 것이다. 분자가 점점 커질 때 어느 시점에서 전자들이 편재된 분자 오비탈이 아닌 비편재된 띠에 있는 것과 같은 특성을 나타낼 것인가? 반도체의 경우 대략 1~10 nm(약 10~100 원자)에서 그것이 시작된다고 알려져 있다. 정확한 수치는 개개의 반도체 물질에 따라 달라진다. 이러한 크기의 반도체 입자들을 양자점(quantum dots)이라 부른다. 주목할 만한 효과는 반도체의 띠 간격 차이가 1~10 nm 범위에서 크게 변화한다는 것이다. 입자들이 작아질수록 띠 간격 차이는 더 커진다. 이 효과는 그림 9.21에서 보듯이 쉽게 확인할 수 있다. 인화 카드뮴(cadmium phosphide) 반도체는 띠 간격 차이가 작기 때문에 검은색으로 보이고 가시광선 파장을 대부분 흡수한다. 입자의 크기가 작아지면서 점점 흰색으로 변하고 가시선을 더 이상 흡수하지 않는다. 띠 간격

▶ **그림 9.21 입자 크기가 다른 Cd_3P_2 가루.** 화살표 방향으로 입자 크기가 증가하고 띠 간격 에너지는 감소한다. 이에 따라 물질의 색이 흰색(가장 작은 나노입자), 노랑, 붉은색, 검은색(가장 큰 나노입자)으로 나타난다.

◀ **그림 9.22 크기가 다른 CdS 반도체 나노입자.** 자외선을 조사하였을 때 반도체나노입자 용액은 띠 간격 에너지에 해당하는 빛을 방출한다.

이 매우 커서 높은 에너지의 자외선만이 전자를 전도성 띠로 들뜨게 할 수 있다.

양자점은 용액 속에서 화학반응으로 만들 수 있다. 예를 들어 CdS 양자점을 만들기 위해서는 $Cd(NO_3)_2$와 Na_2S를 물에 혼합한다. 그대로 두면 커다란 CdS 결정을 얻을 수 있지만 음전하 고분자를 첨가하면 커다란 결정이 형성되지 않는다. 같은 크기와 모양의 나노 결정을 생성하기 위하여 다양한 반응조건이 정밀하게 제어될 필요가 있다.

반도체에 전압을 공급하면 빛을 방출한다. 그들은 띠 간격 이상의 에너지에 해당하는 빛에너지를 받으면 역시 빛을 방출한다. 원자가띠의 전자들은 일차적으로 광자를 흡수하고 전도띠로 올라간다. 이 여기된 전자는 띠 간격의 에너지와 동일한 에너지를 가진 광자를 방출하면서 다시 정공 속으로 떨어지게 된다. 양자점의 경우 띠 간격은 입자 크기에 따라서 변하고 그 결과 한 물질에서 다양한 색을 얻을 수 있다(그림 9.22).

▲ **그림 9.23 이탈리아 밀라노 성당의 색 유리창.** 붉은색은 금 나노입자 때문이다.

나노 단위의 금속

금속들 역시 1~100 nm 길이에서 특이한 성질을 보인다. 상온에서 금속 전자의 평균 자유 행로가 1~100 nm이다. 전자의 평균 자유 행로는 전자가 다른 전자나 원자와 충돌하기 전에 움직일 수 있는 평균 거리이다. 그래서 금속의 크기가 100 nm 이하일 때 특이한 효과가 생길 것이라고 예상할 수 있다.

이미 수백 년 전에 이러한 현상을 관찰하였다. 1400년대 초에 유리 제조업자들은 녹은 유리에 금이 분산되면 아름다운 빨간색을 만든다는 것을 알고 있었다(그림 9.23). 1857년 Michael Faraday는 금을 작은 입자의 분산 상태로 안정하게 만들 수 있고 색을 띤다고 보고하였다. 그가 만든 콜로이드 용액은 영국의 왕립 Faraday 박물관에 아직까지 전시되고 있다(그림 9.24). 지름이 20 nm 이하의 금 입자들은 일반 금보다 훨씬 낮은 온도에서 녹는다. 그리고 지름이 2~3 nm의 금은 화학적으로 활성이 된다.

▲ **그림 9.24 1850년대에 Michael Faraday에 의하여 만들어진 금 콜로이드 나노입자 용액.** 이들은 London의 Faraday 박물관에 전시되어 있다.

탄소나노튜브

탄소 원소의 매우 흥미로운 특징에 대해 이미 알아보았다. 다이아몬드는 탄소원자의 안정한 sp^3 혼성화로 만들어진 물질이다. 탄소의 sp^2 결합은 흑연을 만들고 C_{60} 분자를 생성한다.

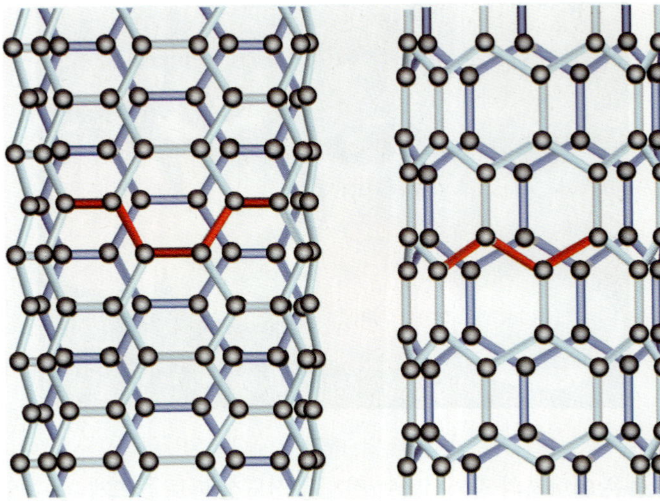

▲ **그림 9.25 탄소나노튜브의 원자 모델.** 왼쪽: 금속성을 보이는 "안락의자" 나노 튜브. 오른쪽: 관의 직경에 따라 반도체 또는 금속성인 탄소나노튜브.

C_{60}이 발견된지 얼마 후에 화학자들은 탄소나노튜브를 발견하였다(그림 9.25). 탄소나노튜브는 C_{60}을 만들 때와 유사한 방법으로 만들어진다. 탄소나노튜브는 한 겹 또는 여러 겹으로 만들어질 수 있다. 한 겹의 탄소나노튜브는 1000 nm 이상의 길이를 가질 수 있지만 지름은 단지 1 nm 정도이다. 흑연이 겹겹이 말리는 방법과 지름에 따라서 탄소나노튜브는 반도체나 금속의 특성을 보인다.

도핑 없이도 반도체나 금속성으로 만들어질 수 있는 탄소나노튜브의 고유한 성질 때문에 탄소에 기초한 전자소자를 제조하기 위하여 많은 연구가 진행 중이다. 2003년에 화학자들은 반도체로부터 금속 탄소나노튜브를 분리하는 방법을 알아내었다. 트랜지스터의 가장 기초적인 요소는 반도체와 금속이기 때문에 탄소나노튜브로만 구성된 나노 크기의 전기회로를 고안하는 것에 관심이 많다. 단일 탄소나노튜브를 사용하는 field effect transistor(FET)가 1998년에 최초로 발표되었다. 탄소나노튜브의 기계적 특성 또한 많은 연구의 대상이 되고 있다.

예제 9.3

전도성 고분자는 전기를 전도할 수 있는 고분자이다. 폴리아세틸렌은 반도체가 되는 고분자의 예이다. 전도도를 증가시키기 위해서 도핑을 할 수도 있다. 폴리아세틸렌은 단순해 보이지만 실제로는 까다로운 반응으로 아세틸렌으로부터 만들어질 수 있다.

$$\mathrm{H-C{\equiv}C-H} \qquad \left[\mathrm{CH{=}CH}\right]_n$$

아세틸렌 폴리아세틸렌

(a) 아세틸렌과 폴리아세틸렌의 탄소원자의 혼성궤도는 무엇인가? 각 원자 주위의 기하 구조는 어떻게 되는가?

(b) 아세틸렌으로부터 폴리아세틸렌을 만들기 위한 균형 반응식을 완성하라.

(c) 아세틸렌은 실온(298 K, 1.00기압)에서 기체상태이다. 상온 상압에서 5 L의 아세틸렌 기체로부터 몇 그램의 폴리아세틸렌을 만들 수 있는가? 아세틸렌이 이상기체로 행동한다고 가정하고 수득률은 100%로 가정한다.

(d) 평균 결합 엔탈피 자료(표 4.3)를 사용하여 아세틸렌으로부터 폴리아세틸렌의 형성이 발열반응인지 흡열반응인지 결정하여라.

해답: (a) 탄소는 항상 4개의 결합을 형성한다. 각 탄소원자는 수소와 단일결합을 이루고 다른 탄소와 3중 결합을 이루어야 한다. 그 결과 탄소는 2개의 전자 영역을 가지고 있고 *sp* 혼성이다. *sp* 혼성은 아세틸렌에서 H—C—C의 결합각이 180°인 것을 의미하고 분자는 선형으로 결합되어 있다.

폴리아세틸렌의 부분적인 구조를 다음과 같이 그릴 수 있다.

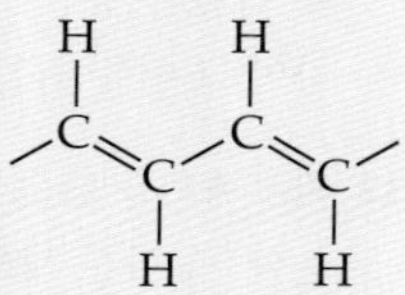

각 탄소는 동일하게 3개의 결합 전자영역이 있고 sp^2 혼성이다. 각 탄소는 120°의 삼각형 모양이다.

(b) $$nC_2H_2(g) \longrightarrow [\text{—CH}=\text{CH—}]_n$$

아세틸렌에 존재하던 모든 원자가 폴리아세틸렌에 존재한다는 것에 주목하라.

(c) 이상기체 상태 방정식($PV = nRT$)으로부터

$$(1.00\ \text{atm})(5.00\ \text{L}) = n(0.08206\ \text{L atm/K atm})(298\ \text{K})$$
$$n = 0.204\ \text{mol}$$

아세틸렌의 분자량은 26.0 g/mol이다. 따라서 0.204 mol의 질량은

$$(0.204\ \text{mol})(26.0\ \text{g/mol}) = 5.32\ \text{g 아세틸렌}$$

질량보존의 법칙에 의해서 폴리아세틸렌의 질량은 5.32 g이 되어야 한다.

(d) $n = 1$인 경우를 생각해보자. 반응물은 C ≡ C 결합 1개, C − H 결합 2개를 포함하고 생성물은 C = C 결합 1개, C − H 결합 2개, 단위체를 연결하는 C − C 결합 1개를 포함한다. 따라서 폴리아세틸렌 생성의 반응 엔탈피는

$$\Delta H_{rxn} = (H_{C=C} + H_{C-C} + 2H_{C-H}) - (H_{C\equiv C} + 2H_{C-C})$$
$$= 614 + 348 - 839 = 129\text{kJ/mol 이므로 흡열반응이다.}$$

연습문제

9.1 다음 물질을 금속, 반도체, 절연체로 분류하시오.

(a) GaN, **(b)** B, **(c)** ZnO, **(d)** Pb

9.2 n형 반도체를 만들기 위해 Ga를 대체하는 원소로 GaAs에 첨가하려면 어떤 원소를 선택할 것인가?

9.3 각각의 설명이 맞는지 틀리는지 밝히고 그 이유를 설명하시오.

(a) 반도체는 절연체보다 더 큰 띠 간격을 가지고 있다.

(b) 반도체에 불순물을 첨가하면 그 물질을 더 도체로 만든다.

(c) 금속은 비편재화된 전자를 가지고 있다.

(d) 대부분의 금속 산화물은 절연체이다.

9.4 초전도성이란 무엇을 의미하는가? 왜 초전도성 물질이 유용한가?

9.5 다음의 그림은 4 K~100 K 범위에서 MgB_2의 전기저항성을 보여주고 있다. 40 K 이하에서 저항성이 급속도로 떨어지는 것의 의미는 무엇인가?

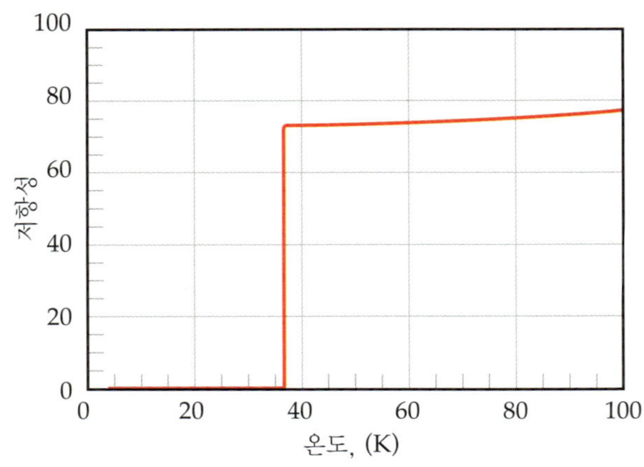

9.6 절연체 물질이 왜 초전도성을 위해 좋은 후보가 아닌가?

9.7 폴리에틸렌(예제 9.3)은 고분자이나 데케인(예제 9.2)은 고분자가 아니다. 차이점은 무엇인가?

9.8 표 9.4의 다음 고분자들을 형성하기 위해 사용된 단위체의 구조를 그리시오.

(a) polyvinyl chloride

(b) nylon 6,6

(c) polyethylene terephthalate

9.9 나일론-6, 6는 반응식 9.3에서 보는 것처럼 다이아민과 디카복실산의 축합으로 생성된다. 나일론은 아미노카르복시산의 축합반응에 의해서도 형성될 수 있다. 예를 들어 nylon-4는 4 아미노부티르산($NH_2CH_2\,CH_2CH_2\,COOH$)의 다축합반응(polycondensation)에 의해 형성된다. 이 단위체로부터 nylon-4의 형성을 보여주는 화학 반응식을 쓰시오.

9.10 Al, Fe 같은 금속이나 플라스틱은 재활용이 가능하나 일반적으로 세라믹은 재활용이 불가능하다. 세라믹의 어떤 특징들이 재활용을 어렵게 하는가?

9.11 세라믹은 높은 끓는점(2000°C이상)을 가지고 있고 매우 단단한 경향이 있다. 세라믹의 구조적 특징에 기초하여 그 이유를 설명하시오.

9.12 피부세포를 단순히 배양액에 놓는다고 성장하지는 않는다. 즉 다른 세포 형태를 갖고 있는 피부구조로 조직화되지 않는다. 이러한 분화가 생길 수 있게 하는 데는 무엇이 필요하고 이러한 물질들에서 가장 중요하게 요구되는 것은 무엇인지 설명하라.

9.13 왜 실리콘이 집적회로를 위해 선택된 반도체인지 설명하시오.

9.14 실리콘 원자의 지름을 Å 단위로 찾아보시오. 펜티엄 4 프로세서 칩에서 채널 길이는 60 nm이다. 얼마나 많은 실리콘 원자가 이에 해당하는가?

9.15 실리콘은 상온에서 1.1 eV의 띠 간격을 가지고 있다. 어떤 빛의 파장이 이 광자에너지에 해당하는가?

9.16 네마틱 액정상과 보통 액체는 어떤 면에서 같고 어떤 면에서 다른가?

9.17 열을 가해서 물질이 고체에서 네마틱 액정상을 거쳐 등방성(isotropic) 액체 상태로 변함에 따라 분자수준에서 무엇이 일어나는지 기술하시오.

9.18 그림 9.16에 보이는 분자들은 극성그룹(즉 분자 내에서 적당한 크기의 쌍극자 모멘트를 갖는 원자단)을 가지고 있다. 극성그룹의 존재가 어떻게 액정 형성을 강화하는가?

9.19 스멕틱 액정상은 네마틱보다 더 높게 질서화되어 있다

고 말할 수 있다. 어떤 의미에서 이것은 사실인가?

9.20 콜레스테릭 액정상은 네마틱 상태와 어떻게 다른지 기술하시오.

9.21 반도체 GaP는 2.2 eV의 띠 간격을 가지고 있다. GaP로 만들어진 LED로부터 나오는 빛의 파장은?

9.22 고체가 나노 정도의 크기를 가지고 있을 때 "띠"가 결합을 가장 정확하게 기술하지 못하는지 설명하시오.

9.23 다음의 설명이 맞는지 틀리는지 밝히시오.

(a) 반도체의 띠 간격은 1~10 nm 정도에서 입자 크기가 감소하면 감소한다.

(b) 외부 자극 상태에서 반도체에서 나오는 빛은 반도체의 입자 크기가 감소하면 파장이 더 길어진다.

9.24 금은 단위세포 모서리 길이가 4.08×10^{-8} cm인 면심입방체 구조이다. 단위세포 당 4개의 금 원자가 있다. 지름이 20 nm인 구에는 얼마나 많은 금 원자가 존재하는가?

9.25 액체가 액정상태를 보이는 온도 범위는 좁다(그림 9.16). 그 이유를 설명하라.

9.26 초전도성 산화물의 예로 $HgBa_2Ca_2Cu_3O_{8+x}$은 질량 백분율로 14.99% 산소를 포함한다.

(a) 모든 원소들이 화학식에 나타난 비로 존재한다고 가정할 때, x는 얼마인가?

(b) 이 화합물에서 금속원소 중 어느 것이 정수 아닌 평균전하를 갖는가? 설명하라.

(c) 어느 금속 이온이 가장 큰 이온 반지름을 갖는가? 어느 것이 가장 작은가?

CHAPTER 10

용액의 성질

일상에서 접하는 대부분의 물질들은 혼합물이다. 이 혼합물의 대부분은 균일 혼합물이며 분자수준에서 보면 그것을 이루는 성분들은 균일하게 섞여 있다. 균일 혼합물은 용액(solution)이라고 한다. 용액은 기체, 액체 또는 고체 상태로 존재한다. 용액에서 용매(solvent)는 가장 많이 존재하는 구성 성분이고, 다른 구성 성분은 용질(solute)이라고 한다. 액체 용액이 일반적이므로 이 장에서는 액체용액을 주로 다룰 것이다. 특히 우리의 일상생활에서 그리고 화학에서 매우 중요한 부분을 차지하는 이온성 물질로 구성된 수용액을 살펴보겠다. 분자들 사이에는 다양한 종류의 분자간 힘이 존재한다는 것을 알았다. 이 장에서도 용질과 용매 사이의 상호작용에 이들의 힘이 작용함을 볼 것이다.

10.1 농도 표시방법

퍼센트, ppm, ppb

용액의 농도는 정성적으로 혹은 정량적으로 표시할 수 있다. 묽은(dilute) 또는 진한(concentrated)이라는 용어는 용액의 농도를 정성적으로 나타낸다. 화학에서는 농도를 나타낼 때 몇 가지 정량적 표시법을 사용한다. 가장 간단한 표시법은 용액 중 한 성분을 질량백분율(mass percentage)로 표시하는 것이다.

$$\text{성분의 질량백분율}(\%) = \frac{\text{용액 중 성분의 질량}}{\text{용액의 총질량}} \times 100 \qquad [10.1]$$

예를 들어 질량 36%의 염산용액은 용액 100 g에 36 g의 HCl을 포함한다.

매우 묽은 용액의 농도는 백만분율(parts per million, ppm)로 표시하고 다음과 같이 정의한다.

$$\text{성분의 ppm} = \frac{\text{용액 중 성분의 질량}}{\text{용액의 총질량}} \times 10^6 \qquad [10.1]$$

1 ppm의 농도는 용액 일백만(10^6) g 중 1 g의 용질을 포함하거나 혹은 1 kg 용액에 1 mg의 용질을 포함한다. 물의 밀도는 1 g/mL이므로 묽은 수용액 1 kg은 부피로 1 L이다. 그러므로 1 ppm은 또한 용액 1 L당 1 mg의 용질에 해당한다. 독성물질이나 발암물질의 최대 허용농도는 ppm으로 표현한다. 예를 들면 음료수 중 비소의 최대 허용농도는 0.05 ppm, 즉 1 L의 물 중 0.05 mg의 비소를 포함하는 양이다. 더 묽은 용액은 10억분의 일(parts per billion, ppb) 단위를 사용한다. 1 ppb의 농도는 10억(10^9) g의 용액 중 1 g의 용질, 혹은 1 L 용액 중 1 μg의 용질을 나타낸다.

예제 10.1

(a) 물 0.100 kg에 글루코오스($C_6H_{12}O_6$) 13.5 g을 녹였다. 이 용액 중 용질의 질량백분율은? (b) 지하수 2.5 g 중 Zn^{2+} 5.4 μg이 들어 있다. Zn^{2+} 농도는 ppm 단위로 얼마인가?

해답: (a) 용액의 질량은 용질(글루코오스)의 질량과 용매(물)의 질량을 합한 값이다. 0.100 kg은 100 g이므로

$$\text{글루코오스의 질량 \%} = \frac{\text{글루코오스의 질량}}{\text{용액의 질량}} \times 100$$

$$= \frac{13.5\text{ g}}{13.5\text{ g} + 100\text{ g}} \times 100 = 11.9\%$$

이 용액 중 물의 질량백분율은 (100 − 11.9)% = 88.1%이다.

(b) 1 μg은 1×10^{-6} g이므로 5.4 μg = 5.4×10^{-6} g이다. 그러므로

$$\text{ppm} = \frac{\text{용질의 질량}}{\text{용액의 질량}} \times 10^6 = \frac{5.4 \times 10^{-6}\text{ g}}{2.5\text{ g}} \times 10^6 = 2.2\text{ ppm}$$

보충예제

시판용 표백용액은 3.62%의 차아염소산소듐(NaOCl)을 포함한다. 표백용액 2500 g 들이 병의 NaOCl 함량은 얼마인가?

답: 90.5 g의 NaOCl

몰분율, 몰농도, 몰랄농도

화학자들은 주어진 양의 용매나 용액에 녹아 있는 용질의 양을 나타낼 때 농도(concentration)라는 용어를 사용한다. 일정한 양의 용매에 녹은 용질의 양이 클수록 그 용액은 더욱 진해진다.

용액의 농도는 용액의 성분 몰수에 기초한 농도 표시법을 주로 사용한다. 가장 일반적

으로 몰분율(mole fraction), 몰농도(molarity) 그리고 몰랄농도(molality)가 사용된다. 용액 중 한 성분의 몰분율은 다음과 같다.

$$\text{성분의 몰분율} = \frac{\text{용질의 몰수}}{\text{모든 성분의 총 몰수}} \quad [10.3]$$

화학에서 농도의 표시로 몰농도(molarity)를 가장 많이 사용한다. 용액의 몰농도(M)는 용액 1 L에 녹는 용질의 몰수로 정의한다.

$$\text{몰농도} = \frac{\text{용질의 몰수}}{\text{용액의 부피(L)}} \quad [10.4]$$

1.00 M용액은 용액 1 L마다 1.00 몰의 용질을 포함한다. 예를 들어 0.250몰(39.9 g) $CuSO_4$를 물에 녹여 용액의 부피를 0.250 L가 되게 하면 용액의 몰농도는 (0.250 몰 $CuSO_4$)/(0.250 L 용액) = 1.00 M이 된다.

몰랄농도(molality)는 용매 1 kg에 녹은 용질의 몰수로 나타내며 m 으로 표시한다.

$$\text{몰랄농도} = \frac{\text{용질의 몰수}}{\text{용매의 kg 수}} \quad [10.5]$$

몰농도와 몰랄농도의 차이점을 분명하게 알아야 한다. 농도를 표시하는 이 두 가지 방법은 매우 비슷하기 때문에 혼동할 수가 있다. 몰농도는 용액의 부피로 정의하는 반면 몰랄농도는 용매의 질량으로 정의한다. 1.50 몰랄농도(1.50 m이라고 표시) 용액은 용매 1 kg당 1.50몰 용질을 포함한다. 1.50 M 용액은 용액 1 L당 1.50몰 용질을 포함한다. 물이 용매일 때 묽은 용액의 몰랄농도와 몰농도는 거의 같다. 왜냐하면 1 kg의 용매와 1 kg의 용액의 부피는 거의 비슷하기 때문이다. 용액의 몰랄농도는 온도에 무관하다. 왜냐하면 질량은 온도에 따라 변하지 않기 때문이다. 그러나 몰농도는 용액의 팽창이나 수축 때문에 온도에 따라 변한다.

때때로 용액의 한 농도 단위를 다른 농도 단위로 나타낼 필요가 있다. 몰랄농도와 몰농도를 상호변환하기 위해서는 용액의 밀도를 알아야 한다. 그림 10.1에 용액의 몰농도와 몰랄농도를 구하는 과정을 요약하였다. 용액의 질량은 용매와 용질의 질량의 합이며, 용액의 부피는 그 질량과 밀도로 계산이 가능하다.

용액의 몰농도를 알면 주어진 부피 중 용질의 몰수를 쉽게 구할 수 있다. 그러므로 몰농도는 용액의 부피와 용질의 몰 수 사이의 환산 인자이다. 0.200 M HNO_3 2.0 L 중 HNO_3 의 몰수는 다음과 같이 계산할 수 있다.

$$HNO_3\ \text{mol} = (2.0\ \text{L 용액})\left(\frac{0.200\ \text{mol}\ HNO_3}{1\ \text{L 용액}}\right) = 0.40\ \text{mol}\ HNO_3$$

몰농도를 mol/L 로 표시하면 이 환산에서 어떻게 단위 분석을 이용할 수 있는지를 알 수 있다. 또 부피와 몰농도를 곱하면 몰수를 구할 수 있다.

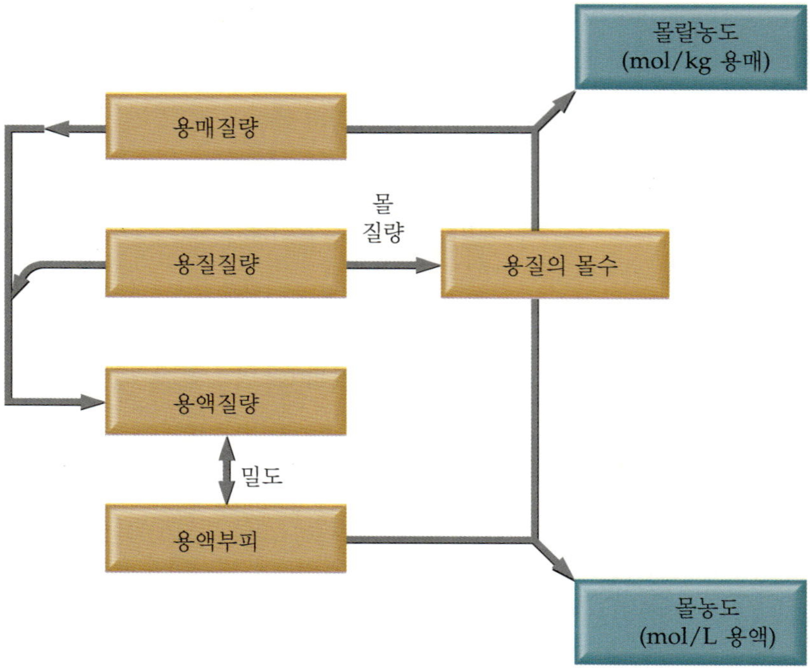

▶ **그림 10.1 몰농도와 몰랄농도의 계산.** 용질의 질량, 용매의 질량, 용액의 밀도로부터 몰랄농도와 몰농도의 계산 과정을 나타낸다.

예제 10.2

0.025 M 질산칼슘 용액에 존재하는 각 이온들의 몰농도는 얼마인가?

해답: 용액을 만들 때 사용한 이온성 화합물의 농도를 알려 주고 용액 내 이온들의 농도를 구하는 문제이다. 이온들의 상대 농도를 구할 때 화합물의 화학식을 사용한다.

질산칼슘은 칼슘이온(Ca)과 질산이온(NO_3^-)으로 구성되고 이것의 화학식은 $Ca(NO_3)_2$이다. Ca^{2+} 1개당 NO_3^-이 2개 존재하므로, 1몰의 $Ca(NO_3)_2$는 녹아 1몰의 Ca^{2+}와 2몰의 NO_3^-로 해리한다. 따라서 0.025 M $Ca(NO_3)_2$ 용액에는 0.025 M Ca^{2+}와 $2 \times 0.025\ M = 0.050\ M$의 NO_3^-가 존재한다. 이 결과는 NO_3^- 이온 농도가 Ca^{2+} 이온의 두 배라는 것을 확인할 수 있다.

보충예제

0.015 M 탄산포타슘용액의 0.25 L 중 K^+ 이온은 몇 몰인가?

답: 0.0075몰

예제 10.3

염산 용액은 질량으로 36%의 HCl을 포함한다. 이 용액 중 (a) HCl의 몰분율을 계산하라. (b) HCl의 몰랄농도를 계산하라. (c) 몰농도의 계산에 어떠한 정보가 더 필요한가?

해답: (a) 질량백분율에 관한 문제는 총질량을 가정하여 문제를 풀면 편리하다. 정확히 100 g의 용액이라 가정하자. 그 용액은 36 g의 HCl과 (100 − 36) = 64 g의 H_2O를 포

함한다. HCl의 몰분율을 구하려면 우선 질량을 몰수로 바꾼다.

$$\text{HCl의 몰수} = (36\text{ g HCl})\left(\frac{1\text{ mol HCl}}{36.5\text{ g HCl}}\right) = 0.99\text{ mol HCl}$$

$$H_2O\text{의 몰수} = (64\text{ g }H_2O)\left(\frac{1\text{ mol }H_2O}{18\text{ g }H_2O}\right) = 3.6\text{ mol }H_2O$$

$$X_{HCl} = \left(\frac{\text{HCl 몰수}}{H_2O\text{ 몰수} + \text{HCl 몰수}}\right) = \left(\frac{0.99}{3.6 + 0.99}\right) = \left(\frac{0.99}{4.6}\right) = 0.22$$

(b) 용액의 몰랄농도를 구하려면 용매의 질량을 알아야한다. HCl의 몰수는 (a)에서 구하였고 용매의 질량은 64 g = 0.064 kg이다.

$$\text{HCl의 몰랄농도} = \left(\frac{0.99\text{ mol HCl}}{0.\ 64\text{ kg }H_2O}\right) = 15\ m$$

(c) 용액의 몰농도를 구하려면 용액의 부피가 필요하다. 만일 용액의 밀도를 알면 용액의 질량을 용액의 부피로 바꿀 수 있으며 몰 농도를 계산할 수 있다.

보충예제

(a) 3.62 %의 시판용 표백용액 중 NaOCl의 몰분율을 계산하라. (b) 톨루엔(C_7H_8) 420 g에 나프탈렌($C_{10}H_8$) 36.5 g 이 녹은 용액의 몰랄농도는?

답: (a) 9.00×10^{-3}, (b) 0.678 m

10.2 용해과정

분자화합물이 물에 녹으면 분자형태는 그대로 유지된다. 예를 들면 메탄올용액은 물에 CH_3OH가 녹은 것이다. 분자화합물은 일반적으로 이온을 생성하지 않으며 비전해질(non-electrolyte)이다. 그러나 중요한 예외가 있다. 어떤 분자는 물과 아주 세게 작용하여 이온을 생성한다. 특히 산과 암모니아(NH_3) 같은 몇 가지 분자화합물들은 물과 반응하여 이온을 생성하며 결과적으로 이들은 전해질이 된다. 예를 들면 HCl(g)이 물에 녹아 염산[HCl(aq)]을 생성할 때 용액에서 $H^+(aq)$와 $Cl^-(aq)$이온으로 해리된다. 실제로 1.0 M HCl 용액에 1.0 M $H^+(aq)$이온과 1.0 M $Cl^-(aq)$이온이 존재할 뿐 HCl 분자는 하나도 존재하지 않는다.

고체 NaCl은 규칙적으로 배열된 Na^+와 Cl^-이온으로 구성되어 있다. NaCl이 물에 녹으면 각 이온들은 고체구조로부터 분리되어 용액 전체에 분산된다. 이온성 고체는 녹아 성분 이온으로 해리(dissociation)된다. 물은 이온성 화합물에 매우 유효한 용매이다. 비록 물은 전기적으로 중성이지만, 분자의 한쪽 끝(O 원자)은 부분 음전하를 가지고, 또 다른 끝(H 원자)은 부분 양전하를 갖는다. 그러므로 양이온은 H_2O의 음전하 쪽에 끌리고, 음이온은 양전하 쪽으로 끌린다. 이온성 화합물이 녹으면 이온들은 그림 10.2처럼 H_2O 분자로 둘러싸인다. 이 과정은 용액 내 이온들을 안정하

(a) (b) (c)

▲ **그림 10.2 이온성 고체가 물에 녹는 과정.** (a)고체 물질은 물 분자에 의하여 수화된다, 물 분자 중 산소원자는 양이온 쪽으로 배향하고, 수소원자는 음이온 쪽으로 배향한다. (b), (c) 이온이 고체표면으로부터 분리되고 수화된다.

게 만들고 양이온과 음이온들이 재결합하는 것을 방지한다. 이온들과 이온을 둘러싼 물분자 층이 서로 자유롭게 움직이기 때문에 이온들은 용액 전체에 균일하게 분산된다. 이온성 화합물이 물에 녹을 때 용액의 이온 농도는 화합물의 화학식에 의존한다. 예를 들면 1.0 *M* NaCl 용액은 1.0 *M*의 Na^+이온과 1.0 *M*의 Cl^-이온을 포함하고 1.0 *M*의 Na_2SO_4 용액은 2.0 *M*의 Na^+이온과 1.0 M의 SO_4^{2-}이온을 포함한다.

10.3 포화용액과 용해도

고체용질이 용매에 녹으면서 용액의 농도는 증가하다가 어느 농도 이상이 되면 용질 입자는 다시 고체로 석출되는 시점에 도달한다. 이 과정은 용액이 만들어지는 과정과 반대방향으로 일어나며 결정화(crystallization)라고 한다. 이 과정을 다음과 같이 나타낼 수 있다.

$$\text{용질} + \text{용매} \underset{\text{결정화}}{\overset{\text{용해}}{\rightleftharpoons}} \text{용액} \qquad [10.6]$$

양 방향의 반응속도가 같을 때 용액의 농도에는 변화가 없다. 이 균형은 동적 평형(dynamic equilibrium)의 한 예이다.

더 이상 용해되지 않는 용질을 포함하는 용액을 포화용액이라고 한다. 포화용액에 용질을 더 첨가해도 용질은 녹지 않는다. 일정한 용매를 포화용액으로 만들 때 필요한 용질의 양을 용해도(solubility)라고 한다. 예를 들면 0°C에서 물에 대한 NaCl 용해도는 물 100 mL당 35.7 g이다. 이것은 그 온도에서 물에 녹을 수 있는 NaCl의 최대 양이다.

녹을 수 있는 최대량보다 적은 양이 녹아 있는 용액을 불포화용액이라고 한다. 어떤 조건에서는 포화용액 조제에 필요한 양보다 더 많은 용질을 포함하는 용액을 만들 수 있다. 그러한 경우를 과포화(supersaturation)라고 한다. 때때로 이러한 과포화용

(a) $NaC_2H_3O_2$ 결정을 과포화용액에 첨가할 때 (b) 과량의 $NaC_2H_3O_2$는 용액에서 결정화 된다 (c) 용액이 포화상태에 도달한다

▲ **그림 10.3 아세트산소듐은 물에서 쉽게 과포화용액이 된다.**

액은 높은 온도에서 포화용액을 만든 다음 조심스럽게 용질이 더 이상 용해되지 않는 온도로 낮출 때 만들어 진다. 과포화용액은 과냉각 액체와 같은 이유로 생성된다. 용질분자들이 결정화하려면 결정 생성에 알맞게 배열되어야 한다. 과포화용액의 용질분자는 그들의 평형농도보다 더 큰 농도로 존재하므로 과포화용액은 불안정하다. 작은 용질결정(결정핵)을 넣으면 과량으로 녹아 있던 용질의 결정화를 유도하여 포화용액을 만들 수 있다(그림 10.3).

10.4 용해도에 영향을 주는 요인

한 물질이 다른 물질에 용해하는 정도는 용질과 용매의 성질에 의존한다. 또한 기체의 경우는 온도와 압력에 의존한다.

용질–용매 상호작용

용해도를 결정하는 인자 중 하나는 물질끼리 섞이려는 자연적 경향성이다(계가 더 무질서해지려는 경향). 만일 이러한 경향성이 유일한 요인이라면 물질들은 서로 완전히 섞일 것이다. 하지만 반드시 그렇지 않다. 그러면 어떤 인자가 관여하는 것일까? 앞에서 배운 것처럼 용질과 용매분자간의 상대적 인력이 매우 중요한 역할을 한다. 무질서해지려는 경향성과 용질 및 용매입자 간 여러 가지 상호작용은 모두 용해도 결정에 관여하지만 용질과 용매 간 상호작용에 초점을 맞추어 설명하면 쉽게 이해되는 부분이 많다. 예를 들어 물에 대한 여러 가지 간단한 기체의 용해도를 나타낸 표 10.1의 자료를 살펴보자. 용해도는 분자(또는 원자)량이나 극성 증가에 따라 증가하고 있다. 기체와 용매 분자간의 인력은 주로 기체 분자의 크기와 질량의 증가에 따라 증가하는 London 분산력이다. 물에 대한 기체의 용해도는, 용질(기체)과 용매(물) 사이의 인력

표 10.1 물에 대한 기체의 용해도(20°C, 1 atm)

기체	용해도(M)
N_2	0.69×10^{-3}
CO	1.04×10^{-3}
O_2	1.38×10^{-3}
Ar	1.50×10^{-3}
Kr	2.79×10^{-3}

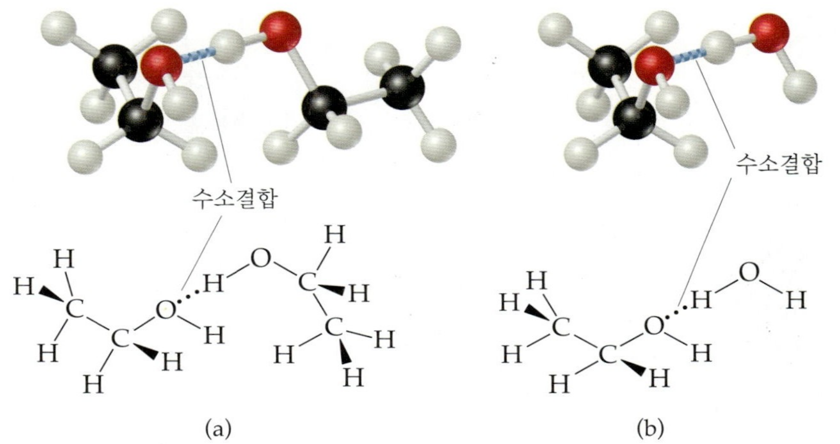

▶ **그림 10.4 수소결합 상호 작용.** (a) 에탄올 분자 사이 (b) 에탄올 분자와 물 분자 사이

증가에 따라 증가한다는 것을 보여준다. 다른 요인이 비슷하다면 일반적으로 용질과 용매 사이의 인력이 셀수록 용해도는 커진다. 기체와 용매 사이에 화학반응이 일어날 때는 훨씬 더 큰 기체의 용해도를 갖는다.

극성인 액체는 극성용매에 쉽게 녹는 경향이 있다. 용매분자와 용질분자간 유리한 쌍극자-쌍극자 인력의 결과 때문에 극성액체는 극성용매에 쉽게 녹는다. 물은 극성일 뿐만 아니라 수소결합을 한다. 그리하여 극성분자 특히 물 분자와 수소결합을 할 수 있는 극성분자는 물에 잘 녹는다. 극성분자 아세톤은 물과 모든 비율로 잘 혼합된다. 모든 비율로 혼합되는 경우를 섞인다(miscible)고 하며 혼합되지 않는 경우를 섞이지 않는다(immiscible)고 한다. 예를 들면 물과 헥산(C_6H_{14})은 섞이지 않는다.

표 10.2에서 극성물질은 극성물질끼리 서로 잘 섞임을 볼 수 있다. 알코올 분자의 O—H 결합은 극성일 뿐만 아니라 수소결합을 형성한다. 이러한 수소결합으로 인해 용질-용질, 용매–용매 그리고 용질–용매 사이의 힘은 알코올과 물의 혼합물에서도 크게 다르지 않다(그림 10.4). 이것은 혼합할 때 분자들 주위에 큰 변화가 없다는 것이고, 혼합에 따르는 무질서도의 증가는 용액의 생성에 중요한 역할을 한다. 결과적으로 에탄올은 물과 완전히 섞인다.

표 10.2 물에 대한 알코올의 용해도

알코올	물에 대한 용해도(mol/100 g H_2O, 20°C)*
CH_3OH(methanol)	∞
CH_3CH_2OH(ethanol)	∞
$CH_3CH_2CH_2OH$(propanol)	∞
$CH_3CH_2CH_2CH_2OH$(butanol)	0.11
$CH_3CH_2CH_2CH_2CH_2OH$(pentanol)	0.030
$CH_3CH_2CH_2CH_2CH_2CH_2OH$(hexanol)	0.0058
$CH_3CH_2CH_2CH_2CH_2CH_2CH_2OH$(heptanol)	0.0008

* ∞는 알코올이 물에 무한정 섞임을 의미한다.

알코올의 탄소원자 수는 표 10.2처럼 물에 대한 용해도에 영향을 준다. 탄소사슬의 길이가 증가함에 따라 극성의 OH는 분자 내에서 점점 작은 부분이 되고, 분자는 점점 더 탄화수소처럼 된다. 따라서 알코올의 용해도는 감소한다.

물에 대한 물질의 용해도를 증가시키는 방법은 극성 작용기의 수를 증가시키는 것이다. OH기의 수가 늘어나면 물 분자와의 수소결합이 더 많아지고 따라서 용해도는 증가할 것이다. 사이클로헥세인은 물에 녹지 않는다. 반면 글루코오스($C_6H_{12}O_6$)는 6개의 탄소로 이루어진 고리구조에 5개의 OH기를 가지고 있으며 물에 매우 잘 녹는다(그림 10.5). 분자간 인력이 비슷할 때 물질은 서로 잘 용해하는 경향이 있다. 일반적으로 "비슷한 것은 비슷한 것을 녹인다"라고 할 수 있다. 비극성 물질은 비극성 용매에 잘 녹는다. 이온성이나 극성물질은 극성 용매에 잘 녹는다. 다이아몬드와 석영과 같은 그물구조 고체는 극성 또는 비극성 용매 어느 것에도 녹지 않는다. 왜냐하면 내부의 매우 강한 결합력 때문이다.

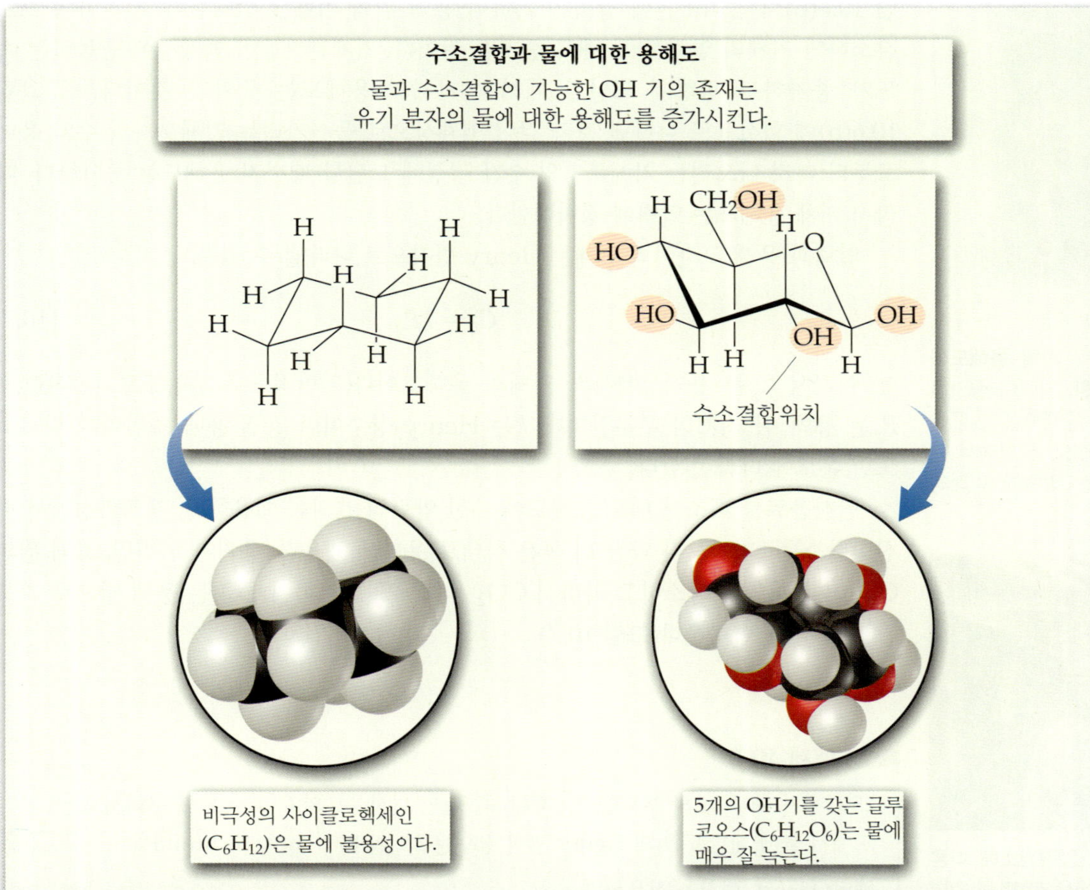

▲ **그림 10.5 분자구조와 용해도.** 사이클로헥세인은 물에 녹지 않지만 글루코스의 OH기는 분자의 바깥쪽으로 잘 드러나 있고 물과 수소결합이 용이하여 물에 매우 잘 녹는다.

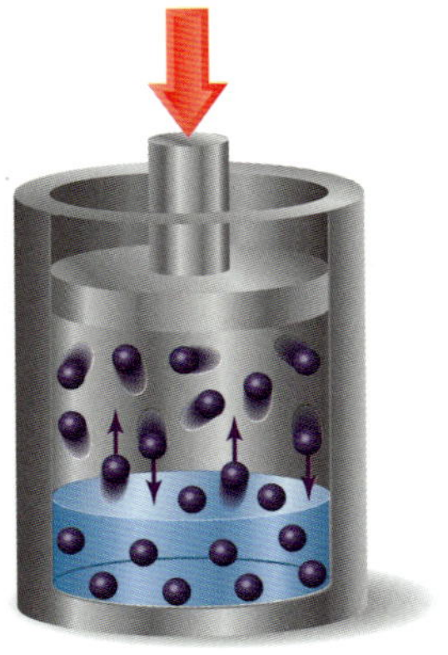

(a)

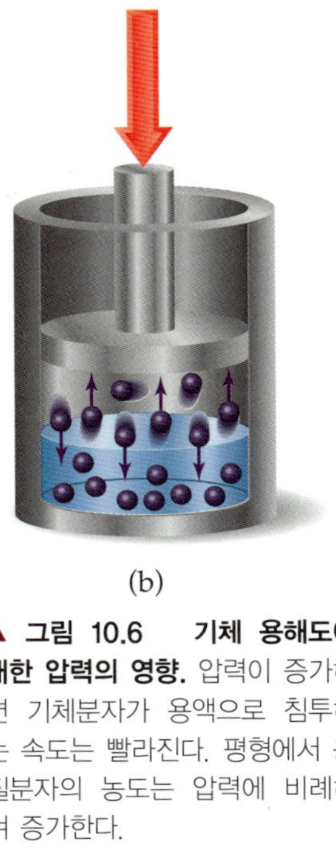

(b)

▲ **그림 10.6 기체 용해도에 대한 압력의 영향.** 압력이 증가하면 기체분자가 용액으로 침투하는 속도는 빨라진다. 평형에서 용질분자의 농도는 압력에 비례하여 증가한다.

▲ **그림 10.7 압력감소에 따른 용해도 감소.** 탄산음료 병을 열면 병 안의 CO_2 부분압이 감소하고 용액으로부터 CO_2 기포가 빠져 나온다.

예제 10.4

다음 물질들은 비극성의 사염화탄소(CCl_4)와 극성의 물 중 어느 것에 더 잘 녹는가?
C_7H_{16}, $NaHCO_3$, HCl, I_2

해답: C_7H_{16}과 I_2는 비극성이다. 그러므로 이들은 물보다 CCl_4에 더 잘 녹을 것이다. $NaHCO_3$는 이온성 물질이고, HCl은 극성공유결합 물질이므로 이 두 가지 물질은 CCl_4보다 물이 더 좋은 용매이다.

압력의 영향

용매에 대한 기체의 용해도는 기체의 압력이 높아지면 증가한다. 그러나 고체와 액체의 용해도는 압력의 영향을 별로 받지 않는다. 기체의 용해도에 대한 압력효과는 그림 10.6처럼 동적 평형으로 이해할 수 있다. 기체상과 액체상에 분배되는 물질을 가정하자. 평형에 도달하면 기체분자가 액체상으로 들어가는 속도는 액체상에서 기체상으로 빠져나오는 속도와 같다. 그림 10.6(a)의 작은 화살표는 이러한 과정을 나타낸다. 그림 10.6(b)처럼 피스톤에 압력을 가하여 용액 위의 기체를 압축한다. 부피가 반으로 감소하면 기체의 압력은 두 배로 증가할 것이다. 기체분자들이 액체상에 충돌하는 속도가 증가하고 평형에 도달할 때까지 기체의 용해도는 증가할 것이다. 즉 그림 10.6(b)에 화살표로 나타낸 것과 같이 액체상으로 들어가려는 기체분자의 수와 용매로부터 빠져 나오려는 기체분자의 수가 평형에 도달할 때까지 용해도는 증가한다. 따라서 기체 용해도는 압력에 정비례한다.

압력과 용해도 사이의 관계는 Henry 법칙으로 나타낼 수 있다.

$$C_g = kP_g \qquad [10.7]$$

여기서 C_g는 용액상에서의 기체의 용해도이다(일반적으로 몰농도로 나타낸다). P_g는 용액 위 기체의 부분압이다. k는 Henry 상수이며 용질-용매 조합마다 다르고 또한 온도에 따라 변한다.

탄산음료를 제조할 때도 용해도에 대한 압력의 효과를 이용한다. 제조과정에서 이산화탄소를 1기압보다 약간 더 높은 상태로 용기에 채운다. 용기가 열리면, 용액 위의 CO_2의 부분압은 감소하고 따라서 CO_2 용해도도 감소하여 CO_2는 용액 밖으로 기포를 내면서 빠져 나온다(그림 10.7).

예제 10.5

25°C에서 4.0 atm의 부분압으로 CO_2 를 녹인 탄산음료의 CO_2 농도를 구하시오. 이 온도에서 물에 대한 CO_2의 Henry 법칙 상수는 3.1×10^{-2} mol/L · atm이다.

해답: Henry 법칙을 적용하면

$$C_g = kP_g = (3.1 \times 10^{-2}\ \text{mol/L-atm})(4.0\ \text{atm})$$
$$= 0.12\ \text{mol/L} = 0.12\ M$$

보충예제

25°C에서 CO_2의 부분압이 3.0×10^{-4} atm으로 평형에 도달한 탄산음료의 CO_2 농도를 계산하라.

답: $9.3 \times 10^{-6}\ M$

온도의 영향

물에 대한 물질의 용해도는 일반적으로 온도를 올리면 증가한다. 수크로오스 ($C_{12}H_{22}O_{11}$)는 냉수보다 온수에 더 잘 녹는다. 그림 10.8은 물에 대한 몇 가지 이온성 물질의 용해도를 나타내고 대부분의 경우 온도가 높아지면 용해도가 증가한다. 그러나 $Ce_2(SO_4)_3$ 와 같이 예외도 있다.

고체 용질과 달리 기체의 용해도는 온도 증가에 따라 감소한다(그림 10.9). 유리컵의 물이 따뜻해지면 유리컵 내부에 공기방울을 볼 수 있다. 이것과 유사하게 탄산음료는 온도가 올라가면 김이 빠져 맛이 없어진다. 용액의 온도가 증가하면 CO_2의 용해도는 감소하고, CO_2는 용액으로부터 빠져 나온다. 온도 증가에 따라 물에 대한 O_2의 용해도 감소는 강이나 호수의 열 공해(thermal pollution) 원인 중 하나이다. 이 현상은 깊은 호수에 산소가 용해하는 것을 방해하여 산소가 필요한 수중 생물의 호흡을 방해하고 따라서 물고기는 이 환경에서 질식하여 죽을 수 있다.

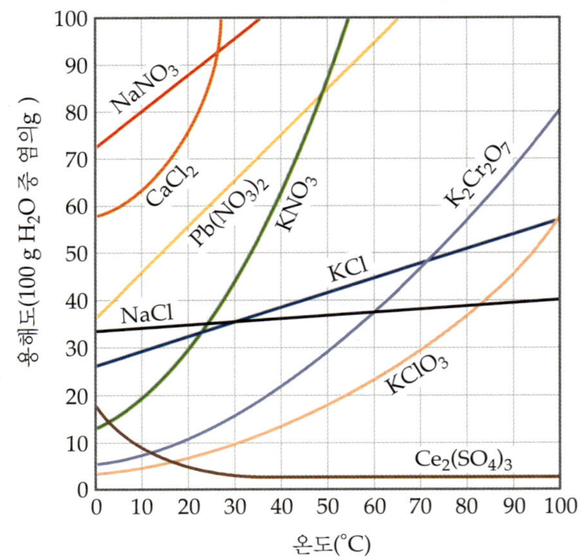

▲ **그림 10.8 온도에 따른 이온성 고체의 용해도**

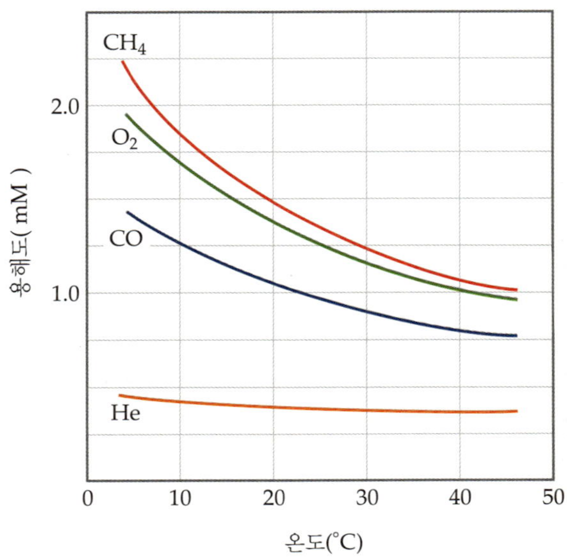

▲ **그림 10.9 온도에 따른 물에 대한 기체의 용해도.** 용해도는 1기압에서 mmol/L 단위로 나타내었다.

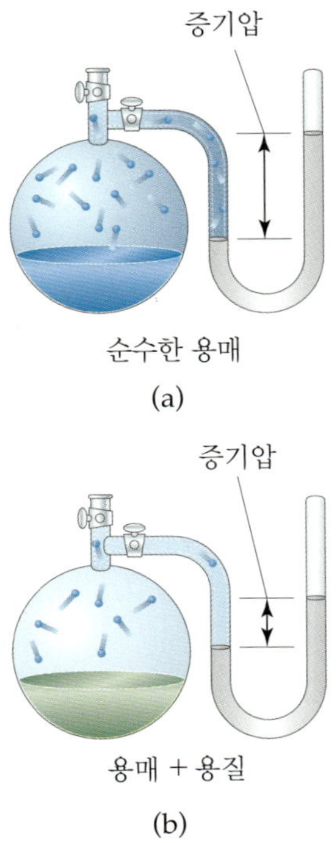

▲ 그림 10.10 증기압 강하.
휘발성 용매와 비휘발성 용질로 만든 용액의 증기압(b)은 순수한 용매의 증기압(a)보다 작다. 용질을 첨가할 때 증기압의 감소 정도는 용질의 농도에 의존한다.

10.5 총괄성

용액의 물리적 성질은 순수한 용매와 다르다. 예를 들면 순수한 물은 0°C에서 얼지만 수용액은 더 낮은 온도에서 언다. 에틸렌글리콜은 물과 혼합하여 자동차의 라디에이터 냉각수로 사용되는 데 용액의 어는점을 낮춘다. 또한 순수한 물보다 끓는점을 높여 높은 온도에서 엔진이 작동할 수 있도록 한다.

어는점을 낮추고 끓는점을 높이는 것은 용액의 물리적 성질의 한 예이며 이는 농도에 비례하고 용질의 종류와 무관하다. 이러한 특성을 총괄성(colligative properties)이라 한다(총괄성은 용질 입자수의 집합적 효과에 의존한다). 총괄성을 보이는 물리적 성질로서 어는점 내림과 끓는점 오름 이외에 증기압 강하와 삼투압이 있다.

증기압 강하

닫힌 용기 안의 액체는 그것의 증기와 평형을 유지한다. 평형에 도달하였을 때 예상되는 증기 압력을 증기압(vapor pressure)이라 한다. 증기압을 나타내는 물질을 휘발성(volatile)이라하고 증기압을 측정할 수 없을 정도로 작으면 그 물질을 비휘발성(nonvolatile)이라 한다.

용매의 증기압을 용액의 증기압과 비교하면 용매에 첨가하는 비휘발성 용질은 항상 증기압을 낮추는 것으로 알려져 있다. 휘발성 용매에 대한 비휘발성 용질의 증기압 효과를 그림 10.10에 간단하게 나타내었다.

비휘발성 용질이 용액의 증기압을 낮추는 정도는 용질의 농도에 비례한다. 비휘발성 용질을 포함하는 용액의 증기압은 Raoult의 법칙으로 설명된다. 이 법칙에 의하면 용액의 증기압 P_A는 용액 중 용매의 몰 분율 X_A와 순수용매의 증기압 P_A°에 비례한다.

$$P_A = X_A P_A^{\circ} \tag{10.8}$$

물의 증기압은 20°C에서 17.5 torr이다. 글루코오스를 첨가한 용액의 몰 분율이 $X_{H_2O} = 0.80$과 $X_{C_6H_{12}O_6} = 0.20$ 이라고 가정한다. 위 식에 의하면 용액에서의 증기압은 순수한 물 증기압의 80%일 것이다.

$$P_{H_2O} = (0.80)(17.5\ \text{torr}) = 14.0\ \text{torr}$$

비휘발성 용질이 증기압을 낮추는 정도는 농도에 비례한다. 실제로 증기압의 감소는 그들이 분자든 혹은 이온이든 관계없이 용질입자의 전체 농도에 비례한다. 예를 들면 1.0몰의 글루코오스는 0.5몰의 NaCl과 같은 정도로 증기압을 감소시킨다. 왜냐하면 NaCl 0.5몰은 0.5몰 $Na^+(aq)$와 0.5몰 $Cl^-(aq)$로 이온화하므로 전체 입자의 몰수는 1.0몰이고 글루코오스 1.0몰과 같기 때문이다. 증기압 내림은 총괄성이고 총괄성은 용질 종류가 아니라 용질입자의 농도에 따른다. Raoult의 법칙은 비휘발성 용질뿐만 아니라 비전해질 용질에도 적용된다.

이상기체는 이상기체방정식을 만족하는 기체이다. 마찬가지로 이상용액(ideal solution)은 Raoult의 법칙을 따르는 용액이다. 실제 용액은 용질의 농도가 작을 때 그리고 용질과 용매 분자가 비슷한 크기이고 분자간 인력이 비슷할 때 이상용액에 가깝다.

대부분의 용액들이 Raoult의 법칙을 정확하게 따르지는 않는다. 만약 용매와 용질 사이의 분자간 인력이 용매 사이 또는 용질 사이의 인력보다 약하면 용매의 증기압은 Raoult의 법칙이 예측하는 값보다 더 큰 경향을 보인다. 반대로 용매와 용질 사이의 인력이 수소결합과 같이 예상외로 강할 때 용매의 증기압은 Raoult의 법칙이 예상하는 값보다 적다.

예제 10.6

글리세린은 25°C에서 밀도 1.26g/mL의 비휘발성 비전해질이다. 물 500.0 mL에 글리세린 50.0 mL을 가하여 만든 25°C 용액의 증기압을 계산하라. 순수한 물의 증기압은 25°C에서 23.8 torr이다.

해답: Raoult의 법칙을 적용하려면 용액 중 물의 몰분율을 계산해야 한다.

$$C_3H_8O_3\ \text{mol} = (50.0\ \text{mL}\ C_3H_8O_3)\left(\frac{1.26\ \text{g}\ C_3H_8O_3}{1\ \text{L}\ C_3H_8O_3}\right)\times\left(\frac{1\ \text{mol}\ C_3H_8O_3}{92.1\ \text{g}\ C_3H_8O_3}\right)$$

$$= 0.684\ \text{mol}$$

$$H_2O\ \text{mol} = (500.0\ \text{mL}\ H_2O)\left(\frac{1.00\ \text{g}\ H_2O}{1\ \text{mL}\ H_2O}\right)\left(\frac{1\ \text{mol}\ H_2O}{18.0\ \text{g}\ H_2O}\right) = 27.8\ \text{mol}$$

$$X_{H_2O} = \frac{\text{mol}\ H_2O}{\text{mol}\ H_2O + \text{mol}\ C_3H_8O_3} = \frac{27.8}{27.8 + 0.684} = 0.976$$

용액 중 물의 증기압 계산은 Raoult 법칙을 사용한다.

$$P_{H_2O} = X_{H_2O}P^{o}_{H_2O} = (0.976)(23.8\ \text{torr}) = 23.2\ \text{torr}$$

용액의 증기압은 순수한 물의 증기압에 비하여 0.6 torr 낮다.

보충예제

순수한 물의 증기압은 110°C에서 1070 torr이고 에틸렌글리콜을 혼합한 용액의 증기압은 110°C에서 1.00 atm이었다. 이 용액이 Raoult의 법칙을 따른다고 가정할 때 용액 중 에틸렌글리콜의 몰분율은 얼마인가?

답: 0.290

끓는점 오름

용액의 상평형 그림과 끓는점 및 어는점은 순수한 용매와 어떻게 다른가? 비휘발성 용질의 첨가는 용액의 증기압을 낮춘다. 그림 10.11처럼 용액의 증기압 곡선(청색선)은 순수한 용매의 증기압 곡선(검은 선)에 비하여 아래로 이동한다. 모든 온도에서 용액의 증기압은 순수한 용매보다 작다. 액체의 정상 끓는점은 그 증기압이 1 atm과 같을 때의 온도이다. 순수한 액체의 정상 끓는점에서 용액의 증기압은 1 atm보다 낮을 것이다. 그러므로 1 atm의 증기압에 도달하려면 더 높은 온도가 필요하다. 따라서 용액의 끓는점은 순수한 액체의 끓는점보다 더 높다.

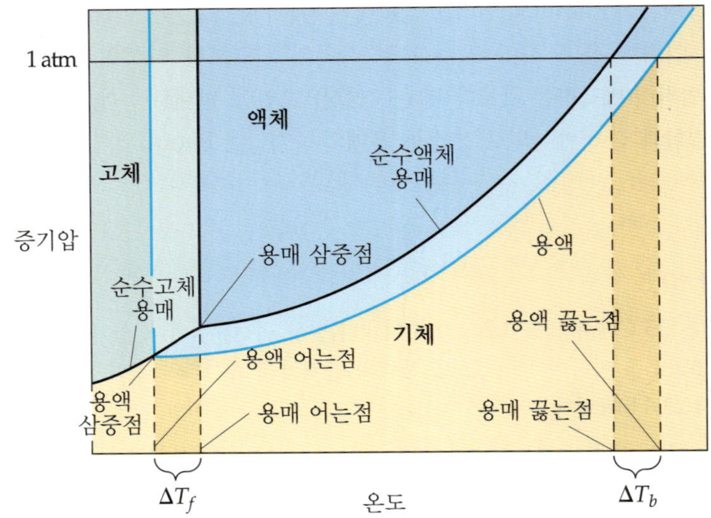

▶ **그림 10.11 비휘발성 용질을 포함하는 용액과 순수한 용매의 상평형 그림.** 용액이 얼 때 고체 용매의 증기압은 일반적으로 용질의 영향을 받지 않는다.

순수한 용매의 끓는점에 대해 끓는점 오름(boiling point elevation), ΔT_b는 일정량의 용매에 녹는 용질분자의 수에 정비례한다. 즉 ΔT_b는 용액 중 용질의 몰랄농도에 비례한다. 몰랄 농도는 용매 1000 g당 용질의 몰수로 정의한다.

$$\Delta T_b = K_b m \qquad [10.9]$$

몰랄 끓는점 오름상수 K_b의 크기는 용매에만 의존한다. 표 10.3 에 몇 가지 일반적인 용매의 K_b값을 나타내었다. 물에서 K_b는 0.52°C/m이고 1 m의 설탕물 또는 1 m의 비휘발성 용질을 포함하는 수용액의 끓는점은 순수한 물보다 0.52°C 더 높다. 끓는점 오름은 일정량의 용액 중 용질입자의 수에 비례한다. 염화나트륨이 물에 용해할 때 염화나트륨 1몰 당 2몰의 용질입자(1몰의 Na^+와 1몰의 Cl^-)를 생성한다. 그러므로 1 m의 NaCl 수용액은 같은 몰랄농도의 설탕물 용액보다 끓는점 오름이 두 배 더 크다.

어는점 내림

순수한 용매에 비하여 용액의 증기압이 낮은 것은 용액의 어는점에도 영향을 준다. 용액이 얼 때 일반적으로 순수한 용매의 결정이 석출되며 석출된 고체 용매에 용질 입자는 녹아 있지 않다. 예를 들면 수용액이 부분적으로 얼 때 석출되는 고체는 주로 순

표 10.3 몰랄 끓는점 오름상수와 몰랄 어는점 내림상수

용매	정상 끓는점(°C)	K_b (°C/m)	정상 어는점(°C)	K_f (°C/m)
물(H_2O)	100.0	0.52	0.0	1.86
벤젠(C_6H_6)	80.1	2.53	5.5	5.12
에탄올(C_2H_5OH)	78.4	1.22	−114.6	1.99
사염화 탄소(CCl_4)	76.8	5.02	−22.3	29.8
클로로폼($CHCl_3$)	61.2	3.63	−63.5	4.68

수한 얼음이다. 그림 10.11의 상평형 그림에서 고체의 증기압은 순수한 액체의 증기압과 같아지고 결국 이들의 곡선은 삼중점에서 만난다. 용액의 삼중점은 순수한 용매의 그것보다 낮은 온도에 있다. 그 이유는 용액의 증기압이 순수한 용매의 증기압보다 낮기 때문이다.

용액의 어는점은 평형에서 순수한 용매의 결정을 생성하기 시작하는 온도이다. 고체와 액체 사이의 평형을 나타내는 선은 삼중점으로부터 거의 수직으로 상승한다. 용액의 삼중점은 순수한 용매의 삼중점보다 낮기 때문에 용액의 어는점도 순수한 용매의 삼중점보다 낮을 것이다.

끓는점 오름처럼 어는점 내림(freezing point depression), ΔT_f도 용액의 몰랄농도에 정비례한다.

$$\Delta T_f = K_f m \tag{10.10}$$

표 10.3에 몇 가지 일반 용매에 대한 몰랄 어는점 내림상수, K_f 값을 나타내었다. 물의 K_f 값은 1.86°C/m이다. 이것은 1 m의 비휘발성 용질을 포함하는 수용액의 어는점은 순수한 물보다 1.86°C 낮음을 의미한다. 용질에 의한 용액의 어는점 내림은 겨울철에 자동차의 부동액이나 도로의 결빙방지에 염화칼슘($CaCl_2$)을 사용하는 원리이다.

예제 10.7

자동차의 부동액은 비휘발성 비전해질의 에틸렌글리콜을 포함한다. 물에 질량백분율로 25.0% 의 에틸렌글리콜을 포함하는 용액의 끓는점과 어는점을 구하시오.

해답: 몰랄 끓는점 오름상수와 몰랄 어는점 내림상수를 사용하려면 용액의 농도를 몰랄농도로 나타내야 한다. 1000 g의 용액이라면 25.0 %의 에틸렌글리콜 수용액 중 에틸렌글리콜과 물은 각각 250 g과 750 g이 들어있다. 따라서 용액의 몰랄농도는

$$\text{몰랄농도} = \frac{C_2H_6O_2\ \text{mol}}{H_2O\ \text{kg}}$$

$$= \left(\frac{250\ \text{g}\ C_2H_6O_2}{750\ \text{g}\ H_2O}\right)\left(\frac{1\text{mol}\ C_2H_6O_2}{62.1\ \text{g}\ C_2H_6O_2}\right)\left(\frac{1000\ \text{g}\ C_2H_6O_2}{1\ \text{kg}\ H_2O}\right) = 5.38\ m$$

끓는점과 어는점의 변화를 계산하면

$$\Delta T_b = K_b\, m = (0.52°\text{C}/m)(5.38\ m) = 2.8°\text{C}$$
$$\Delta T_f = K_f\, m = (1.86°\text{C}/m)(5.38\ m) = 10.0°\text{C}$$

그러므로 용액의 끓는점과 어는점은

$$\text{끓는점} = (\text{용액의 정상 끓는점}) + \Delta T_b$$
$$= 100.0°\text{C} + 2.8°\text{C} = 102.8°\text{C}$$
$$\text{어는점} = (\text{용액의 정상 어는점}) - \Delta T_f$$
$$= 0.0°\text{C} - 10.0°\text{C} = -10.0°\text{C}$$

순수한 용매인 물을 기준으로 끓는점은 높아지고 어는점은 낮아진다.

예제 10.8

다음 수용액의 어는점을 낮은 것부터 높은 순서로 나열하라. 0.050 m $CaCl_2$, 0.15 m NaCl, 0.10 m HCl, 0.050 m $HC_2H_3O_2$, 0.10 m $C_{12}H_{22}O_{11}$

해답: $CaCl_2$, NaCl, HCl은 센 전해질이고 $HC_2H_3O_2$는 약한 전해질이다. $C_{12}H_{22}O_{11}$은 비전해질이다. 각 용액 중 전체 입자의 몰랄농도는 다음과 같다.

0.050 m $CaCl_2$	(0.15 m)
0.15 m NaCl	(0.30 m)
0.10 m HCl	(0.20 m)
0.050 m $HC_2H_3O_2$	(0.050~0.10 m)
0.10 m $C_{12}H_{22}O_{11}$	(0.10 m)

용액의 어는점은 용액에 존재하는 용질의 몰랄농도에 의존하므로 예상되는 순서는 0.15 m NaCl(가장 낮은 어는점), 0.10 m HCl, 0.050 m $CaCl_2$, 0.10 m $C_{12}H_{22}O_{11}$, 0.050 m $HC_2H_3O_2$(가장 높은 어는점)이다.

보충예제

다음 물질을 물 1 kg에 첨가할 때 끓는점이 가장 크게 증가하는 것은? 1몰 $Co(NO_3)_2$, 2몰 KCl, 3몰 에틸렌글리콜($C_2H_6O_2$)

답: 2몰 KCl

삼투현상

생물계의 다양한 막(membrane)이나 셀로판(cellophane) 등의 물질은 반투과성(semipermeable) 막이다. 이들은 물과 같이 작은 용매분자는 통과하고, 큰 용질분자나 이온들은 통과하지 않는다. 이와 같은 반투과성은 막에 존재하는 작은 구멍들의 그물조직에 기인한다. 오직 용매만 막을 통과할 수 있는 상황을 생각하여보자. 만약 이와 같은 막이 서로 다른 농도를 갖는 두 용액 사이에 놓여 있다면 용매분자들은 막을 통하여 양쪽 방향으로 이동할 것이다. 이때 용매의 농도는 진한 용액보다 묽은 용액에서 더 클 것이다. 결국 묽은 농도의 용액에서 진한 농도의 용액으로 이동하는 용매의 속도는 반대방향으로 이동하는 속도보다 더 크다. 즉 용매분자들의 알짜 이동은 묽은 농도의 용액으로부터 진한 농도의 용액 쪽으로 일어난다. 다시 말하면 용매의 알짜 이동은 항상 용질의 농도가 더 진한 쪽으로 일어난다는 것이다. 이 과정을 삼투현상(osmosis)이라 한다.

그림 10.12는 두 용액이 반투과성 막으로 분리된 것을 나타낸다. 막을 통하여 두 용액이 같은 농도에 도달하기 위하여 용매는 오른쪽에서 왼쪽으로 이동할 것이다. 그 결과 양쪽 용액의 높이가 달라지고 이로 인해 두 용액의 압력 차는 점점 커지며 용매의 알짜 이동은 멈춘다. 용매의 알짜 이동을 멈추려면 그림 10.12에서와 같이 U자관의 왼쪽에 인위적으로 압력을 가할 수도 있다. 삼투현상을 멈추는 데 필요한 압력을 삼투압(osmotic pressure)이라 하고 π로 나타낸다. 삼투압은 이상기체법칙과 유사한 $\pi V = nRT$ 식으로 표시한다. V는 용액의 부피, n은 용질의 몰수, R은 기체상수, T

는 절대온도이다. 이 식을 정리하면

$$\pi = \left(\frac{n}{V}\right)RT = MRT \qquad [10.11]$$

여기서 M은 용액의 몰농도이다.

삼투현상은 생체 계에 매우 중요한 역할을 한다. 예를 들어 적혈구 막은 반투과성 막이다. 세포 내부의 용액보다 더 진한 용액에 적혈구가 존재할 경우 그림 10.13처럼 물은 세포 밖으로 이동한다. 이때 세포는 줄어든다. 세포 용액에 비하여 더 묽은 용액에 세포가 놓이면 물은 세포 내부로 이동하여 세포가 터질 수도 있는데 이것을 용혈과정(hemolysis)이라고 한다. 입으로 영양분을 섭취할 수 없는 상태에 놓인 사람은 직접 정맥주사로 영양분을 공급받을 수 있다. 이와 같은 경우 적혈구들이 수축되거나 파괴되는 현상을 방지하려면 반드시 정맥주사 용액은 세포 용액과 같은 농도의 용액을 사용해야 한다.

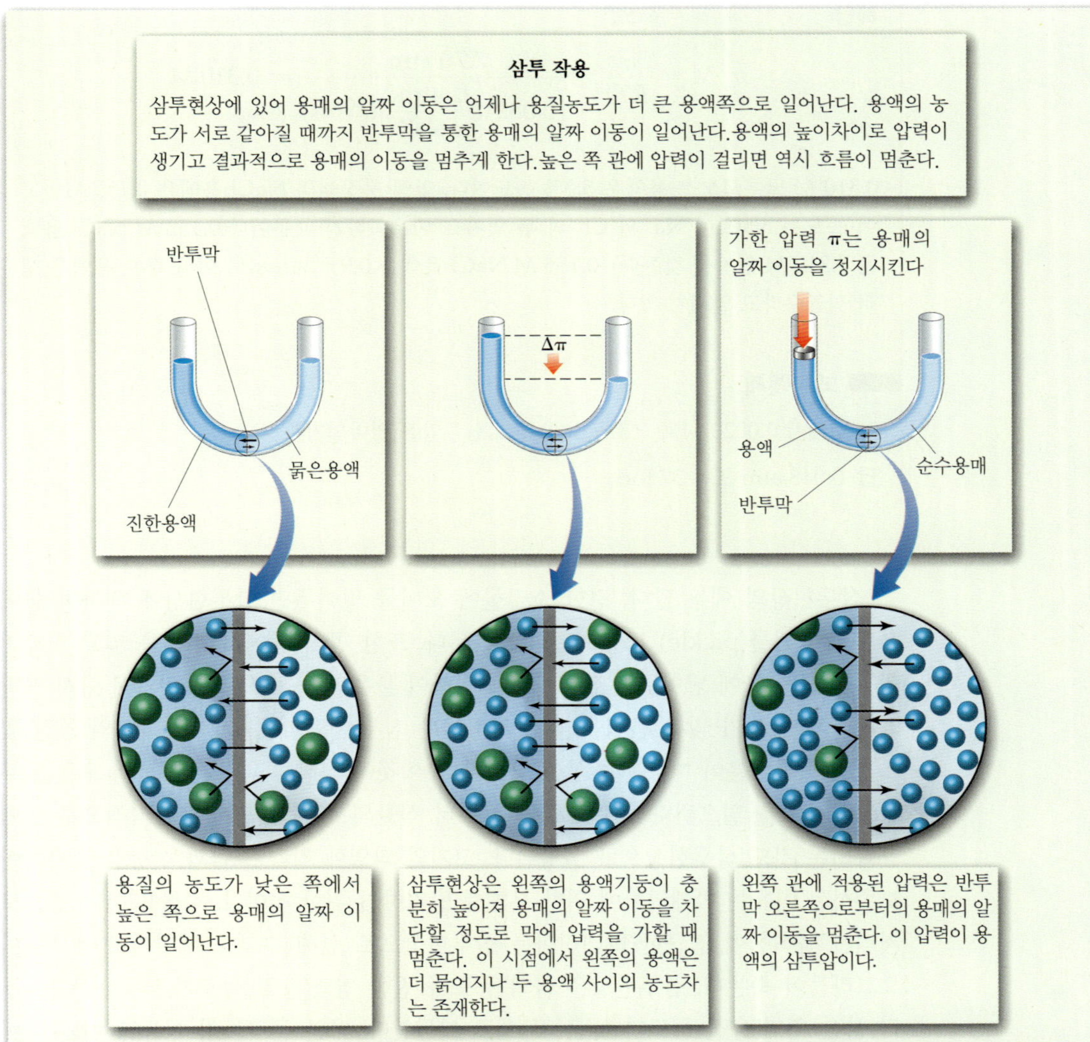

▲ **그림 10.12 삼투현상.**

▶ 그림 10.13 적혈구의 반투성 막을 통한 삼투현상. (a) 세포 밖으로 물이 이동함에 따라 세포가 수축하는 과정 (b) 세포 속으로 물이 이동하여 세포가 부풀어 오르는 용혈과정.

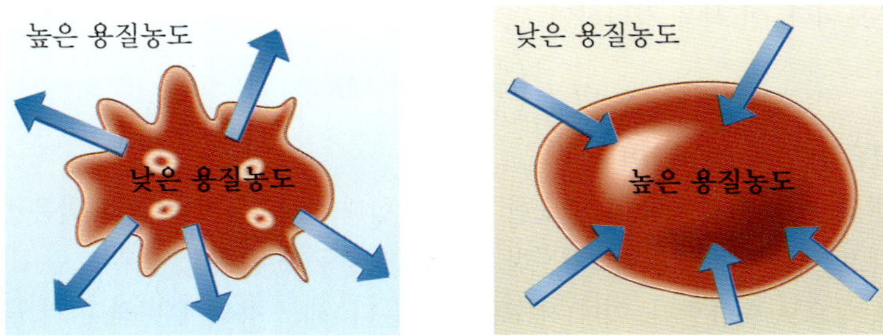

(a) 축혈과정 (b) 용혈과정

예제 10.9

혈액의 평균 삼투압은 25°C에서 7.70 atm이다. 혈액과 등장액(isotonic solution)이 되는 글루코스 용액의 농도는?

해답: $\pi = MRT$

$$M = \frac{\pi}{RT} = \frac{7.70\ \text{atm}}{\left(0.0821\dfrac{\text{L}\cdot\text{atm}}{\text{mol}\cdot\text{K}}\right)(298\text{K})} = 0.310\ M$$

0.310 M 글루코오스 용액은 5.3% 농도이다. 혈액 등장액의 NaCl 용액은 0.155 M이고 이 농도는 NaCl이 Na^+와 Cl^-의 두 입자로 이온화하기 때문이다(0.155 M NaCl 용액은 0.310 M 입자를 갖는다). 0.155 M NaCl 용액은 0.9% 농도이며 이와 같은 용액은 생리 식염수라고 알려져 있다.

보충예제

20°C에서 0.0020 M 수크로오스 용액의 삼투압은 얼마인가?

답: 0.048 atm 또는 37 torr

삼투현상의 예는 많다. 진한 소금물에 오이를 넣어두면 삼투현상에 의하여 물이 빠지면서 피클(pickle) 모양으로 오그라든다. 또한 공기 중에서 수분을 잃고 물컹거리는 당근을 물에 넣어두면 삼투현상에 의하여 물은 당근 속으로 들어가서 다시 딱딱해진다. 소금기가 많은 음식을 먹는 사람들은 삼투현상 때문에 세포 사이의 공간 및 조직세포에 수분이 머무는 현상을 경험한다. 이것이 심하면 피부가 부풀어 오르는 부종(edema)을 일으킨다. 물이 토양으로부터 식물의 뿌리를 통하여 궁극적으로 잎에 공급되는 것도 삼투현상으로 설명된다. 고기와 과일에 각각 소금과 설탕을 첨가하여 보존하는 이유는 박테리아에 의한 부패를 방지하기 위한 것이다. 소금 또는 설탕으로 처리한 음식물에 접근한 박테리아는 삼투현상으로 인해 수분을 빼앗기고 세포들이 오그라들어 죽는다. 삼투현상은 물의 농도가 진한 영역(용질 농도가 낮은 곳)으로부터 묽은 영역(용질 농도가 높은 곳)으로 이동한다. 다른 물질들의 이동도 이와 같이 농도가 진한 곳으로부터 묽은 곳으로 자발적으로 일어난다. 물뿐만 아니라 다른 물질들도 세포막을 통하여 이동한다. 이 사실은 영양분의 공급 및 노폐물의 배출 등에도 적용된다.

예제 10.10

40.0 g의 CCl_4에 어떤 물질 0.250 g을 녹여서 비휘발성, 비전해질 용액을 만들었다. 이 용액의 정상 끓는점은 0.357°C 높아졌다. 이 물질의 몰질량을 계산하라.

해답: 용액의 몰랄농도를 구하면

$$\text{몰랄농도} = \frac{\Delta T_b}{K_b} = \frac{0.357°\text{C}}{5.02°\text{C}/m} = 0.0711\ m$$

용액은 용매 1 kg 당 0.0711몰의 용질을 포함한다. 또한 용액은 용매 40.0 g과 용질 0.250 g을 사용하여 만들었으므로 용매 1 kg에 존재하는 용질의 g 수는

$$\frac{\text{용질의 g수}}{CCl_4 \text{ 의 kg}} = \left(\frac{0.250\text{ g 용질}}{40.0\text{ g }CCl_4}\right)\left(\frac{1000\text{ g }CCl_4}{1\text{ kg }CCl_4}\right) = \frac{6.25\text{ g 용질}}{1\text{ kg }CCl_4}$$

결국 용매 1 kg은 6.25 g의 용질을 포함하며 ΔT_b 의 측정에서 용질의 몰수는 0.0711이므로

$$\text{몰질량} = \frac{6.25\text{ g}}{0.0711\text{ mol}} = 87.9\text{ g/mol}$$

보충예제

Camphor($C_{10}H_{16}O$)의 녹는점은 179.8이고 K_f = 40.0°C/m의 큰 어는점 내림상수를 갖는다. 액체 camphor 22.01 g에 미지의 유기물질 0.186 g을 녹였을 때 혼합물의 어는점은 176.7°C이다. 이 물질의 몰질량은 얼마인가?

답: 110 g/mol

10.6 콜로이드

미세한 진흙을 물에 분산할 때 이들은 실제로 중력 때문에 떠있지 못하고 가라앉는다. 분산된 진흙 입자들은 분자보다 훨씬 더 크고 수천에서 수백만 개의 원자들로 구성되어 있다. 반면에 용액의 입자들은 분자 규모의 크기를 가진다. 이 두 가지 극단적 입자 사이에 존재하는 분산입자의 형태를 콜로이드 분산(colloidal dispersion) 혹은 단순히 콜로이드(colloid)라 한다. 콜로이드는 용액과 불균일 혼합물 사이에 존재하는 물질이고 용액처럼 기체, 액체 및 고체의 세 가지 상태로 존재할 수 있다. 표 10.4는 이에 대한 다양한 예를 보여준다. 분산입자의 크기는 혼합물을 콜로이드 분류에 사용하는 물리적 성질이다. 콜로이드 입자의 지름은 대략 10~2000 Å까지 분포한다.

콜로이드 입자는 작아서 분산 용액은 균일하게 보이지만 그 용액은 통과하는 빛을 효과적으로 산란시킬 정도로 크다. 따라서 대부분의 콜로이드는 탁하거나 불투

▲ **그림 10.14 실험실에서의 Tyndall 효과의 예.** 왼쪽 용기에는 콜로이드 서스펜션(colloidal suspension)이, 오른쪽 용기에는 용액이 들어 있다. 콜로이드 서스펜션을 통과하는 빛은 콜로이드 입자에 의해 산란되어 빛의 경로가 분명하게 보인다. 빛은 용액 중 용질분자에 의해 산란되지 않는다.

표 10.4 콜로이드의 종류

콜로이드의 상	분산시키는 물질 (용매와 유사)	분산되는 물질 (용질과 유사)	콜로이드 종류	예
기체	기체	기체	—	없다(모두 용액)
기체	기체	액체	에어로졸	안개
기체	기체	고체	에어로졸	연기
액체	액체	기체	거품	생크림
액체	액체	액체	에멀젼	우유
액체	액체	고체	졸	페인트
고체	고체	기체	고체 거품	양아욱
고체	고체	액체	고체 에멀젼	버터
고체	고체	고체	고체 졸	루비 유리

명하게 보인다. 더욱이 그들은 빛을 산란하기 때문에 그림 10.14처럼 빛이 콜로이드 서스펜션을 통과할 때 빛의 경로가 보인다. 콜로이드 입자에 의한 빛의 산란을 틴달 효과(tyndall effect)라 하고, 이것은 연기가 가득한 극장의 영사실로부터 나오는 빛이나 먼지가 가득한 거리에서 자동차로부터 나오는 빛의 경로를 볼 수 있게 한다.

친수성 콜로이드와 소수성 콜로이드

콜로이드는 분산매질(dispersing medium)이 물인 친수성(hydrophilic, 물을 좋아하는) 콜로이드와 소수성(hydrophobic, 물을 싫어하는) 콜로이드가 있다. 친수성 콜로이드는 앞에서 설명한 용액과 매우 유사하다. 소수성 콜로이드도 특별한 방법으로 안정화되면 물속에 존재할 수 있다. 그렇지 않으면 물에 대한 소수성 콜로이드의 친화도가 작기 때문에 소수성 콜로이드는 물과 분리된다.

소수성 콜로이드는 그림 10.15처럼 그들의 표면에 이온들을 흡착하여 안정화된다. 흡착된 이온은 물과 상호작용하여 콜로이드를 안정화한다. 같은 전하를 흡착한 콜로이드 입자들 사이의 반발력은 입자들이 서로 충돌하는 것을 막아주고 입자의 성장을 막는다.

소수성 콜로이드는 그들의 표면에 친수성 그룹이 있을 때 또한 안정화될 수 있다. 그 예로 작은 기름방울들은 소수성이다. 따라서 기름방울들은 물속에서 서스펜션으로 존재하지 않고 분리되어 물의 표면에 기름막을 생성한다. 스테아르산나트륨(sodium stearate)과 같이, 한쪽 끝은 친수성기(극성 또는 전하를 띤)이고 다른 쪽 끝은 소수성(무극성)기를 갖는 물질을 첨가하면 그림 10.16처럼 물속에 있는 기름의 서스펜션을 안정화한다. 스테아르산이온의 소수성 말단은 기름방울과 결합하고 친수성 말단은 물과 결합한다.

이러한 개념은 우리의 소화계도 적용된다. 음식물에 있는 지방이 소장까지 도달하기 위하여 호르몬은 쓸개로부터 담즙이 나오게 한다. 담즙의 성분 중 스테아르산나트

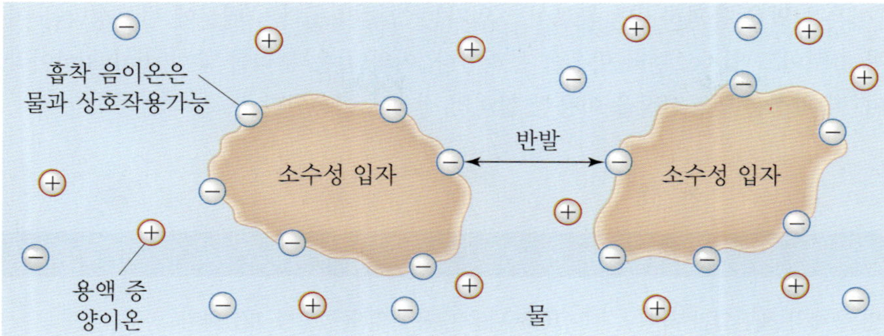

◀ **그림 10.15 흡착 이온에 의한 소수성 콜로이드의 안정화.**

륨과 화학적으로 비슷한 구조를 갖는 물질이 있다. 즉 이 화합물은 친수성(극성) 말단과 소수성(비극성) 말단을 갖는데 이들은 소장 내의 지방을 유화하고 소장벽을 통해 지용성 비타민을 흡수하게 만든다. 에멀젼(emulsion)은 액체에 액체가 분산됨을 의미한다. 에멀젼의 생성을 돕는 물질을 에멀젼화제(emulsifying agent)라 한다. 에멀젼화제로 이용되는 물질들은 전형적으로 친수성 말단과 소수성 말단을 동시에 갖는다.

콜로이드 입자의 제거

콜로이드 입자는 굴뚝의 연기 제거 또는 우유에서 유지방의 제거와 같이 분산매질에서 제거하여야 한다. 콜로이드 입자는 매우 작기 때문에 간단한 여과로 제거할 수 없다. 콜로이드 입자는 커지려 하고, 이 과정을 응고(coagulation)라 하는데 커진 입자는 여과나 분산매질을 방치하여 분리할 수 있다.

가열하거나 또는 전해질을 첨가하여도 콜로이드는 응고한다. 가열하면 입자의 운동과 충돌수가 증가하고, 충돌에 의해 서로 달라붙으면서 입자는 커진다. 또한 전해질을 첨가하면 입자 표면의 전하가 중화되어 정전기적 반발이 없어지고 서로 달라붙는다. 이런 효과는 강의 진흙이 소금물과 섞여 퇴적물이 되는 것으로부터 알 수 있다. 이 때문에 강이 바다와 만날 때 삼각주를 생성한다.

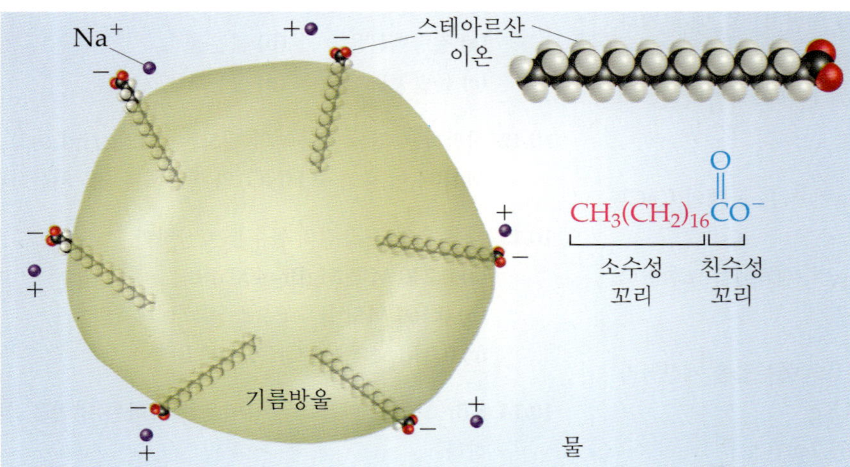

◀ **그림 10.16 물에서 스테아르산 이온에 의한 기름 에멀젼의 안정화.**

이온은 막을 통과하지만 콜로이드 입자는 그렇지 못하기 때문에 반투성막을 이용하여 콜로이드 입자로부터 이온을 분리한다. 이와 같은 분리를 투석(dialysis)이라고 하며, 이 과정은 인공신장을 이용한 혈액의 정제에 이용된다.

연습문제

10.1 일반적으로 용해도를 가지려면 용매와 용질입자 사이의 분자간 인력이 용질-용질간의 인력과 비슷하거나 또는 커야 한다. 이 사실을 용액 생성의 전체 에너지로 설명하라.

10.2 다음 용액들의 가장 중요한 용질-용매 사이의 상호작용의 형태를 설명하라.
(a) 벤젠(C_6H_6)과 CCl_4,
(b) 물과 $CaCl_2$,
(c) 물과 프로판올($CH_3CH_2CH_2OH$),
(d) 아세토나이트릴(CH_3CN)과 HCl

10.3 다음의 화합물 쌍 중 어느 것이 물에 더 잘 녹을 것으로 예측하는가? 그에 대한 이유를 설명하라.
(a) $CH_3CH_2CH_2CH_2OH$, CH_3CH_2OH
(b) CCl_4, $CaCl_2$
(c) C_6H_6, C_6H_5OH

10.4 물에 NH_4NO_3을 녹이는 것은 흡열과정이다. 세 가지 다른 성분에 의한 용액생성 과정을 설명하고, 이들의 합이 양(+)의 알짜 전체 엔탈피를 어떻게 변화할 수 있는지 설명하라.

10.5 헥산(C_6H_{14})이나 헵탄(C_7H_{16})과 같은 비극성 유기액체를 섞을 때 엔탈피 변화는 일반적으로 매우 작다.
(a) 에너지 도표로 이 사실을 설명하라.
(b) $\Delta H_{soln} \approx 0$일 때 왜 헥산과 헵탄은 자발적으로 용액을 생성하는지 설명하라.

10.6 **(a)** 물 456 g에 $CaCl_2$ 16.5 g이 녹은 용액의 $CaCl_2$ 질량백분율을 계산하라.
(b) 은(Ag) 원석 1톤은 83.5 g의 은(Ag)을 포함한다. 은의 농도는 몇 ppm인가?

10.7 다음 용액 중 메탄올(CH_3OH)의 몰분율을 계산하라.
(a) H_2O 224 g 중 CH_3OH 8.5 g
(b) CCl_4 144 g 중 CH_3OH 65.2 g

10.8 다음 수용액의 몰농도를 계산하라.
(a) 용액 350.0 mL 중 NaCl 10.5 g
(b) 용액 125 mL 중 $LiClO_4 \cdot 3H_2O$ 40.7 g
(c) 1.50 M HNO_3 40.0 mL를 0.500 L가 되도록 묽힌 용액

10.9 다음 용액의 몰랄농도를 계산하라.
(a) 사염화탄소(CCl_4) 17.0 g에 녹은 벤젠(C_6H_6) 13.0 g,
(b) 물 0.250 L에 녹은 NaCl 5.85 g

10.10 아세토나이트릴(CH_3CN)의 밀도는 0.786g/mL이고 메탄올(CH_3OH)의 밀도는 0.791 g/mL이다. CH_3CN 100.0 mL에 CH_3OH 20.0 mL를 녹여 용액을 만들었다.
(a) 이 용액에서 메탄올 몰분율은 얼마인가?
(b) 이 용액의 몰랄농도는 얼마인가?
(c) 용질과 용매의 부피를 합하여 용액의 부피가 된다고 가정하면 용액 중 CH_3OH의 몰농도는 얼마인가?

10.11 비타민 C인 아스코르브산(ascorbic acid)은 수용성 비타민이다. 55°C에서 물 210 g에 아스코르브산($C_6H_8O_6$) 80.5 g을 녹여 만든 용액의 밀도는 1.22 g/mL이다. 다음을 계산하라.
(a) 질량백분율 **(b)** 몰분율
(c) 몰랄농도 **(d)** 몰농도

10.12 시판하는 질산 수용액의 밀도는 1.42 g/mL이고 16 M이다. 이 용액 중 HNO_3의 질량백분율을 계산하라.

10.13 다음 용액 중 용질의 몰수를 계산하라.
(a) 0.240 M의 $MgBr_2$ 400 mL
(b) 0.460 M의 글루코오스 80.0 L
(c) 0.040 M의 Na_2CrO_4 3.00 L

10.14 KBr 고체로 다음의 수용액을 조제하는 방법을 설명하라.

(a) 1.5×10^{-2} *M* KBr 0.85 L

(b) 0.180 *m* KBr 165 g

(c) 질량백분율이 12.0% KBr 용액 1.85 L(이 용액의 밀도는 1.10 g/mL이다)

(d) $AgNO_3$ 0.480몰을 포함한 용액에서 AgBr 16.0 g 침전에 필요한 0.150 *M* KBr 용액

10.15 $Cr(NO_3)_3 \cdot 9H_2O$의 물에 대한 용해도는 15°C에서 물 100 g당 208 g이고, 35°C에서 물 100 g당 324 g이다. 이 용액을 15°C까지 천천히 냉각하면 침전은 생성되지 않는다.

(a) 이와 같은 용액을 무엇이라 하는가?

(b) 이 용액에서 결정화가 생기려면 어떻게 해야 하는가? 분자 수준에서 설명하라.

10.16 그림 10.8을 참고하여 40°C에서 물 100 g에 다음의 이온성 고체들을 각각 40.0 g씩 가할 경우 포화용액인가?

(a) $NaNO_3$ **(b)** KCl

(c) $K_2Cr_2O_7$ **(d)** $Pb(NO_3)_2$

10.17 "비슷한 물질은 비슷한 물질을 녹인다"라는 표현은 일반적으로 여러 가지 용매에서 비이온성 물질의 용해도에 적용된다. 그 이유를 분자 내 상호작용으로 설명하라.

10.18 공기 중 O_2의 부분압은 0.21 atm이다. 표 10.2의 자료와 Henry 법칙을 이용하여, 20°C에서 공기로 포화된 호수의 수면에 존재하는 O_2의 몰농도를 계산하라.

10.19 용질입자의 존재나 그 종류에 관계없이 농도에 의존하는 용액의 특성을 세 가지 이상 들라.

10.20 Raoult의 법칙을 설명하라.

10.21 **(a)** 35°C에서 1.00 kg 에탄올(C_2H_5OH)의 증기압을 13.2 torr까지 감소하는 데 필요한 에틸렌글라이콜($C_2H_6O_2$)의 질량을 계산하라. 35°C에서 순수한 에탄올의 증기압은 1.00×10^2 torr이다.

(b) 40°C에서 0.500 kg 물의 증기압을 4.60 torr로 감소시키는데 필요한 KBr의 질량을 계산하라(물의 증기압은 부록을 참조).

10.22 63.5°C에서 H_2O의 증기압은 175 torr이고, 에탄올(C_2H_5OH)은 400 torr이다. 같은 질량의 H_2O와 C_2H_5OH를 혼합하여 용액을 만들었다.

(a) 이 용액의 에탄올 몰분율은 얼마인가?

(b) 이상용액처럼 거동한다고 가정하면, 63.5°C에서 이 용액의 증기압은 얼마인가?

(c) 이 용액의 증기 중 에탄올의 몰분율은 얼마인가?

10.23 표 10.3의 자료를 사용하여, 다음 각 용액의 어는점과 끓는점을 계산하라.

(a) 에탄올 중 0.17 *m* 글리세롤

(b) 16.8몰 클로로포름 중 1.92몰 나프탈렌($C_{10}H_8$)

(c) 200 g물 중 5.44 g KBr과 6.35 g 글루코오스($C_6H_{12}O_6$)

10.24 다음 수용액들을 끓는점이 증가하는 순서로 나열하라. 0.040 *m* 글리세린, 0.020 *m* KBr, 0.030 *m* 페놀(C_6H_5OH)

10.25 요소[$(NH_2)_2CO$]는 포유동물에서 단백질 대사작용의 산물이다. 20°C에서 2.02 g의 요소를 포함하는 145 mL 수용액의 삼투압은 얼마인가?

10.26 아드레날린(adrenaline)은 스트레스를 느끼거나 위급한 경우에 여분의 글루코오스를 방출하는 호르몬이다. 0.64 g의 아드레날린이 36.0 g의 CCl_4에 녹아 있는 용액의 끓는점은 0.49°C올라간다. 아드레날린의 몰질량은 얼마인가?

10.27 라이소자임(lysozyme)은 박테리아 세포벽을 깨는 효소이다. 이 효소 0.150 g을 포함하는 210 mL 용액은 25°C에서 0.953 torr의 삼투압을 갖는다. 이 물질의 몰질량은 얼마인가?

10.28 Michael Faraday는 물에서도 무한히 안정한 금입자의 콜로이드를 최초로 제조하였다. 이 밝은 색의 콜로이드는 육안으로 용액과 구별하지 못한다. 이 용액이 콜로이드인지를 어떻게 알 수 있는가?

10.29 다음 각 콜로이드는 친수성인가 또는 소수성인가?

(a) 균질 우유 중 유지방,

(b) 혈액 중 헤모글로빈,

(c) 샐러드드레싱 중 야채기름

10.30 콜로이드 입자가 서로 뭉쳐 큰 응집체로 되지 않는 이유는 무엇인가? 또한 콜로이드를 응고하려면 어떻게 해야 하는가?

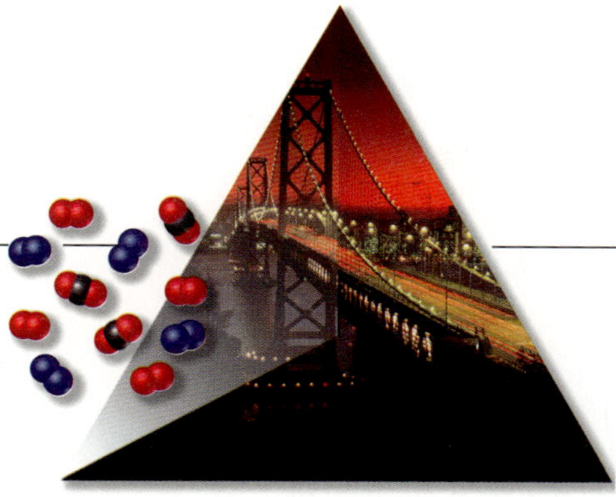

CHAPTER **11**

화학평형

평형이라는 것은 균형 상태에 있음을 의미한다. 반응물과 생성물의 농도가 일정하게 유지되는 상태를 화학평형(chemical equilibrium)이라고 한다. 이 때 농도가 일정하게 유지되어 반응이 마치 정지된 것처럼 보인다. 닫힌계에서 화학반응이 일어날 때 반응은 항상 평형에 있거나 평형으로 접근하게 된다. 반응이 얼마나 빠르게 평형에 도달하느냐 하는 것은 속도론적인 문제일 뿐이다. 평형상태에서는 정반응과 역반응이 같은 속도로 진행되며 이것을 동적평형이라고 한다. 우리는 이러한 평형의 예를 주위에서 쉽게 접할 수 있다. 액체 위의 증기는 액체상과 평형을 이룬다. 액체상의 분자가 기체상으로 탈출하는 속도는 기체상의 분자가 액체의 표면에 부딪쳐 액체로 되돌아오는 속도와 같다. 또 다른 예로 염화나트륨 포화용액 내에서 고체 염화나트륨은 물에 분산된 이온들과 평형을 이룬다. 이온이 고체 표면을 떠나는 속도는 용액내의 이온들이 고체표면으로 석출되는 속도와 같다.

화학평형은 여러 가지 자연현상에 관여되며, 많은 산업적 공정에서 중요한 역할을 한다. 우리는 이 장에서 반응의 평형위치를 정량적으로 표현하는 방법을 배우고, 평형혼합물에서 반응물과 생성물의 상대적 농도를 결정하는 요인들에 대하여 알아볼 것이다.

11.1 평형의 개념

평형에서 반응물이 생성물로 바뀌는 속도와 생성물이 반응물로 바뀌는 속도는 같다.

$A \rightleftharpoons B$ 평형 반응에서 정반응과 역반응의 속도는 각각

$$\text{정반응} : A \longrightarrow B \qquad \text{속도} = k_f[A] \qquad [11.1]$$

$$\text{역반응} : B \longrightarrow A \qquad \text{속도} = k_r[B] \qquad [11.2]$$

여기서 k_f와 k_r는 각각 정반응과 역반응의 속도상수이다.

닫힌 용기 안의 순수한 화합물 A가 B로 변함에 따라 B의 농도는 증가하는 반면 A의 농도는 감소한다. [A]의 감소에 따라 정반응속도는 감소한다. 마찬가지로 [B]의 증가에 따라 역반응속도는 증가한다. 결국 반응은 정반응과 역반응의 속도가 같은 점에 도달한다. 평형에서 정반응의 속도와 역반응의 속도는 같아지고

$$k_f[\mathrm{A}] = k_r[\mathrm{B}]$$

이 식을 다시 정리하면 다음과 같다.

$$[\mathrm{B}]/[\mathrm{A}] = k_f/k_r = \text{상수} \qquad [11.3]$$

평형에서 A와 B의 농도비가 상수라는 것을 알 수 있다(대괄호는 몰농도를 의미한다). A, B 둘 중 어떠한 혼합물로 출발하든지 평형에서 이 비는 항상 일정하다. 한번 평형이 이루어지면 A와 B의 농도는 변하지 않는다. 그러나 이것은 A와 B가 반응하는 것을 멈추었다는 의미가 아니다. 오히려 평형은 동적(dynamic)인 개념이고 반응의 정방향과 역방향이 동시에 진행된다는 것을 나타낸다(평형반응을 양쪽 화살표를 사용하여 표시한다).

평형에서 반응물 농도와 생성물 농도 사이의 관계를 표시하는 다음과 같은 일반적인 평형반응식을 가정하면

$$a\mathrm{A} + b\mathrm{B} \rightleftharpoons p\mathrm{P} + q\mathrm{Q} \qquad [11.4]$$

여기에서 A, B, P와 Q는 평형에 관여하는 화학종들이고, a, b, p와 q는 평형반응식의 계수이다. 질량작용의 법칙에 따르면 평형조건은 다음 식으로 표시된다.

$$K_c = \frac{[\mathrm{P}]^p\,[\mathrm{P}]^q}{[\mathrm{A}]^a[\mathrm{A}]^b} \qquad [11.5]$$

이 상관관계를 반응의 평형상수식이라 한다. 상수 K_c는 평형상수(equilibrium constant)라 하며 실제 평형농도를 평형반응식에 대입하여 얻는 수치이다. 아래첨자 c는 평형혼합물의 농도로 몰농도를 사용하였음을 의미한다. 평형상수식의 분자에는 생성물을, 분모에는 반응물을 포함하고 있는 것에 주목하라.

11.2 평형상수

실제 화학계의 평형을 알아보기 위하여 사산화이질소(N_2O_4)와 이산화질소(NO_2) 사이의 평형반응을 살펴보자. 그림 11.1은 무색의 N_2O_4 시료를 유리관에 밀봉하여 비커에 놓아 둔 그림이다. 밀봉된 유리관 속의 물질은 끓는점(21.2°C) 이상으로 가열되면 무색의 N_2O_4 기체는 아래 반응식처럼 분해되어 갈색의 NO_2기체로 변하게 된다.

$$\mathrm{N_2O_4}(g) \rightleftharpoons 2\mathrm{NO_2}(g) \qquad [11.6]$$

유리관 속에 아직 N_2O_4가 남아 있다 하더라도 계가 평형에 도달하면 색은 더 이

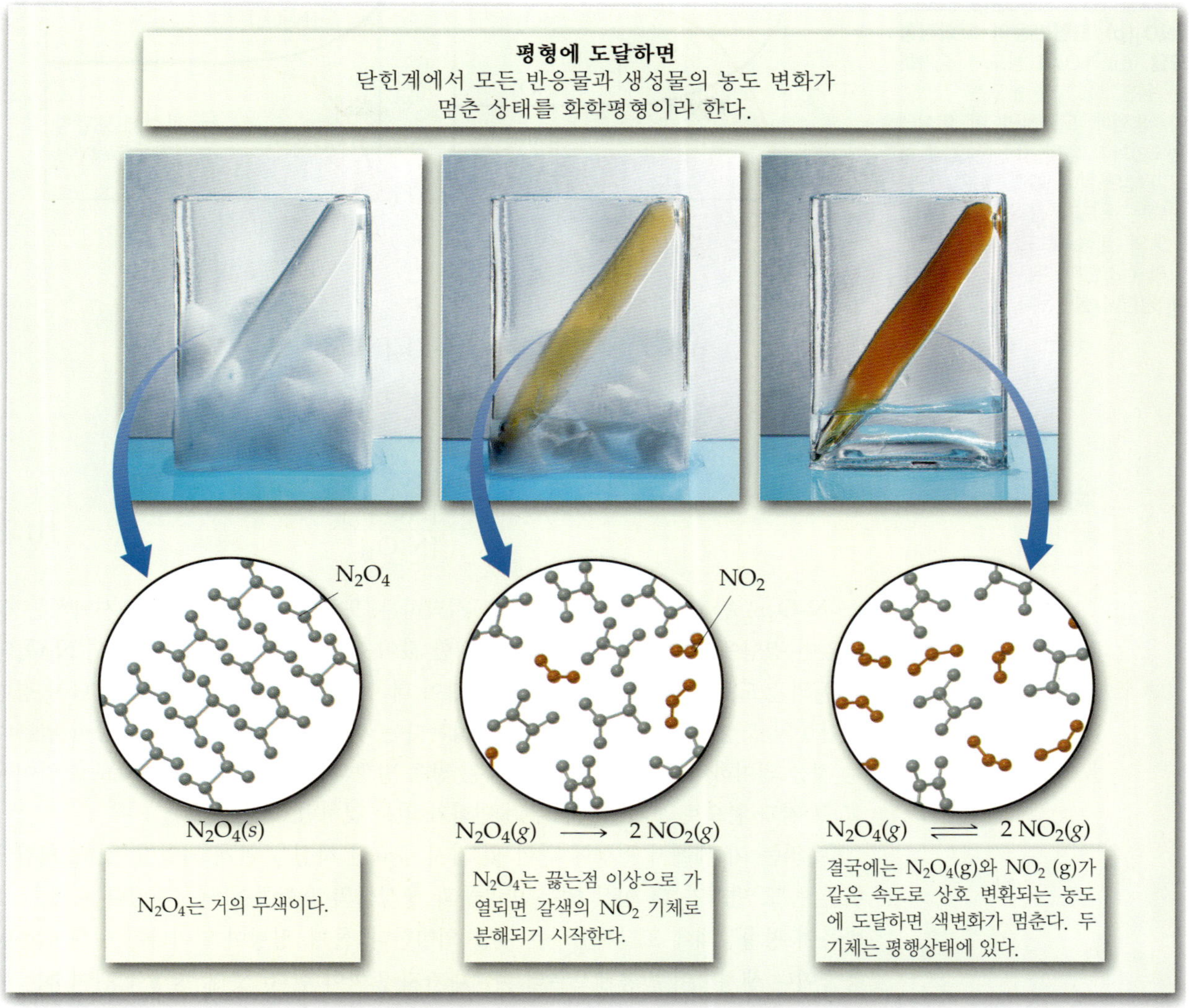

▲ **그림 11.1** $N_2O_4(g) \rightleftharpoons 2NO_2(g)$ **의 평형 반응**

상 진해지지 않는다. 시간이 지나도 N_2O_4와 NO_2 기체의 농도가 변하지 않는 평형혼합물을 얻게 된다. 평형혼합물은 반응이 가역적으로 일어나기 때문에 얻어진다.

우리는 반응속도론적 지식을 사용하여 이 평형을 분석할 수 있다. N_2O_4가 분해되어 NO_2를 생성하는 정반응과 NO_2로부터 N_2O_4를 다시 생성하는 역반응의 속도는 다음과 같다.

$$\text{정반응: } N_2O_4(g) \longrightarrow 2NO_2(g) \qquad \text{속도} = k_f[N_2O_4]$$
$$\text{역반응: } 2NO_2(g) \longrightarrow N_2O_4(g) \qquad \text{속도} = k_r[NO_2]^2$$

여기서 k_f와 k_r은 각각 정반응과 역반응의 속도상수이다. 평형에서 정반응의 속도와 역반응의 속도는 같으므로

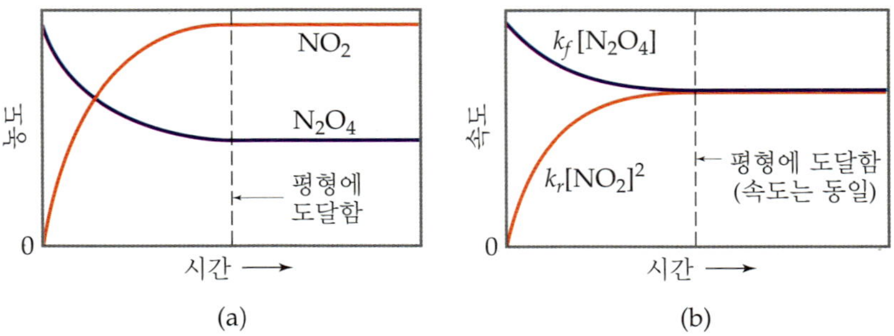

▶ **그림 11.2 $N_2O_4(g) \rightleftharpoons 2NO_2(g)$ 평형반응의 화학평형 도달.** (a) NO_2의 농도가 증가하는 동안 N_2O_4의 농도는 감소한다. 평형에 도달하면 더 이상의 농도변화가 없다. (b) N_2O_4의 농도가 감소함에 따라 N_2O_4가 줄어드는 속도가 감소한다. 동시에 NO_2의 생성속도도 역시 시간에 따라 감소한다. 두 속도가 같아질 때 평형이 성립된다.

$$k_f[N_2O_4] = k_r[NO_2]^2$$

$$[NO_2]^2/[N_2O_4] = k_f/k_r = \text{상수}$$

따라서 이 식의 평형상수 K_c는

$$K_c = \frac{[NO_2]^2}{[N_2O_4]} \qquad [11.7]$$

N_2O_4로 반응을 시작하든 NO_2로 시작하든, 또는 이 둘의 혼합물로 시작하든 상관없이 평형에서는 그 비율이 어떤 일정한 값이 된다. 일단 평형에 도달하면 N_2O_4와 NO_2의 농도는 그림 11.2에 보인 바와 같이 더 이상 변하지 않는다. 하지만 단지 평형 혼합물의 조성이 시간에 따라 변하지 않는다는 것이 N_2O_4와 NO_2의 반응이 멈춘다는 것을 의미하지는 않는다. 평형에서는 양쪽 방향의 반응이 서로 같은 속도로 일어나고 그 결과 겉으로 보기에는 아무런 변화가 없는 것처럼 보인다.

우리는 이 예에서 평형에 관한 몇 가지 중요한 사실을 알게 되었다. 첫째, 시간에 따른 농도 변화가 더 이상 없는 반응물과 생성물의 혼합물이 생성되었다는 것은 그 반응이 평형상태에 도달하였다는 것을 의미한다. 둘째, 평형이 일어나기 위해서는 반응물이나 생성물이 반응계로부터 빠져나가지 않아야 한다. 셋째, 평형에 관여하는 농도항 간의 일정한 비율인 평형 상수가 존재한다.

또 다른 평형반응의 예는 질소와 수소로부터 암모니아를 합성하는 반응이다.

$$N_2(g) + 3H_2(g) \rightleftharpoons 2NH_3(g) \qquad [11.8]$$

이 반응은 암모니아를 합성하는 Harber 과정의 기본이며 섭씨 수백 도의 온도와 수백 기압의 압력을 유지하는 용기 속에 촉매와 함께 N_2와 H_2를 넣는다. 이러한 조건 하에서 두 기체는 반응하여 암모니아를 만든다. 그러나 이 반응은 N_2와 H_2를 완전히 소모하지 못한다. 오히려 어느 시점에서 세 가지 성분의 반응 혼합물이 동시에 존재하면서 반응은 멈춘 것처럼 보인다. H_2, N_2, NH_3의 농도가 시간에 따라 어떻게 변화하는지 그림 11.3에 나타내었다. 평형에서 존재하는 N_2, H_2, NH_3의 상대적 양은 촉매의 양과 무관하고, 반응초기의 H_2와 N_2의 상대적 양에 의존한다. 또한 그림 11.3(b)처럼 같은 조건의 용기에 암모니아만 있으면 평형은 이동하여 N_2, H_2, NH_3의 혼합물이 만들어진다. 평형에서 H_2, N_2, NH_3의 상대적 농도는 출발 물질의 양에

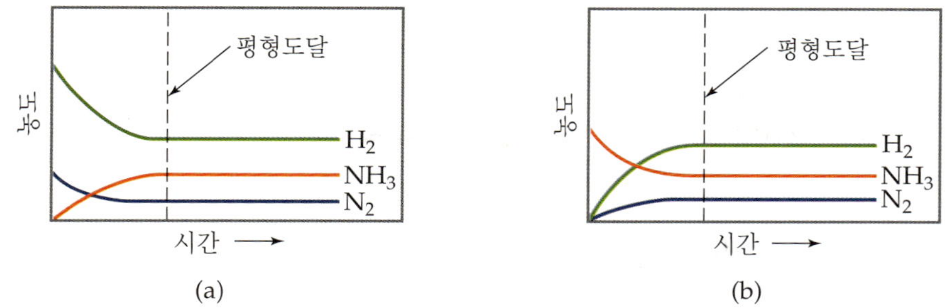

◀ **그림 11.3 $N_2 + 3H_2 \rightleftharpoons 2NH_3$의 평형에 접근할 때 농도변화.** (a) H_2와 N_2가 3 : 1 비로 시작하여 평형에 도달한다. (b) NH_3로 시작하여 평형에 도달한다.

관계없이 항상 일정하다. 평형의 조건은 양쪽 어느 방향으로도 도달할 수 있다.

세 가지 기체의 출발 혼합물의 상대적 양을 체계적으로 변화시켜 평형에서 기체 혼합물을 분석하면, 평형농도 사이의 관계를 알 수 있다.

Haber 과정의 평형상수식은

$$K_c = \frac{[NH_3]^2}{[N_2][H_2]^3} \qquad [11.9]$$

어떤 반응에 대하여 균형화학반응식을 알면 비록 반응 메커니즘을 몰라도 평형상수식을 쓸 수 있다. 평형상수식은 반응의 화학량론에만 의존하며, 반응 메커니즘과 무관하다.

일정한 온도에서 평형상수 값은 반응물과 생성물의 초기농도에 의존하지 않는다. 또한 이 값은 다른 물질들이 반응물 혹은 생성물과 반응하지 않으면 그 물질들의 존재유무에 상관하지 않는다. 그러나 평형상수 값은 온도에 따라 변한다.

평형상수가 초기 농도에 의존하지 않음을 표 11.1의 데이터로부터 알 수 있다. 예를 들어 실험1의 $[NO_2] = 0.0172\ M$와 $[N_2O_4] = 0.00140\ M$ 자료를 사용하면

$$K_c = \frac{[NO_2]^2}{[N_2O_4]} = \frac{(0.0172)^2}{0.00140} = 0.211$$

같은 방법으로 다른 시료의 K_c 값을 계산할 수 있으며, K_c 값은 초기농도가 변하여도 일정(실험오차 범위에서 $K_c = 0.212$)하다는 것에 주목하라. 또한 실험4의 결과는 NO_2뿐만 아니라 N_2O_4로 시작하여도 평형에 도달한다는 것을 보여준다. 즉 평형은

표 11.1 N_2O_4와 NO_2의 초기 및 평형농도(기체상태, 100°C)

실험	초기 N_2O_4 농도(M)	초기 NO_2 농도(M)	평형 N_2O_4 농도(M)	평형 NO_2 농도(M)	K_c
1	0.0	0.0200	0.00140	0.0172	0.211
2	0.0	0.0300	0.00280	0.0243	0.211
3	0.0	0.0400	0.00452	0.0310	0.213
4	0.0200	0.0	0.00452	0.0310	0.213

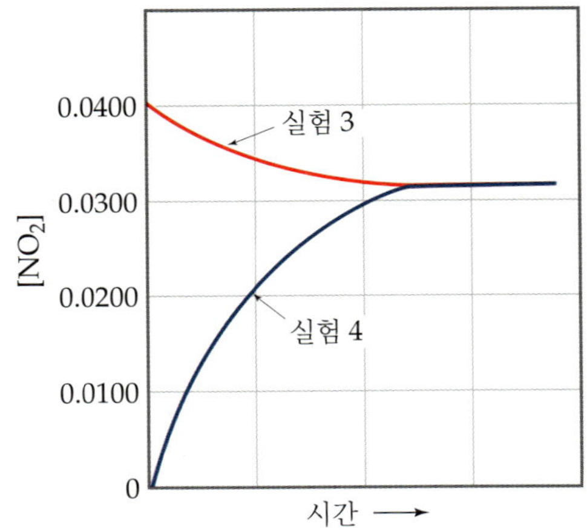

▶ 그림 11.4 평형에 접근할 때의 농도변화. 표 11.1처럼 0.0400 *M*의 NO_2(실험 3)로 시작하거나 0.0200 *M* N_2O_4(실험 4)로 시작하여도 동일한 평형혼합물이 생성된다.

양쪽 중 어느 쪽에서도 접근할 수 있다. 그림 11.4에서 실험 3과 실험 4의 두 실험 모두 똑같은 평형 혼합물이 생기는 것을 보여준다. 평형상수의 표시에 단위를 사용하지 않는 것에 유의하라.

예제 11.1

다음 반응의 평형상수 K_c를 쓰라.

(a) $2O_3(g) \rightleftharpoons 3O_2(g)$ (b) $2NO(g) + Cl_2(g) \rightleftharpoons 2NOCl(g)$

해답: 평형상수식의 분자는 생성물들의 농도를 포함하고 분모는 반응물의 농도를 포함한다. 평형혼합물의 계수가 각각의 농도항의 지수가 된다.

(a) $K_c = \dfrac{[O_2]^3}{[O_3]^2}$, (b) $K_c = \dfrac{[NOCl]^2}{[NO]^2[Cl_2]}$

보충예제

$H_2(g) + I_2(g) \rightleftharpoons 2HI(g)$의 평형상수식을 쓰라.

답: $K_c = [HI]^2/[H_2][I_2]$

11.3 압력을 사용한 평형상수

화학반응식은 반응물과 생성물이 기체일 경우 몰농도 대신 부분압력을 사용하여 평형상수식을 나타낼 수 있다. 식 [11.5]의평형상수식에 농도 대신 부분압력을 사용하면 평형상수를 K_p로 표시한다(여기서 아래첨자 p는 압력을 나타낸다).

$$K_p = \frac{[P_P]^p\,[P_Q]^q}{[P_A]^a\,[P_B]^b} \qquad [11.10]$$

여기서 P_A는 A의 부분압력이고, 나머지도 마찬가지이다. 일반적으로 K_c와 K_p의 값은 다르다. 그러므로 아래첨자를 사용하여 구별하는 것에 유의하라.

평형상수를 농도단위(K_c) 혹은 압력단위(K_p)로 표시할 수 있는데 이들 평형상수 사이에는 어떤 관계가 있는가? 기체물질은 이상기체 방정식을 사용하여 농도(몰농도)와 압력(atm)을 상호 변환할 수 있다.

$$PV = nRT, \quad \text{즉} \quad P = (n/V)RT = MRT$$

n/V는 mol/L이며 이는 몰농도(M)와 같다. 혼합기체속의 물질 A에 대해서

$$P_A = (n_A/V)RT = [\mathrm{A}]RT \qquad [11.11]$$

이 관계식을 K_p 식에 대입하고 반응의 다른 기체 성분들에 대해서도 같은 방법을 적용하면 K_p 와 K_c 사이의 다음과 같은 관계식을 얻게 된다.

$$K_p = K_c(RT)^{\Delta n} \qquad [11.12]$$

이 식에서 Δn은 반응식에서의 몰수의 변화로 기체 생성물의 몰수에서 기체 반응물의 몰수를 뺀 것과 같다. 예를 들어 $N_2O_4(g) \rightleftharpoons 2NO_2(g)$ 반응에서 $\Delta n = 1$이고, $K_p = K_c(RT)$이다. 반응 전후의 기체의 몰수가 같을 때만 $\Delta n = 0$ 이므로 $K_p = K_c$가 된다.

평형상수는 반응속도뿐만 아니라 그 과정의 열역학과도 관련이 있다. 열역학적 측정으로부터 얻어진 평형상수는 농도나 부분압보다는 활동도(activities)로 정의된다. 활동도에 대한 자세한 정의는 이 책의 범위를 벗어나지만 왜 평형상수가 단위 없이 쓰이는지를 이해하기 위해서 이를 대략적으로 알아볼 필요가 있다. 이상적인 혼합물 속의 어떤 물질의 활동도는 1 M 표준농도에 대한 그 물질의 농도비율이다. 기체의 경우 1기압 표준 압력에 대한 기체의 부분압력 비율이다. 예를 들면 평형혼합물 중의 어떤 물질의 농도가 0.1 M이라면 그 활동도는 0.10 M/1 M = 0.10이다. 이 비율의 단위는 항상 상쇄되므로 활동도의 단위는 없게 된다. 또한 1로 나눈 활동도의 값은 항상 농도와 같게 된다. 실제의 경우 활동도는 정확하게 농도와 수치적으로 같지 않은 경우도 있는데 일반적으로 우리는 그 차이를 무시할 것이다. 순수한 고체와 액체의 경우 상황은 더욱 간단해진다. 왜냐하면 활동도가 1이기 때문이다. 활동도는 단위가 없기 때문에 이로부터 얻어진 열역학적 평형상수도 단위가 없다. 따라서 모든 종류의 평형상수는 단위가 없이 쓰는 것이 관례이다.

예제 11.2

472°C에서 다음 반응의 $K_c = 0.105$ 이다. K_p를 계산하라.

$$N_2(g) + 3H_2(g) \rightleftharpoons 2NH_3(g)$$

해답: K_c와 K_p 사이의 관계식을 이용한다. 기체 생성물(2몰의 NH_3)은 2몰이고 기체 반응물(1몰의 N_2와 3몰의 H_2)은 4몰이다. 그러므로 $\Delta n = 2 - 4 = -2$이다. T는 273 + 472 = 745 K이다.

$$K_p = \frac{P^2_{NH_3}}{P_{N_2}P_{H_2}^{3}} = K_c(RT)^{\Delta n} = (0.105)(0.0825 \times 745)^{-2}$$
$$= 2.81 \times 10^{-5}$$

보충예제

1000 K에서 $2SO_3(g) \rightleftharpoons 2SO_2(g) + O_2(g)$ 평형의 K_c는 4.08×10^{-3}이다. K_p 값을 계산하라.

답: 0.335

11.4 평형상수의 해석

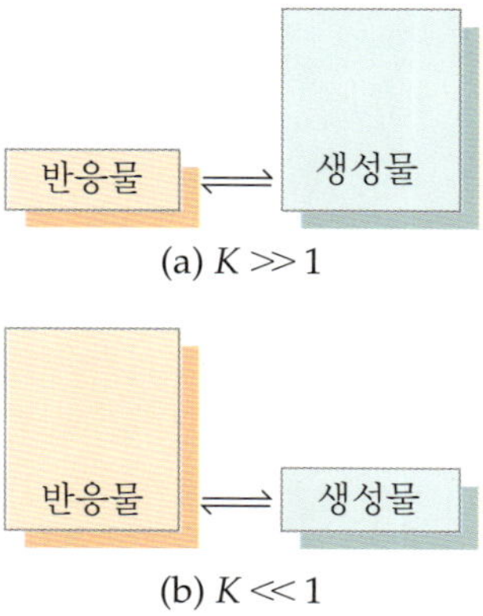

▲ **그림 11.5 평형상수식은 분자에 생성물, 분모에 반응물의 농도를 포함한다.** (a) $K \gg 1$이면 평형에서 반응물보다 생성물이 더 많으며, 평형은 오른쪽으로 위치한다. (b) $K \ll 1$이면 평형에서 생성물보다 반응물이 더 많으며, 평형은 왼쪽으로 위치한다.

평형상수의 크기는 평형 혼합물의 농도분포에 대해 중요한 정보를 제공한다. 예를 들어 100°C에서 일산화탄소와 염소기체가 반응하여 독성이 매우 강한 포스겐(phosgene, $COCl_2$)을 생성하는 반응을 보자.

$$CO(g) + Cl_2(g) \rightleftharpoons COCl_2(g) \qquad K_c = \frac{[COCl_2]}{[CO]\,[Cl_2]} = 4.57 \times 10^9$$

평형상수 값이 매우 크면 평형식의 분자는 분모보다 훨씬 커야 한다. 그래서 $COCl_2$의 평형농도는 CO 혹은 Cl_2보다 훨씬 커야 한다. 세 가지 기체의 평형 혼합물은 $COCl_2$가 거의 대부분을 차지한다. 평형은 생성물 쪽에 있다고 말한다. 이와 마찬가지로 1보다 훨씬 작은 평형상수는 평형 혼합물이 대부분 반응물로 되어 있음을 의미한다. 일반적으로

$K \gg 1$: 평형은 오른쪽에 있다: 생성물이 유리하다

$K \ll 1$: 평형은 왼쪽에 있다: 반응물이 유리하다

이러한 상황을 그림 11.5에 나타내었다.

예제 11.3

N_2와 O_2가 반응하여 NO를 만드는 다음의 반응을 보자.

$$N_2(g) + O_2(g) \rightleftharpoons 2NO(g)$$

25°C에서 이 반응의 평형상수 값은 $K_c = 1 \times 10^{-30}$이다. 이 반응의 가능성을 설명하라.

해답: K_c는 너무 작기 때문에 25°C에서 NO는 매우 적게 생길 것이다. 평형은 반응물이 유리하므로 왼편에 있다. 결국 이 반응은 25°C에서 거의 일어나지 않는다.

보충예제

반응 $H_2(g) + I_2(g) \rightleftharpoons 2HI(g)$의 평형상수는 298 K에서 $K_c = 794$, 700 K에서 $K_c =$

54이다. 어느 온도에서 HI는 더 많이 생기는가?

답: 낮은 온도(298K)에서

화학반응식의 방향과 K

평형은 양쪽 어느 방향에서도 접근할 수 있기 때문에 평형화학반응식을 쓰는 방향은 임의적이다. 예로 N_2O_4—NO_2 평형은 다음과 같다.

$$N_2O_4(g) \rightleftharpoons 2NO_2(g)$$

이 반응식에 대하여

$$K_c = \frac{[NO_2]^2}{[N_2O_4]} = 0.212 \qquad (100°C에서)$$

이 평형은 반대로 나타낼 수도 있다.

$$2NO_2(g) \rightleftharpoons N_2O_4(g)$$

그러면 평형상수식은 다음과 같다.

$$K_c = \frac{[N_2O_4]}{[NO_2]^2} = \frac{1}{0.212} = 4.72 \qquad (100°C에서)$$

어느 한쪽 방향으로 나타낸 반응의 평형상수식은 역방향 반응의 평형상수의 역이다. 즉 역반응의 평형상수는 정반응의 평형상수의 역수이다. 두 식은 모두 옳지만 평형반응이 어떻게 표시되어 있고, 온도가 명시되지 않으면 NO_2와 N_2O_4 사이의 평형상수를 0.212 혹은 4.72라고 말하는 것은 의미가 없다.

예제 11.4

(a) 다음 반응의 K_c 식을 쓰라.

$$2NO(g) \rightleftharpoons N_2(g) + O_2(g)$$

(b) 앞의 예제 를 참고하여 25°C에서 이 반응의 평형상수를 구하라.

해답: (a) 반응 생성물의 K_c는

$$K_c = \frac{[N_2]\,[O_2]}{[NO]^2}$$

(b) 반응은 앞의 예제 의 역반응이다. 평형상수값은 역반응 값의 역이다.

$$K_c = \left(\frac{[NO]^2}{[N_2]\,[O_2]}\right)^{-1} = \frac{1}{1 \times 10^{-30}} = 1 \times 10^{30}$$

NO, N_2, O_2 사이의 평형을 어느 방향으로 나타내든 25°C의 평형은 N_2와 O_2가 유리한 쪽에 놓인다.

보충예제

N_2와 H_2로부터 NH_3를 만드는 $N_2(g) + 3H_2(g) \rightleftharpoons 2NH_3(g)$ 반응은 300°C에서 $K_p = 4.34 \times 10^{-3}$이다. 역반응에 대한 K_p 값은 얼마인가?

답: 2.30×10^2

11.5 Le Châtelier의 원리

Haber는 N_2와 H_2로부터 암모니아를 만드는 과정을 연구할 때 NH_3의 수득률을 높이기 위한 조건을 찾았다. 평형상수 값을 사용하여 다양한 조건하에서 평형상태의 NH_3 양을 계산하였다. 그 결과의 일부를 그림 11.6에 나타내었다.

평형에서의 NH_3의 상대적인 양은 온도가 증가하면 감소하고, 압력이 증가하면 따라서 증가한다. 이 효과를 설명하기 위하여 프랑스의 공업화학자 Henri-Louis Le Châtelier(1850~1936)는 다음과 같은 원리를 제시하였다. 평형에 있는 계가 온도, 압력 혹은 성분물질의 농도 변화에 의해 교란을 받으면 계는 그 요인을 해소하는 방향으로 평형의 위치가 이동된다. 평형상태의 계가 다양한 외부조건의 변화에 대응하는 것을 정성적으로 예측하기 위해 Le Châtelier 원리를 이용할 수 있다. 화학평형을 교란시킬 수 있는 세 가지 경우는 (1) 반응물 혹은 생성물의 농도를 변화시킬 때, (2) 압력을 변화시킬 때, (3) 온도를 변화시킬 때이다.

반응물 혹은 생성물의 농도 변화

평형에 있는 계는 정반응과 역반응이 같은 속도로 일어나는 균형 상태에 있다. 계의

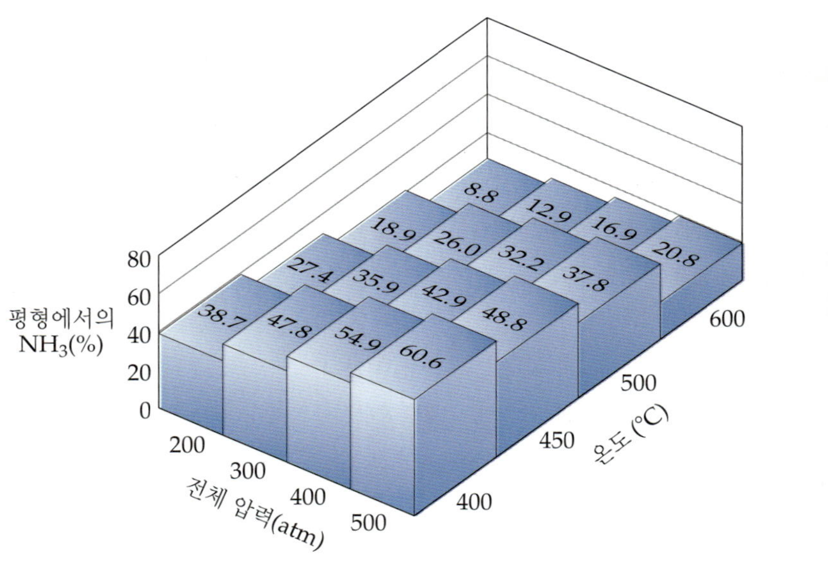

▶ **그림 11.6 N_2, H_2, NH_3의 평형 혼합물에 존재하는 암모니아의 백분율에 대한 온도와 전체압력의 효과.** 각 혼합물은 H_2와 N_2의 3 : 1 혼합물로 출발하였다. 낮은 온도와 높은 압력 조건에서 암모니아의 수득률이 높게 나온다.

조건이 변하면 균형 상태는 깨질 수도 있다. 이러한 상황이 발생하면 새로운 균형 상태가 만들어질 때까지 평형은 이동한다. Le Châtelier 원리에 따르면 평형의 이동은 변화의 효과를 최소화하거나 줄이는 방향으로 일어날 것이다. 그러므로 평형에 있는 계에 어떤 물질(반응물이든 생성물이든)을 가하면, 가한 물질의 일부를 소비하는 방향으로 평형은 이동할 것이다. 역으로 어떤 물질을 제거하면 그 물질을 더 많이 만드는 방향으로 평형이 이동할 것이다.

한 예로 N_2, H_2, NH_3의 평형 혼합물을 생각해보자.

$$N_2(g) + 3H_2(g) \rightleftharpoons 2NH_3(g)$$

H_2를 가하면 계는 증가된 H_2의 농도를 감소시키는 방향으로 이동한다. 이러한 변화는 H_2를 소모하고 동시에 N_2를 소모하며 더 많은 NH_3을 생성시킴으로써 가능하다. 동시에 N_2의 양은 역시 감소할 것이다. 이 같은 상황을 그림 11.7에 나타내었다. 평형 혼합물에 N_2를 더 가하면 역시 NH_3를 더 만드는 방향으로 계는 이동한다. 그러나 평형 혼합물에 NH_3를 가하면 NH_3 농도가 감소되는 방향으로 평형이 조정된다. 즉 가한 암모니아의 일부는 분해되어 N_2와 H_2를 생성한다.

Haber 반응에서 N_2, H_2, NH_3의 평형 혼합물로부터 NH_3를 제거하면 NH_3를 더 만들기 위하여 반응이 왼쪽에서 오른쪽으로 이동한다. 반응용기로부터 NH_3를 연속적으로 제거할 수 있다면 Haber 반응의 NH_3 수득률을 크게 높일 수 있다. 공업적으로 암모니아를 생산할 때 NH_3의 끓는점(−33°C)은 N_2(−196°C)나 H_2(−253°C)보다 훨씬 높아 NH_3를 선택적으로 쉽게 액화시킴으로서 NH_3를 연속적으로 제거할 수 있다.

부피와 압력 변화의 효과

계가 평형에 있고 그 부피를 줄여 전체 압력을 증가시키면, Le Châtelier 원리에 따라 그 계는 압력을 감소하려고 평형의 위치를 이동시킬 것이다. 계는 전체 기체분자수를 감소시켜 압력을 감소시킬 수 있다. 기체분자수가 작아질수록 압력도 작아진다. 따라서 일정한 온도에서 기체 평형 혼합물의 부피를 감소시키면 기체의 몰수를 줄이는 방향으로

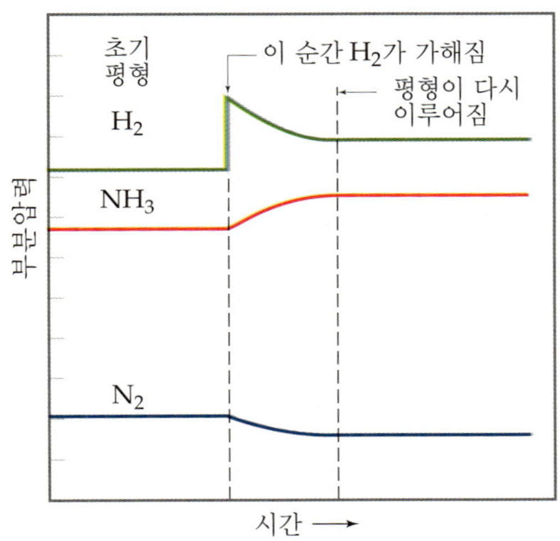

◀ 그림 11.7 N_2, H_2, NH_3의 평형혼합물에 H_2를 첨가했을 때의 영향. N_2, H_2, NH_3의 평형 혼합물에 H_2를 첨가했을 때 H_2의 일부는 N_2와 반응하여 NH_3를 만들고 이로 인하여 같은 크기의 평형상수를 갖는 새로운 평형의 위치가 정해진다.

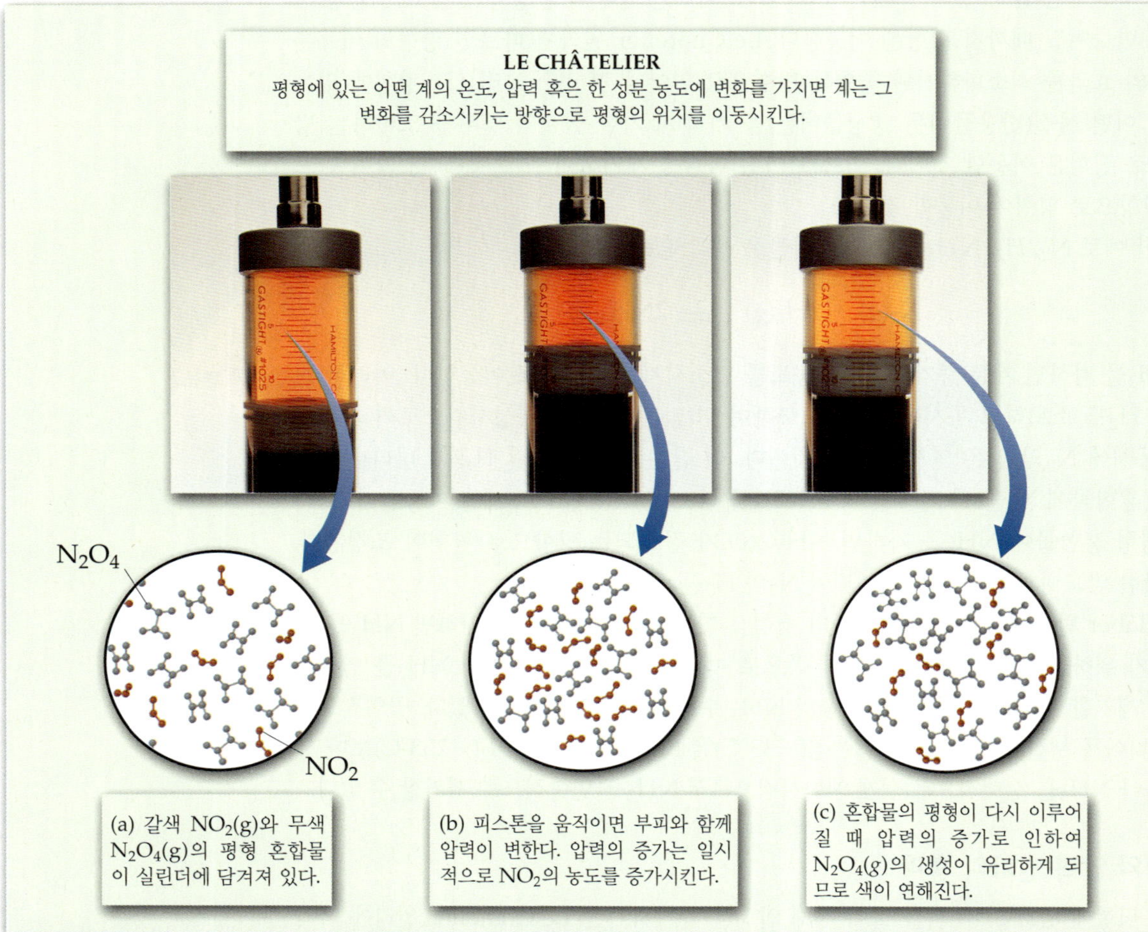

(a) 갈색 $NO_2(g)$와 무색 $N_2O_4(g)$의 평형 혼합물이 실린더에 담겨져 있다.

(b) 피스톤을 움직이면 부피와 함께 압력이 변한다. 압력의 증가는 일시적으로 NO_2의 농도를 증가시킨다.

(c) 혼합물의 평형이 다시 이루어질 때 압력의 증가로 인하여 $N_2O_4(g)$의 생성이 유리하게 되므로 색이 연해진다.

▲ 그림 11.8 평형에 대한 압력의 영향.

계는 이동한다. 반대로 부피의 증가는 더 많은 기체분자를 생성하는 방향으로 이동한다.

다시 한 번 $N_2O_4(g) \rightleftharpoons 2NO_2(g)$ 평형을 생각해보자. 그림 11.8에서처럼 주사기의 부피를 줄여 평형 혼합물의 전체 압력을 증가시키면 어떤 일이 일어날까? Le Châtelier 원리에 따라 기체의 전체 몰수는 감소하는 쪽으로, 즉 반응물 쪽으로 평형은 이동한다. 평형이 다시 이루어짐에 따라 NO_2는 N_2O_4로 바뀔 것이다. 실제로 갈색의 NO_2는 무색의 N_2O_4로 바뀌고 기체 혼합물의 색은 점점 연해짐을 알 수 있다.

암모니아 합성반응의 예를 다시 한 번 보자. $N_2(g) + 3H_2(g) \rightleftharpoons 2NH_3(g)$ 반응은 화학반응식의 왼쪽에 4몰, 오른쪽에 2몰의 기체가 있다. 그림 11.6에 나타낸 것처럼 압력증가(부피의 감소)는 더 많은 NH_3를 만든다. 평형은 기체분자 수가 보다 작은 쪽으로 이동한다.

$H_2(g) + I_2(g) \rightleftharpoons 2HI(g)$ 반응의 경우 기체 생성물의 몰수와 기체 반응물의 몰수가 같다. 그러므로 압력의 변화는 평형의 위치에 영향을 주지 않을 것이다. 온도를 일정하게 유지하는 한 압력이나 부피 변화는 K값에 영향을 주지 못한다는 것을 명심하라.

계의 부피를 그대로 두고 계의 전체 압력을 변화시킬 수 있다. 예로 반응성분 중 어느 하나를 계에 추가로 가하면 압력은 증가한다. 반응물 혹은 생성물의 농도변화를 어떻게 다루어야 하는지 이미 살펴보았다. 반응용기 내의 전체 압력은 평형에 관여하지 않는 기체를 가하여 증가시킬 수도 있다. 예로서 아르곤을 암모니아 평형에 가할 수 있다. 아르곤 기체의 첨가는 반응하는 성분 중 어떠한 것의 부분압도 바꾸지 못한다. 따라서 평형을 이동시키지 못한다.

온도변화 효과

농도나 전체 압력의 변화는 평형상수 값을 변화하지 않으면서 평형을 이동시킨다. 반면에 평형상수는 온도에 따라 값이 변한다. 예로 염화코발트(II)($CoCl_2$)를 염산 HCl(*aq*)에 녹일 때의 평형을 생각해보자.

$$\underset{\text{엷은 연분홍색}}{Co(H_2O)_6^{2+}(aq)} + 4Cl^-(aq) \rightleftharpoons \underset{\text{진한 푸른색}}{CoCl_4^{2-}(aq)} + 6H_2O(l) \qquad \Delta H > 0$$

$Co(H_2O)_6^{2+}$에서 $CoCl_4^{2-}$가 생성되는 것은 흡열과정이다. 이 엔탈피 변화의 중요성을 간단히 설명하겠다. $Co(H_2O)_6^{2+}$는 연분홍색이고, $CoCl_4^{2-}$는 푸른색이므로 평형의 위치는 용액의 색으로 쉽게 알 수 있다. 그림 11.9(a)는 실온에서 $CoCl_2$의 HCl(*aq*) 용액을 보여준다. $Co(H_2O)_6^{2+}$와 $CoCl_4^{2-}$ 모두 용액에 많은 양이 존재한다. 보라색은 분홍색과 푸른색 이온의 존재로부터 나타난 결과이다. 그림 11.9(b)처럼 용액을 가열하면 색은 매우 푸르게 되며, 이것은 더 많은 $CoCl_4^{2-}$가 생성되면서 평형이 이동한 것을 의미한다. 그림 11.9(c)처럼 용액을 식히면 분홍색으로 변하며, 이것은 $Co(H_2O)_6^{2+}$가 더 많이 생겼음을 의미한다. 이와 같은 평형의 온도 의존성을 어떻게 설명할 수 있을까?

Le Châtelier 원리를 적용하여 평형상수의 온도 의존성을 설명할 수 있다. 이것은 열을 마치 화합물처럼 취급하는 것이다. 흡열반응에서 열은 반응물로 생각할 수 있는 반면에 발열반응에서 열은 생성물로 생각할 수 있다.

$$\text{흡열반응: 반응물} + \text{열} \rightleftharpoons \text{생성물}$$
$$\text{발열반응: 반응물} \rightleftharpoons \text{생성물} + \text{열}$$

평형에 있는 계의 온도를 증가시킬 때 이는 흡열 반응에서 반응물을 또는 발열 반응에서 생성물을 가하는 것과 유사하다. 평형은 가해진 과량의 반응물 또는 생성물(소위 열)을 소모하는 방향으로 이동한다. 흡열 반응에서 반응물이 생성물로 변화함에 따라 열이 흡수된다. 따라서 온도의 증가는 평형을 생성물의 방향인 오른쪽으로 이동시키며 평형상수가 증가한다. 온도의 증가는 그림 11.9(b)에서 보는 것처럼 더 많은 $CoCl_4^{2-}$를 생성하게끔 한다. 발열 반응에서는 그 반대가 된다. 생성물이 반응물로 바뀜에 따라 열이 흡수되며 따라서 평형은 왼쪽으로 이동하며 *K*는 감소한다. 이 결과를 다음과 같이 정리할 수 있다.

흡열반응: 온도를 올리면 K는 증가한다.
발열반응: 온도를 올리면 K는 감소한다.

온도를 낮추면 열을 만드는 쪽으로 평형은 이동한다. 그래서 흡열반응을 냉각하면 평형은 왼쪽으로 이동하고 평형상수는 감소한다. 그림 11.9(c)에서 이와 같은 효과를 볼 수 있다. 발열반응을 냉각하면 평형은 오른쪽으로 이동하고 평형상수는 증가한다.

온도변화 효과
온도변화에 따라 평행상수의 값이 변화한다. 흡열 반응에서는 반응물이 생성물로 바뀌면서 열이 흡수되며 평형이 오른쪽으로 이동하여 K가 증가한다. 온도를 낮추면 열을 생성하는 방향, 즉 왼쪽으로 평형이 이동하며 K가 감소한다.

(a) 실온에서 분홍색의 $Co(H_2O)_6^{2+}$ 이온과 푸른색의 $CoCl_4^{2-}$ 이온이 모두 상당한 양으로 존재하며 용액이 보라색을 띠게 한다.

(b) 용액을 가열하면 푸른색의 $CoCl_4^{2-}$를 생성하면서 평형이 오른쪽으로 이동한다.

(c) 용액을 냉각하면 평형이 분홍색의 $Co(H_2O)_6^{2+}$를 향하여 왼쪽으로 이동한다.

▲ **그림 11.9 온도와 평형.** $Co(H_2O)_6^{2+}(aq) + 4Cl^-(aq) \rightleftharpoons CoCl_4^{2-}(aq) + 6H_2O(l)$ 평형의 온도 효과.

예제 11.5

다음 평형을 생각해보자.

$$N_2O_4(g) \rightleftharpoons 2NO_2(g) \qquad \Delta H° = 58.0\ \text{kJ}$$

다음의 각 변화는 평형을 어느 쪽으로 이동시킬 것인가? (a) N_2O_4를 가한다. (b) NO_2를 제거한다. (c) $N_2(g)$를 가하여 전체 압력을 증가시킨다. (d) 부피를 증가시킨다. (e) 온도를 낮춘다.

해답: Le Châtelier 원리를 이용하여 각 변화의 효과를 결정할 수 있다. (a) 계는 가한 N_2O_4의 농도가 감소하게 조절할 것이다. 평형은 오른쪽으로 이동한다. (b) NO_2를 더 만드는 쪽으로 이동할 것이다. 평형은 오른쪽으로 이동한다. (c) N_2를 가하면 계의 전체 압력은 증가할 것이다. 그러나 N_2는 반응에 포함되지 않는다. NO_2와 N_2O_4의 부분압력은 변하지 않으며, 따라서 평형의 위치 이동은 없다. (d) 계는 더 큰 부피(더 많은 기체분자)를 차지하는 방향으로 이동할 것이다. 그래서 평형은 오른쪽으로 이동할 것이다 (e) 반응은 흡열이다. 그러므로 열을 화학식의 반응물 쪽 시약으로 생각할 수 있다. 온도를 내리는 것은 열을 내게 하는 방향으로 평형을 이동할 것이고, 그래서 평형은 더 많이 사산화이질소(N_2O_4)를 만드는 왼쪽으로 이동할 것이다. 이 마지막 변화만 평형상수 K의 값에 영향을 준다는 것에 주목하라.

보충예제

다음 반응에서

$$PCl_5(g) \rightleftharpoons PCl_3(g) + Cl_2(g) \qquad \Delta H^\circ = 87.9\ \text{kJ}$$

(a) $Cl_2(g)$를 가할 때, (b) 온도를 높일 때, (c) 반응계의 부피를 감소시킬 때, (d) $PCl_5(g)$를 가할 때 각각 평형은 어느 방향으로 이동하는가?

답: (a) 왼쪽, (b) 오른쪽, (c) 왼쪽, (d) 오른쪽

촉매효과

평형상태의 화학계에 촉매를 가하면 어떻게 될까? 그림 11.10처럼 촉매는 반응물과 생성물 사이의 에너지 장벽을 낮춘다. 정반응의 활성화에너지는 역반응의 것과 같은 정도로 낮아진다. 촉매는 정반응과 역반응 속도를 똑같이 증가시킨다. 결국 촉매는 평형에 도달하는 속도를 증가시키지만 평형혼합물의 조성은 바꾸지 못한다. 반응의 평형상수 값은 촉매의 존재와 무관하다.

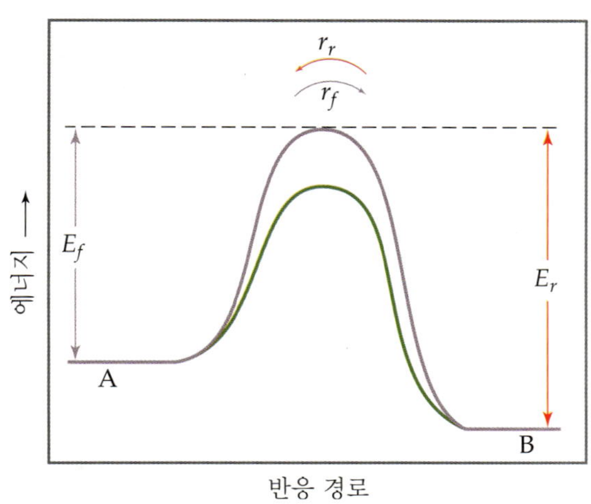

◀ **그림 11.10 평형에 대한 촉매의 영향.** 가상의 A ⇌ B 반응의 화학평형에서 정반응속도 r_f는 역반응속도 r_r과 같다. 보라색 곡선은 촉매가 없는 경우 반응의 경로를 나타낸다. 촉매는 청색 곡선으로 나타낸 것처럼 전이상태의 에너지를 낮춘다. 그래서 정반응과 역반응 모두 활성화 에너지는 낮아진다. 결국 촉매반응에서 정반응과 역반응의 속도는 똑같이 증가한다.

표 11.2 $N_2 + 3H_2 \rightleftharpoons 2NH_3$ 평형에서 온도에 따른 K_p의 변화

온도(°C)	K_p
300	4.34×10^{-3}
400	1.64×10^{-4}
450	4.51×10^{-5}
500	1.45×10^{-5}
550	5.38×10^{-6}
600	2.25×10^{-6}

반응이 평형에 접근하는 속도는 실질적으로 중요한 요소이다. 예로 N_2와 H_2로부터 암모니아를 합성하는 것을 다시 생각해보자. 암모니아 합성과정을 계획할 때 Haber는 보다 심각한 문제를 다루어야 했다.

그는 표 11.2처럼 온도 증가에 따른 평형상수의 급격한 감소를 해결하여야 했다. 만족한 반응속도를 얻기 위해 온도를 높였을 때 암모니아의 양은 너무 적었다. 이와 같은 딜레마의 해결은 충분히 낮은 온도에서 평형에 적당히 빠르게 접근하는 촉매를 개발하는 것이었다. 여러 가지 촉매 물질을 시험한 결과 Haber는 금속산화물과 혼합한 철이 유용하다는 것을 알았다.

연습문제

11.1 다음 설명에 대하여 틀린 점을 지적하라.

(a) 평형에서는 반응물이 더 이상 생성물로 변환되지 않는다.

(b) 평형에서 정반응 속도상수는 역반응 속도상수와 같다.

(c) 평형에서 반응물과 생성물의 양이 같다.

11.2 반응 A $\longrightarrow$ B 와 B $\longrightarrow$ A는 모두 기본과정이며 속도상수는 각각 $9.6 \times 10^2 s^{-1}$과 $3.8 \times 10^4\ s^{-1}$이다.

(a) A $\rightleftharpoons$ B 평형의 평형상수는 얼마인가?

(b) A의 농도와 B의 농도 중 평형에서 더 큰 것은?

11.3 다음 반응에 대한 평형상수는 2000°C에서 $K_c = 2.4 \times 10^3$이다.

$$2NO(g) \rightleftharpoons N_2(g) + O_2(g)$$

(a) $N_2(g) + O_2(g) \rightleftharpoons 2NO(g)$의 K_c를 계산하라.

(b) 이 온도에서 평형은 NO에 유리한가, 혹은 N_2와 O_2에 유리한가?

11.4 기체 아이오딘화수소가 425°C의 밀폐용기에 담겨 있다. 여기서 아이오딘화수소는 부분적으로 수소와 아이오딘으로 분해된다. $2HI(g) \rightleftharpoons H_2(g) + I_2(g)$. 평형에서 $[HI] = 3.53 \times 10^{-3}\ M$, $[H_2] = 4.79 \times 10^{-4}\ M$, $[I_2] = 4.79 \times 10^{-4}\ M$로 측정되었다. 이 온도에서 K_c의 값은 얼마인가?

11.5 반응 $2NO_2(g) + Cl_2(g) \rightleftharpoons 2NOCl(g)$의 평형상수는 500 K에서 $K_p = 52.0$이다. 세 가지 기체의 평형 혼합물 중 NO와 Cl_2의 부분압력은 0.095 atm과 0.171 atm이다. 혼합물 중 NOCl의 부분압력은 얼마인가?

11.6 0.1000몰 CO_2, 0.05000몰 H_2, 0.1000몰 H_2O 혼합물이 1.000 L의 용기에 들어있고 다음 평형이 이루어진다.

$$CO_2(g) + H_2(g) \rightleftharpoons CO(g) + H_2O(g)$$

평형에서 $[CO_2] = 0.0954\ M$이다.

(a) H_2, CO, H_2O의 평형농도를 계산하라.

(b) 반응의 K_c를 계산하라.

(c) 반응의 K_p 를 계산함에 있어 주어진 정보가 충분한지 설명하라.

11.7 $\Delta H° < 0$의 다음 평형을 생각하자.

$$2SO_2(g) + O_2(g) \rightleftharpoons 2SO_3(g)$$

다음은 기체의 평형 혼합물에 어떤 영향을 미칠 것인가?

(a) $O_2(g)$를 계에 첨가할 때
(b) 반응 혼합물을 가열할 때
(c) 반응용기의 부피가 두 배가 될 때
(d) 촉매를 혼합물에 첨가할 때
(e) 영족 기체를 가하여 계의 압력을 증가시킬 때
(f) $SO_3(g)$을 계에서 제거할 때

11.8 다음의 변화는 발열반응의 평형상수에 어떤 영향을 미치는가?

(a) 반응물 또는 생성물의 제거
(b) 부피의 감소
(c) 온도의 감소
(d) 촉매의 첨가

11.9 다음 평형반응의 정반응과 역반응은 모두 단일 단계 반응이다.

$$CO(g) + Cl_2(g) \rightleftharpoons COCl(g) + Cl(g)$$

25°C에서 정반응 및 역반응의 속도상수는 각각 $1.4 \times 10^{-28}\ M^{-1}s^{-1}$ 과 $9.3 \times 10^{10}\ M^{-1}s^{-1}$이다.

(a) 25°C에서 평형상수는 얼마인가?
(b) 평형에서 반응물과 생성물 중 어느 것이 더 많은가?

11.10 다음 평형은 150°C에서 $K_c = 8.5 \times 10^{-3}$이다.

$$2IBr(g) \rightleftharpoons I_2(g) + Br_2(g)$$

만일 0.040몰 IBr이 1.0 L 용기에 들어 있을 때 평형에 도달한 후 이 물질의 농도는 얼마인가?

11.11 1.00 L 용기에 SO_3의 시료 0.831 g이 들어 있고 1100 K까지 가열할 때 SO_3는 다음과 같이 SO_2와 O_2로 분해된다.

$$2SO_3(g) \rightleftharpoons 2SO_2 + O_2(g)$$

평형에서 용기 내의 전체 압력은 1.300기압이다. 1100 K에서 이 반응의 K_p 및 K_c 값을 구하라.

11.12 458°C에서 H_2, I_2, HI의 평형 혼합물은 5.00 L 용기에 $2.24 \times 10^{-2}\ M\ H_2$, $2.24 \times 10^{-2}\ M\ I_2$, $0.155\ M$ HI를 포함한다. 0.100몰의 HI를 첨가하여 평형을 다시 이룰 때 평형농도는 얼마인가?

11.13 다음 반응의 평형상수식(K_c)을 쓰라. 균일 평형반응인지 불균일 평형반응인지 설명하라.

(a) $N_2(g) + O_2(g) \rightleftharpoons 2NO(g)$

(b) $N_2H_4(g) \rightleftharpoons N_2(g) + H_2(g)$

(c) $2C_2H_4(g) + 2H_2O(g) \rightleftharpoons 2C_2H_6(g) + O_2(g)$

(d) $Ti(s) + 2Cl_2(g) \rightleftharpoons TiCl_4(l)$

11.14 500 K에서 다음 반응의 $K_c = 0.042$ 라고 할 때 K_p는 얼마인가?

$$PCl_3(g) + Cl_2(g) \rightleftharpoons PCl_5(g)$$

CHAPTER 12

산과 염기

음식의 신 맛은 주로 산의 존재에 따른 결과이다. 시트르산, 말산, 옥살산, 아스코르브산 등이 과일이나 야채에 존재한다. 산과 염기는 실험실이나 우리 주위에서 일어나는 다양한 화학반응에 중요하다. 금속물질이 녹스는 반응, 물고기 및 식물체의 생명을 지탱하는 수중 환경, 빗물에 녹은 공기 오염물, 그리고 심지어 우리의 생명 유지 등은 모두 용액의 산성이나 염기 특성에 결정적으로 의존한다. 실제로 화학의 많은 부분은 산-염기 반응의 관점에서 이해할 수 있다. 그렇다면 무엇이 물질을 산이나 염기로 작용하게 하는가? 이 장에서 우리는 산과 염기의 구조 및 특성에 대하여 알아볼 것이다.

12.1 개요

실험 화학의 초기부터 과학자들은 산과 염기를 그 특성으로부터 구분하였다. 산은 신맛을 내고 특정 염료의 색깔을 변화시킨다(예를 들면 리트머스는 산과 접촉하여 붉은색으로 변한다). 실제로 산(acid) 이라는 단어는 신맛이나 시큼한 것의 뜻을 갖는 라틴어 acidus 에서 유래하였다. 이와 대조적으로, 염기(base)는 쓰고 미끈거린다(비누는 그것의 좋은 예이다). 염기는 영어의 "낮게 만든다"라는 의미에서 유래하였다(가치를 낮게 한다는 의미의 "debase"라는 단어가 있다). 산에 염기를 가하면 염기는 산의 양을 줄이거나 낮춘다. 또한 산과 염기를 적절한 양으로 혼합하면 그들의 특성은 모두 사라진다.

역사적으로 화학자들은 산, 염기 수용액의 성질을 그들의 성분이나 분자구조와 연관시켜 보려고 하였다. 1830년대까지 모든 산은 수소를 포함하지만 수소를 포함하는 모든 물질이 모두 산이 아니라는 것이 분명해졌다. 1880년대에 스웨덴의 화학자 Svante Arrhenius(1859~1927)는 수용액 중 산의 특성을 H^+ 이온의 존재, 염기의 특성을 OH^- 이온의 존재와 각각 관련지었다.

산과 염기는 각각 $H^+(aq)$와 $OH^-(aq)$의 농도를 증가하는 물질이라고 알고 있다. 만약 수용액이 OH^-보다 H^+를 더 많이 포함하면 그 용액은 산성이다. 마찬가지로, 용액이 H^+보다 OH^-를 더 많이 포함하면 그 용액은 염기성이다. 우리는 중화반응에서 H^+와 OH^- 이온이 서로 반응하여 물을 생성하는 것을 배웠다. 이 두 가지 이온이 수용액에서 왜 그렇게 중요하며, 용액에서 그들 농도 간에 서로 어떤 상관관계가 있는가? 이 물음에 대답하려면 산과 염기의 기본 반응인 물분자의 $H^+(aq)$와 $OH^-(aq)$의 해리를 조사해 보는 것이 필요하다.

12.2 Brønsted-Lowry의 산과 염기

산과 염기의 정의는 Arrhenius에 의해 처음 제안되었다. Arrhenius의 정의는 수용액에서 $H^+(aq)$와 $OH^-(aq)$ 이온을 강조한다. 산은 물에 녹을 때 H^+ 이온의 농도를 증가시키는 물질이고 염기는 물에 녹을 때 OH^- 이온의 농도를 증가시키는 물질이다. 이 개념은 유용하지만 수용액에 국한된다는 한계가 있다. 1923년 덴마크 화학자 Johannes Brønsted 와 영국의 화학자 Thomas Lowry 는 각각 독립적으로 더 일반적인 산과 염기의 개념을 제안하였다. 그들의 정의에 의하면 산은 다른 물질에 수소이온을 줄 수 있는 물질(분자나 이온)이고 염기는 수소이온을 받을 수 있는 물질이다.

수소이온의 이동반응

HCl이 물에 녹으면 H^+ 이온(양성자)은 물분자로 이동한다.

$$HCl(g) + H_2O(l) \longrightarrow H_3O^+(aq) + Cl^-(aq)$$

HCl은 물에 녹을 때 산으로 작용하고(H_2O에 수소이온을 준다), H_2O는 염기로 작용한다(HCl로부터 수소이온을 받는다). Brønsted-Lowry 개념은 수소이온의 이동을 강조했기 때문에, 그 개념은 수용액 상태가 아닌 경우에도 적용할 수 있다. 예를 들어 HCl과 NH_3 사이의 반응에서 양성자는 산 HCl에서 염기 NH_3로 이동한다.

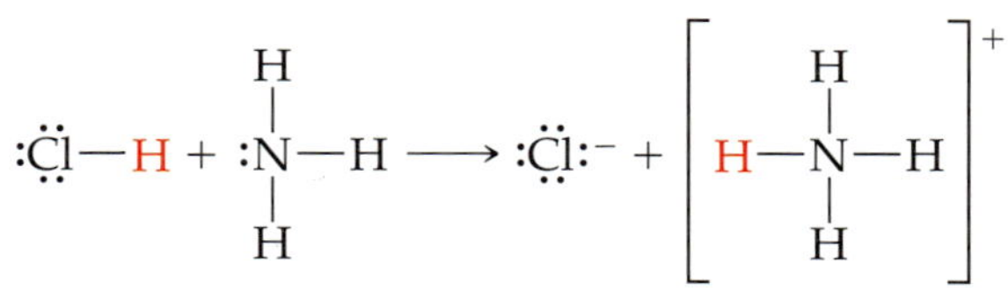

암모니아 수용액의 평형반응에서, 산과 염기의 Arrhenius 정의와 Brønsted-Lowry 정의를 비교하여 보자.

$$NH_3(aq) + H_2O(l) \rightleftharpoons NH_4^+(aq) + OH^-(aq)$$

암모니아를 물에 가하면 $OH^-(aq)$ 농도는 증가하므로 암모니아는 Arrhenius 염기이다. 이는 또한 H_2O로부터 수소이온을 받으므로 Brønsted-Lowry 염기이다. H_2O 분자는 NH_3 분자에 수소이온을 주어 Brønsted-Lowry 산이다. 한 물질이 염기로 작용하면 동시에 다른 물질은 산으로 작용한다. Brønsted-Lowry 산은 H^+ 이온을 내어놓을 수 있는 수소원자를 가져야 한다. Brønsted-Lowry 염기는 H^+와 결합할 수 있는 비공유전자쌍을 가져야 한다.

어떤 물질들은 한 반응에서는 산으로 다른 반응에서는 염기로 작용할 수 있다. 예를 들면 H_2O는 HCl과의 반응에서는 Brønsted-Lowry 염기로 작용하고, NH_3와의 반응에서는 Brønsted-Lowry 산으로 작용한다. 이처럼 산이나 염기로 모두 작용할 수 있는 물질을 양쪽성(amphoteric)이라 한다. 양쪽성 물질은 자신보다 더 산성인 물질과는 염기로 작용하고 자신보다 더 강염기와 반응할 때는 산으로 작용한다.

짝산-염기쌍

산-염기 평형의 정반응과 역반응은 수소이온의 이동과 관련이 있다. 예를 들면 HA로 표시한 산과 물의 반응을 보자.

$$HA(aq) + H_2O(l) \rightleftharpoons A^-(aq) + H_3O^+(aq)$$

정반응의 경우 HA는 H_2O에 수소이온을 준다. 그러므로 HA는 Brønsted-Lowry 산이고 H_2O는 Brønsted-Lowry 염기이다. 역반응에서 H_3O^+는 A^- 이온에 수소이온을 주므로 H_3O^+는 산이고, A^-는 염기이다.

산 HA와 그것으로부터 양성자가 떨어져나간 염기 A^-를 짝산-염기쌍(conjugate acid-base pair)이라고 한다. 산에서 수소이온을 제거하면 짝염기(conjugate base)가 된다. 예를 들면 OH^-는 H_2O의 짝염기이고, A^-는 HA의 짝염기이다. 마찬가지로 염기는 수소이온이 첨가되어 짝산(conjugate acid)을 생성한다. 그리하여 H_3O^+는 H_2O의 짝산이고, HA는 A^-의 짝산이다.

어떤 산-염기반응에서도 짝산-염기쌍을 연결할 수 있다. 아질산(HNO_2)과 물의 반응을 보자.

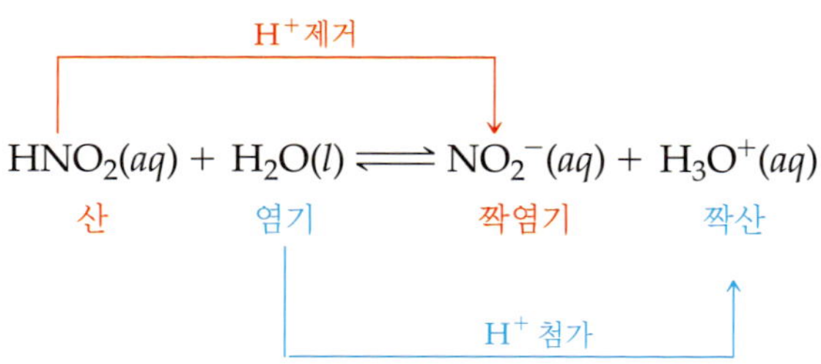

NH_3와 H_2O의 반응도 마찬가지이다.

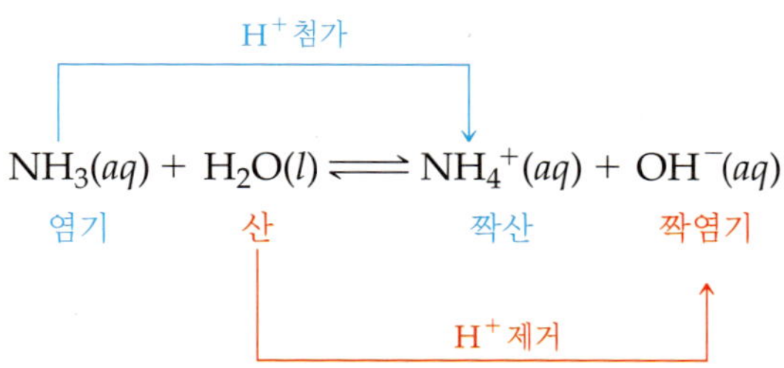

예제 12.1

(a) 다음 각 산의 짝염기는 무엇인가? $HClO_4$, H_2S, PH_4^+, HCO_3^- (b) 다음 각 염기의 짝산은 무엇인가? CN^-, SO_4^{2-}, H_2O, HCO_3^-

해답: (a) 짝염기를 찾으려면 각 물질의 화학식으로부터 수소이온(H^+)을 제거한다. 따라서 $HClO_4$의 짝염기는 ClO_4^-이다. 다른 짝염기들은 HS^-, PH_3와 CO_3^{2-}이다. (b) 짝산을 찾으려면 각 물질의 화학식에 수소이온을 첨가한다. HCN, HSO_4^-, H_3O^+, H_2CO_3. 탄산수소이온(HCO_3^-)은 산이나 염기 모두 작용할 수 있는 양쪽성 물질이다.

보충예제

다음 각각의 짝산의 화학식을 쓰시오. HSO_3^-, F^-, PO_4^{3-}, CO

답: H_2SO_3, HF, HPO_4^{2-}, HCO^+

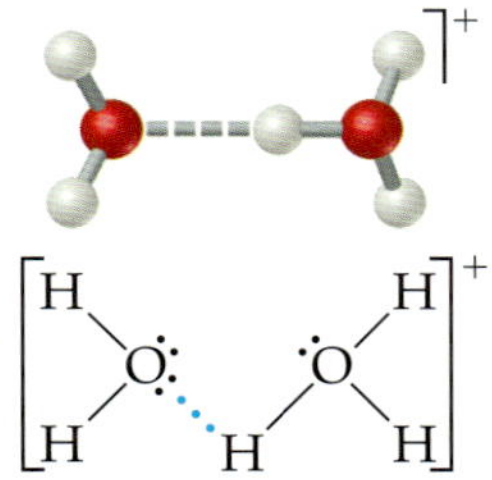

$H_5O_2^+$

(a)

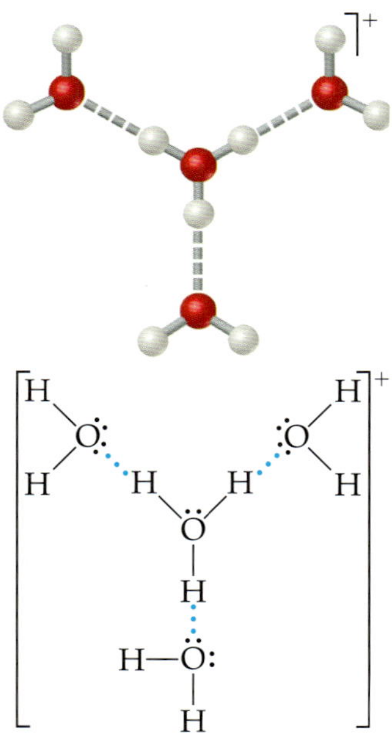

$H_9O_4^+$

(b)

▲ **그림 12.1 수화수소이온.** $H_5O_2^+$ 및 $H_9O_4^+$의 Lewis 구조와 분자모형. 이러한 두 가지 화학종의 존재는 충분한 실험적 증거가 있다.

12.3 물의 해리

물은 상황에 따라 Brønsted 산 또는 염기로 작용할 수 있다. 산이 존재할 경우 물은 수소이온 받개(acceptor)로 염기가 존재할 경우 수소이온 주개(donor)로 작용한다. 물분자는 다른 물분자에 수소이온을 줄 수도 있다. 이것을 물의 자체이온화 또는 해리라고 한다. 한 물분자에서 다른 물분자로 $H^+(aq)$의 이동이 일어나 $H_3O^+(aq)$ (hydronium ion)과 $OH^-(aq)$을 생성한다.

$$\mathrm{H{-}\ddot{\underset{|}{O}}{:}} + \mathrm{H{-}\ddot{\underset{|}{O}}{:}} \rightleftarrows \left[\mathrm{H{-}\ddot{\underset{|}{O}}{-}H}\right]^+ + \mathrm{{:}\ddot{\underset{..}{O}}{-}H^-}$$

이 반응은 대단히 빠르게 일어나 실제 물이 오랫동안 이온화된 상태로 존재하지는 않는다. 상온에서 10^9개의 물분자 중 2개 정도가 이온화된다. 따라서 순수한 물은 거의 중성분자로 존재하며 극히 소량이 해리되지만 물의 자체 이온화는 매우 중요하다.

실제로 H_3O^+ 이온은 다른 H_2O 분자와 수소결합을 하여 $H_5O_2^+$나 $H_9O_4^+$처럼 거대한 수화수소이온의 뭉치 화합물(cluster compound)을 생성한다(그림 12.1).

물의 자체 이온화에 대한 평형식을 다음과 같이 쓸 수 있다.

$$K = \frac{[H_3O^+]\,[OH^-]}{[H_2O]}$$

수용액 중 물의 농도는 약 55 *M* 정도로 매우 크고, 묽힌 용액도 항상 일정한 농도를 유지한다. 따라서 물의 자체이온화 반응에 대한 평형식은 다음과 같다.

$$K_w = K[H_2O] = [H_3O^+][OH^-] \quad [12.1]$$

K와 $[H_2O]$의 두 상수의 곱을 K_w로 표시하고 이 평형상수를 물의 이온곱상수라

한다. 25°C에서 K_w의 값은 1.0×10^{-14}이다. 이것은 매우 중요한 평형상수이다.

$$K_w = [H_3O^+][OH^-] = [H^+][OH^-] = 1.0 \times 10^{-14} \quad [12.2]$$

보통 수화된 양성자를 $H_3O^+(aq)$ 또는 그냥 $H^+(aq)$ 로 나타내기도 한다. 비록 H^+와 OH^- 사이의 평형은(또한 다른 이온평형도 마찬가지로) 용액에 첨가하는 다른 이온의 존재로 인해 다소 영향을 받지만 순수한 물이나 수용액에서 대부분의 경우 유효하고, 두 가지 이온 중 하나의 농도를 알면 다른 이온의 농도를 계산할 수 있다.

$[H^+] = [OH^-]$ 용액을 중성(neutral)이라 한다. 대부분의 용액에서 H^+와 OH^-의 농도는 같지 않다. 이들 중 한 이온의 농도가 증가하면, 이온곱의 값은 1.0×10^{-14} 이 유지되어야 함으로 다른 이온의 농도가 감소한다. 산성 용액에서 $[H^+]$는 $[OH^-]$보다 크다. 염기성 용액은 이와 반대로 $[OH^-]$이 $[H^+]$보다 크다.

예제 12.2

(a) $[OH^-] = 0.010\ M$ 용액 중의 $H^+(aq)$의 농도를 계산하라. (b) $[OH^-] = 2.0 \times 10^{-9}\ M$ 용액 중 $H^+(aq)$의 농도를 계산하라. 온도가 명시되어 있지 않을 경우 25°C라 가정한다.

해답: $[H^+][OH^-] = 1.0 \times 10^{-14}$

$$\text{(a)}\ [H^+] = \frac{1.0 \times 10^{-14}}{[OH^-]} = \frac{1.0 \times 10^{-14}}{0.010} = 1.0 \times 10^{-12}\ M$$

이 용액은 $[OH^-] > [H^+]$이므로 염기성이다.

$$\text{(b)}\ [H^+] = \frac{1.0 \times 10^{-14}}{[OH^-]} = \frac{1.0 \times 10^{-14}}{2.0 \times 10^{-9}} = 5.0 \times 10^{-6}\ M$$

이 용액은 $[H^+] > [OH^-]$이므로 산성이다.

보충예제

(a) $[H^+] = 2 \times 10^{-6}$ M, (b) $[H^+] = [OH^-]$, (c) $[H^+] = 100\ [OH^-]$의 용액 중 OH^- 농도를 계산하라.

답: (a) $5 \times 10^{-9}\ M$, (b) $1 \times 10^{-7}\ M$, (c) $1 \times 10^{-8}\ M$

12.4 pH

수용액 중 $H^+(aq)$ 농도는 일반적으로 매우 작다. 편의상 $[H^+]$를 pH로 나타낸다. pH는 다음과 같이 정의된다.

$$pH = -\log [H^+] \quad [12.3]$$

25°C에서 중성 용액의 $[H^+] = 1.0 \times 10^{-7}\ M$이므로 pH는

표 12.1 25°C에서 $[H^+]$, $[OH^-]$와 pH의 관계

용액 종류	$[H^+](M)$	$[OH^-](M)$	pH 값
산성	$>1.0 \times 10^{-7}$	$<1.0 \times 10^{-7}$	<7.00
중성	$=1.0 \times 10^{-7}$	$=1.0 \times 10^{-7}$	$=7.00$
염기성	$<1.0 \times 10^{-7}$	$>1.0 \times 10^{-7}$	>7.00

$$pH = -\log(1.0 \times 10^{-7}) = -(-7.00) = 7.00$$

이다. 용액이 산성으로 되면 용액의 pH는 어떻게 될까?

산성 용액은 $[H^+] > 1.0 \times 10^{-7}\ M$이다. 예로 $[H^+] = 1.0 \times 10^{-3}\ M$ 산성 용액의 pH는

$$pH = -\log(1.0 \times 10^{-3}) = -(-3.00) = 3.00$$

25°C에서 산성 용액의 pH는 7보다 작다. $[H^+]$가 증가하면 pH는 감소한다.

마찬가지로, $[OH^-] > 1.0 \times 10^{-7}\ M$ 염기성 용액을 생각해보자. 한 예로 $[OH^-] = 2.0 \times 10^{-3}$이라고 가정하자. 이 용액의 $[H^+]$를 구하여 pH를 계산한다.

$$[H^+] = \frac{K_w}{[OH^-]} = \frac{1.0 \times 10^{-14}}{2.0 \times 10^{-3}} = 5.0 \times 10^{-12}\ M$$

$$pH = -\log(5.0 \times 10^{-12}) = 11.30$$

염기성 용액의 pH는 7보다 크다. $[H^+]$, $[OH^-]$와 pH의 관계를 표 12.1에 나타내었다.

그림 12.2에 몇 가지 흔한 용액들의 pH 값을 나타내었다. $[H^+]$의 10배 변화는 pH 1 단위의 변화를 가져오는 것에 유의하라. 예를 들면 pH 6 용액은 pH 7 용액보다 10배 많은 $H^+(aq)$ 농도를 갖는다. $[H^+]$의 매우 작은 변화도 반응속도에 커다란 영향을 줄 수 있다. 생체반응의 많은 경우에 수소이온 이동과 관계가 있고, 반응속도는 $[H^+]$에 크게 의존하기 때문에 생체의 pH는 좁은 범위 내에서 유지되어야 한다. 예를 들어 인간의 정상 혈액은 7.35~7.45 사이의 pH 범위를 갖는다. $[H^+]$를 pH 로 나타내는 것과 유사하게 $[OH^-]$를 pOH로 나타낼 수도 있다. 이 경우 $pOH = -\log[OH^-]$와 같이 정의되고 다음과 같은 유용한 결과를 얻는다.

$$pH + pOH = 14.00 \quad (25°C에서) \qquad [12.4]$$

용액의 pH 는 pH미터를 사용하여 빠르고 정확하게 측정할 수 있다. pH미터의 원리는 기준 전극을 이용하여 수소이온농도에 따른 전압차를 측정하는 것으로 용도에 따라 다양한 종류의 기기가 상용화 되어 있다. 산-염기 지시약을 사용하여 pH를 측정할 수 도 있다. 산-염기 지시약은 색을 띠며 그 자신이 산이나 염기 형태로 존재할 수 있는 물질이며 어떤 형태로 존재하는지에 따라 서로 다른 색을 나타낸다. 일반적으로 많이 사용하는 지시약을 그림 12.3에 수록하였다.

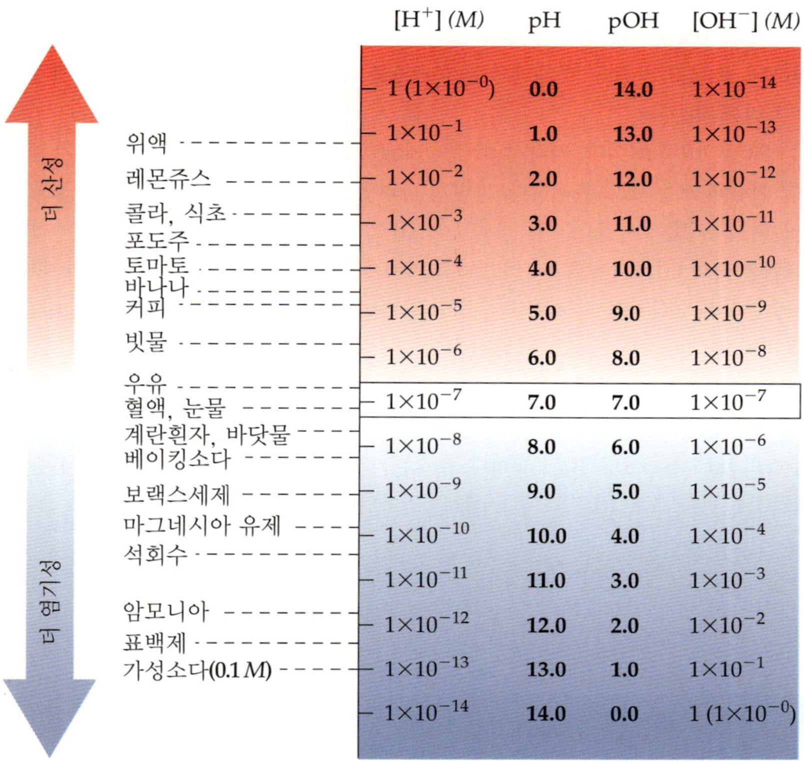

◀ **그림 12.2 25°C 에서 몇 가지 일반 용액의 [H$^+$] 와 pH.** 거의 모든 용액의 pH는 0~14의 범위 내에 있다. 그러나 원칙적으로 강산 용액의 pH 값은 0보다 작을 수 있고, 강염기 용액은 14보다 클 수 있다.

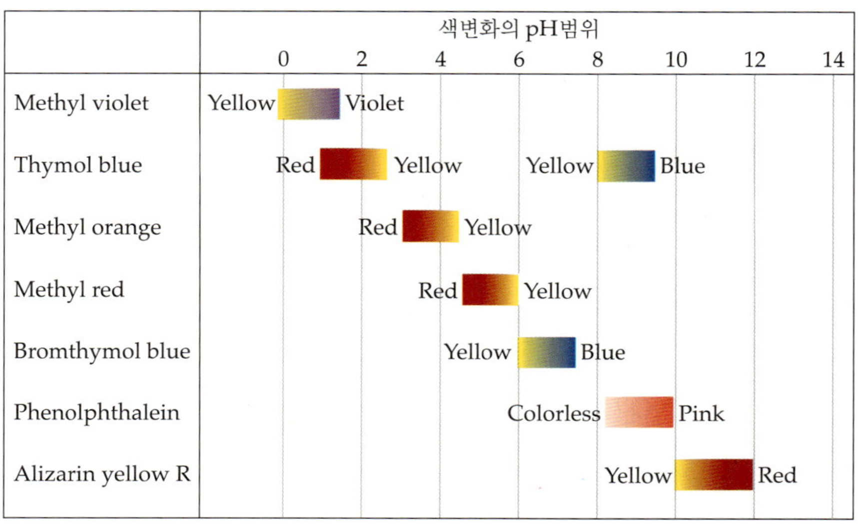

◀ **그림 12.3 몇 가지 일반적인 산-염기 지시약.** 몇 가지 일반적인 산–염기 지시약들의 색 변화 pH 범위. 대부분의 지시약들은 pH 2단위 정도의 유용한 범위를 갖는다.

예제 12.3

예제 12.2에 있는 두 용액의 pH 를 계산하라.

해답: (a) [H$^+$]는 1.0×10^{-12} M이므로

$$\text{pH} = -\log(1.0 \times 10^{-12}) = -(-12.00) = 12.00$$

log를 사용할 때 유효숫자의 법칙은 log의 소수점 이하 자리 수는 원래 수의 유효숫자 수와 동일하다. 즉, 1.0×10^{-12}은 2개의 유효숫자를 가지므로 pH는 12.00이고 2개의 소수 이하 자리를 갖는다.

(b) $[H^+]$는 5.0×10^{-6} M이다. 따라서 pH는 $-\log(5.0 \times 10^{-6})$이다. 계산에 들어가기 전에 pH를 어림해 보는 것도 유용하다. 그렇게 하려면 가장 근접한 10의 제곱수의 농도 범위를 찾는다. $1 \times 10^{-6} < 5.0 \times 10^{-6} < 1 \times 10^{-5}$. 따라서 용액의 pH는 5($[H^+] = 1 \times 10^{-5}$ M의 pH)와 6($[H^+] = 1 \times 10^{-6}$ M의 pH) 사이의 값이라고 예측할 수 있다. 최종 답의 pH 값이 타당한가를 검토하려면 위와 같은 pH 예측 방법을 사용하면 된다. pH $= -\log(5.0 \times 10^{-6}) = -(-5.30) = 5.30$을 알 수 있다

보충예제

(a) 레몬주스의 $[H^+]$는 3.8×10^{-4} M이다. pH 는 얼마인가? (b) 유리창을 닦는데 사용하는 세제의 $[H^+]$는 5.3×10^{-9} M이다. pH는 얼마인가?

답: (a) 3.42, (b) 8.28

12.5 강산과 강염기

수용액의 화학은 그것의 pH에 크게 의존한다. 용액의 pH가 산 또는 염기의 농도와 어떤 관련이 있는지 알아보자. 가장 간단한 경우는 강산 또는 강염기를 포함하는 경우이다. 강산과 강염기는 수용액에서 모두 이온으로 해리하는 센 전해질(strong electrolyte)이다.

강산

일반적으로 강산에는 보통 7가지가 있다. 이 중 6가지(HCl, HBr, HI, HNO_3, $HClO_3$ 및 $HClO_4$)는 일양성자산(monoprotic acid) 이고 나머지 하나(H_2SO_4)는 이양성자산(diprotic acid)이다.

질산(HNO_3)은 일양성자산으로서 물에 녹으면 H_3O^+와 NO_3^-로 모두 이온화된다.

$$HNO_3(aq) + H_2O(l) \longrightarrow H_3O^+(aq) + NO_3^-(aq)$$

질산은 거의 전부 해리하기 때문에 한쪽 방향으로만 화살표를 표시하였다. 위의 반응을 다음과 같이 간단히 나타내기도 한다.

$$HNO_3(aq) \longrightarrow H^+(aq) + NO_3^-(aq)$$

강산의 수용액에서 H^+ 이온의 주요 공급원은 산이다. 결과적으로 $[H^+]$는 원래 산의 농도와 같기 때문에 센 일양성자산 용액의 pH 계산은 아주 간단하다. 예를 들어 0.20 M $HNO_3(aq)$ 용액에서 $[H^+] = [NO_3^-] = 0.20$ M이다. 따라서 pH $= -\log(0.20) = 0.70$이다.

예제 12.4

0.040 *M* $HClO_4$ 용액의 pH는 얼마인가?

해답: $HClO_4$는 강산이다. 완전히 이온화하므로 $[H^+] = [ClO_4^-] = 0.040\ M$이다. 용액의 pH = −log(0.040) = 1.40이다.

보충예제

HNO_3 수용액의 pH는 2.66이다. 산의 농도는 얼마인가?

답: 0.0022 *M*

강염기

가장 일반적 가용성 강염기는 NaOH, KOH, $Ca(OH)_2$와 같은 알칼리금속(1A족)과 더 무거운 알칼리토금속(2A족)의 이온성 수산화물이다. 이들 화합물은 수용액에서 이온으로 완전히 해리된다. 그러므로 0.30 *M* NaOH 용액은 0.30 *M* $Na^+(aq)$와 0.30 *M* $OH^-(aq)$로 모두 해리된다. 강염기도 수용액에서 완전히 해리하므로, 그 용액의 pH 계산도 간단하다.

예제 12.5

0.011*M* $Ca(OH)_2$ 용액의 pH는 얼마인가?

해답: $Ca(OH)_2$는 강염기이고 물에서 해리하여 화학식당 2개의 OH^- 이온을 낸다. 그러므로 용액에서 $OH^-(aq)$의 농도는 $2 \times (0.011\ M) = 0.022\ M$이다. 용액의 pH를 계산할 때 두 가지 방법을 사용할 수 있다. 첫째 $[H^+]$를 구하고 그 다음 pH를 계산할 수 있다.

$$[H^+] = \frac{1.0 \times 10^{-14}}{0.022} = 4.6 \times 10^{-13}\ M$$

$$pH = -\log(4.6 \times 10^{-13}) = 12.34$$

다른 방법은 $[OH^-]$를 사용하여 pOH를 계산하고, 그 다음 pH + pOH = 14.00을 이용하여 pH를 구한다.

$$pOH = -\log(0.022) = 1.66 \qquad pH = 14.00 - pOH = 12.34$$

보충예제

pH = 11.89인 KOH 용액의 농도는 얼마인가?

답: $7.8 \times 10^{-3}\ M$

일반적으로 Be를 제외한 알칼리토금속(2A족)의 수산화물은 센 전해질이다. 그러나 그들의 용해도는 매우 작다. 어떤 염기 물질은 물과 반응하여 $OH^-(aq)$를 생성할 수 있는 산화물이온(oxide ion)을 포함한다. 이온성 금속산화물 특히 Na_2O, CaO

등은 공업적으로 강염기를 만들 때 사용한다. 1몰의 O^{2-}는 물과 반응하여 2몰의 OH^-를 생성한다.

$$O^{2-}(aq) + H_2O(l) \longrightarrow 2OH^-(aq)$$

그러므로 0.010몰 $Na_2O(s)$가 물과 반응하여 생긴 용액의 $[OH^-] = 0.020\ M$이고, 따라서 pH는 12.30이다.

이온성 수소화물(ionic hydride)과 질화물(nitride) 역시 H_2O와 반응하여 OH^-를 생성한다.

$$H^-(aq) + H_2O(l) \longrightarrow H_2(g) + OH^-(aq)$$
$$N^{3-}(aq) + 3H_2O(l) \longrightarrow NH_3(aq) + 3OH^-(aq)$$

음이온(O^{2-}, H^-, N^{3-})은 OH^-(H_2O의 짝염기)보다 더 강염기이므로 H_2O로부터 쉽게 수소이온을 떼어낼 수 있다.

12.6 약산과 약염기

대부분 산성화합물은 약산이고, 수용액에서 오직 일부만 이온화한다. 약산의 이온화 정도는 그 이온화반응의 평형상수를 사용하여 표현할 수 있다. 만일 HA가 약산이라면, 이 산의 이온화반응을 다음과 같이 나타낼 수 있다.

$$HA(aq) + H_2O(l) \rightleftharpoons H_3O^+(aq) + A^-(aq)$$
$$\text{또는 } HA(aq) \rightleftharpoons H^+(aq) + A^-(aq)$$

$[H_2O]$는 일반적으로 수용액의 평형식에서 생략하므로 다음과 같이 쓸 수 있다.

$$K_a = \frac{[H_3O^+][A^-]}{[HA]} \quad \text{혹은} \quad K_a = \frac{[H^+][A^-]}{[HA]} \qquad [12.5]$$

K_a의 아래첨자 a는 산을 나타내고, K_a는 산해리상수(acid dissociation constant)라고 한다.

표 12.2에는 몇 가지 약산의 이름, 구조, K_a 값을 보여준다. 대부분의 약산은 유기화합물로서 탄소나 산소원자에 수소원자가 결합되어 있다. 탄소에 결합된 수소원자는 물에서 거의 이온화하지 않는다. 이러한 화합물이 산성을 띠는 것은 산소원자에 결합한 수소원자의 해리에 기인한다.

K_a의 크기는 수소원자의 이온화 경향을 나타낸다. K_a 값이 클수록 더 강산이다. 예를 들어 HF는 표 12.2에서 가장 강한 산이고, 페놀(C_6H_5OH)은 가장 약한산이다. K_a 값은 보통 10^{-3}보다 작다.

표 12.2 몇 가지 약한 산과 그들의 수용액 평형(25°C)*

산	구조식	짝염기	평형 반응	K_a
플루오르화수소(HF)	H—F	F^-	$HF(aq) + H_2O(l) \rightleftharpoons H_3O^+(aq) + F^-(aq)$	6.8×10^{-4}
아질산 (HNO_2)	H—O—N=O	NO_2^-	$HNO_2(aq) + H_2O(l) \rightleftharpoons H_3O^+(aq) + NO_2^-(aq)$	4.5×10^{-4}
벤조산 ($HC_7H_5O_2$)	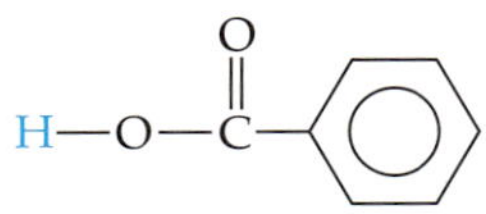	$C_7H_5O_2^-$	$HC_7H_5O_2(aq) + H_2O(l) \rightleftharpoons H_3O^+(aq) + C_7H_5O_2^-(aq)$	6.3×10^{-5}
아세트산 ($HC_2H_3O_2$)	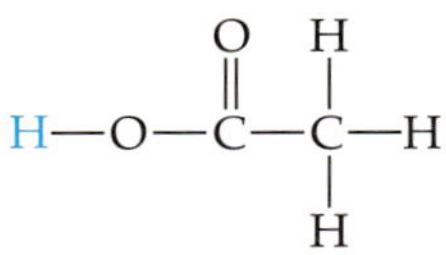	$C_2H_3O_2^-$	$HC_2H_3O_2(aq) + H_2O(l) \rightleftharpoons H_3O^+(aq) + C_2H_3O_2^-(aq)$	1.8×10^{-5}
차아염소산 (HClO)	H—O—Cl	ClO^-	$HClO(aq) + H_2O(l) \rightleftharpoons H_3O^+(aq) + ClO^-(aq)$	3.0×10^{-8}
시안화 수소산(HCN)	H—C≡N	CN^-	$HCN(aq) + H_2O(l) \rightleftharpoons H_3O^+(aq) + CN^-(aq)$	4.9×10^{-10}
페놀 (HC_6H_5O)	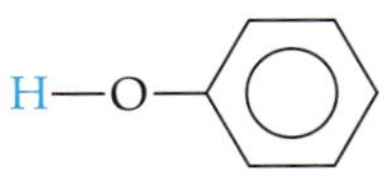	$C_6H_5O^-$	$HC_6H_5O(aq) + H_2O(l) \rightleftharpoons H_3O^+(aq) + C_6H_5O^-(aq)$	1.3×10^{-10}

* 이온화 되는 양성자는 파란색으로 표시하였다.

예제 12.6

0.10 *M* 포름산($HCHO_2$) 용액을 준비하고, pH 미터를 사용하여 pH를 측정하였더니 25°C에서 pH = 2.38이었다. (a) 이 온도에서 포름산의 K_a 값을 계산하라. (b) 0.10 *M* 용액은 몇 퍼센트 이온화하는가?

해답: (a) 평형문제를 푸는 첫 단계는 평형반응의 평형식을 쓰는 것이다. 포름산의 이온화 평형은

$$HCHO_2(aq) \rightleftharpoons H^+(aq) + CHO_2^-(aq)$$

$$K_a = \frac{[H^+][CHO_2^-]}{[HCHO_2]}$$

측정한 pH로부터 [H+]를 계산할 수 있다.

$$pH = -\log[H^+] = 2.38$$

$$\log[H^+] = -2.38$$

$$[H^+] = 4.2 \times 10^{-3}\ M$$

평형에 관여한 화학종의 농도를 결정하려면 약간의 계산이 필요하다. 먼저 그 용액은 0.10 *M* $HCHO_2$ 분자로 이루어져 있음을 유의한다. 다음에 H^+ 와 CHO_2^-로의 이온화를 고려한다. $HCHO_2$ 분자로부터 1개의 H^+ 이온과 1개의 CHO_2^- 이온이 생성된다.

pH 측정결과 평형에서 $[H^+] = 4.2 \times 10^{-3}$ M이므로 다음과 같은 표를 작성할 수 있다.

$$HCHO_2(aq) \rightleftharpoons H^+(aq) + CHO_2^-(aq)$$

	$[HCHO_2]$, M	$[H^+]$, M	$[CHO_2^-]$, M
초기	0.10	0	0
변화	-4.2×10^{-3}	$+4.2 \times 10^{-3}$	$+4.2x10^{-3}$
평형	$(0.10 - 4.2 \times 10^{-3})$	$4.2 x 10^{-3}$	4.2×10^{-3}

H_2O의 자체이온화로 생성된 매우 소량의 $H^+(aq)$ 농도를 무시한 것에 주목하라. 또한 이온화한 $HCHO_2$의 양도 산의 초기농도와 비교할 때 매우 작다는 것에 주목하라. 유효숫자 때문에 뺄셈한 결과는 0.10 M이다.

$$(0.10 - 4.2 \times 10^{-3})\ M \simeq 0.10\ M$$

평형농도를 K_a의 식에 대입하면

$$K_a = \frac{(4.2 \times 10^{-3})(4.2 \times 10^{-3})}{0.10} = 1.8 \times 10^{-3}$$

K_a는 대개 10^{-3}과 10^{-10} 사이에 있기 때문에 값은 적절하다.

(b) 이온화 퍼센트는 평형상태의 H^+ 또는 CHO_2^- 농도를 초기 산 농도로 나누고 100%를 곱한다.

$$\text{이온화\%} = \frac{[H^+]}{[HCHO_2]} \times 100\% = \frac{(4.2 \times 10^{-3})}{0.10} \times 100\% = 4.2\%$$

약염기는 물과 반응하여 H_2O로부터 수소이온을 받아 염기의 짝산과 OH^-를 생성한다.

$$\text{약한 염기} + H_2O \rightleftharpoons \text{짝산} + OH^-$$

암모니아는 가장 흔한 약염기의 하나이다.

$$NH_3(aq) + H_2O(l) \rightleftharpoons NH_4^+(aq) + OH^-(aq)$$

이 반응의 평형식은 다음과 같다.

$$K = \frac{[NH_4^+][OH^-]}{[NH_3][H_2O]}$$

물의 농도는 일정하므로 $[H_2O]$ 항을 평형상수에 포함시키면 다음과 같다.

$$K_b = K[H_2O] = \frac{[NH_4^+][OH^-]}{[NH_3]} \qquad [12.6]$$

K_b를 염기해리 상수(base dissociation constant)라고 한다. 상수 K_b는 항상 염

표 12.3 몇 가지 약한 염기와 그들의 수용액 평형

염기	Lewis 구조	짝산	평형 반응	K_b
암모니아 (NH_3)	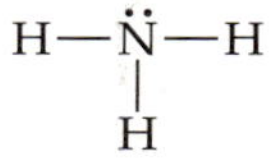	NH_4^+	$NH_3 + H_2O \rightleftharpoons NH_4^+ + OH^-$	1.8×10^{-5}
피리딘 (C_5H_5N)		$C_5H_5NH^+$	$C_5H_5N + H_2O \rightleftharpoons C_5H_5NH^+ + OH^-$	1.7×10^{-9}
하이드록실아민 (H_2NOH)	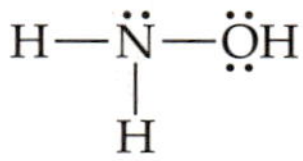	H_3NOH^+	$H_2NOH + H_2O \rightleftharpoons H_3NOH^+ + OH^-$	1.1×10^{-8}
메틸아민 (NH_2CH_3)	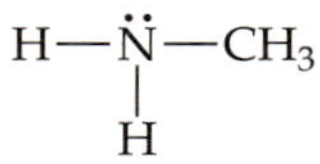	$NH_3CH_3^+$	$NH_2CH_3 + H_2O \rightleftharpoons NH_3CH_3^+ + OH^-$	4.4×10^{-4}
황화 수소 이온 (HS^-)	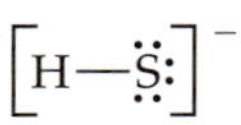	H_2S	$HS^- + H_2O \rightleftharpoons H_2S + OH^-$	1.8×10^{-7}
탄산 이온 (CO_3^{2-})	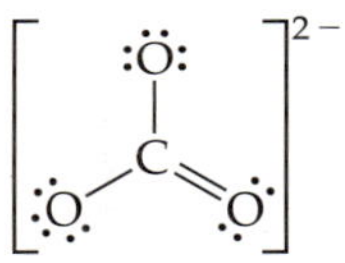	HCO_3^-	$CO_3^{2-} + H_2O \rightleftharpoons HCO_3^- + OH^-$	1.8×10^{-4}
차아염소산 이온 (ClO^-)	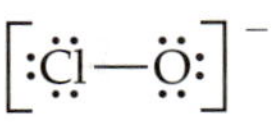	HClO	$ClO^- + H_2O \rightleftharpoons HClO + OH^-$	3.3×10^{-7}

기와 물이 반응하여 짝산과 OH^-를 생성하는 평형반응을 나타낸다. 표 12.3에 몇 가지 약염기의 이름, 화학식, Lewis 구조, 평형반응 및 K_b 값을 나타내었다. 이들 염기는 하나 또는 그 이상의 고립전자쌍들을 가지고 있으며 이들 고립전자쌍은 H^+와의 결합에 필요하다.

예제 12.7

0.15 M NH_3 용액의 OH^- 농도를 계산하라.

해답: 산의 이온화 문제와 본질적으로 같은 과정을 따른다. 우선 이온화반응 및 평형(K_b) 식을 쓴다.

$$NH_3(aq) + H_2O(l) \rightleftharpoons NH_4^+(aq) + OH^-(aq)$$

$$K_b = \frac{[NH_4^+][OH^-]}{[NH_3]} = 1.8 \times 10^{-5}$$

다음은 평형에 대한 평형농도의 표를 만든다.

$$NH_3(aq) + H_2O(l) \rightleftharpoons NH_4^+(aq) + OH^-(aq)$$

(평형식에 포함하지 않았기 때문에 H_2O의 농도는 무시한 것에 주목하라.) 평형식에 이 값을 대입하면

	$[NH_3], M$	$[NH_4^+], M$	$[OH^-], M$
초기	0.15	0	0
변화	$-x$	$+x$	$+x$
평형	$0.15 - x$	x	x

$$K_b = \frac{[NH_4^+][OH^-]}{[NH_3]} = \frac{(x)(x)}{0.15 - x} = 1.8 \times 10^{-5}$$

K_b는 작은 값이므로 물과 반응한 NH_3는 전체 NH_3 농도에 비하여 무시할 수 있다. 즉, 0.15 M과 비교하면 x는 무시할 수 있다.

$$\frac{x^2}{0.15} = 1.8 \times 10^{-5}$$

$$x^2 = (0.15)(1.8 \times 10^{-5}) = 2.7 \times 10^{-6}$$

$$x = [NH_4^+] = [OH^-] = \sqrt{2.7 \times 10^{-6}} = 1.6 \times 10^{-3}\ M$$

여기서 구한 x 값은 NH_3 0.15 M 농도의 약 1%라는 것에 주목하라. 그러므로 x 값은 0.15에 비하여 무시할 수 있다.

보충예제

0.05 M의 다음 화합물 중 가장 큰 pH를 갖는 것은? 피리딘(pyridine), 메틸아민(methylamine), 아질산(nitrous acid)

답: 메틸아민(methylamine)

12.7 K_a와 K_b간의 상호관계

보다 센 산일수록 보다 약한 짝염기를 갖는다. NH_4^+와 NH_3의 짝산–짝염기를 보자.

$$NH_4^+(aq) \rightleftharpoons NH_3(aq) + H^+(aq)$$

$$NH_3(aq) + H_2O(l) \rightleftharpoons NH_4^+(aq) + OH^-(aq)$$

이들 평형식을 각각의 해리상수로 표시할 수 있다.

$$K_a = \frac{[NH_3][H^+]}{[NH_4^+]} \qquad K_b = \frac{[NH_4^+][OH^-]}{[NH_3]}$$

두 반응식을 합하면 NH_4^+와 NH_3의 화학종은 제거되고 물의 자체이온화 반응만 남는다.

표 12.4 몇 가지 짝산-염기쌍

산	K_a	염기	K_b
HNO_3	(강산)	NO_3^-	(무시할 정도의 염기도)
HF	6.8×10^{-4}	F^-	1.5×10^{-11}
$HC_2H_3O_2$	1.8×10^{-5}	$C_2H_3O_2^-$	5.6×10^{-10}
H_2CO_3	4.3×10^{-7}	HCO_3^-	2.3×10^{-8}
NH_4^+	5.6×10^{-10}	NH_3	1.8×10^{-5}
HCO_3^-	5.6×10^{-11}	CO_3^{2-}	1.8×10^{-4}
OH^-	(무시할 정도의 산성도)	O^{2-}	(강염기)

$$
\begin{aligned}
NH_4^+(aq) &\rightleftharpoons NH_3(aq) + H^+(aq) \\
NH_3(aq) + H_2O(l) &\rightleftharpoons NH_4^+(aq) + OH^-(aq) \\
\hline
H_2O(l) &\rightleftharpoons H^+(aq) + OH^-(aq)
\end{aligned}
$$

여기서 두 반응을 합쳐 새로운 반응식을 만들면 새로운 반응의 평형상수는 합쳐진 두 반응의 평형상수의 곱과 같다. 즉 반응 1 + 반응 2 = 반응 3이면 $K_1 \times K_2 = K_3$이다.

이 문제에 적용하면, K_a와 K_b를 곱하여 다음의 결과를 얻는다.

$$
\begin{aligned}
K_a \times K_b &= \left(\frac{[NH_3][H^+]}{[NH_4^+]}\right)\left(\frac{[NH_4^+][OH^-]}{[NH_3]}\right) \\
&= [H^+][OH^-] = K_w
\end{aligned}
$$

그러므로 ($K_a \times K_b$)는 바로 이온곱상수(K_w)이다. 두 반응식을 합친 것은 물의 자체이온화 평형이고 그것의 평형상수는 K_w와 같다. 이 관계는 매우 중요하다. 즉 어떤 산의 산해리상수와 그 짝염기의 염기해리상수의 곱은 물의 이온곱상수와 같다.

$$K_a \times K_b = K_w \qquad [12.7]$$

산의 세기가 증가하면(더 큰 K_a), 그 짝염기의 세기는 감소하므로(더 작은 K_b) $K_a \times K_b$ 값은 1.0×10^{-14}으로 유지된다. 이러한 K_a와 K_b 값을 표 12.4에 나타내었다. 짝산의 K_a 값을 알면 약염기의 K_b 값을 계산할 수 있다. 마찬가지로 짝염기의 K_b 값을 알면 약산의 K_a 값을 계산할 수 있다. 실제로 이온화상수는 가끔 짝산-염기쌍 중 한 가지 값만 제시한다.

화학 문헌에서 산 혹은 염기의 해리상수 값을 찾는다면, pK_a로 표현한 것을 발견할 수 있다. 위 식의 양변에 $-\log$를 취하여 다음과 같이 pK_a와 pK_b로 표현할 수 있다.

$$pK_a + pK_b = pK_w = 14.00 \qquad [12.8]$$

예제 12.8

(a) 플루오린이온(F^-)의 염기해리상수 K_b를 계산하고, (b) 암모늄이온(NH_4^+)의 산해리상수 K_a를 계산하라.

해답: (a) F^-의 K_b 값은 표에 나타나 있지 않지만 그의 짝산인 HF의 K_a 값은 $K_a = 6.8$ 10^{-4}이고 표 12.4에 주어진다. 따라서 K_b를 계산하면

$$K_b = \frac{K_w}{K_a} = \frac{1.0 \times 10^{-14}}{6.8 \times 10^{-4}} = 1.5 \times 10^{-11}$$

(b) NH_3의 K_b 값은 $K_b = 1.8 \times 10^{-5}$이다. 짝염기인 NH_4^+의 K_a를 계산하면

$$K_a = \frac{K_w}{K_b} = \frac{1.0 \times 10^{-14}}{1.8 \times 10^{-5}} = 5.6 \times 10^{-10}$$

12.8 Lewis 산과 염기

수소이온 받개(Brønsted-Lowry 염기)는 수소이온과 결합하는 비공유전자쌍을 포함한다. Lewis 구조를 이용하여 H^+과 NH_3 간의 반응을 다음과 같이 쓸 수 있다.

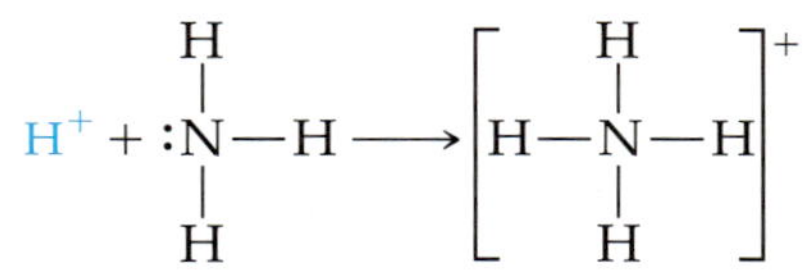

G. N. Lewis는 산-염기반응의 이 점에 주목하였다. 그는 전자쌍을 강조하여 Lewis 산은 전자쌍 받개, Lewis 염기는 전자쌍 주개라고 정의하였다.

지금까지 설명한 모든 염기(OH^-, H_2O, 아민, 음이온)들은 전자쌍 주개이다. Brønsted-Lowry의 관점(수소이온 받개)에서 본 모든 염기는 Lewis의 관점(전자쌍 주개)으로도 역시 염기이다. 그러나 Lewis의 이론에 따르면, 염기는 전자쌍을 H^+ 이외의 다른 것에 줄 수도 있다. 그러므로 Lewis의 정의는 산의 범위를 크게 확장시켰다. H^+는 Lewis 산이다. 또 다른 예로 NH_3와 BF_3의 반응을 살펴보자. NH_3는 전자쌍 주개(Lewis 염기)로 BF_3는 전자쌍 받개(Lewis 산)로 작용한다.

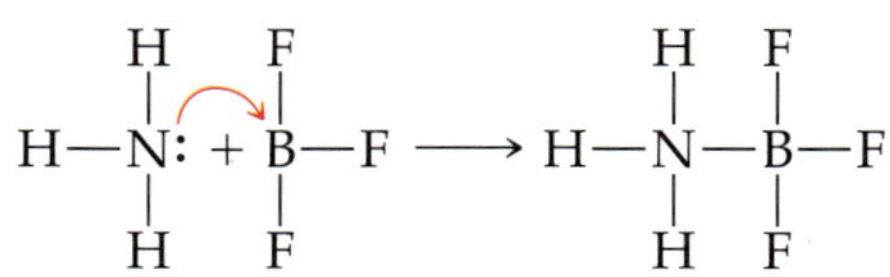

Lewis 염기 Lewis 산

Lewis 이론은 수소이온을 포함하지 않는 많은 산-염기 반응에도 적용할 수 있다는 장점을 가지고 있다. 혼란을 피하기 위해 BF_3 같은 물질은 Lewis 정의의 관점에서 산이라는 용어의 사용이 문맥상 분명하지 않아 산이라 잘 부르지 않는다. 대신 전자쌍

받개의 기능을 가진 물질들은 명백히 Lewis 산이라 한다.

Lewis 산은 BF_3와 같이 불완전한 팔전자계를 갖는 분자들을 포함한다. 또한 다수의 간단한 양이온들은 Lewis 산의 기능을 한다. 예를 들어 Fe^{3+}는 시안화이온과 반응하여 페리시안화이온[$Fe(CN)_6{}^{3-}$]을 생성한다.

$$Fe^{3+} + 6 : C \equiv N :^{-} \longrightarrow [Fe(C \equiv N :)_6]^{3-}$$

Fe^{3+} 이온은 CN^- 이온이 주는 전자쌍을 받을 수 있는 빈 오비탈을 갖고 있다. 다중결합을 갖는 몇 가지 화합물은 Lewis 산으로 작용할 수 있다. 예를 들어 물과 이산화탄소가 반응하여 탄산(carbonic acid, H_2CO_3)을 생성하는 반응에서 물은 전자쌍 주개로 CO_2는 전자쌍 받개로 작용한다. 탄소-산소 이중결합의 전자쌍 하나는 산소로 이동하고, 탄소의 빈 오비탈은 전자쌍 받개로 작용할 수 있다.

12.9 공통이온 효과

CH_3COOH 같은 약산과 CH_3COONa 같은 그 산의 염을 포함하는 용액에 대해 살펴보자. CH_3COONa를 CH_3COOH용액에 가할 때 어떤 일이 일어나는가? CH_3COO^-은 약한 염기이므로 용액의 pH 값이 증가한다. 즉 [H^+]는 감소한다. 대부분의 염과 마찬가지로 CH_3COONa는 센 전해질로서 수용액에서 완전히 해리하여 Na^+와 CH_3COO^- 를 생성한다. 반면 CH_3COOH 는 다음과 같이 이온화하는 약한 전해질이다.

$$CH_3COOH(aq) \rightleftharpoons H^+(aq) + CH_3COO^-(aq)$$

CH_3COONa로부터 생성된 CH_3COO^-가 첨가되면 평형은 왼쪽으로 이동하므로 $H^+(aq)$의 평형농도는 감소한다.

아세트산에 아세트산이온(공통이온)을 포함하는 센 전해질(CH_3COONa)을 가하면 약산(CH_3COOH)의 해리는 감소한다. 이것을 공통이온 효과(common ion effect)라고 한다. 즉 약한 전해질과 공통이온 관계에 있는 센 전해질을 용액에 가할 때 약한 전해질의 해리는 감소한다.

약한 염기의 이온화도 역시 공통이온을 가하면 감소한다. 아래의 평형반응에서 $NH_4{}^+$(NH_4Cl 의 형태로)를 첨가하면 NH_3의 염기-해리 평형은 왼쪽으로 이동하고 OH^-의 평형농도가 감소하여 용액의 pH 는 감소한다.

$$NH_3(aq) + H_2O(l) \rightleftharpoons NH_4{}^+(aq) + OH^-(aq)$$

$NH_4{}^+$를 첨가하면 [OH^-]가 감소하는 쪽으로 평형이 이동한다.

예제 12.9

아세트산($HC_2H_3O_2$) 0.30몰과 아세트산소듐($NaC_2H_3O_2$) 0.30몰을 섞고 물을 충분히 가하여 1.0 L되게 만든 용액의 pH는 얼마인가?

해답: 용액의 pH를 결정하는 문제는 일련의 논리적 단계를 따르는 것이 좋다.

첫째, 용액 중 주요한 화학종을 확인한다. 그리고 그들의 산성도 혹은 염기도를 고려한다. $HC_2H_3O_2$는 약한 전해질이고 $NaC_2H_3O_2$는 센 전해질이므로 용액 중 주요한 화학종은 $HC_2H_3O_2$(약한 산), Na^+(산성도 아니고 염기성도 아니다), $C_2H_3O_2^-$($HC_2H_3O_2$의 짝염기)이다. 그리고 H_2O(매우 약한 산 혹은 염기)이다.

둘째, 중요한 평형반응을 확인한다. H_2O는 $HC_2H_3O_2$보다 훨씬 더 약한산이므로 그 용액의 pH는 $HC_2H_3O_2$와 $C_2H_3O_2^-$를 모두 포함하는 $HC_2H_3O_2$의 해리 평형으로 조절한다.

$$HC_2H_3O_2(aq) + H_2O(l) \rightleftharpoons H_3O^+(aq) + C_2H_3O_2^-(aq)$$

$NaC_2H_3O_2$를 용액에 가하므로 $[H_3O^+]$와 $[C_2H_3O_2^-]$의 값은 같지 않다는 것을 기억하라. Na^+ 이온은 구경꾼이온일 뿐이고 pH에 영향을 주지 않는다.

셋째, 평형에 참여하는 각 화학종의 초기농도와 평형농도를 계산한다. 평형문제를 풀 때 다음과 같은 농도 표를 만든다.

	$[HC_2H_3O_2]$, M	$[H^+]$, M	$[C_2H_3O_2^-]$, M
초기	0.30	0	0.30
변화	$-x$	$+x$	$+x$
평형	$0.30 - x$	x	$0.30 + x$

$C_2H_3O_2^-$(공통이온)의 평형농도는 $NaC_2H_3O_2$(0.30 M)의 이온화에 의한 초기농도와 $HC_2H_3O_2$의 이온화로 인한 농도변화를 합친 것에 유의하라. 평형식은

$$K_a = 1.8 \times 10^{-5} = \frac{[H_3O^+][C_2H_3O_2^-]}{[HC_2H_3O_2]}$$

(25°C에서 $HC_2H_3O_2$의 해리상수는 부록에 있다. $NaC_2H_3O_2$를 첨가해도 이 상수 값은 변하지 않는다.) 평형식에 평형농도를 대입하면

$$K_a = 1.8 \times 10^{-5} = \frac{x(0.30 + x)}{0.30 - x}$$

K_a는 작은 값이므로 x는 $HC_2H_3O_2$와 $C_2H_3O_2^-$(각기 0.30 M)의 초기 농도에 비하여 작다고 가정한다. x에 대하여 풀기 전에 식을 간단하게 만들 수 있다.

$$K_a = 1.8 \times 10^{-5} \simeq \frac{x(0.30)}{0.30}$$

$$x = 1.8 \times 10^{-5}\,M = [H_3O^+]$$

x는 실제로 0.30에 비하여 매우 작고 위의 근사는 타당하다.

넷째, $H_3O^+(aq)$의 평형농도로부터 pH를 계산한다.

$$pH = -\log(1.8 \times 10^{-5}) = 4.74$$

$HC_2H_3O_2$의 0.30 M 용액은 pH 2.64이고, $[H_3O^+] = 2.3 \times 10^{-3}\,M$에 상당한다.

$NaC_2H_3O_2$의 첨가는 실제 Le Châtelier 원리로부터 예상한 것처럼 $[H_3O^+]$를 감소시킨다.

보충예제

0.16 *M* 아질산(HNO_2, $K_a = 4.5 \times 10^{-4}$)과 0.10 *M* 아질산포타슘(KNO_2)을 포함하는 용액의 pH를 계산하라.

답: 3.14

12.10 완충용액

앞 절에서 살펴본 약한 짝산-염기쌍을 포함하는 용액은 산이나 염기를 가해도 pH 변화가 매우 적다. 이러한 용액을 완충용액(buffer solution 혹은 간단히 buffer)이라고 한다. 사람의 혈액은 약 pH 7.4로 완충된 복잡한 수용액 매질이다. 바닷물은 여러 가지 화학적 작용에 따라 해수면 근처에서 약 pH 8.1~8.3이 되도록 완충 작용을 한다. 완충용액은 실험실이나 의료용으로 많이 사용된다.

완충용액의 성분과 작용

완충용액은 OH^- 이온을 중화하는 산성 화학종과 H^+ 이온을 중화하는 염기성 화학종을 모두 포함하므로 pH 변화에 민감하게 반응하지 않는다. 이들의 산성 화학종과 염기성 화학종은 서로 반응하지 않아야 한다. 이러한 필요성은 $CH_3COOH—CH_3COO^-$ 혹은 $NH_4^+—NH_3$ 같은 약한 산-염기 짝에 의해 충족된다. $CH_3COOH—CH_3COO^-$ 완충용액은 CH_3COOH 용액에 CH_3COONa를 가하여 만들 수 있다. 어떻게 완충작용을 하는지 이해하기 위해 약한 산(HX)과 그것의 염(MX)으로 구성된 완충용액을 고려하자. 이 완충용액의 산-해리 평형은 산과 그것의 짝염기 모두에 관여한다.

$$HX(aq) \rightleftharpoons H^+(aq) + X^-(aq)$$

이 반응의 산-해리상수 식은

$$K_a = \frac{[H^+][X^-]}{[HX]}$$

이 식을 $[H^+]$에 대해 풀면

$$[H^+] = K_a \frac{[HX]}{[X^-]}$$

H^+의 농도, 즉 pH는 완충용액중의 약산의 K_a 값과 짝산-염기쌍의 농도비, $[HX]/[X^-]$에 의해 결정된다는 것을 알 수 있다.

OH^-를 완충용액에 가하면 완충용액의 산 성분과 반응한다.

$$OH^-(aq) + HX(aq) \rightleftharpoons H_2O(l) + X^-(aq)$$

이 반응으로 [HX]는 감소하고 $[X^-]$는 증가한다. 그러나 완충용액 중 HX와 X^-의 양이 첨가한 OH^- 양에 비하여 크면 $[HX]/[X^-]$의 변화는 크지 않고 pH 변화는 작다(그림 12.4).

H^+ 이온을 첨가하면 완충용액의 염기 성분과 반응한다.

$$H^+(aq) + X^-(aq) \longrightarrow HX(aq)$$

이 경우에 [HX]는 증가하고, $[X^-]$는 감소한다. 마찬가지로 $[HX]/[X^-]$의 변화가 작으면 pH 변화는 작다(그림 12.4). 가장 효과적인 완충용액은 HX와 X^-의 농도가 서로 비슷할 때이며 어느 방향으로 pH 변화가 일어나든 변화를 완충시킨다. 이러한 상태에서 $[H^+]$는 거의 K_a와 같다.

완충용액의 pH

짝산-염기쌍은 공통이온을 공유하므로 공통이온 효과를 다룰 때 사용한 완충용액의 pH 계산과 같은 방법을 사용할 수 있다(예제 12.9). 그러나 앞에서 유도한 다음 식으로부터 구할 수도 있다.

$$[H^+] = K_a \frac{[HX]}{[X^-]}$$

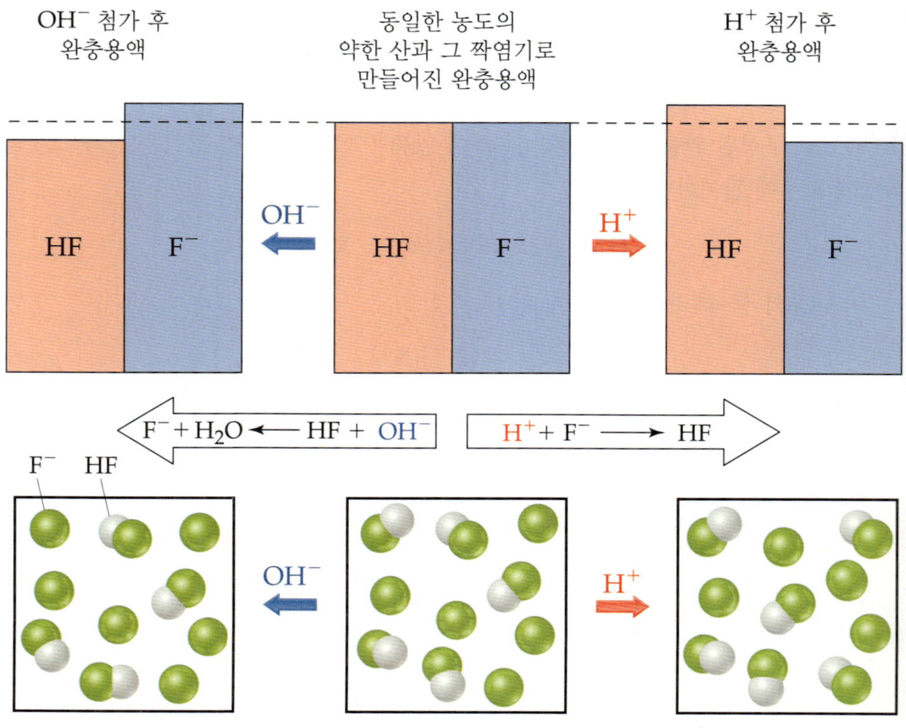

▶ **그림 12.4 완충작용.** 약산 HF와 그 짝염기로 구성된 완충용액에 소량의 OH^-를 가하면 OH^-는 HF와 반응하여 [HF]는 감소하고 $[F^-]$는 증가한다. 반면 소량의 H^+를 완충용액에 가하면 F^-와 반응하여 완충용액의 $[F^-]$는 감소하고 [HX]는 증가한다. pH는 HF에 대한 F^-의 비율에 의존하므로 pH 변화는 작다.

양쪽에 $-\log$를 취하면

$$-\log[H^+] = -\log\left(K_a\frac{[HX]}{[X^-]}\right) = -\log K_a - \log\frac{[HX]}{[X^-]}$$

$-\log[H^+] = pH$, 그리고 $-\log K_a = pK_a$이므로

$$pH = pK_a - \log\frac{[HX]}{[X^-]} = pK_a + \log\frac{[X^-]}{[HX]} \quad [12.9]$$

일반적으로

$$pH = pK_a + \log\frac{[\text{염기}]}{[\text{산}]} \quad [12.10]$$

여기에서 [산]과 [염기]는 짝산-염기쌍의 평형농도이다. [염기] = [산]일 때 pH = pK_a라는 것에 유의하라. 이 식을 Henderson-Hasselbalch 식이라 하며 완충용액의 pH 계산에 편리하게 사용할 수 있다.

완충용액의 두 가지 중요한 특징은 완충용량(buffer capacity)과 pH이다. 완충용량은 완충용액의 pH가 크게 변하기 전까지 완충용액을 중화할 수 있는 산이나 염기의 양이다. 이 완충용량은 완충하는 산과 염기의 양에 의존한다. 완충용액의 pH는 산의 K_a와 완충용액을 구성하는 산 및 염기의 상대 농도에 의존한다. 예를 들어 1 M CH_3COOH와 1 M CH_3COONa 혼합물 1 L 중의 $[H^+]$는 0.1 M CH_3COOH와 0.1 M CH_3COONa 혼합물 1 L 중의 $[H^+]$와 같다는 것을 앞의 식으로부터 알 수 있다. 그러나 1 M 용액은 0.1 M 용액보다 더 많은 CH_3COOH와 CH_3COO^-를 갖고 있으므로 완충용량이 더 크다. 그러므로 pH 변화에 대한 저항력이 더 크다.

예제 12.10

0.12 M lactic acid($HC_3H_5O_3$)와 0.10 M sodium lactate($NaC_3H_5O_3$) 완충용액의 pH를 계산하라. lactic acid의 $K_a = 1.4 \times 10^{-4}$이다.

해답: 용액의 주요한 화학종은 $HC_3H_5O_3$, Na^+, $C_3H_5O_3^-$, H_2O이다. Na^+ 이온은 산도 아니고 염기도 아니다. H_2O는 $HC_3H_5O_3$보다 훨씬 약한산이고 $C_3H_5O_3^-$보다 약한 염기이다. 그러므로 pH는 다음과 같은 lactic acid의 산-해리 평형으로 조정한다.

이 평형에 관여한 화학종의 초기와 평형에서의 농도는

$$HC_3H_5O_3(aq) \rightleftharpoons H^+(aq) + C_3H_5O_3^-(aq)$$

	$[HC_3H_5O_3]$, M	$[H^+]$, M	$[C_3H_5O_3^-]$, M
초기	0.12	0	0.10
변화	$-x$	$+x$	$+x$
평형	$0.12 - x$	x	$0.10 + x$

평형상수식으로 나타내면

$$K_a = 1.4 \times 10^{-4} = \frac{[H^+][C_3H_5O_3^-]}{[HC_3H_5O_3]} = \frac{x(0.10 + x)}{0.12 - x}$$

K_a가 작고 또 공통이온의 존재로 인해 x는 0.12 M이나 0.10 M에 비하여 작을 것으로 예상된다. 그리하여 식은 다음처럼 간단하게 할 수 있다.

$$K_a = 1.4 \times 10^{-4} = \frac{x(0.10)}{0.12}$$

x에 대하여 풀면

$$[H^+] = x = \left(\frac{0.12}{0.10}\right)(1.4 \times 10^{-4}) = 1.7 \times 10^{-4}\ M$$

$$pH = \log(1.7 \times 10^{-4}) = 3.77$$

또 다른 방법으로 pH 계산에 Henderson-Hasselbalch 식을 직접 사용할 수 있다.

$$pH = pK_a + \log\left(\frac{[\text{염기}]}{[\text{산}]}\right) = 3.80 + \log\left(\frac{0.12}{0.10}\right) = 3.85 + (-0.08) = 3.77$$

보충예제

0.12 M benzoic acid와 0.20 M sodium benzoate로 구성한 완충용액의 pH를 계산하라(벤조산의 K_a는 부록을 참고하라).

답: 4.41

연습문제

12.1 **(a)** 자체이온화(autoionization)는 무엇을 의미하는가?
(b) 순수한 물은 왜 낮은 전기전도도를 갖는지 설명하라.
(c) 어떤 수용액을 산성이라고 말할 때, 그것은 무엇을 의미하는가?

12.2 $[OH^-]$의 농도가 다음과 같을 때 용액의 $[H^+]$를 계산하고, 각 용액이 산성, 염기성 혹은 중성인지를 구별하라.
(a) $[OH^-] = 0.0007\ M$
(b) $[OH^-] = 8.2 \times 10^{-10}\ M$
(c) $[OH^-]$이 $[H^+]$보다 100배 큰 용액

12.3 정상 체온 37°C에서 $K_w = 2.4 \times 10^{-14}$이다. 이 온도에서 중성용액의 $[H^+]$와 $[OH^-]$를 계산하라.

12.4 pH 단위로 다음과 같은 크기 변화가 있을 때 $[H^+]$의 변화는?
(a) 2.00 단위
(b) 0.50 단위

12.5 **(a)** 물에 NaOH를 가하면 $[H^+]$는 어떻게 변하는가? pH의 변화는 어떻게 되는가?
(b) $[H^+] = 0.005\ M$이면, 이 용액의 pH는 얼마인가? 이 용액은 산성인가 염기성인가?
(c) pH = 12.3이면 이 용액의 $H^+(aq)$와 $OH^-(aq)$의 몰농도는 얼마인가?

12.6 **(a)** 산에 대한 Arrhenius 정의와 Brønsted-Lowry 정의 사이의 차이는 무엇인가?
(b) $NH_3(g)$와 $HCl(g)$의 반응은 이온성고체 $NH_4Cl(s)$을 생성한다. 이 반응에서 Brønsted-Lowry 산과 염기는 각각 어느 물질인가?

12.7 다음에서 Brønsted-Lowry 산의 짝염기를 나타내라.
(a) $HClO_2$ **(b)** H_2S **(c)** HSO_4^- **(d)** NH_4^+

12.8 다음 반응식의 왼쪽에서 Brønsted-Lowry 산과 염기를 구분하고, 또한 오른쪽에서 짝산과 짝염기를 표시하라.
(a) $NH_4^+(aq) + CN^-(aq) \rightleftharpoons HCN(aq) + NH_3(aq)$
(b) $(CH_3)_3N(aq) + H_2O(l) \rightleftharpoons (CH_3)_3NH^+(aq)^+ OH^-(aq)$
(c) $HCHO_2(aq) + PO_4^{3-}(aq) \rightleftharpoons CHO_2^-(aq) + HPO_4^{2-}(aq)$

12.9 옥살산수소이온($HC_2O_4^-$)은 양쪽성이다. 물에서 산으로 작용하는 균형화학반응식과, 염기로 작용하는 균형화학반응식을 각각 쓰라.

12.10 다음의 어느 쪽이 보다 더 Brønsted-Lowry 산이라 예측할 수 있는가? 그 이유를 간단히 설명하라.
(a) $NClO_2$과 HNO_3
(b) NH_3와 H_2O

12.11 **(a)** 강산이란 무엇인가?
(b) 어떤 용액을 0.500 *M* HCl라고 표시하였다. 용액의 $[H^+]$는 얼마인가?
(c) 다음 중 강산은? HF, HCl, HBr, HI

12.12 다음 강산 용액의 pH를 계산하라.
(a) 1.8×10^{-4} M HBr
(b) 250 mL 용액 중 HNO_3 1.02 g
(c) 2.00 mL의 0.500 *M* $HClO_4$이 50.0 mL로 희석한 용액
(d) 0.0100 *M* HBr 10.0 mL와 2.50×10^{-3} *M* HCl 20.0 mL의 혼합용액

12.13 수용액에서 다음 산의 이온화 반응식을 쓰고 K_a를 구하시오.
(a) $HBrO_2$ **(b)** $HC_3H_5O_2$

12.14 벤조산(benzoic acid, $HC_7H_5O_2$)의 산해리상수는 6.5×10^{-5}이다. 산의 초기농도가 0.050 *M*일 때 용액 중 H_3O^+, $C_7H_5O_2^-$, $HC_7H_5O_2$의 평형농도를 계산하라.

12.15 다음 용액의 pH를 계산하라(K_a 및 K_b 값은 부록을 참조).
(a) 0.175 *M* 질화수소산(hydrazoic acid, HN_3)
(b) 0.040 *M* 프로피온산(propionic acid, $HC_3H_5O_2$)

12.16 약산 HX의 0.200 *M* 용액은 9.4% 이온화한다. 이 정보를 사용하여 $[H^+]$, $[X^-]$, [HX] 및 HX의 K_a를 계산하라.

12.17 Brønsted-Lowry 염기의 주요한 구조적 특징은 무엇인가?

12.18 페놀(C_6H_5OH)의 산-해리상수는 부록에 있지만 페놀이온(phenol ion) $C_6H_5O^-$의 염기-해리상수는 없다.
(a) 페놀의 K_a와 페놀이온의 K_b 값 모두를 목록에 쓰지 않는 이유를 설명하라.
(b) 페놀이온의 K_b를 계산하라.
(c) 페놀이온은 암모니아보다 약염기인가 아니면 강염기인가?

12.19 다음 각 용액의 $[OH^-]$ 및 pH를 계산하라.
(a) 0.10 *M* NaCN,
(b) 0.080 *M* Na_2CO_3,
(c) 0.10 *M* $NaNO_2$ 와 0.20 *M* $Ca(NO_2)_2$의 혼합물

12.20 산과 염기를 Lewis, Brønsted-Lowry 및 Arrhenius의 정의에 따라 비교한 표를 만들어라. 어느 것이 보다 더 일반적인지 설명하시오.

12.21 **(a)** 공통이온 효과는 무엇인가?
(b) 용액 중 HOCl의 이온화를 감소시킬 수 있는 염류의 예를 제시하라.

12.22 다음의 물질을 가할 때 pH는 증가하는가, 감소하는가, 그대로인가?
(a) HNO_2 용액에 $NaNO_2$
(b) CH_3NH_2 용액에 $(CH_3NH_3)Cl$
(c) 포름산 용액에 포름산소듐
(d) 브로민산 용액에 브로민화포타슘
(e) $NaC_2H_3O_2$ 용액에 HCl

12.23 부록의 평형상수를 사용하여 다음 혼합 용액의 pH를 계산하라.
(a) 0.080 *M* potassium propionate와 0.16 *M* propionic acid($HC_3H_5O_2$)
(b) 0.15 *M* trimethylamine[$(CH_3)_3N$]과 0.12 *M* trimethylammonium chloride[$(CH_3)_3NHCl$]

12.24 **(a)** 0.20 *M* formic acid와 0.15 *M* sodium formate 완충용액의 pH를 계산하라.
(b) 85 mL의 0.16 *M* formic acid와 95 mL의 0.15

M sodium formate의 혼합물 완충용액의 pH를 계산하라.

12.25 어떤 완충용액은 1.00 L에 0.11몰 아세트산과 0.15몰 아세트산소듐을 포함한다.

(a) 이 완충용액의 pH는 얼마인가?

(b) 0.02몰 KOH를 가하면 완충용액의 pH는 얼마인가?

(c) 0.02몰 HCl를 가하면 완충용액의 pH는 얼마인가?

12.26 **(a)** pH 7.4의 혈액 중 HCO_3^-와 H_2CO_3의 비율은 얼마인가?

(b) 마라톤 선수의 pH 7.1 혈액 중 HCO_3^-와 H_2CO_3의 비율은 얼마인가?

CHAPTER 13

에너지와 화학반응

우리는 음식물을 섭취하여 에너지를 생성하고 신체의 생리적 기능을 유지한다. 식물은 태양에너지를 이용하여 광합성을 하고 성장을 한다. 화석연료를 연소하여 전기를 발생시킬 수 있고, 난방열로 사용하거나 자동차의 동력으로 사용할 수 있다. 우리는 에너지를 사용하여 음료수를 시원하게 만들기도 하며 밀가루 반죽을 가열하여 빵을 굽기도 한다. 이러한 에너지의 사용은 대부분 화학반응에 의존한다. 화학반응들은 에너지의 변화를 수반하는데 가솔린의 연소 같은 반응은 에너지를 생성하고 물을 수소와 산소로 분리하는 반응은 에너지를 필요로 한다. 에너지는 화학에서 매우 중요하게 다루는 주제 중 하나이다.

이 장에서는 에너지와 그것의 다양한 변화에 대하여 살펴볼 것이다. 열역학(thermodynamics)이란 에너지와 에너지의 전환에 대한 연구이다(그리스어에서 therme는 열이고 dynamic은 힘이란 뜻이다). 열역학의 연구는 산업혁명동안 열, 일, 연료의 에너지 함량간의 관계를 조사하고 증기엔진의 능력을 극대화하기 위한 노력으로부터 시작하였다. 열역학은 화학뿐만 아니라 다른 자연과학이나 공학에서도 매우 중요하게 다루는 분야의 하나이다.

13.1 에너지의 성질

물질의 개념은 쉽게 이해할 수 있는 반면 에너지의 개념은 친숙하기는 하지만 보다 추상적이다. 보통 에너지(energy)는 일과 열로 정의할 수 있다. 일은 물체를 움직이게 할 때 사용하는 에너지이고 열은 물체의 온도를 증가시킬 때 사용하는 에너지이다(그림 13.1).

에너지는 일을 하거나 열을 전달하는 능력으로서 물체는 운동으로 인한 운동에너지(kinetic energy)와 다른 물체와의 상대적 위치에 기인한 위치에너지(potential energy)를 가질 수 있다.

(a)

(b)

▲ **그림 13.1 일과 열.** 에너지의 두 가지 형태 (a) 일 (b) 열

힘(force)이란 물체를 밀거나 잡아당기는 것이고 중력은 힘의 한 예이다. 중력이란 물체를 지면으로 잡아당기는 힘이다. 화학에서는 다른 형태의 힘에 더 관심이 있다. 예컨대 핵(양전하)은 전자(음전하)를 끌어당긴다. 중력에 대항하여 물체를 들어올릴 때 일을 하는 것처럼 양성자와 전자간의 거리를 멀리 떨어 뜨리려면 이들 간의 인력을 이길 수 있는 일을 해주어야 한다. 어떤 힘에 대항하여 물체를 움직이는 일(w)은 힘 F와 물체를 움직인 거리 d의 곱과 같다.

$$w = F \times d \qquad [13.1]$$

일이라는 에너지는 어떤 힘에 대항하여 물체를 움직이는 것이다. 무거운 물체를 움직이는 것은 가벼운 물체를 움직이는 것보다 많은 일이 필요하다. 그 이유는 보다 무거운 물체에 작용하는 힘이 더 크기 때문이다.

물체를 들어 올릴 때 우리는 신체 내부의 화학반응으로 인해 열을 발생한다. 열(heat)은 에너지이고 뜨거운 데서 차가운 데로 흐른다. 열은 우리의 신체에서 주위로 전달된다. 물체를 들어올리면 에너지는 두 가지 형태로 소비된다. 즉 물체에 행해진 일과 주위로 방출된 열이다. 이러한 예는 우리가 경험하는 에너지 변화를 일과 열의 두 가지 형태로 설명한다.

운동에너지와 위치에너지

운동에너지(kinetic energy)는 물체를 움직이는 데 필요한 에너지이다. 움직이는 물체가 갖는 운동에너지지의 크기(E_k)는 물체의 질량(m)과 속도(v)에 의존한다.

$$E_k = \frac{1}{2}mv^2 \qquad [13.2]$$

이 식은 물체의 질량과 속도가 얼마나 많은 일을 할 수 있는가를 정량화한 것으로서 경험으로부터 얻은 식이다. 무겁고 빠르게 움직이는 물체가 가볍고 느리게 움직이는 물체보다 더 큰 운동에너지를 갖는다. 원자나 분자들도 질량을 갖고 운동하므로 운동에너지를 갖는다.

한 물체는 다른 물체에 대하여 상대적 위치에 기인한 위치에너지(potential energy)를 가질 수 있다. 실제로 위치에너지는 한 물체가 다른 물체와의 인력과 반발력의 결과로 물체에 저장된 에너지이다. 물체의 위치에너지와 운동에너지는 서로 쉽게 변환될 수 있다. 예를 들어 그림 13.2처럼 언덕위에 위치한 자전거를 생각해보자.

중력으로 인해 자전거와 사람의 위치에너지는 언덕위에서가 언덕 아래보다 더 크

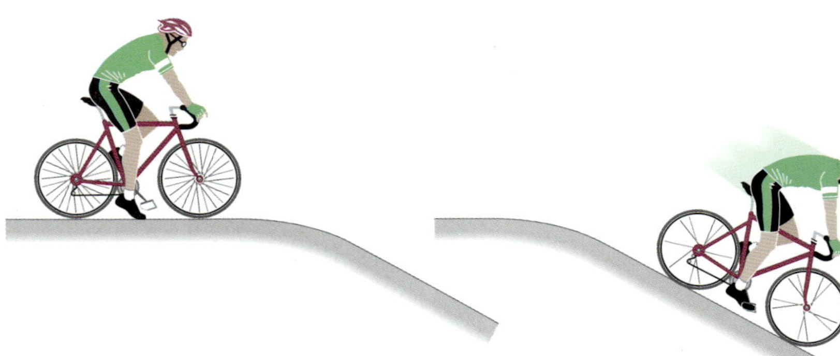

(a) (b)

▶ **그림 13.2 위치에너지와 운동에너지.** (a) 언덕 위의 자전거는 언덕 아래에 비해 상대적으로 더 큰 위치에너지를 갖는다. (b) 자전거가 언덕을 내려올 때 위치에너지는 운동에너지로 변환된다.

다. 자전거는 언덕 아래로 쉽게 내려올 수 있으며 내려오는 과정에서 자전거와 사람의 위치에너지는 운동에너지로 변환된다.

물체의 위치에너지는 다음과 같이 주어진다.

$$E_p = mgh$$

m은 물체의 질량, h는 물체의 상대적 높이, g는 중력상수(9.8 m/s^2)이다. 자전거가 언덕을 따라 내려올 때 위치에너지는 감소하나 에너지가 사라지는 것은 아니다. 감소한 위치에너지는 운동에너지로 전환되는 것이고 이 사실은 에너지가 서로 교환가능하다는 것을 보여 준다. 화학은 크기가 매우 작은 원자나 분자를 다루는데 이러한 초미세 입자간의 반응에 대한 중력의 영향은 무시할 수 있다. 하지만 전기전하로부터 발생하는 힘은 매우 중요하다. 화학에서 위치에너지 중 가장 중요한 것은 정전기적 에너지(electrostatic potential energy)이고 이것은 전하를 띤 입자사이에 존재한다. 정전기적 에너지 E_{el} 은 입자의 전기전하에 비례하고 입자간의 거리에 반비례한다.

$$E_{el} = \frac{kQ_1Q_2}{d}$$

여기서 k 는 비례상수이며 8.99×10^9 J m/C^2 이다. 일반적으로 분자사이에서 전기전하 Q_1, Q_2 는 전자전하(1.60×10^{-19} C)의 크기를 갖는다. Q_1, Q_2가 서로 같은 부호일 때 두 전하 사이에 반발력이 생기고 정전기적 에너지는 양의 값을 갖는다. 반면 반대 부호를 가질 경우 인력이 생기며 정전기적 에너지는 음의 값을 갖는다. 음의 값이 클수록 더 안정한 상태이다.

화학은 원자나 분자 준위에서 운동에너지나 위치에너지의 변화에 관심이 있다. 예를 들면 연료로 사용되는 물질들은 반응할 때 에너지를 방출한다. 이러한 화학에너지는 물질 중 원자배열에 저장된 위치에너지 때문이다. 또한 물체의 온도 때문에 물체가 갖는 에너지는 분자의 운동에너지와 관련이 있다.

에너지 단위

에너지의 SI 단위는 Joule이다. Joule은 일과 열에 대하여 연구한 영국 과학자 James Prescott Joule(1818~1899)의 이름에서 유래하였고 줄여서 J로 표기한다. 1 J = 1 kg · m^2/s^{2}이다. 1 m/s의 속도로 움직이는 2 kg의 질량은 1 J의 운동에너지를 갖는다.

$$E_k = \frac{1}{2}mv^2 = \frac{1}{2}(2\ \text{kg})(1\ \text{m/s})^2 = 1\ \text{kg} \cdot \text{m}^2/\text{s}^2 = 1\ \text{J}$$

Joule 단위는 작은 양의 에너지이다. 따라서 보통 화학반응에서 발생하거나 필요한 에너지를 나타낼 때 kJ을 많이 사용한다.

화학반응에 수반되는 에너지 변화는 전통적으로 칼로리를 사용하여 왔다. 비록 SI 단위는 아니지만 아직도 널리 사용된다. 1칼로리(cal)는 1 g의 물을 1℃올릴 때 필요한 에너지의 양으로 정의한다. J 단위와 다음과 같은 관계에 있다.

$$1\ \text{cal} = 4.184\ \text{J}$$

식품화학에서는 kcal를 Cal로 표기하기도 한다. 즉 1 Cal = 1000 cal =1 kcal이다.

▲ **그림 13.3 닫힌 계와 주위.** 실린더 속의 기체에만 관심을 가지면 기체는 계이고, 실린더와 피스톤은 주위의 일부다.

계와 주위

에너지 변화를 연구할 때 우주의 어떤 한정된 부분을 계(system)라 하고 그 외의 다른 모든 부분을 주위(surroundings)라고 한다. 연구실에서 화학반응을 관찰할 때 보통 화학반응물은 계가 되고 반응 용기나 그 외의 모든 것을 주위로 간주한다. 우리가 많이 다루는 계는 일반적으로 닫힌 계(closed system)이다. 닫힌계는 주위와 에너지를 교환하지만 물질은 교환하지 않는다. 예를 들면 그림 13.3과 같이 수소기체(H_2)와 산소기체(O_2)의 혼합물이 실린더에 들어 있는 경우를 생각하자.

이 경우 계는 수소와 산소이고 실린더, 피스톤 및 이들 이외의 모든 것(우리들을 포함하여)은 주위이다. 수소와 산소가 반응하면 물을 생성하면서 에너지를 방출한다.

$$2H_2(g) + O_2(g) \longrightarrow 2H_2O(l) + \text{에너지}$$

이 반응에서 계에 해당하는 수소와 산소의 화학적 형태는 변하여도 물질의 양에는 변화가 없고 주위와 물질의 교환도 일어나지 않는다. 계는 열과 일의 형태로 주위와 에너지만 교환하며 이것은 측정 가능한 양이다.

에너지의 이동: 열과 일

에너지는 두 가지 일반적인 방법, 즉 어떤 힘에 대항하여 물체를 움직이거나 온도를 변화하게 하는 방법으로 이동한다. 열은 뜨거운 물체로부터 차가운 물체로 이동하는 에너지이다. 연소반응은 분자에 저장된 화학에너지가 열의 형태로 방출되는 것이다. 즉 화학반응이 일어나면 에너지는 계로부터 주위로 열의 형태로 이동하여 주위의 온도를 올릴 수 있다. 에너지는 일을 하거나 열을 전이하는 능력이라고 정의하는데 에너지의 개념을 설명하는 예를 그림 13.4에 나타내었다. 계에 해당하는 점토덩어리를 생각해보자. 이 점토를 들어올리면 중력의 힘에 대항하여 일을 하는 것이고 점토는 위치에너지를 갖는다. 만일 점토를 떨어뜨리면 낙하속도가 증가하면서 위치에너지는 운동에너지로 변환된다. 점토덩어리가 지표면에 닿으면 운동은 정지하고 운동에너지는 0이 된다. 운동에너지의 일부는 점토를 찌그러지게 하는 일에 사용되고 나머지 운동에너지는 지표면에 충돌하는 동안 열의 형태로 분산된다.

▶ **그림 13.4 점토덩어리의 에너지 변환.** (a) 벽 위의 점토덩어리는 중력으로 인하여 바닥에 대한 상대적 위치에너지를 갖는다. (b) 점토덩어리가 낙하할 때 위치에너지는 운동에너지로 변환된다. (c) 점토가 바닥에 부딪힐 때 운동에너지의 일부는 점토덩어리를 찌그러뜨리는 일에 사용되고 나머지는 열로 방출된다.

(a) (b) (c)

13.2 열역학 제1법칙

그림 13.4처럼 위치에너지는 운동에너지로 변환할 수 있고 운동에너지는 일을 하거나 열의 발생에 사용할 수 있다. 일반적으로 에너지는 한 형태에서 다른 형태로 변환될 수 있다. 그러나 에너지는 창조되거나 소멸되지 않고 보존된다는 것은 과학에서 가장 중요한 관찰 중의 하나이다. 계가 잃은 에너지는 주위가 얻고 그 역도 역시 성립한다. 이 중요한 기본적 사실을 열역학 제1법칙(first law of thermodynamics)이라 하며 또한 에너지 보존법칙(law of conservation of energy)이라고도 한다. 이러한 법칙을 정량적으로 응용하려면 우선 계의 에너지를 보다 정확하게 정의하여야 한다.

내부에너지

한 계의 전체 에너지는 구성 성분들의 모든 운동에너지 및 위치에너지의 합이다. 그림 13.5에 그려진 계의 전체 에너지는 H_2와 O_2 분자들뿐만 아니라 이러한 성분들의 핵과 전자들의 운동과 상호작용을 포함한다. 이러한 전체 에너지를 계의 내부에너지(E)라 한다. 대단히 많은 종류의 운동과 상호작용이 있기 때문에 어떤 계의 에너지를 정확하게 결정하는 것은 거의 불가능하다. 그러나 화학 및 물리적 변화 과정에 수반되는 내부에너지의 변화(ΔE)는 측정할 수 있다.

내부에너지 변화는 한 과정의 처음(E_i)과 마지막(E_f)의 내부에너지 차이, 즉 ΔE로 나타낸다.

$$\Delta E = E_f - E_i \qquad [13.3]$$

ΔE와 같은 열역학적 양은 세 가지 인자, 즉 열 변화의 크기, 단위 그리고 방향을 나타내는 부호를 갖는다. $E_f > E_i$일 때 ΔE는 양의 값이고 계는 주위로부터 에너지를 얻는 것을 의미한다. $E_f < E_i$일 때 ΔE는 음의 값이고 계는 주위로 에너지를 뺏기는 것을 나타낸다.

화학반응에서 계의 초기상태는 반응물을 말하고 최종상태는 생성물을 의미한다. 수소와 산소가 반응하여 물을 생성할 때 계는 열로써 에너지를 주위에 방출한다. 생성물의 에너지 함량은 반응물의 에너지 함량보다 작다. 이 과정의 ΔE는 음의 값이다. 이것은 그림 13.5처럼 수소와 산소의 내부에너지 합은 물의 내부에너지보다 크다는 것을 의미한다.

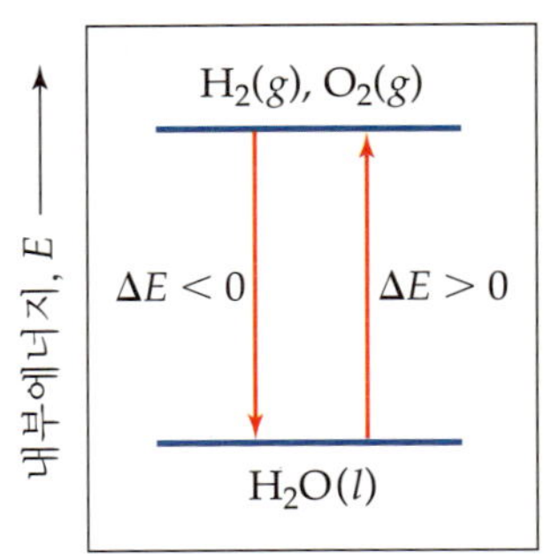

▲ 그림 13.5 $H_2(g)$와 $O_2(g)$로 구성된 계는 $H_2O(l)$로 구성된 계보다 내부에너지가 더 크다.
H_2와 O_2가 H_2O로 변환하면 계는 에너지를 잃는다($\Delta E < 0$). H_2O가 H_2와 O_2로 분해하면 계는 에너지를 얻는다($\Delta E > 0$).

열, 일, ΔE의 관계

앞에서 설명한 바와 같이 계는 두 가지 방법, 즉 열이나 일로써 주위와 에너지를 교환할 수 있다. 계에 열을 가하거나 계에서 열을 제거할 때 혹은 계가 일을 하거나 받을 때 계의 내부에너지는 변한다. 계가 화학적 또는 물리적으로 변할 때 수반하는 내부에너지 변화 ΔE는 계로 흘러가거나 계로부터 나온 열(q)과 계가 일(w)을 하거나 받은 것의 합이다.

$$\Delta E = q + w \qquad [13.4]$$

열이 주위로부터 계로 이전할 때 q는 양의 값을 갖는다. 주위가 계에 일을 할 때 w는 양의 값을 갖는다. 바꾸어 말하면 계에 가한 열과 계에 행한 일은 둘 다 계의 내부에

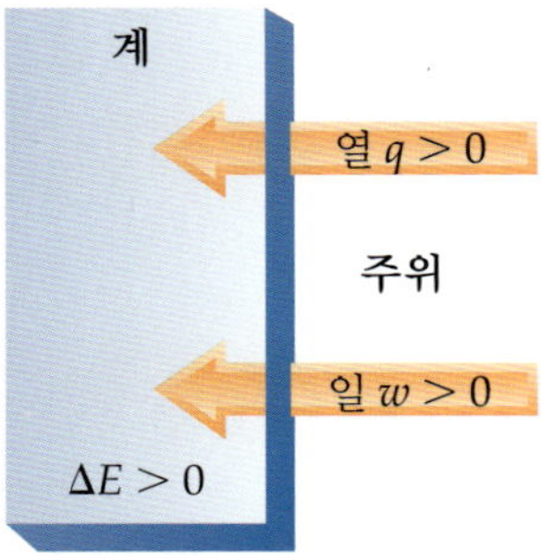

▲ **그림 13.6 열과 일에 관련된 내부에너지 변화.** 계에 의해 흡수한 열 q와 계에 행한 일 w는 모두 양의 값이다. 두 경우 모두 계의 내부에너지를 증가시킨다.
$\Delta E = q + w$

표 13.1 q, w, ΔE 의 부호 규약

q의 부호	w의 부호	$\Delta E = q + w$의 부호
$+(q > 0)$: 계가 열을 얻음	$+(w > 0)$: 주위가 계에 일을 함	$+(\Delta E > 0)$: 계의 알짜에너지 증가
$-(q < 0)$: 계가 열을 잃음	$-(w < 0)$: 계가 주위에 일을 함	$-(\Delta E < 0)$: 계의 알짜에너 감소

너지를 증가시킨다(그림 13.6). 반면 열이 계로부터 주위로 전이하고 계가 주위에 일을 하면 음의 값을 갖는다. 즉 계의 내부에너지는 보다 낮아진다. q와 w의 부호와 ΔE의 부호 사이의 관계를 표 13.1에 나타내었다.

예제 13.1

그림 13.3에 설명한 실린더의 수소와 산소기체는 발화한다. 반응이 일어날 때 계는 1150 J의 열을 주위에 제공한다. 반응이 일어나면 기체가 팽창할 때처럼 피스톤을 밀어 올린다. 팽창기체는 피스톤을 대기로 밀어낼 때 주위에 480 J의 일을 한다. 계의 내부에너지 변화는 얼마인가?

해답: 열은 계로부터 주위로 전이되고 계는 주위에 일은 한다. q와 w의 부호규약으로부터 (표 13.1) q와 w는 음의 값이다. 즉 $q = -1150$ J과 $w = -480$ J이다. 식 13.4를 이용하여 내부에너지 변화(ΔE)를 계산할 수 있다.

$$\Delta E = q + w = (-1150\ \text{J}) + (-480\ \text{J}) = -1630\ \text{J}$$

계로부터 주위에 1630 J의 에너지가 전이되었다

보충 예제

계가 140 J의 열을 주위로부터 흡수하고 85 J의 일을 주위에 하였을 때 계의 내부에너지 변화를 계산하시오.

답: +55 J

발열과정과 흡열과정

계가 열을 흡수하는 과정을 흡열(endothermic, endo-는 into의 접두사이다)이라 한다. 흡열과정 중 열은 주위로부터 계로 흐른다. 예를 들면 얼음이 녹는 것은 흡열과정이다. 주위의 일부분인 얼음 용기를 만지면 차게 느껴진다. 이것은 손으로부터 용기로 열이 전달되기 때문이다. 열을 방출하는 과정을 발열(exothermic, exo-는 out of의 접두사이다)이라 한다. 발열과정 중 열은 계로부터 주위로 흐른다. 발열과정이 일어나는 용기를 만지면 뜨거움을 느낀다. 가솔린의 연소는 발열과정의 한 예이다. 그림 13.7은 흡열과정과 발열과정의 예를 나타낸다.

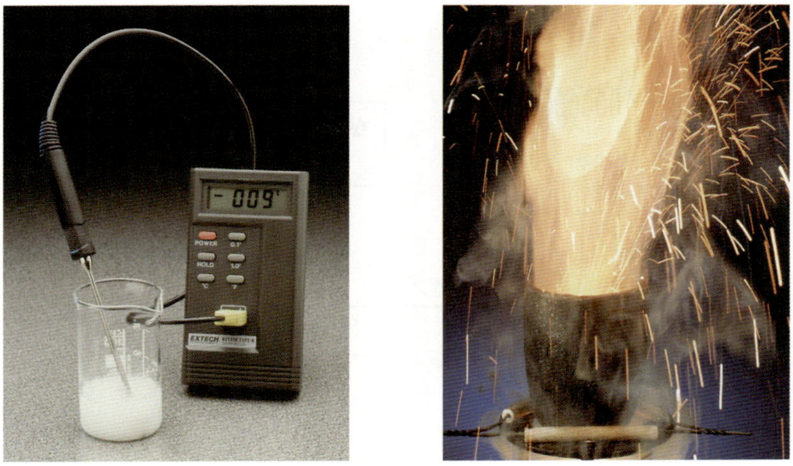

(a) (b)

◀ **그림 13.7 흡열반응과 발열반응의 예.** (a) 티오시안산암모늄과 수산화바륨 8수화물을 실온에서 혼합하면 흡열반응이 일어나고 계의 온도는 20°C에서 −9°C로 내려간다.

$NH_4SCN(s) + Ba(OH)_2 \cdot 8H_2O(s) \longrightarrow Ba(SCN)_2(aq) + 2NH_3(aq) + 10H_2O(l)$

(b) 분말 알루미늄과 Fe_2O_3의 반응(thermite 반응)은 대단히 큰 발열반응이다.

$2\ Al(s) + Fe_2O_3\ (s) \longrightarrow Al_2O_3(s) + 2\ Fe(l)$

상태함수

일반적으로 계의 정확한 내부에너지 값을 알 수는 없지만 우리는 주어진 조건에서 어떤 값을 알기를 원한다. 에너지에 영향을 주는 조건들로서 온도와 압력이 있다. 계의 전체 내부에너지는 물질의 양에 비례하는 크기성질이다.

그림 13.8처럼 25°C의 물 50 g의 계를 가정하자. 이 계는 100°C의 물 50 g을 냉각하여 도달할 수도 있고 50 g의 얼음을 녹인 후 25°C로 가열하여 도달할 수도 있다. 물의 내부에너지는 어느 경우든 똑같다. 계의 내부에너지는 상태함수(state function)라 할 수 있고 계의 성질은 그것의 조건을 명시하거나 혹은 그것의 상태(온도, 압력, 위치 등)를 명시하여 결정한다. 상태함수 값은 그 시료의 특수한 과거 이력에 의존하지 않고 현재의 상태에만 의존한다. ΔE는 상태함수이므로 계의 처음상태와 마지막 상태에만 의존하고 어떤 과정을 거쳐 도달하는지에는 무관하다. 시카고와 덴버 두 도시 사이를 여행한다고 상상하자. 시카고는 해수면보다 190 m 위에 있다. 덴버는 1580 m 위에 있다. 어떤 경로를 취하든 두 도시 사이의 고도 변화는 1390 m이다. 여행거리는 경로에 의존지만 높이변화는 경로와 무관하다. 높이는 상태함수지만 여행거리는 상태함수가 아니다.

열역학적 양들 중에는 상태함수인 것도 있고 아닌 것도 있다. 예를 들어 일정한 과

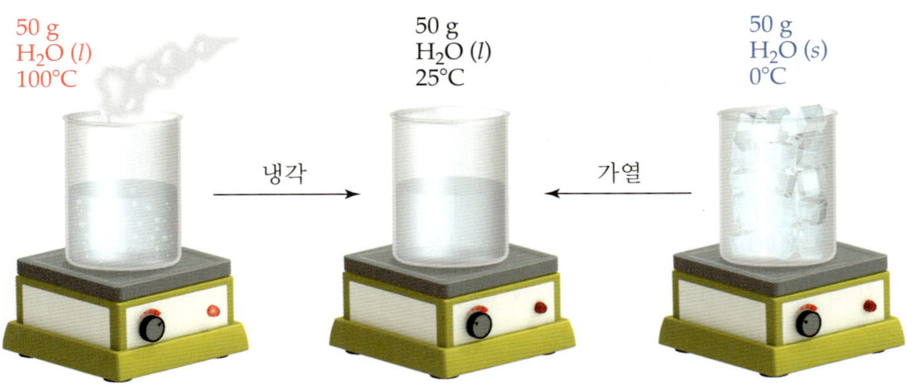

◀ **그림 13.8 내부에너지, *E*, 상태함수.** 상태함수인 내부에너지는 계의 현재 상태에만 의존하고 그 상태에 도착하는 경로에는 무관하다. 25°C에서 물 50 g의 내부에너지는 더 높은 온도의 물 50 g을 25°C로 냉각하거나 혹은 얼음 50 g을 녹인 후 25°C로 가열하는 것과 똑같다.

▶ 그림13.9 내부에너지는 상태함수이지만 일과 열은 상태함수가 아니다. (a) 건전지는 방전되면서 열을 발생한다. (b) 건전지는 방전되면서 일을 하고 또한 약간의 열을 발생한다. 두 경우 모두 건전지의 내부에너지 변화는 같지만, 열과 일의 크기는 다르다.

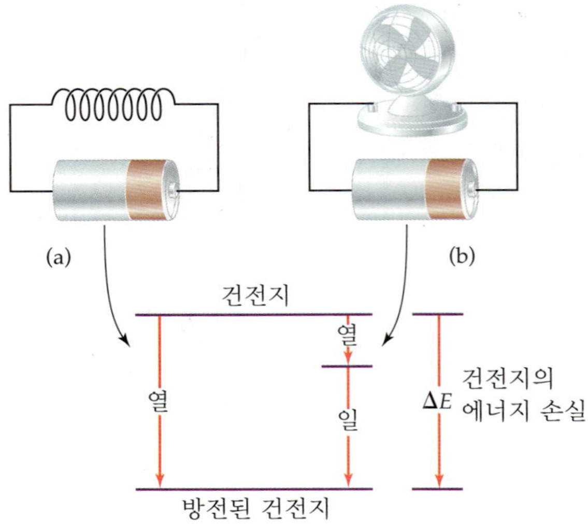

정에서 계가 수행한 일은 상태함수가 아니라 경로에 의존한다. 한 예로 일정한 온도에서 건전지가 방전되는 두 가지 상황을 고려하자. 그림 13.9(a)처럼 건전지를 코일에 연결하면 코일이 뜨거워지면서 일은 행하지 못하고 건전지의 에너지는 열의 형태로 전환된다. 반면 13.9(b)처럼 건전지를 모터에 연결하면 일을 하면서 약간의 열을 방출한다. 그러나 두 경우 모두 건전지의 처음 상태와 마지막 상태가 같으면 ΔE는 같아야 한다. 계의 상태변화와 그것에 따른 ΔE변화는 두 경우 같지만 변화에 수반되는 q와 w의 크기는 다르게 나타난다.

13.3 엔탈피

생명계를 포함한 대부분의 물리화학적 변화는 지구의 일정한 대기압 하에서 일어난다. 예를 들어 실험실 반응은 일반적으로 비커나 시험관처럼 대기에 노출된 용기에서 일어난다. 기체가 포함되지 않는 경우 팽창이나 수축에 의한 일은 무시되고 에너지의 대부분은 열의 형태로 나타난다.

화학반응의 에너지에 대한 언급은 일정한 압력 조건에서 전이되는 열에 초점을 맞출 것이다. 이 에너지를 엔탈피(enthalpy, 그리스어 enthalpein에서 유래하고 to warm을 뜻한다)라 하고 일정한 압력에서 흡수되거나 방출하는 열을 의미한다. 엔탈피는 기호 H로 나타낸다. 내부에너지처럼 엔탈피는 상태함수이다. 즉 계의 엔탈피는 그 계가 거쳐 온 경로에 의존하지 않고 현재 상태에만 의존한다.

내부에너지를 설명할 때 계의 내부에너지는 측정할 수 없지만 내부에너지의 변화 ΔE는 측정할 수 있다는 것을 지적했다. 마찬가지로 계의 엔탈피는 측정할 수 없지만 ΔH 기호로 나타내는 엔탈피 변화는 측정가능하다. 어떤 과정의 엔탈피 변화 ΔH는 일정한 압력 조건에서 계가 얻거나 잃은 열량(q)이다.

$$\Delta H = H_{\text{final}} - H_{\text{initial}} = q_p \quad [13.5]$$

열을 의미하는 q의 첨자 p는 압력이 일정함을 나타낸다. 이처럼 일정한 압력 조건에서만 열은 엔탈피 변화와 같게 된다.

ΔH는 열량과 같으므로 ΔH의 부호는 일정한 압력에서 열이 흐르는 방향을 나타낸다. ΔH의 부호가 +(따라서 q_p의 부호가 +)이면 그 계는 주위로부터 열을 얻은 것이고 흡열과정이다. ΔH의 부호가 −이면 그 계는 열을 주위에 방출하고 발열과정이다(그림 13.10).

마지막으로 H는 상태함수라는 것에 다시 유의하자. ΔH, 즉 q_p 는 계가 초기상태와 최종상태에 의존하고 변화가 어떤 과정을 거치는지 상관하지 않는다. 이것은 q가 상태함수가 아닌 것과 모순되는 것처럼 보이지만 열과 ΔH 사이의 관계는 압력이 일정한 특수한 상황에서 같게 된다는 것에 주목하라.

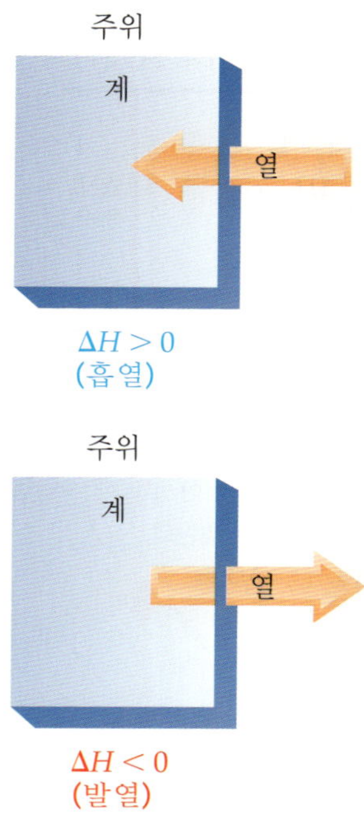

▲ **그림 13.10 흡열과 발열과정.** (a) 계가 열을 흡수하면 ΔH는 양의 값이다($\Delta H > 0$). (b) 계가 열을 잃으면 ΔH는 음의 값이다($\Delta H < 0$).

13.4 반응 엔탈피

화학반응의 엔탈피 변화는 생성물의 엔탈피와 반응물의 엔탈피의 차이이다.

$$\Delta H = H_{생성물} - H_{반응물} \quad [13.6]$$

반응에 수반되는 엔탈피 변화를 반응 엔탈피(enthalpy of reaction) 혹은 간단하게 반응열(heat of reaction)이라 하고, 가끔 ΔH_{rxn}이라고 나타낸다("rxn"은 일반적으로 "reaction"의 약자로 사용된다).

반응의 ΔH를 화학반응식과 함께 나타내면 편리하다. 예를 들어 수소의 연소에서(그림 13.11) 반응은 일정한 압력에서 2몰의 $H_2O(g)$를 생성하고 483.6 kJ의 열을 방출한다. 이것은 다음처럼 요약할 수 있다.

$$2H_2(g) + O_2(g) \longrightarrow 2H_2O(g) \quad \Delta H = -483.6\ \text{kJ} \quad [13.7]$$

ΔH의 부호가 −인 것은 발열반응을 의미한다. 이 때 균형화학반응식의 계수는 엔탈피 변화와 관련된 반응물과 생성물의 몰수를 나타낸다.

반응에 수반되는 엔탈피 변화를 그림 13.11(c)처럼 엔탈피 도표(enthalpy dia-

▼ **그림 13.11 산소와 수소의 발열반응.** (a) 수소기체와 산소기체로 채운 풍선 근처에 촛불을 놓는다. (b) $H_2(g)$는 $O_2(g)$와 반응하고 $H_2O(g)$를 생성하는 과정에서 불꽃을 내면서 폭발한다. 계는 주위로 열을 방출한다. (c) 이 반응의 에너지 도표.

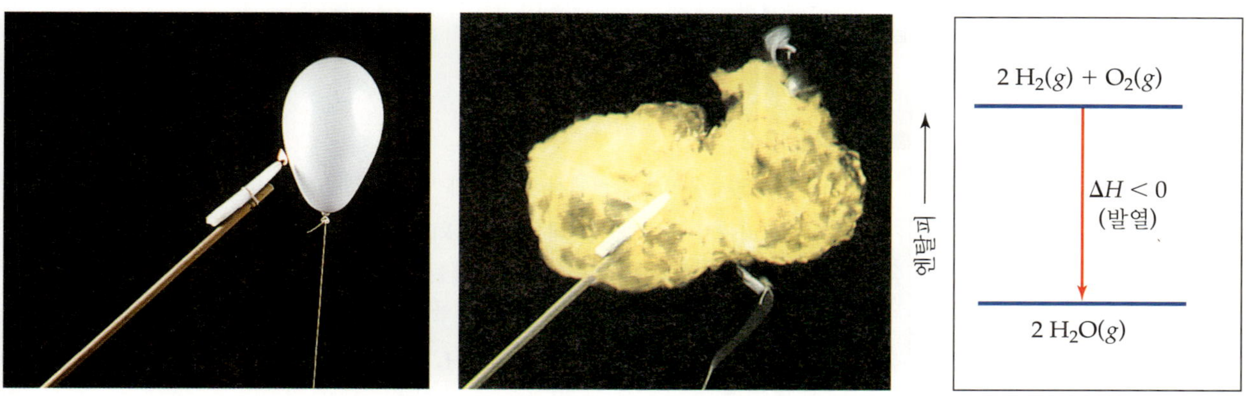

(a) (b) (c)

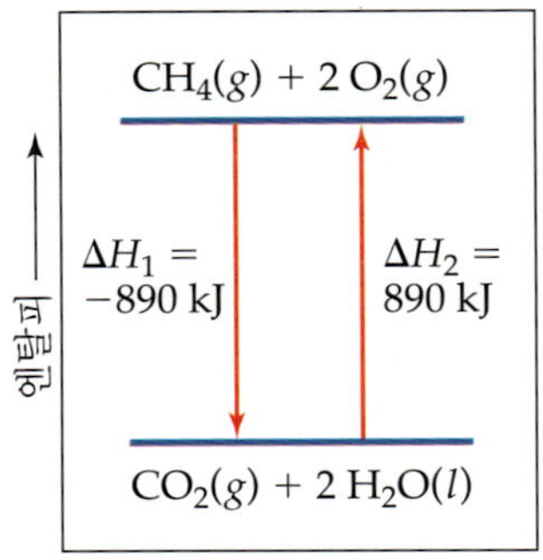

▲ **그림 13.12 역반응에 대한 ΔH.** 역반응은 엔탈피의 부호만 변하고 크기는 변하지 않는다. $\Delta H_2 = -\Delta H_1$

gram)로 나타낼 수 있다. 계의 엔탈피는 얼마나 많은 열을 그 계에 위치에너지나 또는 열함량(heat content)으로 저장하는가의 척도를 나타낸다. $H_2(g)$의 연소가 발열이라는 사실은 생성물이 반응물보다 더 작은 엔탈피를 갖는 것을 의미한다. 그 계의 열함량은 주위로 방출하는 열 때문에 반응 후 더 작아진다. 수소와 산소의 반응은 매우 많은 열을 발생하고(ΔH가 큰 음의 값), 일단 반응이 시작되면 빠르게 진행된다.

열화학식과 엔탈피에 대한 설명을 정리하면 다음과 같다.

1. 엔탈피는 크기성질이다. 이것은 ΔH의 크기가 반응에서 소비된 반응물의 양에 정비례한다는 것을 의미한다. CH_4가 연소하여 CO_2와 H_2O를 생성하는 반응에서 1몰 CH_4가 연소하면 802 kJ의 열이 발생한다는 것이 알려져 있다.

$$CH_4(g) + 2O_2(g) \longrightarrow CO_2(g) + 2H_2O(g) \quad \Delta H = -802\text{ kJ} \quad [13.8]$$

   일정압력에서 1몰의 CH_4가 연소하면 802 kJ 열을 생성하므로 2몰의 CH_4가 연소하면 두 배에 해당하는 1604 kJ의 열을 생성한다.

2. 반응의 방향이 바뀌면 ΔH의 크기는 같지만 부호가 반대이다. 예를 들어 식 13.8의 반응이 역 방향으로 일어날 때 이 과정의 ΔH는 + 802 kJ이다.

$$CO_2(g) + 2H_2O(g) \longrightarrow CH_4(g) + 2O_2(g) \quad \Delta H = 802\text{ kJ} \quad [13.9]$$

   반응이 역으로 진행되면 생성물과 반응물의 역할도 반대이다. 생성물과 반응물이 서로 바뀌면 ΔH는 크기는 갖지만 부호가 바뀐다(그림 13.12).

3. 반응의 엔탈피 변화는 반응물과 생성물의 상태에 의존한다. 메테인의 연소 생성물이 $H_2O(g)$가 아니라 $H_2O(l)$이면 ΔH는 -802 kJ이 아니고 -890 kJ이다. 2몰의 H_2O가 기체에서 액체로 응축할 때 88 kJ의 열을 방출하기 때문이다.

$$2H_2O(g) \longrightarrow 2H_2O(l) \quad \Delta H = -88\text{ kJ} \quad [13.10]$$

그러므로 반응물과 생성물의 상태를 명시할 필요가 있다. 일반적으로 반응물과 생성물은 특별한 언급이 없으면 25°C 상태라고 가정한다.

화학반응에서 엔탈피의 변화는 매우 중요하게 다루어진다. 반응엔탈피는 실험으로 직접 측정하거나 또는 열역학 제1법칙에 근거하여 연관된 반응들의 엔탈피 변화로부터 계산할 수 있다.

예제 13.2

메테인기체 4.50 g을 일정압력에서 연소할 때 얼마의 열을 방출하는가?

해답: 일정압력에서 1몰 CH_4를 태우면 802 kJ의 열을 발생한다($\Delta H = -802$ kJ). 이 자료는 1몰 $CH_4 = -802$ kJ의 화학량론 관계를 이용한다. 그러나 이 관계를 이용하려면 CH_4 g 수를 CH_4 몰수로 환산하여야 한다. 1몰 CH_4 = 16.0 g CH_4 이므로

$$\text{열} = (4.50\text{ g }CH_4)\left(\frac{1\text{mol }CH_4}{16.0\ CH_4}\right)\left(\frac{-802\text{ kJ}}{1\text{mol }CH_4}\right) = -226\text{ kJ}$$

음의 부호는 계가 226 kJ의 열을 주위로 방출한다는 것을 나타낸다.

보충 예제

과산화수소는 다음 반응에 의해 물과 산소로 분해된다.

$$2H_2O_2(l) \longrightarrow 2H_2O(l) + O_2(g) \quad \Delta H = -196 \text{ kJ}$$

$H_2O_2(l)$ 5.00 g이 일정한 압력에서 분해할 때 q 값을 계산하라.

답: −14.4 kJ

13.5 열계량법

ΔH 값은 일정한 압력에서 반응에 수반하는 열 흐름을 실험적으로 측정하여 결정한다. 물질이 열을 얻거나 잃으면 물질의 온도는 변한다. 반응의 온도변화를 측정하여 반응에 수반되는 열의 흐름을 측정할 수 있다. 이것을 열계량법(calorimetry)이라 하고 이때 사용되는 기기를 열량계(calorimeter)라 한다.

열용량과 비열

어떤 물체가 열을 흡수하면 온도가 변한다. 물체가 어떤 양의 에너지를 흡수할 때 물체의 온도변화는 물체의 열용량(heat capacity)으로 결정된다. 물질의 열용량은 물질의 온도를 1 K(혹은 1°C) 상승에 필요한 열량으로 정의한다. 어떤 물질의 열용량이 클수록 그 물질의 온도 상승에 필요한 열량은 더 크다.

순수한 물질의 열용량은 일반적으로 일정한 물질의 양에 대하여 나타낸다. 물질 1몰의 열용량을 몰열용량(molar heat capacity)이라 한다. 물질 1 g의 열용량을 비열용량(specific heat capacity) 혹은 간단히 비열(specific heat)이라고 한다(그림 13.13). 물질의 비열은 물질이 열량(q)을 얻거나 잃을 때 그 물질의 질량(m)과 온도 변화(ΔT)를 측정하여 결정할 수 있다.

$$\text{비열} = \frac{\text{열전달량}}{(\text{물질의 } g\text{수}) \times (\text{온도변화})} = \frac{q}{m \times \Delta T} \qquad [13.11]$$

예를 들어 물 50.0 g을 1.00 K 올리는 데 209 J이 필요하다면 물의 비열은

$$\text{물의비열} = \frac{209 \text{ J}}{(50.0 \text{ g})(1.00 \text{ K})} = 4.18 \ \frac{\text{J}}{\text{g} \cdot \text{K}}$$

여기서 켈빈(Kelvin)온도 변화와 섭씨온도 변화는 크기가 같음에 유의하라.

몇 가지 물질의 비열을 표 13.2에 수록하였다. 액체 물의 비열은 알려진 것 중 가장 큰 값이다. 예를 들어 알루미늄 금속보다 약 5배 더 크다. 물의 비열이 크다는 것은 우리 몸의 체온을 37°C로 유지하는 데 매우 중요하다. 어른의 신체는 질량백분율로 약

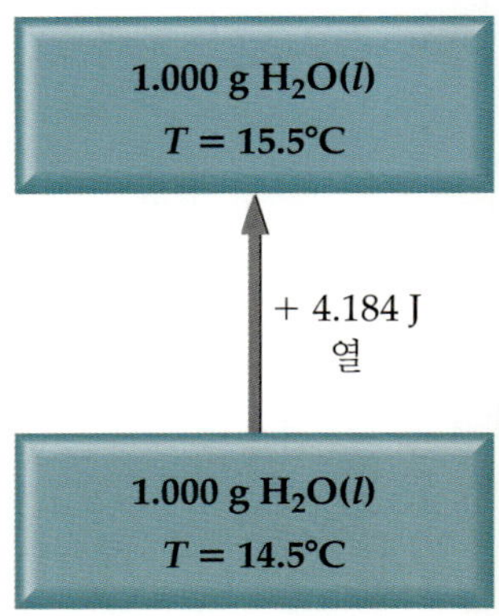

▲ **그림 13.13 물의 비열.** 비열은 물질 1 g을 1K(혹은 1°C) 상승시키는 데 필요한 열량이다. 비열은 온도에 따라 변할 수 있으므로 온도를 명시하여야 한다. 예를 들어 14.5°C에서 $H_2O(l)$의 비열은 4.184 J/g K이다. 이 에너지를 1 cal라고 정의한다. 1 cal = 4.184 J이다.

표 13.2 298 K에서 몇 가지 물질의 비열

원소		화합물	
물질	**비열(J/g · K)**	**물질**	**비열(J/g · K)**
$N_2(g)$	1.04	$H_2O(l)$	4.18
$Al(s)$	0.90	$CH_4(g)$	2.20
$Fe(s)$	0.45	$CO_2(g)$	0.84
$Hg(l)$	0.14	$CaCO_3(s)$	0.82

60%가 물이고, 체온의 큰 변화 없이 많은 양의 에너지를 흡수하거나 방출하는 능력을 갖는다.

질량, 온도변화, 비열로부터 그 물질이 얻거나 잃는 열량을 계산할 수 있다. 식 13.11을 다시 정리하면

$$q = (\text{비열}) \times (\text{물질의 g 수}) \times \Delta T \qquad [13.12]$$

예제 13.3

(a) 물 250 g을 22°C 로부터 98°C 까지 가열하는 데 필요한 열량은 얼마인가? 물의 비열은 4.18 J/g · K이다. **(b)** 물의 몰열용량은 얼마인가?

해답: (a) 물의 온도변화는 ΔT = 98°C −22°C = 76°C = 76 K.

$$q = (H_2O\text{의 비열}) \times (H_2O\text{의 g 수}) \times \Delta T$$
$$= (4.18\ \text{J/g} \cdot \text{K})(250\ \text{g})(76\ \text{K}) = 7.9 \times 10^4\ \text{J} = 79\text{kJ}$$

(b) 몰열용량은 물질 1몰의 비열이다. 1몰 H_2O = 18.0 g H_2O

$$\text{몰 열 용량} = (4.18\text{J/g} \cdot \text{K})\left(\frac{18.0\text{g}}{1\text{mol}}\right) = 75.2\ \text{J/mol} \cdot \text{K}$$

보충 예제

(a) 큰 암반층은 태양열 저장에 이용된다. 50.0 kg 암석의 온도가 12.0°C 상승할 때 흡수한 열량을 계산하라(암석의 비열은 0.82 J/g · K라고 가정). **(b)** 450 kJ 열을 흡수하면 이 암석의 온도변화는 얼마인가?

답: (a) 4.9×10^5 J, **(b)** 11 K = 11°C상승

▲ **그림 13.14 커피컵 열량계.** 일정한 압력에서 반응이 일어나는 스티로폼컵 열량계.

일정압력 열계량법

열계량법에 사용되는 방법과 장치는 측정대상의 성질에 의존한다. 용액 중에서 일어나는 여러 가지 반응은 압력조절이 쉬우므로 ΔH를 직접 측정한다($\Delta H = q_p$을 기억하라). 정확한 측정을 위해서는 보다 정밀한 기기가 필요하지만 그림 13.14와 같이 매우 간단한 "커피컵" 열량계를 사용하여 열계량법 원리를 설명할 수 있다.

열량계는 밀폐되어 있지 않으므로 반응은 일정한 대기압에서 일어난다. 용액이 얻은 열(q_{soln})은 용액의 질량, 비열, 온도변화로부터 쉽게 계산된다.

$$q_{soln} = (\text{용액의 비열}) \times (\text{용액의 g 수}) \times \Delta T$$

묽은 수용액의 비열은 대략 물과 같다고 보고 4.18 J/g · K을 적용한다.

열량계는 주위와의 열교환을 차단하도록 만들어지므로 용액의 온도변화는 화학반응에 기인한 것이라고 볼 수 있다. 즉 열은 열량계로부터 빠져 나가지 못하고 용액에 완전히 흡수되었다고 가정한다. 그러므로 반응열(q_{rxn})은 용액이 얻은 열(q_{soln})과 크기가 같고 부호는 반대가 된다($q_{rxn} = -q_{soln}$). 이 관계를 이용하면 반응이 일어나는 용액의 온도변화로부터 반응열을 계산할 수 있다. 온도 증가($\Delta T > 0$)는 발열반응(음의 q_{rxn} 값)을 의미한다.

예제 13.4

한 학생이 1.0 *M* HCl 50 mL와 1.0 *M* NaOH 50 mL를 커피컵 열량계에 섞을 때 용액의 온도는 21.0°C에서 27.5°C로 증가하였다. 열량계의 열손실은 무시할 정도이고, 용액의 전체 부피는 100 mL, 용액의 밀도는 1.0 g/mL, 비열은 4.18 J/g · K이라 가정하고 이 반응의 엔탈피 변화를 계산하시오.

해답: 용액의 전체 부피는 100 mL이므로 그것의 질량은

$$(100 \text{ mL})(1.0 \text{ g/mL}) = 100 \text{ g}$$

온도변화는 27.5°C − 21.0°C = 6.5°C = 6.5 K이다. 온도는 증가하므로 발열반응이다.

$$\begin{aligned} q_{rxn} &= -(\text{용액의 비열}) \times (\text{용액의 g 수}) \times \Delta T \\ &= -(4.18 \text{ J/g} \cdot \text{K})(100 \text{ g})(6.5 \text{ K}) = -2700 \text{ J} = -2.7 \text{ kJ} \end{aligned}$$

반응은 일정한 압력에서 일어나므로 $\Delta H = q_p = -2.7$ kJ이다. 1몰의 엔탈피 변화를 알려면 HCl과 NaOH의 몰수를 알아야한다. 몰수는 용액의 부피(50 mL = 0.050 L)에 농도를 곱하면

$$(0.050 \text{ L})(1.0 \text{ mol/L}) = 0.050 \text{ mol}$$

따라서 HCl(혹은 NaOH)의 몰당 엔탈피 변화는

$$\Delta H = -2.7 \text{ kJ}/0.050 \text{ mol} = -54 \text{ kJ/mol}$$

보충 예제

0.100 *M* $AgNO_3$ 50.0 mL와 0.100 *M* HCl 50.0 mL를 일정압력의 열량계에 섞을 때 혼합물 온도는 22.30°C에서 23.11°C로 증가한다.

$$AgNO_3(aq) + HCl(aq) \longrightarrow AgCl(s) + HNO_3(aq)$$

혼합 용액의 질량은 100.0 g이고 비열은 4.18 J/g · °C이다. 이 반응의 ΔH를 계산하시오.

답: −68,000 J/mol = −68 kJ/mol

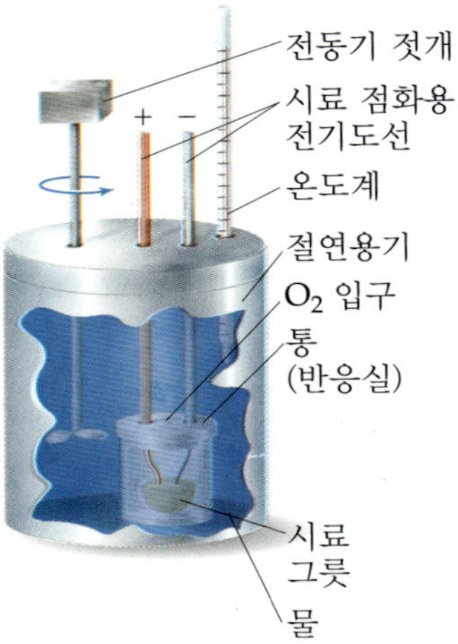

▲ **그림 13.15 통열량계.** 일정부피에서 반응이 일어나는 통열량계의 단면도.

일정부피 열계량법(통열계량법)

열계량법을 이용하여 연소반응의 반응열을 측정할 수 있다. 일반적으로 유기화합물은 과량의 산소와 완전히 반응하게 되는데 그림 13.15에 나타낸 통열량계(bomb calorimeter) 장치를 사용하여 간편하게 반응열을 측정한다. 측정 물질을 통(bomb)이라는 밀폐용기 안의 시료 컵에 놓는다. 고압에 견디게 설계된 통에 산소를 주입하고 단열용기 안에 통을 놓은 후 통을 덮을 수 있는 만큼의 일정량의 물을 용기에 채운다. 열량계 안의 온도가 평형에 도달하면 시료와 접촉한 가는 도선을 통해 전류를 흘려 연소시킨다.

연소가 되면 열을 방출하고 이 열은 열량계의 구성물에 흡수되며 물의 온도를 상승시킨다. 열량계의 온도증가로부터 연소열을 계산할 때는 열량계의 열용량($C_{열량계}$)을 알아야 한다. 이것은 열량을 알고 있는 표준시료를 연소하여 알아낸다. 예를 들어 1.0 g의 벤조산($C_7H_6O_2$)은 연소할 때 26.38 kJ의 열을 발생하는 것으로 알려져 있다. 1 g의 벤조산이 연소할 때 5.022°C만큼 온도가 증가하였다면 열량계의 열용량은 26.38 kJ/5.022°C = 5.253 kJ/°C이다. 일단 열량계의 열용량을 알면 다른 반응에서 온도변화를 측정하여 반응에서 발생한 열량 q를 구할 수 있다.

$$q_{\text{rxn}} = -C_{열량계} \times \Delta T \qquad [13.13]$$

통열량계 내부에서의 반응은 일정부피 조건에서 일어나므로 열량 변화는 엔탈피 변화(ΔH)가 아니라 내부에너지 변화(ΔE)에 더 부합된다. 보다 정확한 ΔH 값은 ΔE를 보정하여 얻을 수 있다. 그러나 대부분의 반응에서 ΔH와ΔE의 차이는 매우 작다.

예제 13.5

Hydrazine(N_2H_4)과 그것의 유도체는 로켓의 연료로 널리 이용된다. 하이드라진이 연소하면 $N_2(g)$와 $H_2O(g)$를 생성한다.

$$N_2H_4(l) + O_2(g) \longrightarrow N_2(g) + 2H_2O(g)$$

1 g 하이드라진을 통열량계에서 태울 때 열량계의 온도가 3.51°C 상승한다. 열량계의 열용량이 5.510 kJ/°C이라면 발생한 열량은 얼마인가? 1몰 N_2H_4의 연소반응열은 얼마인가?

해답: 반응열 = 열용량 × 온도변화이다.

$$q_{\text{rxn}} = -\left(5.510\frac{\text{kJ}}{°\text{C}}\right)(3.51°\text{C}) = -19.3\ \text{kJ}$$

이것은 1 g 하이드라진의 연소에서 생긴 열량이므로 1몰 N_2H_4의 연소에서 발생한 열량은

$$\left(\frac{-19.3\ \text{kJ}}{1\text{g}\ N_2H_4}\right)\left(\frac{32.0\ \text{g}\ N_2H_4}{1\text{mol}\ N_2H_4}\right) = -618\ \text{kJ/mol}\ N_2H_4$$

보충 예제

lactic acid($HC_3H_5O_3$) 0.5865 g을 열용량이 4.812 kJ/°C인 열량계에서 연소시켰더니

열량계의 온도가 23.10°C에서 24.95°C로 상승하였다. lactic acid의 g당, 그리고 몰당 연소열을 계산하시오.

답: −15.2 kJ/g, −1370 kJ/mol

13.6 Hess 법칙

현재까지 다양한 반응의 엔탈피가 측정되어 기록되었다. 다른 반응의 ΔH 로부터 어떤 특정 반응의 ΔH의 계산이 가능하기 때문에 모든 반응을 열량계로 측정할 필요는 없다.

엔탈피는 상태함수이므로 어떤 화학과정과 관련이 있는 엔탈피 변화(ΔH)는 물질량과 반응물의 초기상태 및 생성물의 최종상태의 성질에만 의존한다. 메테인(CH_4)이 연소하여 이산화탄소와 물을 생성하는 것은 다음처럼 두 단계로 일어난다고 생각할 수 있다.

1. $CH_4(g)$는 연소하여 $CO_2(g)$와 $H_2O(g)$를 생성한다.
2. $H_2O(g)$의 응축은 $H_2O(l)$를 생성한다. 전체 반응의 엔탈피 변화는 간단히 두 단계 엔탈피 변화의 합계이다.

$$CH_4(g) + 2O_2(g) \longrightarrow CO_2(g) + 2H_2O(g) \qquad \Delta H = -802\ \text{kJ}$$
$$2H_2O(g) \longrightarrow 2H_2O(l) \qquad \Delta H = -88\ \text{kJ}$$

두 반응식을 더하면 $2H_2O(g)$는 반응식의 양쪽에 존재하므로 소거할 수 있다. 알짜 반응식은

$$CH_4(g) + 2O_2(g) \longrightarrow CO2(g) + 2H_2O(l) \qquad \Delta H = -890\ \text{kJ}$$

Hess 법칙은 다음과 같이 설명할 수 있다. 어떤 반응이 연속단계로 일어나면 그 반응의 ΔH는 각 단계의 엔탈피 변화 합계와 같다. 그 과정의 전체 엔탈피 변화는 반응단계의 수 혹은 반응이 일어나는 특정한 경로와 무관하다. 그러므로 단계별 ΔH 값이 알려져 있는 반응경로를 알면 어떤 과정의 ΔH를 계산할 수 있다. 이것은 비교적 적은 수의 반응 데이터로부터 많은 반응들의 ΔH를 계산할 수 있게 하여 준다.

Hess 법칙은 직접 측정하기 어려운 에너지 변화를 계산하는 유용한 방법을 제공한다. 예를 들어 탄소가 연소하여 일산화탄소가 생성되는 반응의 엔탈피는 직접 측정할 수 없다. 1몰 C와 1/2몰 O_2를 연소하면 CO뿐만 아니라 CO_2를 생성하고 약간의 반응하지 않은 C를 남긴다. 그러나 고체 탄소와 일산화탄소는 O_2 중에서 완전히 연소하여 CO_2를 생성한다. 이 반응의 엔탈피는 예제 13.6처럼 C로부터 CO의 연소열 계산에 이용할 수 있다.

예제 13.6

C가 CO_2로 변할 때 몰 연소 엔탈피는 −393.5 kJ/mol이고 CO가 CO_2로 변할 때 몰 연소 엔탈피는 −283.0 kJ/mol이다.

(1) $C(s) + O_2(g) \longrightarrow CO_2(g)$ $\Delta H = -393.5$ kJ

(2) $CO(g) + \frac{1}{2}O_2(g) \longrightarrow CO_2(g)$ $\Delta H = -283.0$ kJ

이 자료를 이용하여 C가 CO로 변할 때 연소 엔탈피를 계산하라.

(3) $C(s) + \frac{1}{2}O_2(g) \longrightarrow CO(g)$

해답: 식 (1)과 (2)를 이용하려면 $C(s)$는 반응물 쪽에 그리고 $CO(g)$는 생성물 쪽에 목표 반응의 식 (3)처럼 배열한다. 식 (1)은 반응물이 $C(s)$이므로 그대로 이용할 수 있다. 식 (2)는 $CO(g)$를 생성물로 바꿀 필요가 있다. 반응의 방향을 바꾸면 ΔH의 부호가 반대가 된다. 두 식을 다음처럼 배열한다.

$$C(s) + O_2(g) \longrightarrow CO_2(g) \qquad \Delta H = -393.5 \text{ kJ}$$
$$CO_2(g) \longrightarrow CO(g) + \frac{1}{2}O_2(g) \qquad \Delta H = +283.0 \text{ kJ}$$
$$\overline{C(s) + \frac{1}{2}O_2(g) \longrightarrow CO(g) \qquad \Delta H = -110.5 \text{ kJ}}$$

두 식을 합치면 $CO_2(g)$는 화살표 양쪽에 있으므로 소거된다. 마찬가지로 $1/2O_2(g)$도 양쪽에 있으므로 더 간단하게 정리한다.

보충 예제

흑연과 다이아몬드는 모두 탄소로 되어있다. 흑연의 연소엔탈피는 −393.5 kJ/mol이고 다이아몬드는 −395.4 kJ/mol이다.

$$C(\text{graphite}) + O_2(g) \longrightarrow CO_2(g) \quad \Delta H = -393.5 \text{ kJ}$$
$$C(\text{di amond}) + O_2(g) \longrightarrow CO_2(g) \quad \Delta H = -395.4 \text{ kJ}$$

흑연이 다이아몬드로 변환할 때 ΔH를 계산하라.

$$C(\text{graphite}) \longrightarrow C(\text{diamond})$$

답: +1.9 kJ

H는 상태함수이므로 최종생성물을 얻는데 몇 단계를 거치는가에 상관없이 전체 반응의 ΔH 값은 항상 같다. 예를 들어 CO_2와 H_2O를 생성하는 CH_4와 O_2의 반응을 보자. CO_2를 생성하는 반응은 처음에 CO를 생성한 다음 CO_2로 연소한다고 가정할 수 있다(그림 13.16). ΔH는 상태함수이므로 양쪽의 반응경로는 같은 ΔH값을 생성하여야 한다. 그것은 $\Delta H_1 = \Delta H_2 + \Delta H_3$의 엔탈피 도표로부터 분명하다.

예제 13.7

다음 반응들의 엔탈피 변화를 참고하여

$$C_2H_2(g) + \frac{5}{2}O_2(g) \longrightarrow 2CO_2(g) + H_2O(l) \qquad \Delta H = -1299.6 \text{ kJ}$$
$$C(s) + O_2(g) \longrightarrow CO_2(g) \qquad \Delta H = -393.5 \text{ kJ}$$

$$H_2(g) + \frac{1}{2}O_2(g) \longrightarrow H_2O(l) \qquad \Delta H = -285.9\ \text{kJ}$$

아래 반응의 ΔH를 계산하라.

$$2C(s) + H_2(g) \longrightarrow C_2H_2(g)$$

해답: 목표 반응식은 C_2H_2의 생성반응이므로 첫째 반응식의 방향을 바꾼다. 그러므로 ΔH의 부호는 변한다. 목표 반응식은 H_2가 반응물이므로 셋째 반응식은 그대로 유지한다. 식을 더하면 목표 반응의 엔탈피는 Hess 법칙에 따라 구해진다.

$$2CO_2(g) + H_2O(l) \longrightarrow C_2H_2(g) + \frac{5}{2}O_2(g) \qquad \Delta H = 1299.6\ \text{kJ}$$
$$2C(s) + 2O_2(g) \longrightarrow 2CO_2(g) \qquad \Delta H = -787.0\ \text{kJ}$$
$$H_2(g) + \frac{1}{2}O_2(g) \longrightarrow H_2O(l) \qquad \Delta H = -285.9\ \text{kJ}$$
$$2C_2(s) + H_2(g) \longrightarrow C_2\,H_2(g) \qquad \Delta H = -226.7\ \text{kJ}$$

식들을 더하면 화살표 양쪽에 $2CO_2$, $5/2O_2$, H_2O들이 있다. 이들은 알짜반응식으로 쓰면 소거된다.

보충 예제

주어진 반응들을 이용하여

$$NO(g) + O_3(g) \longrightarrow NO_2(g) + O_2(g) \qquad \Delta H = -198.9\ \text{kJ}$$
$$O_3(g) \longrightarrow O_2(g) \qquad \Delta H = -142.3\ \text{kJ}$$
$$O_2(g) \longrightarrow 2O(g) \qquad \Delta H = -495.0\ \text{kJ}$$

다음 반응의 ΔH를 계산하라.

$$NO(g) + O(g) \longrightarrow NO_2(g)$$

답: -304.1 kJ

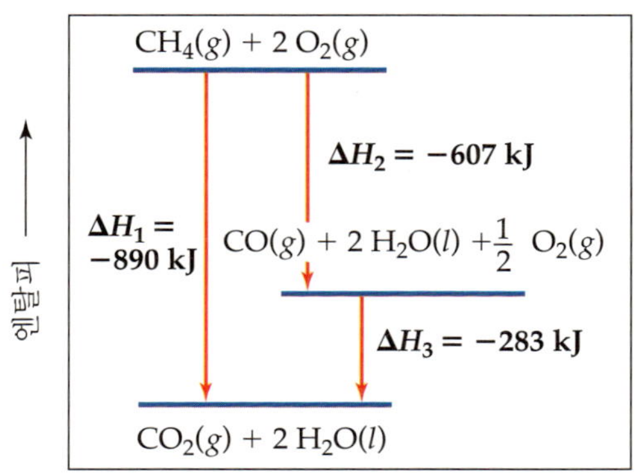

▶ **그림 13.16 Hess의 법칙을 설명하는 엔탈피.** CH_4의 연소에 의해 발생한 열량은 반응을 여러단계로 구성하여 열량 변화를 구한 값과 같다. ($\Delta H_1 = \Delta H_2 + \Delta H_3$)

13.7 생성 엔탈피

앞에 설명한 방법을 이용하여 몇 가지 ΔH 값으로부터 많은 반응들의 엔탈피 변화를 계산할 수 있다. 증발 엔탈피(enthalpy of vaporization, 액체가 기체로 변환할 때

ΔH), 용융 엔탈피(enthalpy of fusion, 용융고체의 ΔH), 연소 엔탈피(enthalpy of combustion, 산소 중 한 물질의 연소에 대한 ΔH) 등 방대한 표들이 있다. 열화학 자료를 표로 만들 때 특별히 중요한 것은 그것의 성분원소로부터 화합물을 만드는 과정이다. 이 과정과 연관된 엔탈피 변화를 생성 엔탈피(enthalpy of formation) 혹은 생성열(heat of formation)이라 하고 ΔH_f 라고 표기한다. 여기에서 첨자 f 는 그것의 원소로부터 생성된다는 것을 나타낸다(표 13.3).

엔탈피 변화는 반응물과 생성물의 온도, 압력, 상태(기체, 액체, 고체 그리고 결정 생성)의 조건에 의존한다. 서로 다른 반응의 엔탈피를 비교하려면 표준상태(standard state)라는 조건을 정의하는 것이 편리하다. 한 물질의 표준상태는 순수한 물질이 대기압(1 atm), 298 K(25 °C)에 있는 상태이다. 반응의 표준 엔탈피(standard enthalpy)는 모든 반응물과 생성물이 표준상태에 있을 때의 엔탈피 변화로 정의한다. 표준 엔탈피는 ΔH°로 나타낸다.

한 화합물의 표준생성 엔탈피(standard enthalpy formation) ΔH_f°는 표준상태의 1몰 화합물이 그것의 원소로부터 생성되는 반응의 엔탈피 변화이다. 일반적으로 298 K의 ΔH_f° 값으로 보고한다. 한 원소가 표준조건에서 한 가지 형태 이상으로 존재하면 그 원소의 가장 안정한 형태를 생성반응에 이용한다. 예를 들어 에탄올(C_2H_5OH)의 표준생성 엔탈피는 다음 반응의 엔탈피 변화와 같다.

$$2C_{(graphite)} + 3H_2(g) + \frac{1}{2}O_2(g) \longrightarrow C_2H_5OH(l) \quad \Delta H_f^{\circ} = -277.7\text{kJ} \qquad [13.14]$$

산소원소의 표준 상태는 O나 O_3가 아니고 O_2이다. 왜냐하면 O_2는 298 K와 표준 대기압에서 산소의 안정한 형태이기 때문이다. 마찬가지로 탄소원소의 표준상태는 다

표 13.3 표준생성 엔탈피 ΔH_f°(298 K)

물질	화학식	ΔH_f° (kJ/mol)	물질	화학식	ΔH_f° (kJ/mol)
Acetylene	$C_2H_2(g)$	226.7	Hydrogen chloride	$HCl(g)$	−92.30
Ammonia	$NH_3(g)$	−46.19	Hydrogen fluoride	$HF(g)$	−268.6
Benzene	$C_6H_6(l)$	49.04	Hydrogen iodide	$HI(g)$	25.9
Calcium carbonate	$CaCO_3(s)$	−1207.1	Methane	$CH_4(g)$	−74.85
Calcium oxide	$CaO(s)$	−635.5	Methanol	$CH_3OH(l)$	−238.6
Carbon dioxide	$CO_2(g)$	−393.5	Propane	$C_3H_8(g)$	−103.85
Carbon monoxide	$CO(g)$	−110.5	Silver chloride	$AgCl(s)$	−127.0
Diamond	$C(s)$	1.88	Sodium bicarbonate	$NaHCO_3(s)$	−947.7
Ethane	$C_2H_6(g)$	−84.68	Sodium carbonate	$Na_2CO_3(s)$	−1130.9
Ethanol	$C_2H_5OH(l)$	−277.7	Sodium chloride	$NaCl(s)$	−411.0
Ethylene	$C_2H_4(g)$	52.30	Sucrose	$C_{12}H_{22}O_{11}(s)$	−2221
Glucose	$C_6H_{12}O_6(s)$	−1260	Water	$H_2O(l)$	−285.8
Hydrogen bromide	$HBr(g)$	−36.23	Water vapor	$H_2O(g)$	−241.8

이아몬드가 아니고 흑연이다. 왜냐하면 흑연은 298 K와 표준 대기압(보충예제 13.6 참조)에서 더 안정한(더 낮은 에너지) 형태이기 때문이다. 표준조건에서 가장 안정한 수소의 형태는 $H_2(g)$이다. 생성반응의 화학량론은 식 13.14처럼 항상 물질 1몰의 생성을 나타낸다. 결과적으로 생성 엔탈피는 kJ/mol로 나타낸다. 몇 가지 물질의 표준 생성 엔탈피를 표 13.3에 나타내었다. 정의에 따라 가장 안정한 형태의 원소의 표준생성 엔탈피는 0이다. 왜냐하면 원소는 이미 표준상태에 있을 때 필요한 생성반응이 없기 때문이다. 따라서 C(흑연), $H_2(g)$, $O_2(g)$, 표준상태에 있는 모든 원소들의 ΔH_f^o 값은 정의에 따라 0이다.

반응 엔탈피 계산에 생성 엔탈피 이용

ΔH_f^o 표는 매우 유용하다. ΔH_f^o 값을 어떤 반응의 표준 엔탈피 변화 계산에 이용할 수 있다. 예를 들어 표준 조건에서 프로판[$C_3H_8(g)$]를 연소하여 $CO_2(g)$와 $H_2O(l)$를 생성하는 반응을 생각하자.

$$C_3H_8(g) + 5O_2(g) \longrightarrow 3CO_2(g) + 4H_2O(l) \qquad [13.15]$$

이 반응의 엔탈피 변화는 다음 세 가지 생성반응으로부터 구할 수 있다.

$$C_3H_8(g) \longrightarrow 3C(s) + 4H_2(g) \qquad \Delta H_1 = -\Delta H_f^o[C_3H_8\{(g)\ ] \qquad [13.16]$$

$$3C(s) + 3O_2(g) \longrightarrow 3CO_2(g) \qquad \Delta H_2 = 3\Delta H_f^o[3CO_2(g)] \qquad [13.17]$$

$$4H_2(g) + 2O_2(g) \longrightarrow 4H_2O(l) \qquad \Delta H_3 = 4\Delta H_f^o[H_2O(l)] \qquad [13.18]$$

$$C_3H_8(g) + 5O_2(g) \longrightarrow 3CO_2(g) + 4H_2O(l) \qquad [13.19]$$

Hess 법칙으로부터 전체반응의 표준 엔탈피 변화는

$$\begin{aligned}\Delta H^o_{rxn} &= \Delta H_1 + \Delta H_2 + \Delta H_3 \\ &= -\Delta H_f^o[C_3H_8(g)] + 3\Delta H_f^o[CO_2(g)] + 4\Delta H_f^o[H_2O(l)] \\ &= -(-103.85\text{kJ}) + 3(-393.5\text{kJ}) + 4(-285.8\text{kJ}) \\ &= -2220\text{kJ} \qquad [13.20]\end{aligned}$$

위의 반응을 구체적으로 살펴보면

1. 식 13.16은 $C_3H_8(g)$의 생성반응의 역이다. 결과적으로 이 반응의 엔탈피 변화는 $-\Delta H_f^o[C_3H_8(g)]$이다.
2. 식 13.17은 3몰 $CO_2(g)$의 생성반응이다. 엔탈피는 크기성질이므로 이 단계의 엔탈피 변화는 $3\Delta H_f^o[CO_2(g)]$이다. 식 13.18의 엔탈피 변화는 $4\Delta H_f^o[H_2O(l)]$이다. 이 반응은 $H_2O(l)$의 생성을 명시한다는 것에 유의하라. $H_2O(g)$가 아닌 $H_2O(l)$의 ΔH_f^o 값을 이용한다.
3. 균형식의 화학량론 계수는 몰수를 나타낸다. 식 13.20의 $\Delta H^o_{rxn} = -2220$ kJ 은 1몰 C_3H_8과 5몰 O_2가 반응하여 3몰 CO_2와 4몰 H_2O의 생성반응에 대한 엔탈피 변화를 나타낸다. 몰수와 엔탈피 변화(kJ/mol)를 곱한 값은 kJ의 단위를 갖는다. 따라서 ΔH^o_{rxn}은 kJ로 나타낸다.

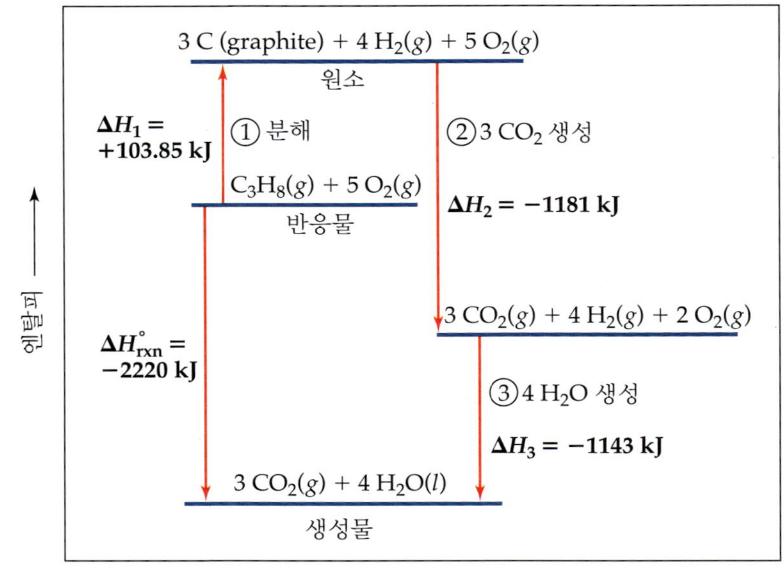

▲ **그림 13.17 엔탈피 변화에 관한 도표.** 1몰 프로판[$C_3H_8(g)$]의 연소에 관한 엔탈피 도표. 전체 반응은 $C_3H_8(g) + 5O_2(g) \longrightarrow 3CO_2(g) + 4H_2O(l)$이다. 이 반응은 세 단계로 일어난다고 가정할 수 있다. 첫째 $C_3H_8(g)$는 그것의 원소로 분해된다. $\Delta H_f = -\Delta H_f^o[C_3H_8(g)]$. 둘째 3몰 $CO_2(g)$를 생성한다. $\Delta H_2 = 3\Delta H_f^o[CO_2(g)]$. 마지막으로 4몰 $H_2O(l)$을 생성한다. $\Delta H_3^o = 4\Delta H_f^o[H_2O(l)]$. Hess의 법칙에 의하면 $\Delta H^o_{rxn} = \Delta H_1 + \Delta H_2 + \Delta H_3$.

그림 13.17은 식 13.19의 엔탈피 도표를 나타낸다. 그것은 생성반응에 관여하는 단계 반응들을 보여준다. 일반적으로 어떤 반응을 생성반응으로 분해하고 다음과 같은 식을 사용하여 반응물과 생성물의 ΔH_f^o 값으로부터 ΔH^o_{rxn}를 계산할 수 있다.

$$\Delta H^o_{rxn} = \Sigma n\Delta H_f^o(\text{생성물}) - \Sigma n\Delta H_f^o(\text{반응물}) \qquad [13.21]$$

즉 반응엔탈피는 생성물의 생성엔탈피 합에서 반응물의 생성엔탈피 합을 뺀 값이다. 기호 Σ는 합계를 의미하고 n과 m은 반응의 화학량론 계수이다.

예제 13.8

(a) 1몰 벤젠[$C_6H_6(l)$]을 연소하여 $CO_2(g)$와 $H_2O(l)$을 만드는 표준반응 엔탈피 변화를 계산하라. **(b)** 1.00 g 프로판과 1.00 g 벤젠이 연소할 때 생성한 열량을 비교하라.

해답: (a) 우선 1몰 $C_6H_6(l)$ 연소반응의 균형반응식을 쓴다.

$$C_6H_6(l) + \frac{15}{2}O_2(g) \longrightarrow 6CO_2(g) + 3H_2O(l)$$

식 13.21과 표 13.3의 자료를 사용하여 반응의 ΔH^o_{rxn}을 계산할 수 있다. 각 반응물의 ΔH_f^o 값과 물질의 화학량론 계수를 곱한다는 것을 기억하라. 표준상태에서 가장 안정한 형태의 원소는 $\Delta H_f^o = 0$이다.

$$\Delta H^o_{rxn} = [6\Delta H_f^o(CO_2) + 3\Delta H_f^o(H_2O)] - [\Delta H_f^o(C_2H_6) + \frac{15}{2}\Delta H_f^o(O_2)]$$

$$= [6(-393.5\text{kJ}) + 3(-285.8\text{kJ})] - [(49.04\text{kJ} + \frac{15}{2}(0\text{kJ})]$$
$$= (-2361 - 857.4 - 49.04)\text{kJ}$$
$$= -3267\text{kJ}$$

(b) 1몰 프로판의 연소는 $\Delta H^o_{rxn} = -2220$ kJ이고 1몰 벤젠의 연소는 $\Delta H^o_{rxn} = -3267$ kJ이다. 각 물질의 g당 연소열을 결정하려면 분자량을 이용하여 mol을 g으로 환산한다.

$$C_3H_8(g): (-2220\text{kJ/mol})(1\text{mol}/44.0\text{g}) = -50.5\text{kJ/g}$$
$$C_6H_6(l): (-3267\text{kJ/mol})(1\text{mol}/78.0\text{g}) = -41.9\text{kJ/g}$$

프로판과 벤젠은 탄화수소화합물들이다. 일반적으로 1 g 탄화수소화합물의 연소에너지는 40~50 kJ이다

보충 예제

표 13.3의 표준생성 엔탈피를 사용하여 1몰 에탄올 연소의 엔탈피 변화를 계산하라.

$$C_2H_5OH(l) + 3O_2(g) \longrightarrow 2CO_2(g) + 3H_2O(l)$$

답: −1367 kJ

예제 13.9

다음 반응의 반응 엔탈피는

$$CaCO_3(s) \longrightarrow CaO(s) + CO_2(g)$$

178.1 kJ이다. 표 13.3의 $CaO(s)$와 $CO_2(g)$의 표준생성 엔탈피 값으로부터 $CaCO_3(s)$의 표준생성 엔탈피를 계산하라.

해답: 표준엔탈피 변화는

$$\Delta H^o_{rxn} = [\Delta H_f^o(CaO) + \Delta H_f^o(CO_2)] - \Delta H_f^o(CaCO_3)$$

알려진 값을 대입하면

$$178.1\text{kJ} = -635.5\text{kJ} - 393.5\text{kJ} - \Delta H_f^o(CaCO_3)$$
$$\Delta H_f^o(CaCO_3) = -1207.1\text{ kJ/mol}$$

보충 예제

표 13.3의 표준생성 엔탈피를 사용하여 $CuO(s)$의 표준생성 엔탈피를 계산하라.

$$CuO(s) + H_2(s) \longrightarrow Cu(s) + H_2O(l) \qquad \Delta H^o = -130.6\text{ kJ}$$

답: −155.2 kJ/mol

13.8 식품과 연료

열 생성과 관련한 대부분의 화학반응은 연소반응이다. 1 g의 물질이 연소할 때 방출하는 에너지를 열량(fuel value)으로 나타내기도 한다. 모든 연소열은 발열이므로 음의 부호 없이 열량을 표시한다. 식품이나 연료의 열량은 열계량법으로 측정할 수 있다.

식품

우리 몸에 필요한 대부분의 에너지는 탄수화물과 지방에서 나온다. 탄수화물은 몸 안에서 글루코오스($C_6H_{12}O_6$)로 분해된다. 글루코오스는 혈액에 녹고 인체 내에서 혈당이라 알려져 있다. 글루코오스는 혈액에 의해 세포로 운반되고 거기에서 O_2와 반응하여 결국은 CO_2, H_2O, 에너지를 생성한다.

$$C_6H_{12}O_6(s) + 6O_2(g) \longrightarrow 6CO_2(g) + 6H_2O(l) \qquad \Delta H^o = -2816\text{ kJ}$$

탄수화물은 빠르게 분해되어 체내에 에너지를 공급한다. 따라서 인체는 매우 소량의 탄수화물만 저장한다. 탄수화물의 평균 열량은 17 kJ/g(4 kcal/g)이다. 탄수화물처럼 지방도 대사 작용을 통해 CO_2와 H_2O로 연소된다. 대표적 지방인 tristearin($C_{57}H_{110}O_6$)의 연소반응은 다음과 같다.

$$2C_{57}H_{110}O_6(s) + 163O_2(g) \longrightarrow 114CO_2(g) + 110H_2O(l) \quad \Delta H^o = -75{,}520\text{ kJ}$$

인체는 식품으로부터 체온유지, 근육운동, 조직생성과 재생 등에 사용하기 위하여 화학에너지를 저장한다. 과량의 에너지는 지방으로 저장된다. 지방은 적어도 다음과 같은 두 가지 이유 때문에 인체에 에너지를 저장하기에 적당하다. (1) 물에 녹지 않고 체내에서 저장할 수 있다. (2) 단백질이나 탄수화물보다 g당 에너지를 더 많이 생성한다. 지방의 평균 열량은 38 kJ/g(9 kcal/g)이다.

단백질의 인체 내 대사 작용은 생성물이 다르므로 열량계에서 연소하는 것보다 에너지가 더 작다. 단백질은 질소를 포함하고 있고 통열량계에서의 연소는 N_2를 방출한다. 체내에서 질소는 주로 요소[$(NH_2)_2CO$]로 만들어진다. 단백질은 피부, 모발, 근육, 기관의 벽 등의 구조물질에 이용된다. 단백질의 평균 열량은 탄수화물과 같은 17 kJ/g(4 kcal/g)이다.

여러 가지 식품의 열량을 표 13.4에 나타내었다. 인체에 필요한 에너지량은 체중, 연령, 근육활동에 의존한다. 매일 최저 수준의 체력유지에 약 110 kJ/kg이 필요하다. 평균 70 kg의 사람은 느린 산보나 가벼운 노동에 약 800 kJ/hr를 소비한다. 달리기 같은 격렬한 활동은 2000 kJ/hr 혹은 그 이상이 필요하다. 식품의 에너지 함량을 다 소비하지 못하면 인체는 그 여분의 에너지를 지방으로 저장한다.

예제 13.10

시리얼 28 g과 우유 120 mL의 섭취는 8 g의 단백질, 26 g의 탄수화물, 2 g의 지방을 제공한다. 이 음식물의 열량을 계산하시오.

해답: (a) 단백질, 탄수화물, 지방의 질량이 제시되어 있다. 이들의 질량은 표 13.4의 자료를 이용하여 그들의 열량으로 환산할 수 있고 합산하여 전체 식품 에너지를 얻을 수 있다.

$$(8\text{ g 단백질})\frac{17\text{ kJ}}{1\text{g 단백질}} + (26\text{ g 탄수화물})\frac{17\text{ kJ}}{1\text{g 탄수화물}} + (2\text{ g 지방})\frac{38\text{ kJ}}{1\text{g 지방}}$$

$$= 650\text{ kJ(유효숫자 2개까지)}$$

이것은 160 kcal에 상당한다.

$$(650\ \text{kJ})\frac{1\ \text{kcal}}{4.18\ \text{kJ}} = 160\ \text{Cal}$$

식품의 1 Calorie는 1 kcal에 상당한다.

보충 예제

(a) 말린 붉은 콩은 62% 탄수화물, 22% 단백질, 1.5% 지방을 포함한다. 이 콩의 열량을 계산하라. (b) 책읽기나 텔레비전 보기와 같은 가벼운 활동은 1분에 약 7 kJ을 소모한다. 13 g의 단백질, 15 g의 탄수화물, 5 g의 지방을 포함하는 닭고기 스프의 에너지는 이러한 활동을 얼마나 오래 지속할 수 있는가?

답: (a) 15 kJ/g, (b) 95 min

표 13.4 몇 가지 식품의 성분과 열량

	대략의 성분(질량%)			열량	
	탄수화물	지방	단백질	kJ/g	kcal/g
탄수화물	100	–	–	17	4
지방	–	100	–	38	9
단백질	–	–	100	17	4
사과	13	0.5	0.4	2.5	0.59
맥주	1.2	–	0.3	1.8	0.42
빵	52	3	9	12	2.8
치즈	4	11	28	20	4.7
달걀	0.7	10	13	6.0	1.4
퍼지	81	11	2	18	4.4
콩	7.0	–	1.9	1.5	0.38
햄버거	–	30	22	15	3.6
우유	5.0	4.0	3.3	3.0	0.74
땅콩	22	39	26	23	5.5

연료

몇 가지 일반 연료의 원소성분과 열량을 표 13.5에 비교하였다. 연료 중 탄소는 CO_2로 변하고 수소는 H_2O로 변한다. 그리고 탄소와 수소는 음의 큰 생성 엔탈피를 갖는다. 결론적으로 연료 중 탄소와 수소 백분율이 클수록 열량은 더 크다. 예를 들어 석탄과 목재의 열량을 비교하여 보면 석탄의 탄소함량이 더 크므로 열량이 더 크다.

주요한 에너지 근원인 석탄, 석유, 천연가스는 화석연료로 알려져 있다. 화석연료는 수만 년 이상 식물과 동물의 분해에 의해 생성되었다. 천연가스(natural gas)는 기체 탄화수소 및 수소와 탄소의 화합물로 구성된다. 이것의 주성분은 메탄(CH_4)이

표 13.5 몇 가지 일반 연료의 열량과 성분

	대략의 원소 성분(%)			
	C	H	O	열량(kJ/g)
소나무	50	6	44	18
무연탄	82	1	2	31
유연탄	77	5	7	32
목탄	100	0	0	34
원유(텍사스)	85	12	0	45
휘발유	85	15	0	48
천연가스	70	23	0	49
수소	0	100	0	142

고 소량의 에탄(C_2H_6), 프로판(C_3H_8), 부탄(C_4H_{10})을 포함한다. 석유(petroleum)는 수백 가지 성분으로 구성된 액체 혼합물이다. 대부분은 탄화수소이고 소량의 황, 질소 혹은 산소의 유기화합물을 포함한다. 석탄(coal)은 황, 산소, 질소의 화합물 및 고분자 탄화수소를 포함한다. 석유와 석탄의 황은 공기 오염의 주요성분이다. 석탄은 가장 풍부한 화석연료이다.

석탄을 syngas(synthesis *gas*)라는 가스상태의 탄화수소 혼합물로 바꿔 사용하기도 한다. 석탄을 기체화(coal gasification)하는 과정은 우선 석탄을 분말로 만들고 매우 뜨거운 증기(superheated steam)로 처리한다. 생성물로부터 황화합물, 물, 이산화탄소를 제거하고 CH_4, H_2, CO 기체의 혼합물을 얻는다.

$$\text{석탄} + \text{증기} \xrightarrow{\text{변환}} \text{복잡한 혼합물} \xrightarrow{\text{정제}} CH_4, H_2, \text{CO의 혼합물(syngas)}$$

syngas는 기체상태이므로 관을 통하여 쉽게 운반할 수 있다. 게다가 syngas의 연소는 석탄의 연소보다 공기오염이 더 적다. 이런 이유로 석탄과 석유를 syngas로 전환하는 연구가 활발하게 진행되고 있다.

기타 에너지원

화석연료를 대체할 수 있는 여러 에너지원 중에 핵에너지가 있다. 핵에너지는 현재 미국에서 생산하는 전력의 약 22%를 차지하고 소비하는 전체 에너지의 약 8%를 공급한다(그림 13.18). 화석연료나 핵연료는 재생 불가능한 에너지 자원이며 결국에는 모두 고갈될 것이다. 따라서 재생 가능한 에너지, 즉 근본적으로 고갈되지 않는 에너지 자원을 확보하는 것이 큰 과제이다. 재생 가능한 에너지 자원으로는 태양에너지, 풍력에너지, 지열에너지, 수력에너지, 생물에너지 등을 포함한다.

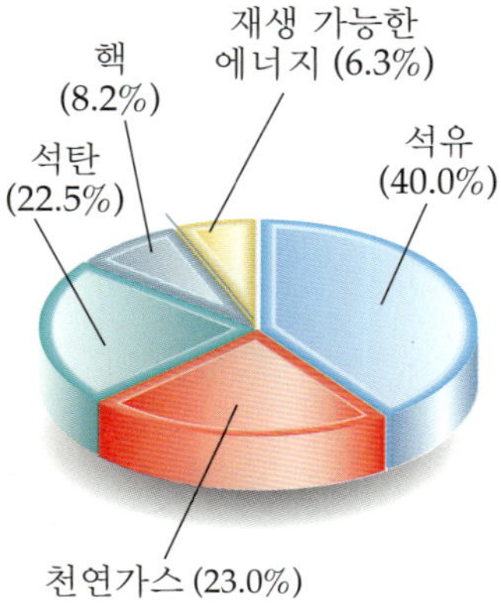

▲ **그림 13.18 미국에서 소비되는 여러 가지 에너지원의 비율**

가장 효과적인 미래 에너지원이며 무궁무진한 에너지 자원은 태양에너지이다. 맑은 날 매초 지구표면의 1 cm^2 당 약 1 kJ의 태양에너지가 도달한다. 미국토의 0.1%에 도달하는 태양 에너지는 현재 미국에서 소비하는 총 에너지와 맞먹는다. 태양 에너지는 넓은 면적에 분산되고 시간과 기후조건에 따라 변하기 때문에 에너지를 수집하는 것이 어렵다. 태양에너지의 효율적 이용은 수집한 에너지를 저장하는 방법에 좌우된다. 태양에너지는 태양전지(solar cell)를 사용하여 직접 전기로 변환할 수 있다. 그러한 장치를 이용한 태양에너지의 변환 효율은 적극적 연구 노력의 결과로 과거 수년 동안에 놀랍게 증가하였다. 그러나 지구표면에서 유용한 대규모의 태양에너지 발전은 아직 경제적이지 못하다. 그 발전 비용이 하락하더라도 태양에너지를 효과적으로 저장하는 방법을 찾아야 한다.

연습문제

13.1 **(a)** 열이란 무엇인가?
(b) 어떤 조건에서 열은 한 물체로부터 다른 물체로 전달되는가?

13.2 다음 경우에 존재하는 힘을 확인하고 수행한 일을 설명하라.
(a) 책상 위로 연필을 올린다.
(b) 스프링을 그것의 정상길이의 절반으로 압축한다.

13.3 **(a)** 45 g 골프공이 61 m/s로 움직일 때 운동에너지를 J로 계산하라.
(b) 이 에너지를 cal단위로 바꿔라.
(c) 그 공이 나무와 부딪히면 이 에너지는 어떻게 변하는가?

13.4 공학적 연구에서 British Thermal Unit(BTU)를 사용하는 경우가 있다. 1 BTU는 1 lb 물을 1°F 상승에 필요한 열량이다. J 을 BTU로 계산하라.

13.5 **(a)** 열역학 제1법칙을 설명하라.
(b) 계의 내부에너지는 무엇을 의미하는가?
(c) 계의 내부에너지 증가는 무엇을 의미하는가?

13.6 다음 과정이 흡열인지 발열인지 결정하고 ΔE를 계산하라.
(a) 계가 주위로부터 327 kJ 열을 흡수하고 주위에 430 kJ 일을 한다.
(b) $q = -1.15$ kJ 그리고 $w = -934$ J이다. **(c)** 계가 주위에 97 J의 일을 하는 동안 245 J의 열을 방출한다.

13.7 **(a)** 어떤 조건에서 엔탈피 변화는 계의 안으로 혹은 계의 밖으로 전달한 에너지양과 같은가?
(b) 특수한 상태에 있는 계의 엔탈피는 그 상태에 도달하는 과정에 어떻게 의존하는지 설명하라.
(c) 일정 압력에서 계는 주위로부터 열을 흡수한다. 그 과정의 계의 엔탈피는 증가하는가? 감소하는가?

13.8 일정압력에서 $CH_3OH(l)$는 완전 연소하여 $H_2O(l)$와 $CO_2(g)$를 생성하고 1몰 CH_3OH당 726.7 kJ 열을 생성한다.
(a) 이 반응의 열화학 균형식을 쓰라.
(b) 그 반응의 엔탈피 도표를 그려라.

13.9 일정한 온도와 압력에서 다음 중 어느 것이 가장 큰 엔탈피를 갖는가, 또한 어느 것이 가장 작은 엔탈피를 갖는가?

$$H_2O(s),\ H_2O(l),\ H_2O(g)$$

13.10 일정압력에서 일어나는 어떤 과정의 ΔH로부터 ΔE를 구하려면 어떤 정보가 추가로 필요한가?

13.11 기체가 그림 13.3처럼 일정 대기압에서 실린더에 들어있다. 그 기체가 반응할 때 주위에 135 kJ의 열을 방출하고, 63 kJ의 팽창 일을 한다. 이 과정의 ΔH와 ΔE 값은 얼마인가?

13.12 에테인[$C_2H_6(g)$] 기체의 연소반응을 생각하자.

$$C_2H_6(g) + \frac{7}{2}\,O_2(g) \longrightarrow 2CO_2(g) + 3H_2O(g)$$
$$\Delta H = -1430\text{kJ}$$

(a) 역반응의 엔탈피는 얼마인가?
(b) 정반응을 정수의 계수로 균형을 맞추어라. 이 식으로 나타낸 반응의 ΔH는 얼마인가?
(c) 정반응과 역반응 중 어느 것이 열역학적으로 더 유리한가?

(d) $H_2O(g)$ 대신에 $H_2O(l)$을 생성하게 하면 ΔH의 크기는 증가하는가? 감소하는가? 아니면 변화가 없는가?

13.13 **(a)** 액체 물의 비열은 얼마인가?

(b) 265 g 액체 물의 열용량은 얼마인가?

(c) 1.00 kg 액체 물이 35.0°C에서 60.0°C로 상승할 때 필요한 열은 얼마인가?

13.14 2.20 g의 quinone($C_6H_4O_2$) 시료를 열용량이 7.854 kJ/°C인 통열량계에서 연소시키면 23.44 °C에서 30.57°C로 온도가 증가한다. quinone의 g당 연소열은 얼마인가? quinone의 몰당 연소열은 얼마인가?

13.15 일정부피 조건에서 글루코오스의 연소열은 15.57 kJ/g이다. 2.500 g의 글루코오스 시료를 통열량계에서 연소시키면 열량계 온도가 20.55°C에서 23.25°C로 증가한다.

(a) 열량계의 열용량은 얼마인가?

(b) 2.700 kg 물이 열량계에 들어 있었으면, 물을 채우지 않은 열량계의 열용량은 얼마인가?

(c) 열량계에 2.000 kg 물이 들어 있을 때 글루코오스 시료를 연소하면 이 열량계의 온도는 몇 도 증가하는가?

13.16 다음의 가상적 반응을 고려하자.

$$A \longrightarrow B \quad \Delta H = +30\text{kJ}$$
$$B \longrightarrow C \quad \Delta H = +30\text{kJ}$$

(a) Hess 법칙을 적용하여 A ⟶ C 반응의 엔탈피를 구하라.

(b) A, B, C 물질의 엔탈피 도표를 구성하라. 또 Hess 법칙을 어떻게 응용하는지를 보여라.

13.17 주어진 반응열로부터

$$N_2(g) + 2O_2(g) \longrightarrow 2NO_2(g)$$
$$\Delta H = +67.6\text{kJ}$$
$$2NO(g) + O_2(g) \longrightarrow 2NO_2(g)$$
$$\Delta H = -113.2\text{kJ}$$

다음의 반응 엔탈피를 계산하라.

$$N_2(g) + O_2(g) \longrightarrow 2NO_2(g)$$

13.18 **(a)** 표준 엔탈피는 무엇을 의미하는가?

(b) 생성 엔탈피는 무엇을 의미하는가?

(c) 표준생성 엔탈피는 무엇을 의미하는가?

13.19 다음의 각 화합물에 대하여 표준상태의 원소로부터 1몰 화합물을 생성하는 균형 화학식을 쓰고 부록을 참고하여 ΔH_f^o값을 구하라.

(a) $H_2O_2(g)$ **(b)** $N_2O(g)$,

(c) $PbCO_3(s)$ **(d)** $NaHCO_3(s)$

13.20 라이터는 액체 부탄[$C_4H_{10}(l)$]을 연료로 사용한다. 생성엔탈피를 사용하여 1.0 g 부탄이 공기 중에서 완전히 연소할 때 생성한 열량을 구하시오.

13.21 부록의 자료를 참고하여 다음 각 반응의 표준 엔탈피 변화를 계산하라.

(a) $2NO_2(g) \longrightarrow N_2O_4(g)$

(b) $CaCO_3(s) \longrightarrow CaO(s) + CO_2(g)$

(c) $N_2(g) + 3H_2(g) \longrightarrow 2NH_3(g)$

(d) $Fe_2O_3(s) + 6HCl(g) \longrightarrow FeCl_3(s) + 3H_2O(g)$

13.22 1몰 acetone(C_3H_6O)을 완전 연소하면 1790 kJ을 방출한다.

$$C_3H_6O(l) + 4O_2(g) \longrightarrow 3CO_2(g) + 3H_2O(l)$$
$$\Delta H^o = -1790\text{kJ}$$

이 자료와 부록의 자료를 사용하여 아세톤의 생성 엔탈피를 계산하라.

13.23 가솔린은 옥탄이라는 8개 탄소원자를 포함한 탄화수소로 구성된다. 가장 깨끗하게 연소하는 옥탄 중 하나는 2,3,4-trimethyl pentane이고 구조식은 다음과 같다.

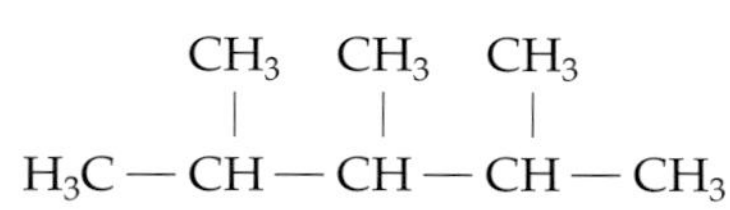

이 화합물 1몰이 완전연소하면 $CO_2(g)$와 $H_2O(g)$로 변하고 $\Delta H^o = -5069$ kJ이다.

(a) 1몰 $C_8H_{18}(l)$ 연소의 균형반응식을 쓰라.

(b) 원소로부터 $C_8H_{18}(l)$ 생성의 균형반응식을 쓰라.

(c) 표 13.3의 자료를 사용하여 2, 3, 4-trimethyl pentane의 ΔH_f^o를 계산하라.

13.24 다음의 열역학 정보를 사용하여 기체 diborane(B_2H_6)의 표준생성엔탈피를 계산하라.

$$4B(s) + 3O_2(g) \longrightarrow 2B_2O_3(g)$$
$$\Delta H^o = -2509.1\text{kJ}$$

$$2H_2(g) + O_2(g) \longrightarrow 2H_2O(l) \quad \Delta H^o = -571.7\text{kJ}$$

$$B_2H_6(g) + 3O_2(g) \longrightarrow B_2O_3(s) + 3H_2O(l) \quad \Delta H^o = -2147.5\text{kJ}$$

13.25 기체상태의 propyne(C_3H_4), propylene (C_3H_6), propane(C_3H_8)의 표준생성엔탈피는 각각 +185.4, +20.4, −103.8 kJ/mol이다.

(a) 각 물질이 연소하여 $CO_2(g)$와 $H_2O(g)$를 생성할 때 발생한 열을 계산하라.

(b) 각 물질 1 kg이 연소하여 발생한 열을 계산하라.

(c) 단위 질량당 발생한 열량으로 볼 때 어느 것이 가장 효율적인 연료인가?

13.26 다음 반응을 생각하자.

$$2Na(s) + Cl_2(g) \longrightarrow 2NaCl(s) \quad \Delta H = -821.8\text{kJ}$$

(a) 반응은 발열인가 흡열인가?

(b) 일정 압력에서 5.6 g Na(s)이 반응할 때 발생한 열량을 계산하라.

(c) 16.5 kJ의 엔탈피 변화 동안에 몇 g의 NaCl을 생성하는가?

(d) 일정압력에서 44.1 g의 NaCl(s)이 Na(s)와 $Cl_2(g)$로 분해할 때 몇 kJ의 열을 흡수하는가?

13.27 소량의 산소기체를 실험실에서 만드는 방법은 $KClO_3$를 가열하는 방법이다.

$$2KClO_3(s) \longrightarrow 2KCl(s) + 3O_2(g) \quad \Delta H = -89.4\text{kJ}$$

이 반응에서 다음을 생성할 때 ΔH를 계산하라.

(a) 0.715몰 O_2

(b) 6.14 g KCl, **(c)** KCl과 O_2로부터 12.3 g $KClO_3$

13.28 규소의 비열은 0.702 J/g · K이다. 156 g 규소가 25.0°C에서 37.5°C로 상승할 때 필요한 열은 몇 J인가?

13.29 고체 수산화소듐 6.50 g을 스티로폼컵 열량계에서 100.0 g의 물에 녹일 때 온도는 21.6 에서 37.8°C로 상승한다. 다음 용액의 ΔH(kJ/mol NaOH)를 계산하라.

$$NaOH(s) \longrightarrow Na^+(aq) + OH^-(aq)$$

용액의 비열은 순수한 물과 같다고 가정하라.

13.30 Hess 법칙이 중요한 이유를 설명하라.

13.31 주어진 반응 엔탈피를 이용하여

$$H_2(g) + F_2(g) \longrightarrow 2HF(g) \quad \Delta H^o = -537\text{kJ}$$
$$C(s) + 2F_2(g) \longrightarrow CF_4(g) \quad \Delta H^o = -680\text{kJ}$$
$$2C(s) + 2H_2(g) \longrightarrow C_2H_2(g) \quad \Delta H^o = +52.3\text{kJ}$$

다음 반응의 ΔH를 계산하라.

$$C_2H_4(g) + 6F_2(g) \longrightarrow 2CF_4(g) + 4HF(g)$$

13.32 농축 버섯스프 한 숟가락은 지방 7 g, 탄수화물 9 g, 단백질 1 g을 포함한다. 한 숟가락의 칼로리를 계산하라.

13.33 Fructose($C_6H_{12}O_6$)의 연소열은 −2812 kJ/ mol이다. 120 g의 사과는 16.0 g fructose를 포함한다. 사과 중 fructose의 열량은 몇 칼로리인가?

13.34 **(a)** 열역학의 계라는 용어는 무엇을 의미하는가?

(b) 닫힌계의 특성은 무엇인가?

13.35 **(a)** 상태함수는 무엇을 의미하는가?

(b) 상태함수와 상태함수가 아닌 것의 예를 들어라.

(c) 온도는 상태함수인가?

CHAPTER 14

엔트로피와 자유에너지

화학반응의 속도는 반응의 활성화에너지와 관련된 인자들의 영향을 받는다. 활성화에너지가 작을수록 화학반응속도는 빠르고 클수록 느리다. 정반응과 역반응의 반응속도가 같을 때 평형상태에 있다고 정의한다. 반응속도는 에너지와 밀접한 관계에 있으므로 화학평형도 에너지에 의존하는 식으로 나타낼 수 있다.

우리는 앞에서 화학반응에서의 에너지의 성질, 에너지 보존 법칙 그리고 엔탈피의 개념에 대하여 살펴보았다. 화학반응의 엔탈피 변화를 조사하여 반응이 진행될지의 여부를 알 수 있다. 그러나 엔탈피만으로 화학반응의 반응물과 생성물 중 어느 쪽으로 진행하는 것이 유리한지를 결정할 수는 없다. 예를 들면 얼음은 실온에서 녹아 물이 되지만, 이 과정은 흡열반응이다. 마찬가지로 $NH_4NO_3(s)$는 물에 녹지만 ΔH_{soln}의 부호는 (+) 이다. 두 과정 모두 엔탈피가 증가하지만 자발적으로 진행된다. 엔탈피 변화의 부호만으로 화학반응이 일어날 것인지 또는 일어나지 않을 것인지를 예측하는 것은 충분하지 않다.

이 장에서는 열역학 제2법칙 및 제3법칙을 비롯하여 앞에서 다루지 않았던 화학 열역학의 다른 면을 살펴볼 것이다. 엔탈피 이외에도 화학반응에서 발생하는 무질서도(randomness 또는 disorder)의 변화를 고려해야 한다는 것을 알게 될 것이다. 또한 평형과 직접 관련된 새로운 형태의 에너지를 정의하기 위하여, 화학반응의 엔탈피 변화와 무질서도의 변화를 어떻게 결합할 수 있는지 알아볼 것이다.

14.1 자발적 과정

열역학 제1법칙은 에너지 보존 법칙이다. 돌이 높은 곳에서 아래로 떨어지거나 얼음이 녹는 것과 같은 과정에서도 에너지는 창조되거나 파괴되지 않는다. 에너지는 계와 주위 사이에 전이할 수 있거나, 한 형태의 에너지가 다른 형태의 에너지로 변환될 수 있지만 전체 에너지는 항상 일정하다. 열역학 제1법칙을 식으로 나타내면 $\Delta E = q + w$이다. 여기서 ΔE는 계의 내부에너지 변화, q는 주위로부터 계가 흡수한 열 그리고 w는 주위가 계에 한 일을 나타낸다.

열역학 제1법칙을 이용하면 어떤 과정 또는 반응에서 방출한 열과 수행한 일을 계산할 수 있다. 그러나 에너지는 보존되므로 에너지 자체만으로는 화학반응이 일어날 것인지의 여부를 판단할 수 없다. 계의 에너지를 낮추면 주위의 에너지는 높아지며, 그 역도 성립한다. 우주의 에너지는 항상 보존되면서 어떤 과정이 진행된다는 것을 경험으로 알고 있다. 예를 들어 물을 냉동실에 넣어두면 얼음으로 바뀐다. 못도 시간이 지나면서 공기 중에서 녹슬게 될 것이다. 만약 뜨거운 물체를 만지면 열은 덜 뜨거운 손으로 이동한다. 이 모든 과정은 에너지를 보존하는 과정이고, 이것이 열역학 제1법칙이다. 그리고 어떤 외부의 간섭도 없이 스스로 어떤 과정이 진행될 때, 이것을 자발적(spontaneous)이라고 한다.

자발적 과정은 에너지를 보존한다고 할지라도 방향성을 갖는다. 예를 들어 손에 들고 있던 달걀이 바닥에 떨어져 깨질 수는 있지만 깨진 달걀이 깨지기 전의 모습으로 돌아와 손에 쥐어지는 일은 일어나지 않는다. 달걀이 떨어져 깨지는 것은 자발적이고, 그것의 역과정은 비자발적이다. 기체는 진공으로 자발적으로 확산한다. 그러나 그 과정의 반대방향으로는 스스로 진행하지 않는다. 못이 녹스는 과정도 자발적이다. 이 과정에서 철은 공기 중의 산소와 반응하여 산화철을 생성한다. 반면 녹슨 못이 원래 상태로 되돌아가는 역과정을 기대할 수는 없다. 녹스는 과정은 자발적인 반면 역과정은 비자발적이기 때문이다. 우리는 오랫동안 자연을 관찰한 결과 단순한 규칙을 알아낼 수 있었다. 즉 자발적 반응은 고유한 방향을 가지고 있다. 한 방향으로의 진행이 자발적 과정이라면 반대 방향으로는 비자발적이다.

자발적 반응의 방향은 계의 온도에 크게 의존한다. 예를 들어 대기압에서 얼음이 녹을 때의 과정을 생각해보자. $T > 0°C$일 때 얼음은 자발적으로 녹는다. 반대로 물이 얼음으로 바뀌는 역과정은 이러한 온도에서 자발적이 아니다. 그러나 $T < 0°C$에서는 반대가 된다. 즉 액체 물은 얼음으로 자발적으로 변하며, 얼음이 물로 변하는 것은 비자발적이다(그림 14.1). 물의 녹는점인 $T = 0°C$에서는 어떤 일이 일어날까? 물질의 녹는점

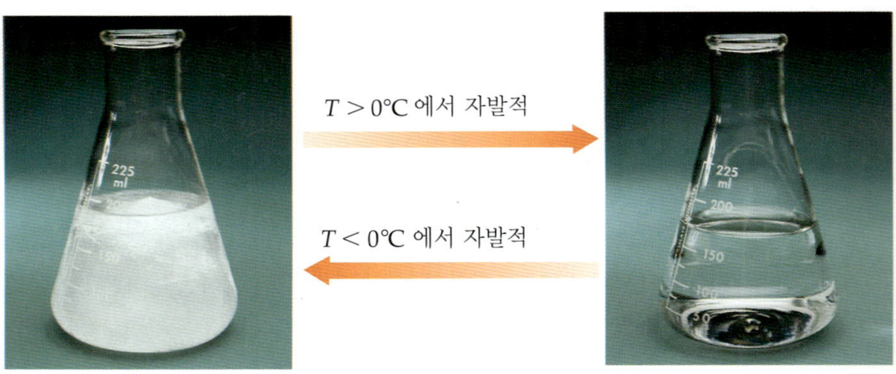

▶ 그림 14.1 자발성은 온도에 의존한다.
$T > 0°C$에서 얼음은 자발적으로 녹아 액체의 물로 된다. $T < 0°C$에서 물이 얼어 얼음으로 변하는 역과정이 자발적이다. $T = 0°C$에서 두 상은 평형을 이루고, 이들 사이의 변환은 자발적이지 않다.

에서 고체상과 액체상은 평형을 이룬다. 0°C에서 두 상은 평형을 이루어 정반응과 역반응이 같은 속도로 진행되며, 어느 한쪽으로만 자발적으로 유리하게 진행되지 않는다.

예제 14.1

경험에 입각하여 다음 반응이 자발적으로 일어나는지, 아니면 그 역반응이 자발적으로 일어나는지 또는 평형인지를 예측하라. (a) 150°C로 가열한 금속에 40°C의 물을 가하면, 물이 더 뜨거워진다. (b) 실온에서 물을 $H_2(g)$와 $O_2(g)$로 분해한다. (c) 1기압의 벤젠 $C_6H_6(g)$ 증기는 벤젠의 끓는점인 80.1°C에서 액체 벤젠으로 응축한다.

해답: (a) 이 과정은 자발적이다. 온도가 다른 2개의 물질이 접촉하면, 열은 뜨거운 것에서 차가운 것으로 전달된다. 이 경우에 열은 뜨거운 금속으로부터 차가운 물로 전달되어 결국 금속과 물은 동일한 온도로 되며, 이때 열평형(thermal equilibrium)을 이룬다. 이 온도는 금속의 처음 온도와 물의 처음 온도 사이에 있다. (b) 경험에 의하면 이 반응은 비자발적이다. 반대로 역과정인 H_2와 O_2가 반응하여 H_2O를 생성하는 반응은 자발적이다(비록 실온에서 대단히 느리게 일어나지만). (c) 정의에 의하면 정상 끓는점은 1기압에서 액체와 증기가 평형을 이루는 온도이다. 따라서 이 경우는 평형상태이다. 만약 그 온도가 80.1°C보다 낮으면, 벤젠 증기의 액화는 자발적이다.

보충예제

1기압에서 $CO_2(s)$(드라이아이스)는 −78°C에서 승화한다. $CO_2(s)$가 $CO_2(g)$로 되는 반응은 −100°C에서 자발적 과정인가?

답: 자발적 과정이 아니다. 이 온도에서는 역과정이 자발적이다.

평형에서 일어나는 상황은 계가 한 상태에서 다른 상태로 바뀌는 특정한 방법과 연관시킬 수 있다. 내부에너지와 온도는 상태함수이고 상태함수는 경로와 무관하다. 이동하는 열(q)과 행해진 일(w)은 상태함수가 아니다. q나 w는 한 상태에서 다른 상태로 변할 때 지나간 경로에 의존한다. 0°C 1기압에서의 1몰의 얼음을, 0°C 1기압의 1몰의 물로 녹일 때를 생각해보자. 이 변화는 $q = \Delta H_{fus}$의 열을 가할 때 일어난다. 만약 계가 초기상태(0°C의 얼음상태)로 돌아가길 원하면 그 과정을 간단하게 바꿀 수 있다. 처음에 가한 동일한 양의 열을 제거하면 가능하다. 0°C에서 물이 녹고 어는 것은 가역과정(reversible process)의 한 예이다. 가역과정은 동일한 경로를 통하여 두 상태 사이를 오가는 과정이다. 이에 비해 상온에서 1몰의 얼음이 녹는 것은 비가역과정(irreversible process)이다. 다시 0°C의 얼음으로 가려면 그 물의 온도를 낮춰야 한다. 비자발적 과정은 주위가 계로 일을 해 주어야만 일어날 수 있다. 평형을 이루는 화학계는 언제나 반응물과 생성물 사이를 서로 가역적으로 오갈 수 있다. 자발적 반응에서 반응물과 생성물 사이의 경로는 비가역적이다. 즉 자발적 과정은 모두 비가역적이다. 계를 원래상태로 되돌릴 수는 있을지라도 주위는 이미 변화되었다.

과정이 자발적이라고 해서 이 과정이 측정 가능한 속도로 일어남을 의미하는 것은 아니다. 자발적 반응은 산-염기 중화반응처럼 매우 빠르게 일어날 수도 있으며, 철

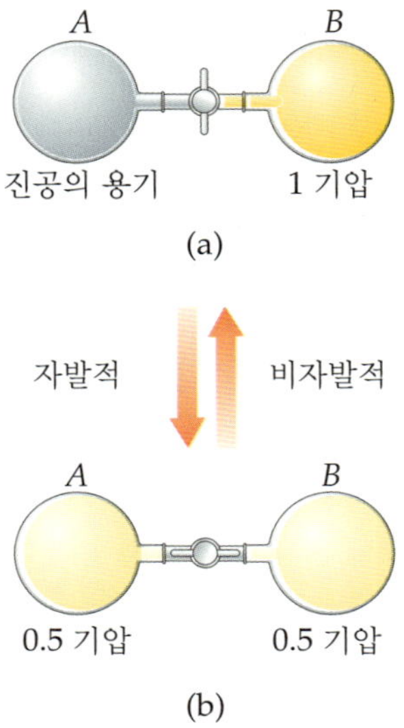

▲ **그림 14.2 이상기체가 진공으로 팽창하는 것은 자발적이다.** (a) 플라스크 B는 1기압의 이상기체가 들어 있고, 플라스크 A는 진공이다. (b) 플라스크를 연결한 밸브를 열면 이상기체는 팽창하고, 플라스크의 압력은 0.5기압으로 된다. 이 반응의 역과정은 자발적이 아니다.

이 녹스는 과정처럼 매우 느리게 일어날 수도 있다. 열역학은 반응의 방향과 반응정도를 말해줄 수 있지 반응속도에 대해서는 아무것도 알려주지 않는다.

어떤 인자가 반응을 자발적으로 만드는가? 반응의 엔탈피 변화는 반응의 진행을 결정하는 중요한 요인의 하나이다. 계의 엔탈피가 감소하는 반응(발열반응)은 자발적으로 일어나려는 경향이 있다고 생각할 수 있다. 그러나 반응의 자발성은 반응의 엔탈피 변화만 고려하는 것으로 충분하지 않다는 것과, 반응 동안 계의 무질서도가 얼마나 변화하는지에 의존한다는 것도 알게 될 것이다.

14.2 엔트로피와 열역학 제2법칙

앞에서 자발적으로 일어나는 과정의 몇 가지 예에 대해 알아보았다. 어떤 것은 발열반응이고, 어떤 것은 흡열반응이다. 분자수준에서 자발적 과정의 추진력(driving force)을 이해하기 위해 자발적 과정의 예를 한 가지 더 들어보자. 그림 14.2와 같이 1 L 플라스크에 들어 있는 1기압의 이상기체를 생각해보자. 이 플라스크는 진공상태의 1 L 플라스크와 밸브로 연결되어 있다. 계를 일정 온도로 유지하면서 밸브를 열면 기체는 자발적으로 다른 플라스크로 팽창하고 두 플라스크의 압력이 0.5기압으로 같아진다. 진공으로 등온(isothermal) 팽창하는 동안 기체는 어떠한 일도 하지 않았으며($w = 0$), 계와 주위 사이의 어떠한 열 교환도 없다($q = 0$). 그럼에도 불구하고 이 과정은 자발적이다. 그러나 이 반응의 역과정은 불가능하다. 즉 양쪽 플라스크에 균등하게 분배된 기체가 갑자기 한쪽 플라스크로 이동하고, 다른 한쪽이 진공이 되는 일은 일어나지 않는다. 열과 일 이외의 분명히 어떤 다른 요인이 있기 때문에 기체의 팽창이 자발적으로 일어나고 있다고 할 수 있다.

엔트로피

우리는 자발적으로 일어나는 여러 가지 화학반응을 알고 있다. 기체는 자발적으로 팽창하여 용기를 가득 채운다. 얼음이 녹는 과정은 흡열 과정이지만 녹는점 이상에서는 자발적으로 녹는다. $NH_4NO_3(s)$나 $KCl(s)$과 같은 염은 비록 $\Delta H_{soln} > 0$이라도 물에 녹는다. 이러한 과정을 자발적으로 만드는 요인은 무엇인가? 각각의 경우 생성물은 반응물보다 더 불규칙하고 무질서한 상태에 있다. 다시 각 경우를 고찰해보자. 그림 14.2처럼 1 atm에서 1 L의 부피에 어떤 기체가 들어 있을 때, 기체 분자는 1 L 부피의 어느 공간에도 존재할 수 있다. 팽창 후 어느 순간에 기체분자는 전체 2 L 부피의 공간에 존재한다고 말할 수 있다. 다시 말하면 기체분자들은 1 L의 공간에 있을 때보다 2 L의 공간에 있을 때 더 무질서하다. 얼음을 구성하는 물분자는 규칙적인 배열을 하고 있다(그림 14.3). 얼음이 녹으면 물분자는 자유롭게 움직인다. 그리하여 각 물분자는 얼음보다 물에서 더 자유롭다. 분자들이 잘 배열되어 있던 고체 구조는 훨씬 더 무질서한 액체 구조로 바뀐다.

KCl이 물에 녹을 때도 이와 비슷하지만 이 경우 약간의 주의가 필요하다. 고체

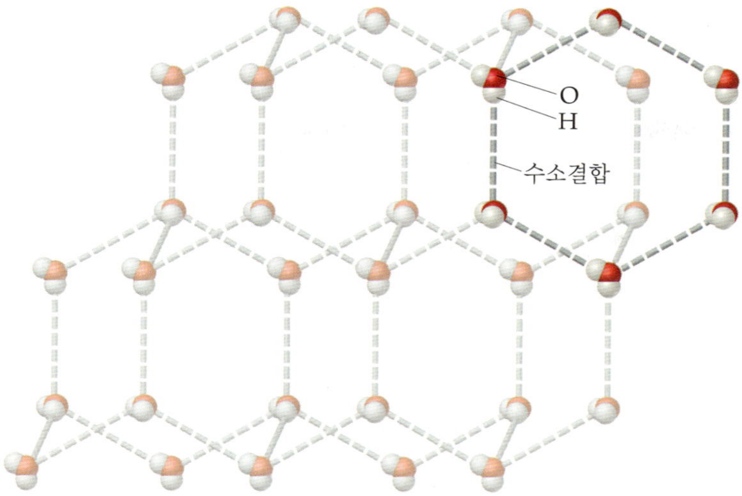

◀ **그림 14.3 얼음의 구조.** 물분자들이 질서있게 배열되어 있다.

KCl 중 K^+와 Cl^- 이온은 규칙적으로 배열된 결정 상태에 있다. 고체가 녹으면 이온은 물에서 자유롭게 움직인다. 이전의 상태보다 훨씬 더 자유롭고 무질서하다. 그러나 이와 동시에 그림 14.4처럼 이온 둘레에 물분자가 붙어 수화물을 형성한다. 이러한 물분자는 이전보다 더 질서가 있다. 따라서 염이 녹을 때는 질서과정(ordering process)과 무질서과정(disordering process)이 둘 다 관여한다. 염이 물에 녹을 때 무질서과정이 우세하여 전체적인 무질서도는 증가한다.

이처럼 자발성(spontaneity)은 계의 무질서도가 증가하는 것과 관련이 있다. 이러한 무질서도를 엔트로피(entropy)라는 열역학적 양으로 표현하고, S의 기호로 나타낸다. 계의 무질서도가 증가할수록 엔트로피는 커진다. 엔탈피와 마찬가지로 엔트로피도 상태함수이다. 즉 계의 엔트로피 변화 $\Delta S = S_{\text{final}} - S_{\text{initial}}$는 계의 초기상태와 최종상태에만 의존하며, 계가 거쳐 온 경로와 무관하다. ΔS의 부호가 (+)이면 무질서도가 증가하는 것이고, (−)이면 무질서도가 감소하는 것이다.

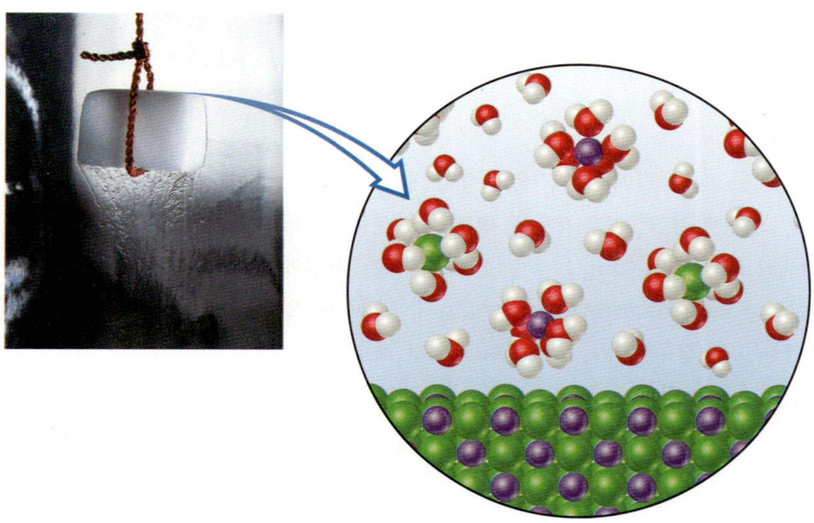

◀ **그림 14.4 물에서의 이온성 고체의 용해.** 이온성 고체를 물에 녹이면 이온과 용매분자의 배열에 변화가 일어난다. 이온은 더 무질서해지나 이온을 수화하는 물분자의 무질서도는 감소한다.

예제 14.2

반응물과 생성물의 무질서도를 비교하여, 다음 각 과정의 ΔS 부호를 예측하시오.

(a) $H_2O(l) \longrightarrow H_2O(g)$
(b) $Ag^+(aq) + Cl^-(aq) \longrightarrow AgCl(s)$
(c) $4Fe(s) + 3O_2(g) \longrightarrow 2Fe_2O_3(s)$

해답: (a) 액체가 증발하면 부피가 크게 늘어난다. 물 1몰(18 g)은 액체로 약 18 mL이고, STP 상태의 기체로 22.4 L이다. 이처럼 분자들은 액체상태보다 기체 상태에서 훨씬 더 큰 부피를 차지하므로 증발은 무질서도의 증가를 수반한다. 따라서 ΔS는 (+)이다.

(b) 이 과정에서 큰 부피를 갖는 용액 내에서 자유롭게 움직이는 이온들은 고체를 생성하며, 고체에서 이온들은 매우 질서 있게 배열된다. 따라서 무질서도는 감소하므로 ΔS는 (−)이다.

(c) 고체입자는 기체의 경우보다 훨씬 더 높은 질서를 유지하며, 특정한 위치에 놓인다. 기체는 고체 생성물의 일부분으로 변하므로 무질서도는 감소하고 ΔS는 (−)이다.

보충예제

다음 반응에서 계의 엔트로피에 대하여 증가 또는 감소를 설명하라.

(a) $CO_2(s) \longrightarrow CO_2(g)$, (b) $CaO(s) + CO_2(g) \longrightarrow CaCO_3(s)$

답: (a) 증가한다. (b) 감소한다.

엔트로피 변화를 구체적으로 정의하는 것은 이 교재의 범위를 벗어난다. 그러나 몇 개의 간단한 예를 통해 엔트로피 변화를 고찰할 수 있다. 초기상태(상태 1)로부터 최종상태(상태 2)로 변하는 어떤 계를 가정해보자. 0°C에서 얼음이 녹는 과정과 같이 가역과정이든, 기체가 진공으로 팽창하는 것처럼 비가역과정이든 상관없다. 이 과정이 어떠한 경로를 거쳐 일어나는가에 무관하게, 상태 1에서 상태 2로의 가역 경로를 통해 전달되는 열량은 계의 엔트로피를 정의하는 데 사용된다. 이렇게 전달한 열량을 q_{rev}라 하자. 이때 "rev"는 가역과정을 의미한다. 어떤 과정이 일정 온도에서 일어날 때 엔트로피 변화는 q_{rev}를 절대온도로 나눈 값으로 정의된다.

$$\Delta S = q_{rev}/T \qquad (\text{일정한 } T) \qquad [14.1]$$

일정 온도에서 일어나는 가역과정의 예는 상변화를 들 수 있다. 즉 100°C에서 물이 끓는 상황에서 액체와 기체는 평형을 이룬다. 1기압에서 1몰의 물이 수증기로 변할 때 엔트로피 변화(ΔS_{vap})를 계산해보자. 이 과정에서 계로 전달되는 열량은 증발열(heat of vaporization) ΔH_{vap}이고, 가역과정이 일어나는 온도는 정상 끓는점 T_b이다. H_2O의 경우 $\Delta H_{vap} = +40.67$ kJ/mol이고 $T_b = 100°C = 373$ K이므로 ΔS_{vap}는 다음과 같다.

$$\Delta S_{vap} = \frac{\Delta H_{vap}}{T_b} = \frac{(1\text{ mol})(+40.67\text{ kJ/mol})(1000\text{ J/1 kJ})}{373\text{ K}} = +109\text{ J/K}$$

이때 엔트로피 변화가 (+)라는 것에 유의하라. $H_2O(g)$ 분자는 $H_2O(l)$ 분자보다 무질서도가 더 크다. ΔS의 단위는 에너지를 온도로 나눈 J/K 이다.

엔트로피를 정의하는 식으로부터 처음부피 V_1 에서 최종부피 V_2로 등온 팽창 또는 등온 수축하는 이상기체의 엔트로피 변화는 다음과 같은 식으로 나타낼 수 있다.

$$\Delta S = nR\ln(V_2/V_1) \qquad (\text{이상기체, 일정한 } T) \qquad [14.2]$$

팽창 또는 수축과정이 가역과정이나 비가역과정에 관계없이 이 식을 사용할 수 있다. 이에 대한 근거는 엔트로피가 상태함수이므로 실제로 어떻게 팽창하는가에 무관하다.

예제 14.3

실린더 내에 기체가 채워져 있다고 하자. 기체는 이상기체이고 계의 온도는 25℃로 유지된다. 이 기체의 초기 부피는 1.5기압 하에서 15.0 L이다. 기체를 압축하여 최종 부피가 9.5 L가 될 때 (a) 엔트로피 변화는 얼마인가? (b) ΔS의 부호는 예상과 일치하는가?

해답: (a) 엔트로피 변화를 계산하기 전에 기체의 몰수를 먼저 구하면

$$n = \frac{RV}{RT} = \frac{(1.5\ \text{atm})(15.0\ \text{L})}{(0.082\ \text{L}\cdot\text{atm/mol}\cdot\text{K})(298\ \text{K})} = 0.92\ \text{mol}$$

엔트로피 변화를 계산하면 다음과 같다.

$$\begin{aligned}\Delta S &= nR\ln(V_2/V_1)\\ &= (0.92\ \text{mol})(8.31\ \text{J/mol}\cdot\text{K})\ln(9.5\ \text{L}/15\ \text{L})\\ &= -3.5\ \text{J/K}\end{aligned}$$

R 값은 J/(mol K)의 단위를 사용하였다. 따라서 엔트로피 변화의 단위 역시 J/K로 나타낸다.

(b) 엔트로피 변화의 부호는 (−)이다. 이러한 결과를 예측할 수 있는 이유는 기체분자가 수축으로 인하여 더 작은 부피를 차지하며, 그 결과 수축 전보다 덜 무질서할 것으로 기대되기 때문이다.

보충예제

5.0몰 이상기체가 팽창하여 최종부피가 초기부피의 두 배로 될 때 엔트로피 변화를 계산하라.

답: +29 J/K

열역학 제2법칙

엔트로피 개념의 이해와 함께 "어떤 과정은 왜 자발적인가?"를 설명할 단계이다. 반응이 어떤 방향으로 진행할 것인지는 열역학 제2법칙(second law of thermodynamic)이 설명해 준다. 열역학 제2법칙은 엔트로피를 포함한다. 우리는 계의 엔트로피 변화

(ΔS_{sys})와 주위의 엔트로피 변화(ΔS_{surr})를 모두 고려해야 한다. 엔트로피의 전체 변화를 우주의 엔트로피 변화(ΔS_{univ})라 하면, 다음 관계식이 성립한다.

$$\Delta S_{univ} = \Delta S_{sys} + \Delta S_{surr} \quad [14.3]$$

ΔS_{univ}로 열역학 제2법칙을 표현하면 다음과 같다. 가역과정의 경우는 $\Delta S_{univ} = 0$이고, 비가역(자발적)과정의 경우는 $\Delta S_{univ} > 0$이다. 즉

$$\text{가역과정 : } \Delta S_{univ} = \Delta S_{sys} + \Delta S_{surr} = 0$$
$$\text{비가역과정 : } \Delta S_{univ} = \Delta S_{sys} + \Delta S_{surr} > 0 \quad [14.4]$$

우주의 엔트로피는 자발적 과정에서 항상 증가한다. 에너지와 달리 엔트로피는 보존되지 않는다. 즉 ΔS_{univ}는 계속해서 증가한다.

열역학 제2법칙의 의미를 이해하기 위해 잘 정돈한 책상을 생각해보자. 만약 책상을 계로 간주하면 정돈하는 과정 동안 계의 엔트로피는 감소한다. 하지만 계를 정돈하려면 주위의 일부라 할 수 있는, 정리하는 사람은 열을 발생하고, 이 열은 주위의 공간으로 방출된다. 이 과정은 주위의 엔트로피를 증가시키는 효과가 있다. 열역학 제2법칙은 주위의 엔트로피 증가는 계의 엔트로피 감소보다 커야 하고, 따라서 $\Delta S_{univ} > 0$이어야 한다는 것을 요구한다.

화학적 계도 이것과 동일한 양상을 따른다. 자발적 과정 동안 계의 엔트로피는 감소하여도 우주의 엔트로피는 증가한다. 예를 들어 철이 녹스는 자발적 과정을 보자. 이 과정에서 Fe는 $Fe_2O_3(s)$로 산화된다.

$$4Fe(s) + 3O_2(g) \longrightarrow 2Fe_2O_3(s) \quad [14.5]$$

예제의 설명처럼 이러한 자발적 과정은 계의 엔트로피가 감소하는 방향이다. 그러나 이 반응은 발열반응이므로 방출되는 열에 의해 주위 분자의 운동은 더 활발해지고 주위의 엔트로피는 증가한다. 주위의 엔트로피 변화는 계산하기가 쉽지 않다. 그럼에도 불구하고 열역학 제2법칙에 의하면 $\Delta S_{sys} + \Delta S_{surr} > 0$이다. 계의 질서가 증가하는(즉 계의 엔트로피가 감소하는) 과정일수록 주위의 무질서도는 증가한다(즉 주위의 엔트로피는 증가한다).

고립계(isolated system)의 엔트로피 변화는 열역학 제2법칙의 특수한 상황이다. 고립계는 에너지와 물질을 주위와 교환하지 않는 계를 말한다. 기체가 팽창할 때 주위와 열, 일 또는 물질의 교환이 일어나지 않는다면 고립계에서 일어나는 과정은 주위에 아무런 영향을 주지 않는다. 따라서 S는 상태함수이므로 이러한 과정에 대해 $\Delta S_{surr} = 0$이다. 그러므로 고립계의 경우 열역학 제2법칙은 다음과 같이 나타낼 수 있다.

$$\text{가역과정, 고립계: } \Delta S_{sys} = 0$$
$$\text{비가역과정, 고립계: } \Delta S_{sys} > 0 \quad [14.6]$$

앞으로의 논의는 주로 계를 대상으로 할 것이며 따라서 계의 엔트로피 변화 ΔS_{sys}을 ΔS로 간략하게 표기할 것이다.

14.3 엔트로피의 분자적 관점

계의 엔트로피 변화가 구조나 물리적 상태의 변화 등에 어떻게 의존하는지 설명하였다. 이미 알고 있는 많은 과정들이 계의 엔트로피를 증가시킨다. 예를 들면 기체가 팽창할 때 부피는 증가하며, 이로 인하여 계의 무질서도는 증가한다($\Delta S > 0$). 마찬가지로 액체 또는 고체 용질을 용매에 녹이면 일반적으로 엔트로피 변화는 (+)이다. 고체로부터 액체로의 상변화 또는 액체로부터 기체로의 상변화가 일어날 때, 계의 엔트로피는 증가한다.

어떤 과정은 계의 엔트로피를 감소시킨다. 예를 들면 기체가 액체에 녹을 때 기체 분자는 훨씬 더 작은 부피에 갇힌다. 결과적으로 이 반응의 엔트로피는 감소한다($\Delta S < 0$). 기체를 응축하거나 액체를 얼리면 질서는 증가한다. 따라서 $\Delta S < 0$이다. 기체 분자수가 감소하는 반응은 일반적으로 엔트로피가 감소한다. 예를 들면 일산화질소와 산소가 반응하여 이산화질소를 생성하는 반응을 보자(그림 14.5).

$$2NO(g) + O_2(g) \longrightarrow 2NO_2(g) \qquad [14.7]$$

이 반응의 엔트로피 변화의 부호는 (−)이다($\Delta S < 0$). 이는 3분자의 기체가 반응하여 2분자의 기체를 생성하기 때문이다.

이러한 엔트로피 변화를 어떻게 분자수준의 변화와 관련시킬 수 있을까? 위 반응식에서 새로운 N—O 결합의 생성은 계의 질서를 증가시킨다. 계의 원자들이 반응물보다 생성물에서 결합수가 더 많아지기 때문에 계의 엔트로피는 감소한다. 반응으로 인하여 원자들의 자유도(degrees of freedom)는 감소한다. 즉 새로운 결합의 생성으로 원자들은 덜 자유롭게 움직인다. 일반적으로 계의 자유도가 증가할수록 엔트로피도 증가한다.

분자들은 내부의 분자운동과 관련된 자유도를 갖는다. 분자는 물체의 운동과 마찬가지로 임의의 방향으로 움직일 수 있다. 이러한 움직임을 병진운동(translational motion)이라 한다. 고체보다 기체에서 분자들은 병진운동을 더 많이 한다. 분자 내의

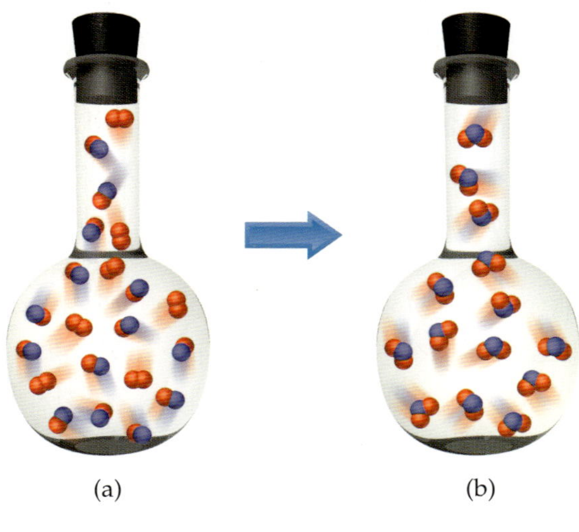

(a) (b)

◀ **그림 14.5 기체분자수가 감소하면, 계의 엔트로피는 감소한다.** (a) $NO(g)$와 $O_2(g)$가 반응하여, (b) $NO_2(g)$를 생성할 때 기체 분자수는 감소한다. 새로운 N—O 결합의 생성으로 인해 원자들의 자유도는 감소하고, 엔트로피도 감소한다.

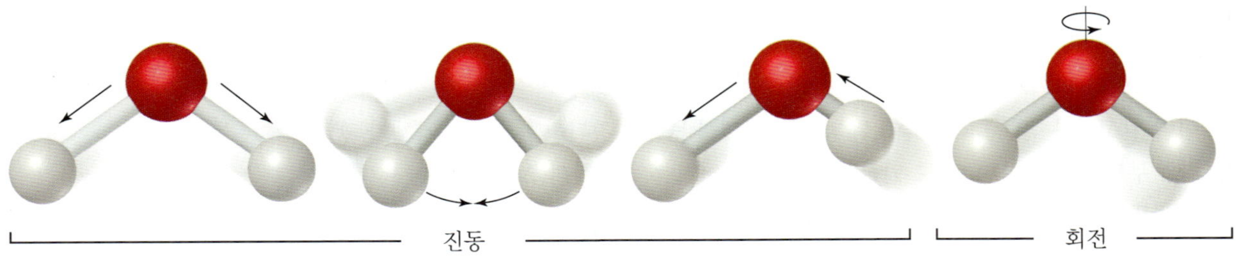

▲ **그림 14.6 물분자의 진동운동과 회전운동.** 진동운동은 원자들 상호간의 주기적 위치 변화와 관련이 있고, 회전운동은 축을 중심으로 분자의 회전과 관련이 있다.

원자들은 진동운동(vibrational motion)을 하며, 진동운동은 원자들이 서로 가까워졌다가 멀어지는 형태의 주기적 운동을 말한다. 그림 14.6은 물분자의 가능한 진동운동을 보여준다. 분자들은 병진운동과 진동운동 외에도 회전운동(rotational motion)을 한다. 물분자의 회전운동 중 하나를 그림 14.6에 나타내었다. 이러한 운동 형태는 분자들이 에너지를 축적하는 방식이다. 병진, 진동, 회전운동에 저장한 에너지가 클수록, 계의 자유도는 크고, 따라서 엔트로피도 크다.

만약 계의 온도를 낮추어 계의 열에너지를 감소시키면, 병진, 진동, 회전운동의 형태로 저장한 에너지는 감소한다. 저장에너지가 감소할수록 계의 엔트로피는 감소한다. 만약 계속하여 온도를 낮추면 이러한 운동들이 완전히 정지하는 상태, 완전히 규칙적인 질서를 갖는 점에 도달할 수 있을까? 열역학 제3법칙(third law of thermodynamics)에 의하면 절대영도에서 결정상태의 순수한 물질의 엔트로피는 영이다. 즉 $S(0\ \mathrm{K}) = 0$이다. $S = 0$의 조건은 완전한 질서를 의미한다. 만약 이러한 배열을 가질 수 있으면 각 분자와 원자들은 완전한 결정격자(perfect crystalline lattice) 의 배열을 가진다. 이러한 결정의 온도가 상승하면 결정 중 원자와 분자들은 격자 주위의 진동운동 형태로 에너지를 얻는다. 그리하여 결정의 자유도는 증가한다. 그러므로 격자의 엔트로피는 온도증가에 따라 증가한다. 이는 진동운동이 원자 또는 분자들의 질서도를 감소시키기 때문이다.

물질을 계속하여 가열하면 물질의 엔트로피는 어떻게 변화하는지 살펴보자. 한 형태의 고체 물질로부터 다른 형태의 고체물질로 변하는 상변화를 가정하자. 이러한 형태의 상변화는 다른 종류의 상변화와 마찬가지로 한 온도에서 순간적으로 일어난다. 상변화가 일어날 때 2개의 고체상이 갖는 엔트로피는 정확하게 같지 않다. 주석(tin)은 고체 상변화를 하는 물질이다. 13°C 이하에서 회색 고체이다. 그러나 13°C 이상에서 다른 형태의 흰색 고체 주석으로 변한다. 또한 회색의 경우보다 흰색 주석의 경우에 엔트로피는 더 크다.

그림 14.7은 시료의 온도변화에 따라 엔트로피가 어떻게 변하는지를 보여준다. 온도변화에 따라 엔트로피 S는 점진적으로 변화하다가 고체 상변화 온도에서 급격한 증가를 나타낸다. 온도증가에 따라 엔트로피는 고체의 녹는점까지 다시 계속 증가한다. 고체가 녹으면 원자나 분자들이 자유롭게 움직일 수 있다. 분자운동의 자유도 증가는 물질의 엔트로피를 크게 증가시킨다. 따라서 녹는점에서 엔트로피는 크게 증가

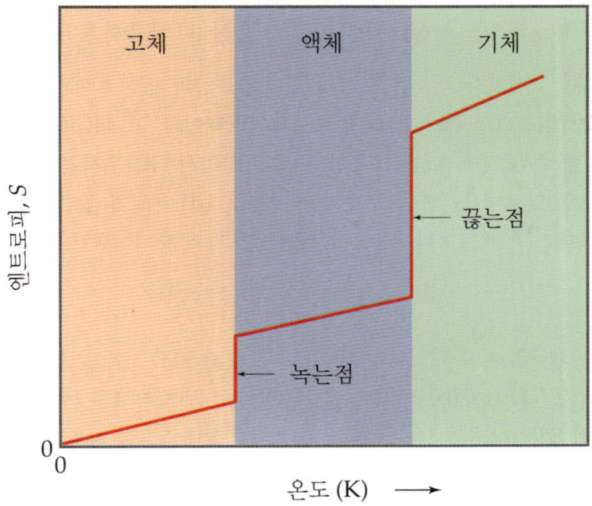

◀ **그림 14.7 온도에 대한 물질의 엔트로피 변화.** 절대 영도에서 완전한 결정의 엔트로피는 0 이다. 엔트로피가 수직으로 급격하게 증가하는 온도는 상변화가 일어나는 온도이다.

함을 알 수 있다. 고체가 다 녹은 뒤에 온도는 다시 증가하고, 엔트로피도 따라서 증가한다. 액체의 끓는점에서 엔트로피는 다시 한 번 크게 증가한다. 이러한 엔트로피의 증가는 부피의 증가 때문이고 부피의 증가는 무질서도의 증가를 의미한다. 온도가 올라가면 기체분자 내에 더 많은 에너지가 저장되고, 엔트로피는 계속 증가한다. 일반적으로 엔트로피는 다음과 같은 경우에 증가한다.

1. 고체나 액체로부터 기체가 만들어질 때
2. 화학반응에서 기체분자의 수가 증가할 때
3. 물질의 온도가 증가할 때

예제 14.4

그림 14.7은 온도증가에 따른 액체의 엔트로피 변화를 포함한다. 엔트로피를 증가시키는 요인에는 어떠한 것들이 있는가?

해답: 분자의 평균 운동에너지는 온도에 따라 증가한다. 열을 가하였을 때 분자들의 에너지 증가는 엔트로피 증가로 나타난다. 온도 증가에 따른 S의 증가는 액체 내 모든 종류의 운동에너지 증가 때문이다.

보충예제

물질의 기체, 액체, 고체상의 엔트로피 크기를 비교하라.

답: $S_{기체} > S_{액체} > S_{고체}$

예제 14.5

다음 각 항에서 엔트로피가 더 큰 것을 고르고 그 이유를 설명하라.

(a) 25°C의 1몰 NaCl(s) 과 1몰 HCl(g), (b) 25°C의 2몰 HCl(g)과 1몰 HCl(g), (c)

25°C의 1몰 $HCl(g)$ 과 1몰 $Ar(g)$, (d) 24 K의 1몰 $N_2(s)$ 과 298 K의 1몰 $N_2(g)$

해답: (a) 기체는 고체보다 더 무질서하므로 HCl(g)의 엔트로피가 더 크다. (b) 2몰 HCl(g)의 엔트로피는 1몰 HCl(g)의 엔트로피의 2배이다. (c) HCl(g) 분자는 회전운동과 진동운동을 할 수 있지만 Ar은 그렇지 못하다. 따라서 HCl분자는 Ar보다 더 많은 에너지를 저장할 수 있으며 더 큰 엔트로피를 갖는다. (d) 온도가 높아질수록 엔트로피는 증가한다. 298K에서의 엔트로피는 24K에서의 엔트로피 보다 크다.

보충예제

다음의 각 경우 엔트로피가 더 큰 것을 고르시오. (a) STP 상태의 1몰 $H_2(s)$ 와 100°C 0.5 atm 상태의 1몰 $H_2(g)$, (b) 0°C의 1몰 $H_2O(s)$ 와 25°C의 1몰 $H_2O(l)$, (c) STP 상태의 1몰 $H_2(g)$ 와 STP 상태의 1몰 $SO_2(g)$, (d) STP 상태의 1몰 $N_2O_4(g)$ 와 STP 상태의 2몰 $NO_2(g)$

답: (a) 100°C , 0.5 atm 상태의 1몰 $H_2(g)$, (b) 25°C의 1몰 $H_2O(l)$, (c) STP 상태의 1몰 $SO_2(g)$, (d) STP 상태의 2몰 NO_2

예제 14.6

다음 각 반응의 엔트로피 변화가 (+)인지 (−)인지를 예측하라.

(a) $CaCO_3(s) \longrightarrow CaO(s) + CO_2(g)$
(b) $N_2(g) + 3H_2(g) \longrightarrow 2NH_3(g)$
(c) $N_2(g) + O_2(g) \longrightarrow 2NO(g)$

해답: (a) 고체가 고체와 기체로 변환되므로 엔트로피 변화는 양의 값이다. 기체 물질들은 일반적으로 고체보다 더 큰 엔트로피를 가지므로, 생성물은 반응물보다 더 많은 몰수의 기체분자를 포함하여 엔트로피 변화는 양의 값을 갖는다. (b) 엔트로피 변화는 (−)이다. 반응물의 몰수가 생성물의 몰수보다 많기 때문이다. (c) 반응물과 생성물의 기체 몰수는 같기 때문에 엔트로피 변화는 작을 것이다. 즉 이것만으로는 명확하게 ΔS를 예측할 수 없지만, 0에 가까운 값을 가질 것이다.

보충예제

다음 과정의 ΔS 는 (+)인지 (−)인지 예측하라.

(a) $HCl(g) + NH_3(g) \longrightarrow NH_4Cl(s)$
(b) $2SO_2(g) + O_2(g) \longrightarrow 2SO_3(g)$
(c) 질소기체를 20°C에서 −50°C로 냉각할 때

답: (a) (−), (b) (−), (c) (−)

14.4 엔트로피 변화의 계산

열량계를 이용하여 반응의 ΔH를 측정할 수 있다. 그러나 ΔS를 쉽게 측정할 수 있는 방법은 없다. 온도에 따른 열용량의 변화를 실험적으로 측정하여 일정 온도에서 물질의 절대 엔트로피 S를 결정할 수 있다. 이러한 엔트로피는 0 K에서 완전한 결정성 고체의 엔트로피($S = 0$)를 기준으로 삼는다(열역학 제3법칙). 엔트로피의 단위는 보통 J/mol·K)로 1몰의 값을 나타낸다.

표준상태 물질의 몰 엔트로피 값을 표준 몰 엔트로피(standard molar entropy)라 하고 S^o로 표시한다. 어떤 물질의 표준상태는 1기압 하의 순수한 물질로 정의한다.[1] 표 14.1에 298 K에서 몇 가지 물질의 S^o값을 수록하였다. 기체의 표준 몰 엔트로피는 액체나 고체보다 크고, 또 표준 몰 엔트로피는 분자가 복잡해짐에 따라 증가한다. 또한 생성 엔탈피와 달리 원소의 표준 몰 엔트로피는 0이 아니다.

화학반응의 엔트로피 변화는 생성물의 엔트로피 합에서 반응물의 엔트로피 합을 뺀 값이다.

$$S^o = \Sigma nS^o(\text{생성물}) - \Sigma nS^o(\text{반응물}) \qquad [14.8]$$

n과 m은 화학반응식의 계수들이다.

표 14.1 몇 가지 물질의 표준 몰 엔트로피(298 K)

물질	S^o, J/mol·K
기체	
$H_2(g)$	130.6
$H_2O(g)$	188.8
$N_2(g)$	191.5
$NH_3(g)$	192.5
$C_6H_6(g)$	269.2
액체	
$H_2O(l)$	69.9
$C_6H_6(l)$	172.8
고체	
$Fe(s)$	27.2
$Ca(OH)_2(s)$	83.4

예제 14.7

$N_2(g)$와 $H_2(g)$로부터 암모니아를 합성하는 반응의 ΔS^o를 계산하라.

$$N_2(g) + 3H_2(g) \longrightarrow 2NH_3(g)$$

해답:

$$\Delta S^o = 2\,[S^o(NH_3)] - S^o(N_2) - 3[S^o(H_2)]$$

표 14.1로부터 적절한 S^o 값을 대입하면

$$\Delta S^o = (2\text{ mol})(191.5\text{ J/mol·K}) - [(1\text{ mol})(191.5\text{ J/mol·K}) - (3\text{ mol})(130.6\text{ J/mol·K})] = -198.3\text{ J/K}$$

예상했던 바와 같이 ΔS^o는 음수값이다.

보충예제

부록에 있는 표준엔트로피를 이용하여 298 K에서 다음 반응의 ΔS^o를 계산하라.

$$Al_2O_3(s) + 3H_2(g) \longrightarrow 2Al(s) + 3H_2O(g)$$

답: 179.9 J/K

1) 오늘날 열역학에서 쓰는 표준압력은 1 atm이 아니고, SI 압력단위인 파스칼(Pa)이다. 표준압력은 1 bar로 알려진 10^5 Pa이고, 1 bar = 10^5 Pa = 0.987 atm이다. 그러나 1 bar와 1 atm의 차이가 1.3%에 지나지 않아 표준압력을 1 atm으로 계속 사용하기도 한다.

14.5 Gibbs 자유에너지

질산암모늄이 물에 녹는 것은 자발적인 흡열반응이다. 자발적인 흡열과정에서는 반드시 계의 엔트로피의 증가가 수반된다. 그러나 해당 원소들로부터 염화소듐의 생성처럼 자발적이지만 계의 엔트로피가 감소하는 높은 발열과정도 있다. 계의 엔트로피가 감소하는 자발적인 과정은 항상 발열이다. 이처럼 반응 자발성은 두 가지의 열역학적인 개념인 엔트로피 및 엔탈피 모두와 관련이 있다.

미국의 수학자 J. Willard Gibbs(1839~1903)는 ΔH와 ΔS를 이용하여 어떤 반응이 자발적인지 아닌지를 예측하는 방법으로서 자유에너지(free energy)라는 새로운 상태함수를 제안하였다. 어떤 상태의 Gibbs 자유에너지 G는 다음과 같이 정의된다.

$$G = H - TS \qquad [14.9]$$

여기서 T는 절대온도이다.

일정 온도에서 일어나는 반응의 경우 계의 자유에너지 변화 ΔG는 다음과 같다.

$$\Delta G = \Delta H - T\Delta S \qquad [14.10]$$

ΔG의 부호는 일정 온도와 일정 압력에서 일어나는 과정의 자발성에 대해 매우 유용한 정보를 제공한다. 즉 ΔG의 부호와 반응의 자발성간의 관계는 다음과 같다.

1. $\Delta G < 0$이면 반응은 자발적이다.
2. $\Delta G = 0$이면 반응은 평형상태에 있다.
3. $\Delta G > 0$이면 반응은 비자발적이다. 주위로부터 일을 해주어야 반응이 일어난다.

자발적 반응의 자유에너지 변화는 돌이 언덕을 굴러 내려올 때의 위치에너지 변화에 비유할 수 있다. 중력장에 놓여 있는 돌은 위치에너지를 갖게 되고 따라서 위치에너지가 최소가 되는 지점에 도달할 때까지 움직인다. 마찬가지로 화학계에서는 자유에너지가 최소값에 도달할 때까지 반응이 진행된다(그림 14.8). 자유에너지가 최소값에 도달할 때 평형상태에 놓인다. 일정 온도와 일정 압력에서 자발적 과정의 자유에너지는 항상 감소한다.

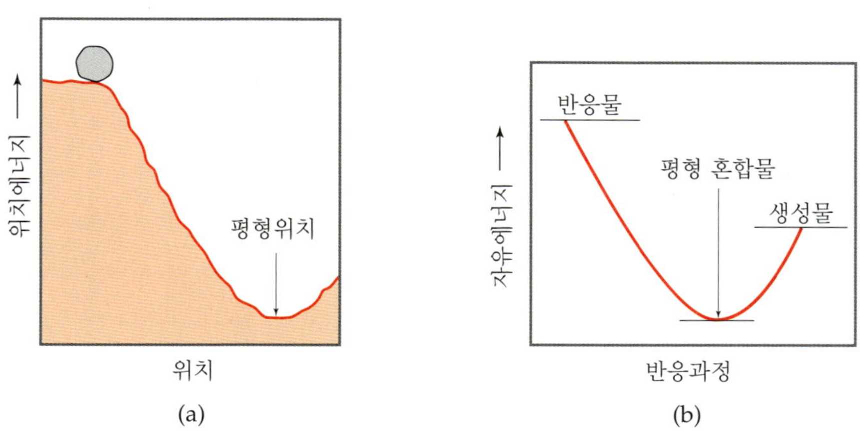

▶ 그림 14.8 포텐셜에너지와 자유에너지. (a) 언덕을 굴러 내려가는 돌의 포텐셜에너지 변화와 (b) 자발적인 반응에서 자유에너지 변화 간 유사성을 보여준다.

표준 자유에너지 변화

자유에너지는 엔탈피와 같이 상태함수이다. 표준 생성 엔탈피를 표로 만들 수 있는 것처럼, 물질의 표준 생성 자유에너지(standard free energy of formation)도 표로 나타낼 수 있다. 이러한 함수는 보통 표준상태에서의 값으로 나타낸다. 기체 물질의 표준상태는 1기압이다. 고체 물질의 표준상태는 순수한 고체이고, 액체의 표준상태는 순수한 액체이다. 용액상태 물질의 경우 표준상태는 보통 1 M 농도를 의미한다. ΔG^o는 보통 25°C에서의 값을 나타내지만 다른 온도에서의 값은 쉽게 계산할 수 있다. 표준 생성열의 경우처럼 표준상태 원소의 자유에너지는 0으로 정한다. 기준점을 임의로 선택해도 우리가 관심이 있는 양, 즉 반응물과 생성물의 자유에너지 차이는 아무런 영향이 없다. 표준상태의 규정을 표 14.2에 나타내었다. 표준 생성 자유에너지 ΔG_f^o를 부록에 실었다.

표 14.2 표준 자유에너지의 결정에 사용된 규칙

물질의 상태	표준상태
고체	순수한 고체
액체	순수한 액체
기체	1 atm
용액	1 M
원소	표준상태 원소의 표준 생성 자유에너지는 0이라 정한다.

화학반응의 표준 자유에너지 변화(ΔG^o)는 ΔH^o와 ΔS^o의 계산과 유사하다.

$$\Delta G^o = \Sigma n \Delta G_f^o(\text{생성물}) - \Sigma m \Delta G_f^o(\text{반응물}) \quad [14.11]$$

여기에서도 n과 m은 화학반응식의 계수들이다. 화학반응의 표준 자유에너지 변화를 어디에 응용할 것인가? ΔG^o는 표준상태에서 정반응이 자발적으로 일어나 더 많은 생성물을 만들 것인지($\Delta G^o < 0$), 아니면 역반응이 자발적으로 일어나 더 많은 반응물을 만들 것인지($\Delta G^o > 0$)를 알려준다.

예제 14.8

298 K에서 다음 반응의 표준 자유에너지 변화를 구하라.

$$N_2(g) + 3H_2(g) \longrightarrow 2NH_3(g)$$

해답: 부록에서 세 가지 물질의 표준 자유에너지를 찾으면 $N_2(g)$의 $\Delta G_f^o = 0.0$, $H_2(g)$의 $\Delta G_f^o = 0.0$, $NH_3(g)$의 $\Delta G_f^o = -16.66$ kJ/mol 이다.

이 반응의 표준 자유에너지 변화는

$$\Delta G^o = 2\Delta G_f^o(NH_3) - [3G_f^o(H_2) + \Delta G_f^o(N_2)]$$

$$= -33.32 \text{ kJ}$$

ΔG^o 값이 (−)이라는 사실은 1atm, 25°C에서 H_2, N_2, NH_3의 혼합물이 자발적으로 반응하여 암모니아의 생성을 의미한다(그러나 이것은 반응이 일어나는 속도에 어떠한 것도 말해주지 않는다는 사실을 명심하라).

보충예제

부록의 표준 생성 자유에너지를 이용하여 다음 반응의 ΔG^o를 298 K에서 계산하라.

$$2CH_3OH(l) + 3O_2(g) \longrightarrow 2CO_2(g) + 4H_2O(g)$$

답: −1370.6 kJ

표 14.3 반응의 자발성에 미치는 온도의 영향

ΔH	ΔS	ΔG	반응 특성	예
−	+	항상 음수	모든 온도에서 자발적, 역반응은 항상 비자발적	$2O_3(g) \longrightarrow 3O_2(g)$
+	−	항상 양수	모든 온도에서 비자발적, 역반응은 항상 자발적	$3O_2(g) \longrightarrow 2O_3(g)$
−	−	+ 혹은 −	낮은 온도에서 자발적, 높은 온도에서 비자발적	$H_2O(l) \longrightarrow H_2O(s)$
+	+	+ 혹은 −	낮은 온도에서 비자발적, 높은 온도에서 자발적이다	$H_2O(s) \longrightarrow H_2O(l)$

14.6 자유에너지와 온도

ΔG°는 25°C에서의 값을 나타내지만, 종종 다른 온도에서의 값이 필요할 경우가 있다. 온도는 어떻게 자유에너지 변화에 영향을 미치는가? 다음 식을 다시 살펴보자.

$$\Delta G = \Delta H - T\Delta S$$

엔트로피의 영향이 없으면 모든 발열반응들은 ΔH값이 (−)이므로 자발적이어야 한다. $-T\Delta S$로 표현되는 엔트로피 또한 반응의 자발성에 영향을 준다. ΔS 값이 양이면 최종상태는 초기상태보다 더 무질서한 것을 의미하고, $-T\Delta S$ 항은 ΔG가 음의 값이 되는데 기여하여 반응이 자발적으로 일어난다. 그러나 ΔS 값이 음이면, $-T\Delta S$ 항은 반응이 자발적으로 일어나는 경향을 감소시킨다. ΔH와 $-T\Delta S$ 값이 서로 반대 부호일 경우 두 항의 상대적 크기에 따라 ΔG가 음 또는 양의 값을 갖게 된다. 이러한 경우 온도는 중요한 인자이다. 고온으로 갈수록 $-T\Delta S$ 항은 ΔG의 부호와 크기의 결정에 상대적으로 더 중요하다.

표 14.3에 ΔH와 ΔS의 부호에 대한 여러 가지 가능한 상황을 예와 함께 나타내었다. 엔트로피 변화의 예측에 우리가 설명한 개념들을 적용하면 온도에 따라 ΔG 값이 어떻게 변하는지 예측할 수 있다.

예제 14.9

(a) 온도증가에 따라 다음 평형의 ΔG°가 어떻게 변하는지 예측하라.

$$N_2(g) + 3H_2(g) \longrightarrow 2NH_3(g)$$

(b) ΔH°와 ΔS°는 온도에 따라 변하지 않는다고 가정하고, 500°C에서 ΔG°를 계산하라.

해답: (a) 이 반응의 ΔS°는 (−)이다. 이것은 $-T\Delta S^{\circ}$가 양수이고, 온도증가에 따라 더 증가한다는 것을 의미한다. 표준 자유에너지 변화 ΔG°는 음의 ΔH°와 양의 값인 $-T\Delta S^{\circ}$의 합이다. 후자는 온도증가에 따라 더 증가하므로 ΔG°는 덜 음수의 값으로 된다(ΔH°는 변하지 않는다고 가정한다). 따라서 반응의 추진력은 온도증가에 따라 점점 작아지고, 생성물의 생성은 감소한다.

(b) 이 반응의 ΔH°와 ΔS°의 계산에 꼭 필요한 ΔH_f°와 S° 값들을 이용하여 $\Delta H^\circ = -92.38$ kJ과 $\Delta S^\circ = -198.3$ J/K를 얻었다. ΔG°의 계산은 다음의 관계를 이용한다.

$$\Delta G^\circ = \Delta H^\circ - T\Delta S^\circ$$

ΔH°와 ΔS°는 온도에 따라 변하지 않는다고 가정하고, $T = 500 + 273 = 773$ K를 이용하면

$$\Delta G^\circ = -92.38\ \text{kJ} - (773\ \text{kJ})\left(-198.3\frac{\text{J}}{\text{K}}\right)\left(\frac{1\ \text{kJ}}{10^3\ \text{J}}\right) = -92.38\ \text{kJ} + 153\ \text{kJ} = 61\ \text{kJ}$$

$T\Delta S^\circ$의 단위를 J에서 kJ로 바꾸어 kJ 단위의 ΔH°에 더할 수 있게 만든 것에 유의하라.

앞에서 이 반응의 298 K에서의 ΔG° 는 $\Delta G^\circ(298) = -33.32$ kJ이다. 따라서 298 K로부터 773 K로 온도가 높아지면 ΔG°는 -33.32 kJ에서 $+61$ kJ로 변한다. 물론 773 K의 결과는 298 K의 값만큼 정확하지 않다. 왜냐하면 ΔH°와 ΔS°는 온도에 따라 약간 변하기 때문이다. 그럼에도 불구하고 결과는 합리적이다. 온도증가에 따른 ΔG°의 증가는 정성적 예측과 일치한다. 이 결과는 1 atm(표준상태)에서 $N_2(g)$, $H_2(g)$, $NH_3(g)$의 혼합물이 298 K에서 자발적으로 반응하여 더 많은 $NH_3(g)$를 만들 것이라 암시한다. 반면 773 K에서 양수의 ΔG°는 역반응이 자발적이라고 설명한다. 실제로 773 K에서 이 반응은 역방향으로 진행하며 $NH_3(g)$가 $N_2(g)$와 $H_2(g)$로 분해된다.

보충예제

(a) 부록의 표준 생성 엔탈피와 표준 엔트로피 값을 이용하여 다음 반응의 ΔH°와 ΔS°를 298 K에서 계산하라. $2SO_2(g) + O_2(g) \longrightarrow 2SO_3(g)$.

(b) (a)에서 얻은 값들을 이용하여 400 K에서 ΔG°를 계산하라.

답: (a) $\Delta H^\circ = -196.6$ J/K, $\Delta S^\circ = -189.6$ kJ, (b) $\Delta G^\circ = -120.8$ kJ

14.7 자유에너지와 평형상수

열역학적 자료를 이용하면 어떤 반응의 표준 자유에너지 변화 ΔG°를 쉽게 결정할 수 있지만, 대부분의 화학반응은 비표준상태에서 일어난다. 표준상태에 있지 않은 계의 자유에너지 변화는 어떻게 구할 것인가? 화학적 변화에서 표준상태 자유에너지 변화 ΔG°와 비표준상태의 자유에너지 변화 ΔG의 일반적 관계는 다음과 같다.

$$\Delta G = \Delta G^\circ + RT\ln Q \qquad [14.12]$$

여기서 R은 기체상수이고, T는 절대온도, Q는 특정한 반응혼합물에 상당하는 반응지수(reaction quotient)이다. Q에 대한 식은 반응물과 생성물이 평형일 필요가 없다는 것을 제외하면 평형상수식과 같다.

계가 평형상태에 있을 때 $\Delta G = 0$이다. 또한 계가 평형상태에 있을 때 반응지수 Q는 평형상수 K가 된다. 그리하여 평형상태($\Delta G = 0$ 와 $Q = K$일 때)에서 다음과 같은 식이 성립한다.

$$\Delta G = \Delta G^o + RT \ln Q$$
$$0 = \Delta G^o + RT \ln K$$
$$\Delta G^o = -RT \ln K \quad [14.13]$$

이 식으로부터 ΔG^o가 음이면 $\ln K$는 양인 것을 알 수 있다. $\ln K$가 양이면 $K > 1$을 의미한다. ΔG^o가 더 큰 음의 값을 가지면, 더 큰 평형상수 값을 갖는다. 반면에, ΔG^o가 양이면 $\ln K$는 음이며, 이는 $K < 1$을 의미한다. 요약하면 다음과 같다.

ΔG^o 값이 음이면: $K > 1$
ΔG^o 값이 0이면: $K = 1$
ΔG^o 값이 양이면: $K < 1$ [14.14]

ΔG^o 값을 알면 K값을 계산할 수 있다. 위 식을 K에 대하여 나타내면

$$K = e^{-\Delta G^o/RT}$$

예제 14.10

다음과 같은 암모니아 합성반응에 대하여 298 K에서 반응혼합물의 구성이 1.0 atm N_2, 3.0 atm H_2, 1.0 atm NH_3로 주어진다. 반응의 ΔG를 구하시오.

$$N_2(g) + 3H_2(g) \longrightarrow 2NH_3(g)$$

해답: 균형반응식으로부터 반응지수 Q는 다음과 같다.

$$Q = \frac{p_{NH_3}{}^2}{p_{N_2}p_{H_2}{}^3} = \frac{(1.0)^2}{(1.0)(3.0)^3} = 3.7 \times 10^{-2}$$

$\Delta G^o{}_{298} = -33.32$ kJ 임을 알고 있다. N_2 1몰과 H_2 3몰의 반응은 다음과 같다.

$$\begin{aligned}\Delta G &= \Delta G^o + RT \ln Q \\ &= (-33.32\text{ kJ}) + \left(8.314\frac{\text{J}}{\text{K}}\right)(298\text{ K})\left(\frac{1\text{ kJ}}{10^3\text{ J}}\right)\ln(3.7 \times 10^{-2}) \\ &= -33.32\text{ kJ} + (-8.17\text{ kJ}) = -41.49\text{ kJ}\end{aligned}$$

N_2, H_2, NH_3의 압력이 모두 1.0 atm으로부터(표준상태, ΔG^o), 1.0 atm, 3.0 atm, 1.0 atm으로 각각 변화하면 자유에너지는 −33.32 kJ에서 −41.49 kJ로 변하고 그것은 더 큰 음의 값이다. H_2의 압력이 1.0 atm에서 3.0 atm으로 증가할 때 ΔG는 더 큰 음의 값을 가지며, 이는 더 많은 NH_3 생성을 의미한다. 이 결과는 Le Châtelier 원리로부터 예측할 수 있고, P_{H_2}의 증가는 반응을 생성물 쪽으로 이동시켜 NH_3를 더 많이 생성한다.

보충예제

298 K에서 반응혼합물의 농도가 3.0 atm NH_3, 1.0 atm N_2 , 0.50 atm H_2일 때 질소와 수소가 반응하여 암모니아를 생성하는 반응의 ΔG를 구하시오.

답: −22.72 kJ

예제 14.11

표준 생성 자유에너지로부터 25°C에서 다음 반응식의 평형상수를 계산하라.

$$N_2(g) + 3H_2(g) \longrightarrow 2NH_3(g)$$

이 반응의 표준 자유에너지 변화는 −33.32 kJ 이다.

해답: 이 반응의 평형상수 식은 다음과 같다.

$$K_p = \frac{p_{NH_3}{}^2}{p_{N_2}p_{H_2}{}^3}$$

기체의 농도는 대기압으로 나타낸다.

$$\frac{-\Delta G^o}{RT} = \frac{-(-33{,}320\ J)}{(8.314\ J/K)(298\ K)]} = 13.45$$

따라서 K_p는

$$K_p = e^{-\frac{\Delta G^o}{RT}} = e^{13.45} = 6.9 \times 10^5$$

만약 실온에서 N_2와 H_2의 반응을 빠르게 수행할 수 있는 촉매를 발견한다면 평형을 강제로 NH_3 방향으로 이동할 때 높은 압력이 필요하지 않을 것이다.

보충예제

부록의 자료를 이용하여 298 K에서 다음 반응의 표준 자유에너지 변화 ΔG^o와 평형상수를 구하라. $2H_2(g) + O_2(g) \longrightarrow 2H_2O(g)$

답: -457.1 kJ, 1.4×10^{80}

연습문제

14.1 다음 각각의 과정은 자발적인가 비자발적인가?
- **(a)** 방안에서 향수냄새가 퍼지는 현상
- **(b)** 공기 중 N_2와 O_2의 분리
- **(c)** 고장난 시계의 수선
- **(d)** Na 금속과 염소기체에 의한 NaCl의 생성반응
- **(e)** 물에 HCl(g)을 녹여 진한 염산을 생성하는 반응

14.2 **(a)** 자발적 흡열과정의 두 가지 예를 제시하라.
- **(b)** 어떤 온도에서는 자발적이고, 다른 온도에서는 비자발적 과정의 예를 제시하라.

14.3 물이 얼음으로 되는 것은 발열반응이다.
- **(a)** 자발과정의 온도범위는 얼마인가?
- **(b)** 비자발 과정의 온도범위는 얼마인가?
- **(c)** 발열반응이 언제나 자발과정이 아닌 이유는 무엇인가?

14.4 열역학적 성질 E, q, w 중에서
- **(a)** 어느 성질이 상태함수인가?
- **(b)** 어느 성질이 경로에 의존하는가?
- **(c)** 계가 한 상태에서 다른 상태로 가역적으로 이동할 때 중요한 것은?

14.5 **(a)** 어떤 과정에서 계의 엔트로피가 증가한다고 가정하자. 특별한 언급이 없을 때, 이 과정에 대하여 내릴 수 있는 결론은?
- **(b)** 문제 14.1에서 계의 엔트로피가 증가하는 과정은 어느 것인가?

14.6 다음 반응들이 일어날 때 계의 엔트로피는 어떻게 변하는가?
- **(a)** 고체의 용해
- **(b)** 액체의 증발
- **(c)** 물에서 고체의 용해
- **(d)** 기체의 액화

14.7 수은의 어는점은 −38.9°C이고, 용융 엔탈피는 $\Delta H_{fus} = 2.33$ kJ/mol이다.

(a) −38.9°C에서 Hg(l)이 Hg(s)로 변할 때 ΔS의 부호는?

(b) 1.00몰의 Hg(l)이 −38.9°C에서 얼 때 ΔS 값을 계산하라.

14.8 **(a)** 일정온도에서 이상기체 1.50몰의 부피가 20.0 L에서 90.0 L로 팽창할 때 엔트로피 변화를 구하라.

(b) 엔트로피 변화의 부호를 예측하라.

14.9 **(a)** 열역학 제2법칙을 정성적으로 설명하라.

(b) 가역과정 동안 계의 엔트로피가 증가할 때 주위의 엔트로피 변화를 설명하라.

(c) 어느 자발과정에서 계의 엔트로피 변화는 $\Delta S = -75$ J/K이다. ΔS_{surr}에 대해 어떤 설명이 가능한가?

14.10 **(a)** 열역학 제3법칙을 설명하라.

(b) 분자운동에서 병진, 진동, 회전운동의 차이점은?

(c) HCl 분자는 진동운동에서 위치가 어떻게 변하는지 그려라.

14.11 다음 두 물질 중 일정 온도에서 엔트로피가 더 큰 것은?

(a) 5 atm의 $O_2(g)$와 0.5 atm의 $O_2(g)$

(b) $Br_2(l)$와 $Br_2(g)$

(c) 22.4 L 중 1몰의 $N_2(g)$와 2.24 L 중 1몰의 $N_2(g)$

(d) $CO_2(g)$와 $CO_2(aq)$

14.12 다음 각 과정에서 엔트로피 변화 ΔS_{sys}의 부호를 예측하라.

(a) $2C(s) + O_2(g) \longrightarrow 2CO(g)$

(b) $2K(s) + Br_2(l) \longrightarrow 2KBr(s)$

(c) $2MnO_2(s) \longrightarrow MnO(s) + O_2(g)$

14.13 부록을 참고하여 25°C에서 다음 물질의 표준 엔트로피를 비교하고, 엔트로피 값의 차이를 설명하라.

(a) $I_2(s)$와 $I_2(g)$

(b) NaBr(s)와 NaBr(aq)

(c) C(graphite)와 C(diamond)

(d) 1몰의 $H_2(g)$와 2몰의 H(g)

14.14 부록의 S^o를 이용하여 다음 반응의 ΔS^o를 계산하라.

(a) $C_2H_4(g) + H_2(g) \longrightarrow C_2H_6(g)$

(b) $N_2O_4(g) \longrightarrow 2NO_2(g)$

(c) $Be(OH)_2(s) \longrightarrow BeO(s) + H_2O(g)$

(d) $2CH_3OH(g) + 3O_2(g) \longrightarrow 2CO_2(g) + 4H_2O(g)$

14.15 **(a)** 일정온도에서 계의 엔탈피와 엔트로피를 이용하여 Gibbs 자유에너지 변화 ΔG를 설명하라.

(b) 일정온도와 일정압력에서 ΔG의 부호는 (+)이다. 이 과정에 대하여 설명하라.

(c) ΔG와 반응속도는 어떤 관계인가?

14.16 $H_2O_2(g) \longrightarrow H_2O(g) + \frac{1}{2}O_2(g)$ 반응의 $\Delta H^o_{298} = -106$ kJ, $\Delta S^o_{298} = +58$J/K일 때, ΔG^o_{298}를 계산하라. $H_2O_2(g)$는 298 K에서 얼마나 안정한지 설명하라.

14.17 부록의 자료를 이용하여 다음 각 과정의 ΔG^o를 구하고, 표준상태에서 반응이 자발적인지 밝히시오.

(a) $H_2(g) + Cl_2(g) \longrightarrow 2HCl(g)$

(b) $MgCl_2(s) + H_2O(l) \longrightarrow MgO(s) + 2HCl(g)$

(c) $2NH_3(g) \longrightarrow N_2H_4(g) + H_2(g)$

(d) $2NOCl(g) \longrightarrow 2NO(g) + Cl_2(g)$

14.18 다음 각 반응을 표 14.3에 있는 가능한 네 가지 유형 중 하나로 분류하라.

(a) $N_2(g) + 3F_2(g) \longrightarrow 2NF_3(g)$
$\Delta H^o = -249$ kJ, $\Delta S^o = 278$ J/K

(b) $N_2(g) + 3Cl_2(g) \longrightarrow 2NCl_3(g)$
$\Delta H^o = 460$ kJ, $\Delta S^o = -275$ J/K

(c) $N_2F_4(g) \longrightarrow 2NF_2(g)$
$\Delta H^o = 85$ kJ, $\Delta S^o = 198$ J/K

14.19 어떤 반응이 330 K에서 자발적이고 흡열반응(23 kJ)이다. 이 반응에서 ΔS의 크기와 부호를 설명하라.

14.20 어떤 반응은 $\Delta H = 45$ kJ, $\Delta S = 125$ J/K이다. ΔH와 ΔS는 온도에 따라 변하지 않는다고 가정하고 다음을 답하라.

(a) $\Delta G = 0$이 되는 온도는?

(b) (a)에서 구한 온도 이상으로 높이면 이 반응은 자발적인가, 비자발적인가?

14.21 CH_3OH(메탄올)은 CO와 H_2를 반응시켜 얻을 수 있다.

$$CO(g) + 2H_2(g) \longrightarrow CH_3OH(g)$$

(a) 이 반응의 ΔH^o와 ΔS^o를 부록의 자료를 이용하여 계산하라.

(b) 온도가 증가하면 ΔG^o는 어떻게 되는가?

(c) 298 K에서 ΔG^o를 계산하라. 표준상태에서 이 반응은 자발적인가?

(d) 500 K에서 ΔG^o를 구하라. ΔG^o와 ΔS^o는 온도에 따라 변하지 않는다고 가정할 때 500 K의 표준상태에서 이 반응은 자발적인가?

14.22 아세틸렌 기체는 용접에 이용된다.

(a) 표준상태에서 C_2H_2 1몰이 연소할 때 발생하는 열량은 얼마인가? 반응물과 생성물의 온도는 모두 298 K이다.

(b) 계가 표준상태에서 수행할 수 있는 유용한 일의 최대 양은 얼마인가?

14.23 다음 각 반응에서 N_2의 분압이 증가할 때, 반응의 ΔG는 어떻게 변하는지를 정성적으로 설명하라.

(a) $N_2H_4(g) \longrightarrow N_2(g) + 2H_2(g)$

(b) $N_2(g) + 3F_2(g) \longrightarrow 2NF_3(g)$

(c) $NH_4NO_2(s) \longrightarrow N_2(g) + 2H_2O(g)$

14.24 반응 $2NO_2(g) \longrightarrow N_2O_4(g)$에 대하여

(a) 298 K에서 ΔG^o를 계산하라.

(b) NO_2와 N_2O_4의 분압이 각각 2.00 atm, 0.10 atm일 때 298 K에서 ΔG를 계산하라.

14.25 298 K에서 다음 각 반응들의 K_p를 계산하라.

(a) $H_2(g) + I_2 \longrightarrow 2HI(g)$

(b) $C_2H_5OH(g) \longrightarrow C_2H_4(g) + H_2O(g)$

(c) $3C_2H_2(g) \longrightarrow C_6H_6(g)$

14.26 탄산칼슘의 탈탄산화반응에 대하여

$$CaCO_3(s) \longrightarrow CsO(s) + CO_2(g)$$

부록의 자료를 이용하여 CO_2의 평형압력을 다음의 온도에서 계산하라.

(a) 298 K **(b)** 800 K

14.27 **(a)** 부록에 수록된 benzoic acid의 K_a를 이용하여 298 K에서 benzoic acid가 수용액 상태에서 해리할 때의 ΔG^o를 계산하라.

(b) 평형에서의 ΔG 값은?

(c) $[H^+] = 3.0 \times 10^{-3}\ M$, $[C_7H_5O_2^-] = 2.0 \times 10^{-5}\ M$, $[HC_7H_5O_2^-] = 0.10\ M$일 때 ΔG 값은?

CHAPTER 15

전기화학

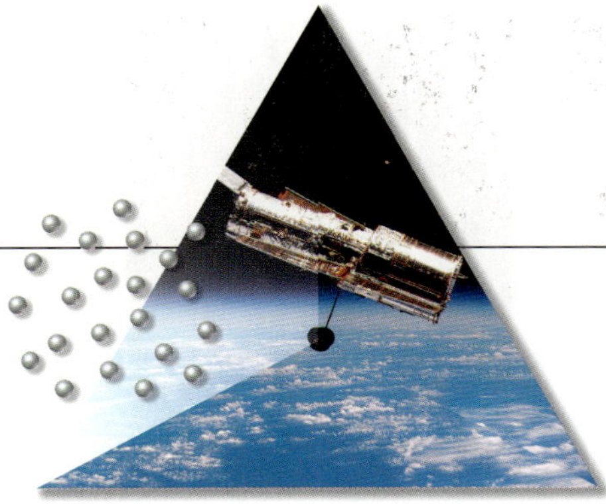

산화–환원반응은 한 원자로부터 다른 원자로의 전자 이동과 관련이 있으며 매우 보편적인 화학반응이다. 산화는 전자를 잃는 것이며 그와 반대로 환원은 전자를 얻는 것이다. 산화–환원반응은 새로운 화합물을 생성하고 열을 발생시킬 수 있다. 화학반응에서 일어나는 전자의 이동은 전기적인 형태의 에너지를 만들어낼 수 있다. 이 장에서는 전기에너지와 화학반응간의 관계를 이해하기 위하여 전기화학(electrochemistry)에 대한 내용을 다룰 것이다. 전기화학을 이해하면 전지의 구조, 반응의 자발성, 전기도금, 금속부식과 같은 여러 가지 현상을 설명할 수 있다.

15.1 산화상태와 산화수

주어진 화학반응이 산화반응인지 환원반응인지는 반응에 관여한 원소들의 산화상태를 조사하여 결정할 수 있다. 이 방법으로 원소의 산화상태가 어떻게 변하는지를 알 수 있다. 예를 들어 아연금속을 강산에 넣으면 전자는 아연원자로부터 수소이온으로 이동한다. 이 반응을 다음과 같은 반응식으로 나타낼 수 있다(그림 15.1).

$$Zn(s) + 2H^+(aq) \longrightarrow Zn^{2+}(aq) + H_2(g) \qquad [15.1]$$

산화(oxidation)는 전자를 잃는 것이고, 환원(reduction)은 전자를 얻는 것이다. 산화–환원반응은 산화하는 원자로부터 환원하는 원자로 전자의 이동과 관련이 있다. 전자는 아연원자로부터(아연은 산화한다) 수소이온(수소는 환원한다)으로 이동한다. 반응에 관여한 원소들의 산화수를 추적하여 산화반응인지 환원반응인지를 결정할 수 있다. 각 원소의 산화수를 반응식에 함께 표시하면 아연의 산화상태는 0에서 +2로 변하고, 수소는 +1에서 0으로 변한다.

▲ **그림 15.1 산성 용액에서의 산화-환원반응.** 아연금속에 염산을 가하면 자발적 산화-환원반응이 일어난다. 아연금속은 $Zn^{2+}(aq)$으로 산화되고 $H^+(aq)$는 $H_2(g)$로 환원되면서 격렬하게 기포를 발생한다.

$$\underset{0}{Zn(s)} + 2\,\underset{+1}{H^+(aq)} \longrightarrow \underset{+2}{Zn^{2+}(aq)} + \underset{0}{H_2(g)}$$

이와 같은 반응에서는 전자의 이동을 분명하게 알 수 있다. 아연은 $Zn(s)$이 $Zn^{2+}(aq)$으로 변하면서 전자를 잃고, 수소는 $H^+(aq)$이 $H_2(g)$로 변할 때 전자를 얻는다.

산화상태는 변하지만 물질이 전자를 얻었거나 잃었다고 말하기 어려운 경우가 있다. 예를 들어 수소기체의 연소를 보자.

$$2\,\underset{0}{H_2(g)} + \underset{0}{O_2(g)} \longrightarrow 2\,\underset{+1}{H}_2\underset{-2}{O}(g)$$

수소는 0에서 +1의 산화상태로 산화하고 산소는 0에서 −2의 산화상태로 환원되는 산화-환원반응이다. 그러나 물은 이온화합물이 아니므로 물을 생성할 때 전자가 수소에서 산소로 바로 이동하는 것은 아니다. 일반적으로 어떤 원소의 산화상태는 화합물의 실제 전하와 같지 않다.

산화-환원반응은 산화와 환원이 함께 일어난다. 즉 한 물질이 산화하면 그때 다른 물질은 환원되어야 한다. 다른 물질을 산화하는 물질을 산화제(oxidizing agent 혹은

oxidant)라고 한다. 산화제는 다른 물질로부터 전자를 제거하고 자기 자신은 전자를 얻는다. 그러므로 산화제 자신은 환원된다. 반면 환원제(reducing agent 혹은 reductant)는 전자를 잃고 다른 물질을 환원시키는 물질이다. 이 과정에서 자신은 산화된다. 아연과 산의 반응에서 $H^+(aq)$는 산화제이고, Zn(*s*)는 환원제이다.

산화수

전기음성도가 서로 다른 두 원자가 공유결합을 형성하면 결합전자쌍은 상대적으로 전기음성도가 큰 원자에 가깝게 위치한다. 예로 HCl의 경우 H—Cl 결합은 전자들이 전기음성도가 큰 Cl 원자 쪽으로 치우치는 극성공유결합을 한다. H 원자는 결국 부분적으로 양전하를 Cl 원자는 부분적으로 음전하를 띤다. 전자들의 이동으로 원자들이 전하를 띠는데 전기음성도가 큰 원자 쪽에 공유 전자를 할당한다고 생각할 수 있다. 이렇게 하면 HCl 분자에서 Cl은 8개의 원자가전자를 갖게 되어 중성원자일 때보다 전자가 1개 더 많아진다. 실제로 염소원자는 −1의 전하를 가진 것과 같다. 수소는 자신의 전자를 빼앗겨 +1의 전하를 띤 것과 같다.

이와 같은 방식으로 전하를 할당하는 것을 산화수(oxidation number) 또는 산화상태(oxidation state)라 한다. 원자의 산화상태는 공유결합 전자들이 전기음성도가 큰 원자에 끌리고 난 후 결과로서 나타나는 전하이다. HCl에서 H의 산화수는 +1이고, Cl은 −1이다.

산화수는 간단한 이온화합물의 경우를 제외하고 원자들의 실제 전하와 연관이 없다. 그럼에도 불구하고 산화수는 화합물을 명명할 때 또는 산화수 변화를 동반하는 반응에서 반응식 균형 맞추기나 화학적 성질의 경향을 조사할 때 사용된다.

다음은 산화수를 결정하는 몇 가지 규칙들이다.

1. 원소상태 원소의 산화수는 0이다. 고립 원자(어떤 결합이나 알짜전하도 갖지 않는)의 산화수는 0이다. 결합했더라도 원소 물질의 산화수는 0이다. 예를 들어 금속 Na, N_2, Cl_2, P_4 등의 결합전자들은 동일한 원자들 사이에 동등하게 공유하고 각 원자의 산화수는 0이다.
2. 단원자이온의 산화수는 이온의 전하와 같다. 예로 Na^+에서 나트륨의 산화수는 +1이고, S^{2-}에서 황의 산화수는 −2이다.
3. 2성분화합물(서로 다른 두 종류의 원소)에서 상대적으로 더 큰 전기음성도를 가진 원소는 그 원소의 이온화합물에서 갖는 전하와 같은 크기의 산화수를 갖고 부호는 음이다. 예로서 PCl_3에서 Cl의 산화상태를 생각해보자. Cl은 P보다 전기음성도가 크다. Cl의 단순한 이온화합물에서 염소는 염소이온의 형태로 존재한다. 그러므로 PCl_3에서 Cl의 산화수는 −1이다.
4. 중성인 화합물에서 산화수의 합은 0이고 이온의 경우에는 이온의 전체 전하와 같다. 예를 들면 PCl_3는 중성분자이다. 따라서 P와 Cl의 산화수를 모두 합하면 0이다. 이 화합물에서 Cl의 산화수는 −1이고(규칙 3) P의 산화수는 +3이기 때문이다. 마찬가지로 CO_3^{2-}를 이루는 C와 O의 산화수 합은 −2이다. O는 C보다 전기음성도가 크기

때문에 이온일 때 −2의 산화수를 갖는다(규칙 3). 따라서 C의 산화수는 +4이다. 왜냐하면 +4 + 3(−2) = −2이기 때문이다.

산화수는 주기적 경향을 보여준다. 알칼리금속(1A족)은 화합물을 생성할 때 항상 +1의 산화상태를 나타낸다. 알칼리토금속(2A족)들은 화합물 중에서 +2의 산화상태로 발견된다. 3A족에서 가장 대표적 원소라 할 수 있는 Al은 항상 +3의 산화상태를 가진다. 전기음성도가 가장 큰 F 원소는 화합물 중 항상 −1의 산화상태를 나타낸다. 화합물 중 산소는 거의 대부분 −2의 산화상태를 보인다. 예외로 과산화물을 들 수 있다. 과산화이온 (O_2^{2-})이나 과산화수소 (H_2O_2)의 경우 모두 산소의 산화수는 −1이다. 수소의 산화상태는 수소보다 전기음성도가 큰 원소들(대부분의 비금속)과 결합할 때 +1이고, 수소보다 전기음성도가 작은 원소들(대부분의 금속)과 결합할 때 −1이다.

예제 15.1

재충전이 가능한 니켈-카드뮴(nicad) 전지에서 전기발생은 다음과 같은 산화-환원반응을 이용한다.

$$Cd(s) + NiO_2(s) + 2H_2O(l) \longrightarrow Cd(OH)_2(s) + Ni(OH)_2(s)$$

산화제와 환원제를 확인하시오.

해답: 우선 반응 중 원자의 산화수를 확인한다.

$$\underset{(0)}{Cd(s)} + \underset{(+4)(-2)}{NiO_2(s)} + \underset{(+1)(-2)}{2H_2O(l)} \longrightarrow \underset{(+2)(-2)(+1)}{Cd(OH)_2(s)} + \underset{(+2)(-2)(+1)}{Ni(OH)_2(s)}$$

산화수가 변하는 원소를 확인한다. 카드뮴의 산화수는 0에서 +2로 증가하고, 니켈은 +4에서 +2로 감소한다. 카드뮴의 산화수는 증가하므로 산화되고 니켈의 산화수는 감소하므로 환원된다. 따라서 Cd는 환원제, Ni은 산화제이다.

보충예제

다음 산화-환원반응의 산화제와 환원제를 확인하라.

$$2H_2O(l) + Al(s) + MnO_4^-(aq) \longrightarrow Al(OH)_4^-(aq) + MnO_2(s)$$

답: Al(*s*)은 환원제이고 $MnO_4^-(aq)$는 산화제이다.

15.2 산화-환원반응식의 균형

화학반응식의 균형을 맞출 때 질량보존의 법칙에 따라야 한다. 즉 식의 양쪽에서 각 원자들의 수가 같아야 한다. 산화-환원반응의 균형을 맞출 때는 여기에 추가적으로 잃은 전자 수와 얻은 전자 수가 같아야 한다. 간단한 화학반응식의 경우 자동적으로 전자균형이 이루어질 수도 있으나 대부분의 산화-환원반응에서 반응과정 중 얻거나 잃은 전자 수를 고려하여 균형을 맞춰야 한다. 산화-환원반응식의 균형을 맞추는 방법을 살펴보자.

반쪽반응

산화와 환원은 동시에 일어나지만 각 반응을 분리하여 고려하는 것이 편리하다. 예를 들어 Fe^{3+}에 의한 Sn^{2+} 산화는

$$Sn^{2+}(aq) + 2Fe^{3+}(aq) \longrightarrow Sn^{4+}(aq) + 2Fe^{2+}(aq) \qquad [15.2]$$

이 반응식은 Sn^{2+}의 산화반응과 Fe^{3+}의 환원반응으로 각각 나누어 생각할 수 있다.

$$\text{산화: } Sn^{2+}(aq) \longrightarrow Sn^{4+}(aq) + 2\,e^-$$
$$\text{환원: } 2Fe^{3+}(aq) + 2e^- \longrightarrow 2Fe^{2+}(aq)$$

산화과정의 전자는 생성물 쪽에 나타내고, 환원과정의 전자는 반응물 쪽에 나타내는 것에 유의하라.

이와 같은 산화 혹은 환원반응을 반쪽반응(half-reaction)이라 한다. 전체 산화–환원반응에서 산화 반쪽반응이 잃은 전자 수는 환원반쪽반응이 얻은 전자 수와 같아야 한다. 이 조건에 맞게 각 반쪽반응의 균형을 맞추면 전체 산화환원반응식이 얻어진다.

반쪽반응에 의한 반응식의 균형

산성 용액에서 과망간산이온(MnO_4^-)과 옥살산이온($C_2O_4^{2-}$) 간에 일어나는 반응을 보자. $C_2O_4^{2-}$ 용액에 MnO_4^-을 가하면 그림 15.2처럼 CO_2가 발생하고 MnO_4^-의 짙은 보라색이 옅은 분홍색으로 바뀐다.

$$MnO_4^-(aq) + C_2O_4^{2-}(aq) \longrightarrow Mn^{2+}(aq) + CO_2(g) \qquad [15.3]$$

이 산화–환원반응식의 균형을 맞추기 위하여 우선 산화상태의 변화를 살펴본다. Mn은 MnO_4^-에서 +7의 산화상태가 Mn^{2+}의 +2 산화상태로 된다. 그러므로 Mn 원자는 5개의 전자를 얻어 환원된다. 탄소는 $C_2O_4^{2-}$의 +3 산화상태에서 CO_2의 +4 산화상태로 된다. 그러므로 탄소원자는 전자 하나를 잃고 산화된다.

(a) (b) (c)

◀ 그림 15.2 $Na_2C_2O_4$ 산성 용액으로 $KMnO_4(aq)$의 적정. (a) 반응이 진행되면 짙은 보라색의 MnO_4^-는 $C_2O_4^{2-}$에 의해 빠르게 환원된다. (b) $C_2O_4^{2-}$를 소비하면서 종말점에 이르고 옅은 분홍색을 나타낸다. (c) 종말점을 지나면 과량의 MnO_4^- 때문에 다시 진한 보라색이 된다.

이것을 2개의 반쪽반응으로 나누면

$$MnO_4^-(aq) \longrightarrow Mn^{2+}(aq)$$

$$C_2O_4^{2-}(aq) \longrightarrow CO_2(g)$$

우선 원자수의 균형을 맞춘다. 반응이 산성 수용액에서 일어나는 경우 수소와 산소의 균형을 맞추기 위하여 H^+와 H_2O를 반응물 혹은 생성물의 어느 한쪽에 가할 수 있다. 이와 비슷하게 염기성 용액 중의 반응은 OH^-와 H_2O를 사용하여 완결할 수 있다. 이 화학종들은 각 용액에 과량으로 존재한다. 과망간산이온의 반쪽반응에서 이미 망간의 균형은 맞다. 그러나 산소는 왼쪽에 4개 있고, 오른쪽에는 없다. MnO_4^-의 4개 산소원자와 균형을 맞추려면 생성물 쪽에 물분자 4개가 필요하다.

$$MnO_4^-(aq) \longrightarrow Mn^{2+}(aq) + 4H_2O(l)$$

생성물 쪽에 8개의 수소원자가 있으므로 반응물 쪽에 $8H^+$를 가하여 균형을 맞출 수 있다.

$$8H^+(aq) + MnO_4^-(aq) \longrightarrow Mn^{2+}(aq) + 4H_2O(l)$$

이제 원소들은 반응식의 양쪽에 같은 수의 원자가 존재한다. 그러나 아직도 전하의 균형이 필요하다. 반응물의 전체 전하는 $8(1+) + (1-) = 7+$이다. 그리고 생성물의 전체 전하는 $(2+) + 4(0)=2+$이다. 전하균형을 맞추기 위하여 5개의 전자를 반응물 쪽에 가한다.

$$5e^- + 8H^+(aq) + MnO_4^-(aq) \longrightarrow Mn^{2+}(aq) + 4H_2O(l)$$

옥살산의 반쪽반응식도 같은 방법으로 균형을 맞춘다.

$$C_2O_4^{2-}(aq) \longrightarrow 2CO_2(g)$$

생성물 쪽에 2개의 전자를 가하여 전하 균형을 맞출 수 있다.

$$C_2O_4^{2-}(aq) \longrightarrow 2CO_2(g) + 2e^-$$

이제 2개 반쪽반응식 모두 균형이 맞다. 하나의 반쪽반응에서 얻은 전자수가 다른 반쪽반응에서 잃은 전자 수와 같도록 적절한 계수를 곱하여 두 반응식을 더하면 전체 균형반응식을 얻는다. MnO_4^- 반쪽반응에 2를 곱하고 $C_2O_4^{2-}$ 반쪽반응에 5를 곱하면 양쪽 반응식이 10개의 똑같은 전자 수를 갖는다.

$$10e^- + 16H^+(aq) + 2MnO_4^-(aq) \longrightarrow 2Mn^{2+}(aq) + 8H_2O(l)$$

$$5C_2O_4^{2-}(aq) \longrightarrow 10CO_2(g) + 10e^-$$

$$16H^+(aq) + 2MnO_4^-(aq) + 5C_2O_4^{2-}(aq) \longrightarrow 2Mn^{2+}(aq) + 8H_2O(l) + 10CO_2(g) \qquad [15.4]$$

전체 반응식은 균형 맞춘 반쪽반응의 합이다. 반응물 쪽과 생성물 쪽의 전자는 서로 상쇄된다. 원자수와 전하를 조사하여 균형을 확인할 수 있다. 산성 용액에서 일어나는 산화–환원반응식의 균형 맞추는 방법을 요약하였다.

1. 반응식을 2개의 반쪽반응으로 나눈다. 하나는 산화 반쪽반응이고 다른 하나는 환원 반쪽반응이다.
2. 다음의 순서로 각 반쪽반응의 균형을 맞춘다.
   a. H와 O 이외의 다른 원소들의 균형을 맞춘다.
   b. H_2O를 가하여 O 원자의 균형을 맞춘다.
   c. H^+를 가하여 H 원자의 균형을 맞춘다.
   d. 마지막으로 양전하가 많은 쪽에 전자를 가하여 전하의 균형을 맞춘다.
3. 각각의 반쪽반응에 정수를 곱하여 잃은 전자 수와 얻은 전자수를 같게 한다.
4. 2개의 반쪽반응을 더하고 식의 양쪽에 나타나는 화학종을 간단히 한다.
5. 반응식의 양쪽에 나타나는 원자와 전하의 수가 같은지 확인한다.

예제 15.2

산화–환원 반쪽반응법을 이용하여 다음 식을 완결하고 균형을 맞추시오.

$$Cr_2O_7^{2-}(aq) + Cl_2(aq) \longrightarrow Cr^{3+}(aq) + Cl_2(g) \quad \text{(산성 용액)}$$

해답: 식을 2개의 반쪽반응으로 나눈다.

$$Cr_2O_7^{2-}(aq) \longrightarrow Cr^{3+}(aq)$$
$$Cl^-(aq) \longrightarrow Cl_2(g)$$

환원 반쪽반응의 반응물은 $Cr_2O_7^{2-}$이므로 생성물에 Cr^{3+}이 2개 필요하다. $Cr_2O_7^{2-}$ 중 7개 산소원자는 생성물에 $7H_2O$를 가하여 균형을 맞춘다. $7H_2O$ 중 14개 수소원자는 반응물에 $14H^+$를 가하여 균형을 맞춘다.

$$14H^+(aq) + Cr_2O_7^{2-}(aq) \longrightarrow 2Cr_3^{\ +}(aq) + 7H_2O(l)$$

식의 왼쪽에 전자를 가하여 전하균형을 맞추어 양쪽의 전체 전하를 같게 만든다.

$$6e^- + 14H^+(aq) + Cr_2O_7^{2-}(aq) \longrightarrow 2Cr^{3+}(aq) + 7H_2O(l)$$

산화 반쪽반응에서 Cl_2의 균형에 $2Cl^-$이 필요하다.

$$2Cl^-(aq) \longrightarrow Cl_2(g)$$

전하균형을 맞추기 위해 오른쪽에 2개의 전자를 가한다.

$$2Cl^-(aq) \longrightarrow Cl_2(g) + 2e^-$$

2개의 반쪽반응에서 이동한 전자수를 서로 같게 만든다. 그렇게 하려면 산화 반쪽반응에 3을 곱하고 두 반쪽 반응식을 더하면 균형 반응식이 얻어진다.

$$14H^+(aq) + Cr_2O_7^{2-}(aq) + 6Cl^-(aq) \longrightarrow 2Cr^{3+}(aq) + 7H_2O(l) + 3Cl_2(g)$$

마지막으로 반응식의 균형을 확인한다. 식의 양쪽에 각각의 원소들의 원자수는 14H, 2Cr, 7O, 6Cl 로 균형이 맞고 있다. 전하는 양쪽이 모두 +6이다.

보충예제

다음 산화-환원반응식을 반쪽반응법을 이용하여 완결하고 균형을 맞추라. 반응은 산성 용액에서 일어난다.

(a) $Cu(s) + NO_3^-(aq) \longrightarrow Cu^{2+}(aq) + NO_2(g)$
(b) $Mn^{2+}(aq) + NaBiO_3(s) \longrightarrow Bi^{3+}(aq) + MnO_4^-(aq)$

답: (a) $Cu(s) + 4H^+(aq) + 2NO_3^-(aq) \longrightarrow Cu^{2+}(aq) + 2NO_2(g) + 2H_2O(l)$
(b) $2Mn^{2+}(aq) + 5NaBiO_3(s) + 14H^+(aq) \longrightarrow 2MnO_4^2(aq) + 5Bi_3^+(aq) + 5Na^+(aq) + 7H_2O(l)$

염기성 용액에서 일어나는 반응의 균형

산화-환원반응이 염기성 용액에서 일어나면 H^+ 대신 OH^-를 사용하여 완결한다. 반쪽반응은 처음에 산성 용액에서 일어난 것처럼 균형을 맞출 수 있다. H^+ 이온은 식의 양쪽에 같은 수의 OH^- 이온을 가하여 중화한다. 자세한 방법을 예제 15.3에 나타내었다.

예제 15.3

염기성 용액에서 일어나는 다음 반응의 균형을 맞추고 완결하시오.

$$CN^-(aq) + MnO_4^-(aq) \longrightarrow CNO^-(aq) + MnO_2(s)$$

해답: 반쪽반응식을 쓰면

$$CN^-(aq) \longrightarrow CNO^-(aq)$$
$$MnO_4^-(aq) \longrightarrow MnO_2(s)$$

반쪽반응이 산성 용액에서 일어난 것처럼 균형을 맞춘다. 균형 반쪽반응은

$$CN^-(aq) + H_2O(l) \longrightarrow CNO_2(aq) + 2H^+(aq) + 2e^-$$
$$3e^- + 4H^+(aq) + MnO_4^-(aq) \longrightarrow MnO_2(s) + 2H_2O(l)$$

H^+는 염기성 용액에서 존재하지 않으므로 적당량의 OH^-를 가하여 H^+를 식에서 제거한다. CN^- 반쪽반응에서 $2H^+$를 중화하기 위해 식의 양쪽에 $2OH^-$를 가한다. $2OH^-$와 $2H^+$는 $2H_2O$를 생성한다.

$$2OH^-(aq) + CN^-(aq) + H_2O(l) \longrightarrow CNO^-(aq) + 2H_2O(l) + 2e^-$$

H_2O는 식의 양쪽에 존재하므로 반쪽반응식을 다음과 같이 간단하게 한다.

$$2OH^-(aq) + CN^-(aq) \longrightarrow CNO^-(aq) + H_2O(l) + 2e^-$$

MnO_4^- 반쪽반응식의 양쪽에 $4OH^-(aq)$를 가한다.

$$3e^- + 4H_2O(l) + MnO_4^-(s) \longrightarrow MnO_2(s) + 2H_2O(l) + 4OH^-(aq)$$

간단히 하면

$$3e^- + 2H_2O(l) + MnO_4^-(aq) \longrightarrow MnO_2(s) + 4OH^-(aq)$$

두 반쪽반응에서 각각 잃은 전자수와 얻은 전자수를 같게 하여 더하면

$$6OH^-(aq) + 3CN^-(aq) \longrightarrow 3CNO^-(aq) + 3H_2O(l) + 6e^-$$

$$6e^- + 4H_2O(l) + MnO_4^-(aq) \longrightarrow 2MnO_2(s) + 8OH^-(aq)$$

$$6OH^-(aq) + 3CN^-(aq) + 4H_2O(l) + 2MnO_4^-(aq) \longrightarrow 3CNO^-(aq) + 3H_2O(l) + 2MnO_2(s) + 8OH^-(aq)$$

H_2O와 OH^-는 반응식 양쪽에 모두 생기므로 다음처럼 간단히 할 수 있다.

$$3CN^-(aq) + H_2O(l) + 2MnO_4^-(aq) \longrightarrow 3CNO^-(aq) + 2MnO_2(s) + 2OH^-(aq)$$

원자수와 전하의 균형을 확인한다. 반응식의 양쪽에 3C, 3N, 2H, 9O, 2Mn 이 존재하고, 반응식의 양쪽 전하는 −5로 서로 같다.

보충예제

염기성 용액에서 일어나는 다음의 산화-환원반응식의 균형을 맞추어라.

(a) $NO_2^-(aq) + Al(s) \longrightarrow NH_3(aq) + Al(OH)_4^-(aq)$

(b) $Cr(OH)_3(s) + ClO^-(aq) \longrightarrow CrO_4^{2-}(aq) + Cl_2(g)$

답: (a) $NO_2^-(aq) + 2Al(s) + 5H_2O(l) + OH^-(aq) \longrightarrow NH_3(aq) + 2Al(OH)_4^-(aq)$

(b) $2Cr(OH)_3(s) + 6ClO^-(aq) \longrightarrow 2CrO_4^{2-}(aq) + 3Cl_2(g) + 2OH^-(aq) + 2H_2O(l)$

15.3 볼타전지

자발적인 산화−환원반응에서 방출되는 에너지는 전기적 일을 하는데 사용할 수 있다. 이것은 볼타전지(voltaic cell 혹은 galvanic cell)를 통하여 수행할 수 있는데 볼타전지는 반응물 사이에 직접 전기를 통하지 않고 외부 회로를 통하여 전자가 이동하는 장치이다.

구리이온(Cu^{2+})이 들어 있는 용액에 아연조각을 넣으면 청색의 $Cu^{2+}(aq)$ 이온이 없어지면서 구리금속이 석출된다. 동시에 아연은 녹기 시작한다. 이러한 과정을 그림 15.3에 나타내었다.

$$Zn(s) + Cu^{2+}(aq) \longrightarrow Zn^{2+}(aq) + Cu(s) \qquad [15.5]$$

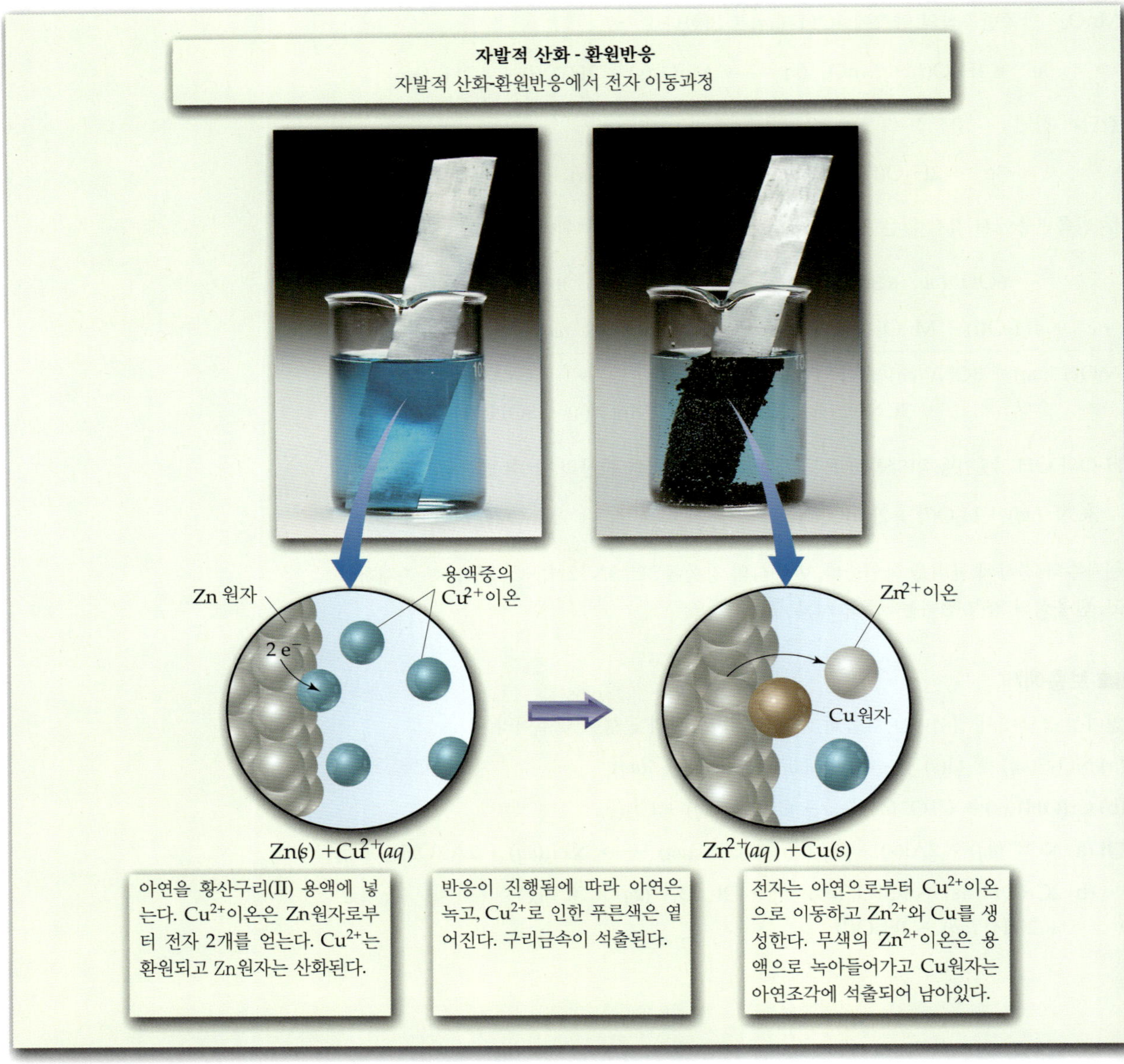

▲ **그림 15.3 자발적 산화–환원반응**

그림 15.4는 Zn과 Cu^{2+} 사이의 산화–환원반응을 이용하는 볼타전지를 보여준다. 그림에서 Zn 금속과 Cu^{2+}(*aq*)은 직접 접촉하지 않는다. 따라서 외부 회로를 통하여 전자가 흐를 때만, 즉 Zn과 Cu 조각을 연결하는 도선에 전자가 흐를 때만 Cu^{2+}는 환원된다.

외부 회로를 연결하는 두 고체금속을 전극(electrode)이라고 한다. 정의에 따라 산화반응이 일어나는 전극을 양극(anode) 또는 산화전극이라 하고 환원반응이 일어나는 전극을 음극(cathode) 또는 환원전극이라고 한다(이해를 돕기 위하여 산화양극, 환원음극이라는 용어를 사용하겠다).[1] 볼타전지는 산화 반쪽반응에 상당하는 것과 환원 반쪽반응에 상당하는 2개의 반쪽전지라고 생각할 수 있다. 이 예에서 Zn은 산화되고 Cu^{2+}는 환원된다.

$$\text{산화양극(산화 반쪽반응):} \quad Zn(s) \longrightarrow Zn^{2+}(aq) + 2e^-$$
$$\text{환원음극(환원 반쪽반응):} \quad Cu^{2+}(aq) + 2e^- \longrightarrow Cu(s)$$

아연금속이 산화양극에서 산화할 때 전자가 생성된다. 전자는 외부 회로를 통하여 환원음극으로 흐르고 $Cu^{2+}(aq)$이 환원될 때 전자가 필요하다. 전지가 작동할 때 Zn(s)는 산화하므로 아연전극의 질량은 줄고 Zn^{2+}의 농도는 증가한다. 이와 비슷하게 Cu 전극의 질량은 증가하고 Cu^{2+}의 농도는 Cu^{2+}가 Cu(s)로 환원되어 감소한다.

볼타전지에 연결한 전극의 부호에 유의하여야 한다. 아연이 산화할 때 전자는 산화양극에서 방출되어 그림 15.5처럼 외부 회로를 따라 환원음극으로 이동한다. 전자는 음전하를 띠므로 산화양극에 음(−)의 부호를 붙인다. 전자는 환원음극에서 구리의 환원에 사용된다. 그러므로 환원음극에 양(+)의 부호를 붙인다.

볼타전지를 작동할 때 Zn이 산화되면서 용기에 Zn^{2+}가 쌓인다. 이 양전하를 중화하지 않으면 더 이상의 산화는 일어날 수 없다. 마찬가지로 환원음극에서 Cu^{2+}가 환원되면서 용기의 용액에 과량의 음전하를 남긴다. 그림 15.4처럼 두 용기를 분리하는 다공성 유리관이나 그림 15.5처럼 염다리(salt bridge)를 통한 이온 이동으로 전기적 중성을 유지한다. 염다리는 전지 중 다른 이온이나 물질과 반응하지 않는 $NaNO_3(aq)$

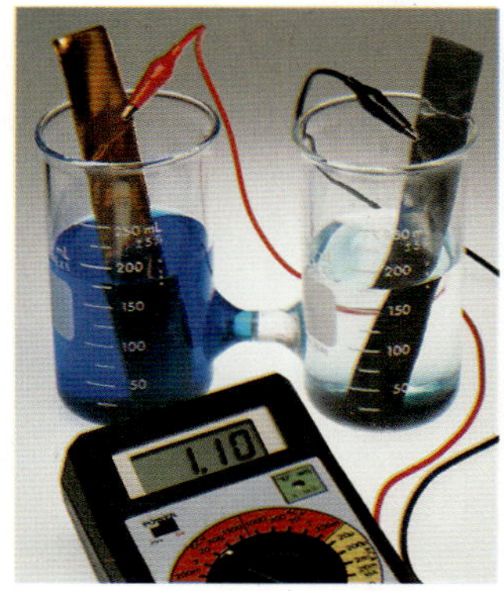

▲ **그림 15.4 볼타전지의 예.** 왼쪽 비커에 1 *M* $CuSO_4$와 구리전극이 오른쪽 비커에 1 *M* $ZnSO_4$와 아연전극이 들어 있다. 용액은 다공성 유리막대로 연결되고 두 용액이 접촉하는 것을 가능하게 해준다. 금속 전극을 전압계에 연결하면 전압계는 1.10 V 전지전위를 나타낸다.

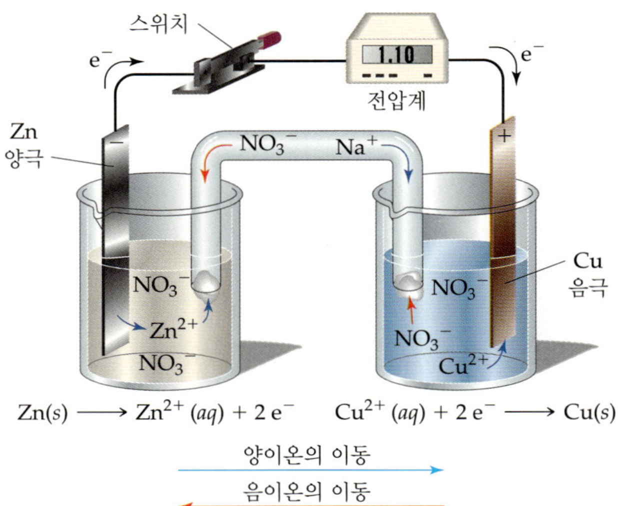

◀ **그림 15.5 염다리를 사용하여 전기회로를 완성한 볼타전지의 구성도.**

1) 이 정의를 기억하는 한 가지 방법은 anode와 oxidation은 모두 모음으로 시작하고 cathode와 reduction은 모두 자음으로 시작하는 것에 주목하라.

와 같은 전해질 용액을 포함하는 U자관으로 만들어 사용한다. 전해질은 젤(gel) 상태로 U자관을 거꾸로 세워도 흘러나오지 않는다. 전극에서 산화와 환원반응이 진행될 때 염다리에서 나온 이온은 용액의 전하를 중화하려고 이동한다. 실제로 이온이 용액을 통하여 한 전극 용기에서 다른 전극 용기로 이동하여 회로를 형성하지 못하면 외부 회로를 통한 전자흐름은 측정할 수 없다. 그림 15.6에 볼타전지의 산화양극, 환원음극, 전극의 부호, 용액 내 이온의 이동방향, 외부 회로의 전자 이동 등을 요약하였다.

예제 15.4

다음 산화-환원반응은 자발적이다.

$$Cr_2O_7^{2-}(aq) + 14H^+(aq) + 6I^-(aq) \longrightarrow 2Cr^{3+}(aq) + 3I_2(s) + 7H_2O(l)$$

$K_2Cr_2O_7$과 H_2SO_4 용액을 한 비커에 붓고 KI 용액은 다른 비커에 붓는다. 염다리를 사용하여 두 비커를 연결한다. 용액과 반응하지 않는 금속 전도체(백금 포일 같은)를 두 용액에 걸어 놓고 도선으로 연결하면 볼타전지가 구성되고 전류를 발생한다. 산화양극에서 일어나는 반응, 환원음극에서 일어나는 반응, 전자와 이온이동의 방향, 전극의 부호를 나타내시오.

해답: 반응식을 반쪽으로 나누어 산화와 환원과정을 확인한다.

$$Cr_2O_7^{2-}(aq) + 14H^+(aq) + 6e^- \longrightarrow 2Cr^{3+}(aq) + 7H_2O(l)$$
$$6I^-(aq) \longrightarrow 3I_2(s) + 6e^-$$

첫 번째 반쪽반응은 환원과정이고, 환원음극에서 일어난다. 두 번째 반쪽반응은 산화반응이고 산화양극에서 일어난다. I^- 이온은 전자의 발생원이고 $Cr_2O_7^{2-}$ 이온은 전자를 받는다. 그러므로 KI 용액에 담근 전극(산화양극)으로부터 외부 회로를 통하여 $K_2Cr_2O_7-H_2SO_4$ 용액에 담근 전극(환원음극)으로 전자는 흐른다. 전극 자체는 반응하지 않고 다만 용액으로부터 혹은 용액에 전자를 이동하는 수단을 제공할 뿐이다. 양이온은 용액을 통하여 환원음극으로 음이온은 산화양극으로 이동한다. 산화양극(전자를 준다)은 (−) 전극이고 환원음극(전자를 받는다)은 (+) 전극이다.

보충예제

볼타전지의 두 반쪽반응은

$$Zn(s) \longrightarrow Zn^{2+}(aq) + 2\,e^-$$

$$C1O^{3-}(aq) + 6H^+(aq) + 6e^- \longrightarrow Cl^-(aq) + 3\,H_2O(l)$$

(a) 산화양극에서 일어나는 반응과 환원음극에서 일어나는 반응을 나타내라. (b) 전지반응에서 어느 전극을 소비하는가? (c) 어느 전극이 (+) 전극인가?

답: (a) 첫째 반응은 산화양극에서 일어나고, 둘째 반응은 환원음극에서 일어난다. (b) 산화양극(Zn)을 소비한다. (c) 환원음극은 양(+)의 부호이다.

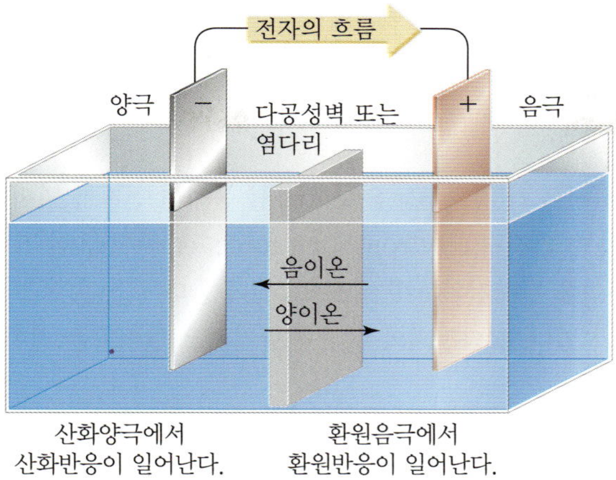

▶ **그림 15.6 볼타전지에 사용하는 용어.** 산화는 산화양극에서 일어나고 환원은 환원음극에서 일어난다. 전자는 자발적으로 산화양극(−)에서 환원음극(+)으로 흐른다. 용액 내 이온의 이동으로 전기회로가 완성된다. 음이온은 산화양극쪽으로 이동하고 양이온은 환원음극쪽으로 이동한다. 두 용액은 다공성 유리관이나 염다리로 연결되어 있다.

15.4 전지 기전력

볼타전지에서 전자는 회로를 따라 왜 자발적으로 흐르는가? 그림 15.5에서처럼 전자들이 산화양극(Zn)으로부터 외부 회로를 통하여 환원음극(Cu)으로 들어가면 어떤 일이 일어나는가? 외부 회로를 통하여 전자를 밀어내는 볼타전지의 추진력을 살펴보고자 한다.

볼타전지에서 생긴 전자흐름을 폭포수의 흐름과 비교할 수 있다(그림 15.7). 폭포의 위와 아래의 위치에너지 차이 때문에 물은 자발적으로 흘러내린다. 이와 비슷한 방식으로 위치에너지 차이 때문에 전자는 산화양극으로부터 환원음극으로 흐른다. 전자의 위치에너지는 산화양극이 환원음극보다 더 높고 전자는 외부 회로를 통하여 산화양극에서 환원음극으로 자발적으로 흐른다.

◀ **그림 15.7 물의 흐름과 유사한 전자의 흐름.** 볼타전지의 산화양극으로부터 환원음극으로 전자흐름은 폭포수의 흐름과 비슷하다. 물의 위치에너지는 폭포 위에서 더 크므로 물은 아래로 떨어진다. 이와 마찬가지로 볼타전지의 환원음극과 산화양극 사이를 연결하면 전자는 위치에너지를 낮추려고 산화양극으로부터 환원음극으로 흐른다.

두 전극 간의 전기 전하 당 퍼텐셜에너지 차이(전위차)는 볼트(V)단위로 측정한다. 1 V는 다음과 같은 전위차이다.

$$1\ \text{V} = 1\frac{\text{J}}{\text{C}}$$

볼타전지의 두 전극 간 전위차는 외부 회로를 통하여 전자를 밀어내는 추진력을 제공한다. 이 전위차를 기전력(electromotive force, emf)이라 한다. E_{cell}이라고 표시하는 전지의 기전력을 전지전위(cell potential)라 한다. E_{cell}은 볼트 단위로 측정하고 전지전압과 관계가 있다. 볼타전지와 같이 자발적으로 일어나는 전지반응의 전지전위는 양의 값이다.

볼타전지의 기전력은 환원음극과 산화양극에서 일어나는 특정 반응의 반응물과 생성물의 농도, 온도에 의존한다. 그리고 기전력은 특별한 언급이 없으면 25°C에서의 값이다. 표준조건은 용액 중 반응물과 생성물의 농도가 1 M이고 기체는 1기압일 때라는 것을 기억하라. 표준조건의 기전력을 표준기전력(standard emf) 혹은 표준전지전위(standard cell potential)라 하며 E°_{cell}로 표시한다. 그림 15.5의 Zn/Cu 볼타전지는 25°C에서 표준전지전위가 1.10 V이다.

$$\text{Zn}(s) + \text{Cu}^{2+}(aq,\ 1\ M) \longrightarrow \text{Zn}^{2+}(aq,\ 1\ M) + \text{Cu}(s) \qquad E^{\circ}_{red} = +1.10\ \text{V}$$

표준환원전위

볼타전지의 전위는 특정한 환원음극과 산화양극의 반쪽전지에 의존한다. 가능한 모든 환원음극/산화양극 조합의 표준전지전위를 만들 수도 있지만 각 반쪽전지의 표준전위만 알면 E°_{cell}을 결정할 수 있다.

전지전위는 환원음극과 산화양극의 전위차이다. 편의상 전극전위는 환원전위를 사용하며 표준환원전위(standard reduction potential)라 하고 E°_{red}로 표시한다. 전지전위, E°_{cell}은 환원음극반응의 표준환원전위와 산화양극반응의 표준환원전위의 차이다. 즉

$$E^{\circ}_{cell} = E^{\circ}_{red}(\text{환원음극}) - E^{\circ}_{red}(\text{산화양극}) \qquad [15.6]$$

볼타전지는 두 반쪽반응이 결합되어야하며 각각의 반쪽반응 자체의 표준환원전위는 직접 측정할 수 없다. 그러나 어떤 기준 반쪽반응과 조합하여 그 기준전극에 대한 상대적 표준환원전위는 바로 결정할 수 있다. 표준조건에서 다음과 같이 $H^+(aq)$이 $H_2(g)$가 되는 환원반응을 기준 반쪽반응으로 정하고 이 반응의 표준환원전위를 0 V로 정의한다.

$$2\text{H}^+(aq,\ 1\ M) + 2\text{e}^- \longrightarrow \text{H}_2(g,\ 1\ \text{atm}) \qquad E^{\circ}_{red} = 0\ \text{V}$$

이 반쪽반응 전극을 표준수소전극(standard hydrogen electrode, SHE)이라고 한다. 그림 15.8에 SHE와 표준 Zn^{2+}/Zn 전극을 사용하는 볼타전지를 나타내었다. 자발적 반응은 그림 15.1에 나타낸 것처럼 Zn의 산화와 H^+의 환원이다.

$$\text{Zn}(s) + 2\text{H}^+(aq) \longrightarrow \text{Zn}^{2+}(aq) + \text{H}_2(g)$$

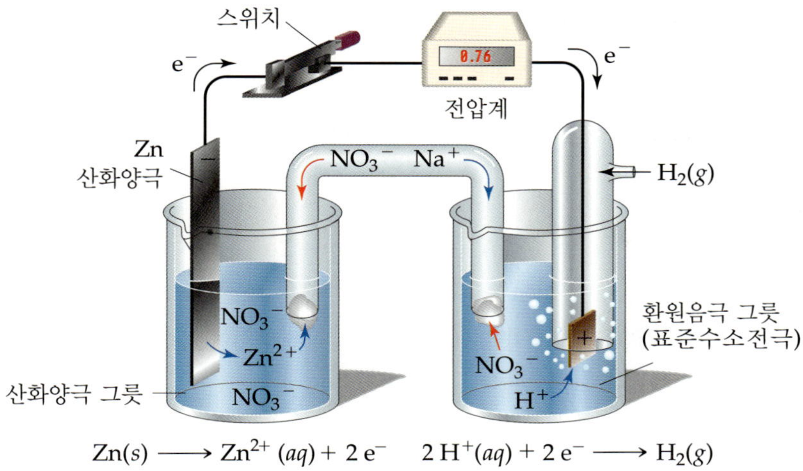

◀ **그림 15.8 표준수소전극을 사용하는 볼타전지**

이 전지에서 Zn^{2+}/Zn 전극은 산화양극이고 SHE는 환원음극이며 전지전압은 0.76 V이다. H^+의 표준환원전위($E^o_{red} = 0$)로부터 Zn^{2+}/Zn 반쪽반응의 표준환원전위를 구하면

$$E^o_{cell} = E^o_{red}(\text{환원음극}) - E^o_{red}(\text{산화양극})$$
$$0.76\ V = 0\ V - E^o_{red}(\text{산화양극})$$
$$E^o_{red}(\text{산화양극}) = -0.76\ V$$

$Zn^{2+} \longrightarrow Zn$ 환원반응의 표준환원전위는 −0.76 V이다

$$Zn^{2+}(aq,\ 1\ M) + 2\ e^- \longrightarrow Zn(s) \qquad E^o_{red} = -0.76\ V$$

이것은 그림 15.8의 전지의 산화반응을 거꾸로 환원반응으로 나타낸 것이다. 반쪽반응전위를 나타낼 때는 환원반응으로 표시한다.

여러 가지 반쪽반응의 표준환원전위를 Zn^{2+}/Zn 반쪽반응에서와 같은 방법으로 구할 수 있다. 표 15.1에 몇 가지 환원전위를 수록하였다. 이 표준환원전위를 반쪽전지전위라고도 하며 여러 가지 볼타전지의 기전력 계산에 사용할 수 있다. 전지전위는 전기 전하 당 전위에너지를 측정하므로 표준환원전위는 세기성질로서 반쪽반응의 화학량론적 계수의 변화는 표준환원전위에 영향을 주지 않는다. 즉 2몰의 Zn^{2+} 환원반응에 대한 E^o_{red}은 1몰의 Zn^{2+} 환원반응에서와 같은 값이다.

예제 15.5

그림 15.5의 Zn/Cu^{2+} 볼타전지에서 E^o_{cell} = 1.10 V이고 Zn 전극은 산화양극이다. Zn^{2+}의 표준환원전위는 −0.76 V이다. 다음 반응의 E^o_{red}를 구하라.

$$Cu^{2+}(aq,\ 1\ M) + 2e^- \longrightarrow Cu(s)$$

해답:

$$E^o_{cell} = E^o_{red}(\text{환원음극}) - E^o_{red}(\text{산화양극})$$

$$1.10\ V = E^{o}_{red}(\text{환원음극}) - (-0.76\ V)$$
$$E^{o}_{red}(\text{환원음극}) = 1.10\ V - 0.76\ V = 0.34\ V$$

보충예제

다음 반쪽반응에 기초한 볼타전지에 대하여

$$In^{+}(aq) \longrightarrow In^{3+}(aq) + 2e^{-}$$
$$Br_2(l) + 2e^{-} \longrightarrow 2Br^{-}(aq)$$

이 전지의 표준기전력은 1.46 V이다. 표 15.1의 자료를 이용하여 $In^{3+} \longrightarrow In^{+}$ 의 E^{o}_{red}을 계산하라

답: +0.40 V

표 15.1 물에서 표준환원전위(25°C)

표준전위 (V)	환원 반쪽반응
+2.87	$F_2(g) + 2e^- \longrightarrow 2F^-(aq)$
+1.51	$MnO_4^-(aq) + 8H^+(aq) + 5e^- \longrightarrow Mn^{2+}(aq) + 4H_2O(l)$
+1.36	$Cl_2(g) + 2e^- \longrightarrow 2Cl^-(aq)$
+1.33	$Cr_2O_7^{2-}(aq) + 14H^+(aq) + 6e^- \longrightarrow 2Cr^{3+}(aq) + 7H_2O(l)$
+1.23	$O_2(g) + 4H^+(aq) + 4e^- \longrightarrow 2H_2O(l)$
+1.06	$Br_2(l) + 2e^- \longrightarrow 2Br^-(aq)$
+0.96	$NO_3^-(aq) + 4H^+(aq) + 3e^- \longrightarrow NO(g) + 2H_2O(l)$
+0.80	$Ag^+(aq) + e^- \longrightarrow Ag(s)$
+0.77	$Fe^{3+}(aq) + e^- \longrightarrow Fe^{2+}(aq)$
+0.68	$O_2(g) + 2H^+(aq) + 2e^- \longrightarrow H_2O_2(aq)$
+0.59	$MnO_4^-(aq) + 2H_2O(l) + 3e^- \longrightarrow MnO_2(s) + 4OH^-(aq)$
+0.54	$I_2(s) + 2e^- \longrightarrow 2I^-(aq)$
+0.40	$O_2(g) + 2H_2O(l) + 4e^- \longrightarrow 4OH^-(aq)$
+0.34	$Cu^{2+}(aq) + 2e^- \longrightarrow Cu(s)$
0.00(기준)	$2H^+(aq) + 2e^- \longrightarrow H_2(g)$
−0.28	$Ni^{2+}(aq) + 2e^- \longrightarrow Ni(s)$
−0.44	$Fe^{2+}(aq) + 2e^- \longrightarrow Fe(s)$
−0.76	$Zn^{2+}(aq) + 2e^- \longrightarrow Zn(s)$
−0.83	$2H_2O(l) + 2e^- \longrightarrow H_2(g) + 2OH^-(aq)$
−1.66	$Al^{3+}(aq) + 3e^- \longrightarrow Al(s)$
−2.71	$Na^+(aq) + e^- \longrightarrow Na(s)$
−3.05	$Li^+(aq) + e^- \longrightarrow Li(s)$

예제 15.6

표 15.1의 표준환원전위를 사용하여 다음 전지반응의 표준기전력을 계산하라.

$$Cr_2O_7^{2-}(aq) + 14H^+(aq) + 6I^-(aq) \longrightarrow 2Cr^{3+}(aq) + 3I_2(s) + 7H_2O(l)$$

해답: 환원음극과 산화양극에서 일어나는 반쪽반응을 쓰면

환원음극: $Cr_2O_7^{2-}(aq) + 14H^+(aq) + 6e^-(aq) \longrightarrow 2Cr^{3+}(aq) + 7H_2O(l)$

산화양극: $6I^-(aq) \longrightarrow 3I_2(s) + 6e^-$

표에서 $Cr_2O_7^{2-} \longrightarrow Cr^{3+}$ 환원의 표준환원전위는 +1.33 V이고 $I_2 \longrightarrow I^-$ 환원의 표준환원전위는 +0.54 V이다.

$$E^o_{cell} = E^o_{red}(\text{cathode}) - E^o_{red}(\text{anode})$$
$$= 1.33\text{ V} - 0.54\text{ V} = 0.79\text{ V}$$

산화양극의 반쪽반응은 I_2 반쪽반응에 3을 곱하여야 하지만 E^o_{red} 값은 3을 곱하지 않는다. 왜냐하면 표준환원전위는 세기성질이며 그것은 화학량론 계수에 무관하다. 전지전위 0.79 V는 (+)값이다. 이미 지적한 것처럼 볼타전지를 조작하려면 (+)의 기전력을 가져야 한다.

보충예제

표를 이용하여 다음과 같은 반응을 이용하는 전지의 표준기전력을 계산하라.

$$2Al(s) + 3I_2(s) \longrightarrow 2Al^{3+}(aq) + 6I^-(aq)$$

답: 2.20 V

$$2Zn^{2+}(aq,\ 1\ M) + 4\ e^- \longrightarrow 2Zn(s) \qquad E^o_{red} = -0.76\text{ V}$$

표준환원전위는 환원반응이 일어날 추진력의 척도이다. E^o_{red}가 더 큰 양(+)의 값일수록 환원 추진력은 더 크다. 전지를 자발적으로 작동하려면 환원음극반응이 산화양극반응보다 더 큰 양(+)의 E^o_{red}값을 가져야 한다. 환원음극반응의 추진력은 산화양극반응이 거꾸로 일어나게 하는 힘으로 사용될 수 있다. 두 반응의 표준환원전위간 차이는 외부 회로를 통하여 전자를 밀어내는 추진력이다. 그러므로 전지전위(E^o_{cell})는 환원음극반응[E^o_{red} (cathode)]과 산화양극반응[E^o_{red} (anode)]의 표준환원전위간 차이다. 이 관계를 그림 15.9에 나타내었고, 표준환원전위의 양(+)의 값이 클수록 높은 곳에 위치한다(표 15.1처럼). 볼타전지에서 환원음극반응의 전위는 산화양극반응의 전위보다 높고 그 차이가 전지전위이다.

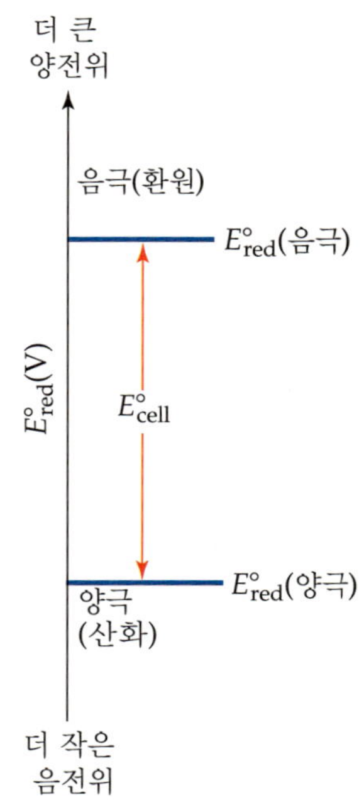

▲ **그림 15.9 볼타전지의 표준전지전위.** 볼타전지의 표준전지전위는 환원음극의 표준환원전위와 산화양극의 표준환원전위차이다. $E^o_{cell} = E^o_{red}$ (cathode) $- E^o_{red}$ (anode). 볼타전지의 환원음극은 항상 양(+)의 값이 크거나 음(−)의 값이 상대적으로 작은 E^o_{red}를 갖는다.

예제 15.7

볼타전지는 다음 두 가지 표준반쪽반응에 기초한다.

$$Cd^{2+}(aq) + 2e^- \longrightarrow Cd(s)$$
$$Sn^{2+}(aq) + 2e^- \longrightarrow Sn(s)$$

부록의 자료를 사용하여 (a) 환원음극과 산화양극에서 일어나는 반쪽반응을 결정하고, (b) 표준전지전위를 계산하라.

해답: (a) $E^{\circ}_{red}(Cd^{2+}/Cd) = -0.403\ V$, $E^{\circ}_{red}(Sn^{2+}/Sn) = -0.136\ V$이다. 그림 15.9에서와 같이 Sn^{2+}/Sn 환원반응의 전위는 Cd^{2+}/Cd보다 더 위에 있고 따라서 환원음극에서 일어난다.

$$\text{환원음극: } Sn^{2+}(aq) + 2e^- \longrightarrow Sn(s)$$
$$\text{산화양극: } Cd(s) \longrightarrow Cd^{2+}(aq) + 2e^-$$

(b) 전지전위는

$$\begin{aligned} E^{\circ}_{cell} &= E^{\circ}_{red}(\text{환원음극}) - E^{\circ}_{red}(\text{산화양극}) \\ &= (-0.136\ V) - (-0.403\ V) = 0.267\ V \end{aligned}$$

반쪽반응의 E°_{red} 값이 모두 음(−)인 것은 중요하지 않다. 음(−)의 값은 단지 기준이 되는 $H^+(aq)$의 환원반응에 대한 상대적인 값을 나타낸다. 전지전위는 여전히 양(+)의 값이다.

보충예제

Co^{2+}/Co 반쪽전지와 $AgCl/Ag$ 반쪽전지에 기초한 볼타전지에 대하여 **(a)** 산화양극에서 어떤 반응이 일어나는가? **(b)** 표준전지전위는 얼마인가?

답: (a) $Co \longrightarrow Co^{2+} + 2e^-$, **(b)** 1.13 V

산화제와 환원제

볼타전지를 구성하기 위하여 표준환원전위 표를 사용할 수 있다. $Zn(s)$와 $Cu^{2+}(aq)$ 사이의 반응은 그림 15.5의 Zn/Cu 볼타전지와 같다.

$$Zn(s) + Cu^{2+}(aq) \longrightarrow Zn^{2+}(aq) + Cu(s)$$

이 반응에서 아연금속은 산화되고 $Cu^{2+}(aq)$은 환원된다. 그러나 이들 물질은 직접 접촉하기 때문에 전기적 일은 생성하지 않고 전지의 단락(short circuit)을 초래한다. 그럼에도 불구하고 그림 15.3 반응의 추진력은 그림 15.4와 똑같다. $Cu^{2+}(aq)$의 표준환원전위(0.34 V)는 Zn^{2+}의 표준환원전위(−0.76 V)보다 더 큰 양(+)의 값을 가지므로 $Zn(s)$에 의한 $Cu^{2+}(aq)$의 환원은 자발적 과정이다($Cu^{2+}(aq)$에 의한 $Zn(s)$의 산화도 같은 이유로 자발적 과정이다).

E°_{red} 값과 자발적 산화-환원반응간의 관계를 다음과 같이 일반화할 수 있다. 반쪽반응의 E°_{red} 값이 더 큰 양(+)의 값일수록 환원되려는 경향은 더 크고 따라서 다른 화학종을 산화시키려는 경향이 커진다. 표 15.1에서 F_2가 가장 쉽게 환원되는 화학종이고 따라서 가장 센 산화제이다.

$$F_2(g) + 2e^- \longrightarrow 2F^-(aq) \qquad E^{\circ}_{red} = 2.87\ V$$

널리 사용되는 산화제로는 할로젠, O_2, 중심원자가 큰 양(+)의 산화상태를 갖는 MnO_4^-, $Cr_2O_7^{2-}$. NO_3^- 등이 있다. 이러한 화학종들은 표 15.1에서 보는 것과 같이

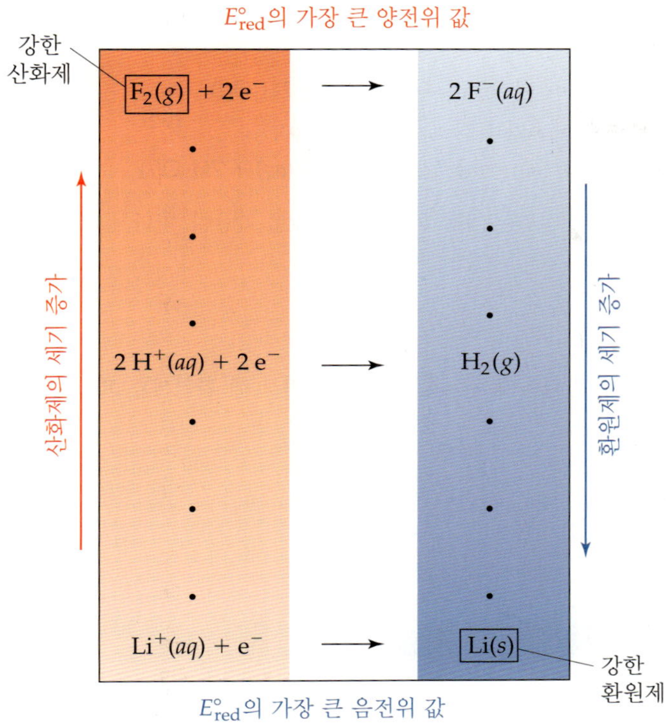

◀ **그림 15.10 산화제의 상대적 세기.** 표 15.1에 나열한 표준환원전위(E°_{red})는 산화제 혹은 환원제로 작용하는 물질의 경향과 관련이 있다. 반쪽반응의 왼쪽 화학종은 산화제로 작용하고 오른쪽 화학종은 환원제로 작용한다. E°_{red}가 양(+)의 큰 값일수록 그 화학종의 산화력은 크다. 반면 E°_{red}의 음(−)의 값이 클수록 오른쪽 화학종의 환원력은 증가한다.

큰 양(+)의 E°_{red} 값을 갖는다.

$$Li^+(aq) + e^- \longrightarrow Li(s) \qquad E^\circ_{red} = -3.05\ V$$

Li^+을 환원하기 어렵다는 사실은 Li(*s*)이 $Li^+(aq)$으로 산화하는 반대반응이 매우 유리하다는 것을 의미한다. 리튬은 표 15.1에 나열한 물질 중 가장 센 환원제이다. 보편적으로 많이 사용되는 환원제는 H_2, 알칼리금속 및 알칼리토금속과 같은 활성금속을 포함한다. 예를 들어 Zn와 Fe 이온과 비슷한 크기의 표준환원전위를 갖는 다른 금속들도 가끔 환원제로 사용된다. 환원제 용액은 산화제로 작용하는 O_2의 존재 때문에 오랫동안 저장하기 어렵다. 예를 들어 사진감광에 사용하는 용액은 약한 환원제이고 이 용액은 공기 중의 O_2에 의해 쉽게 산화하므로 오래 저장할 수 없다.

E°_{red} 값의 표는 물질의 산화력 혹은 환원력의 상대적 세기를 알려준다. 이 관계를 그림 15.10에 요약하였다. 센 산화제 물질은 약한 환원제 물질을 환원한다. 그리고 그 역도 성립한다. 산화제와 환원제 세기 간의 관계를 기억하기 위하여 나트륨금속과 염소기체의 반응을 살펴보면 $Cl_2(g)$는 환원되고(센 산화제로 작용한다) Na(*s*)는 산화된다(센 환원제로 작용한다). 이 반응의 Na^+와 Cl^- 생성물은 각각 매우 약한 산화제와 환원제이다.

예제 15.8

표 15.1로부터 다음 화학종 중 가장 센 산화제는? $NO_3^-(aq)$, $Ag^+(aq)$, $Cr_2O_7^{2-}(aq)$

해답: 가장 센 산화제는 가장 큰 환원 경향성을 갖는 물질이다. 그것은 표 15.1의 E°_{red} 값

을 비교하여 알 수 있다.

$NO_3^-(aq) + 4H^+(aq) + 3\,e^- \longrightarrow NO(g) + 2H_2O(l)$ $\qquad E^o_{red} = 0.96\ V$
$Ag^+(aq) + e^- \longrightarrow Ag(s)$ $\qquad E^o_{red} = 0.80\ V$
$Cr_2O_7^{2-}(aq) + 14H^+(aq) + 6\,e^- \longrightarrow 2\,Cr^{3+}(aq) + 7H_2O(l)$ $\qquad E^o_{red} = 1.33\ V$

$Cr_2O_7^{2-}$의 표준환원전위는 가장 큰 양(+)의 값을 갖는다. 따라서 $Cr_2O_7^{2-}$는 가장 센 산화제이다.

보충예제

표 15.1을 참고하여 다음에 주어진 화학종 중 가장 센 환원제를 고르면? $I^-(aq)$, $Fe(s)$, $Mn^{2+}(aq)$

답: $Fe(s)$

15.5 산화-환원반응의 자발성

볼타전지는 자발적으로 진행하는 산화–환원반응을 이용한다. 반쪽전지전위를 사용하여 산화–환원반응의 자발성 여부를 결정할 수 있다. 다음의 관계식은 볼타전지뿐만 아니라 일반적인 산화–환원반응에 관한 것이다.

$$E^o = E^o_{red}(\text{환원과정}) - E^o_{red}(\text{산화과정}) \qquad [15.7]$$

기전력 값을 볼타전지 외에도 적용할 수 있음을 나타내기 위하여 E^o_{cell}을 E^o로 표기하였다. 또한 식의 오른쪽 표준환원전위는 환원음극과 산화양극대신 환원 및 산화과정을 고려하여 일반화하였다. 반응의 자발성과 관련이 있는 기전력을 다음과 같이 일반화 할 수 있다. 양(+)의 E값은 자발적 반응과정을 나타내고 음(−)의 E 값은 비자발적 과정을 나타낸다. E는 표준조건이 아닐 때의 기전력을 나타내고 E^o는 표준조건에서의 기전력을 나타낸다.

예제 15.9

표 15.1의 표준환원전위를 이용하여 표준상태에서 다음 반응들의 자발성 여부를 결정하라.

(a) $Cu(s) + 2H^+(aq) \longrightarrow Cu^{2+}(aq) + H_2(g)$
(b) $Cl_2(g) + 2I^-(aq) \longrightarrow 2Cl^-(aq) + I_2(s)$

해답: 우선 환원반응과 산화반응을 분리하여 나타낸 후 반응의 기전력(E^o)을 계산한다. 반응의 자발성 여부를 결정하기 위하여 E^o 의 부호를 확인한다.

(a) Cu는 Cu^{2+}로 산화되고 H^+는 H_2로 환원된다. 각 반쪽반응의 표준환원전위는

환원: $2H^+(aq) + 2\,e^- \longrightarrow H_2(g)$ $\qquad E^o_{red} = 0\ V$

산화: $Cu(s) \longrightarrow Cu^{2+}(aq) + 2\,e^-$ $\qquad E^o_{red} = +0.34\ V$

산화반응은 표 15.1에서 $Cu^{2+} \longrightarrow Cu$의 표준환원반응을 사용하는 것에 유의하라. E^o을 계산하면

$$E^o = E^o_{red}(\text{환원과정}) - E^o_{red}(\text{산화과정})$$
$$= (0\ V) - (0.34\ V) = -0.34\ V$$

E^o 값이 음(−)이므로 자발적인 반응이 아니다. 구리금속은 이러한 방식으로 산과 반응하지 않는다. 그러나 역반응은 자발적이다. 즉 Cu^{2+}는 H_2에 의해 환원될 수 있다.

(b) 같은 방법으로

환원: $Cl_2(g) + 2e^- \longrightarrow 2Cl^-(aq)$ $\qquad E^o_{red} = +1.36\ V$

산화: $2I^-(aq) \longrightarrow I_2(s) + 2e^-$ $\qquad E^o_{red} = +0.54\ V$

이 경우에 $E^o = (1.36\ V) - (0.54\ V) = 0.82\ V$이다. E^o 값은 양수이므로 이 반응은 자발적이고 볼타전지의 구성에 사용할 수 있다.

보충예제

부록에 수록된 표준환원전위를 사용하여 표준조건에서 다음 반응의 자발성을 확인하시오.

(a) $I_2(s) + 5Cu^{2+}(aq) + 6H_2O(l) \longrightarrow 2IO_3^-(aq) + 5Cu(s) + 12H^+(aq)$

(b) $Hg^{2+}(aq) + 2\,I^-(aq) \longrightarrow Hg(l) + I_2(s)$

(c) $H_2SO_3(aq) + 2Mn(s) + 4H^+(aq) \longrightarrow S(s) + 2Mn^{2+}(aq) + 3H_2O(l)$

답: (a)비자발적 **(b)**자발적 **(c)**자발적

금속의 활성을 이해하는 데 표준환원전위를 적용할 수 있다. 활성 순위에 관한 다음의 규칙을 상기하자. 활성 순위를 나타내는 표에서 어떤 금속은 자기보다 아래에 위치한 원소들을 그들의 화합물로부터 치환할 수 있다. 표준환원전위에 기초하여 이 규칙을 이해할 수 있다. 활성순위 맨 위의 가장 센 환원제로부터 바닥의 가장 약한 환원제까지 금속의 산화반응 세기 순으로 나열되어 있다(그리하여 그 순서는 표 15.1과 반대이다). 예를 들어 니켈은 활성 순위에서 은보다 위에 있다. 그러므로 다음의 알짜반응에 따라 니켈은 은을 치환할 것으로 예상된다.

$$Ni(s) + 2Ag^+(aq) \longrightarrow Ni^{2+}(aq) + 2Ag(s)$$

이 반응에서 Ni은 산화하고 Ag^+는 환원한다. 표 15.1의 자료를 사용하면 이 반응의 표준기전력 E^o는

$$E^o = E^o_{red}(Ag^+/Ag) - E^o_{red}(Ni^{2+}/Ni)$$
$$= (+0.80\ V) - (-0.28\ V) = +1.08\ V$$

E^o의 값이 양(+)인 것은 니켈에 의한 은의 치환이 자발적 과정이라는 것을 의미한다.

기전력과 자유에너지 변화

자유에너지 변화(ΔG)는 일정한 온도와 일정한 압력에서 일어나는 반응에 대한 자발성의 척도라는 것을 알고 있다. 산화-환원반응의 기전력은 반응의 자발성 여부를 나타내므로 기전력과 자유에너지 변화 간에 존재하는 상호관계를 예상할 수 있다. 실제로 다음과 같은 관계가 있다.

$$\Delta G = -nFE \tag{15.8}$$

이 식에서 n은 반응에서 이동한 전자의 몰수이고, F는 Faraday 상수라고 한다. Faraday 상수는 1몰 전자의 전기전하량이다. 이 전하량을 1 Faraday(F)라고 한다.

$$1\ F = 96{,}500\ \text{C/mol} = 96{,}500\ \text{J/V} \cdot \text{mol}$$

E가 양(+)이면 ΔG값은 음(−)이 된다. 양(+)의 E와 음(−)의 ΔG는 모두 반응이 자발적으로 진행한다는 것을 의미한다. 반응물과 생성물이 표준상태에 있을 때 ΔG°와 E°의 관계를 다음과 같이 다시 쓸 수 있다.

$$\Delta G^\circ = -nFE^\circ \tag{15.9}$$

예제 15.10

표준환원전위를 사용하여 다음 반응의 표준자유에너지 변화(ΔG°)를 계산하라.

$$2Br^-(aq) + F_2(g) \longrightarrow Br_2(l) + 2F^-(aq)$$

해답: 우선 E°를 계산한다.

환원: $F_2(g) + 2e^- \longrightarrow 2F^-(aq)$ $\quad E^\circ_{red} = 2.87\ \text{V}$

산화: $2Br^-(aq) \longrightarrow Br_2(l) + 2e^-$ $\quad E^\circ_{red} = 1.06\ \text{V}$

$E^\circ = (2.87\text{V}) - (1.06\text{V}) = 1.81\text{V}$이다. 반쪽반응의 화학량론은 2몰 전자가 이동한 것을 나타내고 따라서 $n = 2$이다.

$$\begin{aligned}\Delta G^\circ &= -nFE^\circ \\ &= -(2\ \text{mol}e^-)(96.500\ \text{J/V} \cdot \text{mol}e^-)(1.81\ \text{V}) \\ &= -3.49 \times 10^5\ \text{J} = -349\ \text{kJ}\end{aligned}$$

E°의 큰 양(+)의 값은 ΔG°의 큰 음(−)의 값이라는 것에 유의하라.

보충예제

다음 반응에서

$$I_2(s) + 5Cu^{2+}(aq) + 6H_2O(l) \longrightarrow 2IO_3^-(aq) + 5Cu(s) + 12H^+(aq)$$

(a) n 은 얼마인가? (b) 부록의 자료를 이용하여 반응의 표준자유에너지 변화를 계산하라.

답: (a) 6, (b) +828 kJ

15.6 전지 기전력의 농도효과

볼타전지가 방전되면 기전력은 $E = 0$까지 감소하고 전지의 수명이 다한 것이다. 기전력은 전지반응에서 반응물과 생성물의 농도에 의존한다는 것이 밝혀졌다. 반응물 농도가 증가하면 기전력은 증가한다. 반면 생성물 농도가 증가하면 기전력은 감소한다. 전기화학의 기초를 확립한 독일 화학자 Walter Herman Nernst(1864~1941)는 다음에 유도한 식을 사용하여 표준조건이 아닌 상태에서 발생하는 기전력을 계산할 수 있었다.

Nernst 식

농도에 대한 전지 기전력의 의존성은 농도에 대한 자유에너지 변화의 의존성으로부터 구할 수 있다. 자유에너지 변화(ΔG)는 표준자유에너지 변화(ΔG^o)와 관계가 있다.

$$\Delta G = \Delta G^o + RT \ln Q$$

Q는 반응분율이고 이것은 어느 순간의 반응혼합물들의 평형상수식이다.

$\Delta G = -nFE$를 이 식에 대입하면

$$-nFE = -nFE^o + RT \ln Q$$

이 식을 E에 대하여 풀면 Nernst 식이 된다.

$$E = E^o - \frac{RT}{nF} \ln Q \qquad [15.10]$$

이 식은 관례적으로 상용로그를 사용하여 표시한다.

$$E = E^o - \frac{2.303\ RT}{nF} \log Q \qquad [15.11]$$

298 K에서 $2.303RT/F$ 값은 0.0592 V와 같다. 그러므로 식은 다음처럼 간단한 형태로 쓸 수 있다.

$$E = E^o - \frac{0.0592}{n} \log Q (T = 298\ \text{K}) \qquad [15.12]$$

이 식은 표준조건이 아닌 상태의 전지에서 기전력을 구하거나 또는 전지의 기전력을 측정하여 반응물이나 생성물의 농도를 구하는 데 사용할 수 있다.

이 식을 다음과 같은 반응에 적용해보자.

$$Zn(s) + Cu^{2+}(aq) \longrightarrow Zn^{2+}(aq) + Cu(s)$$

이 경우에 $n = 2$이고(2몰의 전자가 Zn에서 Cu^{2+}로 이동한다) 표준기전력은 1.10 V이다. 298 K에서 Nernst 식은

$$E = 1.10 - \frac{0.0592}{2} \log \frac{[Zn^{2+}]}{[Cu^{2+}]}$$

순수한 고체는 Q 식에서 제외되는 것을 명심하라. $[Cu^{2+}]$가 증가하거나 $[Zn^{2+}]$가 감소할 때 기전력은 증가한다. 예를 들어 $[Cu^{2+}]$가 5.0 M이고 $[Zn^{2+}]$가 0.050 M일 때

$$E = 1.10 - \frac{0.0592}{2}\log\left(\frac{0.050}{5.0}\right)$$

$$= 1.10 - \frac{0.0592}{2}(-2.00) = 1.16\ \text{V}$$

E(1.16 V)가 E°(1.10 V)보다 크다는 사실은 이 농도에서 반응추진력이 표준상태보다 더 크다는 것을 의미한다. 이 결과는 Le Châtelier 원리를 적용하여 예측할 수 있다. 반응물의 농도가 생성물의 농도에 비하여 상대적으로 더 커지면 전지반응은 더 자발적이고 기전력은 증가한다. 그와 반대로 생성물의 농도가 반응물의 농도에 비하여 상대적으로 더 커지면 기전력은 감소한다. 전지를 작동하면 반응물은 소비되면서 생성물이 만들어져 기전력은 감소한다.

예제 15.11

$[Cr_2O_7^{2-}] = 2.0\ M$, $[H^+] = 1.0\ M$, $[I^-] = 1.0\ M$, $Cr^{3+} = 1.0 \times 10^{-5}\ M$일 때 예제 15.4의 전지에서 발생하는 기전력을 계산하라.

$$Cr_2O_7^{2-}(aq) + 14H^+(aq) + 6\,I^-(aq) \longrightarrow 2Cr^{3+}(aq) + 3I_2(s) + 7H_2O(l)$$

해답: 이 반응의 표준 기전력은 앞의 예제 15.6에서 $E^{\circ} = 0.79$ V라고 계산하였다. 이동한 전자의 몰수 $n = 6$이다. 반응분율 Q는

$$Q = \frac{[Cr^{3+}]^2}{[Cr_2O_7^{2-}][H^+]^{14}[I^-]^6} = \frac{(1.0 \times 10^{-5})^2}{(2.0)(1.0)^{14}(1.0)^6} = 5.0 \times 10^{-11}$$

$$E = 0.79 - \frac{0.0592}{6}\log(5.0 \times 10^{-11})$$

$$= 0.79 - \frac{0.0592}{6}(-10.30)$$

$$= 0.79 + 0.10 = 0.89\ \text{V}$$

이것은 정성적으로 예상한 결과이다. $Cr_2O_7^{2-}$의 농도는 1 M 이상이고 Cr^{3+}의 농도는 1 M 이하이므로 기전력은 E°보다 크다.

보충예제

$[Al^{3+}] = 4.0 \times 10^{-3}\ M$, $[I^-] = 0.010\ M$일 때 예제 15.6의 보충예제에서 다룬 전지의 기전력을 계산하라.

답: $E = 2.36$ V

15.7 부식

금속의 부식반응은 금속이 자발적으로 반응하여 원하지 않는 화합물로 변화하는 산화-환원반응이다. 거의 모든 금속의 산화반응은 실온에서 열역학적으로 유리한 과정이다. 금속이 사용된 구조물에서 산화과정을 방치하면 매우 위험할 수도 있다. 그러나 산화반응은 보호층을 형성하여 금속이 더 이상 화학적으로 반응하는 것을 막아주기도 한다. 예를 들어 Al^{3+}의 표준환원전위에 기초하여 알루미늄은 매우 쉽게 산화될 것으로 추측이 된다. 그러나 주변의 알루미늄캔은 화학적으로 매우 느리게 부식된다. 공기 중 이러한 활성금속의 예외적 안정도는 금속표면에 Al_2O_3 형태의 산화보호막이 형성되기 때문이다. 산화물 피막은 O_2나 H_2O 등이 통과할 수 없고 금속 내부가 더 이상 산화되지 않도록 한다. 마그네슘 금속도 같은 방법으로 보호된다. 스테인리스스틸 같은 몇 가지 금속 합금은 산화물이 스며들지 않는 보호 산화피막을 형성한다. 반도체 실리콘 또한 SiO_2 산화막을 쉽게 형성한다.

철의 부식

가장 흔한 부식과정 중 하나는 철이 녹스는 것이다. 철이 녹스는 것은 산소가 필요하다. 즉 철은 산소가 없으면 물에서도 녹슬지 않는다. 철이 녹스는 것은 물도 필요하다. 철을 산소를 포함하는 기름에 넣으면 녹슬지 않는다. 용액 중 pH, 염류의 존재, 철보다 산화하기 어려운 금속과 접촉, 철에 압력 가하기 등은 녹스는 것을 촉진한다.

철의 부식은 자연에서 전기화학적 반응이 일어나는 것이다(그림 15.11). $Fe^{2+}(aq)$의 표준환원전위는 O_2 보다 작으므로 $Fe(s)$는 $O_2(g)$에 의하여 산화될 수 있다.

$$\text{환원음극: } O_2(g) + 4H^+(aq) + 4e^- \longrightarrow 2H_2O(l) \qquad E^\circ_{red} = 1.23\text{ V}$$
$$\text{산화양극: } Fe(s) \longrightarrow Fe^{2+}(aq) + 2e^- \qquad E^\circ_{red} = -0.44\text{ V}$$

철의 표면은 $Fe \longrightarrow Fe^{2+}$ 산화반응이 일어나는 산화양극으로 작용한다. 전자는 금속으로부터 환원음극으로 이동하고 그때 O_2는 환원된다. O_2의 환원은 H^+이 필요하다. H^+ 농도가 작으면(pH가 증가하면) O_2 환원은 불리하다. pH 9 이상의 용액과 접촉한 철은 부식되지 않는 것으로 알려져 있다.

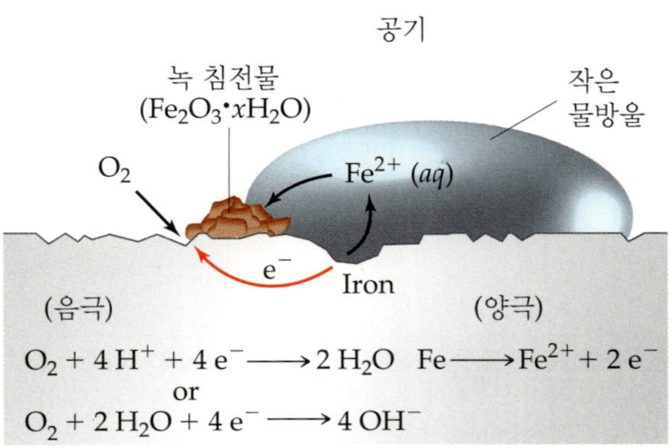

◀ **그림 15.11 물과 접촉한 철의 부식.**

산화양극에서 생성된 Fe^{2+}는 궁극적으로 Fe^{3+}로 더 산화되고 그것은 녹이라고 알려진 수화철(III)산화물을 생성한다.[2)]

$$4Fe^{2+}(aq) + O_2(g) + 4H_2O(l) + 2xH_2O(l) \longrightarrow 2Fe_2O_3xH_2O(s) + 8H^+(aq)$$

염의 존재로 생기는 부식은 겨울 동안 도로에 제설제를 많이 뿌린 지역의 자동차에서 쉽게 확인된다. 염의 영향은 볼타전지 메커니즘으로 설명할 수 있는데 염이온은 전기회로의 완결에 필요한 전해질을 제공한다.

부식 방지

철이 녹스는 것을 방지하기 위하여 페인트 혹은 아연이나 주석 같은 다른 금속으로 피막을 입힌다. 음료나 식품 캔에 사용하는 얇은 강철판은 용융 주석에 담그거나 전기화학적으로 주석을 얇게 도금하여 피막을 입힌 것이다. 페인트나 주석 보호막은 보호막이 남아 있으면 철을 보호하지만 일단 보호막이 파괴되면 철은 공기와 물에 노출되고 철의 부식이 시작된다. 표준환원전위를 살펴보면 Fe^{2+}은 Sn^{2+}보다 환원이 더 어렵다는 것을 알 수 있다.

$$Sn^{2+}(aq) + 2e^- \longrightarrow Sn(s) \qquad E^\circ_{red} = -0.14\ V$$
$$Fe^{2+}(aq) + 2e^- \longrightarrow Fe(s) \qquad E^\circ_{red} = -0.44\ V$$

결론적으로 Fe(s)는 Sn(s)보다 더 쉽게 산화된다.

아연도금철(galvanized iron)은 철에 얇은 아연막을 도포하여 만든다. 아연은 표면 피막이 파괴되어도 철 부식이 방지되는 전기화학적 원리를 이용한 방법이다. 철과 아연의 표준환원전위를 살펴보면

$$Fe^{2+}(aq) + 2e^- \longrightarrow Fe(s) \qquad E^\circ_{red} = -0.44\ V$$
$$Zn^{2+}(aq) + 2e^- \longrightarrow Zn(s) \qquad E^\circ_{red} = -0.76\ V$$

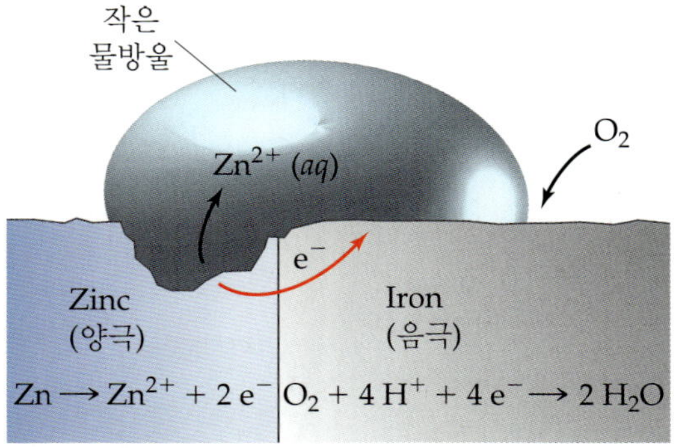

▶ **그림 15.12 아연과 접촉한 철의 음극화 보호**

2) 수용액에서 얻은 금속화합물은 가끔 물을 포함한다. 예를 들어 $CuSO_4$ 1몰은 5몰의 H_2O와 함께 결정화한다. 이러한 화합물을 수화물이라고 한다. 녹은 산화철(III)의 수화물이고, 수화물의 물 함량은 다양하게 나타나며 $Fe_2O_3 \cdot xH_2O$로 표시한다.

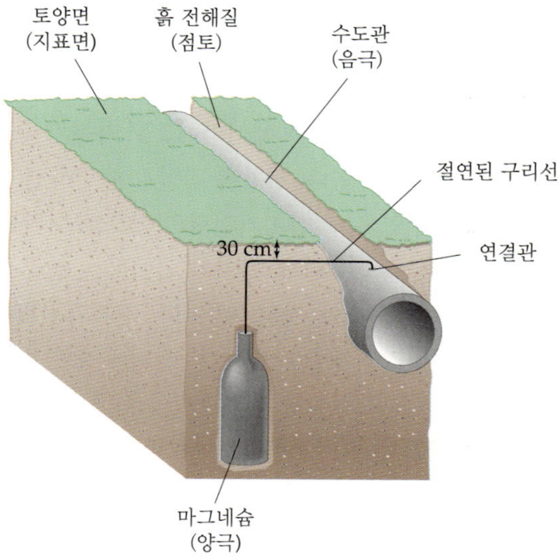

◀ **그림 15.13 철 수도관의 음극화 보호.** 효과적인 볼타전지처럼 마그네슘은 산화양극으로 철 수도관은 환원음극으로 작용하여 수도관을 보호한다.

이 경우에 아연은 철보다 더 쉽게 산화하므로 전기화학적 부식에서 철은 환원음극으로 작용한다. 그림 15.12처럼 아연은 산화양극으로 작용하고 철 대신에 부식한다. 화학전지에서 금속을 환원음극으로 만들어 보호하는 것을 음극화보호(cathodic protection)라고 한다. 환원음극을 보호하는 동안 산화되는 금속을 희생양극(sacrificial anode)이라고 한다. 지하에 매설한 관은 그 관을 볼타전지의 음극으로 만들어 부식으로부터 보호할 수 있다. 마그네슘과 같은 활성금속 조각을 그림 15.13처럼 관을 따라 매설하고 도선으로 연결하면 활성금속이 산화양극으로 작용하여 관(환원음극으로 작용)을 보호한다.

예제 15.12

철제 하수관을 알루미늄 못에 연결할 때 부식 과정을 설명하시오.

해답: 볼타전지는 두 금속을 연결하여 볼타전지를 만들 때 보다 쉽게 산화하는 금속은 산화양극으로 작용하고 다른 금속은 환원음극으로 작용한다. Fe와 Al의 표준환원전위를 비교하면 Fe가 Al보다 더 높아 환원음극으로 작용한다.

환원음극: $Fe^{2+}(aq) + 2e^- \longrightarrow Fe(s)$ $\qquad E^o_{red} = -0.44\ V$

산화양극: $Al(s) \longrightarrow Al^{3+}(aq) + 3e^-$ $\qquad E^o_{red} = -1.66\ V$

하수관은 환원음극으로 작용하므로 알루미늄 못이 부식하여 하수관을 보호할 것이다.

보충예제

표 15.1로부터 다음 금속 중 어느 것이 철에 대하여 환원음극 보호 역할을 할 것으로 예측하는가? Al, Cu, Ni, Zn

답: Al, Zn

15.8 전지와 연료전지

전지(Battery)는 하나 이상의 볼타전지로 구성되어 자체가 전기화학적 힘을 갖는다. 1.5 V 건전지는 간단한 볼타전지의 한 예이다. 12 V 자동차용 축전지처럼 여러 개의 볼타전지를 연결하여 만들 수도 있다. 전지를 직렬로 연결하면(한 전지의 음극을 다른 전지의 양극에 연결하면) 전압은 각 전지기전력의 합으로 나타난다. 전지의 전극은 규약에 따라 환원이 일어나는 음극을 (+), 산화가 일어나는 양극을 (−) 부호로 정한다.

자발적 환원반응은 볼타전지의 기본원리이다. 전지기전력은 양극에서 산화되고 음극에서 환원되는 물질의 전위차로 나타낸다. 전지의 수명은 전지에 포함된 이러한 물질량에 의존한다. 일반적으로 산화양극과 환원음극은 그림 15.6처럼 다공성 벽으로 분리되어 있다. 전지는 용도에 따라 다양한 성질과 형태가 있다. 예를 들어 자동차의 시동을 걸기위해서는 짧은 동안에 많은 전류를 공급할 수 있어야 하는 반면 심장박동기에 사용하는 전지는 작고 오랫동안 일정한 전류를 공급할 수 있어야 한다.

산화–환원반응은 양극에서 음극으로 이동하는 전자를 생산한다. 전지를 작동하면 반응물은 생성물로 변환되고 전지기전력이 낮아진다. 일차전지(primary cell)는 전지기전력이 떨어지면 사용할 수 없지만 이차전지(secondary cell)는 전지기전력이 떨어지면 외부전력으로 재충전하여 다시 쓸 수 있다.

납 축전지

12 V 자동차용 축전지는 2 V를 발생하는 6개의 셀로 구성된다. 셀의 환원음극은 이산화납(PbO_2), 산화양극은 Pb로 이루어져 있다. 두 전극은 황산용액에 놓이고 전극 반응은 다음과 같다.

$$\text{환원음극: } PbO_2(s) + HSO_4^-(aq) + 3H^+(aq) + 2e^- \longrightarrow PbSO_4(s) + 2H_2O(l)$$

$$\text{산화양극: } Pb(s) + HSO_4^-(aq) \longrightarrow PbSO_4(s) + H^+(aq) + 2e^-$$

$$PbO_2(s) + Pb(s) + 2HSO_4^-(aq) + 2H^+(aq) + 2e^- \longrightarrow 2PbSO_4(s) + 2H_2O(l)$$

부록의 표준환원전위를 사용하여 표준환원전위를 구하면

$$E^o_{cell} = E^o_{red}(\text{환원음극}) - E^o_{red}(\text{산화양극}) = (+1.685\text{V}) - (-0.356\text{V}) = +2.041\text{V}$$

반응물이 고체이므로 환원음극과 산화양극 용기의 셀을 분리할 필요가 없다. 즉 Pb와 PbO_2는 물리적으로 접촉하지 않는다. 반응물과 생성물이 고체상이면 장점이 있다. 고체는 반응분율 Q에서 제외되므로 Pb(s), PbO_2(s), $PbSO_4$(s)의 상대적인 양은 납축전지의 기전력에 영향이 없고 전지는 방전 중 비교적 일정한 기전력을 유지한다. 전지의 방전에 따라 H_2SO_4 농도는 변하므로 기전력도 따라서 약간 변한다. 전체 전지 반응식이 나타내는 것처럼 H_2SO_4는 방전되는 동안 소모된다. 납축전지의 한 가지 이점은 재충전할 수 있다는 것이다. 재충전하는 동안 외부 에너지원은 전체 전지반응의 방향을 역으로 바꾸면서 Pb(s)와 PbO_2(s)를 재생한다.

알칼리전지

대부분의 일차전지는 알칼리전지이다(그림 15.14). 알칼리전지는 매년 100억 개 이상이 생산된다. 알칼리전지라고 부르는 것은 전지의 산화양극이 진한 KOH 용액과 접촉한 젤 속에 고정된 분말 아연금속으로 구성되어 있기 때문이다. 환원음극은 $MnO_2(s)$와 흑연 혼합물로 다공성 막에 의해 산화양극과 분리되어 있다. 전지반응은 다음과 같다.

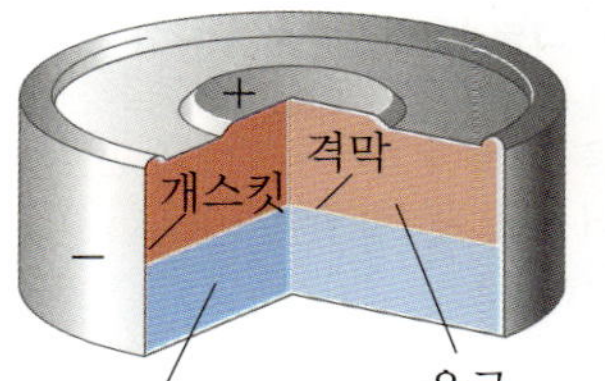

▲ 그림 15.14 알칼리전지의 단면도.

환원음극: $2MnO_2(s) + 2H_2O(l) + 2e^- \longrightarrow 2MnO(OH)(s) + 2OH^-(aq)$

산화양극: $Zn(s) + 2OH^-(aq) \longrightarrow Zn(OH)_2(s) + 2e^-$

알칼리전지의 기전력은 실온에서 1.55 V이다. 알칼리전지는 MnO_2와 Zn을 쓰는 기존의 건전지보다 성능이 훨씬 좋다.

니켈–카드뮴전지, 니켈금속수소화물전지, 리튬이온전지

휴대전화, 노트북 컴퓨터, PMP 등의 기기는 가볍고 쉽게 충전 가능한 전지가 필수적이다. 일반적인 재충전 전지로서 니켈–카드뮴(NiCd) 전지가 있다. 이 전지의 전극반응은 다음과 같다.

환원음극: $2NiO(OH)(s) + 2H_2O(l) + 2e^- \longrightarrow 2Ni(OH)_2(s) + 2OH^-(aq)$

산화양극: $Cd(s) + 2OH^-(aq) \longrightarrow Cd(OH)_2(s) + 2e^-$

납전지처럼 고체반응 생성물은 전극에 부착되었다가 충전 동안 전극반응이 반대로 일어난다. NiCd 전지는 1.30 V의 기전력을 갖는다. 니켈-카드뮴 전지의 단점은 카드뮴의 독성으로 인한 환경오염에 있다. 니켈–금속-수소화물(NiMH) 전지의 경우 환원음극반응은 니켈-카드뮴 전지와 같으나 산화양극반응은 매우 다르다. 산화양극은 $ZrNi_2$와 같은 금속합금으로 구성되어 있고 $ZrNi_2$는 수소원자를 흡수하는 능력이 있다. 산화양극에서 산화하는 동안 수소원자는 H_2O로 방출되며 충전하는 동안은 역방향으로 반응이 일어난다.

최근에 리튬이온(Li^+) 전지가 각광을 받고 있다. 리튬은 매우 가벼운 원소로 리튬이온 전지는 니켈 전지보다 에너지밀도(단위 질량당 에너지 저장량)가 훨씬 더 크다. 전극은 흑연이나 다른 탄소 기반 물질과 리튬코발트옥사이드($LiCoO_2$)로 구성된다. 리튬이온 전지는 알카라인 전지보다 더 높은 최대 3.7 V의 전압을 생산한다.

수소 연료전지

연소에서 방출되는 에너지를 전기에너지로 변환시킬 수 있다. 연소에너지는 최대 40% 정도가 전기로 변환되고 나머지는 열로 사라진다. 연료로부터 전기의 직접적인 생산은 연소반응의 화학에너지 변환율보다 더 크다. H_2나 CH_4 같은 연료를 이용한 볼타전지를 연료전지(fuel cell)라 한다. 가장 유망한 연료전지는 다음과 같이 생성물로서 오직 H_2O만 생기는 $H_2(g)$와 $O_2(g)$의 반응을 이용한 것이다.

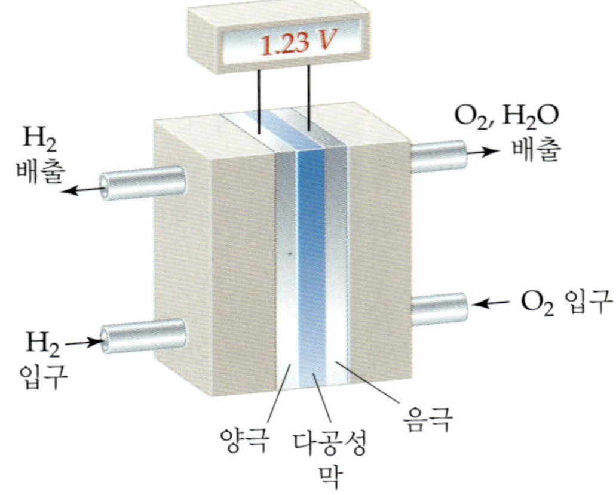

▶ **그림 15.15 수소 연료전지.** H_2는 산화양극에서 산화하고 환원음극으로 이동한 후 산소와 반응하여 물을 생성한다.

$$\begin{array}{ll} \text{환원음극:} & O_2(g)+4H^+ + 4e^- \longrightarrow 2H_2O(l) \\ \text{산화양극:} & 2H_2(g) \longrightarrow 4H^+ + 4e^- \\ \hline & 2H_2(g) + O_2(g) \longrightarrow 2H_2O(l) \end{array}$$

수소 연료전지의 표준기전력은 +1.23 V이다. NASA는 수소 연료전지를 우주선의 에너지 공급원으로 사용하였다. 액체 수소와 산소를 연료로 사용하고 우주비행사들은 반응 생성물인 물을 섭취하였다. 연료전지의 대략적인 구조를 그림 15.15에 나타내었다. 수소연료전지 기술은 공해가 전혀 없는 연료전지 자동차의 개발과 수소 경제의 실현을 앞두고 있다. 현재 연료전지의 개선을 위해 많은 연구가 진행되고 있으며, 수소 기체보다 수송이 용이하고 다루기 쉬운 알코올이나 다른 연료를 사용하는 연료전지의 개발에도 많은 노력을 기울이고 있다.

15.9 전기분해

볼타전지는 자발적 산화-환원반응에 기초한다. 반대로 전기에너지를 사용하여 비자발적 반응을 일어나게 할 수도 있다. 예를 들어 전기를 이용하면 염화소듐을 그 성분 원소로 분해할 수 있다.

$$2NaCl(l) \longrightarrow 2Na(l) + Cl_2(g)$$

외부의 전기에너지원을 이용하는 반응을 전기분해반응이라 하고 이러한 반응이 일어나는 전지를 전해전지(electrolytic cell)라 한다. 전해전지는 전지와 같은 직류전원으로 작동한다. 전지는 일종의 전자펌프로 작용하는 데 전자를 한 전극에서 다른 전극으로 밀어낸다. 전자를 밀어내는 전극은 (+)로, 전자를 받는 전극은 (−)로 표기한다.

그림 15.16처럼 NaCl의 전기분해에서 Na^+ 이온은 (−) 전극에서 전자를 받아 환원된다. (+)전극으로 Cl^- 이온의 알짜 이동이 일어나고 그 전극에서 산화된다. 볼타전지처럼 환원이 일어나는 전극은 환원음극, 산화가 일어나는 전극은 산화양극이라 한다.

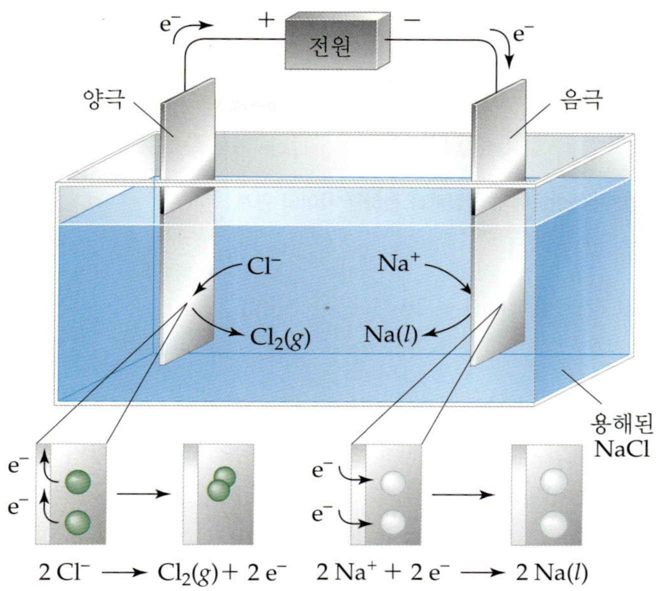

◀ **그림 15.16 염화소듐의 전기분해.**

$$
\begin{array}{lrcl}
\text{환원음극: } & 2Na^+(l) + 2e^- & \longrightarrow & 2Na(l) \\
\text{산화양극: } & 2Cl^-(l) & \longrightarrow & Cl_2(g) + 2e^- \\
\hline
& 2Na^+(l) + 2Cl^-(l) & \longrightarrow & 2Na(l) + Cl_2(g)
\end{array}
$$

전원을 전극에 연결하는 방식이 그림 15.16에 나타나 있다. 볼타전지에서 전자들은 (−)단자로부터 외부 회로로 흐른다. 전해전지에서는 외부 회로 부분을 전원에 연결하게 되는데 전원의 (−)단자에 연결하는 전극은 전지의 환원음극이 되고 전자를 받는다. 산화양극에서 산화과정 동안에 생성된 전자는 전원의 (+)단자로 이동하여 회로가 완성된다. 용융염의 전기분해는 소듐과 알루미늄 같은 활성금속의 생산에 중요한 공업적 공정이다.

그림 15.17은 전기도금 실험의 전해전지를 설명한다. 전지의 산화양극은 니켈금속이고 환원음극은 도금을 하려는 강철 조각이다. 전극을 $NiSO_4(aq)$ 용액에 담그고 외부전원에 연결하면 전극에서 무슨 일이 일어나는가? Ni^{2+}의 표준환원전위($E^o_{red} = -0.28$ V)는 H_2O의 표준환원전위($E^o_{red} = -0.83$ V)보다 작은 음의 값이다. 그러므로 Ni^{2+}는 환원음극에서 더 잘 환원될 것이다. $NiSO_4(aq)$ 용액에서 H_2O 용매가 산화된다. 그러나 산화양극의 Ni 원자는 자신이 산화되므로 두 가지 산화반응이 가능하다.

$$2H_2O(l) \longrightarrow O_2(g) + 4\,H^+(aq) + 4e^- \qquad E^o_{red} = +1.23\ V$$

$$Ni(s) \longrightarrow Ni^{2+}(aq) + 2e^- \qquad E^o_{red} = -0.28\ V$$

더 큰 음수의 E^o_{red}값을 갖는 산화반응이 더 유리하므로 $Ni(s)$가 더 잘 산화된다. 전극 반응은 다음처럼 요약할 수 있다.

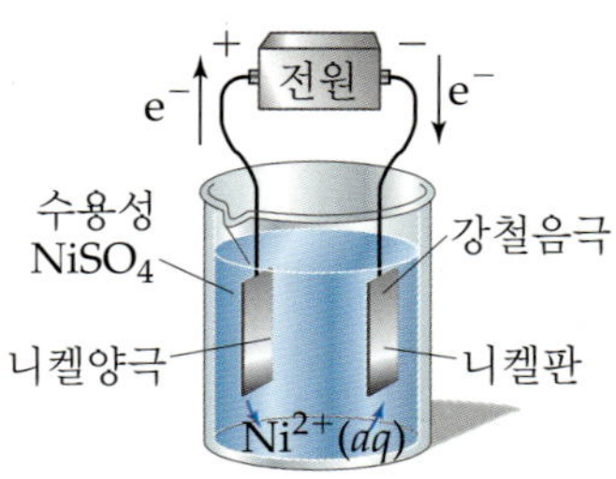

▲ **그림 15.17 활성금속을 이용한 전해전지.**

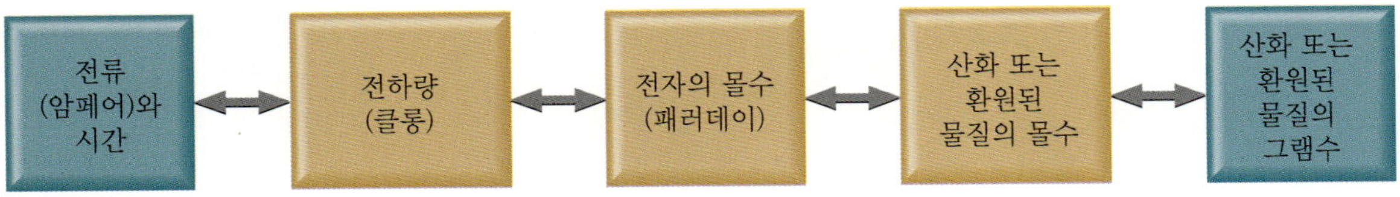

▲ **그림 15.18 전기분해반응에서 물질량과 전하량 사이의 관계.**

환원음극(강철조각): $Ni^{2+}(aq) + 2e^- \longrightarrow Ni(s)$ $E^\circ_{red} = -0.28\ V$

산화양극(니켈조각): $Ni(s) \longrightarrow Ni^{2+}(aq) + 2e^-$ $E^\circ_{red} = -0.28\ V$

전체 반응을 살펴보면 아무것도 일어나지 않는 것처럼 보인다. 그러나 전해과정 동안 Ni 원자들이 Ni 산화양극으로부터 강철 환원음극으로 이동하여 강철전극에 얇은 니켈 원자 층이 도금된다. 전체 반응의 표준기전력 $E^\circ_{red} = E^\circ_{red}$(환원음극) $- E^\circ_{red}$(산화양극) = 0 V이다.

전기분해의 정량적 고찰

반쪽반응의 화학양론은 전기분해과정에서 얼마나 많은 전자가 필요한지를 나타낸다. 예를 들어 $Na^+ + e^- \longrightarrow Na$는 1개의 전자가 관여한다. 그러므로 1몰 전자는 1몰 Na 금속을, 2몰 전자는 2몰 Na 금속을 석출한다. 마찬가지로 Cu^{2+}로부터 1몰 구리를 생성하는 데 2몰 전자가 필요하다. 즉 $Cu^{2+} + 2e^{2-} \longrightarrow Cu$이다.

반쪽반응의 전해전지에서 산화 혹은 환원되는 물질의 양은 전지에 통과한 전자수에 정비례한다. 전해전지와 같은 전기회로를 통과하는 전하량은 일반적으로 C(Coulomb)로 측정한다. 1몰 전자의 전하는 96,485 C(1 faraday)이다. 1 C은 1 A의 전류가 1 s 동안 한 지점을 통과한 전하량이다. 그러므로 전지를 통과한 전하량(C)은 전류(A)와 시간(s)을 곱하여 구한다. 그림 15.18은 전기분해에 생성된 혹은 소비된 물질량이 사용한 전기전하량과 어떤 관계가 있는가를 보여준다. 이 관계는 볼타전지에도 응용할 수 있다.

전기적 힘

E의 양(+)의 값은 자유에너지 변화의 음(−)의 값과 관련이 있다. 그리고 자발적과정의 ΔG는 그 과정으로부터 얻을 수 있는 최대일(w_{max})이라는 것도 알고 있다. 즉 $\Delta G = w_{max}$이다. $\Delta G = -nFE$이므로 볼타전지에서 최대로 얻을 수 있는 유용한 전기적 일은

$$w_{max} = -nFE \qquad [15.13]$$

볼타전지의 기전력 E는 양의 값이므로 계에 의하여 주위에 한 일은 음(−)의 기호로 나타낸다. 그러므로 w_{max}의 음(−)의 값은 볼타전지가 주위에 일을 한 것이다. 전해전지에서 외부에너지원은 비자발적 과정을 일어나게 할 수 있다. 이 경우에 전지과정의 ΔG는 양수이고 E_{cell}은 음수이다. 그 과정을 강제로 일어나게 하려면 외부전위(E_{ext})를 적용하여야 하고, 그것은 E_{cell}보다 커야 한다. 즉 $E_{ext} > -E_{cell}$이다.

외부전위(E_{ext})를 전지에 가하면 주위는 계에 일을 한다. 이 때 일의 양은 다음과 같다.

$$w = nFE_{ext} \qquad [15.14]$$

이 식으로 계산한 일은 주위가 계에 일을 하는 것이므로 양(+)이다.

전기적 일은 일반적으로[(watt) × (시간)]의 에너지 단위로 나타낸다. W(와트)는 전기힘의 단위이다. 1 W = 1 J/s이다. 전기적 일에 사용하는 단위는 1 kWh이고 3.6 × 10^6 J에 해당한다. 이것을 사용하여 전기분해반응을 수행할 때 필요한 일과 볼타전지로부터 얻을 수 있는 최대 일을 계산할 수 있다.

연습문제

15.1 **(a)** 산화는 무엇을 의미하는가?
(b) 산화 반쪽반응은 전자를 반응식의 어느 쪽에 표시하는가?
(c) 산화제는 무엇을 의미하는가?

15.2 다음 중 밑줄 친 원소의 산화수를 결정하시오.
(a) $\underline{N}_2$ **(b)** $\underline{C}H_4$ **(c)** $H_2\underline{P}O_4^{2-}$
(d) $\underline{Mn}_2O_7$ **(e)** $H_3\underline{B}O_3$ **(f)** $HO\underline{Cl}$
(g) $\underline{Fe}_2O_3$ **(h)** $Na_2\underline{S}O_4$

15.3 다음 중 산화수가 가장 큰 것과 가장 작은 것은?
(a) P **(b)** C **(c)** I **(d)** Cr

15.4 다음 산화-환원반응에서 산화수가 변하는 원소들을 확인하고 그 변화를 명시하라.
(a) $I_2O_5(s) + 5CO(g) \longrightarrow I_2(s) + 5CO_2(g)$
(b) $2Hg^{2+}(aq) + N_2H_4(aq) \longrightarrow 2Hg(l) + N_2(g) + 4H^+(aq)$
(c) $3H_2S(aq) + 2H^+(aq) + 2NO^{3-}(aq) \longrightarrow 3S(s) + 2NO(g) + 4H_2O(l)$
(d) $Ba^{2+}(aq) + 2OH^-(aq) + H_2O_2(aq) + 2ClO_2(aq) \longrightarrow Ba(ClO_2)_2(s) + 2H_2O(l) + O_2(g)$

15.5 고체 황화납(II)은 고온에서 산소와 반응하여 산화납(II)과 이산화황을 생성한다.
(a) 이 균형반응식을 쓰라.
(b) 어느 물질이 산화제이고 환원제인가?

15.6 다음 반쪽반응을 완결하고 균형을 맞추어라. 각 경우에 산화 혹은 환원 여부를 표시하라.
(a) $Co^{2+}(aq) \longrightarrow Co^{3+}(aq)$ (산성용액)
(b) $H_2O_2(aq) \longrightarrow O_2(g)$ (산성용액)
(c) $ClO_3^-(aq) \longrightarrow Cl^-(aq)$ (산성용액)
(d) $OH^-(aq) \longrightarrow O_2(g)$ (염기성용액)
(e) $SO_3^{2-}(aq) \longrightarrow SO_4^{2-}(aq)$ (염기성용액)

15.7 다음 반응을 완결하고 균형을 맞추어라.
(a) $Pb(OH_4^{2-})(aq) + ClO^-(aq) \longrightarrow PbO_2(s) + Cl^-(aq)$ (염기성용액)
(b) $Ti_2O_3(s) + NH_2OH(aq) \longrightarrow TlOH(s) + N_2(g)$ (염기성용액)
(c) $Cr_2O_7^{2-}(aq) + CH_3OH(aq) \longrightarrow HCO_2H(aq) + Cr^{3+}(aq)$ (산성용액)
(d) $MnO_4^-(aq) + Cl^-(aq) \longrightarrow Mn^{2+}(aq) + Cl_2(aq)$ (산성용액)
(e) $H_2O_2(aq) + ClO_2(aq) \longrightarrow ClO^{2-}(s) + O_2(g)$ (염기성용액)
(f) $NO^{2-}(aq) + Cr_2O_7^{2-}(aq) \longrightarrow Cr^{3+}(aq) + NO_3^-(aq)$ (산성용액)

15.8 **(a)** 그림 15.3과 15.4의 유사성과 차이점은 무엇인가?
(b) 그림 15.5에 나타낸 볼타전지를 작동하면 환원음극 용기로 Na^+이온이 이동하는 이유는?

15.9 그림 15.5에 나타낸 것과 비슷한 볼타전지를 만든다고 할 때 한 전극 그릇은 $Zn(NO_3)_2$ 용액에 넣은 아연조각이고 다른 전극은 $NiCl_2$ 용액에 넣은 니켈조각이다. 전체 전지반응은

$$Zn(s) + Ni^{2+}(aq) \longrightarrow Zn^{2+}(aq) + Ni(s)$$

(a) 각 전극에서 일어나는 반쪽반응을 쓰라.

(b) 어느 전극이 산화양극이고 어느 전극이 환원음극인가?

(c) 전극의 부호를 지적하라.

(d) 전자는 어느 전극에서 어느 전극으로 흐르는가?

(e) 양이온과 음이온은 용액을 통하여 각각 어느 방향으로 이동하는가?

15.10 다음 반응의 볼타전지는 표준전지전위가 1.19 V이다.

$$Ti^{3+}(aq) + 2Cr^{2+}(aq) \longrightarrow Ti^{+}(aq) + 2Cr^{3+}(aq)$$

(a) 두 반쪽전지반응을 쓰라.

(b) $Tl^{3+}(aq) \longrightarrow Tl^{+}(aq)$ 환원의 E°_{red}는 얼마인가?

(c) 볼타전지를 그린 다음 산화양극, 환원음극, 전자가 흐르는 방향을 나타내라.

15.11 표준환원전위를 이용하여 다음 반응의 표준 기전력을 계산하라.

(a) $Cl_2(g) + 2I^{-}(aq) \longrightarrow 2Cl^{-}(aq) + I_2(s)$

(b) $Hg(l) + 2Fe^{3+}(aq) \longrightarrow Hg^{2+}(aq) + 2Fe^{2+}(aq)$

(c) $2Cu^{+}(aq) \longrightarrow Cu(s) + Cu^{2+}(aq)$

15.12 다음 반쪽반응의 표준환원전위로부터

$$Mn^{2+}(aq)+2e^{-} \longrightarrow Mn(s)$$

$$Hg^{2+}(aq) + 2e^{-} \longrightarrow Hg(l)$$

$$Co^{2+}(aq) + 2e^{-} \longrightarrow Co(s)$$

$$Cu^{+}(aq) + e^{-}(aq) \longrightarrow Cu(s)$$

(a) 가장 큰 전지 기전력을 갖는 반쪽전지반응을 조합하고 전위 값을 계산하라.

(b) 가장 작은 전지 기전력을 갖는 반쪽전지반응을 조합하고 전위 값을 계산하라.

15.13 볼타전지의 반쪽반응은 다음과 같다.

$$Fe^{3+}(aq) + e^{-} \longrightarrow Fe^{2+}(aq)$$

$$H_2O_2(aq) + 2H^{+}(aq) + 2e^{-} \longrightarrow 2H_2O(l)$$

(a) 부록을 참조하여 쉽게 일어나는 환원과정을 확인하라.

(b) 볼타전지 중 어느 것이 환원음극인가?

(c) 산화양극에서 어떤 반응이 일어나는가?

(d) 표준환원전위는 얼마인가?

15.14 1 *M* $Cu(NO_3)_2$ 용액의 비커에 구리조각이 들어 있다. 둘째 비커에 1 *M* $SnSO_4$ 용액과 주석조각이 들어 있다. 두 비커를 염다리로 연결하고 두 금속전극을 전압계에 도선으로 연결한다.

(a) 어느 전극이 산화양극이고 환원음극인가?

(b) 전지반응이 진행될 때 질량이 증가하는 전극과 감소하는 전극은?

(c) 전체 전지반응식을 쓰라.

(d) 표준조건에서 전지에서 발생한 기전력은 얼마인가?

CHAPTER 16

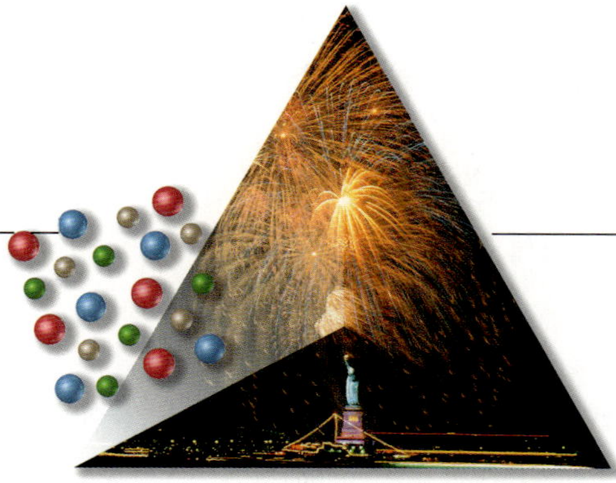

화학반응속도론

화학반응은 주어진 반응물로부터 새로운 물질이 만들어지는 과정이며 반응이 얼마나 빨리 일어날 것인지 예측하는 것은 중요하다. 일상 경험에 따르면 어떤 반응은 빨리 일어나고 또 어떤 반응은 느리게 일어난다. 이러한 반응들의 반응속도를 조절하는 요인들은 무엇인가? 예를 들면 음식은 얼마나 빠르게 부패하는가? 무엇이 철이 녹스는 속도나 연료의 연소 속도를 조절하는가?

반응이 일어나는 속도(rate)를 연구하는 화학분야를 화학반응속도론(chemical kinetics)이라고 한다. 이 장에서는 반응속도를 구하는 방법과 반응속도에 영향을 주는 요인들을 알아 볼 것이다.

16.1 반응속도에 영향을 미치는 요인

반응속도를 어떻게 측정하는지 알아보기 전에 반응속도에 영향을 주는 중요한 요인을 먼저 살펴볼 필요가 있다. 반응속도는 화학결합이 끊어지고 생성되는 것을 포함하며 그들의 속도는 반응물 자체의 성질에 의존한다. 다음과 같은 네 가지 요인이 반응속도에 영향을 미친다.

반응물의 물리적 상태

반응물은 반응을 하기 위해 서로 만나게 된다. 대부분의 반응물은 기체나 액체용액처럼 균일하다. 반응물의 상태가 서로 다를 때, 예를 들어 반응물 중의 하나는 기체 상태이고 다른 하나는 고체 상태일 때는 이 물질들이 만나는 부분에서만 제한적으로 반응이 일어난다. 고체 상태일 때 반응을 빠르게 하려면 접촉하는 면적을 증가시켜야 한다. 그래서 고체를 포함한 반응은 고체 표면적이 증가할수록 빨리 진행한다. 예를 들면 알약은 분말형보다 위에서 녹아 혈관으로 흡수되는 속도가 느리다.

반응물 농도

반응물의 농도가 증가하면 대부분 화학반응은 빠르게 진행된다. 예를 들어 강철 솜(steel wool)은 20% 산소를 포함하는 공기 중에서 쉽게 타지 않지만 순수한 산소 중에서는 하얀 빛을 내면서 폭발하듯이 탄다. 농도가 증가함에 따라 반응물이 충돌하는 횟수가 증가하고 결과적으로 속도가 증가하게 된다.

반응이 일어나는 온도

화학반응속도는 온도증가에 따라 증가한다. 우유와 같이 부패하기 쉬운 음식을 냉장고에 보관하는 것은 바로 이러한 이유 때문이다. 우유를 부패하게 만드는 세균성 반응은 냉장고의 낮은 온도보다 실온에서 더 빨리 진행한다. 온도가 증가함에 따라 분자의 운동에너지는 증가하게 된다. 분자들이 보다 빠르게 운동하면 충돌횟수가 많아지고 높은 에너지를 갖게 되므로 반응속도가 증가하는 것이다.

촉매의 존재

촉매(catalyst)는 반응에서 소비되지 않으면서 반응속도를 증가시키는 것이다. 그것은 반응으로 충돌의 종류(메커니즘)에 영향을 준다. 촉매는 우리 생명에 절대적으로 중요한 역할을 한다. 모든 생명체의 생리현상은 촉매로 작용하는 단백질 분자인 효소에 결정적으로 의존하는 데 이것은 특정한 생화학반응의 속도를 증가시킨다.

16.2 반응속도

속도는 주어진 시간에 발생한 변화로 정의된다. 예를 들면 자동차의 속도는 일정한 시간 동안 자동차의 위치 변화로 표시된다. 이러한 속도의 단위는 위치의 변화량(거리)을 시간으로 나눈 값이다.

이와 유사하게 화학반응의 속도는 시간에 대한 농도의 변화로 설명할 수 있다. 어떤 가상적인 반응 A $\longrightarrow$ B를 생각하자. 반응물 A는 붉은색 공, 생성물 B는 푸른색 공으로 표시하고 각각의 공은 0.01몰을 나타낸다. 그림 16.1(a)처럼 반응이 일어나기 전 용기에는 1.00몰의 A가 들어있다. 20초 후 A와 B의 농도를 측정하였더니 각각 0.54몰과 0.46몰이 들어 있었다[그림 16.1(b)]. A와 B의 합은 1.00몰임을 주지하라. 40초 후 0.30몰의 A와 0.70몰의 B가 들어 있다[그림 16.1(c)]. 반응속도는 A가 얼마나 빨리 소모되는지 또는 B가 얼마나 빨리 생성되는지를 의미한다. 그러므로 일정한 시간 동안 B의 몰수 증가에 따른 평균 반응속도는 다음과 같이 표시할 수 있다.

$$\text{평균속도} = \frac{\text{B의 몰수 변화량}}{\text{시간 변화량}} = \frac{\Delta[\mathrm{B}]}{\Delta t} \qquad [16.1]$$

[B]는 물질의 몰농도를 나타낸다. 그리스 문자 Δ는 변화량을 뜻한다. 즉 반응이 진행되면 B의 몰수는 증가하기 때문에 Δ[B]는 양의 값이다.

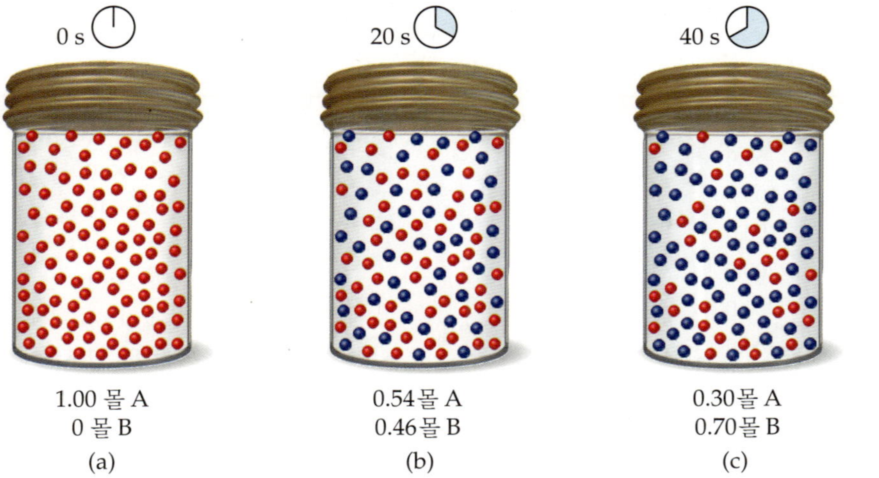

◀ **그림 16.1 가상적 A ⟶ B 반응의 진행과정.** 빨간공은 0.01몰 A를 나타내고 파란공은 0.01몰 B를 나타낸다. (a) 시작점에서 용기에 1.00몰 A(100개의 빨간공)와 0몰 B(0개의 파란공)가 있다. (b) 20분 후 용기에 0.54몰 A와 0.46몰 B가 있다. (c) 40분 후 용기에 0.30몰 A와 0.70몰 B가 있다.

B가 처음 반응을 시작해서 20초 동안의 평균속도(t = 0초에서 t = 20초까지)는 다음과 같다.

$$\begin{aligned}
\text{평균속도} &= \frac{\Delta[\mathrm{B}]}{\Delta t} \\
&= \frac{(t = 20\text{초에서 B의 몰수}) - (t = 0\text{초에서 B의 몰수})}{20\text{초} - 0\text{초}} \\
&= \frac{0.46\ \mathrm{mol} - 0.00\ \mathrm{mol}}{20\ \mathrm{s} - 0\ \mathrm{s}} = 0.023\ M/\mathrm{s}
\end{aligned}$$

이것은 B의 생성속도이다. A의 몰수 변화로 반응속도를 표시할 수도 있다. 이 반응의 화학량론에 의하면 A의 몰수가 감소한 만큼 B의 몰수는 증가한다.

$$\Delta(\text{A의 몰수}) = -\Delta(\text{B의 몰수})$$

$$\begin{aligned}
\text{평균속도} &= -\frac{\text{A의 몰수 변화량}}{\text{시간 변화량}} = -\frac{\Delta[\mathrm{A}]}{\Delta t} \\
&= -\frac{0.54\ \mathrm{mol} - 1.00\ \mathrm{mol}}{20\ \mathrm{s} - 0\ \mathrm{s}} \\
&= 0.023\ M/\mathrm{s}
\end{aligned}$$

이 속도를 A의 소멸속도(rate of disappearance)라 한다. 이 식의 부호에 유의하라. 반응 동안 A는 감소하므로 (−)부호가 붙는다. A의 소멸속도는 B의 생성속도와 같다는 것을 확인할 수 있다.

시간에 따른 속도 변화

실제적인 화학반응의 한 가지 예로 염화부탄이 물에 녹아 있을 때 반응을 생각해보자. 이 물질은 반응하여 뷰틸알코올과 염산을 생성한다.

표 16.1 C_4H_9Cl과 H_2O의 반응속도 데이터

시간 t(s)	C_4H_9Cl(M)	평균속도(M/s)
0.0	0.1000	1.9×10^{-4}
50.0	0.0905	1.7×10^{-4}
100.0	0.0820	1.6×10^{-4}
150.0	0.0741	1.4×10^{-4}
200.0	0.0671	1.22×10^{-4}
300.0	0.0549	1.01×10^{-4}
400.0	0.0448	0.80×10^{-4}
500.0	0.0368	0.560×10^{-4}
800.0	0.0200	
10,000	0	

$$C_4H_9Cl(aq) + H_2O(l) \longrightarrow C_4H_9OH(aq) + HCl(aq)$$

0.1000 M C_4H_9Cl 수용액을 만든 직후의 여러 시간에서 C_4H_9Cl 농도를 측정해서 얻은 데이터를 표 16.1에 나타내었다. 이 자료로부터 C_4H_9Cl의 평균소멸속도를 계산할 수 있다.

50초마다 측정한 평균속도가 계속 감소하는 것을 알 수 있다. 반응이 진척되면서 반응속도가 느려지는 것이 일반적인 현상인데, 그것은 반응물의 농도가 감소하기 때문이다. 반응이 진행되면서 반응속도가 줄어드는 것은 C_4H_9Cl의 농도를 시간에 따라 나타낸 그림 16.2에서도 볼 수 있다. 곡선의 기울기가 시간에 따라 감소하고 있다.

그림 16.2는 어떤 시점에서 반응의 순간속도(instantaneous rate)를 결정할 수 있

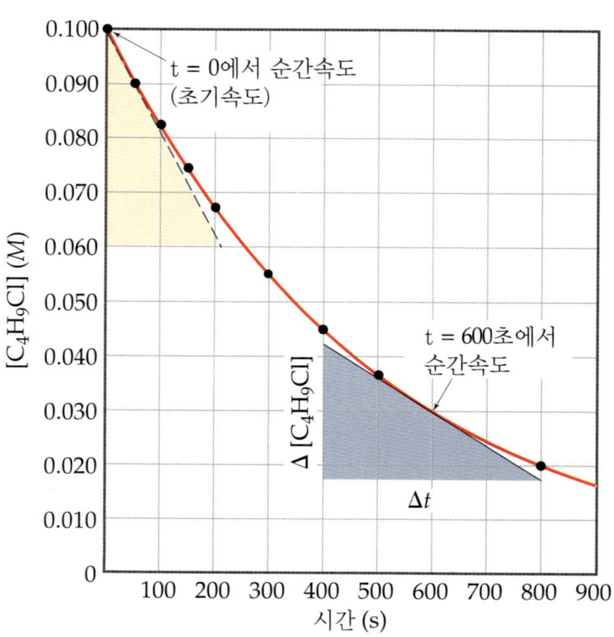

▶ **그림 16.2 시간의 함수로서 염화부탄(C_4H_9Cl)의 농도.** 점들은 표 16.1의 실험 자료를 나타낸다. 데이터를 완만한 곡선으로 연결하였다. 어느 순간의 반응속도는 그 시간에서 곡선에 대한 접선의 기울기이다. 접선의 기울기는 수직변화를 수평변화로 나눈 것으로 정의한다. 즉 $[C_4H_9Cl]/\Delta t$이다. 접선들은 t = 0와 t = 600초를 지나는 곡선에 접하게 그렸다.

다는 점에서 특별히 유용하다. 순간속도는 어느 시간에서 그 곡선에 접하는 접선으로부터 구한다. 그림 16.2에 $t = 0$ s 와 $t = 600$ s에서 접선을 각각 그렸다. 이 접선의 기울기는 각 시간에서의 순간속도를 나타낸다. 예를 들면 600초에서 순간속도를 측정하려면 이 시간에서 곡선에 대한 접선을 그린 다음 직각 삼각형을 만들어 수평선과 수직선을 긋는다. 기울기는 수평선에 대한 수직선 높이의 비이다. 600초에서 순간 반응속도는 다음과 같다.

$$\text{순간속도} = -\frac{(0.017 - 0.042)\ M}{(800 - 400)\ \text{s}} = 6.02 \times 10^{-5}\ M/\text{s}$$

앞으로 특별한 언급이 없으면 순간속도를 반응속도로 사용할 것이다.

예제 16.1

(a) 표 16.1의 자료를 이용하여 50.0 s에서 150.0 s까지의 시간동안에 C_4H_9Cl의 평균 소멸속도를 구하시오. (b) 그림 16.2를 이용하여 $t = 0$에서 C_4H_9Cl의 순간 소멸속도(초기속도)를 구하시오.

해답:

(a) $$\text{평균속도} = \frac{\Delta[C_4H_9Cl]}{\Delta t} = -\frac{(0.0741 - 0.0905)\ M}{(150.0 - 50.0)\ \text{s}} = 1.64 \times 10^{-4}\ M/\text{s}$$

(b) 초기속도는 그림 16.2의 점선의 기울기이다. 0부터 200초 사이의 시간변화에서 $[C_4H_9Cl]$은 0.100 M로부터 0.060 M로 감소한다. 그러므로 초기속도는

$$\text{속도} = -\frac{(0.060 - 0.100)\ M}{(200 - 0)\ \text{s}} = 2.0 \times 10^{-4}\ M/\text{s}$$

보충예제

그림 16.2를 이용하여 $t = 300$초에서 C_4H_9Cl의 순간 소멸속도를 구하시오.

답: $1.1 \times 10^{-4}\ M/\text{s}$

반응속도와 화학량론

가상적 A ⟶ B의 반응에서 A의 소멸속도는 B의 생성속도와 같아야 한다는 사실을 알았다. 또한 1몰의 C_4H_9Cl이 소비될 때마다 1몰의 C_4H_9OH가 생성된다. 그러므로 C_4H_9OH의 생성속도는 C_4H_9Cl의 소멸속도와 일치한다.

$$\text{속도} = -\frac{\Delta[C_4H_9Cl]}{\Delta t} = \frac{\Delta[C_4H_9OH]}{\Delta t}$$

화학량론의 관계가 위의 예처럼 1:1이 아닌 경우에는 어떻게 될 것인가? 예를 들어 다음과 같은 반응에서

$$2HI(g) \longrightarrow H_2(g) + I_2(g)$$

반응속도를 HI의 소멸속도나 H_2 (또는 I_2)의 생성속도로 나타낼 경우를 생각해 보자. 2몰의 HI가 소멸되어 1몰의 H_2와 1몰의 I_2를 생성한다. 따라서 HI의 소멸속도는 H_2나 I_2의 생성속도의 두 배이다. 이 속도를 등식으로 나타내려면 HI의 소멸속도를 2(균형화학식의 계수)로 나누어야 한다.

$$속도 = -\frac{1}{2}\frac{\Delta[HI]}{\Delta t} = \frac{\Delta[H_2]}{\Delta t} = \frac{\Delta[I_2]}{\Delta t}$$

일반적으로 다음과 같은 반응에서

$$aA + bB \longrightarrow cC + dD$$

속도는 다음과 같다.

$$속도 = -\frac{1}{a}\Delta[A] = -\frac{1}{b}\Delta[B] = \frac{1}{c}\Delta[C] = \frac{1}{d}\Delta[D]$$

예제 16.2

(a) 다음 반응에서 오존의 소멸속도는 산소의 생성속도와 어떤 관계인가? $2O_3(g) \longrightarrow 3O_2(g)$ (b) 어느 순간에 산소의 생성속도 $\Delta[O_2]/\Delta t$가 6.0×10^{-5} M/s이면 같은 순간에 오존의 소멸속도 $-\Delta[O_3]/\Delta t$은 얼마인가?

해답: (a) 균형식의 계수를 이용하면 다음과 같다.

$$속도 = -\frac{1}{2}\frac{\Delta[O_3]}{\Delta t} = \frac{1}{3}\frac{\Delta[O_2]}{\Delta t}$$

(b) (a)의 관계식을 이용하면 다음과 같다.

$$-\frac{\Delta[O_3]}{\Delta t} = \frac{2}{3}\frac{\Delta[O_2]}{\Delta t} = \frac{2}{3}(6.0 \times 10^{-5}\ M/s) = 4.0 \times 10^{-5}\ M/s$$

보충예제

N_2O_5의 분해는 다음 식에 따라 진행된다.

$$2N_2O_5(g) \longrightarrow 4NO_2(g) + O_2(g)$$

반응용기에서 N_2O_5의 분해속도가 $4.2 \times 10^{-7}\ M/s$이면 NO_2와 O_2의 생성속도는 각각 얼마인가?

답: $8.4 \times 10^{-7}\ M/s$, $2.1 \times 10^{-7}\ M/s$

16.3 농도와 반응속도

반응물의 농도가 감소하면 반응속도는 감소한다. 그와 반대로 반응물의 농도가 증가하면 일반적으로 반응속도는 증가한다. 반응속도에 대한 농도 영향을 연구하는 하나의 방법은 초기농도를 변화시키면서 반응속도를 측정해보는 것이다. 다음과 같은 반응을 생각해보자.

$$NH_4^+(aq) + NO_2^-(aq) \longrightarrow N_2(g) + 2H_2O(l)$$

NH_4^+나 NO_2^-의 농도를 시간의 함수로 측정하거나 또는 포집한 N_2의 부피를 측정하여 이 반응의 속도를 연구할 수 있다.

NH_4^+와 NO_2^-의 여러 가지 초기 농도에 대한 초기 반응속도(t = 0에서 순간속도)를 일단 결정하면 표 16.2와 같은 자료를 얻는다. 이 자료에서 보는 것처럼 $[NH_4^+]$나 $[NO_2^-]$가 변하면 반응속도도 변하는 것을 알 수 있다. $[NO_2^-]$를 일정하게 유지하면서 $[NH_4^+]$를 두 배로 증가하면 반응속도는 두 배로 증가한다(실험 1과 2를 비교). 만일 $[NH_4^+]$를 네 배로 증가시키면(실험 1과 3을 비교) 반응속도는 네 배로 증가한다. 이러한 결과로부터 반응속도는 $[NH_4^+]$에 비례한다는 것을 알 수 있다. $[NH_4^+]$를 일정하게 유지하면서 $[NO_2^-]$를 유사하게 변화시키면 반응속도는 같은 방식으로 변하며 반응속도는 NO_2^-의 농도에도 정비례한다고 볼 수 있다. 따라서 전체 반응의 농도 의존성은 다음과 같이 표시할 수 있다.

$$\text{속도} = k\,[NH_4^+][NO_2^-] \qquad [16.2]$$

반응속도가 반응물의 농도에 어떻게 의존하는가를 보여주는 이러한 식을 속도법칙(rate law)이라 한다. 속도법칙의 상수 k를 속도상수(rate constant)라 한다. k의 크기는 반응에 대한 매우 중요한 정보를 제공한다.

만약 어떤 반응의 속도법칙과 반응물 농도에 대한 속도를 안다면 속도상수 k 값을 계산할 수 있다. 예를 들면 표 16.2의 자료와 실험 1의 결과를 속도식에 대입하면

$$5.4 \times 10^{-7}\ M/s = k(0.0100\ M)(0.200\ M)$$

이 식을 k에 대하여 풀면

$$k = \frac{5.4 \times 10^{-7}}{(0.0100\ M)(0.200\ M)} = 2.7 \times 10^{-4}\ M^{-1}s^{-1}$$

k 값은 표 16.2의 다른 실험데이터를 사용하여도 얻을 수 있다.

표 16.2 25°C물에서 암모늄과 아질산이온의 반응속도 자료

실험번호	NH_4^+의 초기농도(M)	NO_2^-의 초기농도(M)	초기속도(M/s)
1	0.0100	0.200	5.4×10^{-7}
2	0.0200	0.200	10.8×10^{-7}
3	0.0400	0.200	21.5×10^{-7}
4	0.0600	0.200	32.3×10^{-7}
5	0.200	0.0202	10.8×10^{-7}
6	0.200	0.0204	21.6×10^{-7}
7	0.200	0.0606	32.4×10^{-7}
8	0.200	0.0808	43.3×10^{-7}

반응차수

반응의 속도법칙은 다음과 같은 일반식으로 나타낼 수 있다.

$$\text{속도} = k\,[\text{반응물 1}]^m[\text{반응물 2}]^n$$

지수 m과 n은 반응차수(reaction order)라 하고 이들의 합을 전체 반응차수(overall reaction order)라 한다. 예를 들면 NH_4^+와 NO_2^-의 반응에 대한 전체 반응차수는 2이다.

다음은 속도법칙의 또 다른 예들이다.

$$2N_2O_5(g) \longrightarrow 4NO_2(g) + O_2(g)$$
$$\text{속도} = k[N_2O_5] \qquad [16.3]$$
$$CHCl_3(g) + Cl_2(g) \longrightarrow CCl_4(g) + HCl(g)$$
$$\text{속도} = k[CHCl_3][Cl_2]^{1/2} \qquad [16.4]$$
$$H_2(g) + I_2(g) \longrightarrow 2HI(g)$$
$$\text{속도} = k[H_2][I_2] \qquad [16.5]$$

반응차수가 균형화학식의 계수와 일치하는 것은 아니다. 이 지수 값들은 실험적으로 결정되며 대부분의 속도법칙에서 반응차수는 0, 1, 2 등의 값을 갖는다. 그러나 반응차수가 분수 또는 음수를 갖는 속도법칙을 발견할 수도 있다.

속도상수의 단위

속도상수의 단위는 속도법칙의 전체 차수에 의존한다. 예를 들면 전체 2차 반응에서 속도상수의 단위는 다음을 만족해야 한다.

$$\text{속도의 단위} = (\text{속도상수의 단위})(\text{농도의 단위})^2$$

그러므로 보통 사용하는 농도와 시간의 단위로 부터

$$\text{속도상수의 단위} = \frac{\text{속도의 단위}}{(\text{농도의 단위})^2} = \frac{M/\text{s}}{M^2} = M^{-1}\text{s}^{-1}$$

예제 16.3

(a) 식 16.3과 16.4에 표시한 반응의 전체 반응차수는 얼마인가? (b) 식 16.3의 속도법칙에서 속도상수의 일반적 단위는 무엇인가?

해답: (a) 전체 반응차수는 속도법칙에 표시한 모든 반응물 농도의 지수의 합이다. 식 16.3의 반응은 N_2O_5에 대하여 1차이고 전체적으로도 1차이다. 식 16.4의 반응은 $CHCl_3$에 대하여 1차이고 Cl_2에 대하여 1/2차이다. 전체 반응차수는 3/2이다.

(b) 식 16.3의 속도법칙에서

$$\text{속도의 단위} = (\text{속도상수의 단위})(\text{농도의 단위})$$

그러므로

$$\text{속도상수의 단위} = \frac{\text{속도의 단위}}{\text{농도의 단위}} = \frac{M/\text{s}}{M} = \text{s}^{-1}$$

1차 반응에서 속도상수의 단위는 위에 설명한 2차 반응의 속도상수 단위와 다르다.

보충예제

(a) 식 16.5의 H_2 반응물의 반응차수는 얼마인가? (b) 식 16.4의 속도상수 단위는 무엇인가?

답: (a) 1, **(b)** $M^{-1/2}s^{-1}$

속도법칙의 결정에 초기속도의 이용

화학반응의 속도법칙은 실험적으로 결정된다. 단순하게 화학반응식으로부터 결정할 수 없다는 것이다. 반응물의 초기농도를 변화시키면 초기 반응속도에 영향을 준다. 만일 어떤 반응이 특정한 반응물에 대하여 0차이면 반응물의 농도가 변하여도 반응속도에 영향을 주지 않는다. 어떤 반응이 반응물에 대하여 1차이면 반응속도는 그 물질의 농도변화에 비례한다. 그러므로 농도를 두 배로 증가시키면 속도는 두 배로 증가한다. 속도법칙이 특정한 반응물에 2차일 때, 농도를 두 배 증가시키면 속도는 $2^2 = 4$배만큼 증가하고, 농도를 세 배 증가시키면 속도는 $3^2 = 9$배만큼 증가한다.

속도법칙을 사용할 때 반응속도는 농도에 의존하는 반면 속도상수는 그렇지 않다. 뒤에 설명하겠지만 속도상수(또는 반응속도)는 온도나 촉매의 유무에 따라 영향을 받는다.

예제 16.4

$A + B \longrightarrow C$ 반응의 초기속도를 다음 표에 나타내었다.

실험 번호	[A](M)	[B](M)	초기속도(M/s)
1	0.100	0.100	4.0×10^{-5}
2	0.100	0.200	4.0×10^{-5}
3	0.200	0.100	16.0×10^{-5}

이 자료를 이용하여 (a) 반응의 속도법칙, (b) 속도상수의 크기, (c) [A] = 0.050 M, [B] = 0.100 M일 때의 반응속도를 구하시오.

해답: (a) 속도법칙은 속도 = $k\,[A]^m[B]^n$과 같은 식으로 표시할 수 있다. 여기서 m과 n 값을 추정하여 구한다. [A]를 일정하게 유지하고 [B]를 두 배 증가시키면 속도는 일정하게 유지하는 것에 주목하자(실험 1과 2를 비교하라). B의 농도는 반응속도에 영향주지 않는다고 결론을 내릴 수 있다. 그러므로 속도법칙은 B에 대하여 0차이다. 실험 1과 3에서 [A]를 두 배 증가시키면 속도는 네 배 증가한다. 이 결과로부터 속도는 $[A]^2$에 비례하는 것을 알 수 있다. 반응은 A에 대하여 2차이다. 속도법칙은 다음과 같다.

$$\text{속도} = k\,[A]^2[B]^0 = k\,[A]^2$$

두 실험에서 구한 속도의 비를 이용하여 같은 결론을 내릴 수 있다.

$$\frac{\text{속도 2}}{\text{속도 1}} = \frac{4.0 \times 10^{-5}\, M/\text{s}}{4.0 \times 10^{-5}\, M/\text{s}} = 1$$

속도법칙을 이용하면

$$1 = \frac{\text{속도 2}}{\text{속도 1}} = \frac{k\,[0.100\, M]^m[0.200\, M]^n}{k\,[0.100\, M]^m[0.100\, M]^n} = \frac{[0.200\, M]^n}{[0.100\, M]^n} = 2^n$$

그러나 $n = 0$일 때만 $2^n = 1$이다. 같은 방법으로 m 값을 구할 수 있다.

$$\frac{\text{속도 3}}{\text{속도 1}} = \frac{16.0 \times 10^{-5}\, M/\text{s}}{4.0 \times 10^{-5}\, M/\text{s}} = 4$$

속도법칙을 이용하면

$$4 = \frac{\text{속도 3}}{\text{속도 1}} = \frac{k\,[0.200\, M]^m[0.100\, M]^n}{k\,[0.100\, M]^m[0.100\, M]^n} = \frac{[0.200\, M]^m}{[0.100\, M]^m} = 2^m$$

$2^m = 4$이므로 $m = 2$이다.

(b) 속도법칙과 실험 1의 자료를 이용하여

$$k = \frac{\text{속도}}{[\text{A}]^2} = \frac{4.0 \times 10^{-5}\, M/\text{s}}{(0.100\, M)^2} = 4.0 \times 10^{-3}\, M^{-1}\text{s}^{-1}$$

(c) (a)의 속도법칙과 (b)의 속도상수를 이용하면

$$\text{속도} = k\,[\text{A}]^2 = (4.0 \times 10^{-3}\, M^{-1})(0.050\, M)^2 = 1.0 \times 10^{-5}\, M/s$$

[B]는 속도법칙에 포함되지 않기 때문에 A와 반응하는 B가 약간만 존재하여도 반응이 일어나며 B는 속도에 중요한 요인이 되지 않는다.

보충예제

수소이온농도 $[\text{H}^+]$에 다음과 같이 의존하는 어떤 반응이 있다. 초기속도는 다음과 같이 $[\text{H}^+]$의 함수로 주어진다.

$[\text{H}^+](M)$	0.0500	0.100	0.200
초기속도(M/s)	6.4×10^{-7}	3.2×10^{-7}	1.6×10^{-7}

(a) $[\text{H}^+]$에 대한 반응차수는 얼마인가? (b) $[\text{H}^+] = 0.400\, M$일 때 초기 반응속도를 계산하라.

답: (a) −1(속도는 $[\text{H}^+]$에 반비례한다), (b) $0.80 \times 10^{-7}\, M/s$

16.4 시간에 따른 농도변화

속도법칙은 일정한 온도에서 반응물의 농도변화에 따라 반응속도가 어떻게 변하는가를 알려준다. 속도법칙은 반응이 일어나는 동안 특정한 시간에 반응물과 생성물의 농도를 알 수 있는 식으로 변환할 수 있다. 이 과정에서 기초적인 미적분이 필요하다. 미적분에 익숙하지 않더라도 유도된 식은 이용할 수 있어야 한다. 가장 간단한 1차 반응과 2차 반응속도법칙에 대하여 알아보자.

1차 반응

1차 반응(first-order reaction)은 반응속도가 반응물 농도의 1차에 비례한다. A가 생성물로 바뀌는 반응에서 속도법칙은 다음과 같다.

$$속도 = -\frac{\Delta[A]}{\Delta t} = -\frac{d[A]}{dt} = k\,[A]$$

미적분을 이용하면 이 식은 반응초기의 A 농도($[A]_0$)를 시간 t의 농도($[A]_t$)와 연관 지을 수 있다.

$$\ln[A]_t - \ln[A]_0 = -kt \qquad 혹은 \qquad \frac{\ln[A]_t}{\ln[A]_0} = -kt \qquad [16.6]$$

이 식은 다음과 같이 정리할 수 있다.

$$\ln[A]_t = -kt + \ln[A]_0 \qquad [16.7]$$

시간 t에 대한 $\ln[A]_t$의 그래프는 기울기가 $-k$,이고 절편이 $\ln[A]_0$인 직선이다.

1차 반응의 예로 메틸아이소나이트릴(CH_3NC)이 아세토나이트릴(CH_3CN)로 바뀌는 반응을 생각해보자(그림 16.3). 이 반응은 1차이므로 속도법칙을 다음과 같이 쓸 수 있다.

$$속도 = -\frac{\Delta[CH_3NC]}{\Delta t} = k\,[CH_3CN]$$

그림 16.4(a)는 기체상태의 메틸아이소나이트릴의 이성질체화반응에 대하여 시간에 따른 부분압의 변화를 보여준다. 여기서 압력의 단위를 기체의 농도 단위로 사용하였다. 그림 16.4(b)는 시간에 따른 압력의 자연대수값 변화를 보여주며 직선의 기울기는 $-5.1 \times 10^{-5}s^{-1}$이다. 직선의 기울기는 $-k$와 같으므로 이 반응의 속도상수는 $5.1 \times 10^{-5}s^{-1}$이다.

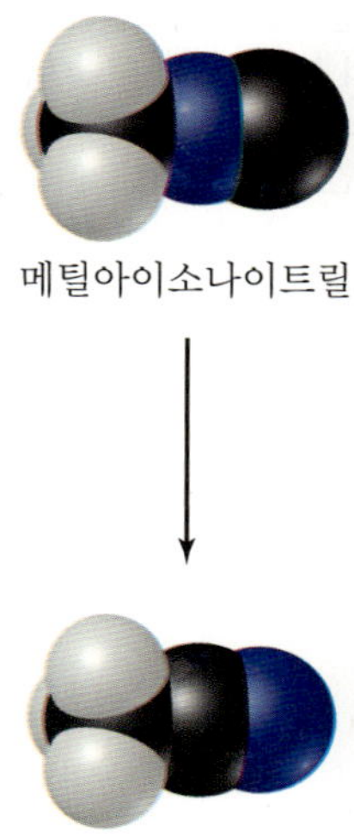

▲ **그림 16.3 1차 반응.** 메틸아이소나이트릴(CH_3NC)이 아세토나이트릴(CH_3CN)로 변하는 반응은 1차 반응이다. 메틸아이소나이트릴과 아세토니트릴은 이성질체이다. 이러한 반응을 이성질체화반응이라 한다.

예제 16.5

12°C의 물에서 살충제의 분해반응에 대한 1차 속도상수는 1.45 yr^{-1}이다. 이 살충제의 일정양이 6월 1일 호수로 흘러들어가 5.0×10^{-7} g/cm^3의 농도를 유지하였다. 호수의 온도는 12°C라고 가정하자. (a) 다음해 6월 1일 살충제의 농도는 얼마인가? (b) 살충제의 농도가 3.0×10^{-7} g/cm^3 로 감소하려면 얼마나 걸리는가?

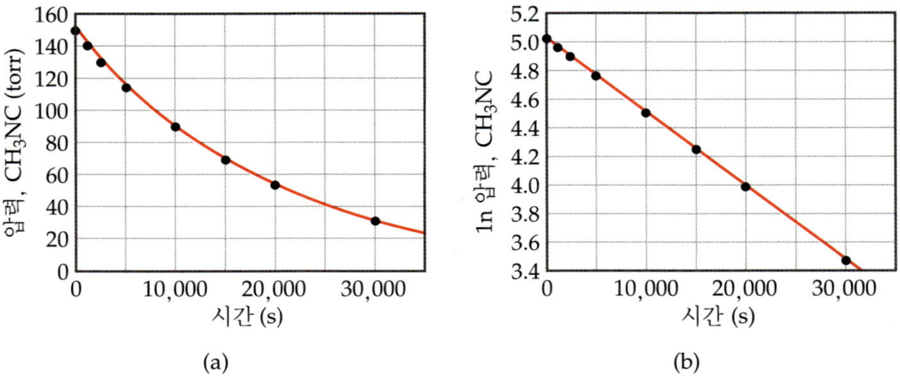

▶ 그림 16.4 메틸아이소나이트릴의 농도변화에 대한 데이터. (a) $CH_3NC \longrightarrow CH_3CN$ 반응에서 시간에 따른 메틸아이소나이트릴(CH_3NC)의 부분압력 변화(198.9°C). (b) 시간에 따른 CH_3NC 압력의 자연로그 값의 변화

해답: **(a)** $k = 1.45\ \text{yr}^{-1}$, $t = 1.00$ yr, $[\text{살충제}]_0 = 5.0 \times 10^{-7}\ \text{g/cm}^3$ 이다.

$$\ln[\text{살충제}]_{t=1\,\text{yr}} = -(1.45\ \text{yr}^{-1})(1.00\ \text{yr}) + \ln(5.0 \times 10^{-7})$$
$$\ln[\text{살충제}]_{t=1\,\text{yr}} = -1.45 + (-14.51) = -15.96$$
$$[\text{살충제}]_{t=1\,\text{yr}} = (e)^{-15.96} = 1.2 \times 10^{-7}\ \text{g/cm}^3$$

$[A]_t$와 $[A]_0$의 농도 단위는 같아야 한다.

(b) $[\text{살충제}]_t = 3.0 \times 10^{-7}\ \text{g/cm}^3$를 대입하면

$$\ln(3.0 \times 10^{-7}) = -(1.45\ \text{yr}^{-1})(t) + \ln(5.0 \times 10^{-7})$$

이것을 t에 대하여 풀면

$$t = -[\ln(3.0 \times 10^{-7}) - \ln(5.0 \times 10^{-7})]/1.45\ \text{yr}^{-1}$$
$$= -(-15.02 + 14.51)/1.45\ \text{yr}^{-1} = 0.35\ \text{yr}$$

보충예제

다음과 같은 N_2O_5의 분해반응은 1차 속도법칙에 따른다.

$$2N_2O_5(g) \longrightarrow 4NO_2(g) + O_2(g)$$

속도상수 k는 $8.5 \times 10^{-3}\ \text{s}^{-1}$이다. N_2O_5의 초기압력이 240 torr이면 300 s 후의 압력은 얼마인가?

답: 19 torr

반감기

반응의 반감기(half-life) $t_{\frac{1}{2}}$은 반응물의 초기농도가 반으로 줄어드는 데 걸리는 시간, 즉 $[A]t_{\frac{1}{2}} = 1/2[A]_0$이다. $[A]t_{\frac{1}{2}}$를 식 16.13에 대입하면 1차 반응의 반감기를 결정할 수 있다.

$$\ln \frac{\frac{1}{2}[A]_0}{[A]_0} = -kt_{1/2}$$

$$\ln\frac{1}{2} = -kt_{1/2}$$

$$t_{1/2} = \frac{\ln 2}{k} \qquad [16.8]$$

1차 반응의 경우 $t_{1/2}$는 반응물의 초기농도와 무관하다. 그러므로 반응이 진행하는 동안 어떤 시간에서도 반감기는 일정하다. 예를 들면 반응 중 어느 순간 반응물의 농도가 0.120 M이면 첫 번째 반감기 후에 (1/2)(0.120 M) = 0.060 M로 된다. 두 번째 반감기를 지나면 농도는 0.030 M로 감소한다. 반감기의 개념은 방사선 붕괴의 설명에 많이 사용된다.

예제 16.6

그림 16.2로부터 C_4H_9Cl과 물의 반응에 대한 반감기를 결정하라.

해답: 그림으로부터 [C_4H_9Cl]의 초기값이 0.100 M임을 알 수 있다.

이 1차 반응의 반감기는 [C_4H_9Cl]가 0.050 M로 감소하는 데 걸리는 시간이다. 이것은 약 340 s에 일어난다. 680 s에서 일어나는 두 번째 반감기의 끝에서 농도는 두 배만큼 감소하여 0.025 M로 된다. 그래프를 자세히 보면 이 사실을 알 수 있다.

보충예제

식 16.8을 이용하여 예제 16.5 보충예제 반응의 $t_{1/2}$를 계산하라.

답: 82 s

2차 반응

2차 반응(second-order reaction)은 반응속도가 반응물 농도의 제곱에 비례한다.

$$\text{속도} = k\,[\text{A}]^2$$

이 속도법칙은 미적분을 이용하여 다음 식으로 유도할 수 있다.

$$\frac{1}{[\text{A}]_t} = 2kt + \frac{1}{[\text{A}]_0} \qquad [16.9]$$

식 16.9에 나타낸 바와 같이 이 식도 직선의 형태로 나타난다($y = mx + b$). 만일 반응이 2차인 경우 $1/[\text{A}]_t$을 t에 대하여 나타내면 직선이다. 기울기는 k이고, y축 절편은 $1/[\text{A}]_0$이다. 1차와 2차 속도법칙을 구분하는 한 가지 방법은 t에 대한 $\ln[\text{A}]_t$와 $1/[\text{A}]_t$를 모두 그려보는 것이다. 만일 $\ln[\text{A}]_t$의 그래프가 직선이면 그 반응은 1차이고 만일 $1/[\text{A}]_t$의 그래프가 직선이면 그 반응은 2차이다.

식 16.9를 이용하여 2차 반응의 반감기를 구하면 다음과 같다.

$$t_{1/2} = \frac{1}{k\,[\text{A}]_0} \qquad [16.10]$$

1차 반응의 반감기와 달리 2차 반응의 반감기는 반응물의 초기농도에 의존한다. 초기농도가 작을수록 반감기는 커진다.

예제 16.7

300°C에서 이산화질소의 기체상 분해반응에 대하여 다음과 같은 자료를 얻었다. NO_2에 대한 반응차수를 구하시오.

$$2NO_2(g) \longrightarrow 2NO(g) + O_2(g)$$

시간(s)	$[NO_2](M)$
0.0	0.01000
50.0	0.00787
100.0	0.00649
200.0	0.00481
300.0	0.00380

해답: 반응이 1차 또는 2차인가를 확인하려면 시간에 대한 $\ln[NO_2]$와 $1/[NO_2]$를 그려본다. 주어진 자료로부터 다음과 같은 표를 만드는 것이 유용하다.

시간(s)	$[NO_2](M)$	$\ln[NO_2]$	$1/[NO_2]$
0.0	0.01000	−4.610	100
50.0	0.00787	−4.845	127
100.0	0.00649	−5.038	154
200.0	0.00481	−5.337	208
300.0	0.00380	−5.573	263

시간에 대하여 그래프를 그리면 $1/[NO_2]$의 그래프가 직선으로 나타난다. 그러므로 그 반응은 2차 속도법칙에 따른다. 즉 속도 $= k[NO_2]^2$이다. 이 직선의 기울기로부터 NO_2의 소멸에 대한 속도상수 $k = 0.543\ M^{-1}s^{-1}$을 구할 수 있다.

보충예제

위의 표로부터 NO_2의 분해반응에 대한 반응초기($t = 0$)의 반감기를 구하시오.

답: 184 s

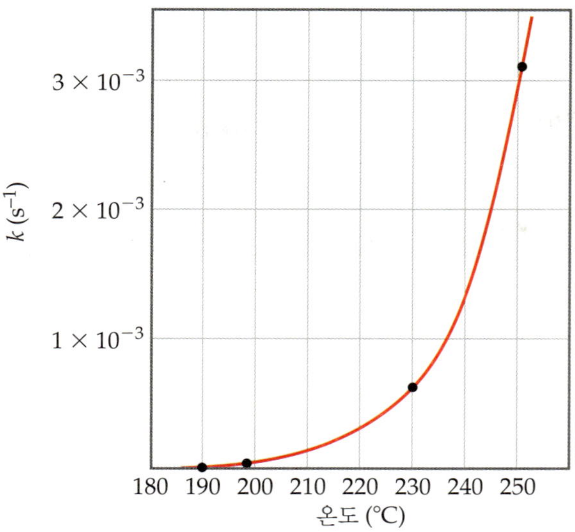

▲ **그림 16.5 속도상수의 온도 의존성.** 온도에 따른 메틸아이소나이트릴의 재배열반응에 대한 1차 속도상수의 변화

16.5 온도와 반응속도

대부분의 화학반응에서 온도가 올라가면 반응속도는 증가한다. 예를 들면 밀가루 반죽은 냉장고에 있을 때보다 실온에 있을 때 더 빨리 부풀어 오르고 식물들은 추울 때보다 따뜻한 날씨에서 더 빨리 자란다. 빛을 발생하는 화학발광을 관찰해보면 반응속도에 미치는 온도 영향을 잘 알 수 있다.

실험적으로 관찰된 온도 효과가 속도식에 어떻게 반영되는가? 농도는 온도의 영향을 크게 받지 않기 때문에 속도상수는 온도 증가에 따라 증가할 것이다. 예를 들면 $CH_3NC \longrightarrow CH_3CN$의 1차 반응을 다시 한 번 생각해보자. 그림 16.5는 이 반응의 속도상수가 온도의 함수임을 보여준다. 속도상수, 즉 반응속도는 온도에 따라 급격히 증가하며 대략 10°C 증가할 때마다 두 배로 증가한다.

충돌모형

반응속도는 반응물의 농도와 온도의 영향을 받는다. 이것을 분자 수준에서 어떻게 설명할 수 있을까? 이 두 가지 영향을 모두 설명하는 이론으로 반응속도론의 충돌모형(collision model)을 들 수 있다. 반응이 일어나려면 분자들이 충돌해야 한다는 것이 이 충돌모형의 주요한 개념이다. 단위시간당 발생하는 충돌횟수가 많을수록 반응속도는 커진다. 반응물의 농도 증가에 따라 충돌횟수도 증가하여 반응속도도 증가한다. 이러한 충돌모형으로 온도의 영향도 설명할 수 있다. 기체 분자운동론에서 온도가 증가하면 분자의 속도가 증가한다. 분자들이 더 빨리 움직일수록 그들은 더 많은 에너지를 가지고 더 자주 충돌하여 반응속도를 증가시킨다. 그러나 반응은 그렇게 간단하지 않다. 대부분의 반응에서 충돌하는 것 중의 일부만이 실제 반응으로 이어진다.

예를 들면 보통 온도와 보통 압력에 있는 H_2와 I_2의 혼합물에서 각 분자는 초당 약 10^{10}번 충돌한다. 만일 H_2와 I_2 사이의 충돌이 모두 HI를 생성한다면 반응은 1초

▶ **그림 16.6 에너지 장벽.** 골프공이 언덕을 넘으려면 선수는 언덕을 넘을 수 있는 운동에너지를 가해주어야 한다. 화학반응이라면 분자는 충돌을 통하여 에너지를 얻고 반응의 장벽을 넘을 수 있다.

도 안 되어 끝날 것이다. 그러나 이 반응은 상온에서 매우 느리게 진행된다. 10^{13}번 충돌 가운데 오직 1개만 반응한다. 그 이유는 무엇인가?

활성화에너지

1888년 스웨덴의 화학자 Svante Arrhenius는 분자들이 반응하려면 어떤 최소한의 에너지를 가지고 있어야 한다고 주장하였다. 충돌모형에 의하면 이 에너지는 충돌하는 분자들의 운동에너지로부터 나온다. 충돌에 의한 분자들의 운동에너지는 화학결합을 끊는 데 사용된다. 만일 분자들이 아주 작은 운동에너지를 가지고 천천히 움직이면 충돌은 하지만 화학변화는 일으키지 않는다.

반응이 일어나려면 충돌하는 분자들은 어떤 최소 에너지 이상의 운동에너지를 가져야 한다. 화학반응의 시작에 필요한 최소에너지를 활성화에너지(activation energy, E_a)라 한다. E_a 값은 반응에 따라 다르다.

반응이 일어나는 동안의 상황은 그림 16.6과 같다. 골프 퍼팅을 하는 사람은 언덕을 넘길 수 있을 만큼 충분한 운동에너지를 골프공에 가해야 한다. 충분한 에너지를 가하지 않으면 공은 언덕을 올라가다가 되돌아 내려올 것이다. 같은 이유로 분자들은 화학반응이 일어나는 동안 결합을 끊기에 필요한 최소한의 에너지가 필요하다. 예를 들면 메틸아이소나이트릴에서 아세토나이트릴로 재배열 반응을 할 때 분자의 N≡C 부분이 옆으로 정렬하는 중간상태를 통과할 것이라고 상상할 수 있다.

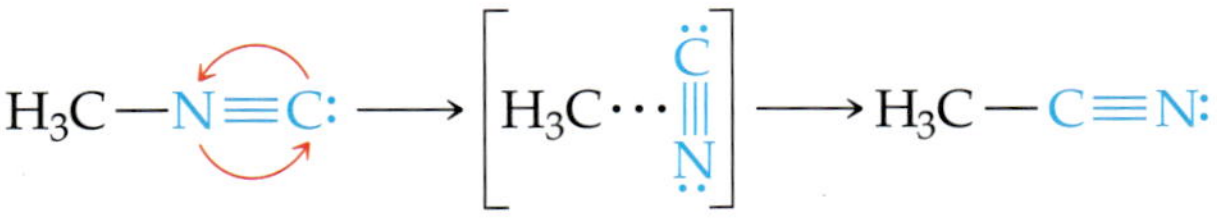

반응이 일어나는 동안 분자의 에너지 변화를 그림 16.7에 나타내었다. 출발물질과 반응 경로상의 가장 높은 상태간의 에너지 장벽을 활성화에너지 E_a라 한다. 에너지 장벽의 정점에서의 원자들의 특별한 배열을 활성화물(activated complex) 또는 전이상태(transition state)라 한다.

$H_3C—N{\equiv}C$의 $H_3C—C{\equiv}N$ 변환은 발열반응이다. 그러므로 그림 16.7에서 생성물의 에너지는 반응물보다 더 낮다. 반응에서 에너지 변화 ΔE는 반응속도에 아무런 영향도 주지 않는다. 반응속도는 E_a에 의존한다. 일반적으로 E_a가 낮을수록 반응은 빠르게 일어난다.

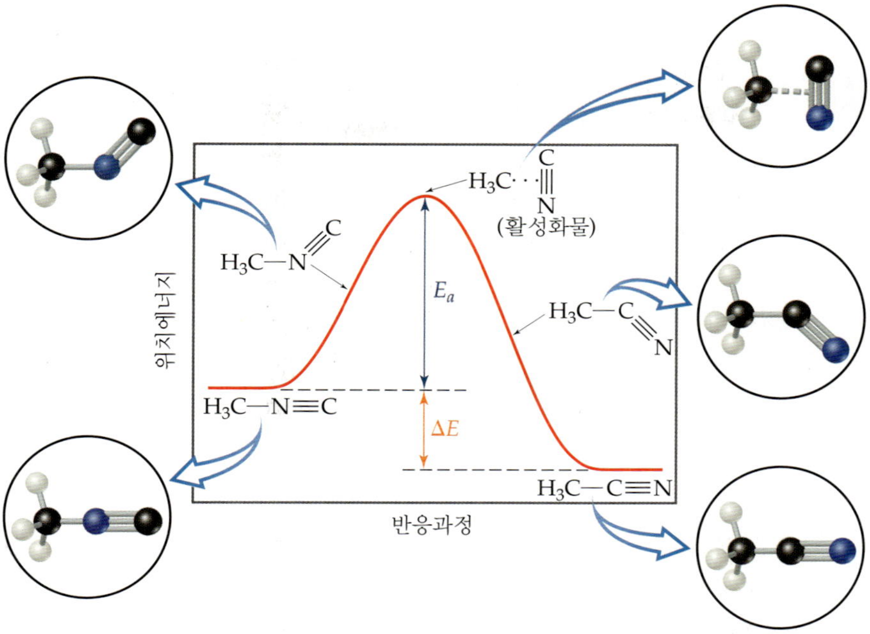

◀ **그림 16.7 메틸아이소나이트릴의 재배열반응에 대한 에너지 그림.** 반응물 분자는 아세토나이트릴로 바뀌기 전에 활성화에너지 장벽을 넘어야 한다.

에너지는 충돌에 의하여 분자간에 전달된다. 일정한 온도에서 기체분자들은 특정한 속도 분포를 갖는다. 그림 16.8에 서로 다른 두 온도에서 운동에너지의 분포를 보여준다. 반응에 필요한 최소에너지 E_a와 비교할 때, 온도가 높아지면 E_a보다 큰 운동에너지를 갖는 분자들이 더 많아지고 이로 인해 반응속도는 더 커진다.

반응이 일어나려면 반응물들이 충분한 에너지를 가지고 충돌해야 하는 조건 이외에 충돌방향이 적절해야 한다. 예를 들어 Cl 원자와 NOCl의 반응에 대하여 생각해보자.

$$Cl + NOCl \longrightarrow NO + Cl_2$$

그림 16.9(a)처럼 Cl 원자가 서로 충돌하여 Cl_2를 만들면 반응이 일어날 것이다. 이와 반대로 그림 16.9(b)와 같은 충돌은 비효과적이고 생성물을 만들지 못한다. 그러므로 반응이 일어나려면 충분한 에너지를 가질 뿐 아니라 적당한 방향에서 충돌이 일어나야 한다.

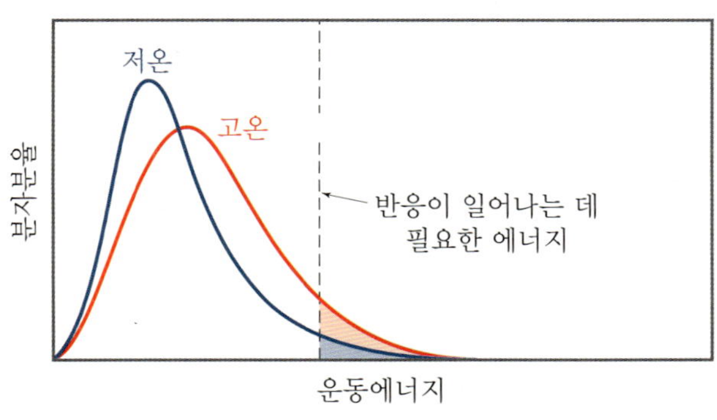

◀ **그림 16.8 서로 다른 두 온도에서 기체분자의 운동에너지 분포 비교.** 반응이 일어나는 데 필요한 최소한의 에너지를 갖는 분자수가 고온에서 더 많다.

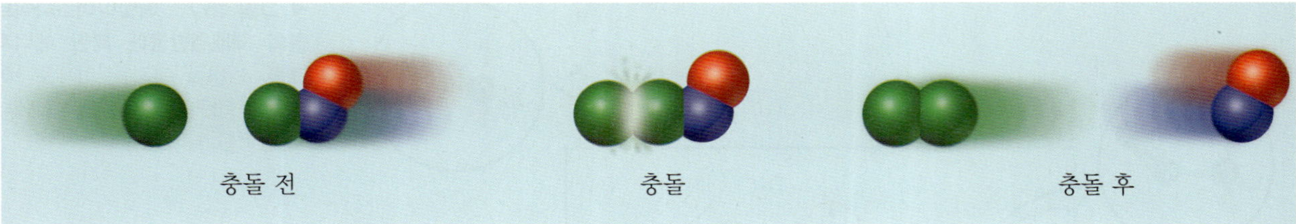

(a) 효과적인 충돌

(b) 비효과적인 충돌

▲ **그림 16.9 Cl 원자와 NOCl 분자가 충돌할 수 있는 가능한 두 가지 방법.** (a) 분자들이 적당한 방향에 있으면 충분한 에너지의 충돌에 의해 반응이 일어난다. (b) 충돌하는 분자들의 방향이 잘못되어 있으면 반응이 일어나지 않는다.

Arrhenius 식

Arrehnius는 그림 16.5처럼 대부분의 반응에서 온도가 증가하면 반응속도가 비선형적으로 증가한다는 것을 알고 있었다. 그는 반응속도가 다음과 같은 식을 따른다고 제안하였다.

$$k = Ae^{-E_a/RT} \quad [16.11]$$

여기서 k는 속도상수이다. 이 식을 Arrhenius 식이라 한다. E_a는 활성화에너지, R은 기체상수(8.314 J/mol·K), T는 절대온도이다. A는 충돌 빈도수와 관계가 있으며 또 반응에 유리한 배향과도 관련이 있다. E_a가 커지면 k 값은 작아진다. 그러므로 에너지 장벽이 증가할수록 반응속도는 감소한다.

식 16.11의 양쪽에 자연로그를 취하면 다음과 같은 식을 얻을 수 있다.

$$\ln k = -\frac{E_a}{RT} + \ln A \quad [16.12]$$

이 식은 $1/T$에 대한 $\ln k$의 그래프가 직선이며 기울기는 $-Ea/R$, y축 절편은 $\ln A$와 같다는 것을 말해주고 있다.

만일 서로 다른 두 온도에서 반응의 속도상수를 알면 그래프를 이용하지 않고 식 16.12로부터 E_a 값을 구할 수도 있다. 예를 들어 서로 다른 T_1과 T_2에서 반응의 속도상수가 k_1과 k_2라 가정하면 이 반응의 활성화에너지는 다음과 같이 구할 수 있다.

$$\ln k_1 = -\frac{E_a}{RT_1} + \ln A, \quad \ln k_2 = -\frac{E_a}{RT_2} + \ln A$$

$\ln k_1$에서 $\ln k_2$를 빼면

$$\ln k_1 - \ln k_2 = \left(-\frac{E_a}{RT_1} + \ln A\right) - \left(-\frac{E_a}{RT_2} + \ln A\right)$$

이 식을 정리하면

$$\ln\frac{k_1}{k_2} = \frac{E_a}{R}\left(\frac{1}{T_2} - \frac{1}{T_1}\right) \qquad [16.13]$$

온도 T_2에서의 활성화에너지와 속도상수 k_2를 알면 이 식으로부터 다른 온도 T_1의 속도상수 k_1 값을 쉽게 구할 수 있다.

예제 16.8

다음 표는 여러 온도에서 메틸아이소나이트릴의 재배열반응에 대한 속도상수 데이터이다.

온도(℃)	$k(s^{-1})$
189.7	2.52×10^{-5}
198.9	5.25×10^{-5}
230.3	6.30×10^{-5}
251.2	3.16×10^{-5}

(a) 이 자료들로부터 반응의 활성화에너지를 계산하라. (b) 430.0 K에서 속도상수 값은 얼마인가?

해답: (a) 먼저 온도를 절대온도 K로 바꿔야 한다. 그리고 각 온도의 역수($1/T$)와 각 속도상수의 자연로그($\ln k$)를 구한다.

T(K)	$1/T(K^{-1})$	$\ln k$
462.9	2.160×10^{-3}	-10.589
472.1	2.118×10^{-3}	-9.855
503.5	1.986×10^{-3}	-7.370
542.4	1.907×10^{-3}	-5.757

$1/T$에 대한 $\ln k$의 그래프는 직선이다. 이 직선의 기울기는 서로 다른 두 점을 택하여 각각의 좌표로부터 구할 수 있다.

$$\text{기울기} = \frac{\Delta y}{\Delta x} = \frac{-6.6-(-10.4)}{0.00195 - 0.00215} = -1.9 \times 10^4$$

이 식의 분자는 단위가 없고 분모의 단위는 K^{-1}이다. 기울기는 $-E_a/R$이다.

$$\text{기울기} = -\frac{E_a}{R}$$

$$E_a = -(\text{기울기})(R)$$
$$= -(-1.9 \times 10^4\ \text{K})\left(8.31 \frac{\text{J}}{\text{mol-K}}\right)\left(\frac{1\ \text{kJ}}{1000\ \text{J}}\right)$$
$$= 1.6 \times 10^2\ \text{kJ/mol} = 160\ \text{kJ/mol}$$

(b) 430.0 K에서 속도상수 k_1을 결정하기 위해 E_a = 160 kJ/mol, $k_2 = 2.52 \times 10^{-5}$ s^{-1}, T_2 = 462.9 K, T_1 = 430.0 K를 식에 대입하면

$$\ln\left(\frac{k_1}{2.52 \times 10^{-5}\ \text{s}^{-1}}\right) = \left(\frac{160\ \text{kJ/mol}}{8.31\ \text{J/mol-K}}\right)$$
$$\left(\frac{1}{462.9\ \text{K}} - \frac{1}{430.0\ \text{K}}\right)\left(\frac{1}{462.9\ \text{K}} - \frac{1000\ \text{J}}{1\ \text{kJ}}\right) = -3.18$$

따라서

$$\frac{k_1}{2.52 \times 10^{-5}\ \text{s}^{-1}} = e^{-3.18} = 4.15 \times 10^{-2}$$
$$k_1 = (4.15 \times 10^{-2})(2.52 \times 10^{-5}\ \text{s}^{-1}) = 1.0 \times 10^{-6}\ \text{s}^{-1}$$

보충예제

예제 16.8의 자료를 이용하여 280°C에서 메틸아이소나이트릴의 재배열반응에 대한 속도상수를 계산하라.

답: $2.1 \times 10^{-2}\ \text{s}^{-1}$

16.6 반응 메커니즘

화학반응식은 반응물과 생성물을 포함한다. 그러나 여기에는 반응이 어떤 과정을 통해서 일어나는가에 대한 정보는 포함되어 있지 않다. 반응이 일어나는 과정을 반응 메커니즘(reaction mechanism)이라 한다. 반응 메커니즘은 결합이 끊어지고 생성되는 순서와 반응에 따른 원자의 상대적 위치 변화 등을 정교한 수준에서 매우 자세하게 설명한다.

단일단계 반응

분자들 사이의 충돌 결과로 반응이 일어난다는 것을 배웠다. 예를 들면 메틸아이소나이트릴분자들 사이의 충돌은 에너지를 공급하여 CH_3NC가 재배열할 수 있게 해준다.

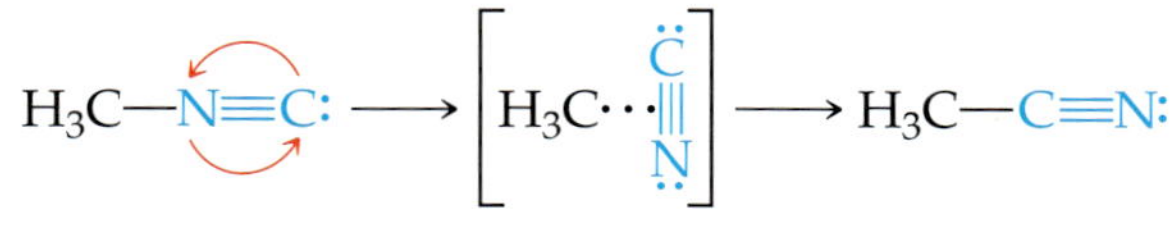

마찬가지로 NO와 O_3가 반응하여 NO_2와 O_2를 생성하는 반응은 충분한 에너지

를 갖는 NO 분자와 O_3 분자가 적당한 방향에서 충돌한 결과로 일어나는 것처럼 보인다.

$$NO(g) + O_3(g) \longrightarrow NO_2(g) + O_2(g) \qquad [16.14]$$

이러한 과정들은 모두 단번에 일어나는 것이고 단일단계과정(elementary step)이다. 단일단계과정에 반응물로 참여하는 분자의 수를 그 단계의 분자도(molecularity)라 한다. 만약 한 분자만 관여하면 이 반응을 일분자과정(unimolecular)이라 한다. 메틸아이소나이트릴의 재배열은 일분자 과정이다. 2개의 반응물 분자 사이의 충돌을 포함하는 단일단계 과정은 이분자과정(bimolecular)이라 한다. NO와 O_3간의 반응은 이분자반응이다. 단일단계 과정에서 3분자가 동시에 충돌하는 경우를 삼분자과정(termolecular)이라 한다. 3분자 이상의 과정은 일분자 과정이나 이분자 과정에 비해 일어날 확률이 극히 작고 거의 일어나지 않는다고 볼 수 있다.

균형화학반응식이 나타내는 실제 변화는 종종 여러 단계를 거쳐서 일어나는 경우가 많다. 예를 들어 NO_2와 CO의 반응을 생각해보자.

$$NO_2(g) + CO(g) \longrightarrow NO(g) + CO_2(g) \qquad [16.15]$$

온도가 225°C보다 낮으면 이 반응은 2개의 단일단계반응으로 진행하는 것처럼 보인다. 먼저 2개의 NO_2 분자는 충돌하여 하나의 산소원자가 다른 분자로 옮겨간다. 이때 생성된 NO_3는 산소원자 하나를 CO에 준다.

$$NO_2(g) + NO_2(g) \longrightarrow NO_3(g) + NO(g)$$
$$NO_3(g) + CO(g) \longrightarrow NO_2(g) + CO_2(g)$$

단일단계 과정을 모두 더하면 전체 과정의 화학반응식을 얻는다. 위의 예에서 단일단계 과정들을 모두 더하면 다음과 같다.

$$2NO_2(g) + NO_3(g) + CO(g) \longrightarrow NO_2(g) + NO_3(g) + NO(g) + CO_2(g)$$

이 식에서 화살표 양쪽의 공통 분자들을 제거하면 식 16.15와 같은 알짜 반응식이 얻어진다. 여기서 NO_3는 첫 번째 단일단계 과정에서 생성되고 두 번째 단계에서 소비되므로, 전체 반응을 놓고 볼 때 반응물도 생성물도 아니다. 이것을 중간체(intermediate)라 한다. 다단계 메커니즘은 하나 이상의 중간체를 포함한다.

예제 16.9

오존이 O_2로 변하는 과정은 2개의 단일단계과정을 거치는 것으로 제안되었다.

$$O_3(g) \longrightarrow O_2(g) + O(g)$$
$$O_3(g) + O(g) \longrightarrow 2O_2(g)$$

(a) 이 메커니즘에서 각 단계의 분자도를 설명하라. (b) 전체 반응의 화학반응식을 쓰라. (c) 만약 중간체가 있다면 설명하라.

해답: (a) 첫 번째 단일단계과정은 한 분자의 반응물만 관여하므로 일분자과정이다. 두 번

째 단계는 2개 분자가 나타나므로 이분자과정이다. (b) 2개의 단일단계과정을 더하면 다음과 같다.

$$2O_3(g) + O(g) \longrightarrow 3O_2(g) + O(g)$$

$O(g)$는 양변에 같은 양만큼 나타나므로 제거하여 간단히 하면 다음과 같은 알짜 반응식을 얻는다.

$$2O_3(g) \longrightarrow 3O_2(g)$$

(c) 중간체는 $O(g)$이다. 이것은 원래의 반응물이나 생성물이 아니라 첫 번째 단계에서 생성되고 두 번째 단계에서 소비된다.

보충예제

다음의 $Mo(CO)_6$의 반응에서

$$Mo(CO)_6 + P(CH_3)_3 \longrightarrow Mo(CO)_5P(CH_3)_3 + CO$$

제안된 메커니즘은 다음과 같다.

$$Mo(CO)_6 \longrightarrow Mo(CO)_5 + CO$$
$$Mo(CO)_5 + P(CH_3)_3 \longrightarrow Mo(CO)_5P(CH_3)_3$$

(a) 제안된 메커니즘은 전체 반응의 반응식과 잘 부합하는가? (b) 중간체를 지적하라.

답: (a) 그렇다. 두 식을 더하면 반응식을 얻는다. (b) $Mo(CO)_5$

16.7 촉매작용

촉매(catalyst)는 반응 동안 화학적으로 변화하지 않고 반응속도에 영향을 주는 물질이다. 우리 몸이나 대기 혹은 바다에서 일어나는 많은 반응들이 촉매의 도움을 받는다. 공업적으로 어떤 반응들에 대하여 효과가 높은 새로운 촉매를 찾는 일은 경제적인 측면에서 매우 유용하다.

염소산칼륨($KClO_3$)을 가열하여 산소를 얻는 반응은 다음과 같다.

$$2KClO_3(s) \xrightarrow{\Delta} 2KCl(s) + 3O_2(g)$$

촉매가 없으면 아무리 가열하여도 $KClO_3$는 쉽게 분해되지 않는다. 그러나 가열하기 전에 검은 이산화망간(MnO_2)과 $KClO_3$를 섞으면 반응이 아주 쉽게 일어난다. 이 반응에서 MnO_2는 화학반응에 참여하지 않고 $KClO_3$의 분해반응에 촉매로 작용한다.

균일 촉매작용

반응하는 분자들과 같은 상(phase)에 존재하는 촉매를 균일촉매(homogeneous catalysis)라 한다. 예를 들어 과산화수소 수용액[$H_2O_2(aq)$]이 물과 산소로 분해하는 반응을 생각해보자.

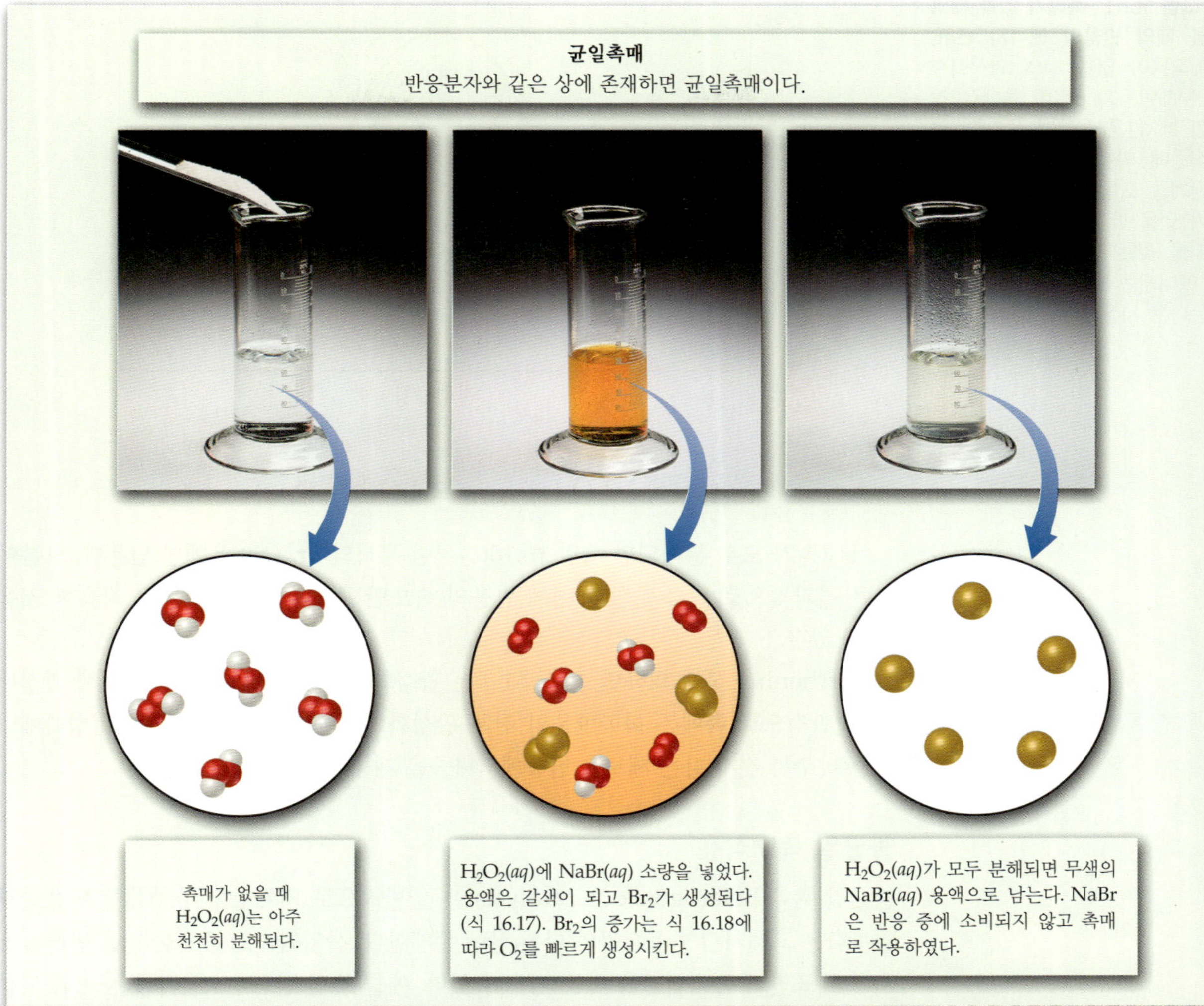

▲ **그림 16.10 촉매의 효과.** (a) 촉매가 존재하지 않으면 $H_2O_2(aq)$는 매우 느리게 분해한다. (b) 소량의 $NaBr(aq)$을 $H_2O_2(aq)$에 가하면 바로 Br_2를 생성하므로 용액은 갈색으로 변한다. Br_2의 생성은 $O_2(g)$를 빠르게 발생시킨다. (c) H_2O_2가 모두 분해되면 $NaBr(aq)$의 투명 용액이 된다. 그러므로 NaBr은 반응 중 소모되지 않고 반응의 촉매로 작용한다.

$$2H_2O_2(aq) \longrightarrow 2H_2O(l) + O_2(g) \qquad [16.16]$$

촉매가 없으면 이 반응은 매우 느리게 일어난다. 이 반응의 촉매역할을 하는 물질은 여러 가지가 있다. 예를 들면 그림 16.10(a)처럼 브롬이온은 산성 용액에서 과산화수소를 분해하여 브롬 수용액과 물을 생성한다.

$$2Br^-(aq) + H_2O_2(aq) + H^+(aq) \longrightarrow Br_2(aq) + 2H_2O(l) \qquad [16.17]$$

그림 16.10(b)에 나타나는 갈색은 $Br_2(aq)$가 생성되었음을 알려준다. 그런데 이것이 반응의 전부라면 브롬이온은 반응 중 화학적으로 변하였으므로 촉매가 아니다. 그러나 과산화수소는 식 16.17에서 생성된 $Br_2(aq)$와도 반응한다.

$$Br_2(aq) + H_2O_2(aq) \longrightarrow 2Br^-(aq) + 2H^+(aq) + O_2(g) \qquad [16.18]$$

식 16.17과 16.18을 더하면 바로 식 16.16을 얻는다.

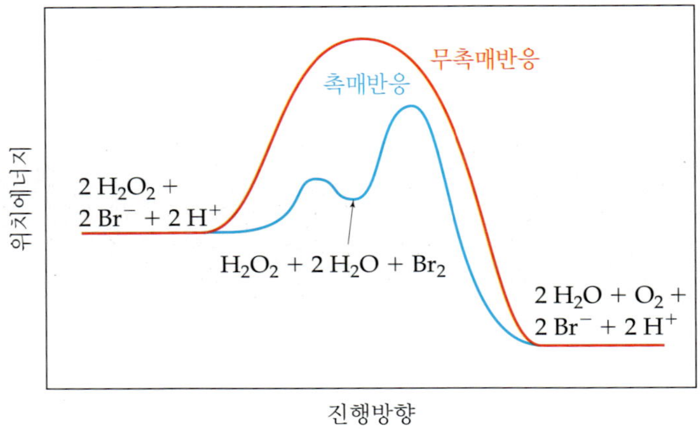

▶ **그림 16.11 촉매가 있을 때와 없을 때의 반응의 에너지 변화.** 촉매작용이 없을 때의 과산화수소 분해반응과 Br^-이 촉매로 작용할 때 반응의 에너지 그림. 촉매작용에 의한 반응은 2개의 연속단계를 포함한다. 각 단계는 촉매가 없을 때보다 낮은 활성화에너지를 갖는다. 반응물과 생성물의 에너지는 촉매에 의해 변하지 않는다는 사실에 주의하라.

$$2H_2O_2(aq) \longrightarrow 2H_2O(l) + O_2(g)$$

H_2O_2가 모두 분해되면 그림 16.10(c)처럼 무색의 $Br^-(aq)$ 용액만 남는다. 브롬이온은 결과적으로 변하지 않고 전체 반응의 속도만 증가시켜 반응촉매로 작용한 것을 알 수 있다.

Arrhenius 식에 의하면 속도상수 k는 활성화에너지 E_a와 인자 A에 의해 결정된다. 일반적으로 촉매는 화학반응의 전체 활성화에너지를 낮춘다. 촉매는 활성화에너지를 낮추는 전혀 다른 새로운 반응메커니즘을 제공한다(그림 16.11).

불균일 촉매작용

불균일 촉매(heterogeneous catalysis)는 일반적으로 기체상이나 액체상 반응물과 접촉하는 고체처럼 반응분자와 다른 상에 존재한다. 산업적으로 중요한 많은 반응들에서 고체표면이 촉매역할을 하는 경우가 있다. 예를 들면 탄화수소분자들은 소위 열분해(cracking) 촉매의 도움으로 재배열하여 가솔린을 생성한다. 불균일 촉매는 금속이나 금속 산화물의 경우가 종종 있다. 촉매반응은 표면에서 일어나므로 촉매를 만들 때 큰 표면적을 갖게 하는 특별한 방법을 사용한다.

불균일 촉매작용에서의 초기단계는 일반적으로 반응물의 흡착(adsorption)이다. 흡착은 분자가 표면에 물리적으로 결합하는 것을 말한다. 흡착은 고체표면의 원자나 이온들의 반응성이 크기 때문에 일어난다. 표면 원자들은 내부원자와 달리 원자가전자가 부족하고 다른 분자들이 쉽게 달라붙을 수 있다.

불균일 촉매작용의 예로 수소와 에틸렌이 반응하여 에탄을 생성하는 반응을 생각해보자.

$$C_2H_4(g) + H_2(g) \longrightarrow C_2H_6(g) \qquad \Delta H^\circ = -137 \text{ kJ/mol}$$

이 반응은 발열반응이지만 촉매가 없으면 매우 느리게 일어난다. 그러나 니켈, 팔라듐, 백금 등의 금속 분말이 있으면 실온에서도 쉽게 일어난다. 이 반응이 일어나는 메커니즘을 그림 16.12에 나타내었다. 에틸렌과 수소는 각각 금속 표면의 활성자리에

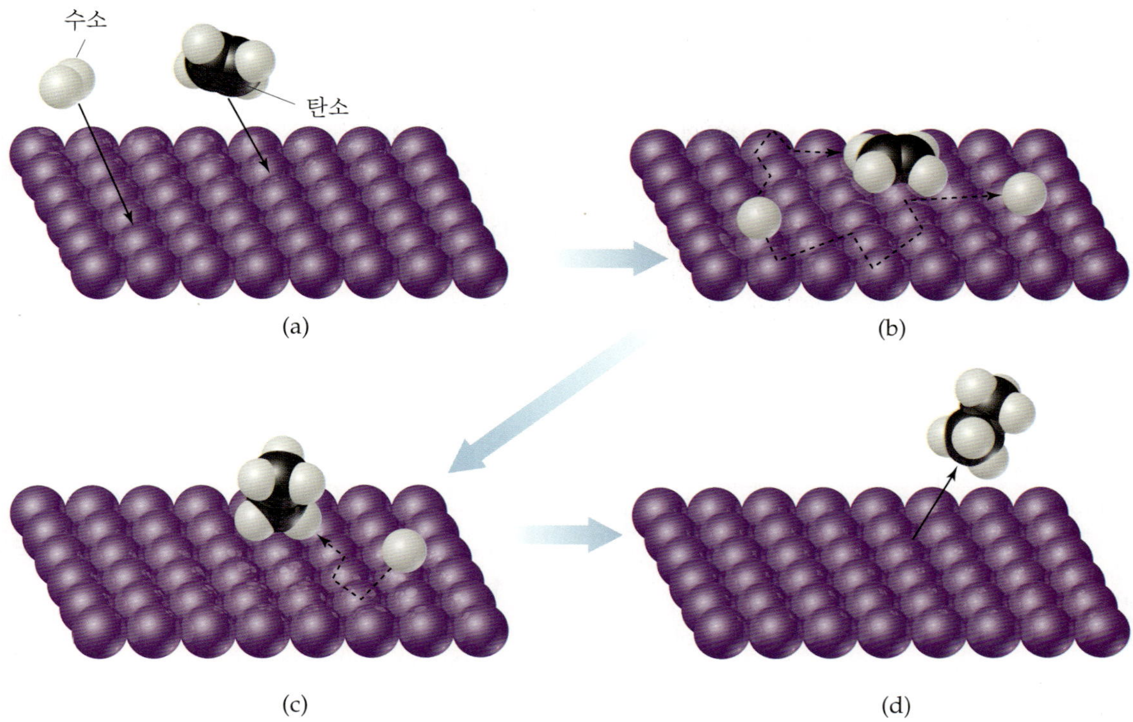

▲ **그림 16.12 촉매 표면에서 에틸렌과 수소의 반응 메커니즘.** (a) 수소와 에틸렌은 금속 표면에 흡착된다. (b) H—H 결합이 끊어져 흡착된 수소원자들이 생긴다. (c) 이들은 흡착된 에틸렌과 만나 탄소원자와 결합한다. (d) C—H 결합을 생성하면서 금속 표면의 분자흡착은 감소하고 에테인 분자는 금속 표면으로부터 떨어져 나간다.

흡착된다. 수소가 흡착되면서 H—H 결합은 끊어지고, 2개의 H 원자는 그림 16.12(b)처럼 금속 표면에 결합한 채로 남는다. 수소원자는 비교적 자유롭게 표면 위를 움직인다. 수소원자가 흡착한 에틸렌분자를 만나면 탄소원자 중 하나와 σ-결합을 생성하고 C—C 간의 π-결합을 끊는다. 에틸기(C_2H_5)는 금속-탄소간 σ-결합으로 표면에 결합한다. 이 σ-결합은 비교적 약해서 다른 탄소원자가 또 다른 수소원자를 만나면 여섯 번째 C—H σ-결합을 쉽게 생성하며 에탄분자는 금속 표면에서 떨어진다[그림 16.12(d)]. 활성자리는 다른 에틸렌분자를 흡착하여 같은 과정이 반복된다.

이 과정과 연관된 결합 엔탈피들을 살펴보면 촉매의 역할을 이해할 수 있다. 반응의 진행 중 H—H 간 σ 결합과 C—C 간의 π 결합이 끊어져야 하는데 그러기 위해 에너지를 공급해야 하며, 이 에너지를 반응의 활성화에너지로 생각할 수 있다. 새로운 C—H 간의 결합생성은 이보다 훨씬 더 많은 에너지를 방출하므로 결국 반응은 발열반응이다. H_2와 C_2H_4가 촉매표면에 결합하면 결합을 끊는 데 필요한 에너지는 더 작아지고 반응의 활성화에너지도 작아진다.

연습문제

16.1 (a) 반응속도란 무엇을 말하는가?

(b) 화학반응의 속도에 영향을 주는 세 가지 요인을 설명하라.

(c) 반응물의 소멸속도와 생성물의 생성속도 관계는 어떤 정보가 필요한가?

16.2 기체상반응 $A(g) \longrightarrow B(g)$에 의해 플라스크에 담겨 있는 0.100몰 A로부터 B가 생성된다. 다음은 시간에 따른 A의 몰 수 변화에 대한 자료이다.

시간(초)	0	30	60	90	120
A 몰수	0.100	0.0595	0.0354	0.0210	0.0125

(a) 각 측정 시간에서 B의 몰수를 계산하라.

(b) 매 30초 간격으로 A의 평균소멸속도를 mol/s의 단위로 계산하라.

(c) 반응속도를 농도/시간의 단위로 계산하려면 무엇을 더 알아야 하는가?

16.3 215°C의 기체상에서 메틸아이소나이트릴(CH_3NC)이 아세토나이트릴(CH_3CN)로 이성질화하는 반응에 대하여 다음의 실험결과를 얻었다. 각 측정간격에서 반응의 평균속도를 구하고 M/s의 단위로 나타내시오.

시간(s)	$[CH_3NC]$ (M)
0	0.0165
2.000	0.0110
5.000	0.0595
8.000	0.0314
12.000	0.0137
15.000	0.0074

16.4 예제 16.3의 실험결과를 이용하여 $[CH_3NC]$와 시간(t) 사이의 그래프를 그려라.

(a) t = 4000 s 및 t = 10,000 s에서 접선을 그려라.

(b) (a)의 접선을 이용하여 t = 4000 s 및 t = 10,000 s에서 순간속도를 M/s로 나타내라.

16.5 다음 기체상 반응에서 각 반응물의 소멸속도와 각 생성물의 생성속도가 어떤 관계인지를 설명하라.

(a) $H_2O_2(g) \longrightarrow H_2(g) + O_2(g)$

(b) $2N_2O(g) \longrightarrow 2N_2(g) + O_2(g)$

(c) $N_2(g) + 3H_2(g) \longrightarrow 2NH_3(g)$

16.6 (a) 속도법칙과 속도상수는 어떻게 다른가?

(b) 특정 반응물의 반응차수와 전체 반응차수는 어떻게 다른가?

(c) 전체 반응차수 = 2인 반응의 속도상수 단위는 무엇인가?

16.7 N_2O_5의 분해반응은 다음과 같다.

$$2N_2O_5 \longrightarrow 4NO_2 + O_2$$

속도법칙은 N_2O_5에 대해 1차이며, 45°C에서 속도상수는 $6.08 \times 10^{-4}\ s^{-1}$이다.

(a) 이 반응에 대한 속도법칙을 쓰라.

(b) $[N_2O_5] = 0.100\ M$일 때 반응속도는 얼마인가?

(c) N_2O_5의 농도가 0.200 M로 두 배 증가하면 속도는 어떻게 되겠는가?

16.8 다음 반응을 보자.

$$CH_3Br(aq) + OH^-(aq) \longrightarrow CH_3OH(aq) + Br^-(aq)$$

이 반응의 속도법칙은 CH_3Br에 대하여 1차이고 OH^-에 대하여 1차이다. $[CH_3Br]$이 0.010 M이고 $[OH^-]$가 0.10 M일 때 298 K에서 반응속도는 0.28 M/s이다.

(a) 속도상수의 값은 얼마인가?

(b) 속도상수의 단위는 무엇인가?

(c) OH^-의 농도가 세 배가 되면 반응속도는 어떻게 되겠는가?

16.9 "A + B + C ⟶ 생성물" 형태의 반응에 대해 다음과 같은 실험결과를 얻었다. A의 농도가 두 배이면 반응속도도 두 배이고, B의 농도는 세 배로 되어도 속도에는 영향을 미치지 않고, C의 농도가 세 배로 되면 반응속도는 9배가 된다.

(a) 이 반응의 속도법칙은 무엇인가?

(b) A, B, C의 농도가 모두 반으로 줄어든다면, 반응속도는 어떻게 변하겠는가?

16.10 다음은 $2NO(g) + O_2(g) \longrightarrow 2NO_2(g)$ 반응에서

NO의 소멸속도를 측정한 결과이다.

(a) 반응의 속도법칙은 얼마인가?

(b) 속도상수 단위는 무엇인가?

(c) 속도상수 값은 얼마인가?

실험	[NO](*M*)	$[O_2]$(*M*)	초기속도(*M*/s)
1	0.0126	0.0125	1.41×10^{-2}
2	0.0252	0.0250	1.13×10^{-1}
3	0.0252	0.0125	5.64×10^{-2}

16.11 **(a)** 1차 반응이란 무엇인가?

(b) 1차 반응의 경우 어떤 양을 시간에 대한 그래프로 나타내면 직선이 되는가?

(c) 1차 반응의 반감기는 초기 농도에 따라 달라지는가?

16.12 $NO_2(g)$와 $O_2(g)$를 생성하는 N_2O_5의 열분해는 1차 반응이며, 318 K에서 속도상수의 값은 318 K에서 $5.1 \times 10^{-4}\ s^{-1}$이다. 이 과정의 반감기는 얼마인가?

16.13 70°C에서 N_2O_5가 NO_2와 O_2로 분해되는 과정의 1차 속도상수는 $6.82 \times 10^{-3}\ s^{-1}$이다. 0.500 L의 용기에 0.300몰의 $N_2O_5(g)$를 넣어 반응을 진행할 때

(a) 1.5분 경과 후 N_2O_5는 몇 몰이나 남아 있겠는가?

(b) N_2O_5의 양이 0.030몰로 감소하는 데 걸리는 시간은 몇 분인가?

(c) 70°C에서 N_2O_5의 반감기는 얼마인가?

16.14 다음 반응은

$$SO_2Cl_2(g) \longrightarrow SO_2(g) + Cl_2(g)$$

SO_2Cl_2에 대해 1차이다. 다음의 실험결과를 이용하여 1차 속도상수의 크기를 결정하라.

시간(s)	SO_2Cl_2(atm)
0	1.000
2,500	0.947
5,000	0.895
7,500	0.848
10,000	0.803

16.15 예제 16.3의 자료를 보고

(a) 적당한 그래프를 사용하여 반응이 1차인지 혹은 2차인지를 결정하라.

(b) 이 반응의 속도상수의 값은 얼마인가?

(c) 반감기는 얼마인가?

16.16 383°C에서 NO_2의 NO와 O_2로 기체상 분해반응에 대하여 다음과 같은 자료를 얻었다.

(a) 이 반응은 NO_2의 농도에 대해 1차인가 또는 2차인가?

(b) 속도상수의 값은 얼마인가?

시간(s)	$[NO_2]$(*M*)
0.0	0.100
5.0	0.017
10.0	0.0090
15.0	0.0062
20.0	0.0047

16.17 **(a)** 충돌모형에서 가장 중요한 개념은 무엇인가?

(b) 두 분자 사이의 충돌이 화학반응을 결정짓는 요소에는 어떤 것들이 있는가?

(c) 충돌모형에 따르면 온도는 속도상수에 왜 영향을 주는가?

16.18 $2N_2O_5(g) \longrightarrow 4NO_2(g) + O_2(g)$ 반응의 활성화에너지(E_a)와 전체 ΔE는 각각 100 kJ/mol과 −23 kJ/mol이다.

(a) 이 반응의 에너지 도표를 그려라.

(b) 역반응의 활성화에너지는 얼마인가?

16.19 활성화에너지와 ΔE 값들로부터 다음 중 어느 반응이 가장 빠르고 어느 반응이 가장 느린지를 설명하라. 모든 충돌인자 값은 같다고 가정한다.

(a) $E_a = 30$ kJ/mol, $\Delta E = 10$ kJ/mol,

(b) $E_a = 45$ kJ/mol, $\Delta E = 210$ kJ/mol,

(c) $E_a = 20$ kJ/mol, $\Delta E = 220$ kJ/mol

16.20 두 반응이 같은 E_a 값을 갖는다고 하자. 만약 두 반응이 같은 온도에서 진행되면 속도상수 값이 같다고 할 수 있겠는가? 설명하라.

16.21 20°C에서 어떤 1차 반응의 속도상수 값이 $1.75 \times 10^{-1}\ s^{-1}$이다. 다음 경우에 60°C에서 속도상수 값은 얼마인가?

(a) $E_a = 55.5$ kJ/mol,

(b) $E_a = 121$ kJ/mol

16.22 다음 반응의 속도를 여러 온도에서 측정하여 아래 표의 결과를 얻었다.

$$CH_3COOC_2H_5(aq) + OH-(aq) \longrightarrow CH_3COO^-(aq) + C_2H_5OH(aq)$$

온도(°C)	$k(M^{-1}s^{-1})$
15	0.0521
25	0.101
35	0.184
45	0.332

위의 자료를 이용하여 ln$k$와 $1/T$ 의 관계를 그래프로 나타내라. 그래프를 이용하여 A와 E_a 값을 구하라.

16.23 어떤 반응의 활성화에너지는 76.7 kJ/mol이다. 50°C에서 이 반응은 0°C보다 얼마나 더 빨라지겠는가?

16.24 **(a)** 반응의 에너지 도표 중 어느 부분이 촉매의 영향을 받는가?

(b) 균일 촉매와 불균일 촉매는 어떻게 다른가?

16.25 NO_2는 SO_2가 SO_3로 산화될 때 촉매작용을 한다. 반응은 다음과 같이 진행한다.

$$NO_2(g) + SO_2(g) \longrightarrow NO(g) + SO_3(g)$$
$$2NO(g) + O_2(g) \longrightarrow 2NO_2(g)$$

(a) 두 반응을 더하면 SO_2는 O_2에 의해 SO_3로 산화하는 반응을 얻을 수 있음을 보여라.

(b) 이 반응에서 NO_2는 중간체가 아니라 촉매로 생각하는 이유는 무엇인가?

(c) 이 반응은 균일 촉매작용인가 불균일 촉매작용인가?

16.26 귀금속과 같은 금속성 촉매는 알루미나(Al_2O_3)나 실리카(SiO_2)와 같이 단위 질량당 표면적이 큰 물질의 표면에 박막 형태로 입히는 경우가 많다. 이렇게 하는 것이 촉매 물질을 사용하는 효율적인 방법이 되는 이유는 무엇인가?

16.27 촉매가 없을 때 반응의 활성화에너지는 85 kJ/mol이다. 촉매를 첨가하면 활성화에너지는 55 kJ/mol로 감소한다. 충돌인자는 변하지 않고 일정하다고 가정하면, 촉매에 의해 다음 온도에서 반응속도는 얼마나 빨라지겠는가?

(a) 25°C **(b)** 125°C

CHAPTER 17

탄화수소화합물

탄소원소는 방대한 수의 화합물을 생성한다. 현재 탄소를 포함하는 화합물의 수는 천육백만 개 이상 알려져 있으며, 매년 합성되는 새로운 화합물의 90% 정도가 탄소를 포함하고 있다. 탄소화합물의 연구는 유기화학(organic chemistry)이라는 화학의 한 분야를 구성한다. 이 유기화학이라는 용어는 살아 있는 생명체에 의해서 만들어진다는 믿음으로부터 유래하였지만 1828년 독일의 화학자 Friedrich Wöhler가 무기물질인 NH_4OCN으로부터 유기물질인 요소(H_2NCONH_2)를 합성함으로서 꼭 그렇지 않다는 것이 밝혀졌다. 이 장에서는 탄소화합물의 종류, 구조, 성질 등 유기화학의 기본적인 내용을 간단히 소개하고 유기화학의 기초를 이해하는 데 있어서 앞에서 언급하였던 기본개념들이 어떻게 적용되는지 살펴볼 것이다.

17.1 탄화수소의 분류

탄소화합물은 그 종류가 너무 많아 이들을 구조나 성질에 따라 유사한 그룹으로 체계화하는 것이 필요하다. 유기화합물의 가장 간단한 종류는 탄소와 수소만으로 이루어진 탄화수소(hydrocarbon)이다. 탄화수소와 대부분의 다른 유기물질의 주요한 구조적 특징은 안정한 탄소-탄소결합이다. 탄소는 유일하게 안정한 단일, 이중 또는 삼중결합을 모두 생성할 수 있는 원소이다.

탄화수소는 분자 내의 탄소–탄소결합의 형태에 따라 알케인(alkane), 알켄(alkene), 알킨(alkyne), 방향족(aromatic) 탄화수소의 네 가지 종류로 나뉜다(그림 17.1). 탄화수소에서 각각의 탄소원자 주위로는 4개의 결합이 존재한다(4개의 단일결합, 2개의 단일결합과 1개의 이중결합 또는 1개의 단일결합과 1개의 삼중결합).

알케인은 에테인(C_2H_6)처럼 단일결합으로만 이루어진 탄화수소이다. 알케인은 탄소원자에

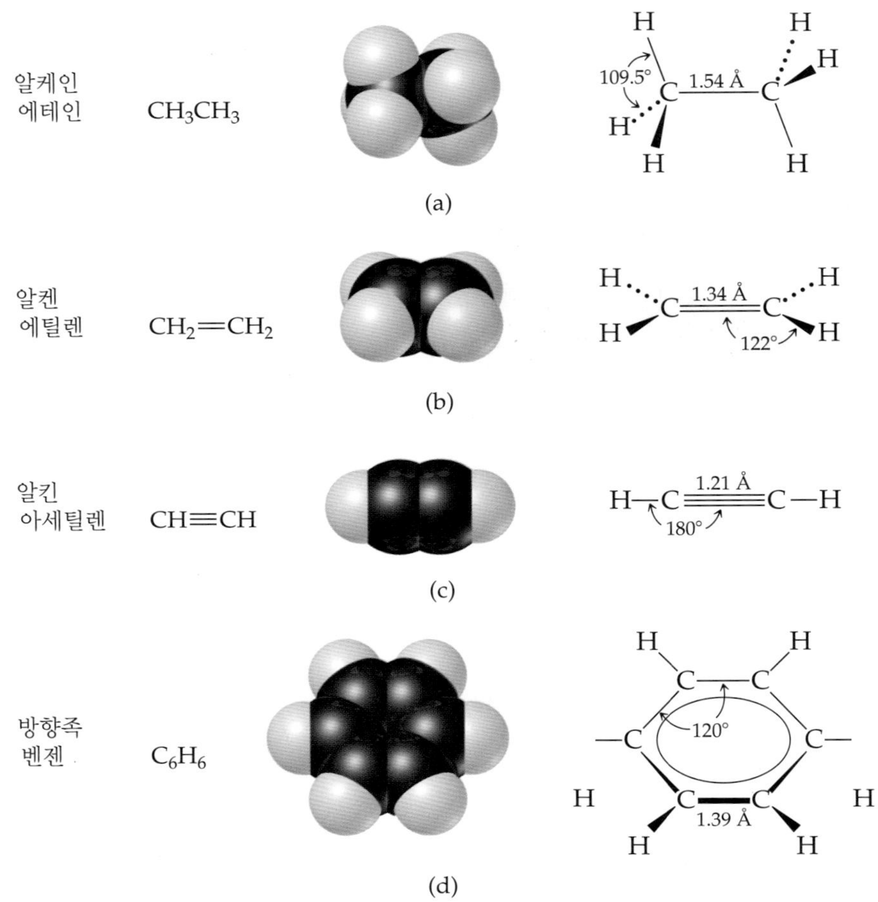

▶ 그림 17.1 탄화수소의 네 가지 유형. 각 탄화수소의 유형에 해당하는 화합물의 분자식과 기하구조를 나타내었다.

결합 가능한 수소 원자수가 최대가 되어 포화 탄화수소(saturated hydrocarbon)라고 한다. 올레핀으로 알려진 알켄은 에틸렌(C_2H_4)처럼 C═C 이중결합을 포함한다. 알킨은 아세틸렌(C_2H_2)처럼 C≡C 삼중결합을 포함한다. 방향족 탄화수소는 탄소원자들 사이에 σ 결합과 π 결합으로 이루어진 고리구조이다. 대표적으로 벤젠(C_6H_6)은 방향족 탄화수소로 알려져 있다. 알켄, 알킨, 그리고 방향족 탄화수소는 불포화 탄화수소(unsaturated hydrocarbon)라고 하는데, 그 이유는 같은 수의 탄소원자로 생성된 알케인보다 수소원자를 적게 포함하기 때문이다.

이러한 서로 다른 종류의 탄화수소들은 각각 다른 화학적 특징을 갖는다. 반면 그들의 물리적 특징은 여러 가지 면에서 비슷하다. 탄소와 수소는 전기음성도 값이 크게 다르지 않으므로(C의 전기음성도 = 2.5, H의 전기음성도 = 2.1) 탄화수소분자들은 상대적으로 비극성이다. 따라서 탄화수소분자들은 물과 같은 극성용매에는 거의 녹지 않고 비극성 용매에 잘 녹는다. 더욱이 녹는점과 끓는점은 London 분산력에 의하여 결정되므로 탄화수소들은 몰질량의 증가에 따라 휘발성이 감소하는 경향이 있다. 그러므로 C_2H_6 (bp = −89°C)같은 분자량이 작은 탄화수소는 상온에서 기체인 반면 C_6H_{14} (bp = 69°C)는 상온에서 액체이며, 분자량이 더 커지면 탄화수소는 고체 상태로 존재한다.

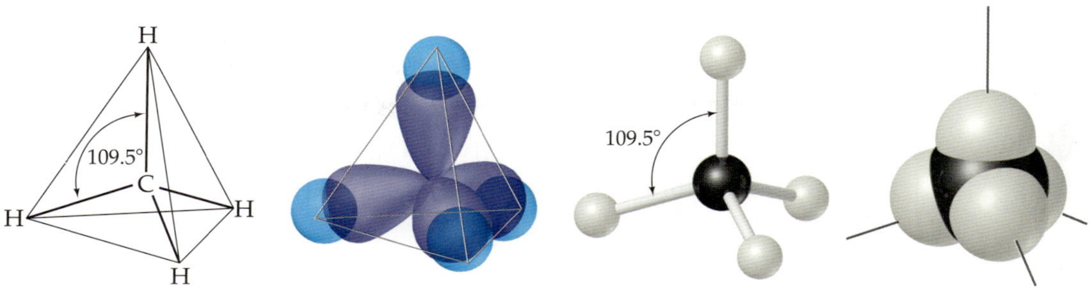

▲ 그림 17.2 메테인의 탄소원자 주위의 3차원 배열.

17.2 포화 탄화수소

표 17.1에 일련의 사슬구조의 알케인 화합물을 나타내었다. 이 화합물들은 일상생활에서 널리 사용되는 익숙한 물질들로서, 메테인은 천연가스의 주성분이고 가정용 취사 및 난방 연료로 많이 사용된다. 프로페인은 천연가스를 이용할 수 없는 지역에서 주로 메테인 대신 사용되고 뷰테인은 가스라이터나 휴대용 캔 연료로 많이 사용된다. 자동차 연료로 사용되는 가솔린은 5~12개 탄소원자를 갖는 알케인 분자들의 혼합물이다.

표 17.1에 보여준 알케인의 화학식은 구조를 함축적으로 나타낸 식이다. 이러한 표기 방식은 결합은 표시하지 않고 단지 결합 원자만 나타낸다. 예를 들어 뷰테인(C_4H_{10})의 Lewis 구조 및 함축 구조식은 다음과 같다. 유기화합물을 표시하는 데 이 두 가지 방식을 자주 사용한다. 알케인의 탄소원자는 4개의 단일결합을 하고, 수소원자는 1개의 단일결합을 하고 있다.

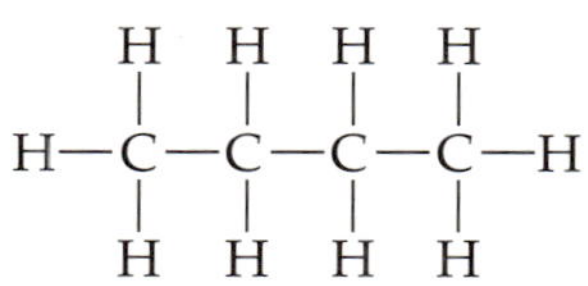

$H_3C-CH_2-CH_2-CH_3$

or

$CH_3CH_2CH_2CH_3$

표 17.1 곧은 사슬 알케인 계열 탄화수소화합물

분자식	함축 구조식	이름	끓는점(°C)
CH_4	CH_4	Methane	−161
C_2H_6	CH_3CH_3	Ethane	−89
C_3H_8	$CH_3CH_2CH_3$	Propane	−44
C_4H_{10}	$CH_3CH_2CH_2CH_3$	Butane	−0.5
C_5H_{12}	$CH_3CH_2CH_2CH_2CH_3$	Pentane	36
C_6H_{14}	$CH_3CH_2CH_2CH_2CH_2CH_3$	Hexane	68
C_7H_{16}	$CH_3CH_2CH_2CH_2CH_2CH_2CH_3$	Heptane	98
C_8H_{18}	$CH_3CH_2CH_2CH_2CH_2CH_2CH_2CH_3$	Octane	125
C_9H_{20}	$CH_3CH_2CH_2CH_2CH_2CH_2CH_2CH_2CH_3$	Nonane	151
$C_{10}H_{22}$	$CH_3CH_2CH_2CH_2CH_2CH_2CH_2CH_2CH_2CH_3$	Decane	174

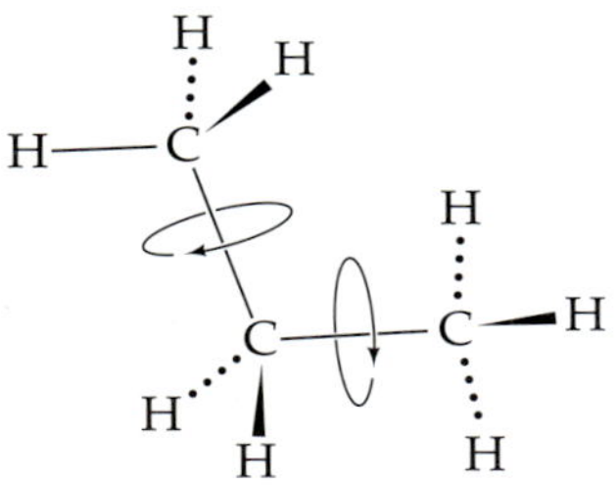

▲ **그림 17.3 탄소–탄소 단일 결합의 회전을 보여주는 프로페인의 3차원 모형.**

알케인의 구조

알케인의 Lewis 구조와 함축 구조식은 이 화합물들의 3차원구조에 대하여 어떤 것도 알려주지 않는다. VSEPR 모델로부터 예상했듯이 알케인의 각 탄소원자의 기하구조는 정사면체이다. 즉, 탄소원자와 결합하는 4개의 다른 원자들은 정사면체의 꼭지점에 놓이는 데 메테인의 3차원구조는 그림 17.2처럼 나타낼 수 있다. 탄소의 sp^3 혼성 오비탈을 사용하여 결합이 생성된다.

탄소–탄소 단일결합의 회전은 비교적 쉽고, 실온에서 매우 빠르게 일어난다. 이러한 회전을 보려면 그림 17.3의 프로페인 왼쪽 위의 메틸기를 고정하고 이 분자의 나머지 부분을 회전시킨다고 상상하라. 알케인은 분자 내에서 이러한 움직임이 매우 빠르고 쉽게 일어나 구조가 계속해서 변한다.

구조이성질체

표 17.1에 나열한 알케인들은 1개의 사슬에 모든 탄소원자들이 차례로 연결되어 곧은사슬 탄화수소(straight-chain hydrocarbon)라 한다. 4개 이상의 탄소를 갖는 알케인들은 가지사슬(branched chain)도 생성할 수 있다. 가지 사슬을 갖는 탄화수소들을 가지사슬 탄화수소(branched-chain hydrocarbon)라 한다. 그림 17.4는 탄소 수가 4개와 5개인 알케인 분자들의 가능한 함축 구조식과 공간채움 모형을 보여준다. 4개의 탄소원자를 포함하는 C_4H_{10}(뷰테인)분자는 곧은 사슬(왼쪽) 방식과 갈래사슬(오른쪽)방식이 모두 가능하다. 5개의 탄소원자를 포함하는 C_5H_{12}(펜테인)분자는 세 가지 구조가 가능하다. 이렇게 동일한 분자식을 갖지만 서로 다른 결합 배열을 하는 화합물을 구조 이성질체(structural isomer)라 하며 구조 이성질체는 물리적 특성이 서로 약간씩 다르다. 그림 17.4에 나타낸 뷰테인과 펜테인의 이성질체들의 녹는점 및 끓는점을 비교하여 보라. 구조 이성질체의 가능한 개수는 알케인의 탄소 수가 증가함에 따라 급격히 증가한다. 예를 들면 C_8H_{18} 분자식을 갖는 화합물의 가능한 이성질체 수는 18개이고, $C_{10}H_{22}$의 가능한 이성질체 수는 75개이다.

알케인의 명명

그림 17.4에서 구조 이성질체의 이름을 관용명으로 표시하였다. 곧은 사슬 이성질체는 노르말(normal) 이성질체라 하며, 약자로 접두어 *n*-을 붙인다. 가지사슬 형태를 아이소(iso) 이성질체라고 한다. 즉 *n*-butane 또는 iso-butane 으로 나타낸다. 이성질체 수가 매우 많아지면 각각의 이성질체를 나타내는 적절한 접두어를 찾는 것이 불가능하다. 유기화합물을 명명하는 체계적 방법의 필요성은 유기화학의 초기부터 인정되었다. 1892년 국제순수 및 응용화학회(IUPAC)는 유기물질들의 체계적 명명법을 논의하기 위하여 스위스 제네바에서 모였고, 그 후 화합물 명명에 대한 규칙의 개정은 국제 순수 및 응용화학회(IUPAC)가 주관하고 있다. 따라서 전 세계의 모든 화학자는 화합물 명명에 대한 공통된 체계를 따르고 있다(한글 명명법은 IUPAC의 명명법에 따라 대한화학회에서 제정한 규정을 따른다). 뷰테인과 펜테인 이성질체들의 IUPAC 이름을 그림 17.4의 관용명과 함께 괄호 안에 나타내었다.

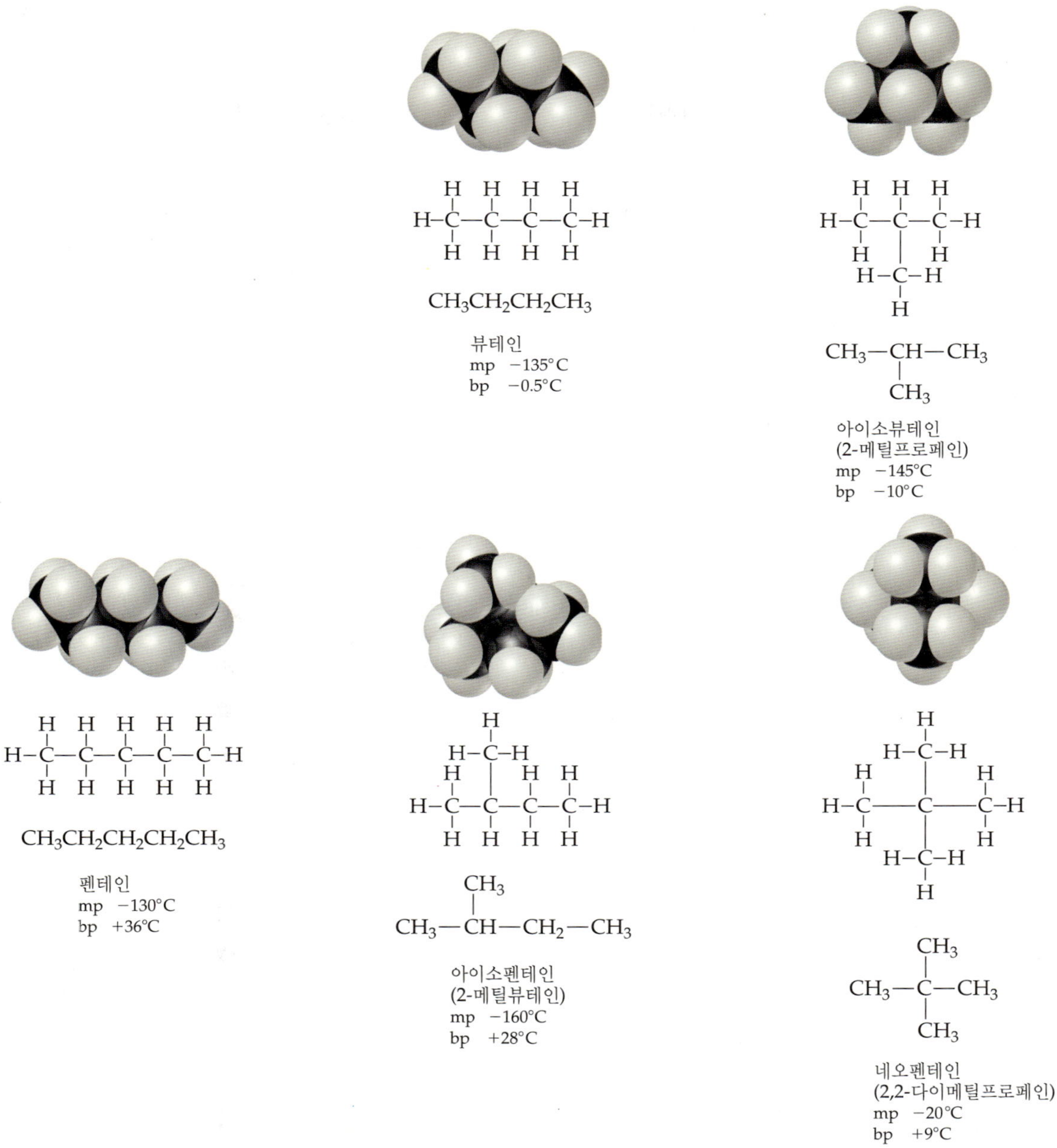

▲ **그림 17.4 C_4H_{10}과 C_5H_{12}의 이성질체.** C_4H_{10}은 2개의 구조이성질체가 존재하고 C_5H_{12}은 3개의 구조이성질체가 존재한다.

다음은 뷰테인과 펜테인을 포함한 알케인을 명명하는 과정을 요약한 것이다. 다른 유기화합물의 명명에도 이와 유사한 방법을 사용한다.

1. 탄소원자의 가장 긴 사슬을 찾는다. 화합물의 기본 이름으로 이 사슬의 이름을 사용한다. 다음 예처럼 가장 긴 사슬은 직선형이 아닐 수도 있다.

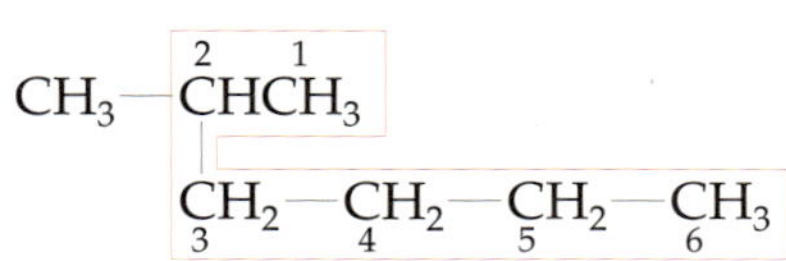

2-메틸헥세인

표 17.2 몇 가지 알킬기의 함축구조식 및 관용명

원자단	이름
CH_3-	메틸
CH_3CH_2-	에틸
$CH_3CH_2CH_2-$	프로필
$CH_3CH_2CH_2CH_2-$	뷰틸
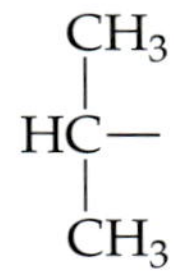	아이소프로필
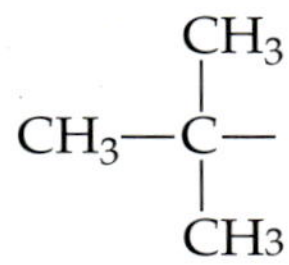	*tert*-뷰틸

이 화합물의 주 사슬은 6개의 탄소원자를 포함하므로 헥세인이라 명명한다. 주 사슬에 연결된 원자단(CH_3)은 주 사슬의 수소를 대신하는 것이므로 치환기(substituent)라고 한다.

2. 치환기에 더 가장 가까운 사슬 끝에서 시작하여 주 사슬탄소의 수를 센다. CH_3 치환기는 주 사슬의 한쪽 끝에서는 2번 탄소원자에 위치하고, 다른쪽 끝에서는 5번 탄소원자에 위치한다. 따라서 2번 탄소가 치환기에 더 가까운 탄소이다.
3. 각 치환기의 위치와 이름을 명명한다. 알케인에서 수소원자를 대신한 치환기를 알킬(alkyl)기라고 한다. 알킬기의 이름은 알케인의 이름에서 어미 −*ane*를 −*yl*로 대치한다. 예를 들어 메테인(CH_4)에서 메틸($-CH_3$), 에테인(C_2H_6)에서 에틸($-C_2H_5$)기가 유래한다. 표 17.2에 여러 가지 알킬기를 나타내었다. 2-메틸헥세인은 헥세인(6개 탄소) 사슬의 두 번째 탄소에 메틸(CH_3)기가 있음을 나타낸다.
4. 2개 이상의 서로 다른 치환기가 있을 때 알파벳 순서로 치환기를 나열한다. 같은 종류의 치환기가 2개 이상일 때 치환기 수를 표시하기 위하여 *di*-(2개), *tri*-(3개), *tetra*-(4개), *penta*-(5개) 등의 접두어를 사용한다(표 1.6 참조). 예로서 다음 화합물의 명명을 보자.

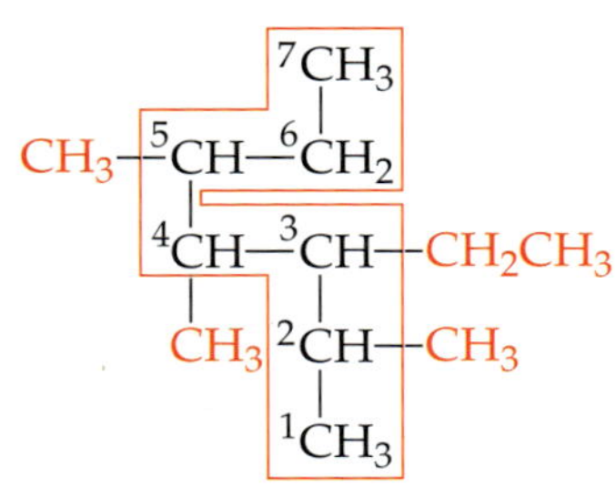

3-에틸-2,4,5-트라이메틸헵테인

예제 17.1

다음 알케인을 명명하라.

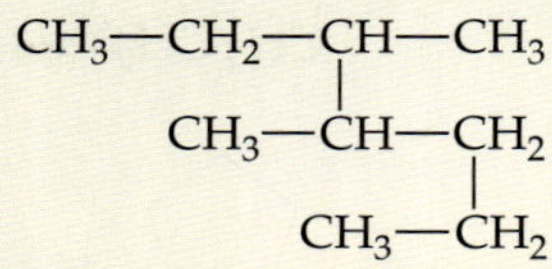

해답: 이 화합물을 명명하려면 우선 가장 긴 탄소원자의 연속사슬을 찾아야 한다. 가장 긴 탄소사슬은 7개의 탄소원자를 포함한다.

그러므로 이 화합물은 헵테인에서 파생한 구조이다. IUPAC 규칙은 치환기의 위치를 표시하기 위하여 가능하면 탄소에 작은 수의 번호를 붙인다. 따라서 왼쪽 탄소부터 번호를 붙이기 시작하면 3번 탄소와 4번 탄소에 모두 2개의 메틸기가 위치한다. 그러므로 이 화합물은 3,4-dimethylheptane이다.

보충예제

다음 알케인을 명명하여라.

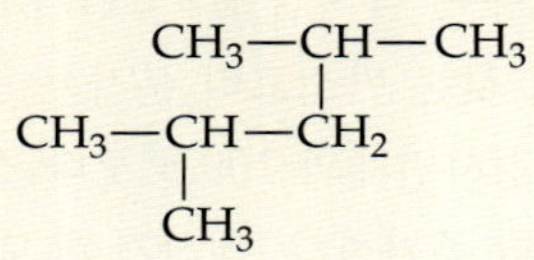

답: 2,4-dimethylpantane

예제 17.2

3-ethyl-2-methylpentane의 함축 구조식을 그려라.

해답: pentane으로부터 주 사슬의 탄소원자의 수는 5이다. 그러므로 5개의 탄소원자를 한 줄로 그리면

C—C—C—C—C

다음에 두 번째 탄소원자에 메틸기를 붙이고, 세 번째 탄소원자에 에틸기를 붙인다. 마지막으로 탄소에 4개의 단일결합을 만들기 위해 탄소원자들에 적절한 수의 수소원자를 붙인다. 따라서 구조식은 다음과 같다.

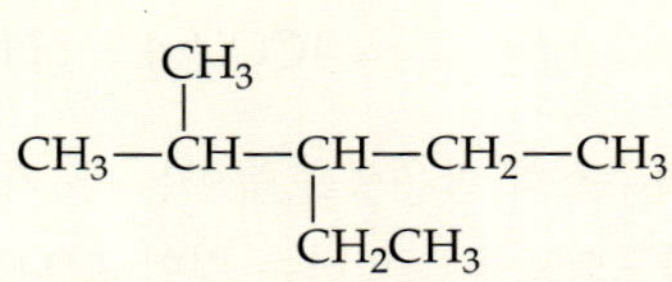

화학식은 간결하게 $CH_3CH(CH_3)CH(C_2H_5)CH_2CH_3$로 나타낸다.

보충예제

2,3-dimethylhexane의 함축 구조식을 쓰라.

답: 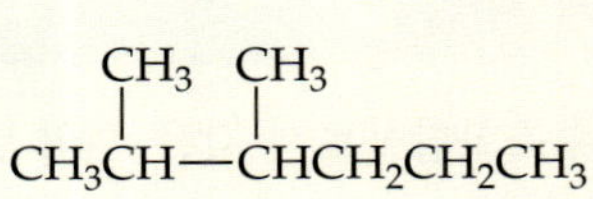 또는 $CH_3CH(CH_3)CH(CH_3)CH_2CH_2CH_3$

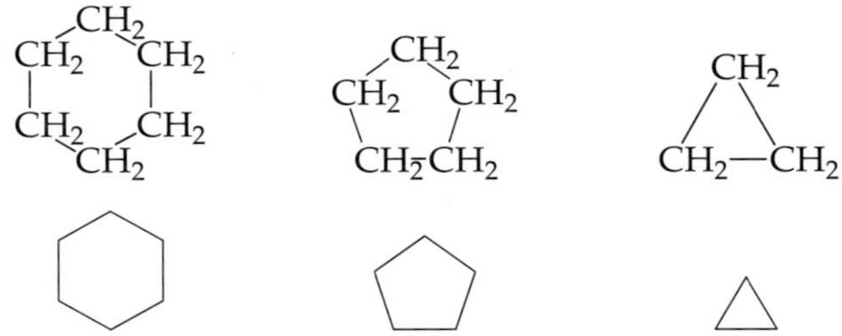

사이클로헥세인 사이클로펜테인 사이클로프로페인

▶ **그림 17.5 세 가지 사이클로 알케인의 함축 구조식.**

사이클로알케인

알케인은 가지 달린 사슬 형태뿐만 아니라 고리모양 분자로 존재한다. 고리구조를 갖는 알케인을 사이클로알케인(cycloalkane)이라 한다. 그림 17.5는 사이클로알케인의 몇 가지 예를 보여준다. 사이클로알케인의 구조는 보통 $-CH_2$ 원자단이 다각형의 꼭지점에 있는 구조로 나타낸다. 이 표현 방법은 벤젠고리를 나타내는 것과 비슷하나 벤젠처럼 방향족 화합물의 경우는 꼭지점에 $-CH$가 위치한다.

5개 이하의 탄소원자를 갖는 탄소고리 분자는 구조적으로 매우 불안정하다. 왜냐하면 C—C—C 결합각이 정사면체의 109.5°보다 작기 때문이다. 고리구조의 스트레인 정도는 고리가 작을수록 증가한다. 정삼각형 모양의 사이클로프로페인(C_3H_6)은 탄소원자간 결합각이 60°이다. 그러므로 이 분자는 곧은사슬의 프로페인(C_3H_8)보다 훨씬 반응성이 크다.

알케인의 반응

대부분의 알케인은 상대적으로 반응성이 낮다. 예를 들어 상온에서 알케인은 산, 염기 또는 센 산화제와 반응하지 않는다. 심지어 그들은 끓는 질산과도 반응하지 않는다. 알케인의 낮은 반응성은 C—C와 C—H의 강한 공유결합과 비극성에 기인한다.

그렇지만 알케인은 완전히 비활성은 아니다. 공업적으로 중요한 알케인의 반응 중 하나는 에너지 공급에 중요한 반응인 공기 중 연소반응(combustion)이다. 예를 들어 에테인의 완전 연소반응은 다음과 같다.

$$2C_2H_6(g) + 7O_2(g) \longrightarrow 4CO_2(g) + 6H_2O(l) \quad \Delta H = -2855 \text{ kJ}$$

다음 절에서 탄화수소의 반응성을 높이는 두 가지 방법을 설명할 것이다. 하나는 탄소-탄소 골격에 불포화도를 도입하는 것이고, 다른 하나는 탄소-탄소 사슬에 다른 작용기를 첨가하는 것이다.

17.3 불포화 탄화수소

알켄, 알킨, 그리고 방향족 탄화수소는 불포화 탄화수소화합물로서 같은 수의 탄소원

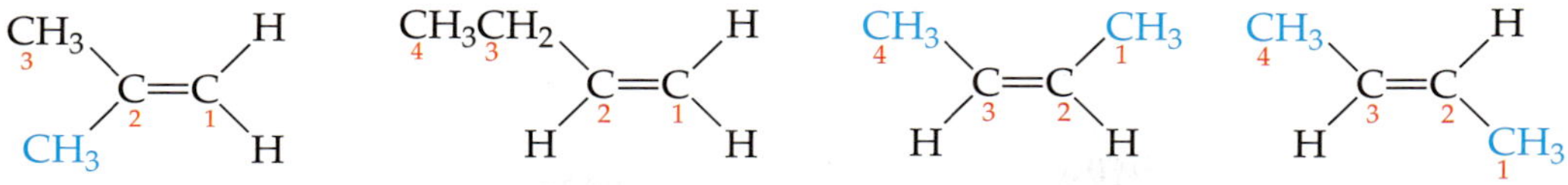

메틸프로펜 bp − 7°C | 1-뷰텐 bp − 6°C | 시스-2-뷰텐 bp + 4°C | 트랜스-2-뷰텐 bp + 1°C

▲ **그림 17.6** C_4H_8의 분자식을 갖는 알켄의 구조이성질체와 이름.

자를 가지고 있는 알케인보다 수소원자를 적게 포함한다. 1개 이상의 다중결합을 갖는 불포화 탄화수소는 구조나 반응성에 있어서 알케인과 매우 다르다.

알켄

알켄(alkene)은 C═C 이중결합을 포함하는 불포화 탄화수소이다. 가장 간단한 알켄은 $CH_2{=}CH_2$(에텐 혹은 에틸렌)이다. 탄소 수가 3개이면 $CH_3{-}CH{=}CH_2$(프로펜 혹은 프로필렌)이다. 4개 이상의 탄소원자를 갖는 알켄은 여러 개의 이성질체를 갖는다. 예를 들면 그림 17.6처럼 C_4H_8은 4개의 이성질체를 갖는다. 그것들의 구조와 이름및 끓는점을 비교하였다.

알켄의 이름은 이중결합을 포함하는 가장 긴 탄소사슬에 의해서 결정된다. 사슬의 이름은 표 17.1의 알케인명에서 유래하는 데 알케인의 접미사 −*ane*를 −*ene*으로 바꿔 부른다. 예를 들어 그림 17.6의 맨 처음 화합물은 이중결합을 포함하는 가장 긴 탄소사슬의 탄소 수가 3개이고 따라서 propene이라 부른다.

알켄의 탄소사슬 중 이중결합의 위치는 탄소원자의 번호를 사용하여 나타내는 데, 이중결합에 관여하는 탄소원자의 번호가 최소가 되도록 사슬의 한쪽 끝에서 번호를 붙인다. propene의 경우 가능한 이중결합 위치는 첫 번째와 두 번째 탄소 사이이며, 양쪽 끝 모두로부터 같은 결과를 주기 때문에 탄소의 번호를 명시할 필요가 없다. 그림 17.6의 첫 번째 화합물에서 메틸기는 두 번째 탄소에 위치한다. 그러므로 이 이성질체의 이름은 2-methylpropene이다. 다른 화합물들을 보면 가장 긴 사슬의 탄소원자 수는 4개이고, 이중결합의 가능한 위치는 첫 번째 탄소(1-butene) 혹은 두 번째 탄소(2-butene)이다.

화합물이 2개 이상의 이중결합을 포함하면 이중결합의 개수를 나타내기 위하여 −diene(이중결합이 2개), −triene(이중결합이 3개), −tetraene(이중결합이 4개) 등의 접미어를 이름의 끝에 붙인다. 예를 들면 $CH_2{=}CH{-}CH_2{-}CH{=}CH_2$는 1,4-pentadiene이다. 여기서 1,4-는 이중결합의 위치를 나타내는 탄소원자의 번호이며 penta는 주 탄소사슬의 원자 수가 5개이고 diene은 이중결합이 2개 존재함을 의미한다.

그림 17.6의 cis-2-butene과 trans-2-butene 이성질체는 메틸기의 상대적 위치가 서로 다르다는 것에 주목하라. 기하 이성질체(geometrical isomer)는 분자식과 결합 구조가 동일하지만 원자들의 공간적 배열이 서로 다른 화합물이다. 시스(cis) 이성질체는 2개의 메틸기들이 이중결합에 대하여 같은 쪽에 위치한 반면 트랜스(trans)

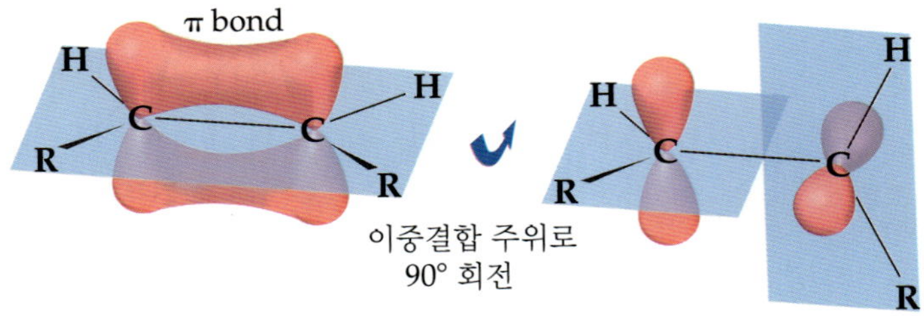

▶ 그림 17.7 알켄의 탄소–탄소 이중결합 회전 모형. π 결합을 생성하는 π 오비탈의 겹침은 분자내 회전이 일어나면 존재할 수 없게 된다. 따라서 π 결합이 끊어지는 이중결합 주위의 분자 회전은 쉽게 일어나지 않는다.

이성질체는 서로 반대쪽에 위치한다. 기하 이성질체들은 서로 다른 물리적 화학적 성질을 갖는다.

알켄의 기하이성질체의 존재는 C—C 단일결합과 다르게 C═C 이중결합은 비틀림(twisting)에 대하여 저항성이 있다. 그림 17.7처럼 σ 결합과 π 결합으로 구성되는 2개 탄소원자 사이의 이중결합을 갖는 cis 알켄을 살펴 보자. 탄소-탄소 결합 축, 수소원자와의 결합, 알킬기(R)와의 σ 결합은 모두 한 평면에 놓여 있다. π 결합을 생성하는 *p* 오비탈의 측면 겹침은 분자 평면에 수직으로 일어난다. π 결합을 끊는 C═C 이중결합 주위의 내부 회전은 많은 에너지가 요구되는 과정이고(약 250 kJ/mol) 쉽게 일어나지 않는다.

예제 17.3

pentene(C_5H_{10}) 의 이성질체를 모두 그려라.

해답: 5 개의 탄소원자로 이루어지고 C═C 이중결합을 하나 포함하는 탄소사슬을 모두 그리는 것이다. 이중결합의 위치가 다른 탄소사슬에 대하여 각각 cis, trans 구조를 확인한다. 가능한 구조들은

$CH_3—CH_2—CH_2—CH═CH_2$

1-펜텐

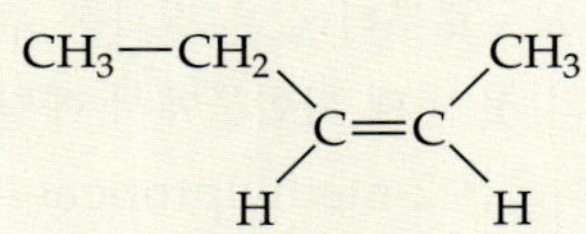

시스-2-펜텐

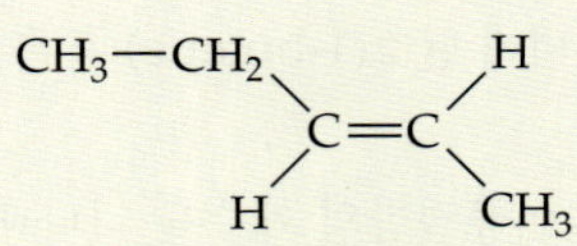

트랜스-2-펜텐

보충예제

헥센(C_6H_{12})은 몇 개의 이성질체가 존재하는가?

답: 5 개

알킨

알킨은 하나 이상의 C≡C 삼중결합을 포함하는 불포화 탄화수소이다. 반응성이 매우 큰 아세틸렌(C_2H_2)은 가장 간단한 알킨의 하나이다. 산소아세틸렌 불꽃은 높은 온

도가 필요한 용접에 쓰이며, 그 불꽃은 약 3200 K에 이른다. 알킨은 일반적으로 반응성이 매우 커 알킨 형태로 많이 존재하지 않지만, 다양한 공정에서 중요한 중간체 물질이다.

알킨의 명명은 우선 삼중결합을 포함하는 가장 긴 탄소사슬을 확인하고, 표 17.1 처럼 접미사를 −*ane*에서 −*yne*으로 바꾸면 된다.

예제 17.4

다음 화합물을 명명하라.

(a) 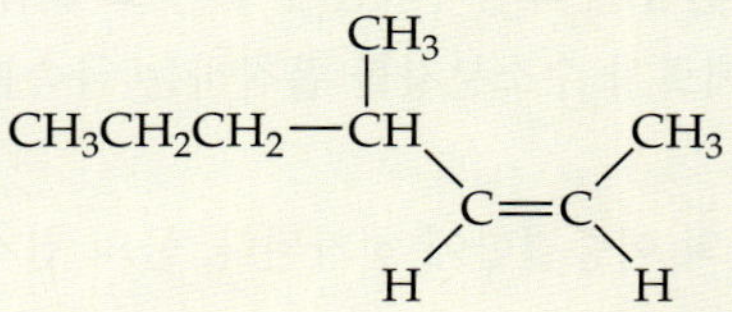

(b) 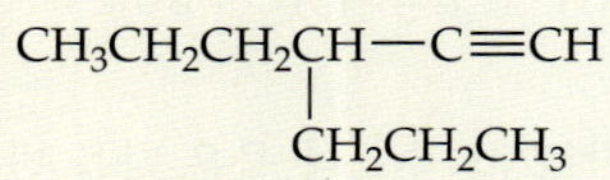

해답: (a)이중결합을 1개 갖고 있고 이중결합을 포함하는 주 탄소사슬의 탄소 수가 7개이므로 어미 화합물은 헵텐(heptene)이다. 이중결합은 두 번째 탄소에 위치한다(이중결합이 위치하는 탄소 번호가 최소가 되도록 한다). 그러므로 어미 탄화수소 사슬의 이름은 2-heptene이다. 또한 주 탄소사슬의 네 번째 탄소에 메틸기가 위치하여 화합물은 4-methyl-2-heptene 이다. 끝으로 알킬기들은 이중결합에 대해 같은 방향으로 놓여 있는 cis 구조이다. 이 화합물의 완전한 이름은 cis-4-methyl-2-heptene 이다.

(b) 삼중결합을 포함하는 주 탄소사슬의 탄소원자 수는 6이므로 이 화합물은 hexyne 의 유도체이다. 1 번 탄소에 삼중결합이 위치하여 1-hexyne 이다. 3번 탄소에 프로필기가 위치하므로 화합물은 3-propyl-1-hexyne

보충예제

4-methyl-2-pentyne의 함축 구조식을 그려라.

답: 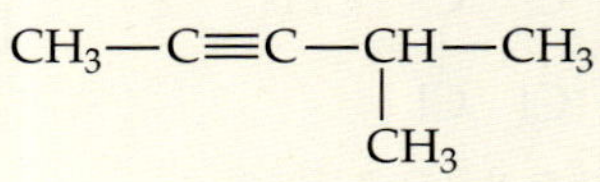

알켄과 알킨의 첨가반응

탄화수소에 탄소-탄소의 이중 또는 삼중결합이 존재하면 화학반응성은 크게 증가한다. 알켄과 알킨의 가장 특징적 반응은 첨가반응(addition reaction)이고, 반응물은 다중결합의 두 탄소원자에 첨가된다. 간단한 예는 에텐(ethene)에 브로민과 같은 할로젠 분자의 첨가반응이다.

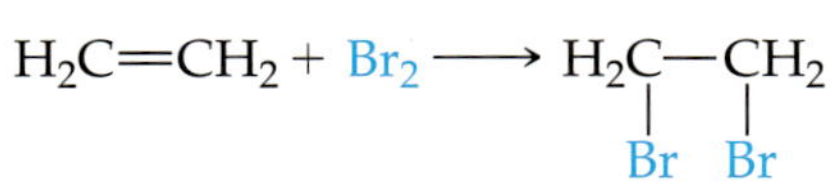 [17.1]

반응이 일어나면 에틸렌의 π 결합 전자들은 더 이상 짝을 이루지 않고, 2 개의 브로민 원자와 각각 결합하여 새로운 결합을 생성한다. 탄소원자 사이의 σ 결합은 그대로 남아 있다.

알켄에 H_2의 첨가반응이 일어나면 알켄은 알케인으로 변환된다.

$$CH_3CH{=}CHCH_3 + H_2 \xrightarrow{Ni,\ 500°C} CH_3CH_2CH_2CH_3 \qquad [17.2]$$

알켄과 H_2 사이의 반응을 수소화반응(hydrogenation)이라고 하는데 상온과 대기압 조건에서는 쉽게 일어나지 않는다. 알켄에 수소분자가 잘 반응하지 않는 것은 수소-수소 결합의 큰 결합 엔탈피 때문이다. 이 반응을 촉진하려면 수소-수소 결합을 깨는 촉매가 필요하다. 가장 널리 사용되는 촉매로서 수소분자를 흡착하는 금속분말이 있다.

할로젠화수소나 물은 다음 반응처럼 알켄의 이중결합에 첨가된다. 물의 첨가반응은 황산과 같은 센 산의 촉매작용으로 일어난다.

$$CH_2{=}CH_2 + HBr \longrightarrow CH_3CH_2Br \qquad [17.3]$$

$$CH_2{=}CH_2 + H_2O \xrightarrow{H_2SO_4} CH_3CH_2OH \qquad [17.4]$$

알킨의 첨가반응은 알켄과 같다.

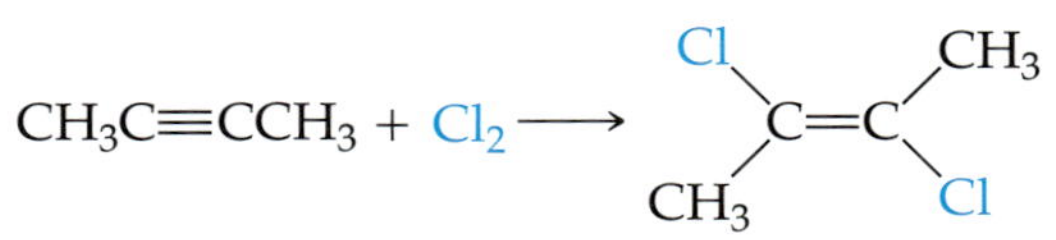

[17.5]

2-뷰틴 트랜스-2,3-다이클로로-2-뷰텐

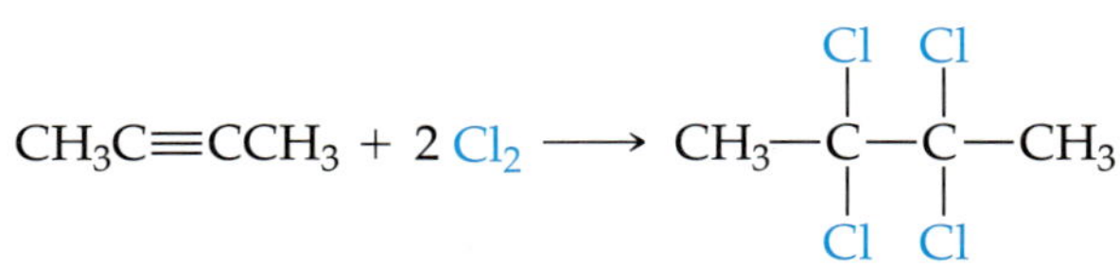

[17.6]

2-뷰틴 2,2,3,3-테트라클로로뷰테인

예제 17.5

3-methyl-1-pentene의 수소화반응 생성물을 예측하라.

해답: 반응물의 이름으로부터 이 화합물은 1번 탄소에 이중결합, 3번 탄소에 메틸기를 포함하며 주 탄소사슬의 탄소 수가 5개임을 알 수 있다.

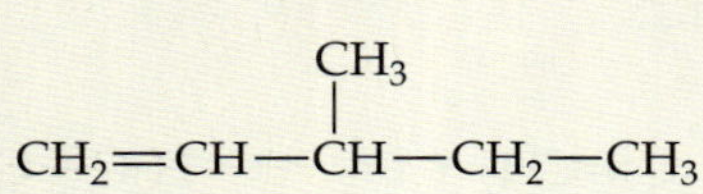

이중결합에 수소분자를 첨가하면 다음과 같이 알케인을 생성한다.

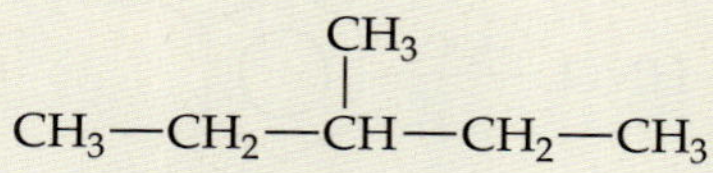

가장 긴 사슬의 탄소 수는 5개이고, 3-methylpentane이다.

보충예제

알켄에 HCl을 첨가하면 2-chloropropane이 생성된다. 알켄은 어떤 화합물인가?

답: propene

방향족 탄화수소

방향족 탄화수소는 광범위하고 중요한 탄화수소의 한 부분이다. 가장 간단한 방향족 탄화수소는 C_6H_6의 분자식을 갖는 벤젠이다(그림 17.1). 벤젠은 평면 분자이고 대칭성이 높은 분자이다. 벤젠은 큰 불포화도를 갖고 있어 일반적인 불포화 탄화수소처럼 반응성이 클 것으로 예측된다. 그러나 벤젠의 화학적 성질은 알켄이나 알킨과 달리 매우 안정하다. 알켄이나 알킨에 비해서 벤젠이나 다른 방향족 탄화수소의 큰 안정도는 π 전자의 비편재화에 의한 π 오비탈의 안정화 에너지에 기인한다.

몇 가지 방향족 고리화합물의 관용명을 그림 17.8에 나타내었다. 방향족 성질을 나타내기 위하여 방향족 고리를 내접원을 갖는 6각형으로 표시한다. 꼭지는 탄소원자의 위치를 나타낸다. 각각의 탄소는 3개의 다른 탄소와 결합하거나 또는 2개의 탄소 및 1개의 수소와 결합한다. 화합물 구조에 수소원자는 나타내지 않았다.

방향족 탄화수소들은 불포화 화합물이지만 알켄이나 알킨과 같이 쉽게 첨가반응을 하지 않는다. 비편재화 π 결합은 방향족 화합물이 알켄이나 알킨과 아주 다르게 행동하는 이유이다. 예를 들면 보통의 조건에서 벤젠의 이중결합에는 Cl_2 혹은 Br_2의 첨가반응이 일어나지 않는다. 대신 방향족 탄화수소는 비교적 쉽게 치환반응(substitution reaction)을 한다. 치환반응은 한 분자의 원자가 다른 원자나 원자단으로 교체되는 반응이다. 예를 들면 벤젠을 질산과 황산의 혼합용액에서 가열하면, 벤젠의 수소원자가 니트로기(NO_2)로 치환된다.

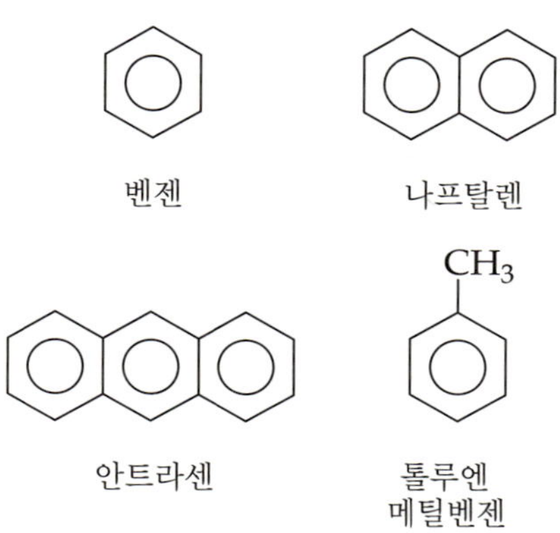

◀ **그림 17.8 몇 가지 방향족 화합물의 구조와 이름.** 방향족 고리는 육각형 고리 내에 원을 그려서 표현한다. 각각의 모서리는 탄소원자를 의미한다. 각 탄소는 3개의 다른 탄소원자와 결합하거나 또는 2개의 탄소원자 및 1개의 수소원자와 결합한다.

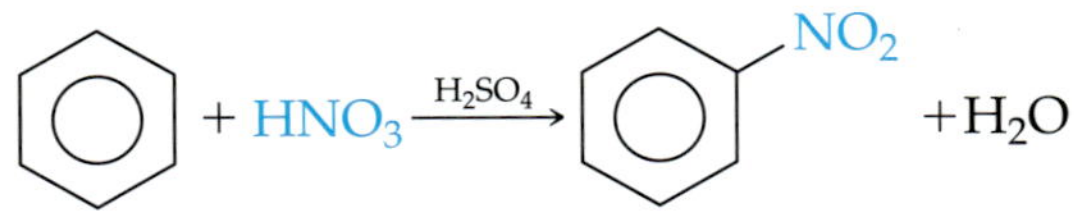

[17.7]

보다 격렬한 반응 조건에서는 니트로기의 치환반응이 한 번 더 진행된다.

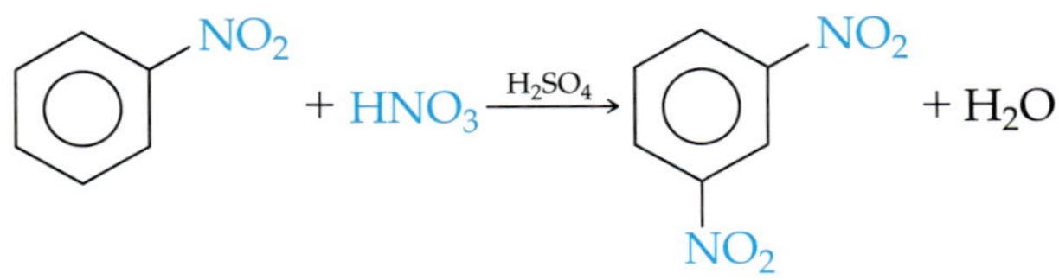

[17.8]

2개의 니트로기를 갖는 dinitrobenzene은 3개의 가능한 이성질체가 있다. 이들을 각각 오쏘(ortho)-, 메타(meta)-, 파라(para)- 라는 접두어로 구별한다.

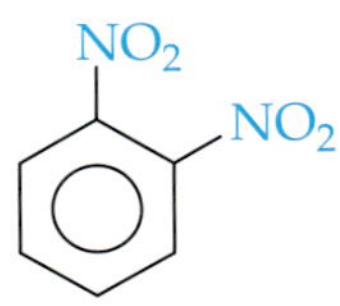

오쏘 -다이나이트로벤젠
118 °C

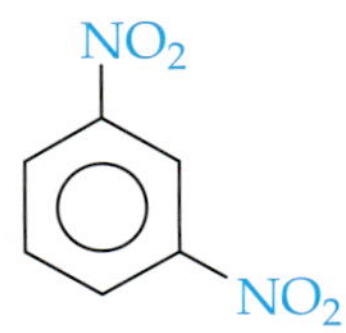

메타-다이나이트로벤젠
90 °C

파라-다이나이트로벤젠
174°C

이들 중에서 메타 이성질체만 나이트로벤젠과 질산의 반응으로 생성된다.

또 다른 치환반응의 예로 $FeBr_3$를 촉매로 사용하는 벤젠의 브로민화반응(bromination)이다.

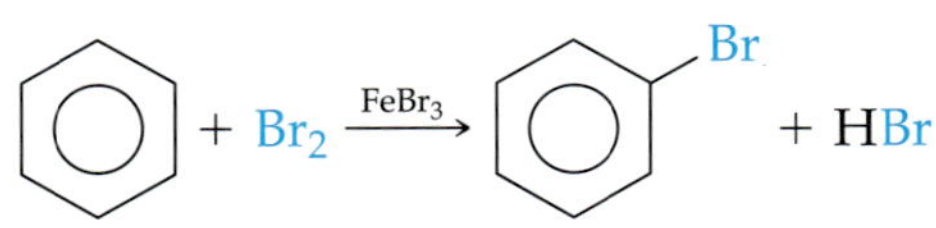

[17.9]

이것과 유사한 반응으로서 염화알루미늄($AlCl_3$) 촉매의 존재 하에 방향족 화합물과 할로젠화알킬(alkyl halide)의 반응이 있다. 방향족 고리에 알킬기가 치환되는 이러한 반응을 Friedel-Crafts반응이라 한다.

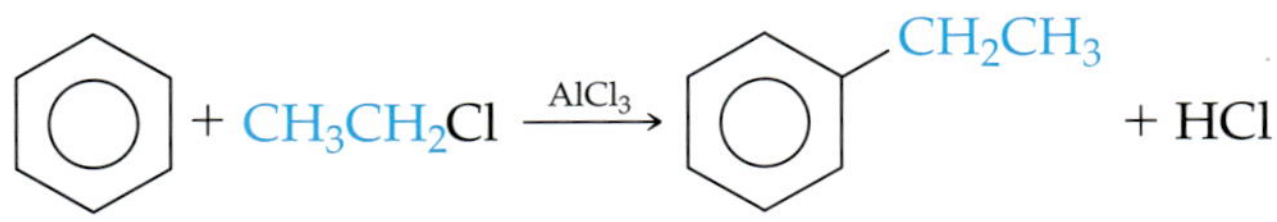

[17.10]

17.4 작용기

유기화합물의 반응성은 분자 내의 어느 특정 원자나 원자단에 기인한다. 유기분자의 반응성을 나타내는 부분을 작용기(functional group)라 하며 이것은 분자들이 어떤 성질을 갖고 어떻게 작용하는지를 결정한다. 탄화수소에서 이중결합이나 삼중결합의 존재는 탄화수소의 반응성을 현저히 증가시킨다. 분자의 크기나 복잡함에 관계없이 대부분의 분자에서 같은 작용기가 존재하면 같은 종류의 반응이 일어난다. 그러므로 유기화합물의 화학은 분자 내 작용기에 의하여 대부분 결정된다고 할 수 있다.

표 17.3에 가장 일반적 몇 가지 작용기의 예를 수록하였다. C═C 이중결합이나 C≡C 삼중결합, C와 H를 제외한 다른 원소를 포함하는 다수의 작용기들이 존재한다. 작용기의 대부분은 O나 N과 같은 비금속원소를 포함한다.

유기화합물은 1개 이상의 알킬기와 결합한 작용기로 이루어진다고 생각할 수 있다. C—C와 C—H의 단일결합으로 이루어진 알킬기는 유기분자 내에서 반응성이 없는 부분이다. 유기화합물에서 일반적으로 메틸, 에틸, 프로필 등 알킬기를 표시할 때 R−의 기호를 사용한다. 예를 들면 작용기를 포함하지 않는 알케인은 R—H로 나타낸다. −OH 또는 알코올 작용기를 갖는 알코올은 R—OH로 나타낸다. 만약 서로 다른 여러 개의 알킬기가 존재하면 각각 R_1, R_2, R_3등으로 나타낸다. 이 절에서는 알코올 작용기와 에터 작용기에 대한 구조 및 화학적 특징을 살펴볼 것이다.

표 17.3 유기화합물의 작용기

작용기	화합물 종류	접미사 또는 접두사	보기	체계적 명명법 (관용명)
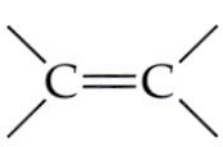	알켄	-엔	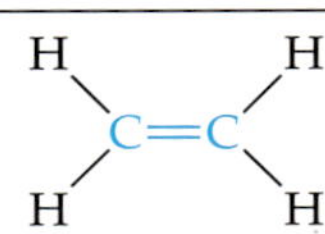	에텐 (에틸렌)
—C≡C—	알킨	-인	H—C≡C—H	에틴 (아세틸렌)
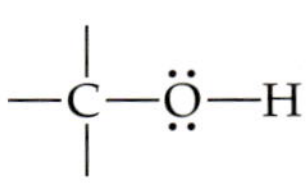	알코올	-올	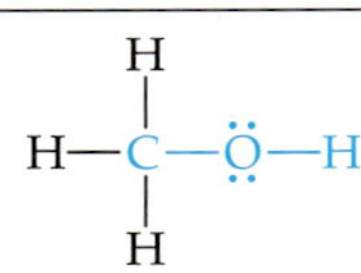	메탄올 (메틸 알코올)
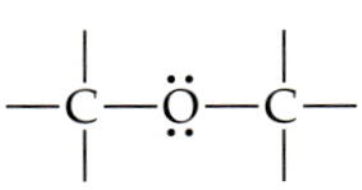	에터	에터	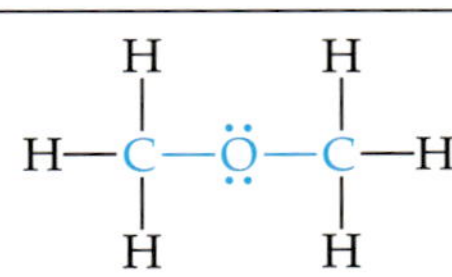	다이메틸 에터
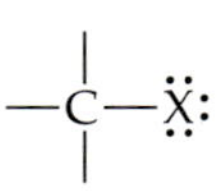 (X = 할로젠)	할로알케인	할로-	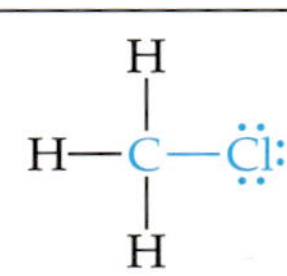	클로로메테인 (메틸 클로라이드)
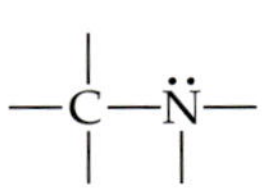	아민	-아민	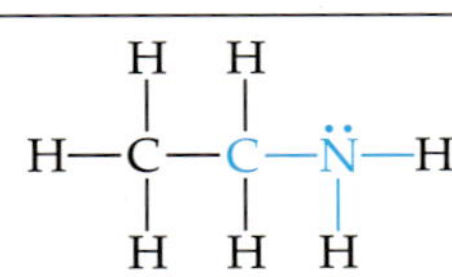	에틸아민

(계속)

표 17.3 유기화합물의 작용기(계속)

작용기	화합물 종류	접미사	예	이름
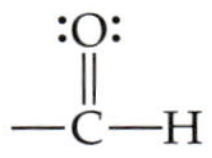	알데하이드	-알	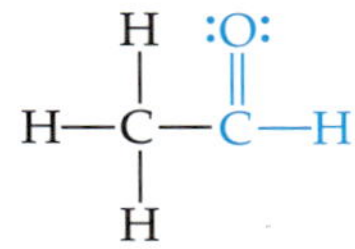	에탄알 (아세트알데하이드)
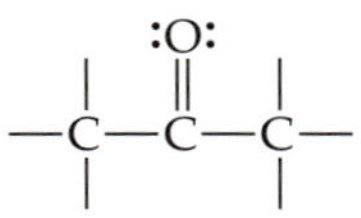	케톤	-온	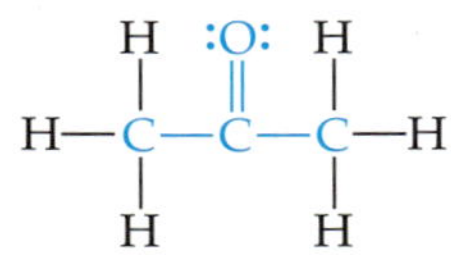	프로판온 (아세톤)
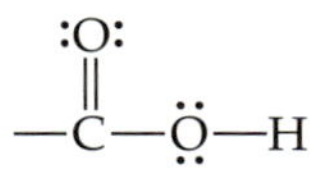	카복시산	-산	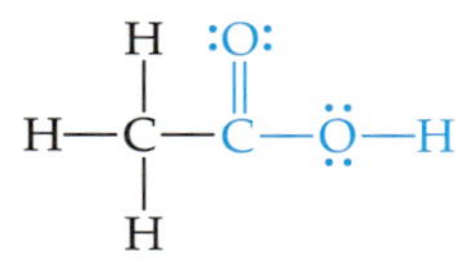	에탄산 (아세트산)
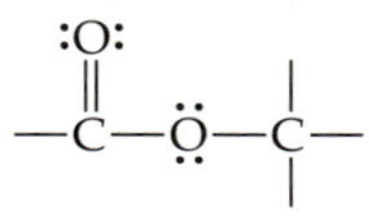	에스터	-오에이트	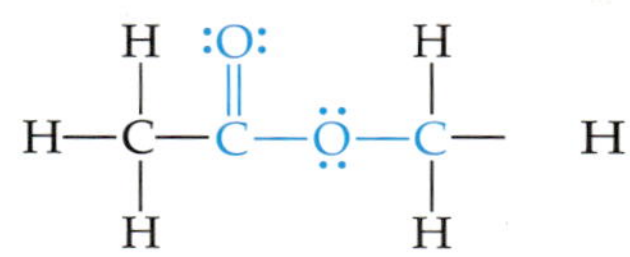	메틸 에탄오에이트 (메틸 아세테이트)
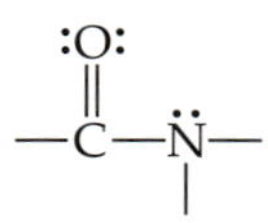	아마이드	-아마이드	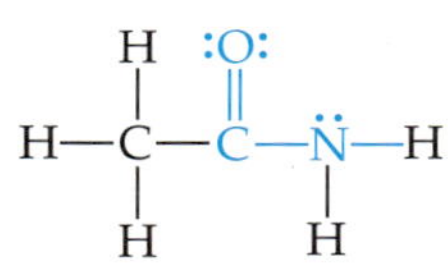	에탄아마이드 (아세트아마이드)

알코올(R—OH)

알코올은 어미 탄화수소에서 1개 또는 그 이상의 수소가 −OH(하이드록실 또는 알코올 작용기)로 치환된 탄화수소의 유도체이다. 그림 17.9에 몇 가지 알코올의 구조식 및 이름을 나타내었다. 널리 알려진 알코올의 이름은 −*ol*의 접미사로 끝난다. 간단한 알코올의 이름은 대응하는 알케인의 어간에 −*ol*을 붙인다. 예를 들면 에테인에서 에탄올이 유래한다. 필요한 경우 −OH기의 위치는 그림 17.9의 예처럼 −OH기가 결합된 탄소원자의 번호를 함께 표시한다.

O—H 결합은 극성이므로 알코올은 탄화수소보다 물 같은 극성용매에 훨씬 잘 녹는다. OH 작용기는 수소결합을 할 수 있다. 따라서 알코올의 끓는점은 탄소수가 같은 알케인의 끓는점보다 훨씬 높다.

몇 가지 중요한 알코올을 어떻게 만들고 사용하는지를 알아보자. 가장 간단한 알

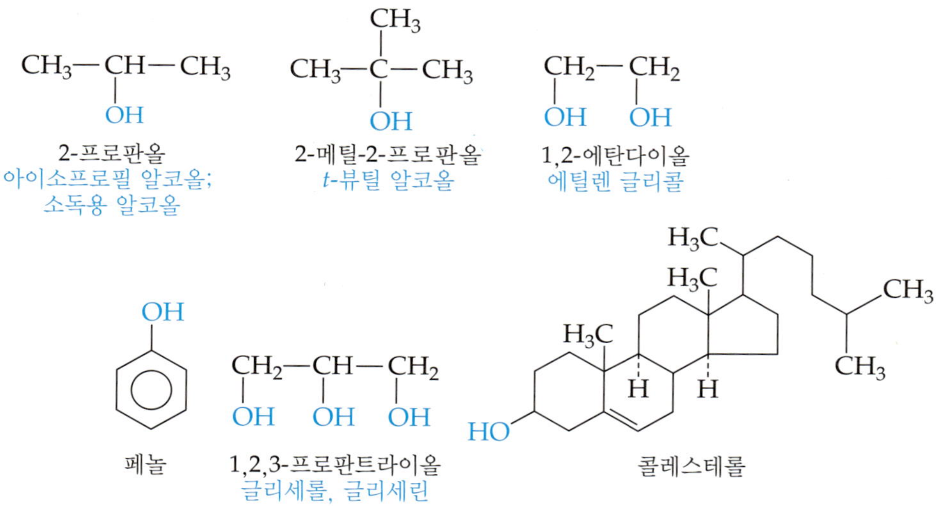

◀ **그림 17.9 몇 가지 중요한 알코올의 구조식.** 관용명도 함께 나타내었다.

코올인 메탄올은 공업적으로 중요하며 대량으로 생산된다. 높은 압력에서 일산화탄소와 수소기체를 산화금속 촉매 존재 하에서 가열하여 만든다. 메탄올은 용매나 연료로 사용되고 옥탄가가 높아 가솔린 첨가제로도 사용된다.

$$CO(g) + 2\,H_2(g) \xrightarrow[400°C]{200\sim300\ atm} CH_3OH(g) \qquad [17.11]$$

에탄올(C_2H_5OH)은 당이나 전분 같은 탄수화물의 발효물질이다. 효모는 공기가 없는 상태에서 탄수화물을 에탄올과 이산화탄소로 바꾼다. 17.12 반응식처럼 이 과정에서 효모는 성장에 필요한 에너지를 얻는다. 에탄올이 포함된 맥주나 포도주 등의 알코올 음료는 잘 조절된 조건하에서 아래의 반응을 통하여 제조된다.

$$C_6H_{12}O_6(aq) \xrightarrow{\text{효모}} 2\,C_2H_5OH(aq) + 2\,CO_2(g) \qquad [17.12]$$

2개 이상의 $-OH$기를 갖는 알코올(polyhydroxyl alcohol) 화합물도 존재한다. 이들 중 가장 간단한 분자는 1,2-ethanediol (ethylene glycol, $HOCH_2CH_2OH$)이다. 이 물질은 자동차 엔진의 냉각수로도 사용된다. 1,2,3-propantriol(글리세롤, $HOCH_2CH(OH)CH_2OH$)은 물에 잘 녹는 점성의 액체이며 피부를 부드럽게 하는 물질(skin softener)로서 화장품 제조에 널리 사용된다. 또한 식품류나 과자류의 보습제로도 이용된다.

페놀은 벤젠 고리에 $-OH$기가 결합한 분자이다. 방향족기의 특징적 효과 중 하나는 OH기의 산성도를 현저히 증가시키는 것이다. 페놀은 수용액에서 에탄올과 같은 비방향족 알코올보다 산성도가 백만 배 정도 더 크지만 센 산은 아니다($K_a = 1.3 \times 10^{-10}$). 페놀은 공업적으로 여러 종류의 플라스틱이나 염료제조에 사용된다. 또한 국부 마취의 분무제로 이용된다.

그림 17.9의 콜레스테롤(cholesterol)은 생화학적으로 중요한 알코올이다. 콜레

스테롤과 같이 큰 분자에서 −OH기는 상대적으로 매우 작은 부분이다. 따라서 콜레스테롤은 물에 잘 녹지 않는다(0.26 g/100 mL H_2O). 콜레스테롤은 우리 몸의 정상적 성분이지만, 과다하면 침전이 일어날 수도 있다. 이렇게 되면 담석이라고 불리는 결정 덩어리가 쓸개에 생성된다. 정맥이나 동맥의 내벽에도 역시 침전될 수 있고 고혈압이나 다른 심장질환을 유발하기도 한다. 혈중 콜레스테롤의 양은 먹은 콜레스테롤의 양뿐만 아니라 전체 식사량에 의해서도 결정된다. 과도한 열량 흡수는 신체로 하여금 과도하게 콜레스테롤을 생성하게 한다고 알려져 있다.

에터(R—O—R′)

2개의 탄화수소기가 1개의 산소원자에 의해서 결합된 화합물을 에터(ether)라고 한다. 에터는 두 분자의 알코올로부터 한 분자의 물이 빠져나가 생성되는 데 이 반응을 탈수과정이라 한다. 반응물로부터 물을 제거하는 반응은 황산을 촉매로 사용한다. 두 물질로부터 물을 제거하는 반응을 축합반응(condensation reaction)이라고 한다.

$$CH_3CH_2—OH + H—OCH_2CH_3 \xrightarrow{H_2SO_4} CH_3CH_2—O—CH_2CH_3 + H_2O \qquad [17.13]$$

에터는 주로 용매로 널리 사용되는데 diethylether나 고리 모양의 tetrahydrofuran (THF)은 유기반응에서 많이 사용하는 일반적인 용매들이다.

$CH_3CH_2—O—CH_2CH_3$

다이에틸 에터

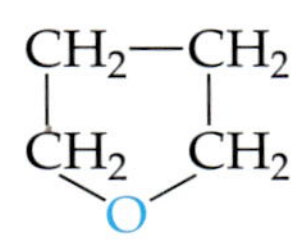

테트라하이드로퓨란(THF)

17.5 카보닐기 화합물

표 17.3에 나타낸 작용기를 살펴보면 몇 가지는 C═O 이중결합을 포함한다. 이와 같은 특수한 C═O 원자단을 카보닐기(carbonyl group)라고 한다. 카보닐기는 카보닐기의 탄소에 결합한 원자들과 함께 이 절에서 다루게 될 몇 가지 중요한 작용기의 하나이다.

알데하이드(R—C(═O)—H)와 케톤(R—C(═O)—R′)

알데하이드는 다음 예에서 보는 것처럼 카보닐기에 1개의 수소원자가 결합되어 있다.

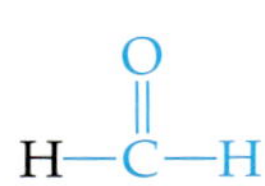

메탄알
(폼알데하이드)

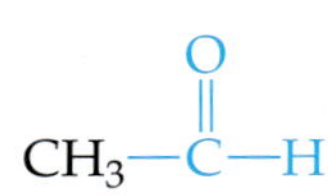

에탄알
(아세트알데하이드)

케톤(ketone)의 카보닐기는 탄소사슬 내부에서 존재하며 카보닐기의 탄소는 2개의 다른 탄소원자와 결합한다.

프로판온 (아세톤) 2-뷰탄온 (메틸 에틸 케톤)

알데하이드와 케톤은 알코올의 산화반응을 제어하여 얻는다. 알코올의 산화는 아주 쉽다. 메탄올의 연소처럼 완전 산화는 CO_2와 H_2O을 생성한다.

$$CH_3OH(g) + \frac{3}{2}O_2(g) \rightarrow CO_2(g) + 2\,H_2O(g)$$

알데하이드나 케톤을 생성하는 조절된 산화반응에서 산소(O_2), 과산화수소(H_2O_2), 오존(O_3), 다이크로뮴산포타슘($K_2Cr_2O_7$)과 같은 다양한 산화제가 사용된다.

케톤은 알데하이드보다 반응성이 작고 용매로 널리 사용된다. 끓는점이 56°C인 아세톤은 가장 흔히 사용되는 케톤화합물의 하나이다. 카보닐 작용기는 용매를 극성으로 만든다. 아세톤은 물과 완전히 섞일 뿐만 아니라 여러 종류의 유기물질을 녹인다. 에틸메틸케톤($CH_3COCH_2CH_3$)은 80°C에서 끓으며 공업적 용매로 사용된다.

카복시산 (R—C(=O)—OH)

카복시산(carboxylic acid)은 −COOH로 표기하는 카복시 작용기를 갖는다. 카복시 화합물은 약한산이며 자연에 두루 분포하고 소비재로 널리 사용된다.(그림 17.10) 카복시산은 또한 섬유, 필름, 페인트 등의 생산에 필요한 고분자 물질의 제조에 매우 중요한 물질이다.

그림 17.11에 몇 가지 카복시산의 구조식을 나타내었다. 옥살산과 시트르산은 각각 2 개와 3개의 카복시기를 갖는다. 카복시산의 이름은 대부분 그들의 역사적 근원에 근거한다. 예를 들면 폼산(formic acid)은 개미의 추출물에서 처음으로 얻어졌는데 개미를 의미하는 라틴어 폼미카(formica)에서 유래하였다.

카복시산은 에탄올이나 프로판올 같은 $-CH_2$기에 −OH기가 결합한 알코올의 산화반응으로 제조할 수 있다. 적당한 조건에서 산화의 초기물질로 알데하이드가 만들어진다. 이러한 변환을 다음 에탄올의 반응 예에서 볼 수 있다. 이 반응식에서 O는 산소원자를 제공할 수 있는 산화제($K_2Cr_2O_7$과 같은)를 나타낸다.

$$\underset{\text{에탄올}}{CH_3CH_2OH} + (O) \longrightarrow \underset{\text{아세트알데하이드}}{CH_3\overset{\displaystyle O}{\overset{\|}{C}}H} + H_2O \qquad [17.14]$$

(a)

(b)

▲ **그림 17.10 카복시산이나 에스터는 주변에서 흔히 발견되는 성분물질이다.** (a) 시금치에는 옥살산, 식초에는 아세트산, 비타민 C에는 아스코르브산, 감귤에는 시트르산(citric acid)이 들어 있다. 아스피린은 아세트살리실산 (또는 에스터)이다. (b) 썬텐 로션에는 벤조카인(에스터의 일종)이 들어 있고, 손톱 세정제에는 주로 아세트산에틸이 들어있다. 식물성 기름, 폴리에스터 섬유, 아스피린 등은 에스터의 일종이다.

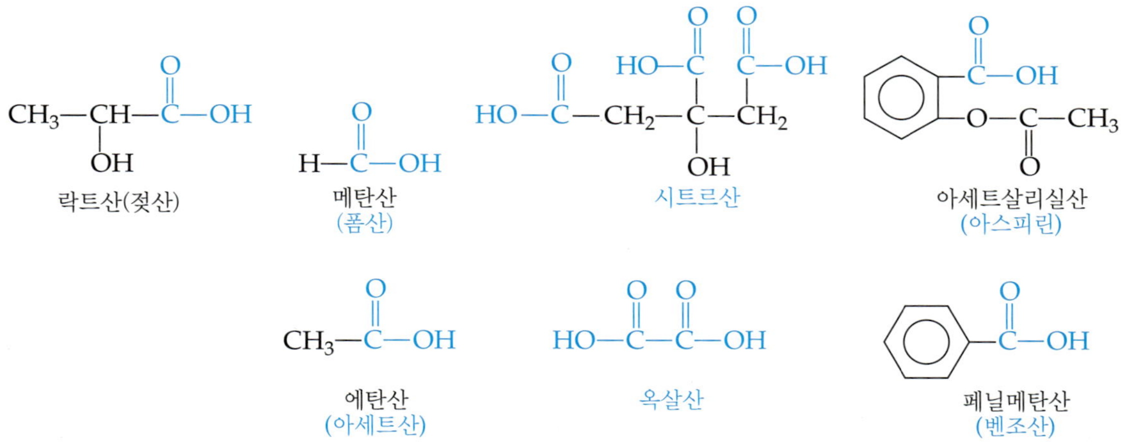

▲ **그림 17.11 몇 가지 일반적인 카복시산의 구조식.**

$$\underset{\text{아세트알데하이드}}{CH_3\overset{O}{\overset{\|}{C}}H} + (O) \longrightarrow \underset{\text{아세트산}}{CH_3\overset{O}{\overset{\|}{C}}OH} \qquad [17.15]$$

에탄올이 아세트산으로 변하는 공기 중의 산화는 포도주를 오래 두었을 때 신맛이 나는 이유이다. 아세트산은 로듐(Rh) 촉매 하에서 메탄올과 일산화탄소를 반응시켜 제조할 수 있다.

$$CH_3OH + CO \xrightarrow{\text{촉매}} CH_3-\overset{O}{\overset{\|}{C}}-OH \qquad [17.16]$$

이 반응에서 일산화탄소(CO)는 $-CH_3$기와 $-OH$기 사이에 효과적으로 삽입되는 데 이러한 종류의 반응을 카보닐화반응(carbonylation)이라고 한다.

에스터($R-\overset{O}{\overset{\|}{C}}-O-R'$)

카복시산은 알코올과의 축합반응으로 에스터(ester)를 생성할 수 있다.

$$\underset{\text{아세트산}}{CH_3-\overset{O}{\overset{\|}{C}}-OH} + \underset{\text{에탄올}}{HO-CH_2CH_3} \longrightarrow \underset{\text{에틸 아세테이트}}{CH_3-\overset{O}{\overset{\|}{C}}-O-CH_2CH_3} + H_2O \qquad [17.17]$$

이 예처럼 에스터는 카복시산의 H 원자가 알킬기로 치환된 화합물이다.

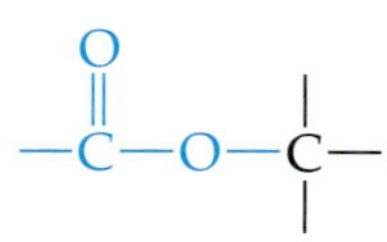

그림 17.10(b)에 몇 가지 흔한 에스터 화합물의 예를 들었다. 에스터의 영어식 명

명은 알코올에서 유래된 부분을 먼저 쓰고 산에서 유래한 부분을 나중에 명명한다.

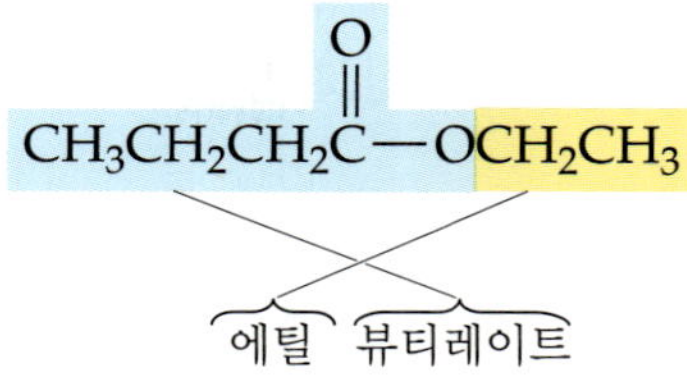

예제 17.6

다음 에스터를 명명하라.

(a) 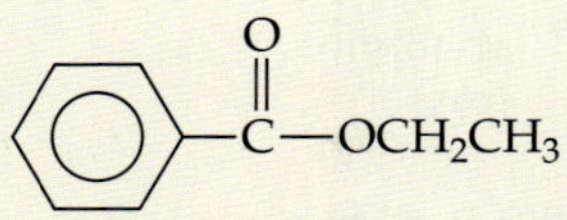

(b) 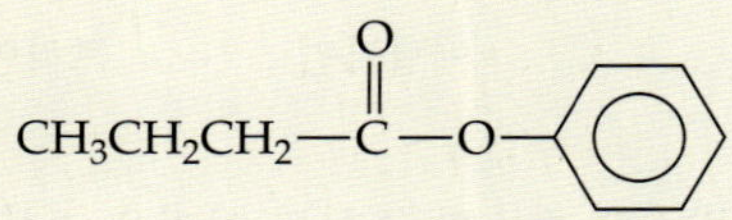

해답: (a)에탄올과 벤조산에서 유래하므로 ethyl benzoate이다. (b) 페놀과 뷰티르산(butyric acid)에서 유래하였다. phenyl butyrate 이다.

보충 예제

Propyl propionate의 구조식을 그려라.

답:

$$CH_3CH_2\overset{\overset{\displaystyle O}{\|}}{C}-O-CH_2CH_2CH_3$$

일반적으로 에스터에서는 아주 향기로운 냄새가 난다. 향긋한 과일 냄새는 주로 이러한 에스터 화합물에 기인하는 데 pentylacetate ($CH_3COOCH_2CH_2CH_2CH_2CH_3$)로 부터는 바나나 향이 난다.

에스터를 수용액에서 산이나 염기로 처리하면 가수분해된다. 즉, 에스터 분자는 알코올과 산의 성분으로 분리된다.

$$\underset{\text{메틸 프로피오네이트}}{CH_3CH_2-\overset{\overset{\displaystyle O}{\|}}{C}-O-CH_3} + Na^+ + OH \longrightarrow \underset{\text{소듐 프로피오네이트}}{CH_3CH_2-\overset{\overset{\displaystyle O}{\|}}{C}-O^-} + Na^+ + \underset{\text{메탄올}}{CH_3OH} \qquad [17.17]$$

가수분해(hydrolysis) 반응은 염기성 매질에서 일어난다. 반응의 생성물은 카복시산 소듐염과 알코올이다. 염기성에서 에스터의 가수분해반응은 비누화반응(saponification)이라고 한다. 비누를 의미하는 라틴어(sapon)에서 유래하였다. 자연

▲ **그림 17.12 비누화반응.** 지방과 기름의 비누화반응은 오랫동안 비누의 제조에 사용되었다. 이 판화는 19세기 중엽 비누제조의 한 과정을 보여준다.

에 존재하는 에스터는 지방(fat)과 기름(oil)을 포함한다. 동물성 지방이나 식물성 기름을 센 염기성 가성소다(NaOH)와 함께 끓이면 비누가 만들어진다. 비누는 비누화 반응으로 생긴 여러 가지 긴 사슬 카복시산(지방산) 소듐염의 혼합물이다(그림 17.12).

아민과 아마이드

아민(amine)은 유기 염기이며 다음의 예처럼 R_3N의 일반식을 갖는다. R은 H 혹은 알킬기를 나타낸다.

$CH_3CH_2NH_2$ — 에틸아민

$(CH_3)_3N$ — 트라이메틸아민

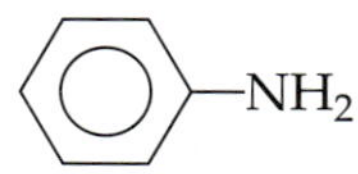

페닐아민 (아닐린)

질소에 수소가 결합된 아민은 카복시산과 축합반응을 하여 아마이드(amid)를 생성할 수 있다.

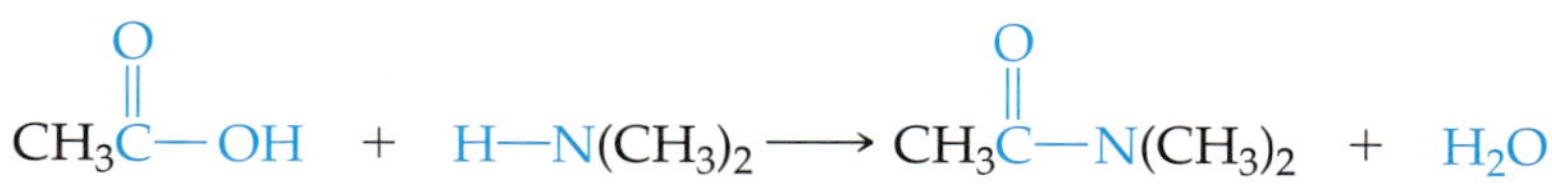

[17.19]

아마이드 작용기는 다음의 예처럼 카복시산의 $-OH$기가 $-NR_2$기로 치환된 것으로 볼 수 있다.

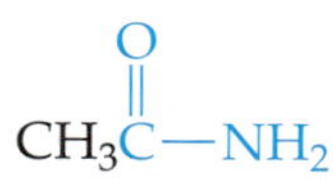

에탄아마이드 (아세트아마이드)

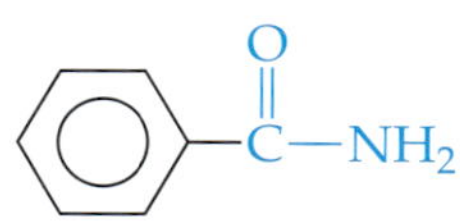

페닐메탄아마이드 (벤즈아마이드)

아마이드 결합은 다음과 같다.

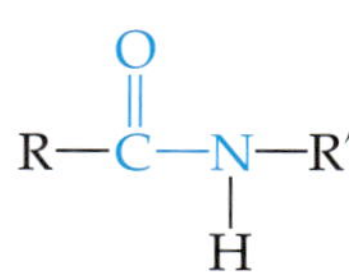

여기서 $-R$과 $-R'$은 알킬기를 나타낸다.

17.6 카이랄 화합물

사람의 왼손과 오른손의 관계는 서로 거울에 비친 상의 관계이다. 즉 왼손은 거울에 비친 오른손의 모양을 하고 그 반대도 마찬가지이다. 그러나 두 손은 서로 겹쳐지지 않는다. 분자에 있어서도 서로 거울상의 관계에 있지만 겹쳐지지 않는 분자가 존재하

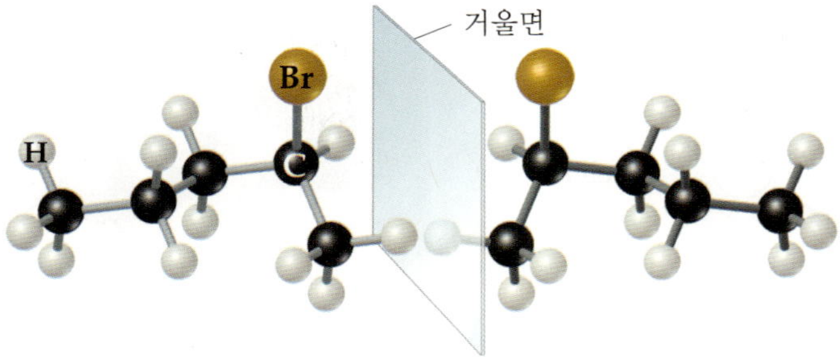

◀ **그림 17.13 3-bromobutane의 거울상이성질체.** 두 거울상 분자는 결코 겹쳐지지 않는다.

는데 이런 분자를 카이랄(chiral)이라고 한다. Chiral은 손이라는 뜻의 그리스어 cheir에서 유리하였다. 탄소원자와 결합하는 4개의 원자단이 모두 다른 경우 카이랄 분자가 존재하며 이 탄소원자를 카이랄 중심이라 한다. 예를 들어 3-bromobutane의 구조식을 보자.

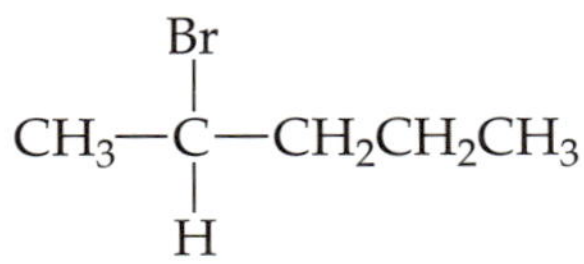

2번 탄소에 결합된 4개의 원자단은 모두 다르다. 그림 17.13에 이 분자의 거울상 분자를 나타내었다. 이 두 거울상 분자는 어떤 방법으로도 겹쳐지지 않는다는 것을 확인할 수 있다. 이처럼 겹쳐지지 않는 거울상 분자를 거울상이성질체(enantiomer)라고 하고 이들을 (R)과 (S)의 기호를 사용하여 구별한다. 거울상이성질체는 주변 환경이 카이랄 조건이 아닌 경우를 제외하고는 물리화학적 성질이 동일하다. 카이랄성은 유기화합물에서 매우 일반적이다. 그러나 카이랄 분자를 보통의 방법으로 합성할 때 두 가지 거울상이성질체가 정확히 같은 양으로 존재하여 광학 활성과 같은 카이랄 특성이 관측되지 않는다. 정확히 같은 양의 거울상이성질체 혼합물을 라세미 혼합물(racemic mixture)이라고 한다. 자연에 존재하는 카이랄 물질은 때때로 한 가지 이성질체로만 발견되기도 한다. 그 예로 다음과 같은 구조식을 갖는 타타르산(tartaric acid)이 있다.

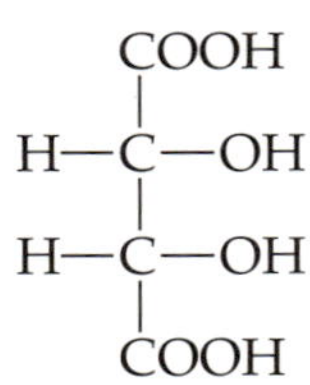

(*R*)-알부테롤

◀ **그림 17.14 (*R*)-알부테롤.** 이 화합물은 천식환자의 거담제로 사용된다.

▶ **그림17.15 (*S*)-ibuprofen.**
이 화합물은 진통제로 사용된다.

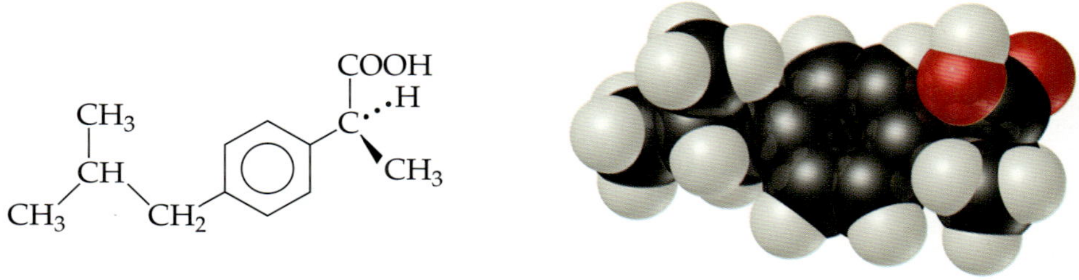

구조식을 잘 살펴보면 카이랄 중심이 2개임을 알 수 있다. 타타르산은 유리산으로 과일에서 칼슘이나 포타슘의 염으로, 술 양조 중 석출된 결정으로 자연에서 발견되며 광학 활성을 나타낸다. 의약품의 경우 카이랄 물질이 많다. 의약품을 라세미 혼합물로 투여하는 경우 거울상이성질체 중 하나만 약효를 나타내거나, 다른 하나는 해로운 결과를 나타내는 임상 결과도 있다. 한 예로 알부테롤의 한 가지 거울상이성질체(R형)는 천식의 거담제로 효과가 있지만 다른 거울상(S형)은 효과가 없다는 것이 알려졌다(그림 17.14).

애드빌, 모틴, 뉴프론이라는 상품명으로 시판되는 비스테로이드계 진통제 ibuprofen은 카이랄 분자이고 라세미 혼합물이다. 그러나 S형 거울상이성질체는 라세미 혼합물보다 훨씬 더 약효가 있다고 알려져 있다(그림 17.15). 이러한 이유로 한 종류만의 거울상이성질체를 합성하거나 분리하기 위하여 많은 노력을 기울이기도 한다.

연습문제

17.1 5 개의 탄소원자를 포함하는 다음 물질의 분자식을 쓰고 포화탄화수소인지 불포화탄화수소인지 밝히시오.

(a) 알케인 **(b)** 사이클로알케인
(c) 알켄 **(d)** 알킨

17.2 알케인, 알겐, 알킨 화합물에 대하여 탄소 원자수와 수소 원자수의 비를 나타내는 화학식을 각각 쓰라.

17.3 C_6H_{14}의 구조이성질체 5개를 모두 그리고 각각의 이름을 쓰라.

17.4 다음은 모두 C_8H_{18}의 분자식을 갖는 화합물들이다. 이들 중 서로 같은 분자는?

(a) 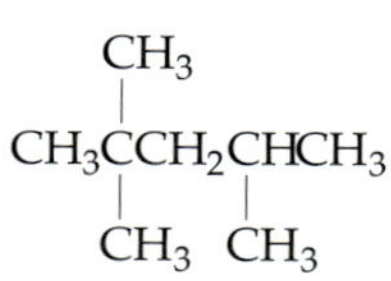 (b) 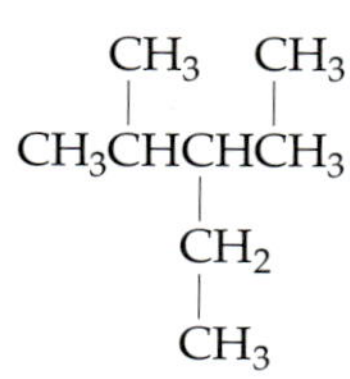

(c) 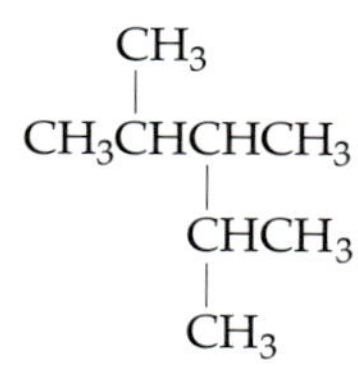 (d) 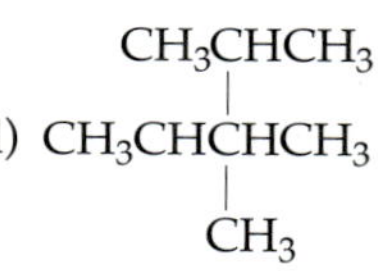

17.5 다음 화합물에서 탄소-탄소 사이의 대략적인 결합각은 얼마인가?

(a) 알케인 **(b)** 알켄 **(c)** 알킨

17.6 알겐의 경우 기하이성질체가 가능하지만 알케인이나 알킨의 경우는 가능하지 않다. 그 이유를 설명하라.

17.7 다음 각 화합물의 함축구조식을 그려라.

(a) 5-methyl-trans-heptene,
(b) 3-chloropropyne,
(c) ortho-dichlorobenzene,

17.8 다음 화합물을 명명하시오.

(a) 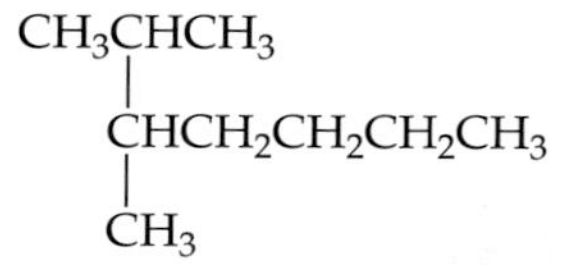

(b) 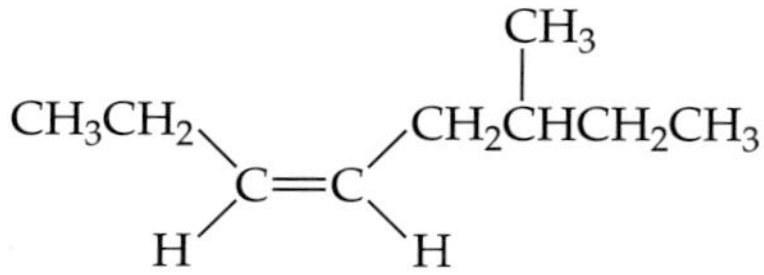

(c) 

(d) 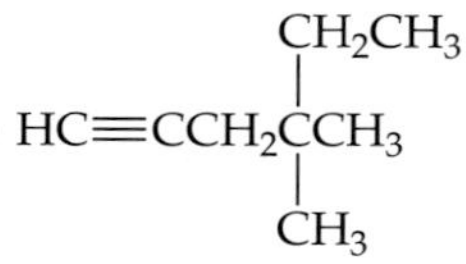

(e) 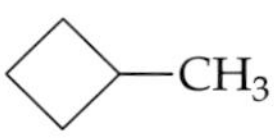

17.9 butene의 구조이성질체와 기하이성질체에 대하여 설명하라.

17.10 dichloropropene의 모든 구조이성질체와 기하이성질체를 그려라.

17.11 30% heptane과 70% isooctane 혼합물의 옥탄가는 얼마인가?

17.12 **(a)** 연소반응은 무엇을 의미하는가? 공기 중에서 ethane이 연소할 때 균형화학반응식을 쓰라. **(b)** 첨가반응은 무엇인가? Br_2와 2,3-dimethyl-2-butene의 균형화학반응식을 함축구조식을 사용하여 쓰라. **(c)** 치환반응은 무엇인가? 삼염화철을 촉매로 사용하여 염소와 p-dichlorobenzene 치환반응의 균형화학반응식을 쓰라.

17.13 cyclopropane을 HI로 처리할 때 1-iodine-propane을 생성한다. 그러나 cyclopentane이나 cyclohexane은 이와 유사한 반응이 일어나지 않는다. cyclopropane의 반응성을 설명하시오.

17.14 benzene과 ethylene으로 ethylbenzene을 만드는 방법을 설명하시오.

17.15 다음 물질 중에서 첨가 반응이 가장 잘 일어나는 것은?

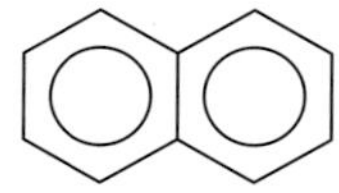

(a)

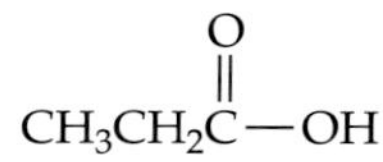

(b)

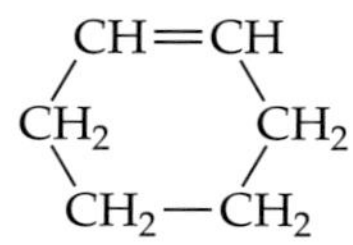

(c)

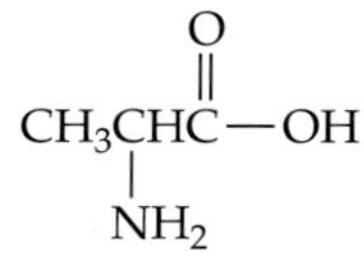

(d)

17.16 다음 화합물에서 작용기가 무엇인지 밝히시오.

(a) 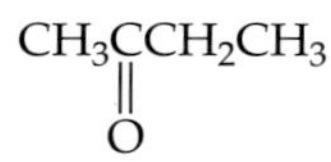

(b) 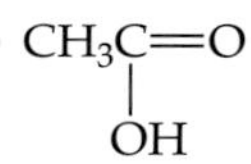

(c) 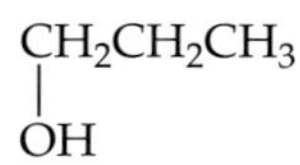

(d) 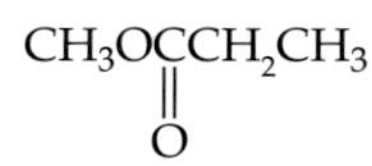

(e) 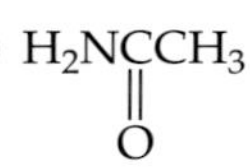

(f) $CH_3CH_2NHCH_3$

17.17 아세톤의 이성질체인 알데하이드의 구조식을 쓰라.

17.18 다음 반응에서 생성된 에스터의 구조와 이름을 쓰라.

(a) 아세트산과 2-프로판올

(b) 아세트산과 1-프로판올

(c) 폼산과 에탄올

17.19 폼산에틸의 비누화반응에 대한 균형화학반응식을 쓰라.

17.20 다음 각 화합물의 구조식을 쓰라.

(a) 2-뷰탄올 **(b)** 1,2-에탄다이올

(c) 메틸포메이트 **(d)** 다이에틸키톤

(e) 다이에틸에터

17.21 카복시산의 IUPAC 이름은 같은 수의 탄소원자를 갖는 탄화수소의 이름에 근거한다. 아세트산(CH_3COOH)의 IUPAC 이름은 ethane의 어간에 -oic의 어미를 붙여 ethanoic acid 라 한다. 이 방법에 따라 다음 각 산의 IUPAC 이름을 쓰시오.

(a) 

(b) 

(c) 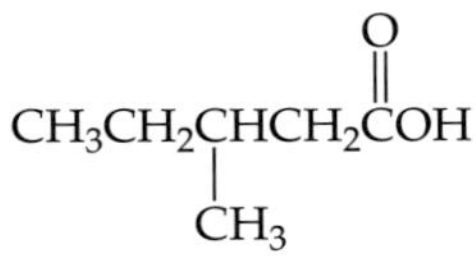

17.22 다음에서 카이랄 중심이 있는지 확인하시오.

(a) 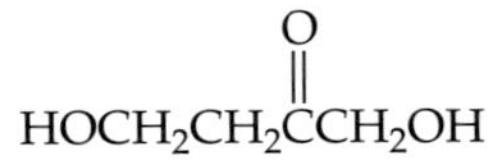

(b) 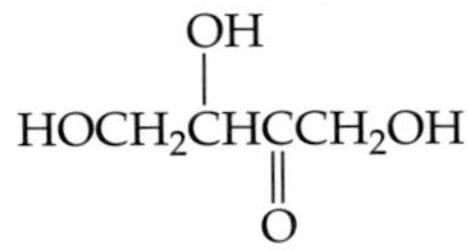

(c) 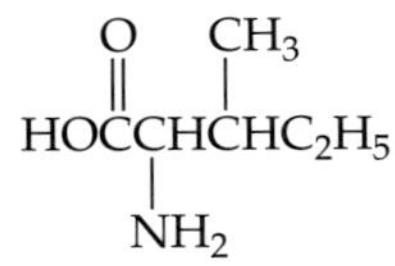

APPENDIX **A**

물의 성질

Density:	0.99987 g/mL at 0°C 1.00000 g/mL at 4°C 0.99707 g/mol at 25°C 0.95838 g/mol at 100°C
Heat of fusion:	6.008 kJ/mol at 0°C
Heat of vaporization:	44.94 kJ/mol at 0°C 44.02 kJ/mol at 25°C 40.67 kJ/mol at 100°C
Ion-product constant, K_w:	1.14×10^{-15} at 0°C 1.01×10^{-14} at 25°C 5.47×10^{-14} at 50°C
Specific heat:	Ice (at −3°C) 2.092 J/g·K Water (at 14.5°C) 4.184 J/g·K Steam (at 100°C) 1.841 J/g·K

Vapor Pressure (torr)

T(°C)	P	T(°C)	P	T(°C)	P	T(°C)	P
0	4.58	21	18.65	35	42.2	92	567.0
5	6.54	22	19.83	40	55.3	94	610.9
10	9.21	23	21.07	45	71.9	96	657.6
12	10.52	24	22.38	50	92.5	98	707.3
14	11.99	25	23.76	55	118.0	100	760.0
16	13.63	26	25.21	60	149.4	102	815.9
17	14.53	27	26.74	65	187.5	104	875.1
18	15.48	28	28.35	70	233.7	106	937.9
19	16.48	29	30.04	80	355.1	108	1004.4
20	17.54	30	31.82	90	525.8	110	1074.6

APPENDIX **B**

298.15K(25°C)에서의 몇 가지 물질의 열역학적 자료

Substance	ΔH_f° (kJ/mol)	ΔG_f° (kJ/mol)	S° (J/mol·K)
Aluminum			
$Al(s)$	0	0	28.32
$AlCl_3(s)$	−705.6	−630.0	109.3
$Al_2O_3(s)$	−1669.8	−1576.5	51.00
Barium			
$Ba(s)$	0	0	63.2
$BaCO_3(s)$	−1216.3	−1137.6	112.1
$BaO(s)$	−553.5	−525.1	70.42
Beryllium			
$Be(s)$	0	0	9.44
$BeO(s)$	−608.4	−579.1	13.77
$Be(OH)_2(s)$	−905.8	−817.9	50.21
Bromine			
$Br(g)$	111.8	82.38	174.9
$Br^-(aq)$	−120.9	−102.8	80.71
$Br_2(g)$	30.71	3.14	245.3
$Br_2(l)$	0	0	152.3
$HBr(g)$	−36.23	−53.22	198.49
Calcium			
$Ca(g)$	179.3	145.5	154.8
$Ca(s)$	0	0	41.4
$CaCO_3$ (*s*, calcite)	−1207.1	−1128.76	92.88
$CaCl_2(s)$	−795.8	−748.1	104.6
$CaF_2(s)$	−1219.6	−1167.3	68.87
$CaO(s)$	−635.5	−604.17	39.75
$Ca(OH)_2(s)$	−986.2	−898.5	83.4
$CaSO_4(s)$	−1434.0	−1321.8	106.7
Carbon			
$C(g)$	718.4	672.9	158.0
C(*s*, diamond)	1.88	2.84	2.43
C(*s*, graphite)	0	0	5.69
$CCl_4(g)$	−106.7	−64.0	309.4
$CCl_4(l)$	−139.3	−68.6	214.4
$C_2H_6(g)$	−84.68	−32.89	229.5
$C_3H_8(g)$	−103.85	−23.47	269.9
$C_4H_{10}(g)$	−124.73	−15.71	310.0
$C_4H_{10}(l)$	−147.6	−15.0	231.0
$C_6H_6(g)$	82.9	129.7	269.2
$C_6H_6(l)$	49.0	124.5	172.8
$CH_3OH(g)$	−201.2	−161.9	237.6
$CH_3OH(l)$	−238.6	−166.23	126.8
$C_2H_5OH(g)$	−235.1	−168.5	282.7
$C_2H_5OH(l)$	−277.7	−174.76	160.7
$C_6H_{12}O_6(s)$	−1273.02	−910.4	212.1
$CO(g)$	−110.5	−137.2	197.9
$CO_2(g)$	−393.5	−394.4	213.6
$HC_2H_3O_2(l)$	−487.0	−392.4	159.8
Cesium			
$Cs(g)$	76.50	49.53	175.6
$Cs(l)$	2.09	0.03	92.07
$Cs(s)$	0	0	85.15
$CsCl(s)$	−442.8	−414.4	101.2
Chlorine			
$Cl(g)$	121.7	105.7	165.2
$Cl^-(aq)$	−167.2	−131.2	56.5
$Cl_2(g)$	0	0	222.96
$HCl(aq)$	−167.2	−131.2	56.5
$HCl(g)$	−92.30	−95.27	186.69
Chromium			
$Cr(g)$	397.5	352.6	174.2
$Cr(s)$	0	0	23.6
$Cr_2O_3(s)$	−1139.7	−1058.1	81.2
Cobalt			
$Co(g)$	439	393	179
$Co(s)$	0	0	28.4
Copper			
$Cu(g)$	338.4	298.6	166.3

Substance	ΔH_f° (kJ/mol)	ΔG_f° (kJ/mol)	S° (J/mol·K)
$CF_4(g)$	−679.9	−635.1	262.3
$CH_4(g)$	−74.8	−50.8	186.3
$C_2H_2(g)$	226.77	209.2	200.8
$C_2H_4(g)$	52.30	68.11	219.4
Fluorine			
$F(g)$	80.0	61.9	158.7
$F^-(aq)$	−332.6	−278.8	−13.8
$F_2(g)$	0	0	202.7
$HF(g)$	−268.61	−270.70	173.51
Hydrogen			
$H(g)$	217.94	203.26	114.60
$H^+(aq)$	0	0	0
$H^+(g)$	1536.2	1517.0	108.9
$H_2(g)$	0	0	130.58
Iodine			
$I(g)$	106.60	70.16	180.66
$I^-(aq)$	−55.19	−51.57	111.3
$I_2(g)$	62.25	19.37	260.57
$I_2(s)$	0	0	116.73
$HI(g)$	25.94	1.30	206.3
Iron			
$Fe(g)$	415.5	369.8	180.5
$Fe(s)$	0	0	27.15
$Fe^{2+}(aq)$	−87.86	−84.93	113.4
$Fe^{3+}(aq)$	−47.69	−10.54	293.3
$FeCl_2(s)$	−341.8	−302.3	117.9
$FeCl_3(s)$	−400	−334	142.3
$FeO(s)$	−271.9	−255.2	60.75
$Fe_2O_3(s)$	−822.16	−740.98	89.96
$Fe_3O_4(s)$	−1117.1	−1014.2	146.4
$FeS_2(s)$	−171.5	−160.1	52.92
Lead			
$Pb(s)$	0	0	68.85
$PbBr_2(s)$	−277.4	−260.7	161
$PbCO_3(s)$	−699.1	−625.5	131.0
$Pb(NO_3)_2(aq)$	−421.3	−246.9	303.3
$Pb(NO_3)_2(s)$	−451.9	—	—
$PbO(s)$	−217.3	−187.9	68.70
Lithium			
$Li(g)$	159.3	126.6	138.8
$Li(s)$	0	0	29.09
$Li^+(aq)$	−278.5	−273.4	12.2
$Li^+(g)$	685.7	648.5	133.0
$LiCl(s)$	−408.3	−384.0	59.30
Magnesium			
$Mg(g)$	147.1	112.5	148.6
$Mg(s)$	0	0	32.51

Substance	ΔH_f° (kJ/mol)	ΔG_f° (kJ/mol)	S° (J/mol·K)
$Cu(s)$	0	0	33.30
$CuCl_2(s)$	−205.9	−161.7	108.1
$CuO(s)$	−156.1	−128.3	42.59
$Cu_2O(s)$	−170.7	−147.9	92.36
$MnO_2(s)$	−519.6	−464.8	53.14
$MnO_4^-(aq)$	−541.4	−447.2	191.2
Mercury			
$Hg(g)$	60.83	31.76	174.89
$Hg(l)$	0	0	77.40
$HgCl_2(s)$	−230.1	−184.0	144.5
$Hg_2Cl_2(s)$	−264.9	−210.5	192.5
Nickel			
$Ni(g)$	429.7	384.5	182.1
$Ni(s)$	0	0	29.9
$NiCl_2(s)$	−305.3	−259.0	97.65
$NiO(s)$	−239.7	−211.7	37.99
Nitrogen			
$N(g)$	472.7	455.5	153.3
$N_2(g)$	0	0	191.50
$NH_3(aq)$	−80.29	−26.50	111.3
$NH_3(g)$	−46.19	−16.66	192.5
$NH_4^+(aq)$	−132.5	−79.31	113.4
$N_2H_4(g)$	95.40	159.4	238.5
$NH_4CN(s)$	0.0	—	—
$NH_4Cl(s)$	−314.4	−203.0	94.6
$NH_4NO_3(s)$	−365.6	−184.0	151
$NO(g)$	90.37	86.71	210.62
$NO_2(g)$	33.84	51.84	240.45
$N_2O(g)$	81.6	103.59	220.0
$N_2O_4(g)$	9.66	98.28	304.3
$NOCl(g)$	52.6	66.3	264
$HNO_3(aq)$	−206.6	−110.5	146
$HNO_3(g)$	−134.3	−73.94	266.4
Oxygen			
$O(g)$	247.5	230.1	161.0
$O_2(g)$	0	0	205.0
$O_3(g)$	142.3	163.4	237.6
$OH^-(aq)$	−230.0	−157.3	−10.7
$H_2O(g)$	−241.82	−228.57	188.83
$H_2O(l)$	−285.83	−237.13	69.91
$H_2O_2(g)$	−136.10	−105.48	232.9
$H_2O_2(l)$	−187.8	−120.4	109.6
Phosphorus			
$P(g)$	316.4	280.0	163.2
$P_2(g)$	144.3	103.7	218.1
$P_4(g)$	58.9	24.4	280
$P_4(s, red)$	−17.46	−12.03	22.85
$P_4(s, white)$	0	0	41.08
$PCl_3(g)$	−288.07	−269.6	311.7

Substance	ΔH_f° (kJ/mol)	ΔG_f° (kJ/mol)	S° (J/mol·K)
$MgCl_2(s)$	−641.6	−592.1	89.6
$MgO(s)$	−601.8	−569.6	26.8
$Mg(OH)_2(s)$	−924.7	−833.7	63.24
Manganese			
$Mn(g)$	280.7	238.5	173.6
$Mn(s)$	0	0	32.0
$MnO(s)$	−385.2	−362.9	59.7
Potassium			
$K(g)$	89.99	61.17	160.2
$K(s)$	0	0	64.67
$KCl(s)$	−435.9	−408.3	82.7
$KClO_3(s)$	−391.2	−289.9	143.0
$KClO_3(aq)$	−349.5	−284.9	265.7
$K_2CO_3(s)$	−1150.18	−1064.58	155.44
$KNO_3(s)$	−492.70	−393.13	132.9
$K_2O(s)$	−363.2	−322.1	94.14
$KO_2(s)$	−284.5	−240.6	122.5
$K_2O_2(s)$	−495.8	−429.8	113.0
$KOH(s)$	−424.7	−378.9	78.91
$KOH(aq)$	−482.4	−440.5	91.6
Rubidium			
$Rb(g)$	85.8	55.8	170.0
$Rb(s)$	0	0	76.78
$RbCl(s)$	−430.5	−412.0	92
$RbClO_3(s)$	−392.4	−292.0	152
Scandium			
$Sc(g)$	377.8	336.1	174.7
$Sc(s)$	0	0	34.6
Selenium			
$H_2Se(g)$	29.7	15.9	219.0
Silicon			
$Si(g)$	368.2	323.9	167.8
$Si(s)$	0	0	18.7
$SiC(s)$	−73.22	−70.85	16.6_1
$SiCl_4(l)$	−640.1	−572.8	239.3
SiO_2(s, quartz)	−910.9	−856.5	41.8_4
Silver			
$Ag(s)$	0	0	42.5_5
$Ag^+(aq)$	105.90	77.11	73.9_3
$AgCl(s)$	−127.0	−109.70	96.1_1
$Ag_2O(s)$	−31.05	−11.20	121.3
$AgNO_3(s)$	−124.4	−33.41	140.9
Sodium			
$Na(g)$	107.7	77.3	153.7
$Na(s)$	0	0	51.4_5
$PCl_3(l)$	−319.6	−272.4	217
$PF_5(g)$	−1594.4	−1520.7	300.8
$PH_3(g)$	5.4	13.4	210.2
$P_4O_6(s)$	−1640.1	—	—
$P_4O_{10}(s)$	−2940.1	−2675.2	228.9
$POCl_3(g)$	−542.2	−502.5	325
$POCl_3(l)$	−597.0	−520.9	222
$H_3PO_4(aq)$	−1288.3	−1142.6	158.2
$Na^+(aq)$	−240.1	−261.9	59.0
$Na^+(g)$	609.3	574.3	148.0
$NaBr(aq)$	−360.6	−364.7	141.00
$NaBr(s)$	−361.4	−349.3	86.82
$Na_2CO_3(s)$	−1130.9	−1047.7	136.0
$NaCl(aq)$	−407.1	−393.0	115.5
$NaCl(g)$	−181.4	−201.3	229.8
$NaCl(s)$	−410.9	−384.0	72.33
$NaHCO_3(s)$	−947.7	−851.8	102.1
$NaNO_3(aq)$	−446.2	−372.4	207
$NaNO_3(s)$	−467.9	−367.0	116.5
$NaOH(aq)$	−469.6	−419.2	49.8
$NaOH(s)$	−425.6	−379.5	64.46
Strontium			
$SrO(s)$	−592.0	−561.9	54.9
$Sr(g)$	164.4	110.0	164.6
Sulfur			
S(s, rhombic)	0	0	31.88
$S_8(g)$	102.3	49.7	430.9
$SO_2(g)$	−296.9	−300.4	248.5
$SO_3(g)$	−395.2	−370.4	256.2
$SO_4^{2-}(aq)$	−909.3	−744.5	20.1
$SOCl_2(l)$	−245.6	—	—
$H_2S(g)$	−20.17	−33.01	205.6
$H_2SO_4(aq)$	−909.3	−744.5	20.1
$H_2SO_4(l)$	−814.0	−689.9	156.1
Titanium			
$Ti(g)$	468	422	180.3
$Ti(s)$	0	0	30.76
$TiCl_4(g)$	−763.2	−726.8	354.9
$TiCl_4(l)$	−804.2	−728.1	221.9
$TiO_2(s)$	−944.7	−889.4	50.29
Vanadium			
$V(g)$	514.2	453.1	182.2
$V(s)$	0	0	28.9
Zinc			
$Zn(g)$	130.7	95.2	160.9
$Zn(s)$	0	0	41.63
$ZnCl_2(s)$	−415.1	−369.4	111.5
$ZnO(s)$	−348.0	−318.2	43.9

APPENDIX C

수용액의 평형 상수

TABLE C-1 Dissociation Constants for Acids at 25°C

Name	Formula	K_{a1}	K_{a2}	K_{a3}
Acetic	$HC_2H_3O_2$	1.8×10^{-5}		
Arsenic	H_3AsO_4	5.6×10^{-3}	1.0×10^{-7}	3.0×10^{-12}
Arsenous	H_3AsO_3	5.1×10^{-10}		
Ascorbic	$HC_6H_7O_6$	8.0×10^{-5}	1.6×10^{-12}	
Benzoic	$HC_7H_5O_2$	6.3×10^{-5}		
Boric	H_3BO_3	5.8×10^{-10}		
Butanoic	$HC_4H_7O_2$	1.5×10^{-5}		
Carbonic	H_2CO_3	4.3×10^{-7}	5.6×10^{-11}	
Chloroacetic	$HC_2H_2O_2Cl$	1.4×10^{-3}		
Chlorous	$HClO_2$	1.1×10^{-2}		
Citric	$H_3C_6H_5O_7$	7.4×10^{-4}	1.7×10^{-5}	4.0×10^{-7}
Cyanic	$HCNO$	3.5×10^{-4}		
Formic	$HCHO_2$	1.8×10^{-4}		
Hydroazoic	HN_3	1.9×10^{-5}		
Hydrocyanic	HCN	4.9×10^{-10}		
Hydrofluoric	HF	6.8×10^{-4}		
Hydrogen chromate ion	$HCrO_4^-$	3.0×10^{-7}		
Hydrogen peroxide	H_2O_2	2.4×10^{-12}		
Hydrogen selenate ion	$HSeO_4$	2.2×10^{-2}		
Hydrosulfuric acid	H_2S	9.5×10^{-8}	1×10^{-19}	
Hypobromous	$HBrO$	2.5×10^{-9}		
Hypochlorous	$HClO$	3.0×10^{-8}		
Hypoiodous	HIO	2.3×10^{-11}		
Iodic	HIO_3	1.7×10^{-1}		
Lactic	$HC_3H_5O_3$	1.4×10^{-4}		
Malonic	$H_2C_3H_2O_4$	1.5×10^{-3}	2.0×10^{-6}	
Nitrous	HNO_2	4.5×10^{-4}		
Oxalic	$H_2C_2O_4$	5.9×10^{-2}	6.4×10^{-5}	
Paraperiodic	H_5IO_6	2.8×10^{-2}	5.3×10^{-9}	
Phenol	HC_6H_5O	1.3×10^{-10}		
Phosphoric	H_3PO_4	7.5×10^{-3}	6.2×10^{-8}	4.2×10^{-13}
Propionic	$HC_3H_5O_2$	1.3×10^{-5}		
Pyrophosphoric	$H_4P_2O_7$	3.0×10^{-2}	4.4×10^{-3}	
Selenous	H_2SeO_3	2.3×10^{-3}	5.3×10^{-9}	
Sulfuric	H_2SO_4	Strong acid	1.2×10^{-2}	
Sulfurous	H_2SO_3	1.7×10^{-2}	6.4×10^{-8}	
Tartaric	$H_2C_4H_4O_6$	1.0×10^{-3}	4.6×10^{-5}	

TABLE C-2 Dissociation Constants for Bases at 25°C

Name	Formula	K_b
Ammonia	NH_3	1.8×10^{-5}
Aniline	$C_6H_5NH_2$	4.3×10^{-10}
Dimethylamine	$(CH_3)_2NH$	5.4×10^{-4}
Ethylamine	$C_2H_5NH_2$	6.4×10^{-4}
Hydrazine	H_2NNH_2	1.3×10^{-6}
Hydroxylamine	$HONH_2$	1.1×10^{-8}
Methylamine	CH_3NH_2	4.4×10^{-4}
Pyridine	C_5H_5N	1.7×10^{-9}
Trimethylamine	$(CH_3)_3N$	6.4×10^{-5}

TABLE C-3 Solubility-Product Constants for Compounds at 25°C

Name	Formula	K_{sp}	Name	Formula	K_{sp}
Barium carbonate	$BaCO_3$	5.0×10^{-9}	Lead(II) fluoride	PbF_2	3.6×10^{-8}
Barium chromate	$BaCrO_4$	2.1×10^{-10}	Lead(II) sulfate	$PbSO_4$	6.3×10^{-7}
Barium fluoride	BaF_2	1.7×10^{-6}	Lead(II) sulfide*	PbS	3×10^{-28}
Barium oxalate	BaC_2O_4	1.6×10^{-6}	Magnesium hydroxide	$Mg(OH)_2$	1.6×10^{-12}
Barium sulfate	$BaSO_4$	1.1×10^{-10}	Magnesium carbonate	$MgCO_3$	3.5×10^{-8}
Cadmium carbonate	$CdCO_3$	1.8×10^{-14}	Magnesium oxalate	MgC_2O_4	8.6×10^{-5}
Cadmium hydroxide	$Cd(OH)_2$	2.5×10^{-14}	Manganese(II) carbonate	$MnCO_3$	5.0×10^{-10}
Cadmium sulfide*	CdS	8×10^{-28}	Manganese(II) hydroxide	$Mn(OH)_2$	1.6×10^{-13}
Calcium carbonate (calcite)	$CaCO_3$	4.5×10^{-9}	Manganese(II) sulfide*	MnS	2×10^{-53}
Calcium chromate	$CaCrO_4$	7.1×10^{-4}	Mercury(I) chloride	Hg_2Cl_2	1.2×10^{-18}
Calcium fluoride	CaF_2	3.9×10^{-11}	Mercury(I) iodide	Hg_2I_2	1.1×10^{-28}
Calcium hydroxide	$Ca(OH)_2$	6.5×10^{-6}	Mercury(II) sulfide*	HgS	2×10^{-53}
Calcium phosphate	$Ca_3(PO_4)_2$	2.0×10^{-29}	Nickel(II) carbonate	$NiCO_3$	1.3×10^{-7}
Calcium sulfate	$CaSO_4$	2.4×10^{-5}	Nickel(II) hydroxide	$Ni(OH)_2$	6.0×10^{-16}
Chromium(III) hydroxide	$Cr(OH)_3$	1.6×10^{-30}	Nickel(II) sulfide*	NiS	3×10^{-20}
Cobalt(II) carbonate	$CoCO_3$	1.0×10^{-10}	Silver bromate	$AgBrO_3$	5.5×10^{-5}
Cobalt(II) hydroxide	$Co(OH)_2$	1.3×10^{-15}	Silver bromide	$AgBr$	5.0×10^{-13}
Cobalt(II) sulfide*	CoS	5×10^{-22}	Silver carbonate	Ag_2CO_3	8.1×10^{-12}
Copper(I) bromide	$CuBr$	5.3×10^{-9}	Silver chloride	$AgCl$	1.8×10^{-10}
Copper(II) carbonate	$CuCO_3$	2.3×10^{-10}	Silver chromate	Ag_2CrO_4	1.2×10^{-12}
Copper(II) hydroxide	$Cu(OH)_2$	4.8×10^{-20}	Silver iodide	AgI	8.3×10^{-17}
Copper(II) sulfide*	CuS	6×10^{-37}	Silver sulfate	Ag_2SO_4	1.5×10^{-5}
Iron(II) carbonate	$FeCO_3$	2.1×10^{-11}	Silver sulfide*	Ag_2S	6×10^{-51}
Iron(II) hydroxide	$Fe(OH)_2$	7.9×10^{-16}	Strontium carbonate	$SrCO_3$	9.3×10^{-10}
Lanthanum fluoride	LaF_3	2×10^{-19}	Tin(II) sulfide*	SnS	1×10^{-26}
Lanthanum iodate	$La(IO_3)_3$	6.1×10^{-12}	Zinc carbonate	$ZnCO_3$	1.0×10^{-10}
Lead(II) carbonate	$PbCO_3$	7.4×10^{-14}	Zinc hydroxide	$Zn(OH)_2$	3.0×10^{-16}
Lead(II) chloride	$PbCl_2$	1.7×10^{-5}	Zinc oxalate	ZnC_2O_4	2.7×10^{-8}
Lead(II) chromate	$PbCrO_4$	2.8×10^{-13}	Zinc sulfide*	ZnS	2×10^{-25}

*For a solubility equilibrium of the type $MS(s) + H_2O(l) \rightleftharpoons M^{2+}(aq) + HS^-(aq) + OH^-(aq)$

APPENDIX D

25°C에서의 표준 환원 전위

Half-Reaction	$E°$(V)
$Ag^+(aq) + e^- \longrightarrow Ag(s)$	+0.799
$AgBr(s) + e^- \longrightarrow Ag(s) + Br^-(aq)$	+0.095
$AgCl(s) + e^- \longrightarrow Ag(s) + Cl^-(aq)$	+0.222
$Ag(CN)_2^-(aq) + e^- \longrightarrow Ag(s) + 2\,CN^-(aq)$	−0.31
$Ag_2CrO_4(s) + 2\,e^- \longrightarrow 2\,Ag(s) + CrO_4^{2-}(aq)$	+0.446
$AgI(s) + e^- \longrightarrow Ag(s) + I^-(aq)$	−0.151
$Ag(S_2O_3)_2^{3-}(aq) + e^- \longrightarrow Ag(s) + 2\,S_2O_3^{2-}(aq)$	+0.01
$Al^{3+}(aq) + 3\,e^- \longrightarrow Al(s)$	−1.66
$H_3AsO_4(aq) + 2\,H^+(aq) + 2\,e^- \longrightarrow H_3AsO_3(aq) + H_2O(l)$	+0.559
$Ba^{2+}(aq) + 2\,e^- \longrightarrow Ba(s)$	−2.90
$BiO^+(aq) + 2\,H^+(aq) + 3\,e^- \longrightarrow Bi(s) + H_2O(l)$	+0.32
$Br_2(l) + 2\,e^- \longrightarrow 2\,Br^-(aq)$	+1.065
$BrO_3^-(aq) + 6\,H^+(aq) + 5\,e^- \longrightarrow Br_2(l) + 3\,H_2O(l)$	+1.52
$2\,CO_2(g) + 2\,H^+(aq) + 2\,e^- \longrightarrow H_2C_2O_4(aq)$	−0.49
$Ca^{2+}(aq) + 2\,e^- \longrightarrow Ca(s)$	−2.87
$Cd^{2+}(aq) + 2\,e^- \longrightarrow Cd(s)$	−0.403
$Ce^{4+}(aq) + e^- \longrightarrow Ce^{3+}(aq)$	+1.61
$Cl_2(g) + 2\,e^- \longrightarrow 2\,Cl^-(aq)$	+1.359
$HClO(aq) + H^+(aq) + e^- \longrightarrow Cl_2(g) + H_2O(l)$	+1.63
$ClO^-(aq) + H_2O(l) + 2\,e^- \longrightarrow Cl^-(aq) + 2\,OH^-(aq)$	+0.89
$ClO_3^-(aq) + 6\,H^+(aq) + 5\,e^- \longrightarrow Cl_2(g) + 3\,H_2O(l)$	+1.47
$Co^{2+}(aq) + 2\,e^- \longrightarrow Co(s)$	−0.277
$Co^{3+}(aq) + e^- \longrightarrow Co^{2+}(aq)$	+1.842
$Cr^{3+}(aq) + 3\,e^- \longrightarrow Cr(s)$	−0.74
$Cr^{3+}(aq) + e^- \longrightarrow Cr^{2+}(aq)$	−0.41
$Cr_2O_7^{2-}(aq) + 14\,H^+(aq) + 6\,e^- \longrightarrow 2\,Cr^{3+}(aq) + 7\,H_2O(l)$	+1.33
$CrO_4^{2-}(aq) + 4\,H_2O(l) + 3\,e^- \longrightarrow Cr(OH)_3(s) + 5\,OH^-(aq)$	−0.13
$Cu^{2+}(aq) + 2\,e^- \longrightarrow Cu(s)$	+0.337
$Cu^{2+}(aq) + e^- \longrightarrow Cu^+(aq)$	+0.153
$Cu^+(aq) + e^- \longrightarrow Cu(s)$	+0.521
$CuI(s) + e^- \longrightarrow Cu(s) + I^-(aq)$	−0.185

Half-Reaction	$E°$**(V)**
$F_2(g) + 2\,e^- \longrightarrow 2\,F^-(aq)$	+0.17
$Fe^{2+}(aq) + 2\,e^- \longrightarrow Fe(s)$	−0.136
$Fe^{3+}(aq) + e^- \longrightarrow Fe^{2+}(aq)$	+0.154
$Fe(CN)_6{}^{3-}(aq) + e^- \longrightarrow Fe(CN)_6{}^{4-}(aq)$	
$2\,H^+(aq) + 2\,e^- \longrightarrow H_2(g)$	+1.00
$2\,H_2O(l) + 2\,e^- \longrightarrow H_2(g) + 2\,OH^-(aq)$	−0.763
$HO_2{}^-(aq) + H_2O(l) + 2\,e^- \longrightarrow 3\,OH^-(aq)$	+0.88
$H_2O_2(aq) + 2\,H^+(aq) + 2\,e^- \longrightarrow 2\,H_2O(l)$	+1.776
$Hg_2{}^{2+}(aq) + 2\,e^- \longrightarrow 2\,Hg(l)$	+0.789
$2\,Hg^{2+}(aq) + 2\,e^- \longrightarrow Hg_2{}^{2+}(aq)$	+0.920
$Hg^{2+}(aq) + 2\,e^- \longrightarrow Hg(l)$	+0.854
$I_2(s) + 2\,e^- \longrightarrow 2\,I^-(aq)$	+0.536
$IO_3{}^-(aq) + 6\,H^+(aq) + 5\,e^- \longrightarrow I_2(s) + 3\,H_2O(l)$	+1.195
$K^+(aq) + e^- \longrightarrow K(s)$	−2.925
$Li^+(aq) + e^- \longrightarrow Li(s)$	−3.05
$Mg^{2+}(aq) + 2\,e^- \longrightarrow Mg(s)$	−2.37
$Mn^{2+}(aq) + 2\,e^- \longrightarrow Mn(s)$	−1.18
$MnO_2(s) + 4\,H^+(aq) + 2\,e^- \longrightarrow Mn^{2+}(aq) + 2\,H_2O(l)$	+1.23
$MnO_4{}^-(aq) + 8\,H^+(aq) + 5\,e^- \longrightarrow Mn^{2+}(aq) + 4\,H_2O(l)$	+1.51
$MnO_4{}^-(aq) + 2\,H_2O(l) + 3\,e^- \longrightarrow MnO_2(s) + 4\,OH^-(aq)$	+0.59
$HNO_2(aq) + H^+(aq) + e^- \longrightarrow NO(g) + H_2O(l)$	+1.00
$N_2(g) + 4\,H_2O(l) + 4\,e^- \longrightarrow 4\,OH^-(aq) + N_2H_4(aq)$	−1.16
$N_2(g) + 5\,H^+(aq) + 4\,e^- \longrightarrow N_2H_5{}^+(aq)$	−0.23
$NO_3{}^-(aq) + 4\,H^+(aq) + 3\,e^- \longrightarrow NO(g) + 2\,H_2O(l)$	+0.96
$Na^+(aq) + e^- \longrightarrow Na(s)$	−2.71
$Ni^{2+}(aq) + 2\,e^- \longrightarrow Ni(s)$	−0.28
$O_2(g) + 4\,H^+(aq) + 4\,e^- \longrightarrow 2\,H_2O(l)$	+1.23
$O_2(g) + 2\,H_2O(l) + 4\,e^- \longrightarrow 4\,OH^-(aq)$	+0.40
$O_2(g) + 2\,H^+(aq) + 2\,e^- \longrightarrow H_2O_2(aq)$	+0.68
$O_3(g) + 2\,H^+(aq) + 2\,e^- \longrightarrow O_2(g) + H_2O(l)$	+2.07
$Pb^{2+}(aq) + 2\,e^- \longrightarrow Pb(s)$	−0.126
$PbO_2(s) + HSO_4{}^-(aq) + 3\,H^+(aq) + 2\,e^- \longrightarrow PbSO_4(s) + 2\,H_2O(l)$	+1.685
$PbSO_4(s) + H^+(aq) + 2\,e^- \longrightarrow Pb(s) + HSO_4{}^-(aq)$	−0.356
$PtCl_4{}^{2-}(aq) + 2\,e^- \longrightarrow Pt(s) + 4\,Cl^-(aq)$	+0.73
$S(s) + 2\,H^+(aq) + 2\,e^- \longrightarrow H_2S(g)$	+0.141
$H_2SO_3(aq) + 4\,H^+(aq) + 4\,e^- \longrightarrow S(s) + 3\,H_2O(l)$	+0.45
$HSO_4{}^-(aq) + 3\,H^+(aq) + 2\,e^- \longrightarrow H_2SO_3(aq) + H_2O(l)$	+0.17
$Sn^{2+}(aq) + 2\,e^- \longrightarrow Sn(s)$	−0.136
$Sn^{4+}(aq) + 2\,e^- \longrightarrow Sn^{2+}(aq)$	+0.154
$VO_2{}^+(aq) + 2\,H^+(aq) + e^- \longrightarrow VO^{2+}(aq) + H_2O(l)$	+1.00
$Zn^{2+}(aq) + 2\,e^- \longrightarrow Zn(s)$	−0.763

연습문제 해답

제 1 장

1.1 원자론의 가정에서 화합물 중의 상대적인 원자수와 원자종류는 모든 경우에 일정하다. 그러므로 시료의 출처에 무관하게 물 1.0 g당 수소와 산소 원자의 상대적인 수는 항상 같다.

1.2 (a) 1.143 g O/1g N; 2.268 g O/ 1 g N; 2.578 g O/1 g N
(b)질소 1g당 산소의 질량비가 2:4:5이고, 배수 비례의 법칙이 적용된다.

1.3 (a) 전기장과 자기장에서 음전하의 경로가 휘는 것처럼 음극선도 휘어진다.
(b)음극선에 노출된 금속판은 음전하를 얻는다.

1.4 기름방울들은 서로 다른 전하를 가지는데 그 이유는 기름방울들이 1, 2, 3 혹은 그 이상의 전자를 가지고 있기 때문이다. 전자전하는 모든 관찰된 전하 값 중 가장 작은 값과 유사하다. 그래서 전자전하는 1.60×10^{-19} 이다.

1.5 Be 핵은 Au 핵보다 부피가 작기 때문에 입자와 Be 핵 사이의 반발력은 감소하고 충돌수는 줄어들 것이다. 입자의 산란은 일반적으로 줄어든다.

1.6 (a) 0.23 nm; 2.4×10^2 or 240 pm,
(b) 4.2×10^7 Cr원자

1.7 (a) ^{40}Ar: 양성자 18개, 중성자 22, 전자 20개
(b) ^{55}Mn: 양성자 23개, 중성자 30개, 전자 25개
(c) ^{65}Zn: 양성자 30개, 중성자 35개, 전자 30개
(d) ^{79}Se: 양성자 34개, 중성자 45개, 전자 34개
(e) ^{184}W: 양성자 74개, 중성자 110개, 전자 74개
(f) ^{235}U: 양성자 92개, 중성자 143개, 전자92개

1.8

	^{39}K	^{55}Mn	^{112}Cd	^{137}Ba	^{207}Pb
양성자	19	25	48	56	82
중성자	20	30	64	81	125
전자	19	25	48	56	82
질량수	39	55	112	137	207

1.9 (a) ${}^{11}_{23}Na$ (b) ${}^{51}_{23}V$ (c) ${}^{37}_{17}Cl$ (d) ${}^{24}_{12}Mg$

1.10 (a) 은(금속) (b) 헬륨(비금속) (c) 인(비금속) (d) 카드뮴(금속) (e) 칼슘(금속) (f) 브로민(비금속)

1.11 (a) K, 알칼리 금속, 금속 (b) I, 할로젠, 비금속 (c) Mg, 알칼리 토금속, 금속 (d) Ar, 비활성 기체, 비금속 (e) S, 칼코겐 , 비금속

1.12 구조식이 가장 많은 정보를 준다.

1.13 (a) 6 (b) 6 (c) 12

1.14 (a) CH_3OCH_3 (b) CH_3CH_2OH
(c) CH_3OH (d) PCl_3

1.15 CH: C_2H_2, C_6H_6; CH_2: C_2H_4, C_3H_6, C_4H_8; NO_2: N_2O_4, NO_2

1.16

	$^{31}P^{3-}$	$^{40}Ca^{2+}$	$^{51}V^{2+}$	$^{79}Se^{2-}$	$^{59}Ni^{2+}$
양성자	15	20	23	34	28
중성자	16	20	28	45	31
전자	18	18	21	36	26
순수 전하	3^-	2^+	2^+	2^-	2^+

1.17 (a) Al^{3+} (b) Ca^{2+} (c) S^{2-} (d) I^- (e) Cs^+

1.18 (a) GaF_3 (b) LiH (c) AlI_3 (d) K_2S

1.19 (a) $CaBr_2$ (b) NH_4Cl (c) $Al(C_2H_3O_2)_3$
(d) K_2SO_4 (e) $Mg_3(PO_4)_2$

1.20 분자화합물: (a)(b)(f)(g), 이온화합물: (c)(d)(e)(h)

제 2 장

2.1 (a) m (b) 1/s (c) m/s

2.2 (a) 틀림, 전자기 복사선의 일부가 가시광선이다.
(b) 맞음, (c) 틀림, 자외선은 가시광선보다 파장이 짧다.

2.3 (a) 감마선 < (d) 황색광(가시광선) < (e) 적색광(가시광선) < (b) 93.1 Mhz FM 라디오파 < (c) 680 kHz AM 라디오파

2.4 (a) $5.09 \times 10^{20}\ s^{-1}$ (b) 5.87×10^{-4} m (c) 가시영역이 아니므로 어느 쪽도 볼 수 없음 (d) 1.96×10^9 m

2.5 $6.88 \times 10^{14}\ s^{-1}$, 청색

2.6 (a) 양자화란 에너지의 흡수 또는 방출이 단지 특정량 만큼씩 일어난다는 것이다. 이 에너지의 최소값은 흡수 혹은 방출선의 주파수에 비례한다. $E = hv$

(b) 일상생활에서 우리 몸과 같은 거시적 물체가 얻거나 잃는 전체 에너지의 양은 단일 양자보다 훨씬 더 크다.

2.7 (a) $E = 3.08 \times 10^{-19}$ J
(b) $E = 1.89 \times 10^{-21}$ J
(c) $\lambda = 241$ nm; 자외선

2.8 (a) $\lambda = 3.3$ μm , $E = 6.0 \times 10^{-20}$ J; $\lambda = 0.154$ nm, $E = 1.29 \times 10^{-15}$ J (b) $\lambda = 3.3$ μm의 광자에너지는 적외선 영역이고, $\lambda = 0.154$ nm의 광자에너지는 X-ray 영역이다. 그래서 X-ray 영역의 광자에너지가 더 큰 에너지를 가진다.

2.9 1.2×10^{20} 광자

2.10 최대 $\lambda = 242$ nm; 자외선 영역

2.11 (a) $E_{\min} = 7.23 \times 10^{-19}$ J (b) $\lambda = 275$ nm (c) $E_K = 1.66 \times 10^{-18}$ J.

2.12 원자에 적용할 때, 에너지가 양자화 되어있다는 개념은 E가 오로지 일정한 값만을 허용한다는 것인데 이것은 들뜬 원자의 방출 스펙트럼 선들에 의해서 확인된다.

2.13 (a) 흡수 (b) 방출 (c) 흡수

2.14 (a) $\Delta E = -2.09 \times 10^{-18}$ J; 방출; $v = 3.16 \times 10^{15}$ s^{-1}; $\lambda = 9.49 \times 10^{-8}$ m (b) $\Delta E = -4.48 \times 10^{-19}$ J, 가시광선 방출; $v = 7.31 \times 10^{14} s^{-1}$; $\lambda = 4.10 \times 10^{-7}$ m (c) $\Delta E = 4.91 \times 10^{-20}$ J, 흡수; $v = 3.16 \times 10^{15} s^{-1}$; $\lambda = 4.05 \times 10^{-6}$ m

2.15 (a) 단지 $n_f = 2$의 전이 선에서만 관찰되는 것은 ΔE 값과 파장이 가시광선영역에 존재하기 때문이다. $\eta_f = 1$의 전이 선은 가시광선보다 파장이 짧고 $\eta_f > 2$일 때에는 가시광선보다 파장이 길다.
(b) $n_i = 3$, $n_f = 2$; $\lambda = 6.56 \times 10^{-7}$ m ; 656 nm 에서 yellow선. $n_i = 4$, $n_f = 2$; $\lambda = 4.86 \times 10^{-7}$ m; 486nm에서 blue-green 선. $n_i = 5$, $n_f = 2$; $\lambda = 4.34 \times 10^{-7}$ m; 434 nm에서 blue 선

2.16 (a) 자외선영역 (b) $n_i = 6$, $n_f = 1$

2.17 (a) $\lambda = 4.7 \times 10^{-37}$ m (b) $\lambda = 3.3 \times 10^{-35}$ m (c) $\lambda = 8.8 \times 10^{-12}$ m

2.18 $v = 4.5 \times 10^3$ m/s

2.19 불확정성의 원리는 한 전자의 위치와 운동량은 동시에 정확하게 측정하는 것이 불가능하다는 것이다. 보어모형에서 전자가 완전한 구형에서 움직이게 되는데 이것은 전자의 위치와 운동량을 정확하게, 동시에 알려 준다. 그래서 불확정성 원리에 맞지 않다.

2.20 보어 모형의 특징은 정확한 운동경로와 에너지를 명시한다. 양자역학 모델은 핵 주위의 일정한 영역에서 전자를 발견할 확률을 말해준다. 그래서 양자역학적 모델에 의하면 0.53 Å에서 전자를 발견할 확률이 항상 100%보다 작다.

2.21 (a) $n = 4$, l = 3, 2, 1, 0
(b) l = 2, $m_l = -2, -1, 0, 1, 2,$

2.22 (a) 2, 1, 1; 2, 1, 0; 2, 1, −1
(b) 5, 2, 2; 5, 2, 1; 5, 2 ,0; 5, 2, −1; 5, 2, −2

2.23 (a) 허용됨, 2p (b) 허용 안됨
(c) 허용됨 (d) 허용 안됨

2.25 (a) 수소원자의 2s와 3s 오비탈은 전체적으로 구형의 형태를 가지는데, 3s 오비탈은 반지름이 더 크고, 2*s* 오비탈보다 하나의 마디를 더 가진다. (b) 수소의 2*s*와 2*p*는 구형, 아령형의 서로 다른 모양을 가지는 반면에 핵과 전자간의 평균거리는 양쪽 오비탈이 비슷하다. (c) 수소원자에 있어서 2*s*와 2*p*는 같은 에너지를 가지고 3s가 좀 더 높은 에너지를 가진다.

2.26 (a) 주양자수 n, (b) 주양자수 n과 방위양자수 l

2.27 붕소원자의 2*p* 전자는 2*s* 전자에 의해서 핵전하가 가려지기 때문에 2*p* 전자는 좀 더 작은 유효핵전하를 경험한다.

2.28 네온의 2*p* 전자가 좀 더 큰 유효 핵전하를 경험한다.

2.29 (a) +1/2, −1/2,
(b) 강한 비균일 자기장을 가진 자석
(c) 다른 m_s 값을 가짐, 파울리의 배타원리

2.30 (a) 10 (b) 2 (c) 6 (d) 14

2.31 2, 1, 1, +1/2; 2, 1, 1, −1/2; 2, 1, 0, +1/2;
2, 1, 0, −1/2; 2, 1, −1, +1/2; 2, 1, −1, −1/2

2.32 (a) 각 상자는 하나의 오비탈을 나타냄

(b) 화살표의 방향은 전자의 스핀을 나타냄

(c) 축퇴된 부껍질을 가지는 오비탈에 전자가 없기 때문에 훈드의 규칙을 적용하지 않는다.

2.33 (a) Rb,[Kr]$5s^1$ (b) Se, [Ar]$4s^2 3d^{10} 4p^4$
(c) Zn, [Ar]$4s^2 3d^{10}$ (d) V, [Ar]$4s^2 3d^3$
(e) Pb, [Xe]$6s^2 4f^{14} 5d^{10} 6p^2$
(f) Yb,[Xe]$6s^2 4f^{14}$

2.34 (a) As 3개 (b) Te 2개 (c) n 2개
(d) Ag 1개 (e) Nb 3개

2.35 (a) Mg (b) A (c) Cr (d) Te

제3장

3.1 멘델레예브는 물리화학적 성질이 비슷한 원소들을 같은 족(컬럼)에 배치하였고 당시 발견되지 않은 원소들의 자리를 빈칸으로 남겨 두었다. 그는 같은 족의 다른 원소들의 성질에 기초하여 빈칸에 들어갈 원소들의 성질을 예측하였다.

3.2 K_r의 $n = 3$이 더 큰 유효 핵전하를 경험하기 하기 때문에 핵에 가까워질 확률이 더 크다.

3.3 2.50 Å

3.4 As-I의 원자들의 반지름의 합으로는 2.54 Å인데 이것은 실험값인 2.55 Å와 매우 가깝다.

3.5 (a) 감소 (b) 증가 (c) $F < S < P < As$

3.6 (a) He는 Z = 2, H는 Z = 1 H와 He의 전자는 $n = 1$ 껍질에 있는데 He는 더 큰 핵전하의 영향을 받고 핵에 조금 더 가까이 당겨진다.
(b) Ne의 원자가전자는 $n = 2$ 껍질에 있고 수소의 원자가전자는 $n = 1$ 껍질에 있다. He가 더 작다. 왜냐하면 원자가전자가 핵에 조금 더 가까이에 있는데 핵전하의 가리움이 없기 때문.

3.7 Be^+의 핵으로부터 조금 더 떨어진 2s의 원자가전자 보다 Li^+의 핵에 좀 더 가까이 있는 1s 내부 전자를 떼어내는 데 더 많은 에너지가 필요하다.

3.8 8A족 아래로 내려갈수록 첫 번째 이온화에너지는 감소하고 원자 반지름은 커진다.

3.9 (a) Ne (b) Mg (c) Cr (d) Br (e) Ge

3.10 (a) Na^+ (b) Si^{3+} (c) 유효 핵전하가 커질수록 이온화에너지는 증가한다.

3.11 이온화에너지; $Se(g) \longrightarrow Se^+(g) + e^-$;
[Ar]$4s^2 3d^{10} 4p^4 \longrightarrow$ [Ar]$4s^2 3d^{10} 4p^3$
전자친화도; $Se^+(g) + e^- \longrightarrow Se(g)$;
[Ar]$4s^2 3d^{10} 4p^3 \longrightarrow$ [Ar]$4s^2 3d^{10} 4p^4$

3.12 $F + e^- \longrightarrow F^-$; [He]$2s^2 2p^5 \longrightarrow$ [He]$2s^2 2p^6$;
$Ne + e^- \longrightarrow Ne^-$; [He]$2s^2 2p^6 \longrightarrow$
[He]$2s^2 2p^6 3s^1$

F에 전자 하나가 더해짐으로써 $n = 2$ 껍질이 완전히 채워진다. 따라서 F^-는 안정한 영족 기체의 전자상태를 가지고 ΔE 는 음의 값. Ne의 여분의 전자는 3s로 궤도에 채워지고 계의 에너지를 증가시키고, ΔE는 양의 값

3.13 $O_2 < Br_2 < K < Mg$, O_2와 Br_2은 비금속, 표준상태에서 O_2는 기체이고 Br_2는 액체이다. O_2의 끓는점이 더 낮다. K와 Mg는 고체 금속이다. K는 높은 금속성과 낮은 끓는점을 갖는다.

3.14 (a) Li (b) Na (c) Sn (d) Al

3.15 (a) Na, [Ne]$3s^1$; Mg, [Ne]$3s^2$
(b) 이온의 형태로 볼 때 Na은 전자 하나를 잃고 Mg는 전자 두 개를 잃게 되어 둘 다 안정된 Ne의 전자 배치를 가짐 (c) Mg의 유효 핵전하가 더 크다. 그래서 이온화에너지가 더 크다.
(d) Mg가 작은 반응성을 가지는 것은 높은 이온화에너지를 가지기 때문이다.
(e) Mg의 원자 반지름이 작은 것은 유효핵전하가 크기 때문이다.

3.16 (a) Ca이 더 큰 반응성을 가짐. 왜냐하면 Mg보다 이온화에너지가 낮기 때문.

(b) Ca보다 K가 큰 반응성을 가지는 것은 낮은 이온화에너지를 가지기 때문.

3.17 H, $1s^1$; Li, [He]$2s^1$; F, [He]$2s^2 2p^6$. Li과 H는 한 개의 원자가전자를 가지고, 일반적으로 +1인 산화수를 가진다. H와 F 같은 원자는 비활성 기체에 가까운 전자배치를 이루기 위해서 한 개의 전자가 더 필요하다. H와 F 둘 다 −1의 산화 상태가 존재한다.

3.18 (a) F, [He]$2s^2 2p^5$, Cl, [Ne]$3s^2 3p^5$ (b) F와 Cl은 같은

그룹에 있고, 둘 다 −1의 이온전하를 가진다. (c) F의 2p원자가전자는 핵과 가깝고 Cl의 3p전자보다 핵에 의해서 더 강하게 당겨지기 때문에 F의 이온화에너지가 더 크다. (d) F의 높은 이온화에너지와 큰 발열성 전자친화력 때문에 물에 대하여 Cl보다 반응성이 더 좋다. (e) 비록 F는 Cl보다 더 큰 유효 핵전하를 가지는데 여분의 전자가 추가 될 때 F의 작은 원자 반지름은 반발력을 증가시킨다. 그래서 F의 전체적인 전자 친화도는 Cl보다 덜 발열적이다. (f) F의 2P 원자가전자는 핵과 더 가까이 있기 때문에 원자반지름이 Cl보다 작다.

3.19 (a) F원자는 I보다 전자를 받아들이는 경향성이 더 커서 Xe 같은 영족 기체와도 반응한다. (b) O_2같은 동소체는 일상적으로 우리 주위에 발견되기 때문. O_3는 단지 특별한 상태에서만 존재한다. (c) F는 매우 큰 반응성을 가짐. 대부분의 물질에서 전자를 뜯어낼 수 있기 때문에 F_2를 포함하는 반응은 특별한 용기에서 반응시킨다.

3.20 원자에 대한 양자 역학적 기술은 전자의 정확한 위치를 규정할 수 없다. 전자 밀도는 핵으로부터 거리가 증가할수록 점차적으로 감소한다.

3.21 Xe과 Kr가 F_2와 같은 전자친화도가 매우 큰 물질과 반응한다는 것이 알려졌다.

3.22 $Te(g) \longrightarrow Te^+(g) + e^-$; $Te^+(g) \longrightarrow Te^{2+}(g) + e^-$; $Te^{2+}(g) \longrightarrow Te^{3+}(g) + e^-$

3.23 이온화합물(MgO, Li_2O, Y_2O_3), 분자화합물(SO_2, P_2O_5, N_2O, XeO_3) 이온화합물은 금속과 비금속간의 결합으로 분자화합물은 비금속간의 결합으로 생성된다.

3.24 물에 녹았을 때 산성산화물은 산성용액을 염기성 산화물은 염기성 용액을 만든다. 산성산화물은 SO_3와 같은 비금속 산화물, 염기성 산화물은 CaO와 같은 금속산화물이다.

3.25 (a) $CaO(s) + H_2O(l) \longrightarrow Ca(OH)_2(aq)$
(b) $CuO(s) + 2HNO_3(l) \longrightarrow Cu(NO_3)_2(aq) + H_2O(l)$
(c) $SO_3(g) + H_2O(l) \longrightarrow H_2SO_4(aq)$
(d) $CO_2(g) + 2NaOH(aq) \longrightarrow Na_2CO_3(aq) + H_2O(l)$

3.26 (a) $2K(s) + 2H_2O(l) \longrightarrow 2KOH(aq) + H_2(g)$
(b) $Ba(s) + 2H_2O(l) \longrightarrow 2Ba(OH)_2(aq) + H_2(g)$
(c) $6Li(s) + N_2(g) \longrightarrow 2Li_3N(s)$
(d) $2Mg(s) + O_2(g) \longrightarrow 2MgO(s)$

3.27 (a) $2Li(s) + Cl_2(g) \longrightarrow 2LiCl(s)$
(b) $S_8(s) + 8O_2(g) \longrightarrow 8SO_2(g)$
(c) $2KI(l) \longrightarrow 2K(l) + I_2(g)$
(d) $Cl_2(g) + H_2O(l) \longrightarrow HCl(l) + HOCl(l)$

제4장

4.1 (a) 원자가전자는 화학 결합에 관여하는 전자이다. (b) C는 4개의 원자가전자 (c) Al은 3개의 원자가전자를 가지고 있음

4.2 (a) :C̤̈l· (b) ·Mg· (c) :B̤̈r: (d) :Ä̤r:

4.3 (a) CaF_2 (b) Na_2S (c) Y_2O_3 (d) Li_3N

4.4 (a) Ba^{2+}, [Xe], 영족 기체 전자배치
(b) Cl-, $[Ne]3s^23p^6$ = [Ar], 영족 기체 전자배치
(c) Te^{2+}, $[Kr]5s^24d^{10}5p^6$ = [Xe], 영족 기체 전자배치
(d) Cr^{2+}, $[Ar]3d^4$, (e) Sc^{3+}, [Ar], 영족 기체 전자배치
(f) Co^{3+}, $[Ar]3d^6$

4.5 (a) 고체 이온화합물 1몰을 기체상태 성분 이온으로 바꾸는 데 필요한 에너지를 격자 에너지라고 함 (b) 격자 에너지의 크기는 두 이온의 전하의 크기, 이온반지름, 격자 내부의 이온배열에 의존한다.

4.6 서로 반대로 하전된 Ca^{2+}와 O^{2-} 사이의 인력은 중성 원자로부터 Ca^{2+}와 O^{2-} 이온을 만드는 데 필요한 에너지를 보상하고도 남는다.

4.7 Mg^{2+}와 O^{2-}의 전하는 Na^+와 F−의 전하의 두 배인 반면에 Na—F와 Mg—O 사이의 거리는 유사함. 따라서 MgO의 격자에너지는 NaF의 네 배 정도이다.

4.8 (a) O^{2-}는 S^{2-}보다 작음. MgO에서 반대로 하전된 이온이 더 가까이 다가갈수록 정전기 인력이 커진다. (b) 두 화합물에서 이온은 1+와 1− 전하를 가지는데 Li-F의 이온반경이 훨씬 더 작기 때문에 결과적으로 더 큰 정전기적 인력이 작용한다. (c) CaO의 이온은 KF의 이온보다 더 큰 전하를 가진다.

4.9 (a) 중성원자로부터 전자를 제거하면 정전기적 반발력이 감소하고, 유효 핵전하는 증가하여 양이온의 크기는 작아진다. (b) 중성원자에 전자가 추가되면 정전기적 반발력으로 인해 원자가전자가 느끼는 유효 핵전하의

크기가 감소, 음이온의 크기가 증가한다. (c) 같은 족에서 아래로 내려갈수록 원자가전자는 핵으로부터 더 멀어지고, 핵심부 전자에 의한 가리움 효과가 증가한다.

4.10 (a) 등전자 계열이란, 분자의 전자수는 같지만 유효 핵전하 값이 다른 것을 말한다.

(b) Rb^+, Kr; Br^-, Kr; S^{2-}, Ar; Zn^{2+}, Ni

4.11 (a) 등전자 계열에서 전자 수는 같으므로, 반발력과 가리움 효과는 비슷하다. 핵전하가 증가할수록 원자가전자는 보다 더 강하게 핵에 이끌리고 그 결과 화학종의 반지름은 감소한다. (b) Na^+의 2p전자

4.12 (a) $Li^+ < K^+ < Rb^+$ (b) $Mg^{2+} < Na^+ < Br^-$

(c) $K^+ < Ar < Cl^- < S^{2-}$ (d) $Ar < Cl < Cl^-$

4.13 (a) 공유결합은 두 원자가 하나 혹은 그 이상의 전자쌍을 공유하는 결합 형태이다. (b) NaCl에서의 이온결합은 상반된 Na^+ 이온과 Cl^- 이온 사이의 강한 전기적 인력에 기인한다. Cl_2의 공유결합은 두 개의 Cl 중성원자에 공유된 전자쌍에 기인한다.

4.14 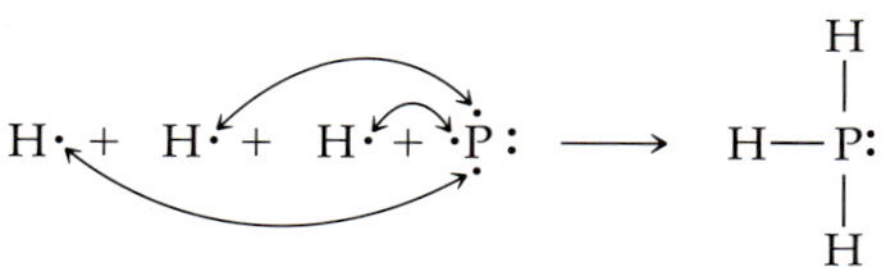

4.15 (a) 전기음성도는 분자 내의 한 원자가 전자를 끌어당기는 능력. (b) Pauling의 척도에서 전기음성도의 범위는 0.7~4.0. (c) 플루오린의 전기음성도가 가장 크다.

4.16 (a) Cl (b) B (c) As (d) Mg

4.17 극성 결합은 (a), (c), (e); 각 극성 결합에서 전기음성도가 큰 원소는 (a) Cl, (b) F, (c) O.

4.18 (a) 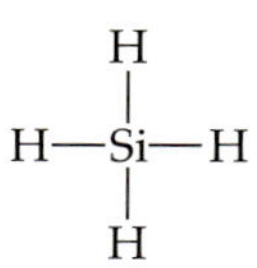 (b) 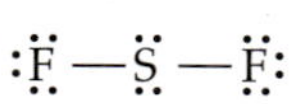 (c) 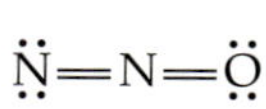

(d) 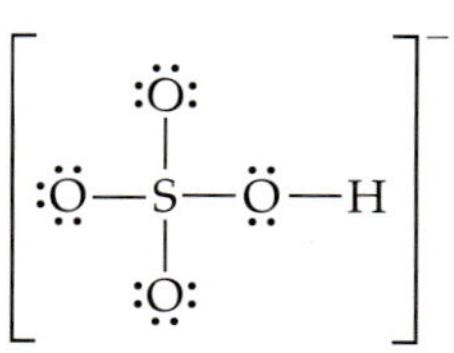

(e) 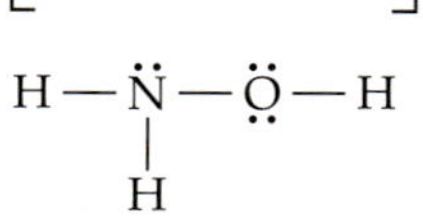

4.19 (a) 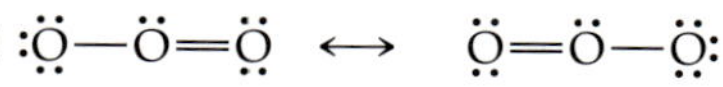

(b)

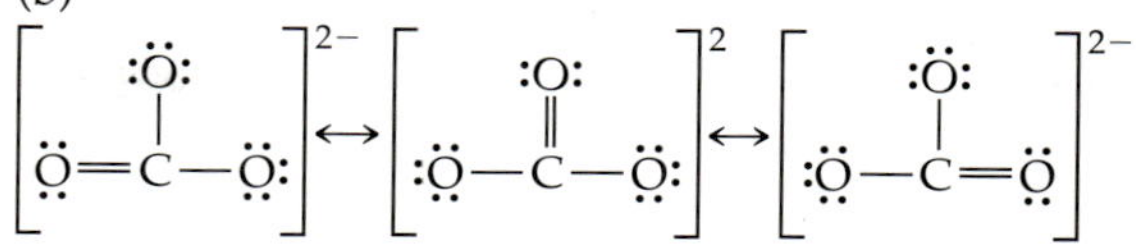

(c)

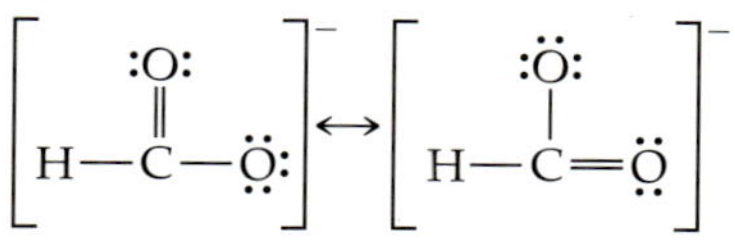

(d)

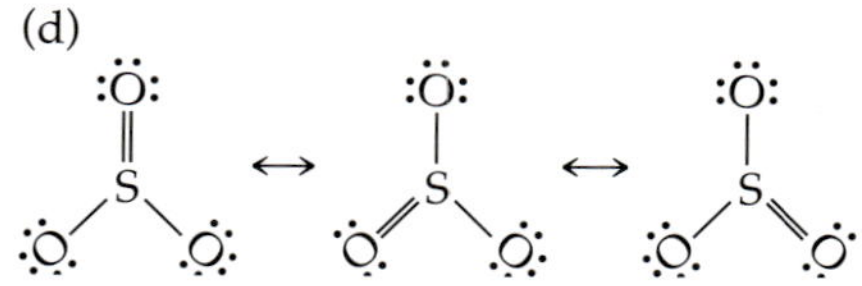

4.20 두 원자 사이에 공유 전자쌍의 수가 많을수록 결합 길이는 짧다. 그래서 N—O의 결합길이는 $NO^+ < NO_2^- < NO_3^-$

4.21 (a) 벤젠에서 2개의 대등한 루이스 구조. 공명의 개념은 어떤 혼성구조 혹은 두 개의 루이스 구조의 혼합에 의해서 결합을 기술할 수 있다. 6개의 C—C 결합이 동등하고 각각 2중결합의 성격을 약간 가지고 있다. (b) 공명 모델은 6개의 동등한 C—C 결합을 가지고 있고 각각의 결합은 1~2개의 전자쌍을 가지고 있다. 벤젠에서 C—C 결합 길이는 단일결합보다는 길고 이중 결합보다는 짧다는 것을 기대할 수 있다.

4.22 평균 Ti—Cl 결합에너지는 430 kJ/mol

제5장

5.1 (a) 적절하지 않음. 결합은 여러 방향으로 서로 다른 배열을 할 수 있고, 결합 길이만으로 분자의 크기나 형태를 정의할 수 없다. (b) 정의할 수 있음. 이 배열에 가능한 것은 단지 120° 각이 가능함

5.2 (a) 삼각평면형 (b) 정사면체형 (c) 삼각 이중피라미드형 (d) 정팔면체형

5.3 VSEPR에 의해서 나타나는 전자쌍의 기하학적구조는 결합전자쌍과 비결합 전자쌍의 총 수에 의해 결정된다. 분자 기하학적구조는 원자의 위치를 표시한다. NH_3는 질소 원자 주위에 4개의 전자쌍이 있고 전자기하구조는 사면체이다. 3개의 결합전자쌍과 1개의 비결합전자

쌍으로 인해 분자 기하구조는 삼각 피라미드 형태를 이룬다.

5.4 (a) 사면체, 사면체 (b) 삼각 이중 피라미드, T−형 (c) 팔면체, 사각피라미드

5.5 (a) 사면체, 굽은형 (b) 삼각평면, 삼각평면 (c) 사면체, 삼각 피라미드, (d) 정사면체, 정사면체 (e) 정사면체, 삼각 피라미드, (f) 삼각 이중 피라미드, T−형

5.6 NF_3, 삼각 피라미드; BF_3, 삼각평면; ClF_3, T−형. 분자 기하구조가 다른 이유는 중심원자 주위에 비결합전자쌍의 수가 다르기 때문이다.

5.7 모두 4개의 전자쌍을 가지고 있다. 그러므로 사면체의 전자쌍구조를 가진다. NH_2^-에서 NH^{4+}로 가면서 N 주위의 비결합전자쌍의 수는 2에서 0으로 감소한다. 비결합전자쌍은 결합전자쌍보다 더 많은 공간을 차지하는데, 비결합전자쌍의 수가 감소할수록 결합각은 더 벌어진다.

5.8 (a) 1 − 104.5°, 2 − 107° (b) 3 − 109.5°, 4 − 104.5° (c) 5 − 180° (d) 6 − 120°, 7 − 104.5°, 8 − 109.5°

5.9 (a) 극성분자는 쌍극자 모멘트를 가지고 있는 반면에 비극성 분자의 쌍극자 모멘트는 0이다. (b) 예. 만약 X와 Y가 다른 전기 음성도를 가진다면, 전기음성도가 더 큰 원자 주위에 전자밀도가 증가하고 분자에서 전하 분리가 일어나 쌍극자가 생성된다. (c) 전하량, 거리

5.10 (a) 비극성 (b) 비극성 (c) 비극성
(d) 극성 (e) 극성 (f) 비극성

5.11 $BeCl_2$에서는 Be주위에 2개의 전자쌍이 있다. 구조는 선형이며 각각의 결합 쌍극자는 상쇄된다. SCl_2에서는 S 주위에 4개의 전자쌍이 있고 구조는 굽은형, 결합 쌍극자는 상쇄되지 않는다.

5.12 H와 F의 전하 차를 계산하면 $0.41e^-$이다.

5.13 가운데의 이성질체는 쌍극자모멘트가 0이다.

5.14 (a) 인접한 두 원자의 원자궤도가 공간상의 같은 영역을 점유하여 궤도 겹침이 일어남. (b) 원자가 결합이론에서, 핵과 핵 사이에서 오비탈 중첩이 일어나고 2개의 전자를 허용함. (c) 원자가 결합이론은 원자 오비탈 개념과 전자쌍 결합의 루이스 모델을 조합한 것이다.

5.15 (a) sp^2, 120° (b) sp^3d 90°, 120° 그리고 180°
(c) sp^3d^2, 90° 그리고 180°

5.16 (a) B:[He]$2s^22p^1$ · 1개의 2s 전자가 비어있는 2p 오비탈로 이동한다. 각각 전자가 하나씩 들어 있는 1개의 2s 궤도와 2개의 2p 궤도가 혼성되어 3개의 동등한 평면 삼각형 모양의 혼성오비탈을 생성한다.

(b) sp^2

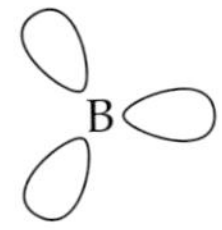

(c) 독립된 하나의 2p 오비탈은 혼성되지 않는다. 이 궤도는 sp^2 혼성 궤도면에 수직으로 놓인다.

5.17 (a) sp^3 (b) sp^3 (c) sp^3d (d) sp^3d^2

5.18 (a)

σ

(b)

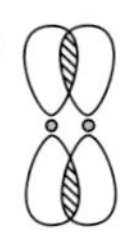

π

(c) σ결합이 일반적으로 π결합보다 강하다. σ결합에서 궤도 중첩이 더 크게 일어나기 때문.

5.19 CH_4의 C원자는 sp^3 로 혼성되어 있어서, π결합에 사용할 수 있는 비혼성화된 p오비탈이 없다. CH_2O에서 C원자는 sp^2혼성 궤도를 만들고, 남는 p 원자오비탈에 의한 결합이 가능하다.

5.20 (a) 가장 왼쪽에 있는 C는 109° 이고 sp^3혼성, 오른쪽에 있는 C는 120°, sp^2 혼성이다. (b) 이중결합의 O는 sp^2 혼성으로 볼 수 있고, 다른 O는 sp^3, N은 거의 109° 각을 갖는 sp^3 혼성이다. (c) 9개의 σ결합, 1개의 π결합

5.21 (a) 편재화된 π결합에서는 결합을 이루는 두 원자 사이에 전자밀도가 커지는 것이고, 비편재화된 π결합에서는 전자밀도가 분자 전체에 퍼져 있는 형태. (b) 공명구조가 2개 이상 존재하면 일반적으로 분자가 비편재 결합을 갖고 있는 경우이다. (c) 비편재화.

5.22 (a) 원자나 분자 오비탈은 모두 특정한 에너지와 형태를 갖는다. 최대 2개의 전자를 가질 수 있다. 원자 오비탈은 편재화 되고 그들의 에너지는 원자내부의 구성입자들 간의 상호작용 결과로 생긴다. 분자 오비탈은 비편재화되고 그들의 에너지는 전자들 사이의 상호작용의 영향을 받는다. (b) 결합이 형성되면서 전체에너지는 낮아지는데 이것은 H_2의 전자들이 2개의 H핵에 강하게 끌리기 때문. (c) 2.

5.23 (a)

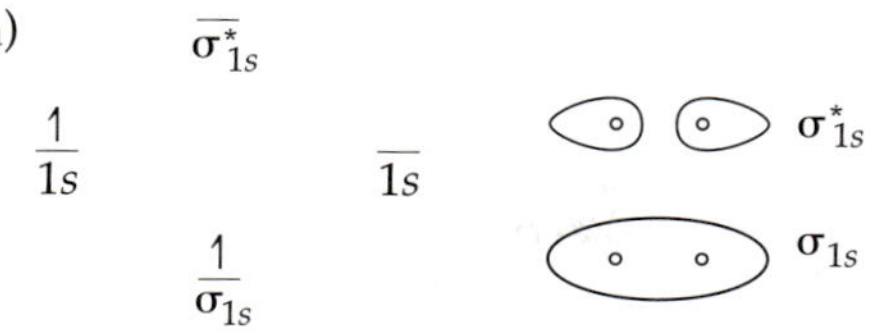

(b) H_2^+에는 단지 1개의 전자가 있어서, 루이스 정의에 의한 결합이 아님. 따라서 루이스 구조를 적는 것은 부적절하다. (c) $\sigma_{1s}{}^1$ (d) BO = 1/2 (e) 변함. 만약 H_2^+에서 단일 전자가 σ^*_{1s} 오비탈로 여기되면 이것의 에너지는 H의 1s 원자오비탈보다 높다. 따라서 H_2^+는 1개의 수소원자와 수소이온으로 분리될 것이다.

5.24 (a)

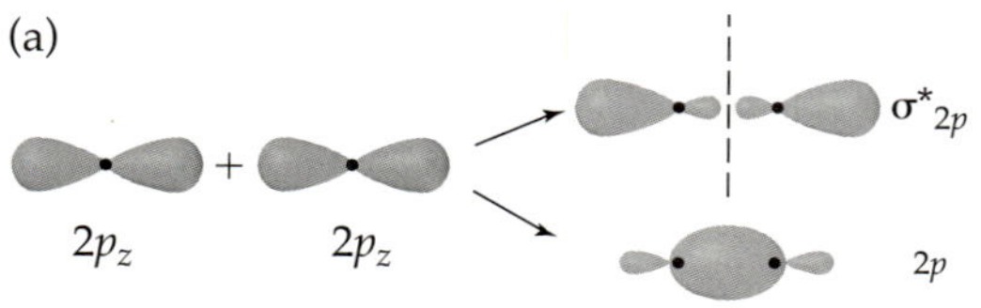

(b)

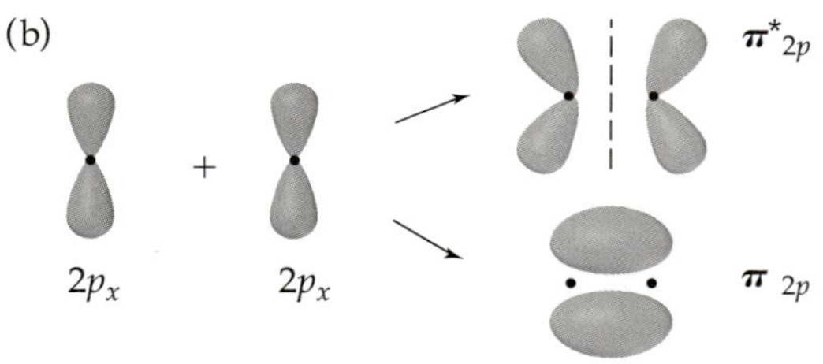

(c) $\sigma_{2p} < \pi_{2p} < \pi^*_{2p} < \sigma^*_{2sp}$

5.25 (a) 비결합전자쌍이 없는 물질은 자기장에 의해서 약하게 반발되고 이것을 반자기성이라 부른다. (b) H_2, N_2 (c) O_2^{2-}, Be_2^{2+}

5.26 (a) CO, BO = 3, 반자성 (b) NO^-, BO = 2, 상자성 (c) CN^-, BO = 3, 반자성 (d) OF, BO = 1.5, 상자성

제6장

6.1 (a) 질량보존의 법칙, (b) (*g*), (*l*), (*s*), (*aq*), (c) P_4:4개의 P 원자가 결합하여 한 분자를 형성, 4P: 4개(또는 4몰)의 P 원자

6.2 (a) $NH_4NO_3(s) \longrightarrow N_2O(g) + 2H_2O(l)$

(b) $La_2O_3(s) + 3H_2O(l) \longrightarrow 2La(OH)_3(aq)$

(c) $Mg_3N_2(s) + 6H_2O(l) \longrightarrow 3Mg(OH)_2(s) + 2NH_3(aq)$

(d) $NCl_3(aq) + 3H_2O(l) \longrightarrow NH_3(aq) + 3HOCl(aq)$

(e) $Al(OH)_3(s) + 3HNO_3(aq) \longrightarrow Al(NO_3)_3(aq) + 3H_2O(l)$

(f) $2C_6H_6(l) + 15O_2(g) \longrightarrow 12CO_2(g) + 6H_2O(l)$

(g) $4CH_3NH(g) + 9O_2 \longrightarrow 4CO_2(g) + 10H_2O(g) + 2N_2(g)$

6.3 (a) ${}^{12}_{6}C$ (b) 원자 질량단위는 ${}^{12}_{6}C$ 의 원자 하나의 질량을 정확하게 1/12로 나눈 것이다. 또는 1.66054×10^{-24} g

6.4 10.812 amu

6.5 (a) 110.0 amu (b) 233.4 amu (c) 142.3 amu (d) 252.0 amu (e) 63.0 amu (f) 73.8 amu (g) 269.2 amu

6.6 (a) 59.9% (b) 53.3% (c) 58.5% (d) 48.4%

6.7 (a) 3 (b) 2.01566 amu; 3.02194 amu; 4.02822 amu의 질량비가 1:1.5:2 (c) ${}^1H - {}^1H$ (2.02 amu)가 가장 크고 ${}^2H - {}^2H$(4.03 amu)이 가장 작음.

6.8 (a) 1몰이란 ${}^{12}C$ 탄소 12 g의 원자수와 같은 원자수를 가지는 물질의 양, (b) 6.022×10^{23}, (c) 원자 질량단위로 표시한 물질의 화학식량은 그램으로 표시한 몰질량과 같은 값을 갖는다.

6.9 (a) 8.0×10^{22} H 원자, (b) 6.7×10^{21} $C_6H_{12}O_6$ 분자, (c) 1.1×10^{-2} 몰, (d) 2.0 g

6.10 (a) 187.57 g (b) 22.5 g $Cu(NO_3)_2$ (c) 1.68×12^{-21}몰 (d) 8.03×10^{18}N 원자

6.11 (a) 0.0961 g SO_2 (b) 0.198g Ar (c) 3.39×10^{-2} g $C_8H_{10}N_4O_2$

6.12 (a) 4.01×10^{22} C_8H_8 분자, (b) 1.99×10^{20} $C_8H_9O_2N$ 분자, (c) 1.85×10^{22} $C_{12}H_{22}O_{11}$ 분자

6.13 2.0×10^{32} H_2O 분자

6.14 (a) 2655대, (b) 368개의 프레임과 40개의 바퀴가 남는다. (c) 손잡이

6.15 (a) 한계반응물은 화학반응으로 얻어지는 생성물의 최대의 양을 결정한다. 반응을 하지 못하고 남은 반응물을 과량반응물이라고 하다. (b) 한계반응물에 의해서 생성물의 양이 결정되는 것은 이것이 반응 동안에 완전히 사용되기 때문이고 한 가지 반응물이 다 소멸되면 반응은 더 이상 진행되지 않는다.

6.16 (a) 2.0 g SiC, (b) SiO_2가 한정반응물이고 C가 과량반응물이다.

6.17 Na_2S 1.61 g

6.18 한계반응물은 $AgNO_3$, 3.44 g Na_2CO_3, 4.06 g Ag_2CO_3, 2.50 g $NaNO_3$가 남는다.

6.19 92.0 %

6.20 23 g

6.21 (a) 0.0863 *M* (b) 0.0770 mol (c) 83.3 mL

6.22 (a) 4.46 g (b) 0.145 *M* (c) 20.3 mL

6.23 6.42 g 설탕을 125 mL 부피플라스크에 넣고 소량의 물로 녹인 후 플라스크의 표지선까지 물을 채운다.

6.24 50 mL 뷰렛에 1.50 *M* $C_{12}H_{22}O_{11}$ 용액을 채우고 이 용액 26.7 mL를 400 mL 부피 플라스크에 옮긴 다음 표지선까지 물을 채운다.

6.25 1.747 *M*

6.26 (a) $C_5H_6O(l) + 6O_2(g) \longrightarrow 5CO_2(g) + 3H_2O(g)$, 연소반응
(b) $2H_2O_2(l) \longrightarrow 2H_2O(l) + O_2(g)$, 분해반응
(c) $CaO(s) + H_2O(l) \longrightarrow Ca(OH)_2(aq)$, 결합반응
(d) $6Li(l) + N_2(g) \longrightarrow 2Li_3N(s)$, 결합반응

제7장

7.1 (a) 기체의 밀도는 액체의 밀도보다 작다. (b) 기체는 액체보다 압축하기 쉽다. (c) 기체 혼합물은 균일하나, 액체 혼합물은 균일할 수도 있고 불균일할 수도 있다.

7.2 (a)F = m × a 바닥에 작용하는 힘은 똑같다.
(b) P = F/A 한 발로 서있는 사람은 작은 면적에 힘을 가하므로 바닥에 가해지는 압력은 더 크다.

7.3 (a) 10.3 m (b) 1.81 atm

7.4 (a) 87.1 kPa (b) 0.601 atm (c)1.06 atm (d) 682 torr

7.5 (a) P = 773.4 torr (b) 이 지역의 기압은 표준 대기압보다 커서 "고기압"이라 부른다.

7.6 1.9×10^3 kPa

7.7 (a) 닫힌 관을 사용하는 압력계는 대기압을 몰라도 되지만, 열린 관을 사용하는 압력계는 대기압을 알아야 한다. (b) (i) 0.29 atm (ii) 1.063 atm (iii) 0.136 atm

7.8 (a) 만약 X와 Y가 정비례 관계일 경우 X가 변한 만큼 따라서 Y도 변한다. 반면 반비례 관계에 있으면 X의 변화에 비례하여 1/Y이 변한다. (b) 부피는 압력에 반비례, 절대온도에는 정비례, 기체의 양에 정비례한다.

7.9 (a) V = 11.0 L (b) P = 944 torr

7.10 (a) 같은 온도와 압력 하에서 같은 부피의 기체가 같은 수의 분자를 포함하고 분자가 정수비로 반응하면 반응하는 기체의 부피비도 정수로 주어진다. (b) 두 기체가 같은 온도, 같은 압력 하에 있으므로 원자수의 비는 부피비와 같다. 제논원자 수는 네온원자수보다 1.5배 정도 많다.

7.11 (a) 이상 기체의 압력, 부피, 온도의 관계는 $PV = nRT$로 나타낼 수 있다. (b) $PV = nRT$; P 기압, V는 리터, n은 몰수, T는 켈빈온도.

7.12 (a) P = 10.0 atm (b) n = 0.317 mol (c) V = 1.0×10^2 L (d) T = 18.2 K

7.13 P = 5.2 atm

7.14 2.42×10^{22} 분자

7.15 (a) V = 2.20 L (b) V = 0.452 L

7.16 (a) 9.83×10^3 g O_2 (b) 6.88×10^3 L

7.17 (a) n = 2×10^{-4} mol O_2, (b) 바퀴벌레는 48시간동안 8×10^{-3} mol의 산소를 필요로 한다.

7.18 (a) d = 3.0 g/L (b) μ = 44.0 g/mol

7.19 (a) μ = 89.4 g/mol

7.20 3.5×10^{-9} g Mg

7.21 2.94×10^3L NH_3

7.22 (a) 기체혼합물에서 한 성분의 부분압은 같은 온도와 같은 압력하의 단일 성분 기체가 미치는 압력과 같다. (b) 기체 혼합물의 전체 압력은 각각의 성분기체들이 작용하는 압력의 합과 같다.

7.23 (a) P(He) = 1.88 atm, P(Ne) = 1.10 atm, P(Ar) = 0.360 atm. (b) P_t = 3.34 atm.

7.24 $P(N_2) = 0.85$ atm, $P(O_2) = 0.31$ atm, $P(CO_2) = 0.16$ atm

7.25 2.5 mol 퍼센트 O_2

7.26 (a) A기체의 부분압은 C가 첨가되어도 변화 없음 (b) 용기의 전체 압력은 C가 첨가됨에 따라서 증가 (c) 기체 C가 첨가되면 B의 몰분율은 감소함

7.27 $P_t = 2.70$ atm

7.28 0.42 g Zn

7.29 (a) 같은 수의 분자를 가진다. (b) N_2의 밀도 증가. (c) 평균운동에너지는 변화 없음. (d) CH_4가 더 빨리 분출됨.

7.30 (a) 일정 부피에서 온도 증가, 또는 부피 감소, 또는 압력증가. (b) 온도 감소. (c) 부피 증가. (d) 온도 증가.

7.31 (a) $CO_2 \approx N_2O < F_2 < HF < H_2$. (b) $u_{H_2} = 1.92 \times 10^3$m/s, $u_{CO_2} = 4.12 \times 10^2$m/s.

7.32 분출속도는 $^2H^{37}Cl < {}^1H^{37}Cl < {}^2H^{35}Cl < {}^1H^{35}Cl$

7.33 As_4S_6

7.34 (a) 아주 높은 압력과 아주 낮은 온도에서 비이상적 기체의 행동이 관찰됨 (b) 기체 분자의 실제 부피와 분자 상호간의 인력에 의해서 비이상적인 행동이 나타남.

7.35 이상기체 법칙에 따르면 PV/RT 는 모든 압력, 부피, 온도의 조합에서 항상 일정하다. 만약 압력의 증가로 이 비가 변한다면 시료는 이상적으로 행동하지 않을 것이다.

7.36 Ar($a = 1.34$, $b = 0.0322$)은 높은 압력에서 CO_2($a = 3.59$, $b = 0.427$)보다 더 이상기체처럼 행동할 것이다.

7.37 (a) P = 0.917 atm, (b) P = 0.896 atm

제8장

8.1 (a) 고체 < 액체 < 기체 (b) 기체 < 액체 < 고체

8.2 (a) 액체 (b) 기체

8.3 물질의 온도가 증가함에 따라 분자의 평균 운동에너지가 증가한다. 평균운동에너지가 증가하면, 많은 입자들이 분자 상호간의 인력을 극복하여 분자들의 무질서도가 증가. 그리하여 고체에서 액체로, 액체에서 기체로 변한다.

8.4 (a) 런던 분산력. (b) 쌍극자–쌍극자 힘. (c) 쌍극자–쌍극자 힘과 수소결합.

8.5 극성 CO분자 사이에서의 쌍극자–쌍극자 힘 때문

8.6 (a) 편극성이란 분자 내의 전하분포가 외부 전기장에 의해서 얼마나 쉽게 일그러지느냐 하는 것이다. (b) Te가 가장 편극화 되기 쉬움. 왜냐하면 원자가전자들이 핵으로부터 가장 멀리 떨어져 있어 약하게 끌림.

(c) $CH_4 < SiH_4 < SiCl_4 < GeCl_4 < GeBr_4$

8.7 (a) C_6H_{14}, 분산력; C_3H_{18}, 분산력; C_3H_{18}의 끓는점이 높다 (b) C_8H_8, 분산력; CH_8OCH_3, 쌍극자–쌍극자 힘과 분산력, CH_3OCH_3의 끓는점이 높다. (c) CH_3OH, 수소결합, 쌍극자–쌍극자 힘, 분산력; CH_3SH, 쌍극자–쌍극자 힘, 분산력; CH_3OH의 끓는점이 더 높다. (d) NH_2NH_2, 수소결합, 쌍극자–쌍극자 힘, 분산력; CH_3CH_3, 분산력; NH_2NH_2의 끓는점이 더 높다.

8.8 부탄과 2-메틸프로판에는 모두 분산력이 존재한다. 표면적이 큰 부탄이 큰 편극성과 높은 끓는점을 보인다.

8.9 표면장력, 높은 끓는점, 높은 비열

8.10 분자간의 힘이 커질수록 액체의 점성도와 표면 장력은 모두 증가한다.

8.11 (a) 에탄올 분자사이의 강한 수소 결합은 액체의 흐름을 제한하여 점성도가 크다. (b) 모세관에서 극성 물분자와 비극성 폴리에틸렌 분자사이의 약한 인력과 비교하여 극성 물분자사이의 강한 응집력의 결과는 오목한 메니스커스로 나타난다.

8.12 흡열과정은 융화, 기화, 승화; 발열과정은 응결, 결빙, 침전

8.13 (a) 눈 $H_2O(s)$, 물이 증발하는 승화 $H_2O(g)$ (b) 녹는 것은 분자간 거리에 큰 변화가 없기 때문에 기화열보다 작은 에너지를 필요로 한다.

8.14 4.4×10^2 g H_2O

8.15 35.66 kJ/mol

8.16 (a) 임계 온도는 압력에 무관하게 액화될 수 있는 최고의 온도이다. (b) 분자간의 인력이 커질수록 화합물의 임계 온도는 증가한다. (c) 임계압력은 임계온도에서 액화할 수 있는 압력이다.

8.17 끓는점은 액체의 증기 압력이 외부 압력과 같을 때의 온도이다. 외부 압력이 낮으면 끓는점도 낮아진다. 녹는점은

고체와 액체상이 평형을 이룰 때의 온도이다. 고체와 액체 모두 압력의 영향을 크게 받지 않는다(압축성이 작다).

8.18 $CBr_4 < CHBr_3 < CH_2Br_2 < CH_2Cl_2 < CH_3Cl < CH_4$ 분자의 몰질량이 감소하고, 분산력의 세기가 작아지기 때문

8.19 두 용기 속에 있는 물의 온도는 같다.

8.20 (a) 대략 56°C (b) 대략 17.5°C

8.21 대략 80°C

8.22 온도와 압력에 의한 상평형 그림에서 기체-액체 평형곡선은 임계점에서 끝난다. 임계온도, 임계압력 이상에서는 기체와 액체의 상이 명확하게 구분되지 않는다.

8.23 (a) 4 mm Hg에서 $H_2O(g)$가 $H_2O(s)$로 응축되고, 5 atm 이상에서는 $H_2O(s)$는 $H_2O(l)$로 녹는다. (b) $H_2O(s)$는 0°C 이상에서 $H_2O(l)$로 녹을 것이다. 70°C 아래에서 $H_2O(l)$의 증기압은 0.3기압에 이르고, $H_2O(l)$는 끓어 $H_2O(g)$로 된다.

8.24 (a)

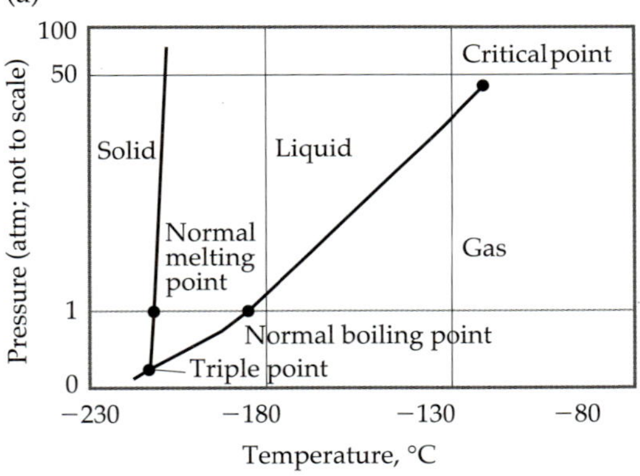

(b) 고체–액체 상평형 그림은 일반적인 경우로서 $O_2(s)$가 $O_2(g)$보다 더 조밀하다. (c) 1기압에서 $O_2(s)$에 열을 가하면 녹는다.

제9장

9.1 (a) 반도체 (b) 절연체 (c) 반도체 (d) 금속

9.2 Ge 또는 Si

9.3 (a) 틀림 (b) 맞음 (c) 맞음 (d) 맞음

9.4 초전도체는 전류의 흐름에 저항이 거의 않는 물질

9.5 39 K 근처에서 MgB_2의 전기 저항이 급격히 떨어지는 것은 초전도체의 특성이 나타나는 현상이다.

9.6 초전도성은 전도띠 전자에 작용하는 성질이다. 절연체는 전도띠에 전자가 존재하지 않는다.

9.7 데케인은 폴리머로 보기에는 길이나 분자량이 충분히 크지 않다.

9.8 (a)

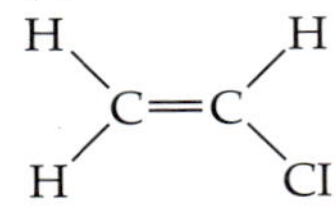

(b)

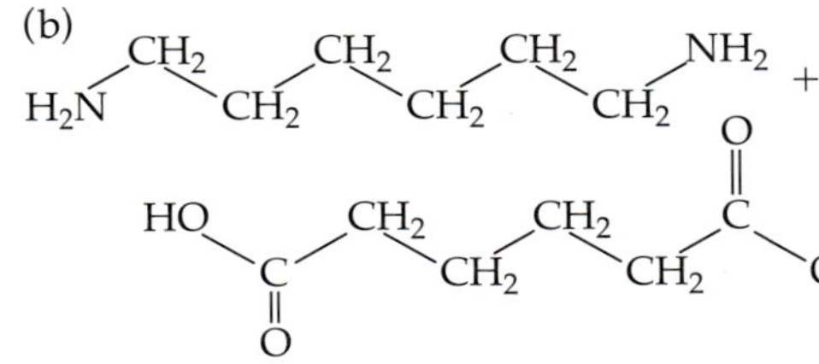

(c)

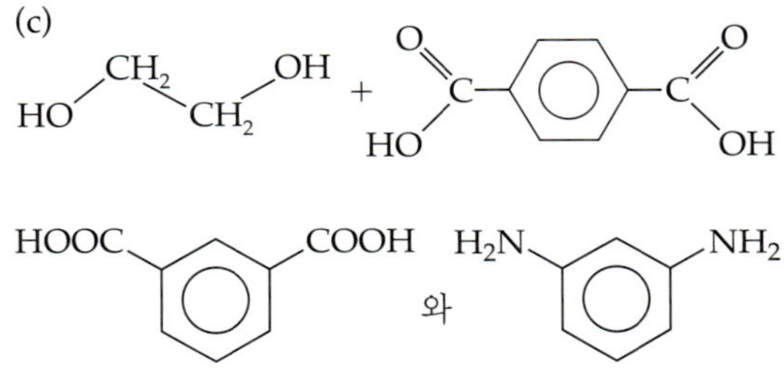

9.9

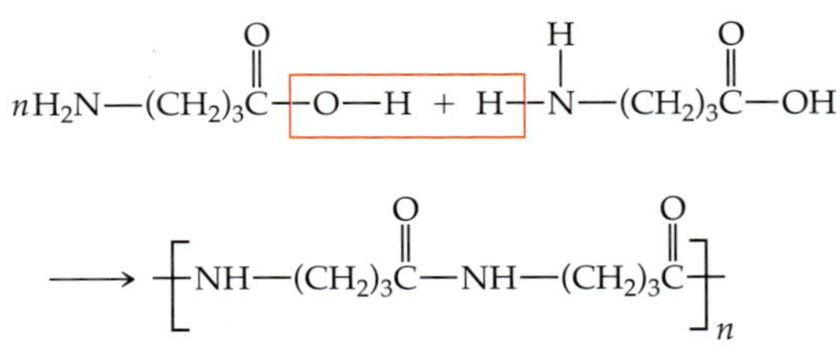

9.10 세라믹은 녹는점이 매우 높고, 단단한 이온성 또는 공유결합 그물구조를 하여 재활용하기가 매우 어렵다.

9.11 세라믹은 이온들 사이의 강한 정전기적 인력으로 단단한 3차원 구조를 하는 이온성 고체이다. 이러한 단단한 그물망에서 이온을 조금이라도 움직이는 것이 매우 어렵다.

9.12 배양액의 피부세포가 합성피부로 발전하기 위해서는 세포들이 서로 접촉하도록 고정시켜주는 지지체가 있어야 한다. 지지체는 강하고, 생체적합성이 있고, 생분해가 되어야 한다. 또한 생분자들과 수소결합을 할 수 있는 극성 작용기를 가지고 있어야 한다.

9.13 실리콘은 풍부하고, 싸고, 독성이 없고, 고순도의 거대

한 결정으로 얻을 수 있다.

9.14 Si 원자의 지름은 2.20 Å, 60 nm = 2.7×10^2개의 Si 원자

9.15 1.1 eV의 에너지에 해당하는 전자기파의 파장은 1.1×10^{-6} m이다.

9.16 정상액체와 네마틱 액정상은 유체이며 냉각하면 바로 고체상으로 변한다. 네마틱 액정상은 정상 액체보다 더 뿌옇고 점도가 크다. 가열하면 네마틱 액정상은 정상 액체로 변한다.

9.17 고체 상태에서 분자들의 상대적 배향은 고정되어 있고 3차원에서 반복된다. 네마틱 액정상에서 분자들은 1차원적으로 배열되어 있고 병진운동은 가능하지만 회전은 하지 못한다. 액체상이 되면 이러한 1차원 질서가 파괴되면서 병진과 회전운동이 모두 가능해진다.

9.18 극성그룹이나 비결합 전자쌍을 포함하는 분자들 사이에는 상대적으로 강한 쌍극자-쌍극자 상호작용이 존재한다. 이 힘은 액정이 형성되도록 하는 힘의 주요한 부분이다.

9.19 네마틱 액정상에는 1차원 질서가 존재하고, 스멕틱 액정상에는 2차원 질서가 존재한다. 스멕틱 액정상에서는 분자의 길쭉한 방향이 분자의 끝에서 정렬된다.

9.20 네마틱 액정상은 분자들이 길이를 따라 배열되는 면들로 구성되고 면과 면 사이에는 질서가 없다. 콜레스테릭 액정상도 이러한 면을 포함하며 면들 사이에 질서가 존재한다.

9.21 560 nm

9.22 고체가 1~10 nm 크기의 나노규모가 되면 연속적인 에너지띠를 생성할 만큼 충분한 수의 원자궤도가 존재하지 않을 수 있다.

9.23 (a) 틀림 (b) 틀림

9.24 2.47×10^5개 금원자

9.25 고체가 액정상으로 바뀌는 온도에서는 고체의 장거리 질서를 깨는 데 충분한 에너지가 공급되어야 한다. 액정상이 액체로 바뀌는 데는 남아 있는 약간의 배열을 깨는 데 상대적으로 작은 에너지가 필요하다.

9.26 (a) x = 0.22. (b) Hg와 Cu는 한 가지 이상의 안정한 산화상태를 가질 수 있고 이 경우 산화상태는 정수가 아닌 값을 나타낸다. Ca와 Ba는 +2의 산화상태에서만 안정하다. (c) Ba^{2+}, Cu^{2+}.

제10장

10.1 만약 ΔH_3가 ΔH_1과 비교했을 때 작다면, ΔH_{soln}은 커질 것이고, 에너지적으로 불리한 흡열과정이라서 그렇게 많이 용해되지 않음

10.2 (a) 분산 (b) 이온-쌍극자 (c) 수소결합 (d) 쌍극자-쌍극자

10.3 (a) CH_3CH_2OH (b) $CaCl_2$ (c) C_6H_5OH

10.4 용질-용질의 상호작용(ΔH_1)과 용매-용매간의 상호작용(ΔH_2)을 끊는 것이, 용매-용질상호작용(ΔH_3)에 의한 방출 에너지보다 더 큰 에너지를 요구하면 녹는 과정은 흡열과정이다.

10.5 (a)용질과 용매는 매우 비슷한 런던 분산력을 경험하므로 떼어놓는 데 필요한 에너지나 섞일 때 방출되는 에너지의 양은 비슷하다. $\Delta H_1 + \Delta H_2 \approx -\Delta H_3$. (b) 분자가 섞이는 것은 방해하는 어떤 분자간 힘도 존재하지 않기 때문에 자발적이며 무질서도가 증가한다.

10.6 (a) 3.49% (b) 92.0 ppm

10.7 (a) $X_{CH_3OH} = 0.021$ (b) $X_{CH_3OH} = 0.685$

10.8 (a) 0.513 *M* NaCl (b) 2.03 *M* $LiClO_4 \cdot 3H_2O$ (c) 0.120 *M* HNO_3

10.9 (a) 9.79 m C_6H_6 (b) 0.402 *M* NaCl

10.10 (a) $X_{CH_3OH} = 0.205$ (b) 6.28 m CH_3OH (c) 4.12 m CH_3OH

10.11 (a) 27.7질량% $C_6H_8O_6$ (b) $X_{C_6H_8O_6} = 0.0377$ (c) 2.18 m $C_6H_8O_6$ (d) 1.92 *M* $C_6H_8O_6$

10.12 71% HNO_3

10.13 (a) 9.60×10^{-2} mol $MgBr_2$. (b) 3.68×10^{-5} mol 글루코오스. (c) 0.12 mol Na_2CrO_4.

10.14 (a) KBr 1.5 g을 물에 녹이고 0.85 L가 될 때까지 묽힘. (b) 3.46 g의 KBr을 162 g의 물에 녹이면 165 g의 0.180 m 용액이 됨. (c) KBr 244 g을 소량의 물에 용해시키고 물을 더하여 1.85 L 용액을 만들면 됨. (d) 무게 10.1 g KBr을 물에 녹이고 소량의 물을 가하여 0.568 L

를 만들면 됨

10.15 (a) 과포화. (b) 결정을 첨가. 결정은 이미 정돈된 결정핵을 제공한다. 용해된 입자의 배열로 결정화가 쉽게 일어난다.

10.16 (a) 불포화 (b) 포화 (c) 포화 (d) 불포화

10.17 용해 과정이 에너지 면에서 유리하려면 용질-용질과 용매-용매간 상호작용을 끊는 에너지가 용매-용질 상호작용에 의하여 방출되는 에너지와 비슷해야 한다.

10.18 $2.9 \times 10^{-4}\ M$

10.19 어는점 내림, 끓는점 오름, 삼투압

10.20 비휘발성 용매를 포함하는 용액에 있어서 용액의 증기압력은 용매의 몰분율에 순수한 용매의 증기압력을 곱한 것과 같다. 비휘발성 용질분자는 용매의 증발을 방해하여 용액의 증기압을 감소시킨다.

10.21 (a) 205 g $C_2H_6O_2$ (b) 150 g KBr

10.22 (a) $X_{EtOH} = 0.2812$ (b) P_{soln}=138 torr
(c) X_{EtOH}(증기상) = 0.472

10.23 (a) $T_f = -114.9$°C, $T_b = 78.6$°C. (b) $T_f = -68.0$°C, $T_b = 64.7$°C. (c) $T_f = -1.2$°C, $T_b = 100.3$°C.

10.24 0.030 m Phenol < 0.040 m 글리세린 = 0.02 m KBr

10.25 $\pi = 5.58$ atm

10.26 $\mu = 1.8 \times 10^2$ g/mol adrenaline

10.27 $\mu = 1.39 \times 10^4$ g/mol lysozyme

10.28 빛을 비추었을 때 산란이 있으면 용액은 콜로이드이다.

10.29 (a) 소수성 (b) 친수성 (c) 소수성

10.30 콜로이드는 분산된 입자들의 표면에 존재하는 그룹간의 정전기적인 반발력 때문에 응집되지 않는다. 친수성 콜로이드는 전해질이 추가됨으로서 응고될 수 있고, 어떤 콜로이드는 열에 의해서 응고될 수 있다.

제11장

11.1 (a) 평형에서 정반응의 속도와 역반응의 속도는 같다. (b) 평행에서 정반응과 역반응의 속도가 같고 속도상수가 같은 것이 아니다. (c) 평행에서 반응물과 생성물의 농도가 일정한 것이지 같은 것은 아니다.

11.2 (a) $K = 2.5 \times 10^{-2}$. (b) $k_r > k_f$,일 때 속도가 같아지려면 [A]가 [B]보다 더 커야 한다.

11.3 (a) $K_c = 4.2 \times 10^{-4}$. (b) 평행은 이 온도에서 질소와 산소를 더 선호한다.

11.4 $K_c = 1.84 \times 10^{-2}$

11.5 NOCl의 압력은 0.28 atm

11.6 (a) $[H_2] = 0.0454\ M$, $[CO] = 0.0046\ M$, $[H_2O] = 0.138\ M$. (b) $K_c = 0.11$. (c)충분하지 않음. K_c로부터 K_p를 계산하기 위해서는 반응온도를 알아야 한다.

11.7 (a) 평형이 오른쪽으로 이동 (b) K 값의 감소
(c) 평형이 왼쪽으로 이동 (d) 영향 없음
(e) 영향 없음 (f) 오른쪽으로 이동

11.8 (a) 영향 없음 (b) 영향 없음
(c) 평형상수 증가 (d) 영향 없음

11.9 (a) $K = 1.5 \times 10^{-39}$.
(b) 평형상태에서 반응물이 생성물보다 많다.

11.10 $[IBr] = 0.034\ M$

11.11 $K_c = 0.047$, $K_p = 4.3$

11.12 $[H_2] = [I_2] = 2.46 \times 10^{-2}\ M$, $[HI] = 0.171\ M$

11.13 (a) $K_c = [NO]^2/[N_2][O_2]$
(b) $K_c = [N_2][H_2]^2/[N_2H_4]$
(c) $K_c = [C_2H_6]^2[O_2]/[C_2H_4]^2[H_2O]^2$
(d) $K_c = 1/[Cl_2]^2$

11.14 $K_p = 1.0 \times 10^{-3}$

제12장

12.1 (a) 자체이온화는 중성분자가 양이온과 음이온으로 해리된다. (b) 순수한 물의 전기 전도도가 낮은 이유는 매우 작은 양의 이온을 포함하고 있기 때문이다. (c) 용액이 산이면 OH^-보다 H^+를 더 많이 포함한다.

12.2 (a) $[H^+] = 1 \times 10^{-11}\ M$, 염기 (b) $[H^+] = 1.2 \times 10^{-5}$, 산 (c) $[H^+] = 1.0 \times 10^{-8}\ M$, 염기

12.3 $[H^+] = [OH^-] = 1.5 \times 10^{-7}\ M$

12.4 (a) 100배 (b) 3.2배

12.5 (a) $[H^+]$는 감소, pH는 증가. (b) pH = 2.3, 용액은 산

성. (c) $[H^+] = 5 \times 10^{-7}\ M$, $[OH^-] = 2 \times 10^{-8}\ M$.

12.6 (a) 산에 대한 Arrheius 정의는 수용액에 한정되어있고, Bronsted-Lowry 정의의 산은 모든 경우에 적용된다. (b) HCl은 Bronsted-Lowry의 산이고, NH_3는 Bronsted-Lowry의 염기이다.

12.7 (a) ClO_2^- (b) HS^- (c) SO_4^{2-} (d) NH_3

12.8

	Bronsted-Lowry 산	Bronsted-Lowry 염기	짝산	짝염기
(a)	$NH_4^+(aq)$	$CN^-(aq)$ $\rightleftharpoons$	$HCN(aq)$	$NH_3(aq)$
(b)	$H_2O(l)$	$(CH_3)_3N(aq)$	$(CH_3)_3NH^+(aq)$	$OH^-(aq)$
(c)	$HCHO_2(aq)$	$PO_4^{3-}(aq)$	$HPO_4^{2-}(aq)$	$CHO_2^-(aq)$

12.9 산: $HC_2O_4^-(aq) + H_2O(l) \rightleftharpoons C_2O_4^{2-}(aq) + H_3O^+(aq)$

염기: $HC_2O_4^-(aq) + H_2O \rightleftharpoons H_2C_2O_4(aq) + OH^-(aq)$

12.10 (a) HNO_3 일곱 가지 강산 중의 하나 (b) H_2O

12.11 (a) 강산은 수용액에서 완전히 해리된다.
(b) $[H^+] = 0.500\ M$ (c) HCl, HBr, HI

12.12 (a) $[H^+] = 1.8 \times 10^{-4}\ M$, pH = 3.74
(b) $[H^+] = 0.0647\ M$, pH = 1.189
(c) $[H^+] = 0.0200\ M$, pH=1.699
(d) $[H^+] = 5.0 \times 10^{-3}\ M$, pH = 2.301

12.13 (a) $HBrO_2(aq) \rightleftharpoons H^+(aq) + BrO_2^-(aq)$,
$K_a = [H^+][BrO_2^-]/[HBrO_2]$
(b) $HBrO_2(aq) + H_2O(l) \rightleftharpoons H_3O^+(aq) + BrO_2^-(aq)$,
$K_a = [H_3O^+][BrO_2^-]/[HBrO_2]$

12.14 $[H^+] = [C_7H_5O_2^-] = 1.8 \times 10^{-3}\ M$, $[HC_7H_5O_2] = 0.048\ M$.

12.15 (a) $[H^+] = 1.8 \times 10^{-3}\ M$, pH = 2.74
(b) $[H^+]=7.2 \times 10^{-4}\ M$, pH = 3.14

12.16 $[H^+] = [X^-] = 0.019\ M$, $[HX] = 0.181\ M$, $K_a = 2.0 \times 10^{-3}$

12.17 모든 Bronsted-Lowry 염기는 H^+를 끌어당길 수 있는 최소한 1개의 비결합전자쌍을 포함한다.

12.18 (a) $C_6H_5OH/C_6H_5O^-$와 같은 짝산/짝염기에서 짝염기 K_b는 항상 짝산 K_a 값으로부터 계산되기 때문에 Kb 값은 필요로 하지 않는다. (b) $K_b = 7.7 \times 10^{-5}$. (c) 페놀이온이 암모니아보다 더 강산이다.

12.19 (a) $[OH^-] = 1.4 \times 10^{-3}\ M$, pH = 11.15
(b) $[OH^-] = 3.8 \times 10^{-3}$ M, pH = 11.58
(c) $[NO_2^-] = 0.50\ M$, $[OH^-] = 3.3 \times 10^{-6}\ M$, pH = 8.52

12.20 Bronsted-Lowry 정의는 Arrhenius 정의보다 더 일반적이다. Lewis 이론이 보다 더 일반적인 것은 이온화할 수 있는 수소를 포함하는 화합물에 국한되지 않는다는 것이다. 전자쌍을 받아들이는 물질은 Lewis 산으로 정의된다.

정의	Acid	Base
Arrhenius	물에서 H^+ 생성	물에서 OH^- 생성
Brensted -Lowry	양성자(H^+)를 주는것	양성자를 받아 들이는 것
Lewis	전자쌍 받개	전자쌍 주개

12.21 (a) 약전해질의 해리 정도는 약전해질과 공통이온관계에 있는 강전해질을 첨가할 때 감소한다.
(b) NaOCl

12.22 (a) pH 증가 (b) pH 감소 (c) pH 증가
(d) 변화 없음 (e) pH 감소

12.23 (a) pH = 4.59 (b) pH = 9.90

12.24 (a) pH = 3.62 (b) pH = 3.77

12.25 (a) pH = 4.88 (b) pH = 5.0
(c) pH = 4.74

12.26 (a) $[HCO_3^-]/[H_2CO_3] = 11$
(b) $[HCO_3^-]/[H_2CO_3] = 5.4$

제13장

13.1 (a) 열이란 온도 차이에 기인하는 에너지의 전이
(b) 열은 두 계의 온도가 같아질 때까지 이동한다.

13.2 (a) 중력; 중력에 거슬러 일이 행해진다. (b) 기계적인 힘; 스프링이 압축되면 반대방향으로 힘이 작용하여 일

이 행해진다.

13.3 (a) 84 J. (b) 20 cal. (c) 공이 나무에 부딪히면 속도는 0으로 떨어진다. 대부분의 운동에너지는 포텐셜에너지로 전환된다. 일부는 나무에 흡수되고 일부는 열로 방출되며 공이 나무에서 튕겨지면 포텐셜에너지는 운동에너지로 다시 전환된다.

13.4 1 BTU = 1054 J

13.5 (a) 어떤 화학적 또는 물리적 변화에 있어서 에너지는 창조되지도 소멸되지도 않는다. 에너지는 보존된다. (b) 계의 내부에너지는 계의 모든 운동에너지와 포텐셜에너지의 합이다. (c) 계의 내부에너지는 계에 일이 행해졌을 때 또 열이 전이되었을 때 증가한다.

13.6 (a) $\Delta E = -103$ kJ, 흡열
(b) $\Delta E = -2.08$ kJ, 발열
(c) $\Delta E = -342$ kJ, 발열

13.7 (a) 일정한 외부 압력 하에서 계의 엔탈피 변화는 전이된 열량과 같다. (b) 엔탈피는 상태함수이다. 따라서 이것은 전적으로 계의 현재 조건에 의해서 정의된다. (c) 계의 엔탈피는 증가한다.

13.8 (a) $CH_3OH(l) + (3/2)O_2(g) \longrightarrow 2H_2O(l) + CO_2(g)$ $\Delta E = -726.7$ kJ

(b)
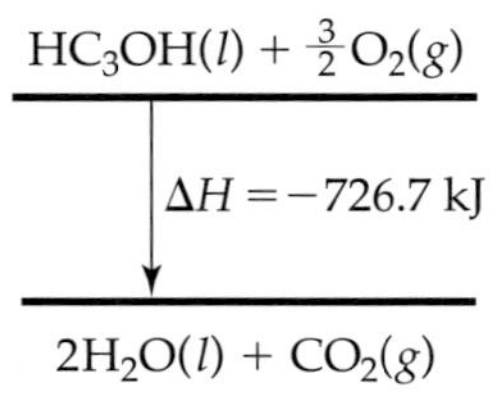

13.9 $H_2O(s) < H_2O(l) < H_2O(g)$ 고체에서 액체로, 액체에서 기체로 전환은 열이 가해져야함.

13.10 $\Delta E = \Delta H - P\Delta V$. ΔH로부터 ΔE 값을 계산하기 위하여 P와 ΔV 또는 T와 Δn을 알아야 한다.

13.11 $\Delta H = -135$ kJ; $\Delta E = -198$ kJ

13.12 (a) $\Delta H = +1430$ kJ (b) $\Delta H = -2860$ kJ (c) 정반응이 더 유리하다. (d) 만약 생성물이 $H_2O(l)$이면 반응이 더 흡열반응이고, H는 더 큰 음의 값을 가진다.

13.13 (a) 4.184 J/g·K (b) 1.11k J/°C (c) 105 kJ

13.14 $\Delta E_{rxn} = -25.5$ kJ/g $C_6H_4O_2$ or -2.75×10^3 kJ/mol $C_6H_4O_2$

13.15 (a) 전체 열량계의 열용량은 = 14.4 kJ/°C (b) 비어있는 열량계의 열용량은=3.1 kJ/°C (c) $\Delta T = 3.39$ °C

13.16 (a) $\Delta H = +90$ kJ

(b)
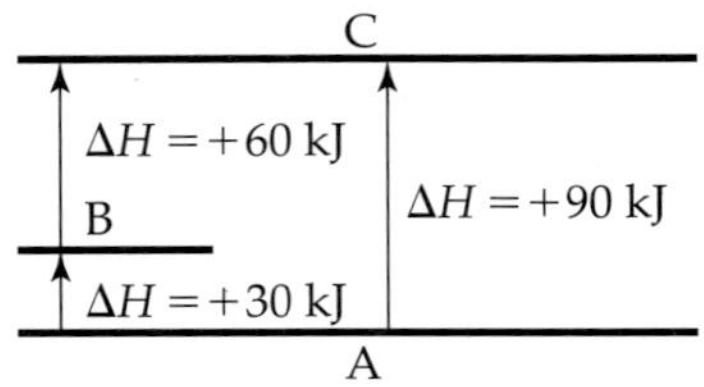

13.17 $\Delta H_{rxn} = +180.8$ kJ

13.18 (a) 표준상태의 엔탈피 변화는 항상 P = 1 atm, T = 298 K이다. (b) 생성 엔탈피는 성분 원소로부터 화합물이 생성될 때 수반되는 엔탈피의 변화이다. (c) 표준생성 엔탈피는 표준상태에서 생성반응이 일어날 때 수반되는 엔탈피의 변화이다.

13.19 (a) $H_2(g) + O_2(g) \longrightarrow H_2O_2(g)$,
$\Delta H_f^{o} = -136.10$ kJ
(b) $N_2(g) + (1/2)O_2(g) \longrightarrow N_2O(g)$,
$\Delta H_f^{o} = -81.6$ kJ
(c) $Pb(s) + C(graphite) + (3/2)O_2(g) \longrightarrow PbCO_3(s)$, $\Delta H_f^{o} = -699.1$ kJ
(d) $Na(s) + (1/2)H_2(g) + C(graphite) + (3/2)O_2(g) \longrightarrow NaHCO_3(s)$, $\Delta H_f^{o} = -947.7$ kJ

13.20 49 kJ

13.21 (a) $\Delta H_{rxn}^{o} = -58.02$ kJ (b) $\Delta H_{rxn}^{o} = +178.1$ kJ
(c) $\Delta H_{rxn}^{o} = -92.38$ kJ (d) $\Delta H_{rxn}^{o} = -150$ kJ

13.22 $\Delta H_f^{o} = -248$ kJ

13.23 (a) $C_8H_{18}(l) + (25/2)O_2(g) \longrightarrow 8CO_2(g) + 8H_2O(g)$, $\Delta H = -5069$ kJ

(b) $8C(graphite) + 9H_2(g) \longrightarrow C_8H_{18}(l)$

(c) = −255 kJ

13.24 $\Delta H_f^{o} = +35.4$ kJ

13.25 (a) $\Delta H_{comb} = -1850$ kJ/mol C_3H_4,
-1926 kJ/mol C_3H_6, -2044 kJ/mol C_3H_8
(b) $\Delta H_{comb} = -4.61 \times 10^4$ kJ/kg C_3H_4,
-4.58×10^4 kJ/kg C_3H_6, -4.635×10^4 kJ/kg C_3H_8
(c) 세 물질은 질량단위당 거의 비슷한 열량을 주지만,

C_3H_8 이 다른 두 물질보다 약간 높다.

13.26 (a) 발열 (b) 1.0×10^2 kJ (c) 2.35 g (d) 310 kJ.

13.27 (a) −21.3 kJ (b) −3.68 kJ (c) +4.48 kJ

13.28 1.37×10^3 J

13.29 $\Delta H = -44.4$ kJ/mol

13.30 반응이 일련의 단계로 구성되면 반응의 ΔH는 각 단계별 엔탈피 변화의 합으로 주어진다.

13.31 $\Delta H_{rxn} = -2.49 \times 10^3$ kJ

13.32 104 Cal

13.33 59.7 Cal

13.34 (a) 계는 에너지 변화를 보고자하는 관심의 대상이 되는 우주의 한 부분. (b) 닫힌계는 주위와 열을 교환할 수는 있지만 물질은 교환되지 않는 계

13.35 상태함수란 현 상태에 도달하는 경로에는 무관하고 오직 계의 현 상태에만 의존하는 함수이다. (b)내부에너지는 상태함수이나 일은 상태함수가 아니다. (c)온도는 상태함수이다.

제14장

14.1 (a), (b), (e)는 자발적; (b), (c)는 비자발적

14.2 (a) NH_4NO_2는 물에 용해될 때 열을 흡수하고, 나프탈렌은 상온에서 승화한다. (b) 고체가 어는 것은 어는점 위에서는 자발적이지만 어는점 아래에서는 비자발적이다.

14.3 (a) 0°C 혹은 0°C 이하. (b) 0°C 이상 (c) 물이 얼 때는 ΔS_{sys}는 감소하나 발열과정이기 때문에ΔS_{surr}는 증가한다. 0°C 이상에서는 ΔS_{surr} 증가는 ΔS_{sys}의 감소를 상쇄할 수 없고 따라서 자발적 과정이 아님.

14.4 (a) E는 상태함수. (b) q와 w는 경로에 의존한다. (c) 만약 가역 과정이라면 같은 경로를 따라서 한 상태에서 다른 상태로 왕래할 수 있다.

14.5 (a) 만약 계의 엔트로피가 증가하면 마지막 상은 처음 상보다 더 무질서하다. 그러나 이 과정이 자발적인지는 예측할 수 없다. (b) 엔트로피가 증가하는 과정은 (a)뿐이다.

14.6 (a), (b), (c) 계의 엔트로피 증가; (d) 계의 엔트로피 감소

14.7 (a) ΔS는 (−) (b) $\Delta S = -9.95$ J/mol · K

14.8 (a) $\Delta S = +18.8$ J (b) 그렇다.

14.9 (a) 자발적 과정에 대하여 우주의 엔트로피는 증가하고, 가역과정 동안에 우주의 엔트로피는 변화되지 않는다. (b) 가역과정에 대하여 만약 계의 엔트로피가 증가하면 우주의 엔트로피는 같은 양만큼 감소해야 한다. (c)가역과정이면 우주의 엔트로피는 증가해야 하고, 그래서 주위의 엔트로피는 75 J/K 이상 증가해야 한다.

14.10 (a) 절대 0도에서 순수한 결정의 엔트로피는 0이다. (b) 병진 운동에서 분자는 전체가 임의의 방향으로 움직인다. 회전운동은 정해진 축을 중심으로 회전하거나 도는 것, 진동운동에서는 분자 내 결합이 신축하거나 굽지만 원자들의 평균 위치는 변하지 않는다.

(c) $\overleftarrow{\mathrm{H}}-\overrightarrow{\mathrm{Cl}} \longleftrightarrow \overrightarrow{\mathrm{H}}-\overleftarrow{\mathrm{Cl}}$

14.11 (a) O_2 at 0.5 atm (b) $Br_2(g)$ (c) 22.4 L에 1몰의 N_2 (d) $CO_2(g)$

14.12 (a) $\Delta S > 0$ (b) $\Delta S < 0$ (c) $\Delta S > 0$

14.13 (a) $I_2(s)$, 116.73 J/mol·K; $I_2(g)$, 260.57 J/mol·K, 물질이 고체상에서보다 기체상에서 S° 값이 더 크다. 이유는 부피가 커지고 운동이 더 자유롭기 때문이다. (b) NaBr(s), 86.82 J/mol·K; NaBr(aq), 141 J/mol·K, 용해된 이온은 고체 상태의 격자 내 이온보다 더 자유롭다. (c) C(diamond), 2.43 J/mol·K; C(graphite), 5.69 J/mol·K, 흑연의 내부 엔트로피가 더 크다. 그 이유는 흑연에서는 탄소원자의 평면사이에 자유 병진 운동이 있기 때문이다. 반면에 다이아몬드 격자의 공유결합망 내에서는 자유도가 거의 없다. (d) $H_2(g)$ 1 mol, 130.58 J/K; 2몰의 H(g), 229.20 J/K

14.14 (a) $\Delta S° = -120.5$ J/K, 생성물 기체의 몰수가 반응물 기체의 몰수보다 작아 음의 값이다. (b) $\Delta S° = +176.6$ J/K (c) $\Delta S° = +152.39$ J/K (d) $\Delta S° = -92.3$ J/K

14.15 (a) $\Delta G = \Delta H - T\Delta S$. (b) 만약 ΔG가 양이면 과정은 비자발적이고, 역과정은 자발적이다. (c) ΔG와 반응속도와는 관계가 없다.

14.16 $\Delta G° = -123$ kJ, 이 과정은 매우 자발적이고, H_2O_2 (g)는 상온에서 안정하다고 볼 수 없음.

14.17 (a) $\Delta G° = -190.5$ kJ, 자발적 (b) $\Delta G° = 69.1$ kJ, 비자발적 (c) $\Delta G° = 192.7$ kJ, 비자발적 (d) $\Delta G° = +40.8$ kJ, 비자발적.

14.18 (a) 모든 온도에서 자발적이다. (b) 모든 온도에서 비자발적이다. (c) 낮은 온도에서 비자발적이지만, 높은 온도에서는 자발적이다.

14.19 $\Delta S > +70$ J/K

14.20 (a) T = 360 K (b) 자발적

14.21 (a) $\Delta H° = -90.7$ kJ, $\Delta S° = -221.5$ J/K (b) $\Delta G°$는 온도가 증가하면 더 큰 양의 값을 갖는다. (c) $\Delta G° = -24.7$, 298K의 표준 조건에서 반응은 자발적 (d) $\Delta G = +20.0$ kJ, 500 K에서 비자발적이다.

14.22 (a) −1299.5 kJ (b) $W_{max} = -1235.1$ kJ/mol

14.23 (a) ΔG는 더 큰 양의 값. (b) ΔG는 더 큰 음의 값 (c) ΔG는 더 큰 양의 값

14.24 (a) $\Delta G° = -5.40$ kJ (b) $\Delta G = -14.54$ kJ

14.25 (a) $\Delta G° = -16.77$ kJ, $K_p = 870$ (b) $\Delta G° = 8.0$ kJ, $K_p = 0.04$ (c) $\Delta G° = 497.9$ kJ, $K_p = 2 \times 10^{87}$

14.26 (a) $\Delta H° = +178.1$ kJ, $\Delta S = 0.1605$ kJ/K, $P_{CO_2} = 1.5 \times 10^{-23}$ atm. (b) $P_{CO_2} = 5.7 \times 10^{-4}$ atm

14.27 (a) $\Delta G° = +23.9$ kJ. (b) 평형에서 $\Delta G = 0$ (c) $\Delta G = -11.6$ kJ

제15장

15.1 (a) 산화는 전자를 잃는 것을 말함 (b) 전자는 반응식의 오른쪽(생성물 쪽)에 나타냄 (c) 산화제는 자신은 환원됨

15.2 (a) N, 0 (b) C, −4 (c) P, +4 (d) Mn, +7 (e) B, +3 (f) Cl, +1 (g) Fe, +3 (h) S, +6

15.3 (a) P: +5, −3 (b) C: +4, −4 (c) I: +7, −1 (d) Cr: +6, 0

15.4 (a) I, +5에서 0; C, +2에서 +4 (b) Hg, +2에서 0; N, −2에서 0 (c) N, +5에서 +2; S, −2에서 0 (d) Cl +4에서 +3; O, −1에서 0

15.5 (a) $2PbS(s) + O_2(g) \longrightarrow 2PbO(s) + 2SO_2(g)$
(b) O_2는 산화제, Pbs는 환원제

15.6 (a) $Co^{2+}(aq) \longrightarrow Co^{3+}(aq) + 1e^-$, 산화
(b) $H_2O_2(aq) \longrightarrow O_2(g) + 2H^+(aq) + 2e^-$, 산화
(c) $ClO_3^-(aq) + 6H^+(aq) + 6e^- \longrightarrow Cl^-(aq) + 3H_2O(l)$ 환원
(d) $4OH^-(aq) \longrightarrow O_2(g) + 2H_2O(l) + 4e^-$, 산화
(e) $SO_3^{2-}(aq) + 2H_2O(aq) \longrightarrow SO_4^{2-}(aq) + H_2O(l) + 2e^-$, 산화

15.7 (a) $Pb(OH)_4^{2-} + ClO^-(aq) \longrightarrow PbO_2(s) + Cl^-(aq) + 2HO^-(aq) + H_2O(l)$
(b) $Ti_2O_3(s) + 4NH_2OH(aq) \longrightarrow 2TiOH(s) + 2N_2(g) + 5H_2O(l)$
(c) $2Cr_2O_7^{2-}(aq) + 3HCOH(aq) + 16H^+(aq) \longrightarrow 4Cr^{3+}(aq) + 3HCO_2H(aq) + 11H_2O(l)$
(d) $2MnO_4^-(aq) + 10Cl^-(aq) + 16H^+(aq) \longrightarrow 2Mn^{2+}(aq) + 5Cl_2(g) + 8H_2O(l)$
(e) $H_2O_2(aq) + 2ClO_2(aq) + 2OH^-(aq) \longrightarrow O_2(g) + 2Cl^-(aq) + 2H_2O(l)$
(f) $3NO_2(aq) + Cr_2O_7^{2-} + 8H^+(aq) \longrightarrow 3NO_3^-(aq) + 2Cr^{3+}(aq) + 4H_2O(l)$

15.8 (a) $Cu^{2+}(aq) + Zn(s) \longrightarrow Ca(s) + Zn^{2+}(aq)$ 반응을 두 그림에 나타내었다. 그림 15.3에서는 반응물이 서로 접촉되어 있는 반면에 그림 15.4에서는 산화 반쪽반응과 환원 반쪽반응은 분리되어 있다. 그림 15.3에서는 전자의 흐름을 격리시키거나 이용할 수 없다. 그림 8.4에서는 전기 흐름을 격리시켜 전압계를 통해 흐르게 할 수 있다. (b) Cu^{2+} 이온이 제거되면 전하 균형을 유지하기 위하여 Na^+ 이온은 음극 쪽으로 이동한다.

15.9 (a) $Zn(s) \longrightarrow Zn^{2+}(aq) + 2e^-$; $Ni^{2+}(aq) + 2e^-$ Ni(s) (b)양극, Zn(s); 음극, Ni(s) (c) Zn(s)(−), Ni(s)(+) (d) 전자는 아연(−)전극에서 니켈(+)전극으로 흐름 (e) 양이온은 Ni(s) cathode로 이동; 음이온은 Zn(s) anode로 이동

15.10 (a) $Tl^{3+}(aq) + 2e^-$ $Tl^+(aq)$; $Cr^{2+}(aq) \longrightarrow Cr^{3+} + e^-$ (b) $E_{red}^0 = 0.78$ V

15.11 (a) $E° = 0.823$ V (b) $E° = -0.083$ V (c) $E° = 0.368$ V

15.12 (a) $Hg^{2+}(aq) + Mn(s) \longrightarrow Hg(l) + Mn^{2+}(aq)$; $E = 2.03$ V (b) 두 반응이 역으로 일어날 때 가장 작은 전지 전위가 생김, −2.03 V. 가장 작은 전지 전위를 주는 조합은 $2Cu(s) + Hg^{+}(s) \longrightarrow 2Cu^{+}(aq) + Hg(l)$; $E = 0.333$ V.

15.13 (a) $H_2O_2(aq) + 2H^+(aq) + 2e^- \longrightarrow 2H_2O(l)$ 쉽게 일어남 (b) 음극 반응 $H_2O_2(aq) + 2H^+(aq) + 2e^- \longrightarrow 2H_2O(l)$ (c) 양극 반응 $Fe^{2+}(aq) \longrightarrow Fe^{3+}(aq) + e^-$ (d) $E° = 1.005$ V

15.14 (a) 양극; Sn(s), 음극; Cu(s) (b) 구리전극은 구리가 석출되고, 주석 전극은 주석이 산화됨에 따라 질량 감소 (c) $Cu^{2+}(aq) + Sn(s) \longrightarrow Cu(s) + Sn^{2+}(aq)$ (d) $E° = 0.473$ V

제16장

16.1 (a)반응 속도란 일정시간 동안에 일정량의 반응물 혹은 생성물의 양이 변화하는 것 (b)반응속도는 반응물의 농도, 반응물의 표면적, 반응온도, 촉매의 유무에 의존한다. (c) 반응물의 소멸속도와 생성물의 생성속도를 연계시키기 위해서는 반응의 화학량론을 알아야 한다.

16.2

시간 (s)	A의 몰수	(a) B의 몰수	ΔA	(b) 속도 (ΔA/s)
0	0.100	0		
30	0.0595	0.0405	−0.0405	13.3×10^{-4}
60	0.0354	0.0646	−0.0241	8.03×10^{-4}
90	0.0210	0.0790	−0.0144	4.80×10^{-4}
120	0.0125	0.0875	−0.0085	2.8×10^{-4}

(c) 반응속도를 농도/시간의 단위로 나타내려면 용기의 부피를 알아야함

16.3

시간 (s)	시간 간격 (s)	농도 (M)	ΔM	속도(M/s)
0		0.0165		
2000	2000	0.0110	−0.0055	28×10^{-7}
5000	3000	0.00591	−0.0051	17×10^{-7}
8000	3000	0.00314	−0.00277	9.23×10^{-7}
12000	4000	0.00137	−0.00177	4.43×10^{-7}
15000	3000	0.00074	−0.00074	2.8×10^{-7}

16.4 (a) 그래프의 접선 기울기로부터, 4000초에서 1.5 10^{-6} M/s, (b) 10000초에서 4.3×10^{-6} M/s이다.

16.5 (a) $-\Delta[H_2O_2]/\Delta t = \Delta[H_2]/\Delta t = \Delta[O_2]/\Delta t$

(b) $-\frac{1}{2}(\Delta[N_2O]/\Delta t) = \frac{1}{2}(\Delta[N_2]/\Delta t) = \Delta[O_2]/\Delta t$

(c) $-\Delta[N_2]/\Delta t = -\frac{1}{3}(\Delta[H_2]/\Delta t) = \frac{1}{2}(\Delta[NH_3]/\Delta t)$

16.6 (a) 속도법칙은 반응속도가 반응물의 농도에 어떻게 의존하는지를 나타내는 식이며, 속도상수는 속도법칙에서의 비례 상수 이다. (b) 특정 반응물의 반응차수는 속도법칙에서 특정 반응물 농도의 지수 값이고, 전체 반응차수는 속도법칙에서 지수의 총합이다. (c) $M^{-1}s^{-1}$

16.7 (a) 속도 = $k[N_2O_5]$ (b) 속도 = 6.08×10^{-5}M/s (c) N_2O_5의 농도가 2배가 되면 반응속도도 2배가 된다.

16.8 (a), (b) $k = 2.8 \times 10^2\ M^{-1}s^{-1}$ (c)만약 $[OH^-]$가 3배가 되면 속도도 3배가 된다.

16.9 (a) 속도 = $k[A][C]^2$ (b) 이전 속도의 $\frac{1}{8}$이 된다.

16.10 (a) 속도 = $k[NO]^2[O_2]$. (b) $k = 7.11 \times 10^3\ M^{-2}s^{-1}$

16.11 (a) 일차 반응은 반응물 농도의 1차에 비례한다. 속도= $k[A]^1$ (b) 일차 반응의 경우 시간에 따른 ln[A]의 그래프는 직선으로 나타난다. (c) 일차반응의 반감기는 초기 농도에 의존하지 않고, 속도상수 k에 의해 결정된다.

16.12 $t_{1/2} = 1.4 \times 10^3$ s = 23 min

16.13 (a) 0.162 mol N_2O_5 (b) 5.63 min

(c) $t_{1/2} = 102$ s = 1.69 min

16.14 $\ln P_{SO_2Cl_2}$ vs. 시간, k = −기울기 = $2.2 \times 10^{-5}s^{-1}$

16.15 (a) ln[A] vs. 시간의 그래프는 직선, 따라서 반응은 A의 1차. (b) k = −기울기 = 0.017 s^{-1} (c) $t_{1/2} = 40$ s

16.16 (a) $1/[NO_2]$ vs. 시간의 그래프는 직선. 따라서 반응은 NO_2에 대해서 2차. (b) k = 기울기 = 10 $M^{-1}s^{-1}$

16.17 (a) 충돌 모형에서 중요한 전제는 반응하기 위하여 충돌해야 한다는 것(b) 충돌 시 충돌에너지와 분자의 배향이 반응의 성패를 결정 (c) 온도가 높아지면 충돌 횟수도 많아지고, 충돌에너지도 커진다.

16.18 (a)

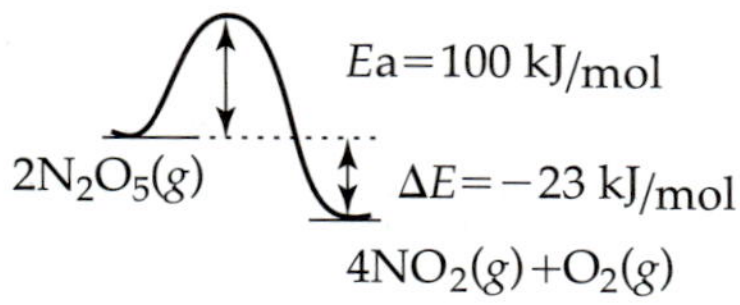

(b) 123 kJ/mol

16.19 (a)의 반응이 빠르고 (b)의 반응이 가장 느리다.

16.20 같다고 할 수 없음. 충돌회수 및 유효 충돌과 관련이 있는 A값은 각각의 반응에서 서로 다르며 k는 A에 비례함.

16.21 (a) $k = 2.7\ s^{-1}$ (b) $k = 68\ s^{-1}$

16.22 ln$k$ vs. $1/T$ 의 그래프에서 기울기는 -5.7×10^3; $E_a = -R \times$ 기울기 $= 47$ kJ/mol.

16.23 초기 농도가 같다고 가정할 때 반응은 50~190배 빨라진다.

16.24 (a) 촉매는 활성화 에너지(E_a)를 감소시키거나 A 인자를 증가시킴으로써 반응속도를 증가시킨다. (b) 균일촉매는 반응물과 같은 상이고 불균일촉매는 반응물과 다른 상으로 존재한다.

16.25 (a) 첫 반응식의 계수에 2를 곱하고 합한다. (b) $NO_2(g)$는 촉매, 왜냐하면 반응 동안 소모되었다가 다시 만들어진다. (c) 균일촉매

16.26 화학적으로 안정한 지지체를 사용하면 넓은 표면적을 얻을 수 있다.

16.27 (a) 촉매반응은 25°C에서 180,000배 정도 빠르다. (b) 촉매반응은 125°C에서 8700배 빠르다.

제17장

17.1 **(a)** C_5H_{12}, 포화 **(b)** C_5H_{10}, 포화
(c) C_5H_{10}, 불포화 **(d)** C_5H_8, 불포화

17.2 알케인(C_nH_{2n+2}), 알켄(C_nH_{2n}), 알킨(C_nH_{2n-2})

17.3 탄소골격은 다음과 같다.

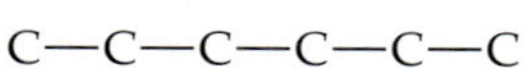
n-hexane

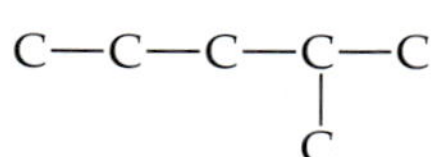
2-methylpentane

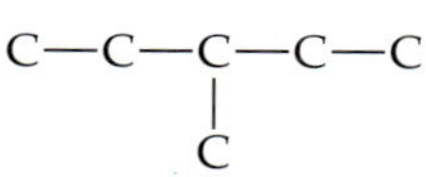
3-methylpentane

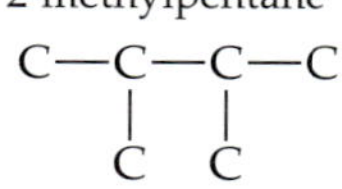
2,3-dimethylbutane

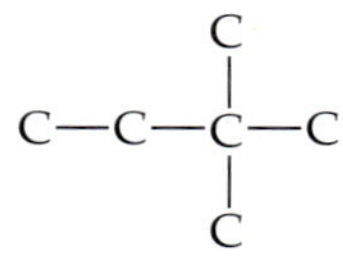
2,2-dimethylbutane

17.4 **(c)**와 **(d)**는 같은 분자이다.

17.5 **(a)** 109도, **(b)** 120도, **(c)** 180도.

17.6 알케인에서는 C—C 단일결합 주위로 자유로운 회전이 가능하지만 알켄에서는 C═C 이중결합 주위의 회전이 자유롭지 못하다. 알킨에서는 삼중결합 탄소에 치환기가 하나뿐이다.

17.7 (a)

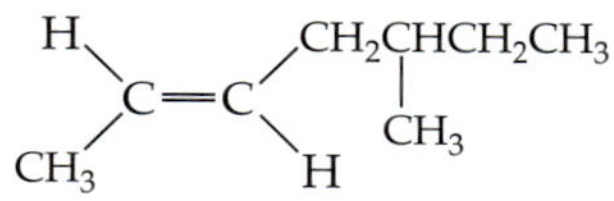

(b) $HC\equiv C-CH_2Cl$ (c)

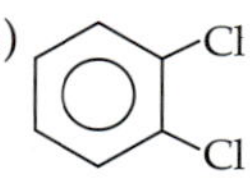

17.8 **(a)** 3,4-dimethylheptane
(b) cis-6-methyl-3-octene
(c) para-dibromobenzene
(d) 4,4-dimethyl-1-hexyne
(e) methylcyclobutane

17.9 butene은 이중결합의 위치에 따라 1-butene, 2-butene의 2개의 구조이성질체가 존재한다. 2-butene에 대해서는 cis 와 trans 의 두 가지 기하이성질체가 존재한다.

17.10

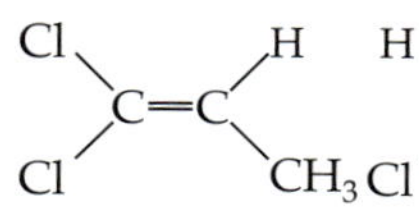
I

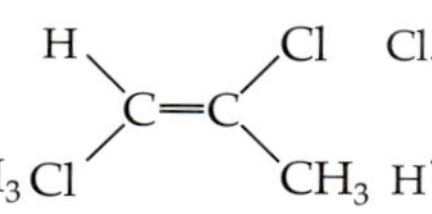
II

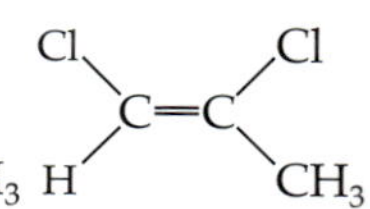
III

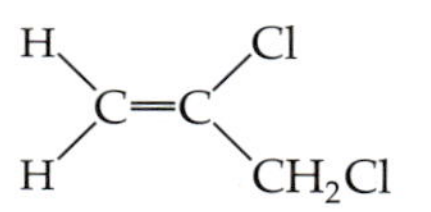
IV

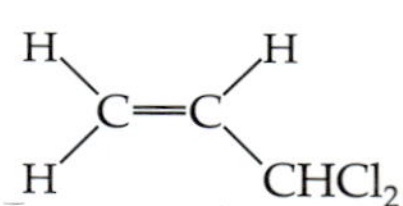
V

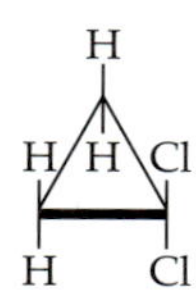
VI

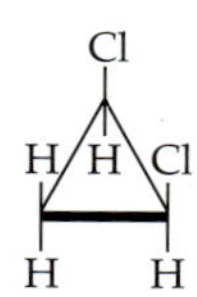
VII

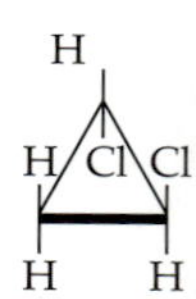
VIII

17.11 70

17.12 **(a)** 연소반응은 어떤 물질의 산소(O_2)와의 산화-환원 반응이다.

$$2C_2H_6(g) + 7O_2(g) \longrightarrow 4CO_2(g) + 6H_2O(g)$$

(b) 첨가반응은 다중결합을 하는 두 탄소원자에 다른 물질이 첨가 되는 반응이다.

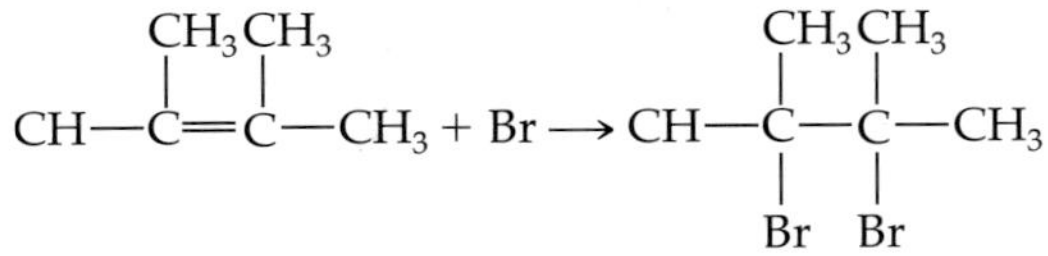

(c) 치환반응은 한 원자나 원자단이 다른 원자나 원자단에 의해서 치환되는 반응이다.

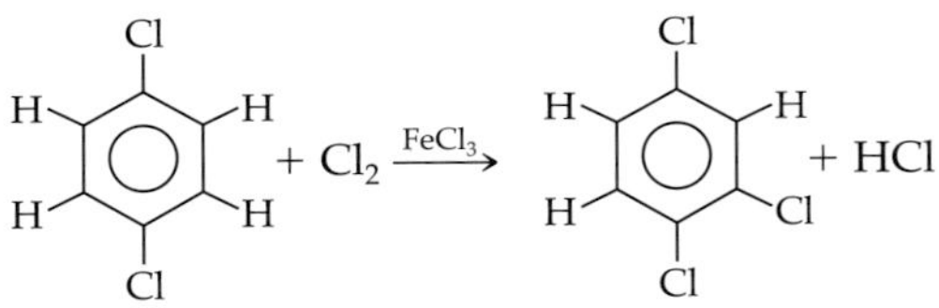

17.13 cyclopropane은 삼각형 고리분자로서 오각형이나 육각형 고리 분자에 비하여 고리의 스트레인이 크고 불안정하다.

17.14 $C_2H_4(g) + HBr(g) \longrightarrow CH_3CH_2Br(l)$, $C_6H_6(l) + CH_3CH_2Br(l) \longrightarrow C_6H_5CH_2CH_3(l) + HBr(g)$ ($AlCl_3$ 촉매하에서 반응)

17.15 **(c)**

17.16 **(a)** 케톤 **(b)**카복시산 **(c)**알코올 **(d)**에스터 **(e)**아마이드, (f)아민

17.17 propionaldehyde

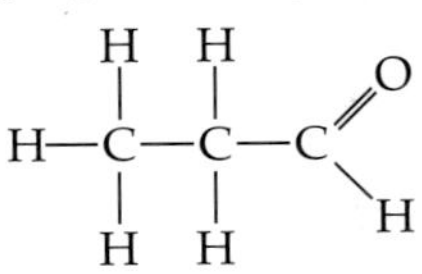

17.18 (a)

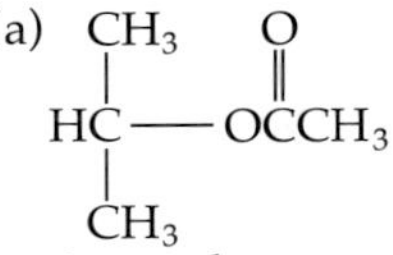

2-propylacetate

(b)

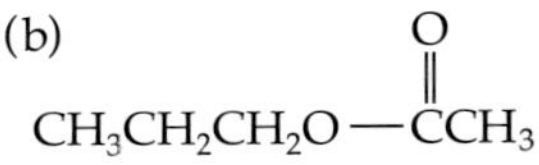

1-propylacetate

(c)

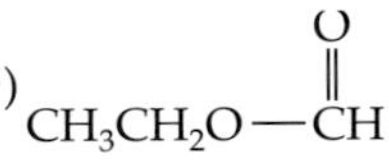

ethylformate

17.19

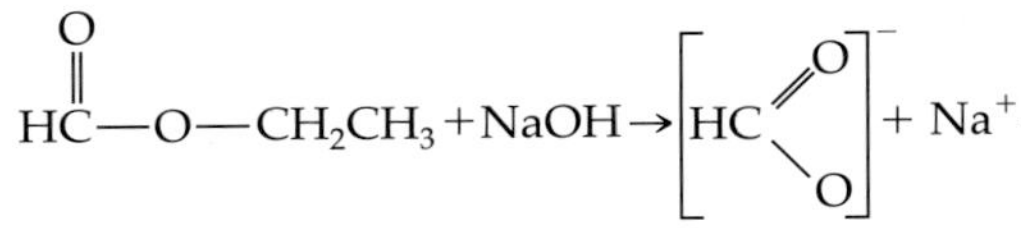

17.20

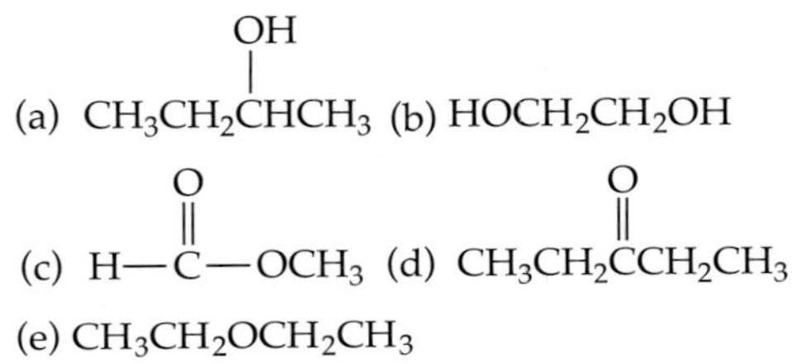

17.21 **(a)** methanoic acid **(b)** butanoic acid **(c)** 3-methylpentanoic acid

17.22 **(a)** 카이랄 중심 없음 **(b)**카이랄(OH 기가 붙은 2번 탄소) **(c)** 2개의 카이랄 중심($-NH_2$기와 $-CH_3$기가 붙은 탄소).

찾아보기
index

국문 찾아보기

ㅈ

ㅊ

ㅋ

ㅌ

영문 찾아보기

역 자

건국대학교	권성중, 김상희, 김성훈, 도정환, 박승언, 박용선, 박종만, 임 찬, 전영재, 정구춘, 표승문, 허용석
경상대학교	구인선, 권기영, 김봉곤, 김윤희, 김재상, 김진은, 박기민, 박종근, 서무룡, 신성철, 양기열, 윤용진, 이상경, 이심성, 이준화, 정종화, 최명룡
경주대학교	이경호
경일대학교	김명철, 제갈영순, 성우경, 이동진, 허만우
대구대학교	강신걸, 강태종, 김선덕, 김장섭, 김학중, 장승현
동국대학교	김상욱, 박순흠, 이갑득, 이인자
울산대학교	류석환, 서병수, 양성봉, 우상국, 유광식, 유미선, 윤구식, 이찬우, 이영일, 정한모, 지기환, 진두환
중부대학교	김세봉
한림대학교	김상철, 손정인

(학교명 · 역자 가나다순)

기초일반화학

2014년 2월 20일 인 쇄
2014년 2월 25일 발 행

저 자 Theodore L. Brown
H. Eugene LeMay, Jr.
Bruce E. Bursten
대표역자 강 태 종
펴 낸 이 김 중 현
펴 낸 곳 **녹 문 당**
주 소 경기도 파주시 심학산로 12(서패동)
전 화 (031) 957-2711 FAX (031) 957-2710
신고번호 제406-1997-000055호

ISBN 978-89-88684-64-1 93430 값 28,000원

FUNDAMENTAL CONSTANTS*

Atomic mass unit	1 amu	$= 1.66053873 \times 10^{-24}$ g
	1 g	$= 6.02214199 \times 10^{23}$ amu
Avogadro's number	N	$= 6.02214199 \times 10^{23}$/mol
Boltzmann's constant	k	$= 1.3806503 \times 10^{-23}$ J/K
Electron charge	e	$= 1.602176462 \times 10^{-19}$ C
Faraday's constant	F	$= 9.64853415 \times 10^{4}$ C/mol
Gas constant	R	= 0.082058205 L·atm/mol·K
Mass of electron	m_e	$= 5.485799 \times 10^{-4}$ amu
		$= 9.10938188 \times 10^{-28}$ g
Mass of neutron	m_n	= 1.0086649 amu
		$= 1.67492716 \times 10^{-24}$ g
Mass of proton	m_p	= 1.0072765 amu
		$= 1.67262158 \times 10^{-24}$ g
Pi	π	= 3.1415927
Planck's constant	h	$= 6.62606876 \times 10^{-34}$ J·s
Speed of light	c	$= 2.99792458 \times 10^{8}$ m/s

USEFUL CONVERSION FACTORS AND RELATIONSHIPS

Length

SI unit: meter (m)

1 km = 0.62137 mi
1 mi = 5280 ft
= 1.6093 km
1 m = 1.0936 yd
1 in. = 2.54 cm
(exactly)
1 cm = 0.39370 in.
1 Å = 10^{-10} m

Mass

SI unit: kilogram (kg)

1 kg = 2.2046 lb
1 lb = 453.59 g
= 16 oz
1 amu = $1.66053873 \times 10^{-24}$ g

Temperature

SI unit: Kelvin (K)

$$K = °C + 273.15$$

$$°C = \frac{5}{9}(°F - 32)$$

$$°F = \frac{9}{5}°C + 32$$

Energy (derived)

SI unit: Joule (J)

1 J = 1 kg·m^2/s^2
1 J = 0.2390 cal
= 1 C × 1 V
1 cal = 4.184 J
1 eV = 1.602×10^{-19} J

Pressure (derived)

SI unit: Pascal (Pa)

1 Pa = 1 N/m^2
= 1 kg/m·s^2
1 atm = 101,325 Pa
= 760 torr
= 14.70 lb/in^2
1 bar = 10^5 Pa
1torr = 1 mm Hg

Volume (derived)

SI unit: cubic meter (m^3)

1 L = 10^{-3} m^3
= 1 dm^3
= 10^3 cm^3
= 1.0567 qt
1 gal = 4 qt
= 3.7854 L
1 cm^3 = 1 mL
1 in^3 = 16.4 cm^3

SI 기본단위		
물리적 양	**단위 명칭**	**약자**
질량(mass)	킬로그램(Kilogram)	kg
길이(length)	미터(Meter)	m
시간(time)	초(Second)	s[a]
전류(electric current)	암페어(Ampere)	A
온도(temperature)	켈빈(Kelvin)	K
빛 세기(luminous intensity)	칸델라(Candela)	cd
물질의 양(amount of substance)	몰(Mole)	mol

[a] 약자 sec로 쓰기도 한다.

몇 가지 SI 계의 접두어			
접두사	**약자**	**의미**	**예**
Giga	G	10^9	1 gigameter (Gm) = 1×10^9 m
Mega-	M	10^6	1 megameter (Mm) = 1×10^6 m
Kilo-	k	10^3	1 kilometer (km) = 1×10^3 m
Deci-	d	10^{-1}	1 decimeter (dm) = 0.1 m
Centi-	c	10^{-2}	1 centimeter (cm) = 0.01 m
Milli-	m	10^{-3}	1 millimeter (mm) = 0.001 m
Micro-	μ[a]	10^{-6}	1 micrometer (μm) = 1×10^{-6}
Nano-	n	10^{-9}	1 nanometer (nm) = 1×10^{-9} m
Pico-	p	10^{-12}	1 picometer (pm) = 1×10^{-12} m
Femto-	f	10^{-15}	1 femtometer (fm) = 1×10^{-15} m

[a] 이 그리스 문자는 mu(발음 mew)이다.